测绘地理信息常用行业标准汇编

CEHUI DILI XINXI

CHANGYONG HANGYE BIAOZHUN HUIBIAN

测绘出版社 编

测绘出版社

·北京·

图书在版编目(CIP)数据

测绘地理信息常用行业标准汇编/测绘出版社编. —北京：测绘出版社，2011.7

ISBN 978-7-5030-2374-3

Ⅰ.①测… Ⅱ.①测… Ⅲ.①测绘—行业标准—汇编—中国 Ⅳ.①P2-65

中国版本图书馆 CIP 数据核字(2011)第 148401 号

责任编辑 金 君 **见习编辑** 余易举 **封面设计** 王京华 **责任校对** 董玉珍

出版发行	测绘出版社		
地　　址	北京西城区三里河路 50 号	**电　　话**	010-68531160(营销)
邮政编码	100045		010-68531609(门市)
电子信箱	smp@sinomaps.com	**网　　址**	www.sinomaps.com
印　　刷	中煤涿州制图印刷厂北京分厂	**经　　销**	新华书店
成品规格	210mm×297mm		
印　　张	38.75	**字　　数**	1250 千字
版　　次	2011 年 7 月第 1 版	**印　　次**	2011 年 8 月第 1 次印刷
印　　数	0001—2000	**定　　价**	198.00 元

书　　号 ISBN 978-7-5030-2374-3 / P・544

前　言

标准化是组织现代化生产的重要手段和必要条件，是提高产品质量、保证安全的技术保证，是推广新技术、新科研成果的桥梁。测绘地理信息标准化是各级测绘地理信息行政主管部门依法行政的重要内容，有利于保障重大测绘工程的顺利实施，有利于推动测绘成果的共建共享和社会化应用，有利于促进地理信息产业的健康发展。

当前，我国的测绘地理信息科技已逐步实现了由传统测绘向数字化测绘的转化和跨越，正大踏步向信息化测绘道路迈进。为巩固测绘地理信息数字化的重要成果，促进测绘地理信息信息化的发展，同时，为满足当前测绘地理信息工作者和测绘地理信息生产单位的需求，使其在实际工作中做到有章可循，节约成本，提高工作效率，现根据实际生产需求，将近20年来国家测绘地理信息局(原国家测绘局)发布的行业标准进行整理、汇编，以供广大测绘地理信息工作者和测绘地理信息生产单位查阅、参考和执行。被收录的行业标准均为现行有效的、参考价值较大且使用频率较高的行业标准；部分被修订或者重新制定后变成国家标准的没有列出；少量传统模拟测绘产品的行业标准和有关汉字译音规则的行业标准没有列出；有关测绘地理信息计量检定规程正在修订中，本汇编未列出。

本汇编在使用时请读者注意以下几点：

1. 所收录的行业标准按发布时间顺序排列，在内容上未做任何调整，在格式上，为了便于读者查阅方便，对行业标准的格式进行了统一。

2. 本汇编收集的行业标准的编号已在目录上标明。鉴于部分标准的首次出版时间较早，情况复杂，现尚未修订，为了便于查找，标准名称和标准编号均维持原样。

3. 如本汇编所收集的行业标准中引用了被代替的标准，查阅时请一并参考其代替版本。

本汇编在资料收集和编辑过程中难免会有疏漏和错误，敬请广大读者指正。

编　者

2011年6月

目　录

中华人民共和国测绘行业标准

CH/T 8002—91

测绘仪器防霉、防雾、防锈

The preventive of mould, fog, rust for surveying and mapping instruments

1 主题内容与适用范围

本标准规定了测绘仪器防霉、防雾、防锈的分类、周期、技术要求和相应的措施。

本标准适用于测绘仪器在使用、检修及保管过程中的防霉、防雾、防锈(以下简称三防)。

2 引用标准

ZB Y250 光学仪器防霉、防雾、防锈试验方法

ZB Y251 光学仪器防霉、防雾、防锈技术要求

3 测绘仪品三防的分类

3.1 在连续半年时间内(含半年),仪器的主要工作环境在野外的属外业三防类。

3.2 在连续半年时间内(含半年),仪器的主要工作环境在室内的属内业三防类。

3.3 凡是在检修中的仪器属检修三防类。

3.4 在连续半年时间内(含半年),没有投入使用,存放于室内的仪器属保管三防类。

4 测绘仪器各三防类的三防周期

三防周期:对仪器采取三防措施后所持续的时间

4.1 外业三防类的三防周期为半年(含半年以内)。

4.2 内业三防类的三防周期为一年(含一年以内)。

4.3 检修三防类的三防周期指在整个检修过程中(含检修合格后未交给用户的保管期间),一般为半年。

4.4 保管三防类的三防周期为一年(含一年以内)。

5 技术要求

5.1 测绘仪器霉、雾、锈的等级评定按表分为4级。

5.2 根据本标准5.1评定的霉、雾、锈等级及三防类的分类要求,将测绘仪器的三防级别按表2分为4级。

表1 测绘仪器霉、雾、锈的等级评定标准

等级	霉	雾	锈
0	放大6～10倍观察光学零件表面,看不到霉菌生长	放大6～10倍观察光学零件表面,看不到起雾现象	保持金属表面原有的光泽,无任何变色

国家测绘局 1991-01-21发布 1991-07-01实施

表 1　测绘仪器霉、雾、锈的等级评定标准　（续）

等级	霉	雾	锈
1	肉眼看不到霉菌生长，但放大 6～10 倍观察时，能清楚地看到三叉或三叉以内的菌丝	肉眼看不到雾迹，但放大 6～10 倍观察时，能看到明显雾迹	失去金属表面原有的光泽，局部产生均匀灰黑色
2	肉眼能看到三叉以上菌丝，并开始形成周围有黏液泄出的霉斑，但在单个光学零件表面的覆盖面积不超过（含等于）25％	肉眼能看到明显雾迹，但在单个光学零件表面的覆盖面积不超过（含等于）25％	金属表面局部出现棕色斑痕，或在金属表面上出现的锈斑总面积不大于（含等于）该金属表面总面积的 10％
3	菌丝已无明显边缘，或形成了干结的黏液斑痕，并在单个光学零件表面的覆盖面积超过 25％	雾迹严重，在单个光学零件表面的覆盖面积超过 25％	在金属表面上出现的锈斑总面积大于该金属表面总面积的 10％，或在锈斑处出现堆积物

5.3　测绘仪器的三防级别超过表 2 规定时，必须经过修理，达到表 2 规定的级别才准使用。

表 2　测绘仪器的三防级别评定标准

三防类 \ 三防级别		0	1	2	3	备　注
外业	霉	0～1	0～2	0～3	2～3	延续时间不得超过一个三防周期（越过时应送修）的： 1. 位于光学系统像面上的光学零件表面或金属的精加工表面的三防级别达到 2 级时。 2. 其他光学零件表面或无镀（涂）覆盖层的金属零件表面的三防级别达到 3 级时。
	雾	0～1	0～2	0～3	2～3	
	锈	0～1	0～2	0～3	2～3	
内业	霉	0	0～1	0～2	1～3	
	雾	0	0～1	0～2	1～3	
	锈	0	0～1	0～2	1～3	
检修	霉	0	0～1	…	…	检修合格的仪器，三防级别不得低于 1 级。
	雾	0～1	0～2	…	…	
	锈	0	0～1	…	…	
保管	霉	0	0～1	0～2	…	三防级别达到 2 级的仪器延续时间不得超过一个三防周期，超过时应立即送修。
	雾	0	0～1	0～2	…	
	锈	0	0～1	0～2	…	

6　测绘仪器的三防措施

测绘仪器的三防措施按表 3 采用。

表3 测绘仪器的三防措施

三防基本措施	三防分类措施			
		防 霉	防 雾	防 锈
1. 测绘光学仪器在生产过程中应严格按 ZB Y250、ZB Y251 中的各项要求执行。 2. 购买一台新仪器应弄清该仪器所采取的三防措施，所用的三防药品及三防保证期。 3. 收到一台新仪器应进行一次全面的三防性能检查并作记录，建立三防保养档案。如果发现有霉、雾、锈现象产生，在三防保证期内应立即向销售单位或生产厂联系，超过三防保证期的应由接收单位即时进行除霉、除雾、除锈处理，更新三防材料。 4. 对接收到的仪器，应除去光学零件外露表面、仪器外表，附属装置表面的灰尘、脏物，保证仪器外部零件处于清洁状态。 5. 按三防标准要求和仪器说明书的规定，配齐仪器所需三防用品。 6. 每台仪器必须有专职或兼职人员定期进行三防保养，并做好三防效果记录。对三防效果不好的要分析其原因，并不断改进三防措施。 7. 仪器室应尽量按仪器说明书的要求设计和配置，或者做到清洁、防尘、干燥（配备除湿装置将相对湿度控制在70%以下），室内严禁存放酸、碱、盐或其他有害物品。 8. 在安装、调整或操作仪器时，切勿用手指直接接触光学零件表面或金属裸露面。如有接触应立即用无水乙醇擦拭，除去指印。 9. 观察时，避免头发、睫毛接触光学零件表面。单目观察时，头应与目镜表面左（右）偏离适当角度，双目观察时，应采取防汽措施，以免哈气直接凝露于目镜表面，如有凝露，应立即用干棉球擦净。 10. 在湿热季节或湿热地区作业时，应密切注意仪器的生霉、起雾、长锈情况，一旦发现霉、雾、锈产生，须立即加强防护措施。	外业三防类	1. 每日收装仪器前，应将仪器光学零件外露表面清刷干净后再盖镜头盖，并使仪器外表清洁后方能装箱密封保管。 2. 仪器外壳有通孔的，用完后须将通孔盖住。 3. 仪器箱内应放入适当防霉剂。 4. 一般情况下 6 个月（湿热季节和湿热地区 1～3 个月）应对仪器的光学零件外露表面进行一次全面的清擦。	1. 每次清擦完光学零件表面后，再用干棉球擦拭一遍，以便除去表面潮汽。 2. 调整或操作仪器时，勿用手心对准光学零件表面。 3. 一般情况下 6 个月（湿热季节或湿热地区 3 个月）须对仪器的光学零件外露表面进行一次全面清擦。 4. 每次测区作业终结后，应对仪器的光学零件外露表面进行清擦。 5. 防止人为破坏仪器的密封造成湿汽进入仪器内腔和浸润光学零件表面。	1. 每日收装仪器前，应检查金属裸露面的临时保护层是否完好，如有缺陷须即时补涂。 2. 凡测区作业终结收测时，将金属外露面的临时保护油脂全部清除干净，涂上新的防锈油脂。 3. 外业仪器防锈用油脂，除了具有良好的防锈性能，还应具有优良的置换性，并应符合挥发性低、流散性小的要求。 4. 一般情况下 6 个月（湿热季节或湿热地区 1～3 个月）须对仪器外露表面的润滑防锈油脂进行一次更换。
	内业三防类	1. 每台仪器必须配备仪器罩，每次操作完毕，应将仪器罩罩上。 2. 对作业中的仪器，每周应对仪器外表进行清擦。 3. 一般一年（湿热季节或湿热地区 6 个月）须对仪器未密封的部分进行一次全面的清擦。	1. 防止人为破坏仪器密封造成湿汽进入仪器内腔和浸润光学零件表面。 2. 避免仪器运转时将油脂挤压或拖粘于光学零件表面上。 3. 一般在一年（湿热季节或湿热地区 3～6 个月）应对仪器外表进行一次全面清擦，并用 300～500W 电吹风机烘烤光学零件外露表面（温度升高不得超过 60℃）。 4. 一旦发现水性雾，应用烘烤或吸潮的方法清除；发现油性雾应用清洗剂擦拭干净并进行干燥处理。	1. 根据仪器的润滑防锈要求和说明书用油的规定适当选用不同配合间隙、不同运转速度和不同轴线方向所用的油脂。 2. 一般应在一年（湿热季节或湿热地区 6 个月）须将仪器所用临时性防锈油脂全部更换一次，如发现锈蚀现象，必须立即除锈。并分析锈蚀原因，即时改进防锈措施。 3. 仪器相对运动部位的润滑油脂应按仪器技术要求规定和油脂的使用期限定期更换。

表 3　测绘仪器的三防措施　（续）

三防基本措施	三防分类措施			
		防霉	防雾	防锈
11. 使用或更换润滑防锈油脂时，避免将油脂弄到光学零件表面上。若油脂弄脏了光学零件表面，应立即用无水乙醚乙醇混合液擦净。 12. 仪器选用的油脂，除具有良好的润滑防锈性能外，还要符合挥发性低、流散性小的要求；低温下工作的仪器，还应符合耐低温的要求。 13. 仪器野外作业时，应防止雨水、沙尘进入仪器内部，也应避免阳光直接暴晒仪器。 14. 仪器在运输过程中，必须有防震设施，以免因震动剧烈引起仪器的密封性能下降，密封性能下降的部位，应重新采取密封措施，使仪器恢复为良好的密封状态。	检修三防类	1. 对所修理的仪器外表和内部必须进行一次彻底的清擦，对产生霉斑的光学零件表面必须彻底除霉，使仪器的光学性能恢复到良好状态。 2. 修复的仪器装配时须对仪器内部的零件进行干燥处理。 3. 应更换或补放仪器内腔的防霉药片。 4. 修复装配后，仪器必须密封的部位，应恢复密封状态。	1. 对光学零件表面上出现的雾迹进行彻底清除。 2. 除雾后或新配置的光学零件表面须用防雾剂进行处理。 3. 严禁使用吸潮后的干燥剂。 4. 光学镜头盖内须垫适当脱脂棉。	1. 必须将原用油脂彻底清除，通过干燥处理后，涂抹新的油脂进行防锈。 2. 对长锈部位必须除锈，除锈时应保持原表面粗糙度数值 Ra 或降低不超过相邻的 Ra 值。 3. 对金属裸露表面清洗或除锈后，必须进行干燥处理。 4. 对有运动配合的部位涂防锈油脂后必须来回运动几次，并除去挤压出来的多余油脂。
15. 在清洁擦拭仪器时，注意不应用有机溶剂和粗糙擦布用力擦仪器的密封部位，以免破坏仪器的密封性。 16. 作业中暂时停用的电子仪器，每周至少通电一小时，同时使各个功能正常运转。	保管三防类	1. 保管室内必须清洁防尘，相对湿度应控制在 70%以下。 2. 仪器箱内应放适当防霉剂，并将仪器置于仪器箱内密封保管。 3. 对于带电器装置的仪器在其保管期内应在 1～3 个月通电干燥一次。 4. 一般情况下一年之内应对所保管的仪器光学零件外露表面进行一次全面清擦检查，发现霉斑应及时清除，且在雨季过后应立即增加一次清擦。	1. 保管室内应配备适当的除湿装置。 2. 长期不用的仪器的外露光学零件，经干燥后，垫一层干燥脱脂棉，再盖镜头盖。 3. 一般情况下一年应对仪器的光学零件外露表面进行一次彻底清擦和检查，发现有雾迹产生应及时清除，且在雨季过后应及时增加一次清擦。	1. 保管期用的油脂必须具有优良的防锈性能。 2. 对非成保护膜型防锈油脂，涂抹后应用电容器纸或防锈纸等加封盖。 3. 保管室在不能保证恒温恒湿的要求时，须做到通风、干燥、防尘。 4. 一般情况下一年彻底更换一次外露金属表面的防锈油脂，并且最好在雨季到来之前进行。

本表三防级别的评定说明：在一台仪器的多个零件中，生霉、起雾、长锈的程度可能各不相同，但对一台仪器的三防级别来说，按其中产生霉、雾、锈最严重的等级来评定。例如，在某台测绘仪器中，有 15 个光学零件，对生霉等级来说，其中 10 个为 0 级，3 个为 1 级，2 个为 2 级，那么该仪器的防霉级别按本表应定为 2 级；用同样的方法评定该仪器的防雾级别为 0 级，防锈级别为 1 级，那么该仪器的三防级别应是 2 级。

附录A
三防常用器材及基本操作
(补充件)

A.1 三防常用器材

A.1.1 脱脂棉或脱脂长棉、绒布、脱脂纱布、脱脂绸布、脱脂棉布、电容器纸、防锈纸、镜头纸、口罩、手套等。

A.1.2 洗耳球、毛刷(脱脂软毛刷、油刷均备)、镊子(尖嘴、圆嘴带齿均备)、竹(木)针、磨口三角瓶、磨口广口瓶、磨口滴瓶、烧杯、干燥器、电吹风机等。

A.1.3 清洗剂(无水乙醚、无水乙醇、溶剂汽油均备)、防霉剂、除霉剂、防雾剂、防锈油、润滑脂、除锈剂、干燥剂、煤油等。

A.2 三防基本操作

A.2.1 防霉操作(清擦光学零件)

先用软毛刷轻轻刷掉光学零件表面的灰尘、脏物,再用洗耳球吹净。然后用竹(木)针裹脱脂棉少许,蘸少许无水乙醚乙醇混合液(体积比为3∶1),从镜片中心开始,按顺时针的方向依次往外转圈,边转边按擦拭的方向旋转棉球。当棉球转到300°时停止使用,更换新棉球,以同上的方法继续清擦,直到光学零件表面无脂无尘为止。最后用干棉球再轻擦一遍,或用60W的钨丝灯加热烘烤2～3分钟。

A.2.2 除霉操作

先用软毛刷和洗耳球清除光学零件表面的灰尘脏物,再用竹针两头各裹脱脂棉少许,使竹针一头的棉球蘸少许Cm—1型光学仪器除霉剂(约蘸湿棉球体积的1/5)在霉斑处从上到下依次轻擦,边擦边按擦拭的方向转动棉球,长霉越严重,棉球移动应越慢,当棉球转到300°时停止使用。紧接着用竹针另一头的干棉球用同上的擦拭方法将除下的霉斑脏物擦拭干净。然后弃去竹针两头的脏棉球,换成新棉球,继续以相同的方法清除其余霉斑,直到全部霉斑清除干净。

A.2.3 防雾操作

按A.2.1的操作后,将SF209防雾剂配制成0.1%～0.5%的无水乙醚溶液,用脱脂棉球蘸少许此溶液搽于干净的镀氟化镁膜的光学零件表面,在常温下形成一层薄薄的固化型防雾膜。

A.2.4 除雾操作

对光学零件外露表面产生的水性雾,必须立即用脱脂棉擦试清除(不允许水性雾在光学零件表面停留,以免玻璃表面发生化学反应,生成难以清除的物质)。

对内部光学零件表面产生的水性雾,将能拆卸的部分拆卸下来,存放于盛有干燥剂的干燥器内,将水汽吸出来。不能拆卸的部份,可用300W电吹风机在该仪器外壳烘烤,使仪器内腔的温度逐渐升高,但不得超过60℃,将仪器内腔的水汽蒸发出来,或打开仪器的相应堵盖,按A.2.1的方法擦拭光学零件表面。

对光学零件表面产生的油性雾,应用无水乙醚乙醇混合液擦拭清除,对油性雾较严重的,还可以先用丙酮擦试,然后再用混合液清擦(不允许油性雾在光学零件表面上停留,以免侵蚀玻璃),并进行干燥处理。

A.2.5 防锈操作

首先用脱脂棉或脱脂棉布蘸少许溶剂汽油,将金属表面清擦干净(如果原涂的油脂没有硬化或变质,清擦时最好不用汽油而直接清擦即可),经干燥处理后,用干净油刷蘸少许防锈油脂在应涂的金属表面轻轻来回涂抹,尽量使油层平整均匀。油层不宜过厚,一般0.1 mm左右为好(应注意:涂抹防锈油脂时,各种油刷必须专用,不准混用)。对于长期存放的仪器,涂完油脂后用电容器纸等封盖,并用手指轻轻挤压,排净油层与纸之间的空气;或者用成膜(硬膜)防锈油或防锈纸封存。

A.2.6 除锈操作

A.2.6.1 橡皮除锈:根据金属长锈部位形状的特点,选用相应形状的除锈橡皮在锈斑处来回交叉摩擦,可将锈蚀物摩擦下来裹于橡皮末中，再用纱布或棉布蘸少许防锈油脂将橡皮末擦净，然后用棉布或棉花将除锈表面清擦干净，最后涂上防锈油脂。

A.2.6.2 研磨除锈：对金属表面的初锈，可用氧化铬、氧化铝等抛光膏研磨。先用一块绒布浸上煤油，再涂上适量研磨膏，然后在锈面上来回摩擦(用力要均匀，动作要平稳)，这样就可以除去仪器精密部位表面的初锈。

A.2.6.3 铲刮除锈：对于基准面上的浮锈，可用非金属材料，如木片、竹片、胶木或塑料板制成刮刀铲除。先用煤油将锈处清洗一遍，使其疏松，然后用刮刀在锈面上来回铲刮，并继续蘸煤油冲洗掉锈末，最后用溶剂汽油清洗并烘干即可涂抹防锈油。

A.2.6.4 化学除锈：对于形状较复杂的金属部件表面产生的锈斑，可用绒布蘸少许中性除油除锈剂在锈斑上面来回交叉擦拭数遍，即可除掉锈斑，然后清擦烘干，即可涂抹防锈油脂。

附 录 B
推荐常用的三防药品和油脂
(参考件)

表 B.1

序号	名 称	性 能	使用范围
1	对硝基苯甲醛	白色或浅黄色针状粉末，能升华，难随水蒸气挥发，微溶于水、乙醚，溶于乙醇、苯及冰乙酸。	用于密封的仪器内腔或包装箱内的挥发性防霉。
2 *	DP 防霉剂	灰白色针状结晶，有酚味和吸潮性，易溶于酒精、苯、甲苯、丙酮、煤油等有机溶液，难溶于水。	用于仪器内腔或包装箱内，在密封条件下作挥发性防霉，此剂优于对硝基苯甲醛。
3	Cm—1 型光学仪器除霉剂	无色透明液体，易挥发，无毒，在−20°的条件下不凝固，除生物霉斑效果显著。	用于光学零件表面生物霉斑的清擦和其他蛋白质型脏物的清擦。
4	SF209 防雾剂	微橙色油状液体，能溶于多种有机溶液。	用于镀氟化镁膜的光学零件表面固化成防雾膜层。
5 *	SF107 防雾剂	白色或浅黄色固体，可溶于乙醚、苯及 120 号溶剂汽油，pH 值呈中性。	用于光学零件表面固化成膜防雾。
6	204—1 置换型防锈油	褐色均匀油膏，具有良好的防锈性、置换性，还有一定润滑性。	用于仪器一般传动部位的防锈、润滑和长期封存防锈。
7	32B 超薄膜防锈油	浅棕黄色透明液体，能与 120＃橡胶溶剂汽油调配稀释。在常温下形成干性半软、光滑无黏性薄膜，具有良好的防锈性能。	用于仪器支撑面、轴面等的长期封存。
8 *	895 号动态防锈油	乳白色均匀油膏体，具有良好的防锈性、润滑性、低挥发性和抗流散性，可根据需要调制成任意黏度。	用于仪器不同方向轴线表面、不同间隙、不同运动形式的防锈润滑。

表 B.1 （续）

序号	名 称	性 能	使用范围
9	4124—1 4124—3 不流散精密仪表油	浅黄色透明液体，具有良好的润滑性、防锈性和抗流散性。	分别用于仪器不同轴系间隙的润滑、防锈。
10	7109、7110 号光学仪器润滑脂	浅褐色均匀油膏，具有良好的防锈性、润滑性和密封性。	用于仪器滚动、滑动部位的防锈、润滑和密封。
11	中性除油除锈剂	乳白色液体，具有良好的清洗性能和除锈性能。	用于仪器复杂形状表面的除锈清洗。
12	除锈橡皮	灰黑色固体，具有研磨抛光性能，对金属无腐蚀，使用方便，除锈后锈末不易飞散进入传动部位。	用于仪器一般形状表面的除锈。
注：* 号为科研新成果，故本标准对其性能未全面考核。			

附加说明

本标准由国家测绘局提出。

本标准由国家测绘局测绘科学研究所负责起草。

测绘出版社

前 言

本标准是以《测绘海岸带地形图的若干技术规定》(以下简称《规定》)为基础,吸取了沿海各省、自治区、直辖市有关测绘单位测绘海岸带地形图的一些好的经验,参考了陆地和海洋测绘的有关标准制订而成。

考虑到海岸带地形图主要用于经济建设和测绘工作应积极采用适用的新技术、新设备、新方法的要求,且兼顾目前大多数测绘单位的技术状况,本标准保留了《规定》中适用的条文,并补充了具体的作业方法和要求,增加了行之有效的新技术和新方法;对《规定》中不完全适用的条文作了适当的修改。

海岸带中的干出滩部分,是地形测量的困难区域。在这一区域进行地形测量至今还没有一个好的手段。本标准是沿用陆地和海洋的测量方法制定的,不一定完全适合本区域的作业要求。希望各有关单位在使用本标准时,注意积累资料,总结经验。如发现有需要修改和补充之处,或有什么好的施测方法,请随时向国家测绘局或标准起草单位提出,以便修订时予以考虑或采纳。

本标准的附录 A、B、C、D 为标准的附录,附录 E、F 为提示的附录。

本标准由国家测绘局提出并归口。

本标准起草单位:国家测绘局测绘标准化研究所、国家海洋局第一海洋研究所、福建省测绘局、国家海洋信息中心。

本标准主要起草人:郑佐文、张卫红、肖国雄、马聪丽、林玉华、刘法孔、郑文兰。

中华人民共和国测绘行业标准

CH/T 7001—1999

1∶5 000、1∶10 000、1∶25 000 海岸带地形图测绘规范

Specifications for surveying and mapping of 1∶5 000,1∶10 000,1∶25 000 topographic maps of coastal zone

1 范围

本标准规定了海岸带地形图的规格、精度、作业的基本方法和要求。

本标准适用于1∶5 000、1∶10 000、1∶25 000海岸带地形图的测图作业。

2 引用标准

下列标准所包含的条文,通过在本标准中引用而构成为本标准的条文。在标准出版时,所示版本为有效。所有标准都会被修订,使用本标准的各方应探讨使用下列标准最新版本的可能性。

GB 12327—90 海道测量规范

CH 2001—92 全球定位系统(GPS)测量规范

GB/T 13989—92 国家基本比例尺地形图分幅和编号

GB/T 14268—93 国家基本比例尺地形图修测规范

GB 5791—93 1∶5 000、1∶10 000地形图图式

GB 12317—90 海图图式

GB 14912—94 大比例尺地形图机助制图规范

GB/T 15660—1995 1∶5 000、1∶10 000、1∶25 000、1∶50 000、1∶100 000地形图要素分类与代码

GB 12342—90 1∶25 000、1∶50 000、1∶100 000地形图图式

CH 1002—95 测绘产品检查验收规定

CH 1001—91 测绘技术总结编写规定

3 总则

3.1 测绘海岸带地形图的目的和任务

测绘海岸带地形图的基本目的,是为水产养殖、盐田开发、围海造田、海岸防护、河口整治、港湾建设等综合开发利用和管理提供准确可靠的地形图。海岸带测量的主要任务,是进行海岸地形、水下地形测量和浅海底质调查,以获取该地区的地物、地貌和浅海底质等资料。

3.2 海岸带的测绘范围

海岸带是指位于陆地与海洋交界处,陆地和海洋各种动力、各种环境因素相互作用、相互影响的交汇地带。其范围是从海水运动对于海岸作用的最上界限(约为海岸线以上5 km)至海水运动对于海底冲淤变化影响的最下界限(约为水深20 m)。

为了满足各有关部门的用图需要和减少重复测绘,海岸带的测绘范围规定为:一般情况下,陆地部分测至海岸线以上2 km,浅海部分测至理论深度基准面下15 m。但遇深水陡岸时,应向外海适当延伸,使浅海部分的宽度不少于5 n mile;干出滩较宽的地段,在确保干出滩能完整表示的前提下,浅海部分可只测15 n mile。

国家测绘局 1999-10-18发布　　2000-01-01实施

3.3 地形图的规格

3.3.1 地形图的投影、坐标系统和高程基准

海岸带地形图采用高斯—克吕格正形投影，大于或等于 1∶10 000 的地形图按 3°分带，小于 1∶10 000的地形图按 6°分带。平面坐标采用 1980 西安坐标系。高程起算面，大陆采用 1985 国家高程基准；远离大陆的岛屿，原则上采用 1985 国家高程基准，困难时可采用当地多年的平均海面；干出滩和浅海的深度基准面一般采用 1985 国家高程基准，如有特殊需要，也可采用其他基准面。但无论采用何种基准面，都应在图廓外注出所采用的基准面与理论深度基准面和 1985 国家高程基准的差值。

为了完整显示干出滩和便于测图，在测绘干出滩和浅海的地形图时，可采用理论深度基准面作为深度基准，最后出图时再统一化算成 1985 国家高程基准。

3.3.2 地形图的分幅和编号

按 GB/T 13989—92 的规定执行。

在实际测图中，为了作业方便，可根据海岸线的自然形状分幅施测，最后出图时按 GB/T 13989—92 的规定进行分幅和编号。如图幅的面积很小，其宽度不超过图幅的 1/6 时，可附于相邻图幅，作为邻幅的破图廓图处理。

3.3.3 地形类别

地形类别按图幅范围内大部分的地面倾斜角和高差划分，规定见表 1。当地面倾斜角与高差发生矛盾时，以地面倾斜角为准。

表 1　地形类别

地形类别	地面倾斜角/(°)	高　差/m		
		1∶5 000 测图	1∶10 000 测图	1∶25 000 测图
平　地	<2	<20		<80
丘陵地	2～6	20～150		80～300
山　地	6～25	150～400		300～600
高山地	>25	>400		>600

3.3.4 基本等高(深)距

基本等高(深)距依据地形类别划分，规定见表 2。

表 2　基本等高距

基本等高距 / m ＼ 地 形 类 别 ＼ 测图比例尺	平　地	丘陵地	山　地
1∶5 000	1.0(0.5)	2.5	5.0
1∶10 000	1.0(0.5)	2.5	5.0
1∶25 000	5.0(2.5)	5.0	10.0

根据用图需要，基本等高(深)距可选用括号内的数值，其高程精度按括号外基本等高(深)距的精度要求执行。

在一幅图内，一般只采用一种基本等高(深)距。当基本等高(深)距不能显示地貌特征时，可加测半

距等高(深)线。

3.3.5　**地形图的符号和注记**

地形图的符号和注记规格,海岸线以上分别按 GB 5791—93 和 GB 12342—90 的规定执行,海岸线以下和助航标志按 GB 12317—90 的规定执行。图上所有名称注记一律采用国务院正式公布、实施的简化汉字,不用繁体字。少数民族地区的地名,图上应注出标准译音的汉字。所有地名,均以各级地名管理部门颁布的为准。

3.4　**测图的精度**

3.4.1　**地形图的精度须符合以下规定:**

a)　图上地物点对附近图根点的平面位置中误差,平地、丘陵地不大于图上 0.5 mm;山地不大于图上 0.75 mm;

b)　图上高程注记点和等高线插求点对附近图根点的高程中误差,不超过表 3 的规定。

表 3　高程注记点和等高线插求点的高程中误差

<table>
<tr><td rowspan="2">比例尺项目
中误差(H_d)
地形</td><td colspan="2">1∶5 000、1∶10 000</td><td colspan="2">1∶25 000</td></tr>
<tr><td>高程注记点</td><td>等高线插求点</td><td>高程注记点</td><td>等高线</td></tr>
<tr><td>平地</td><td>1/3</td><td>1/2</td><td>1/4</td><td>1/3</td></tr>
<tr><td>丘陵地</td><td rowspan="2">1/2</td><td rowspan="2">2/3</td><td rowspan="2">1/3</td><td>2/3</td></tr>
<tr><td>山地</td><td>—</td></tr>
<tr><td colspan="5">注 1:表中:H_d——等高距;
注 2:1∶25 000 测图,山地等高线的数目应与倾斜变换点间的高差相适应。</td></tr>
</table>

3.4.2　**控制测量的精度须达到下列要求:**

a)　高级地形控制点对附近三角点的平面位置中误差,1∶5 000、1∶10 000 测图不大于图上 0.05 mm;1∶25 000 测图不大于图上 0.03 mm。图根点对附近三角点或高级地形控制点的平面位置中误差,不大于图上 0.1 mm;

b)　高级地形控制点对附近水准点的高程中误差和图根点对附近三角点或高级地形控制点的高程中误差,1∶5 000、1∶10 000 测图不大于 1/10 基本等高距;1∶25 000 测图,平地、丘陵地、山地分别不大于平地基本等高距的 0.08、0.10、0.12。

3.4.3　**水深点的精度须满足下列要求:**

a)　在水下地形测量中,测点对附近图根点的位置中误差,不得大于图上 1.0 mm;

b)　在水下地形测量中,深度测量中误差应不超过表 4 的规定。

表 4　深度测量中误差

单位为米

水深范围	中误差
0～10	±0.2
10～30	±0.3
30～50	±0.5

3.4.4　对于大面积的密林等特殊困难地区,图上地物点的平面位置中误差和高程注记点、等高线插求点的高程中误差,可按 3.4.1 的规定放宽到 1.5～2.0 倍。

3.4.5 本规范以中误差作为衡量精度的标准，中误差的 2 倍为最大限差。

3.4.6 在满足本规范成图精度的前提下，可采用本规范未列入的其他作业方法。

3.5 对平面、高程控制点的要求

3.5.1 已有三角点的密度不足时，陆地应布设一定数量的高级地形控制点做为图根控制的基础。基础控制点的密度，1∶5 000、1∶10 000 测图每幅图内应不少于 1 点，1∶25 000 测图每幅图内不少于 2 点。海域根据具体情况考虑，在确保成图精度的前提下，也可不按上述要求进行加密。

3.5.2 四等以上水准路线的间距，在平地不超过 20 km，丘陵地、山地可根据情况适当放宽。

3.6 对已有成果资料的利用

3.6.1 各测绘部门所做的控制点，精度符合国家等级的，按国家大地点等级使用。否则，按相应等级的地形控制点使用。

3.6.2 进行海岸带测量时，应充分利用现有的地形图、海图和有关的资料。对上述资料的利用，必须对其质量或可靠性进行全面分析，并按下列原则使用。

a） 若现有地形图的基本要素不足或现势性较差时，应先修测后使用。

b） 海图应选用等大比例尺或大于成图比例尺的，必要时应进行投影坐标系统和高程基准的转换。

c） 对有关资料若有疑点，必须经过实地检核，确保无误后才使用。

4 技术设计

技术设计分项目设计和专业设计。项目设计是指具有完整的测绘工序内容的综合性设计；专业设计是在项目设计基础上按工种进行的技术设计，是指导作业的主要技术依据。

4.1 项目设计

项目设计的主要内容为：

a） 确定测区范围、测图比例尺和划分图幅；

b） 确定各工种的作业方法及其技术要求；

c） 编写项目设计书；

d） 绘制有关附图附表。

4.2 专业设计

4.2.1 资料收集和分析

在设计之前，应收集测区的下列资料：

a） 最新出版的地形图和海图；

b） 平面及高程控制成果资料及其说明；

c） 潮汐资料；

d） 其他与测量有关的资料。

对上述资料的可靠性及精度情况应进行全面分析，并作出采用与否的结论。

4.2.2 实地踏勘

实地踏勘是技术设计的重要环节。为此，踏勘前应根据现有资料的情况对需要勘察的内容进行充分的研究，并拟订出切实可行的实施计划。

实地勘察的主要内容为：

a） 调查测区的行政区划、通讯、交通和自然地理等情况；

b） 勘察已有三角点（含小三角点、军控点等）和水准点保存的情况；

c） 勘察现有地形图的变化情况；

d） 调查了解干出滩的范围、性质、坡度、礁石、干沟、植被、养殖和水工建筑等情况；

e） 勘察资料不足的港、湾、河口及易变地段的情况；

f） 勘察岸台、检查台、比对点的位置和附近验潮站的控制情况，测试测区电磁场对无线电定位仪的干扰情况。

4.2.3 技术设计

4.2.3.1 控制测量

a) 在适当比例尺的地形图或海图上标出已知网(点)、水准路线及验潮站。

b) 根据已有控制点的情况、作业区的地理情况、作业单位的实力和用户的要求,提出高级地形控制点与图根点的加密方案、密度、限差和各级要求以及所采用的计算方法,估算新设计网(点)的精度。

c) 当受客观条件限制,使平面控制的角度、边长、总长和高程控制的边长、总长达不到规范的规定时,应提出保证精度的措施和要求。

d) 设计待测网(点)时,应充分利用旧点,并尽量把测区内的助航标志、显著物标一并列入计划。

4.2.3.2 海岸、干出滩地形测图

a) 根据水深测量的范围和测图比例尺,按照自由分幅和分幅最少的原则设计图幅。

b) 根据任务要求和踏勘的情况,确定对原有地形图进行修测或重测的范围、方法和要求。

c) 根据干出滩的大小,确定其测绘的方法和要求。

d) 对测区各地图要素的测绘及表示方法做出明确的规定。

4.2.3.3 水下地形测量

a) 根据各种比例尺测图的不同要求和海区的不同情况,确定测深线的布设方法、间隔和测深点的密度以及底质的探测要求。

b) 确定岸台、检查台、比对点、验潮站的位置和水位改正方案,预先估算测区定位精度。

c) 确定定位和测深仪器的检验与测定方法。

d) 对易变地段、河口或有特殊需要的港、湾,确定合理的施测方案。

4.2.4 编写技术设计书

技术设计书应包括下列主要内容:

a) 任务概述:说明任务来源、测区范围、地理位置、行政隶属、成图比例尺、任务量和采用的技术依据。

b) 测区的自然地理概况:说明测区的海拔高程、相对高差、地形类别、困难类别和居民地、道路、水系、植被等要素的分布与主要特征,所在海区的潮汐类型和干出滩的性质等情况。

c) 对已有资料的分析、评价和利用:说明已有资料的完成情况、质量情况和对资料利用的可能性及利用方案。

d) 设计方案

1) 成图规格和成图精度:说明投影方式、平面和高程基准、成图的平面和高程精度。

2) 根据项目设计要求和地形类别,说明成图方法和图幅等高距。

3) 平面和高程控制点的布设方案以及有关的技术要求。

4) 平面和高程控制测量的施测方法、技术要求、限差规定和精度估算。

5) 各地图要素的测绘及表示方法,图廓内外注记整饰的要求,采用新技术、使用新设备的有关规定和精度估算。

e) 建议和措施:说明为完成设计区域的工作任务而必须采取的措施和作业的建议。

f) 附图和附表

4.2.5 报批

专业设计书经生产单位主管业务负责人审核签字后报批,经上级业务主管部门或任务下达单位审查批准后方可实施。

5 平面控制测量

5.1 高级地形控制点平面位置测量

5.1.1 一般规定

5.1.1.1 高级地形控制点分5″级和10″级两种。测量时应尽量按5″级进行加密;当5″级点的密度不足时,才用10″级点作进一步加密。

5.1.1.2 5″级高级地形控制点以三角点或精密导线点为基础,采用逐级或越级加密的方法加密。

5.1.1.3 高级地形控制点的平面位置一般采用小三角测量和导线测量的方法测定，也可采用 GPS 测量的方法施测。

5.1.1.3.1 小三角测量的主要技术要求应符合表 5 的规定。

表 5 小三角测量的主要技术要求

测角中误差/(″)	起始边边长相对中误差	最弱边边长相对中误差	测回数		三角形最大闭合差/(″)
			DJ2	DJ6	
5	1/40 000	1/20 000	3	6	±15
10	1/20 000	1/10 000	2	4	±30

小三角测量通常采用线形锁(网)、三角锁、插网和插点的方法进行布设。各种锁、网和插点的布设应符合下列要求：

a) 线形锁宜近于直伸，锁内各三角形力求等边；求距角一般不小于 40°，困难时也不应小于 30°；锁的图形强度系数总和应不大于 85(线形双锁不大于 100)。线形锁的三角形个数、边长及全长应不超过表 6 的规定。

表 6 线形锁的三角形个数、边长及全长

等级	项目 / 成图比例尺	三角形个数	三角形边长/km	线形锁全长/km
5	1∶5 000	8	1～3	12
	1∶10 000	9	3～5	25
	1∶25 000	10	5～7	35
10	1∶5 000	6	0.8～2	6
	1∶10 000	8	3	12

b) 三角锁中各三角形内角一般不小于 30°，其余各项要求按线形锁(网)的规定。

c) 插网力求布设均匀，各三角形内角一般不应小于 30°，如受地形限制或处于网的中部时，个别内角可不小于 20°。

d) 交会插点的点位应尽量选在高级点所组成的三角形的中心附近，同一插点各方向的距离之比不得超过 1∶3。插点的交会角应不小于 30°，交会边长 1∶5 000 测图不大于 6 km，1∶10 000 测图不大于 10 km，1∶25 000 测图不大于 15 km。当插点与高级点间或两插点间的距离短于平均边长时，应尽量组成图形连测。插点的三角形各边应对向观测，困难时个别边可单向观测。

5.1.1.3.2 导线测量一般采用光电测距，其主要技术要求应符合或不超过表 7 的规定。

表7　光电测距导线的主要技术要求

<table>
<tr><th rowspan="2">等级</th><th rowspan="2">测角中误差/(″)</th><th rowspan="2">成图比例尺</th><th colspan="2">附合导线</th><th rowspan="2">线全长相对闭合差</th><th rowspan="2">方位角闭合差/(″)</th><th colspan="2">水平角测回数</th></tr>
<tr><th>导线全长/km</th><th>边数(条)</th><th>DJ2</th><th>DJ6</th></tr>
<tr><td rowspan="3">一级</td><td rowspan="3">5</td><td>1∶5 000</td><td>18</td><td>20</td><td>1/14 000</td><td rowspan="3">$\pm10\sqrt{n}$</td><td rowspan="3">3</td><td rowspan="3">6</td></tr>
<tr><td>1∶10 000</td><td>40</td><td>30</td><td>1/12 000</td></tr>
<tr><td>1∶25 000</td><td>60</td><td>40</td><td>1/10 000</td></tr>
<tr><td rowspan="2">二级</td><td rowspan="2">10</td><td>1∶5 000</td><td>10</td><td>15</td><td>1/8 000</td><td rowspan="2">$\pm20\sqrt{n}$</td><td rowspan="2">2</td><td rowspan="2">4</td></tr>
<tr><td>1∶10 000</td><td>18</td><td>20</td><td>1/7 000</td></tr>
<tr><td colspan="9">注：n ——转折角个数。</td></tr>
</table>

导线应尽量布设成直伸等边形状，其图形可布设成单线、单结点或多结点网等形式。结点导线，结点至起始点间的长度不应大于附合导线规定长度的 0.7 倍，结点与结点间的长度不应大于 0.5 倍。

5.1.2　**选点与埋石**

5.1.2.1　选点工作应在充分调查了解测区已有控制点的基础上，按照技术设计书所规定的布设方案进行。

5.1.2.2　控制点位的选定，应满足下列要求：

a)　选定的点位应保证通视良好，便于观测和扩展；

b)　需埋石的点位，土质应坚实，以确保标石的稳固性和便于标石的长期保存；

c)　当采用光电测距时，测距边两端的高差不宜过大；测线应避免通过发热体(如散热塔、散热池等)和较宽水面的上空；测站应避开电磁场的干扰。

5.1.2.3　5″、10″级控制点一般不造标，但应按 3.5.1 的密度要求进行埋石(标石的规格和埋设的要求见附录 B)。

5.1.2.4　5″、10″级控制点一般采用附近的地理名称作点名。

5.1.3　**水平角观测**

5.1.3.1　进行水平角观测之前，应按国家计量检定规程对所用的仪器进行认真的检校。

5.1.3.2　水平角观测采用方向观测法。观测时，应选择一个距离适中、通视良好、成像清晰的方向作为零方向。观测方向多于 3 个时，每半测回应归零(3 个方向可不归零)；观测方向多于 7 个时，应分组观测，并采用共同的起始方向。

5.1.3.3　观测时，各测回间度盘位置应变换 180°/n(n 为规定观测的测回数)。

5.1.3.4　测站点或照准点的偏心距大于测站至最近观测点的 1/80 000 时，应进行归心改正。

5.1.3.5　水平角观测的各项限差不应超过表 8 的规定。

表8　水平角观测的各项限差

限差/(″)　仪器类别 项目	DJ2	DJ6
半测回归零差	±12	±24
一测回内 2C[a] 互差	18	36
各测回同一方向较差	12	24
[a] 二次照准差。		

5.1.3.6　观测结果超出规定的限差时，应在原来的度盘位置上按下列规定进行重测。

a）$2C$ 互差或测回差超限时，应重测超限方向，并联测零方向；

b）一测回中重测方向数超过所测方向总数的 1/3 或下半测回的归零差、起始方向的 $2C$ 互差超限时，该测回应重测；

c）一个测站上重测的测回数超过总测回数的 1/2 时，该测站应全部重测；

d）因超限而重测的完整测回，称为重测测回。整个测回的重测工作应在基本测回完成后进行。因测错方向、读记错误、上半测回归零差超限等原因而未测完的测回，不算作重测测回数，均可立即重新观测。

5.1.4　距离测量

各级导线网的起始边和边长，一般采用光电测距，也可采用相应精度的其他测距方法测定。

采用光电测距应符合下列要求：

a）作业前应按国家计量检定规程对所使用的仪器进行检验，测距时应严格执行仪器说明书中规定的操作和序；

b）测距工作应在大气稳定和成像清晰的条件下进行，在测距过程中，如遇大风或大气湍流影响严重时，应停止观测；

c）测距的主要技术要求见表 9。

表 9　测距的主要技术要求

<table>
<tr><th rowspan="3">导线等级</th><th rowspan="3">测距仪
精度等级</th><th rowspan="3">测　边
测回数</th><th rowspan="3">一测回读数
较差/mm</th><th rowspan="3">单程各测回间
较差/mm</th><th colspan="4">气　象　测　定</th></tr>
<tr><th colspan="2">最小读数</th><th rowspan="2">测定的
时间间隔</th><th rowspan="2">气　象
数据的使用</th></tr>
<tr><th>温度</th><th>气压</th></tr>
<tr><td rowspan="2">一级</td><td>Ⅱ</td><td>2</td><td>≤10</td><td>≤15</td><td rowspan="4">0.5C</td><td rowspan="4">1 mmHg
(1.33 hPa)</td><td rowspan="2">每边测
定一次</td><td rowspan="2">观测一端
的数据</td></tr>
<tr><td>Ⅲ</td><td>4</td><td>≤20</td><td>≤30</td></tr>
<tr><td rowspan="2">二级</td><td>Ⅱ</td><td>1</td><td>≤10</td><td>≤15</td><td rowspan="2">一时段始末
各测定一次</td><td rowspan="2">取平均值作为各边
测量的气象数据</td></tr>
<tr><td>Ⅲ</td><td>2</td><td>≤20</td><td>≤30</td></tr>
<tr><td colspan="9">注 1：一测回是指照准目标一次，读数 4 次；
注 2：测距仪的精度等级，按 1 km 测距中误差(m_D)划分为三级：
Ⅰ级：$m_D \leqslant 5$ mm；
Ⅱ级：5 m$< m_D \leqslant 10$ mm；
Ⅲ级：10 mm$< m_D \leqslant 20$ mm。</td></tr>
</table>

5.1.5　成果的记录、整理和计算

5.1.5.1　野外观测的成果，可采用电子记簿或手工记簿的方法进行记录。采用电子记簿时，应设计好记录信息项目、内容、编码，并对观测数据的记录形式，数据处理的内容、方法等作出规定；采用手工记簿时，应按下列的规定执行：

a）一切原始观测值和记事项目，必须在现场用铅笔或钢笔记录在规定格式的外业手簿中，不准追记和转抄；

b）数字和文字要书写正规、清楚，内容要记录齐全；

c）观测手簿不准连环涂改，不准就字改字，不准用橡皮涂擦与刮补；

d）水平角记载不应空页，垂直角记载不应空格，补测的成果不允许记在原观测成果之前；

e）水平角观测中，零方向的读数和其他方向的秒值不得更改；距离测量中，厘米及其以下数值不得更改；

f）读错、记错要正规划去，并在上方另记正确的数字；凡划改观测值和划去超限的成果，均应在备考栏中注明原因。

5.1.5.2 观测工作结束后，应及时检查、整理外业的观测手簿，并对外业资料进行下列限差的检验：

a) 小三角测量的测角中误差

$$m_\beta=\pm\sqrt{[WW]/3n} \quad (1)$$

式中：

m_β——测角中误差，(″)；

W——三角形闭合差，(″)；

n——三角形个数。

b) 导线(网)的测角中误差

$$m_\beta=\pm\sqrt{\frac{1}{N}\left[\frac{f_\beta\cdot f_\beta}{n}\right]} \quad (2)$$

式中：

f_β——附合导线或闭合环的方位角闭合差；

n——计算 f_β 时的测站数；

N——附合导线或闭合环的个数。

c) 方位角条件闭合差 $W_方$ 和极条件闭合差 $W_极$

$$W_方\leqslant 2m''\sqrt{n},W_极\leqslant\pm\frac{2m''_\alpha}{\rho''}\sqrt{\sum\cot^2\beta} \quad (3)$$

式中：

n——传递方位角个数；

m''_α——相应等级规定的测角中误差；

β——求距角，(°)。

5.1.5.3 平面坐标计算应遵循以下要求：

a) 小三角测量的平差计算，采用简化的方法在高斯平面上进行，方向改化值大于1″时，应进行方向改化。

b) 线形锁(网)和三角锁的平差可不包括坐标条件，但应包括极条件和圆周角条件；在两端有起始边的三角锁中应包括边条件。

c) 插网的平差应尽量采用电算。当采用常规方法时，可将插网分区或分割成线形锁进行计算。

d) 插点的平差计算可采用各种典型图形进行。

e) 导线点的平差计算按路线或组成有结点的导线网，采用简化的方法进行。导线边长一般应进行归算到平均海水面和高斯投影面的长度改正。

f) 平差计算取位规定见表10。

表10 平差计算取位的规定

观测方向值/(″)	各项改正数/(″)	对数或函数/位	边长/m	坐标计算/m	最后坐标值/m	坐标方位角/(″)
1	1	6	0.01	0.01	0.1	1

5.1.6 GPS测量

根据实际情况的需要，高级地形控制点也可采用GPS快速静态定位测量的方法测定。

5.1.6.1 **一般规定**

5.1.6.1.1 GPS快速静态定位测量(以下简称GPS测量)采用WGS-84大地坐标系，平差后转换成1980西安坐标系坐标。

5.1.6.1.2 GPS测量手簿统一采用协调世界时(UTC)记录。

5.1.6.1.3 GPS测量应选用大地型GPS接收机(标称精度优于10 mm+3×$10^{-6}D$)，并采用相位观测法观测。

5.1.6.1.4　GPS测量的主要技术要求见表11。

表11　GPS测量的主要技术要求

项　目 \ 等　级/(″) / 边长相对精度	5 50×10^{-6}	10 100×10^{-6}
PDOP	≤10	≤10
卫星高度角/(°)	≥15	≥15
有效观测卫星数/颗	≥5	≥4
时段中任一卫星有效观测时间/min	5	3
二次或二次以上观测时段数的测站占全部测站百分比	30%	20%
观测时段长度/min	20	15
数据采样间隔/s	30～60	30～60
环边数限值	<12	<15

5.1.6.2　**网的布设**

5.1.6.2.1　GPS网的布设，应视作业时的卫星状况，预期达到的精度，成果可靠性，接收机的数量和测区的交通等情况综合考虑，按照优化设计的原则进行。

5.1.6.2.2　GPS网一般应由一个或若干个独立观测环构成。

5.1.6.2.3　GPS网可采用单基准、双基准或同步环的方式布设。当采用单基准布网时，为了提高整网的可靠性，应对一部分流动站进行二次设站观测；当采用双基准布网时，不同观测单元的基准基线应尽量相互联结，以确保网平差的多余观测数和强度。

5.1.6.2.4　GPS网的点与点间不要求通视，但需注意利用常规测量方法加密时的应用。

5.1.6.2.5　布设GPS网时，应与附近的地面控制网点联测，联测点的总数不得少于3个，且应分布均匀。

5.1.6.2.6　GPS网中的点，应根据需要适当采用等外水准或与其精度相当的方法进行高程联测。

5.1.6.2.7　GPS网中两相邻点之间的距离不得大于10 km。当两相邻点的距离大于上述规定时，应采用常规的静态定位方法施测。

5.1.6.3　**选点与埋石**

5.1.6.3.1　选点工作开始之前，应充分收集和了解有关布网任务和测区的地理情况以及原有控制点的分布和保存情况，以便确定适宜的观测站位置。

5.1.6.3.2　所选点位应符合下列要求：

a)　交通方便，便于利用，能长期保存；

b)　视野开阔，视场内障碍物的高度角小于15；

c)　距点位100 m范围内无高压输电线、变电站，400 m内无大功率的电视台、微波站等无线电发射源；

d)　附近不应有大面积的水域或对电磁波反射(或吸收)强烈的物体。

注：当实际执行有困难，而接收机抗干扰的能力又比较强时，5.1.6.3.2 c)的规定可适当放宽。

5.1.6.3.3　点位选定后，按5.1.2.3的规定埋石。

5.1.6.4　GPS测量的观测工作、数据处理除已规定者外，其余按CH2001—92的有关规定执行。数据处理应采用快速静态定位软件进行。

5.2　图根点平面位置测量

5.2.1　一般规定

5.2.1.1　图根点的平面位置一般采用光电测距导线、线形锁、单三角形和交会法测定。

5.2.1.2 图根点平面位置测量的发展次数，自5″级高级地形控制点起，不超过3次。

5.2.1.3 光电测距附合导线和线形锁上的点可相互发展，并可发展交会点；各种交会点、单三角形点可以互相发展新点，但交会点不能做为测距导线和线形锁的起闭点。

5.2.1.4 因受地形等条件的限制，布设附合导线有困难时，可布设成回归导线或支导线，但回归导线和支导线不能再发展。

5.2.2 图根点测量的主要技术要求

5.2.2.1 光电测距附合导线的主要技术要求应不超过表12的规定。

表12 光电测距附合导线的主要技术要求

成图比例尺	导线长度/km	边数/条	测角中误差/(″)	方位角闭合差/(″)	导线全长相对闭合差
1∶5 000	≤8	≤16	±20	$\pm 40\sqrt{n}$	≤1/3 500
1∶10 000	≤15	≤20			
1∶25 000	≤30	≤25			
注：n——导线转折角个数。					

导线的边长可用Ⅲ级测距仪施测。边长单程测定一测回(照准一次，读数两次)。一测回两次读数之差应小于20 mm。每边测定一次气象数据，气温读至1℃，气压读至1 mmHg(约为1.33 hPa)。

按结点布设附合导线时，结点与起算点间的长度和边数可为表12的0.7倍。

5.2.2.2 光电测距支导线可从一、二次附合导线或线形锁上发展，起始点上应观测两个连接角，距离往返测定。支导线不能再发展，其主要技术要求不超过表13的规定。

表13 支导线的主要技术要求

比例尺	支导线全长/km	边数/条	距离往返测较差/mm
1∶5 000	≤2	≤3	$\leqslant 2(a+b\cdot D)$
1∶1 000	≤3	≤4	
1∶25 000	≤8	≤6	
注1：a——测距仪标称精度中的固定误差，mm。 注2：b——测距仪标称精度中的比例误差，mm/km。 注3：D——测距边长度，km。			

5.2.2.3 线形锁的求距角应不小于30°；在有条件时，线形锁应加测检查角。线形锁的主要技术要求应不超过表14的规定。

表14 线形锁的主要技术要求

成图比例尺	三角形个数/个	三角形最大闭合差/(″)	方位角闭合差/(″)	线形锁全长/km
1∶5 000	10	≤±60	$\leqslant\pm 40\sqrt{n}$	≤3
1∶10 000	12			≤6
1∶25 000	16			≤15
注：n——推算方位角的传递边数。				

5.2.2.4 单三角形中，任一内角都不应小于30°。

5.2.2.5 前方、侧方、后方交会的交会角一般应不小于30°或大于150°；困难时，个别交会角可适当放宽，但也不得小于20°或大于160°。交会点的平均边长，1∶5 000测图为1 km，1∶10 000测图为2 km，1∶25 000测图为5 km。当采用后方交会时，后方交会的所求点不得位于三个已知点构成的圆周附近，即$\alpha+\beta+C$的角值不得在160°～200°的范围内。折叠图形中，辅助角γ与δ之差不得小于10°。

5.2.3 **水平角观测**

5.2.3.1 水平角观测采用方向观测法，用DJ6型以上精度的经纬仪观测一测回，观测的要求按5.1.3的有关规定执行。

5.2.3.2 水平角观测的限差按表15的规定。

表15 图根点水平角观测限差

项 目	限 差/(″)
半测回归零差	±24
两个半测回同一方向较差	36
三角形闭合差	±60
测角中误差	±20

5.2.4 **图根点的计算**

5.2.4.1 图根点计算采用简化的平差方法，各项限差按表16的规定。

表16 图根点计算的各项限差

项 目 \ 成图比例尺	1∶5 000	1∶10 000	1∶25 000
重合点或交会点两级计算的坐标较差/m	1.0	2.0	5.0
由坐标反算角度与观测角的较差/Δε″	$1.0\frac{\rho}{D}$	$2.0\frac{\rho}{D}$	$5.0\frac{\rho}{D}$
注：D——交会边长，*m*。			

5.2.4.2 平差计算取位执行表10的规定。

6 高程控制测量

6.1 高级地形控制点高程测量

6.1.1 **一般规定**

6.1.1.1 高级地形控制点的高程，1∶5 000、1∶10 000测图在平地采用等外水准测定，在丘陵地、山地一般采用三角高程导线（光电测距高程导线、经纬仪三角高程导线）测定；1∶25 000测图可采用等外水准、三角高程导线等方法测定。

6.1.1.2 等外水准路线允许发展二次；第一次等外水准路线应起闭于国家等级的水准点或用等级水准连测的控制点。三角高程导线应以不低于等外水准连测的控制点做起闭点。

6.1.1.3 光电测距高程导线与经纬仪三角高程导线可交替使用。

6.1.1.4 按结点布设高程测量路线时，结点与起闭间的最大距离不应大干附合导线规定长度的0.7倍，结点与结点间的最大距离不应大于附合导线规定长度的0.5倍。

6.1.2 **等外水准测量**

6.1.2.1 作业前应按国家计量检定规程的有关规定，对仪器进行检验校正，并对水准标尺进行检查。

6.1.2.2　等外水准测量应使用DS3级以上类型的水准仪和附有水准器的水准标尺。

6.1.2.3　等外水准附合路线采用单程测定，支线采用往返测或单程双测；仪器至标尺的距离用视距测定，读至米；视距长度一般不大于100 m，成像特别清晰稳定时可放长至150 m，跨越河流时最长不超过250 m。

6.1.2.4　观测时，使用双面标尺按黑红面读数，使用单面标尺两次读数，读至毫米。同一标尺两次读数或黑红面读数归化后之差不大于4 mm；前后尺两次读数高差之差不大于6 mm。一测站前后视距不等差不大于20 m；一条路线中，前后视距不等差累积不大于100 m。立尺时应使用尺垫。

6.1.2.5　工作间歇时，一般应在固定点上结束观测，如不可能时，应以打入地下的三个木桩作为转进点。间歇后，检查两个转进点的高差与间歇前高差之差小于6 mm时，可由转进点继续向前观测。

6.1.2.6　等外水准路线的长度和限差应符合表17的规定。

表17　等外水准路线的长度和限差

长度和限差 项目 / 成图比例尺	附合路线全长/km	支线全长/km	往返测或单程双测较差路线闭合差/mm
1∶5 000、1∶10 000	30	10	$\pm 40\sqrt{L}$
1∶25 000	60	20	
注：L——路线全长，km。			

6.1.3　光电测距高程导线测量

6.1.3.1　光电测距高程导线的垂直角应往返观测。垂直角观测的测回数及限差不大于表18的规定。

表18　垂直角观测的测回数及限差

项　目		DJ2	DJ6
测　回　数	中丝法	2	4
	三丝法	1	2
垂直角测回较差及指标差之差/(″)		15	24

6.1.3.2　垂直角观测结果取位至秒，仪器高和觇标高量至厘米。

6.1.3.3　光电测距高程导线的各项限差不大于表19的规定。

表19　光电测距高程导线的各项限差

地形类别	导线全长/km		最大边长/km	往返测高差较差/m	全长高程闭合差/m
	1∶5 000、1∶10 000测图	1∶25 000			
平　地	40	70	2.0	$0.1s$	$\pm 0.05\sqrt{[s^2]}$
丘陵地					
山　地	50				
注：s——导线边长，km。					

6.1.3.4　光电测距高程导线测量可以代替等外水准测量，并可与等外水准交替使用。当采用光电测距高程导线代替等外水准测量时，应按下列规定执行：

a） 使用Ⅰ级或Ⅱ级光电测距仪和DJ2型经纬仪或精度相应的其他仪器施测；

b） 视线倾角不应大于15°；视线长度一般为400～600 m，最长不大于700 m；

c） 导线的起闭点、路线全长和发展次数按等外水准的规定执行；其余各项应符合6.1.3.1～6.1.3.3的要求。

6.1.4 经纬仪三角高程导线测量

6.1.4.1 经纬仪三角高程导线垂直角的观测要求按6.1.3.1和6.1.3.2的规定执行。

6.1.4.2 三角高程导线的各项限差不大于表20的规定。

6.1.5 成果的记录和计算

水平角、垂直角和距离测量的记录，按5.1.5的要求执行。

6.1.6 高程计算

6.1.6.1 等外水准测量的计算以千米数（或测站数）的倒数为权，按路线进行平差。计算过程中取位至0.001 m，最后结果取位至0.01 m。

表20 经纬仪三角高程导线的各项限差

地形类别	导线全长/km		对向观测高差较差/m	全长高程闭合差/m
	1∶5 000、1∶10 000测图	1∶25 000测图		
平　地		50	0.1s	$\pm 0.05\sqrt{[s^2]}$
丘陵地	40	60		
山　地	50	80		
注：s——导线边长，km。				

6.1.6.2 三角高程测量以路线千米数的倒数为权，按三角高程网或三角高程路线进行平差，最后结果取位至0.01 m。三角高程计算应加入球、气差改正。

6.1.7 1∶25 000测图的高级地形控制点高程也可采用GPS测量的方法求得。当采用GPS来确定控制点的高程时，应满足以下条件：

a） 平地、丘陵地或重力资料较多的地区；

b） 选用双频道GPS接收机；

c） 在闭合环路中，每隔20～30 km应连测一个水准点（连测点数不得少于3个），并均匀分布于环的四周；

d） 采用大地水准面差距模型法或利用水准点作高程多项式改正来求出控制点高程。

6.2 图根点高程测量

6.2.1 一般规定

6.2.1.1 图根点的高程，在平地一般用等外水准或测图水准测定，也可用三角高程导线测定；在丘陵地、山地采用三角高程导线和独立交会法测定。

6.2.1.2 高程测量的发展次数：从等外水准点起，测图水准可发展三次；三角高程导线测量，1∶25 000测图可发展三次，1∶5 000、1∶10 000测图在平地只允许发展一次，在丘陵地、山地可发展三次；从一级三角高程导线点起，独立交会高程点可发展二次。各种导线点均可发展独立交会高程点，但独立交会高程点不能做为导线的起闭点。

6.2.1.3 第一次测图水准路线和三角高程导线应以基础控制点或用等外水准连测的图根点做为起闭点。

6.2.1.4 测图水准、光电测距高程导线和经纬仪三角高程导线可交替使用。

6.2.1.5 高程测量一般应布设成附合导线，困难时也可布设成闭合导线。闭合导线不能再发展，起算点高程必须经过检核。

6.2.1.6 按结点布设高程路线时，路线长度按 6.1.1.4 的规定执行。

6.2.2 **测图水准测量**

6.2.2.1 测图水准测量采用水准标尺单面一次读数，读至厘米。水准仪的 i 角应不大于 20″。

6.2.2.2 观测时不读距离，但仪器应尽量安置在前后标尺的中间。若视线水平时中丝不能切在标尺上，可采用移动上(下)丝的办法，求出中丝的读数。

6.2.2.3 测图水准路线的全长，1∶5 000、1∶10 000 测图为 20 km，1∶25 000 测图为 50 km；水准路线的高程闭合差按表 21 的规定执行。

6.2.3 **光电测距高程导线测量**

6.2.3.1 光电测距高程导线一般采用直返觇测定，也可采用中点单觇法测定，当采用中点单觇法施测时，视线长度不得大于 0.7 km，视线的最大倾角不大于 15°，垂直角采用单程双测法测定。

6.2.3.2 光电测距高程导线的垂直角用 DJ6 型经纬仪观测一测回。

6.2.3.3 光电测距高程导线测量的主要技术要求应不超过表 21 的规定。

6.2.3.4 光电测距高程支导线可从第一或第二次光电测距高程导线和经纬仪三角高程导线上发展，高差往返测定。支导线的全长、边数和往返测高差较差分别按表 13 和表 21 的规定执行。

表 21 光电测距高程导线的主要技术要求

地形类别	导线全长/km		最大边长/km	往返测高差较差/m	全长高程闭合差/m	
	1∶5 000、1∶10 000 测图	1∶25 000 测图			1∶5 000、1∶10 000	1∶25 000
平　地	8	20	1.0	0.4s	0.4	1.0
丘陵地	14	30			0.7	1.5
山　地	20	40	1.5		1.0	2.0
注：s——导线边长，km。						

6.2.4 **经纬仪三角高程导线测量**

6.2.4.1 经纬仪三角高程导线的垂直角应往返观测。观测的各项限差按 6.2.4.2 的要求执行。

6.2.4.2 经纬仪三角高程导线的主要技术要求不超过表 22 的规定。

表 22 经纬仪三角高程导线的主要技术要求

地形类别	导线全长/km		往返测高差较差/m	高程闭合差/m	
	1∶5 000、1∶10 000 测图	1∶25 000 测图		1∶5 000、1∶10 000	1∶25 000
平　地	6	15	0.4s	0.4	1.0
丘陵地	9	20		0.7	1.5
山　地	12	25		1.0	2.0
注：s——边长，km。					

6.2.5 **独立交会高程点测量**

6.2.5.1 独立交会高程点一般根据 3 个已知高程点用单向测定，也可根据两个已知高程点一边用往返测，另一边用单向测定。

6.2.5.2 独立交会高程的技术要求不超过表 23 的规定。

表23 独立交会高程的技术要求

成图比例尺	地形类别	允许边长/km	高程较差/m	往返测高差较差/m
1∶50 000 1∶10 000	丘陵地	2	0.7	0.4*s*(当*s*<1 km时,按1 km计算)
	山　地	4	1.0	
1∶25 000	平　地	3	1.0	
	丘陵地	4	1.5	
	山　地	5	2.0	
注:*s*——边长,km。				

7 海岸地形测图

7.1 一般规定

7.1.1 海岸带地形图的陆地部分一般利用已有的现势性较好的地形图资料,采用复制或编绘的方法成图。若已有地形图的基本要素不足或地形元素发生了较大的变化,应按GB/T 14268—93的规定进行修测;现势性较差的地区,应重新施测。

7.1.2 海岸带陆地部分的地形图可采用航空摄影测量、平板仪测量、野外数字化测图及能达到精度要求的其他方法施测。当采用平板仪测量或野外数字化测图的方法施测时,各项技术要求按本规范的规定执行;采用其他方法施测时,按相应的规范执行。

7.1.3 测绘海岸地形图,应充分地显示海岸带的地理特征,地物地貌的表示要准确、清晰和易读。

7.1.4 海岸地形测图在各级控制点和测站点上进行。测站点相对于最近图根点的平面位置中误差不大于0.3 mm;高程中误差不超过1/6等高距。

7.1.5 海岸地形图的高程注记点应尽量选在明显的地物点或地形特征点上,并应分布均匀。其密度应满足在图上每100 cm^2 内,平地、丘陵地为10～20点,山地为8～15点。高程注记至0.1 m。

7.2 地形测图

7.2.1 平板仪测图

7.2.1.1 测图前的准备

7.2.1.1.1 测图前,应根据测区的范围和任务要求,准备好所需的成果资料以及必要的生产和技术资料。

7.2.1.1.2 在选好的聚酯薄膜或裱糊好的图板上展绘坐标网、图廓点、控制点。展绘精度不超过表24的规定。

表24 坐标网、图廓点、控制点的展绘精度

项　　目	限差/mm
坐标网线段长度、图廓边长	0.15
图廓对角线长度	0.2
控制点间长度	0.3
坐标网线的粗度与刺孔大小	0.1

7.2.1.1.3 参照国家计量检定规程的有关规定,对所使用的仪器进行检校。测图仪器应符合下列要求:

a) 视距乘常数应在100±0.1以内;

b) 垂直度盘指标差不得大于±1′;

c) 比例尺长度误差不得大于 0.2 mm；

d) 平行尺平行移动的不平行度应小于 3′，其工作边的直线度不得大于 0.1 mm。

7.2.1.2 **测站点的测定**

测站点是碎部测图的主要依据。因此，作业中应尽量利用各级控制点做测站点。当控制点的密度满足不了测图要求时，可在各级控制点的基础上，采用图解交会、光电测距导线和平板仪复觇支导线测定测站点。

a) 采用图解交会法测定测站点时，交会边长不应大于图上 15 cm，相邻两方向线间的夹角应在 30°～150°；交会产生的示误三角形的边长不得大于 0.5 mm，用另一方向检查时，检查点至检查方向的垂距不大于 0.5 mm。

测站点的高程，一般由三个方向推求。由各方向推求的高程较差不超过 2/5 等高距。

b) 采用光电测距导线测定测站点时，各项要求及限差按表 25 的规定。

表 25 光电测距导线的技术要求及限差

导线长度/m	边长/m	测回数 DJ6	方位角闭合差/(″)	导线全长相对闭合差
≤1M	200～1 000	1	$40n$	1/2 000
注 1:M——测图比例尺分母； 注 2:n ——导线转折角个数。				

高程测定时，垂直角观测按 6.2.3.2 的要求执行，往返测高差较差及高程闭合差按表 21 的规定。

c) 一般地区，允许布设一条边的平板仪复觇支导线；在困难地区，允许布设不多于两条边的支导线。导线的各项要求及限差应符合表 26 的规定。

支导线点测定后，应尽可能用控制点进行检查。

d) 个别测站如测不到所需的地形点，允许在测站点附近设立辅助测站。辅助站至本站距离不大于图上 1 cm，测定的方法、要求与支导线相同。

表 26 平板仪复觇支导线的各项要求及限差

导线全长(图上)/cm	最大视距长度/m			往返测边长较差	对向观测高差较差/m	
	1/5 000 测图	1/10 000 测图	1/25 000 测图		平地、丘陵地	山地
6	200	300	350	1/150	0.3	0.6

7.2.1.3 **碎部测量**

碎部测量应符合下列要求：

a) 测图板的对中偏差，不得大于图上 0.05 mm。

b) 测图板应以大于图上 15 cm 的已知控制点来标定方向，并以其他 1～2 个控制点作检查。测站点离开检查方向线的偏差，不应大于图上 0.3 mm。

c) 仪器高量记至厘米。

d) 测站点至碎部点的距离，一般规定为：1∶5 000 测图不大于 300 m，1∶10 000 测图不大于 400 m，1∶25 000 测图不大于 500 m。在个别情况下或地貌简单的地区，若能清晰读出标尺分划并能看清地形时，视距长度允许按上述规定放长 1/2。

7.2.1.4 **地形图内容的表示**

海岸带地形图陆地部分应表示测量控制点、居民地、工矿建筑物、公共设施和独立地物、管线和垣栅、水系及其附属设施、境界、地貌和土质、高程注记点、地理名称和数字注记等。根据海岸带地形图的用图需要，对海岸线及沿岸地物应详细表示。

a） 海岸线以平均大潮高潮时所形成的实际痕迹进行测绘。测绘时可根据海岸的植被边线、土壤和植被的颜色、湿度、硬度，流木、水草、贝壳等冲积物确定其位置。海岸线应区分石质岸、土质岸、有滩陡岸和无滩陡岸等。陡岸应测注比高。海岸线的位置与其他地物的位置发生矛盾时，以平均大潮高潮线表示；在河水影响大于潮汐影响的河口内部地段，则以河水常水位线表示河岸线。

b） 沿岸（包括通航河段）应详细表示助航标志，如灯塔、灯桩、灯船、灯浮标、信号杆、信号台、各种立标以及水位点、水文点等。

c） 在图上沿海岸线每 10 cm 测注 2～3 个高程点。灯塔、灯桩、信号杆、各种立杆以及沿岸的碉堡、独立石、宝塔和第二类方位物均需测注高程。宝塔和独立石须测注比高；灯塔、灯桩等还须注记发光体在平均大潮面上的高度。

d） 海岸上的海堤应适当测注高程和提高。

7.2.1.5 图幅清绘

海岸地形图可采用单色或多色清绘。采用多色清绘时，各要素的用色与相应比例尺的航测成图相同，其中图式上所有用蓝色印刷的符号和注记用绿色清绘。清绘的精度要求移位差不大于 0.1 mm。

7.2.2 海岸地形数字化测图

海岸地形图野外数字采集采用全站型电子速测仪或半站型测距经纬仪在数据采集软件的支持下进行。

7.2.2.1 一般规定

7.2.2.1.1 仪器的配置及精度要求

a） 全站型系统应配置电子速测仪、数据自动记录器和与微机的通讯接口；

b） 半站型系统应配置普通光学经纬仪（测角精度不低于 DJ6 型经纬仪）、光电测距仪（测距中误差 $m_D \leqslant 20$mm）、电子手簿与微机的通讯接口。

7.2.2.1.2 数据采集软件的功能要求

a） 数据记录格式中应有测站表头信息。测站表头信息记录内容包括：测区代号、测站号、观测日期、时间、湿度、仪器型号、仪器号、观测者、记簿者、测距仪的加、乘常数以及测站的仪器高等。

b） 数据采集的总形式为：地形码＋信息码。

地形码采用 GB/T 15660—1995 中相应的要素代码。采用的信息码应有利于计算机对采集数据进行处理并尽量减少中间文件。

7.2.2.1.3 地形图数字精度要求

a） 地物点相对于最近图根点的点位中误差，平地、丘陵地不大于 0.45 mm，山地及困难地区不大于 0.70 mm。

b） 高程注记点相对于最近图根点的高程中误差，平地、丘陵地不超过 1/3 等高距，山地及困难地区不超过 1/2 等高距。

c） 输出图等高线的高程，相对于最近图根点的高程中误差，平地、丘陵地不超过 1/2 等高距，山地及困难地区不超过 2/3 等高距。

7.2.2.1.4 测站点的测定及其精度要求

测站点可按第 6、7 章的有关要求测定。测站点相对于图根点的平面位置中误差不超过图上 0.25 mm，高程中误差不超过测图基本等高距的 1/6。

7.2.2.2 碎部点的数据采集

a） 施测前应对数据采集软件进行运行检查，确保无误方可使用。

b） 测站表头按 7.2.2.1.2 之 a）提出的内容进行记录，碎部点的观测记录包括测点号、数据采集编码、觇点高、斜距、垂直角、水平角，其记录格式自行规定。

c） 测点时，水平角和垂直角读至仪器度盘最小分划，归零检查和垂直角指标差不大于 1，测距最大长度：1∶5 000 测图为 400 m，1∶10 000 测图为 500 m。

d） 数据采集必须绘制草图（或略图）；数据采集时所用的地形码必须与草图（或略图）所表示的要素符号一一对应；地形要素之间的相关位置必须清楚、正确。

e） 草图上标注的测点编号应与数据采集记录中的测点编号严格一致。

f） 地形图上需注记的各种名称、地物属性等，草图上应标注清楚、正确。

g） 每测站观测结束前，应对标定方向进行检测，如检测结果超过规定的限差时，检测前所测的碎部成果必须重测。

7.2.2.3 观测资料的整理和检查

对观测资料的整理和检查应在当天或一个阶段采集工作完成后及时进行。

a） 对照草图逐条检查核对所采集的数据，或调用软件系统功能自动诊断处理生成图形，检查有无错漏。

b） 检查发现存有矛盾时，应查明原因进行修改。若是数据有误，修改测点编号、地形码和信息码。对记录中的水平角、垂直角、距离、觇标高等观测数据禁止修改，如有错误，必须返工重测。

c） 检查修改后的数据应及时存盘或录制。

7.2.2.4 数据处理和机助制图

a） 利用碎部测量数据处理软件、等高线自动绘制软件、图形编辑软件及绘图软件绘制地形图。具体作业方式按 GB 14912—94 第 6 章的规定执行。

b） 机助成图精度要求

1） 图廓点、公里网点、控制点的点位误差不大于图上±0.2 mm；

2） 图廓边长误差不大于±0.2 mm，对角线长度误差不大于±0.3 mm；

3） 最后的成图精度应符合 3.4 的要求。

7.2.3 图边测绘和接边

7.2.3.1 图边测绘

7.2.3.1.1 为了保证与相邻图幅接边，测绘图边时一般应测出图廓外 4 mm；若为自由图边，图外部分的测绘还应适当加宽，并需由第二人到实地严格检查。

7.2.3.1.2 完成图边测绘后，须用透明纸透绘图边（一般为东和南两边），并在此图边上绘出以下内容。

a） 用黑色绘出相应的图廓线，并注出图廓点的直角坐标及经纬度。

b） 用红色绘出直角坐标网，并注记其相应的公里数。

c） 透绘图廓内外的地物、地貌（透绘的宽度：图外按图边测图的规定，图内为 10～15 mm），并绘出图廓附近的控制点，抄录这些控制点的坐标、高程等成果。透绘的颜色与图内的着墨规定相同。

d） 在图廓的两边用黑色注明相应图幅的编号；作业员应在透绘的图边上签名。

7.2.3.2 图幅接边

7.2.3.2.1 图幅拼接原则上只在相同比例尺的图幅之间进行，需与不同比例尺测图的图边拼接时，应在设计书中作出规定。

7.2.3.2.2 相邻图幅的图边，应在离开测区前严密接好，并须经过认真检查。

7.2.3.2.3 图边的最大接合差不得大于本规范对地物和等高线规定误差的 1.5 倍，拼接后的地物地貌不得改变其真实形状或产生变形。

7.2.3.2.4 接边误差按下列原则配赋

a） 同比例尺的新测图边的接边，如不超过限差，非线状地物可平均配赋其误差，两幅图各改一半；若为线状地物，应在透明纸上刺出两幅图内距图廓最近的转折点，并以两转折点的连线作为改正位置，把其标绘到图上。

b） 不同比例尺的新测图边，其接合差不得大于两种比例尺图限差化算到同一比例尺之和的 3/4。譬如，1∶10 000 及 1∶25 000 的限差各为图上 0.75 mm（山地地区），则接边时同一地物的接合差，被归算到 1∶10 000 测图而言，不得超过图上 1.969 mm，归算到 1∶25 000 测图，不得超过图上 0.788 mm。若接边实际误差不大于上述限差时，可把实际误差按 1 与 2.5 之比（比例尺分母之比）分别配于大、小比例尺图上。

c） 与已出版的地形图接边时，如不超过限差，一般仅在新测图幅上进行修改，如接合差太大，而且证明是由于老图陈旧或质量较差所产生时，就不要勉强拼接，新测图边可按自由图边处理，并在图历簿上说明情况。

8 干出滩地形测图

8.1 干出滩地形图应表示的主要内容

海岸线至水深零米线间的海滩称为干出滩。干出滩地形图应表示下列内容：

a) 干出滩的性质和范围；

b) 干出滩的地物、地貌和干出高度；

c) 测绘出平均大潮高潮线(岸线)、当地平均海水面和最低低潮线(理论深度基准面)。

8.2 测绘的方法和要求

8.2.1 测绘方法的选择

干出滩地形测图，应根据测区的不同情况，选用下列方法进行测绘：

a) 人能行走的干出滩，应采用海岸地形测图的方法施测；人无法下去的干出滩，采用水下地形测量的方法施测。

b) 无法设站的干出滩，可用经纬仪视距法施测碎部点，或用全站型仪器进行数字采集。采用经纬仪施测碎部点时，最大视距为 1∶5 000 测图不超过 450 m；1∶10 000 测图不超过 600 m。采用全站型仪器施测时，按 7.2.2 的要求执行，测距的长度可以放长 1/2。

c) 重要的、大面积的干出滩，宜采用水下地形测量配合航空摄影测量方法施测。

d) 当采用水下地形测量方法施测时，具体要求按第 9 章的规定执行；采用航空摄影测量方法施测时，按相应比例尺的航空摄影测量外业规范执行。

e) 当采用海岸地形测图的方法测绘干出滩时，最好选在大潮低潮或每日落至半潮后接近低潮时进行。半潮后靠近水深零米线边缘的干出滩，可采用水下地形测量的方法测定，海岸地形测图与水下地形测量应相衔接，其高程互差不应大于 0.4 m。

8.2.2 干出滩性质的表示

干出滩按其性质可分为岩石滩、珊瑚滩、泥滩、沙滩、砾滩、砾石滩、泥沙滩、沙砾滩、芦苇滩、丛草滩、红树滩和养殖滩等。各种干出滩的性质必须分别测绘，并按图式的规定进行说明注记。

8.2.3 礁石的测定

8.2.3.1 图内的明礁、干出礁均应测定其位置和高程(或干出高度)。测定时应不少于三个方向，其位置互差不应大于图上 0.6 mm，高程(或干出高度)互差不应大于 0.3 m。困难情况下，当交角良好时也可采用两个方向测定。

8.2.3.2 靠近岸边的礁石，根据不同的情况，按下列原则进行测定：

a) 靠岸不太明显的礁石，只测定位置，不测高程。如在岬角头上延伸出的大石陂，在石陂上有一个略高一点的明礁，则可不测高程，只测其位置。若该明礁高出周围石陂 1 m 以上者，则需同时测定其位置与高程。

b) 岬角头上没有石陂时，不论礁石的大小、高矮，均应测定位置与高程。

c) 岬角头上虽没有石陂，但有并列或前后紧靠有二个以上明礁者，可测定其位置，而高程只测定其外面的一个，或其中比较显著的一个，不必逐个测定。

d) 靠岸的独立明礁，必须测定其位置与高程。

e) 靠岸并列许多互不相连的明礁，而又非群礁者，则必须逐个测定其位胃，高程可适当取舍测定。

f) 群礁应测定其外围和显著礁石的位置、高程，内部礁石可适当测定。

8.2.4 人工养殖场的测定

8.2.4.1 养殖场按下列原则表示：

a) 干出滩上的人工养殖场，应按不同品种分别测定其范围，并按图式的表示方法，注出养殖面积和品种名称。

b) 养殖场内的零星空地，凡图上小于 30 mm^2 的可综合表示，大于 30 mm^2 的按实际情况表示；养殖品种混杂在一起时，图上小于 30 mm^2 的可综合表示，大于 30 mm^2 的应按实际情况区分表示，并注品种名称。

c) 零星分散的养殖场和自留滩，凡图上小于 30 mm^2 的应实测其中心位置，以符号表示，图上大于

30 mm^2 的需实测其范围。

d) 野生的品种一般不表示;季节性的养殖品种,以测图时间为准,有则表示。

8.2.4.2 养殖场范围线可用下列方法测定。

a) 干出滩能设站时,尽量用平板仪实测养殖范围。

b) 干出滩无法设站时,可先在范围线上插旗,然后采用经纬仪交会法或平板仪图解法测定范围线,也可采用六分仪后交定位。采用经纬仪交会法定位时,交会角应不小于30°或大于150°;在困难的情况下,也不应小于20°或大于160°。采用六分仪后交定位时,六分仪的指标差不应超过1′,三杆分度仪精确到1′,量角器精确到15′。

8.2.5 地貌测绘

人能行走的干出滩,当面积不大时,采用平板仪施测;面积较大时,可采用断面线法施测;困难地区和面积小的干出滩,也可采用六分仪施测。

8.2.5.1 当采用断面线法施测时,一般应垂直海岸线每隔图上2～5 cm布设一条测深线。断面线的起点按测站点的要求测定。断面线的测量要求为:

a) 断面线一般采用经纬仪视距高程导线法测量。断面线上点之间距:1∶5 000、1∶10 000测图,一般为200 m,往返视距较差不大于1/200;1∶25 000测图,一般为600 m,往返视距较差不大于1/150。垂直角用中丝法测一测回,往返高差不符值应小于0.2 m。水平角观测一测回,半测回较差不大于30″。

b) 观测过程中,一般应与图根点或测站点进行联测,并尽量测量附近的地物、地貌,同时记在手簿中。

c) 断面线一般测至半潮线,低潮时测到有水深为止,最后一个测站点或标尺点上应量取水深并记取时间(时间读至分)。以水深法计算出的干出深度应与经纬仪导线法测得的干出深度相一致,最大互差不超过0.4 m。

d) 在容易下沉的泥滩进行断面测量时,应准备几块木板,设站时将经纬仪架在木板上,以防止仪器下沉。

e) 平坦的大面积的干出滩,干出高度也可采用水准仪进行测量。

8.2.5.2 采用六分仪测量,应在风浪较小时进行。测量时,沿不同时间的岸边潮位线(平行海岸线)每隔图上1 cm定一个定位点,并记下时间和水位。六分仪定位中误差不得大于图上1.0 mm,经水位改正后的干出高度中误差不得大于0.2 m。

8.2.5.3 干出滩上的干沟应尽量测绘。若因干沟较宽、沟底与滩面的比高较大而无法测定高程时,应采用水下地形测量方法来确定沟的走向和沟底高程。干出滩上的水道、小河走向及出水口的测绘,尽量在低潮时用放置标尺的方法测定其位置和高程。

8.2.6 海岸线、平均海水面和最低低潮线(深度基准面)的测绘

测绘干出滩的地形图时,应准确测绘平均大潮高潮线(岸线),并用内插法绘出当地平均海水面和最低低潮线。

干出滩宽度小于图上10 mm的地段,图上可不绘出当地平均海水面;干出滩宽度小于图上3 mm的地段,图上可只绘海岸线。

9 水下地形测量

9.1 水位控制

海岸带水位控制的建立,应尽量利用有关测绘部门所设的验潮站。原有验潮站的密度不足时,可按下列要求适当增设。

9.1.1 验潮站的设立

9.1.1.1 海岸带地形测图可采用长期验潮站、短期验潮站和临时验潮站的资料来建立水位控制。

a) 长期验潮站是测区水位控制的基础,应有两年以上连续观测资料,主要用于计算平均海面。

b) 短期验潮站用于补充长期验潮站的不足,最少连续观测30天,主要与长期验潮站共同推算、确定测区的深度基准面。

c） 临时验潮站在测区水深测量时设置，与长期验潮站或短期验潮站同步观测 3～15 天。主要用于深度测量时，进行水位改正。

9.1.1.2 验潮站布设的密度应能控制全测区的潮汐变化。相邻验潮站之间的距离应满足最大潮高差不大于 1 m，最大潮时差不大于 2 h，且潮汐性质应基本相同。对潮时差和潮高差变化较大的海区，除布设长期站或短期站外，也可在湾顶、河口、水道口和无潮汐点处增设临时验潮站。

9.1.1.3 验潮站站址的选择原则：

a） 水尺前方应无浅滩阻隔，海水可自由流通，低潮不干出，高潮不淹没，能充分反映当地海区潮波传播情况的地方。

b） 水尺能牢固设立，受风浪、急流冲击等影响较小和船只碰撞可能性很小的地方，也可以在固定码头的岸壁上安设水尺。

c） 岸滩坡度较大的地方。

d） 能牢固埋设水准标石，并便于与主要水准点以及国家水准点、控制点进行联测的地方。

适当考虑验潮人员的安全、生活和交通方便，在保证水位观测精度的前提下，尽可能把验潮站选在居民点附近。

9.1.1.4 设立的水尺要牢固、垂直于水面，高潮不淹没、低潮不干出；两水尺相衔接部分至少有 0.3 m 重叠。

9.1.2 验潮站的水准测量

9.1.2.1 每个验潮站应埋设工作水准点和主要水准点标志各一个。

9.1.2.2 工作水准点应设立在水尺附近，以便经常检查水尺零点的变动情况；工作水准点可在岩石、固定码头、混凝土面、石壁上凿标志，再以油漆作记号。不具备上述条件时，也可埋设牢固的木桩。

9.1.2.3 主要水准点应设在高潮线以上，地质比较坚固稳定、能长期保存、易于进行水准联测的地方。在验潮站附近的水准点和三角点，经检查合格，可作为主要水准点。水准点的选定及埋石按《国家水准测量规范》四等水准点的要求执行。

9.1.2.4 主要水准点要与国家水准点联测，联测要求按四等水准测量的规定执行。

9.1.2.5 工作水准点与主要水准点之间的高差，按四等水准测量要求，工作前后各测定一次。

9.1.2.6 验潮站的水尺，至少有一根水尺零点与工作水准点之间的高差是用四等或等外水准测定的。各水尺零点之间的相互高差，可在海面平静时，用水面水准或等外水准的方法测定。水面水准要求两根水尺每隔 10 min 同时进行一次读数，连续读数三次，其高差互差不得大于 3 cm，取中数使用，超限者，应重测。

9.1.2.7 水位观测过程中，应经常检查工作水准点与水尺零点之间的相互高差有无变化，如发现或怀疑水尺零点有变化时，应及时进行高差联测。当水尺零点变动超过 3 cm 时，应重新确定相互关系，并另编尺号。

9.1.3 水位观测

9.1.3.1 沿岸验潮站采用自记验潮仪、便携式验潮仪和水尺观测水位，其观测误差不得大于 2 cm。

9.1.3.2 用自记验潮仪观测水位的要求：

a） 自记验潮井要求井水面与井外海面保持同样高度，同时升降；

b） 读数精度为 1 cm，时间比对精度为 1 min；

c） 记录仪与校对水尺读数之差，最大不大于 2 cm，每天检查一次。

9.1.3.3 用水尺观测水位的要求：

a） 水位观测，应每隔 0.5 h 观测一次，整点必须观测，读数至厘米，时间记到整分。

b） 高、低于潮及其前后 1 h 和潮位变化异常时，每隔 10 分钟观测一次。

c） 在大风浪、海面波动不稳定时，可取波峰和波谷的平均值作为水位读数。

d） 当水尺将要干出或将被淹没时，必须立即增设新水尺，可先观测，然后用水面水准或等外水准得出水尺零点间的高差关系；特殊情况下，也可先在固定物上标出水位的痕迹，然后转为水尺读数。

e） 水位观测时，当水尺的瞬时水深不大于 0.3 m 应更换水尺；更换水尺时，应同时读取两根水尺的读数，其差不得大于 2 cm，并记入手簿相应栏内，原水尺读数供校对。

f）因故漏测时，应按实际观测时间的数据记载，不得为了凑数而擅自插入水位读数。

g）进行同步观测时，应在 1、7、13、19 时观测风向、风力、气压，并记载天气状况。

h）水位观测所使用的钟表，每天必须与北京时间校对一次，并记在手簿的备注栏内，其表时差不应大于 1 min。

9.1.3.4 验潮站不同水尺的零点读数应归化到统一的水位零点。水位零点一般假定在工作水准点以下整米处，但必须低于最低潮位，验潮站的水位零点一经确定，不得改变。利用旧站进行水位观测时，也可以采用其深度基准面作为水位零点。

9.1.3.5 凡使用分带法或时差法进行水位改正时，与其有关的验潮站的水位观测时间较测深时间应提前或延迟 1～2 h。

9.1.3.6 水位观测期间，应及时绘制水位曲线。每个验潮站的水位曲线应按日期顺序连接成卷，每卷始末注明站名、起止日期、观测者、绘制者、校对者。

9.1.4 **平均海面**

9.1.4.1 长期验潮站平均海面采用不少于 2 年连续水位观测数据，取其每小时的平均值求得。

9.1.4.2 短期验潮站的平均海面，一般用邻近的两个长期验潮站的平均海面转测求得，转测误差不得大于 10 cm。转测方法：

a）几何水准测量法：按国家四等水准测量要求，直接联测两验潮站水准点间的高差，进而求得短期站的平均海面。

b）同步改正法：采用 30 天（一个月）同步观测水位平均值，首先计算长期站的月平均海面与其多年平均海面的差值即同步改正数，然后将短期的月平均海面加上此同步改正数即可求得短期站的平均海面。其计算方法，也可采用回归分析法。

9.1.4.3 临时验潮站的平均海面，是以邻近的长期验潮站或短期验潮站以几何水准法或同步改正法求得。

9.1.5 **深度基准面**

海岸带水下地形测量一般应采用 1985 国家高程基准作为深度基准面。为了便于测图，作业时，也可采用理论最低潮面作为深度基准面。

9.1.5.1 长短期验潮站的深度基准面采用理论最低潮面时，其计算公式见附录 E。

9.1.5.2 临时验潮站的深度基准面，根据邻近潮汐性质相同的二个长期验潮站或短期验潮站的深度基准面，以内插法求得，计算公式为：

$$L=(D_A L_A+D_A L_B)/(D_A+D_B) \qquad \cdots\cdots (4)$$

式中：

L ——临时验潮站深度基准面至其平均海面的高度，cm

L_A、L_B ——分别为 A、B 验潮站深度基准面至其平均海面的高度，cm；

D_A、D_B ——在同一比例尺图上分别量取临时站到 A、B 站的垂直距离，cm。

9.1.5.3 测区的平均海面、深度基准面原则上采用已有的数据，只有在已有数据缺乏的情况下，才采用上述的方法求得。

9.2 **深度测量**

9.2.1 **准备工作**

9.2.1.1 出测前应充分做好各项准备工作，包括了解上级业务部门对作业的要求，抄录各种已知数据，领取各种仪器、器材、表簿和海图，对各种仪器按规定进行测试、检查和校准等。

9.2.1.2 绘制工作图板：

a）图廓线、折点线、新测岸线、控制点均用黑色墨水绘制；从旧图上转绘的岸线及零米线用黑色铅笔描绘；从海图上转绘的沉船、礁石、特殊水深、石陂用红色墨水描绘，应尽量从大比例尺的最新海图上转绘，转绘时应标明各种障碍物的高度或最浅深度、位置和范围；控制点和岸台以圆圈表示，并需注明控制点名称，按"标高/高程"的形式注记标高和高程。

b）用黑色铅笔绘出计划测深线，标绘出水文点、底质点及验潮站位代。同一幅图分成几块工作图板工作时，测深线均应统一编号，同一控制点简称应一致。

9.2.2 **测深线的布设**

9.2.2.1 主测深线方向，应垂直等深线的总方向；对狭窄航道，测深线方向可与等深线成45°角。在其他情况下，布设测深线的要求视情况规定如下：

a) 沙嘴岬角、石陂延伸处，一般应布设辐射线，如布设辐射线还难以查明其延伸范围时，则应适当布设平行其轮廓线的测深线；

b) 重要海区的礁石与小岛周围应布设螺旋形测深线；

c) 锯齿形海岸，测深线应与岸线总方向成45°角；

d) 用于导航的叠标，一般应在叠标线上及其左右各布设一条测深线，间隔为图上3～5 mm；

e) 在码头处，应从码头壁外1～2 m开始，每隔图上2 mm平行码头壁布设2～3条测深线；

f) 在测量过程中，若发现计划图上布设的测深线与实地不符，可根据实地情况作适当修改。

9.2.2.2 测深线间隔的确定应顾及海区的重要性、海底地貌特征和海水的深度变化等因素。原则上主测深线间隔为图上1 cm。对于需要详细探测的重要海区和海底地貌复杂的海区，测深线间隔应适当缩小。螺旋形测深线间隔一般为图上0.25 cm。辐射线的间隔最大为图上1 cm，最小为0.25 cm。

9.2.2.3 检查线的方向应尽量与主测深线垂直，分布均匀，能普遍检查主测深线。检查线一般应占主测深线总长的5%～10%。

9.2.3 **深度测量的要求**

首次进入测区，应利用低潮掌握障碍物的分布情况。

9.2.3.1 深度测量的主要器具有回声测深仪、测深杆和水铊。回声测深仪适用于各种比例尺大面积深度测量；测深杆适用于流速小于1 m/s且水深小于5 m的测区的深度测量；水铊适用于流速小于1 m/s且水深小于10 m的特殊测区的深度测量。

9.2.3.2 对用于海岸带测量的船只，应进行动态吃水改正的测定。当测深仪换能器位置在船上固定不变时，只须测定一次，在以后的测深工作中可以作为常数使用。动态吃水的测定方法见附录F。当测深仪具有波浪滤波器装置时，可不做动态吃水改正的测定。

9.2.3.3 每天测深前应记录一次换能器静态吃水。在测深及检查测深仪时，应保持测量船只平稳。当换能器静态吃水与检查仪器时的换能器吃水改变0.1 m时，必须进行吃水变化的改正。

9.2.3.4 使用测深仪测深，应测定仪器的总改正数。总改正数为各项改正数的代数和。即仪器转速改正数、声速改正数、吃水改正数（静态和动态吃水改正数的代数和）以及换能器基线改正数代数和。

9.2.3.5 在海岸带测量中，一般用校对法直接求测深仪改正数，并用检查板或水听器对测深仪进行校正。校对仪器时，测深仪器应处于正常工作状态，海况平静，船只处于漂泊和乎稳状态下进行。总改正数求法如下：

用水听器求改正数

$$\Delta Z_T = Z_V - 2Z_s + \Delta Z_n + \Delta Z_s \quad \cdots\cdots (5)$$

用检查板或金属绳水铊求改正数

$$\Delta Z_T = Z_V - Z_s + \Delta Z_n + \Delta Z_L \quad \cdots\cdots (6)$$

式中：

ΔZ_T ——测深仪的总改正数，m；

Z_V ——水听器或检查板的深度读数，m；

Z_s ——测深仪测得的深度读数，m；

ΔZ_L ——测深仪基线改正数，m；

ΔZ_n ——测深仪转速改正数，m。

测深仪转速改正数可以按式(7)求得，即

$$\Delta Z_n = (n_o/n_s - 1)Z_s \quad \cdots\cdots (7)$$

式中：

n_o ——仪器的设计转速，n/min；

n_s ——仪器的实际转速，n/min；

ΔZ_s——水听器与测深仪发射换能器在一个水平距离 d 时的改正数，m。

测深仪测得的深度读数 ΔZ_s，分两种情况求得：

a) 当换能器在船底时，设基线长的一半为 L，则：

$$\Delta Z_s = 2Z_s - [(2Z_s)^2 + L^2 - d^2]^{\frac{1}{2}} \quad \cdots\cdots (8)$$

当 $L=d$ 时，$\Delta Z_a=0$

当 $L>d$，$\Delta Z_s<0$，反之 $\Delta Z_s>0$。

b) 当换能器是舷挂式时

$$\Delta Z_s = 2Z_s - [(2Z_s)^2 - d^2]^{\frac{1}{2}} \quad \cdots\cdots (9)$$

在检查测深仪时，最好将仪器转速调整至设计的标准转速，当实际转速未超过标准转速的1%时，可不改正。否则，必须进行改正。

9.2.3.6 用校对法检查测深仪时，同一测区内，每台仪器应于测深开始第一天的测前和测后进行改正数的测定。相同深度测前、测后改正数之差不得大于深度测量中误差限差的 2 倍。以后每隔 15 天测定一次，在此期间内，每天开始测深前只须比对一个水深，当发现与第一天的改正数曲线相同深度比较超过深度测量中误差的限差 2 倍时，应立即重新进行测前、测后仪器改正数测定。每天比对一个水深时，水深应大于 5 m，且应在测区进行。用水听器检查每一个深度时，同一深度在测深仪记录纸上，比对不得超过 3 次。当仪器故障、进行大修或更换测深仪的主要部件时，要重新测定仪器改正数。

9.2.3.7 用校对法检查测深仪时，每次测前、测后的检查点数规定如下：

当 $\Delta Z \leqslant 5$ m 时，应检查 2 个点(最浅、最深)；

当 5 m$<\Delta Z\leqslant 10$ m 时，应检查 3 个点(最浅、中间、最深)；

当 $\Delta Z>10$ m 时，应检查 4 个点(最浅、最深、中间 2 个点)。

ΔZ 为测区最浅、最深水深之差值。

9.2.3.8 校对测深仪使用的金属绳，在每次校对之前应检验一次，如有误差应立即调整其深度符号于正确位置。

9.2.3.9 在水文因素变化大的海区，如流量较大的江河出口地段，持续暴雨和台风后的岸边浅水区等，均应增加测深仪的检查次数。

9.2.3.10 使用水铊测深，水铊绳必须使用伸缩小的材料制成，每工作日测前测后应检查水铊绳。检查时，读至厘米。

9.2.3.11 两定位点间内插深度点的要求：

a) 机动船在航速、航向不变的条件下，用回声测深仪测深，允许按一定时间间隔进行内插；用测杆和水铊测深，在定位点之间最小间隔不超限时允许内插一个点。

b) 使用非机动船测深时，不允许内插点。

9.2.3.12 对有海草或其他植被覆盖的海区，用测深仪测深的同时，还必须用测杆或水铊校核。

9.2.3.13 主、检点位水深比对及图幅拼接的点位水深比对超限，或虽未超限，但存在系统误差以及对测图成果的精度有疑问的地方，均应分析原因，查明情况，正确处理，以保证成图质量。主、检点位水深比对时，重合深度点(图上距离 1.0 mm 以内)的不符值限差：水深 5 m 以内为 0.2 m，10 m 以内为 0.4 m，10 m 以上为水深的 4%，超限的点数不得超过参加比对总点数的 25%。

9.2.3.14 在下列情况下应进行补测：

a) 测深线间隔超过规定间隔的 1/2 时；

b) 两定位点间测深线漏测或测深仪回波信号记录中断(或模糊不清)在图上超过 3 mm 时；

c) 测深仪信号不正常，不能正确量取水深时；

d) 不能正确勾绘等深线及海底地貌探测不完善时；

e) 测深期间，验潮中断时。

9.2.3.15 具有下列情况之一应重测：

a) 主、检比对超过 9.2.3.13 的规定要求时；

b) 定位中误差超限时；

c) 其他严重违反本规范要求时。

9.2.3.16 不同年度施测的相邻图幅之间，必须进行拼接测量，要求如下：

a） 在拼接处应至少重叠一条测深线。

b） 重叠测深线布设方法，每幅图应各自从拼接的图廓线起向外 0.5 cm 布设一条测深线。然后距该图廓向本图幅内 0.5 cm 布设一条测深线。上述两条测深线的两端均应向图廓外延长 1～2 cm。

c） 当拼接水深不一致时，应查明原因，正确处理。

9.2.3.17 同年度施测的相邻图幅，一般不进行拼接测量。

9.3 定位

9.3.1 一般规定

9.3.1.1 在海岸带水下地形测量中，视设备和工作海区的情况，可选用下列的方法定位：

a） 经纬仪前方交会法；

b） 测距仪与经纬仪的极坐标法；

c） 微波测距定位系统；

d） GPS 定位系统。

9.3.1.2 采用上述方法定位时，定位点的点位中误差应符合 3.4.3 的规定。

9.3.1.3 定位开始前，应按有关规定对定位设备（系统）进行检验和校正。

a） 光学经纬仪和测距仪的检验和校正，按平面控制测量的有关规定执行；

b） GPS 接收机的检验和校正，按全球定位系统（GPS）测量规范的有关规定执行；

c） 微波定位系统的检验和校正，按海道测量规范的有关规定执行。

9.3.1.4 定位时应选用图根点以上的控制点作为岸基准台点或测站点；测深与定位应保持同步。

9.3.1.5 定位中心与测深中心应尽量重合，偏离时其偏心距 1：5 000、1：10 000 测图不得超过 2 m，1：25 000测图不得超过 5 m。否则应作偏心改正。

9.3.1.6 在测量过程中，图上定位点的最大间隔如下：

a） 采用机动船、测深仪测深，在平坦海区为 3 cm。复杂海区为 1～1.5 cm；

b） 采用机动船、测杆、水铊测深，在平坦海区为 1.2 cm，复杂海区为 0.8～1.0 cm；

c） 采用非机动船、测杆、水铊测深，在平坦海区为 0.6 cm，复杂海区为 0.5 cm。

9.3.2 经纬仪前方交会定位

9.3.2.1 使用经纬仪前方交会定位，应符合下列要求：

a） 起始方向在测前测后及测量过程中每隔 1～2 h 均应进行检查和校正。如果仪器碰动，应立即检查和校准。

b） 在定位期间，起始方向的变动不得超过 1′；超过时，从上一次检查至发现超限时间内的定位成果作废。

c） 交会角一般在 30°～150°，角度观测必须严格同步。

9.3.2.2 使用经纬仪前方交会定位，其定位中误差按下列式（10）计算：

$$M_o = \pm 0.3\, m_a \times \csc W \sqrt{s_1^2 + s_2^2} \quad \cdots\cdots (10)$$

式中：

M_o ——定位中误差，m；

m_a ——经纬仪测角中误差，（′）；

W ——位置线交角，（°）；

s_1、s_2 ——分别为定位目标至每个测站点的距离，km。

9.3.3 极坐标定位

9.3.3.1 极坐标定位的测角仪器与测距仪器一般应同心架设。否则测角仪器应架设在测站点上，测距仪作偏心架设，并在计算定位结果时作归心改正。

9.3.3.2 极坐标定位中误差按式（11）计算：

$$M_o = \pm \sqrt{m_s^2 + (0.3 m_a s)^2} \quad \cdots\cdots (11)$$

式中：

M_o ——定位中误差，m；

m_s ——测距仪的测距中误差，m；

m_a ——测角仪器的测角中误差，(′)；

s ——测站至定位目标的距离，km。

9.3.4 微波定位系统定位

9.3.4.1 微波测距定位系统至少设立两个岸台，岸台与船台间微波视线距离按下列式(12)计算：

$$s=4.12(\sqrt{H_1}+\sqrt{H_2}) \quad \cdots\cdots (12)$$

式中：

s ——微波视线距离，km；

H_1、H_2 ——分别为岸台和船台应答器高程，m。

9.3.4.2 岸台和船台天线架设时，应充分考虑周围环境的影响，确保信号的正常发射和接收。

9.3.4.3 每次架设岸台和工作中改变仪器高度均应量取仪器高，并注明时间。仪器高应量取两次，互差不得大于 2 cm，取中数使用。

9.3.4.4 船台仪器高(指船的吃水线至天线接收中心间的垂直距离)应量取两次，互差不得大于 2 cm，取中数使用。

9.3.4.5 微波测距系统存在着直接波与水面(或其他物体)反射波之间相位迭加面引起的“零效应”(或称“测距盲区”)。当船台和岸台之间的距离，s 满足式(13)时，船台将出现“零效应”。

$$s=2H_{船}\ H_{岸}/\lambda \quad \cdots\cdots (13)$$

式中：

$H_{船}$、$H_{岸}$ ——船台、岸台天线高程，m；

λ ——微波波长，m。

为避免“零效应”，在系统频率、船台高度确定后，可适当调整岸台高度或使用防零装置，或在船台接收天线处采取适当遮蔽措施，以保证接收直接信号而阻挡反射信号。

9.3.4.6 采用微波测距定位系统进行海上定位时，所测距离应进行气象改正。气象观测时间为测前、测后及工作开始后每隔 1～2 h 观测一次，且船台与岸台应基本保持同步观测。气象观测精度按附录 C 的要求执行。

9.3.4.7 微波测距定位系统所测斜距 s，化算到高斯平面上的长度 D 按下列式(14)计算：

$$D=s'(1-\frac{H_o+\xi}{R})[1+\frac{1}{2R^2}(Y_o+\frac{\Delta y^2}{12})] \quad \cdots\cdots (14)$$

式中：

$s'=\sqrt{s^2-\Delta H^2}$，m；

s ——经过各种改正后的斜距，m

$\Delta H=H_{岸}-H_{船}$，m；

$H_o=\frac{1}{2}(H_{船}-H_{岸})$，m；

$R=6\,356\,755/(1-e^2\sin^2 B_o)$，m；

ξ ——高程异常，m；

$e^2=0.006\,694\,385\,0$；

B_o ——测区的中心纬度，(°)；

$Y_o=\frac{1}{2}(Y_{船}+Y_{岸})$，m；

$\Delta Y=Y_{岸}-Y_{船}$，m。

$H_{船}$的归算应考虑潮汐改正、静态和动态吃水改正。

9.3.4.8 微波测距定位系统的定位中误差按下列式(15)计算：

$$M_o=\pm\csc W\sqrt{m_{s_1}^2+m_{s_2}^2} \quad \cdots\cdots (15)$$

式中：

m_o ——定位中误差，m；

m_{s_1}、m_{s_2}——分别为观测两个距离的测距中误差，m；

W ——位置线交角，(°)。

9.3.5 **卫星定位**

9.3.5.1 适用于海岸带地形测量的卫星定位系统是全球定位系统(GPS)。

9.3.5.2 在海上应用GPS进行动态定位，一般应使用六通道(含)以上的测量型接收机，采用实时差分导航定位测量的方法定位。

9.3.5.3 GPS接收机应在每次作业前输入相应的导航参数。

9.3.5.4 卫星仰角限值选择缺省参数5°，PDOP限值输入99.9。

9.3.5.5 将WGS—84坐标系的坐标转换为1980西安坐标系的坐标。

9.3.5.6 对于PDOP超限的定位点需重测或补测。PDOP限值应小于(含)C×0.000 176，C为测图比例尺分母。

9.4 **底质探测**

9.4.1 海岸带地形测量中均须探测海底表层底质。底质探测可使用采泥器进行底质取样判读，也可采用其他设备获取底质资料。

9.4.2 底质探测时必须定位。底质点的密度一般为图上25 cm^2 一点；锚地、停泊场、航道和重要海区及底质复杂海区为6～16 cm^2 一点；变化不大的海区为50～100 cm^2 一点。

9.4.3 使用水铊探测底质，只允许水深在10 m以下，且必须与定位同时进行。底质分类见附录D。

9.5 **水深测量数据自动采集与处理系统的使用规定**

9.5.1 进行海岸带水下地形测量，应选择适用的自动采集系统；系统所采用的测深和定位设备的测量精度以及计算各参数的有效位数必须符合本规范的要求。

9.5.2 测量前应事先做好对系统的检查、调试和检测工作，当系统完全处于正常运转状态后方可投入作业。

9.5.3 系统的数据文件中应包括点号、日期、时间、经纬度、平面坐标、水深值等要素；每幅图的磁盘(或电子手簿)必须统一编号并注记文件名。

9.5.4 系统的操作和维护必须按各系统的使用和技术说明书所规定的步骤进行，操作人员不得随意更动；系统的软、硬件均不得随意更改。

9.5.5 所有纸质记录器(如测深仪记录纸和定位仪器的记录带等)，在系统工作时，均应保持同步运转，所记资料作为系统的辅助资料一并上交。

9.6 **外业资料的记载、整理与检查**

9.6.1 **验潮资料的记载与整理**

9.6.1.1 验潮资料的记载应按验潮手簿中“验潮及其手簿填写规则”执行，当其与本规范发生矛盾时则以本规范为准。

9.6.1.2 资料整理须遵守以下要求：

a) 验潮人员对所观测的资料必须在现场及时整理，发现问题，及时处理。

b) 15天以上同步观测的水位资料，因故漏测在24 h以内者，其恢复的方法是用漏测前一昼夜与后一昼夜同一时刻的两条潮汐曲线的中线补入或用相邻两个验潮站相应时间所观测的潮位分带内插补入。恢复的潮位，在潮位曲线图上用虚线表示，并把恢复的潮位注入手簿中。

c) 同一项目，如验潮站、水尺及水准点的名称、编号、位置、高度等，在不同手簿上记载必须一致。

9.6.2 **测深与定位资料的记录和整理**

9.6.2.1 测深手簿的填写与整理除按“手簿填写规则”进行填写外，还应做到以下几点：

a) 在测深方法简要说明一栏填写用何种方法定位、用何种工具测深和测定底质、测深仪的检查方法。

b) 手簿每天开始应记载日期、线号、航向、航速。当测深中改变航向、航速或换标时，应及时记录。

c) 手簿上经分析确定不采用之成果，应用铅笔正规划去，并注明原因，当事者签名。

d) 变换测深工具时，要用符号和文字说清楚。

9.6.2.2 测深仪记录纸的填写和注记须遵守以下规定：

a) 每日开始（结束）工作时应注明"×年×月×日×时开始（结束）工作"，在每条测深线第一定位点前注明所测线号，在定位线上注明点号及时间；

b) 工作开始、结束及深段变化时，在记录纸上均应注明深段；

c) 测深记录纸在测深和检查测深仪时一定要有零信号；

d) 记录纸两端，应贴上标签（贴在记录纸正面），测深线号应从各自一端的顺序填写。

9.6.2.3 深度透写图绘制与整饰应遵循下列规定：

a) 深度透写图必须及时绘制；绘制时，水深要进行水位和测深器具误差两项改正。

b) 深度点和等深线的描绘，应能完善地显示海底地貌。

c) 为了便于分析海底地貌和测量成果精度，检查线和邻图拼接外的水深数字应用醒目的颜色书写表示。

9.6.2.4 定位手簿应按手簿格式认真填写，不同的测深线不得记在同一页内。

9.6.2.5 填写测深线跨图幅时，手簿记录时要重叠两个定位点，重叠的点按各自所在图幅的顺序编号，并在备注栏内注明该点在另一图幅内的编号。

9.6.2.6 每日工作结束后，测深仪记录纸两端的外侧应贴上标签。

9.6.2.7 定位手簿、测深手簿、测深仪记录纸所记的线号、点号、日期、时间均应一致。

9.6.2.8 每天工作结束后，应对获得的原始数据和资料进行全面的检查。对有怀疑的数据和资料应查明原因并改正。

9.6.3 外业资料的检查

作业人员对所执行的每项工作，均须进行全面的校核检查，做到正确无误。作业负责人对成果质量要全面负责，对测深中的重点项目必须亲自检查，并作出负责的结论。

9.7 内业资料整理

9.7.1 一般规定

a) 在内业整理中，发现外业资料有矛盾、错误和可疑的问题时，应对有关资料进行校对，具体分析，正确处理。在整理过程中，严禁随意划改原始数据。

b) 成果图板整理中，每一项目完成后，必须由另一作业人员进行全面校对。

9.7.2 图板准备

9.7.2.1 采用绘图机成图时，绘图机的参数如下：

a) 量测系统分辨率步距(step)不大于 0.002 mm;

b) 可寻址分辨率步距(step)不大于 0.025 mm;

c) 零点定位差不大于 0.04 mm;

d) 动态误差不大于 0.1 mm;

e) 单笔重复误差不大于 0.05 mm;

f) 有效绘图面积不小于 841 mm×597 mm(A1 幅面)。

9.7.2.2 手工准备图板时，要求如下：

a) 在成果图板上的刺孔要小，刺孔直径不大于 0.1 mm。

b) 在成果图板上展绘图廓点、控制点，其展绘精度应符合 7.2.1.1.2 的要求。

c) 在水深成果图板上绘制方里网短线，图上间距规定为：大于（含）1∶10 000 的图幅为 10 cm；1∶25 000图幅为 8 cm。

方里网线粗不大于 0.1 mm。方里网绘制的准确性由方里网交点的直角坐标来检查，其坐标位移差不大于图上 0.5 mm。

d) 记入定位点的格网图绘在以图纸或聚脂薄膜作为成果图板的套纸上。

从格网图把定位点转绘到成果图板，其转绘误差不得超过 0.5 mm。

9.7.3 定位点的记入、检查与整理

9.7.3.1 用计算机成图时，在图形编辑软件中，对定位点处理，应符合本规范的规定。

9.7.3.2 定位点记入(手工)的绘图误差为:

a) 格网内插记入(不包括格网绘制误差),不得大于0.5 mm;

b) 透明纸转绘不得大于0.5 mm;

c) 解析法记入不得大于0.2 mm。

9.7.3.3 各种导航标志、显著物标和航行的障碍物,应以解析法记入。

9.7.3.4 当深度点上岸时,要分析产生的原因,如系定位误差引起,则允许该点在2 mm范围内向水部方向移动。

9.7.3.5 当测深线上的定位点过密时,可以舍去适当的个别定位点,但必须遵循下述原则:

a) 其水深值,应与附近深度变化基本一致;

b) 航向、航速变化的定位点不能舍去;

c) 特殊深度和影响地貌特征的定位点不能舍去。

9.7.3.6 定位点的检查原则如下:

a) 抽查定位点,一般不应少于20%,但对点位变化不正常的定位点,必须全面检查;

b) 对特殊深度,必须全面检查。

9.7.4 深度改正

9.7.4.1 在进行水位改正前,需检查各验潮站的零点、平均海面和深度基准面的确定是否准确。平均海面、深度基准面的计算取至0.01 m。

9.7.4.2 当相邻验潮站的控制范围互相重叠时,则各站范围内的瞬时水深应以其实测水位资料分别改正。

9.7.4.3 当相邻验潮站的控制范围互不重叠时,两验潮站间的瞬时水深,可采用直线分带法或时差法进行水位改正。采用上述方法时均要求两站间的潮时和潮高的变化与其距离成比例,分带时带的界线基本上应与潮波传播方向垂直。

9.7.4.4 只有在狭窄航道,且潮波传播方向与两站连线基本平行时,方可利用两个验潮站的水位进行两站间的水位改正,否则应采用三个验潮站的水位进行瞬时水位改正。

9.7.4.5 两个验潮站之间的分带数,应按下式计算:

$$K=2\Delta h/\sigma \qquad (16)$$

式中:

K ——分带数;

Δh ——两验潮站深度基准面重叠时,由水位曲线图上量得的同一瞬时两验潮站间的最大水位差,m;

σ ——测深精度,m。

9.7.4.6 水位综合曲线以不同颜色绘在毫米方格纸上。绘制时应将两验潮站的深度基准面重叠,纵坐标表示潮高,横坐标表示潮时。

9.7.4.7 当利用三个验潮站对其控制区域进行水位改正时,可使用时差法,分带内插法或解析模拟法。

9.7.4.8 用时差法进行水位改正时,必须采用实测水深;用多项式拟合实测水位时,拟合点的时间跨度不得小于12 h,但也不得大于24 h,拟合中误差按下式计算:

$$M=\pm\sqrt{\frac{[VV]}{n-1}} \qquad (17)$$

式中:

M——拟合中误差,cm;

V——验潮站t时刻的实测水位值与该时刻拟合多项式$f(t)$值差,cm;

n——实测水位的次数。

拟合中误差$M\leqslant 4$ cm。

9.7.4.9 计算两验潮站间的时差T时,要求潮位的时间间隔不得大于3 min,三个验潮站之间潮时差的闭合差不得大于6 min。

9.7.4.10 时差法水位改正时,各站的水位均应化归到本站深度基准面。

9.7.4.11 测深器具的各项改正，须进行全面的检查。

9.7.5 **深度量取**

9.7.5.1 量取深度之前，应对记录纸进行检查与整理。

a) 回波信号模糊不清或中断超过图上 3 mm 者，须检查外业所勾绘的回波信号连线的准确性。连线用红铅笔勾绘在回波信号靠近零讯号的一侧。当受风浪影响而回波信号呈现波浪状时，连线应勾绘在回波信号的波峰与波谷之中央。

b) 根据 9.7.5.2 的规定，确定两定位点间的插点数，插点标记线应平行于定位点标记线。

9.7.5.2 水深测量成果图板上深度点的距离应符合表 27 的规定。

表 27 图板上深度点的距离

单位为毫米

地 区	图上深度点间的距离
复 杂	3～4
一 般	4～6
平 坦	6～8

检查线深度点间的距离为 3～5 mm，但与主测深度线之交点和所有特殊深度均应准确量取，不得遗漏。

9.7.5.3 量取的水深，以铅笔写在靠近回波信号左侧定位点或插点标记线上。

9.7.5.4 测深杆和水铊测得深度的改正计算，直接在测深手簿上进行。

9.7.5.5 经水位和测深器具改正后的水深，记在测深手簿的改正深度栏内；未经改正的水深，应记在测深手簿的测得深度栏内。

9.7.6 **铅笔原图**

9.7.6.1 定位点用铅笔画小圆圈表示，其连线必须通过刺孔中心。

9.7.6.2 定位点间等分内插深度点，其误差不得超过 0.5 mm。

9.7.6.3 记入水深数时，书写要清晰、整齐。记入的深度必须按表 28 的规定化整(航道及港口内的水深可按实际水深记入，不化整)。

表 28 水深化整的规定

深度区间	化整的精度	化 整 方 法
$0<H\leqslant 20$	0.1	—
$21<H\leqslant 50$	0.5	小数 0.9、0.1、0.2、0.3 化至相近的整米数，小数 0.4～0.8 化至 0.5 米数

9.7.6.4 在不影响其实地反映海底地貌的前提下，为使图面清晰易读，可以合理地取舍深度点。但不准舍去下列的点：

a) 能确切地显示礁石、特殊深度、浅滩、岸边石陂等航行障碍物的位置、形状(及其延伸范围)以及深度(高度)的点；

b) 能确切显示港口、航道、岛屿周围的地貌和狭窄水道中的深水航道的点；

c) 特殊深度和反映其变化程度的特征点；

d) 能正确地勾绘零米线、等深线及显示干出滩坡度的特征点。

9.7.6.5 海岸线由地形图板复照或缩放仪转绘，其转绘误差不得超过 0.5 mm。

9.7.6.6 当转绘的岸线及其干出部分与水深资料发生矛盾时，应向外业人员了解，并根据实测资料进行分析，正确处理；对于无法解决的问题，应报告上级处理。

9.7.7　**清绘**

9.7.7.1　控制点的名称、符号在图上无法表示时(影响水深、岸线的绘制),均不着墨。但应在透写图上绘制符号和注记名称。

9.7.7.2　文字注记和水深字的书写一律朝图板的正北方向。水深字的大小,可根据海底地貌和水深点的疏密而定。

9.7.7.3　明礁、干出礁的面积在图上大于 9 mm^2 时,应绘出实测形状;不大于 9 mm^2 时,用符号表示。在明礁旁注记高程,用“(5,6)”形式表示(高程为 5.6 m);在于出礁旁注记干出高度,用“(2_6)”形式表示(干出 2.6 m)。

9.7.7.4　暗礁和水下障碍物,要注记最浅深度,底质或性质。

9.7.7.5　**干出滩的清绘**

a)　干出滩上的高深度点,应在其位置上注出干出数字,用“5_2”形式(干出 5.2 m);

b)　干沟,用虚线绘出其形状,并注记沟深。

9.7.7.6　按下列要求描绘等深线:

a)　同一幅图内,只采用一种等深距。若一幅图内既有陆地,也有海域时,则海域采用与陆地等高距相同的等深距。

b)　等深线可在测深精度两倍范围内移动,勾绘成圆滑的曲线。当海底平坦,基本等深线不能明确反映海底地貌时,可加绘补助等深线;当海底坡度很大时,基本等深线可适当压缩。

c)　等深线以深绿色清绘,线粗 0.2 mm。基本等深线绘实线,补助等深线绘虚线。

9.7.7.7　底质用汉字表示,当其位置与深度点重合时,可稍向下移动。一切特殊深度的底质都应记入。

9.7.7.8　**图廓的清绘**

a)　内图廓线粗 0.1 mm,外图廓线粗 1.5 mm。内图廓线至外图廓线外沿的距离为 10 mm;

b)　方里网短线绘在内外图廓之间,且与内图廓正交,长为 3 mm,粗为 0.1 mm。

9.7.7.9　清绘时,除有特殊规定外,一律用黑色着墨。

9.7.8　**透写图的绘制与整饰**

9.7.8.1　按下列要求绘制测深线透写图:

a)　用透明纸复在“套纸”或“内业图板”上复制测深定位点。定位点用直径约 2 mm 的圆圈表示,在测深线稠密处,可适当缩小。检查线定位点,用直径约 3 mm 的圆圈表示。

b)　在每条测深线上,有插点的两定位点用实线连接;不插点的两定位点用虚线连接。为使每条测深线能清楚地区别开来,在测深线交叉处可分别用直线和弧线连接。如因加密线过密致使图面不清晰时,在透写图空白处,可绘制放大的示意图。

c)　不同测深组完成的测深线、检查线和加密线,应用不同颜色绘制并说明其所属的作业组。

9.7.8.2　按下列步骤与要求绘制检查线透写图:

a)　检查线透写图在成果图板上转绘,用绿色墨水绘出检查线上的深度点,并在其两侧用黑墨水绘出主测深线上 2～3 个深度点,以便进行主、检深度比较。

b)　当主、检测深线的两深度点重合或相距很近无法同时表示时,可将主测深线的深度写在旁边,在其点位上记一黑点,并绘箭头指示点位。字体大小可根据实际情况而定。

c)　主、检测深线深度点在平坦地区一般取相距 1 mm 以内的两个深度点作比较;在深度变化剧烈和没有重合点的地方,参考其变化规律加以分析。比较结果填入“主、检测深线深度比较统计表”内。

9.7.8.3　在检查线透写图上,按下列要求与相邻图幅进行拼接:

a)　在图幅的重叠处,用黑色墨水写出本图的深度;用其他颜色写出相邻图幅的深度和相邻图幅的编号;

b)　当相邻图幅的比例尺不一致时,应以大比例尺图上的深度点缩绘至小比例尺图上,再进行拼接;

c)　相邻图幅的深度点比较的拼接结果应填入“相邻图幅拼接处深度点比较统计表”内。

9.7.8.4　测深线透写图要记入全部使用过的控制点。检查线透写图只均匀记入部分控制点。各种透写图上的控制点，一律用直径 3 mm 的圆圈表示，并注记控制点名称。

9.7.8.5 各种透写图，只绘内图廓线，在北图廓外沿正中写图的名称，如“测深线(检查线或障碍物)透写图”左端写海区名称，右端写图幅编号。在南图廓外沿左端写绘制者；右端写校对者。

9.7.8.6 控制点组合图可不另绘。但必须检查外业的绘制、计算是否正确，最弱定位点中误差是否算出。然后将计算结果填入“定位中误差 E。计算表”内。

10 检查验收、技术总结及资料上交

10.1 检查与验收

10.1.1 外业工作结束后，作业组应按规范和技术设计书的要求，对本组所做的成果、成图资料进行全面的、认真负责的检查，在确保全部成果资料准确无误、清楚、齐全后，方可上交队验收。

10.1.2 中队、大队和上级业务主管部门按照 CH 1002—95 的规定逐级进行验收。

10.2 技术总结

全年工作完成后，中队、大队应按 CH 1001—91 的要求，分别编写技术总结，并按规定上报和归档。

10.3 成果上交

成果资料必须经过上级业务主管部门验收合格后，才能供下工序使用。

工作结束后，应按测区上交下面条款所列资料。

10.3.1 控制测量资料

a) 控制网展点图；

b) 各种观测手簿(包括磁带记录资料)；

c) 计算手簿及成果表；

d) 仪器检验资料；

e) 归心投影资料。

10.3.2 地形测图资料

10.3.2.1 海岸地形测图资料

a) 地形原图(包括透绘的图边)；

b) 各种观测和计算手簿；

c) 仪器检验资料；

d) 高程(干出高度)透写图；

e) 图历簿。

10.3.2.2 水下地形测量资料

a) 成果图板(自动化水深测量内业成果磁带)；

b) 测深线和底质透写图；

c) 相邻图幅拼接水深透写图；

d) 测深、定位及验潮等各种记录手簿；

e) 测深仪记录纸、导航仪记录带；

f) 图根点、岸台、比对点坐标表；

g) 各种仪器检验资料；

h) 水位改正计算资料；

i) 各种自动化测量记录磁带和打印记录。

10.3.3 其他资料

a) 测区技术设计书；

b) 技术总结；

c) 检查验收报告；

d) 少数民族语地名调查表；

e) 其他应上交的资料。

附　录　A
（标准的附录）
图形强度系数表

图形强度系数 $R=\delta_A^2+\delta_B^2+\delta_A\cdot\delta_B$

表 A.1　图形强度系数 R 的值

（以对数第六位为单位）

A R B	30°	31°	32°	33°	34°	35°	36°	37°	38°	39°	40°	41°	42°	43°	44°	45°
30°	39	38	37	35	34	33	32	31	30	29	28	27	27	27	26	25
35°	33	32	31	29	28	27	26	25	24	24	23	22	21	21	20	20
40°	28	27	26	24	24	23	22	21	20	20	19	18	17	17	17	16
45°	25	24	23	21	20	20	19	18	17	17	16	15	15	15	14	13
50°	23	22	21	19	18	18	17	16	15	15	17	13	13	13	12	11
55°	21	20	19	17	17	16	15	14	14	13	12	12	11	11	10	10
60°	19	18	17	16	15	14	13	13	12	11	11	10	9	9	9	8
65°	18	17	16	14	14	13	12	12	11	10	10	9	9	9	8	8
70°	16	16	15	13	13	12	11	11	10	9	9	8	8	8	7	7
75°	15	15	14	13	12	11	11	10	9	9	8	8	7	7	7	6
80°	15	14	13	12	11	10	10	9	9	8	7	7	6	6	6	5
85°	14	13	12	11	10	10	9	8	8	7	7	6	6	6	5	5
90°	13	12	12	10	10	9	8	8	7	7	6	6	5	5	5	4
95°	12	12	11	10	9	8	8	7	7	6	6	5	5	5	4	4
100°	12	11	10	9	8	8	7	7	6	6	5	5	5	5	4	4
105°	11	11	10	9	8	8	7	7	6	6	5	5	4	4	4	4
110°	11	10	9	8	8	7	7	6	6	5	5	4	4	4	4	3
115°	10	10	9	8	8	7	7	6	6	5	5	4	4	4	4	3
120°	10	9	9	8	7	7	6	6	5	5	5	4	4	4	4	3

A R B	46°	47°	48°	49°	50°	52°	54°	56°	58°	60°	65°	70°	75°	80°	85°	90°
30°	24	24	23	23	23	21	21	20	19	19	18	16	15	15	14	13
35°	19	19	18	18	18	16	16	15	15	14	13	12	11	10	10	9
40°	15	15	15	14	14	13	12	12	11	11	10	9	8	7	7	6
45°	13	13	12	11	11	10	10	9	9	8	8	7	6	5	5	4
50°	11	11	10	10	10	9	8	8	7	7	6	5	5	4	4	3
55°	9	9	9	8	8	7	7	6	6	5	5	4	4	3	3	2
60°	8	8	7	7	7	6	5	5	5	4	4	3	3	2	2	1
65°	7	7	7	6	6	6	5	4	4	4	3	2	2	2	1	1
70°	6	6	6	5	5	4	4	4	3	3	2	2	1	1	1	1
75°	6	6	5	5	5	4	4	3	3	3	2	1	1	1	1	

表 A.1　图形强度系数 R 的值　（续）

（以对数第六位为单位）

B \ R \ A	46°	47°	48°	49°	50°	52°	54°	56°	58°	60°	65°	70°	75°	80°	85°	90°
80°	5	5	5	4	4	3	3	3	2	2	2	1	1			
85°	4	4	4	4	4	3	3	2	2	2	1	1	1			
90°	4	4	4	3	3	3	2	2	2	1	1	1				
95°	4	4	3	3	3	2	2	2	1	1						
100°	3	3	3	3	3	2	2	2								
105°	3	3	3	3	3	2										
110°	3	3	3	2	2											
115°																
120°																

附　录　B
（标准的附录）
高级地形控制点标石规格及埋设图

B.1　高级地形控制点的标石规格及埋设要求按图 B.1 执行(图中计量单位为 m)。

B.2　以天然岩石代替标石时,应在岩石上刻制标石的标志,如图 B.2(图中计量单位为 m)。

B.3　在冻土层较深或沼泽等地区,可埋设钢管代替标石。

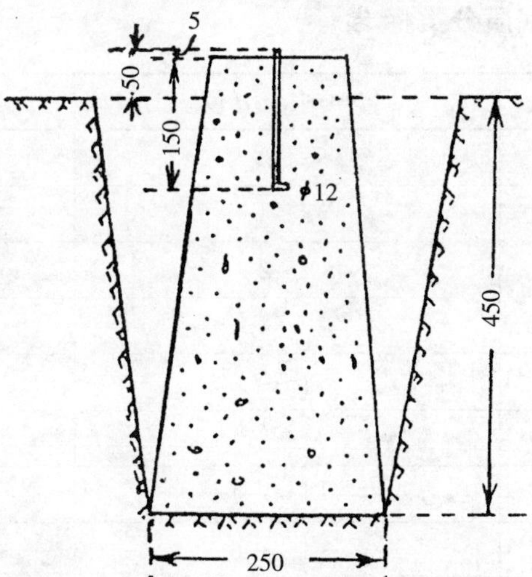

图 B.1

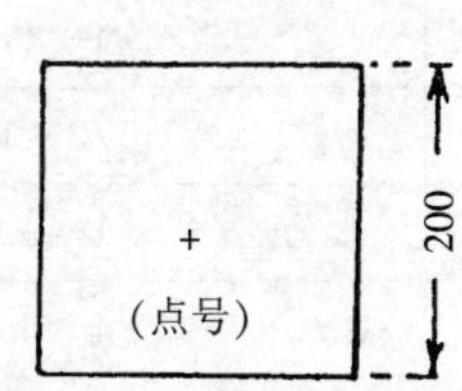

图 B.2

附 录 C
（标准的附录）
气象测定的精度要求

采用微波测距仪进行海上定位时，气象测定应符合表 C.1 的要求。

表 C.1　气象测定的精度要求

测距相对精度	气压观测精度/mmHg	干湿温观测精度/C
1/40 000	±1	±0.1
1/20 000	±1	±0.2
1/130 000	±1	±0.3
1/10 000	±1	±0.4
1/8 000	±1	±0.5
注：mmHg 为我国现行应废除的非法定计量单位，1 mmHg=133.332 4 Pa。		

附 录 D
（标准的附录）
底质分类标准表

海底表层的底质按表 D.1 的标准进行分类。

表 D.1　底质分类标准

名　称	粒　径 d/mm	$\Phi=-\log_2 d$ 值	注记代号
黏　土	>1/256	<8	Y
粉　砂	1/256～1/16	8～4	T
细　砂	1/16～1/4	4～2	FS
中　砂	1/4～1/2	2～1	MS
粗　砂	1/2～1	1～0	CS
细　砾	1～4	0～−1	FG
中　砾	4～6	−1～−4	MG
粗　砾	16～64	−4～−6	CG
砾　块	64～256	−6～−8	R

附　录　E
（提示的附录）
深度基准面的计算

长、短期验潮站深度基准面（理论最低潮面）按下式计算：

$$L=(fH)_{K_1}\cos\varphi_{K_1}+(fH)_{K_2}\cos(2\varphi_{K_1}+2g_{K_1}-180°-g_{K_2})-\{[(fH)_{M_2}]^2+[(fH)_{o_1}]^2+2(fH)_{M_2}(fH)_{o_1}\cos[\varphi_{K_1}+(g_{K_1}+g_{o_1}-g_{M_2})]\}^{1/2}-\{[(fH)_{s_2}]^2+[(fH)_{p_1}]^2+2(fH)_{s_2}(fH)_{p_1}\cos[\varphi_{K_1}+(g_{K_1}+g_{p_1}-g_{s_2})]\}^{1/2}-\{[(fH)_{N_2}]^2+[(fH)_{Q_1}]^2+2(fH)_{N_2}(fH)_{Q_1}\cos[\varphi_{K_1}+(g_{K_1}+g_{Q_1}-g_{N_2})]\}^{1/2}+\{[(fH)_{M_4}\cos\varphi_{M_4}+(fH)_{M_6}\cos\varphi_{M_6}+(fH)_{Ms_4}\cos\varphi_{Ms_4}+H_{s_a}\cos\varphi_{s_a}+H_{s_a}\cos\varphi_{s_{sa}} \qquad (E.1)$$

式中：

L——深度基准面在平均海面下的高度，cm

$$\varphi_{M_4}=2\varphi_{M_2}+2g_{M_2}-g_{M_4},(°);$$

$$\varphi_{M_6}=3\varphi_{M_2}+3g_{M_2}-g_{M_6},(°);$$

$$\varphi_{M_{s4}}=\varphi_{M_2}+\varphi_{s_2}+g_{M_2}+g_{s_2}-g_{Ms_4},(°);$$

$$\varphi_{M_2}=\mathrm{tg}^{-1}\{[(fH)_{o1}\sin(\varphi_{k_1}+g_{k_1}+g_{M_2})]/[(fH)_{M_2}]+(fH)_{o1}\cos(\varphi_{k_1}+g_{k_1}+g_{o_1}-g_{M_2}]+\pi,(°);$$

$$\varphi_{s_2}=\mathrm{tg}^{-1}\{[(fH)_{p1}\sin(\varphi_{k_1}+g_{k_1}+g_{p_2}-g_{s_2})]/[(fH)_{s_2}]+(fH)_{p_1}\cos(\varphi_{k_1}+g_{k_1}+g_{p_1}-g_{s_2}]+\pi\},(°);$$

$$\varphi_{s_a}=\varphi_{k_1}-\frac{1}{2}\varepsilon_2+g_{k_1}-\frac{1}{2}g_{s_2}-180°-g_{s_a},(°);$$

$$\varphi_{ssa}=2\varphi_{k_1}-\varepsilon_2+g_{k_1}-g_{s_2}-g_{s_{sa}},(°);$$

$$\varepsilon=\varphi_{s_2}-180°,(°)$$

H、g 和 f 为 M_2、s_2、N_2、K_2、K_1、O_1、P_1、Q_1、M_4、M_{s_4}、M_6、s_a、s_a 13 个分潮的调和常数和节点因数；

Q_{k_1} 为分潮的相角，它的变化从 0°至 360°，由此可求得 L 的最小值，相应的潮面称为理论最低潮面。

M_2、s_2、N_2、K_2、K_1、O_1、P_1、Q_1、M_4、M_{s_4}、M_6 分潮的调和常数 H，g 由 30 天水位观测资料，用潮汐调和分析法求得。s_a、s_{sa} 分潮的调和常数以一年的水位观测资料求得，对短期验潮站的 s_a、s_{sa} 分潮的调和常数，可邻近长期验潮站，s_a、s_{sa} 分潮的调和常数。

附　录　F
（提示的附录）
测深仪换能器动态吃水的测定

F.1　精确方法

a）选择一个海底平坦、底质较坚硬的海区，水深为船吃水的 7 倍左右（如要测量更浅水深，对这种测区也要讲行测定），该海区要能保证船只用各种速度航行；

b）岸上选择适当位置架设一台水准仪，在船上换能器的位置处竖立水准尺，要保证水准仪能观测到水准尺，并具有 1m 左右的动态范围；

c） 在测量海区设立一个测点，在该点处抛设一浮标，其缆绳要尽量缩短。当船只靠近浮标时停下，从岸上用水准仪观测水准尺并记取读数；然后船以测量时的各种船速通过浮标之一侧(与原来停靠点尽可能一致)，水准仪照准船上标尺读数，两次读数应去掉潮汐的影响，再取二者差值，即为船体在换能器所处位置的下沉值。一种船速应按上述方法观测三次以上，然后取平均值。该值加上静态吃水，即为测量船在某一航速下之动态吃水。

F.2 简便方法

海区条件同上，在测定海区抛一浮标，船停于浮标旁，用测深仪精确测定水深，然后船以测量时的各种速度通过浮标同一相对位置(船在停止状态下的测深位置)时，再测量水深。处理方法与F.1同。

需要注意的是：当换能器位置处于船尾一端时，船在航行中尾部一般要下坐，故这时的动态吃水为静态吃水减去所测定之值。

记录格式：

船型及船名(号)	船停止时的读数	船　速	船航行时之读数

海区：　　　　　　　　　　　　　　观测者：

前　言

本标准是根据 GB/T 1.1—1993《标准化工作导则第1单元:标准的起草与表达规则　第1部分:标准编写的基本规定》进行编写的。

本标准是为满足数字栅格地图、数字正射影像图、数字高程模型、数字线划图产品分发的需要,根据目前技术水平制定的。

本标准为国内首次发布。

本标准的附录 A 是提示的附录。

本标准由国家测绘局提出并归口。

本标准起草单位:国家测绘局测绘标准化研究所。

本标准主要起草人:马晓萍

中华人民共和国测绘行业标准

CH/T 1005—2000

基础地理信息数字产品数据文件命名规则

Digital products of fundamental geographic information
Naming rules for data files

1 范围

本标准规定了基础地理信息数字产品数据文件命名规则。

本标准适用于数字栅格地图、数字正射影像图、数字高程模型、数字线划图产品文件的命名及产品的分发,数字化测绘和基础地理信息更新与建库中的文件命名及其他数字产品可参照使用。

2 引用标准

下列标准所包含的条文,通过在本标准中引用而构成为本标准的条文。本标准出版时,所示版本均为有效。所有标准都会被修订,使用本标准的各方应探讨使用下列标准最新版本的可能性。

GB/T 13989—1992 国家基本比例尺地形图分幅与编号。

3 数据文件目录结构

基础地理信息一般以地形图图幅为单位存放,即一幅地形图由存放在一个数据文件目录下的各数据文件(或目录)组成。各数据文件(或目录)包括元数据、数据体,以及整饰等相关文件。其结构如图 1 所示。

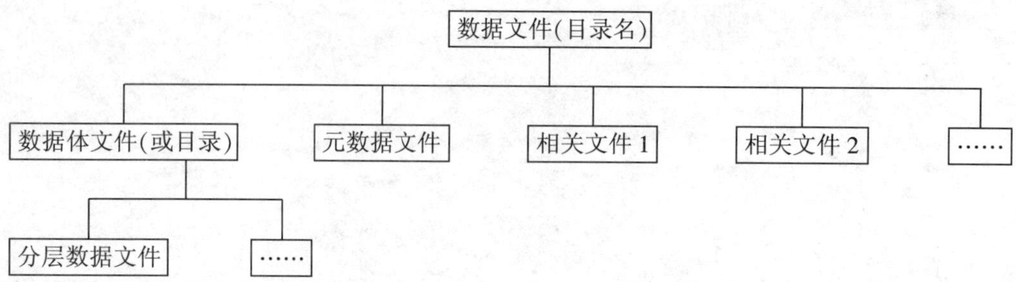

图 1 数据文件目录结构(一)

●一个数据文件目录内包括一幅地形图图幅范围内的各种信息(命名规则见 4.1)。

●数据体文件为该地形图范围内的基础地理信息;数据体文件也可为一个文件目录,由地貌、水系、居民地、交通等各种分要素数据文件组成(命名规则见 4.2 和 4.3)。

●元数据文件是对该图幅范围内的各种信息、数据的说明,即存放有关数据源、数据分层、产品归属、空间参考系、数据质量(数据精度、评价)、数据更新、图幅接边等方面的信息(命名规则见 4.2)。

●相关文件包括各类产品的整饰信息(如方里网、坡度尺)、名称注记文件以及有关的高程信息、专题信息文件等(命名规则见 4.2)。数字线划图的整饰信息也可以层的形式放在数据体文件目录中。

根据需要,基础地理信息还可按百万图幅、比例尺、产品种类等数据分目录存放,其结构形式如图 2 所示。

国家测绘局 2000-07-21 发布 2000-09-01 实施

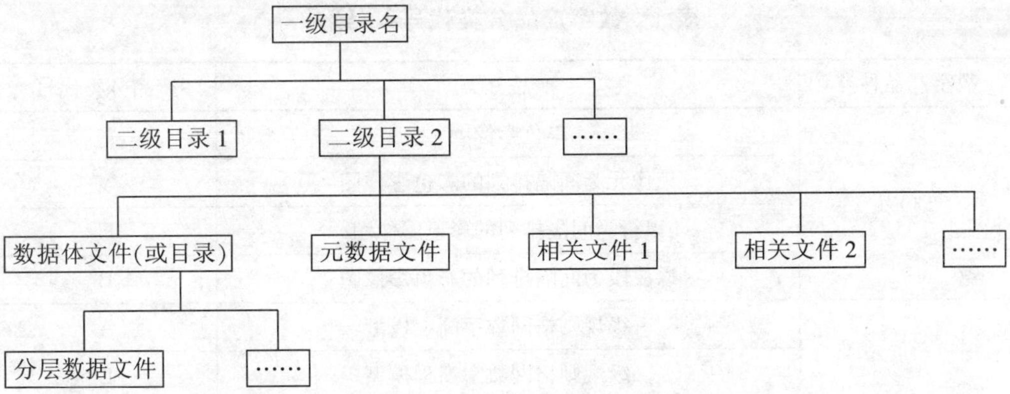

图2　数据文件目录结构(二)

- 一级目录为1∶1 000 000图幅范围内的某一比例尺的数据信息(命名规则见5.1)。
- 二级目录为同一比例尺的各图幅范围内的各种信息(命名规则见5.2)。
- 数据体、元数据及其他文件(或目录)同数据文件目录结构(一)。

4　数据文件目录结构(一)命名规则

4.1　数据文件目录名命名规则

数据文件(或目录)名由产品种类标识符、产品分类代号及地形图图幅的编号三部分组成。共16个字符。其格式如图3所示:

×××　×　× ×× × ××× ×××

产品种类　产品分类　图幅编号

图3　数据文件目录名格式

4.1.1　图幅编号构成规则

图幅编号按GB/T 13989—1992的规定执行,共10个字符。

图幅列号:占三个字符的位置,不足三位时左端补0;

图幅行号:占三个字符的位置,不足三位时左端补0;

图幅比例尺代码:B、C、D、E、F、G、H分别代表1∶500 000、1∶250 000、1∶100 000、1∶50 000、1∶25 000、1∶10 000、1∶5 000比例尺;

1∶1 000 000图幅列号:由01～60顺序标识,占两个字符的位置,不足两位时左端补0;

1∶1 000 000图幅行号:由A～V顺序标识,占一个字符的位置。

4.1.2　产品分类代号

产品分类代号见表1。

表1　数字产品分类代号

数字产品种类	产品分类	产品分类代号
DRG	单色栅格地图	D
	彩色栅格地图	C
DLG	用于空间信息分析的线划图	A
	地图制图数据产品	B

表 1 数字产品分类代号 (续)

数字产品种类	产品分类	产品分类代号
DOM	单色影像图	D
	以像元为间隔排列的彩色影像图	Y
	以行为间隔排列的彩色影像图	H
	以波段为间隔排列的彩色影像图	B
DEM	一级规则格网数字高程模型	A
	二级规则格网数字高程模型	B
	三级规则格网数字高程模型	C
	一级不规则格网数字高程模型	1
	二级不规则格网数字高程模型	2
	三级不规则格网数字高程模型	3
注:本表中引用了《数字栅格地图》、《数字正射影像图》、《数字高程模型》、《数字线划图》等有关的产品标准中所规定的分类代号。		

4.1.3 产品种类标识符

DLG ——数字线划图

DOM——数字影像图

DRG ——数字栅格地图

DEM——数字高程模型

4.2 数据体文件(或目录)、元数据文件及其相关文件命名规则

数据体、元数据及其他文件采用单独记录方式,均放入数据文件目录下,其文件名由图幅行、列号和数据文件种类标识码两部分组成,共 10 个字符,其格式如图 4 所示:

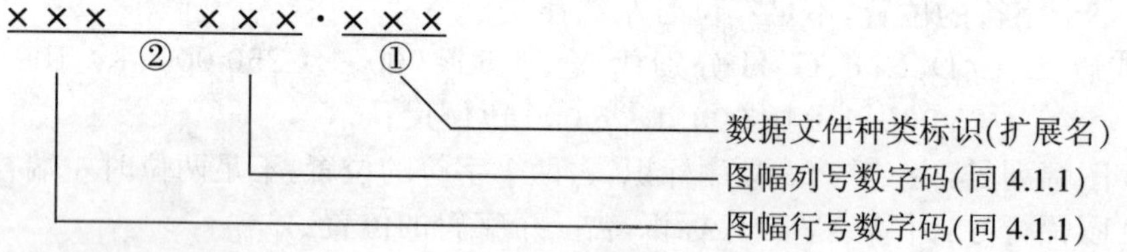

①数据文件种类标识:

mat——元数据　　dat——数据体　　mag——整饰文件

skl——DEM 产品特征点、线文件。

数据体文件如采用商用软件格式记录,扩展名可为相应的商用软件扩展名,如 DXF、TIF 等。

②图幅行列号标识

图幅列号:占三个字符的位置,不足三位时左端补 0;

图幅行号:占三个字符的位置,不足三位时左端补 0。

图 4 数据体、元数据及其他文件命名格式

4.3　数据体目录下的分层数据文件命名

空间数据分层存储时，各层的文件名可参照有关数字线划地图产品标准的分层文件命名规定执行。

5　数据文件目录结构(二)命名规则

5.1　一级目录命名规则

一级目录为产品种类标识符、产品分类代号以及 1∶1 000 000 图幅的编号和比例尺代码组成，共 10 个字符(包括空格)。其格式如图 5 所示。

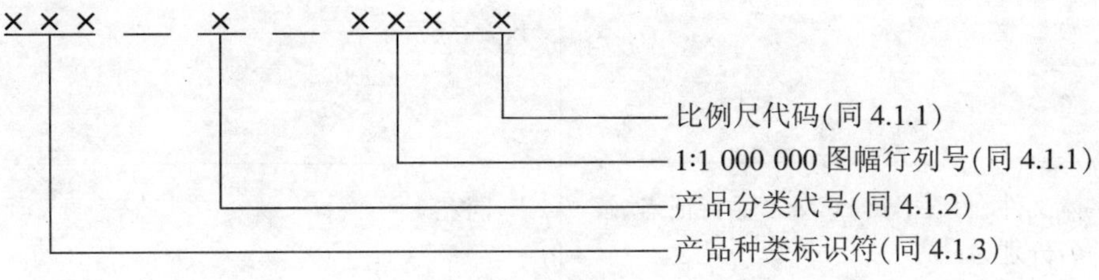

图 5　一级目录名格式

5.2　二级目录命名规则

二级目录为该比例尺图幅的行列号，共 6 个字符。其格式如图 6 所示：

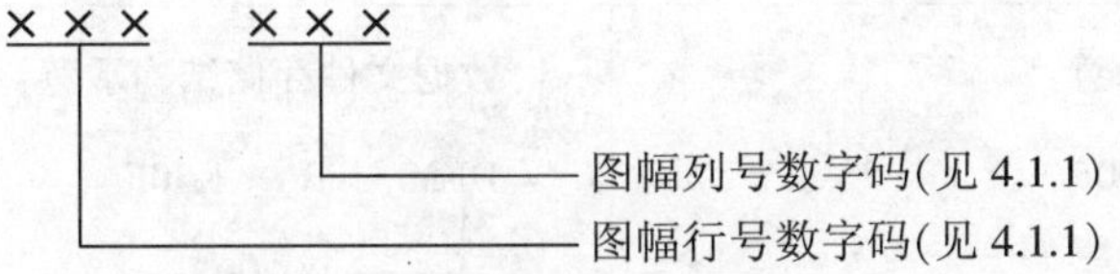

图 6　二级目录名格式

5.3　数据体文件(或目录)、元数据文件及其他文件命名规则

数据体文件(或目录)、元数据文件、相关文件及其数据体文件下的分层文件命名同 4.2 和 4.3。

附　录　A
(提示的附录)
数据文件命名示例

A.1　1∶50 000 二级规则格网数字高程模型命名示例

产品种类：数字高程模型(DEM)

产品分类代号：二级规则格网(B)

图幅比例尺：1∶50 000(E)

图幅编号：K50E002005

表 A.1

数据文件目录结构(一)命名示例	数据文件目录结构(二)命名示例
a. 数字文件目录名 K50E002005.EB	a. 一级目录 K50E.EB
	b. 二级目录名 002005
b. 数字体文件、元数据及 DEM 产品特征点、线文件名分别为: 002005.dat 002005.mat 002005.skl	c. 同左
c. 数据文件存储结构示意: DEM B K50E002005 —002005.dat —002005.mat —002005.skl	d. 数据文件存储结构示意: DEM B K50E —002005 —002005.dat —002005.mat —002005.skl

A.2 1∶50 000 用于空间信息分析的线划图命名示例

产品种类:数字线划图(DLG)

产品分类代码:用于空间信息分析(A)

图幅比例尺:1∶50 000(E)

图幅编号:K50E002005

表 A.2

<table>
<tr><th>数据文件目录结构(一)命名示例</th><th>数据文件目录结构(二)命名示例</th></tr>
<tr><td>a. 数字文件目录名
K50E002005. LA</td><td>a. 一级目录名
K50E. LA</td></tr>
<tr><td></td><td>b. 二级目录名
002005</td></tr>
<tr><td>b. 数字体目录、元数据及整饰文件名分别为：
002005. dat
002005. mat
002005. mag</td><td>c. 同左</td></tr>
<tr><td>c. 数据体目录下的分层数据文件名
测量控制点 CTL
水系层 HYD
境界层 BOU
(分层数据文件名参照《数字线划图》有关规定执行)</td><td>d. 同左</td></tr>
<tr><td>c. 数据文件存储结构示意：
DLG A K50E002005
├── 002005.dat
│ ├── CTL
│ ├── HYD
│ ├── BOU
│ └── …
├── 002005.mat
└── 002005.mag</td><td>d. 数据文件存储结构示意：
DLG A K50E
└── 002005
 ├── 002005.dat
 │ ├── CTL
 │ ├── HYD
 │ ├── BOU
 │ └── …
 ├── 002005.mat
 └── 002005.mag</td></tr>
</table>

前　言

本标准是在我国当前摄影测量技术已由传统的模拟测图向数字化测图方向发展，产品模式亦由模拟的线划图向数字的矢量图转变的背景下制订的。本标准所指的“1∶5 000、1∶10 000 地形图”应理解为数字线划地形图，即 DLG(digital line graph)，是基础测绘“4D”产品中的主要产品模式之一。本标准的内容基本上代表了我国现阶段和今后相当一段时期内采用航空摄影测量原理测制 1∶5 000、1∶10 000 数字线划地形图的主要技术方法及应该达到的技术水平。

本标准由国家测绘局提出并归口。

本标准起草单位：国家测绘局测绘标准化研究所。

本标准主要起草人：周一、林定荣。

中华人民共和国测绘行业标准

CH/T 1006—2000

1：5 000、1：10 000
地形图航空摄影测量数字化测图规范

Specifications for aerial photogrammetric digital mapping of 1：5 000，1：100 000 topographic maps

1 范围

本标准规定了用航空摄影测量方法进行 1：5 000、1：10 000 地形图数字化测图作业的基本要求、规格和精度。

本标准适用于用航空摄影测量方法进行 1：5 000、1：10 000 地形图数字化测图作业。

2 引用标准

下列标准所包含的条文，通过在本标准中引用而构成为本标准的条文。本标准出版时，所示版本均为有效。所有标准都会被修订，使用本标准的各方应探讨使用下列标准最新版本的可能性。

GB/T 13989—1992 国家基本比例尺地形图分幅与编号

GB/T 13990—1992 1：5 000、1：10 000 地形图航空摄影测量内业规范

GB/T 15660—1995 1：5 000、1：10 000、1：25 000、1：50 000、1：100 000 地形图要素分类与代码

GB/T 5791—1993 1：5 000、1：10 000 地形图图式

GH 8012—92 HJT05 解析测图仪

GH/T 8015—1994 HHS90－B/120－B 数控绘图机

GB 15661—1995 1：5 000、1：10 000、1：25 000、1：50 000、1：100 000 地形图航空摄影规范

GB/T 13977—1992 1：5 000、1：10 000 地形图航空摄影测量外业规范

CH/T 1004—99 测绘技术设计规定

GB/T 17941.1—2000 数字测绘产品质量要求 第 1 部分：数字线划地形图、数字高程模型、数字地籍图质量要求

GB/T 17158—1997 摄影测量数字测图记录格式

3 总则

3.1 地形图的数学基础

地形图的分幅与编号按GB/T 13989—1992执行。所采用的大地基准、地图投影、高程基准按GB/T 13990—1992 执行。

3.2 地形图的内容及其表示

3.2.1 地形图的要素分类与代码按 GB/T 15660—1995 执行。

3.2.2 地形图等高线的基本等高距、高程注记点以及地形类别的划分按 GB/T 13990—1992 执行。

3.2.3 地形图的符号化表示、注记以及图廓内外整饰按 GB/T 5791—1993 执行。

3.3 地形图的精度

地形图平面位置中误差与高程中误差按 GB/T 13990—1992 有关要求执行。

国家测绘局 2000-07-21 发布　　　　2000-09-01 实施

4　成图方法及其工艺流程

地形图航空摄影测量数字化测图，可采用解析法（含计算机辅助）或全数字摄影测量的技术方法。工艺流程图见图1。

图1

5　采用的主要仪器设备及其基本要求

5.1　解析测图仪

5.1.1　解析测图仪的性能、精度要求应符合CH 8012—1992中的有关规定。数控绘图机性能、精度要求应符合CH/T 8015—1994中的有关规定。

5.1.2　传统的联机绘图输出方式的解析测图仪应改造为具有分层分类赋代码、符号化显示和数据存储功能的数字化测图系统后方能投入使用。

5.2　数字摄影测量

5.2.1　影像扫描仪

a）影像扫描仪的最低几何分辨率不应大于25 μm（原始负片上），并在使用前必须经过严格鉴定，使用25点网格鉴定其几何位置坐标中误差不应大于3 μm，使用其他方法其几何位置坐标限差不应大于5 μm。

b）辐射分辨率应达到8 bit（256级），辐射误差不大于2DN。为了保证灰度量化精度，扫描仪内模数转换器的选用最好不低于10 bit。

5.2.2　数字摄影测量工作站

a）数字摄影测量工作站读点精度指标应达到：

平面位置精度　1/2像元

高程精度　1/4500相对航高（图像分辨率25 μm情况下）

b） 软件应包括以下功能：

——空中三角测量自动选点、量测、转点、区域网平差；

——自动或半自动内定向、相对定向、机助绝对定向、空中三角测量成果自动导入；

——数字化测图(地形信息的人工、半自动、自动数据采集)；

——图形编辑与图廓整饰、图形符号库；

——数据格式转换。

6 测图前的作业准备

6.1 资料准备

a） 对测区的航摄资料按 CB 15661—1995 的有关要求进行检视与分析，特别注意影像质量、飞行质量以及相机参数的完整性、准确性与时间性，查看航摄检查验收报告、相机检测报告。

b） 收集测区内已有的地形图、控制点、野外数字成果和已有数字成果等有关资料。

c） 对航测外业成果包括控制与调绘应按 GB/T 13977—1992 的有关要求进行清点查看与分析，特别注意资料的完整性、布点方案的合理性和点位的准确性，并应注意采用的大地基准与高程基准，调绘的内容及其所采用的图式版本。

6.2 技术设计

根据工程要求、测区情况、资料情况、设备情况等选择技术路线，确定作业方法，按 ZBA CH/T 1004—1999 编写专业技术设计书。

6.3 摄影处理或影像扫描

如采用解析测图，则采用航摄底片晒印透明正片，具体要求按 GB/T 13990—1992 有关规定执行。如采用数字摄影测量测图，则直接采用原始航摄底片在影像扫描仪上扫描，作影像数字化。其要求如下：

a） 扫描分辨率的选择

根据航摄比例尺与成图比例尺，以及航摄底片实际分辨率等因素确定。一般在放大 3～4 倍测图情况下建议采用 25 μm 左右扫描分辨率。

b） 灰度调整参数设置

扫描的影像灰度频率分布要求在 0～255，并基本呈正态分布，影像为正像，应根据测区摄影的影像灰度情况逐片或航线的首尾片进行灰度调整参数设置，并进行灰度调整。

6.4 空中三角测量

6.4.1 方法选择

随着技术的进步，空中三角测量可以选择采用以下方法：

a） 解析空中三角测量

按 CB/T 13990—1992 第 5 章有关规定执行。

b） 自动空中三角测量

在数字摄影测量工作站上，由专用软件完成。其主要功能有：

——全自动内定向；

——全自动选点、相对定向、转点、量测像点坐标；

——半自动/人工加入连接点、保密点、地面控制点，并量测其像点坐标。

具体操作参阅相应软件使用手册，各项限差、中误差规定按 GB/T 13990—1992 第 5 章有关规定执行。

若采用 GPS 数据进行空中三角测量时，则按 GPS 空中三角测量实施细则有关规定执行。

6.4.2 成果内容

a） 加密点的高斯平面直角坐标及其高程。

b） 各立体像对模型参数(便于后工序快速重建模型)。

c） 根据设计要求，可选加保密检查点，一般为每幅图 28 点左右，图廓四周每边两点其余在图幅内部，应均匀分布，其加密成果形成独立数据文件，作为质量检查使用。

d) 有条件的情况下，应考虑建立控制点(含加密点)影像数据库，其内容包括：控制点的影像数据、控制点的地面坐标(X,Y,Z)及相应的像点坐标(x_1,y_1,x_2,y_2)和文字说明，以供后续测图空中三角测量成果自动导入使用，以简化工序。并为以后新摄航片或卫星影像中使用。

7 数字化测图

7.1 一般要求

进行数字化测图的质量要求应执行 GB/T 17941.1—2000 第 3、4 章中的有关规定，采用不同仪器设备在测图作业中应共同遵守以下的作业要求：

7.1.1 作业准备

a) 按任务要求领取测区资料，熟悉规范、图式、专业设计任务书等有关技术规定，了解内外业成果及接边情况。

b) 按 GB/T 5791—1993 要求设计符号库。

c) 收集整理生成包含野外控制点与内业加密点的数据文件。

d) 生成测区标准分幅文件和图框整饰图形文件等。

e) 建立各类文件的相应目录。

7.1.2 定向及其精度要求

不论采用何种仪器与量测方式，其内定向、相对定向和绝对定向的步骤及其精度要求均按GB/T 13990—1992 第 7.4 节所规定的要求执行，同时要求保留并打印"定向报告"文件，作为质量检查。

7.1.3 数据采集

a) 对于数字化测图，一般应采用先外业后内业的方法进行地物要素测绘；若采用先内业后外业方法，则应到野外进行数字化补调或修测，也可先在野外以图示尺寸，再在图形编辑时补入或用其他资料通过数字化板进行修补部分的录入与编辑。

b) 采集地形图要素时要按 GB/T 15660—1995 以及技术设计书中的规定对每一要素赋予分类代码或采用分层设色方法采集数据。

c) 数字化测图应按实地位置进行测绘，遇有位置相重叠的要素(如境界与单线河)按优先原则采集(如单线河)，而相关要素(如境界线)在另外一层拷贝生成，不应采用跳绘的方式采集。其他如相距很近的要素(公路与铁路)也应按真实位置测绘，采集时不要偏移，一个"让"另一个。

d) 对于有向线或有向点，数据采集时应注意其数字化的方向与顺序。

e) 对采用"流"方式跟踪的线划要素(如等高线、河流湖泊水涯线等)要恰当地选择记录参数，既保证线划的位置精度又控制采样点的密度。

f) 对不依比例尺的双线要素(如铁路、公路、围墙、人工堤等)数字化测图时应沿其中心线采集。

g) 数据采集时应处理好点、线、面状要素相互关系。面状要素应封闭(如房屋、湖泊、水库等)，必要时需要加辅助线；线状要素应连续(如铁路、单线河等)，必要时也要加辅助线；线状要素相交(无论是相同属性或不同属性)应采用"抓取"方法，避免悬挂现象等。

h) 采用数字方式接边，按像对或区域进行连续采集，最后按图幅裁切。

7.1.4 数据记录格式

按 GB/T 17158—1997 中的规定执行。如测图数据记录格式为测图软件本身的自定义格式。则在图形编辑后进行格式转换。

7.2 解析测图仪测图

按 GB/T 13990—1992 中第 7.4 节中有关规定执行。有条件时可采用自动空中三角测量成果，通过相应软件进行模型的自动恢复。

7.3 数字摄影测量工作站测图

一般采用装有 X、Y 手轮与 Z 脚盘输入装置的微机数字摄影测量工作站进行数字化测图。

a) 自动搜索框标或人工对两个框标进行概略定向后自动进行内定向。坐标残差一般不大于 0.01 mm。

b) 自动相对定向，点数一般不少于 80 点，且分布均匀。自动统计中误差及各点上下视差残差。

c） 绝对定向，人工对准两个控制点，其余点由机助引导人工对准进行绝对定向，若采用自动导入空中三角测量像点坐标，则需再进行一次绝对定向修测以消除人差。统计绝对定向精度与各点残差。

d） 当因摄影比例尺偏小，像片影像质量偏差等原因可能影响量测精度时，经用图方同意可以适当放宽精度要求，但必须在技术设计书和文档簿中注明原因及实际精度。

e） 人工立体跟踪量测，测绘地物、地貌要素。

具体操作参考数字摄影测量工作站的使用手册。

8 图形编辑

对数字化原图数据进行编辑。根据用户需求一般可采用两种图形编辑方式。

8.1 供GIS建库的图形数据编辑

重点在于：

a） 要素的属性编辑应保证要素分层、代码的正确性以及属性项的完备性与正确性。

b） 要素的拓扑关系编辑应注意多边形的闭合、结点匹配等，应保证逻辑一致性。

c） 要素的位置编辑应进行线、面的形态调整、接边等。

d） 应注意要素的完备性。

8.2 供地图制图的图形数据编辑

重点在于：

a） 应注意要素之间的协调性，处理好相互间的关系，如不相互压盖等，保证图面清晰易读。

b） 应注意要素的符号化，包括点、线要素以及面状要素的符号填充，图面注记等。

c） 图面表示及整饰应有美感。

8.3 图形输出

图形编辑完成后，输出一张回放图，作综合质量检查。

9 元数据文件制作

按有关的基础地理信息数字产品元数据中的规定执行。

10 质量检测与评定

10.1 原则要求

a） 执行二级检查，一级验收制。

b） 数字测绘产品必须进行过程检查，检查应包括机上检查和回放图检查两部分，技术设计书应明确指定生产流程中的质量控制点的位置及其所控制的质量要素。

c） 应保证数字测绘产品数学基础的正确性，数据的可靠性与资料的完整性。

10.2 质量检测与评定

数字测绘产品质量检测与评定按有关规定执行。当数字摄影测量工作站上有半自动/人工加入保密点检查的功能时，可以用保密点来检测平面和高程精度。

11 成果上交

11.1 数据文件

内 容	格 式	介 质	数 量
数字线划地形图数据（分层）	VPF（国家空间数据交换标准格式）	磁记录介质（磁盘或磁带）或光盘	1
元数据文件	文本		1

11.2 图件

内 容	介 质	数 量
线划地形图	纸质(彩色喷墨打印或印刷) 胶片(激光照排输出)	1 1[a]
[a] 可选项,是否需要输出胶片,是输出单色还是分色印刷胶片由技术设计书具体规定。		

11.3 文档资料

内 容	数 量
上交成果清单	1
外业控制点成果、布点图、控制片、调绘片及结合图	1
技术设计书	1
内业加密点成果、布点图	1
图幅接合表	1
文档簿(图历簿)	1
质量跟踪卡	1
技术总结	1
检查验收报告	1

前　言

本标准是为了适应目前基础地理信息数字产品(数字栅格地图、数字正射影像图、数字高程模型、数字线划图)的生产和建库而制定的。本标准在制定过程中参考了国际标准化组织 ISO/TC 211 的元数据标准以及美国联邦地理数据委员会(FGDC)的数字地理空间元数据内容标准(CSDGM)。

本标准的附录 A、附录 B、附录 C、附录 D 都是提示的附录。

本标准由国家测绘局提出并归口。

本标准由国家测绘局测绘标准化研究所起草。

本标准主要起草人:薛明、肖学年。

中华人民共和国测绘行业标准

CH/T 1007—2001

基础地理信息数字产品元数据

Metadata for digital products of fundamental geographic information

1 范围

本标准规定了数字栅格地图(DRG)、数字正射影像图(DOM)、数字高程模型(DEM)和数字线划图(DLG)四种数字产品的元数据的内容、结构和格式。

本标准适用于基础地理信息数字产品的生产、建库、更新与分发服务。

2 元数据文件的结构

2.1 元数据文件包括矢量和栅格数据文件的元数据内容。它存放有关数据源、数据分层、产品归属、空间参考系、数据质量(数据精度、数据评价)、数据更新、图幅接边等方面的信息。

2.2 数字栅格地图、数字正射影像图、数字高程模型和数字线划图这四种数字产品的文件格式中都必须要有元数据文件。

2.3 元数据文件为一个纯文本文件,其结构采用左边为元数据项,右边为元数据值的存储结构,并且不限定字节数。

2.4 元数据文件的数据标志为 Metadata。

3 元数据文件的记录

3.1 一般规定

3.1.1 元数据内容中所列出的各元数据项是元数据文件中都必须要提供的项,应逐项记录,不应有空项。有值时,必须如实记录;无值时,记为“无”;值未知时,记为“未知”。其中某些元数据项的值可以根据不同的作业方法、产品需要或用户要求进行选择和增加,允许有缺省。

3.1.2 元数据文件一般以图幅为单位进行记录。

3.1.3 元数据文件的记录应根据生产、建库和分发等不同阶段分别进行记录。具体数据项的记录按本标准4的规定执行。

3.1.4 元数据文件中某些需用文字说明的数据项,应以简法、清晰的语言完整地表达。

3.1.5 文档簿中填写的项目,其值和说明应与元数据文件中相应项目符合一致。

3.2 其他规定

3.2.1 “产品名称”应记录产品的全称,如:1∶50 000 数字线划图(DLG)。

3.2.2 “产品生产日期”、“产品更新日期”应记录产品最后一次生产、更新的日期。

3.2.3 “出版日期”指数字产品包装完成可以对外提供的日期。

3.2.4 “图名”、“图号”应记录新的“图名”、“图号”;“原图图名”、“原图图号”应按原图如实记录。如果图名中出现目前字库中没有的汉字时,可以拼音代替并附加说明。

3.2.5 “图外附注”指图廓外对图内某要素的附注说明信息。

3.2.6 本标准4中的元数据文件内容和格式表中,从“属性精度”至“数据质量总评价”这8项由数据质量最终检验评价单位记录。

3.2.7 “参照交换格式的版本号”指所用的数据交换格式的全名和版本号。如“地球空间数据交换格式 V 1.0”。

国家测绘局 2001-03-05 发布　　　　2000-04-01 实施

3.2.8 “参照图式的标准号”指所用的图式的标准编号。如“GB 12342—1999”。

3.2.9 “参照分类编码的标准号”指所用的分类编码的标准编号。如“GB/T 15660—1995”。

3.2.10 “西南图廓角点 X 坐标”指数字产品西南内图廓角点在1980西安坐标系中的 X 坐标值，其他相应的各项与此相同。

3.2.11 “54—80坐标转换参数(X,Y)”指将1954北京坐标系转换为1980西安坐标系的 X,Y 坐标的平移参数。

3.2.12 “航摄日期”指地图原图上的航摄日期或利用航测方法生产数字产品时，航片的摄制时间。

3.2.13 “调绘日期”指地图原图上的调绘日期或利用航测方法生产数字产品时，航片最后的调绘时间。

3.2.14 “三北方向线夹角”应记录真子午线与磁子午线之间的夹角以及真子午线与坐标纵线之间的夹角，其间用逗号隔开。

3.2.15 “原图图式版本号”按原图所标注的记录。如“1987年版图式”。

3.2.16 本标准4中的元数据文件内容和格式表中，从“更新资料源”至“更新要素”这14项为更新时所涉及到的内容。

3.2.17 如果“更新的资料源”为航片时，表中“更新的航摄比例尺分母或卫星影像分辨率”一项应记录航摄比例尺分母；如果为卫片时，则应记录卫星影像分辨率，其单位为米。

3.2.18 “平面位置中误差”和“高程中误差”指数字产品经检测得出的平面位置中误差和高程中误差。

3.2.19 “结论总分”按有关检查验收标准的规定得出的百分制的分数。

3.2.20 “数据质量总评价”指对某一数字产品总体质量的综合描述。在数字产品分发时，只录入“合格”。

3.2.21 有些元数据项可以多选或有多个值，如有两个或多个值时，则顺序记录各值，中间用逗号隔开。

3.2.22 DLG产品分要素生产时，各要素的生产均应按本标准的要求记录其元数据。全要素DLG产品应重新记录其元数据。其中，全要素DLG产品的元数据中，“总层数”指要素的大类数。

4 元数据文件的内容和格式

4.1 数字栅格地图元数据文件的内容和格式

序号	数据项	数据类型	值域	生产	建库	分发
1	产品名称	字符型		√	√	√
2	产品代号	字符型		√	√	√
3	图名	字符型		√	√	√
4	图号	字符型		√	√	√
5	比例尺分母	整型		√	√	√
6	产品生产日期	整型	YYYYMM	√	√	√
7	产品更新日期	整型	YYYYMM	√	√	√
8	产品的版本	字符型		√	√	√
9	出版日期	整型	YYYYMM	√	√	√
10	产品所有权单位名称	字符型 （一般不超过30个字节）		√	√	√
11	产品生产单位名称	字符型 （一般不超过30个字节）		√	√	√
12	产品出版单位名称	字符型 （一般不超过30个字节）		√	√	√
13	数据量	字符型	单位为光字节(MB)	√	√	√

序号	数据项	数据类型	值域	生产	建库	分发
14	数据格式	字符型	“非压缩 TIFF”:“地球空间数据交换格式”	√	√	√
15	数据地面分辨率	字符型	单位为米(m)	√	√	√
16	色彩	字符型	“单色”;“彩色”	√	√	√
17	图廓角点经度范围	字符型	DDDMMSS-DDDMMSS	√	√	√
18	图廓角点纬度范围	字符型	DDMMSS-DDMMSS	√	√	√
19	西南图廓角点 X 坐标	数值型	单位为米(m)	√	√	√
20	西南图廓角点 Y 坐标	数值型	单位为米(m)	√	√	√
21	西北图廓角点 X 坐标	数值型	单位为米(m)	√	√	√
22	西北图廓角点 Y 坐标	数值型	单位为米(m)	√	√	√
23	东北图廓角点 X 坐标	数值型	单位为米(m)	√	√	√
24	东北图廓角点 Y 坐标	数值型	单位为米(m)	√	√	√
25	东南图廓角点 X 坐标	数值型	单位为米(m)	√	√	√
26	东南图廓角点 Y 坐标	数值型	单位为米(m)	√	√	√
27	密级	字符型	“绝密”;“机密”;“秘密”;“内部”	√	√	√
28	参照交换格式的版本号	字符型		√	√	√
29	参照图式的标准号	字符型		√	√	√
30	椭球长半径	数值型	单位为千米(km)	√	√	√
31	椭球扁率	字符型		√	√	√
32	所采用的大地基准	字符型	“1954 北京坐标系”;“1980 西安坐标系”	√	√	√
33	54－80 坐标转换参数(X,Y)	数值型	单位为米(m)	√	√	
34	地图投影名称	字符型		√	√	√
35	中央子午线	数值型	单位为度(°)	√	√	√
36	分带方式	字符型	“3 度带”;“6 度带”	√	√	√
37	高斯-克吕格投影带号	整型		√	√	√
38	坐标单位	字符型	“度”;“米”	√	√	√
39	高程系统名	字符型	“正常高”;“大地高”	√	√	√
40	高程基准	字符型	“1956 黄海高程系”;“1985 国家高程基准”	√	√	√
41	西边接边状况	字符型	“已接”;“未接”;“自由”	√	√	√
42	北边接边状况	字符型	“已接”;“未接”;“自由”	√	√	√
43	东边接边状况	字符型	“已接”;“未接”;“自由”	√	√	√
44	南边接边状况	字符型	“已接”;“未接”;“自由”	√	√	√
45	图幅接合表中西北图幅名称	字符型		√	√	√

序号	数据项	数据类型	值域	生产	建库	分发
46	图幅接合表中北 图幅名称	字符型		√	√	√
47	图幅接合表中东北 图幅名称	字符型		√	√	√
48	图幅接合表中西 图幅名称	字符型		√	√	√
49	图幅接合表中东 图幅名称	字符型		√	√	√
50	图幅接合表中西南 图幅名称	字符型		√	√	√
51	图幅接合表中南 图幅名称	字符型		√	√	√
52	图幅接合表中东南 图幅名称	字符型		√	√	√
53	图外附注	字符型		√	√	√
54	平面位置中误差	数值型	单位为米(m)	√	√	√
55	完整性	字符型		√	√	√
56	接边质量评价	字符型		√	√	√
57	结论总分	数值型		√	√	√
58	数据质量检验评价单位	字符型 (一般不超过30个字节)				
59	数据质量评检日期	整型	YYYYMM	√	√	√
60	数据质量总评价	字符型 (一般不超过30个字节)				
61	主要数据源	字符型	“原图”;“分版图”	√	√	√
62	数据采集方法及仪器	字符型	“原图数字化” “扫描仪”	√	√	√
63	原图图名	字符型		√	√	√
64	原图图号	字符型		√	√	√
65	原图经度范围	字符型	DDDMMSS-DDDMMSS	√	√	√
66	原图纬度范围	字符型	DDMMSS-DDMMSS	√	√	√
67	原图等高距	数值型	单位为米(m)	√	√	√
68	原图比例尺分母	整型		√	√	√
69	原图出版日期	整型	YYYYMM	√	√	√
70	原图图式版本号	字符型		√	√	√
71	原图密级	字符型	“绝密”;“机密”; “秘密”;“内部”	√	√	√

序号	数据项	数据类型	值域	生产	建库	分发
72	原图三北方向线夹角	字符型	DDDMMSS,DDDMMSS	√	√	√
73	原图所采用的大地基准	字符型 (一般不超过30个字节)	“1954北京坐标系” “1980西安坐标系”	√	√	√
74	原图地图投影名称	字符型		√	√	√
75	原图中央子午线	字符型	单位为度(°)	√	√	√
76	原图分带方式	字符型	“3度带”;“6度带”	√	√	√
77	原图坐标单位	字符型	“度”;“米”	√	√	√
78	原图高程系统名	字符型	“正常高”;“大地高”	√	√	√
79	原图高程基准	字符型	“1956黄海高程系”; “1985国家高程基准”	√	√	√
80	原图出版单位名称	字符型 (一般不超过30个字节)		√	√	√
81	更新要素名称	字符型		√	√	√
82	更新资料源	字符型		√	√	√
83	更新的航摄比例尺分母或卫星影像分辨率	字符型		√	√	√
84	更新的航摄仪焦距	字符型		√	√	√
85	更新的航摄单位	字符型 (一般不超过30个字节)		√	√	√
86	更新的航摄日期或卫星时态	整型	YYYYMMDD	√	√	√
87	更新的调绘日期	整型	YYYYMMDD	√	√	√
88	更新的摄区号	字符型		√	√	√
89	更新的图像色彩	字符型	“单色”;“彩色”	√	√	√
90	遥感传感器类型	字符型		√	√	√
91	波段选择	字符型		√	√	√
92	数据接受时间	整型	YYYYMMDD	√	√	√
93	采用的GPS设备名称与型号	字符型		√	√	√
94	定位精度	字符型		√	√	√
95	产品价格	字符型		√	√	√
96	分发介质	字符型	“CD-ROM”;“3.5软盘”;“4 mm盒式磁带”;“8 mm盒式磁带”;“网络”;“电话传输”	√	√	√
97	分发格式	字符型		√	√	√
98	分发单位联系电话	整型		√	√	√
99	分发单位传真电话	整型		√	√	√
100	分发单位所在省、市、自治区名称	字符型		√	√	√

序号	数据项	数据类型	值域	生产	建库	分发
101	分发单位通讯地址	字符型 (一般不超过30个字节)		√	√	√
102	分发单位邮政编码	整型		√	√	√
103	分发单位名称	字符型 (一般不超过30个字节)		√	√	√
104	分发单位电子邮箱地址	字符型		√	√	√
105	分发单位网络地址	字符型		√	√	√
106	分发日期	整型	YYYYMMDD	√	√	√

4.2 数字正射影像图元数据文件的内容和格式

序号	数据项	数据类型	值域	生产	建库	分发
1	产品名称	字符型		√	√	√
2	产品代号	字符型		√	√	√
3	图名	字符型		√	√	√
4	图号	字符型		√	√	√
5	比例尺分母	整型		√	√	√
6	产品生产日期	整型	YYYYMM	√	√	√
7	产品更新日期	整型	YYYYMM	√	√	√
8	产品的版本	字符型		√	√	√
9	出版日期	整型	YYYYMM	√	√	√
10	产品所有权单位名称	字符型 (一般不超过30个字节)		√	√	√
11	产品生产单位名称	字符型 (一般不超过30个字节)		√	√	√
12	产品出版单位名称	字符型 (一般不超过30个字节)		√	√	√
13	数据量	字符型	单位为兆字节(MB)	√	√	√
14	数据格式	字符型	“非压缩 TIFF”;“地球空间数据交换格式”	√	√	√
15	影像地面分辨率	字符型	单位为米	√	√	√
16	图廓角点经度范围	字符型	DDDMMSS-DDDMMSS	√	√	√
17	图廓角点纬度范围	字符型	DDMMSS-DDMMSS	√	√	√
18	西南图廓角点 X 坐标	数值型	单位为米(m)	√	√	√
19	西南图廓角点 Y 坐标	数值型	单位为米(m)	√	√	√
20	西北图廓角点 X 坐标	数值型	单位为米(m)	√	√	√
21	西北图廓角点 Y 坐标	数值型	单位为米(m)	√	√	√
22	东北图廓角点 X 坐标	数值型	单位为米(m)	√	√	√
23	东北图廓角点 Y 坐标	数值型	单位为米(m)	√	√	√

序号	数据项	数据类型	值域	生产	建库	分发
24	东南图廓角点 X 坐标	数值型	单位为米(m)	√	√	√
25	东南图廓角点 Y 坐标	数值型	单位为米(m)	√	√	√
26	密级	字符型	“绝密”;“机密”; “秘密”;“内部”;	√	√	√
27	参照交换格式的版本号	字符型		√	√	√
28	参照图式的标准号	字符型		√	√	√
29	椭球长半径	数值型	单位为千米(km)	√	√	√
30	椭球扁率	字符型		√	√	√
31	所采用的大地基准	字符型	“1954 北京坐标系”; “1980 西安坐标系”	√	√	√
32	54－80 坐标转换参数(X,Y)	数值型	单位为米(m)	√	√	√
33	地图投影名称	字符型		√	√	√
34	中央子午线	数值型	单位为度(°)	√	√	√
35	分带方式	字符型	“3 度带”;“6 度带”	√	√	√
36	高斯-克吕格投影带号	整型		√	√	√
37	坐标单位	字符型	“度”;“米”;	√	√	√
38	高程系统名	字符型	“正常高”;“大地高”	√	√	√
39	高程基准	字符型	“1956 黄海高程系”; “1985 国家高程基准”	√	√	√
40	西边接边状况	字符型	“已接”;“未接”;“自由”;	√	√	√
41	北边接边状况	字符型	“已接”;“未接”;“自由”;	√	√	√
42	东边接边状况	字符型	“已接”;“未接”;“自由”;	√	√	√
43	南边接边状况	字符型	“已接”;“未接”;“自由”;	√	√	√
44	图幅接合表中西北 图幅名称	字符型		√	√	√
45	图幅接合表中北 图幅名称	字符型		√	√	√
46	图幅接合表中东北 图幅名称	字符型		√	√	√
47	图幅接合表中西 图幅名称	字符型		√	√	√
48	图幅接合表中东 图幅名称	字符型		√	√	√
49	图幅接合表中西南 图幅名称	字符型		√	√	√
50	图幅接合表中南 图幅名称	字符型		√	√	√
51	图幅接合表中东南 图幅名称	字符型		√	√	√

序号	数据项	数据类型	值域	生产	建库	分发
52	图外附注	字符型		√	√	√
53	平面位置中误差	数值型	单位为米(m)	√	√	√
54	完整性	字符型		√	√	√
55	接边质量评价	字符型		√	√	√
56	结论总分	数值型		√	√	√
57	数据质量检验评价单位	字符型（一般不超过30个字节）		√	√	√
58	数据质量评检日期	整型	YYYYMM	√	√	√
59	数据质量总评价	字符型（一般不超过30个字节）		√	√	√
60	主要数据源	字符型	“航片”;“影像地图”;“卫星遥感数据”;“野外数据”;“分版图”	√	√	√
61	数据采集方法及仪器	字符型	“摄影测量”“扫描仪”;“模拟测图仪”;“解析测图仪”;“数字摄影测量系统”	√	√	√
62	单片微分纠正方法	字符型	“双线性纠正”;“二次多项式纠正”	√	√	√
63	所用DEM格网单元尺寸	数值型	单位为米(m)	√	√	√
64	航摄比例尺分母	整型		√	√	√
65	航摄仪焦距	字符型		√	√	√
66	航摄单位	字符型（一般不超过30个字节）		√	√	√
67	航摄日期	整型	YYYYMM	√	√	√
68	摄区号	字符型		√	√	√
69	影像扫描分辨率	字符型	单位为dpi	√	√	√
70	影像色彩	字符型	“单色”;“彩色”	√	√	√
71	更新资料源	字符型		√	√	√
72	更新的航摄比例尺分母或卫星影像分辨率	字符型		√	√	√
73	更新的航摄仪焦距	字符型		√	√	√
74	更新的航摄单位	字符型（一般不超过30个字节）		√	√	√
75	更新的航摄日期或卫星时态	整型	YYYYMM	√	√	√
76	更新的摄区号	字符型		√	√	√
77	更新的图像色彩	字符型	“单色”;“彩色”	√	√	√
78	遥感传感器类型	字符型		√	√	√
79	波段选择	字符型		√	√	√

序号	数据项	数据类型	值域	生产	建库	分发
80	数据接受时间	整型	YYYYMMDD	√	√	√
81	产品价格	字符型		√	√	√
82	分发介质	字符型	“CD-ROM”；“3.5″软盘”；“4 mm 盒式磁带”；“8 mm 盒式磁带”；“网络”；“电话传输”	√	√	√
83	分发格式	字符型		√	√	√
84	分发单位联系电话	整型		√	√	√
85	分发单位传真电话	整型		√	√	√
86	分发单位所在省、市名称	字符型		√	√	√
87	分发单位通讯地址	字符型（一般不超过 30 个字节）		√	√	√
88	分发单位邮政编码	整型		√	√	√
89	分发单位名称	字符型（一般不超过 30 个字节）		√	√	√
90	分发单位电子邮箱地址	字符型		√	√	√
91	分发单位网络地址	字符型		√	√	√
92	分发日期	整型	YYYYMMDD	√	√	√

4.3 数字高程模型元数据文件的内容和格式

序号	数据项	数据类型	值域	生产	建库	分发
1	产品名称	字符型		√	√	√
2	产品代号	字符型		√	√	√
3	图名	字符型		√	√	√
4	图号	字符型		√	√	√
5	比例尺分母	整型		√	√	√
6	产品生产日期	整型	YYYYMM	√	√	√
7	产品更新日期	整型	YYYYMM	√	√	√
8	产品的版本	字符型		√	√	√
9	出版日期	整型	YYYYMM	√	√	√
10	产品所有权单位名称	字符型（一般不超过 30 个字节）		√	√	√
11	产品生产单位名称	字符型（一般不超过 30 个字节）		√	√	√
12	产品出版单位名称	字符型（一般不超过 30 个字节）		√	√	√
13	数据量	字符型	单位为兆字节(MB)	√	√	√
14	数据格式	字符型	“非压缩 TIFF”；“地球空间数据交换格式”	√	√	√

序号	数据项	数据类型	值域	生产	建库	分发
15	格网单元尺寸	数值型	单位为米;“X 方向尺寸”;“Y 方向尺寸”	√	√	√
16	格网排列方式	字符型		√	√	√
17	格网行列数	字符型		√	√	√
18	高程记录的小数点位数	整型		√	√	√
19	起始格网单元左上角点经度	字符型	DDDMMSS	√	√	√
20	起始格网单元左上角点纬度	字符型	DDMMSS	√	√	√
21	起始格网单元左上角点 X 坐标	数值型	单位为米(m)	√	√	√
22	起始格网单元左上角点 Y 坐标	数值型	单位为米(m)	√	√	√
23	密级	字符型	“绝密”;“机密”;“秘密”;“内部”	√	√	√
24	参照交换格式的版本号	字符型		√	√	√
25	椭球长半径	数值型	单位为千米(km)	√	√	√
26	椭球扁率	字符型		√	√	√
27	所采用的大地基准	字符型	“1954 北京坐标系”;“1980 西安坐标系”	√	√	√
28	54-80 坐标转换参数(X,Y)	数值型	单位为米(m)	√	√	
29	地图投影名称	字符型		√	√	√
30	中央子午线	数值型	单位为度(°)	√	√	√
31	分带方式	字符型	“3 度带”;“6 度带”	√	√	√
32	高斯-克吕格投影带号	整型		√	√	√
33	坐标单位	字符型	“度”;“米”	√	√	√
34	高程系统名	字符型	“正常高”;“大地高”	√	√	√
35	高程基准	字符型	“1956 黄海高程系”;“1985 国家高程基准”	√	√	√
36	西边接边状况	字符型	“已接”;“未接”;“自由”	√	√	√
37	北边接边状况	字符型	“已接”;“未接”;“自由”	√	√	√
38	东边接边状况	字符型	“已接”;“未接”;“自由”	√	√	√
39	南边接边状况	字符型	“已接”;“未接”;“自由”	√	√	√
40	图幅接合表中西北图幅名称	字符型		√	√	√
41	图幅接合表中北图幅名称	字符型		√	√	√
42	图幅接合表中东北图幅名称	字符型		√	√	√

序号	数据项	数据类型	值域	生产	建库	分发
43	图幅接合表中西图幅名称	字符型		√	√	√
44	图幅接合表中东图幅名称	字符型		√	√	√
45	图幅接合表中西南图幅名称	字符型		√	√	√
46	图幅接合表中南图幅名称	字符型		√	√	√
47	图幅接合表中东南图幅名称	字符型		√	√	√
48	高程中误差	数值型	单位为米(m)	√	√	√
49	完整性	字符型		√	√	√
50	接边质量评价	字符型		√	√	√
51	结论总分	数值型		√	√	√
52	数据质量检验评价单位	字符型（一般不超过 30 个字节）		√	√	√
53	数据质量评检日期	整型	YYYYMM	√	√	√
54	数据质量总评价	字符型（一般不超过 30 个字节）		√	√	√
55	主要数据源	字符型	“航片”;“原图”;“影像地图”;“野外数据”;“分版图”	√	√	√
56	数据采集方法及仪器	字符型	“原图数字化”;“摄影测量”;“野外测量”“手扶数字化仪”;“扫描仪”;“模拟测图仪”;“解析测图仪”;“数字摄影测量系统”;“野外测量”	√	√	√
57	高程内插方法	字符型	“线性内插”;“非线性内插”	√	√	√
58	航摄比例尺分母	整型		√	√	√
59	航摄仪焦距	字符型		√	√	√
60	航摄单位	字符型（一般不超过 30 个字节）		√	√	√
61	航摄日期	整型	YYYYMM	√	√	√
62	摄区号	字符型		√	√	√
63	影像扫描分辨率	字符型	单位为 dpi	√	√	√
64	影像色彩	字符型	“单色”;“彩色”	√	√	√
65	原图图名	字符型		√	√	√
66	原图图号	字符型		√	√	√

序号	数据项	数据类型	值域	生产	建库	分发
67	原图经度范围	字符型	DDDMMSS-DDDMMSS	√	√	√
68	原图纬度范围	字符型	DDMMSS-DDMMSS	√	√	√
69	原图等高距	数值型	单位为米(m)	√	√	√
70	原图比例尺分母	整型		√	√	√
71	原图出版日期	整型	YYYYMM	√	√	√
72	原图图式版本号	字符型		√	√	√
73	原图密级	字符型	绝密";"机密"; "秘密";"内部"	√	√	√
74	原图三北方向线夹角	字符型	DDDMMSS-DDDMMSS	√	√	√
75	原图所采用的大地基准	字符型	"1954 北京坐标系"; "1980 西安坐标系"	√	√	√
76	原图地图投影名称	字符型		√	√	√
77	原图中央子午线	数值型	单位为度	√	√	√
78	原图分带方式	字符型	"3 度带";"6 度带"	√	√	√
79	原图坐标单位	字符型	"度";"米"	√	√	√
80	原图高程系统名	字符型	"正常高";"大地高"	√	√	√
81	原图高程基准	字符型	"1956 黄海高程系"; "1985 国家高程基准"	√	√	√
82	原图出版单位名称	字符型 (一般不超过 30 个字节)		√	√	√
83	更新资料源	字符型		√	√	√
84	更新的航摄比例尺分母或卫星影像分辨率	字符型		√	√	√
85	更新的航摄仪焦距	字符型		√	√	√
86	更新的航摄单位	字符型 (一般不超过 30 个字节)		√	√	√
87	更新的航摄日期或卫星时态	整型	YYYYMM	√	√	√
88	更新的摄区号	字符型		√	√	√
89	更新的图像色彩	字符型	"单色";"彩色"	√	√	√
90	遥感传感器类型	字符型		√	√	√
91	波段选择	字符型		√	√	√
92	数据接受时间	整型	YYYYMMDD	√	√	√
93	采用的 GPS 设备名称与型号	字符型		√	√	√
94	定位精度	字符型		√	√	√
95	产品价格	字符型		√	√	√

序号	数据项	数据类型	值域	生产	建库	分发
96	分发介质	字符型	"CD-ROM";"3.5″软盘";"4 mm 盒式磁带";"8 mm 盒式磁带";"网络";"电话传输"	√	√	√
97	分发格式	字符型		√	√	√
98	分发单位联系电话	整型		√	√	√
99	分发单位传真电话	整型		√	√	√
100	分发单位所在省、市名称	字符型		√	√	√
101	分发单位通讯地址	字符型 (一般不超过 30 个字节)		√	√	√
102	分发单位邮政编码	整型		√	√	√
103	分发单位名称	字符型 (一般不超过 30 个字节)		√	√	√
104	分发单位电子邮箱地址	字符型		√	√	√
105	分发单位网络地址	字符型		√	√	√
106	分发日期	整型	YYYYMMDD	√	√	√

4.4 数字线划图元数据文件的内容和格式

序号	数据项	数据类型	值域	生产	建库	分发
1	产品名称	字符型		√	√	√
2	产品代号	字符型		√	√	√
3	图名	字符型		√	√	√
4	图号	字符型		√	√	√
5	比例尺分母	整型		√	√	√
6	图幅等高距	数值型	单位为米(m)	√	√	√
7	产品生产日期	整型	YYYYMM	√	√	√
8	产品更新日期	整型	YYYYMM	√	√	√
9	产品的版本	字符型		√	√	√
10	出版日期	整型	YYYYMM	√	√	√
11	产品所有权单位名称	字符型 (一般不超过 30 个字节)		√	√	√
12	产品生产单位名称	字符型 (一般不超过 30 个字节)		√	√	√
13	产品出版单位名称	字符型 (一般不超过 30 个字节)		√	√	√
14	数据量	字符型	单位为兆字节(MB)	√	√	√
15	数据格式	字符型	"DXF";"地球空间数据交换格式"	√	√	√
16	图廓角点经度范围	字符型	DDDMMSS-DDDMMSS	√	√	√

序号	数据项	数据类型	值域	生产	建库	分发
17	图廓角点纬度范围	字符型	DDMMSS-DDMMSS	√	√	√
18	西南图廓角点 X 坐标	数值型	单位为米(m)	√	√	√
19	西南图廓角点 Y 坐标	数值型	单位为米(m)	√	√	√
20	西北图廓角点 X 坐标	数值型	单位为米(m)	√	√	√
21	西北图廓角点 Y 坐标	数值型	单位为米(m)	√	√	√
22	东北图廓角点 X 坐标	数值型	单位为米(m)	√	√	√
23	东北图廓角点 Y 坐标	数值型	单位为米(m)	√	√	√
24	东南图廓角点 X 坐标	数值型	单位为米(m)	√	√	√
25	东南图廓角点 Y 坐标	数值型	单位为米(m)	√	√	√
26	密级	字符型	“绝密”;“机密” “秘密”;“内部”	√	√	√
27	参照交换格式的版本号	字符型		√	√	√
28	参照图式的标准号	字符型		√	√	√
29	参照分类编码的标准号	字符型		√	√	√
30	椭球长半径	数值型	单位为千米(km)	√	√	√
31	椭球扁率	字符型		√	√	√
32	所采用的大地基准	字符型	“1954 北京坐标系”; “1980 西安坐标系”	√	√	√
33	54-80 坐标转换参数(X,Y)	数值型	单位为米(m)	√	√	
34	地图投影名称	字符型		√	√	√
35	中央子午线	数值型	单位为度(°)	√	√	√
36	分带方式	字符型	“3 度带”;“6 度带”	√	√	√
37	高斯-克吕格投影带号	整型		√	√	√
38	坐标单位	字符型	“度”;“米”	√	√	√
39	高程系统名	字符型	“正常高”;“大地高”	√	√	√
40	高程基准	字符型	“1956 黄海高程系; “1985 国家高程基准”	√	√	√
41	西边接边状况	字符型	“已接”;“未接”;“自由”	√	√	√
42	北边接边状况	字符型	“已接”;“未接”;“自由”	√	√	√
43	东边接边状况	字符型	“已接”;“未接”;“自由”	√	√	√
44	南边接边状况	字符型	“已接”;“未接”;“自由”	√	√	√
45	图幅接合表中西北图幅名称	字符型		√	√	√
46	图幅接合表中北图幅名称	字符型		√	√	√
47	图幅接合表中东北图幅名称	字符型		√	√	√

序号	数据项	数据类型	值域	生产	建库	分发
48	图幅接合表中西图幅名称	字符型		√	√	√
49	图幅接合表中东图幅名称	字符型		√	√	√
50	图幅接合表中西南图幅名称	字符型		√	√	√
51	图幅接合表中南图幅名称	字符型		√	√	√
52	图幅接合表中东南图幅名称	字符型		√	√	√
53	图外附注	字符型		√	√	√
54	平面位置中误差	数值型	单位为米(m)	√	√	√
55	高程中误差	数值型	单位为米(m)	√	√	√
56	属性精度	字符型		√	√	√
57	逻辑一致性	字符型		√	√	√
58	完整性	字符型		√	√	√
59	接边质量评价	字符型		√	√	√
60	结论总分	数值型		√	√	√
61	数据质量检验评价单位	字符型（一般不超过 30 个字节）		√	√	√
62	数据质量评检日期	整型	YYYYMM	√	√	√
63	数据质量总评价	字符型（一般不超过 30 个字节）		√	√	√
64	主要数据源	字符型	“航片”;“原图”;“影像地图”;“野外数据”;“分版图”;“DEM”	√	√	√
65	数据采集方法及仪器	字符型	“原图数字化”;“摄影测量”;“野外测量”“手扶数字化仪”;“扫描仪”;“模拟测图仪”;“解析测图仪”;“数字摄影测量系统”;“野外测量”	√	√	√
66	航摄比例尺分母	整型		√	√	√
67	航摄仪焦距	字符型		√	√	√
68	航摄单位	字符型（一般不超过 30 个字节）		√	√	√
69	航摄日期	整型	YYYYMM	√	√	√
70	调绘日期	整型	YYYYMM	√	√	√
71	摄区号	字符型		√	√	√
72	影像扫描分辨率	字符型	单位为 dpi	√	√	√

序号	数据项	数据类型	值域	生产	建库	分发
73	影像色彩	字符型	“单色”;“彩色”	√	√	√
74	原图图名	字符型		√	√	√
75	原图图号	字符型		√	√	√
76	原图经度范围	字符型	DDDMMSS-DDDMMSS	√	√	√
77	原图纬度范围	字符型	DDMMSS-DDMMSS	√	√	√
78	原图等高距	数值型	单位为米(m)	√	√	√
79	原图比例尺分母	整型		√	√	√
80	原图出版日期	整型	YYYYMM	√	√	√
81	原图图式版本号	字符型		√	√	√
82	原图密级	字符型	“绝密”;“机密”; “秘密”;“内部”	√	√	√
83	原图三北方向线夹角	字符型	DDDMMSS-DDDMMSS	√	√	√
84	原图所采用的大地基准	字符型	“1954 北京坐标系”; “1980 西安坐标系”	√	√	√
85	原图地图投影名称	字符型		√	√	√
86	原图中央子午线	数值型	单位为度(°)	√	√	√
87	原图分带方式	字符型	“3 度带”;“6 度带”	√	√	√
88	原图坐标单位	字符型	“度”;“米”	√	√	√
89	原图高程系统名	字符型	“正常高”;“大地高”	√	√	√
90	原图高程基准	字符型	“1956 黄海高程系”; “1985 国家高程基准”	√	√	√
91	原图出版单位名称	字符型 (一般不超过 30 个字节)		√	√	√
92	总层数	整型		√	√	√
93	层名	字符型		√	√	√
94	采集日期	整型	YYYYMM	√	√	√
95	更新日期	整型	YYYYMM	√	√	√
96	更新要素名称	字符型		√	√	√
97	更新资料源	字符型		√	√	√
98	更新的航摄比例尺分母或卫星影像分辨率	字符型		√	√	√
99	更新的航摄仪焦距	字符型		√	√	√
100	更新的航摄单位	字符型 (一般不超过 30 个字节)		√	√	√
101	更新的航摄日期或卫星时态	整型	YYYYMM	√	√	√
102	更新的调绘日期	整型	YYYYMM	√	√	√
103	更新的摄区号	字符型		√	√	√

序号	数据项	数据类型	值域	生产	建库	分发
104	更新的图像色彩	字符型	“单色”;“彩色”	√	√	√
105	遥感传感器类型	字符型		√	√	√
106	波段选择	字符型		√	√	√
107	数据接受时间	整型	YYYYMMDD	√	√	√
108	采用的 GPS 设备名称与型号	字符型		√	√	√
109	定位精度	字符型		√	√	√
110	产品价格	字符型		√	√	√
111	分发介质	字符型	“CD-ROM”;“3.5″软盘”;“4 mm 盒式磁带”;“8 mm 盒式磁带”;“网络”;“电话传输”	√	√	√
112	分发格式	字符型		√	√	√
113	分发单位联系电话	整型		√	√	√
114	分发单位传真电话	整型		√	√	√
115	分发单位所在省、市名称	字符型		√	√	√
116	分发单位通讯地址	字符型（一般不超过 30 个字节）		√	√	√
117	分发单位邮政编码	整型		√	√	√
118	分发单位名称	字符型（一般不超过 30 个字节）		√	√	√
119	分发单位电子邮箱地址	字符型		√	√	√
120	分发单位网络地址	字符型		√	√	√
121	分发日期	整型	YYYYMMDD	√	√	√

附 录 A
（提示的附录）
数字栅格地图(DRG)元数据文件样本

文件：K50E015019
datamark：Metadata
1∶50 000 数字栅格地图

产品名称	1∶50 000 数字栅格地图(DBG)
产品代号	未知
图名	韩麻营
图号	K50E015019
比例尺分母	50 000
产品生产日期	199710
产品更新日期	199910

产品的版本	V 1.0
出版日期	200011
产品所有权单位名称	国家测绘局
产品生产单位名称	陕西测绘局
产品出版单位名称	国家测绘局
数据量	28MB
数据格式	非压缩 TIFF
数据地面分辨率	1 米
色彩	彩色
图廓角点经度范围	1 174 500～1 180 000
图廓角点纬度范围	411 000～412 000
西南图廓角点 X 坐标	4 559 434.31
西南图廓角点 Y 坐标	20 562 943.47
西北图廓角点 X 坐标	4 577 944.63
西北图廓角点 Y 坐标	20 562 783.7
东北图廓角点 X 坐标	4 578 155.72
东北图廓角点 Y 坐标	20 583 711.84
东南图廓角点 X 坐标	4 559 645.24
东南图廓角点 Y 坐标	20 583 924.87
密级	秘密
参照交换格式的版本号	地球空间数据交换格式 V 1.0
参照图式的标准号	GB/T 12342—90
椭球长半径	6 378 140.000 0
椭球扁率	11 298.257
所采用的大地基准	1980 西安坐标系
54－80 坐标转换参数(X,Y)	40.20,70.53
地图投影名称	高斯-克吕格投影
中央子午线	117°
分带方式	6 度带
高斯-克吕格投影带号	20
坐标单位	米(m)
高程系统名	正常高
高程基准	1985 国家高程基准
西边接边状况	已接
北边接边状况	已接
东边接边状况	已接
南边接边状况	已接
图幅接合表中西北图幅名称	八达营
图幅接合表中北图幅名称	榆树底
图幅接合表中东北图幅名称	七家
图幅接合表中西图幅名称	隆化县
图幅接合表中东图幅名称	两家
图幅接合表中西南图幅名称	红旗
图幅接合表中南图幅名称	大庙
图幅接合表中东南图幅名称	三沟
图外附注	图内红色区域表示飞地

平面位置中误差	0.01
完整性	完整
接边质量评价	接边达到精度要求
结论总分	85
数据质量检验评价单位	国家基础地理信息中心
数据质量评检日期	199911
数据质量总评价	合格
主要数据源	原图
数据采集方法及仪器	原图数字化 扫描仪
原图图名	韩麻营
原图图号	K-50-104-B
原图经度范围	1 174 500～1 180 000
原图纬度范围	411 000～412 000
原图等高距	10
原图比例尺分母	50 000
原图出版日期	197901
原图图式版本号	1971 年版
原图密级	秘密
原图三北方向线夹角	—64 100,03 500
原图所采用大地基准	1954 北京坐标系
原图地图投影名称	高斯-克吕格投影
原图中央子午线	117°
原图分带方式	6 度带
原图坐标单位	米(m)
原图高程系统名	正常高
原图高程基准	1956 黄海高程系
原图出版单位名称	中国人民解放军总参谋部测绘局
更新要素名称	道路,水系
更新资料源	航片
更新的航摄比例尺分母或卫星影像分辨率	3 500
更新的航摄仪焦距	153.114 mm
更新的航摄单位	四维公司
更新的航摄日期或卫星时态	199906
更新的调绘日期	199907
更新的摄区号	9944
更新的图像色彩	彩色
遥感传感器类型	TM
波段选择	2,4,7
数据接收时间	19980101
采用的 GPS 设备名称与型号	Ashtech ADU2
定位精度	5～10 m
产品价格	3 000 元
分发介质	CD-ROM
分发格式	TIFF
分发单位联系电话	(010)68416047

分发单位传真电话	(010)68424101
分发单位所在省、市名称	北京
分发单位通讯地址	北京市紫竹院百胜村1号
分发单位邮政编码	100044
分发单位单位名称	国家基础地理信息中心
分发单位电子邮箱地址	chenguo@nsdi. gov. cn
分发单位网络地址	http:/www. nsdi. govcn
分发日期	20001220

附　录　B
（提示的附录）
数字正射影像图(DOM)元数据文件样本

文件：K50E015019

datamark：Metadata

1∶50 000 数字正射影像图

产品名称	1∶50 000 数字正射影像图(DOM)
产品代号	未知
图名	韩麻营
图号	K50E015019
比例尺分母	50 000
产品生产日期	199710
产品更新日期	199910
产品的版本	V 1.0
出版日期	200011
产品所有权单位名称	国家测绘局
产品生产单位名称	陕西测绘局
产品出版单位名称	国家测绘局
数据量	30MB
数据格式	非压缩 TIFF
影像地面分辨率	1米
图廓角点经度范围	1 174 500～1 180 000
图廓角点纬度范围	411 000～412 000
西南图廓角点 X 坐标	4 559 434.31
西南图廓角点 Y 坐标	20 562 943.47
西北图廓角点 X 坐标	4 577 944.63
西北图廓角点 Y 坐标	20 562 783.7
东北图廓角点 X 坐标	4 578 155.72
东北图廓角点 Y 坐标	20 583 711.84
东南图廓角点 X 坐标	4 559 645.24
东南图廓角点 Y 坐标	20 583 924.87
密级	秘密
参照交换格式的版本号	地球空间数据交换格式 V 1.0
参照图式的标准号	GB/T 12342—90

椭球长半径	6 378 140.000 0
椭球扁率	1/298.257
所采用的大地基准	1954 北京坐标系
54－80 坐标转换参数(*X*,*Y*)	40.20,70.53
地图投影名称	高斯-克吕格投影
中央子午线	117°
分带方式	6 度带
高斯-克吕格投影带号	20
坐标单位	米(m)
高程系统名	正常高
高程基准	1956 黄海高程系
西边接边状况	已接
北边接边状况	已接
东边接边状况	已接
南边接边状况	已接
图幅接合表中西北图幅名称	八达营
图幅接合表中北图幅名称	榆树底
图幅接合表中东北图幅名称	七家
图幅接合表中西图幅名称	隆化县
图幅接合表中东图幅名称	两家
图幅接合表中西南图幅名称	红旗
图幅接合表中南图幅名称	大庙
图幅接合表中东南图幅名称	三沟
图外附注	图内红色区域表示飞地
平面位置中误差	0.01
完整性	完整
接边质量评价	接边达到精度要求
结论总分	85
数据质量检验评价单位	国家基础地理信息中心
数据质量评检日期	199911
数据质量总评价	合格
主要数据源	航片
数据采集方法及仪器	摄影测量 VirtuoZo 数字摄影测量系统, JX-4A DPW 数字摄影测量系统
单片微分纠正方法	二次多项式纠正
所用 DEM 格网单元尺寸	12.5
航摄比例尺分母	35 000
航摄仪焦距	153.114 mm
航摄单位	四维分司
航摄日期	199702
摄区号	9944
影像扫描分辨率	600 dpi
影像色彩	单色,真彩色,假彩色
更新资料源	航片
更新的航摄比例尺分母或卫星影像分辨率	3 500

更新的航摄仪焦距	153.114 mm
更新的航摄单位	四维公司
更新的航摄日期或卫星时态	199906
更新的摄区号	9944
更新的图像色彩	彩色
遥感传感器类型	TM
波段选择	2,4,7
数据接收时间	19980101
产品价格	3 000 元
分发介质	CD-ROM
分发格式	TIFF
分发单位联系电话	(010)68416047
分发单位传真电话	(010)68424101
分发单位所在省、市名称	北京
分发单位通讯地址	北京市紫竹院百胜村1号
分发单位邮政编码	100044
分发单位单位名称	国家基础地理信息中心
分发单位电子邮箱地址	chenguo@nsdi.gov.cn
分发单位网络地址	http:/www.nsdi.govcn
分发日期	20001221

附 录 C
(提示的附录)
数字高程模型(DEM)元数据文件样本

文件:K49E022021
datamark:Metadata
1∶50 000 数字高程模型

产品名称	1∶50 000 数字高程模型(DEM)
产品代号	未知
图名	丰镇县
图号	K49E022021
比例尺分母	50 000
产品生产日期	199710
产品更新日期	199909
产品的版本	V 1.0
出版日期	200012
产品所有权单位名称	国家测绘局
产品生产单位名称	陕西测绘局
产品出版单位名称	国家测绘局
数据量	3MB
数据格式	BIL
格网单元尺寸	25,25
格网排列方式	从左至右,从上至下

格网行列数	764,102 3
高程记录的小数点位数	2
起始格网单元左上角点经度	1 130 000
起始格网单元左上角点纬度	402 000
起始格网单元左上角点 X 坐标	4 486 973.02
起始格网单元左上角点 Y 坐标	19 669 541.07
密级	秘密
参照交换格式的版本号	地球空间数据交换格式 V1.0
椭球长半径	6 378 140.000 0
椭球扁率	1/298.257
所采用的大地基准	1980 西安坐标系
54-80 坐标转换参数(X,Y)	—46.01,—70.41
地图投影名称	高斯-克吕格投影
中央子午线	111°
分带方式	6 度带
高斯-克吕格投影带号	19
坐标单位	米(m)
高程系统名	正常高
高程基准	1985 国家高程基准
西边接边状况	已接
北边接边状况	已接
东边接边状况	已接
南边接边状况	已接
图幅接合表中西北图幅名称	麦胡图
图幅接合表中北图幅名称	西官村
图幅接合表中东北图幅名称	永善庄
图幅接合表中西图幅名称	后滩
图幅接合表中东图幅名称	官屯堡
图幅接合表中西南图幅名称	破鲁
图幅接合表中南图幅名称	新荣区
图幅接合表中东南图幅名称	古店村
高程中误差	1.473
完整性	完整
接边质量评价	接边达到精度要求
结论总分	80
数据质量检验评价单位	陕西省测绘产品质量监督检验站
数据质量评检日期	199911
数据质量总评价	合格
主要数据源	原图
数据采集方法及仪器	原图数字化 扫描仪
高程内插方法	线性内插
航摄比例尺分母	无
航摄仪焦距	无
航摄单位	无
航摄日期	无

摄区号	无
影像扫描分辨率	无
影像色彩	无
原图图名	丰镇县
原图图号	K-49-131-C
原图经度范围	1 130 000～1 131 500
原图纬度范围	402 000～403 000
原图等高距	10
原图比例尺分母	50 000
原图出版日期	197801
原图图式版本号	GB/T 12342—90
原图密级	秘密
原图三北方向线夹角	044 100,012 300
原图所采用大地基准	1954 北京坐标系
原图地图投影名称	高斯-克吕格投影
原图中央子午线	111°
原图分带方式	6 度带
原图坐标单位	米(m)
原图高程系统名	正常高
原图高程基准	1956 黄海高程系
原图出版单位名称	总参测绘局
更新资料源	航片
更新的航摄比例尺分母或卫星影像分辨率	3500
更新的航摄仪焦距	153.114 mm
更新的航摄单位	四维公司
更新的航摄日期或卫星时态	199906
更新的摄区号	9944
更新的图像色彩	彩色
遥感传感器类型	TM
波段选择	2,4,7
数据接收时间	20000101
采用的 GPS 设备名称与型号	Ashtech ADU2
定位精度	5～10 m
产品价格	3 000 元
分发介质	CD-ROM
分发格式	地球空间数据交换格式
分发单位联系电话	(010)68416047
分发单位传真电话	(010)68424101
分发单位所在省、市名称	北京
分发单位通讯地址	北京市紫竹院百胜村 1 号
分发单位邮政编码	100044
分发单位单位名称	国家基础地理信息中心
分发单位电子邮箱地址	chenguo@nsdi. gov. cn
分发单位网络地址	http:/www. nsdi. govcn
分发日期	20011207

附　录　D
（提示的附录）
数字线划图（DLG）元数据文件样本

文件：K50E015019
datamark：Memdma
1∶50 000 数字线划图

产品名称	1∶50 000 数字线划图（DLG）
产品代号	未知
图名	韩麻营
图号	K50E015019
比例尺分母	50 000
图幅等高距	10
产品生产日期	199710
产品更新日期	199910
产品的版本	V 1.0
出版日期	200011
产品所有权单位名称	国家测绘局
产品生产单位名称	陕西测绘局
产品出版单位名称	国家测绘局
数据量	3MB
数据格式	DXF
图廓角点经度范围	1 174 500～1 180 000
图廓角点纬度范围	411 000～412 000
西南图廓角点 X 坐标	4 559 434.31
西南图廓角点 Y 坐标	20 562 943.47
西北图廓角点 X 坐标	4 577 944.63
西北图廓角点 Y 坐标	20 562 783.7
东北图廓角点 X 坐标	4 578 155.72
东北图廓角点 Y 坐标	20 583 711.84
东南图廓角点 X 坐标	4 559 645.24
东南图廓角点 Y 坐标	20 583 924.87
密级	秘密
参照交换格式的版本号	地球空间数据交换格式 V 1.0
参照图式的标准号	GB/T 12342—90
参照分类编码的标准号	CB/T 15660—1995
椭球长半径	6 378 140.000 0
椭球扁率	1/298.257
所采用的大地基准	1980 西安坐标系
54-80 坐标转换参数（X,Y）	40.20,70.53
地图投影名称	高斯-克吕格投影
中央子午线	117°
分带方式	6 度带
高斯-克吕格投影带号	20

坐标单位	米
高程系统名	正常高
高程基准	1985 国家高程基准
西边接边状况	已接
北边接边状况	已接
东边接边状况	已接
南边接边状况	已接
图幅接合表中西北图幅名称	八达营
图幅接合表中北图幅名称	榆树底
图幅接合表中东北图幅名称	七家
图幅接合表中西图幅名称	隆化县
图幅接合表中东图幅名称	两家
图幅接合表中西南图幅名称	红旗
图幅接合表中南图幅名称	大庙
图幅接合表中东南图幅名称	三沟
图外附注	图内红色区域表示飞地
平面位置中误差	0.01
高程中误差	1.473
属性精度	属性精度符合要求
逻辑一致性	一致
完整性	完整
接边质量评价	接边达到精度要求
结论总分	85
数据质量检验评价单位	国家基础地理信息中心
数据质量评检日期	199911
数据质量总评价	合格
主要数据源	原图
数据采集方法及仪器	原图数字化 扫描仪
航摄比例尺分母	无
航摄仪焦距	无
航摄单位	无
航摄日期	无
调绘日期	无
摄区号	无
影像扫描分辨率	无
影像色彩	无
原图图名	韩麻营
原图图号	K-50-104-B
原图经度范围	1 174 500～1 180 000
原图纬度范围	411 000～412 000
原图等高距	10
原图比例尺分母	50 000
原图出版日期	197901
原图图式版本号	1971 年版
原图密级	秘密

原图三北方向线夹角	－64 100.03 500
原图所采用大地基准	1954 北京坐标系
原图地图投影名称	高斯-克吕格投影
原图中央子午线	117°
原图分带方式	6 度带
原图坐标单位	米
原图高程系统名	正常高
原图高程基准	1956 黄海高程系
原图出版单位名称	中国人民解放军总参谋部测绘局
总层数	9
层名	道路
采集日期	199701
更新日期	199910
更新要素名称	道路，水系
更新资料源	航片
更新的航摄比例尺分母或卫星影像分辨率	3 500
更新的航摄仪焦距	153.114 mm
更新的航摄单位	四维公司
更新的航摄日期或卫星时态	199906
更新的调绘日期	199907
更新的摄区号	9944
更新的图像色彩	彩色
遥感传感器类型	TM
波段选择	2，4，7
数据接收时间	19990101
采用的 GPS 设备名称与型号	Ashtech ADU2
定位精度	5～10 m
产品价格	5 000 元
分发介质	CD-ROM
分发格式	地球空间数据交换格式
分发单位联系电话	(010)68416047
分发单位传真电话	(010)68424101
分发单位所在省、市、自治区名称	北京
分发单位通讯地址	北京市紫竹院百胜村 1 号
分发单位邮政编码	100044
分发单位单位名称	国家基础地理信息中心
分发单位电子邮箱地址	chenguo@nsdi.gov.cn
分发单位网络地址	http:/www.nsdi.govcn
分发日期	20010505

前　言

本标准主要规定了地形图符号库建立的基本原则。由于现有的地理信息系统软件和计算机制图软件中的符号库部分差异较大，故本标准没有规定有关接口方面的内容。各种专题地图符号的种类繁多，形式各异，本标准仅对此作了原则规定。

本标准自2001年4月1日起实施。

本标准由国家测绘局提出并归口。

本标准起草单位：国家测绘局测绘标准化研究所。

本标准主要起草人：薛明、张坤、肖学年。

中华人民共和国测绘行业标准

CH/T 4015—2001

地图符号库建立的基本规定

General rules for building cartographic symbols base

1 范围

本标准规定了建立各类地形图符号库的基本原则，适用于地形图符号库的设计、建立、维护、更新和管理。专题地图符号库也可参照实行。

2 引用标准

下列标准所包含的条文，通过在本标准中引用而构成为本标准的条文。本标准出版时，所示版本均为有效。所有标准都会被修订，使用本标准的各方应探讨使用下列标准最新版本的可能性。

GB/T 13923—1992 国土基础信息分类与编码

GB/T 15660—1995 1∶5 000、1∶10 000、1∶25 000、1∶50 000、1∶100 000 地形图要素分类与代码

GB 14804—1993 1∶500、1∶1 000、1∶2 000 地形图要素分类与编码

GB 2312—1980 信息交换类汉字编码字符集基本集

GB/T 16680—1996 软件文档管理指南

3 总则

地图符号库的建立必须遵循完备性、可扩充性、通用性、灵活性、精确性和易用性的原则。

(1)地图符号库应是一个结构、功能完整的专用软件系统，或其他地理信息系统和计算机制图系统的组成部分。应能提供各种地图符号的创建、组织、检索、管理和应用，以及符号的增加、删除、修改等功能。

(2)地图符号库应能管理和制作所有现行的各种比例尺地形图符号，也可根据需要支持各种专题地图符号。

(3)地图符号库应可根据不同条件和图式变化具有进行扩充、更新和调整的能力。

(4)地图符号库在设计与建立时，应同时编制和保留各种较详细的文档资料，以便系统维护和更新时使用。文档的内容和编写格式按 GB/T 16680—1996 执行。

(5)地图符号库应有通用的数据格式和接口。

(6)地图符号库所管理和制作的符号须具有高度的灵活性，符号的色彩、大小、旋转、平面位置等参数变量应为外部变量。

(7)地图符号的设计和制作必须满足地图的精度要求，应具有明确的定位且符号的放大、缩小和旋转不能引起变形。

(8)地图符号库须为用户提供方便的工具和良好的用户界面。

4 地图符号的分类

地图符号的分类一般应依据符号的几何特征、实现方法或操作方法，以及地图符号库所支持的软件平台的功能进行。

国家测绘局 2001-03-05 发布 2001-04-01 实施

4.1 点状符号

4.1.1 点状符号用于描述独立地物。一般包括多个图元和参数，也可用其描述复杂线状符号和面状符号中出现的各种图元。

4.1.2 点状符号的定义格式如下：

　　*符号类别；编码
　　定位点坐标；参数1，参数2，……
　　〈定义体〉*

其中，*为起始标识符和结束标识符；
　　符号类别为D；
　　定义体可以有多行，其基本格式为：
　　图元名1，参数1，参数2，……
　　图元名2，参数1，参数2，……
　　……

4.1.3 图元名及其编码按表1执行。

表1

图元名	直线	矩形	水平平行线	椭圆	圆	折线	三角形	圆弧
编码	ZX	JX	SP	TY	Y	XZ	SJ	YH
图元名	扇形	弦	多段折线	多边形				
编码	SX	X	DZ	DB				
注：以上为基本图元，可根据需要自行增加。								

4.2 线状符号

4.2.1 线状符号用于描述呈线状分布的地物，包括简单线状符号和由若干图元组合的线状符号。

4.2.2 线状符号的定义格式：

(1) *符号类别；编码
　　线型，参数1，参数2，……*

其中，符号类别为L_1，用于绘制简单线状符号，只规定实部长、虚部长、线宽、线长等线状符号；线型名及线型号按表2执行；

表2

线型名	实线	虚线	点线	点划线	双点划线	空线
线型号	0	1	2	3	4	5

(2) *符号类别；编码
　　参数1，参数2，……
　　〈定义体〉*

其中，符号类别为L_2，用于绘制组合线状符号；
　　定义体可以有多行，每行可按需要重复出现。
　　其基本格式为：
　　图元名1，参数1，参数2，……
　　图元名2，参数1，参数2，……
　　……

4.2.3 线状符号的图元根据表1中基本图元制作并编号。它应包括可以组成复杂线状符号的所有图元，其图元编码按本标准5.2执行。

4.3 面状符号

4.3.1 面状符号用作面状地物的填充模式。

4.3.2 面状符号的定义格式：

*符号类别；编码；
边界线型号；参数1，参数2，……
〈定义体〉*

其中，符号类别为H；
边界线型号按表2执行；
定义体可以有多行，定义格式为：
填充图元1，参数1，参数2，……
填充图元2，参数1，参数2，……
……

4.3.3 面状符号中填充的图元为线状或点状符号，填充图元编码按5.1执行，线编码为表2中的线型号。

4.4 其他类符号

4.4.1 其他类符号包括用于绘制以多点定位表示的符号（其符号结构一定，但符号尺寸可变，且取决于定位点的位置）；半依比例尺符号；特殊的专题图符号等。

4.4.2 其他类符号的定义格式：

*符号类型；编码
〈定义体〉*

其中，符号类型为Y。

4.4.3 其他类符号一般由专用程序绘制，其定义体自行确定。

5 地图符号的编码

5.1 地图符号库应根据编码来组织，在使用时主要根据编码来查找相应的图式符号或符号绘制方法。

5.2 地形图符号的编码

5.2.1 地形图符号的编码原则上应与相应比例尺的地形图要素分类编码一致。编码原则为：

× ×××××
比例尺标识码 地形图要素分类编码

其中，1∶500、1∶1 000、1∶2 000比例尺地形图的标识符为A，地形图要素分类编码按GB 14804—93执行；

1∶5 000、1∶10 000比例尺地形图的标识符为B，地形图要素分类编码按GB/T 15660—1995执行；

1∶10 000以上的比例尺地形图的标识符为C，地形图要素分类编码按GB/T 13923执行。

5.2.2 如果地形图符号无相应比例尺地形图要素编码，则该符号编码应在相应地形图要素分类编码的空码位增加。

5.3 图元编码

5.3.1 用于描述线状符号和面状符号的图元应统一编制且不得重复。

其编码原则为：G××。其中，G为图元标识符；其后为两位顺序数字码。

5.3.2 用于描述面状符号中出现的各种图元中的点状符号的编码应与相应的点状符号保持一致。

6 参数

地图符号和图元的参数可根据需要自行选取、设定其参数值。参数值的长度单位为毫米，角度单位为度。符号和图元的默认比例为1。

6.1 地图符号的参数

6.1.1 图式编号

图式编号应采用相应图式的标准编号。

6.1.2 符号名称

符号名称用汉字表示。

6.1.3 线型控制

直线/曲线/任意。

6.1.4 线状符号单元长度

指构成线状符号图形时重复配置的符号单元的长度。线状符号在符号单元重复配置时，符号单元长度需逐渐变长，其起始单元长度与终末单元长度之比为符号的变长倍数。

6.1.5 重复配置

重复配置/不重复配置(指个别线状符号全程仅用一个符号配置)。

6.1.6 定位线各节点处的图元表示

定位线各节点处无需表示图元/个别线状符号要求图元定位于节点，或虚线的实部经过节点时，则节点处需要表示图元。

6.1.7 点状符号旋转

a) 不可旋转：一个定位点。

b) 可旋转：一个定位点+一个定向点
或一个定位点+旋转角度

6.1.8 点状符号缩放

同一点状符号依不同比例尺放大或缩小。

6.1.9 线状符号平行线间距

6.1.10 线状符号定位点/线的方位

表示所绘制的线状符号与定位点/线的关系。

6.1.11 线状符号图元插入

a) 在一条连续的线间按一定规律插入图元；

b) 图元间连线/不连线；

c) 仅在中点上插入图元/两端点插入图元/中间点和两端点均插入图元；

d) 插入图元时随连线方向旋转/不旋转；

e) 插入符号时离开插入点的距离；

f) 中间线的颜色号；

6.1.12 面状符号中填充图元的行距、列距

指各行、列的中心距离。

6.1.13 面状符号填充晕线的倾角

指填充晕线的方向与 X 轴的夹角(逆时针为正)。

6.1.14 面状符号填充晕线的线间距

6.1.15 面状符号填充图元的排列方式

晕线或矩形网状/菱形格网状/不规则(散列)/普染(填实)。

6.2 图元的参数

6.2.1 可否变形

a) 不可变形：指图元在配置时，不能被切割或变形，但可绕其定位点旋转；

b) 可变形：指图元在配置时，能随定位线弯曲变形、拉伸，或在定位线两端被切齐。

6.2.2 图元的定位点坐标

6.2.3 图元相对于端点的定位方式

图元的位置相对于左端点定位/相对于右端点定位。

6.2.4 **线宽**

6.2.5 **变粗倍数**

仅用于线状符号，指线划逐渐变粗的程度，即最终线粗与起始线粗之比。

6.2.6 **填充色/线划色**

6.2.7 **填充方式**

仅指图元中闭合图形的填充。分为：填实/不填实/水平晕线/垂直晕线/右斜晕线/横竖正交晕线/斜向正交晕线。

6.2.8 **可伸长性**

图元随符号放大。在两定位点间伸长/图元长度不变。

6.2.9 **重复配置状况**

图元可以/不可以在符号绘制中重复出现。

6.2.10 **相对位置可变性**

图无绘制时可相对定位点变化/不可变化。

前　言

本标准根据《国家三角测量与精密导线测量规范》中有关导线测量部分，并顾及城市测量、工程测量、地籍测量的有关要求编写。其技术内容属国内标准。

本标准规定的三、四等导线测量精度与GB/T 17942《国家三角测量规范》中相应等级的测量精度要求相同，部分技术要求也参照该标准执行。

本标准2001年4月1日起实施；

本标准的附录A是标准的附录；

本标准的附录B、附录C、附录D、附录E、附录F、附录G都是提示的附录。

本标准由国家测绘局提出并归口。

本标准起草单位：国家测绘局测绘标准化研究所。

本标准起草人：肖学年、姬恒炼。

中华人民共和国测绘行业标准

CH/T 2007—2001

三、四等导线测量规范

Specifications for the third and fourth order traverse

1 范围

本标准规定了采用导线测量方法布测国家三、四等平面控制网的原则、方法和精度要求。适用于国家三、四等导线测量。工程测量、城市测量和地籍测量亦可参照执行。

2 引用标准

下列标准所包含的条文，通过在本标准中引用而构成本标准的条文。在本标准出版前，所示版本均为有效。所有标准都会被修订，使用本标准的各方应探讨使用下列标准最新版本的可能性。

GB/T 17942—2000 国家三角测量规范

GB 12898—1991 国家三、四等水准测量规范

GB/T 16818—1997 中、短程光电测距规范

JJC 703—1990 光电测距仪检定规程

CH 8001—1991 光电测距仪检定规范

CH/T 2002—1992 导线测量电子记录规定

CH 1002—1995 测绘产品检查验收规定

CH 1003—1995 测绘产品质量评定标准

CH/T 1004—1999 测绘技术设计规定

3 总则

3.1 一般规定

3.1.1 三、四等导线测量是一、二等大地网进一步加密的一种常用方法，多用于地形复杂、通视困难及不易布设三角网的地区。

3.1.2 三、四等导线测量中最弱边的边长相对中误差和方位角中误差应符合表1的规定。

表1 三、四等导线最弱边边长相对中误差和方位角中误差

等 级	三 等	四 等
边长相对中误差	1/70 000	1/40 000
方位角中误差	±2.5″	±4.5″

3.1.3 三、四等导线测量的主要技术要求应符合表2的规定。

国家测绘局 2001-03-05发布 2001-04-01实施

表2　三、四等导线测量的主要技术要求

等级	边长范围/km	附合导线长度/km	测角中误差/(″)	测边相对中误差	导线全长相对闭合差	方位角闭合差/(″)	水平角观测测回数	
							DJ1	DJ2
三	3～10	≤100	±1.5	1/150 000	1/60 000	$\pm 3\sqrt{n}$	9	12
四	1～5	≤50	±2.5	1/100 000	1/40 000	$\pm 5\sqrt{n}$	6	9
注：n——导线转折角数								

3.1.4　所有三、四等导线点均须以国家水准网为基础，用三角高程或水准测量方法测定其高程。所有导线点的高程均以其中心标石的上标志为准。

3.1.5　三、四等导线测量使用的仪器

3.1.5.1　三、四等导线测量须使用精度不低于DJ2型光学经纬仪(或电子经纬仪)和不低于Ⅱ级测距仪，以及相应等级的全站型电子速测仪(以下简称全站仪)进行。全站仪精度等级的确定参照GB/T 17942《国家三角测量规范》的有关规定执行。

3.1.5.2　用于三、四等导线测量的仪器及附属设备、气象观测仪器(表)均须经检验合格后，方可用于测量工作。

3.1.6　三、四等导线测量的记簿

3.1.6.1　三、四等导线测量应优先采用电子记录方式。其技术要求应符合“CH/T 2002”的要求。

3.1.6.2　当全站仪使用存贮卡记录时，须经转换，使其存储、输出和输入格式以及测站信息等其他必要的信息格式符合“CH/T 2002”的规定要求。存贮卡须检验合格后方可使用。

3.1.6.3　采用手簿记录时，须一律使用铅笔现场记录在测量手簿上，严禁凭记忆补记。字迹应整齐、清晰，手簿中各项记事项应填写齐全。手簿中任何原始记录不得涂改、擦改或转抄，对原始记录有错误的数字和文字，应认真核对后以单线划去，在其上方填写正确的数字和文字，并注明原因。角度读数中，分以下数据；距离读数中，厘米及以下数值不得更改。不得有相关数字连环划改。对作废的记录，亦应用单线划去，并注明原因和重测结果记录于何处。重测记录应加注“重测”二字。

3.1.7　三、四等导线测量观测时间

三、四等导线测量观测时间，宜在日出后1小时左右至日落前1小时左右，且通视及大气条件良好，成像清晰稳定时进行。夏季中午大气湍流剧烈使目标不稳定时，应停止观测。

3.2　三、四等导线的布设

3.2.1　三、四等导线的布设应视测图、工程等需要而定，宜附合在高等级大地点上，布设成附合导线形式。在高等级大地网内布设几条附合导线时，应尽可能布设成网。

3.2.2　三、四等导线宜逐级布设，如有特殊要求，可在高等级大地网内直接布设四等导线，且宜布设成带有结点的导线网。

3.2.3　附合导线宜布设成等边直伸状，导线边的倾角不宜过大。导线边不宜超过10条，相邻边长之比不宜超过1∶3。

3.2.4　导线边长选择可视使用的测距和测角仪器的性能和所需导线点的密度而定。当条件允许时，应采用较长的边长。

3.2.5　当三、四等导线做为测区的首级控制时，须布设成网形。

3.2.6　导线网中，结点与高级点、结点与结点之间的导线边数不应超过7条。

3.2.7　当导线的平均边长较短，附合导线边数超过10条时，应提高测角精度。

3.3　采用基准

3.3.1　国家三、四等导线测量采用1980西安坐标系。其平面坐标采用高斯-克吕格平面坐标系统，各等级导线点均应计算出高斯平面的6°带或3°带的平面直角坐标。

3.3.2 国家三、四等导线测量的高程采用正常高程系统，由1985国家高程基准起算。

4 技术设计与选点

4.1 技术设计

4.1.1 三、四等导线布测前应进行技术设计，技术设计应在充分收集和分析资料的基础上，采用野外踏勘和图上设计相结合的方法，以获取最优的布设方案。

4.1.2 技术设计前应收集的资料包括测区内已有的大地测量成果资料，测区的各种比例尺地形图，测区内有关气象、水文、地质、交通等方面的资料。

4.1.3 技术设计完成后，应编写技术设计书，其格式、内容、要求与审批程序应符合"CH/T 1004"的要求。

4.2 选点

4.2.1 在完成图上设计后，应实地选点。将图上设计的点位到实地进行检查确定。因特殊情况需更动原计划时，应及时将改变情况上报。

4.2.2 点位要求

4.2.2.1 导线点须通视良好，便于观测，易于发展和使用，且稳定和便于保存。

4.2.2.2 导线边须适合光电测距仪测边。应避开大面积水域、强电磁场等水利条件。视线应超过和旁离障碍物1.5 m。

4.2.2.3 导线边须适合测角，没有明显旁折光影响。

4.2.2.4 导线边两端点的高差不宜过大，若两端点的高差是用对向三角高程方法测定，则高差的限差应符合公式(1)的要求。

$$h \leqslant \frac{8S}{T} \times 10^3 \qquad \cdots\cdots (1)$$

式中：

h ——导线边两端点的高差，m；

S ——实测边长，m；

T ——该等级导线边长相对中误差的分母数值。

若导线边两端点的高差采用等级水准测量测定，则高差大小不受限制。

4.2.3 导线点的命名和编号

4.2.3.1 单一附合导线应以其两端点的地名由西向东或由北向南命名或编号。

4.2.3.2 导线网内两交叉点间的若干导线节称为导线段，导线段一律以其两端点的地名由西向东或由北向南命名，并以罗马数码表示其间的导线节号，以阿拉伯数字表示导线点号，有自然地名时，在点号后用括号加注点名。

4.2.3.3 当测区范围较小或作为首级控制时，可统一命名或编号。

4.2.3.4 三、四等导线点的命名亦可参照GB/T 17942有关规定执行。其名称的编码应适用于计算机处理。

5 造标和埋石

5.1 造标

5.1.1 三、四等导线点可视需要建造测量觇标，觇标类型一般采用寻常标，或其他类型的测量觇标，其标型规格参照GB/T 17942执行。

5.1.2 建造的各类觇标须标形端正，基础坚实，标架稳固。照准标中心、仪器台中心、标石中心应位于同一铅垂线上，其偏差最大不应超过0.1 m。视线距橹柱不应小于0.1 m。

5.2 埋石

5.2.1 三、四等导线点均须埋设永久性测量标石，其规格和类型与GB/T 17942相应等级要求相同。

5.2.2 标石埋设时应将坑底填以砂石，捣固夯实，然后埋设。标石周围的土亦应夯实。

5.2.3 埋设的标石须使各层标志中心严格在同一铅垂线上，其偏差不得大于 3 mm。

5.2.4 利用旧点时，应确认该点标石是否完好，并符合同等级导线点的标石规格，且能长期保存。

5.3 造标、埋石工作结束后，应绘制点之记。点之记上应注明标石断面尺寸等。并办理好土地征用手续和委托保管手续。

6 仪器检验

6.1 光学经纬仪的检验

6.1.1 光学经纬仪的检验项目及限差要求按表 3 执行。

6.1.2 光学经纬仪的检验方法、技术要求、检验周期等按 GB/T 17942 的有关规定执行。

表 3 光学经纬仪的检验项目及限差要求

序号	检定项目	DJ1	DJ2	DJ1	DJ2	DJ1	DJ2
		新仪器		作业前		限差	
1	外观及一般性能的检验	+	+	+	+		
2	望远镜光学性能的检验	+	+	—	—		
3	照准部旋转正确性的检验	+	+	+	+	0.8 格	0.8 格
4	照准部偏心差的检验	+	—	—	—	2F≤80″ Vi 变化≤60″	
5	水平度盘偏心差的检验	+	—	—	—	2F≤80″	
6	光学测微器隙动差的测定	+	+	—	—	≤2″	≤3″
7	光学测微器行差的测定	+	+	+	+	≤1″	≤2″
8	水平度盘光学测微器对径分划线重合一次中误差的检验	+	+	—	—	≤±0.5″	≤±1.0″
9	照准部旋转时，仪器底座位移而产生的系统误差的检验	+	+	+	+	≤±0.3″	≤±1.0″
10	光学测微器分划误差的检验	+	+	—	—	≤1″	≤2″
11	水平轴不垂直于垂直轴之差 i 角的检验	+	+	+	+	≤10″	≤15″
12	垂直微动螺旋使用正确性的检验	+	+	+	+		
13	光学对中器的检验（0.8～1.5 m 范围内）	+	+	+	+	≤1 mm	≤1 mm
注："+为应检验的项目，"—"为可不检的内容。							

6.2 全站仪的检验

6.2.1 全站仪的测距系统的检验按本标准 6.3 执行。

6.2.2 全站仪电子测角系统（或电子经纬仪）的检验。

6.2.2.1 全站仪的检验项目和限差要求应符合表 4 要求。

表 4　全站仪的检验项目及限差要求

	检定项目	新仪器		使用前		限　差	
		DJ1	DJ2	DJ1	DJ2	DJ1	DJ2
1	外观及键盘功能	+	+	+	+		
2	工作电压显示的正确性	+	+	+	+	符合额定值	
3	照准部旋转正确性的检验	+	+	+	+	15″	1 格
4	水平轴不垂直于垂直轴之差 i 角检验	+	+	+	+	≤10″	≤15″
5	照准部旋转时仪器基座的稳定度的检验	+	+	+	+	≤0.3″	≤1.0″
6	测距轴与视准轴的重合性	+	+	+	+	≤1.5′	≤1.5′
7	倾斜补偿器的零位误差，补偿范围和补偿准确度的检验	+	+	+	+		
8	光学对中器的检验（0.8～1.5 m 范围内）	+	+	+	+	≤1 mm	≤1 mm
9	垂直微动螺旋使用正确性的检验	+	+	+	+		
注："+"为应检验的项目							

6.2.2.2　检验项目中第 4、5、8、9 项按光学经纬仪相应项目执行。第 1、2、3、6、7 参照本标准附录 B、C、D、E、F(提示的附录)执行。

6.2.2.3　全站仪应每年全面检验一次。

6.2.3　全站仪存储卡的检验

6.2.3.1　检验项目

a)　存贮卡的初始化；
b)　文件建立和删除；
c)　存贮卡的容量检查；
d)　测量与数据记录；
e)　数据查阅；
f)　数据传输；
g)　写保护与解除写保护。

6.2.3.2　各项检验均应正常。其方法参照附录 G 执行。

6.3　测距仪的检验

6.3.1　检验项目

a)　外观及一般性能的检验；
b)　发射、接收、照准三轴关系正确性的检验；
c)　发光管相位不均匀性的检验；
d)　相幅误差的检验；
e)　周期误差的检验；
f)　加常数和乘常数的检验；
g)　棱镜常数的检验；
h)　测程的检验；
i)　内部符合精度的检验；
j)　检定综合精度的评定；

k） 精测频率的检验。

6.3.2 检验方法、技术要求及检验周期应按 JJG—703 及 CH18001 的有关规定执行。

6.3.3 测距仪附件和气象仪表的检验

所使用的光学对中器，对中杆和气象仪表的检验方法和技术要求应按 JJG703 及 CH8001 中的有关规定执行。在作业过程中，应随时检验和校正光学对中器。

7 水平角测量

7.1 水平角观测前，应认真做好以下准备工作：

a） 检查觇标是否稳固、安全，不符合要求的必须进行修理；

b） 使用脚架观测时，根据地面的土质情况，应采用有效措施，确保脚架稳固；

c） 测定测站点和照准点的归心元素；

d） 整置仪器，确定应观测的方向，检查视线是否符合要求；

e） 预先编制观测度盘表；

f） 使用全站仪观测时，确认仪器工作状态并预置参数；

g） 采用电子记簿时，检查电子记录器或存贮卡是否工作正常，按规定输入必要的测站和观测信息。

7.2 水平角观测技术要求应符合表 5 的规定。

表 5 水平角观测的技术要求

项目	限差	
	DJ1 /(″)	DJ2 /(″)
光学测微器两次重合读数差	1	3
半测回归零差	6	8
一测回内 2C 互差	9	13
化归同一起始方向后同一方向值各测回互差	6	9

7.3 当导线点上方向数超过两个时，应采用方向观测法进行观测，其操作程序及有关技术要求应符合 GB/T 17942《国家三角测量规范》的有关规定。

7.4 当导线点上只有两个方向时，应以奇数测回和偶数测回分别观测导线前进方向的左角和右角，观测右角时仍以左角起始方向为准变换度盘位置，左、右角分别取中数后，按$[左角]_{中}+[右角]_{中}-360°=\Delta$计算闭合差值，对于三等导线应不超过±3.5″，四等导线不超过±5.0″。

7.5 各测回间应将度盘位置变换 σ 角，全站仪可不配置度盘。

DJ1 型：$\sigma=\frac{180°}{m}+4'$

DJ2 型：$\sigma=\frac{180°}{m}+10'$

m——测回数。

7.6 水平角观测时，应调好仪器望远镜的焦距，在一测回内应保持不变。在观测过程中，水准气泡应保持居中，其中心位置偏离整置中心不得超过 1 格。若接近限度时，应在测回间重新整置仪器；若两倍视准差(2C)的绝对值：DJ1 型仪器大于 20″、DJ2 型仪器大于 30″时，应在测回间进行视轴校正。

7.7 使用全站仪观测时，其操作程序及技术要求与光学经纬仪相同。其预置的自动改正参数不得做为改正数使用。

7.8 成果的重测和取舍

7.8.1 凡超出本标准规定限差的结果，均应进行重测。因对错度盘、测错方向、读记错误或因中途发现观测条件不佳等原因而放弃的测回，重新观测时，不算重测。

7.8.2 因测回互差超限而重测时，除明显孤值外，原则上应重测观测结果中最大和最小值的测回。

7.8.3 在一个测站上，采用方向观测法时，基本测回重测的方向测回数，超过全部方向测回总数的 1/3 时，整份成果应重测。

7.8.4 方向观测一测回中，重测方向数超过所测方向总数的 1/3 时，此测回须全部重测。

7.8.5 方向观测重测时，只须联测零方向。

7.8.6 观测的基本测回结果和重测结果，应一律记簿。重测与基本测回结果不取中数，每一测回只采用一个符合限差的结果。

7.8.7 导线附合条件超限时，应认真分析，择取有关测站整站重测。

7.9 归心元素的测定

7.9.1 归心元素的测定，一般采用投影面交角约为 60°或 120°的三个仪器位置，各按盘左、盘右进行投影。因地形限制，也可在交角约为 90°的两个位置上连续投影两次，投影示误三角形的最长边或示误四边形的长对角线，对于标石、仪器的投影不得大于 5 mm，对于圆筒，标心柱中心的投影不得大于 10 mm。

7.9.2 三、四等导线观测，测站点和照准点归心元素一般只测定一次。投影距观测的时间不超过三个月。

8 距离测量

8.1 距离测量的技术要求应符合表 6 的规定。

表 6 距离测量的技术要求

项目	三等		四等	
使用测距仪的等级	Ⅰ	Ⅱ	Ⅰ	Ⅱ
每条边观测的总测回数	8	8	4	8
每条边观测时段数	往返测各一时段或同方向两时段		往返测各一时段或同方向两时段	
一测回（照准一次目标，读数若干次）读数次数	4		4	
一测回读数间最大互差/mm	5	10	5	10
同一时段经气象改正后各测回中数间的最大互差/mm	7	15	7	15
往返测或不同时段测距中数的最大互差	$\sqrt{2}(a+b\cdot D\cdot 10^{-6})$		$\sqrt{2}(a+b\cdot D\cdot 10^{-6})$	

注 1：a、b——测距仪标称精度中的固定误差和比例误差系数；
注 2：D ——斜距观测值。

8.2 气象元素的测定

8.2.1 距离测量使用的温度表和气压表，应为测距仪检定时使用的仪表。

8.2.2 测距作业前 10 分钟，应预先打开温度表和气压表。通风温度表应悬挂在仪器同高处、不受阳光直射且通风良好的位置；空盒气压表平置于阴影下的通风处。

8.2.3 每条边观测前、后，应在测距边两端测定大气温度和气压数据。取两端平均值进行气象改正。

8.2.4 气象数据的取位要求应符合表 7 的规定。

表7 气象数据取位要求

项　　目	大气温度 ℃	大　气　压　力	
		气压/hPa	气压表温度/℃
最小读数	0.2	0.5 或 0.5 mmHg [a]	0.5
计算值	0.1	0.1	——
[a] mm Hg 为现行国家法定计量单位中应废除的单位，1 mm Hg=133.322 4 Pa。			

8.2.5 空盒气压表的气压值按式(3)计算：

$$p=p_0+\alpha_0 t+\Delta p_{刻}+\Delta p_{补} \qquad \cdots\cdots(3)$$

式中：

p_0 ——空盒气压表的表面读数，hPa；

α_0 ——空盒气压表的温度系数，从检定书中查取；

t ——气压表上附属温度计读数，℃；

$\Delta p_{测}$ ——从订正表中查取的气压表刻度订正值，hPa；

$\Delta p_{补}$ ——气压表补充订正值，采用最近一次的比较值，hPa。

8.3 距离测量的作业要求

8.3.1 作业开始前，应使测距仪与外界温度相适应。测量时，测距仪信号指示针在回光强度的 30%～80%范围内，方可进行作业。并应严格按照仪器使用说明书中的规定操作仪器。

8.3.2 晴天作业时，须用测伞为测距仪遮蔽阳光。严禁将照准头对向太阳。

8.3.3 当测距仪顺日光方向照准棱镜时，而太阳方向与测线交角小于 30°，也须用测伞为棱镜遮光。应避免另外的反光物体位于测线或测线延长线上。

8.3.4 架设仪器后，测站、镜站不准离人。测距时，应暂停无线电通话。

8.4 超限处理

8.4.1 凡超出表 6 中限差的观测值，均须重新观测。当一测回中读数较差超限时，可重测两个读数，去掉最大和最小的观测值后，若不超出限差则采用；仍超限，则重测该测回。

8.4.2 当测回间较差超限时，可重测两个测回，去掉最大和最小的测回中数后，若不超出限差则采用；若仍超限，则重测该条边的全部成果。

8.4.3 往、返测或不同时段的观测值较差超限时，应分析原因，重测可靠性差的单方向距离。若仍超限，则重测另一方的距离。

8.4.4 重测后，作废的观测值应用单线划去，并注明原因和成果取舍方法。

8.5 距离计算与精度评定

8.5.1 观测的斜距经下列修正和改算后，得到导线边长(计算方法见附录 A(标准的附录))。

a) 气象修正；

b) 加常数和乘常数修正；

c) 周期误差修正；

d) 斜距化为水平距离的计算；

e) 测站和镜站的归心改正；

f) 水平距离投影到参考椭球面的边长计算；

g) 参考椭球面上的边长归算到高斯平面的边长；

h) 水平距离归算到任意高程面上的边长。

8.5.2 边长的精度评定

a) 一次测量距离的中误差计算

$$m_0=\pm\sqrt{\frac{[dd]}{2n}} \quad \cdots\cdots (4)$$

式中：

d ——化算至同一高程面的往、返(或两次)水平距离之差，mm；

n ——往、返距离差值的个数。

b)　对向观测(或两次)平均值的中误差计算

$$M=\pm m_0/\sqrt{2} \quad \cdots\cdots (5)$$

式中：

m_0——一次测量距离的中误差，mm。

c)　边长相对中误差计算

$$M/D=1/(D/M) \quad \cdots\cdots (6)$$

式中：

D ——各测距边水平距离平均值；

M ——对向观测平均值的中误差。

9　高程测量

9.1　三、四等导线点的高程可采用三角高程测量方法测定，但三角高程的起算点须采用水准测量或电磁波测距高程导线测量(以下简称高程导线测量)的方法测定。起算点一般应选择导线的起点、终点和导线网的结点。

9.2　三角高程测量是测定导线点高程的基本方法，三、四等导线的各条边均须对向观测垂直角。

9.2.1　垂直角观测采用经纬仪中丝法。每一测回分别在望远镜盘左和盘右两位置照准目标，进行两次垂直度盘读数。其技术要求应符合表8的规定。

表8　三角高程测量中垂直角观测的技术要求

项　目	限　差
每一方向测回数	4
两次读数互差	1″
指标差互差	10″
各测回垂直角互差	10″

指标差互差，按同一时段各测回的结果互相比较。每条边垂直角观测应分成两组，分别照准觇牌或觇标圆筒(标心柱)的上边缘进行观测。每组观测宜为总测回数的一半。

9.2.2　若两次读数差超限，须重新照准该方向进行两次读数；若某一方向的垂直角或指标差互差超限，则须重测有关测回。重测的测回数，不得大于规定测回数的二分之一，否则该组的垂直角应全部重测。

9.2.3　仪器高、觇标或觇牌高应采用钢卷尺量取两次，取中数采用。当两次互差超过5 mm时，应重新量取。

9.2.4　计算的高差经地球曲率和折光差改正后应满足下列要求(其中S为导线边边长，km)：

a)　由两组垂直角计算的同方向两点高差之差，不得大于$70\cdot S$ mm；

b)　由对向观测所求得的高差之差，不得大于$100\cdot S$ mm；

c)　闭合或附合到高程起算点的闭合差，不得大于$50\sqrt{[S^2]}$ mm。

9.3　高程起算点测量

9.3.1　联测导线点的水准支线长度在15 km以内，中间不设水准点，支线长度不超过20 km时按四等水准的方法和精度施测。支线长度超过20 km时，应按三等水准测量的方法和精度施测。观测方法和技术要求按GB12898执行。

9.3.2 三、四等高程导线测量可以代替三、四等水准测量测定起算点的高程。

9.3.2.1 采用在两照准点中间设站的方法进行单觇测量。三等高程导线须作往、返观测;四等高程导线采用单程双测法,即每测站变换仪器或觇牌高度作两次观测。高程导线测量的结果应符合表9的规定。

表9 高程导线测量高差限差

单位:米

项目	测段同方向两次高差之差	测段往返测高差不符值	附合(闭合)路线闭合差	检测已测测段高差不符值
三等	——	$12\sqrt{R}$	$12\sqrt{L}$	$20\sqrt{R}$
四等	$14\sqrt{R}$	——	$20\sqrt{L}$	$30\sqrt{R}$
注:R、L——分别表示测段和附合路线长度,km。				

9.3.2.2 高程导线观测前,首先沿导线选定测站和转点。测站和转点宜设在高出周围地面处,应远离热源,尽量提高视线高度;视线高度和离开其周围障碍物的距离不得小于1.5 m;视线倾角不应超过15°;前、后视线通过的地面土质或植被尽量相同。转点选定后,打人带有圆帽钉的木桩。测站的视线长度和前、后视线长度之差应不大于表10的规定。

表10 视线长度要求

单位:米

地　　形	平　原		山　区	
等　级	三等	四等	三等	四等
视线长	200	500	400	900
前、后视线长度差	20	30	20	100
前、后视线长度差积累	40	100	40	300
注:山区指地面平均坡度角超过6°的地区。				

9.3.2.3 在测站上对前后视觇点进行边长和垂直角测量,测量的顺序如下:

a) 后视觇点垂直角,前视觇点垂直角,纵转望远镜;

b) 前视觇点垂直角,后视觇点垂直角。重复a、b操作,直至测完规定测回数的一半;

c) 测定后视边长,测定前视边长;

d) 变换棱镜或仪器高度后(三等高程导线测量,不变换高度),测定前、后视边长;

e) 重复b、a的观测,直至测完规定测回数。

9.3.2.4 垂直角观测采用经纬仪中丝法。每个望远镜位置上进行两次读数。每一觇点的测回数和各项限差要求,应符合表11的规定。

表11 高程导线测量中垂直角观测的技术要求

项　目	DJ1	DJ2
测回数	2	4
两次读数互差	1″	3″
指标差互差	5″	6″
各测回垂直角互差	5″	6″

两次读数互差超限,应重新照准目标作两次重合读数;指标差或测回差超限,应重测相关测回。

9.3.2.5 距离测量与垂直角测量宜同时进行，对前、后视觇点作单向测量。三等高程导线的边长观测3测回；四等高程导线观测2测回。观测限差不应超出表12的规定。

表12 高程导线测量中边长的要求

单位：毫米

仪器精度	读数互差	测回平均值互差
Ⅰ级	5	7
Ⅱ级	10	15

气象测定只在测站上测量一次，并按8.2的要求执行。

9.3.2.6 棱镜或觇牌应固定在标杆2 m以上的位置，作业前采用经过检验的钢卷尺丈量棱镜（或觇牌）中心至杆底的高度，两次读数之差不大于2 mm时，取平均值采用。

9.4 导线点高程计算

9.4.1 测距三角高程测量，用观测的垂直角和改化后的水平距离按(7)式计算对向观测中各组的观测高差。

$$h=D\cdot\tan\alpha+(1-K)\cdot D^2/(2R)+i-l \qquad \cdots\cdots(7)$$

式中：

D——两点间平均高程面上的水平距离，m；

α——观测的垂直角，(°)(′)(″)；

k——测区平均折光差系数；

R——测区地球平均曲率半径，m；

i——仪器高，m；

l——觇牌高，m。

9.4.2 测距高程导线测量，每测站前、后视转点间各组的高差按(8)式计算。

$$h=S_2\cdot\sin\alpha_2-S_1\cdot\sin\alpha_1+[(S_2\cdot\cos\alpha_2)^2-(S_1\cdot\cos\alpha_1)^2]/(2R)-l_2+l_1 \qquad \cdots\cdots(8)$$

式中：

S_2、S_1——分别为仪器至前视和后视转点的斜距，m；

α_2、α_1——分别为前视和后视转点的垂直角，(°)(′)(″)；

R——测区地球平均曲率半径，m；

l_2、l_1——分别为前视和后视觇牌高度，m。

9.4.3 三、四等导线点高程计算之前，应对观测高差施加下列改正（计算方法见GB12898的有关章节）：

a) 正常水准面不平行改正；

b) 路线闭合差改正。

10 导线测量成果的验算、检查和验收

10.1 导线测量验算的项目和限差：

a) 计算方位角条件的自由项，不得超过按(9)式算得的限值。

$$W_{方}=\pm 2\sqrt{nm_\beta^2+2m_\alpha^2} \qquad \cdots\cdots(9)$$

式中：

m_β——相应等级导线规定的测角中误差，(″)；

m_α——起始方位角的中误差，(″)；

n——传递方位角的角度个数。

b) 计算图形条件自由项，不得超过按(10)式算得的限值。

$$W_{图}=\pm 2m_\beta\cdot\sqrt{n} \qquad \cdots\cdots(10)$$

式中：

m_β ——相应等级导线规定的测角中误差，(″)；

n ——闭合图形的内角个数。

c） 计算坐标条件自由项，三等附合导线自由项方差计算公式为(11)式：

$$m_x^2=0.04(\Delta X)^2+0.44[(\Delta x)^2]+0.76[(y_{终}-y)^2]$$
$$m_y^2=0.04(\Delta Y)^2+0.44[(\Delta y)^2]+0.76[(x_{终}-x)^2] \quad \cdots\cdots (11)$$

四等附合导线自由项方差计算公式为(12)式：

$$m_x^2=0.04(\Delta X)^2+1.00[(\Delta x)^2]+1.47[(y_{终}-y)^2]$$
$$m_y^2=0.04(\Delta Y)^2+1.00[(\Delta y)^2]+1.47[(x_{终}-x)^2] \quad \cdots\cdots (12)$$

(11)、(12)式中：

ΔX、ΔY ——附合导线闭合边的纵、横坐标增量，100 km；

Δx、Δy ——各导线边的纵、横坐标增量，100 km；

$(x_{终}-x)$、$(y_{终}-y)$——导线终点的 x、y 坐标与各导线点的 x、y 坐标差，100 km。

三、四等附合导线坐标条件自由项，不得超过按(13)式算得的限值。

$$W_x=3\,m_x$$
$$W_y=3\,m_y \quad \cdots\cdots (13)$$

d） 计算测角中误差，按(14)式计算的测角中误差，不得超过相应等级规定的限值。

$$m_\beta=\pm\sqrt{\frac{[\Delta\Delta]}{4n}} \quad \cdots\cdots (14)$$

式中：

Δ ——按测站左，右角计算的圆周角闭合差，(″)；

n ——Δ 的个数。

当同一测区内，导线闭合图形超过 20 个时，须按(15)式计算测角中误差。

$$m_\beta=\pm\sqrt{\frac{1}{N}\left[\frac{\omega\omega}{n}\right]} \quad \cdots\cdots (15)$$

式中：

ω ——图形闭合差，mm；

n ——闭合图形的内角个数；

N——闭合差个数。

计算的测角中误差，不得超过相应等级规定的限值。

e） 计算边长观测中误差和边长测定相对中误差，按 8.5.2 条中(4)、(5)、(6)式计算的中误差，不得超过表 2 规定的数值。

f） 计算水准测量和高程导线测量的闭合差，算得的闭合差不得超过第 9.4.1 条的规定。计算闭合差之前应对水准测量观测高差施加尺长改正和正常水准面不平行改正。

10.2 三、四等导线测量外业结束后，应按 CH 1001 编写外业技术总结。

10.3 导线测量工作完成后，应按 CH 1002—1995 和 CH 1003—1995 予以验收和质量评定。

10.4 导线测量成果经验收后，将资料整理装订，编制目录开列清单，应上交的资料项目如下：

a） 导线网(段)展点图；

b） 导线点之记(包括重合旧点及联测的旧点)按网、段分别装订；

c） 测量标志委托保管书；

d） 重新埋设旧点标石报告表；

e） 水平角观测手簿和归心元素测量资料；

f） 电磁波测距手簿和气象记录手簿；

g） 垂直角观测手簿和觇标高量测资料；

h） 水准测量手簿和高程导线测量手簿，高差表；

i） 经纬仪、全站仪、测距仪、水准仪及水准标尺检定资料；

j） 外业成果验算资料和导线点坐标、高程概算资料；

k） 技术总结和验收报告。

附 录 A
（标准的附录）
电磁波测距边长的修正和改算

A.1 测距边长气象修正值按（A.1）式计算。

$$\Delta D_n=(n_0-n)S\cdot 10^{-6} \qquad \text{(A.1)}$$

式中：

ΔD_n ——边长的气象修正，m；

S ——观测距离，m；

n_0 ——在测距仪气象参考点的群折射率，参见 GB/T 16818—1997，7.1.1；

n ——作业条件下的群折射率。

A.2 测距仪常数修正值按（A.2）式计算。

$$\Delta D_K=R\cdot S+C \qquad \text{(A.2)}$$

式中：

R ——测距仪乘常数，mm/km；

C ——测距仪加常数，mm；

S ——观测距离，km。

A.3 周期误差修正值按（A.3）式计算。

$$\Delta D_A=A\cdot\sin[\Phi_0+(\frac{2S}{\lambda})\cdot 360°] \qquad \text{(A.3)}$$

式中：

A ——测距仪周期误差振幅，mm；

Φ_0 ——测距仪周期误差初相角，（°）；

γ ——测距仪精测调制波长，m；

S ——观测距离，m。

A.4 斜距化为水平距离按（A.4）式计算。

$$D=S\cdot\cos(\alpha+f) \qquad \text{(A.4)}$$

式中：

D ——测距边水平距离，m；

S ——经过气象、常数和周期误差修正后的斜距，m；

a ——两端点间的垂直角，（°）（′）（″）。

f ——地球曲率和大气折光对垂直角的修正值。f 值按（A.5）式计算。

$$f=(l-k)\frac{S^2}{2R}\cdot\rho'' \qquad \text{(A.5)}$$

式中：

k ——当地大气垂直折光系数；

R ——地球平均曲率半径，m；

S ——经过气象、常数和周期改正后的斜距，m。

当地面倾角超过 3°（对于三等导线）或 5°（对于四等导线）应用观测高差按（A.6）式化为斜距。

$$D=S^2-h^2 \qquad \text{(A.6)}$$

式中：

S——经过气象、常数和周期误差改正后斜距，m；

h——两端点间高差，用不低于四等水准的精度测定，m。

A.5 测站或照准点进行偏心观测时，按(A.7)式计算归心修正值。

$$\Delta D=-e\cdot\cos\theta-e'\cdot\cos\theta' \qquad (A.7)$$

式中：

e，e′——分别为测站和镜站的偏心距，m；

θ,θ'——分别为测站和镜站的偏心角。

A.6 测距边水平距离投影到参考椭球面的长度按(A.8)式计算。

$$D_0=D[1-\frac{H_m+h_m}{R_A}+\frac{(H_m+h_m)^2}{R_A^2}] \qquad (A.8)$$

式中：

D ——加入倾斜改正后的水平距离，m；

H_m ——测距边高出大地水准面的平均高程，m；

h_m ——大地水准面差距，m；

R_m ——测距边方向上参考椭球面法截弧的曲率半径，m。

A.7 参考椭面上的边长归算到高斯平面上的边长，按(A.9)式计算。

$$D_9=D_0[1+\frac{y_m^2}{2R_m^2}+\frac{(\Delta y)^2}{24R_m^2}] \qquad (A.9)$$

式中：

D_0 ——参考椭球面上的边长，m；

y_m ——测距边两端点近似横坐标的平均值，m；

Δy ——测距边两端点近似横坐标增量，m；

R_m ——参考椭球面在测距边中心处的平均曲率半径，m。

A.8 测距边水平距离归算到测区平均高程面上的长度，按(A.10)式计算。

$$D_m=D[1-H_m/(R_A+H)] \qquad (A.10)$$

式中：

D ——测距边水平距离，m；

H_m ——测距边平均高程面与测区平均高程面的高差，m；

R_A ——测距边方向上法截弧的曲率半径，m；

H ——测区平均高程，m。

当测距边平均高程面高于测区平均程面时，H_m 为正值；低时，H_m 为负值。

附 录 B
(提示的附录)
全站仪外观和键盘功能的检验

B.1 仪器表面不得有碰伤、划痕、脱漆和锈蚀；盖板及部件接合整齐，密封性好。

B.2 光学部件表面清洁，应无擦痕、霉斑和麻点及脱膜等现象；望远镜十字丝成像清晰，粗细均匀，视场明亮，亮度均匀；目镜调焦及物镜调焦转动平稳，不得有分划影像晃动或自行滑动的现象。

B.3 水准管及圆水准器不应有松动，脚螺旋转动松紧适度，无晃动；水平及竖直制动及微动机构运转平稳可靠，无跳动现象；组合式全站仪中，电子经纬仪与测距仪的连接机构可靠。仪器和基座的连接锁紧机构可靠。

B.4 操作键盘上各按键反应灵敏，每个键的功能正常；通过键的组合读取显示数据及存储或传送数据功能正常。

B.5　液晶显示屏显示提示符号，字母及数字清晰、完整、对比度适当。

B.6　数据输出接口、外接电源接口完好，内接电池接触良好，内(外)接电池容量充足，充电机完好。

B.7　记录存贮卡完好无损，表面清洁，在仪器上能顺当地装入或取下，存贮卡内装钮扣电池容量充足，磁卡阅读器完好。

B.8　使用中和修理后的仪器，其外表或某些部件不得有影响仪器准确度和技术功能的一些缺陷。

附　录　C
(提示的附录)
工作电压显示的正确性检验

C.1　仪器开机后，读记仪器显示的电压指示数据，其值应与说明书提供的额定电压数据一致。

C.2　若仪器显示的电压指示数据与说明书上不一致，应测试仪器正常工作状态下的工作电压，可读记稳压电源的电压数据，或测试仪器电源电池的电压数据，其值应为该仪器的工作电压。

C.3　仪器开机后若其显示的工作电压数据和测试的工作电压均与说明书上的要求不一致时，则该仪器工作状杰不正常，应进行维修。

附　录　D
(提示的附录)
全站仪照准部旋转正确性的检验

D.1　机内没有测试垂直轴稳定性的专门指令程序的全站仪，其检验方法和技术要求与光学经纬仪该项目相同。

D.2　机内配有测试垂直轴倾斜量专门指令的全站仪，可从显示的垂直轴倾斜量的变化幅度检验其照准部旋转的正确性。其检定步骤如下：

a)　仪器安置于稳定的仪器墩或脚架上，整平后转动照准部几周，置水平方向读数为零；

b)　输入测试指令，顺时针转动照准部，从显示屏记下 0°位置和每隔 45°各位置上垂直轴倾斜量(带符号)，连续顺转两周；

c)　再逆转照准部并每隔 45°读记一次，连续逆转两周；

d)　计算照准部对应 180°的两读数之和，其值在同一测回中互差应小于 4″；而整个过程中，各次读数的最大变动应小于 15″。

附　录　E
(提示的附录)
全站仪测距轴与视准轴的重合性的检验

E.1　在相距 50～100m 的水平距离上分别安置仪器和反射棱镜。

E.2　照准反射棱镜中心，并读取水平方向读数 H 和天顶矩读数 Z。

E.3　向左或右水平方向偏调仪器，直到接收信号减少到临界为止，读取水平读数 H_1 和 H_2。

E.4 向上或下竖向转动望远镜，直到接收信号减少到临界为止，读取天顶矩读数 Z_1 和 Z_2。

E.5 计算水平和竖直张角的绝对值。

$$\Delta H_1=|H_1-H|,\Delta H_2=|H_2-H|,\Delta Z_1=|Z_1-Z|,\Delta Z_2=|Z_2-Z|,$$

若$(\Delta H_1-\Delta H_2)$，$(\Delta Z_1-\Delta Z_2)$均≤1.5′，则两轴的吻合为合格。

以上检定操作，也可以与偏调法进行光电测距单元相位均匀性的检定结合起来进行。

附　录　F
（提示的附录）
全站仪倾斜补偿器的零位误差，补偿范围和补偿准确度的检验

F.1 将仪器安置在稳定的脚架或仪器墩上。距仪器50～100m处设置精确目标，目标大致与仪器等高。全站仪一个脚螺旋 A 在目标的轴线方向，其余两个脚螺旋 B、C 与轴线垂直。

F.2 一般仪器检定的操作

F.2.1 补偿器的零位误差检验及预置

整平仪器，在一个方向上读竖轴倾斜的显示数值 L，再旋转照准部180°，读竖轴倾斜的显示数值 R，取$(L\text{-}R)/2$，即为补偿器零位误差。再用相应的指令将该零位误差在机内预置改正。

F.2.2 补偿范围的测定　对不显示纵轴倾斜值的仪器，仪器安置整平后，用垂直微动螺旋使天顶距等于90°，顺时针转动 A 脚螺旋，使仪器上倾直到天顶距读数停止变化为止，记下最后一个读数 M_1，再以逆时针转动 A 脚螺旋，使仪器下倾直到天顶距读数停止为止，记下最后一个读数 M_2，M_1 应≤90°$-M$，M_2 应≥90°$+M$，其中 M 为仪器标称补偿范围。

对具有竖轴双向倾斜显示的仪器，可利用其 X，Y 倾角显示值进行补偿范围的测定，令 X_1，X_2 为纵向的两端读数，Y_1，Y_2 为横向的两端读数，则 $A=\{(X_1-X_2)+(Y_1-Y_2)\}/4$ 即为实测的补偿范围，此值应≤仪器标称补偿范围。

F.2.3 纵向补偿准确度

a) 盘左位置，整平仪器，精确照准目标，读取天顶矩 M_1；

b) 转动脚螺旋 A，使仪器上倾 2′～3′（由仪器补偿范围内）后，再用竖直微动螺旋重新使望远镜照准目标，读取天顶矩 M_2；

c) 反方向转脚螺旋 A，使仪器回复水平又下倾 2′～3′再用竖直微动使望远镜重新照准目标，读取天顶矩 M_3；

d) 转动脚螺旋 A，使仪器回复水平，又微动望远镜精确照准目标，读取天顶矩 M_4；

e) M_1，M_2，M_3，M_4 均应照准读数3次取平均；

f) 纵向补偿准确度的计算及限差。

计算 $\Delta_1=M_2-M_1$，$\Delta_2=M_3-M_1$，$\Delta_3=M_4-M_1$ 取其中绝对值最大者为检定结果，其值应≤$3M$，M 为标称的补偿标准差(″)。

F.2.4 横向补偿准确度

a) 盘左位置、整平仪器，准确照准目标，读取天顶矩 N_1；

b) 同向转动脚螺旋 C 及 B，使仪器下倾 2.5′后，再用竖直微动螺旋使望远镜重新照准目标，读取天顶矩 N_2；

c) 按相反方向同向转动脚螺旋 C 及 B，使仪器向上倾，回复水平又上倾 2.5′，再用竖直微动螺旋使望远镜重新照准目标，读取天顶矩 N_3；

d) 转动脚螺旋 C，使仪器回复水平，再用竖直微动螺旋使望远镜重新照准目标，读取天顶矩 N_4；

e) N_1，N_2，N_3，N_4 均应照准读数三次取平均；

f） 横向补偿精度的计算及限差。

计算$\Delta'_1=N_2-N_1$，$\Delta'_2=N_3-N_1$，$\Delta'_3=N_4-N_1$，取其中绝对值最大者为检定结果，其值应≤$3M$，M为标称的补偿标准差(″)。

F.3 如仪器具有直接测定并显示竖轴倾斜度的功能，其纵向补偿准确度检定，按F2.3中b、c、d步骤操作时，可利用直接测定竖轴倾斜度的指令，从显示窗口直接读得经倾斜补偿后仪器竖轴残剩误差在纵向的分量值，也用Δ_1、Δ_2、Δ_3表示。同样在横向补偿准确度检测时，按F2.4中b、c、d步骤操作时，可利用直接测定指令直读其横向分量值，也用Δ'_1、Δ'_2、Δ'_3表示，其绝对值最大者应≤$3M$，M为标称的补偿标准差(″)。

附 录 G
（提示的附录）
全站仪存贮卡的检验方法及要求

G.1 存贮卡初始化

按仪器的结构不同，将存贮卡插入全站仪中或插入卡读器中调用初始化(格式化)程序进行。对使用中的存贮卡，如已写保护，则应先解除保护，然后再进行初始化。

G.2 文件建立和删除

按仪器结构的不同，文件的建立(或打开)和删除可在全站仪上，或利用卡读器按文件建立和文件删除(或关闭)的指令程序进行。

G.3 存贮卡容量及检查

按仪器结构的不同，存贮卡容量可在文件建立(或打开)后，在全站仪上或在卡读器上连同文件名号被显示出来。

G.4 数据的记录

将经过初始化并已建立文件后的存贮卡插入全站仪(或电子经纬仪)中，以一个或若干个测点(棱镜反射器)进行观测，并调用数据记录的指令程序，将数据记录在存贮卡上。应记录的数据包括：仪器参数、测站数据、测量数据及三维坐标值、注释符及特征码的记录。

可从全站仪上或利用卡读器调用数据查阅指令检验记录功能是否正常。

G.5 数据查阅

按仪器结构的不同，在全站仪上调用数据查阅指令程序或利用卡读器数据显示指令进行，包括查阅存贮卡记录的全部数据或直接查阅某个文件或某项类别的数据。

G.6 数据传输

将存贮卡通过卡读器与具有通用标准接口的计算机或打印机相联接，调用数据传输指令程序把存贮卡内的数据以数据文件为单位，发送到计算机或打印机打印。

计算机必须设置与全站仪和卡读器相一致的通讯参数，数据发送结束，卡读器或计算机作结束的提示。

对具有双向通讯的仪器，还应检查卡器中的存贮卡从计算机中接收数据块加入已打开文件之中的性能。情况良好，则仪器也作出工作结束的提示。

G.7 写保护与解除保护

在全站仪或卡读器上调用写保护或取消写保护指令程序进行的，当写保护或取消保护结束后，仪器出示提示。

前　言

本标准代替 CH/T 1004—1999《测绘技术设计规定》。

本标准与 CH/T 1004—1999 相比主要变化如下：

——标准的体例按照 GB/T 1.1—2000《标准化工作导则　第1部分：标准的结构和编写规定》的要求编写。

——对测绘技术设计的过程重新进行了规定，即将测绘技术设计过程划分为策划、设计输入、设计输出、设计评审、验证(必要时)、审批和更改．因此，增加了“策划”的内容；将原标准“技术设计的依据”的有关内容，改写成了“设计输入”；将原标准“项目设计书的内容”和“专业设计书的内容”并入到“设计输出”中；将原标准“审批程序”的有关内容改写成了“设计评审”、“设计验证”、“设计审批”和“设计更改”。

——增加了“测绘项目”、“测绘技术设计”、“测绘技术设计文件”、“技术设计更改文件”、“设计过程”、“设计输入”、“设计输出”、“设计评审”、“设计验证”等一组术语及其定义的描述。

——将“专业设计”改为“专业技术设计”，以突出其设计内容的特点。

——“专业技术设计书的内容”中，增加了专业技术设计书通常应包括的主要部分和各部分内容编写的一般要求。将对各专业技术设计书内容的具体要求放入了规范性附录F，其中增加了“基础地理信息数据建库”专业技术设计的内容；“大地测量”中增加了“选点、埋石”和“全球定位系统(GPS)测量”；将原来的“地形测量”内容分为“摄影测量与遥感”与“野外地形数据采集及成图”两个测绘专业；“摄影测量与遥感”中，增加了“遥感”的有关内容；将原来的“地图制图”与“地图制印”合并为“地图制图与印刷”，“地图制图”中增加了“电子地图”内容；增加了“界线测绘”，并将原标准中的“多用途地籍测绘基础资料测绘”内容改写为“地籍测绘”和“房产测绘”，新增了“境界测绘”内容。

——增加了资料性附录“幅面、封面格式和字体、字号”(见附录B)。

——增加了资料性附录“设计策划要求”(见附录C)。

——增加了资料性附录“设计输入及其评审要求”(见附录D)。

——增加了资料性附录“设计评审的内容和要求”(见附录G)。

本标准的附录F为规范性附录，附录A、B、C、D、E、G为资料性附录。

本标准由国家测绘局提出并归口。

本标准起草单位：国家测绘局测绘标准化研究所。

本标准主要起草人：吕玉霞、庞尚益、桑东文。

本标准所代替的历次版本发布情况为：

——CH/T 1004—1999

中华人民共和国测绘行业标准

CH/T 1004—2005
代替 CH/T 1004—1999

测绘技术设计规定

General rules for technical design of surveying and mapping

1 范围

本标准规定了测绘项目设计和专业技术设计的基本要求、设计过程及其主要内容。

本标准主要适用于测绘生产项目的项目设计和专业技术设计，其他测绘项目的设计可参照执行。

2 规范性引用文件

下列文件中的条款通过本标准的引用而成为本标准的条款。凡是注日期的引用文件，其随后所有的修改单(不包括勘误的内容)或修订版均不适用于本标准，然而，鼓励根据本标准达成协议的各方研究是否可使用这些文件的最新版本。凡是不注日期的引用文件，其最新版本适用于本标准。

GB/T 19294—2003 航空摄影技术设计规范

3 术语和定义

下列术语和定义适用于本标准。

3.1

测绘项目 project of surveying and mapping

由一组有起止日期的、相互协调的测绘活动组成的独特过程，该过程要达到符合包括时间、成本和资源的约束条件在内的规定要求的目标，且其成果(或产品)可提供社会直接使用和流通。

注1：测绘项目通常包括一项或多项不同的测绘活动。

注2：构成测绘项目的测绘活动根据其内容不同可以分为大地测量、摄影测量与遥感、野外地形数据采集及成图、地图制图与印刷、工程测量、界线测绘、基础地理信息数据建库等测绘专业活动；也可根据测区的不同划分不同的专业活动；亦可将两者综合考虑进行划分。

3.2

测绘技术设计 technical design of surveying and mapping

将顾客或社会对测绘成果的要求(即明示的、通常隐含的或必须履行的需求或期望)转换为测绘成果(或产品)、测绘生产过程或测绘生产体系规定的特性或规范的一组过程。

3.3

测绘技术设计文件 technical designing document of surveying and mapping

为测绘成果(或产品)固有特性和生产过程或体系提供规范性依据的文件。主要包括项目设计书、专业技术设计书以及相应的技术设计更改文件。

3.4

技术设计更改文件 correcting document for technical designing

设计更改过程中由设计人员提出、并经过评审、验证(必要时)和审批的技术设计文件。技术设计更改文件既可以是对原设计文件技术性的更改，亦可以是对原设计文件技术性的补充。

3.5

设计过程 design process

一组将设计输入转化为设计输出的相互关联或相互作用的活动。设计过程通常由一组设计活动所构成，主要包括策划、设计输入、设计输出、设计评审、验证(必要时)、审批和更改。

国家测绘局 2005-12-07 发布　　　　2006-01-01 实施

3.6

设计输入 design input

与成果(或产品)、生产过程或生产体系要求有关的、设计输出必须满足的要求或依据的基础性资料。

注:设计输入通常又称设计依据。

3.7

设计输出 design output

设计过程的结果。

注:测绘技术设计输出的表现形式为测绘技术设计文件。

3.8

设计评审 design review

为确定设计输出达到规定目标的适宜性、充分性和有效性所进行的活动。

3.9

设计验证 design verification

通过提供客观证据对设计输出满足输入要求的认定。

4 总则

4.1 测绘技术设计的目的是制定切实可行的技术方案,保证测绘成果(或产品)符合技术标准和满足顾客要求,并获得最佳的社会效益和经济效益。因此,每个测绘项目作业前应进行技术设计。

4.2 测绘技术设计分为项目设计和专业技术设计。项目设计是对测绘项目进行的综合性整体设计。专业技术设计是对测绘专业活动的技术要求进行设计。它是在项目设计基础上,按照测绘活动内容进行的具体设计,是指导测绘生产的主要技术依据。对于工作量较小的项目,可根据需要将项目设计和专业技术设计合并为项目设计。

4.3 项目设计由承担项目的法人单位负责;专业技术设计由具体承担相应测绘专业任务的法人单位负责。

4.4 技术设计文件是测绘生产的主要技术依据,也是影响测绘成果(或产品)能否满足顾客要求和技术标准的关键因素。为了确保技术设计文件满足规定要求的适宜性、充分性和有效性,测绘技术的设计活动应按照策划、设计输入、设计输出、评审、验证(必要时)、审批的程序进行。

4.5 技术设计应遵照以下基本原则:

a) 技术设计应依据设计输入内容,充分考虑顾客的要求,引用适用的国家、行业或地方的相关标准,重视社会效益和经济效益。

b) 技术设计方案应先考虑整体而后局部,且顾及发展;要根据作业区实际情况,考虑作业单位的资源条件(如人员的技术能力和软、硬件配置情况等),挖掘潜力,选择最适用的方案。

c) 积极采用适用的新技术、新方法和新工艺。

d) 认真分析和充分利用已有的测绘成果(或产品)和资料;对于外业测量,必要时应进行实地勘察,并编写踏勘报告。踏勘报告的主要内容参见附录A。

4.6 设计人员应满足以下基本要求:

a) 具备完成有关设计任务的能力,具有相关的专业理论知识和生产实践经验。

b) 明确各项设计输入内容,认真了解、分析作业区的实际情况,并积极收集类似设计内容执行的有关情况。

c) 了解、掌握本单位的资源条件(包括人员的技术能力,软、硬件装备情况)、生产能力、生产质量状况等基本情况。

d) 对其设计内容负责,并善于听取各方意见,发现问题,应按有关程序及时处理。

4.7 技术设计的编写府做到:

a) 内容明确,文字简练,对标准或规范中已有明确规定的,一般可直接引用,并根据引用内容的具体情况,标明所引用标准或规范名称、日期以及引用的章、条编号,且应在其引用文件中列出;对于作业生产中容易混淆和忽视的问题，应重点描述。

b） 名词、术语、公式、符号、代号和计量单位等应与有关法规和标准一致。

c） 技术设计书的幅面、封面格式和字体、字号参见附录B。

5 设计过程及内容要求

5.1 策划

5.1.1 技术设计实施前，承担设计任务的单位或部门的总工程师或技术负责人负责对测绘技术设计进行策划，并对整个设计过程进行控制。必要时，亦可指定相应的技术人员负责。

5.1.2 设计策划应根据需要决定是否应进行设计验证。当设计方案采用新技术、新方法和新工艺时，应对设计输出进行验证。

5.1.3 设计策划的内容包括：

a） 设计的主要阶段。

b） 设计评审、验证(必要时)和审批活动的安排。

c） 设计过程中职责和权限的规定。

d） 各设计小组之间的接口。

设计策划的具体内容和要求参见附录C。

5.2 设计输入

5.2.1 设计输入是设计的依据。编写技术设计文件前，应首先确定设计输入。

5.2.2 设计输入应由技术设计负责人确定并形成书面文件，并由设计策划负责人或单位总工程师对其适宜性和充分性进行审核。

5.2.3 测绘技术设计输入应根据具体的测绘任务、测绘专业活动而定。通常情况下，测绘技术设计输入包括：

a） 适用的法律、法规要求。

b） 适用的国际、国家或行业技术标准。

c） 对测绘成果(或产品)功能和性能方面的要求，主要包括测绘任务书或合同的有关要求，顾客书面要求或口头要求的记录，市场的需求或期望。

d） 顾客提供的或本单位收集的测区信息、测绘成果(或产品)资料及踏勘报告等。

e） 适用时，以往测绘技术设计、测绘技术总结提供的信息以及现有生产过程和成果(或产品)的质量记录和有关数据。

f） 测绘技术设计必须满足的其他要求。

5.2.4 测绘技术设计输入及其评审的有关内容和要求参见附录D。

5.3 设计输出

5.3.1 通则

测绘技术设计输出主要包括项目设计书、专业技术设计书以及相应的技术设计更改单。

在编写设计书时，当用文字不能清楚、形象地表达其内容和要求时，应增加设计附图。设计附图应在相应的项目设计书和专业技术设计书附录中列出。

设计附图的主要内容和要求参见附录E。

5.3.2 项目设计书的内容

5.3.2.1 概述

说明项目来源、内容和目标、作业区范围和行政隶属、任务量、完成期限、项目承担单位和成果(或产品)接收单位等。

5.3.2.2 作业区自然地理概况和已有资料情况

5.3.2.2.1 作业区自然地理概况

根据测绘项目的具体内容和特点，根据需要说明与测绘作业有关的作业区自然地理概况，内容可包括：

a) 作业区的地形概况、地貌特征：居民地、道路、水系、植被等要素的分布与主要特征，地形类别、困难类别、海拔高度、相对高差等。

b) 作业区的气候情况：气候特征、风雨季节等。

c) 其他需要说明的作业区情况等。

5.3.2.2.2 **已有资料情况**

说明已有资料的数量、形式、主要质量情况（包括已有资料的主要技术指标和规格等）和评价；说明已有资料利用的可能性和利用方案等。

5.3.2.3 **引用文件**

说明项目设计书编写过程中所引用的标准、规范或其他技术文件。文件一经引用，便构成项目设计书设计内容的一部分。

5.3.2.4 **成果（或产品）主要技术指标和规格**

说明成果（或产品）的种类及形式、坐标系统、高程基准，比例尺、分带、投影方法，分幅编号及其空间单元，数据基本内容、数据格式、数据精度以及其他技术指标等。

5.3.2.5 **设计方案**

5.3.2.5.1 **软件和硬件配置要求**

规定测绘生产过程中的硬、软件配置要求，主要包括：

a) 硬件：

 1) 规定对生产过程所需的主要测绘仪器、数据处理设备、数据存储设备、数据传输网络等设备的要求；

 2) 其他硬件配置方面的要求（如对于外业测绘，可根据作业区的具体情况，规定对生产所需的主要交通工具、主要物资、通信联络设备以及其他必需的装备等要求）。

b) 软件：规定对生产过程中主要应用软件的要求。

5.3.2.5.2 **技术路线及工艺流程**

说明项目实施的主要生产过程和这些过程之间输入、输出的接口关系。必要时，应用流程图或其他形式清晰、准确的规定出生产作业的主要过程和接口关系。

5.3.2.5.3 **技术规定**

主要内容包括：

a) 规定各专业活动的主要过程、作业方法和技术、质量要求。

b) 特殊的技术要求，采用新技术、新方法、新工艺的依据和技术要求。

5.3.2.5.4 **上交和归档成果（或产品）及其资料内容和要求**

分别规定上交和归档的成果（或产品）内容、要求和数量，以及有关文档资料的类型、数量等，主要包括：

a) 成果数据：规定数据内容、组织、格式，存储介质，包装形式和标识及其上交和归档的数量等。

b) 文档资料：规定需上交和归档的文档资料的类型（包括技术设计文件、技术总结、质量检查验收报告、必要的文档簿、作业过程中形成的重要记录等）和数量等。

5.3.2.5.5 **质量保证措施和要求**

内容主要包括：

a) 组织管理措施：规定项目实施的组织管理和主要人员的职责和权限。

b) 资源保证措施：对人员的技术能力或培训的要求；对软、硬件装备的需求等。

c) 质量控制措施：规定生产过程中的质量控制环节和产品质量检查、验收的主要要求。

d) 数据安全措施：规定数据安全和备份方面的要求。

5.3.2.6 **进度安排和经费预算**

5.3.2.6.1 **进度安排**

应对以下内容做出规定：

a) 划分作业区的困难类别。

b) 根据设计方案，分别计算统计各工序的工作量。

c) 根据统计的工作量和计划投入的生产实力，参照有关生产定额，分别列出年度进度计划和各工序的衔接计划。

5.3.2.6.2 **经费预算**

根据设计方案和进度安排，编制分年度(或分期)经费和总经费计划，并做出必要说明。

5.3.2.7 **附录**

其内容包括：

a) 需进一步说明的技术要求。

b) 有关的设计附图、附表。

5.3.3 **专业技术设计书的内容**

专业技术设计根据专业测绘活动内容的不同分为大地测量、摄影测量与遥感、野外地形数据采集及成图、地图制图与印刷、工程测量、界线测绘、基础地理信息数据建库等专业技术设计。各专业技术设计书内容的具体要求见附录F。

专业技术设计书的内容通常包括概述、测区自然地理概况与已有资料情况、引用文件、成果(或产品)主要技术指标和规格、技术设计方案等部分。专业技术设计书各部分内容编写的一般要求见5.3.3.1～5.3.3.5。

5.3.3.1 **概述**

主要说明任务的来源、目的、任务量、作业范围和作业内容、行政隶属以及完成期限等任务基本情况。

5.3.3.2 **作业区自然地理概况与已有资料情况**

5.3.3.2.1 **作业区自然地理概况**

应根据不同专业测绘任务的具体内容和特点，根据需要说明与测绘作业有关的作业区自然地理概况，内容可包括：

a) 作业区的地形概况、地貌特征：居民地、道路、水系、植被等要素的分布与主要特征，地形类别、困难类别、海拔高度、相对高差等。

b) 作业区的气候情况：气候特征、风雨季节等。

c) 测区需要说明的其他情况，如测区有关工程地质与水文地质的情况，以及测区经济发达状况等。

5.3.3.2.2 **已有资料情况**

主要说明已有资料的数量、形式、主要质量情况(包括已有资料的主要技术指标和规格等)和评价；说明已有资料利用的可能性和利用方案等。

5.3.3.3 **引用文件**

说明专业技术设计书编写过程中所引用的标准、规范或其他技术文件。文件一经引用，便构成专业技术设计书设计内容的一部分。

5.3.3.4 **成果(或产品)主要技术指标和规格**

根据具体成果(或产品)，规定其主要技术指标和规格，一般可包括成果(或产品)类型及形式、坐标系统、高程基准、重力基准、时间系统，比例尺、分带、投影方法，分幅编号及其空间单元，数据基本内容、数据格式、数据精度以及其他技术指标等。

5.3.3.5 **设计方案**

具体内容应根据各专业测绘活动的内容和特点确定。设计方案的内容一般包括以下几个方面：

a) 软、硬件环境及其要求：

   1) 规定作业所需的测量仪器的类型、数量、精度指标以及对仪器校准或检定的要求，规定对作业所需的数据处理、存储与传输等设备的要求。

   2) 规定对专业应用软件的要求和其他软、硬件配置方面需特别规定的要求。

b) 作业的技术路线或流程。

c) 各工序的作业方法、技术指标和要求。

d) 生产过程中的质量控制环节和产品质量检查的主要要求。

e) 数据安全、备份或其他特殊的技术要求。

f） 上交和归档成果及其资料的内容和要求。

g） 有关附录，包括设计附图、附表和其他有关内容。

5.4 设计评审

5.4.1 在技术设计的适当阶段，应依据设计策划的安排（见5.1）对技术设计文件进行评审，以确保达到规定的设计目标。

5.4.2 设计评审的实施方法

设计评审应确定评审依据、评审目的、评审内容、评审方式以及评审人员等，其主要内容和要求如下：

a） 评审依据：设计输入的内容。

b） 评审目的：

1） 评价技术设计文件满足要求（主要是设计输入要求）的能力；

2） 识别问题并提出必要的措施。

c） 评审内容：送审的技术设计文件或设计更改内容及其有关说明。

d） 依据评审的具体内容确定评审的方式，包括传递评审、会议评审以及有关负责人审核等。

e） 参加评审人员：评审负责人、与所评审的设计阶段有关的职能部门的代表，必要时邀请的有关专家等。

评审的具体内容与实施要求参见附录G。

5.5 设计验证

5.5.1 为确保技术设计文件满足输入的要求，应依据设计策划的安排（见5.1），必要时对技术设计文件进行验证。

5.5.2 设计验证的方法

根据技术设计文件的具体内容，设计验证的方法可选用：

a） 将设计输入要求和（或）相应的评审报告与其对应的输出进行比较校检。

b） 试验、模拟或试用，根据其结果验证输出符合其输入的要求。

c） 对照类似的测绘成果（或产品）进行验证。

d） 变换方法进行验证，如采用可替换的计算方法等。

e） 其他适用的验证方法。

5.5.3 设计方案采用新技术、新方法和新工艺时，应对技术设计文件进行验证。验证宜采用试验、模拟或试用等方法，根据其结果验证技术设计文件是否符合规定要求。

5.6 设计审批

5.6.1 为确保测绘成果（或产品）满足规定的使用要求或已知的预期用途的要求，应依据设计策划的安排（见5.1）对技术设计文件进行审批。

5.6.2 设计审批的依据

设计审批的依据主要包括设计输入内容、设计评审和验证报告等。

5.6.3 设计审批方法

5.6.3.1 技术设计文件报批之前，承担测绘任务的法人单位必须对其进行全面审核，并在技术设计文件和（或）产品样品上签署意见并签名（或章）。

5.6.3.2 技术设计文件经审核签字后，一式二至四份报测绘任务的委托单位审批。

5.7 设计更改

技术设计文件一经批准，不得随意更改。当确需更改或补充有关的技术规定时，应按照本标准的5.4、5.5、5.6的规定对更改或补充内容进行评审、验证和审批后，方可实施。

附 录 A
(资料性附录)
踏勘报告的主要内容

根据外业测绘任务的具体内容和特点，踏勘报告可包括以下内容：

A.1 作业区的行政区划、经济水平、踏勘的时间、人员的组成及分工、踏勘的路线及范围。

A.2 作业区的自然地理情况：山脉、水系、主要地貌类型和特征、平均概略高程、一般比高、地貌自然坡度、通视程度。

A.3 根据外业测绘任务的具体情况，说明对测区作业有影响的作业区气象气候情况（如风、雨、雪、雾、气温、气压、能见度等）以及冻土深度、高秆作物季节，每年可作业月份，月平均作业天数。

A.4 作业区交通情况。

A.5 居民的风俗习惯和语言情况，居民地的分布情况及地名规律以及作业组住地的建议。

A.6 测区主要交通、水系、山体、居民地、管线和境界等的结合图。

A.7 土壤、土质、沼泽地等情况。

A.8 植被的种类和分布情况。

A.9 作业区供应情况：生活用品、粮食、饮水、燃料的供应情况，木材、水泥、沙、石等就地取材的可能性和价格，消耗品、材料、工具的采购地点。

A.10 请用劳动力、向导、翻译等情况和工资标准。

A.11 作业区治安情况、卫生情况及预防措施。

A.12 作业区已有成果成图及其质量情况，测量标志完好情况，对利用这些资料的初步分析和意见。

A.13 典型地物、地貌样片调绘及摄影资料。

A.14 根据地貌特征、经济水平和技术方法的作业难度，划分作业区困难类别和具体图幅困难类别（可根据情况附图）。

A.15 其他需补充说明的作业区信息。

A.16 对今后技术设计方案和作业的建议。

附 录 B
(资料性附录)
幅面、封面格式和字体、字号

B.1 幅面

技术设计书采用GB/T 788规定的A系列规格纸张的A4幅面（210 mm×297 mm），以便于阅读、复印和保存。

B.2 封面格式

B.2.1 正封面格式

B.2.1.1 项目设计书

项目设计书的正封面格式见图B.1。

B.2.1.2 专业技术设计书

专业技术设计书的正封面格式见图B.2。

B.2.2 副封面格式

B.2.2.1 项目设计书

项目设计书的副封面格式见图 B.3。

B.2.2.2 专业技术设计书

专业技术设计书的副封面格式见图 B.4。

B.3 设计书的字号和字体

B.3.1 封面和目次的字号和字体

设计书的正、副封面的名称用二号黑体，封面的其他文字均用四号仿宋。

目次页的“目次”用三号黑体，目次内容用小四号宋体。

B.3.2 正文的字号和字体

设计书正文中，章、条、附录的编号和标题用小四号黑体，图、表的标题亦用小四号黑体。

条文(或图、表)的注、脚注用五号宋体，图、表中的数字和文字以及图、表右上方关于单位的陈述用五号宋体。

正文和附录的其他内容均采用小四号宋体。

密级[a]：　　　　　　　　　　　　　　　　　　　　　　编号[b]：

项 目 名 称
项目设计书

设计单位名称

年　　月　　日

[a] “密级”系按国家规定划分的保密等级；根据项目具体情况确定是否需要填写。

[b] “编号”为设计单位自行编号，亦可采用任务的项目编号。

注：专业技术设计书封面上的“密级”和“编号”与此类同。

图 B.1　项目设计书正封面格式

密级[a]： 编号[b]：

项 目 名 称
（测绘专业名称）专业技术设计书

设计单位名称
年 月 日

图 B.2 专业技术设计书正封面格式

项 目 名 称
项目设计书

项目承担单位(盖章)： 设计负责人：
审核意见： 主要设计人：
审 核 人：
年 月 日 年 月 日

批准单位(盖章)：
审批意见：
审 批 人：

年 月 日

图 B.3 项目设计书副封面格式

项　目　名　称
(测绘专业名称)专业技术设计书

测绘专业任务承担单位(盖章)：　　设计负责人：
审核意见：　　主要设计人：
审　核　人：
年　月　日　　　　年　月　日

批准单位或部门(盖章)：
审批意见：
审　批　人：

年　月　日

图 B.4　专业技术设计书副封面格式

附　录　C
（资料性附录）
设计策划要求

表 C.1 给出了设计策划的内容和要求。

表 C.1　设计策划的内容和要求

<table>
<tr><td>设计任务名称</td><td colspan="2"></td><td>项目编号</td><td></td></tr>
<tr><td>委托单位</td><td colspan="2"></td><td>策划依据</td><td></td></tr>
<tr><td>设计策划负责人</td><td></td><td>其他策划人员</td><td colspan="2"></td></tr>
<tr><td colspan="5">设计过程策划</td></tr>
<tr><td>设计过程</td><td>负责人</td><td>时间要求</td><td colspan="2">备注</td></tr>
<tr><td>设计输入安排</td><td></td><td></td><td colspan="2"></td></tr>
<tr><td>设计输出安排</td><td></td><td></td><td colspan="2"></td></tr>
<tr><td>设计评审安排</td><td></td><td></td><td colspan="2"></td></tr>
<tr><td>设计验证安排</td><td></td><td></td><td colspan="2"></td></tr>
<tr><td>设计审批安排</td><td></td><td></td><td colspan="2"></td></tr>
<tr><td colspan="5">备注</td></tr>
</table>

附　录　D
（资料性附录）
设计输入及其评审要求

表D.1给出了设计输入和评审的要求。

表D.1　设计输入及其评审

<table>
<tr><td colspan="2">设计名称</td><td></td><td>设计输入
编写人</td><td></td><td>时间</td><td></td></tr>
<tr><td rowspan="12">设计输入内容</td><td>序号</td><td colspan="3">设计输入文件名称</td><td>适用性评价</td><td>备注</td></tr>
<tr><td>1</td><td colspan="3"></td><td></td><td></td></tr>
<tr><td>2</td><td colspan="3"></td><td></td><td></td></tr>
<tr><td>3</td><td colspan="3"></td><td></td><td></td></tr>
<tr><td>4</td><td colspan="3"></td><td></td><td></td></tr>
<tr><td>5</td><td colspan="3"></td><td></td><td></td></tr>
<tr><td>6</td><td colspan="3"></td><td></td><td></td></tr>
<tr><td>7</td><td colspan="3"></td><td></td><td></td></tr>
<tr><td>8</td><td colspan="3"></td><td></td><td></td></tr>
<tr><td></td><td colspan="3"></td><td></td><td></td></tr>
<tr><td></td><td colspan="3"></td><td></td><td></td></tr>
<tr><td></td><td colspan="3"></td><td></td><td></td></tr>
<tr><td colspan="2">输入评审
负责人</td><td></td><td>参加评审人员</td><td colspan="3"></td></tr>
<tr><td colspan="7">评审意见和结论：

负责人：　　　　时间：</td></tr>
<tr><td colspan="7">备注：</td></tr>
</table>

附　录　E
（资料性附录）
设计附图的类型、内容和要求

E.1　概述

设计附图是在编写设计书时，用文字不能清楚、形象地表达其内容和要求时所增加的图纸设计。设计附图是测绘技术设计的重要组成部分，它可以直接地反映出整个技术设计全貌和各作业工序的相互关系。根据技术设计内容的具体要求，设计附图可以单工种进行，亦可多工种合并进行。设计附图应在相应的项目设计书和专业技术设计书附录中列出。

E.2　设计附图的类型

设计附图一般可包括以下几种情况：

1. ××测区测量标志设计图；
2. ××测区 GPS 测量技术设计图；
3. ××测区三角、导线测量技术设计图；
4. ××测区水准测量技术设计图；
5. ××测区重力测量技术设计图；
6. ××测区航测外业像片控制布点设计图；
7. ××测区航测内业像片控制布点设计图；
8. ××测区地形控制测量技术设计图；
9. ××测区工程测量技术设计图；
10. ××测区地籍测量技术设计图；
11. ××测区其他的技术设计图。

E.3　设计附图的内容和要求

E.3.1　设计附图应有标题（图名、图号）、设计单位、设计人、审核人、日期、图例以及必要的文字说明。

E.3.2　设计附图应选择适宜的比例尺，需要时可绘制结合图以说明测区周边成果情况和接边要求。

E.3.3　设计附图的设计内容应能反映任务作业量，且设计内容清楚、明了，幅面大小适宜，对已有资料应表明衔接关系。

E.3.4　根据需要，设计附图上可标明作业区范围、经纬度、主要的居民地、交通线、水系和境界等。

E.3.5　当设计附图内容较复杂时，可分项绘制，或增加一些辅助的表格和必要的简要说明，做到设计附图和技术设计书的内容互相补充。

附　录　F
（规范性附录）
各专业技术设计书的内容和要求

F.1　大地测量

F.1.1　任务概述

说明任务来源、目的、任务量、测区范围和行政隶属等基本情况。

F.1.2　测区自然地理概况和已有资料情况

F.1.2.1　测区自然地理概况

根据需要说明与设计方案或作业有关的测区自然地理概况，内容可包括测区地理特征、居民地、交通、气候情况和困难类别等。

F.1.2.2 **已有资料情况**

说明已有资料的数量、形式、施测年代、采用的坐标系统、高程和重力基准，资料的主要质量情况和评价、利用的可能性和利用方案等。

F.1.3 **引用文件**

说明专业技术设计书编写中所引用的标准、规范或其他技术文件。文件一经引用，便构成专业技术设计书设计内容的一部分。

F.1.4 **主要技术指标**

说明作业或成果的坐标系、高程基准、重力基准、时间系统、投影方法、精度或技术等级以及其他主要技术指标等。

F.1.5 **设计方案**

F.1.5.1 **选点、埋石**

设计方案的主要内容包括：

a) 规定作业所需的主要装备、工具、材料和其他设施。

b) 规定作业的主要过程、各工序作业方法和精度质量要求。

1) 选点：

——测量线路、标志布设的基本要求；

——点位选址、重合利用旧点的基本要求；

——需要联测点的踏勘要求；

——点名及其编号规定；

——选址作业中应收集的资料和其他相关要求等。

2) 埋石：

——测量标志、标石材料的选取要求；

——石子、沙、混凝土的比例；

——标石、标志、观测墩的数学精度；

——埋设的标石、标志及附属设施的规格、类型；

——测量标志的外部整饰要求；

——埋设过程中需获取的相应资料(地质、水文、照片等)及其他应注意的事项；

——路线图、点之记绘制要求；

——测量标志保护及其委托保管要求；

——其他有关的要求。

c) 上交和归档成果及其资料的内容和要求。

d) 有关附录。

F.1.5.2 **平面控制测量**

a) 全球定位系统(GPS)测量。

设计方案内容主要包括：

1) 规定GPS接收机或其他测量仪器的类型、数量、精度指标以及对仪器校准或检定的要求，规定测量和计算所需的专业应用软件和其他配置。

2) 规定作业的主要过程、各工序作业方法和精度质量要求：

——确定观测网的精度等级和其他技术指标等；

——规定观测作业各过程的方法和技术要求；

——规定观测成果记录的内容和要求；

——外业数据处理的内容和要求：外业成果检查(或检验)、整理、预处理的内容和要求，基线向量解算方案和数据质量检核的要求，必要时需确定平差方案，高程计算方案等；

——规定补测与重测的条件和要求；

——其他特殊要求：拟定所需的交通工具、主要物资及其供应方式、通信联络方式以及其他特殊情况下的应对措施。

3） 上交和归档成果及其资料的内容和要求。

4） 有关附录。

b） 三角测量和导线测量。

设计方案内容主要包括：

1） 规定测量仪器的类型、数量、精度指标以及对仪器校准或检定的要求，规定测量和计算所需的计算机、软件及其他配置。

2） 规定作业的主要过程、各工序作业方法和精度质量要求：

——说明所确定的锁、网（或导线）的名称、等级、图形、点的密度，已知点的利用和起始控制情况；

——规定觇标类型和高度，标石的类型；

——水平角和导线边的测定方法和限差要求；

——三角点、导线点高程的测量方法，新旧点的联测方案等；

——数据的质量检核、预处理及其他要求；

——其他特殊要求：拟定所需的交通工具、主要物资及其供应方式、通信联络方式以及其他特殊情况下的应对措施。

3） 上交和归档成果及其资料的内容和要求。

4） 有关附录。

F.1.5.3 高程控制测量

设计方案内容主要包括：

a） 规定测量仪器的类型、数量、精度指标以及对仪器校准或检定的要求，规定测量和计算所需的专业应用软件及其他配置。

b） 规定作业的主要过程、各工序作业方法和精度质量要求：

——规定测站设置基本要求；

——规定观测、联测、检测及跨越障碍的测量方法，观测的时间、气象条件及其他要求等；

——规定观测记录的方法和成果整饰要求；

——说明需要联测的气象站、水文站、验潮站和其他水准点；

——规定外业成果计算、检核的质量要求；

——规定成果重测和取舍要求；

——必要时，规定成果的平差计算方法、采用软件和高差改正等技术要求；

——其他特殊要求：拟定所需的交通工具、主要物资及其供应方式、通信联络方式以及其他特殊情况下的应对措施。

c） 上交和归档成果及其资料的内容和要求。

d） 有关附录。

F.1.5.4 重力测量

设计方案内容主要包括：

a） 规定测量仪器的类型、数量、精度指标以及对仪器校准或检定的要求，规定对重力仪的维护注意事项，规定测量和计算所需的专业应用软件和其他配置，并规定测量仪器的运载工具及其要求。

b） 规定作业的主要过程、各工序作业方法和精度质量要求：

——规定重力控制点和加密点的布设和联测方案；

——规定重力点平面坐标和高程的施测方案，说明已知重力点的利用和联测情况；

——规定测量成果检查、取舍、补测和重测的要求和其他相关的技术要求；

——其他特殊要求：拟定所需的交通工具、主要物资及其供应方式、通信联络方式以及其他特殊情况下的应对措施。

c） 上交和归档成果及其资料的内容和要求。

d） 有关附录。

F.1.5.5 大地测量数据处理

设计方案内容主要包括：

a） 规定计算所需的软、硬件配置及其检验和测试要求。

b） 规定数据处理的技术路线或流程。

c） 规定各过程作业要求和精度质量要求，包括：

——说明对已知数据和外业成果资料的统计、分析和评价的要求；

——说明数据预处理和计算的内容和要求，如采用的平面、高程、重力基准和起算数据；确定平差计算的数学模型、计算方法和精度要求，规定程序编制和检验的要求等；

——提出精度分析、评定的方法和要求等；

——其他有关的技术要求内容。

d） 规定数据质量检查的要求。

e） 规定上交成果内容、形式、打印格式和归档要求等。

f） 有关附录。

F.2 摄影测量和遥感

F.2.1 任务概述

说明任务来源、测区范围、地理位置、行政隶属、成图比例尺、任务量等基本情况。

F.2.2 测区自然地理概况和已有资料情况

F.2.2.1 测区自然地理概况

根据需要说明与设计方案或作业有关的作业区自然地理概况，内容可包括测区地形概况、地貌特征、海拔高度、相对高差、地形类别、困难类别和居民地、道路、水系、植被等要素的分布与主要特征，气候、风雨季节及生活条件等情况。

F.2.2.2 已有资料情况

说明地形图资料采用的平面和高程基准、比例尺、等高距、测制单位和年代等；说明基础控制资料的平面和高程基准、精度及其点位分布等；说明航摄资料的航摄单位、摄区代号、摄影时间、摄影机型号、焦距、像幅、像片比例尺、航高、底片（像片）质量、扫描分辨率等；说明遥感资料数据的时相、分辨率、波段等；说明资料的数量、形式，主要质量情况和评价等。

说明资料利用的可能性和利用方案等。

F.2.3 引用文件

说明专业技术设计书编写中所引用的标准、规范或其他技术文件。文件一经引用，便构成专业技术设计书设计内容的一部分。

F.2.4 成果（或产品）规格和主要技术指标

说明作业或成果的比例尺、平面和高程基准、投影方式、成图方法、图幅基本等高距、数据精度、格式、基本内容以及其他主要技术指标等。

F.2.5 设计方案

F.2.5.1 航空摄影

航空摄影技术设计的要求按 GB/T 19294—2003《航空摄影技术设计规范》执行。

F.2.5.2 摄影测量

设计方案内容主要包括：

a） 软、硬件环境及其要求：

1） 规定作业所需的测量仪器的类型、数量、精度指标以及对仪器校准或检定的要求，规定对作业所需的数据处理、存储与传输等设备的要求；

2） 规定对专业应用软件的要求和其他软、硬件配置方面需特别规定的要求。

b） 规定作业的技术路线或流程。

c） 规定各工序作业要求和质量指标：

1） 控制测量：规定平面和高程控制点的布设方案及其相关的技术要求等；规定平面和高程控制测量的施测方法、技术要求、限差规定和精度估算。

2） 调绘：提出室内判绘和实地调绘的方案和技术要求，提出新增地物、地貌以及云影、阴影地区的补测要求；根据测区地理景观特征，对居民地、地形要素的特征和主要表示方法提出要求，其内容如下：

——水系：规定测定水位的方法和要求，水网区河流、湖泊、沟渠的取舍原则，对水系附属建筑物的表示方法与要求等；

——居民地与建(构)筑物：按测区居民地与建(构)筑物的分布情况，说明其类型、特征、表示方法和综合取舍的原则；

——交通：描述铁路、公路类型和分布情况，对公路以下的道路，着重规定综合取舍的要求等；

——境界：明确境界表示到哪一级，对国界和其他有争议的境界要提出具体的表示方法和要求等；

——地貌和土质：说明测区内各类地貌的特征，对地貌符号和土质符号表示提出要求；

——植被：说明测区内主要植被的种类、配合表示的要求、地类界综合取舍的要求等；

——其他关于地图要素的技术要求；

——地名调查：规定确定地名的依据和方法、人口稠密和人烟稀少地区地名综合取舍要求，对少数民族地区地名应写明译音规则，对地名中的地方字要有统一的注释等。

3） 碎部点测量：规定碎部点测量及其相关的技术要求。

4） 影像扫描：规定扫描分辨率、色彩模式、数据格式、数据编辑、扫描质量等主要技术要求。

5） 空中三角测量：确定加密方案及其要求，内容包括采用的空三系统、平差方法、检测点的选点规则和数量及其精度指标、技术要求和上交成果要求等。

6） 数据采集和编辑：

——规定矢量数据的采集方法和编辑要求，包括数据的分层、编码、属性内容、数据编辑和接边、图幅裁切、图廓整饰等技术、质量要求；

——规定数字高程模型格网间隔、格网点高程中误差、数据格式等技术、质量要求；

——规定数字正射影像图的分辨率、影像数据纠正、镶嵌、裁切、图廓整饰等技术、质量要求。

7） 规定元数据的制作要求。

8） 对图历簿/文档簿的样式和填写做出规定。

d） 在隐蔽地区、困难地区或特殊情况下测图，或采用新技术、新仪器测图时，需规定具体的作业方法、技术要求、限差规定和必要的精度估算和说明。

e） 质量控制环节和质量检查的主要要求。

f） 成果上交和归档要求。

g） 有关附录。

F.2.5.3 遥感

设计方案内容主要包括：

a） 硬件平台和软件环境。

b） 作业的技术路线和工艺流程。

c） 规定遥感资料获取、控制和处理的技术和质量要求，可包括：

1） 遥感资料获取：说明选取遥感资料的基本要求，并说明所获取遥感资料的名称、摄影参数、范围、格式、质量情况等；

2） 控制要求：规定控制点选取的方法、点数及其分布和计算的精度要求等；

3） 处理要求：规定各工序(包括纠正、融合及其他内容等)的技术要求及影像质量、误差精度要求等，规定遥感图像解译的方法、技术指标和标志（如解译，如形态、影像、色调）及其整饰、注记的方法和技术要求等。

d） 其他相关的技术、质量要求。

e） 质量控制环节和质量检查的主要要求。

f） 成果上交和归档要求。

g） 有关附录。

F.3 野外地形数据采集及成图

F.3.1 任务概述

说明任务来源、测区范围、地理位置、行政隶属、成图比例尺、采集内容、任务量等基本情况。

F.3.2 测区自然地理概况和已有资料情况

F.3.2.1 测区自然地理概况

根据需要说明与设计方案或作业有关的测区自然地理概况，内容可包括测区地理特征、居民地、交通、气候情况和困难类别等。

F.3.2.2 已有资料情况

说明已有资料的施测年代，采用的平面、高程基准，资料的数量、形式，主要质量情况和评价，利用的可能性和利用方案等。

F.3.3 引用文件

说明专业技术设计书编写中所引用的标准、规范或其他技术文件。文件一经引用，便构成专业技术设计书设计内容的一部分。

F.3.4 成果（或产品）规格和主要技术指标

说明作业或成果的比例尺、平面和高程基准、投影方式、成图方法、成图基本等高距、数据精度、格式、基本内容以及其他主要技术指标等。

F.3.5 设计方案

设计方案内容主要包括：

a） 规定测量仪器的类型、数量、精度指标以及对仪器校准或检定的要求，规定作业所需的专业应用软件及其他配置。

b） 图根控制测量：规定各类图根点的布设，标志的设置，观测使用的仪器、测量方法和测量限差的要求等。

c） 规定作业方法和技术要求：

1） 规定野外地形数据采集方法，包括采用全站型速测仪、平板仪、全球定位系统（GPS）测量等；

2） 规定野外数据采集的内容、要素代码、精度要求；

3） 规定属性调查的内容和要求；

4） 数字高程模型（DEM），应规定高程数据采集的要求；

5） 规定数据记录要求；

6） 规定数据编辑、接边、处理、检查和成图工具等要求；

7） 数字高程模型（DEM）和数字地形模型（DTM），还应规定内插 DEM 和分层设色的要求等。

d） 其他特殊要求：拟定所需的主要物资及交通工具等，指出物资供应、通信联络、业务管理以及其他特殊情况下的应对措施或对作业的建议等；采用新技术、新仪器测图时，需规定具体的作业方法、技术要求、限差规定和必要的精度估算和说明。

e） 质量控制环节和质量检查的主要要求。

f） 上交和归档成果及其资料的内容和要求。

g） 有关附录。

F.4 地图制图和印刷

F.4.1 地图制图

F.4.1.1 任务概述

说明任务来源、制图范围、行政隶属、地图用途、任务量、完成期限、承担单位等基本情况。对于地图集(册),还应重点说明其要反映的主体内容等。对于电子地图,还应说明软件基本功能及应用目标等。

F.4.1.2 作业区自然地理概况和已有资料情况

F.4.1.2.1 作业区自然地理概况

根据需要说明与设计方案或作业有关的作业区自然地理概况,内容可包括作业区地形概况、地貌特征、困难类别和居民地、水系、道路、植被等要素的主要特征。

F.4.1.2.2 已有资料情况

说明已有资料采用的平面和高程基准、比例尺、等高距、测制单位和年代,资料的数量、形式,主要质量情况和评价,并列出基本资料、补充资料和参考资料(包括可利用的图表、图片、文献等)以及资料利用的可能性和利用方案等。

说明作者原图或其他专题资料的形式、质量情况,并对其利用方案加以说明。

F.4.1.3 引用文件

说明专业技术设计书编写中所引用的标准、规范或其他技术文件。文件一经引用,便构成专业技术设计书设计内容的一部分。

F.4.1.4 成果(或产品)规格和主要技术指标

说明地图比例尺、投影、分幅、密级、出版形式、坐标系统及高程基准、等高距,地图类别和规格,地图性质、精度以及其他主要技术指标等。

对于地图集(册),还应说明图集的开本及其尺寸、图集(册)的主要结构等主要情况。

对于电子地图,则应说明其主题内容、制图区域、比例尺、用途、功能、媒体集成程度、数据格式、可视化模型、数据发布方式及可视化模型表现等。

F.4.1.5 设计方案

F.4.1.5.1 普通地图和专题地图

普通地图和专题地图设计方案的主要内容包括:

a) 说明作业所需的软、硬件配置。
b) 规定作业的技术路线和流程。
c) 规定所需作业过程、方法和技术要求:
    1) 地图扫描处理:规定地图扫描分辨率、色彩模式、数据格式、纠正方法、数据编辑的主要内容、色彩处理等作业方法和质量要求等。
    2) 数学基础:规定地图的数学基础及其作业方法和技术要求。
    3) 数据采集与编辑处理:
        ——规定地图表示的数据内容、采集方法、要素表示关系的处理原则、数据接边以及数据编辑处理的其他要求等;
        ——规定地图的图面配置、图廓整饰、图幅裁切等技术、质量要求;
        ——规定地图各要素符号、注记等的表示要求;
        ——规定地图数据的色彩表示、输出分版(或分色)、排版式样、输出材料以及印刷原图的制作要求等;
        ——对于地图集(册),规定其详细结构、内容安排、排版样式等,并规定各图幅诸内容的选取原则、表示方法,图片、文字的编排样式,文字的字体、大小等;
        ——规定对地图或图集印刷、装帧的主要要求;
        ——图历簿填写以及其他要求。
d) 质量控制环节和质量检查的主要要求。
e) 最终提交和归档成果和资料的内容及要求。

f） 有关附录。

F.4.1.5.2 电子地图

a） 制作电子地图以及多媒体制作与浏览所需的各种软、硬件配置要求。

b） 电子地图制作的技术路线和主要流程。

c） 电子地图制作的主要内容、方法和要求：

1） 规定空间信息可视化对象的基本属性内容；

2） 规定多媒体可视化表现形式和对媒体数据的要求；

3） 规定对地图符号系统设计和地图层次结构（由主题信息内容、主题相关信息和背景信息内容等组成）设计的内容、表现手段和要求等；

4） 规定电子地图系统设计的主要内容，包括：主题内容、表现形式、软件功能及应用目标等；

5） 规定电子地图空间信息可视化的表现手段与基本形式等；

6） 规定电子地图空间信息的流程结构和组织方式；

7） 规定电子地图的界面结构和交互方式等；

8） 其他需要规定的内容和要求等。

d） 最终提交和归档成果和资料的内容及要求。

e） 有关附录。

F.4.2 地图印刷

F.4.2.1 任务概述

说明任务来源、性质、用途、任务量、完成期限等基本情况。

F.4.2.2 印刷原图情况

说明印刷原图的种类、形式、分版情况、制作单位、精度和质量情况，并对存在的问题提出处理意见；说明其他有关资料的数量、形式、质量情况和利用方案等。

F.4.2.3 引用文件

说明专业技术设计书编写中所引用的标准、规范或其他技术文件。文件一经引用，便构成专业技术设计书设计内容的一部分。

F.4.2.4 主要质量指标

说明印刷的精度、印色、印刷的主要材料（如纸张、胶片、版材等）、装帧方法以及成品的主要质量、数量情况等。

F.4.2.5 设计方案

印刷设计方案的主要内容包括：

a） 确定印刷作业的主要工序和流程（必要时，应绘制流程图）。

b） 规定所需工序作业的方法和技术、质量要求：

1） 拼版的方法和要求；

2） 制版：规定制版作业的方法、材料、技术和质量要求；

3） 修版：规定修版的方法、内容和要求；

4） 印刷：规定打样的种类、数量和质量要求；规定印刷设备、纸张类型、印色、印序和印数、印刷精度和墨色等要求；

5） 装帧的方法、技术要求、采用的材料以及清样本的制作等；

6） 裁切设备、尺寸和精度要求；

7） 采用新工艺、新方法、新材料的技术质量要求；

8） 其他有关的技术、质量要求。

c） 提交和归档成果（或产品）和资料的要求。

d） 有关附录。

F.5 工程测量

F.5.1 任务概述

说明任务来源、用途、测区范围、内容与特点等基本情况。

F.5.2 测区自然地理概况和已有资料情况

F.5.2.1 测区自然地理概况

根据需要说明与设计方案或作业有关的测区自然地理概况，内容可包括测区的地理特征、居民地、交通、气候情况以及测区困难类别，测区有关工程地质与水文地质的情况等。

F.5.2.2 已有资料情况

说明已有资料的施测年代、采用的平面、高程基准，资料的数量、形式、质量情况评价，利用的可能性和利用方案等。

F.5.3 引用文件

说明专业技术设计书编写中所引用的标准、规范或其他技术文件。文件一经引用，便构成专业技术设计书设计内容的一部分。

F.5.4 成果（或产品）规格和主要技术指标

说明作业或成果的比例尺、平面和高程基准、投影方式、成图方法、成图基本等高距、数据精度、格式、基本内容以及其他主要技术指标等。

F.5.5 设计方案

F.5.5.1 平面和高程控制测量

平面控制测量和高程控制测量设计方案内容参照本标准的F1.5.2和F1.5.3的要求。

F.5.5.2 施工测量

设计方案内容主要包括：

a） 规定测量仪器的类型、数量、精度指标以及对仪器校准或检定的要求，作业所需的专业应用软件及其他配置。

b） 规定作业的技术路线和流程。

c） 规定作业方法和技术要求：

  1） 规定施工场区控制网及建筑控制网的布设方法和精度要求，确定场区高程控制点的布设、精度要求和施测规定；

  2） 对施工放样使用的图纸和资料提出技术要求，规定各施工工序间放样、抄平的技术要求、检核方法和限差规定等；

  3） 规定结构安装测量中放样的方法和测量允许偏差；

  4） 规定灌注桩、界桩和红线点的布设和施测方法及要求；

  5） 水工建筑物施工放样的方法和测量允许偏差，高层建筑物与预制构件拼装的竖向测量偏差的规定等；

  6） 其他有关要求和规定。

d） 质量控制环节和质量检查的主要要求。

e） 上交和归档成果及其资料的内容和要求。

f） 有关附录。

F.5.5.3 竣工测量

设计方案内容主要包括：

a） 规定测量仪器的类型、数量、精度指标以及对仪器校准或检定的要求，规定作业所需的应用软件及其他配置。

b） 规定作业的技术路线和流程。

c） 规定作业方法和技术要求：

  1） 规定竣工图的分幅、编号、比例尺以及图例、符号等；

  2） 规定竣工测量的内容、方法和精度要求；

3） 规定竣工图的内容、精度要求和作业技术要求；
4） 规定对竣工图各项注记及其他要求；
5） 其他有关要求和规定。

d） 质量控制环节和质量检查的主要要求。
e） 上交和归档成果及其资料的内容和要求。
f） 有关附录。

F.5.5.4 线路测量

包括铁路测量、公路测量、管线测量、架空索道和架空送电线路、光缆线路测量等。设计方案内容主要包括：

a） 规定测量仪器的类型、数量、精度指标以及对仪器校准或检定的要求，规定作业所需的专业应用软件及其他配置。
b） 规定作业的技术路线和流程。
c） 规定作业方法和技术要求：
1） 规定线路控制点的布设方案和要求，联测方法和技术要求，确定线路的测图比例尺；
2） 规定中线、曲线的起、迄点位置，布设要求，实测方法，技术要求以及断面的间距和断面点密度的要求等；
3） 规定各种桩点（中桩、转点、交叉点、断面点、曲线点等）的平面和高程的施测方法和精度要求；
4） 线路测量各阶段对各种点位复测的要求，各次复测值之间的限差规定；
5） 架空索道的方向点偏离直线的精度要求等；
6） 其他有关要求和规定。

d） 质量控制环节和质量检查的主要要求。
e） 上交和归档成果及其资料的内容和要求。
f） 有关附录。

F.5.5.5 变形测量

设计方案内容主要包括：

a） 规定测量仪器的类型、数量、精度指标以及对仪器校准或检定的要求，规定作业所需的专业应用软件及其他配置。
b） 规定作业的技术路线和流程。
c） 规定作业方法和技术要求：
1） 基准点设置和变形观测点的布设方案、标石埋设规格、施测方法及其精度要求；
2） 规定变形测量的观测周期和观测要求；
3） 规定数据处理方法、计算公式和统计检验方法等；
4） 规定手簿、记录和计算的要求；
5） 其他有关要求和规定。

d） 上交和归档成果及其资料的内容和要求。
e） 有关附录。

F.6 界线测绘

F.6.1 任务概述

说明任务来源、测区范围、行政隶属、测图比例尺、任务量等基本情况。

F.6.2 测区自然地理概况和已有资料情况

F.6.2.1 测区自然地理概况

根据需要说明与设计方案或作业有关的作业区自然地理概况，内容可包括测区的地理特征、居民地、道路、水系、植被等要素的主要特征，地形类别以及测区困难类别，经济总体发展水平，土地等级及利用概况等。

F.6.2.2 已有资料情况

说明已有控制成果和图件的形式、采用的平面、高程基准、比例尺，大地点分布密度、等级，行政区划资料、质量情况评价，利用的可能性和利用方案等；对于地籍测绘和房产测绘，还应说明房屋普查资料、土地利用现状调查资料的现势性和可靠性，土地利用分类、土地权属单元的划分、城镇房产类别、房屋建筑结构分类等标准的制订单位和年代等资料情况和利用方案。

F.6.3 引用文件

说明专业技术设计书编写中所引用的标准、规范或其他技术文件。文件一经引用，便构成专业技术设计书设计内容的一部分。

F.6.4 成果(或产品)规格和主要技术指标

说明作业或成果的比例尺、平面和高程基准、投影方式、成图方法、数据精度、格式、基本内容、以及其他主要技术指标等。

F.6.5 设计方案

F.6.5.1 地籍测绘

设计方案内容主要包括：

a) 规定测量仪器的类型、数量、精度指标以及对仪器校准或检定的要求，规定作业所需的专业应用软件及其他配置。
b) 规定作业的技术路线和流程。
c) 规定作业方法和技术要求：
    1) 控制测量：规定平面控制的布设方案，觇标和埋石的规格，观测方法，观测限差，新旧点联测方案及控制网的精度估算；
    2) 外业调绘：规定调绘图件(地形图、航摄像片、影像平面图及其他图件)，确定地籍要素调绘或调查的内容和方法，各种权属界线的表示和地块的编号方法等；
    3) 规定界址点实测和面积量算的方法和技术、质量要求；
    4) 测图作业要求：规定测图的作业方法，使用的仪器，精度要求和各项限差；地籍要素和地形要素的表示方法等；
    5) 其他技术要求。
d) 质量控制环节和质量检查。
e) 上交和归档成果及其资料的内容和要求。
f) 有关附录。

F.6.5.2 房产测绘

设计方案内容主要包括：

a) 规定测量仪器的类型、数量、精度指标以及对仪器校准或检定的要求，规定作业所需的专业应用软件及其他配置。
b) 规定作业的技术路线和流程。
c) 规定作业方法和技术要求：
    1) 控制测量：规定平面控制的布设方案，觇标和埋石的规格，观测方法，观测限差，新旧点联测方案及控制网的精度估算；
    2) 房产调查(或调绘)：规定房产调查(或调绘)的内容和方法，地块和房屋(幢号)的编号方法，房产调查表的填写要求等；
    3) 规定界址点布设、编号和实测的方法和技术质量要求；
    4) 房产图绘制和面积量算的方法和技术质量要求；
    5) 其他技术质量要求。
d) 质量控制环节和质量检查。
e) 上交和归档成果及其资料的内容和要求。
f) 有关附录。

F.6.5.3 **境界测绘**

设计方案内容主要包括：

a) 规定测量仪器的类型、数量、精度指标以及对仪器校准或检定的要求，规定作业所需的专业应用软件及其他配置。

b) 规定作业的技术路线和流程。

c) 规定作业方法和技术要求：

1) 控制测量：规定平面控制的布设方案，觇标和埋石的规格，观测方法，新旧点联测方案及控制网的精度估算；

2) 外业调绘：确定调绘的内容、方法和技术要求等；

3) 规定界址点实测和界桩埋设的的方法和要求；

4) 其他技术要求。

d) 质量控制环节和质量检查。

e) 上交和归档成果及其资料的内容和要求。

f) 有关附录。

F.7 **基础地理信息数据建库**

F.7.1 **任务概述**

说明任务来源、管理框架、建库目标、系统功能、预期结果、完成期限等基本情况。

F.7.2 **已有资料情况**

说明数据来源、数据范围、数据产品类型、格式、精度、数据组织、主要质量指标和基本内容等质量情况，并结合数据入库前的检查、验收报告或其他有关文件，说明数据的质量情况和利用方案。

F.7.3 **引用文件**

说明专业技术设计书编写中所引用的标准、规范或其他技术文件。文件一经引用，便构成专业技术设计书设计内容的一部分。

F.7.4 **成果(或产品)规格和主要技术指标**

说明数据库范围、内容、数学基础、分幅编号、成果（或产品）的空间单元、数据精度、格式及其他重要技术指标。

F.7.5 **设计方案**

设计方案内容主要包括：

a) 规定建库的技术路线和流程，应用流程图或其他形式，清晰、准确地规定建库的主要过程及其接口关系；

b) 系统软件和硬件的设计：规定建库的操作系统、数据库管理系统及有关的制图软件等；规定数据库输入设备、输出设备、数据处理设备（如服务器、图形工作站及计算机等）、数据存储设备及其他设备的功能要求或型号、主要技术指标等。规划网络结构（如网络拓扑结构、网线、网络连接设备等）。

c) 数据库概念模型设计：规定数据库的系统构成、空间定位参考、空间要素类型及其关系、属性要素类型及其关系等。

d) 数据库逻辑设计：应规定要素分类与代码、层（块）、属性项及值域范围以及数据安全性控制技术要求等。

e) 数据库物理设计：应描述数据库类型（如关系型数据库、文件型数据库）、软、硬件平台、数据库及其子库的命名规则、类型、位置及数据量等。

f) 其他技术规定：如用户界面形式、安全备份要求及其他安全规定等。

g) 数据库管理和应用的技术规定。

h) 数据库建库的质量控制环节和检查要求（包括对数据入库前的检查和整理要求）。

i) 上交和归档成果及其资料的内容和要求。

j) 有关附录。

附 录 G
(资料性附录)
设计评审的内容和要求

表G.1给出了设计评审的内容和要求。

表G.1 设计评审的内容和要求

<table>
<tr><td>设计
文件名称</td><td></td><td>评审负责人</td><td></td></tr>
<tr><td>评审依据</td><td></td><td>评审方式</td><td></td></tr>
<tr><td>参加
评审人员</td><td></td><td>评审时间</td><td></td></tr>
<tr><td>评审目的</td><td colspan="3"></td></tr>
<tr><td>评审内容</td><td colspan="3"></td></tr>
<tr><td colspan="4">评审意见及结论</td></tr>
<tr><td colspan="4">备注：</td></tr>
</table>

参考文献

GB/T 788—1999 图书和杂志开本及其幅面尺寸(neq ISO 6716:1983)

前　言

本标准代替 CH 1001—91《测绘技术总结编写规定》。

本标准与 CH 1001—91 相比主要变化如下：

——标准的体例按照 GB/T 1.1—2000《标准化工作导则　第 1 部分：标准的结构和编写规则》编写；

——增加了"规范性引用文件"一章，并将《测绘技术设计规定》作为其规范性引用文件；

——第 4 章"测绘技术总结的编制"中增加了"4.1 通则"，规定了测绘技术总结的组成和各组成部分的内容要求；

——专业技术总结的编写内容和要求不再分专业描述。

本标准的附录 A 为资料性附录。

本标准由国家测绘局提出并归口。

本标准起草单位：国家测绘局测绘标准化研究所。

本标准主要起草人：吕玉霞、郭玉芳、庞尚益、桑东文。

本标准所代替的历次版本发布情况为：

——CH 1001—91

中华人民共和国测绘行业标准

CH/T 1001—2005
代替 CH 1001—91

测绘技术总结编写规定

General rules for technical summaries of surveying and mapping

1 范围

本标准规定了测绘项目总结和专业技术总结编写的主要内容和要求。

本标准主要适用于测绘生产项目的项目总结和专业技术总结的编制，其他测绘项目总结的编制可参照执行。

2 规范性引用文件

下列文件中的条款通过本标准的引用而成为本标准的条款。凡是注日期的引用文件，其随后所有的修改单(不包括勘误的内容)或修订版均不适用于本标准，然而，鼓励根据本标准达成协议的各方研究是否可使用这些文件的最新版本。凡是不注日期的引用文件，其最新版本适用于本标准。

CH/T 1004—2005　测绘技术设计规定

3 总则

3.1　测绘技术总结是在测绘任务完成后，对测绘技术设计文件和技术标准、规范等的执行情况，技术设计方案实施中出现的主要技术问题和处理方法，成果(或产品)质量、新技术的应用等进行分析研究、认真总结，并作出的客观描述和评价。测绘技术总结为用户(或下工序)对成果(或产品)的合理使用提供方便，为测绘单位持续质量改进提供依据，同时也为测绘技术设计、有关技术标准、规定的制定提供资料。测绘技术总结是与测绘成果(或产品)有直接关系的技术性文件，是长期保存的重要技术档案。

3.2　测绘技术总结分项目总结和专业技术总结。专业技术总结是测绘项目中所包含的各测绘专业活动在其成果(或产品)检查合格后，分别总结撰写的技术文档。专业技术总结所包含的测绘专业活动范畴以及各测绘专业活动的作业内容遵照CH/T 1004—2005，5.3.3的规定。项目总结是一个测绘项目在其最终成果(或产品)检查合格后，在各专业技术总结的基础上，对整个项目所作的技术总结。对于工作量较小的项目，可根据需要将项目总结和专业技术总结合并为项目总结。

3.3　项目总结由承担项目的法人单位负责编写或组织编写；专业技术总结由具体承担相应测绘专业任务的法人单位负责编写。具体的编写工作通常由单位的技术人员承担。技术总结编写完成后，单位总工程师或技术负责人应对技术总结编写的客观性、完整性等进行审核并签字，并对技术总结编写的质量负责。技术总结经审核、签字后，随测绘成果(或产品)、测绘技术设计文件和成果(或产品)检查报告一并上交和归档。

3.4　测绘技术总结编写的主要依据包括：

a）测绘任务书或合同的有关要求，顾客书面要求或口头要求的记录，市场的需求或期望；

b）测绘技术设计文件、相关的法律、法规、技术标准和规范；

c）测绘成果(或产品)的质量检查报告；

d）适用时，以往测绘技术设计、测绘技术总结提供的信息以及现有生产过程和产品的质量记录和有关数据；

e）其他有关文件和资料。

国家测绘局　2005-12-07 发布　　2006-01-01 实施

3.5 测绘技术总结的编写应做到：

a） 内容真实、全面，重点突出。说明和评价技术要求的执行情况时，不应简单抄录设计书的有关技术要求；应重点说明作业过程中出现的主要技术问题和处理方法、特殊情况的处理及其达到的效果、经验、教训和遗留问题等；

b） 文字应简明扼要，公式、数据和图表应准确，名词、术语、符号和计量单位等均应与有关法规和标准一致；

c） 测绘技术总结的幅面、封面格式、字体与字号参见附录A。

4 测绘技术总结的编制

4.1 通则

4.1.1 测绘技术总结的组成

测绘技术总结（包括项目总结和专业技术总结）通常由概述、技术设计执行情况、成果（或产品）质量说明和评价、上交和归档的成果（或产品）及其资料清单四部分组成。

4.1.2 “概述”的主要内容

概要说明测绘任务总的情况，例如，任务来源、目标、工作量等，任务的安排与完成情况，以及作业区概况和已有资料利用情况等。

4.1.3 “技术设计执行情况”的主要内容

主要说明、评价测绘技术设计文件和有关的技术标准、规范的执行情况。内容主要包括生产所依据的测绘技术设计文件和有关的技术标准、规范，设计书执行情况以及执行过程中技术性更改情况，生产过程中出现的主要技术问题和处理方法，特殊情况的处理及其达到的效果等，新技术、新方法、新材料等应用情况，经验、教训、遗留问题、改进意见和建议等。

4.1.4 “成果（或产品）质量说明和评价”的主要内容

简要说明、评价测绘成果（或产品）的质量情况（包括必要的精度统计）、产品达到的技术质量指标，并说明其质量检查报告的名称和编号。

4.1.5 “上交和归档的成果（或产品）及其资料清单”的主要内容

分别说明上交和归档成果（或产品）的形式、数量等，以及一并上交和归档的资料文档清单。

4.2 项目总结的内容

4.2.1 概述

概要说明：

a） 项目来源、内容、目标、工作量，项目的组织和实施，专业测绘任务的划分、内容和相应任务的承担单位，产品交付与接收情况等；

b） 项目执行情况：说明生产任务安排与完成情况，统计有关的作业定额和作业率，经费执行情况等；

c） 作业区概况和已有资料的利用情况。

4.2.2 技术设计执行情况

主要内容包括：

a） 说明生产所依据的技术性文件，内容包括：

  1） 项目设计书、项目所包括的全部专业技术设计书、技术设计更改文件；

  2） 有关的技术标准和规范。

b） 说明项目总结所依据的各专业技术总结。

c） 说明和评价项目实施过程中，项目设计书和有关技术标准、规范的执行情况，并说明项目设计书的技术更改情况（包括技术设计更改的内容、原因的说明等）。

d） 重点描述项目实施过程中出现的主要技术问题和处理方法、特殊情况的处理及其达到的效果等。

e） 说明项目实施中质量保证措施（包括组织管理措施、资源保证措施和质量控制措施以及数据安全措施）的执行情况。

f） 当生产过程中采用新技术、新方法、新材料时，应详细描述和总结其应用情况。

g） 总结项目实施中的经验、教训（包括重大的缺陷和失败）和遗留问题，并对今后生产提出改进意见和建议。

4.2.3 测绘成果（或产品）质量说明与评价

说明和评价项目最终测绘成果（或产品）的质量情况（包括必要的精度统计），产品达到的技术指标，并说明最终测绘成果（或产品）的质量检查报告的名称和编号。

4.2.4 上交和归档测绘成果（或产品）及其资料清单

分别说明上交和归档成果（或产品）的形式、数量等，以及一并上交和归档的资料文档清单。主要包括：

a） 测绘成果（或产品）：说明其名称、数量、类型等，当上交成果的数量或范围有变化时需附上交成果分布图；

b） 文档资料：包括项目设计书及其有关的设计更改文件、项目总结，质量检查报告，必要时也包括项目所包含的专业技术设计书及其有关的专业设计更改文件和专业技术总结，文档簿（图历簿）以及其他作业过程中形成的重要记录；

c） 其他须上交和归档的资料。

4.3 专业技术总结的主要内容

4.3.1 概述

概要说明：

a） 测绘项目的名称、专业测绘任务的来源；专业测绘任务的内容、任务量和目标，产品交付与接收情况等；

b） 计划与实际完成情况、作业率的统计；

c） 作业区概况和已有资料的利用情况。

4.3.2 技术设计执行情况

主要内容包括：

a） 说明专业活动所依据的技术性文件，内容包括：

   1） 专业技术设计书及其有关的技术设计更改文件，必要时也包括本测绘项目的项目设计书及其设计更改文件；

   2） 有关的技术标准和规范。

b） 说明和评价专业技术活动过程中，专业技术设计文件的执行情况，并重点说明专业测绘生产过程中，专业技术设计书的更改情况（包括专业技术设计更改内容、原因的说明等）。

c） 描述专业测绘生产过程中出现的主要技术问题和处理方法、特殊情况的处理及其达到的效果等。

d） 当作业过程中采用新技术、新方法、新材料时，应详细描述和总结其应用情况。

e） 总结专业测绘生产中的经验、教训（包括重大的缺陷和失败）和遗留问题，并对今后生产提出改进意见和建议。

4.3.3 测绘成果（或产品）质量情况

说明和评价测绘成果（或产品）的质量情况（包括必要的精度统计），产品达到的技术指标，并说明测绘成果（或产品）的质量检查报告的名称和编号。

4.3.4 上交测绘成果（或产品）和资料清单

说明上交绘成果（或产品）和资料的主要内容和形式，主要包括：

a） 测绘成果（或产品）：说明其名称、数量、类型等，当上交成果的数量或范围有变化时须附上交成果分布图；

b） 文档资料：专业技术设计文件、专业技术总结、检查报告，必要的文档簿（图历簿）以及其他作业过程中形成的重要记录；

c） 其他须上交和归档的资料。

附　录　A
（资料性附录）
幅面、封面格式和字体、字号

A.1　幅面的要求

技术总结采用 GB/T 788 规定的 A 系列规格纸张的 A4 幅面（210 mm×297 mm），以便于阅读、复印和保存。

A.2　封面格式

A.2.1　正封面格式

A.2.1.1　项目总结

项目总结的正封面格式见图 A.1。

A.2.1.2　专业技术总结

专业技术总结的正封面格式见图 A.2。

A.2.2　副封面格式

A.2.2.1　项目总结

项目总结的副封面格式见图 A.3。

A.2.2.2　专业技术总结

专业技术总结的副封面格式见图 A.4。

A.3　技术总结的字号和字体

A.3.1　封面和目次的字号和字体

技术总结正、副封面的名称用二号黑体，封面的其他文字均用四号仿宋。

目次页的“目次”用三号黑体，目次内容用小四号宋体。

A.3.2　正文的字号和字体

技术总结正文中，章、条、附录的编号和标题用小四号黑体，图、表的标题用小四号黑体。

条文（或图、表）的注、脚注用五号宋体，图、表中的数字和文字以及图、表右上方关于单位的陈述用五号宋体。

正文和附录的其他内容均采用小四号宋体。

密级[a]： 编号[b]：

项 目 名 称
项目总结

编写单位名称

年 月 日

[a] “密级”系依照有关国家规定划分的保密等级；

[b] “编号”为设计单位自行编号，亦可采用任务的项目编号；

注：专业技术总结封面上的“密级”和“编号”与此类同。

图 A.1 项目总结正封面格式

密级[a]：　　　　　　　　　　　　　　　　编号[b]：

项　目　名　称

（测绘专业名称）专业技术总结

编写单位名称

年　月　日

图 A.2　专业技术总结正封面格式

项　目　名　称
项目总结

编写单位(盖章)：
编 写 人：

年　　月　　日

审批意见：
审 核 人：

年　　月　　日

图 A.3　项目总结副封面格式

项　目　名　称

(测绘专业名称)专业技术总结

编写单位(盖章)：
编 写 人：

年　　月　　日

审批意见：
审 核 人：

年　　月　　日

图 A.4　专业技术总结副封面格式

参考文献

GB/T 788—1999　图书和杂志开本及其幅面尺寸(neq ISO 6716:1983)

前 言

本标准是为我国现阶段和今后一段时期内采用全球导航卫星定位技术构建连续运行参考站网而制定的。内容涉及连续运行站和数据中心的建设。

本标准的附录A为规范性附录,附录B、C、D、E、F、G、H、I、J、K为标准的资料性附录。

本标准由国家测绘局提出并归口。

本标准由国家基础地理信息中心和国家卫星定位系统工程技术研究中心负责起草。

本标准主要起草人:张燕平、刘经南、张江齐、武军郦、张鹏、姜卫平、刘晖。

本标准由国家测绘局负责解释。

本标准为国内首次制定。

引 言

全球导航卫星系统技术在国内导航、定位、科学研究领域已得到广泛应用,许多部门、行业和城市开始建立满足自身需求的连续运行的卫星定位系统参考站网。而国家参考站网是国家大地测量现代化的基准设施体系之一,组织建设和协调管理全球导航卫星系统连续运行参考站网是国务院测绘行政主管部门的重要职能。

全球导航卫星系统连续运行参考站网由连续运行参考站、数据通信网络和数据中心三部分构成。全球导航卫星系统连续运行参考站网能以多种精度满足广泛的应用需求,并通过全球同步观测,不断完善和维护国际地球参考框架(ITRF),完成监测地球自转和固体地球形变、监测陆海板块构造边界变化、监测海平面变化、监测电离层及大气水汽变化、跟踪确定卫星轨道等基本的全球性科学任务,提供我国陆地及海域精确的定位及相关科学服务,其产品包括伪距及载波相位观测值、站坐标、速度场、精密星历、地球自转参数、大气水汽、电离层参数等数据,可用于工程定位、科学研究以及不同用户的应用需求。

作为国家重要的空间数据基础设施,每一个连续运行参考站不仅仅承担本部门(行业)赋予的职责,还应为全国性乃至全球性的整体协作观测做出贡献,使这些站充分发挥其多种应用能力。以国务院测绘行政主管部门为枢纽,以数据资源共享为合作基础,通过部门协作的方式,构建满足多种用途的国家参考站网是今后的发展方向,因此为建设国家参考站网,采集可靠的高质量数据,提供标准、精确的数据成果,指导相关部门建设高质量的连续运行参考站,满足国家参考站网最低限度的要求是制订本标准的基本目的。本标准包括了测站选择、标石建造、电源系统、硬件集成、数据存储、测站安全、硬件与软件、各种测站信息的登记、工程建设的记录文件、点之记,连续运行参考站网的管理、数据处理、数据产品、网络化服务等技术内容。

中华人民共和国测绘行业标准

CH/T 2008—2005

全球导航卫星系统连续运行参考站网建设规范

Specifications for construction of the continuously operating reference stations using global navigation satellite system

1 范围

本标准规定了利用全球导航卫星系统等技术建设连续运行参考站网及其运行的基本要求，包括连续运行参考站网的构成，连续运行参考站网类别定义、站址选择、基建和仪器设备配置，数据通信网络，数据中心组成、数据处理、数据管理和产品服务。

本标准适用于国家、区域和专业连续运行参考站网建设。

2 规范性引用文件

下列文件中的条款通过本标准的引用而成为本标准的条款。凡是注日期的引用文件，其随后所有的修改单(不包括勘误的内容)或修订版均不适用于本标准，然而，鼓励根据本标准达成协议的各方研究是否可使用这些文件的最新版本。凡是不注日期的引用文件，其最新版本适用于本标准。

GB/T 18314—2001 全球定位系统(GPS)测量规范

GB/T 12897—1991 国家一、二等水准测量规范

GB/T 16952—1997 卫星通信中央站通用技术条件

GB 17859—1999 计算机信息系统安全保护等级划分准则

GB 7450—1987 电子设备雷击保护导则

GB 50057—1994 建筑物防雷设计规范

GB 50174—1993 电子计算机机房设计规范

GB/T 16821—1997 通信用电源设备通用试验方法

CH 1002—1995 测绘产品检查验收规定

CH 1003—1995 测绘产品质量评定标准

CH 8016—1995 全球定位系统(GPS)测量型接收机检定规程

3 术语和定义

3.1

全球导航卫星系统 global navigation satellite system

采用全球卫星无线电定位技术确定时间和目标的空间位置的系统。

3.2

精密星历 precise ephemeris

利用全球或区域导航卫星跟踪站网确定的导航卫星精密轨道信息。

3.3

国际地球参考框架 international terrestrial reference frame

由国际地球自转服务局提供的，基于多种空间大地测量技术的观测数据分析得到的一组全球站坐标和速度场，是国际地球参考系统的具体实现和维持。它具有明确的定向基准、原点基准、尺度基准和参考框架时间演变基准。

国家测绘局 2005-12-07 发布　　2006-01-01 实施

3.4

国家地心坐标参考框架 national geocentric coordinate reference frame

是国际地球参考框架在我国领土及邻海内的实现，由卫星导航系统地面跟踪站、人卫激光观测站、甚长基线干涉测量站等观测站的站坐标、站速度体现。

3.5

实时服务 real-time service

时间延迟在6s以内的数据服务。

3.6

快速服务 rapid service

时间延迟在12h以内的数据服务。

3.7

事后服务 post-service

时间延迟在12 h以上的数据服务。

3.8

相对卫星钟差 relative satellite clock bias

相对于某参考钟的卫星钟时间偏差。

3.9

误码率 error-code Rate

在不少于24 h连续测试时间内误码的元码数占传输流总码数的比率。

4 缩略语

GNSS

Global Navigation Satellite System 全球导航卫星系统

IERS

International Earth Rotation and Reference Systems Service 国际地球自转与参考系统服务

ITRF

International Terrestrial Reference Frame 国际地球参考框架

IGS

International GPS Service 国际GPS服务

LAN

Local Area Network 局域网

TCP/IP

Transmission Control Protocol/Internet Protocol 传输控制协议/互联网络协议

PPS

Pulses Per Second 每秒脉冲数

UPS

Uninterruptible Power Supply 不间断电源

USB

Universal Serial Bus 通用串口总线

5 构成

5.1 连续运行参考站

连续运行参考站(以下简称参考站)是由卫星定位系统接收机(含天线)、计算机、气象设备、通信设备及电源设备、观测墩等构成的观测系统。它长期连续跟踪观测卫星信号，通过数据通信网络定时、实时或按数据中心的要求将观测数据传输到数据中心。它可独立或组网提供实时、快速或事后的数据服务。

5.2 数据通信网络

数据通信网络是利用通信链路实现参考站与数据中心、数据中心与用户间数据交换的系统。它完成数据传输、数据产品分发等任务。

5.3 数据中心

数据中心是汇集、存储、处理和分析参考站数据资源，远程监控参考站运行状态，并形成产品和开展服务的系统。

6 分类与布设原则

6.1 分类

依据管理形式、任务要求和应用范围，连续运行参考站网可划分为：

——国家参考站网；

——区域参考站网；

——专业应用站网。

国家参考站网可作为区域参考站网、专业应用站网建设和应用的参考基准。符合本标准技术要求的区域参考站网和专业应用站网的参考站可纳入国家参考站网。

6.2 国家参考站网

国家参考站网是用于维持和更新国家地心坐标参考框架的参考站网，是国家地理空间信息的基础框架之一，也是国家经济建设、国防建设的基础设施，用于开展全国范围内高精度定位、导航、工程建设和科学研究服务。

国家参考站网的布设应顾及社会发展、经济建设和自然条件等因素，参考站间距离 300 km 左右，并满足事后厘米级精度定位服务的要求。

6.3 区域参考站网

区域参考站网是在省、市地区建立的参考站网，用于构成高精度、连续运行的区域坐标参考框架，提供不同精度的位置服务和相关信息服务。

区域参考站网的布设按实时定位服务精度的不同选择参考站间距离，具体要求按表 1 规定。

表 1 参考站间距离

单位为千米

实时定位精度	分米级	厘米级
参考站间距离	50～150	20～80

6.4 专业应用站网

专业应用站网是由专业部门或机构根据专业需求建立的参考站网，用于开展专业信息服务。

专业应用站网的布设根据专业服务目标进行设计，满足位置服务要求的参考站间距离按表 1 执行。

7 参考站建设

7.1 选址

7.1.1 观测环境

——距易产生多路径效应的地物（如高大建筑、树木、水体、海滩和易积水地带等）的距离不小于200 m；

——应有 10°以上地平高度角的卫星通视条件；

——距电磁干扰区（如微波站、无线电发射台、高压线穿越地带等）的距离不小于 200 m；

——避开易产生振动的地带。

7.1.2　地质环境

——国家参考站网的参考站应建立在稳定块体上，避开地质构造不稳定地区(如断裂带、易发生滑坡与沉陷等局部变形地区)和易受水淹或地下水位变化较大的地区；

——区域参考站网和专业应用站网的参考站参照上款要求或依据自身特殊需求选择稳定的建站环境。

7.1.3　维持条件

——便于接入公共或专用通信网络；

——具有稳定、安全可靠的电源；

——交通便利，便于人员往来和车辆运输；

——便于长期保存。

7.1.4　实施步骤

——根据技术设计进行踏勘，确认基岩、土壤类型及其承重能力等，在实地按要求选定点位；

——实地绘制点之记，其形式见附录 A；

——实地绘制概略地图，供参考站设计使用；

——实地进行卫星定位观测，以 15 s 采样间隔记录不少于连续 4 h 的观测数据。当载波相位数据利用率低于 80%时，应变更站址。

7.1.5　提交成果

——所属行政区划，自然地理、地震地质概况、交通、通信、物质、水电、治安等情况；

——点位的远、近景照片；

——选址点之记；

——实地测试数据和结果分析；

——收集的其他资料。

7.2　基建

7.2.1　观测墩

观测墩一般为钢筋混凝土结构，依据参考站建站地理、地质环境，观测墩可分为基岩观测墩、土层观测墩和屋顶观测墩三类。

——根据地质条件、周边环境条件，参照附录 B 中推荐的标准规格具体设计观测墩；

——基岩和土层观测墩应高出地面 3 m，一般不超过 5 m；对于屋顶观测墩，高度应大于 1.5 m；

——基岩和土层观测墩宜建设在观测室内，应高出观测室屋顶面 1.5 m 以上，室外部分应加装防护层，防止风雨与日照辐射对观测墩的影响；

——对于基岩观测墩，内部钢筋与基岩紧密浇注，浇注深度不少于 0.5 m；

——对于土层观测墩，钢筋混凝土墩体应埋于解冻线 2 m 以下；

——对于屋顶观测墩，内部钢筋应与房屋主承重结构钢筋焊接，结合部分应不少于 0.1 m；

——观测墩应浇注安装强制对中标志，并严格整平，墩外壁应加装(或预埋)适合线缆进出硬制管道(钢制或塑料)，起保护线路作用；

——基岩和土层观测墩与地面接合四周应做不少于 5 cm 的隔振槽，内填粗沙，避免振动带来的影响；

——基岩和土层观测墩应与观测室或周围房屋的主要结构分离，以免影响观测墩的稳定性；

——屋顶观测墩与屋顶面接合处应做防水处理；

——如有多于一个观测墩，则观测墩的间距大于 5 m。

7.2.2　观测室

——根据地质条件、周边环境条件，参照附录 C 中的形式具体设计观测室；

——观测室面积不少于 15 m^2；

——观测室应建在地基牢固的地点，设计时应考虑防水、排水、防风、防雷等因素；电力和信号管线应分别布设，预埋两种管线通道，并进行动物防护处理；

——观测室内的温度和相对湿度应满足仪器设备正常运行的要求；

——国家参考站网的参考站应在观测室内的观测墩基础上埋设水准与重力共用标石，该标石与地面接合四周应做不少于 5 cm 的隔振槽，内填粗沙，具体规格可参照附录 B 设计执行；

——水准标志与观测墩强制对中标志间高差测定精度不低于 3 mm。

7.2.3 **其他要求**

——参考站的建设单位应委托当地有关单位指派专人负责保管，并办理测绘标志保管手续，其形式见附录 D；

——区域参考站网中应有不少于 3 个参考站与国家大地参考框架进行联测，专业应用站网应根据实际应用需求进行联测；

——埋设的水准标石应进行国家一等水准联测，依据 GB 12897 进行；

——埋设的重力标石应与国家重力基本网联测；

——区域参考站网和专业应用站网中连续观测 3 年以上的参考站，且站速度变化率小于 3 mm/a 的可申请加入国家参考站网。

7.2.4 **实施步骤**

——在选址工作的基础上完成参考站建筑的整体设计及专项防护设计(如防风、防雷等)；

——建造观测墩和观测室地基；

——建造观测室主体结构；

——敷设电力线、通信线等管线；

——进行设备安装调试及试运行，待验收完毕后正式使用。

7.2.5 **提交成果**

——参考站设计方案，包括整体式样、观测墩结构、观测室结构、管线、排水、安防等专项设计，施工方案、经费预算等；

——参考站基建工程报告，包括施工进度、经费使用、建筑结构图，竣工地形图(站周围 20 m 范围)等。

7.3 **设备配置**

7.3.1 **组成**

参考站主要设备由全球导航卫星系统接收机、天线、气象设备、不间断电源、通讯设备、雷电防护设备、计算机、集成柜等组成。

7.3.2 **接收机**

7.3.2.1 **技术指标**

——具有同时跟踪不少于 12 颗全球导航定位卫星的能力；

——至少具有 1 s 采样数据的能力；

——观测数据至少应包括：双频测距码、双频载波相位值、卫星广播星历；

——具有在－20～＋55℃、湿度 95％的环境下正常工作的能力；

——具备外接频标输入口，可配 5 MHz 或 10 MHz 的外接频标；

——具备 3 个以上的数据通讯接口，接口可包括 RS232、USB、LAN 等；

——具有输出原始观测数据、导航定位数据、差分修正数据、1PPS 脉冲的能力；

——在 30 s 采样率的条件下，接收机内存可连续保存至少 7 天的数据。

7.3.2.2 **安装与测试**

——安装之前应按照 CH 8016 完成接收机的检定工作；

——安装或更新后需要详细填写《全球导航卫星系统接收机登记表》，其形式见附录 E；

——安装应根据其使用手册或说明进行；

——接收机应放置于通风良好、干燥、避光的地点，一般置于集成柜内。

7.3.3 天线

7.3.3.1 技术指标

——相位中心稳定性应优于1 mm；

——具备抗多路径效应的扼流圈或抑径板；

——具有抗电磁干扰能力；

——具有定向指北标志；

——在－40～＋65℃的环境下能正常工作；

——气候条件恶劣地区应配有防护罩。

7.3.3.2 安装与测试

——天线必须固紧于观测墩的强制对中标志上，天线定向指北标志与真北方向差异应小于5°；

——天线电缆应采用低损耗的射频电缆，若电缆需要延长时，根据性能指标加装相应的在线放大器；

——天线电缆可根据需要加装低损耗射频电缆防雷装置，并按照GB 7450进行接地电阻测试；

——安装、更新后需要详细填写《全球导航卫星系统天线登记表》，其形式见附录F。

7.3.4 气象设备

7.3.4.1 技术指标

——可精确测定气压、温度、湿度气象元素；

——气压测定精度±0.1 hPa，温度测定精度±0.5℃，湿度测定精度±1%；

——可连续测定气象元素，具有多采样间隔设置的能力；

——具备数据实时传输的功能。

7.3.4.2 安装与测试

——安装前应进行设备测试，取得合格的检测证书；

——安装须按照设备使用手册进行；

——传感器架设高度应与接收机天线上平面高度相同，高度误差不大于1 m，平面位置距离小于5 m；

——根据需要可加装数据传输线防雷设备；

——安装、更新后需要详细填写《气象设备登记表》，其形式见附录G。

7.3.5 电源设备

7.3.5.1 技术指标

——单相市电供电，并加装在线式UPS；

——后备电源可选择使用太阳能、大容量电池组等；

——后备电源单独供电时，至少能维持参考站设备连续工作12 h；

——电源线路应做接地保护并加装电涌防护设备。

7.3.5.2 安装与测试

——依据GB 50174敷设、安装供电系统，并加装电涌防护设备；

——参考站内全部设备由UPS供电，电压不稳定地区可按需要加装交流稳压器；

——安装、更新后需要详细填写《电源设备登记表》，其形式见附录H。

7.3.6 通信设备

7.3.6.1 技术指标

——可长期、可靠、连续地工作；

——数据传输速率应大于16 kbps；

——实时通信时通信误码率应小于10^{-8}，延时小于500 ms；

——有条件时应采用两种相互独立的数字通信链路，提高数据传输的可靠性。

7.3.6.2 安装与测试

——根据需要可加装信号线(或射频线)防雷设备；

——室内通信设备应尽可能远离接收机；

——测试误码率和延迟；

——安装、更新后需要详细填写《通讯设备登记表》，其形式见附录I。

7.3.7 雷电防护设备

——雷电防护主要指建筑物整体、站内外电子设备的雷电防护，依据GB 50057和GB 7450执行；

——参考站根据需要可加装电力线、通信线、射频线电涌防护设备和建筑物雷电防护设备；

——由具备专业资格的工程人员设计防护结构和系统；

——安装及测试工作由专业技术人员完成；

——安装、更新后需要详细填写《雷电防护设备登记表》，其形式见附录J。

7.3.8 计算机与软件

7.3.8.1 技术指标

——应选择符合工业标准的计算机；

——计算机应具备4个以上的数据通讯接口，包括RS 232、USB、LAN等；

——计算机至少应具备连续存储1年采样率为30 s的观测数据的能力；

——应用软件应具有数据下载、格式转换、自动存储、自动传输等功能；

——应用软件选用商用软件或自行研制。

7.3.8.2 安装与测试

——根据设备和软件安装说明书进行安装和测试；

——安装、更新后需要详细填写《计算机与软件登记表》，其形式见附录K。

7.3.9 集成柜

——应选用符合工业标准的集成柜；

——具有设备散热能力；

——分层次安装机柜内各项设备。

7.3.10 提交成果

——设计方案；

——测试报告(包括仪器检定证书、安装测试报告等)；

——工作总结；

——设备登记表。

8 数据中心

8.1 一般原则

数据中心主要由参考站网管理系统、数据处理分析系统和产品服务系统组成。

数据中心以计算机及网络技术为基础，用于数据存储、处理分析和产品服务。建设时应考虑：

——安全性：数据中心内部局域网与外部网络进行物理隔离，并应设置不同级别的访问权限；

——可靠性：关键设备采用冗余备份系统，关键数据采用双机异地备份；

——保密性：数据和产品应根据不同密级进行加密处理；

——可恢复性：发生故障时，数据管理系统24 h恢复，产品服务系统12 h恢复。

8.2 参考站网管理系统

参考站网管理系统负责对参考站设备状况进行远程监控，对参考站产生的源数据进行采集、分流、整理和存储，对数据中心产生的各类成果数据进行规范化管理。其中源数据包括参考站原始观测数据、广播星历、气象观测数据等；成果数据包括参考站信息、参考站坐标、速度、大气参数、坐标转换参数、精密星历等。

8.3 数据处理分析系统

8.3.1 数据处理原则

——国家参考站网和区域参考站网应采用ITRF作为参考框架，以适当数量和分布均匀的IGS站的坐标和原始观测数据、精密星历为起算数据；

——专业应用站网根据专业需求确定参考框架和起算数据；

——宜使用 IGS 提供的精密星历，可根据不同目的选用事后精密星历、快速精密星历或预报精密星历；
——应采用业务主管部门认定的高精度数据处理软件；
——数据处理模型宜采用 IERS 相关标准。

8.3.2 数据准备

——参考站的观测数据及其质量评价；
——原始数据格式转换；
——测站信息文件准备；
——卫星星历准备；
——地球极移、章动、岁差、太阳和月亮星历等相关文件准备。

8.3.3 数据解算

——国家参考站网数据解算方案应包括：单天解、周解、月解、年解；区域参考站网可以只包括单天解和年解；专业应用站网根据专业应用需求自行规定；
——国家参考站网采用的卫星精密星历应根据其相应的精度定权；区域参考站网采用精密星历时，一般采用强制性约束；专业应用站网根据专业应用需求可选用预报精密星历或广播星历；
——实时应用时可采用广播星历或预报精密星历；
——实时应用时参考站坐标应采用最新的年解结果；
——地球自转参数的选用应与所采用的卫星星历一致；
——区域参考站网和专业应用站网处理可在地固坐标系下进行。

8.3.4 数据分析

国家参考站网每年应进行下列数据分析：
——参考站坐标分量随时间变化分析；
——参考站网速度场分析；
——各参考站工作状况分析；
——数据综合处理和分析。

区域参考站网每年应进行下列数据分析：
——参考站坐标分量随时间变化分析；
——各参考站工作状况分析；
——数据综合处理和分析。

专业应用站网根据专业需求确定数据分析内容。

8.3.5 成果与精度

——国家参考站网应提供参考站坐标的周解、年解及相应的协方差阵和年速率、大气参数、精密卫星钟差和接收机钟差、区域事后精密星历和预报精密星历；
——区域参考站网应提供参考站坐标的周解、年解及相应的协方差阵、大气参数等，有条件的情况下还应提供精密相对卫星钟差和接收机钟差；
——专业应用站网至少应提供参考站坐标年解；
——国家参考站网和区域参考站网的参考站地心坐标分量精度应满足 GB/T 18314 中有关 AA 级相关规定的要求；
——区域事后精密星历精度±0.5 m，预报精密星历精度±2 m；
——精密相对卫星钟差精度±5 ns。

8.4 产品服务系统

8.4.1 产品内容

——国家参考站网产品主要有：参考站卫星跟踪原始数据及气象观测数据、参考站坐标及相应精度指标、参考站速度、事后及预报精密星历、精密卫星钟差等；
——区域参考站网产品主要有：参考站卫星跟踪原始数据及气象观测数据、参考站坐标及相应精度指标、精密相对卫星钟差、大气参数，有条件情况下提供实时载波相位和伪距差分修正数据等；

——专业应用站网按专业需求提供相关产品。

8.4.2 服务类型

根据产品的内容，产品服务可分为位置服务、时间服务、气象服务、源数据服务等类型，见表2。

表2 服务类型

参考站网类型	位置服务			卫星轨道服务		时间服务		气象服务	源数据服务
	实时	快速	事后	预报	事后	预报	事后		
国家参考站网	*	提供	提供	提供	提供	提供	提供	可选	提供
区域参考站网	提供	提供	提供	可选	可选	可选	可选	可选	提供
专业应用网	可选	可选	提供	可选	可选	可选	可选	可选	提供
注："*"表示随着技术发展，国家参考站网根据需求可提供。									

具体服务内容有：

——实时位置服务包括厘米级、分米级和米级精度的服务；

——快速位置服务包括厘米级、分米级和米级精度的服务；

——事后位置服务包括毫米级、厘米级和分米级精度的服务；

——卫星轨道服务提供精度为2 m的24 h区域预报精密星历和精度为0.5 m的区域事后精密星历；

——时间服务提供区域预报和事后精密星历相应的精密卫星钟差，预报精密卫星钟差精度优于10 ns，事后精密卫星钟差精度为1 ns；

——气象服务提供快速大气垂直湿分量等参数；

——源数据服务提供参考站原始观测数据、气象观测数据、站信息等。

9 数据通信网络

9.1 一般原则

国家参考站网应在专用网络上构建数据通信网络。区域参考站网和专业应用站网中纳入国家参考站网的参考站应通过数据共享机制连接到国家参考站网数据中心。

9.2 通信协议

采用TCP/IP作为数据通信协议。

9.3 通信链路

9.3.1 一般要求

——连接参考站的通信链路可以采用数据专线、无线扩频等通信方式；

——连接数据中心的通信链路可采用数据专线、卫星通讯等通信方式；

——国家参考站网的参考站数据应每日定时传输；

——区域参考站网和专业应用站网需要提供实时服务时，应具备数据实时传输能力；

——用于气象服务和精密星历预报的参考站数据传输间隔应小于1 h。

9.3.2 参考站接入端技术指标

——通信速率大于16 kbps；

——误码率小于10^{-8}；

——可用性大于95%。

9.3.3 数据中心接入端技术指标

——通信速率大于2 Mbps；

——误码率小于10^{-9}；

——可用性大于98%。

附 录 A
(规范性附录)
参考站点之记

图 A.1 和图 A.2 给出了实地绘制点之记的内容和要求。

________点之记

站　名		编　号		类　级		网　区	
所在图幅				点位略图			
概略位置	B=	L=	H=	N			
所 在 地							
最近住所							
供电情况							
电信情况							
地　类		土　质		单位:m		比例尺:	
冻土深度		解冻深度		交通路线图			
最近水源				N			
石子来源							
砂子来源							
交通情况				单位:km		比例尺:	
地质概要、构造背景				地形地质构造图			
				N			

图 A.1　参考站点之记(正面)

选址情况				便于联测的水准点等级、点名、点号及联测里程	
选址者		选址日期			
单　位					
地质员					
单　位					
原有高等级大地、重力、形变点位利用情况				便于联测的重力点等级、点名、点号及联测里程	
点位环视图说明				点位环视图	
				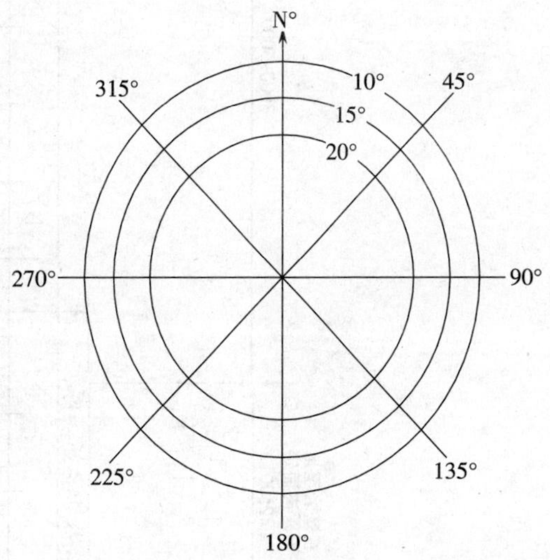	
建站情况				观测墩类型	
建站者				观测墩断面图	
单　位					
建站日期					
委托保管情况					
保管人					
单　位					
地　址					
邮　编					
电　话				单位:m	
备　注					

图 A.2　参考站点之记(反面)

附 录 B
（资料性附录）
参考站观测墩

图 B.1 给出了基岩观测墩的示意图；图 B.2 给出了土层观测墩的示意图；图 B.3 给出了屋顶观测墩的示意图；图 B.4 给出了天线强制对中标志的示意图；图 B.5 给出了重力标石的示意图。

单位为毫米

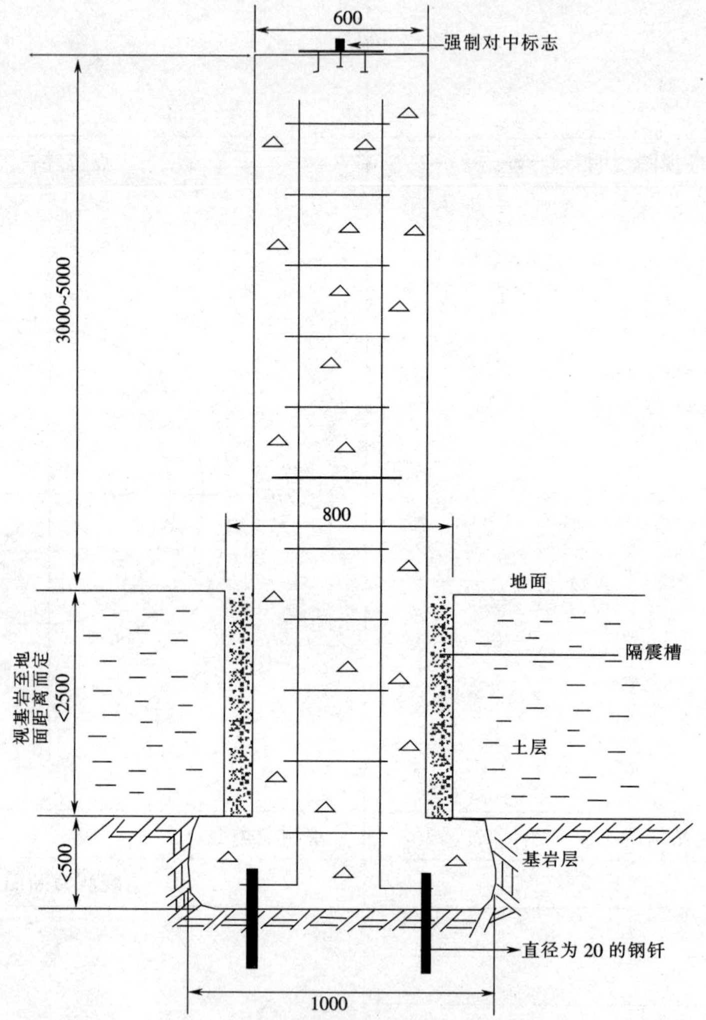

(a) 侧视图

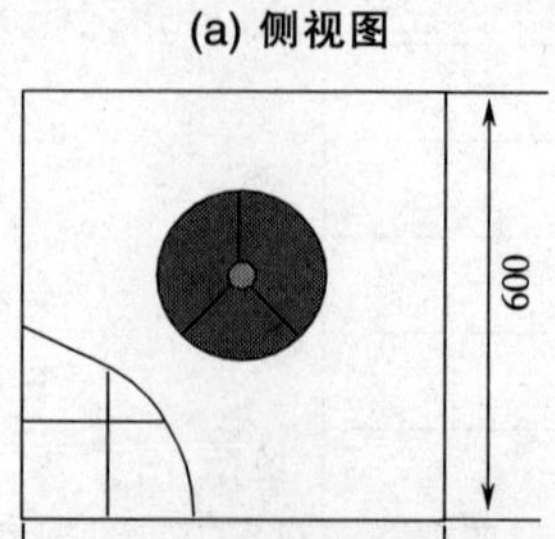

(b) 俯视图

图 B.1 基岩观测墩

单位为毫米

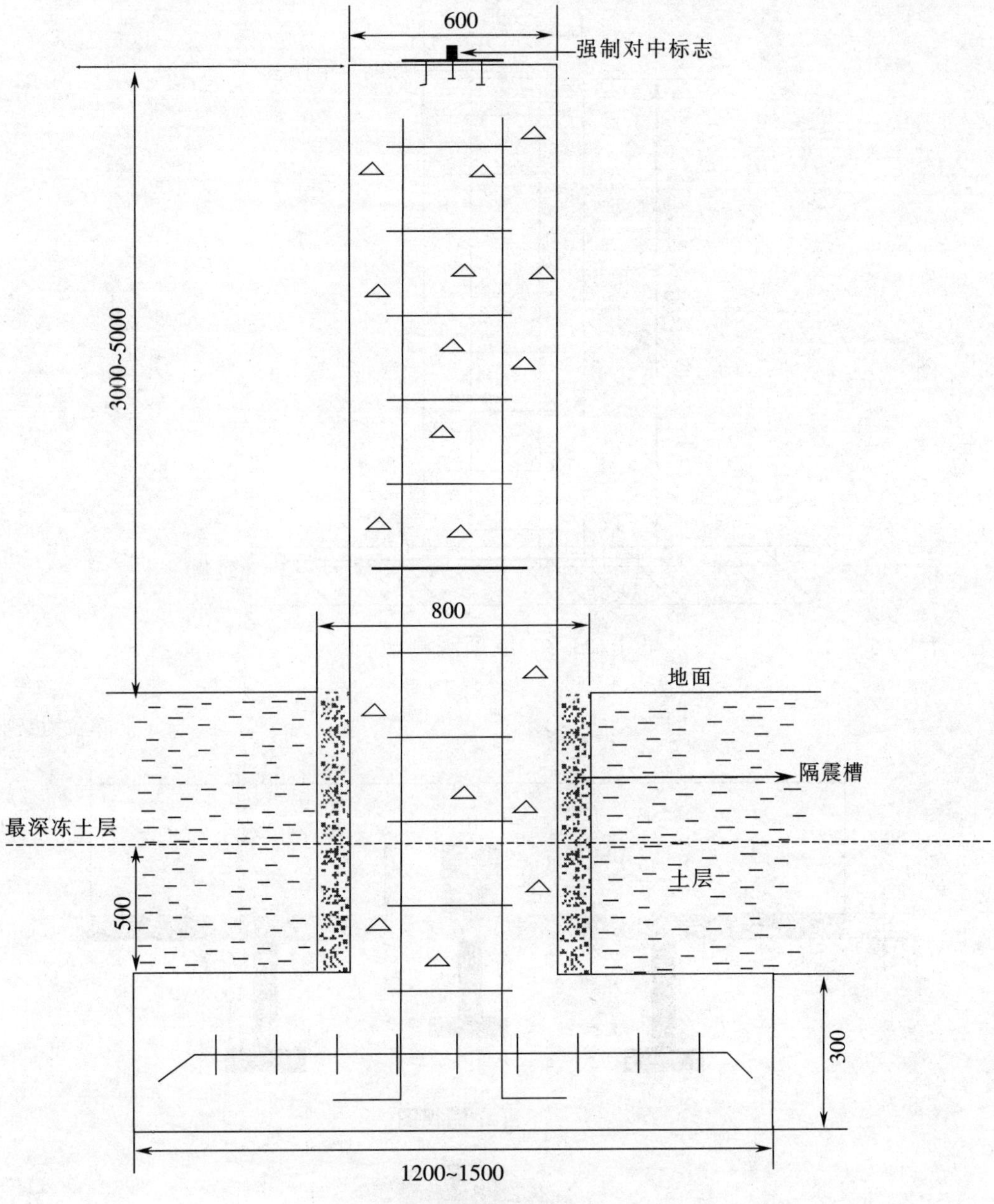

(a) 侧视图

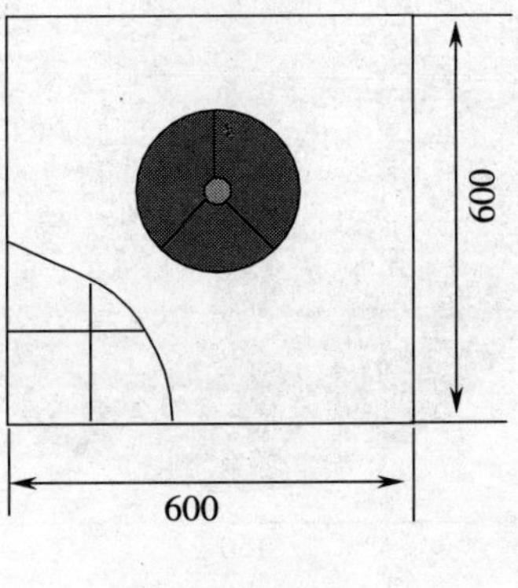

(b) 俯视图

图 B.2 土层观测墩

单位为毫米

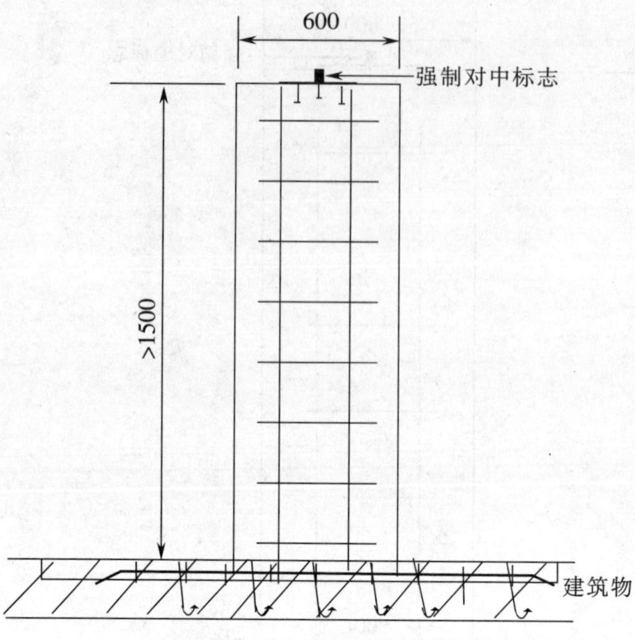

图 B.3　屋顶观测墩

单位为毫米

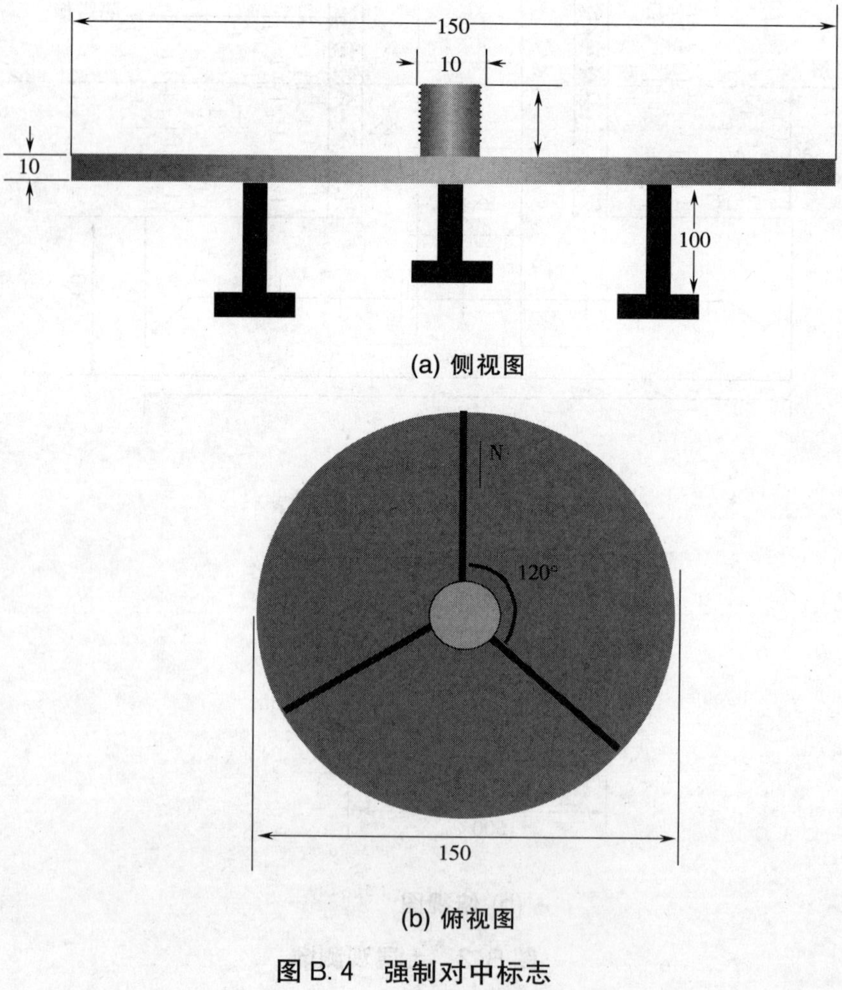

(a) 侧视图

(b) 俯视图

图 B.4　强制对中标志

单位为毫米

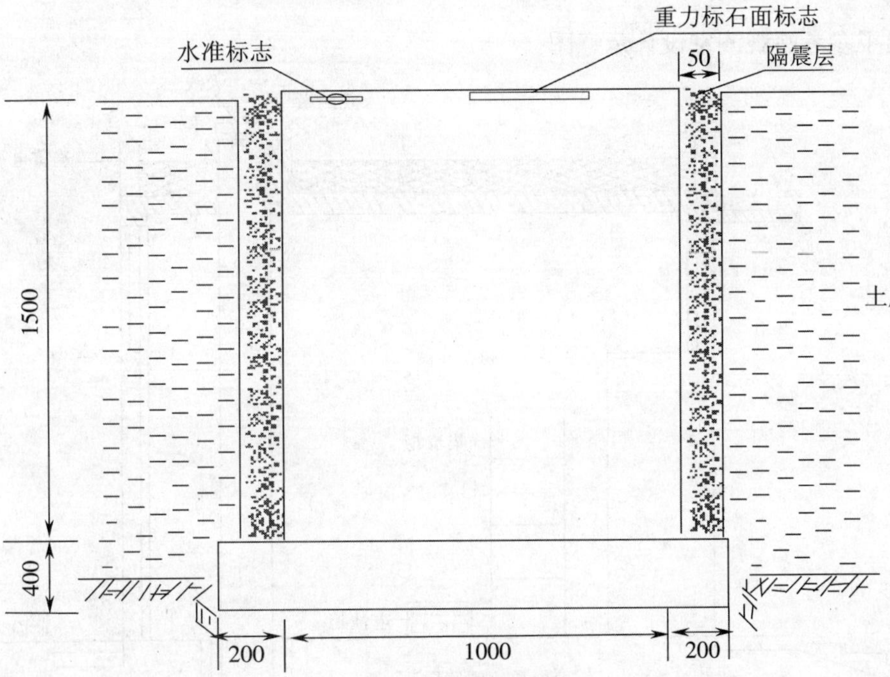

(a) 侧视图

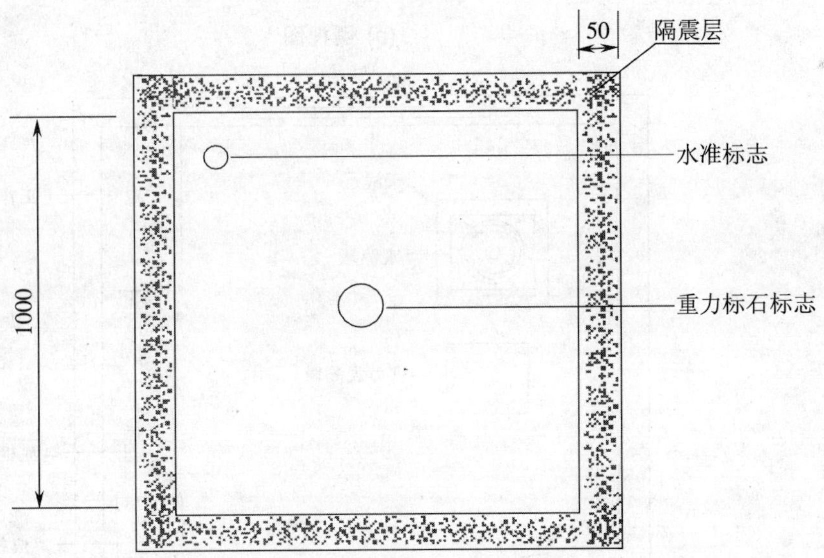

(b) 俯视图

图 B.5 重力标石

附 录 C
(资料性附录)
参考站观测室

图 C.1 给出了参考站观测室设计示意图。

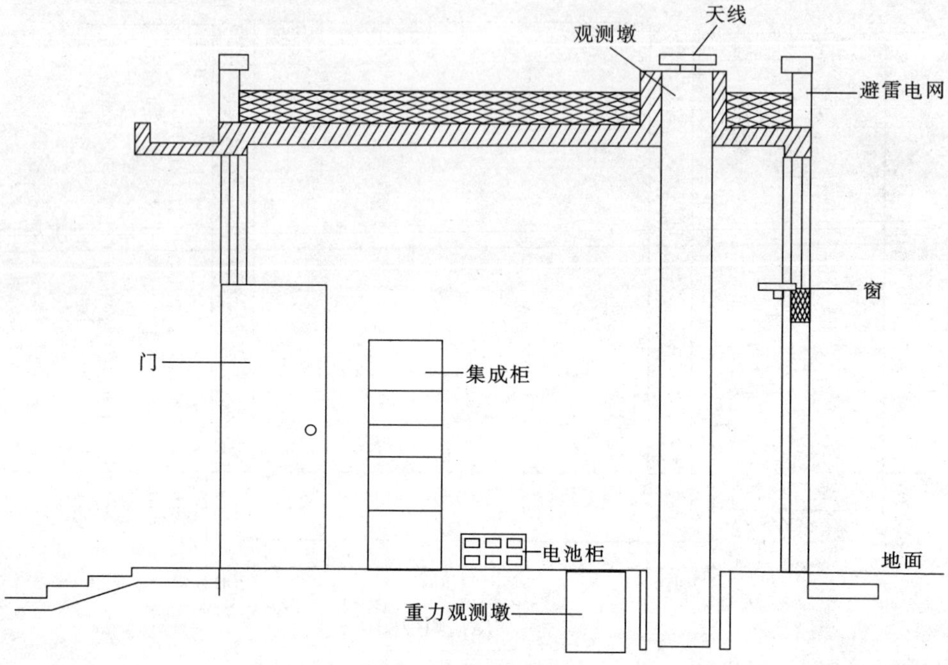

(a) 侧视图

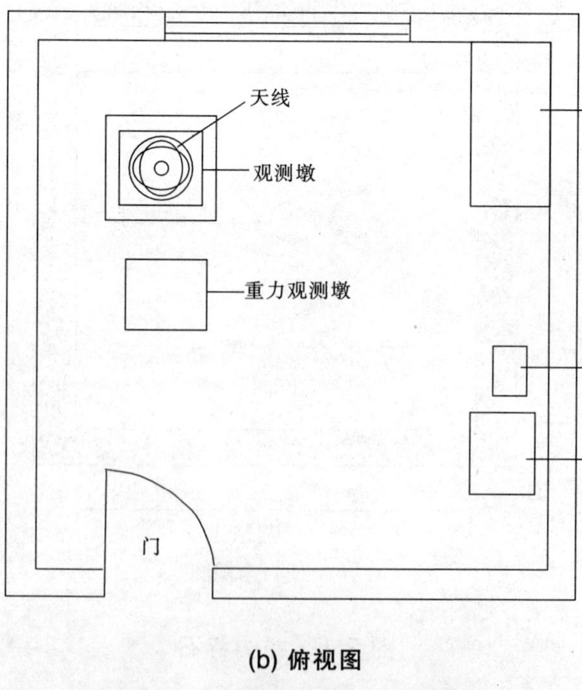

(b) 俯视图

图 C.1 观测室设计示意图

附　录　D
（资料性附录）
测量标志委托保管书

图 D.1 给出了测量标志委托保管书的内容。

参考站名称：　　　　　　　　编号：

托管时间：　　　　年　　月　　日

标志质料及构造：

设置地点：　　　省(自治区、市)　　　县(市/区)　　　乡　　　村

具体位置略图

兹由建站单位根据《中华人民共和国测绘法》，将上述测量标志委托当地有关单位和人员保管，双方当面视察标志情况如上所述，此后由接管单位负责保护。

建站单位：

地　　址：

代　　表：　　　　　　　　（签名盖章）

托管单位：

地　　址：

代　　表：　　　　　　　　（签名盖章）

接管单位：

地　　址：

代　　表：　　　　　　　　（签名盖章）

本保管书一式三份，一份由建站单位保存，一份由托管单位保存，一份由接管单位保存。

图 D.1　测量标志委托保管书

附 录 E
(资料性附录)
全球导航卫星定位系统接收机登记表

表 E.1 和表 E.2 给出了全球导航卫星定位系统接收机的基本信息和详细的配置信息。

表 E.1 基本信息

清单

清单编号:________________

测站名称:________________ 测站代码:________________

厂商:________________ 生产地:________________

部件号:________________ 名称:________________

序列号:________________

系统编号:________________ 更替编号:________________

所有者/联系方式:________________

(姓名、单位、地址)

____

电子邮件:__________ 电话:__________ 传真:__________

表 E.2 配置信息

接收机

接收机编号:________________清单编号:________________

型号:________________

更新日期:________________ 修订:________________

主板序列号:________________ 固件修订:________________

主板修订:________________ 内存容量:________________

软件版本:________________ 采样率:________________

端口设置:________________ 其他功能:________________

附 录 F
(资料性附录)
全球导航卫星定位系统天线登记表

表 F.1 和表 F.2 给出了全球导航卫星定位系统天线的基本信息和详细的配置信息。

表 F.1 基本信息

清单

清单编号:______________

测站名称:______________ 测站代码:______________

厂商:______________ 生产地:______________

部件号:______________ 名称:______________

序列号:______________

系统编号:______________ 更替编号:______________

所有者/联系方式:______________

(姓名、单位、地址)

____

电子部件:______________ 电话:______________ 传真:______________

表 F.2 配置信息

天线

天线编号:______________ 清单编号:______________

型号:______________

测试日期:______________

天线相位中心偏心值 N:______________

天线相位中心偏心值 E:______________

天线相位中心偏心值 U:______________

偏心测量方法:______________

____

附 录 G
(资料性附录)
气象设备登记表

表 G.1 和表 G.2 给出了气象设备的基本信息及其配置信息。

表 G.1 基本信息

清单 清单编号:________
测站名称:________ 测站代码:________ 厂商:________ 生产地:________ 部件号:________ 名称:________ 序列号:________ 系统编号:________ 更替编号:________ 所有者/联系方式:________ (姓名、单位、地址) ________ 电子邮件:________ 电话:________ 传真:________

表 G.2 配置信息

气象 气象设备编号:________清单编号:________
型号:________ 测试日期:________ 温度量测范围:________ 精度:________ 气压量测范围:________ 精度:________ 湿度量测范围:________ 精度:________ 采样间隔:________ 端口设置:________

附　录　H
(资料性附录)
电源设备登记表

表 H.1 和表 H.2 给出了 UPS 电源设备的基本信息及其配置信息；表 H.3 和表 H.4 给出了太阳能电源设备的基本信息及其配置信息。

表 H.1　基本信息

清单

清单编号：__________

测站名称：__________　测站代码：__________

厂商：__________　生产地：__________

部件号：__________　名称：__________

序列号：__________

系统编号：__________　更替编号：__________

所有者/联系方式：__________
(姓名、单位、地址)
____

电子邮件：__________　电话：__________　传真：__________

表 H.2　配置信息

电源

电源设备编号：__________清单编号：__________

型号：__________

额定功率：__________　负载功率：__________

输入电压：__________　输出电压：__________

后备电池：__________
(详细描述类型、数量、规格)
____

表 H.3 基本信息

清单
清单编号：________________

测站名称：________________ 测站代码：________________

厂商：________________ 生产地：________________

部件号：________________ 名称：________________

序列号：________________

系统编号：________________ 更替编号：________________

所有者/联系方式：________________
（姓名、单位、地址）
____

电子邮件：________ 电话：________ 传真：________

表 H.4 配置信息

电源
电源设备编号：________________清单编号：________________

型号：________________

额定功率：________________ 负载功率：________________

输出电压：________________ 尺寸：________________

电源板规格：________________

后备电池：________________
（类型、数量、规格）
____

附 录 I
(资料性附录)
通讯设备登记表

表 I.1 和表 I.2 给出了通讯设备的基本信息及其配置信息。

表 I.1 基本信息

清单
清单编号:______________

测站名称:______________ 测站代码:______________

厂商:______________ 生产地:______________

部件号:______________ 名称:______________

序列号:______________

系统编号:______________ 更替编号:______________

所有者/联系方式:______________
(姓名、单位、地址)
____

电子邮件:__________ 电话:__________ 传真:__________

表 I.2 配置信息

通讯
通讯设备编号:______________ 清单编号:______________

型号:______________

传输波特率:______________

安装说明:______________

附　录　J
（资料性附录）
雷电防护设备登记表

表J.1和表J.2给出了雷电防护设备的基本信息及其配置信息。

表J.1　基本信息

清单

清单编号：______________

测站名称：______________　测站代码：______________

厂商：______________　生产地：______________

部件号：______________　名称：______________

序列号：______________

系统编号：______________　更替编号：______________

所有者/联系方式：______________
（姓名、单位、地址）
____

电子邮件：__________　电话：__________　传真：__________

表J.2　配置信息

雷电防护

雷电防护设备编号：______________清单编号：______________

型号：______________

附 录 K
（资料性附录）
计算机与软件登记表

表K.1给出了计算机信息的内容；表K.2给出了软件信息的内容；表K.3给出了网络信息的内容。

表K.1 计算机信息

清单
计算机编号：________________ 清单编号：________________

测站名称：________________ 测站代码：________________

名称：________________

厂商：________________ 型号：________________

序列号：________________

操作系统：________________

处理器：________________ 协处理器：________________

硬盘大小：________________ 内存容量：________________

显卡：________________ 网卡：________________

端口（串/并）：________________ 调制解调器：________________

监视器：________________ 电涌保护：________________

其他硬件：________________

所有者/联系方式：________________
（姓名、单位、地址）
____

电子邮件：________ 电话：________ 传真：________

表 K.2　软件信息

清单
软件编号：________________ 清单编号：________________

测站名称：________________ 测站代码：________________

下载软件：________________

执行方式、设置：________________

转换软件：________________

执行方式、设置：________________

其他软件：________________

表 K.3　网络信息

清单
计算机网络编号：________________ 清单编号：________________

测站名称：________________ 测站代码：________________

域名：________________ 域 IP 地址：________________

DNS 服务器：________________ 网关地址：________________

子网掩码：________________

主机名：________________ 主机 IP 地址：________________

注册名：________________ 注册密码：________________

超级管理员密码：________________ 内存容量：________________

计算机电话：________________ 接收机电话：________________

电子邮件地址：________________

上网电话：________________ 上网用户名：________ 密码：________

前　言

本标准是基础地理信息数字产品标准之一。本标准规定了基础地理信息 1∶10 000、1∶50 000 数字线划图的内容、规格、质量和分发等方面的要求，明确了产品的内涵。本标准适用于规范基础地理信息 1∶10 000、1∶50 000 数字线划图的生产和分发。

本标准由国家测绘局提出并归口。

本标准起草单位：国家测绘局测绘标准化研究所。

本标准主要起草人：邓国庆、李建利。

中华人民共和国测绘行业标准

CH/T 1011—2005

基础地理信息数字产品
1∶10 000、1∶50 000 数字线划图

Digital products of fundamental geographic information
1∶10 000,1∶50 000 digital line graphs

1 范围

本标准规定了基础地理信息数字产品 1∶10 000、1∶50 000 数字线划图的数据内容、规格、质量及分发形式。

本标准适用于基础地理信息数字产品 1∶10 000、1∶50 000 数字线划图的生产和分发。基础地理信息矢量数据库建设及其他 1∶10 000、1∶50 000 数字线划图的生产和分发可以参照本标准。

2 规范性引用文件

下列文件中的条款通过本标准的引用而成为本标准的条款。凡是注日期的引用文件,其随后所有的修改单(不包括勘误的内容)或修订版均不适用于本标准,然而,鼓励根据本标准达成协议的各方研究是否可使用这些文件的最新版本。凡是不注日期的引用文件,其最新版本适用于本标准。

GB/T 13989 国家基本比例尺地形图分幅和编号

GB/T 18316 数字测绘产品检查验收规定和质量评定

GB/T 17798 地球空间数据交换格式

GB/T 13923—2006 基础地理信息要素分类与代码

GB/T 20258.2—2006 基础地理信息要素数据字典 第 2 部分:1∶5 000、1∶10 000 基础地理信息要素数据字典

GB/T 20258.3—2006 基础地理信息要素数据字典 第 3 部分:1∶25 000、1∶50 000、1∶100 000 基础地理信息要素数据字典

GB/T 20257.2—2006 国家基本比例尺地图图式 第 2 部分:1∶5 000、1∶10 000 地形图图式

GB/T 20257.3—2006 国家基本比例尺地图图式 第 3 部分:1∶25 000、1∶50 000、1∶100 000 地形图图式

CH/T 1007 基础地理信息数字产品元数据

3 术语和定义

下列术语和定义适用于本标准。

3.1

要素 feature

现实世界现象的抽象。

注:要素可以是类型或实例。

3.2

要素描述 feature describe

要素的形式化描述。

国家测绘局 2005-12-07 发布 2006-01-01 实施

4 总则

4.1 概述

基础地理信息数字产品 1∶10 000、1∶50 000 数字线划图主要供国民经济建设各部门进行勘察、规划、设计、科研等使用，亦可作为编制同比例尺或更小比例尺地形图或专题图的基础资料。

基础地理信息数字产品 1∶10 000、1∶50 000 数字线划图的数据是构成基础地理信息数据库的基本数据之一。

4.2 数据源

数字线划图使用地形图、航空影像、卫星影像、专题地图、野外测量数据、基础地理信息数据库数据及其他资料等作为数据源。

4.3 产品构成

产品由矢量数据集、元数据构成。

矢量数据集包含 GB/T 13923—2006 规定的定位基础、水系、居民地及设施、交通、管线、境界与政区、地貌、植被与土质等要素类。

元数据可以是图幅级元数据或数据集元数据。

4.4 元数据

元数据的内容按 CH/T 1007 执行。

4.5 产品类别与标记

4.5.1 产品类别

数字线划图按内容分为 A 型和 B 型两类产品。A 型产品包括本标准 4.3 规定的全部要素，B 型产品只包括部分要素。

数字线划图按地图符号化分为非符号化产品和符号化产品，分类代号分别为 0，1。

数字线划图产品的分类按本部分表 1 执行。

表 1 数字线划图产品分类

数字线划图产品		代号
A 型	非符号化	A0
	符号化	A1
B 型	非符号化	B0
	符号化	B1

4.5.2 产品标记

产品标记用于产品外包装及产品标签上，产品标记应包含产品名称、产品类别、分幅编号及所采用标准的标准号。

图幅号为 J50E017016 的 A 型非符号化数字线划图的产品标记，示例如下：

数字线划图 A0 J50E017016 XXXXXXXXX—XXXX

- XXXXXXXXX—XXXX：所采用标准的标准号
- J50E017016：分幅编号
- A0：产品代号
- 数字线划图：产品名称

4.6 产品分发格式

非符号化产品的分发格式应按 GB/T 17798 标准执行。

符号化产品的可视化表示应按 GB/T 20257.2 和 GB/T 20257.3 国家基本比例尺地图图式执行。

4.7 产品包装

产品以光盘、磁带或磁盘为存储介质。外包装上应包括产品标记、分发单位、版次、年份、密级等内容。

5 规格

5.1 空间定位参考系

5.1.1 平面坐标系统与投影

平面坐标系统采用以“1980 西安坐标系”为大地基准的平面直角坐标系。

投影为高斯-克吕格投影。1∶10 000 数字线划图采用 3°分带，1∶50 000 数字线划图采用 6°分带。

5.1.2 高程系统

高程系统采用以“1985 国家高程基准”为高程基准的高程系统。

5.2 时间参考系

纪元采用公历纪元，时间采用北京时间。

5.3 分幅与编号

分幅与编号按 GB/T 13989《国家基本比例尺地形图分幅和编号》标准执行。

5.4 要素分类与代码

要素分类代码按 GB/T 13923《基础地理信息要素分类与代码》标准执行。

5.5 要素描述

1∶10 000 数字线划图要素描述按 GB/T 20258.2 执行；1∶50 000 数字线划图要素描述按 GB/T 20258.3 执行。

5.6 地形类别

地形类别按图幅范围内大部分的地面坡度和高差划分，规定见本部分表 2。

当高差与地面坡度矛盾时，以地面坡度为准。

表 2 地形分类

地形类别	地面坡度	高差/m	
		1∶10 000	1∶50 000
平地	<2°	<20	<80
丘陵地	2°～6°(含 2°)	20～150(含 20)	80～300(含 80)
山地	6°～25°(含 6°)	150～500(含 150)	300～600(含 300)
高山地	⩾25°	⩾500	⩾600

5.7 基本等高距

基本等高距依据地形类别划分，按本部分表 3 执行。一个图幅内宜采用一种基本等高距。

当地形十分平坦或用图需要时，1∶50 000 数字线划图平地基本等高距可以为 5 m。

表 3 基本等高距

单位为米

比例尺	平地	丘陵地	山地	高山地
1∶10 000	1.0	2.5	5.0	10.0
1∶50 000	10	10	20	20

5.8 位置精度

5.8.1 平面位置精度

数字线划图要素定位点对附近野外控制点的平面位置中误差不得大于本部分表 4 的规定。

特别困难地区(大面积的森林、沙漠、戈壁、沼泽等)平面位置中误差按本部分表 4 相应地形类别放宽 0.5 倍。

表 4 平面位置中误差

单位为米

产 品	地形类别	
	平地、丘陵地	山地、高山地
1∶10 000 数字线划图	5	7.5
1∶50 000 数字线划图	25	37.5

5.8.2 高程精度

数字线划图高程注记点、等高线对附近野外控制点的高程中误差不得大于本部分表 5 的规定。

特别困难地区(大面积的森林、沙漠、戈壁、沼泽等)高程中误差按本部分表 5 相应地形类别放宽 0.5 倍,高山地不宜再放宽。

表 5 高程中误差

单位为米

要 素	地形类别			
	平地	丘陵地	山地	高山地
1∶10 000 数字线划图高程注记点	0.35	1.2	2.5	4.0
1∶10 000 数字线划图等高线	0.5	1.5	3.0	6.0
1∶50 000 数字线划图高程注记点	2.5	4.0	6.0	10.0
1∶50 000 数字线划图等高线	3.0	5.0	8.0	14.0

5.8.3 最大误差

本标准取两倍中误差为最大误差。

6 质量要求

6.1 质量内容

数字线划图的质量由位置精度、属性精度、逻辑一致性、完整性、接边情况共同描述。

6.2 位置精度

位置精度包括平面精度和高程精度，采用中误差描述。数字线划图的位置精度应满足本标准5.8的规定。

6.3 属性精度

属性精度指要素的属性项名称、类型、长度、顺序、属性值的正确性。属性项的名称、类型、长度、顺序、属性值应正确无误。

6.4 逻辑一致性

逻辑一致性指数字线划图中要素的逻辑关系应正确。它应满足以下基本规定：

——点、线、面关系正确；

——面要素应闭合且具有唯一性；

——线要素节点(线的起始点和结束点)匹配正确；

——要素应最小冗余表示；

——要素位置关系没有逻辑冲突。

6.5 完整性

完整性指数字线划图图幅范围内应表示的要素是否完整、无遗漏。数字线划图图幅范围内的要素应完整无遗漏。

6.6 接边

数字线划图数据应接边。接边应保持同一要素在相邻图幅的位置、属性、关系正确一致。各图幅边的接边情况在元数据应明确说明。

7 检验

产品检验按GB/T 18316标准执行。

8 保密

1∶10 000和1∶50 000数字线划图为涉密产品，其生产、分发、使用依照《中华人民共和国测绘法》和有关规定执行。

前　言

本标准是根据 GB/T 1.3—1997《标准化工作导则　第 1 单元：标准的起草与表述规则　第 3 部分：产品标准编写规定》进行编写的。

本标准是为满足数字化测绘生产和基础地理信息更新与建库中对基础地理信息数字产品土地覆盖图生产、质量控制及产品分发的需要，根据目前生产技术水平制定的。

本标准由国家测绘局提出并归口。

本标准起草单位：国家测绘局标准化研究所。

本标准主要起草人：郭玉芳、王旭红。

本标准为国内首次制定。

中华人民共和国测绘行业标准

CH/T 1012—2005

基础地理信息数字产品 土地覆盖图

Digital products of fundamental geographic information land cover graphs

1 范围

本标准规定了基础地理信息数字产品土地覆盖图的分类、产品标记、技术指标和技术要求等内容。

本标准适用于数字化测绘生产和基础地理信息数据库建库中土地覆盖图产品的生产、质量评定及产品分发，同时可供用户参考使用。

2 引用标准

下列标准所包含的条文，通过在本标准中引用而构成本标准的条文。本标准出版时，所示版本均为有效。所有标准都会被修订，使用本标准的各方应探讨使用下列标准最新版本的可能性。

GB/T 18315—2001 数字地形图系列和基本要求

GB/T 13989—1992 国家基本比例尺地形图分幅和编号

GB/T 17798—1999 地球空间数据交换格式

GB/T 18316—2001 数字测绘产品检查验收规定和质量评定

CH/T 1007—2001 基础地理信息数字产品元数据

3 产品描述

土地覆盖图是通过航空影像或卫星遥感影像提取的、表示地表覆盖物分布情况的、经过正射纠正的一种数字地图数据形式，其数据格式有矢量形式和栅格形式两种。

4 产品分类

4.1 分类

土地覆盖图按其数据格式进行分类，分类及代码见表1。

表1 土地覆盖图分类

土地覆盖图	代号
矢量形式	V
栅格形式	R

4.2 标记示例

产品标记用于产品外包装及产品标签等上。产品标记应包含产品名称、产品分类代号、图幅分幅编号及所采用标准的标准号，其示例如下：

国家测绘局 2005-12-07 发布 2006-01-01 实施

土地覆盖图　A　H48E015019　××××××××—××××

- ××××××××—×××× ── 所采用标准的标准号
- H48E015019 ── 图幅分幅编号
- A ── 产品分类代号
- 土地覆盖图 ── 产品名称

5　技术指标

5.1　基本内容

土地覆盖图的内容应包括表示地面上覆盖物分布状况的面状要素和线状要素及其相应的属性。土地覆盖图采用的土地覆盖分类体系见表2。

5.2　空间定位参考系

空间定位参考系按GB/T 18315—2001的规定执行。

5.3　分辨率

分辨率为4 mm^2，即地面分辨率(表示地面土地覆盖类别的最小面积)在:1∶10 000为400 m^2，1∶50 000为10 000 m^2。

5.4　精度

5.4.1　平面精度

地物点平面位置中误差按GB/T 18315—2001的规定执行，中误差的两倍为其最大误差限。

5.4.2　属性精度

居民地的属性精度不得低于90%，水系的属性精度不得低于90%，其他地物的属性精度不得低于85%。

5.4.3　接边精度

矢量形式的土地覆盖图相邻图幅接边中误差最大为0.5 mm，最大误差限为1 mm。栅格形式的土地覆盖图可以不接边。

5.5　土地覆盖数据分层规定

矢量形式的土地覆盖数据在获取时可分3层进行，具体规定见表3。栅格形式的土地覆盖数据可以不分层。

表2　土地覆盖分类体系

一类	二类	说　明
1 耕地		指种植农作物的土地，包括新开荒地、休闲地、轮歇地、草田轮作地；以种植农作物为主间有零星果树、桑树或其他树木的土地。
	11 水田	指有水源保证和灌溉设施，在一般年景能正常灌溉，用以种植水稻、莲藕等水生农作物的耕地，包括实行水稻和旱地作物轮种的耕地。
	12 旱地	指无灌溉水源及设施，靠天然降水生长作物的耕地；有水源和灌溉设施，在一般年景下能正常灌溉的旱作物耕地；以种菜为主的耕地；正常轮作的休闲地和轮歇地。
2 林地		指生长乔木、灌木和竹类等林业用地。
	21 有林地	指郁闭度大于20%，树高超过3 m的天然林和人工林．包括有林地、经济林、防护林等成片林地。
	22 灌木林地	指郁闭度大于40%、高度在3 m以下的矮林地和灌丛林地。
	24 其他林地	指混合林地、稀疏林地、未成林造林地、迹地、苗圃等。

表 2　土地覆盖分类体系　（续）

一类	二类	说　明
3 园地		种植以采集果、叶、根茎等为主的集约经营的多年生木本和草本作物，覆盖率大于 50%，或每亩合理株数大于 70%的土地，包括果树、桑树、茶树、橡胶树、桑树苗圃等用地。
4 草地		统指天然草地、改良草地和人工草地。
5 水域		指水体、冰川和永久积雪、海涂、滩涂。
	51 水体	包括河渠、水库、坑塘、湖泊、河流、海洋等天然形成和人工开挖的河流及积水区常年水位以下的土地，以及所有植被（树、灌木、地衣、苔藓及其他植被）覆盖率小于 25%的水面。
	52 冰川和永久积雪	指常年被冰川和积雪覆盖的土地。
	53 海涂	指沿海大潮高潮位与低潮位之间的潮浸地带。
	54 滩涂	湖水域平水期水位与洪水期水位之间的土地。
6 建成区		统指地镇用地、农村居民点用地、工商用地及其交通用地
7 未利用地		目前还未利用的土地，包括难利用的土地。
	71 沙地	指地表为沙覆盖、植被覆盖在 5%以下的土地，包括沙漠，不包括水系中的沙滩。
	72 戈壁	指地表以碎砾石为主、植被覆盖在 5%以下的土地。
	73 盐碱地	地表盐碱聚集、植被稀少、只能生长强耐盐碱植物的土地。
	74 裸土地	指地表土质覆盖、植被覆盖在 5%以下的土地。
	75 其他用地	指其他未利用土地，包括高寒荒漠、苔原等。
8 湿地		一般位于地势平坦低洼区，如湖、池塘、河流、水库近旁，也有位于高山峡谷中的地区，多因排水不畅、长期潮湿、季节性积水或常年积水造成，多生有湿生草本及木本植物，如沼泽地、泥塘、泥沼及沿海红树林区。

表 3　矢量形式的土地覆盖数据分层及层名规定

层　名	层名代码	类　型	拓　扑	类　属
面状要素层	1	面	面	耕地、林地等面状要素
线状要素层	2	线	线	单线河等线状要素
辅助信息层	3	线、注记	无	图名、图廓、注记等辅助信息

6　技术要求

6.1　数据源

数据源可为卫星影像或航空影像。卫星影像为地面分辨率大于或等于 30 m 假彩色合成影像，航空影像以正射影像图为宜。

数据源必须具有现势性、易判读性，卫星影像或航空影像的获取日期距土地覆盖图生产日期一般不得超过 2 年，最多不得超过 3 年。

6.2　元数据

产品应包含元数据，元数据内容及填写规则参照 CH/T 1007—2001 的规定执行。

6.3 完整性

a） 主要的或大面积地物不应遗漏，其中，图上大于或等于 4 mm^2 的面状地物必须提取，宽度大于或等于 1.5 mm 的地物如河流、公路等应提取为面状，宽度为 0.5 ～1.5 mm 的河流、铁路、公路等线状要素应单线绘出。

b） 镇及镇以上居民地不应遗漏。

c） 干旱区大的水库、坑塘不应遗漏。

d） 其他地物遗漏率不得超过 1‰。

6.4 逻辑一致性

a） 面状要素边界应封闭，每个面状要素属性值应唯一。

b） 相邻地物的地类界应唯一。

c） 当相邻地物的属性值一致时，应合并为一个面状要素。

7 产品包装

土地覆盖图产品由数据集、元数据等内容构成，以光盘为主要存贮介质，可以使用磁带、磁盘等。外包装上需要包括商标、产品标记、生产单位、生产时间、版次/年份、价格等内容。

8 产品检测方法

土地覆盖图产品的检测方法参照 GB/T 18316—2001 执行。

9 产品检验规则(质量评定程序)

土地覆盖图产品的质量评定参照 GB/T 18316—2001 执行。

10 分发格式

土地覆盖图产品的分发格式参照 GB/T 17798—1999 执行。

11 保密

土地覆盖图产品生产、发行和使用，依照《中华人民共和国国家保密法》和有关规定执行。

前　言

本标准是根据 GB/T 1.3—1997《标准化工作导则　第1单元:标准的起草与表述规则　第三部分:产品标准编写规定》进行编写的。

本标准是为满足数字化测绘和基础地理信息更新与建库中对数字影像地形图产品生产、质量控制及产品分布的需要,根据目前生产技术水平制定的。

本标准由国家测绘局提出并归口。

本标准起草单位:国家测绘局测绘标准化研究所。

本标准主要起草人:马聪丽、李若。

本标准为国内首次制定。

中华人民共和国测绘行业标准

CH/T 1013—2005

基础地理信息数字产品
数字影像地形图

Digital products of fundamental geographic information
digital orthophoto topographic maps

1 范围

本标准规定了数字影像地形图产品的分类、产品标记、技术指标和技术要求等内容。

本标准适用于数字化测绘和基础地理信息更新与建库中对数字影像地形图产品的生产、质量评定及产品分发,可供用户参考使用。

2 引用标准

下列标准所包含的条文,通过在本标准中引用而构成为本标准的条文。本标准出版时,所示版本均为有效。所有标准都会被修订,使用本标准的各方应探讨使用下列标准最新版本的可能性。

GB/T 18315—2001 数字地形图系列和基本要求

GB/T 18316—2001 数字测绘产品检查验收规定和质量评定

GB/T 17798—1999 地球空间数据交换格式

CH/T 1007—2001 基础地理信息数字产品元数据

3 产品描述

数字影像地形图是以数字正射影像(单色/彩色)为基础,叠加相关的数字地形图数据(栅格或矢量)而产生的复合数字地图产品。

4 产品分类

4.1 分类

数字影像地形图产品按数字正射影像图颜色(单色或彩色)及数字地形图存储格式(矢量或栅格)分为四类,其分类及代号见表1。

表1 数字影像地形图分类

数字正射影像图颜色	数字地形图存储格式	数字影像地形图代号
黑 白	矢 量	HV
	栅 格	HR
彩 色 (RGB)	矢 量	CV
	栅 格	CR

4.2 标记示例

产品标记规定为:产品名称+产品分类代号+图幅分幅编号+所采用标准的标准号,其示例如下:

国家测绘局 2005-12-07 发布　　2006-01-01 实施

数字影像地形图　HV　J50E019018　××××××××—××××

- ××××××××—×××× —— 所采用标准的标准号
- J50E019018 —— 图幅分幅编号
- HV —— 产品分类代号
- 数字影像地形图 —— 产品名称

5　技术指标

5.1　空间定位参考系

数字影像地形图产品的平面坐标系、高程基准按 GB/T 18315—2001 执行。

5.2　精度

数字正射影像图与数字地形图复合生成数字影像地形图时，要求图廓点配准误差不大于 2 个像素，同名地物点较差不大于 2 个像素。

6　技术要求

6.1　数据源

数字影像地形图的数据源应为国家基本比例尺地形图数据及相应的数字正射影像图数据，图廓尺寸、数学基础符合要求；具有较强的现势性。且数字地形图图形、注记完整，线划连续、各色套合准确、接边良好；数字正射影像图整个影像应反差适中，色调均匀，接边后影像不应出现裂缝或模糊现象，镶嵌处不应有明显的灰度或色调变化。

6.2　复合要求

6.2.1　所选取的地形图要素应分为必选要素和可选要素，分别规定如下：

a)　必选要素

居民地、道路及其附属设施、水系及其附属设施、境界、独立地物、地貌与土质、地名为必选要素，各类要素的线型及表示方法按相应比例尺地形图图式规范要求执行。各类要素用色如表 2 所示。

表 2　必选要素用色

必选要素种类	选用颜色
居民地	红
道路及其附属设施	棕
水系及其附属设施	兰
境界	紫
独立地物	黑
地貌与土质	棕
地名	黑

b)　可选要素

管线和垣栅、植被为可选要素，其线型及表示方法按相应比例尺地形图图式规范要求执行。各类要素用色如表 3 所示。

表3 可选要素用色

可选要素种类	选用颜色
管线和垣栅	黑
植被	绿

6.2.2 由于时态不同，地物变更造成的不一致以现势性好的数据进行复合。

6.3 元数据

数字影像地形图产品府包含元数据，元数据内容及填写规则参照 CH/T 1007—2001 执行。

7 产品包装

数字影像地形图产品以光盘为主要存储介质，可以使用磁带、磁盘等。外包装上需包括商标、产品标记、生产单位、生产时间、版次、年份、价格等内容。

8 产品检测方法

数字影像地形图产品的检测方法按 GB/T 18316—2001 执行。

9 产品检验规则(质量评定程序)

数字影像地形图产品的检验规则按 GB/T 18316—2001 执行。

10 产品分发格式

数字影像地形图产品的分发格式参照 GB/T 17798—1999 执行。

11 保密

数字影像地形图产品生产、发行和使用，依照《中华人民共和国国家保密法》和有关规定执行。

前　言

基础地理信息数据档案具有生产成本高、技术含量高、数据量大的特点，是国民经济建设所必需的基础数据，具有很高的应用价值和广泛的应用需求。本标准根据基础地理信息数据档案的管理需要，结合数据档案管理工作的实际，对数据档案管理和保护工作的技术要求进行了规定。

本标准主要对基础地理信息数据档案的收集、积累、归档、移交、介质、拷贝、保管、维护、使用、运输与销毁等方面进行了规定。关于文档材料管理的技术要求，遵循国家、行业或部门现行的有关法规、规范和规定执行。

本标准的附录 A、附录 B、附录 C 为规范性附录。

本标准由国家测绘局、国家档案局提出，由国家测绘局归口。

本标准起草单位：国家基础地理信息中心（国家测绘档案资料馆）。

本标准主要起草人：李培、王小平。

中华人民共和国测绘行业标准

CH/T 1014—2006

基础地理信息
数据档案管理与保护规范

Specification for managing and protecting data archives of fundamental geographic information

1 范围

本标准规定了基础地理信息数据档案的收集、积累、归档、移交、介质、拷贝、保管、维护、使用、运输与销毁等诸方面的一般要求。

本标准适用于基础地理信息数据档案管理和形成单位对基础地理信息数据档案的管理。非基础地理信息数据档案的管理可参照执行。

2 规范性引用文件

下列文件中的条款通过本标准的引用而成为本标准的条款。凡是注日期的引用文件，其随后所有的修改单(不包括勘误的内容)或修订版均不适用于本标准，然而，鼓励根据本标准达成协议的各方研究是否可使用这些文件的最新版本。凡是不注日期的引用文件，其最新版本适用于本标准。

GB/T 18894—2002　电子文件归档与管理规范

GB 50174　电子计算机机房设计规范

DA/T 15—1995　磁性载体档案管理和保护规范

DA/T 1—2000　档案工作基本术语

3 术语和定义

DA/T 1—2000 中定义的基本术语和下列术语适用于本标准。

3.1

基础测绘　fundamental surveying and mapping

指建立全国统一的测绘基准和测绘系统，进行基础航空摄影，获取基础地理信息的遥感资料，测制和更新国家基本比例尺地图、影像图和数字化产品，建立、更新基础地理信息系统等活动。

3.2

基础地理信息数据　data of fundamental geographic information

基础测绘(见 3.1)生产活动中形成的、以数字形式存在的、关于地球表面自然地理形态和社会经济概况的基础信息数据，包括大地测量数据、摄影测量与卫星遥感数据、数字地图数据(如数字线划图、数字栅格图、数字高程模型、数字正射影像图、土地覆盖数据、专题地图数据等)、地名数据、基础地理信息数据库、专题数据库等，以及上述数据的元数据。

3.3

数据成果　data products

按照国家标准或测绘行业标准生产、集成和处理后的基础地理信息数据(见 3.2)。

国家测绘局　2006-08-21 发布　　　　2006-10-01 实施

3.4

最终数据成果 final data products

基础测绘生产活动中形成的、已通过验收、并不为其他相关基础测绘生产活动所修改的数据成果(见3.3)。

3.5

阶段性数据成果 interim data products

基础测绘生产活动中的重要技术工序或子项目形成的、经过成果验收的、并具有一定的参考和利用价值的数据成果(见3.3)。

3.6

数据档案 data archives

具有利用和参考价值并作为档案保存的数据成果(见3.3)和重要原始的基础地理信息数据(见3.2)。

4 总则

4.1 按照国家或测绘行业统一测绘基准和技术规范测绘的基础测绘最终数据成果、重要的原始基础地理信息数据和各种公开出版的数字地图等属于基础地理信息数据收集、积累、归档的范围。

4.2 基础地理信息数据应采用国家标准格式或通用格式。非通用格式基础地理信息数据归档时,应同时归档操作软件。

4.3 基础地理信息数据档案形成单位应指定专人负责归档材料的积累和整理工作,归档材料的完整性和准确性由单位项目负责人总负责。数据档案管理单位负责数据档案的收集、接收、保管和维护等工作,并对归档材料从形成到归档的全过程进行监督检查和指导。

4.4 基础地理信息数据档案形成单位一般应采用数据档案管理单位指定的载体介质,在指定的操作系统和软件环境下用指定的方式拷贝数据并归档。基础地理信息数据档案形成单位不具备条件时,数据档案管理单位应提供技术或设备支持。

4.5 归档基础地理信息数据成果时,基础地理信息数据档案形成单位应依据有关规范或规定组织好归档材料。数据档案管理单位通过收集或其他途径获得的数据成果的归档和管理按本标准执行。

4.6 需要多年才能完成的项目,可分阶段或按子项目收集、积累、整理、检验和归档。

4.7 涉密数据档案在保管、利用、运输、销毁等过程中的保密工作应遵照国家有关保密的法律、法规和规定执行。

5 归档与移交

5.1 归档内容

5.1.1 基础地理信息数据成果

a) 基础地理信息数据成果应包含最终数据成果、重要的阶段性数据成果、重要的原始数据成果和数据说明文件。如数据成果包含元数据,应随同数据成果一起归档。

b) 数据说明文件应包含以下4部分内容:

   1) 数据背景:数据名称和来源、密级、制作单位和制作时间等,并简述生产方法或工艺流程;

   2) 数据组织:数据组织原则、结构和文件命名规则;

   3) 应用方式:数据格式、运行环境(操作系统、应用软件及版本号)、使用方式;

   4) 联系方式:形成单位、联系地址、邮政编码、联系人姓名、电话等。

c) 数据说明文件应与基础地理信息数据成果存放在同一载体上。

5.1.2 文档材料

a) 基础测绘数据成果文档应包括:

1） 项目立项文件：项目申请（或建议）书、项目可行性报告、项目下达计划或任务文件、项目合同等；
2） 项目实施文件：调研报告，招（投）标书，项目设计书（或实施方案），项目论证材料，项目实施过程中的有关专业设计、技术质量标准或要求，项目的各种计划、指示、请示及批复文件；
3） 项目总结文件：项目阶段性和最终的工作总结、技术总结、评审、鉴定或验收材料等；
4） 项目成果文件：标图、附表、文档簿、数据成果目录、相关软件、使用手册等。

b） 其他基础地理信息数据成果所属文档，按其形成的内容进行归档。

c） 文档材料有电子文件形式的，应一并归档。

5.1.3 相关软件

在基础地理信息数据成果形成过程中开发的特定数据管理软件，应随同数据成果一起归档。如有演示软件，也应与数据一起归档。相关软件归档时，与软件相关的技术手册、使用手册等有关材料应同时归档。

5.1.4 档案目录数据

归档时，应同时提交与归档材料相关的档案目录数据。

5.2 归档要求

5.2.1 档案形成单位应在项目完成后两个月内完成归档。

5.2.2 基础测绘数据成果应与文档材料一同归档。

5.2.3 归档的基础地理信息数据应为最终版本。

5.2.4 归档后，如果档案形成单位又对基础地理信息数据成果进行了更新（即补充或完善），应将更新后的数据成果及时归档，以替换原归档的数据成果。

5.2.5 文档材料归档一份，数据成果拷贝归档两份。

5.2.6 归档的数据成果和相关软件，一般不压缩、不加密。如进行了压缩和加密，应将解压缩软件和密钥、加密和解密软件同时归档。

5.3 归档检验

档案形成单位和接收单位须对归档材料进行检验，并填写《基础地理信息数据建（归）档检验登记表》（见附录 A），一式两份，双方各持一份。

5.4 移交手续

归档材料移交，需办理相关手续。档案形成单位须填写《基础地理信息数据档案移交文据》（见附录 B），经交接单位双方签字盖章后，一式两份，双方各持一份。

6 介质与拷贝

6.1 介质要求

6.1.1 数据档案管理单位应根据本单位数据档案的管理要求指定归档介质，如可指定磁带或 CD-ROM 光盘。

6.1.2 数据档案管理单位如采用磁带作为归档介质，应指定归档磁带的类型和型号。本标准推荐使用线性磁带。

6.1.3 当数据档案管理单位同时认可磁带和光盘作为归档介质时，本标准推荐：同一项目所采用的光盘数大于 10 片时，应以磁带为载体归档。

6.1.4 归档的两份数据档案（见 5.2.5）应采用相同类型和型号的归档介质。

6.1.5 同一项目的数据档案应存储在同种载体介质上。

6.1.6 归档的介质应有标识，可视标签大小依次选标档号、条形码、密级、题名、运行环境等，但至少应标注档号、条形码和密级。

6.2 拷贝要求

6.2.1 两份归档的数据成果组织结构、数据格式、成果形式、存放内容、操作平台、拷贝方法等应完全相同。

6.2.2 当数据档案管理单位认可磁带作为归档介质时,应指定读写磁带的操作系统类型、备份软件(或命令)。

6.2.3 数据档案管理单位应指定备份方式。原则上,数据档案应采取单盘方式拷贝(各介质可独立进行数据读取),特殊情况下也可将整体数据以整卷的方式备份在多个介质上。

7 保管与维护

7.1 工作环境

7.1.1 工作环境应符合《电子计算机机房设计规范》(GB 50174)的要求。

7.1.2 在工作之前,放置在储存环境下的光盘必须在工作环境中放置至少 2 小时。

7.1.3 在工作之前,放置在储存环境下的磁带必须在工作环境中放置至少 24 小时。

7.2 储存环境

7.2.1 温度选定范围:17～20℃;相对湿度选定范围:35％～45％。

7.2.2 库房及装具应使用耐火材料,库房内及附近不得有易燃物品,库房内不得有明火,并配有 CO_2 型灭火器。

7.2.3 库房内的设备要避免水淹,介质架最低一层搁板应高于地面 30 cm 以上。

7.2.4 磁带应放在距钢筋房柱或类似结构物 10 cm 以外处,以防雷电经钢筋传播时产生的磁场损坏载体上的信息。

7.2.5 磁带与磁场源(永久磁铁、马达、变压器等)之间的距离不得少于 76 mm。

7.2.6 不得将任何磁性材料及其制品(包括磁化杯、保健磁铁、磁铁图钉等)带入库房。

7.2.7 库房应远离强磁场。

7.2.8 库房应有必要的磁屏蔽装置和检测措施。配备测磁设备,以监测隐蔽的磁场。

7.2.9 库房门窗应有密闭措施。库房内应尽量减少灰尘对环境的污染。介质装具应洁净无尘。

7.2.10 库房内无腐蚀性气体,并保证通风良好。

7.2.11 库房内照明应采用防爆、防紫外线灯具。不允许有紫外线直接照射数据载体。

7.2.12 不允许阳光直接照射数据载体。

7.3 异地储存

7.3.1 归档的两份数据档案介质应异地储存。

7.3.2 数据档案管理单位可根据实际情况确定异地储存的距离。本标准推荐:异地储存的距离应大于 100 km,最佳距离为 500 km 以上。

7.3.3 数据档案应自入馆之日起 60 天内完成异地储存工作。

7.3.4 凡取回的异地储存的数据档案,应在数据档案离开储存地之日起的 60 天内重新完成异地储存工作。

7.3.5 异地储存介质的读检工作,原则上应在储存地进行,应尽量避免介质离开储存地。

7.3.6 异地储存所在地单位负责异地数据档案的安全、保密、环境和卫生等工作。

7.3.7 异地储存的数据档案的管理权属于原数据档案管理单位,不经授权,任何单位和个人不能擅自复制和提供利用。

7.3.8 异地储存的数据档案的保管遵循本标准。

7.4 介质维护

7.4.1 数据档案管理单位应定期对所有磁介质进行维护并建立相应的登记制度(见附录 C),对数据档案磁介质的检查(倒带、读检)、拷贝、介质更换、销毁等日常工作进行记录,并存档备查。

7.4.2 数据档案管理单位每年应读检不低于5%的数据档案。

7.4.3 如果数据档案在当年进行过读取操作(如数据查阅、提供利用等),则当年可以不对这些介质进行倒带和读检。

7.4.4 归档后的数据档案介质不得外借,只能提供数据复制介质。

7.5 数据维护

7.5.1 出现介质故障或出现损坏迹象而需要重新拷贝时,如果原数据档案是采用单盘(盒)方式拷贝的,则可从另一份相同数据档案介质拷贝复制,替换出现故障的介质;如果原数据档案是采用整卷方式拷贝的,则可从另一份数据档案整体复制并替换。介质更换的重新拷贝工作应在30天内完成。

7.5.2 如果软件平台能够反映介质的读写错误,则当累计读写错误达10次时,应停止使用该介质(即使该介质仍能正常使用),并将数据复制迁移到新的一份介质上。

7.5.3 为保证数据档案的长期有效性,对线性磁带应每10年迁移一次,光盘应每5年迁移一次。

7.5.4 数据档案管理单位应保证介质的可读性,即在磁带或磁带机(磁带库)、光盘或光盘驱动器(光盘库)、驱动软件或读取设备所需的软硬件环境淘汰之前,应将数据迁移到新的介质上。

7.5.5 数据档案管理单位应尽可能保证数据的可用性,即当出现数据档案的操作软件已经(或将要)淘汰、或新版软件对旧版软件格式的数据档案不支持等情况时,数据档案管理单位可以将该数据档案转存为新版软件支持的格式或其他软件支持的数据格式。数据档案进行转存新格式拷贝后,原数据档案应继续保存3年。

7.5.6 数据档案由原格式向新格式的转存之前应进行鉴定,并报单位领导审定。

7.5.7 数据档案管理单位对数据档案转存新格式时,可以请求其他单位(或原项目单位)协助实施。

7.5.8 数据档案转存新格式后,其数据说明文件应作相应的修改,并在数据说明文件(见5.1.1.b)的第一部分“数据背景”中反映数据档案的变化情况。

7.5.9 日常数据维护工作应建立相应的登记制度(见附录C),对数据的检查、复制、格式转存、数据迁移、清除等日常工作进行记录,并存档备查。

8 使用与运输

8.1 光盘使用

8.1.1 归档光盘不得擦洗、划刻、触摸盘片裸露处,不得弯曲、挤压、摔打盘片,尤其应当保护光盘的内道。

8.1.2 对光盘的背面同样要注意保护,避免出现擦伤或划伤。

8.1.3 防止盘片沾染灰尘和污垢。

8.1.4 光盘正常工作时,不得按光驱上的光盘弹出键。

8.1.5 避免使用劣质光盘。

8.1.6 光盘背面不应粘贴不干胶,可以用光盘打印机打印标识或油笔书写标识。

8.1.7 光盘不用时要及时从光驱或光盘库中取出,并放入光盘盒。

8.1.8 定期对光驱进行清洁保养或请专业人员维护。

8.2 磁带使用

8.2.1 在每次使用磁带之前,应检查磁带是否有跌落损坏的痕迹,是否有裂缝、断开、缺少零部件或其他损坏,写保护开关是否可以移动且设置某个位置后是否可保持位置。

8.2.2 不得将有污渍的磁带、已损坏的磁带或异物放入驱动器,以免损坏磁头或其他部件。

8.2.3 任何时候不得将磁带盒拆开,不得将磁带拉出盒外,不得用手或异物触摸磁性载体表面。

8.2.4 在储存前,应该将磁带卷至开始端或末端,写保护开关处于写保护状态。

8.2.5 数据档案的磁带载体不用时应及时从磁带机或磁带库中取出。

8.2.6 堆叠或搬运磁带时,最多不超过6盒。

8.2.7 确保磁带标签区域只有一个标签，切勿使用非标准标签，切勿在磁带标签区域以外粘贴任何东西。

8.2.8 应定期对磁带机进行清洗，清洗频率可依据使用情况而定。一般地，如果每天都有磁带操作，应每两周至少清洗一次磁带机。

8.2.9 磁带储存应垂直放置，不得重叠堆放。

8.2.10 磁带应避免跌落。一旦跌落，如果该磁带上有数据，应将数据拷贝到新磁带上，原磁带应停止使用。

8.3 运输要求

8.3.1 数据载体运输时应轻拿轻放，并做好防潮、防尘、防紫外线直射、防震、防重压等措施，建议：介质应封装在塑料袋中，再放入容器中运输；或采用专用运输箱运输。

8.3.2 运输时要防止数据载体之间的相互滑动和碰撞。

8.3.3 要保证容器不会对数据载体造成污染，并在容器最外层标明放置方向。

8.3.4 磁带的运输环境：对于已使用磁带的温度范围要求为5～32℃，相对湿度范围为20%～80%；对于未被使用磁带的温度范围是－23～49℃，相对湿度范围为20%～80%。同时，运输过程中避免巨大的温度变化。

9 销毁

9.1 数据档案在销毁之前应进行鉴定。经鉴定需销毁的数据档案，应按有关规定履行销毁手续。

9.2 经数据迁移后废弃的原介质，除数据转存新格式情况外，原数据档案的介质不需鉴定，经审批后直接销毁。

9.3 销毁数据档案时，应对包括异地储存在内的两份数据档案同时销毁。

9.4 当销毁磁带上的数据档案时，如果磁带还有再利用价值，可对磁带进行消磁（如果磁带技术允许）或全容量写操作，不得只进行初始化。如果磁带载体没有利用价值（如已有故障、或已经或将要达到规定的磁带升级期限），则应对磁带载体进行物理销毁。

9.5 当销毁光盘上的数据档案时，须连同光盘一起销毁。

9.6 数据档案逻辑或物理销毁后，应从计算机系统中将其彻底清除。

9.7 无论是逻辑销毁还是物理销毁，数据档案销毁时应有数据档案管理单位派员监销，防止泄密。

附　录　A
（规范性附录）
基础地理信息数据档案建（归）档检验登记表

基础地理信息数据档案建（归）档检验登记表

档案（项目）名称：　　　　　　　　　　　　档案（项目）代号：

<table>
<tr><td colspan="2" rowspan="2">检验项目</td><td>建(归)档单位：</td><td>接收单位：</td></tr>
<tr><td colspan="2">检验结果</td></tr>
<tr><td rowspan="6">数据成果</td><td>载体外观及标识检验</td><td></td><td></td></tr>
<tr><td>成果内容完整性检验</td><td></td><td></td></tr>
<tr><td>数据有效性检验</td><td></td><td></td></tr>
<tr><td>数据内容一致性检验</td><td></td><td></td></tr>
<tr><td>数据逻辑立卷检验</td><td></td><td></td></tr>
<tr><td>病毒检验</td><td></td><td></td></tr>
<tr><td rowspan="4">相关软件</td><td>载体外观及标识检验</td><td></td><td></td></tr>
<tr><td>特定软件完整性检验</td><td></td><td></td></tr>
<tr><td>软件运行有效性检验</td><td></td><td></td></tr>
<tr><td>说明材料完整性检验</td><td></td><td></td></tr>
<tr><td rowspan="5">文档材料</td><td>文档外观及标识检验</td><td></td><td></td></tr>
<tr><td>文档内容完整性检验</td><td></td><td></td></tr>
<tr><td>文件有效性检验</td><td></td><td></td></tr>
<tr><td>文件内容一致性检验</td><td></td><td></td></tr>
<tr><td>文档整理立卷检验</td><td></td><td></td></tr>
<tr><td rowspan="3">目录数据</td><td>目录数据项完整性检验</td><td></td><td></td></tr>
<tr><td>数据有效性检验</td><td></td><td></td></tr>
<tr><td>病毒检验</td><td></td><td></td></tr>
<tr><td colspan="2">移交文据检验</td><td></td><td></td></tr>
<tr><td colspan="2">结论意见及说明</td><td></td><td></td></tr>
<tr><td colspan="2" rowspan="2">检验人(签名)</td><td>1.　　　　年　月　日</td><td>1.　　　　年　月　日</td></tr>
<tr><td>2.　　　　年　月　日</td><td>2.　　　　年　月　日</td></tr>
<tr><td colspan="2">负责(审核)人(签名)</td><td>年　月　日</td><td>年　月　日</td></tr>
<tr><td colspan="2">单位(印章)</td><td>年　月　日</td><td>年　月　日</td></tr>
</table>

附　录　B
（规范性附录）
基础地理信息数据档案移交文据

基础地理信息数据档案移交文据

<table>
<tr><td colspan="2">移交单位名称</td><td colspan="2"></td><td colspan="3">接收单位名称</td><td colspan="2"></td></tr>
<tr><td colspan="2">移交档案
（项目）名称</td><td colspan="2"></td><td colspan="3">移交档案
（项目）代号</td><td colspan="2"></td></tr>
<tr><td colspan="2">交接性质</td><td colspan="2">档案所属年度</td><td colspan="5"></td></tr>
<tr><td rowspan="2">档案类别（或题名）</td><td rowspan="2">密级</td><td colspan="5">数量（卷/盒、米、件/GB）</td><td colspan="2">检索参考工具</td></tr>
<tr><td>永久</td><td>长期</td><td>短期</td><td>长度</td><td>计量</td><td>种类</td><td>数量</td></tr>
<tr><td></td><td></td><td></td><td></td><td></td><td></td><td></td><td></td><td></td></tr>
<tr><td></td><td></td><td></td><td></td><td></td><td></td><td></td><td></td><td></td></tr>
<tr><td></td><td></td><td></td><td></td><td></td><td></td><td></td><td></td><td></td></tr>
<tr><td></td><td></td><td></td><td></td><td></td><td></td><td></td><td></td><td></td></tr>
<tr><td></td><td></td><td></td><td></td><td></td><td></td><td></td><td></td><td></td></tr>
<tr><td></td><td></td><td></td><td></td><td></td><td></td><td></td><td></td><td></td></tr>
<tr><td colspan="2">合计</td><td></td><td></td><td></td><td></td><td></td><td></td><td></td></tr>
<tr><td>移出说明</td><td colspan="8"></td></tr>
<tr><td>接收意见</td><td colspan="8"></td></tr>
<tr><td colspan="4">移交单位：（印章）

负责人：　　　　经办人：
移交日期：　　　年　　月　　日</td><td colspan="5">接收单位：（印章）

负责人：　　　　经办人：
接收日期：　　　年　　月　　日</td></tr>
</table>

注：本表应附归档材料移交清单

附 录 C
(规范性附录)
基础地理信息数据档案日常维护登记表

基础地理信息数据档案日常维护登记表

档案(项目)名称: 档案(项目)代号:

序号	档号	题名	操作种类	介质状态	操作员	操作日期	备注

注:操作种类指对数据档案磁介质的检查(倒带、读检)、拷贝、介质更换、销毁及数据的检查、复制、格式转存、数据迁移、清除等操作。

参考文献

［1］清华大学，北京航空航天大学．1998. GB/T 16969—1997 信息技术只读 120 mm 数据光盘（CD-ROM）的数据交换[S]. 北京：中国标准出版社．

［2］国家档案局．2001. GB/T 17678.1—1999 CAD 电子文件光盘存储、归档与管理要求　第一部分：电子文件归档与档案管理[S]//档案工作标准汇编(4). 北京：中国标准出版社．

［3］王传宇．1998. 科学技术档案管理学[M]. 北京：中国人民大学出版社．

前　言

CH/T 1015—2007《基础地理信息数字产品 1∶10 000、1∶50 000 生产技术规程》分为 4 个部分：

——第 1 部分：数字线划图(DLG)；

——第 2 部分：数字高程模型(DEM)；

——第 3 部分：数字正射影像图(DOM)；

——第 4 部分：数字栅格地图(DRG)。

本部分为 CII/T 1015—2007 的第 1 部分。

本标准由国家测绘局提出并归口。

本标准起草单位：国家测绘局测绘标准化研究所、国家测绘局第二地形测量队。

本标准主要起草人：周一、马聪丽、李建利、邓国庆、刘小强、赵文普、王永红。

中华人民共和国测绘行业标准

CH/T 1015.1—2007

基础地理信息数字产品
1∶10 000、1∶50 000 生产技术规程
第1部分:数字线划图(DLG)

Technical rules for producing digital products of 1∶10 000,1∶50 000 fundamental geographic information Part 1: Digital line graphs

1 范围

CH/T 1015 的本部分规定了1∶10 000、1∶50 000数字线划图(以下简写为DLG)的数据采集技术、生产作业流程、作业方法及其质量控制要求。

本部分适用于1∶10 000、1∶50 000数字线划图的采集、更新和建库,其他以数字线划图为对象的产品制作与应用亦可按照本部分有关内容执行。

2 规范性引用文件

下列文件中的条款通过本部分的引用而成为本部分的条款。凡是注日期的引用文件,其随后所有的修改单(不包括勘误的内容)或修订版均不适用于本部分,然而,鼓励根据本部分达成协议的各方研究是否可使用这些文件的最新版本。凡是不注日期的引用文件,其最新版本适用于本部分。

GB 12341　1∶25 000、1∶50 000、1∶100 000 地形图航空摄影测量外业规范

GB 12343　1∶25 000、1∶50 000 地形图编绘规范

GB/T 13923　基础地理信息要素分类与代码

GB/T 13977　1∶5 000、1∶10 000 地形图航空摄影测量外业规范

GB/T 15661　1∶5 000、1∶10 000、1∶25 000、1∶50 000、1∶100 000 地形图航空摄影规范

GB/T 17798　地球空间数据交换格式

GB/T 18314　全球定位系统(GPS)测量规范

GB/T 18316　数字测绘产品检查验收规定和质量评定

GB/T 20257.2　国家基本比例尺地图图式　第2部分　1∶5 000、1∶10 000 地形图图式

GB/T 20257.3　国家基本比例尺地图图式　第3部分　1∶25 000、1∶50 000、1∶100 000 地形图图式

GB/T 20258.2　基础地理信息要素数据字典　第2部分:1∶5 000、1∶10 000 基础地理信息要素数据字典

GB/T 20258.3　基础地理信息要素数据字典　第3部分:1∶25 000、1∶50 000、1∶100 000 基础地理信息要素数据字典

CH/T 1001　测绘技术总结编写规定

CH/T 1004　测绘技术设计规定

CH/T 1007　基础地理信息数字产品元数据

CH/T 1009　基础地理信息数字产品1∶10 000、1∶50 000 数字正射影像图

CH/T 1010　基础地理信息数字产品1∶10 000、1∶50 000 数字栅格地图

国家测绘局　2007-05-21 发布　　　2007-07-01 实施

CH/T 1011 基础地理信息数字产品 1∶10 000、1∶50 000 数字线划图

CH/T 1015.3—2007 基础地理信息数字产品 1∶10 000、1∶50 000 生产技术规程 第 3 部分：数字正射影像图(DOM)

CH/T 1015.4—2007 基础地理信息数字产品 1∶10 000、1∶50 000 生产技术规程 第 4 部分：数字栅格地图(DRG)

3 总则

3.1 产品模式及技术指标

1∶10 000、1∶50 000 数字线划图(DLG)的产品模式、规格、技术指标及质量要求按 CH/T 1011 规定执行。

3.2 生产技术方法

1∶10 000、1∶50 000 数字线划图(DLG)的生产主要采用航空摄影测量法、航天遥感测量法、地形图扫描矢量化法及数字线划图缩编法。

在满足成图精度前提下，可采用本规程未列入的新技术和新方法，但应经过实践验证并提供试验报告，在技术设计中作出明确规定。

3.3 生产设备要求

内业使用的各种仪器设备(包括硬件、软件)，应按规定要求进行检验或精度测试，符合要求后方可使用。

4 航空摄影测量法

4.1 技术准备

4.1.1 测区踏勘

对缺乏了解的测区应进行实地踏勘，编写踏勘报告。踏勘报告的编写要求及主要内容应按 CH/T 1004 规定执行。

4.1.2 资料收集

收集测区的有关资料，内容包括：

a) 大地测量资料

收集测区内及其外围的国家等级 GPS 点、三角点、水准点、区域似大地水准面模型数据等成果。

b) 地形图资料

收集测区内可供设计、调绘以及数据采集参考使用的与成图比例尺相同或更大比例尺的地形图、数字线划图、数字栅格地图、数字正射影像图及其相关的元数据等。

c) 航摄资料

按 GB/T 15661 要求收集可供测区测图使用的航摄资料。包括：

1) 航摄底片、像片或数字影像数据；
2) 测区航摄略图，包括航摄分区划分、航线分布、图幅分幅；
3) 测区影像结合图；
4) 航摄仪鉴定表；
5) 航摄质量验收报告；
6) 其他有关资料。

d) 其他辅助资料

收集测区内其他辅助资料，如行政区划、地名等各种专题信息资料。

4.1.3 资料分析

对所收集的资料进行整理和分析：

a) 了解国家等级 GPS 点、三角点、水准点的分布、等级、完好程度、采用的坐标系统以及区域似大地水准面模型数据的精度及其分辨率等信息，分析利用的可能性并明确利用方案；

b) 查看地形图、数字线划图、数字栅格地图、数字正射影像图等资料的覆盖范围、测制单位、成图年代、成图方法，采用的标准及其数学基础等，分析并明确有关资料的使用方法及可供使用的程度；

c) 查看航摄成果验收报告，分析航摄资料的基本情况，包括航摄单位、航摄时间、航摄比例尺、航高、航线方向、重叠度、航摄分区范围、航摄仪参数、航摄资料鉴定结论等，重点查看下列内容：

1) 飞行质量

航偏角、航线弯曲、航高差、像片倾斜角、航向与旁向重叠度以及航摄比例尺、相对航高等参数是否满足 GB/T 15661 的相关规定，是否需要采取特殊补救措施。

2) 影像的质量

——常规航摄获取的影像质量是否满足 GB/T 15661 的相关规定；

——数码航摄获取的影像质量除了满足 GB/T 15661 的相关规定外，影像地面分辨率是否满足表 1 规定。

表 1 影像的地面分辨率

单位为米

成图比例尺	1∶10 000	1∶50 000
影像地面分辨率	≤0.5	≤1.5

3) 航摄仪鉴定资料质量

框幅式胶片航摄仪的框标坐标、像主点坐标、自准直点坐标、检定主距、径向畸变差等航摄仪鉴定资料是否完整、可靠。

d) 分析其他相关资料，查看专题图件、辅助资料的现势性与可靠性，分析其中哪些信息可以利用。

4.1.4 技术设计

根据项目总体要求及踏勘报告，拟订技术路线与技术方法，编写项目设计书；根据项目设计书所确定的技术方案进行航空摄影测量专业设计。项目设计书、专业设计书的编写要求及主要内容按 CH/T 1004 规定执行。

4.2 作业流程

4.2.1 航空摄影测量外业作业流程

航空摄影测量外业主要包括像片控制点（下简称像控点）测量和像片调绘等工作内容。

a) 像控点测量作业流程

像控点测量作业流程见图 1。

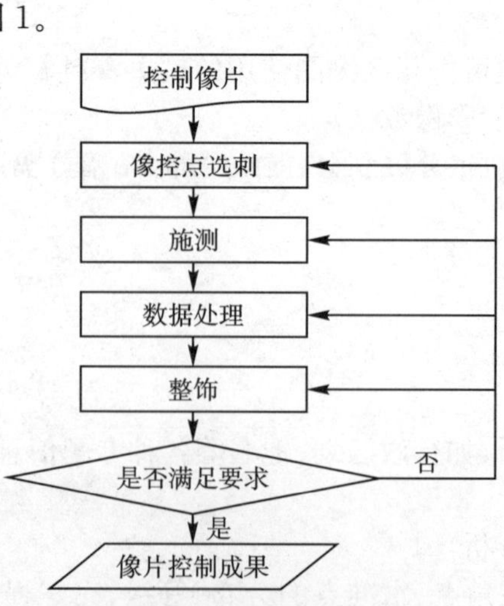

图 1 像控点测量作业流程

b) 像片调绘作业流程

像片调绘作业流程见图 2。

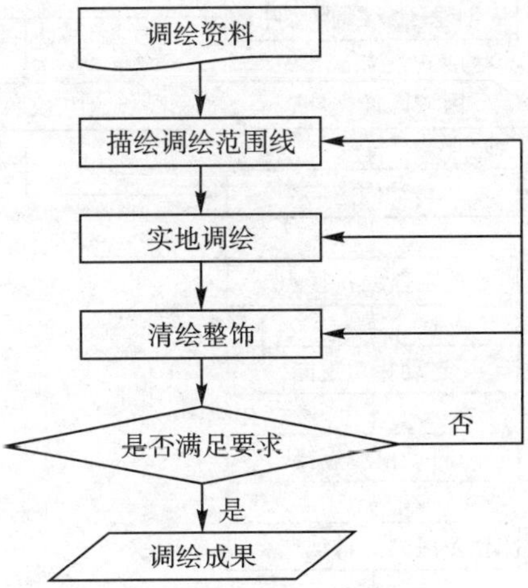

图 2　调绘作业流程

4.2.2　**航空摄影测量内业作业流程**

航空摄影测量内业主要包括影像扫描、数字空中三角测量加密、定向建模和 DLG 数据采集。

a) 影像扫描作业流程

影像扫描作业流程见图 3。通过数码航摄相机获取的数字影像直接用于下道工序，不经过此流程。

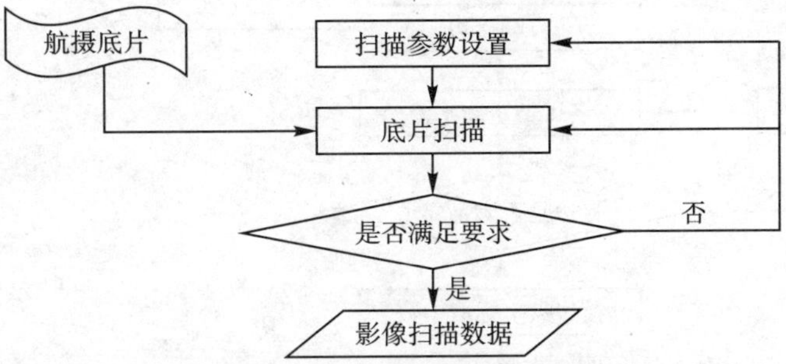

图 3　影像扫描作业流程

b) 数字空中三角测量加密作业流程

数字空中三角测量加密作业流程见图 4。

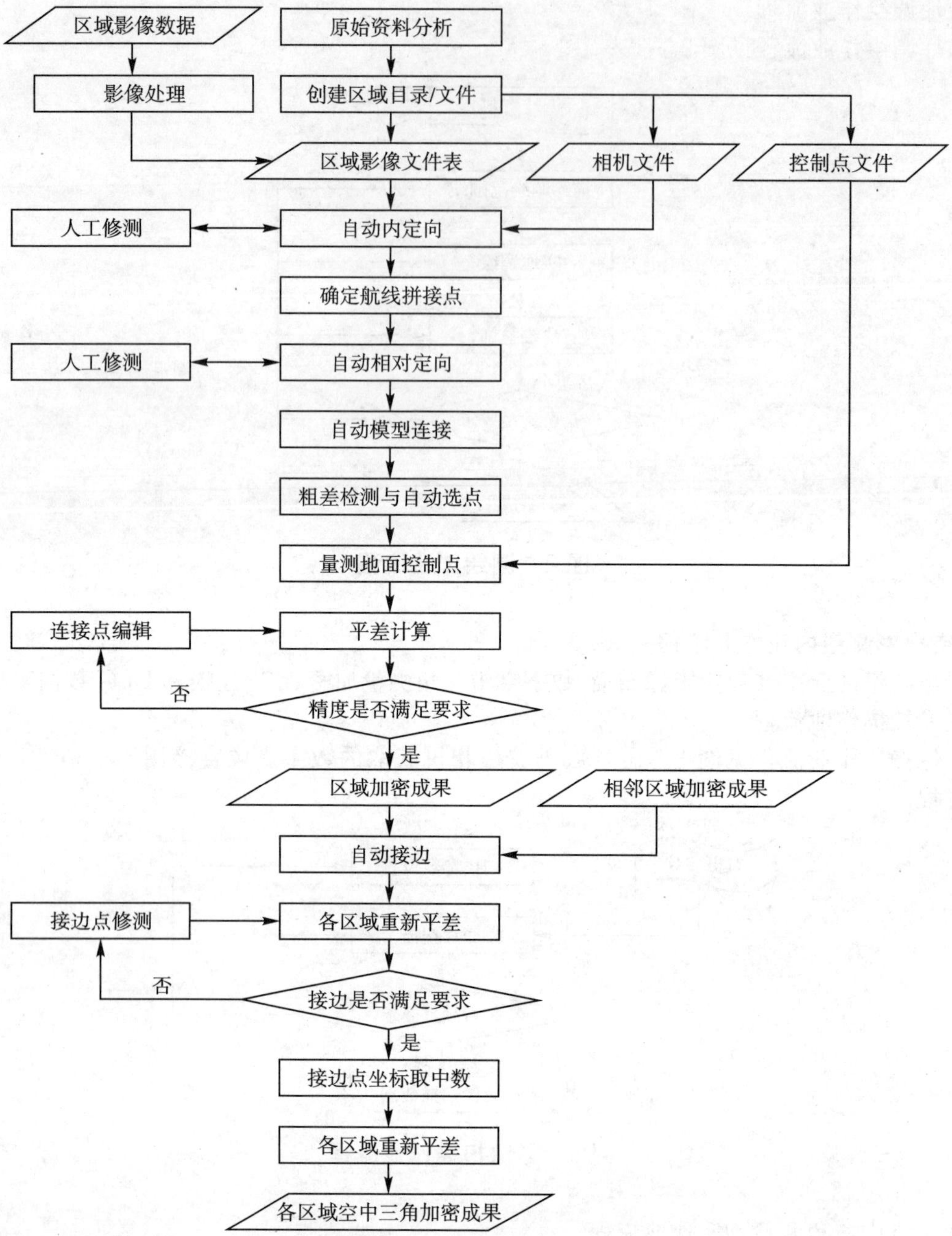

图4　数字空中三角测量加密作业

c）　定向建模作业流程

定向建模可采用下列作业流程：

1）　分步定向建模法作业流程

立体像对影像进行分步定向建模流程见图5。具体有4种情况：

——不利用空三数据，按常规的内定向、相对定向、绝对定向的流程建模；

——利用空三数据，可采用不同阶段的数据文件导入，进行建模，见图5左侧虚框；

——可采用原始立体影像建模，亦可用经裁切的核线立体影像建模，见图5右下角虚框；

——数码航摄相机影像的定向建模流程，只需略去内定向。

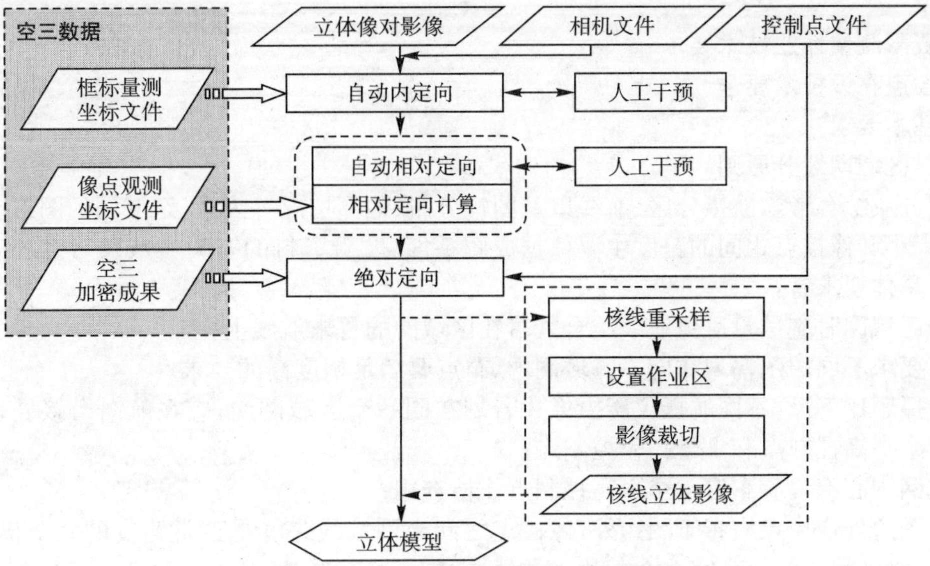

图5 分步定向建模法作业流程

2） 直接定向建模法作业流程

如果已知像片的内外方位元素，则可以直接定向建模，作业流程见图6。

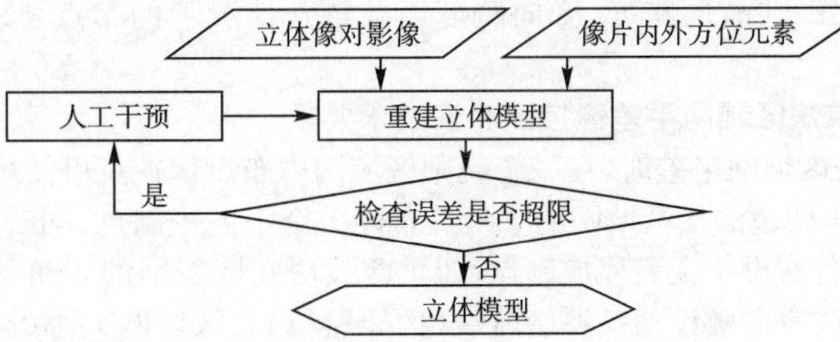

图6 直接定向建模法作业流程

d） DLG数据采集作业流程

DLG数据采集作业流程见图7。

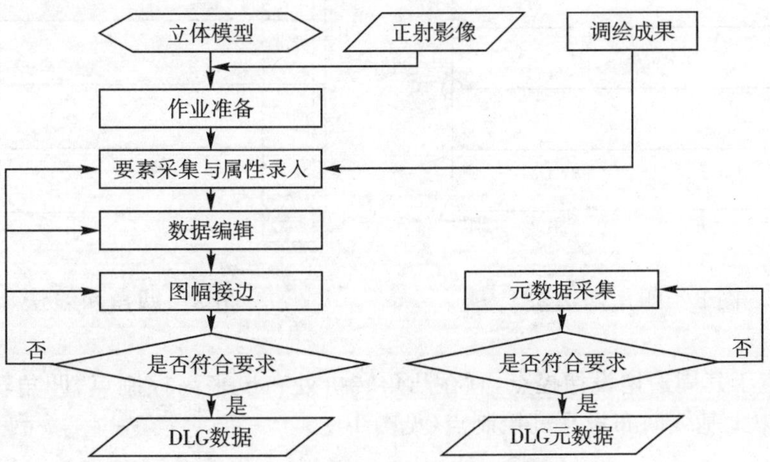

图7 DLG数据采集作业流程

4.3 技术要求

4.3.1 航空摄影测量外业技术要求

4.3.1.1 像控点布设技术要求

4.3.1.1.1 基本要求

4.3.1.1.1.1 区域网划分原则

区域网划分应综合考虑航摄分区、航线以及图幅分布、地形情况等因素，区域网的图形宜呈矩形或方形，区域网的大小和像控点之间的跨度主要依据成图精度、航摄资料的有关参数及对系统误差的处理等多因素确定。具体要求有：

a) 划分区域网时应尽量避免航线结合处落在区域网的首末航线上；

b) 精度要求不同的图幅划在同一区域网内，布点要满足精度高的要求；

c) 同一摄影比例尺、不同航摄仪所摄像片若划在同一个区域网内，应在航向衔接处每一条航线加布1个平高控制点和1个高程控制点；

d) 区域网中心部位应布有1个平高控制点作检查用；

e) 自由图边处像控点应布于图边外，像控点之间允许基线跨度是正常跨度的0.7倍，除航线首末点外，测区周边像控点宜选在三片重叠处。

4.3.1.1.1.2 像控点点位要求

像控点在像片上选点的位置要求按GB/T 13977和GB 12341的规定执行。

4.3.1.1.2 普通区域网平差像控点布设技术要求

采用普通区域网平差时，平高控制点采用周边布点法，高程控制点采用横条竖排的网格布点法。具体的区域网大小、像控点分布、航向跨度、旁向跨度以及特殊情况下的布点要求按照GB/T 13977和GB 12341执行。

4.3.1.1.3 GPS辅助光束法区域网平差像控点布设技术要求

采用GPS辅助光束法区域网平差时，在一个规则区域网内布设像控点可使用四角两边法(见图8)或四角两线法(见图9)。四角两边法在区域网的4角各布设1个平高控制点，同时区域网两端垂直于航线方向的旁向重叠中线附近各布设1个高程控制点；四角两线法在区域网的4角各布设1个平高控制点，同时区域网两端垂直于航线方向敷设两条控制航线(构架航线)。区域网大小以能够满足加密精度要求为原则，一般采用航向跨度为25条基线，旁向跨度为10条航线；平坦地区，根据需要每隔6～8条基线加1排高程控制点。

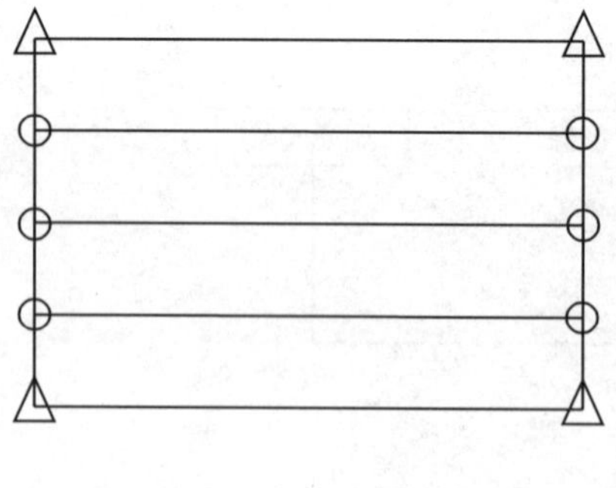

图8 四角两边法

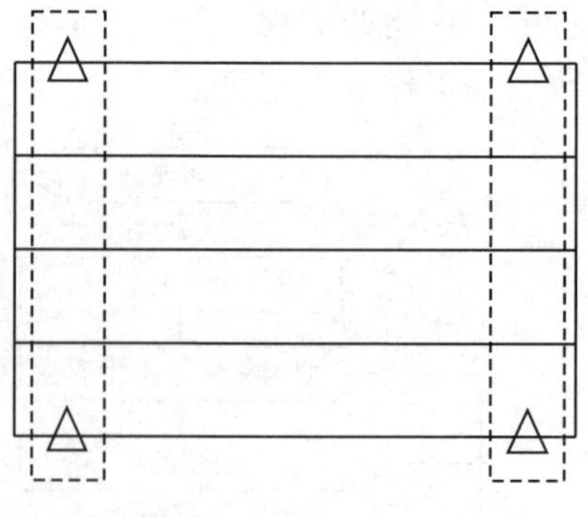

图9 四角两线法

不规则区域网应于其周边增设像控点，宜在凸角转折处布设平高控制点，凹角转折处1条基线时布设高程控制点，1条以上基线时布设平高控制点(见图10)。

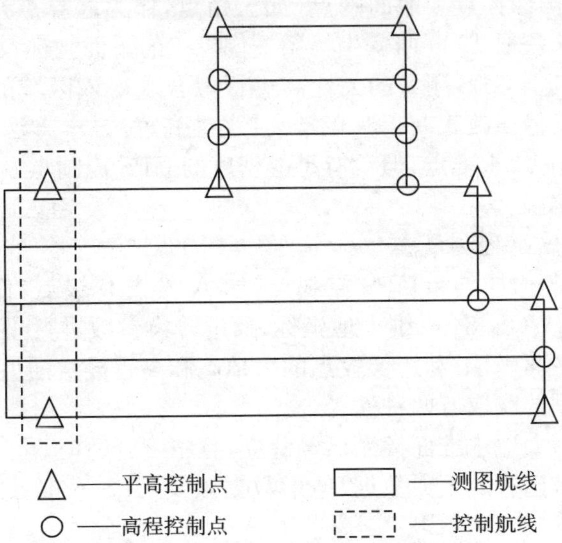

图 10　不规则加密分区布点法

测区左上角的平高控制点应布成双点，并应独立联测，不能用引点法发展另一点，也不可从同一控制点同时引出这两个点。

4.3.1.1.4　IMU/DGPS（高精度航空定位导航姿态测量系统）光束法区域网平差像控点布设技术要求

IMU/DGPS 条件下的光束法区域网平差像控点布设要求按照专项技术规定执行，并在专业设计书中明确具体要求。

4.3.1.2　像控点测量技术要求

像控点测量的主要技术要求如下：

a）平高控制点相对于附近国家等级 GPS 点或三角点的平面位置中误差不超过图上±0.1 mm。

b）平高控制点、高程控制点相对于附近国家等级水准点的高程中误差不超过表 2 的规定。

表 2　像控点高程中误差

单位为米

地形类别	1∶10 000	1∶50 000
平地	0.1	0.8
丘陵地	0.25	1.0
山地	0.5	1.2
高山地	0.5	2.5

c）大面积森林、沙漠、戈壁、沼泽等特殊困难地区像控点的平面位置中误差与高程中误差均可相应放宽 0.5 倍；本规程取 2 倍中误差为最大误差。

d）像控点选刺与整饰按 GB/T 13977 和 GB 12341 要求执行；数码航摄相机获取的影像数据可输出在相纸上，进行像控点选刺与整饰；像控点采用 GPS 联测时，其点位的选择还应满足 GB/T 18314 中对 GPS 观测条件的要求。

e）像控点的平面位置与高程测量，在满足像控点精度要求的前提下，可根据具体情况选择采用以下测量方法：

1）GPS 网配合 GPS 水准测量法

通过GPS网联测像控点和地面网点(如三角点,作为起算点),采用地面网与GPS网进行联合平差的方法获取1980西安坐标系下像控点的平面坐标;利用一定数量、分布均匀的水准点高程及在其上GPS测量的大地高进行拟合求得该区域的高程异常面,对像控点大地高进行高程异常插值改正获得其正常高(水准高程)。本方法适用于测区内及其周边具有一定密度的三角点、水准点,但没有足够密度的GPS控制点及精度合适的区域似大地水准面模型数据的测区。

2) GPS网配合GPS高程测量法

通过GPS网联测像控点和GPS控制点(如A级或B级点,作为起算点),进行GPS网平差,求得像控点WGS 84三维大地坐标,通过转换参数进行坐标转换,得到1980西安坐标系下的像控点平面坐标;利用像控点的大地高和高程异常插值获取像控点正常高。区域似大地水准面模型的获取有两种途径:

——该区域的似大地水准面模型已经建立,且精度合适时,可以直接利用;

——利用该区域已有的重力数据、地形数据以及GPS水准数据来建立区域似大地水准面模型。

本方法适用于具有一定密度的GPS网点,且有区域似大地水准面模型或者具备建立区域似大地水准面模型条件的测区。

3) GPS RTK(实时动态)相对定位法

在已有高等级控制点上设基准站,或者测区范围内已建有GPS连续运行参考站,可采用RTK方法直接测得像控点的平面坐标和水准高程。本方法适用于已具有足够密度的高等级控制点的测区。

4) 导线测量法

通过已知控制点,采用附合导线、支导线或引点的方法进行像控点联测。本方法适用于少量像控点且具备必要通视条件的局部地区。

f) 采用GPS网联测像控点,GPS网的布设要求如下:

1) GPS网点包括像控点、加密用的检查点、网间公共点、网平差用的起算点以及为改善网形而加的过渡点等;

2) GPS网的布设,首先要根据像控点的精度要求确定GPS网的等级(一般情况下E级网精度已能满足要求),再对网的图形和网的基准进行设计,具体要求按照GB/T 18314执行,并在专业设计书中作出明确规定;

3) 网中允许有长短边同时存在,单频接收机边长一般不超过15 km,最大不得超过25 km,双频接收机边长一般不超过25 km,最大不得超过50 km;

4) 网中允许单边连接和单点连接,但不允许有自由基线。

g) GPS网的观测与平差的技术要求,根据其精度等级按GB/T 18314执行。

h) 导线测量与引点测量技术要求按GB/T 13977和GB 12341执行。

4.3.1.3 调绘技术要求

调绘的基本技术要求如下:

a) 像片调绘可以采用先外后内法、先内后外法、内外一体化法等方法;无论采用何种方法调绘,都应使内、外业判绘与采集有效衔接,保证地形要素表达的完整性和准确性:

1) 先外后内法

实施全野外调绘,具体要求按GB/T 13977和GB 12341执行;

2) 先内后外法

先内业预判,然后对其结果进行外业核查、纠错,同时对内业不能准确判读的地物和地貌要素进行补绘,对内业无法获取的要素属性信息进行补调;

3) 内外一体化法

数据调绘采集在测区实地进行,将预判、外调融入整个采集过程中。

b） 调绘可以在模拟的或数字的影像载体上进行，对于模拟影像，调绘像片的比例尺视地物复杂程度决定，以保证判读和方便清绘为原则。1∶10 000 测图时，比例尺一般为 1∶15 000 至 1∶10 000；1∶50 000 测图时，比例尺一般大于 1∶50 000。对于数字影像，应采用初始的影像分辨率，像元尺寸不得大于相应比例尺图上 0.1 mm；输出影像图用于调绘时，影像图的比例尺要求同模拟影像。

c） 对需要实地调绘的地形要素，作业人员必须跑到、看到、问清、绘准；做到判读准确，描绘清楚，符号恰当，注记无误；定位要素的清绘要基于影像位置，最大偏差不大于像片上 0.2 mm。

d） 地形要素的综合取舍，应依据要素的重要程度及其分布特征、图面允许的载负量、合理反映要素的相互关系等因素统筹考虑，具体技术指标见 GB/T 13977、GB/T 20257.2、GB 12341、GB/T 20257.3，要素的属性内容按 GB/T 20258.2、GB/T 20258.3 执行。需要调整时，在专业设计书中明确规定。

e） 调绘范围线要求如下：

  1） 调绘影像之间应有 10%以上的重叠度，调绘范围线宜绘在相邻调绘片重叠的中心线位置，距原始像片边缘应大于 1 cm；全野外布点时，调绘范围线以控制点连线绘出，若有偏离应不大于 1 cm；

  2） 平坦地区调绘范围线采用直线或折线；丘陵地、山地调绘范围线在调绘像片东、南边采用直线或折线，西、北边根据邻片立体转绘成曲线；

  3） 调绘范围线应避免与线状地物重合或切割居民地，相邻调绘像片的范围线之间不得出现漏洞与重叠。

f） 摄影后新增的一般地物不再补调，但新增的大型工程设施和变化较大的居民区、开发区等应进行补调或补测；航摄后拆除的地物，应在原影像上用红色打"×"。

g） 军事设施和国家保密单位在图上的表示按 GB/T 13977 和 GB 12341 的规定执行。

h） 测区周边调绘应保证满幅，自由图边应调出图外 4 mm(图上距离)。

i） 无论采用模拟影像还是数字影像，都必须将调绘成果用符号、文字、数字予以标绘，要求整饰清晰，符号、注记清楚易读。模拟影像上调绘采用人工彩色清绘，数字影像采用矢量数据采集软件进行标绘；调绘的表示、色彩的安排按照图式，具体要求可在专业设计书中规定，必要时采用图例说明。

4.3.1.4 特殊情况下的外业测图技术要求

4.3.1.4.1 实施外业测图的条件要求

当出现以下特殊情况时，需要进行外业测图，并在项目设计或专业设计中提出具体技术方案和要求：

a） 立体法测图中，出现云影、阴影等覆盖地面不能立体测绘，且无法以单片微分纠正方法制作该区域 DOM 影像时；

b） 航空摄影出现绝对漏洞，且不再安排补充摄影时；

c） 新增大型工程设施、大面积开发区或居民地变化较大，且难于补调时；

d） 平坦地区 1∶10 000 成图，立体测图无法达到高程注记点高程精度要求时。

4.3.1.4.2 实施外业测图的技术要求

地形控制与测图的技术要求如下：

a） 地形控制的技术要求

  1） 进行局部地区的地形测图，需要布设必要的地形控制点及测站点。地形控制点的要求按 GB/T 13977 和 GB 12341 执行；测站点应根据测图范围合理分布，其平面位置与高程精度按像控点要求执行；

  2） 若采用 GPS RTK 方法测量，应具备必要的 GPS 基准站点，其精度按像控点要求，流动站与基准站的距离，根据仪器性能一般不大于 10 km。

b） 局部测图的技术要求

  1） 将阴影、漏洞向外扩大 4 mm(图上距离)，确定补测范围，在其周边选定 4 个有控制作用的明显地物点，测定其平面位置和高程，以供内业接边；

2） 补测的地物、地貌要素，相对于附近明显地物点的平面位置误差不大于图上 0.75 mm，困难地区不大于图上 1.0 mm；

3） 高程注记点测量应满足下列要求：

——高程注记点应选在地形特征点和明显地物点上，图上密度为平地、丘陵地 10～20 个/100 cm^2，山地、高山地 8～15 个/100 cm^2；

——高程注记以米为单位，1∶10 000 成图取位至分米，1∶50 000 成图取位至米，高程精度按 GB/T 13977 和 GB 12341 要求执行。

4.3.2 航空摄影测量内业技术要求

4.3.2.1 影像扫描技术要求

影像扫描应考虑以下技术要求：

a） 影像扫描分辨率

影像的扫描分辨率应根据影像的用途确定，若有多种应用，应选择最高要求的分辨率进行扫描。

1） 用于数字线划图测图、数字高程模型数据采集，应满足高程量测精度的要求，按公式(1)进行影像分辨率估算：

$$R_{像}=\Delta h\times b/H \qquad (1)$$

式中：

$R_{像}$——影像扫描分辨率，单位为 μm；

Δh——要求达到的高程精度，单位为 m；

b ——平均航向重叠度的像片基线长度，单位为 μm；

H ——平均相对航高，单位为 m。

示例：1∶10 000，丘陵内业加密点高程中误差 1 m，航摄比例尺 1/35 000，b=92 000 μm；当采用焦距 90 mm，相对航高 3 150 m，$R_{像}$=1×92 000/3 150≈29.2 μm；当采用焦距 150 mm，相对航高 5 250 m，$R_{像}$=1×92 000/5 250≈17.5 μm。

2） 数字正射影像图，应满足正射影像分辨率的要求，按公式(2)进行影像分辨率估算：

$$R_{像}= R_{正}\times m_{正}/m_{像} \qquad (2)$$

式中：

$R_{像}$——影像扫描分辨率，单位为 μm；

$R_{正}$——正射影像分辨率，单位为 μm(一般取 100 μm)；

$m_{正}$——成图比例尺分母；

$m_{像}$——航摄比例尺分母。

示例：成图比例尺 1∶10 000，航摄比例尺 1/35 000

$$R_{像}=100\times 10\,000/35\,000\approx 28.5\ \mu m$$

3） 尽可能不损失影像原始信息，保留航摄底片原有影像分辨率

若航摄底片影像综合分辨率为 20 lp/mm，则 $R_{像}$ 相当于 25 μm。

b） 扫描影像质量：扫描影像应清晰，相邻像片影像色调一致；灰度直方图在 0～255 级之间基本呈正态分布；框标完整、清晰。

4.3.2.2 数字空中三角测量技术要求

数字空中三角测量加密应满足下列精度要求：

a） 单模型定向精度要求(见表 3)。

表3 单模型定向精度要求

成图比例尺	地类	内定向限差 mm	相对定向限差 mm	绝对定向限差 m	
				平面	高程
1∶10 000	平地	0.01 (0.02*)	0.015 (0.02**)	2(3*)	0.30
	丘陵地			2(3*)	0.75
	山地			3(4*)	1.5
	高山地			3(4*)	2.25
1∶50 000	平地	0.01 (0.02*)	0.02 (0.03**)	13	2.0
	丘陵地				3.0
	山地		0.03 (0.04**)	19	4.0
	高山地				7.0
注:括号内*为个别点允许出现的残差值,**为检查点允许出现的残差值。					

b) 区域网平差绝对定向精度要求(见表4)。

表4 区域网平差绝对定向精度要求

单位为米

成图比例尺	地类	基本定向点残差		多余控制点较差		网间公共点较差	
		平面	高程	平面	高程	平面	高程
1∶10 000	平地	3.0	0.25	3.5	0.3	7.0	0.6
	丘陵地	3.0	0.8	3.5	1.0	7.0	2.0
	山地	4.0	1.5	5.0	2.0	10.0	4.0
	高山地	4.0	2.2	5.0	3.0	10.0	6.0
1∶50 000	平地	13.0	1.5	17.5	2.0	35.0	4.0
	丘陵地	13.0	2.2	17.5	3.0	35.0	6.0
	山地	19.0	3.0	25.0	4.0	50.0	8.0
	高山地	19.0	5.2	25.0	7.0	50.0	14.0

c) 内业加密点的精度要求(见表5)。

表5 内业加密点对附近野外控制点平面位置与高程中误差

单位为米

成图比例尺	地类	平面位置中误差	高程中误差
1∶10 000	平地	3.5	0.3
	丘陵地	3.5	1.0
	山地	5.0	2.0
	高山地	5.0	3.0

表 5　内业加密点对附近野外控制点平面位置与高程中误差　（续）

单位为米

成图比例尺	地类	平面位置中误差	高程中误差
1∶50 000	平地	17.5	2.0
	丘陵地	17.5	3.0
	山地	25.0	4.0
	高山地	25.0	7.0

d）相对定向点数量宜不少于 50 点，分布基本均匀，且标准点位置应该有点。

4.3.2.3　定向建模技术要求

定向建模的技术要求主要包括：

a）内定向、相对定向与绝对定向的精度应满足表 3、表 4 规定；

b）相邻模型的作业区边界应无缝拼接；

c）裁切的核线影像与相对定向、核线重采样、绝对定向成果应一致，严格配套。

4.3.2.4　DLG 数据采集的技术要求

4.3.2.4.1　DLG 数据采集的基本要求

DLG 数据采集的基本要求如下：

a）DLG 数据采集的精度要求（见表 6）。

表 6　DLG 数据对附近野外控制点平面位置与高程中误差

单位为米

成图比例尺	地类	平面位置中误差	高程中误差	
		地物点	高程注记点	等高线
1∶10 000	平地	5.0	0.35	0.5
	丘陵地	5.0	1.2	1.5
	山地	7.5	2.5	3.0（地形变换点）
	高山地	7.5	4.0	6.0（地形变换点）
1∶50 000	平地	25.0	2.5	3.0
	丘陵地	25.0	4.0	5.0
	山地	37.5	6.0	8.0（地形变换点）
	高山地	37.5	10.0	14.0（地形变换点）

b）DLG 数据采集的要素内容与图形表达的技术要求如下：

1）DLG 数据采集的要素内容及其分类代码按 GB/T 13923 执行，并根据专业设计书的要求分层存放；

2）要素的数据模型包括几何特征、图形代码、表示方法、属性项以及要素相互关系等，根据成图比例尺按 GB/T 20258.2 或 GB/T 20258.3 执行；

3）要素的图形表达包括符号、线型、色彩、注记以及图面整饰等，根据成图比例尺按 GB/T 20257.2 或 GB/T 20257.3 执行；

4）点状要素按定位点采集，有向点要素还需要再采集第二点确定其方位角；线状要素（如公路、铁路等)按中心线采集,对依比例尺表示的线状要素同时要采集其边线;有向线要素按前进方向符号右置的规则采集,线状要素遇其他要素时(如河流遇桥梁等)要不间断连续采集;

5) 同层要素之间应按要求构建正确的拓扑关系;线要素实交处不应出现悬挂点,同一条线不得重复采集或打折;面状要素必须封闭构面,与内图廓线相交闭合时需要拷贝形成闭合多边形的那一段内图廓线;

6) 地名注记的数据采集可以有不同要求,根据需要在技术设计书中进行明确:

——将地名分为两类进行采集:一是地名有特定的对应实体,应将地名录入到该要素设定的属性项中;二是地名没有特定的对应实体,此时应按该地名要素对应的地理位置,用点或线采集其空间位置,并为该点、线赋予地名分类代码,将地名录入到该地名要素设定的属性项中;

——为满足地形图制图需要,可将注记视为一种独特的要素类(伪要素类),具有地理位置和属性,按注记的地理分布采集图形,赋注记要素分类代码、名称及其他属性(包括地名类别码、拼音、字体、大小、形态、颜色等),此时应将注记要素类与其中有对应实体要素的名称属性项进行关联;

——地名中的生僻字,应通过建立扩展字库采用专用软件录入。

4.3.2.4.2 航测方法采集DLG数据的技术要求

用航测方法采集DLG数据的技术要求如下:

a) 1∶10 000DLG数据采集,一般应在影像立体模型上进行,以保证所采要素的位置精度;1∶50 000DLG数据采集,可在纹理清晰的正射影像上进行,但对高大构(建)筑物的投影差应加以改正。

b) 地物要素数据采集要求如下:

1) 在影像上按地物的真实位置进行数据采集,即使在要素密集、表达拥挤的情况下也不移位采集,是否需要移位待制图输出时考虑;

2) 采集依比例尺表示的地物,测标应立体切准地物的轮廓线;采集不依比例尺、半依比例尺表示的地物时,测标应立体切准其定位点和定位线;采集时注意以下几点:

——测量控制点(包括GPS点、三角点、水准点等)一般不作野外调绘而按其坐标及高程值录入,无坐标的水准点可按调绘成果判绘;

——水系,要采集其水网结构线(包括单线河渠、双线河渠中心线、水库及湖荡的流向结构线等);面状水域(如双线河渠、湖泊、水库等)的水岸线一般按摄影时水位测定;若摄影时为枯水或洪水期,与常水位相差很大,则依据调绘资料参照立体按常水位采集;

——交通,要按道路网(包括街道)的结构、等级采集其中心线,依比例尺表示的道路还要采集其边线,道路立交要出入网络清楚、上下层次分明;

——居民地,要在街道结构线的基础上判绘街区的轮廓线,要反映房屋的分布特征,按照图式的综合取舍要求突出房屋,多层、高层房屋一般应根据立体影像独立采集(需要采集建筑物三维数据的,在专业设计书中应作出明确的规定与要求);

——管线,参照调绘成果在立体影像上确认起止点、转折点,线路要清晰;

——植被与土质,根据影像采集植被与土质图斑,轮廓线要封闭,与其他要素的公共边必须拷贝采集。

c) 地貌要素数据采集要求如下:

1) 地貌表示以等高线、高程注记点为主,地貌符号为辅;高程注记点一般选在地形点和明显地物点上,河谷、平坦地区闭合等高线内应有高程注记点;等高线与周边的高程点及水系上下游关系应合理,与单线河及面域水岸线关系应协调;

2) 等高线可通过数字摄影测量工作站在立体模型上实测,亦可通过相应尺度的DEM或TIN(不规则三角网)内插生成;

3） 典型地貌的表示，应在专业设计书中提出具体要求；
4） 立体难以观测到地表的区域（如密集森林、阴影云影部分），图上面积大于 2 cm^2用草绘等高线表示。

d） 像对之间 DLG 数据必须在测图过程中进行连接与接边。像对间地物接边差不大于地物点平面位置中误差的 2 倍；等高线接边差不大于 1 个基本等高距，山地、高山地可适当放宽，按地物接边限差要求执行。

e） 相邻图幅之间必须进行接边，图幅接边的技术要求如下：
1） 相邻图幅的接边限差，对于同精度、同比例尺的图幅必须控制在地物点平面位置中误差和等高线高程中误差的 2 倍之内，个别不大于 2.5 倍；不同精度同比例尺的图幅其接边较差不大于相应中误差之和，个别不大于其和的 1.25 倍；不同比例尺图幅（如1∶5 000、1∶10 000）之间的接边，先将小比例尺放大到大比例尺再接边，限差与不同精度接边相同；
2） 自由图边地物、地貌必须测出图廓外 4 mm。

f） 一个测区内，要有一定数量的检查点用于检查最终成果的平面位置与高程精度；检查点可以是用内业加密的点，一般每个像对平均 1～2 点，或是外业实测的明显地物点，一般每幅图平均1～2点。

4.4 作业方法

4.4.1 航空摄影测量外业作业方法

4.4.1.1 像控点测量

4.4.1.1.1 像控点选刺与整饰

像控点的选刺与整饰按照 GB/T 13977 和 GB 12341 执行。

4.4.1.1.2 GPS 网配合 GPS 水准测量法

4.4.1.1.2.1 布设 GPS 网

当采用 1 个或 3 个以上已知地面网控制点作为固定点进行 GPS 网的基准设计、并采用 GPS 水准法获取像控点高程时，按以下具体方法进行 GPS 网的布设：

a） 根据测区范围大小划分 GPS 网，1∶10 000 测图每个 GPS 网面积宜控制在 600 km^2，一般不超过 800 km^2；1∶50 000 测图可根据精度要求相应放宽；

b） 根据已知的平面和高程起算点、像控点等构网点的分布，按 GB/T 18314 布网原则进行 GPS 网的布设；

c） 一个 GPS 网中有 1 个已知地面网控制点（如国家等级三角点）作为固定点，可以采用经典自由网平差，如有 3 个以上地面网控制点作为固定点（特殊困难地区至少要有 2 点，且应通过其他方法检测其精度），可以采用约束法平差；

d） 一个 GPS 网中应有 8 个分布均匀的国家等级水准点或者是通过等级水准联测的 GPS 点，作为高程起算点（困难地区不少于 6 点）；

e） 当像控点无法用 GPS 直接联测时，可在像控点附近选取一对 GPS 过渡点（实地打桩或作标志，两点间间距一般应大于像控点到 GPS 点距离）作为定向边，用电磁波测距支导线与测距高程支导线、等外水准或测图水准等方法联测像控点的平面坐标和高程；当像控点为高程点时，可只选取 1 个 GPS 过渡点，经内插求得该 GPS 过渡点高程后，作为起始高程；测距支导线、测距高程支导线、等外水准、测图水准等测量技术要求按 GB/T 13977 和 GB 12341 执行；

f） 如有相邻 GPS 网，在两网之间联测 2 个以上公共点，用于精度检核。

4.4.1.1.2.2 GPS 观测

在所有 GPS 网点上进行 GPS 观测，按 GB/T 18314 中 E 级网的要求执行。

4.4.1.1.2.3 GPS 数据处理

GPS 观测数据的测后处理按以下具体内容进行：

a） 观测数据的预处理

预处理工作一般由软件自动完成，主要内容有：观测数据传输，数据分流，数据的平滑与滤波，剔除粗差和删除无效观测值，统一数据文件格式，卫星轨道标准化等。

b） 同步观测的基线向量平差及其质量检查

1） 采用基线向量解算软件进行同步观测的基线向量平差；

2） 基线向量解算时，检查点号和仪器高是否正确，并对基线向量解算结果进行分析，当数据利用率小于90%时，视为不合格；

3） 按GB/T 18314的要求对重复基线、同步环、异步环进行检验，异步环检验应覆盖全网；

4） 对检查不合格的数据进行重测与补测。

c） GPS网平差

1） GPS网点平面坐标的计算

——只有1个平面起算点时，采用无约束法平差；选择独立基线构GPS网，以1个地面网点为固定点，进行GPS网经典自由网平差，求得GPS网点的WGS 84坐标系大地坐标(B,L,H)；利用转换参数，将像控点大地坐标(B,L)转换为1980西安坐标系的高斯平面坐标(X,Y)；

——有3个以上平面起算点时，采用约束法平差；每次任选2个地面网点作为起算点进行约束平差，求取其余地面网点的平面坐标较差；用此法检验各个地面网点的精度，剔除精度差的地面网点；最后选择精度可靠、分布均匀的3个地面网点进行约束法平差（或联合平差），求得像控点的1980西安坐标系的高斯平面坐标(X,Y)和大地高(H)。

2） GPS网点高程的计算

——任选5～6个高程起算点，循环拟合产生5～6种高程异常面拟合结果，通过其余水准点对拟合结果进行综合分析，剔除精度差的水准点；利用精度可靠、分布均匀的水准点进行高程异常面拟合，求得最佳拟合结果；

——对GPS网点的大地高进行高程异常插值改正，获得其正常高。

d） 公共点检测

对相邻GPS网公共点的坐标进行比较，其较差不应超过像控点平面中误差及高程中误差的$\sqrt{2}$倍。

e） 成果整理

对基线解算和各种平差成果按GB/T 18314的要求进行整理。

4.4.1.1.3 GPS网配合GPS高程测量法

4.4.1.1.3.1 布设GPS网

当采用1个或3个以上已知国家GPS网A级、B级点作为固定点进行GPS网的基准设计、并采用区域似大地水准面模型插值改正获取像控点高程时，按以下具体方法进行GPS网的布设：

a） 根据国家GPS等级点与像控点等构网点的分布，按GB/T 18314布网原则进行GPS网的布设；

b） 当测区范围较大时，根据需要可将测区划分为若干个网；

c） 以1个或3个以上GPS网A级、B级点作为GPS网的固定点；

d） 联测8个四等水准点作为高程检核点，困难地区不少于6个；

e） 当像控点无法用GPS直接联测时，按4.4.1.1.2.1 e)执行；

f） 当分网观测时，相邻GPS网区之间联测2个以上公共点，作为检查点。

4.4.1.1.3.2 GPS观测

在所有GPS网点上进行GPS观测，按GB/T 18314中E级网的要求执行。

4.4.1.1.3.3 GPS数据处理

GPS观测数据的测后处理按以下具体内容进行：

a） 观测数据的预处理

预处理工作一般由软件自动完成，主要内容有：观测数据传输，数据分流，数据的平滑与滤波，剔除粗差和删除无效观测值，统一数据文件格式，卫星轨道标准化等。

b) 同步观测的基线向量平差及其质量检查

1) 采用基线向量解算软件进行同步观测的基线向量平差；

2) 基线向量解算时，检查点号和仪器高是否正确，并对基线向量解算结果进行分析，当数据利用率小于 90%时，视为不合格；

3) 按 GB/T 18314 的要求对重复基线、同步环、异步环进行检验，异步环检验应覆盖全网；

4) 对检查不合格数据进行重测与补测。

c) GPS 网平差

1) GPS 网点平面坐标的计算

——选择独立基线构 GPS 网，以 1 个 GPS 网 A 级或 B 级点为固定点，进行 GPS 网无约束法平差计算，或者以 3 个 GPS 网 A 级、B 级点为固定点，进行 GPS 网约束法平差计算，求得 GPS 网点的 WGS 84 坐标系大地坐标(B,L,H)；

——利用 WGS 84 坐标系与 1980 西安坐标系之间的转换参数，将像控点大地坐标(B,L)转换为 1980 西安坐标系高斯平面坐标(X,Y)。

2) GPS 网点高程的计算

根据 GPS 网点的 WGS 84 大地高，利用区域似大地水准面模型进行高程异常插值改正，获得其正常高。

3) 精度评定

——GPS 网平差精度的评定：

GPS 网平均点位中误差按公式(3)求得

$$m_s=\pm\sqrt{(m_{s_1}^2+m_{s_2}^2+\cdots+m_{s_n}^2)/n} \qquad (3)$$

式中：

m_s ——网平均点位中误差；

m_{s_n}——网中各点位中误差；

n ——网中点的个数。

GPS 网平均大地高中误差按公式(4)求得

$$m_H=\pm\sqrt{(m_{h_1}^2+m_{h_2}^2+\cdots+m_{h_n}^2)/n} \qquad (4)$$

式中：

m_H——网平均大地高中误差；

m_{h_n}——网中各点大地高中误差；

n ——网中点的个数。

——像控点水准高程精度的评定：

像控点水准高程精度由大地高精度和区域似大地水准面高程异常精度确定，按公式(5)求得

$$m=\pm\sqrt{(m_\xi^2+m_H^2)} \qquad (5)$$

式中：

m_h——像控点平均高程中误差；

m_ζ——区域似大地水准面高程异常平均中误差；

m_H——大地高平均中误差，由公式(4)计算求得。

——最弱像控点精度统计：

统计 GPS 网中最弱像控点的点位中误差和高程中误差，其精度应满足像控点平面中误差及高程中误差的要求。

4) 成果整理

对基线解算和各种平差成果按 GB/T 18314 的要求进行整理。

4.4.1.1.4 GPS RTK 相对定位法

采用 RTK 方法进行像控点测量，可以在已有高等级控制点(可以是 GPS 点或通过 GPS 联测的三角点)上设基准站，或自行实测设立基准站，或利用已建立的 GPS 连续运行跟踪站。在已有高等级控制点上设基准站进行 RTK 测量的基本方法如下：

a) 基准站的布设

——根据测区控制点的分布、像控点的位置、RTK 的作业半径(根据仪器性能，一般 10～15 km)等因素选择已有控制点作为基准站，要求视野开阔、周围无遮挡、无强电磁场干扰；

——在所选控制点上架设基准站 GPS 接收机。

b) 观测前的准备

1) 接收机的配置

——基准站 GPS 接收机的配置，包括配置天线类型、选择坐标系统(一般选 WGS 84 坐标系)、定义实时测量作业模式等；

——流动站 GPS 接收机的配置，包括配置天线类型、选择坐标系统(一般选 1980 西安坐标系)、定义实时测量作业模式等。

2) 数据准备

——将测区所有控制点的 WGS 84 坐标上传到基准站 GPS 接收机(也可现场人工输入)；

——将 WGS 84 坐标系与 1980 西安坐标系的坐标转换参数、区域似大地水准面模型参数等信息上传到流动站 GPS 接收机。

3) 通讯试验

在基准站 GPS 接收机与流动站 GPS 接收机之间进行通讯试验，确保成功。

c) 流动站 GPS 接收机数据采集

作业人员将流动站 GPS 接收机架到选定的像控点上，输入点号，进行观测，当稳定后开始采集、接收数据，并实时解算像控点平面位置与高程，存储观测成果。

4.4.1.1.5 导线测量

作业方法按 GB/T 13977 和 GB 12341 执行。

4.4.1.2 调绘

4.4.1.2.1 描绘调绘范围线

在调绘像片、影像图或数字影像上描绘调绘范围线(必要时描绘图廓线)并接边，做到满幅，无漏洞、无重叠。

4.4.1.2.2 实地调绘

根据采用的调绘方法，按 GB/T 13977 或 GB 12341 的规定以及相应的图式要求进行野外调绘，将结果标绘在影像载体上，也可蒙绘在透明纸上。

4.4.1.2.3 清绘整饰

清绘整饰的作业步骤如下：

a) 清绘前，对相邻调绘片进行接边处理；

b) 按技术要求清绘整饰。

4.4.1.3 特殊情况下的外业测图

4.4.1.3.1 外业局部地区测图方法

外业局部地区测图一般采用以下方法：

a) 对于小范围的地形测图，一般采用 GPS RTK、手持 GPS 测图(适用于 1∶50 000 地形图)、全站仪一体化数据采集系统等方法；

b) 对于 1∶10 000 平坦地区高程注记点测量，可采用 GPS RTK、测图水准等方法。

4.4.1.3.2 GPS RTK 地形测量

在已有控制点上设立基准站，采用 RTK 方式，在规定半径范围内对需要采集的地形要素进行流动设站数据采集，输入要素代码及其他属性，记录其平面坐标和高程成果。

4.4.1.3.3 **全站仪一体化数据采集**

全站仪一体化数据采集,按照相关技术规定执行,并在专业设计书中明确具体要求。

4.4.1.3.4 **平地高程注记点测量**

可采用两种方式作业:

a) GPS RTK 测量
   1) 在已有控制点上设立基准站,采用 RTK 方式,在规定半径范围内在高程注记点上进行流动设站,根据观测结果,记录其平面坐标和高程成果;
   2) 每幅图应对已进行过高程联测的像控点或国家控制点与高程注记点做重复联测,重合点不少于 3 点,其高程较差不大于±0.35 m;不同测站所测的高程注记点,相互之间不少于 5 个重合点,其高程较差不大于±0.5 m;
   3) 高程注记点测量工作结束后,以图幅为单位提供数据文件及文档,并按成图比例尺回放高程注记点略图,显示点位、点号及高程,对含有属性的高程注记点,可用图例说明。

b) 测图水准

   采用测图水准施测高程注记点,按照 GB/T 13977 和 GB 12341 中的有关条款执行。高程注记点选刺在放大片上,像片正面用直径 1 mm 的红色圆圈圈出,并用红色书写点号及高程。

4.4.1.4 **外业成果的整理与相关文件制作**

对所有外业成果进行整理,归类装订,填写清单。填写图历簿,编写质量检查报告,并按 CH/T 1001 要求编写专业技术总结。

4.4.1.5 **外业成果的提交**

航空摄影测量外业结束后应提交下列成果:

a) 像控点、检查点、基准站(RTK)坐标成果,分别提供 WGS 84 大地坐标系和 1980 西安坐标系(1985 国家高程基准)两套坐标成果;
b) 像控点、检查点、基准站(RTK)GPS 原始观测数据以及观测手簿、计算手簿;
c) 控制像片;
d) 像片控制点布点图;
e) 调绘像片;
f) 高程注记点成果;
g) 专业设计书、检查报告、技术总结;
h) 图历簿;
i) 其他有关资料。

4.4.2 **航空摄影测量内业作业方法**

4.4.2.1 **影像扫描**

影像扫描的作业方法如下:

a) 扫描仪与扫描分辨率的选择
   1) 采用摄影测量专用的影像扫描仪进行扫描;
   2) 根据影像用途与技术要求,确定扫描分辨率。

b) 扫描参数的测定与设置

   通过预扫,确定扫描的亮度、对比度、色彩饱和度以及扫描范围等参数。

c) 底片扫描

   根据预扫确定的参数,采用自动控制装置实现整卷胶片的分片扫描。

d) 影像处理

   根据扫描影像的效果,必要时对影像进行增强、拉伸等处理。

4.4.2.2 **数字空中三角测量**

4.4.2.2.1 **数据准备**

数字空中三角测量加密的数据准备应包括下列内容:

a) 创建区域目录及相关文件
   1) 建立区域目录,用于存储区域的所有数据;
   2) 建立相机文件,包括相机框标的分布,输入框标的像点坐标,输入像主点坐标,相机主距、畸变差改正参数;
   3) 建立外业像控点数据文件,包括像控点点号,x、y、z 坐标,像控点信息;
   4) 建立区域参数文件,设置区域基本参数,包括摄影比例尺、内定向限差、相对定向限差、模型连接限差、基本定向点残差、多余控制点、公共点较差等;
   5) 影像处理,根据需要对影像数据格式进行转换,以及对影像方向进行变换;
   6) 建立区域影像列表,包括区域内航带号、分组号、航带内所有的影像文件、相机文件等内容。

b) 自动内定向
   1) 建立框标模板
      区域内定向前,建立每台相机的框标模板文件;
   2) 内定向量测与计算
      自动量测框标,采用仿射变换公式进行内定向,检查内定向结果;误差超限时应分析原因并进行人工补测或重测,重新内定向;
   3) 如果采用数码航摄相机影像,则加密不需要内定向。

c) 选测航线间的拼接点
   通过在航线与航线之间选刺同名点来确定其相互位置关系。
   1) 普通航线
      航线与航线之间最少选 2 个同名点,宜转刺在头尾,航线较长时,在中间均匀加刺 1 个或多个点,宜每隔 10~12 张像片选 1 点;
   2) 交叉航线
      在两个航线组的公共区域内,人工转刺至少 3 个同名点,且不应分布在一条直线上;
   3) 如果利用 GPS 辅助空中三角测量,则不需要选测航线间的拼接点。

4.4.2.2.2 相对定向与模型连接

在区域范围内按航线依次进行相对定向建立像对模型,并通过连接点实现航线内的模型连接以及航线之间的模型连接。主要工作包括自动相对定向、连接点的自动选择、自动转点与自动量测等。

a) 相对定向
   1) 自动相对定向
      检查相对定向结果,如定向失败或误差超限则应进行人工相对定向;
   2) 人工相对定向
      一般在标准点位选取明显地物点作为定向点,在放大状态下对左右影像人工微调精确对点,完成后进行相对定向计算,检查结果,如有误差超限,则应补测或重测,再重新相对定向。

b) 模型连接
   1) 自动模型连接
      通过模型之间连接点的自动选择、自动转点、自动量测,自动实现单航线以及航线之间的模型连接,检查模型连接限差,如连接失败或误差超限则应进行人工模型连接;
   2) 人工模型连接
      通过连接点编辑,在标准连接点位进行检查,如果缺点则补点,如果误差超限则修测,再重新进行模型连接;
   3) 根据需要选定、量测内业检查点。

4.4.2.2.3 粗差检测与自动选点

通过反复进行预平差,根据平差结果剔除粗差点,最后挑选确认加密点。

a) 量测控制点

对外业提交的像控点(包括外业检查点)进行辨认和量测。

b) 预平差剔除粗差点

1) 筛选外业控制点

采用替换、反复平差计算的方法,确定可靠的外业像控点;

2) 剔除粗差点

采用平差方法对连接点、像控点进行粗差检测,剔除或修测检测出的粗差点。

c) 选定加密点

1) 根据用户指定的连接点分布方式挑选出精度最高的点作为加密点;

2) 按规则自动编排加密点的点号。

4.4.2.2.4 空中三角测量平差

单个区域网空中三角测量平差的作业方法如下:

a) 光束法区域网平差

采用光束法平差软件进行整体平差,获得加密点及检查点的三维大地坐标和像片的外方位元素。

b) 平差结果检查分析

1) 对加密成果进行单模型绝对定向,检查定向点残差,若超限则进行人工修测,重新平差计算,反复操作,直至加密的像控点、检查点残差全部在规定的限差之内;

2) 检查像控点坐标的残差。

c) 存储加密的像控点、检查点影像

裁切以像控点、检查点为中心的矩形影像,保存为影像控制点数据。

4.4.2.2.5 相邻区域的加密点接边

相邻区域应进行加密点接边,接边作业方法如下:

a) 计算相邻区域接边点的像点坐标

1) 调用相邻区域的加密点坐标成果,查找落在本区域范围内的加密点,计算其在本区域的像点坐标;

2) 采用逐点修测与删除的方法,对接边点的像点坐标进行修测,直至满足精度要求。

b) 区域与区域的加密接边

1) 同比例尺、同地形类别区域网间公共点接边,平面和高程较差不大于表4规定,取中数作为最后使用值;

2) 同比例尺不同地形类别加密接边时,平面位置较差1:10 000测图不大于实地8 m,1:50 000测图不大于实地50 m;高程较差1:10 000测图不大于两类地形类别加密点高程中误差之和,取中数作为最后使用成果,1:50 000测图不大于两类地形类别加密点高程中误差之和的1.25倍,然后将实际较差按中误差的比例进行配赋,作为使用成果;

3) 不同比例尺接边,平面位置较差不大于表5规定的加密点点位中误差之和,然后将实际较差按中误差的比例进行配赋,作为最后使用值。高程的较差规定与本条2)相同;

4) 与已成图或出版图接边,当较差小于上述规定限差的二分之一时,以已成图或出版图为准;当较差大于上述规定限差二分之一,但小于规定限差时,应取中数作为最后使用值;超限时,要认真检查原因,确系已成图或出版图错误,直接采用当前成果,并在图历表中注明;

5) 不同投影带之间公共点平面坐标接边,首先换算成同一带坐标值,在规定限差内取中数,然后再将中数值换算成邻带坐标值。

c) 输出最后加密成果

按下工序所需格式输出加密数据文件并对加密成果进行整理。

4.4.2.3 定向建模

4.4.2.3.1 定向建模准备

定向建模可按不同作业方法进行准备:

a） 自动方式

采用批处理方式自动完成定向建模，应进行批处理文件建立、像对信息及各有关参数输入等准备工作。

b） 人工方式

采用人工方式定向建模，应进行定向参数设置、像对信息修改等准备工作。

4.4.2.3.2 **内定向**

内定向可采用自动与人工两种作业方法：

a） 自动内定向

针对每一台航摄仪，建立框标点影像模板。用此模板进行框标影像相关匹配，自动完成内定向，输出精度报告并提示是否符合规定要求。

b） 人工内定向

1） 依次量测航片的左片、右片各框标点坐标；

2） 进行内定向计算，输出精度报告；检查内定向残差，如果超限，则进行补测或全部重测。

4.4.2.3.3 **相对定向**

相对定向宜采用自动方式，必要时辅以人工方式。

a） 自动相对定向

计算机对左右影像进行自动匹配运算，完成相对定向后，匹配点全部显示在影像上，同时提供精度报告包括相对定向点残差、中误差及总点数，并提示是否符合规定要求。当相对定向点分布不均匀，必要时采用人工方式在缺点关键区域加测相对定向点。

b） 人工相对定向

在特殊地区相关匹配点少于6点或匹配点分布不合理的情况下，使用人工方式。

1） 在6个标准点位及模型上下部中心位置选点，并量测其左右同名像点坐标；

2） 进行相对定向计算，输出精度报告；检查相对定向点残差及中误差，如果超限，则进行补测或全部重测。

4.4.2.3.4 **绝对定向**

绝对定向可采用下列两种方式：

a） 人工方式

1） 通过像控点量测，先作概略定位，依次量测各个像控点的模型坐标；

2） 进行绝对定向计算，输出精度报告；检查绝对定向点残差及中误差，如果超限，则进行个别点补测或全部重测。

b） 自动方式

即直接定向建模法，利用空中三角测量加密成果或已知的左、右像片内外方位元素直接自动完成像对定向建模。建模后，需人工检查单模型的上下视差、像控点的平面坐标与高程残差，以及与相邻模型的同名点高程较差。

4.4.2.3.5 **核线重采样**

如果需要在影像重叠范围内构建核线影像像对，可采用人工方式或自动批处理方式进行核线重采样。人工方式过程如下：

a） 选择影像重采样方法，设置重采样分辨率以及 X、Y 方向的裁切值；

b） 选择内插方法对核线影像进行重采样。

4.4.2.3.6 **设置作业区裁切核线影像**

根据数据采集的范围设置作业区边界。相邻单模型之间应在作业区边界线上实现无缝拼接。自由图边采用图廓坐标来设定作业区范围。作业区范围确定后，根据作业需要，对核线影像进行裁切，只保留作业区内的影像。

采用下列两种方法设置作业区：

a） 自动设置

依据像控点自动设置作业区边界，人机交互确认满意后，裁切核线影像。

b） 人工设置

在立体影像下，依据像控点控制范围，人工选择作业区边界结点，构成作业区边界，裁切核线影像。

4.4.2.4 DLG数据采集

4.4.2.4.1 作业准备

DLG数据采集前，应做好以下准备工作：

a） 设置立体测图所用的各种参数，如成图比例尺、捕获半径、流方式下的管道半径及其允许长度等参数；

b） 根据图式要求制作要素符号、线型、色彩以及图幅整饰模板等，创建符号库；

c） 按专业技术设计书要求，制作数据采集统一使用的要素类分层模板，并与要素代码、属性项以及符号库进行关联。

4.4.2.4.2 DLG数据采集的测图作业方式

DLG数据采集可以采用以下作业方式：

a） 先外后内的测图方式

1） 在全野外调绘的基础上，内业依要素类进行数据采集；参照调绘片，通过立体模型，按要素的真实位置进行图形采集，赋代码及其他属性值，并分层存放；

2） 采集完一个模型后，再对相邻模型进行数据采集，保证要素的连续与接边，直至覆盖整个图幅。

b） 先内后外的测图方式

1） 内业在室内参照可用的辅助资料，通过立体影像模型进行要素判读与采集（包括图形和属性），对难以确认的要素内容进行标记；将内业采集的整幅DLG数据及其疑问标记进行图形输出，并将对应区域的航片影像放大（根据需要决定是否配立体像对），一并提交给外业；

2） 外业到野外对要素（包括图形和属性）进行核查、纠错、补调，并将结果标绘在纸图或影像上；

3） 内业根据外业核查结果进行纠错、补充采集（包括图形和属性）。

c） 内外业调绘、采编一体化的测图方式

在"采编一体化"数字摄影测量系统的支持下，作业人员可在测区驻地进行立体模型下的要素判读与数据采集（包括图形和属性），对难以确认或无法判读的要素内容，集中到野外进行有针对性的核查、调绘，回到驻地立即进行修改、补充采集，直至完成全部数据的采集。

4.4.2.4.3 DLG数据采集

DLG数据采集一般按以下方法进行作业：

a） 按要素分类，对要素实体以点、线、面以及注记方式进行图形采集，并按专业设计书的要求分层存放；

b） 在对要素实体进行图形采集的同时，按设定的属性表赋相应的分类代码及必要的属性项值；

c） 数据采集时，应注意构建正确的拓扑关系；线要素实交处应采取捕获方式，尽可能不出现悬挂点；面要素应采用必要的辅助线进行封闭构面，如面状河、湖、海的汇合处，或以某段内图廓线封闭构面等；

d） 按技术设计书要求对地名注记进行数据采集。

4.4.2.4.4 数据编辑

对采集的DLG数据进行编辑，重点内容如下：

a） 依据相应比例尺图式和数据字典的要求，按照综合取舍的原则进行数据编辑，做到不失真、不遗漏，主次有别、层次分明；消除定位错误、拓扑错误、图层错误、属性错误等；

b） 消除要素的图形遗漏、属性遗漏、注记遗漏等；

c） 消除要素间相互矛盾、线条不平滑等不合理现象。

4.4.2.4.5　图幅接边

DLG数据采集、编辑完成后，相邻图幅之间应进行以下接边处理：

a）独立采集的图幅按要求进行接边，接边的处理原则是：
  1）接边偏差在限差范围内，优先考虑要素的几何形状，接边点可在该范围内移动；
  2）接边处相互位置偏差大于限差，应分析原因，排除粗差后再作处理；
  3）相邻投影带之间的图幅跨带接边，需将邻带图幅进行换带投影变换，统一到同一带内进行接边，接边完成后再将邻带图幅变换回原投影带；不同数学基础图幅之间的接边，按照本方法的原则进行处理；
  4）成图时间不同的图幅接边，当接边差超限，又确认新数据无误，不作接边，在图历簿中说明；
  5）在同一测区内，一般规定由本幅图负责与西、北图幅之间的接边。

b）相邻图幅之间对同一要素进行接边，做到位置正确、形态合理、属性一致：
  1）位置接边，同一要素应在图廓线处相互接边，实交于一点；
  2）形态接边，同一要素接边后应保持合理的几何形状，如输电线路、道路、等高线、水岸线等不应在接边处出现转折；
  3）属性接边，同一要素接边后应保证属性完全一致。

c）未按标准图幅进行采集的数据，先相互拼接（接边）再按标准图幅范围进行数据裁切。

4.4.2.4.6　相关文件制作

在DLG数据采集过程中，应按要求进行以下相关文件的制作：

a）元数据采集，采用相关软件按CH/T 1007规定要求录入元数据项；

b）按规定格式填写图历簿，图历簿内容包括图幅数字产品概况、资料利用情况、采集过程中主要工序的完成情况、出现的问题、处理方法、过程质量检查、产品质量评价等；

c）按CH/T 1001要求编写技术总结。

4.5　质量控制

4.5.1　航空摄影测量外业质量控制

4.5.1.1　像控点测量

4.5.1.1.1　选刺与整饰

像控点选刺与整饰的检查内容：

a）检查像控点在像片上位置条件是否符合技术要求；

b）检查像控点刺点、转刺是否准确，整饰是否符合技术要求；

c）检查刺点略图与影像、地形是否相符，说明与注记是否完整、准确、清楚。

4.5.1.1.2　施测

像控点观测的检查内容：

检查观测数据、观测记录、野外观测手簿是否齐全，内容是否完整无误。若采用GPS网进行像控点测量，还应检查GPS网布设是否符合技术要求，自由边覆盖范围，特殊问题处理是否合理。

4.5.1.1.3　数据处理

GPS观测数据的测后处理，按下列内容进行检查：

a）检查起算成果和参数使用的正确性；

b）检查观测值数据的正确性，是否剔除了粗差及不可靠数据；

c）检查基线向量解算的各种数据是否符合限差要求；

d）检查GPS网平差中，网与网之间的公共点较差是否超限，最终成果精度是否满足技术要求。

4.5.1.2　调绘

调绘的质量控制包括以下内容：

a）检查调绘范围线的绘制是否符合技术要求，调绘范围是否有重复或漏洞；

b）检查实地调绘内容是否正确，有无遗漏，综合取舍是否合理，要素相互关系处理是否恰当，能否反映实地的地理特征；

c） 检查清绘整饰后的符号、注记是否清晰、正确。

4.5.1.3 特殊情况下的外业测图

外业测图的质量控制内容如下：

a） 检查外业测图的基础控制及地形测图成果是否符合技术要求；

b） 检查平地高程注记点分布、数量及精度是否满足要求。

4.5.2 航空摄影测量内业质量控制

4.5.2.1 影像扫描

影像扫描的质量控制按下列几个方面进行：

a） 检查所有框标是否完整清晰；

b） 检查扫描分辨率是否恰当，灰度直方图是否合理，影像是否清晰。

4.5.2.2 数字空中三角测量

数字空中三角测量的质量控制按下列几个方面进行：

a） 检查参数设定是否正确，加密点点位选刺是否符合要求，内定向、相对定向结果是否满足精度要求，输出成果是否规范；

b） 平差计算检查：检查基本定向点残差、多余控制点较差是否控制在精度范围之内；

c） 加密接边检查：检查相邻测区接边点的较差是否控制在精度范围之内。

4.5.2.3 定向建模

定向建模的质量控制按下列几个方面进行：

a） 检查内定向精度，残差是否在限差范围之内；

b） 检查相对定向精度，定向点数及其点位分布是否合理，精度是否在限差范围内；

c） 检查绝对定向精度，残差是否在限差范围之内；

d） 检查作业区边界，在立体状态下检查相邻模型作业区边界是否合理、拼接无缝。

4.5.2.4 DLG数据采集

生产单位将DLG成果提交验收前，应按GB/T 18316和CH/T 1011要求对DLG数据的质量进行检查，消除可能存在的质量缺陷。

a） 位置精度检查：利用预设的检测点检测DLG的平面位置中误差和高程中误差，形成精度检测报告；

b） 属性精度检查：检查要素的属性项名称、类型、长度、顺序以及属性值等内容的正确性；

c） 逻辑一致性检查：检查数据的点、线、面拓扑关系，要素图层划分，要素的相互关系及相邻图幅间接边等内容的正确性；

d） 数据完备性检查：检查数据覆盖范围内要素的完整性、要素图形与属性数据是否有遗漏；

e） 数据文件检查：检查文件命名、数据格式等是否符合设计要求。

5 航天遥感测量法

5.1 技术准备

5.1.1 资料收集

利用单景卫星遥感影像生产DLG，应收集下列资料：

a） 收集现势性好、地面分辨率不低于图上0.1 mm的卫星遥感影像或其正射影像数据；

b） 收集比例尺与成图比例尺相同的地形图或DRG数据及其相关的元数据；

c） 收集有关专题资料。

5.1.2 资料分析

对所收集的资料进行分析，判定其是否满足卫星遥感影像生产DLG的要求：

a） 分析卫星影像倾角、云层覆盖等因素对影像质量的影响；分析卫星影像的获取时间对DLG现势性的影响；

b） 分析地形图或DRG采用的平面坐标系和高程基准是否需要进行转换；

c) 对有关专题资料进行统一整理、检查、分析，对其可靠性、现势性、可利用性进行评价确认。

5.1.3 技术设计

按照 CH/T 1004 的要求编写专业设计书。

5.2 作业流程

利用单景卫星遥感影像生产 DLG，作业流程见图 11。图中虚框部分的详细内容见 CH/T 1015.3 中第 5 条。

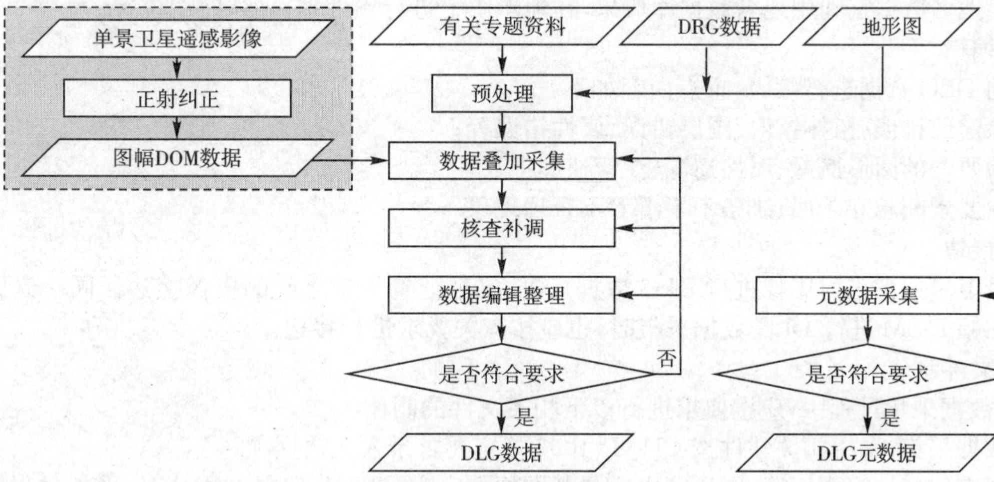

图 11 单景卫星遥感影像测量技术生产 DLG 作业流程

5.3 技术要求

利用单景卫星遥感影像生产 DLG 应满足下列技术要求：

a) 用于 DLG 数据采集的 DOM，其平面精度应满足 CH/T 1009 规定；

b) 采集的 DLG 数据相对 DOM 背景影像的位置偏差不得大于 2 个 DOM 像元；

c) DLG 数据采集的基本要求按 4.3.2.4.1 条执行。

5.4 作业方法

5.4.1 作业准备

按下列内容进行 DLG 数据采集前的准备：

a) 如果不能直接得到卫星遥感正射影像 DOM，则按 CH/T 1015.3 将卫星遥感影像制作为图幅 DOM 数据；

b) 设置 DLG 数据采集所需要的各种参数；

c) 根据图式制作要素符号、线型、色彩以及图幅整饰模板等，创建符号库；

d) 按专业设计书要求，制作数据采集统一使用的要素类分层模板，并与要素代码、属性项以及符号库进行关联。

5.4.2 数据采集与属性录入

DLG 数据采集与属性录入按下列方法进行：

a) 以 DOM 影像为背景叠加 DRG 进行 DLG 数据采集，要素采集的作业方法按 4.4.2.4.3 执行。从影像上能准确判绘的水系、交通、居民地及工矿设施、植被等要素，几何位置依据 DOM 影像采集，赋要素代码，其他属性值参照 DRG 以及有关专题资料判定录入；不能准确判绘的要素内容（包括图形与属性），如地名、境界、管线等要素以及其他有关要素的属性到野外进行调绘；

b) 根据内业预采的成果，到野外进行全面核查，纠错、补调；

c) 根据野外核查、补调的成果，内业进行要素补充采集（包括图形与属性）和编辑；

d) 其中有关要素数据可以利用以下相关资料获取：

1) 等高线与高程注记点数据，可通过大比例尺地形图的等高线、高程注记点进行数据缩编或由对应的 DEM 数据内插方法获取；如果同比例尺的原地形图精度可靠，地貌基本没有变化，亦可用其 DRG 直接采集；

2）县级以上（含县级）行政境界宜采用国家、省级民政部门的勘界数据，县级以下行政境界宜按国土部门土地调查的权属数据进行提取；

3）交通数据，如果有符合平面位置精度要求的车载 GPS 数据可直接采用，如定位中误差 10～15 m 的车载 GPS 数据可用于 1∶50 000 成图，同时以 DOM 影像为背景进行叠加检查，如局部有偏离，可根据影像进行修正；

4）地名数据宜利用地名数据库成果，在地形图上进行预处理，确认注记位置。

5.4.3　数据编辑

对采集的 DLG 数据进行编辑，重点内容如下：

a）消除定位错误、拓扑错误、图层错误、属性错误等；

b）消除要素的图形遗漏、属性遗漏、注记遗漏等；

c）消除要素间相互矛盾、线条不平滑等不合理现象。

5.4.4　图幅接边

利用单景卫星遥感正射影像进行 DLG 数据采集，要进行景与景之间的影像接边。同一景影像划分为多幅标准图幅 DOM 进行 DLG 数据采集时，也应按有关要求进行接边。

5.4.5　相关文件制作

在 DLG 数据采集过程中，应按要求进行以下相关文件的制作：

a）元数据采集，采用相关软件按 CH/T 1007 规定要求录入元数据项；

b）按规定格式填写图历簿，图历簿内容包括图幅数字产品概况、资料利用情况、采集过程中主要工序的完成情况、出现的问题、处理方法、过程质量检查、产品质量评价等；

c）按 CH/T 1001 要求编写技术总结。

5.5　质量控制

生产单位在将 DLG 成果提交验收前，应按 GB/T 18316 和 CH/T 1011 对 DLG 数据的质量进行检查，消除可能存在的质量缺陷。

a）位置精度检查

利用预设的检测点检测单景卫星正射影像 DOM 以及 DLG 的平面位置精度和高程精度，形成精度检测报告；

b）属性精度检查

检查要素的属性项名称、类型、长度、顺序以及属性值等内容的正确性；

c）逻辑一致性检查

检查数据的点、线、面拓扑关系，要素图层划分，要素的相互关系及相邻图幅间接边等内容的正确性；

d）数据完备性检查

检查数据覆盖范围内要素的完整性、要素图形与属性数据是否有遗漏；

e）数据文件检查

检查文件命名、数据格式等是否符合设计要求。

6　地形图扫描矢量化法

6.1　技术准备

6.1.1　资料收集

地形图扫描矢量化法生产 DLG 应重点收集下列资料：

a）收集出版年代最新的、比例尺与成图比例尺相同或更大的地形图；

b）收集采用最新航摄影像或卫星影像制作的正射影像数据及其元数据等资料；

c）收集专业部门的数据资料，包括民政部门的勘界成果、新的行政区划及地名资料，国土部门的土地利用现状数据，交通部门的道路数据等资料。

6.1.2 资料分析

对所收集的资料进行分析，判定其对生产 DLG 的适用性以及如何利用。

a) 分析地形图的成图年代、成图方法、采用的标准及其精度等是否满足生产要求；

b) 分析原图材料是印刷图、薄膜图还是刻图，是合版图还是分版图；

c) 分析原图采用的平面坐标系和高程基准，是否需要进行转换；

d) 分析正射影像以及专业数据资料的数学基础、位置精度、覆盖范围等；

e) 对有关专业资料进行统一整理、检查、分析，对其可靠性、现势性、可利用性进行评价确认。

6.1.3 技术设计

按照 CH/T 1004 的要求编写专业设计书。

6.2 作业流程

地形图扫描矢量化法生产 DLG 数据的作业流程见图 12。图中虚框部分表示可选择的作业内容。图中中间虚框部分表示的内容见 CH/T 1015.4 中第 4 条的规定。

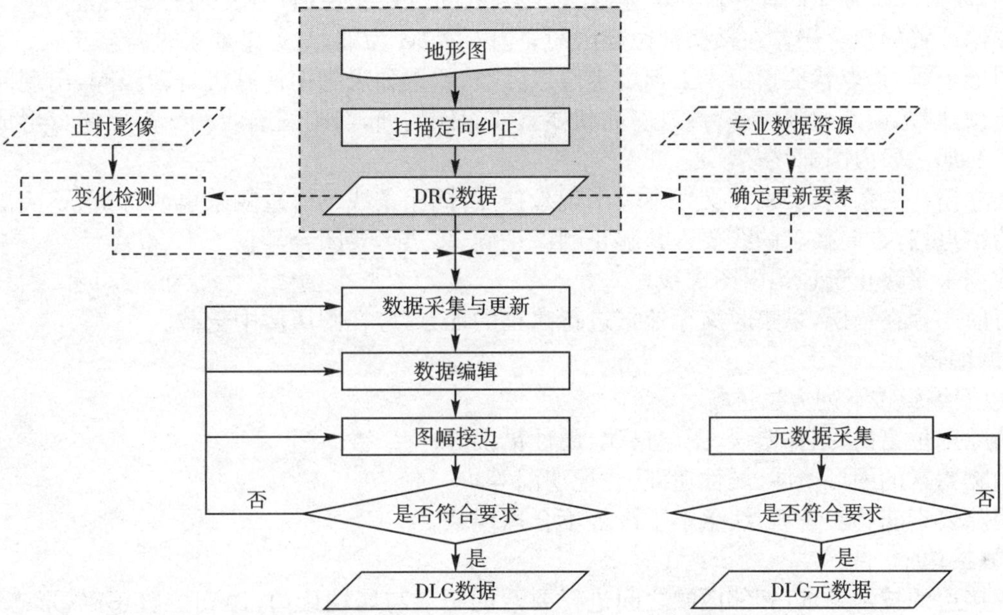

图 12 地形图扫描矢量化法作业流程

6.3 技术要求

地形图扫描矢量化法生产 DLG 数据的技术要求如下：

a) 用于 DLG 数据采集的 DRG 数据，图像分辨率不低于 300 dpi，平面精度应符合 CH/T 1010 规定；

b) DLG 数据相对 DRG 背景图像，点要素的位置采集偏差不大于图上 0.1 mm(约相当于 DRG 上 1～1.5 个像元)，线要素的采集偏差不大于图上 0.15 mm(约相当于 DRG 上 2～2.5 个像元)；

c) DLG 数据采集的基本要求按 4.3.2.4.1 条执行；

d) 在扫描矢量化数据采集的同时，应充分利用收集到的新影像资料以及专业数据资料进行数据更新，以提升 DLG 成果的现势性。

6.4 作业方法

6.4.1 作业准备

按下列内容进行 DLG 数据采集前的准备：

a) 按 CH/T 1015.4 将地形图制作为 DRG 数据。

b) 对地形图进行预处理：

1) 检查图幅接边，有矛盾处应作出标注并提出处理方法，以便采集时进行修正；

2) 对不易区分的要素类别或需要特别提示作业人员注意的内容进行标注，如标注国道省道编号等；

3） 根据所收集的专业数据资料，将需要更新的要素及属性值标绘在预处理图上。

c） 设置DLG数据采集所需要的各种参数，如成图比例尺、捕获半径、流方式下的管道半径及其允许长度等。

d） 根据图幅号自动生成理论内图廓线。

e） 根据图式要求制作要素符号、线型、色彩以及图幅整饰模板等，创建符号库。

f） 按专业设计书要求，制作数据采集统一使用的要素类分层模板，并与要素代码、属性项以及符号库进行关联。

6.4.2 数据采集与更新

DLG数据采集与更新按下列方法进行：

a） 在DRG背景数据上，采用人机交互方式，进行DLG数据采集及属性录入，属性数据主要由DRG获取；当有新DOM以及专业数据资料时，应参照预处理图，在DRG与DOM叠合的基础上，以DOM为背景对更新要素进行图形采集，同时赋属性值；当发现矢量要素与其DOM同名影像位置的套合误差在某些部位超限时，应以DOM为准，对矢量要素进行修正；

b） 图形采集时，点状要素由人工判定定位点，线状要素如果采用计算机自动跟踪，出现问题应人工干预，跟踪偏差超限应进行修正；面状要素要封闭构面，与内图廓线相交需要拷贝形成闭合多边形的那一段内图廓线；

c） 建立拓扑关系，线要素实交处不应出现悬挂点；同一条线不得重复采集或打折；不应出现多余的伪结点；有方向要求的线要素其起止顺序正确；多边形要闭合等；

d） 数据采集终止于理论内图廓线；

e） 对原图存在错误，采集时又无依据进行改正的地方，应在图历簿中记载。

6.4.3 数据编辑

DLG数据编辑按下列方法进行：

a） 消除定位错误、拓扑错误、图层错误、属性错误等；

b） 消除要素的图形遗漏、属性遗漏、注记遗漏等；

c） 消除要素间相互矛盾、线条不平滑等不合理现象。

6.4.4 图幅接边

按图幅接边的技术要求，相邻图幅之间进行要素的图形与属性接边，做到位置正确、形态合理、属性一致。

6.4.5 相关文件制作

在DLG数据采集过程中，应按要求进行以下相关文件的制作：

a） 元数据采集，采用相关软件按CH/T 1007规定要求录入元数据项；

b） 按规定格式填写图历簿，图历簿内容包括图幅数字产品概况、资料利用情况、采集过程中主要工序的完成情况、出现的问题、处理方法、过程质量检查、产品质量评价等；

c） 按CH/T 1001要求编写技术总结。

6.5 质量控制

生产单位在将DLG成果提交验收前，应按GB/T 18316和CH/T 1011对DLG数据的质量进行检查，消除可能存在的质量缺陷。

a） 位置精度检查

检查DRG的平面精度，将DLG数据与DRG进行叠合，检查要素的位置偏差，是否符合规定要求；

b） 属性精度检查

检查要素的属性项名称、类型、长度、顺序以及属性值等内容的正确性；

c） 逻辑一致性检查

检查数据的点、线、面拓扑关系，要素图层划分，要素的相互关系及相邻图幅间接边等内容的正确性；

d） 数据完备性检查

与原地形图对照，检查数据覆盖范围内要素的完整性、要素图形与属性数据是否有遗漏；

e） 数据文件检查

检查文件命名、数据格式等是否符合设计要求。

7 数字线划图缩编法

7.1 技术准备

7.1.1 资料收集

用DLG缩编法生产DLG应重点收集下列资料：

a） 收集供缩编直接使用的大比例尺DLG数据及其图历簿、元数据等资料；

b） 收集采用最新航摄影像或卫星影像制作的DOM数据及其元数据等资料；

c） 收集专业部门的专题数据资料，包括民政部门的勘界成果、新的行政区划及地名资料，国土部门的土地利用现状数据，交通部门的道路数据等资料。

7.1.2 资料分析

对所收集的资料进行分析，判定其对生产DLG的适用性以及如何利用。

a） 分析能直接供缩编用的基础资料，包括DLG数据、DOM数据以及勘界成果等资料的数学基础、位置精度、覆盖范围、成图方法、施测年代及其施测单位等；

b） 分析供缩编用的参考资料，包括各种专题数据，辅助资料的现势性、可靠性、内容的完备性，确定其可利用程度及如何利用。其中，土地详查成果数据主要用于植被与土质采集；公路资料用于公路编码、技术等级、名称等属性的获取；围垦资料用于辅助编绘海岸线、干出线；行政区划图册、各种地图集、市县交通旅游图等可用于行政区划的变动更新、城镇居民地行政等级、主要街道名称、大型企事业单位名称的获取、检查和更新；

c） 分析缩编前后DLG要素的分层、分类代码、几何特征、属性的异同以及转换原则。

7.1.3 技术设计

技术设计按照CH/T 1004要求执行。

7.2 作业流程

采用数字线划图缩编法生产DLG，作业流程见图13。图中虚框部分表示可选择的作业内容。

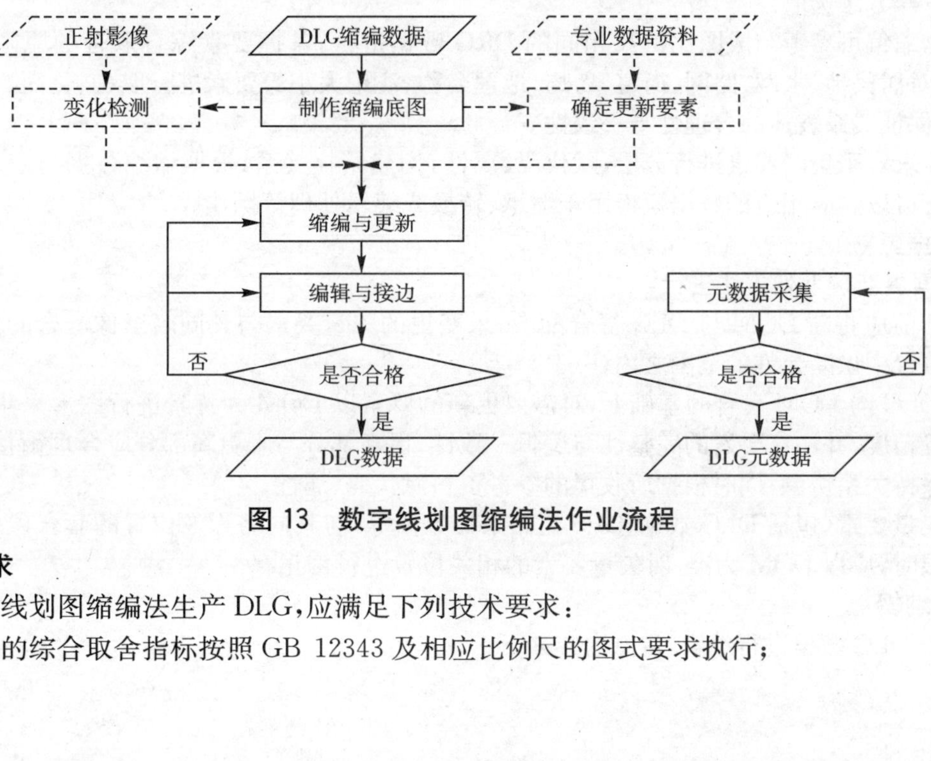

图13 数字线划图缩编法作业流程

7.3 技术要求

采用数字线划图缩编法生产DLG，应满足下列技术要求：

a） 缩编的综合取舍指标按照GB 12343及相应比例尺的图式要求执行；

b） 缩编后应消除原图幅接边之间存在的伪结点；
c） DLG 数据采集的基本要求按 4.3.2.4.1 执行；
d） 在数据缩编采集的同时，应充分利用收集到的新影像以及专业数据资料进行要素更新，确保成果的现势性。

7.4 作业方法

7.4.1 作业准备

采用缩编法生产 DLG 的作业准备内容如下：
a） 根据缩编作业的困难程度，必要时需在技术设计书的基础上对测区进行整体分析，编写图幅缩编说明、技术要点以及要素综合取舍样图，制定作业计划，指导作业；
b） 对缩编采用的基础资料、参考资料应根据其特点及所存在的差异，在缩编前进行统一的分析整理与预处理，以便采集更新时利用；
c） 分析图幅所在区域的地物地貌特征，包括地理要素的组成、分布密度、分布特点及相互关系的规律，控制图面信息的合理载负量。

7.4.2 制作缩编底图

缩编底图按下列方法制作：
a） 如果供缩编用的 DLG 数据的数学基础与产品要求不一致，则首先对其进行数学基础转换；
b） 按图式要求制作内图廓及公里网线；
c） 将所需的分块缩编数据调入内图廓，嵌接满幅，完成缩编底图的制作。

7.4.3 缩编与更新

7.4.3.1 缩编采集

缩编采集按下列方法进行：
a） 要素的缩编采集一般按有利于要素关系协调的先后顺序进行，如地貌、水系、交通（铁路、公路、街道及其他道路）、居民地与建（构）筑物、管线、境界、植被和土质、其他要素等。
b） 地貌缩编，可采用两种方法：
  1） 利用原 DLG 的等高线、高程点、水岸线等数据，构 TIN，按缩编后所需的格网间距内插 DEM，再利用该 DEM 按照产品地形图的等高距内插生成等高线，并作光滑处理；高程点则根据地貌特征分布及密度要求进行选取；
  2） 以原 DLG 的等高线为背景，按缩编后的等高距抽取或选取所需的等高线；高程点按上述同样方法选取。
c） 地物缩编可参考与成图比例尺相同的 DRG 数据进行，掌握要素综合取舍的原则，按照缩编规范，对居民地、水网、路网、街道、岛屿、地理名称、注记大小等要素进行取舍、化简、概括等缩编作业，保证关系表达的合理性与一致性。
d） 按要求对采集的要素进行分层，赋代码、属性，构建拓扑关系，根据缩编数据与产品数据的对比分析可以建立相应的数据模板用于继承、转换或编辑处理等操作。

7.4.3.2 数据更新

DLG 数据更新按下列方法进行：
a） 更新前应将新 DOM 与 DLG 复合配准，未变更的矢量要素与其同名影像套合的偏差必须在平面位置中误差允许的范围之内；
b） 在 DLG 与 DOM 套合的基础上，对需要更新的要素以 DOM 为背景进行图形采集，保证采集的位置精度，并注意要素的完整性与逻辑一致性，更新部分与未更新部分应合理衔接，与相关要素要保持关系协调；同时根据所收集的参考资料赋代码、属性；
c） 当矢量要素（包括 DLG 数据、GPS 道路采集数据等）与其同名影像位置的套合误差在某些部位超限时，应以 DOM 为准，对矢量要素的相关位置进行修正。

7.4.4 数据编辑

对采集的 DLG 数据进行编辑，重点内容如下：

a） 消除定位错误、拓扑错误、图层错误、属性错误等；

b） 消除要素的图形遗漏、属性遗漏、注记遗漏等；

c） 消除要素相互矛盾、线条不平滑等不合理现象。

7.4.5 图幅接边

按技术要求，相邻图幅之间进行要素的图形与属性接边，做到位置正确、形态合理、属性一致。

7.4.6 相关文件制作

在 DLG 数据采集过程中，应按要求进行以下相关文件的制作：

a） 元数据采集，采用相关软件按 CH/T 1007 规定要求录入元数据项；

b） 按规定格式填写图历簿，图历簿内容包括图幅数字产品概况、资料利用情况、采集过程中主要工序的完成情况、出现的问题、处理方法、过程质量检查、产品质量评价等；

c） 按 CH/T 1001 要求编写技术总结。

7.5 质量控制

生产单位在将 DLG 成果提交验收前，应按 GB/T 18316 和 CH/T 1011 对 DLG 数据的质量进行检查，消除可能存在的质量缺陷。

a） 位置精度检查

缩编方法采集 DLG 数据，平面位置精度和高程精度基本满足要求，重点检查更新要素的位置精度是否满足要求；

b） 属性精度检查

检查要素的属性项名称、类型、长度、顺序以及属性值等内容的正确性；

c） 逻辑一致性检查

检查数据的点、线、面拓扑关系，要素图层划分，要素的相互关系及相邻图幅间接边等内容的正确性；

d） 数据完备性检查

检查数据覆盖范围内要素的完整性、要素图形与属性数据是否有遗漏；

e） 数据文件检查

检查文件命名、数据格式等是否符合设计要求。

8 产品检验

对 DLG 数据及其元数据、图历簿等成果按 GB/T 18316 规定进行产品检验，汇同精度检测报告最后形成产品检查报告与验收报告。

9 成果上交

9.1 成果整理

对 DLG 数字产品及有关文档资料进行整理，按以下内容逐项登记，形成成果清单，检查无误后正式上交。

a） 数据文件（见表 7）

表 7 数据文件

内容	数据格式	存储介质
DLG 数据	按 GB/T 17798 规定的格式或指定的通用数据格式	磁带\光盘\硬盘
DLG 元数据	按 CH/T 1007 规定的格式	磁带\光盘\硬盘

b） 图文件（可选）

1） 地形图；

2） 正射影像图 DOM(采用航空或航天影像)；

3） DLG 成果输出图。

c） 文档资料

1） 成果清单；

2） 技术设计，技术总结；

3） 图历簿；

4） 检查报告与验收报告。

9.2 成果包装

数字成果以光盘为主要存储介质，也可使用磁带、磁盘或硬盘等。外包装上需标示产品标记、生产单位、生产时间等内容。

前　言

CH/T 1015—2007《基础地理信息数字产品 1∶10 000、1∶50 000 生产技术规程》分为 4 个部分：

——第 1 部分：数字线划图(DLG)；

——第 2 部分：数字高程模型(DEM)；

——第 3 部分：数字正射影像图(DOM)；

——第 4 部分：数字栅格地图(DRG)。

本部分为 CH/T 1015—2007 的第 2 部分。

本标准由国家测绘局提出并归口。

本标准起草单位：国家测绘局测绘标准化研究所、国家测绘局第二地形测量队。

本标准主要起草人：周一、马聪丽、李建利、邓国庆、刘小强、赵文普、王永红。

中华人民共和国测绘行业标准

CH/T 1015.2—2007

基础地理信息数字产品 1∶10 000、1∶50 000 生产技术规程 第2部分：数字高程模型(DEM)

Technical rules for producing digital products of 1∶10 000,1∶50 000 fundamental geographic information Part 2：Digital elevation models

1 范围

CH/T 1015 的本部分规定了 1∶10 000、1∶50 000 数字高程模型(以下简写为 DEM)的数据采集技术、生产作业流程、作业方法及其质量控制要求。

本部分适用于 1∶10 000、1∶50 000 数字高程模型的数据采集、更新与建库，其他以数字高程模型为对象的产品制作与应用亦可按照本部分有关内容执行。

2 规范性引用文件

下列文件中的条款通过本部分的引用而成为本部分的条款。凡是注日期的引用文件，其随后所有的修改单(不包括勘误的内容)或修订版均不适用于本部分，然而，鼓励根据本部分达成协议的各方研究是否可使用这些文件的最新版本。凡是不注日期的引用文件，其最新版本适用于本部分。

GB/T 17798 地球空间数据交换格式

GB/T 18316 数字测绘产品检查验收规定和质量评定

CH/T 1001 测绘技术总结编写规定

CH/T 1004 测绘技术设计规定

CH/T 1007 基础地理信息数字产品元数据

CH/T 1008 基础地理信息数字产品 1∶10 000、1∶50 000 数字高程模型

CH/T 1010 基础地理信息数字产品 1∶10 000、1∶50 000 数字栅格地图

CH/T 1015.1—2007 基础地理信息数字产品 1∶10 000、1∶50 000 生产技术规程 第1部分：数字线划图(DLG)

CH/T 1015.4—2007 基础地理信息数字产品 1∶10 000、1∶50 000 生产技术规程 第4部分：数字栅格地图(DRG)

3 总则

3.1 产品模式及技术指标

1∶10 000、1∶50 000 数字高程模型(DEM)的产品模式、规格、技术指标及质量要求按 CH/T 1008 规定执行。

3.2 生产技术方法

1∶10 000、1∶50 000 数字高程模型(DEM)的生产主要采用航空摄影测量法、地形图扫描矢量化法。

在满足成图精度前提下，可采用本规程未列入的新技术和新方法，但应经过实践验证并提供试验报告，在技术设计中作出明确规定。

国家测绘局 2007-05-21 发布　　2007-07-01 实施

3.3 生产设备要求

内业使用的各种仪器设备(包括硬件、软件),应按规定要求进行检验或精度测试,符合要求后方可使用。

4 航空摄影测量法

4.1 技术准备

4.1.1 测区踏勘

对缺乏了解的测区应进行实地踏勘,编写踏勘报告。踏勘报告的编写要求及主要内容应按CH/T 1004规定执行。

4.1.2 资料收集与分析

除了不需要收集调绘成果外,其他技术准备工作按照CH/T 1015.1—2007,4.1.2与4.1.3执行。

4.1.3 技术设计

根据项目总体要求及踏勘报告,拟订技术路线与技术方法,编写项目设计书;根据项目设计书所确定的技术方案进行航空摄影测量专业设计。项目设计书与专业设计书的编写要求及主要内容按CH/T 1004规定执行。

4.2 作业流程

DEM数据采集作业流程见图1。图中上部虚框部分的内容见CH/T 1015.1中4.2条规定,左下虚框部分根据需要可用于生成DLG中的等高线。

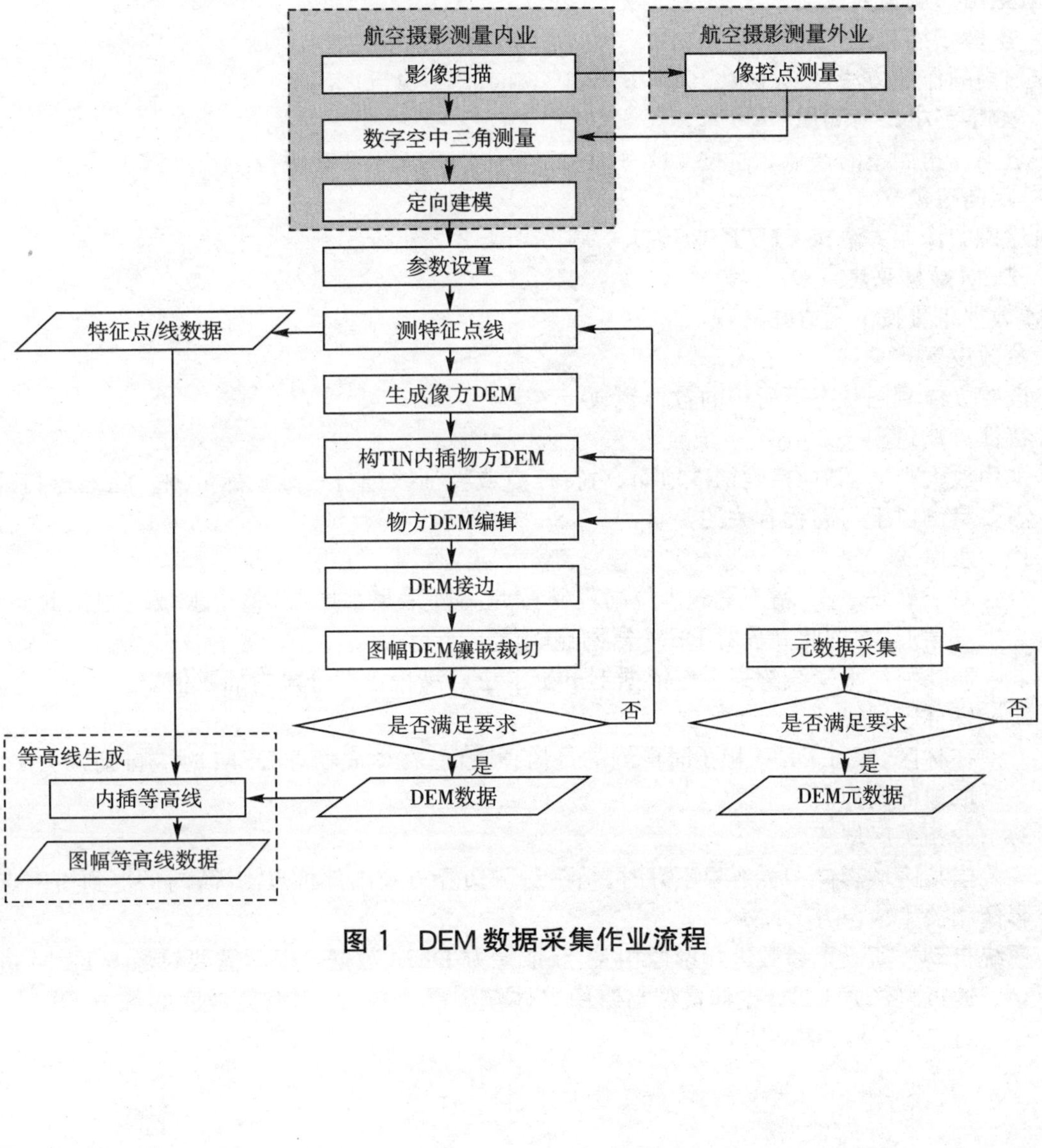

图1 DEM数据采集作业流程

4.3　技术要求

4.3.1　航空摄影测量外业技术要求

航空摄影测量外业像控点测量的技术要求按 CH/T 1015.1—2007,4.3.1.1 与 4.3.1.2 执行。

4.3.2　航空摄影测量内业技术要求

航空摄影测量内业涉及影像扫描、数字空中三角测量、定向建模、DEM 数据采集等工序,技术要求为:

a)　影像扫描的技术要求按 CH/T 1015.1—2007,4.3.2.1 执行;

b)　数字空中三角测量的技术要求按 CH/T 1015.1—2007,4.3.2.2 执行;

c)　定向建模的技术要求按 CH/T 1015.1—2007,4.3.2.3 执行;

d)　DEM 数据采集的技术要求如下:

1)　重建立体模型,像控点高程残差应控制在 CH/T 1015.1—2007 中表 3 允许的范围值内;

2)　物方 DEM 格网点高程应贴近影像立体模型地表,最大不超过 2 倍高程中误差;

3)　相邻单模型 DEM 之间接边,至少要有 2 个格网的重叠带,DEM 同名格网点的高程较差不大于 2 倍 DEM 高程中误差;

4)　DEM 格网点高程中误差应满足 CH/T 1008 规定要求。

4.4　作业方法

4.4.1　航空摄影测量外业法

像控点测量的作业方法按 CH/T 1015.1—2007,4.4.1.1 执行。

4.4.2　航空摄影测量内业法

4.4.2.1　影像扫描

影像扫描的作业方法按 CH/T 1015.1—2007,4.4.2.1 执行。

4.4.2.2　数字空中三角测量

数字空中三角测量的作业方法按 CH/T 1015.1—2007,4.4.2.2 执行。

4.4.2.3　定向建模

定向建模的作业方法按 CH/T 1015.1—2007,4.4.2.3 执行。

4.4.2.4　DEM 数据采集

DEM 数据采集按下列方法进行:

a)　参数设置

设置立体测图状态下所用的各种参数。

b)　特征点线量测

采用放大观测,测标精确切准地面,对特征点或特征线进行三维坐标量测。除地形特征线外,还需要量测以下与高程有关的要素:

1)　水岸线

对于静止水面,精确量测水位高程并按此高程采集水岸线,整个水域范围按此高程构建平三角形,并按此高程对 DEM 格网点赋值。

双线河流水岸线的高程应依据上下游水位点高程进行分段内插赋值。

2)　森林区域线

在林区,像方 DEM 相关时量测的是树顶表面,在生成物方 DEM 时应自动减去平均树高获取地面高程。

3)　非相关区域线

当某区域影像相关效果不好时,精确量测边界点及内部桩点高程,内插得到格网点高程。

c)　影像相关生成像方 DEM

系统自动按所设置参数进行影像相关,获取像方 DEM 数据。根据需要对像方 DEM 进行编辑。

1)　通过将像方 DEM 立体模型与影像立体模型叠合检查,对偏离地面的像方 DEM 点高程进行修改,使之切准地面;

2) 在像方DEM编辑过程中,根据需要可加测特征点线,使物方DEM更好贴近地面。

d) 构TIN(不规则三角网)内插物方DEM

根据像方DEM格网点及特征点线高程,构TIN内插物方DEM格网点高程。

e) 物方DEM编辑

1) 将物方DEM格网点映射到左右像片上,形成格网立体模型与影像立体模型叠合,进行观测、检查、修改,使每个物方DEM点切准地面;

2) 只有少量DEM格网点高程需要编辑时,可采用单点编辑法对格网点高程进行重新量测,精确切准地面;当需要编辑的点较多时,可采取标记编辑法,在需要编辑的地方做出标记,然后返回像方重新编辑;

3) 若需要对设定区域范围内的DEM格网点高程进行面编辑,根据软件功能,可将范围内所有格网点设置为同一高程(如静止水域),或同时减去一个高差(如树高)。

f) 物方单模型DEM接边

选取需要单模型接边的物方DEM数据,检查接边重叠带内同名格网点的高程,若其高程较差大于2倍DEM高程中误差,则视为超限,记录形成粗差点文件,分别返回各自像对的DEM,显示所有粗差点,并进行接边修测;按以上方法依次完成图幅范围内所有单模型DEM之间的接边。

g) 图幅DEM镶嵌与裁切

1) 若图幅范围内所有像对DEM的接边较差都符合规定要求,则进行图幅DEM镶嵌;镶嵌时,对参与接边的所有同名格网点高程取其均值作为各格网点高程,同时形成各条边的接边精度报告;

2) DEM镶嵌完成后,按照CH/T 1008规定的起止格网点坐标进行矩形裁切;裁切时,根据设计要求可以外扩一排或多排DEM格网;

3) 当采用栅格文件格式存储DEM数据时,应确定定位参考点的栅格坐标及其高斯投影平面坐标,以及格网间距、行数、列数等信息。

h) 相关文件制作

在DEM数据采集过程中,应按要求进行以下相关文件的制作:

1) 元数据采集,采用相关软件按CH/T 1007规定要求录入元数据项;

2) 按规定格式填写图历簿,图历簿内容包括图幅数字产品概况、资料利用情况、采集过程中主要工序的完成情况、出现的问题、处理方法、过程质量检查、产品质量评价等;

3) 按CH/T 1001要求编写技术总结。

4.5 质量控制

4.5.1 航空摄影测量外业质量控制

像控点测量的质量控制按CH/T 1015.1—2007,4.5.1.1执行。

4.5.2 航空摄影测量内业质量控制

分别按以下工序进行质量控制:

a) 影像扫描的质量控制按CH/T 1015.1—2007,4.5.2.1执行;

b) 数字空中三角测量的质量控制按CH/T 1015.1—2007,4.5.2.2执行;

c) 定向建模的质量控制按CH/T 1015.1—2007,4.5.2.3执行;

d) DEM的质量控制应按GB/T 18316和CH/T 1008要求对DEM数据的质量进行检查,消除可能存在的质量缺陷。

1) 物方DEM的检查

检查立体模型重建后像控点的高程残差,是否符合规定要求;

在影像立体模型上,检查物方DEM格网点高程模型是否贴近地表,重点检查有无粗差点。

2) 利用左、右正射影像进行零立体检查

如果是采用数字摄影测量系统同时进行DEM、DOM数据采集,则应利用DEM所制作的左、右正射影像的零立体效应检验其 DEM 质量；如果左、右正射影像构成的零立体影像出现地形起伏，则说明该处 DEM 有误差；如果发现影像模糊，则应检查该处 DEM 是否有粗差；对出现粗差及地形起伏的地方做标记，返回重新建模，检查原因，进行修测编辑。

3） 像对 DEM 接边的检查

检查单模型 DEM 各条边的接边精度是否都在要求范围之内。

4） 图幅 DEM 的精度检查

利用野外实测或空三加密得到的高程检查点，通过 DEM 内插得到相应点位上的高程，统计计算两者的高程较差，检查高程中误差是否达到规定要求，并形成精度检测报告。

5 地形图扫描矢量化法

5.1 技术准备

5.1.1 资料收集

收集资料时应注意收集最新的地形图资料，包括与成图比例尺相同或更大比例尺的地形图；同时搜集测区范围内流域、水系内水文站的分布及丰水期（如 6～9 月）平均水位高程。

5.1.2 资料分析

对所收集的资料进行分析，判定其是否满足扫描矢量化法生产 DEM 的要求。

a） 了解地形图的成图年代、成图方法、采用的标准及其数学基础等情况；

b） 察看图纸是否完好，图面是否平整、无折皱、无污渍、色正、线条与注记清晰、印刷套合良好；

c） 分析原图的坐标系和高程基准，是否需要进行转换；

d） 分析流域内水位高程是否是相近时段的数据，是否合理。

5.1.3 技术设计

按照 CH/T 1004 的要求编写专业设计书。

5.2 作业流程

地形图扫描矢量化法生产 DEM 作业流程见图 2。图中上部虚框部分的内容见 CH/T 1015.4 中第 4 章的规定。

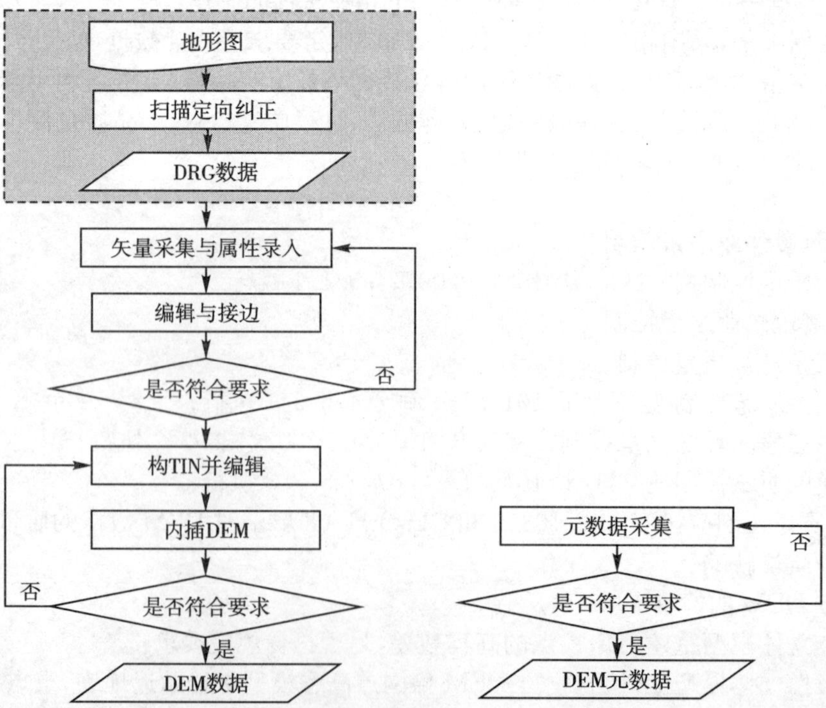

图 2 地形图扫描矢量化法作业流程

5.3 技术要求

地形图扫描矢量化法生产 DEM 应满足下列技术要求：

a) 用于等高线、高程点等矢量数据采集的 DRG 数据，图像分辨率和平面精度应满足 CH/T 1010 规定；

b) 矢量数据相对 DRG 背景图像，点要素的位置采集偏差不大于图上 0.1 mm（约相当于 DRG 上 1～1.5 个像元），线要素的采集偏差不大于图上 0.15 mm（约相当于 DRG 上 2～2.5 个像元）；

c) 所采集的图幅等高线、高程点等矢量数据需与周边图幅拼接，通过外扩构 TIN 保证覆盖全部图幅范围，TIN 图形与底图等高线叠合，无异常三角形；

d) 按产品标准 CH/T 1008 规定的格网大小内插 DEM；

e) 按照 CH/T 1008 规定的起止格网点坐标进行矩形裁切；相邻图幅 DEM 的同名格网点高程值应一致；格网的地理定位信息必须完整、正确；

f) 矢量要素采集的基本要求与 DLG 其他要素一样，按 CH/T 1015.1—2007，6.3 执行。

5.4 作业方法

5.4.1 作业准备

按下列内容进行 DEM 数据采集前的准备：

a) 如果不能直接得到 DRG 数据，则按 CH/T 1015.4 规程先将地形图制作为 DRG 数据；

b) 对地形图进行预处理：

  1) 检查图幅接边，有矛盾处应作出标注并提出处理方法，采集时进行修正；

  2) 对需要特别提示作业人员注意的内容进行标注，包括非地形高程注记点、静止水面高程等，并绘出高程推测区范围线；

c) 设置矢量数据采集所需要的各种参数，如成图比例尺、捕获半径、流方式下的管道半径及其允许长度等；

d) 根据图幅号自动生成理论内图廓线；

e) 按专业设计书要求，制作数据采集统一使用的要素类分层模板，并与要素代码、属性项以及符号库进行关联。

5.4.2 高程要素数据采集

5.4.2.1 图形数据采集与属性录入

高程要素的图形数据采集与属性录入按下列方法进行：

a) 要采集的高程要素包括：等高线、地表高程注记点以及带高程的湖泊、水库、双线河渠等面状水域的水岸线；桥面、坝顶等非地表高程注记点单独归类，不参与构 TIN；数据按要素类采集，分层存放；

b) 高程注记点应准确采集其位置；

c) 线状、面状要素采集应正确处理要素间的位置关系，采集应终止于理论内图廓线；

d) 如果采用自动跟踪方式采集等高线、水岸线等线要素，应设置恰当的参数，保证跟踪精度，控制采点密度；

e) 对要素实体进行图形采集的同时，应按照设定的属性表赋予属性信息；

f) 按下列规则采集与高程有关的要素：

  1) 同一条等高线在图幅内应连续，赋同一高程值；陡崖、斜坡、双线冲沟等地貌符号应转变为等高线表示，合理反映地形特征；

  2) 采集水库、湖泊、海域等水域的水岸线，赋常水位高程；水岸线高程应与水系上下游及周边等高线、高程点的高程相协调；

  3) 采集双线河流等水域水岸线；

  4) 采集高程推测区范围线；高程精度达不到要求的区域，如草绘等高线的区域、雪域、以符号表示的陡石山、沙丘、乱掘地等地貌区以及大面积范围内无等高线而高程注记点又达不到规定密度的城镇街区等，应数字化其边界，作为高程推测区提供用户注意使用；

5） 自由图边处，等高线应顺走势延伸到图廓外；

g） 按图层建立拓扑关系；等高线、水岸线应重复采集或打折；面状要素要封闭，跨图幅时以内图廓线为边线各自形成封闭多边形；

h） 对分版地形图所采集的要素，要进行叠合检查，保证水域与等高线、高程注记点之间关系合理、协调；

i） 对原图存在的错误而又无依据进行采集改正时，应在图历簿中记载。

5.4.2.2　**数据编辑**

对采集的矢量数据进行编辑，重点内容如下：

a） 消除定位错误、拓扑错误、图层错误、属性错误等；

b） 消除要素的图形遗漏、属性遗漏、注记遗漏等；

c） 消除要素间相互矛盾、线条不平滑等不合理现象。

5.4.2.3　**图幅接边**

按图幅接边的技术要求，相邻图幅之间应进行要素的图形与属性接边，做到位置正确、形态合理、属性一致。

5.4.3　**内插 DEM 数据**

5.4.3.1　**高程要素数据的拼接与裁切**

对高程要素数据应进行下列拼接与裁切处理：

a） 高程要素数据拼接前的预处理

当原图为非 1985 国家高程基准时，应对该图幅的高程数据进行统一改正，再进行拼接。

b） 与周边图幅拼接与裁切

图幅拼接与裁切可采用下列两种方式：

1） 将中心图幅与周边 8 幅图进行数据拼接，中心图幅做必要外扩后裁切；

2） 将多幅图放在一个大矩形范围内进行数据拼接，并做区域性外扩后再裁切。

对高程要素数据的外扩矩形裁切，宜在原图内图廓线外接矩形基础上外扩图上 10 mm～50 mm，山地、丘陵地外扩范围可适当缩小，而平地则相应加大，以涵盖到周边图幅内的等高线与高程点为原则。

5.4.3.2　**构 TIN 与编辑处理**

构 TIN 与编辑处理包括下列内容：

a） 数据预处理

1） 对无高程点的山头、凹地或垭口等处内插 1 个高程特征点，对狭长而缓坡的沟谷或山脊内插 1 条高程特征线，以避免出现不合理的平三角形；

2） 对双线河岸线的水位高程赋值；根据搜集到的流域内水文站位置及常水位高程，沿河段自上而下按距离内插高程，当难以获得水文资料时，可参照过河等高线高程进行内插，分段对两边水岸线高程进行赋值；

3） 检查有无高程粗差，等高线采样点间距是否疏密适当。

b） 构 TIN 并检查编辑

利用高程要素数据构 TIN，检查三角网与等高线之间关系的合理性。

1） 将 TIN 三角网与等高线以不同颜色叠合显示，对跨越等高线而构成的非等坡三角形进行编辑处理；

2） 对不合理的平三角形，内部加高程点后重构 TIN。

5.4.3.3　**内插 DEM**

在 TIN 的基础上按规定的格网间距内插 DEM，并利用等高线进行符合性检验。

a） 用所生成的 DEM 内插生成等高线；

b） 将内插等高线与原始等高线按不同颜色叠合显示，检查同名等高线的偏离情况，对超出 1/2 等高距的区域进行编辑，直至偏离量全部在允差范围之内。

5.4.3.4 DEM 的接边与裁切

对生成的 DEM 应进行接边与图幅裁切，包括下列内容：

a) 图幅 DEM 接边

1) 单幅图 DEM

对相邻图幅 DEM 重叠区（至少有 2 格以上重叠）内的所有同名格网点的高程较差进行检查，当较差不大于 2 倍高程中误差则取同名点高程的平均值作为该点高程；若较差超限，需查明原因进行处理直至符合要求，并保留接边精度报告。

2) 区域 DEM

区域与区域的 DEM 之间，参照单幅图 DEM 要求进行接边。

b) 图幅 DEM 裁切

按 CH/T 1008 要求的范围进行图幅裁切，同时生成该图幅 DEM 格网的地理定位信息文件。

5.4.4 相关文件制作

在 DEM 数据采集过程中，应按要求进行以下相关文件的制作：

a) 元数据采集，采用相关软件按 CH/T 1007 规定要求录入元数据项；

b) 按规定格式填写图历簿，图历簿内容包括图幅数字产品概况、资料利用情况、采集过程中主要工序的完成情况、出现的问题、处理方法、过程质量检查、产品质量评价等；

c) 按 CH/T 1001 要求编写技术总结。

5.5 质量控制

生产单位在将 DEM 成果提交验收前，应按 GB/T 18316 和 CH/T 1008 对 DEM 数据的质量进行以下检查，消除可能存在的质量缺陷。

a) 数据源及过程数据的质量控制

检查 DRG 及等高线矢量数据的平面精度，检查位置偏差，是否符合规定要求；

b) 高程的符合性检查

检查内插等高线与原始等高线之间同名等高线的偏离量是否在规定范围之内；

c) 高程精度检查

利用未参加构 TIN 的已知高程点对 DEM 进行检测，统计高程精度，形成精度检查报告；

d) 数据完备性检查

检查 DEM 数据覆盖范围有无不满幅、数据有无遗漏等问题；

e) 数据文件检查

检查文件命名、数据格式等是否符合设计要求。

6 产品检验

对 DEM 数据及其元数据、图历簿等成果按 GB/T 18316 规定进行产品检验，汇同精度检测报告最终形成检查报告和验收报告。

7 成果上交

7.1 成果整理

对 DEM 数字产品及有关文档资料进行整理，按以下内容逐项登记，形成成果清单，检查无误后正式上交。

a) 数据文件（见表 1）

表 1　数据文件

内容	数据格式	存储介质
DEM 数据	按 GB/T 17798 规定的格式或指定的通用数据格式	磁带\光盘\硬盘
DEM 元数据	按 CH/T 1007 规定的格式	磁带\光盘\硬盘

b）图文件（可选）

1）地形图；

2）预处理图；

3）DEM 内插等高线与原等高线的输出图。

c）文档资料

1）成果清单；

2）技术设计，技术总结；

3）图历簿；

4）检查报告和验收报告。

7.2　成果包装

数字成果以光盘为主要存储介质，也可使用磁带、磁盘或硬盘等。外包装上需标示产品标记、生产单位、生产时间等内容。

前　言

CH/T 1015—2007《基础地理信息数字产品 1∶10 000、1∶50 000 生产技术规程》分为 4 个部分：

——第 1 部分：数字线划图(DLG)；

——第 2 部分：数字高程模型(DEM)；

——第 3 部分：数字正射影像图(DOM)；

——第 4 部分：数字栅格地图(DRG)。

本部分为 CH/T 1015—2007 的第 3 部分。

本标准由国家测绘局提出并归口。

本标准起草单位：国家测绘局测绘标准化研究所、国家测绘局第二地形测量队。

本标准主要起草人：周一、马聪丽、李建利、邓国庆、刘小强、赵文普、王永红。

中华人民共和国测绘行业标准

CH/T 1015.3—2007

基础地理信息数字产品 1∶10 000、1∶50 000 生产技术规程 第3部分：数字正射影像图(DOM)

Technical rules for producing digital products of 1∶10 000, 1∶50 000 fundamental geographic information Part 3: Digital orthophoto maps

1 范围

CH/T 1015的本部分规定了1∶10 000、1∶50 000数字正射影像图(以下简写为DOM)的数据采集技术、生产作业流程、作业方法及其质量控制要求。

本部分适用于1∶10 000、1∶50 000数字正射影像图的数据采集、更新与建库，其他以数字正射影像图为对象的产品制作与应用亦可按照本部分有关内容执行。

2 规范性引用文件

下列文件中的条款通过本部分的引用而成为本部分的条款。凡是注日期的引用文件，其随后所有的修改单(不包括勘误的内容)或修订版均不适用于本部分，然而，鼓励根据本部分达成协议的各方研究是否可使用这些文件的最新版本。凡是不注日期的引用文件，其最新版本适用于本部分。

GB/T 17798 地球空间数据交换格式

GB/T 18316 数字测绘产品检查验收规定和质量评定

CH/T 1001 测绘技术总结编写规定

CH/T 1004 测绘技术设计规定

CH/T 1007 基础地理信息数字产品元数据

CH/T 1009 基础地理信息数字产品1∶10 000、1∶50 000数字正射影像图

CH/T 1015.1—2007 基础地理信息数字产品1∶10 000、1∶50 000生产技术规程 第1部分：数字线划图(DLG)

CH/T 1015.2—2007 基础地理信息数字产品1∶10 000、1∶50 000生产技术规程 第2部分：数字高程模型(DEM)

3 总则

3.1 产品模式及技术指标

1∶10 000、1∶50 000数字正射影像图(DOM)的产品模式、规格、技术指标及质量要求按CH/T 1009规定执行。

3.2 生产技术方法

1∶10 000、1∶50 000数字正射影像图(DOM)的生产主要采用航空摄影测量法、航天遥感测量法。

在满足成图精度前提下，可采用本规程未列入的新技术和新方法，但应经过实践验证并提供试验报告，在技术设计中作出明确规定。

国家测绘局 2007-05-21发布 2007-07-01实施

3.3 生产设备要求

内业使用的各种仪器设备(包括硬件、软件),应按规定要求进行检验或精度测试,符合要求后方可使用。

4 航空摄影测量法

4.1 技术准备

4.1.1 测区踏勘

对缺乏了解的测区应进行实地踏勘,编写踏勘报告。踏勘报告的编写要求及主要内容应按 CH/T 1004 规定执行。

4.1.2 资料收集与分析

除了不需要收集调绘及高程注记点成果外,其他技术准备工作按照 CH/T 1015.1—2007,4.1.2 与 4.1.3 执行。

4.1.3 技术设计

根据项目总体要求及踏勘报告,拟订技术路线与技术方法,编写项目设计书;根据项目设计书所确定的技术方案进行航空摄影测量专业设计。项目设计书与专业设计书的编写要求及主要内容按 CH/T 1004 规定执行。

4.2 作业流程

DOM 数据采集作业流程见图 1。图中虚框部分内容见 CH/T 1015.1,4.2 和 CH/T 1015.2,4.2 规定。

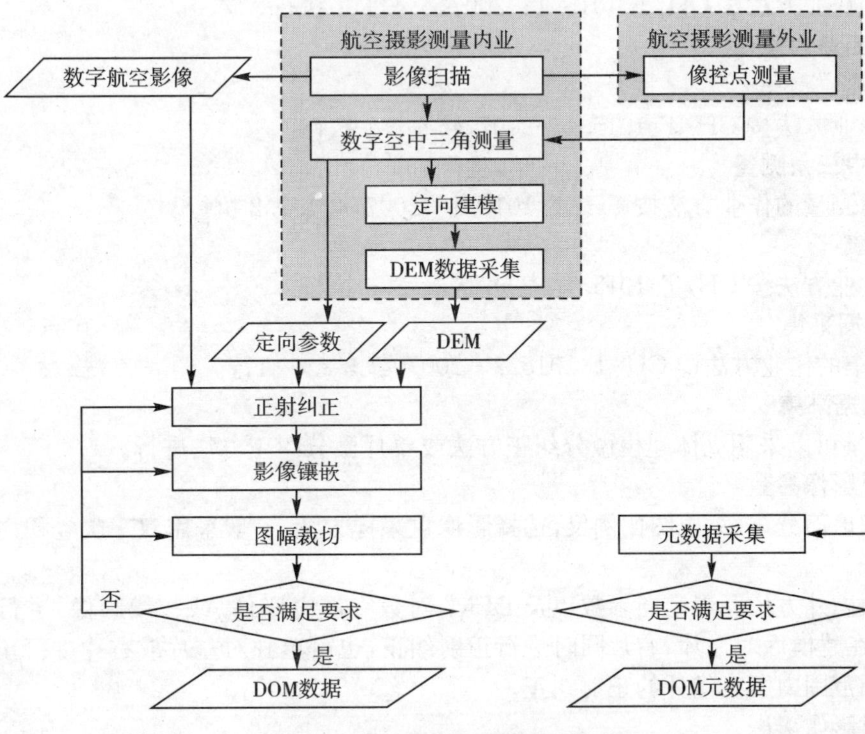

图 1 DOM 数据采集作业流程

4.3 技术要求

4.3.1 航空摄影测量外业

航空摄影测量外业像控点测量的技术要求按 CH/T 1015.1—2007,4.3.1.1 与 4.3.1.2 执行。

4.3.2 航空摄影测量内业

航空摄影测量内业涉及影像扫描、数字空中三角测量、定向建模、DEM 数据采集、DOM 数据采集等工序,技术要求如下:

a） 影像扫描的技术要求按 CH/T 1015.1—2007,4.3.2.1 执行；
b） 数字空中三角测量的技术要求按 CH/T 1015.1—2007,4.3.2.2 执行；
c） 定向建模的技术要求按 CH/T 1015.1—2007,4.3.2.3 执行；
d） DEM 数据采集的技术要求按 CH/T 1015.2—2007,4.3.2d)执行；
e） DOM 数据采集的技术要求如下：
  1） 正射影像平面精度
  正射影像平面位置中误差按 CH/T 1009 规定执行；根据需要可以适度提高指标要求，并在技术设计书中说明。相邻像片正射影像镶嵌，地物影像接边差控制在图上 0.2 mm～0.3 mm以内。
  2） 影像地面分辨率
  正射影像地面分辨率按 CH/T 1009 规定执行，根据需要可以适度提高指标要求，并在技术设计书中说明。
  3） 影像灰阶及其分布
  黑白影像灰阶不低于 8 bit，彩色影像灰阶不低于 24 bit；灰度直方图基本呈正态分布。
  4） 影像质量
  图幅范围内影像清晰，色调均衡，无明显像片拼接痕迹；镶嵌时要保证建筑物等实体的影像完整。

4.4 作业方法

4.4.1 航空摄影测量外业法

像控点测量的作业方法按 CH/T 1015.1—2007,4.4.1.1 执行。

4.4.2 航空摄影测量内业法

4.4.2.1 影像扫描

影像扫描的作业方法按 CH/T 1015.1—2007,4.4.2.1 执行。

4.4.2.2 数字空中三角测量

数字空中三角测量的作业方法按 CH/T 1015.1—2007,4.4.2.2 执行。

4.4.2.3 定向建模

定向建模的作业方法按 CH/T 1015.1—2007,4.4.2.3 执行。

4.4.2.4 DEM 数据采集

DEM 数据采集的作业方法按 CH/T 1015.2—2007,4.4.2.4 执行。

4.4.2.5 DOM 数据采集

DOM 数据采集可以采用立体建模微分纠正方法或单片微分纠正方法进行。

a） 设置正射影像参数
设置影像地面分辨率、成图比例尺，选择影像重采样方法，一般采用双三次卷积内插法。
b） 正射纠正
利用像片内外方位元素定向参数以及 DEM，对数字航空影像（或核线影像）进行微分纠正重采样；可以在建模后对左片、右片同时进行正射纠正，也可单独对左片或右片进行正射纠正。依次完成图幅范围内所有像片的正射纠正。
c） 单片正射影像镶嵌
  1） 按图幅范围选取所有需要进行镶嵌的正射影像；
  2） 在相邻影像之间，可人工选择镶嵌线，也可采用控制点连线作为镶嵌线以便自动进行批处理，但不论采用何种方法都需保证所镶嵌的地物影像完整；
  3） 按镶嵌线对单片正射影像进行裁切，自动完成单片正射影像之间的镶嵌。
d） 图幅正射影像裁切
按照内图廓线最小外接矩形范围、根据设计要求外扩一排或多排栅格点影像进行裁切；裁切后生成 Geo Tiff 格式栅格影像文件，或按 GB/T 17798 要求制作图幅正射数据文件及其附加信息文件。

e) 相关文件制作

在 DOM 数据采集过程中,应按要求进行以下相关文件的制作:

1) 元数据采集,采用相关软件按 CH/T 1007 规定要求录入元数据项;

2) 按规定格式填写图历簿,图历簿内容包括图幅数字产品概况、资料利用情况、采集过程中主要工序的完成情况、出现的问题、处理方法、过程质量检查、产品质量评价等;

3) 按 CH/T 1001 要求编写技术总结。

4.5 质量控制

4.5.1 航空摄影测量外业

像控点测量的质量控制按 CH/T 1015.1—2007,4.5.1.1 执行。

4.5.2 航空摄影测量内业

分别按以下工序进行质量控制:

a) 影像扫描的质量控制按 CH/T 1015.1—2007,4.5.2.1 执行;

b) 数字空中三角测量的质量控制按 CH/T 1015.1—2007,4.5.2.2 执行;

c) 定向建模的质量控制按 CH/T 1015.1—2007,4.5.2.3 执行;

d) DEM 数据采集的质量控制按 CH/T 1015.2—2007,4.5.2d)执行;

e) DOM 数据采集的质量控制应按 GB/T 18316 和 CH/T 1009 要求对 DOM 数据的质量进行检查,消除可能存在的质量缺陷。

1) 检查 DOM 数学基础是否正确,数据覆盖范围是否符合要求;

2) 检查航片与航片影像之间接边差是否在限差范围之内;

3) 如果生产中采用左片、右片同时正射纠正,则应对左、右正射影像进行零立体观测检查,不应出现明显的地形起伏;

4) 检查整幅影像是否清晰,色调(色彩)是否均衡一致,无明显的像片拼接痕迹;

5) 在 DOM 上对范围内所有平面检测点进行量测,统计其平面位置中误差,形成精度检测报告,检查是否达到规定要求。

5 航天遥感测量法

5.1 技术准备

5.1.1 资料收集

利用单景卫星遥感影像生产 DOM 应收集如下资料:

a) 选择时相较新、倾角较小的全色或多光谱卫星影像,其影像获取时间尽可能一致或相近;同时收集与影像相关的星历、姿态角等精密参数数据;

b) 根据控制点精度要求,收集相应比例尺(一般大于或等于 5 倍成图比例尺)的地形图或 DRG 数据;

c) 根据正射纠正对高程数据精度的实际需要,收集相应的 DEM 数据;

d) 收集影像控制点成果及其他有关数据资料。

5.1.2 资料分析

对所收集的资料进行分析,判定其是否满足卫星遥感影像生产 DOM 的要求:

a) 了解影像获取时卫星的倾角、云层覆盖等情况,分析对影像质量的影响;

b) 分析卫星的星历参数和姿态角数据的完整性与可靠性;

c) 了解影像控制点成果采用的坐标系、精度、影像分辨率及所在位置等情况,并分析是否可以利用;了解地形图或 DRG 的数学基础,分析是否需要坐标变换或坐标改正;

d) 分析 DEM 质量是否满足 DOM 生产的要求。

5.1.3 技术设计

按照 CH/T 1004 的要求编写专业设计书。

5.2 作业流程

利用单景卫星遥感影像生产DOM作业流程见图2。图中虚框部分表示可选择的作业内容。

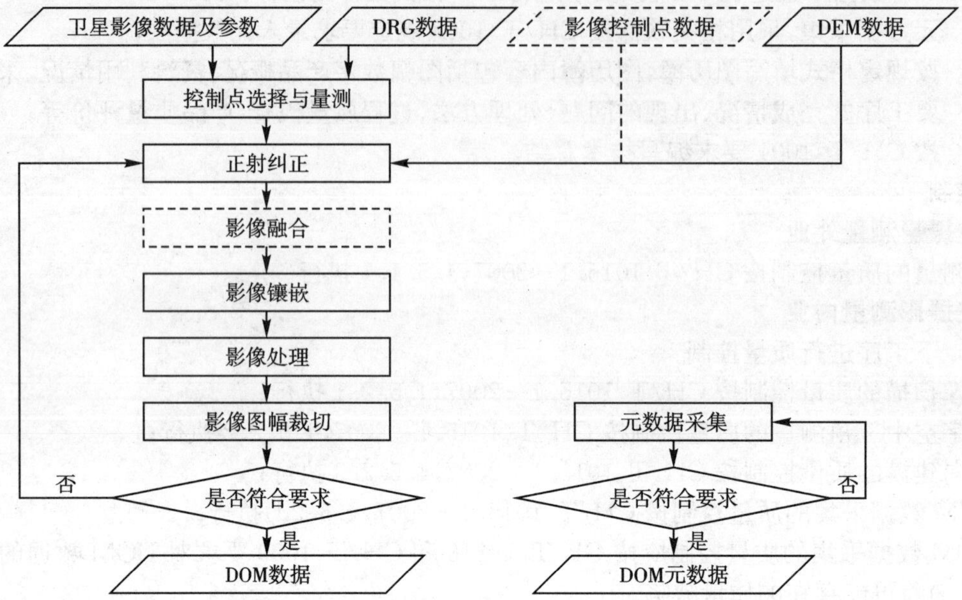

图2 单景卫星遥感影像生产DOM作业流程

5.3 技术要求

利用单景卫星遥感影像生产DOM应满足下列技术要求：

a) 卫星遥感影像DOM的平面位置精度

DOM点位中误差按CH/T 1009规定执行；一般情况下卫星遥感影像DOM的点位中误差不大于2个像元。景与景之间的接边限差按照CH/T 1009规定执行。

b) 影像地面分辨率

正射影像地面分辨率按CH/T 1009规定执行；根据卫星遥感影像的实际空间分辨率，可以适度提高DOM地面分辨率指标要求，并在技术设计书中说明。

c) 影像灰阶及其分布

黑白影像灰阶不低于8 bit，彩色影像灰阶不低于24 bit；灰度直方图基本呈正态分布。

d) 影像质量

DOM影像应纹理清晰、层次丰富、反差适中，目视效果好；融合后的影像色彩接近真实自然，色彩均衡一致，无明显偏色与拼接痕迹。

e) 影像控制点精度

影像控制点的精度要求，按CH/T 1015.1—2007，4.3.1.2执行；当卫星影像地面分辨率高于成图比例尺正射影像地面分辨率时，可参照卫星影像地面分辨率，根据需要相应提高影像控制点的精度要求，并在技术设计书中说明。

5.4 作业方法

5.4.1 控制点的布设和获取

控制点的布设和获取按下列作业方法进行：

a) 可按以下3种情况进行控制点布点：

1) 当采用卫星星历、姿态角等精密参数构成严密物理模型或采用有理函数模型进行几何纠正时，一景卫星影像至少需要2或3个地面控制点，生产中一般选取4～6个地面控制点，分布在影像4角或4边中心区域内，也可采用边角混合5点法布点；当控制点无法靠影像边选取时，可适当内移，移动量不大于图像宽度或高度的1/4；

2) 当采用严密的成像物理模型进行几何纠正时,一景卫星影像需要选取6~9个地面控制点,分布在影像角、边及其中心区域内;

3) 当采用二维或三维多项式的经验模型进行几何纠正时,一景卫星影像需要选取15~20个点作为控制点,要求点位均匀分布。由于不采用DEM进行正射纠正,故一般适用于平地、丘陵地或小面积区域的几何纠正。

b) 纠正用的影像控制点必须是明显地物点,在影像上进行点位选刺。当采用本条a)款1)和2)控制点布点方案时,用GPS实测控制点平面坐标与高程;如果已建有测区影像控制点数据库,则可从中选取适合要求的控制点。当采用本条a)款3)控制点布点方案时,可在较大比例尺的地形图或DRG上对照影像选择控制点位并量测其坐标。

5.4.2 影像的正射纠正

卫星影像正射纠正按下列作业方法进行:

a) 如采用全色与多光谱影像纠正,应根据地区光谱特性,通过试验选择合适的光谱波段组合,分别对全色与多光谱影像进行正射纠正;

b) 对于高山地、山地,根据影像控制点,应用严密物理模型或有理函数模型并通过DEM数据进行几何纠正,对影像重采样,获取正射影像;

c) 对于丘陵地,可根据情况利用低一等级的DEM进行正射纠正;对于平地,可不利用DEM直接采用多项式拟合进行纠正。

5.4.3 影像融合

根据数据情况及产品需要进行影像融合,影像融合按下列作业方法进行:

a) 在不破坏原有色调层次的基础上分别对全色影像和多光谱影像进行去模糊、去云雾等增强预处理;

b) 根据影像的灰度动态范围确定融合算法进行融合;

c) 融合后的影像应能反映细部特征,纹理清晰,色彩明亮。

5.4.4 影像镶嵌

进行相邻两景影像拼接,按镶嵌线进行裁切,自动完成影像镶嵌。同时对镶嵌线两边的影像接边差进行检查,若超限,应分析原因,必要时重做影像纠正处理。

5.4.5 影像处理

根据需要对影像色调进行调整处理,特别是相邻两景影像之间不应有明显的镶嵌痕迹。

5.4.6 影像图幅裁切

按照内图廓线最小外接矩形范围或根据设计要求外扩一排或多排栅格点影像进行裁切;裁切后生成Geo Tiff格式栅格影像文件,或按GB/T 17798规定制作图幅正射影像数据文件及其附加信息文件。

5.4.7 相关文件制作

在DOM数据采集过程中,应按要求进行以下相关文件的制作:

a) 元数据采集,采用相关软件按CH/T 1007规定要求录入元数据项;

b) 按规定格式填写图历簿,图历簿内容包括图幅数字产品概况、资料利用情况、采集过程中主要工序的完成情况、出现的问题、处理方法、过程质量检查、产品质量评价等;

c) 按CH/T 1001要求编写技术总结。

5.5 质量控制

生产单位在将DOM成果提交验收前,应按GB/T 18316和CH/T 1009的规定对DOM数据质量的要求进行检查,消除可能存在的质量缺陷。

a) 检查DOM的数学基础、地理定位信息是否正确、数据覆盖范围是否符合要求;

b) 检查相邻两景影像之间接边差是否在限差范围之内;

c) 检查整幅影像是否清晰,色调(色彩)是否均衡一致,无明显的两景拼接痕迹;

d) 在所生产的DOM范围内对所有平面检查点进行量测,统计其平面位置中误差,形成精度检测报告,检查是否达到规定要求。

6 产品检验

对 DOM 数据及其元数据、图历簿等成果按 GB/T 18316 的规定进行产品检验，汇同精度检测报告最后形成检查报告与验收报告。

7 成果上交

7.1 成果整理

对 DOM 数字产品及有关文档资料进行整理，按以下内容逐项登记，形成成果清单，检查无误后正式上交。

a） 数据文件（见表 1）

表 1 数据文件

内容	数据格式	存储介质
DOM 数据	按 GB/T 17798 规定的格式或指定的通用数据格式	磁带\光盘\硬盘
DOM 元数据	按 CH/T 1007 规定的格式	磁带\光盘\硬盘

b） 图文件（可选）
   1） 地形图；
   2） DOM 成果输出图。

c） 文档资料
   1） 成果清单；
   2） 技术设计，技术总结；
   3） 图历簿；
   4） 检查报告与验收报告。

7.2 成果包装

数字成果以光盘为主要存储介质，也可使用磁带、磁盘或硬盘等。外包装上需标示产品标记、生产单位、生产时间等内容。

前 言

CH/T 1015—2007《基础地理信息数字产品 1∶10 000、1∶50 000 生产技术规程》分为 4 个部分：

——第 1 部分：数字线划图(DLG)；

——第 2 部分：数字高程模型(DEM)；

——第 3 部分：数字正射影像图(DOM)；

——第 4 部分：数字栅格地图(DRG)。

本部分为 CH/T 1015—2007 的第 4 部分。

本标准由国家测绘局提出并归口。

本标准起草单位：国家测绘局测绘标准化研究所、国家测绘局第二地形测量队。

本标准主要起草人：周一、马聪丽、李建利、邓国庆、刘小强、赵文普、王永红。

中华人民共和国测绘行业标准

CH/T 1015.4—2007

基础地理信息数字产品 1∶10 000、1∶50 000 生产技术规程 第4部分:数字栅格地图(DRG)

Technical rules for producing digital products of 1∶10 000,1∶50 000 fundamental geographic information Part 4:Digital raster graphs

1 范围

CH/T 1015的本部分规定了1∶10 000、1∶50 000数字栅格地图(以下简写为DRG)的数据采集技术、生产作业流程、作业方法及其质量控制要求。

本部分适用于1∶10 000、1∶50 000数字栅格地图的采集、更新和建库,其他以数字栅格地图为对象的产品制作与应用亦可按照本部分有关内容执行。

2 规范性引用文件

下列文件中的条款通过本部分的引用而成为本部分的条款。凡是注日期的引用文件,其随后所有的修改单(不包括勘误的内容)或修订版均不适用于本部分,然而,鼓励根据本部分达成协议的各方研究是否可使用这些文件的最新版本。凡是不注日期的引用文件,其最新版本适用于本部分。

GB/T 17798 地球空间数据交换格式

GB/T 18316 数字测绘产品检查验收规定和质量评定

CH/T 1001 测绘技术总结编写规定

CH/T 1004 测绘技术设计规定

CH/T 1007 基础地理信息数字产品元数据

CH/T 1010 基础地理信息数字产品 1∶10 000、1∶50 000数字栅格地图

3 总则

3.1 产品模式及技术指标

1∶10 000、1∶50 000数字栅格地图(DRG)的产品模式、规格、技术指标及质量要求按CH/T 1010规定执行。

3.2 生产技术方法

1∶10 000、1∶50 000数字栅格地图(DRG)的生产主要采用地形图扫描数字化法、数字线划图矢栅变换法。

3.3 生产设备要求

内业使用的各种仪器设备(包括硬件、软件),应按规定要求进行检验或精度测试,符合要求后方可使用。

4 地形图扫描数字化法

4.1 技术准备

4.1.1 资料收集

收集1∶10 000、1∶50 000地形图。

国家测绘局 2007-05-21 发布　　2007-07-01 实施

4.1.2 资料分析

对所收集的资料进行分析，判定其是否满足地形图扫描数字化法生产 DRG 的要求。

a) 了解地形图的成图年代、成图方法、采用的标准及其数学基础等情况；

b) 查看图纸是否完好，图面是否平整、无折皱、无污渍、色正、线条与注记清晰、印刷套合良好。

4.1.3 技术设计

按照 CH/T 1004 规定的要求编写技术设计书。

4.2 作业流程

地形图扫描数字化法生产 DRG 作业流程见图 1。

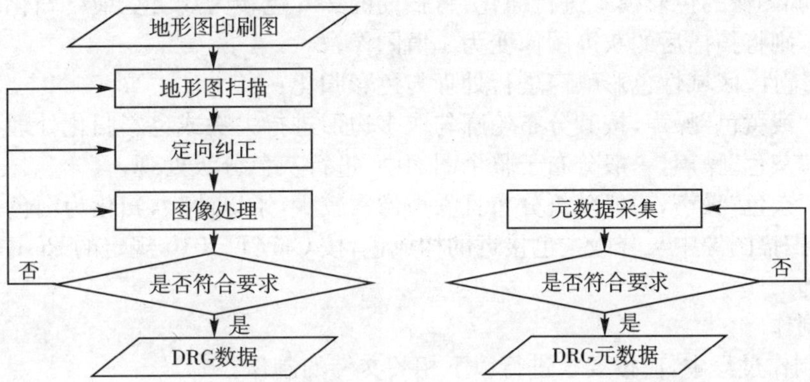

图 1 地形图扫描数字化法生产 DRG 作业流程

4.3 技术要求

地形图扫描数字化法生产 DRG 应满足下列技术要求：

a) 根据图面要素复杂程度，特别是等高线密度选择扫描分辨率，一般以 400 dpi 光学分辨率进行扫描，但最低不应小于 300 dpi；

b) 栅格图像经定向纠正后，内图廓点、公里格网点的坐标与其理论值偏差 1∶10 000 不大于 1 m，1∶50 000不大于 5 m；

c) 图像处理后，图面应无明显噪声、斑点，线条与注记清晰；

d) RGB 色彩模式符合 CH/T 1010 的规定。

4.4 作业方法

4.4.1 地形图扫描

按以下方法对地形图进行扫描作业：

a) 扫描参数设置

1) 通过试验选择恰当的扫描分辨率，设置亮度值和阈值；

2) 彩色扫描宜采用 256 色模式。

b) 纸图扫描

将地形图按操作要求分幅送入扫描仪，进行扫描。

4.4.2 定向纠正

对扫描的栅格图像按下列方法进行定向纠正及重采样：

a) 根据原图以及扫描产生的变形大小与特征，可采用不同的几何纠正方法，一般采用逐公里格网纠正，在保证精度前提下亦可采用其他方法；

b) 按 CH/T 1010 或用户要求设置地图的图面分辨率；

c) 精确量测内图廓点、公里格网点及图上平面控制点等定向点的栅格坐标，并输入其相应的高斯平面坐标；

d) 进行定向纠正及重采样，将栅格图像坐标转换成高斯平面坐标，定向点残差应控制在限差范围之内；

e）按 Geo Tiff 格式，或按 GB/T 17798 规定的格式输出 DRG 数据。

4.4.3 图像处理

对定向纠正后的图像进行下列处理：

a）栅格编辑
  1）对密集的等高线、注记等粘连严重的图像进行分割处理；
  2）对断线漏白的图像进行必要的连接或填充；
  3）清除图斑噪声。

b）色彩归化
  1）对整幅图像的色彩模式进行简化，将扫描的 256 色转为 32 色，最终归化为 16 色；对于黑白图纸，则将扫描后的灰度图像变为二值图像；
  2）对系统性、区域性色彩噪声进行处理与色彩归化：
  ——“浅黄色”噪声，按其分布轮廓勾取多边形进行去噪或色彩归化处理；
  ——“灰色”噪声，一般分布于整个图面中，进行灰色分级处理；
  ——“杂色”噪声，一般随机分布且噪声像素较少，予以清除，归化为白色。
  3）选取扫描图像中与分版主色接近的构成色，按 CH/T 1010 规定的 RGB 色彩模式进行色彩归化。

4.4.4 相关文件制作

在 DRG 数据制作过程中，应按要求进行以下相关文件的制作：

a）元数据采集，采用相关软件按 CH/T 1007 规定要求录入元数据项；

b）按规定格式填写图历簿，图历簿内容包括图幅数字产品概况、资料利用情况、采集过程中主要工序的完成情况、出现的问题、处理方法、过程质量检查、产品质量评价等；

c）按 CH/T 1001 有关要求，编写技术总结。

4.5 质量控制

生产单位将 DRG 成果提交验收前，应按 GB/T 18316 和 CH/T 1010 对 DRG 数据的质量进行检查，消除可能存在的质量缺陷。

a）检查内图廓点、公里格网点坐标与其理论值偏差是否在限差范围内；

b）检查图面是否清洁，无明显噪声；检查线划与注记是否清晰，无明显粘连或断线；

c）检查色彩归化是否正确。

5 数字线划图矢栅变换法

5.1 技术准备

5.1.1 资料收集

收集数字线划图数据，以及采用的分类代码、要素属性项、符号库等相关资料。

5.1.2 资料分析

对所收集的资料进行分析，判定其是否满足数字线划图矢栅变换法生产 DRG 的要求。

a）从文档、元数据等资料了解 DLG 的成图年代、成图方法、采用的标准及其数学基础等情况；

b）分析 DLG 数据所包含的要素是否完整。

5.1.3 技术设计

按照 CH/T 1004 的要求编写技术设计书。

5.2 作业流程

数字线划图矢栅变换法生产 DRG 作业流程见图 2。

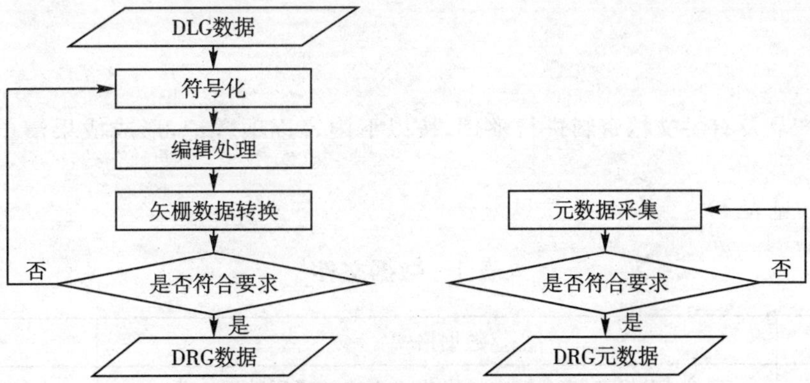

图2 数字线划图矢栅变换法生产DRG作业流程

5.3 技术要求

数字线划图矢栅变换法生产DRG应满足下列技术要求：

a) DLG数据的符号化应按相应比例尺地形图图式要求进行；

b) DRG数据应保持数字线划图数据的标称精度。

5.4 作业方法

5.4.1 DLG数据符号化

DLG数据符号化按下列方法进行：

a) 按相应比例尺地形图图式建立符号库；

b) 利用符号库对DLG数据按要素进行符号化，并按图式表示要求作压盖处理。

5.4.2 数据编辑处理

数据编辑处理按下列方法进行：

a) 对不适当的注记位置、字体类型与大小进行编辑；

b) 对要素之间不合理的位置关系进行协调处理；

c) 对其他不符合图式要求的内容进行编辑。

5.4.3 数据矢栅变换

将矢量数据格式转换为栅格数据格式，保存其坐标定位信息，转为Geo Tiff文件，或按GB/T 17798的格式要求输出DRG数据。

5.4.4 相关文件制作

在DRG数据制作过程中，应按要求进行以下相关文件的制作：

a) 元数据采集，采用相关软件按CH/T 1007规定要求录入元数据项；

b) 按规定格式填写图历簿，图历簿内容包括图幅数字产品概况、资料利用情况、采集过程中主要工序的完成情况、出现的问题、处理方法、过程质量检查、产品质量评价等；

c) 按CH/T 1001有关要求，编写技术总结。

5.5 质量控制

生产单位在将DRG成果提交验收前，应按GB/T 18316和CH/T 1010对DRG数据的质量进行检查，消除可能存在的质量缺陷。

a) 检查DRG的图面内容是否完整，矢量数据符号化是否符合相应比例尺地形图的图式要求；

b) 检查内图廓点、公里格网点坐标与其理论值偏差是否在限差范围内。

6 产品检验

对DRG数据及其元数据、图历簿等成果按GB/T 18316规定进行产品检验，形成检查报告与验收报告。

7 成果上交

7.1 成果整理

对DRG数字产品及有关文档资料进行整理,按以下内容逐项登记,形成成果清单,检查无误后正式上交。

a) 数据文件(见表1)

表1 数据文件

内容	数据格式	存储介质
DRG数据	按GB/T 17798规定的格式或指定的通用数据格式	磁带\光盘\硬盘
DRG元数据	按CH/T 1007规定的格式	磁带\光盘\硬盘

b) 图文件(可选)

1) 地形图;

2) DRG成果输出图。

c) 文档资料

1) 成果清单;

2) 技术设计,技术总结;

3) 图历簿;

4) 检查报告与验收报告。

7.2 成果包装

数字成果以光盘为主要存储介质,也可使用磁带、磁盘或硬盘等。外包装上需标示产品标记、生产单位、生产时间等内容。

前　言

本指导性技术文件由国家测绘局提出并归口。

本指导性技术文件起草单位：中国测绘科学研究院、建设综合勘察研究设计院、国家测绘局测绘标准化研究所、北京市信息资源管理中心、中国地理信息系统协会、天津市测绘院、陕西省基础地理信息中心、国家测绘局黑龙江基础地理信息中心、国家基础地理信息中心、嘉兴市规划与建设局、烟台市国土资源局。

本指导性技术文件主要起草人：李成名、王丹、肖学年、王继周、李军、刘勇、印洁、赵占杰、汤海、胡珂、王晓国、徐开明、严荣华、张建英、田力。

引　言

数字城市地理空间框架是数字中国地理空间框架的有机组成部分。为贯彻落实国测国字[2006]35号文《关于加强数字中国地理空间框架建设与应用服务的指导意见》的精神，进一步推动城市各部门使用统一的地理空间数据，保障数据组织方式、软件功能和支撑环境适应单机和网络条件下地理信息服务的需要，以促进地理信息资源的共享和广泛应用，加快城市信息化进程，制定本指导性技术文件。本指导性技术文件将通过实施、完善，转化为测绘行业标准。

中华人民共和国测绘行业标准化指导性技术文件

CH/Z 9001—2007

数字城市地理空间信息公共平台技术规范

Specifications of the common platform for geospatial information service of digital city

1 范围

本指导性技术文件界定了数字城市地理空间信息公共平台的内涵、构成及作用，规定了数据集在基础地理信息标准数据上提取、扩充和重组的加工过程，对管理服务软件功能和支撑环境提出了具体要求。

本指导性技术文件适用于数字城市地理空间信息公共平台建设、维护和服务，其他类型区域地理空间信息公共平台也可参照使用。

2 规范性引用文件

下列文件中的条款通过本指导性技术文件的引用而成为本指导性技术文件的条款。凡是注日期的引用文件，其随后所有的修改单(不包括勘误的内容)或修订版均不适用于本指导性技术文件，然而，鼓励根据本指导性技术文件达成协议的各方研究是否可使用这些文件的最新版本。凡是不注日期的引用文件，其最新版本适用于本指导性技术文件。

GB 21139 基础地理信息标准数据基本规定

GB/T 13923 基础地理信息要素分类与代码

GB/T 19710 地理信息 元数据

CH/Z 9002—2007 数字城市地理空间信息公共平台地名/地址分类、描述及编码规则

3 术语和定义

下列术语和定义适用于本指导性技术文件。

3.1

数字城市 digital city

运用信息共享的理念，依托信息技术手段，将物质城市按一定规则进行数字化重建，据此整体研究、解决城市问题的综合系统。

3.2

数字城市地理空间框架 geospatial framework of digital city

是城市空间信息基础设施的重要组成，是其他空间和社会经济信息定位、集成和交换的基础平台，是数字中国地理空间框架的有机组成部分，由数据体系、目录与交换体系、政策法规与标准体系、组织运行体系和公共服务体系等构成。

3.3

基础地理信息标准数据 standard data of fundamental geographic information

是指符合强制性国家标准 GB 21139 规定的基础地理信息数据。

国家测绘局 2007-12-29 发布 2008-02-01 实施

3.4

数字城市地理空间信息公共平台 common platform for geospatial information service of digital city

是其他专业信息空间定位、集成交换和互联互通的基础，是数字城市地理空间框架的重要组成部分。依托基础地理信息标准数据，通过空间分析满足城市政府部门、企事业单位和社会公众的基本需求，具备实现个性化应用的二次开发接口和可扩展空间。在本指导性技术文件中，简称“公共平台”。

3.5

地名/地址 geographical name and address

不同地域或地理实体的专有名称，由有关政府机构按法律的程序和权限批准并予以公布使用。

3.6

地名/地址地理编码 geocode of geographical name and address

用于表示地名/地址并按一定规则生成的系列代码。

3.7

标志物名 special object name

标志物是指具有地名意义的纪念地，包括建筑物、广场、体育设施、公园、名胜古迹等；具有地名意义的地理概念；具有地名意义的单位与院落，包括医院、学校、博物馆等；具有地名意义的交通运输设施，包括桥梁、公路环岛、交通站场等。标志物名是标志物规范名称的文字描述。

3.8

兴趣点名 name for point of interest

兴趣点是指沿街巷或在小区中具有地理表示作用的店铺、公共设施、单位或建筑等。兴趣点名是兴趣点规范名称的文字描述。

4 构成与功能

4.1 公共平台由数据集、管理服务软件系统和支撑环境三部分构成。

4.2 数据集是公共平台建设中的核心内容，是从基础地理信息标准数据中提取部分公共性数据内容，扩充地名/地址及地理编码，并进行面向信息化的数据重组，形成的空间数据及其元数据。数据集的加工过程主要包括数据提取、数据扩充和数据重组，元数据应参照 GB/T 19710《地理信息 元数据》建立。

4.3 管理服务软件系统至少应当具备集成其他空间与专题数据、编辑、空间分析和结果可视化及输出功能。

4.4 支撑环境是指在单机、单位内部局域网、政府内外网及社会公网上稳定、安全运行所需的基础软件、硬件、网络和场地等条件。

5 建设原则

5.1 通用性

公共平台应面向数字城市建设与应用中各群体对地理空间信息的共性需求，满足大部分与空间位置关联的政府及其部门信息化、企事业单位信息化和基于位置社会化服务的一般性空间定位需要。

5.2 先进性

公共平台应通过地理空间信息的对象化、实体化处理及一体化无缝组织，开发适宜单机和网络条件下的应用功能，以适应地理空间信息在信息化时代的分发服务需要。

5.3 唯一性

要确立公共平台的唯一性和权威性地位，保证政府及其各部门、企事业单位和社会公众使用统一的地理空间定位基础，以促进信息资源的集成、交换和共享。

5.4 安全性

公共平台应建立可靠的系统运行环境。若在政府内外网和社会公网上向政府及其各部门、企事业单位和社会公众提供服务，应根据我国现行法律法规的要求，对数据集进行分级分类。涉密数据对社会提供、或在政府外网和社会公网上运行，应进行保密技术处理。

6　数据提取

6.1　数据源

6.1.1　用于提取公共平台数据的地理信息数据源应是基础地理信息标准数据，符合 GB 21139《基础地理信息标准数据基本规定》的要求。

6.1.2　覆盖城市建成区和规划区范围的公共平台矢量数据内容应从不小于 1∶2 000 比例尺的基础地理信息标准数据提取；覆盖城乡接合部的公共平台矢量数据内容应从不小于 1∶10 000 比例尺的基础地理信息标准数据提取；覆盖城市其他地区的公共平台矢量数据内容应从不小于 1∶50 000 比例尺的基础地理信息标准数据提取。

6.1.3　覆盖城市建成区和规划区范围的公共平台影像数据分辨率应不低于 1 m；覆盖城市其他地区的公共平台影像数据分辨率应不低于 5 m。

6.2　数据提取内容

6.2.1　公共平台从基础地理信息标准数据中提取水系数据、居民地数据、交通数据、境界与政区数据、植被与土质数据、地名数据和数字正射影像数据等内容。所提取内容应符合 6.2.2 至 6.2.8 条的要求。

6.2.2　水系数据仅含常年河、时令河、干涸河、湖泊、水库和池塘的边线，以及作为其边线的其他线状要素，如堤坝、陡坎、道路等。

6.2.3　居民地数据仅含街区、一般房屋和简单房屋的边线。

6.2.4　交通数据仅含铁路（一般铁路、电气化铁路、窄轨铁路等）的中心线，城际公路（高速公路、国道、省道、县道、乡道、专用公路等）、城市道路（轨道交通、快速路、高架路等）的边线和中心线，乡村道路（机耕路、乡村路等）依比例尺双线路边线和不依比例尺单线路单线。

6.2.5　境界与政区数据仅含国界，省、自治区、直辖市界，地区、自治州、盟、地级市界，县、自治县、旗、县级市、区界的边界及其行政区域代表点。

6.2.6　植被与土质数据仅含农林用地、城市绿地和土质。

6.2.7　地名数据仅含行政区域名、街巷或小区名、标志物名或兴趣点名或门（楼）址。

6.2.8　正射影像数据仅含影像，不含公里格网、注记等内容。

6.3　数据提取方法

6.3.1　水系数据提取方法应符合以下要求，提取示例见表 1。

表 1　水系数据提取示例

水系附属物	源数据	水系数据提取
桥梁	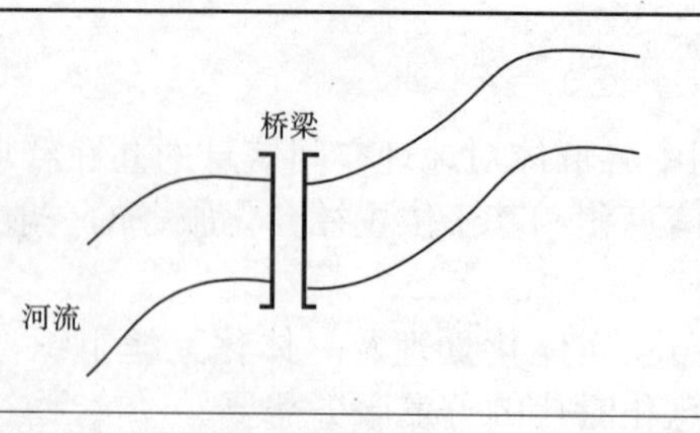	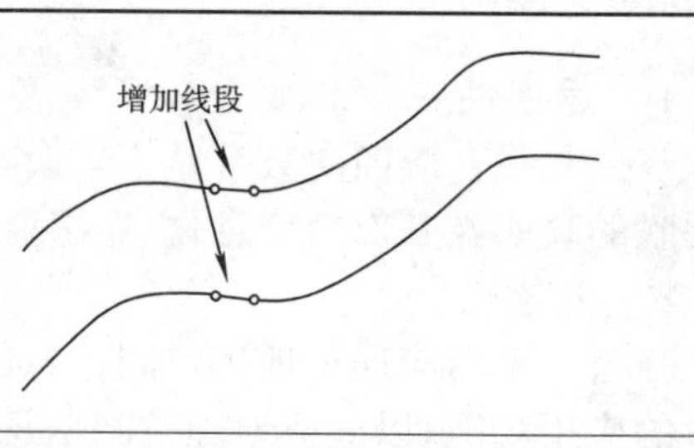
拦水坝	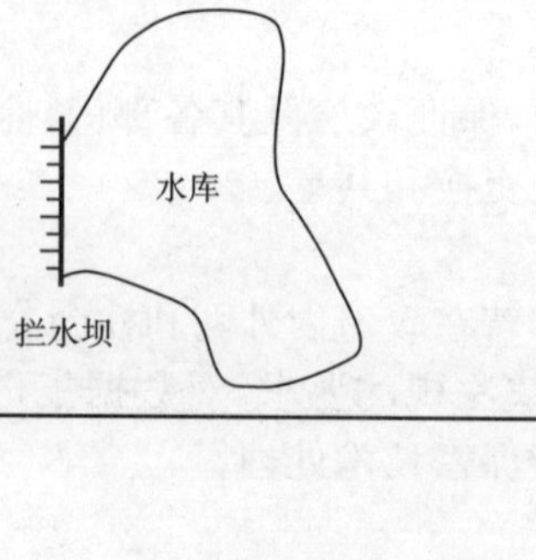	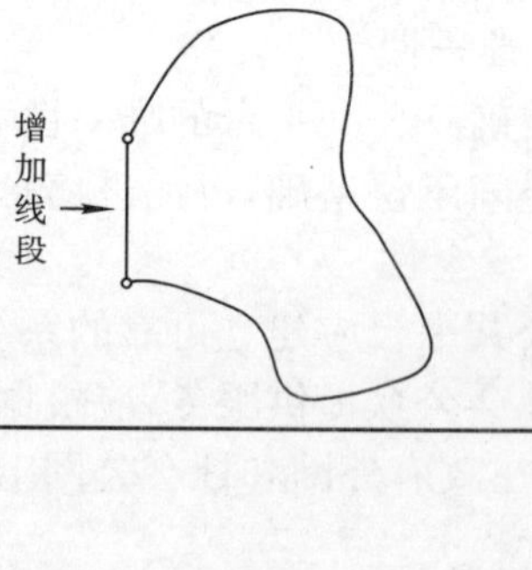

a) 以单线形式表示的常年河、时令河和干涸河提取单线数据，在遇有桥梁使河流表示中断时，应在断开处添加线段使河流表示完整；

b) 以双线形式表示的常年河、时令河和干涸河提取两条边线数据，在遇有桥梁使河流表示中断时，应在断开处添加线段使河流表示完整；

c) 具有完整边线表示的湖泊、水库和池塘提取边线数据；

d) 不具有完整边线表示的湖泊、水库和池塘，除提取边线数据之外，还应提取可以作为其边线的其他要素的部分线段（例如堤坝、陡坎、道路等），保证湖泊、水库和池塘的表示完整。

6.3.2 居民地数据提取方法应符合以下要求，提取示例见表2。

a) 街区提取边线数据；

b) 一般房屋和简单房屋提取建筑物主体的边线数据，不提取相关的附属设施数据。

表2 房屋数据提取示例

房屋附属设施	源数据	房屋数据提取
带檐廊的房屋	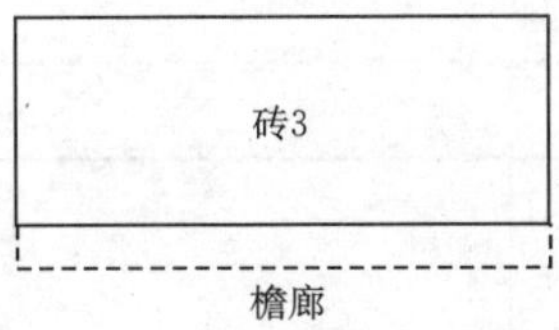	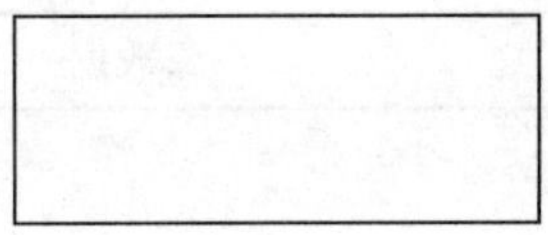
带室外楼梯的房屋	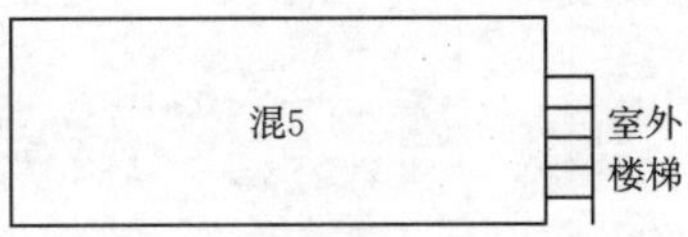	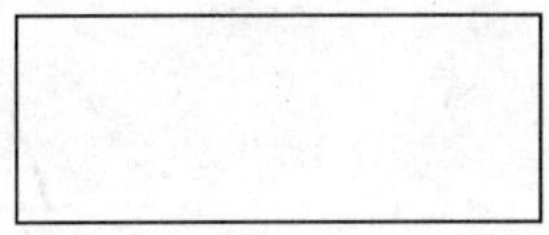

6.3.3 交通数据提取方法应符合以下要求，提取示例见表3。

表3 交通数据提取示例

交通数据	源数据	交通数据提取
一般铁路	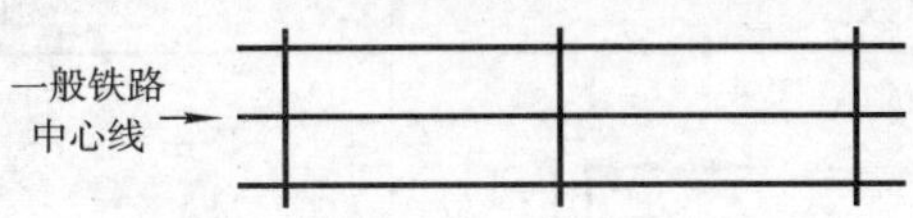	
高速公路	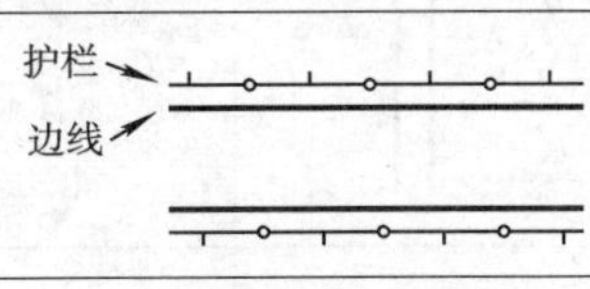	
城市道路（环岛）		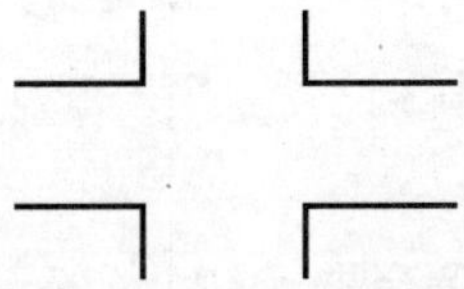
城市道路（人行桥）	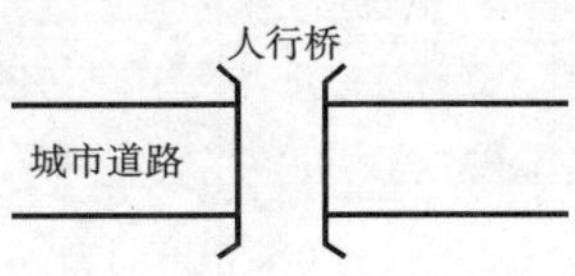	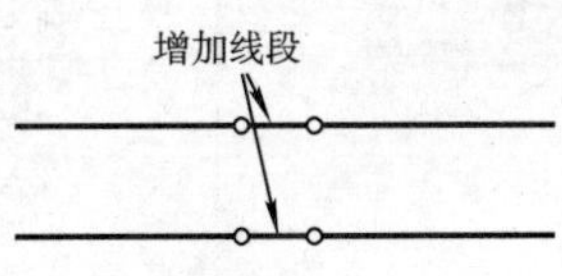

a）一般铁路、电气化铁路和窄轨铁路提取中心线数据；

b）以单线形式表示的乡村道路（不依比例尺）提取单线数据，在遇有桥梁、涵洞等使道路表示中断时，应在断开处添加线段使道路表示完整；

c）以双线形式表示的城际公路、城市道路、乡村道路（依比例尺）提取两条边线数据和中心线数据，不提取附属设施数据。在遇有公路桥、人行桥、隧道等使道路表示中断时，应在断开处添加线段使道路表示完整。

6.3.4　境界与政区数据提取方法应符合以下要求，提取示例见表 4。

a）国界提取边界数据；

b）省、自治区、直辖市界，地区、自治州、盟、地级市界以及县、自治县、旗、县级市、区界提取边界数据，并以本级行政区域政府所在地作为空间位置点增加代表点。在遇有以其他线状要素作为边界表示时（例如河流中心线、道路中心线等）还应提取该线状要素的相应部分，保证本级行政区域境界的完整。

表 4　境界数据提取示例

源数据	境界数据提取
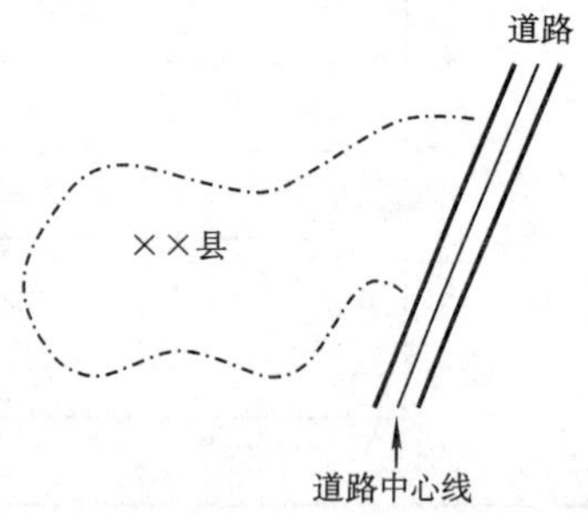	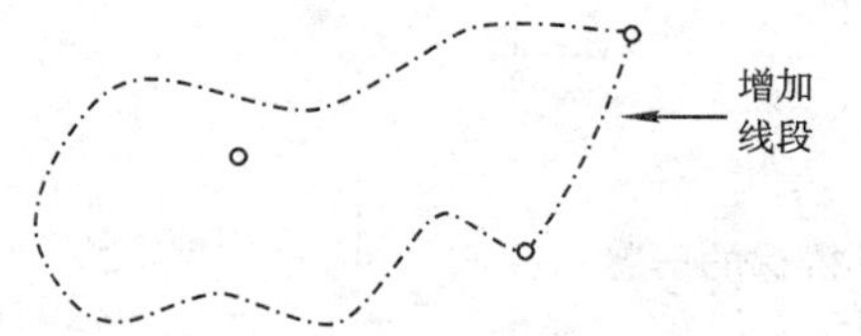

6.3.5　植被与土质数据提取方法应符合以下要求，提取示例见表 5。

表 5　植被数据提取示例

地类界	源数据	植被数据提取
边线不完整的地类界	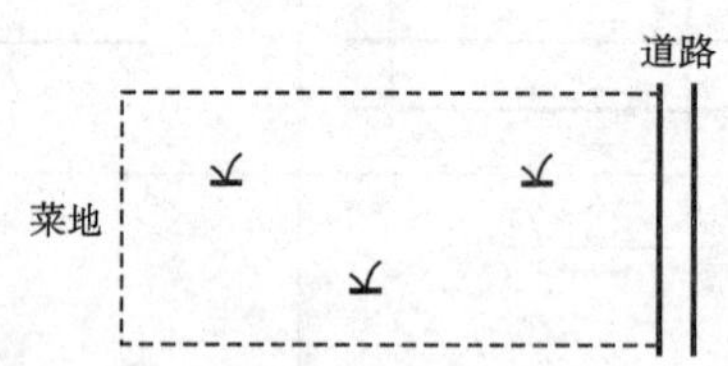	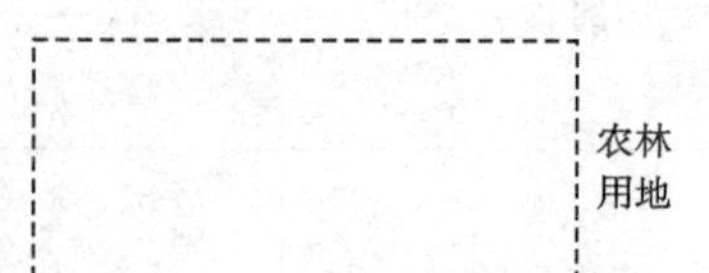
地类界合并	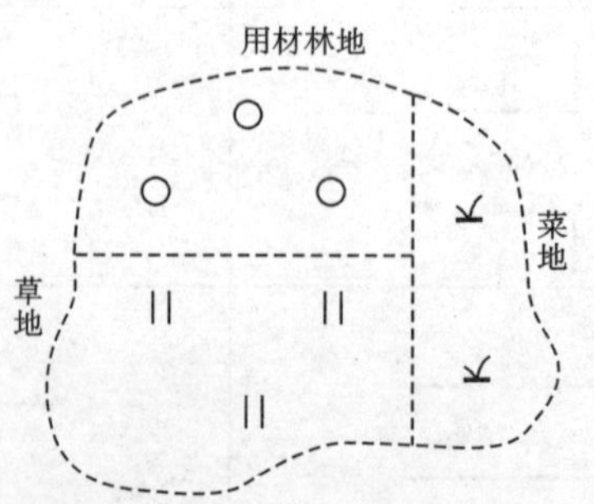	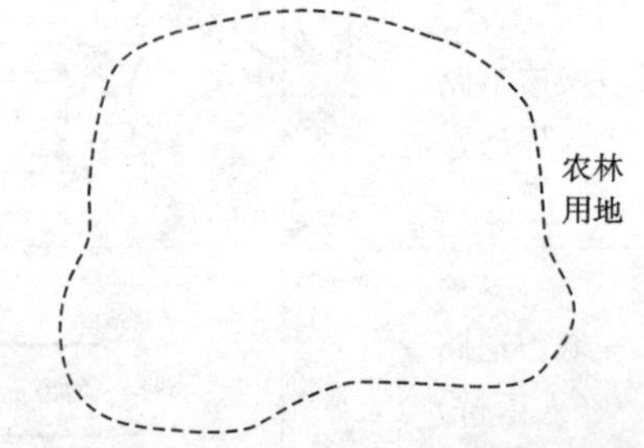

a) 植被提取农林用地和城市绿地的地类界数据。在遇有地类界表示不完整时，还应提取可作为地类界的其他要素的部分线段数据（例如道路边线、河流边线等），保证农林用地和城市绿地地类界的表示完整。在遇有多种细分地类界相连时，应进行同一大类内的地类界合并，例如耕地、园地、林地等统一合并为农林用地，人工绿地、花坛等统一合并为城市绿地。

b) 土质提取盐碱地、小草丘地、裸土地和石砾地的地类界数据。在遇有地类界表示不完整时，还应提取可作为地类界的其他要素的部分线段数据（例如道路边线、河流边线等），保证土质地类界的表示完整。在遇有多种细分地类界相连时，应进行同一大类内的地类界合并，例如沙砾地、石块地、残丘地等统一合并为石砾地。

6.3.6 地名数据提取方法应符合以下要求：

a) 行政区域名提取注记数据，包括注记点位置和名称；

b) 街巷名提取注记数据，包括注记点位置和名称；

c) 小区名提取注记数据，包括注记点位置和名称；

d) 标志物名和兴趣点名提取注记数据，包括注记点位置和名称；

e) 门（楼）址提取点位和名称数据。

6.3.7 正射影像数据提取影像数据和影像说明，不提取公里格网、注记等内容。

7 数据扩充

7.1 扩充内容

公共平台数据集应在数据提取的基础上，扩充地名/地址及地理编码，包括行政区域地名地理编码、街巷或小区名地理编码、标志物名或兴趣点名或门（楼）址地理编码。

7.2 行政区域地名地理编码

7.2.1 在建成区、规划区和城乡结合部范围内扩充街道/乡镇、社区/行政村边界时，应根据政府或主管部门认定的分界线，如道路街巷的中线或边线、河流的中线或边线，基于不小于1∶2 000的地形图数据或不低于1 m分辨率的正射影像，确定辖区范围边界线，并选定本级政府办公所在地对应图形中心点为该行政区域代表点，读取代表点的平面位置坐标，按CH/Z 9002—2007编码。

7.2.2 在城市其他地区内扩充乡镇、行政村边界时，应根据政府或主管部门认定的分界线，如道路、田埂的中线或边线、河流的中线或边线，基于不小于1∶10 000的地形图数据或不低于5 m分辨率的正射影像，确定辖区范围边界线，并选定本级政府办公所在地对应图形中心点为该行政区域代表点，读取代表点的平面位置坐标，按CH/Z 9002—2007编码。

7.3 街巷或小区名地理编码

城市建成区、规划区和城乡结合部范围内的街巷、小区以及城市其他地区的自然村应选择对应图形中心点作为代表点，读取该代表点的平面位置坐标，按CH/Z 9002—2007编码。

7.4 标志物名、兴趣点名或门（楼）址地理编码

标志物名选用标志物对应实体几何中心点作为代表点，兴趣点名选用兴趣点对应的实体几何中心点或其特征点作为代表点，门（楼）址选用门（楼）牌位置点作为代表点，读取该代表点的平面位置坐标，按CH/Z 9002—2007编码。

8 数据重组

8.1 数据分层

公共平台数据分为7大类、28亚类，每亚类分层连片组织，有进一步需要的地区可以在此基础上细化三级类，具体分层见表6。各层要素的代码参照GB/T 13923。

表6 数据分层

大类	亚类	表达模型	描述和说明
水系数据	常年河	面、线	单线河用完整线表示，其余构面表达
	时令河		
	干涸河		
	湖泊		
	池塘		
	水库		
居民地数据	街区	面	仅适用于1∶5 000至1∶5万比例尺数据
	一般房屋		仅适用于1∶500至1∶2 000比例尺数据
	简单房屋		
交通数据	铁路	线	
	城际公路	面、线	单线路用线，双线路用面
	城市道路		
	乡村道路		
植被与土质数据	农林用地	面	
	城市绿地		
	盐碱地		
	小草丘地		
	裸土地		
	石砾地		
行政区域数据	国界	面、代表点	
	省、自治区、直辖市界		
	地区、自治州、盟、地级市界		
	县、自治县、旗、县级市、区界		
	街道、乡(镇)界		仅适用于1∶500至1∶2 000比例尺数据
	社区、行政村界		
正射影像数据	正射影像	栅格	
地名/地址	街巷、小区名	点	
	标志物名、兴趣点名、门(楼)址点		

8.2 拓扑化处理

8.2.1 拓扑化处理包括点对象、线对象和拼接处理。拓扑化处理示例见表7。

8.2.2 点对象的处理包括重复点、伪节点、冗余点的判别和删除。

a) 重复点：当同一层中的两点要素之间的距离小于设定的容限值时判别为重复点，应直接进行删除处理；

b) 伪节点：当一条折线或线段的端点与另一条折线或线段的端点有重合，且重合处这两个端点在容限值内同时存在时判别为伪节点，应将两条折线或线段进行拓扑合并，删除伪节点；

c) 冗余点：当折线上某点附近存在两个点号不同的顶点，且两个顶点之间的距离小于或等于容限值时，该两个顶点之一判别为冗余点，应直接删除。

8.2.3 线对象的处理包括悬线、重复线的判别和处理。

a) 悬线：带有悬节点的折线或线段称为悬线，按照悬线长度分为短悬线和长悬线两种。短悬线指长度小于指定容限值的悬线；长悬线指长度大于指定容限值、且沿悬节点方向延伸指定的容限长度后可与其他线对象相交的悬线。短悬线的处理方法是在一定容限范围内直接删除；长悬线的处理方法是将长悬线延伸到另一条相邻线的临近节点上或线段中间处。

b) 重复线：当同一层中的两个线对象包括节点在内的全部顶点两两重叠时判别为重复线，直接进行删除处理。

8.2.4 拼接处理包括同一比例尺内数据的图幅拼接和不同比例尺间数据的一致性匹配集成处理。同一比例尺内数据拼接时，可以采用平均法、强制法、优化法，或者多种方法结合的方式进行，拼接后应保证接边对象几何和属性信息均完整一致。不同比例尺间数据拼接时，应以高精度的数据为准。

表7 拓扑化处理示例

类型	源数据	拓扑处理	备注
伪节点	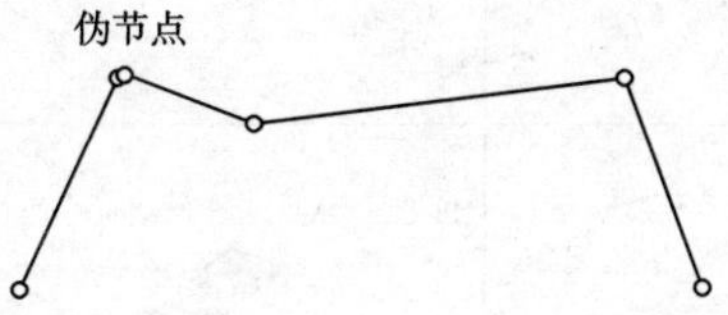	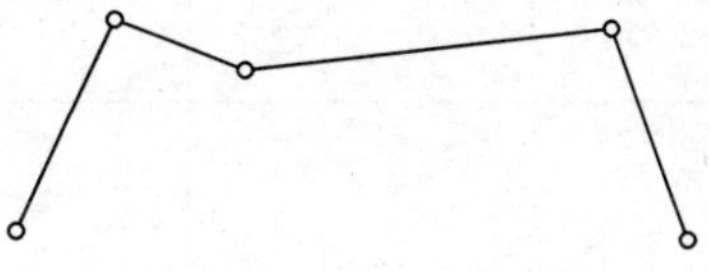	拓扑处理后消除伪节点
重复点、重复线	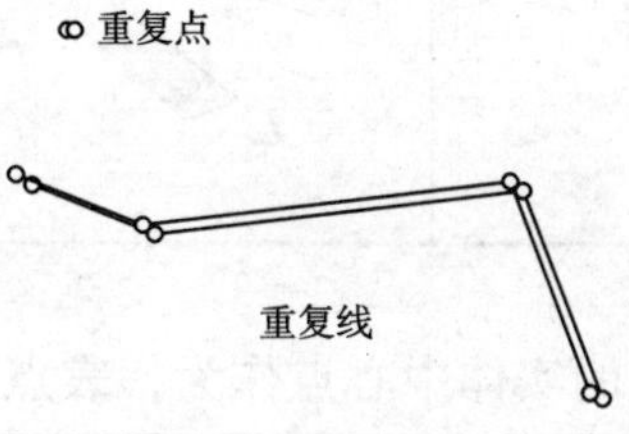	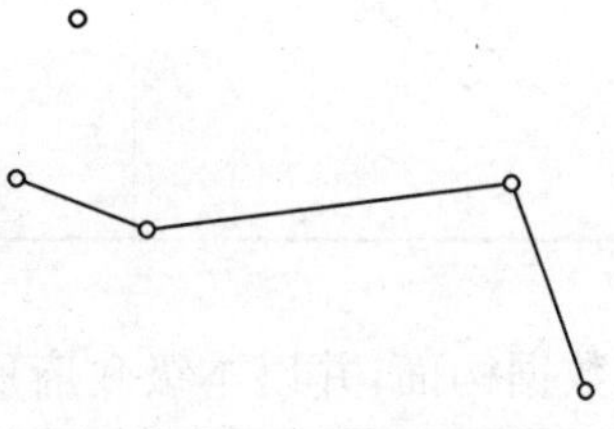	拓扑处理后消除重复点、重复线
长悬挂线	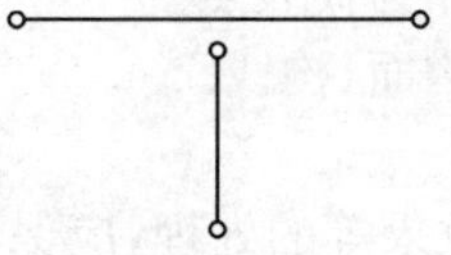	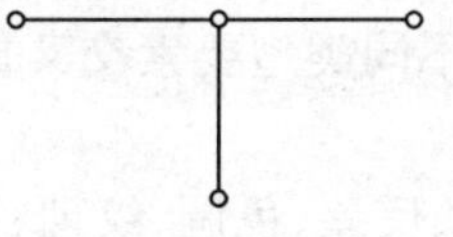	拓扑处理后严格坐标相连
短悬挂线	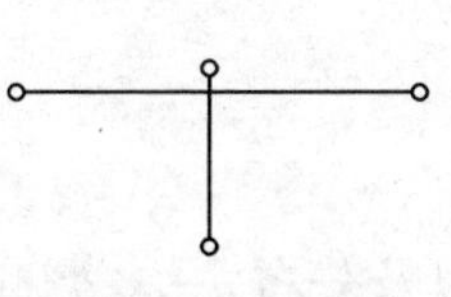	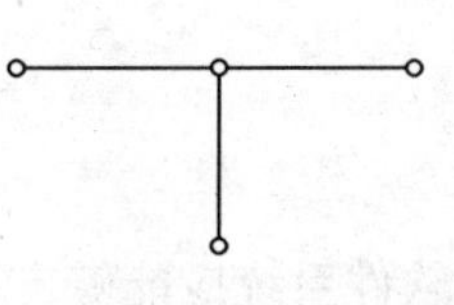	拓扑处理后严格坐标相连
图幅接边	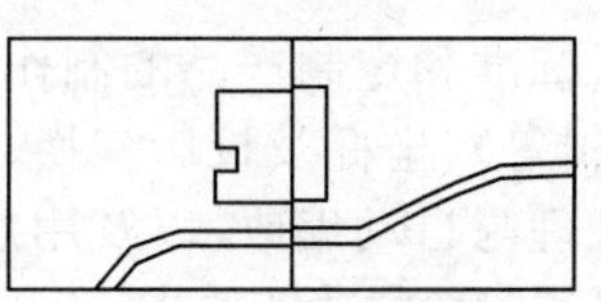	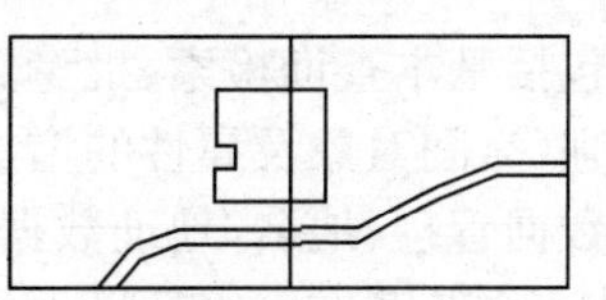	拓扑处理后消除接边误差

8.3 实体化处理

8.3.1 实体化处理应符合8.3.2至8.3.9条的要求。实体化处理示例见表8。

8.3.2 水系数据(不含单线河)构面，单线河用完整线表达。

8.3.3 居民地数据构面。

8.3.4 交通数据中的铁路和单线乡村道路用完整线表达，其余双线路构面。

8.3.5 植被与土质数据构面。

表 8　实体化处理示例

类型	源数据	交叉要素实体化	实体化处理后	备注
同类双线路交叉	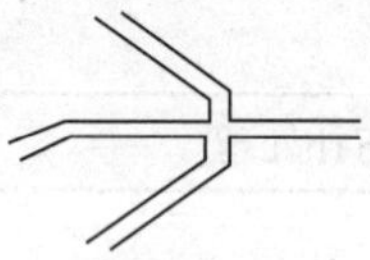	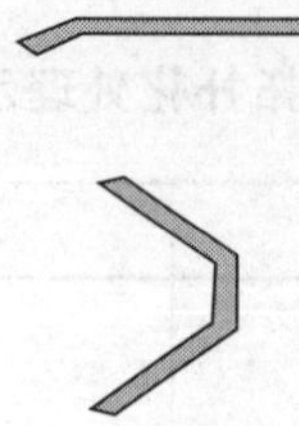	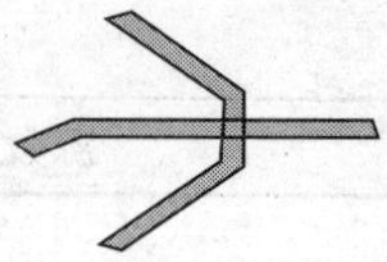	重复利用重叠部分实体化
水系与单线路交叉	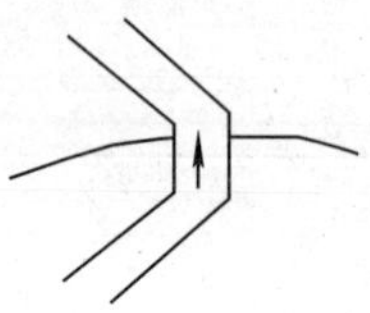	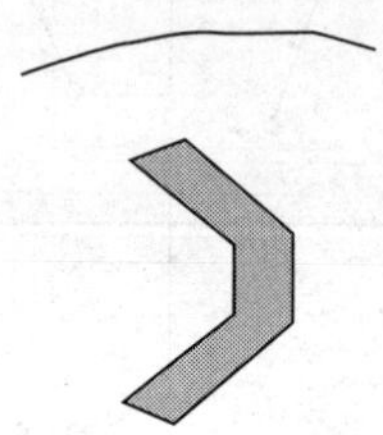	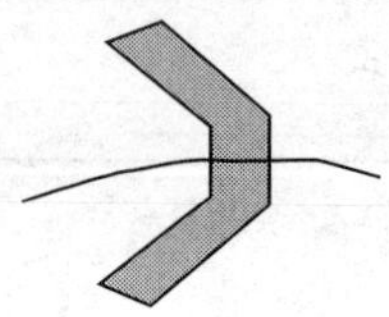	重复利用重叠部分实体化

8.3.6　境界与政区数据构面，并以本级政府所在地对应的实体中心点作为代表点。

8.3.7　小区与街巷数据构面，并以对应实体中心点作为代表点。

8.3.8　兴趣点名、标志物名和门(楼)址以对应实体中心点作为代表点。

8.3.9　对于同类型和不同类型要素交叉重叠情况，应重复构面、构线。

8.4　栅格化处理

通过影像的清晰度、反差、色调、纹理、重影、拼接、镶嵌效果等的处理，应保证影像数据的较好的可视化效果。影像数据应按建立影像金字塔结构的影像数据库方式组织，并通过分层分块建立多级索引结构。

9　管理服务软件系统

9.1　概述

公共平台管理服务软件系统应能够支持海量数据管理以及分布式、多类型、多尺度地理空间数据的一体化管理，其功能应至少包含 9.2 至 9.4 条所述内容。

9.2　维护管理功能

数据维护管理，包括基本查询检索、批量数据的导入、标准和定制产品的制作与输出、数据的裁切与提取、数据编辑与处理(空间对象及属性的增加、删除、编辑等)、坐标及投影变换、数据更新、空间索引的建立、数据字典和元数据管理、地名/地址数据的规范化处理与自动编码，以及用户管理、权限管理、备份管理等安全控制功能。系统若在网络环境下运行，属于服务器端的功能要求。

9.3　应用服务功能

数据应用服务，包括多种形式的空间数据浏览(放大、缩小、漫游、图层控制等)、空间量算(距离、面积、角度等)、不同查询条件的数据检索与统计(图形与属性双向查询、单一条件查询、组合条件查询等)、空间分析(叠置分析、缓冲分析、网络分析等)、专题地图的配置与显示等基本服务功能，以及地名/地址匹配、专题信息空间化、各部门分布式可共享的专题数据逻辑集成等应用功能。系统若在网络环境下运行，属于客户端的功能要求。

9.4　二次开发功能

提供标准的二次开发接口，满足用户的个性化应用要求开发。

10　支撑环境

10.1　基础软件环境

配置满足要求的公共平台数据管理系统、空间数据引擎和大型商业数据库以及其他图形、图像处理和办公软件工具等。其中，数据管理系统要求能够和数据库衔接，提供二次开发接口，能够兼容常用数据格式并可进行相互之间无损转换，具有较强的图形编辑和空间分析能力；数据库具有管理空间数据、专题数据的能力，能支持不低于50人次的并发访问，运行稳定、安全可靠，具备管理海量数据的能力。

10.2　硬件环境

大容量存储和备份设备、大幅面扫描输入设备和输出设备等，应达到高效率实现公共平台管理维护及应用服务的需求。若在网络环境下运行，还应配置高性能品牌服务器，主干网络应采用千兆光纤网，节点和骨干网之间至少达到百兆带宽；网络服务器、数据服务器及其备份机满足数据存储管理要求并预留发展空间；配置其他网络及安全需要的网关、网卡、防火墙、UPS等；运行涉密数据的内网应保证与外网的物理隔离。

10.3　场地环境

配备相对独立的公共平台运行场地，并建立公共平台运行环境的卫生、温度、湿度以及防雷、防窃、防火等方面的保障措施。

前　言

为使测绘项目顺利开展和实施，提高测绘成果质量检验报告编写的质量，统一检验报告格式，规范检验报告的编制，制定本指导性技术文件。本指导性技术文件的内容将被目前修订的国家标准《测绘成果检查验收规定》和《数字测绘成果检查验收》等标准采用，待标准正式发布时，将替代本指导性技术文件。

附录A为规范性附录。

本指导性技术文件由国家测绘产品质量监督检验测试中心提出，国家测绘局测绘标准化工作委员会归口。

本指导性技术文件起草单位：国家测绘产品质量监督检验测试中心。

本指导性技术文件主要起草人：谭理、曾衍伟、雷凌。

中华人民共和国测绘行业标准化指导性技术文件

CH/Z 1001—2007

测绘成果质量检验报告编写基本规定

Basic Rules for Testing Report of Surveying and Mapping Products Quality

1 范围

本指导性技术文件规定了测绘成果质量检验报告编写的基本内容、格式等。

本指导性技术文件适用于测绘成果质量检验单位出具测绘成果质量检验报告的编写。

2 基本规定

2.1 测绘成果质量检验单位应按本指导性技术文件的规定编写质量检验报告。

2.2 检验报告编排次序为：封面、注意事项、联系方式、正文、附件。除封面外，其他页面(包括附件)均应设置页眉、页脚，并统一编制连续页码。

2.3 在附录A中规定的加盖检验单位公章处，加盖检验单位公章，并用检验单位公章加盖骑缝章。

2.4 编制、审核和批准栏中，应由相应人员本人手工签署，不得打印；检验结论中的签发日期应手工签署。

2.5 报告中的计量单位均应采用法定计量单位。

3 内容规定

3.1 检验报告编号为"＊测质检(××××)第(×××)号"，其中的"＊"代表检验单位所在省、市和自治区的简称，如陕、黑、川、琼等；"××××"为年号，"×××"为流水号。

3.2 成果名称、生产单位、检验单位和委托单位应填写全称，地址应填写详细地址，检验单位有"国家测绘局×××测绘产品质量监督检验站"名称的应填写该名称。

3.3 样品状态应明确样品是否"完好"或"正常"，或者对存在的缺陷进行描述；抽样人应有两个或两个人员以上；抽样地点应填写实际抽样的地点；检验依据应列出该检验依据的标准、规范、设计书、文件等，版本号在前，名称在后，当检验依据数量很多时，可摘要填写；检验参数应按所检验内容及成果的质量特性列出，当检验参数数量很多时，可只写较为重要的检验参数；检验结论中，应包括对样本质量等级进行评定，根据抽样方案判定批成果质量的合格与否。

3.4 正文内容

3.4.1 检验工作概况

检验的基本情况，包括检验的时间、检验地点、检验方式、检验人员、检验的软硬件设备等。

3.4.2 受检成果概况

简述成果生产的基本情况，包括来源、测区位置、生产单位、资质等级、生产日期、生产方式、成果形式、批量等。

3.4.3 抽样情况

包括抽样依据，抽样方法，样本数量等。若为计数抽样，应列出抽样方案。

3.4.4 检验内容及方法

阐述成果的各个检验参数及检验方法。

国家测绘局 2007-12-29 发布 2008-02-01 实施

3.4.5　存在的主要问题及处理意见

按检验参数，分别叙述样本成果中存在的主要质量问题，并举例(图幅号、点号等)说明。

3.4.6　质量综述及样本质量统计

a)　按检验参数分别对成果质量进行综合叙述(不含检验结论)；

b)　样本质量统计：缺陷类型及数量、样本得分、样本质量评定；

c)　其他意见或建议。

若无意见或建议，可不列 c)条。

3.4.7　附件

附件包括附图和附表，若无附件，可不列本条。

4　格式规定

4.1　页面

4.1.1　纸张大小：A4。

4.1.2　页边距设置：上边距 2 cm，下边距 2 cm，左边距 2.8 cm，右边距 2.5 cm。

4.1.3　页眉、页脚设置：页眉边距 1.5 cm，页脚边距 1.75 cm；页眉字体字号：宋体小 5 号；字符间距：标准；页脚字体字号：宋体小 5 号；字符间距：加宽 1.8 磅。

4.2　封面

4.2.1　“测绘成果质量”的字体字号：宋体 2 号，加粗；字符间距：加宽 3 磅，居中。

4.2.2　“检验报告”的字体字号：黑体初号，加粗；字符间距：加宽 6 磅，居中。

4.2.3　“*测质检(××××)第(×××)号”的字体字号：宋体 4 号，加粗；字符间距：标准，居中；年号的字号：4 号；流水号的字号：4 号。

4.2.4　“成果名称、生产单位、检验类别、检验单位和委托单位”的字体字号：宋体小 4 号，加粗；字符间距：标准，居中。

4.2.5　“日期”的字体字号：宋体小 3 号；字符间距：标准，加粗，居中。

4.3　注意事项

4.3.1　“注意事项”的字体字号：宋体 2 号；字符间距：加宽 5 磅，居中。

4.3.2　内容项的字体字号：宋体 4 号；字符间距：标准；行间距：单倍行距。

4.4　联系方式

4.4.1　“联系方式”的字体字号：宋体 2 号；字符间距：加宽 5 磅，居中。

4.4.2　内容项的字体字号：宋体 4 号；字符间距：标准；行间距：单倍行距。

4.5　正文

4.5.1　正文第一页的字体字号：宋体 5 号；字符间距：标准。

4.5.2　正文标题的字体字号：宋体 4 号，加粗，文字缩进 2 个汉字；字符间距：标准。

4.5.3　正文内容的字体字号：宋体 4 号，文字首行缩进 2 个汉字；字符间距：标准。

4.5.4　附图、附表均应设置页眉、页脚，页码连续编号。

4.6　其他

报告中所有西文字的字体：Times New Roman。

5　检验报告格式样本

检验报告的格式样本见附录 A。

附　录　A
（规范性附录）
检验报告格式样本

检验报告的格式样本见以下内容。

注 1：文本框内为格式说明；

注 2：方括号内为内容说明；

注 3：本格式样本中对行间距未做规定的，可视具体情况调整。

宋体2号，字间距加宽3磅，居中

测绘成果质量

黑体初号、加粗，字间距加宽6磅，居中

检验报告

*测质检（××××）第（×××）号

骑缝章：用检验单位公章加盖

宋体小4号，加粗，字间距标准，居中

委托单位 ____________________

成果名称 ____________________

生产单位 ____________________

检验类别 ____________________

××××××××× [检验单位名称，并加盖公章]

年　月　日

宋体小3号，加粗，字间距标准，居中

页眉：宋体小 5 号，字间距标准

页边距：上 2cm，左 2.8cm

注 意 事 项

宋体 2 号，字间距加宽 5 磅，居中

1. 本报告无“检验单位公章”及“骑缝章”无效。

2. 本报告复印件未加盖“检验单位公章”无效。

3. 报告无编制人、审核人、批准人签字无效。

4. 报告涂改无效。

5. 若对检验报告内容有异议，应于收到报告起 15 日内向检验单位提出，逾期不予受理。

6. 送样委托检验，检验报告仅对来样负责。

宋体 2 号，字间距加宽 5 磅，居中

联 系 方 式

本页内容格式：宋体 4 号，字间距标准，行间距：单倍行距

地　　址：

邮政编码：

电　　话：

传　　真：

电子信箱：

页脚：宋体小 5 号，字间距加宽 1.8 磅

页边距：下 2cm，右 2.5cm

成果名称		生产日期	[年 月— 年 月]
生产单位		地 址	[详细地址]
委托单位		地 址	[详细地址]
批 量		样本数量	
样本状态	[正常、完好或缺陷描述]	抽 样 者	[至少两人]
抽样日期	[年 月 日]	抽样地点	[详细地址]
检验依据	[列出有关检验的标准、规范、设计书、文件等，版本号在前，名称在后。注：数量很多时可摘要填写。]		
检验参数	[按实际检验内容列出检验参数，如数学精度、属性精度、地理精度、整饰质量和附件质量等。]		
检验结论	[成果样本质量评定和批质量判定。] [加盖检验单位公章] 年 月 日		
备 注			
编 制：		审 核：	
批 准：	批准日期： 年 月 日	批准人职务：	

宋体5号，字间距标准

手工签署

1. **检验工作概况** ← 正文标题：宋体 4 号，加粗，缩进 2 个汉字，字间距标准

［检验的基本情况（检验时间、检验地点、检验方式、检验人员、检验的软硬件设备等）。］

正文内容：宋体 4 号，首行缩进 2 个汉字，字间距标准

2. **受检成果概况**

［简述成果生产基本情况（成果来源、测区位置、生产单位、单位资质、生产日期、生产方式、成果形式、批量等）。］

3. **检验依据**

［列出全部检验依据。］

4. **抽样情况**

［抽样依据，抽样方法，抽样方案等。］

5. **检验内容及方法**

［阐述成果的各个检验参数（一级质量特性）及检验方法。］

6. **主要质量问题及处理**

［按检验参数，分别叙述样本成果中的主要质量问题，并举例（图幅号、点号等）说明；质量问题处理结果。］

7. **质量综述及样本质量统计**

［（1）按检验参数分类对成果质量进行综合叙述（注：不含检验结论）；］

［（2）样本质量统计：缺陷类型及数量、样本得分、样本质量评定；］

［（3）其他意见或建议。若无意见或建议，可不要本条。］

8. **附件（附图、附表）**

［若无附件，可不列本条。］

——————————— ← 结束符：用一直线表示

［检验单位名称］

前 言

本标准是依据国家有关法律法规的要求，充分考虑测绘生产主要工序和环境中可能存在的涉及人身安全和健康的危害因素，而规定应采取的防范和应急措施。

本标准由国家测绘局提出并归口。

本标准由陕西测绘局负责起草。

本标准主要起草人：刘云峰、宋昡、任健、梁镇东、肖学年、张坤、马晓萍、陈明海。

中华人民共和国测绘行业标准

CH 1016—2008

测绘作业人员安全规范

Safety specification for surveying and mapping personnel

1 范围

本标准规定了基础测绘生产中与人身安全相关的安全管理、安全防范及应急处理的要求。

本标准适用于基础测绘生产中作业人员的安全保护与防范。其他测绘生产可参照执行。

2 规范性引用文件

下列文件中的条款通过本标准的引用而成为本标准的条款。凡是注日期的引用文件,其随后所有的修改单(不包括勘误的内容)或修订版本均不适用于本标准,然而,鼓励根据本标准达成协议的各方研究是否可使用这些文件的最新版本。凡是不注日期的引用文件,其最新版本适用于本标准。

森林防火条例(国务院 1988)

草原防火条例(国务院 1993)

中华人民共和国消防法（全国人大常委会 1998)

中华人民共和国安全生产法（全国人大常委会 2002)

中华人民共和国道路交通安全法（全国人大常委会 2004)

3 术语

3.1

基础测绘 fundamental surveying and mapping

基础测绘是公益性事业,指建立全国统一的测绘基准和测绘系统,进行基础航空摄影,获取基础地理信息的遥感资料,测制和更新国家基本比例尺地图、影像图和数字化产品,建立、更新基础地理信息系统。

3.2

安全 safety

没有危害;不受威胁;不出事故。

3.3

测绘生产单位 production unit of surveying and mapping

测绘生产法人单位。

3.4

作业单位 work unit

承担测绘生产的部门、中队、分院等。

4 总则

4.1 测绘生产单位应坚持安全第一、预防为主、综合治理的方针,遵守《中华人民共和国安全生产法》等有关安全生产的法律、法规,建立、健全安全生产管理机构、安全生产责任制度和安全保障及应急救援预案,配备相应的安全管理人员,完善安全生产条件,强化安全生产教育培训,加强安全生产管理,确保安全生产。

国家测绘局 2008-02-13 发布 2008-03-01 实施

4.2 测绘作业单位应根据本部门、各工种和作业区域的实际特点，制定安全生产操作细则，指导和规范职工安全生产作业。测绘作业单位应设置安全员，安全员须经过安全生产知识与安全管理能力培训，具备与所从事的测绘专业活动相应的安全生产知识和管理能力。

4.3 作业人员(组)应遵守本单位的安全生产管理制度和操作细则，爱护和正确使用仪器、设备、工具及安全防护装备，服从安全管理，了解其作业场所、工作岗位存在的危险因素及防范措施；外业人员还应掌握必要的野外生存、避险和相关应急技能。

5 外业生产

5.1 出测、收测前的准备

5.1.1 针对生产情况，对进入测区的所有作业人员进行安全意识教育和安全技能培训。

5.1.2 了解测区有关危害因素，包括动物、植物、微生物、流行传染病种、自然环境、人文地理、交通、社会治安等状况，拟订具体的安全防范措施。

5.1.3 按规定配发劳动防护用品，根据测区具体情况添置必要的小组及个人的野外救生用品、药品、通讯或特殊装备，并应检查有关防护用品及装备的安全可靠性。

5.1.4 掌握人员身体健康情况，进行必要的身体健康检查，避免作业人员进入与其身体状况不适应的地区作业。

5.1.5 组织赴疫区、污染区和有可能散发毒性气体地区作业的人员学习防疫、防污染、防毒知识，并注射相应的疫苗和配备防污染、防毒装具。对于发生高致病的疫区，应禁止作业人员进入。

5.1.6 所有作业人员都应该熟练使用通讯、导航定位等安全保障设备，以及掌握利用地图或地物、地貌等判定方位的方法。

5.1.7 出测、收测前，应制定行车计划，对车辆进行安全检查，严禁疲劳驾驶。

5.2 行车、饮食与住宿

5.2.1 行车

5.2.1.1 基本要求

5.2.1.1.1 驾驶员应严格遵守《中华人民共和国道路交通安全法》等有关的法律、法规、安全操作规程和安全运行的各种要求，具备野外环境下驾驶车辆的技能，掌握所驾驶车辆的构造、技术性能、技术状况、保养和维修的基本知识或技能。

5.2.1.1.2 驾驶员应了解所运送物品的性能，保证人员和物品的安全。运送易燃易爆危险品时，应防止碰撞、泄漏，严禁危险物品与人员混装运送。

5.2.1.1.3 货运汽车车厢内载人，应按公安交通部门的有关规定执行。行车时人要坐在安全位置上，人身不能超过车厢以外。车厢以外的任何部位严禁坐人和站人。

5.2.1.2 行车前的准备

5.2.1.2.1 编制行车计划，明确负责人。单车行驶，应配有押车人员。

5.2.1.2.2 外业生产车辆应配备必要的检修工具和通信设备。

5.2.1.2.3 驾驶员应检查各部件是否灵敏，油、水是否足够，轮胎充气是否适度，应特别注意检查传动系统、制动系统、方向系统、灯光照明等主要部件是否完好，发现故障即行检修，禁止勉强出车。

5.2.1.2.4 机动车载货不得超过行驶证上核定的重量。运送的物资器材须装牢捆紧，其重量要分布均匀。

5.2.1.2.5 在戈壁、沙漠和高原等人员稀少、条件恶劣的地区应采用双车作业，作业车辆应加固，配备适宜的轮胎，每车应有双备胎。

5.2.1.3 行车

5.2.1.3.1 途中停车休息或就餐，应锁好车门，关闭车窗。

5.2.1.3.2 夜间行车要保持灯光完好，降低行驶速度，充分判断地形及行进方向。

5.2.1.3.3 遇有暴风骤雨、冰雹、浓雾等恶劣天气时应停止行车。视线不清时不准继续行车。

5.2.1.3.4 在雨、雪或泥泞、冰冻地带行车时应慢速，必要时应安装防滑链，避免紧急刹车。遇陡坡时，助手或乘车人员应下车持三角木随车跟进，以备车辆下滑时抵住后轮。

5.2.1.3.5 高温炎热天气行车应注意检查油路、电路、水温、轮胎气压；频繁使用刹车的路段应防止刹车片温度过高，导致刹车失灵。

5.2.1.3.6 高原、山区行车要特别注意油压表、气压表及温度表。气压低时应低档行驶，少用制动，严禁滑行。遇到危险路段如落石、滑坡、塌陷等，要仔细观察，谨慎驾驶。

5.2.1.3.7 沙土地带行车应停车观察，选择行驶路线，低档匀速行驶，避免中途停车。若沙土松软，难以通过，应事先采取铺垫等措施。

5.2.1.3.8 车辆穿越河流时，要慎重选择渡口，了解河床地质、水深、流速等情况，采取防范措施安全渡河。

5.2.2 饮食

5.2.2.1 禁止食用霉烂、变质和被污染过的食物，禁止食用不易识别的野菜、野果、野生菌菇等野生植物。禁止酒后生产作业。不接触和不食用死、病畜肉。禁止饮用异味、异色和被污染的地表水和井水。

5.2.2.2 生熟食物应分别存放，并应防止动物侵害。

5.2.2.3 使用煤气、天然气等灶具应保证其连接件和管道完好，防止漏气和煤气中毒。禁止点燃灶具后离人。

5.2.3 住宿

5.2.3.1 室内住宿

5.2.3.1.1 外业作业人员应尽量居住民房或招待所。住宿的房屋应进行安全性检查，了解住宿环境和安全通道位置。禁止入宿存在安全隐患的房屋。

5.2.3.1.2 应注意用电安全。便携式发电机应置于通风条件下使用，做到人、机分开，专人管理。应防止发电机漏电和超负荷运行对人员造成伤害。

5.2.3.1.3 使用煤油灯应安装防风罩。离开房间或休息时，应及时熄灭煤油灯或蜡烛。取暖使用柴灶或煤炉前应先进行检修，防止失火和煤气中毒。

5.2.3.1.4 禁止在草料旁堆放油料、易燃物品，禁止在仓库、木料场、木质建筑以及其他易燃物体附近用火。

5.2.3.2 野外宿营

5.2.3.2.1 备好防寒、防潮、照明、通信等生活保障物品。

5.2.3.2.2 搭设帐篷时应了解地形情况，选择干燥避风处，避开滑坡、觇标、枯树、大树、独立岩石、河边、干涸湖、输电设备及线路等危险地带，防止雷击、崩陷、山洪、高辐射等伤害。

5.2.3.2.3 帐篷周围应挖排水沟。在草原、森林地区，周围应开辟防火道。

5.2.3.2.4 治安情况复杂或野兽经常出没的地区，应设专人值勤。

5.3 外业作业环境

5.3.1 一般要求

5.3.1.1 应持有效证件和公函与有关部门进行联系。在进入军事要地、边境、少数民族地区、林区、自然保护区或其他特殊防护地区作业时，应事先征得有关部门同意，了解当地民情和社会治安等情况，遵守所在地的风俗习惯及有关的安全规定。

5.3.1.2 进入单位、居民宅院进行测绘时，应先出示相关证件，说明情况再进行作业。

5.3.1.3 遇雷电天气应立刻停止作业，选择安全地点躲避，禁止在山顶、开阔的斜坡上、大树下、河边等区域停留，避免遭受雷电袭击。

5.3.1.4 在高压输电线路、电网等区域作业时，应采取安全防范措施，优先选用绝缘性能好的标尺等辅助测量设备，避免人员和标尺、测杆、棱镜支杆等测量设备靠近高压线路，防止触电。

5.3.1.5 外业作业时，应携带所需的装备以及水和药品等用品，必要时应设立供应点，保证作业人员的饮食供给；野外一旦发生水、粮和药品短缺，应及时联系补给或果断撤离，以免发生意外。

5.3.1.6 外业作业时，所携带的燃油应使用密封、非易碎容器单独存放、保管，防止暴晒。洒过易燃油料的地方要及时处理。

5.3.1.7 进入沙漠、戈壁、沼泽、高山、高寒等人烟稀少地区或原始森林地区，作业前须认真了解掌握该地区的水源、居民、道路、气象、方位等情况，并及时记入随身携带的工作手册中。应配备必要的通信器材，以保持个人与小组、小组与中队之间的联系；应配备必要的判定方位的工具，如导航定位仪器、地形图等。必要时要请熟悉当地情况的向导带路。

5.3.1.8 外业测绘必须遵守各地方、各部门相关的安全规定，如在铁路和公路区域应遵守交通管理部门的有关安全规定；进入草原、林区作业必须严格遵守《森林防火条例》、《草原防火条例》及当地的安全规定；下井作业前必须学习相关的安全规程，掌握井下工作的一般安全知识，了解工作地点的具体要求和安全保护规定。

5.3.1.9 安全员必须随时检查现场的安全情况，发现安全隐患立即整改。

5.3.1.10 外业测绘严禁单人夜间行动。在发生人员失踪时必须立即寻找，并应尽快报告上级部门，同时与当地公安部门取得联系。

5.3.2 城镇地区

5.3.2.1 在人、车流量大的街道上作业时，必须穿着色彩醒目的带有安全警示反光的马夹，并应设置安全警示标志牌(墩)，必要时还应安排专人担任安全警戒员。迁站时要撤除安全警示标志牌(墩)，应将器材纵向肩扛行进，防止发生意外。

5.3.2.2 作业中骑用自行车要遵守交通规则，严禁超速、逆行和撒把骑车。

5.3.3 铁路、公路区域

5.3.3.1 沿铁路、公路作业时，必须穿着色彩醒目的带有安全警示反光的马夹。

5.3.3.2 在电气化铁路附近作业时，禁止使用铝合金标尺、镜杆，防止触电。

5.3.3.3 在桥梁和隧道附近以及公路弯道和视线不清的地点作业时，应事先设置安全警示标志牌(墩)，必要时安排专人担任安全指挥。

5.3.3.4 工间休息应离开铁路、公路路基，选择安全地点休息。

5.3.4 沙漠、戈壁地区

5.3.4.1 作业小组应配备容水器、绳索、地图资料、导航定位仪器、风镜、药品、色彩醒目的工作服和睡袋等。

5.3.4.2 在距水源较远的地区作业，应制定供水计划，必要时可分段设立供水站。

5.3.4.3 应随时注意天气变化，防止沙漠寒潮和沙暴的侵袭。

5.3.5 沼泽地区

5.3.5.1 应配备必要的绳索、木板和长约1.5 m的探测棒。

5.3.5.2 过沼泽地时，应组成纵队行进，禁止单人涉险。遇有繁茂绿草地带应绕道而行。发生陷入沼泽的情况要冷静，及时采取妥善的救援、自救措施。

5.3.5.3 应注意保持身体干燥清洁，防止皮肤溃烂。

5.3.6 人烟稀少或草原、林区

5.3.6.1 在人烟稀少或草原、林区作业应携带手持导航定位仪器及地形图，着装要扎紧领口、袖口、衣摆和裤脚，防止蛇、虫等的叮咬。要特别注意配备防止蛇、虫叮咬的面罩及药品，并注射森林脑炎疫苗。

5.3.6.2 行进路线及点位附近，均应留下能为本队人员所共同识别的明显标志。

5.3.6.3 禁止夜间单人外出，特殊情况确需外出时，应两人以上。应详细报告自己的去向，并要携带电源充足的照明和通信器材，以保持随时联系；同时，宿营地应设置灯光引导标志。

5.3.7 高原、高寒地区

5.3.7.1 进入高海拔区域前要进行气候适应训练，掌握高原基本知识。

5.3.7.2 应配带防寒装备和充足的给养，配置氧气袋(罐)及高原反应防治专用药品，注意防止感冒、冻伤和紫外线灼伤。在高海拔区域发生高原反应、感冒、冻伤等疾病时，应立即采取有效的治疗措施。

5.3.7.3 在冰川、雪山作业时，应带雪镜，穿色彩醒目的防寒服。

5.3.7.4 应按选定路线行进，遇无路情况，则应选择缓坡迂回行进。遇悬崖、绝壁、滑坡、崩陷、积雪较深及容易发生雪崩等危险地带时应该绕行，无安全防护保障不得强行通过。

5.3.8 涉水渡河

5.3.8.1 涉水渡河前，应观察河道宽度，探明河水深度、流速、水温及河床沙石等情况，了解上游水库和电站放水情况。根据以上情况选择安全的涉水地点，并应做好涉水时的防护措施。

5.3.8.2 水深在0.6 m以内、流速不超过3 m/s，或者流速虽然较大但水深在0.4 m以内时允许徒涉。水深过腰，流速超过4 m/s的急流，应采取保护措施涉水过河，禁止独自一人涉水过河。

5.3.8.3 遇较深、流速较大的河流，应绕道寻找桥梁或渡口。通过轻便悬桥或独木桥时，要检查木质是否腐朽，若可使用，应逐人通过，必要时应架防护绳。

5.3.8.4 骑牲畜涉水时一般只限于水深0.8 m以内，同时应逆流斜上，不应中途停留。要了解牲畜的水性，必要时给牲畜蹄上采取防滑措施。

5.3.8.5 乘小船或其他水运工具时，应检查其安全性能，并雇用有经验的水手操纵，严禁超载。

5.3.8.6 暴雨过后要特别注意山洪的到来，严禁在无安全防护保障的条件下和河流暴涨时渡河。

5.3.9 水上

5.3.9.1 作业人员应穿救生衣，避免单人上船作业。

5.3.9.2 应选择租用配有救生圈、绳索、竹竿等安全防护救生设备和必要的通信设备的船只，行船应听从船长指挥。

5.3.9.3 租用的船只必须满足平稳性、安全性要求，并具有营业许可证。雇用的船工必须熟悉当地水性并有载客的经验。

5.3.9.4 风浪太大的时段不能强行作业。对水流湍急的地段要根据实地的具体情况采取相应安全防护措施后方可作业。

5.3.9.5 海岛、海边作业时，应注意涨落潮时间，避免事故发生。

5.3.10 地下管线

5.3.10.1 无向导协助，禁止进入情况不明的地下管道作业。

5.3.10.2 作业人员必须配戴防护帽、安全灯，身穿安全警示工作服，应配带通信设备，并保持与地面人员的通信畅通。

5.3.10.3 在城区或道路上进行地下管线探测作业时，应在管道口设置安全隔离标志牌（墩），安排专人担任安全警戒员。打开窨井盖作实地调查时，井口要用警示栏圈围起来，必须有专人看管。夜间作业时，应设置安全警示灯。工作完毕必须清点人员，确保井下没有留人的情况下及时盖好窨井盖。

5.3.10.4 对规模较大的管道，在下井调查或施放探头、电极导线时，严禁明火，并应进行有害、有毒及可燃气体的浓度测定，有害、有毒及可燃气体超标时应打开连续的三个井盖排气通风半小时以上，确认安全并采取保护措施后方可下井作业。

5.3.10.5 禁止选择输送易燃、易爆气体管道作为直接法或充电法作业的充电点。在有易燃、易爆隐患环境下作业时，应使用具备防爆性能的测距仪、陀螺经纬仪和电池等设备。

5.3.10.6 使用大功率电器设备时，作业人员应具备安全用电和触电急救的基础知识。工作电压超过36V时，供电作业人员应使用绝缘防护用品，接地电极附近应设置明显警告标志，并设专人看管。雷电天气禁止使用大功率仪器设备作业。井下作业的所有电气设备外壳都应接地。

5.3.10.7 进入企业厂区进行地下管线探测的作业人员，必须遵守该厂安全保护规定。

5.3.11 高空

5.3.11.1 患有心脏病、高血压、癫痫、眩晕、深度近视等高空禁忌症人员禁止从事高空作业。

5.3.11.2 现场作业人员应配戴安全防护带和防护帽，不得赤脚。作业前，要认真检查攀登工具和安全防护带，保证完好。安全防护带要高挂低用，不能打结使用。

5.3.11.3 应事先检查树、杆、梯、站台以及觇标等各部位结构是否牢固，有无损伤、腐朽和松脱，存在安全隐患的应经过维修后才能作业。到达工作位置后要选坚固的枝干、桩作为依托，并扣好安全防护带后再开始作业；返回地面时严禁滑下或跳下。高楼作业时，应了解楼顶的设施和防护情况，避免在楼顶边缘作业。

5.3.11.4 传递仪器和工具时，禁止抛投。使用的绳索要结实，滑轮转动要灵活，禁止使用断股或未经检查过的绳索，以防脱落伤人。

5.3.11.5 造(维修)标、拆标工作时，应由专人统一指挥，分工明确，密切配合。在行人通过的道路或居民地附近造(维修)标、拆标时，必须将现场围好，悬挂“危险”标志，禁止无关人员进入现场。作业场地半径不得小于15 m。

6 内业生产

6.1 作业场所

6.1.1 照明、噪音、辐射等环境条件应符合作业要求。

6.1.2 计算机等生产仪器设备的放置，应有利于减少放射线对作业人员的危害。各种设备与建(构)筑物之间，应留有满足生产、检修需要的安全距离。

6.1.3 作业场所中不得随意拉设电线，防止电线、电源漏电。通风、取暖、空调、照明等用电设施要有专人管理、检修。

6.1.4 面积大于100 m^2的作业场所的安全出口应不少于两个。安全出口、通道、楼梯等应保持畅通并设有明显标志和应急照明设施。

6.1.5 作业场所应按《中华人民共和国消防法》规定配备灭火器具，小于40 m^2的重点防火区域，如资料、档案、设备库房等，也应配置灭火器具。应定期进行消防设施和安全装置的有效期和能否正常使用检查，保证安全有效。

6.1.6 作业场所应配置必要的安全(警告)标志，如配电箱(柜)标志、资料重地严禁烟火标志、严禁吸烟标志、紧急疏散示意图、上下楼梯警告线以及玻璃隔断提醒标志等，且保证标志完好清晰。

6.1.7 禁止在作业场所吸烟以及使用明火取暖，禁止超负荷用电。使用电器取暖或烧水，不用时要切断电源。

6.1.8 严禁携带易燃易爆物品进入作业场所。

6.2 安全操作

6.2.1 仪器设备的安装、检修和使用，须符合安全要求。凡对人体可能构成伤害的危险部位，都要设置安全防护装置。所有用电动力设备，必须按照规定埋设接地网，保持接地良好。

6.2.2 仪器设备须有专人管理，并进行定期的检查、维护和保养，禁止仪器设备带故障运行。

6.2.3 作业人员应熟悉操作规程，必须严格按有关规程进行操作。作业前要认真检查所要操作的仪器设备是否处于安全状态。

6.2.4 禁止用湿手拉合电闸或开关电钮。饮水时，应远离仪器设备，防止泼洒造成电路短路。

6.2.5 擦拭、检修仪器设备应首先断开电源，并在电闸处挂置明显警示标志。修理仪器设备，一般不准带电作业，由于特殊情况而不能切断电源时，必须采取可靠的安全措施，并且须有两名电工现场作业。

6.2.6 因故停电时，凡用电的仪器设备，应立即断开电源。

前 言

本标准由国家测绘局提出并归口。

本标准起草单位：国家测绘局测绘标准化研究所、国家测绘产品质量监督检验测试中心、国家基础地理信息中心、中国测绘科学研究院

本标准主要起草人：肖学年、邓国庆、谭明建、曾衍伟、商瑶玲、胡勇志、王虹、杜晓、于荣花

引 言

为满足1∶50 000基础测绘成果质量评定的需要，根据GB/T 21337—2008《地理信息质量原则》、GB/T 21336—2008《地理信息质量评价过程》中的相关规定，结合目前正在实施的国家重大测绘项目的需要，在充分考虑1∶50 000基础测绘成果生产、质量控制、成果特征以及质量评定现状的基础上制定本标准。

中华人民共和国测绘行业标准

CH/T 1017—2008

1∶50 000 基础测绘成果质量评定

Specifications for evalution of quality of 1∶50 000 scale fundamental surveying and mapping products

1 范围

本标准规定了1∶50 000基础测绘成果质量评定的要求、程序、方法、指标。

本标准适用于1∶50 000数字线划图(DLG)、1∶50 000数字正射影像图(DOM)、1∶50 000数字高程模型(DEM)、1∶50 000数字栅格地图(DRG),以及与其相关的平面控制测量(GPS)成果、水准测量成果、航测控制成果、航测外业调绘成果、数字地形图、印刷地形图的质量评定。

2 术语和定义

下列术语和定义适用于本标准。

2.1

单位成果 item

为实施质量检验、评定而划分的基本单位。如大地测量成果以“点”或“测段”划分,像片控制测量成果、空三加密成果以“区域网”划分,数字成图成果以“幅”划分单位成果。

2.2

批成果 lot

同一技术设计要求下生产的同一测区的单位成果集合。

2.3

批量 lot size

批成果中单位成果的数量。

2.4

质量元素 quality element

说明质量的定量、定性组成部分。即成果满足规定要求和使用目的的基本特性。

注:质量元素的适用性取决于成果的内容及其成果规范,并非所有的质量元素适用于所有的成果。

[ISO 19113:2002,术语4.5]

2.5

质量子元素 quality subelement

质量元素的组成部分,描述质量元素的一个特定方面。

[ISO 19113:2002,术语4.11]

2.6

检查项 inspected entry

质量子元素的检查内容。说明质量的最小单位,质量检查和评定的最小实施对象。

2.7

详查 all entry inspection

对单位成果质量要求的所有检查项、要素的检查。

国家测绘局 2008-05-25 发布　　　　2008-06-01 实施

2.8

概查 specific entry inspection

对单位成果质量要求的特定检查项、重要要素的检查。

注:特定检查项指重要的、特别关注的质量要求或指标,以及系统性的偏差、错误。

2.9

样本 sample

从批成果中抽取的用于评定批成果质量的单位成果集合。

2.10

样本量 sample size

样本中单位成果的数量。

2.11

全数检查 full inspection

对批成果中全部单位成果逐一进行的检查。

2.12

抽样检查 sampling inspection

从批成果中按抽样方案抽取样本进行的检查。

3 基本规定

3.1 1∶50 000基础测绘成果质量评定的对象包括基础地理信息数字产品1∶50 000数字线划图(DLG)、1∶50 000数字正射影像图(DOM)、1∶50 000数字高程模型(DEM)、1∶50 000数字栅格地图(DRG),以及与其相关的平面控制测量(GPS)成果、水准测量成果、航测控制成果、航测外业调绘成果、数字地形图、印刷地形图。成果质量评定是对以上成果的最终成果进行质量评定。根据需要,可对使用的基本资料和各类参考资料进行质量检查。

3.2 成果质量评定分为批成果质量判定和单位成果质量评定两个层次。

3.3 成果质量评定宜采用抽样检查的方式,特殊需要时可采用全数检查的方式。抽样检查时,样本内单位成果应详查,样本外单位成果根据测区情况和详查情况确定概查的单位成果数量和概查的内容。全数检查时,全部单位成果均应详查。

3.4 批成果质量等级分为批合格和批不合格两级。

3.5 单位成果质量评定根据详查和概查两种检查方式,采用不同的评定等级。详查的单位成果质量等级分为优级品、良级品、合格级品和不合格级品四级。概查的单位成果质量等级分为概查合格和概查不合格两级。概查的质量评定方法与详查的质量评定方法应一致。

3.6 抽样检查时,样本抽取应采用随机抽样或分层随机抽样的方式进行,样本一经确定,不应更换。对于不合格的批成果,应重新抽样。

3.7 提交质量评定的成果资料应完整、齐全。

3.8 单位成果质量评定指标应符合第6章的规定,其中r_0、错漏类型等指标,在特殊情况下需要调整时,应经过生产组织方的认可。

3.9 当对单位成果的部分质量元素进行检验时,按本标准所列相应权的比例调整质量元素的权,调整后的各质量元素的权之和应为1.0。

3.10 批合格,测绘单位对检验中发现的所有质量问题均应修改。批不合格,测绘单位应对批成果内单位成果逐一查改后,重新提交,进行质量评定。

4 评定程序

4.1 组成批成果

批成果应由在同一技术设计书指导下生产的同等级、同规格单位成果汇集而成。当生产量比较大时,可根据生产时间的不同、作业方法不同或作业单位不同等条件分别组成批成果,实施分批检验。

4.2 确定样本量

按表1的规定确定样本量。

表1 样本量确定表

批量	样本量
≤20[a]	3
21～40	5
41～60	7
61～80	9
81～100	10
101～120	11
≥120	分批次提交，批次数应最小，各批次的批量应均匀
[a] 当批量小于或等于3时，样本量等于批量。	

4.3 抽取样本

4.3.1 根据样本量，以"点"、"幅"、"测段"或"区域网"等为单位在批成果中随机抽取单位成果，组成样本。抽样时应顾及地形类别、困难程度、不同作业组等情况，样本应均匀分布。

4.3.2 提取样本的有关资料，提取批成果的有关资料。

4.4 检查

4.4.1 详查

根据单位成果的质量元素及相应的检查项（见第6章），按项目技术要求逐一检查样本内的单位成果，并统计存在的各类错漏数量、错误率、中误差等。

4.4.2 概查

根据需要，对样本外单位成果的重要检查项或重要要素以及详查中发现的普遍性、倾向性问题进行检查，并统计存在的各类错漏数量、错误率、中误差等。

4.5 单位成果质量评定

根据详查和概查的结果，按5.2的要求评定单位成果质量。

4.6 批成果质量判定

根据单位成果质量评定结果，判定批成果质量。

4.7 编制检验报告

按照CH/Z 1001—2007《测绘成果质量检验报告编写基本规定》的要求编制检验报告。

5 质量评定方法

5.1 单位成果质量表征

DLG、DOM、DEM、DRG采用错误率、中误差等指标进行质量评定。平面控制测量(GPS)成果、水准测量成果、航测控制成果、航测外业调绘、数字地形图、印刷地形图成果质量采用错漏数量、中误差等指标进行质量评定。

5.2 评分方法

5.2.1 DLG、DOM、DEM、DRG单位成果质量评分

根据质量检查结果，按表5～表8的规定计算质量元素得分值，按公式(1)计算DLG、DOM、DEM、

DRG单位成果质量得分值。附件质量不参与公式(1)的计算。

$$S = \min(S_i)\ (i = 1,2,\cdots,n) \quad \cdots\cdots (1)$$

式中：

S —— 单位成果质量得分值；

min —— 最小值；

S_i —— 第 i 个质量元素的得分值，取一位小数，不四舍五入；

n —— 质量元素的总数。

5.2.2 **其他成果质量评分**

1) 成果错漏类型及扣分标准按表2执行。

表2 错漏类型及扣分标准

错漏类型	错漏类型代码	扣分标准	备　注
严重错漏	A	42分	导致成果不合格、无法正常使用的错漏
重错漏	B	12/t分	一定程度影响成果正常使用的错漏
次重错漏	C	4/t分	轻微影响成果正常使用的错漏
轻错漏	D	1/t分	不影响成果正常使用的错漏
注：t 指调整系数，根据项目需要设置，一般取值为1。			

2) 涉及中误差的质量子元素或检查项，按公式(2)进行评分。

$$\left.\begin{aligned} S_2 &= 60 + \frac{40}{0.7 \times m_0}(m_0 - m) \qquad m_0 \geqslant m > 0.3m_0 \\ S_2 &= 100 \qquad\qquad\qquad\qquad\qquad m \leqslant 0.3m_0 \end{aligned}\right\} \quad \cdots\cdots (2)$$

式中：

S_2 —— 涉及中误差的质量子元素得分值；

m_0 —— 中误差限值；

m —— 中误差检测值。

3) 其他质量子元素，按公式(3)进行评分。

$$S_2 = 100 - \{a_1 \times (12/t) + a_2 \times (4/t) + a_3 \times (1/t)\} \quad \cdots\cdots (3)$$

式中：

S_2 —— 质量子元素得分值；

a_1 —— B类错漏个数；

a_2 —— C类错误个数；

a_3 —— D类错误个数；

t —— 调整系数。

4) 按公式(4)进行质量元素评分。

$$S_1 = \sum_{i=1}^{n}(S_{2i} \times P_i) \quad \cdots\cdots (4)$$

式中：

S_1 —— 质量元素得分值；

S_{2i} —— 质量元素中第 i 个质量子元素得分值；

P_i —— 质量元素中第 i 个质量子元素的权；

n —— 质量元素中包含的质量子元素个数。

5） 按公式(5)进行单位成果质量评分。

$$S = \sum_{i=1}^{n}(S_{1i} \times P_i) \quad \cdots\cdots (5)$$

式中：

S —— 单位成果质量得分值；

S_{1i} —— 第 i 个质量元素的得分值；

P_i —— 第 i 个质量元素的权；

n —— 单位成果中包含的质量元素个数。

5.2.3 单位成果质量评定

单位成果质量评定等级见表3。

表3 单位成果质量评定等级

质量得分	详查质量等级	概查质量等级
90分≤S≤100分	优级品	概查合格
75分≤S<90分	良级品	
60分≤S<75分	合格品	
位置精度或数字精度检查中粗差比例大于5%	不合格品	概查不合格
DLG、DEM、DOM、DRG成果的质量元素出现不合格（检查结果不满足规定的合格条件，见表5～表8）		
其他成果中出现规定的严重错漏（见表9～表22）		
其他成果中的质量子元素得分小于60分（见表9～表22）		

5.2.4 批成果质量判定

批成果质量判定通过判定条件确定批成果的质量等级，合格判定条件见表4。

表4 批成果质量判定条件

质量等级	判定条件
批合格	样本内未发现不合格品；且（概查时）样本外未发现概查不合格的单位成果
批不合格	样本内发现不合格品，或样本外发现概查不合格单位成果，或不能提交批成果的技术性文档（如设计书、技术总结、检查报告等）和资料性文档（如接合表、图幅清单、更新数据源等）

6 质量评定指标

6.1 数字线划图

数字线划图质量评定指标见表5。

表 5 数字线划图

质量元素						质量子元素	检查项		
名称	代码	检查结果	技术要求	合格条件	合格后 计分方法及分值 S_i	名称	名称	检查内容	检查对象
空间参考系	01	符合/不符合	按技术设计执行	符合	100	大地基准	坐标系统	检查坐标系统是否符合要求	成果数据、基本资料、各类参考资料等
						高程基准	高程基准	检查高程基准是否符合要求	成果数据、基本资料、各类参考资料等
						地图投影	投影参数	检查地图投影各参数是否符合要求	成果数据、基本资料、各类参考资料等
							图幅分幅	检查图廓角点坐标、内图廓线坐标、公里网线坐标是否符合要求	成果数据、基本资料、各类参考资料等
位置精度	02	1. $r=n/N\times100\%$ 式中： r —— 错误率； n —— 错误总数； N —— 全图要素总数	极重要要素：$r_0=0\%$； 重要要素：$r_0=0.05\%$； 一般要素：$r_0=0.3\%$； 控制点坐标、高程：$r_0=0\%$； 要素层整体偏移：$r_0=0\%$	$r\leqslant r_0$	$s=60+\frac{40}{r_0}\times(r_0-r)$	平面精度	控制点坐标	检查控制点平面坐标处理不符合要求的个数	成果数据
		2. m(中误差) 检查点分布均匀，位置易于辨认，不少于50个。以单位成果进行统计，困难时可以扩大统计范围	m_0：中误差限值，按技术设计执行	$m\leqslant m_0$	$s=60+\frac{40}{0.7\times m_0}(m_0-m)$ $(m>0.3m_0)$ $s=100$ $(m\leqslant0.3m_0)$		平面位置中误差	检查平面位置中误差	成果数据、基本资料、各类参考资料等
							接边精度	检查要素几何位置的接边错误处数。其接边精度指标按技术设计执行，属性接边纳入属性精度检查	成果数据
					各错误率、中误差分别计算分值，最终分值取最小值		几何位移	检查与DRG、DOM、更大比例尺DLG等基本资料的位置偏移超限处数。几何位移限值按技术设计执行	成果数据

表 5 数字线划图 （续）

质量元素						质量子元素	检查项		
名称	代码	检查结果	技术要求	合格条件	合格后 计分方法及分值 S_i	名称	名称	检查内容	检查对象
						高程精度	控制点高程	检查控制点高程处理不符合要求的个数	成果数据
							高程注记点高程中误差	检查高程注记点高程中误差	成果数据、基本资料、各类参考资料等
							等高线高程中误差	检查等高线高程中误差	成果数据、基本资料、各类参考资料等
		符合/不符合	按技术设计执行	符合	100		等高距	检查等高距是否符合要求	成果数据
属性精度	03	$r=n/N\times100\%$ 式中： r—— 错误率； n—— 错误总数； N—— 全图要素总数	极重要要素：$r_0=0\%$； 重要要素：$r_0=0.05\%$； 一般要素：$r_0=0.3\%$	$r\leqslant r_0$	$s=60+\frac{40}{r_0}\times(r_0-r)$ 重要要素与一般要素分别计算分值，最终分值取最小值	分类正确性	分类代码值	检查要素分类代码值错漏的个数，包括接边检查中发现的属性值错误	成果数据
						属性正确性	属性值	检查要素属性值错漏的个数，包括接边检查中发现的属性值错误	成果数据
完整性	04	$r=n/N\times100\%$ 式中： r—— 错误率； n—— 错误总数； N—— 全图要素总数	极重要要素：$r_0=0\%$； 重要要素：$r_0=0.05\%$； 一般要素：$r_0=0.3\%$； 一组等高线：$r_0=0\%$； 要素层遗漏和多余：$r_0=0\%$	$r\leqslant r_0$	$s=60+\frac{40}{r_0}\times(r_0-r)$ 重要要素与一般要素分别计算分值，最终分值取最小值	多余	要素多余	检查要素多余的个数，包括要素层是否存在非本层要素，即要素放错层	成果数据
						遗漏	要素遗漏	检查要素遗漏的个数	成果数据
逻辑一致性	05	符合/不符合	按技术设计执行	符合	100	概念一致性	属性项	检查属性项名称、类型、长度、顺序、个数等是否符合要求	成果数据
									成果数据
							数据集	检查数据集（层）定义是否符合要求	成果数据
						格式一致性	数据归档	检查数据文件存储、组织是否符合要求	成果数据、基本资料、各类参考资料等
							数据格式	检查数据文件格式是否符合要求	成果数据、基本资料、各类参考资料等

表 5 数字线划图 （续）

质量元素						质量子元素	检查项		
名称	代码	检查结果	技术要求	合格条件	合格后计分方法及分值 S_i	名称	名称	检查内容	检查对象
							数据文件	检查数据文件是否缺失、多余、数据无法读出	成果数据、基本资料、各类参考资料等
							文件命名	检查数据文件名称是否符合要求	成果数据、基本资料、各类参考资料等
		$r=n/N\times100\%$ 式中： r —— 错误率； n —— 错误总数； N —— 全图要素总数	重要要素：$r_0=0.07\%$； 一般要素：$r_0=0.4\%$。 （极重要要素统计在重要要素中）	$r\leqslant r_0$	$s=60+\frac{40}{r_0}\times(r_0-r)$ 重要要素与一般要素分别计算分值，最终分值取最小值	拓扑一致性	重合	检查要素不重合的错误个数	成果数据
							重复	检查重复采集的要素个数	成果数据
							相接	检查要素未相接的错误个数（如错误的悬挂点等现象）	成果数据
							连续	检查要素不连续的错误个数（如错误的伪节点、错误节点等现象）。每 3 处计 1 个错。	成果数据
							闭合	检查要素未闭合的错误个数	成果数据
							打断	检查要素未打断的错误个数（如应有节点而未打断，相交应打断而未打断等现象）	成果数据
时间精度	06	符合/不符合	按技术设计执行	符合	100	现势性	原始资料现势性	检查生产、更新中使用的各类原始资料的现势性是否符合要求	基本资料、各类参考资料等
							成果数据现势性	检查成果数据是否按符合要求的基本资料、各类参考资料进行生产、更新	成果数据

表5 数字线划图 （续）

质量元素						质量子元素	检查项		
名称	代码	检查结果	技术要求	合格条件	合格后计分方法及分值 S_i	名称	名称	检查内容	检查对象
表征质量	07	$r=n/N\times100\%$ 式中： r —— 错误率； n —— 错误总数； N —— 全图要素总数	极重要要素：$r_0=0\%$ 重要要素：$r_0=0.07\%$； 一般要素：$r_0=0.4\%$。 地物地貌特征严重失真，不能反映真实现状时为不合格。出现要素关系整体不符时为不合格	$r\leqslant r_0$	$s=60+\frac{40}{r_0}\times(r_0-r)$ 重要要素与一般要素分别计算分值，最终分值取最小值	几何表达	几何类型	检查点、线、面要素几何表达错误的个数	成果数据
							几何异常	检查要素几何图形异常的个数，如极小的不合理面或极短的不合理线，折刺、回头线、粘连、自相交、抖动等。每3处计1个错	成果数据
						地理表达	要素取舍	检查要素取舍错误的个数	成果数据
							图形概括	检查要素图形概括错误的个数，如地物局部细节和地貌特征丢失、变形等	成果数据
							要素关系	检查要素关系错误的处数	成果数据
							方向特征	检查要素方向特征错误的个数	成果数据
附件质量	08	$r=n/N\times100\%$ 式中： r —— 错误率； n —— 错误总数； N ——元数据项数/图历簿项数	元数据项错漏：$r_0=0\%$； 元数据内容错漏：$r_0=5\%$； 图历簿错漏：$r_0=5\%$	$r\leqslant r_0$	$s=60+\frac{40}{r_0}\times(r_0-r)$ 元数据错漏与图历簿错漏分别计算分值，最终分值取最小值	元数据	项错漏	检查元数据项错漏个数	成果数据
							内容错漏	检查元数据各项内容错漏个数	成果数据
						图历簿	错漏	检查图历簿各项内容错漏个数	成果数据
		符合/不符合	按技术设计执行	符合	100	附属资料	完整性	检查附属资料的完整性	基本资料、各种参考资料等
							正确性	检查附属资料的正确性	基本资料、各种参考资料等
							权威性	检查附属资料的权威性	基本资料、各种参考资料等

表 5 数字线划图 （续）

质量元素						质量子元素	检查项		
名称	代码	检查结果	技术要求	合格条件	合格后 计分方法及分值 S_i	名称	名称	检查内容	检查对象

分值(S_i)指该质量元素的得分值，取值范围为 60～100，i 为代码的数值。

极重要要素指国界、国界界桩、界碑，以及其注记。

重要要素包括境界、界桩、界碑，县级及县级以上地名、居民地，县级及县级以上公路及其桥梁，测量控制点，干线铁路及其桥梁，高速公路及其桥梁，六级以上河流及相通的湖泊、水库，重要管线，一、二级山脉名称。在人烟稀少的边远地区、荒漠地区，村级和乡镇级地名、居民地、道路及其桥梁，铁路及其桥梁，具有方位意义、重要意义的独立地物点等应作为重要要素对待。重要要素的注记为重要要素。

未标明错误个数计算方法的检查项，每 1 处错误计 1 个错误。

统计全图要素总数时，以数据中所有要素的数学个数进行统计，点要素个数按点个数统计，线要素个数按线个数统计，面要素个数按面个数统计，注记要素个数按注记个数统计。

当全图要素总数小于 2 000 时，全图要素总数按 2 000 计算；当全图要素总数大于 8 000 时，全图要素总数按 8 000 计算。

当一个质量元素中出现多个分值时，取最小值为质量元素的最终分值。

6.2 数字正射影像图

数字正射影像图质量评价指标见表 6。

表 6 数字正射影像图

质量元素						质量子元素	检查项		
名称	代码	检查结果	技术要求	合格条件	合格后计分方法及分值 S_i	名称	名称	检查内容	备注
空间参考系	01	符合/不符合	按技术设计执行	符合	100	大地基准	坐标系统	检查坐标系统是否符合要求	
						高程基准	高程基准	检查高程基准是否符合要求	
						地图投影	投影参数	检查地图投影各参数是否符合要求	
位置精度	02	m(中误差) 检查点分布均匀，位置易于辨认，不少于 50 个	m_0：中误差限值，按技术设计执行	$m \leqslant m_0$	$s=60+\frac{40}{0.7\times m_0}(m_0-m)$ $(m>0.3m_0)$ $s=100$ $(m\leqslant 0.3m_0)$ 中误差分别计算分值，最终分值取最小值	平面精度	平面位置中误差	检查平面位置中误差	
							同名地物点位置中误差	检查同名地物点位置中误差	用于检查接边精度
		符合/不符合	按技术设计执行	符合	100		套合精度	检查与 DLG 成果等的套合精度是否符合要求	
逻辑一致性	03	符合/不符合	按技术设计执行	符合	100	格式一致性	数据归档	检查数据文件存储、组织是否符合要求	
							数据格式	检查数据文件格式是否符合要求	
							数据文件	检查数据文件是否缺失、多余、数据无法读出	
							文件命名	检查数据文件名称是否符合要求	
时间精度	04	符合/不符合	按技术设计执行	符合	100	现势性	原始资料现势性	检查生产中使用的各类原始资料的现势性是否符合要求	
							成果现势性	检查成果数据是否按符合要求的原始资料进行生产	

表 6　数字正射影像图（续）

质量元素 名称	质量元素 代码	检查结果	技术要求	合格条件	合格后计分方法及分值 S_i	质量子元素 名称	检查项 名称	检查内容	备注
影像质量	05	符合/不符合	按技术设计执行	符合	100	分辨率	地面分辨率	检查成果数据地面分辨率是否符合要求	
							扫描分辨率	检查航片扫描分辨率是否符合要求	
		符合/不符合	按技术设计执行	符合	100	格网参数	格网范围	检查格网范围、起始点坐标是否符合要求	
		符合/不符合	按技术设计执行	符合	100	影像特性	色彩模式	检查色彩模式、像素位是否符合要求	
		$r=n/N\times100\%$ 式中： r——错误率； n——统计或估计出的不良区域的面积； N——单位成果的有效面积 由于数据处理导致的影像裂缝、漏洞不参与统计，为不合格	$r_0=1\%$	$r\leqslant r_0$	$s=60+\frac{40}{r_0}\times(r_0-r)$		色彩特征	检查影像存在色调不均匀、明显失真、反差不明显的区域（当出现普遍性或整体性现象而又不影响成果使用时，可不估算面积，根据具体情况打分，但不能高于 90 分）	
							影像噪音	检查不影响成果使用时出现的影像噪声、污点、划痕、云影、模糊、不清晰等问题。不估算面积，根据具体情况打分（出现普遍性或整体性现象时，不能高于 90 分）	
							信息丢失	检查由于数据处理而造成的纹理不清、噪声、清晰度差、影像模糊等原因导致的无法判读影像信息的区域	
表征质量	06	$r=n/N\times100\%$ 式中： r——错误率； n——注记规格错误的个数； N——注记的总数目	$r_0=5\%$	$r\leqslant r_0$	$s=60+\frac{40}{r_0}\times(r_0-r)$	注记	注记规格	检查注记的颜色、大小、字体等不符合要求的个数	
							注记内容	检查注记内容错误的个数	
		符合/不符合	按技术设计执行	符合	100	整饰	内图廓外整饰	检查内图廓外注记内容及整饰是否符合要求	
							内图廓线	检查内图廓线是否符合要求	
							公里网线	检查公里网线是否符合要求	
							经纬网线	检查经纬网线是否符合要求	

表 6　数字正射影像图　（续）

质量元素						质量子元素	检查项		
名称	代码	检查结果	技术要求	合格条件	合格后计分方法及分值 S_i	名称	名称	检查内容	备注
附件质量	07	$r=n/N\times100\%$ 式中： r——错误率； n——错误总数； N——元数据项数/图历簿项数	元数据项错漏： $r_0=0\%$； 元数据内容错漏： $r_0=5\%$； 图历簿错漏：$r_0=5\%$	$r\leqslant r_0$	$s=60+\frac{40}{r_0}\times(r_0-r)$ 元数据错漏与图历簿错漏分别计算分值，最终分值取最小值	元数据	项错漏	检查元数据项错漏个数	
							内容错漏	检查元数据各项内容错漏个数	
						图历簿	错漏	检查图历簿各项内容错漏个数	
		符合/不符合	按技术设计执行	符合	100	附属资料	完整性	检查附属资料的完整性	
							正确性	检查附属资料的正确性	
							权威性	检查附属资料的权威性	

分值(S_i)指该质量元素的得分值，取值范围为 60～100，i 为代码的数值。

当一个质量元素中出现多个分值时，取最小值为质量元素的最终分值。

6.3　数字高程模型

数字高程模型质量评价指标见表 7。

表 7　数字高程模型

质量元素						质量子元素	检查项		
名称	代码	检查结果	技术要求	合格条件	合格后 计分方法及分值 S_i	名称	名称	检查内容	备注
空间参考系	01	符合/不符合	按技术设计执行	符合	100	大地基准	坐标系统	检查坐标系统是否符合要求	
						高程基准	高程基准	检查高程基准是否符合要求	
						地图投影	投影参数	检查地图投影各参数是否符合要求	
位置精度	02	m:高程中误差 检查点分布均匀,不少于 50 个	m_0:高程中误差限值,按技术设计执行	$m \leqslant m_0$	$s=60+\frac{40}{0.7\times m_0}(m_0-m)$ $(m>0.3m_0)$ $s=100$ $(m\leqslant 0.3m_0)$	高程精度	高程中误差	检查高程中误差	
		符合/不符合		符合	100		同名格网高程值	检查同名格网高程值是否符合要求	检查 DEM 接边精度
		r:超限个数	$r_0=0$	$r=r_0$	100		套合差	套合检查时误差超限(一个等高距)的个数	
逻辑一致性	03	符合/不符合	按技术设计执行	符合	100	格式一致性	数据归档	检查数据文件存储、组织不符合要求的个数	
							数据格式	检查数据文件格式不符合要求的个数	
							数据文件	检查数据文件缺失、多余、数据无法读出等现象的个数	
							文件命名	检查数据文件名称不符合要求的个数	
时间精度	04	符合/不符合	按技术设计执行	符合	100	现势性	原始资料现势性	检查生产中使用的各类原始资料的现势性是否符合要求	
							成果现势性	检查成果数据是否按符合要求的基本资料、各类参考资料进行生产	

表 7　数字高程模型　（续）

质量元素						质量子元素	检查项		
名称	代码	检查结果	技术要求	合格条件	合格后 计分方法及分值 S_i	名称	名称	检查内容	备注
栅格质量	05	符合/不符合	按技术设计执行	符合	100	格网参数	格网尺寸	检查 DEM 的格网尺寸是否符合要求	
							格网范围	检查 DEM 的起始点坐标、图幅范围是否符合要求	
附件质量	06	$r=n/N\times100\%$ 式中： r —— 错误率； n —— 错误总数； N —— 元数据项数/图历簿项数	元数据项错漏： $r_0=0\%$； 元数据内容错漏： $r_0=5\%$； 图历簿错漏：$r_0=5\%$	$r\leqslant r_0$	$s=60+\frac{40}{r_0}\times(r_0-r)$ 元数据错漏与图历簿错漏分别计算分值，最终分值取最小值	元数据	项错漏	检查元数据项错漏个数	
							内容错漏	检查元数据各项内容错漏个数	
						图历簿	错漏	检查图历簿各项内容错漏个数	
		符合/不符合	按技术设计执行	符合	100	附属资料	完整性	检查附属资料的完整性	
							正确性	检查附属资料的正确性	
							权威性	检查附属资料的权威性	

分值（S_i）指该质量元素的得分值，取值范围为 60～100，i 为代码的数值。

当一个质量元素中出现多个分值时，取最小值为质量元素的最终分值。

采用矢量数据生成 DEM 数据时，单位成果矢量数据的高程精度应符合要求，同时不应出现不合理的点线矛盾，否则，单位成果 DEM 质量为不合格。

6.4　数字栅格地图

数字栅格地图质量评价指标见表 8。

表 8　数字栅格地图

质量元素						质量子元素	检查项		
名称	代码	检查结果	技术要求	合格条件	合格后计分方法及分值 S_i	名称	名称	检查内容	备注
空间参考系	01	符合/不符合	按技术设计执行	符合	100	大地基准	坐标系统	检查坐标系统是否符合要求	
						高程基准	高程基准	检查高程基准是否符合要求	
						地图投影	投影参数	检查地图投影各参数是否符合要求	
位置精度	02	$r=n/N\times100\%$ 式中： r——错误率； n——出现偏移的个数； N——检查的总数目	$r_0=1\%$ 限差按技术设计执行	$r\leqslant r_0$	$s=60+\frac{40}{r_0}\times(r_0-r)$	平面精度	纠正配准精度	检查图廓角点、公里网线交点、图廓与公里网线交点等处像素的坐标与理论位置偏移超限的个数	
逻辑一致性	03	符合/不符合	按技术设计执行	符合	100	格式一致性	数据归档	检查数据文件存储、组织不符合要求的个数	
							数据格式	检查数据文件格式不符合要求的个数	
							数据文件	检查数据文件缺失、多余、数据无法读出等现象的个数	
							文件命名	检查数据文件名称不符合要求的个数	
时间精度	04	符合/不符合	按技术设计执行	符合	100	现势性	原始资料现势性	检查生产使用的各类原始资料的现势性是否符合要求	
栅格质量	05	符合/不符合	按技术设计执行	符合	100	分辨率	扫措分辨率	检查扫描分辨率是否符合要求	
		符合/不符合	按技术设计执行	符合	100	影像特征	色彩模式	检查色彩模式、像素位是否符合要求	
		$r=n/N\times100\%$ 式中： r——错误率； n——统计或估计出的不良区域的面积； N——单位成果的有效面积	$r_0=3\%$	$r\leqslant r_0$	$s=60+\frac{40}{r_0}\times(r_0-r)$		信息丢失	检查数据处理中丢失要素、要素缺损的区域	
							RGB 值	检查要素 RGB 色值错误的区域	
							杂色面积	检查使用灰色代替规定的要素 RGB 色的区域	

表 8　数字栅格地图　（续）

质量元素						质量子元素	检查项		
名称	代码	检查结果	技术要求	合格条件	合格后计分方法及分值 S_i[a]	名称	名称	检查内容	备注
附件质量	06	$r=n/N\times100\%$ 式中： r —— 错误率； n —— 错误总数； N —— 元数据项数/图历簿项数	元数据项错漏： $r_0=0\%$； 元数据内容错漏： $r_0=5\%$； 图历簿错漏：$r_0=5\%$	$r\leqslant r_0$	$s=60+\frac{40}{r_0}\times(r_0-r)$ 元数据错漏与图历簿错漏分别计算分值，最终分值取最小值	元数据	项错漏	检查元数据项错漏个数	
							内容错漏	检查元数据各项内容错漏个数	
						图历簿	错漏	检查图历簿各项内容错漏个数	
		符合/不符合	按技术设计执行	符合	100	附属资料	完整性	检查附属资料的完整性	
							正确性	检查附属资料的正确性	
							权威性	检查附属资料的权威性	

[a] 指该质量元素的得分值，取值范围为 60～100，i 为代码的数值。当一个质量元素中出现多个分值时，取最小值为质量元素的最终分值。

6.5 平面控制测量(GPS)成果

平面控制测量(GPS)成果质量评价指标见表9和表10。

表9 平面控制测量(GPS)成果质量元素及权重

质量元素	权	质量子元素	权	检查项
数据质量	0.50	数学精度	0.30	1. 点位中误差与规范及设计书的符合情况 2. 边长相对中误差与规范及设计书的符合情况
		观测质量	0.40	1. 仪器检验项目的齐全性,检验方法的正确性 2. 观测方法的正确性,观测条件的合理性 3. GPS点水准联测的合理性和正确性 4. 归心元素、天线高测定方法的正确性 5. 卫星高度角、有效观测卫星总数、时段中任一卫星有效观测时间、观测时段数、时段长度、数据采样间隔、PDOP值、钟漂、多路径影响等参数的规范性和正确性 6. 观测手簿记录和注记的完整性和数字记录、划改的规范性 7. 数据质量检验的符合性 8. 规范和设计方案的执行情况 9. 成果取舍和重测的正确性、合理性
		计算质量	0.30	1. 起算点选取的合理性和起始数据的正确性 2. 起算点的兼容性及分布的合理性 3. 坐标改算方法的正确性 4. 数据使用的正确性和合理性 5. 各项外业验算项目的完整性、方法正确性,各项指标符合性
点位质量	0.30	选点质量	0.50	1. 点位布设及点位密度的合理性 2. 点位观测条件的符合情况 3. 点位选择的合理性 4. 点之记内容的齐全、正确性
		埋石质量	0.50	1. 埋石坑位的规范性和尺寸的符合性 2. 标石类型和标石埋设规格的规范性 3. 标志类型、规格的正确性 4. 托管手续内容的齐全、正确性
资料质量	0.20	整饰质量	0.30	1. 点之记和托管手续、观测手簿、计算成果等资料的规整性 2. 技术总结整饰的规整性 3. 检查报告整饰的规整性
		资料完整性	0.70	1. 技术总结编写的齐全和完整情况 2. 检查报告编写的齐全和完整情况 3. 按《规范》或《设计书》上交资料的齐全性和完整情况

表 10 平面控制测量(GPS)成果质量错漏分类

质量元素	A类	B类	C类	D类
数学精度	1. 点位中误差超限 2. 边长相对中误差超限			
观测质量	1. GPS网布设严重不符合设计要求 2. 原始记录中连环涂改、划改不准划改的观测数据 3. 天线高量取方法不正确 4. 仪器未经计量检定或经检定不符合要求 5. 仪器参数设置错误,影响计算 6. 其他严重的错漏	1. 成果取舍、重测不合理1处 2. 仪器次要技术指标有轻微超限1处 3. 电子记录程序的输出格式不规范 4. 时段划分比例轻微超限1处 5. 记录划改不符合规定1处 6. 归心元素测定方法不正确1处 7. 其他较重的错漏	1. 观测条件掌握不严,不符合规定1处 2. 观测记录中的注记错漏1处 3. 其他一般的错漏	其他轻微错漏
计算质量	1. 严重的计算错误 2. 坐标系统错误、起算数据错误 3. 外业验算缺项 4. 计算方法错误,采用指标及各类参数错误,计算结果、分析结论不正确 5. 其他严重的错漏	1. 数据检验后,有关条件不满足要求1处 2. 数据剔除不符合规定1处 3. 数字修约严重不符合规定1处 4. 对结果影响较小的计算错误1处 5. 其他较重的错漏	1. 不影响成果质量的计算错误1处 2. 其他一般的错漏	其他轻微错漏
选点质量	1. 点位条件完全不符合要求 2. 其他严重的错漏	1. 漏绘点之记1处 2. 点位选择不合理,有高度角大于15°的障碍物,且水平投影大于60°1处 3. 其他较重的错漏	1. 点之记内容漏项、缺项1处 2. 漏注或错注重要注记或小数点1处 3. 选点展点图缺项1处 4. 其他一般的错漏	其他轻微错漏
埋石质量	1. 标石规格严重不符合规定 2. 标石埋设完全不符合要求 3. 其他严重的错漏	1. 上、下标志中心超限1处 2. 标志类型、规格存在明显缺陷1处 3. 标志不符合规定1处 4. 其他较重的错漏	1. 标石规格或浇注不规范1处 2. 标石面埋设倾斜大于10°1处 3. 标石外部未整饰1处 4. 标石埋设或浇注深度不符合要求1处 5. 没有点位托管手续1处 6. 其他一般的错漏	其他轻微错漏
整饰质量	1. 成果资料文字、数字错漏较多,给成果使用造成严重影响 2. 其他严重的错漏	1. 成果资料重要文字、数字错漏1处 2. 成果文档资料归类、装订不规整1处 3. 其他较重的错漏	1. 成果资料装订及编号错、漏1处 2. 成果资料次要文字、数字错漏1处 3. 其他一般的错漏	其他轻微错漏
资料完整性	1. 缺主要成果资料 2. 其他严重的错漏	1. 缺成果附件资料 2. 缺技术总结或检查报告 3. 上交资料缺项 4. 其他较重的错漏	1. 无成果资料清单,或成果资料清单不完整 2. 技术总结、检查报告内容不全 3. 其他一般的错漏	其他轻微错漏

6.6 水准测量成果

水准测量成果质量评价指标见表 11 和表 12。

表 11 水准测量成果质量元素及权重

单位为测段

质量元素	权	质量子元素	权	检查项
数据质量	0.50	数学精度	0.30	1. 每公里偶然中误差的符合性 2. 每公里全中误差的符合性
		观测质量	0.40	1. 仪器、标尺检验项目的齐全性,检验方法的正确性 2. 测站观测误差的符合性 3. 测段、区段、路线闭合差的符合性 4. 对已有水准点和水准路线联测和接测方法的正确性 5. 观测和检测方法的正确性 6. 观测条件选择的正确、合理性 7. 成果取舍和重测的正确、合理性 8. 记簿计算正确性、注记的完整性和数字记录、划改的规范性
		计算质量	0.30	1. 外业验算项目的齐全性,验算方法的正确性 2. 已知水准点选取的合理性和起始数据的正确性 3. 环闭合差的符合性
点位质量	0.30	选点质量	0.50	1. 水准路线布设及点位密度的合理性 2. 路线图绘制的正确性 3. 点位选择的合理性 4. 点之记内容的齐全、正确性
		埋石质量	0.50	1. 标石类型的正确性 2. 标石埋设规格的规范性 3. 托管手续内容的齐全、正确性
资料质量	0.20	整饰质量	0.30	1. 观测、计算资料整饰的规整性 2. 成果资料的整饰规整性 3. 技术总结整饰的规整性 4. 检查报告整饰的规整性
		资料完整性	0.70	1. 技术总结内容的齐全性和完整性 2. 检查报告内容的齐全性和完整性 3. 上交资料的齐全性和完整性

表12　水准测量成果质量错漏分类

质量元素	A类	B类	C类	D类
数学精度	1. 每公里全中误差超限 2. 每公里偶然中误差超限			
观测质量	1. 测段、区段、路线高差不符值超限 2. 仪器、标尺测前、测后和过程未按要求进行检验 3. 原始记录中连环涂改或修改"毫米" 4. 上、下午重站数比例严重超限 5. 接测点未按要求进行检测 6. 其他严重的错漏	1. 成果取舍、重测不合理1处 2. 仪器、标尺测前、测后和过程检验,次要技术指标超限1处 3. 仪器检验项目缺项1处 4. 上、下午重站数比例轻微超限1处 5. 其他较重的错漏	1. 原始数据划改不规范1处 2. 对结果影响较小的计算错误1处 3. 原始观测记录中的注记错漏1处 4. 观测条件掌握不严,不符合规定1处 5. 其他一般的错漏	其他轻微错漏
计算质量	1. 改正项目不全 2. 验算方法不正确 3. 对结果影响较大的计算错误 4. 观测成果采用不正确 5. 环线闭合差超限 6. 其他严重的错漏	1. 外业验算项目缺项1处 2. 对结果影响较小的计算错误1处 3. 其他较重的错漏	1. 数字修约不规范1处 2. 其他一般的错漏	其他轻微错漏
选点质量	1. 点位地质、地理条件极差,极不利于保护、稳定和观测 2. 其他严重的错漏	1. 点位地理、地质条件不利于保护、稳定和观测1处 2. 漏绘点之记1处 3. 点位密度不合理1处 4. 其他较重的错漏	1. 水准路线图、水准路线结点接测图错漏1处 2. 点之记中一般项目内容错误或缺项1处 3. 其他一般的错漏	其他轻微错漏
埋石质量	1. 标石规格极不符合规定 2. 标石严重倾斜 3. 标志严重不符合规定 4. 现场浇注标石未使用模具(非岩石类) 5. 其他严重的错漏	1. 标石规格不符合规定1处 2. 标石倾斜较大1处 3. 标志不符合规定1处 4. 标石埋设或浇注深度不符合要求1处 5. 其他较重的错漏	1. 标石外部整饰不规范1处 2. 指示盘或指示碑不规整1处 3. 标石规格或浇注不规范标石略有倾斜1处 4. 没有点位托管手续1处 5. 其他一般的错漏	其他轻微错漏
整饰质量	1. 成果资料文字、数字错漏较多,给成果使用造成严重影响 2. 其他严重的错漏	1. 成果资料重要文字、数字错漏1处 2. 成果文档资料归类、装订不规整1处 3. 其他较重的错漏	1. 成果资料装订及编号错、漏1处 2. 成果资料次要文字、数字错漏1处 3. 其他一般的错漏	其他轻微错漏
资料完整性	1. 缺主要成果资料 2. 其他严重的错漏	1. 缺成果附件资料 2. 缺技术总结或检查报告 3. 上交资料缺项 4. 其他较重的错漏	1. 无成果资料清单,或成果资料清单不完整 2. 技术总结、检查报告内容不全 3. 其他一般的错漏	其他轻微错漏

6.7　航测控制成果

6.7.1　像片连测

像片连测成果质量评价指标见表13和表14。

表13 像片连测成果质量元素及权重

单位为区域网

<table>
<tr><th>质量元素</th><th>权</th><th>质量子元素</th><th>权</th><th>检查项</th></tr>
<tr><td rowspan="3">数据质量</td><td rowspan="3">0.40</td><td>数学精度</td><td>0.30</td><td>各项闭合差、中误差等精度指标的符合情况</td></tr>
<tr><td>观测质量</td><td>0.40</td><td>1. 观测手簿的规整性和计算的正确性
2. 观测数据的完整性和符合性</td></tr>
<tr><td>计算质量</td><td>0.30</td><td>1. 起算点选取的合理性、起始数据的正确性
2. 数据使用的正确性和合理性
3. 各项外业验算项目的完整性、方法正确性，各项指标符合性
4. 计算的正确性</td></tr>
<tr><td>点位质量</td><td>0.40</td><td colspan="3">1. 控制点点位布设的正确、合理性
2. 控制点点位选择的正确、合理性</td></tr>
<tr><td>整饰质量</td><td>0.10</td><td colspan="3">1. 控制点判、刺的正确性
2. 控制点整饰规范性和完整性
3. 点位说明的准确性</td></tr>
<tr><td>附件质量</td><td>0.10</td><td colspan="3">仪检资料、布点略图、成果表</td></tr>
</table>

表14 像片连测成果质量错漏分类

质量元素	A类	B类	C类	D类
数学精度	1. 观测限差、中误差、闭合差超限 2. 起算数据错误(cm级)，致使相应的成果不符合规定要求 3. 其他严重的错漏	1. 数据处理不正确，致使结果错误 2. 其他较重的错漏	1. 数据处理不正确，但对结果影响较小1处 2. 起算成果或原始数据用错(mm、秒级)，对成果影响轻微1处 3. 其他一般的错漏	其他轻微错漏
观测质量	1. 观测数据不符合要求或不完整 2. 补测或重测不符合规定 3. 观测参数使用错误 4. 其他严重的错漏	1. 控制点的发展次数超限1处 2. 观测数据主要指标超限，但对精度影响轻微1处 3. 其他较重的错漏	1. 测站点点号、等级注记错误1处 2. 观测数据一般指标超限，对精度影响轻微1处 3. 其他一般的错漏	其他轻微错漏
计算质量	1. 严重的计算错误 2. 坐标系统错误、起算数据错误 3. 外业验算缺项 4. 计算方法错误，采用指标及各类参数错误，计算结果不正确 5. 其他严重的错漏	1. 数据剔除不符合规定1处 2. 数字修约严重不符合规定1处 3. 对结果影响较小的计算错误1处 4. 其他较重的错漏	1. 不影响成果质量的计算错误1处 2. 其他一般的错漏	其他轻微错漏
点位质量	1. 控制点点位或密度严重不符合规范要求 2. 像片控制点的布设不符合设计要求，错或漏布设两处 3. 其他严重的错漏	1. 像片控制点点位的布设、选择不符合要求，影响点位质量1处 2. 其他较重的错漏	1. 像片控制点点位的布设、选择不符合要求，但对点位质量有轻微影响1处 2. 其他一般的错漏	其他轻微错漏

表 14 像片连测成果质量错漏分类 (续)

质量元素	A类	B类	C类	D类
整饰质量	1. 控制点刺错,不符合规范要求 2. 其他严重的错漏	1. 控制点刺偏,大于规范要求 0.2 mm 1处 2. 控制点的说明、略图错1处 3. 像片整饰不符合设计要求1处 4. 其他较重的错漏	1. 数字修约、修改不规范1处 2. 控制点刺偏且说明不清,大于规范要求 0.1 mm 小于 0.2 mm 1处 3. 其他一般的错漏	其他轻微错漏
附件质量	1. 观测数据不全 2. 其他严重的错漏	1. 手工记簿划改不符合规定1处 2. 图历簿中重要项填写漏1处 3. 上交资料不齐全1处 4. 其他较重的错漏	1. 图历簿中次要项填写漏1处 2. 其他一般的错漏	其他轻微错漏

6.7.2 **空三加密成果**

空三加密成果质量评价指标见表15和表16。

表 15 空三加密成果质量元素及权重

单位为区域网

质量元素	权	质量子元素	权	检查项
数据质量	0.60	数学基础	0.10	大地坐标系、大地高程基准、投影系等
		平面位置精度	0.30	内业加密点的平面位置精度
		高程精度	0.30	内业加密点的高程精度
		接边精度	0.20	区域网间接边精度
		计算质量	0.10	基本定向点残差、多余控制点不符值、公共点较差
点位质量	0.35	1. 控制点点位布设的正确、合理性 2. 加密点点位选择的正确、合理性		
附件质量	0.05	1. 上交资料的齐全性		2. 资料整饰的规整性

表 16 空三加密成果质量错漏分类表

质量元素	A类	B类	C类	D类
数学基础	1. 数学基础错 2. 各种原始数据抄错、用错 3. 其他严重的错漏			其他轻微错漏
平面位置精度	1. 加密点的平面位置中误差超限 2. 其他严重的错漏	1. 像点量测误差超过规范规定的 2. 其他较重的错漏		其他轻微错漏
高程精度	1. 加密点的高程中误差超限 2. 其他严重的错漏	1. 像点量测误差超过规范规定的 2. 其他较重的错漏		其他轻微错漏

表 16　空三加密成果质量错漏分类表　（续）

质量元素	A类	B类	C类	D类
接边精度	1. 基本定向点残差、模型连接差超过规定限差 2. 其他严重的错漏	1. 多余控制点不符值或公共点较差超限 1 处 2. 区域网间接边超限 1 处 3. 其他较重的错漏		其他轻微错漏
计算质量	1. 控制点定向"权"明显不合理的 2. 其他严重的错漏	1. 内定向或相对定向的残余上下视差限差超过规定限差 0.5 倍 1 处 2. 其他较重的错漏	1. 相对定向中标准点、检查点残余上下视差超限 1 处 2. 控制点、加密点对测残差超过限差要求 1 处 3. 内定向或相对定向的残余上下视差超限 1 处 4. 其他一般的错漏	其他轻微错漏
点位质量			1. 加密点位略图有严重错误 1 处 2. 加密点编号不符合相应要求或同一区域重号 1 处 3. 其他一般的错漏	其他轻微错漏
附件质量		1. 成果整理、上交资料严重不符合规定 2. 其他较重的错漏	1. 成果整理不符合规定 2. 作业手簿、检查记录存在严重错漏 3. 其他一般的错漏	其他轻微错漏

6.8　航测外业调绘成果

航测外业调绘成果质量评价指标见表 17 和表 18。

表 17　航测外业调绘成果质量元素及权重

单位为幅

质量元素	权	检查项
地理精度	0.80	1. 各要素相对位置的符合性、属性的完整性和准确性 2. 各类要素间关系表达的正确性、完整性 3. 地物、地貌综合取舍的合理性 4. 补测、补调地物要素的正确性 5. 植被调绘和符号配置的准确、合理性 6. 各类文字、数字注记的正确性 7. 要素间关系表示的正确性、完整性 8. 资料使用的正确性
整饰质量	0.10	1. 各类注记、线划的规整性 2. 各类要素间关系表达的正确性、完整性 3. 调绘资料的整洁度
附件质量	0.10	1. 上交资料的齐全性 2. 资料整饰的规整性

表 18　航测外业调绘成果质量错漏分类

质量元素		A类	B类	C类	D类
地理精度	更新数据源及资料	1. DLG、影像或更新资料数据范围不完整 2. 没有使用最新版地形图 3. 影像分辨率不符合规定要求 4. 没有使用最新、分辨率高的影像，影响调绘 5. 影像色调有问题或有发虚重影现象，严重影响调绘使用	1. 没有使用最新、分辨率高的影像，但不影响调绘 2. 使用的专业资料现势性、权威性或精度等不能满足更新要求 3. 重点要素的专业资料使用不正确 1 处	1. 影像色调反差大、或有发虚、重影等现象，但不影响调绘使用 2. 一般要素专业要素使用不正确 1 处	其他轻微错漏
地理精度	整体要求	1. 整体情况不能正确反映地理特征 2. 各要素的标识无法区分或注记无法辨认	1. 重要要素遗漏 1 处 2. 重要要素位置或属性不接边 1 处 3. 达到更新指标的重要要素未更新 1 处 4. 重要要素更新属性不正确 1 处	1. 一般要素遗漏 1 处 2. 多余要素 1 处 3. 重要要素综合取舍不符合地理特征每一处，一般要素每三处 4. 有方向点、线要素方向采集不正确 1 处 5. 一般要素位置或属性不接边 1 处 6. 达到更新指标的一般要素未更新 1 处 7. 一般要素更新属性不正确 1 处 8. 要素更新后与其他要素关系表示不合理 1 处	其他轻微错漏
地理精度	水系	1. 表示普遍失真，难以反映该地区的地理特征 2. 各类要素标识无法区分或注记无法辨认	1. 六级以上河流及相通的湖泊水库调绘错、漏 1 处 2. 六级以上河流及相通的湖泊水库的主要属性调绘错、漏 1 处	1. 六级以上河流及相通的湖泊水库的次要属性调绘错、漏 1 处 2. 其他水系要素或附属设施调绘错、漏 1 处 3. 其他水系要素或附属设施的属性调绘错、漏 1 处	其他轻微错漏
地理精度	居民地	1. 表示普遍失真，难以反映该地区的地理特征 2. 各类要素标识无法区分或注记无法辨认	1. 乡镇级以上居民地调绘漏 1 处 2. 乡镇级以上居民地的主要属性调绘错、漏 1 处	1. 乡镇级以上居民地综合不合理 1 处 2. 乡镇级以上居民地的次要属性调绘错、漏 1 处 3. 其他居民地或附属设施调绘错、漏 1 处 4. 居民地外轮廓线综合取舍整体错 1 处	其他轻微错漏
地理精度	交通	1. 错漏国家干线铁路、国、省级和县、乡级道路长度超过图上 10 cm 1 处 2. 各类要素标识无法区分或注记无法辨认	1. 国家干线铁路和国省县级公路调绘错、漏 1 处 2. 国家干线铁路属性调绘错、漏 1 处 3. 国省县级公路的主要属性调绘错、漏 1 处	1. 国家支线铁路绘错、漏 1 处 2. 国省县级公路的次要属性调绘错、漏 1 处 3. 其他交通要素或附属设施调绘错、漏 1 处 4. 其他交通要素或附属设施的属性调绘错、漏 1 处	其他轻微错漏

表 18　航测外业调绘成果质量错漏分类　（续）

质量元素		A类	B类	C类	D类
	管线	1. 国省道两旁的大型输油、汽管道错、漏，含 220 千伏以上的高压线错，漏 1 处 2. 各类要素标识无法区分或注记无法辨认	1. 重要的管线要素调绘错、漏 1 处 2. 重要的管线要素的主要属性调绘错、漏 1 处	1. 其他管线要素调绘错、漏 1 处 2. 其他管线要素的属性调绘错、漏 1 处	其他轻微错漏
	地貌土质	1. 表示普遍失真，难以反映该地区的地理特征 2. 各类要素标识无法区分或注记无法辨认	1. 地貌大范围变化地区调绘错、漏 1 处	1. 土质要素调绘错、漏 1 处	其他轻微错漏
	植被	1. 表示普遍失真，难以反映该地区的地理特征 2. 各类要素标识无法区分或注记无法辨认	1. 面积大于 4 cm^2 的植被要素调绘错、漏 1 处 2. 面积大于 4 cm^2 的植被要素的主要属性调绘错、漏 1 处	1. 面积大于 4 cm^2 的植被要素的次要属性调绘错、漏 1 处 2. 其他植被要素调绘错、漏 1 处 3. 其他植被要素的属性调绘错、漏 1 处	其他轻微错漏
	地名	1. 县及县以上地名错、漏 1 处 2. 一级河流、一级山脉漏绘或名称注错 1 处 3. 各类要素标识无法区分或注记无法辨认 4. 图内等级最高的注记错、漏	1. 乡(镇)及以上等级居民地名称错、漏 1 处 2. 二级河流、二级山脉名称错、漏 1 处	1. 二级以下河流、山脉名称错、漏 1 处 2. 乡(镇)级以下名称错、漏 1 处 3. 自然地名错、漏超过 1 处	其他轻微错漏
	其他	1. 国界、界桩、界碑及注记错、漏 2. 图幅未接边 3. 其他严重的错、漏	1. 较大面积线划虚断、图面花糊造成读图困难 2. 像片间整条未接边 1 处 3. 自由边是否调出图廓线外 4 mm 4. 其他较重的错、漏	1. 地物要素综合取舍不合理 1 处 2. 地物间相互关系交待不清 1 处 3. 像片间地物要素不接边 1 处 4. 其他一般的错、漏	其他轻微错漏
整饰质量		1. 图面严重花糊、脏污造成无法判读 2. 其他严重的错漏	1. 要素间关系错误或明显不协调，造成读图错误 2. 其他较重的错漏	1. 使用不标准的汉字注记各种名称、说明 1 处 2. 要素间关系不协调，造成读图困难 3. 其他一般的错漏	其他轻微错漏
附件质量			1. 数据采集记录丢失 2. 文档资料缺失，致使后序作业困难 3. 扫描数据文件不符合规定要求 2 处 4. 其他较重的错漏	1. 数据采集记录保存不完整 1 处 2. 文档资料内容不全，致使后序作业困难 3. 扫描数据文件不符合规定要求 1 处 4. 其他一般的错漏	其他轻微错漏

6.9　数字地形图

数字地形图质量评价指标见表 19 和表 20。

表 19 数字地形图质量元素及权重

单位为幅

质量元素	权	质量子元素	权	检查项
数学精度	0.20	数学基础	0.20	定向点精度
		平面精度	0.40	1. 平面绝对位置中误差 2. 接边精度
		高程精度	0.40	1. 高程注记点高程中误差 2. 等高线高程中误差 3. 接边精度
数据及结构正确性	0.20	1. 文件命名、数据组织正确性 2. 数据格式的正确性 3. 要素分层的正确性、完备性 4. 属性代码的正确性 5. 属性接边正确性		
地理精度	0.30	1. 地理要素的完整性与正确性 2. 地理要素的协调性 3. 注记和符号的正确性 4. 综合取舍的合理性 5. 地理要素接边质量		
整饰质量	0.20	1. 符号、线划、色彩质量 2. 注记质量 3. 图面要素协调性 4. 图面、图廓外整饰质量		
附件质量	0.10	1. 元数据文件的正确性、完整性 2. 检查报告、技术总结内容的全面性及正确性 3. 成果资料的齐全性 4. 各类报告、附图(接合图、网图)、附表、簿册整饰的规整性		

表 20 数字地形图质量错漏分类

质量元素	A类	B类	C类	D类
数学基础	1. 定向点精度超限 2. 各种原始数据抄错、用错(焦距错 0.03 mm 以上,框标错 0.01 mm 以上,大地控制点错 0.05 m 以上,像控点错 0.1 m 以上等) 3. 内定向、相对定向、绝对定向精度超过相应限差 1/3 的	其他较重的错漏	其他一般的错漏	其他轻微错漏
平面精度	1. 地物点平面绝对位置中误差超限 2. 整条边不接 3. 粗差比例超过 5%			其他轻微错漏

表20 数字地形图质量错漏分类 （续）

质量元素	A类	B类	C类	D类
高程精度	1. 高程注记点高程中误差超限 2. 等高线插求点高程中误差超限 3. 整条边接边误差超限 4. 粗差比例超过5%			
数据及结构正确性	1. 数据无法读取或数据不齐全 2. 文件命名、数据格式错 3. 属性代码普遍不接边 4. 其他严重的错漏	1. 数据组织不正确 2. 部分属性代码不接边 3. 漏有内容的层或数据层名称错1处 4. 其他较重的错漏	1. 个别属性代码不接边 2. 其他一般的错漏	其他轻微错漏
地理精度	1. 国界、未定国界、特别行政区界错漏 2. 县级以上行政名称，或一二级河流名称，或著名的山脉山峰名称错漏 3. 要素整条边不接边 4. 漏绘一组等高线 5. 注记普遍错漏 6. 综合取舍普遍不合理 7. 面状居民地错漏面积超过图上75 mm^2 8. 县及以上境界错漏达图上15 cm 9. 地物、地貌的表示普遍失真，难以反映该地区的地理特征 10. 线状水系错、漏，长度超过图上20 cm 11. 面状水体错、漏，面积超过图上20 cm^2 12. 国、省级道路错漏，长度超过图上10 cm 13. 其他严重的错漏	1. 标石完整的三角点、军控点、水准点及城市Ⅰ级以上高等级控制点错漏1处 2. 铁路错漏长度超过图上5 cm以上1处 3. 有方位意义的重要独立地物错漏或平面位置位移图上0.5 mm以上1处 4. 图名、图号或经纬度注记错漏1处 5. 县及以上境界错漏图上10 cm以上1处 6. 重要要素接边误差超限1处 7. 错漏县、乡级道路超过图上10 cm以上1处 8. 国、省级道路错漏，长度超过图上10 cm以下1处 9. 错漏面状居民地面积超过图上35 mm^2 1处 10. 线状水系错漏，长度超过图上10 cm 1处 11. 面状水体错漏，面积达图上10 cm^2 1处 12. 电力线、垣栅错漏10 cm以上1处 13. 高程注记密度与规定不符 14. 乡(镇)名称错漏1处 15. 三级河流、山脉等名称错漏1处 16. 地物、地貌的表示局部失真1处 17. 要素间的相互关系普遍不合理1处 18. 其他较重的错漏	1. 居民地(指有名称或虽无名称但在3个以上依比例或5个以上不依比例的房屋)错漏1处 2. 行政村以上名称、主要山峰名称、图内主要河流(三四五级河流)名称、水库名称错漏1处 3. 大车路、乡村路错漏图上长度5 cm以上1处 4. 县级以上境界、管线、垣栅错漏图上5 cm以上1处 5. 一般独立地物错漏或移位图上0.8 mm以上1处 6. 一般要素不接边1处 7. 水库及其附属设施、双线桥梁、重要的防洪堤坝错漏1处 8. 漏绘山头或凹地1处 9. 乡、镇境界错漏，图上5 cm以上1处 10. 错漏县、乡级道路图上5 cm以上1处 11. 要素间的相互关系部分不合理1处 12. 其他一般的错漏	其他轻微错漏

表 20 数字地形图质量错漏分类 （续）

质量元素	A类	B类	C类	D类
整饰质量	1. 错漏图号 2. 符号、线划、注记规格与图式严重不符 3. 其他严重的错漏	1. 图廓整饰明显不符合图式规定1处 2. 图名错漏 3. 部分符号、线划、注记规格不符合图式规定1处 4. 其他较重的错漏	1. 图历簿、测图手簿、检查记录中主要精度、作业依据错或有连环涂改，各种原始数据记录有擦痕1处 2. 图廓整饰不符合图式规定1处 3. 符号、线划、注记规格不符合图式规定1处 4. 漏绘注记、符号1处 5. 其他一般的错漏	其他轻微错漏
附件质量	1. 缺主要的成果资料 2. 其他严重的错漏	1. 元数据项或元数据、图历簿中主要项目错漏1处 2. 上交资料缺项1处 3. 其他较重的错漏	1. 元数据格式错 2. 技术总结等附件资料的主要内容错误 3. 图幅接合表图名、图号错漏1处 4. 其他一般的错漏	其他轻微错漏

6.10 印刷地形图

印刷地形图质量评价指标见表21和表22。

表 21 印刷地形图质量元素及权的划分

单位为张

质量元素	权	检查项
印刷质量	1	1. 套印精度 2. 网线、线划粗细变形率 3. 印刷质量 4. 图形质量
注：打印样图只审查批样，不检查。		

表 22 印刷地形图质量错漏分类

质量元素	A类	B类	C类	D类
印刷质量	1. 图上出现严重花糊、脏污等造成无法读图 2. 套印差超过限差2倍 3. 其他极严重的差、错、漏	1. 图内较大面积线划虚断、粗 2. 不匀，图斑花糊、脏污，网线不光洁或地图要素印色过浓、过淡等造成读图困难1处 3. 套印差超过限差1倍1处 4. 其他较重的错漏	1. 套印差超限或线划、网线粗细变形，或图斑花糊、脏污、印色不匀而影响读图1处 2. 其他一般的错漏	其他轻微错漏

前　言

本标准为首次发布。

本标准由国家测绘局提出并归口。

本标准起草单位：中国测绘科学研究院。

本标准主要起草人：李成名、王继周、印洁、刘东琴、方驰宇、赵园春、孙隆祥。

引　言

为明确地理空间框架的含义与构成，统一认识、理清思路，促进地理信息资源开发、整合、共享和应用，更好地为国民经济和社会信息化服务，切实提高测绘保障服务的能力和水平，制定本标准。

中华人民共和国测绘行业标准

CH/T 9003—2009

地理空间框架基本规定

Basic specifications for geospatial framework

1 范围

本标准界定了地理空间框架的含义与构成，规定了地理空间框架的建设内容及技术要求。

本标准适用于数字中国、数字省区和数字城市地理空间框架的建设、维护和服务。

2 规范性引用文件

下列文件中的条款通过本标准的引用而成为本标准的条款。凡是注日期的引用文件，其随后所有的修改单(不包括勘误的内容)或修订版均不适用于本标准，然而，鼓励根据本标准达成协议的各方研究是否可使用这些文件的最新版本。凡是不注日期的引用文件，其最新版本适用于本标准。

GB 21139—2007 基础地理信息标准数据基本规定

GB 22021—2008 国家大地测量基本技术规定

3 术语和定义

下列术语和定义适用于本标准。

3.1

基础地理信息数据 fundamental geographic information data

作为统一的空间定位框架和空间分析基础的地理信息数据，该数据反映和描述了地球表面测量控制点、水系、居民地及设施、交通、管线、境界与政区、地貌、植被与土质、地籍、地名等有关自然和社会要素的位置、形态和属性等信息。

[GB 21139—2007，3.1]

3.2

地理信息数据 geographic information data

反映和描述自然地理要素或者地表人工设施的形状、大小、空间位置及其属性等信息的数据。

3.3

地理空间框架 geospatial framework

是地理信息数据及其采集、加工、交换、服务所涉及的政策、法规、标准、技术、设施、机制和人力资源的总称，由基础地理信息数据体系、目录与交换体系、公共服务体系、政策法规与标准体系和组织运行体系等构成。

3.4

基础地理信息数据库 fundamental geographic information database

是基础地理信息数据及实现其输入、编辑、浏览、查询、统计、分析、表达、输出、更新等管理、维护与分发功能的软件和支撑环境的总称。

3.5

地理信息公共平台 common platform of geographic information

依托地理信息数据，通过在线方式满足政府部门、企事业单位和社会公众对地理信息和空间定位、分析的基本需求，具备个性化应用的二次开发接口和可扩展空间，是实现地理空间框架应用服务功能的数据、软件及其支撑环境的总称。

国家测绘局 2009-03-30 发布 2009-04-01 实施

4 概述

4.1 构成

地理空间框架由基础地理信息数据体系、目录与交换体系、公共服务体系、政策法规与标准体系和组织运行体系五部分构成，见图1。基础地理信息数据体系是地理空间框架的核心，包括测绘基准、基础地理信息数据、面向服务的产品数据、管理系统和支撑环境；目录与交换体系是共建共享的关键，包括目录与元数据、专题数据、交换管理系统和支撑环境；公共服务体系是地理空间框架应用服务的表现，包括地图与数据提供、在线服务系统和支撑环境；政策法规与标准体系和组织运行体系是地理空间框架建设与服务的支撑和保障。

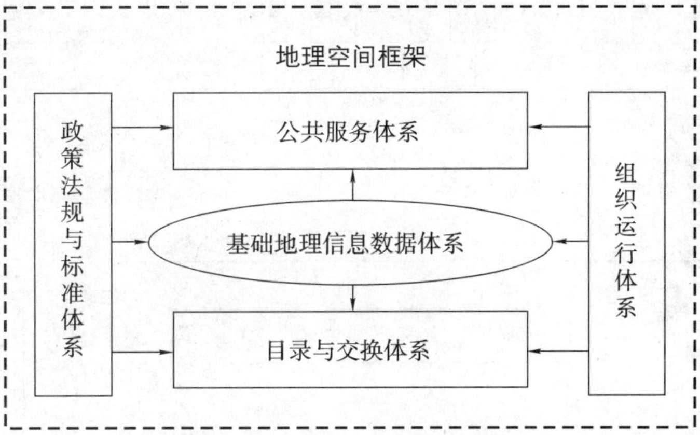

图1 地理空间框架的构成

4.2 分级

地理空间框架分为国家、省区和市(县)三级。数字省区和数字市(县)地理空间框架是数字中国地理空间框架的有机组成部分，与数字中国地理空间框架在总体结构、标准体系、网络体系和运行平台等方面是统一的和不可分的。地理空间框架应实现国家、省区和市(县)三级之间的纵向联通；对于数字省区和数字市(县)地理空间框架，还应实现与相邻区域的横向联通。

4.3 关联

地理空间框架与基础地理信息数据库、地理信息公共平台之间的关联关系见图2，基础地理信息数据库和地理信息公共平台互为补充，同为地理空间框架的重要组成。

5 基础地理信息数据体系

5.1 测绘基准

包括大地基准、高程基准、重力基准和深度基准。测绘基准的定义、构成、基本精度指标和技术要求按GB 22021执行。

5.2 基础地理信息数据

包括大地测量数据、数字线划图数据、数字正射影像数据、数字高程模型数据和数字栅格地图数据。大地测量数据包括三角(导线)测量成果、水准测量成果、重力测量成果以及GPS测量成果等；数字线划图数据包括测量控制点、水系、居民地及设施、交通、管线、境界与政区、地貌和植被与土质等要素层，比例尺系列应为1∶1 000 000、1∶250 000、1∶50 000、1∶10 000、1∶5 000、1∶2 000、1∶1 000和1∶500；数字正射影像数据包括航空摄影影像和航天遥感影像，可以为全色的、彩色的或多光谱的，按地面分辨率分为30 m、15 m、5 m、2.5 m、1 m、0.5 m和0.2 m等；数字高程模型数据包括地面规则格网点、特征点数据及边界线数据等，按格网间距分为1 000 m、100 m、25 m、12.5 m、5 m和2.5 m等；数字栅格地图数据包括通过地形图扫描和数字线划图转换形成的数据，比例尺系列应为1∶1 000 000、1∶250 000、1∶50 000、1∶10 000、1∶5 000、1∶2 000、1∶1 000和1∶500。

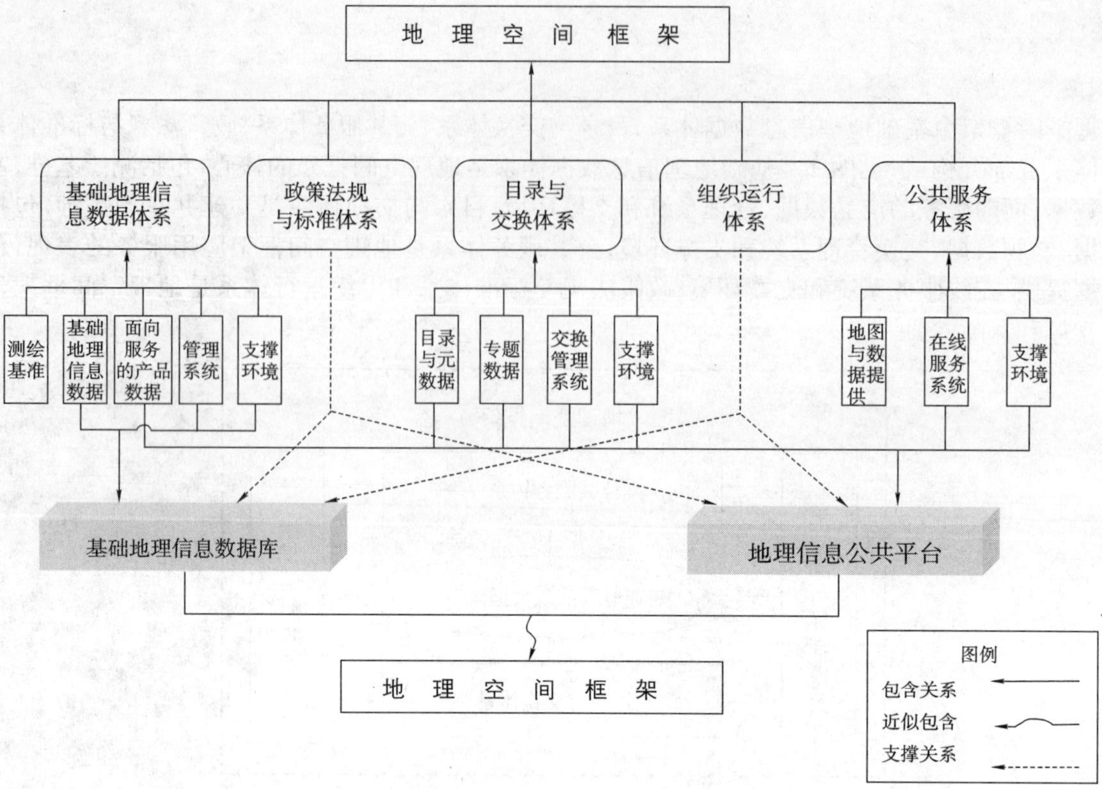

图2　地理空间框架与基础地理信息数据库、地理信息公共平台之间的关联关系

5.3　面向服务的产品数据

包括地理实体数据、影像数据、地图数据、地名地址数据和三维景观数据等。地理实体数据是在数字线划图数据基础上经过面向对象的数据重组和模型重构形成的，可挂接社会经济和自然信息的数据；影像数据是在数字正射影像数据基础上通过影像的拼接、匀色、反差、重影和镶嵌等处理以及影像金字塔构建形成的数据；地图数据包括对基础地理信息数据经过符号化处理和图面整饰后形成的地图，以及在此基础上经提取、重组和扩充形成的政务电子地图和公众电子地图，政务电子地图整合了政府关注的社会经济信息，公众电子地图增加了公众兴趣信息，并经过保密技术处理；地名地址数据是通过对山脉、山峰、河流、湖泊等自然地名和行政区域、街巷、小区、门(楼)址等人文地名进行规范化处理，建立其与空间位置之间的一一对应关系形成的数据；三维景观数据是将影像数据、数字高程模型数据和地名地址数据进行集成，扩充各类政府或企业、公众的兴趣信息形成的数据。

5.4　管理系统

管理系统是实现基础地理信息数据的管理、维护与分发的软件，具备数据输入输出、编辑处理、显示浏览、查询检索、统计分析、数据更新、安全管理以及历史数据管理等功能，应具有安全、海量数据高效管理、可扩展、可维护、可移植和运行稳定的特点。

5.5　支撑环境

支撑环境是支持基础地理信息数据管理和维护的软硬件及网络，包括操作系统、数据库软件、服务器设备、数据存储备份设备、外围设备、安全设备以及涉密的局域网或测绘专网等。

6　目录与交换体系

6.1　目录与元数据

元数据包括编目信息、标识信息、内容信息、限制信息、数据说明信息、发行信息、范围信息、空间参考系信息、继承信息、数据质量信息、产品发布信息等内容。目录是基于元数据面向不同类型需要生成的树形结构信息，用于展现信息资源之间的相互关系。

6.2 专题数据

专题数据是由其他部门或单位按照统一标准规范、在业务数据基础上整合形成的可用于共享的数据，以扩展图层的形式提供服务。

6.3 交换管理系统

交换管理系统是实现面向服务的产品数据和专题数据的集中管理以及相互之间交换的软件，具备目录与元数据、地理实体数据、影像数据、地图数据、地名地址数据和三维景观数据等的管理功能以及目录与元数据注册、数据连接、数据发送、数据接收和数据同步等交换功能。

6.4 支撑环境

支撑环境是支持目录与交换体系运行和维护的软硬件及网络，包括操作系统、数据库软件、服务器设备、数据存储备份设备、安全设备等。在部署运行网络时，严格按照国家相关保密政策的要求，涉密的数据只能在涉密网中共享与交换，非涉密的数据才可在非涉密的政务网中运行。

7 公共服务体系

7.1 地图与数据提供

地图与数据提供是指以离线的方式，向用户提供模拟地图，或者借助硬盘、光盘、磁带等存储介质通过拷贝对外提供基础地理信息数据。

7.2 在线服务系统

在线服务系统具备认证服务、目录服务、元数据服务、地图应用服务、地理编码服务、数据接口服务、定制服务、数据发布服务、服务注册管理服务和二次开发服务等功能，满足用户在线获取与应用地理信息，以及快速分布式构建专题系统的需要。各项服务功能通过门户网站对用户提供。

7.3 支撑环境

支撑环境是支持公共服务体系运行和维护的软硬件及网络，包括操作系统、服务器设备、安全设备等。在部署运行网络时，严格按照国家相关保密政策的要求，涉密的数据只能在涉密网中提供服务，非涉密的数据才可在政务网、公网等非涉密网中运行。

8 政策法规与标准体系

8.1 政策法规

地理空间框架建设与应用须遵守国家统一制定的基础地理信息分级分类管理、使用权限管理、交换与共享、开发应用、知识产权保护和安全保密等方面的政策法规。各省区和市（县）可根据地方实际情况，在以下三个方面制定政策法规作适当补充：

a） 保障地理信息公共平台的权威性和唯一性的政策法规；

b） 基础地理信息资源开发利用及其财政投入立项的统一管理和审批办法；

c） 需要制定的其他有关政策法规。

8.2 标准

地理空间框架建设与应用须执行正式颁布的有关要素内容、数据采集、数据建库、产品模式、交换服务、质量控制和安全保密处理等方面的国家标准、行业标准和标准化指导性技术文件。各省区和市（县）根据地方实际情况，确有必要制定地方性标准作为补充时，应遵照以下要求：

a） 同现行国家标准、行业标准和标准化指导性技术文件协调一致；

b） 符合测绘与地理信息标准体系；

c） 按要求向国家有关行政主管部门备案。

9 组织运行体系

9.1 组织协调机构

在国家测绘行政主管部门的指导下，成立地理空间框架建设与应用的组织协调机构，组织地理空间框架的建设实施，建立健全更新与维护的长效机制，推动地理空间框架的共享、应用与服务。

9.2 运行维护机构

依托测绘部门，成立地理空间框架运行与维护的专门机构，提高技术人员的知识水平和专业技能，落实地理空间框架更新计划，及时解决地理空间框架运行中的问题，保证地理空间框架的持续更新和长期服务。

前　言

本标准为首次发布。

本标准的附录A、附录B、附录C为资料性附录。

本标准由国家测绘局提出并归口。

本标准起草单位：中国测绘科学研究院。

本标准主要起草人：李成名、王继周、刘东琴、印洁、马照亭、孙伟、金志国、张成成。

引　言

为明确地理信息公共平台的含义、组成与分级，促进各级地理信息公共平台在数据内容、软件功能和支撑环境等方面的协调与衔接，制定本标准。

中华人民共和国测绘行业标准

CH/T 9004—2009

地理信息公共平台基本规定

Basic specifications for common platform of geographic information

1 范围

本标准界定了地理信息公共平台的含义、组成与分级，规定了数据内容及加工过程，对管理与服务系统及支撑环境提出了要求。

本标准适用于地理信息公共平台的建设、维护和服务。

2 规范性引用文件

下列文件中的条款通过本标准的引用而成为本标准的条款。凡是注日期的引用文件，其随后所有的修改单(不包括勘误的内容)或修订版均不适用于本标准，然而，鼓励根据本标准达成协议的各方研究是否可使用这些文件的最新版本。凡是不注日期的引用文件，其最新版本适用于本标准。

GB 21139—2007 基础地理信息标准数据基本规定

3 术语和定义

下列术语和定义适用于本标准。

3.1

基础地理信息数据 fundamental geographic information data

作为统一的空间定位框架和空间分析基础的地理信息数据，该数据反映和描述了地球表面测量控制点、水系、居民地及设施、交通、管线、境界与政区、地貌、植被与土质、地籍、地名等有关自然和社会要素的位置、形态和属性等信息。

[GB 21139—2007，3.1]

3.2

地理信息数据 geographic information data

反映和描述自然地理要素或者地表人工设施的形状、大小、空间位置及其属性等信息的数据。

3.3

地理信息公共平台 common platform of geographic information

依托地理信息数据，通过在线方式满足政府部门、企事业单位和社会公众对地理信息和空间定位、分析的基本需求，具备个性化应用的二次开发接口和可扩展空间，是实现地理空间框架应用服务功能的数据、软件及其支撑环境的总称。

4 组成与分级

4.1 组成

地理信息公共平台由数据集、交换管理系统、在线服务系统和支撑环境组成，见图1。数据集是地理信息公共平台的核心内容，主要包括地理实体数据、影像数据、地图数据、地名地址数据、三维景观数据和其他部门或单位的专题数据，以及目录与元数据；交换管理与在线服务系统是地理信息公共平台应用接口和运行维护工具；支撑环境是地理信息公共平台提供服务的保障条件。

国家测绘局 2009-03-30 发布 2009-04-01 实施

4.2 分级

地理信息公共平台分为国家、省区和市(县)三级,每级由若干节点组成,各节点技术结构基本相同,通过网络相对独立地提供服务,横向实现相邻地域的衔接,纵向建立垂直关联。其中,国家级地理信息公共平台数据尺度为1∶1 000 000,1∶250 000和1∶50 000,分辨率包括30 m,15 m,5 m和2.5 m;省区级地理信息公共平台数据尺度为1∶10 000或1∶5 000,分辨率包括1 m或0.5 m;市(县)级地理信息公共平台数据尺度为1∶2 000,1∶1 000和1∶500,分辨率包括0.5 m和0.2 m。

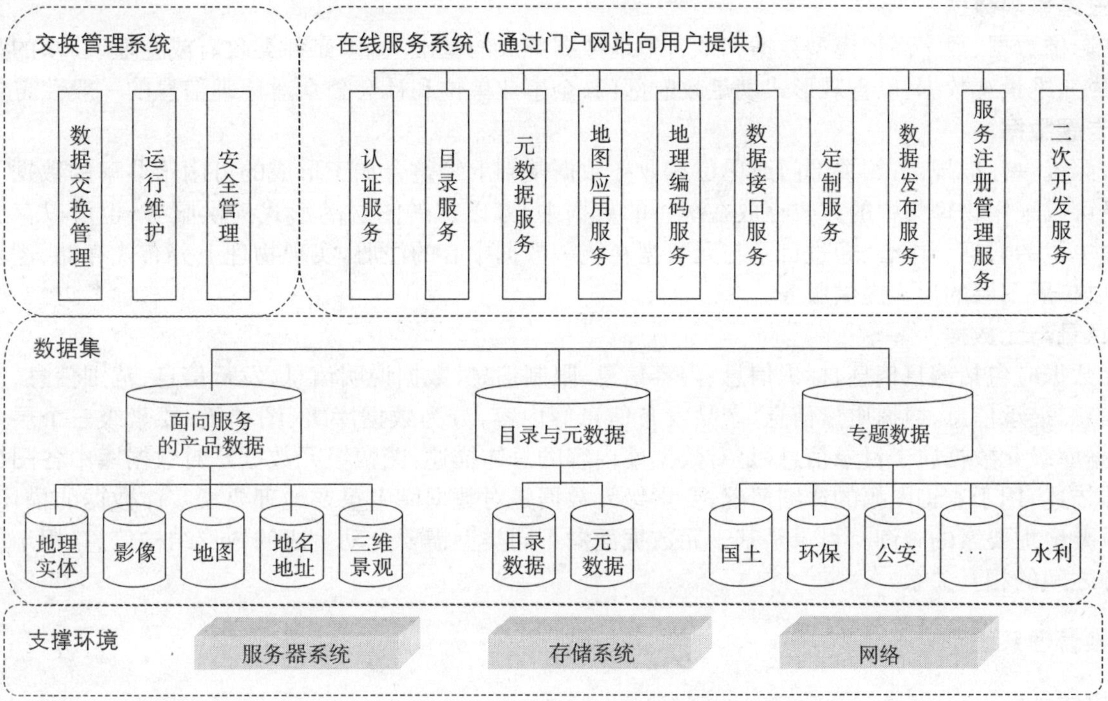

图1 地理信息公共平台组成

5 数据集

5.1 概述

数据集是地理信息公共平台的核心内容,主要包括在基础地理信息数据上通过数据提取、扩充和重组等加工过程形成的地理实体数据、影像数据、地图数据、地名地址数据和三维景观数据等面向服务的产品数据,其他部门或单位的专题数据,以及目录与元数据。数据加工过程参考附录A、B和C。

5.2 地理实体数据

为挂接社会经济和自然信息,适应网络化运行,在基础地理信息数据基础上经过面向对象的数据重组和模型重构,形成地理实体数据。

5.3 影像数据

在基础地理信息数据基础上,通过影像的拼接、匀色、反差、重影和镶嵌等处理以及影像金字塔构建,形成影像数据。

5.4 地图数据

地图数据包括对基础地理信息数据经过符号化处理和图面整饰后形成的地图以及政务电子地图和公众电子地图。政务电子地图是依托基础地理信息数据,通过数据提取、扩充和重组等加工,整合了政府关注的且具有应用需求的社会经济信息,主要内容包括水系、交通、居民地、地貌等基础地理信息以及行政机关、公共服务设施等专题信息,用来满足电子政务地理底图的要求。公众电子地图是依托基础地理信息数据,通过数据提取、扩充和重组等加工,增加了公众兴趣信息,包括学校、医院、宾馆酒店、体育场馆等,经过保密技术处理,能够用于满足社会公众基于位置服务的需要。

5.5 地名地址数据

文字描述性的地名地址通过规范化处理，建立与空间位置之间一一对应的关系，形成带有空间位置坐标的地名地址数据，以满足各种专题信息空间定位的要求。地名地址包括自然地名和人文地名。自然地名包括山脉、山峰、河流、湖泊等名称，其规范化描述及编码应参照附录A进行；人文地名包括行政区域、街巷、小区、门(楼)址等名称，其规范化描述及编码应参照国家标准《数字城市地理信息公共平台地名/地址编码规则》进行。

5.6 三维景观数据

在影像数据、数字高程模型数据和地名地址数据集成的基础上，扩充各类政府或企业、公众的兴趣信息，形成三维景观数据，以直观形式满足政府部门、企事业单位和社会公众对地理信息的一般性需求。

5.7 专题数据

按照统一标准规范，相关部门或单位在业务数据基础上经整合加工形成的可用于共享的数据。这些数据既可以采用物理集中的方式存放在统一的数据中心，以扩展图层的形式提供服务；也可以存放在本部门或单位的数据分中心，通过目录与元数据在统一数据中心的注册，实现物理上分布式存储、逻辑上集中，也以扩展图层的形式提供服务。

5.8 目录与元数据

元数据应包括编目信息、标识信息、内容信息、限制信息、数据说明信息、发行信息、范围信息、空间参考系信息、继承信息、数据质量信息、产品发布信息等内容，分为数据库级、图幅级、要素级三个层次。其中，数据库级元数据属于目录信息，是对数据库内容的总体描述；图幅级元数据是对数据库中各图幅内容的具体描述，用于查询图幅的详细情况；要素级元数据是对数据库中重要地理要素实体数据的描述，用于各类重要地理要素的查询。目录是基于元数据面向不同类型需要自动生成的树形结构信息，用于展现信息资源之间的相互关系。

6 交换管理系统

6.1 概述

交换管理系统具备数据交换管理、运行维护和安全管理等功能，可以实现对数据集的集中管理和相互间的交换，以及地理信息公共平台的安全维护。

6.2 数据交换管理

实现目录与元数据、地理实体数据、影像数据、地图数据、地名地址数据、三维景观数据及专题数据的集中管理与相互间的交换。提供元数据的创建、维护、查询、检索和版本控制工具，根据空间数据类型和应用需求建立各种目录；提供地理实体数据、影像数据、地图数据、地名地址数据和三维景观数据的制作、重构、索引建立、裁切、编辑、符号配置、导入导出、检索、转换、匹配、版本管理等功能；提供数据连接、发送、接收、验证、转换、检查和同步等功能。

6.3 运行维护

提供用户注册、角色管理、权限设置、系统监控、服务配置、事件管理等功能，保障地理信息公共平台的高效运行，对地理信息公共平台的服务进行实时监控，记录地理信息公共平台运行的关键信息，对突发事件进行报警处理。

6.4 安全管理

提供地理信息公共平台设备与策略的安全管理，实现安全策略的统一配置、分发和管理，包括身份验证、日志管理、事务管理和数据备份等功能。

7 在线服务系统

7.1 概述

在线服务系统通过门户网站至少提供7.2至7.11规定的服务功能，满足用户在线获取与应用地理信息，以及快速分布式构建其专题系统的需求。

7.2 认证服务

通过认证服务接口的调用对用户使用各项服务的资格进行验证，以接口的形式提供认证服务，确认用户可否取得授权调用相关服务。

7.3 目录服务

通过提供对数据目录依据标题、关键词、摘要、全文、空间范围、登载时间等方式的浏览、查询和检索功能，便捷用户快速定位感兴趣的数据集。

7.4 元数据服务

通过提供元数据注册，按标题、摘要、关键词、全文、空间范围、时间范围、数据类型等方式的元数据查询以及元数据下载、元数据在线编辑、数据的图形预览等功能，方便用户准确、全面地了解数据集情况。

7.5 地图应用服务

通过地图浏览功能、定位功能、量测功能、属性查询功能、标注功能、统计功能、空间分析功能以及专题地图功能等，依托地理实体数据、影像数据、地图数据、地名地址数据和三维景观数据等，为用户提供在线的、实时的地图服务。

7.6 地理编码服务

通过提供基于地名地址匹配的地理编码服务功能，如地名地址信息的规范化处理、智能匹配、未匹配数据的地址化、专题数据图层生成等，实现专题数据的空间定位。

7.7 数据接口服务

通过提供数据接口服务，如网络地图服务、网络要素服务、网络覆盖服务以及网络坐标转换服务等，便捷用户分布式数据在线调用。

7.8 定制服务

根据用户在线提出的个性化、非标准的服务申请，通过整理、加工、提取、分析等技术过程，形成结果并反馈的过程与功能。

7.9 数据发布服务

通过提供专题数据的发布服务功能，以支持其他部门将自身可共享的专题信息以规定的形式在地理信息公共平台上发布为共享数据，供其他用户访问调用。

7.10 服务注册管理服务

通过提供对于第三方服务的注册管理服务功能，支持服务的注册、查询、聚合和链接，如服务元数据采集、服务元数据有效性检查、服务注册、服务元数据查询、服务元数据自动更新、服务状态监测、同类型服务聚合以及在线服务运行情况的统计分析等。

7.11 二次开发服务

通过提供标准的二次开发接口函数，支持在地理信息公共平台已有服务基础上进一步扩展功能，如图形界面设置、功能修改、功能增加等，以满足用户的个性化需求。

8 支撑环境

8.1 服务器系统

建立高性能的服务器系统，能够支持海量信息存储，支持高密集的信息计算，支持100个用户以上的并发访问，运行稳定、安全可靠；有条件的可建立服务器集群。

8.2 存储系统

存储系统应具有空间数据的安全高效存储备份能力，并预留扩展空间；有条件的可建立异地存储备份机制。

8.3 网络

严格按照国家有关保密政策的要求部署运行网络，确保涉密的数据只能在涉密网中提供服务，非涉密的数据才可在非涉密网中运行，满足政府部门对地理信息和专题信息空间定位、统计分析的需要，以及社会公众基于位置服务的需要。运行网络内部须采用硬件防火墙技术、身份认证技术和加密数据传输技术，须具备漏洞扫描、入侵检测、数据包过滤、防病毒、身份认证、数据加密和主机监控等能力。

附 录 A
（资料性附录）
数据加工过程

A.1 数据提取

依托基础地理信息数据提取水系、交通、居民地、境界与政区和地名等要素时，可参照以下方式进行（示例见附录B）：

a） 水系数据，提取常年河、时令河、干涸河、湖泊、水库和池塘的边线及作为其边线的其他线状要素，以及相关属性；

b） 交通数据，提取铁路的中心线，城际公路、城市道路的边线和中心线，乡村道路依比例尺双线路边线和不依比例尺单线路单线，以及相关属性；

c） 居民地数据，提取街区、单幢房屋和普通房屋的边线，以及相关属性；

d） 境界与政区数据，提取国界，省区级、地市级和县级行政区划界及其行政区域代表点，以及相关属性；

e） 地名数据，提取交通、水系、居民地和行政区域的名称和位置，以及相关属性。

A.2 数据扩充

参照以下技术标准，扩充行政区划、山脉、河流、湖泊、水库、公路等地理要素的专业代码，以保证与专题信息属性的连接：

a） 扩充行政区划代码参照GB/T 2260和GB/T 10114；

b） 扩充山脉代码时参照GB/T 22483；

c） 扩充河流、湖泊和水库代码时分别参照SL 249、SL 261和SL 259；

d） 扩充公路代码时参照GB 917.2和JT/T 307。

A.3 数据重组

水系、交通、居民地、境界与政区和地名等要素的实体化重组，可参照以下方式进行（示例见附录C）：

a） 水系要素，以单线形式表示的常年河、时令河和干涸河构建线实体，以双线形式表示的常年河、时令河和干涸河构建面实体，湖泊、水库和池塘构建面实体；

b） 交通要素，一般铁路、电气化铁路和窄轨铁路构建线实体，以单线形式表示的乡村道路（不依比例尺）构建线实体，以双线形式表示的城际公路、城市道路、乡村道路（依比例尺）构建面实体；

c） 居民地要素，街区、单幢房屋和普通房屋构建面实体；

d） 境界与政区要素，国界，省区级、地市级和县级行政区划界构建面实体；

e） 地名要素，将有明确地域界限的地名数据和实体化后的地理实体建立起对应关系，包括各级行政区划、水系、交通、山脉、山峰等地名，以及其他各类地名及相关信息。

附　录　B
（资料性附录）
数据提取示例

序号	要素	类型	源数据	提取数据	说明
1	水系数据	具有完整边线的河流	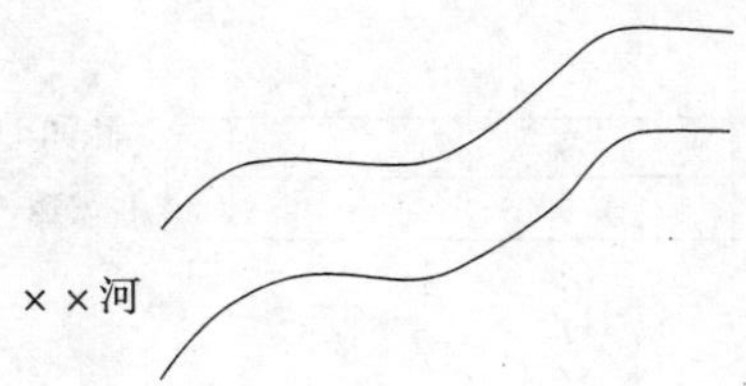	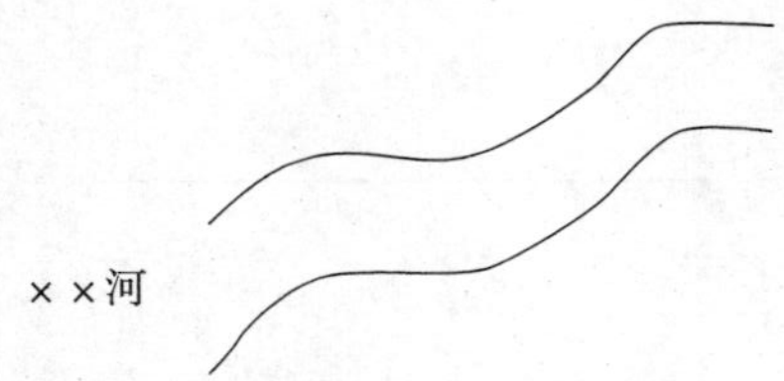	直接提取河流边线
2		被桥梁中断的河流	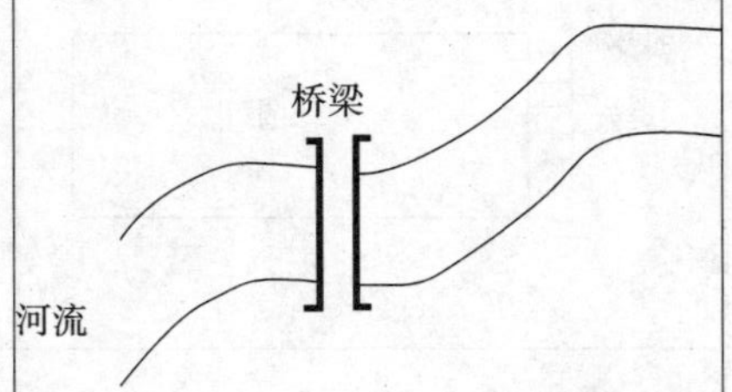	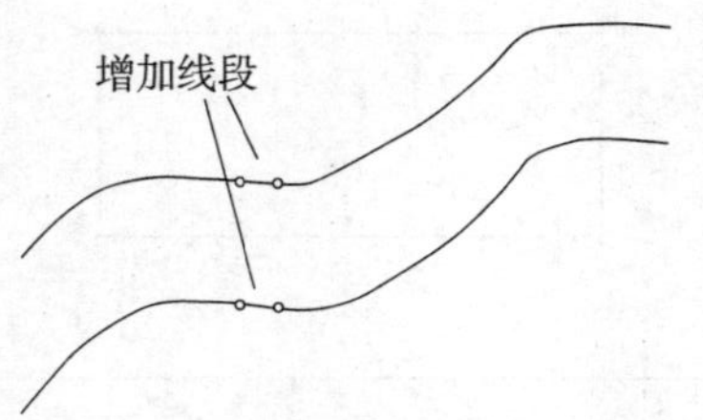	在遇有桥梁使河流表示中断时，应在断开处添加线段使河流表示完整
3		通过拦水坝封闭的水库	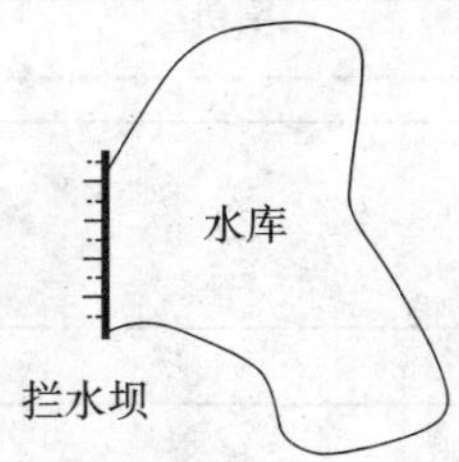	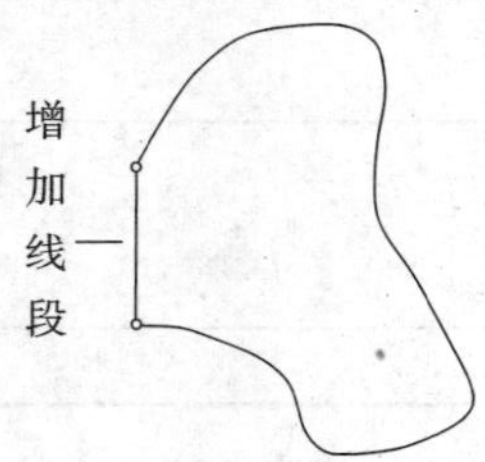	不具有完整边线表示的湖泊、水库和池塘等，除提取边线数据之外，还应提取可以作为其边线的其他要素的部分线段，例如堤坝、陡坎、道路等，保证湖泊、水库和池塘的表示完整

附录 B （续）

序号	要素	类型	源数据	提取数据	说明
4	居民地及设施数据	带檐廊的房屋	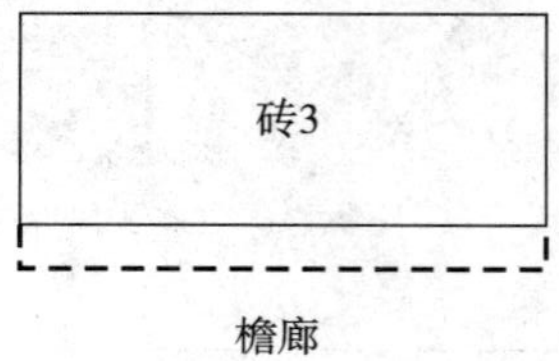	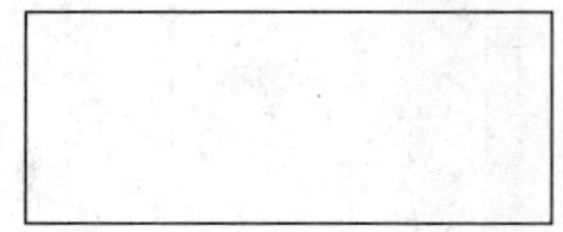	房屋仅提取建筑物主体的边线数据，不提取相关的附属设施数据
5		带室外楼梯的房屋	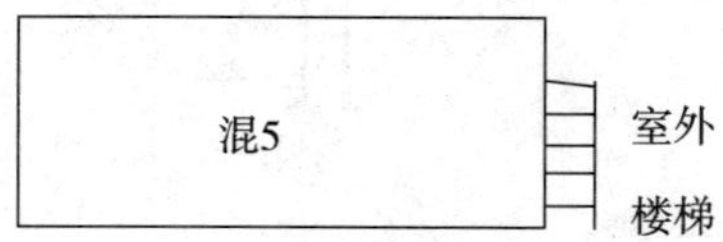	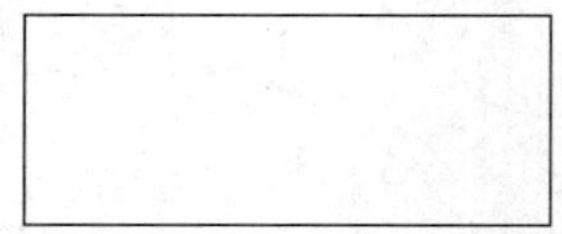	房屋仅提取建筑物主体的边线数据，不提取相关的附属设施数据
6	交通数据	一般铁路	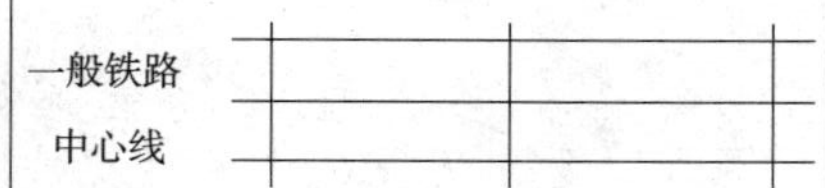		铁路提取中心线数据
7		高速公路	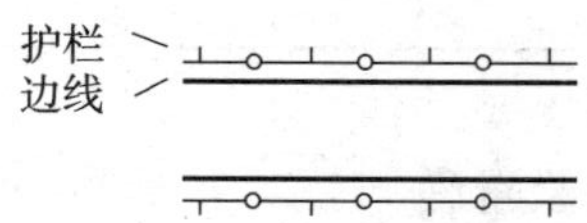	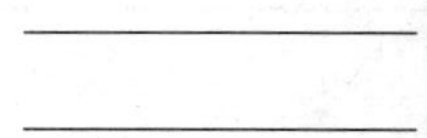	道路提取两条边线数据

附录 B （续）

序号	要素	类型	源数据	提取数据	说明
8	交通数据	城市道路（环岛）	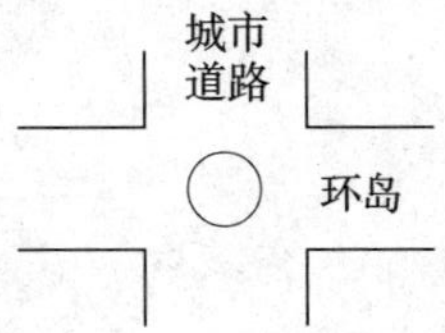	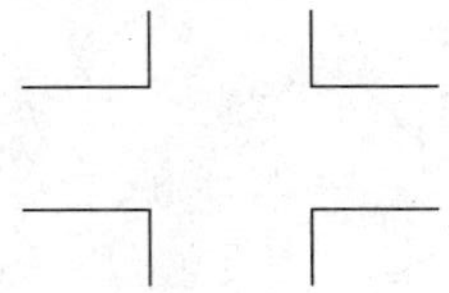	道路不提取附属设施数据
9		城市道路（人行桥）	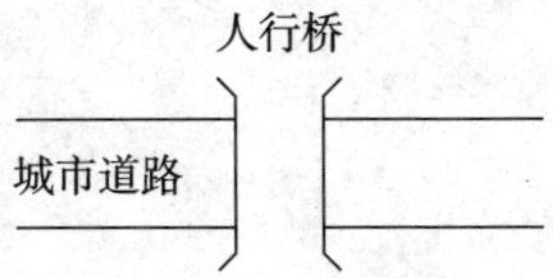	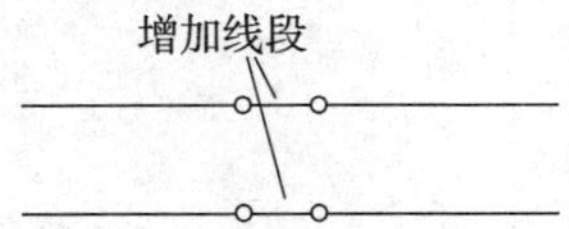	道路不提取附属设施数据
10	境界与政区数据	行政区域	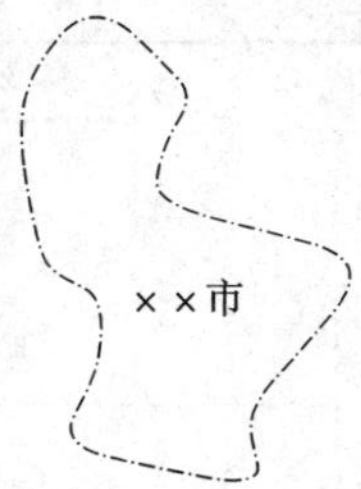	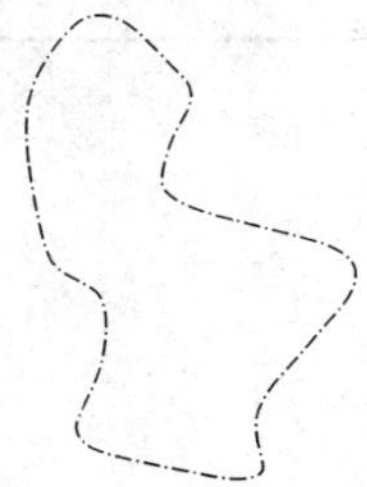	完整行政区域的提取
11	植被与土质数据	边线不完整的地类界	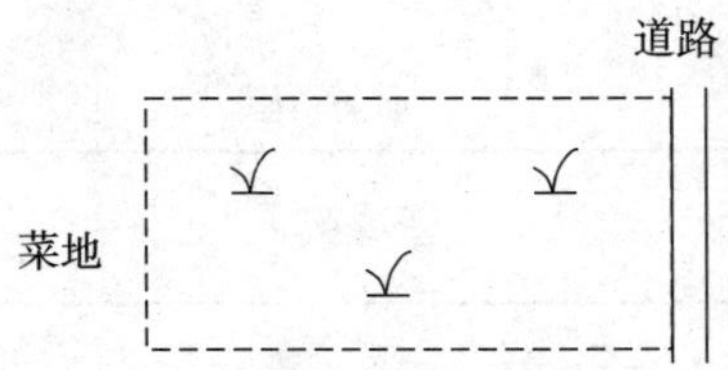		地类界表示不完整时，还应提取可作为地类界的其他要素的部分线段数据（例如道路边线、河流边线等），保证地类界的表示完整

附录 B （续）

序号	要素	类型	源数据	提取数据	说明
12	植被与土质数据	地类界合并	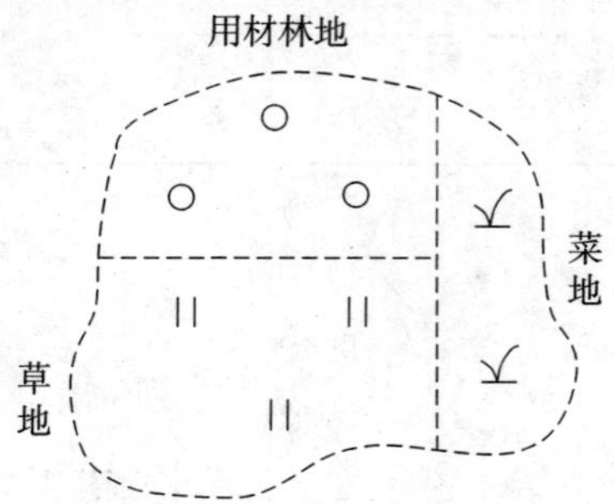	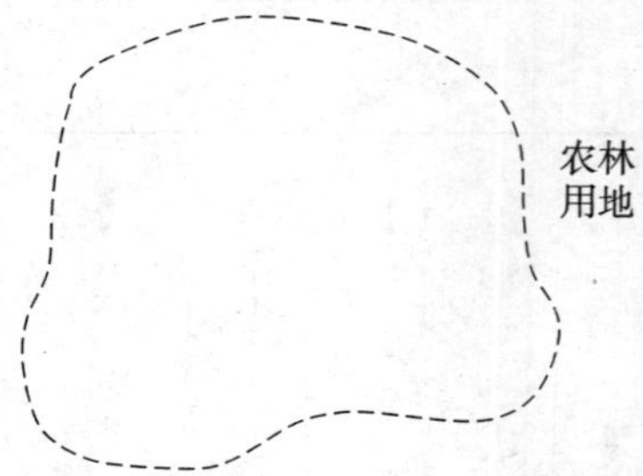	在遇有多种细分地类界相联时，应进行同一大类内的地类界合并，例如耕地、园地、林地等统一合并为农林用地

附 录 C
（资料性附录）
数据实体化示例

序号	类型	源数据	处理数据	说明
1	实体化处理（同类要素交叉情况）	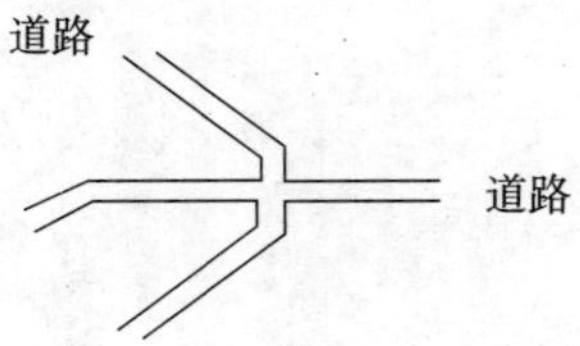	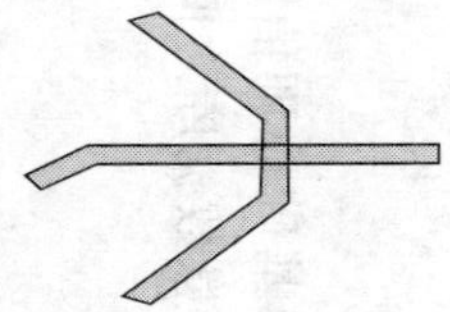	对于同类型要素交叉重叠情况，应重复利用重叠部分构面
2	实体化处理（不同类要素交叉情况）	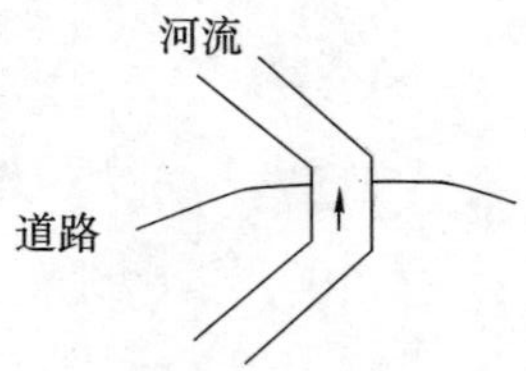	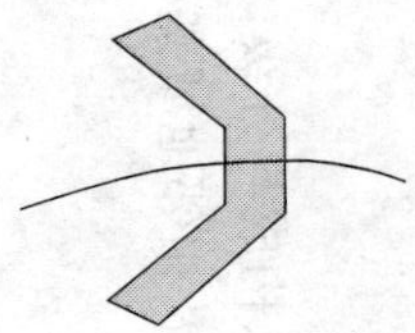	对于不同类型要素交叉重叠情况，应重复构面、构线

前　言

本标准为首次发布。

本标准由国家测绘局提出并归口。

本标准起草单位：中国测绘科学研究院。

本标准主要起草人：李成名、刘东琴、印洁、王继周、赵占杰、殷勇、李万里。

引　言

为明确基础地理信息数据库的含义、构成与分级，促进各级基础地理信息数据的协调，确保国家、省区和市(县)级数据库之间的纵向贯通以及相邻地域基础地理信息数据库之间的横向衔接，制定本标准。

中华人民共和国测绘行业标准

CH/T 9005—2009

基础地理信息数据库基本规定

Basic specifications for fundamental geographic information database

1 范围

本标准规定了基础地理信息数据库的含义、组成、分级和要求。

本标准适用于基础地理信息数据库的建设、管理和维护,也可作为其他地理信息数据库的参照。

2 规范性引用文件

下列文件中的条款通过本标准的引用而成为本标准的条款。凡是注日期的引用文件,其随后所有的修改单(不包括勘误的内容)或修订版均不适用于本标准,然而,鼓励根据本标准达成协议的各方研究是否可使用这些文件的最新版本。凡是不注日期的引用文件,其最新版本适用于本标准。

GB 21139—2007 基础地理信息标准数据基本规定

GB/T 13923—2006 基础地理信息要素分类与代码

3 术语和定义

下列术语和定义适用于本标准。

3.1

基础地理信息 fundamental geographic information

作为统一的空间定位框架和空间分析基础的地理信息。

[GB/T 13923—2006,2.1]

3.2

基础地理信息数据 fundamental geographic information data

作为统一的空间定位框架和空间分析基础的地理信息数据,该数据反映和描述了地球表面测量控制点、水系、居民地及设施、交通、管线、境界与政区、地貌、植被与土质、地籍、地名等有关自然和社会要素的位置、形态和属性等信息。

[GB 21139—2007,3.1]

3.3

基础地理信息数据库 fundamental geographic information database

是基础地理信息数据及实现其输入、编辑、浏览、查询、统计、分析、表达、输出、更新等管理、维护与分发功能的软件和支撑环境的总称。

4 组成与分级

4.1 组成

基础地理信息数据库由基础地理信息数据、管理系统和支撑环境三部分组成,一般包括现势库和历史库。其中,基础地理信息数据是基础地理信息数据库的核心,按类型分为大地测量数据、数字线划图数据、数字正射影像数据、数字高程模型数据和数字栅格地图数据五个分库,分库又根据比例尺和分辨率的变化细化为子库,子库也可根据要素分成若干层;管理系统和支撑环境是数据存储、管理和运行维护的软硬件及网络条件。基础地理信息数据库组成见图1。

国家测绘局 2007-03-30 发布 2009-04-01 实施

4.2 分级

基础地理信息数据库建设分为国家、省区和市(县)三级,国家级基础地理信息库的数据尺度包括1∶1 000 000、1∶250 000和1∶50 000;省区级基础地理信息库的数据尺度包括1∶10 000和1∶5 000;市(县)级基础地理信息库的数据尺度包括1∶2 000、1∶1 000和1∶500。各级应横向上保证相邻地域之间的衔接,纵向上建立多尺度数据垂直逻辑关联。

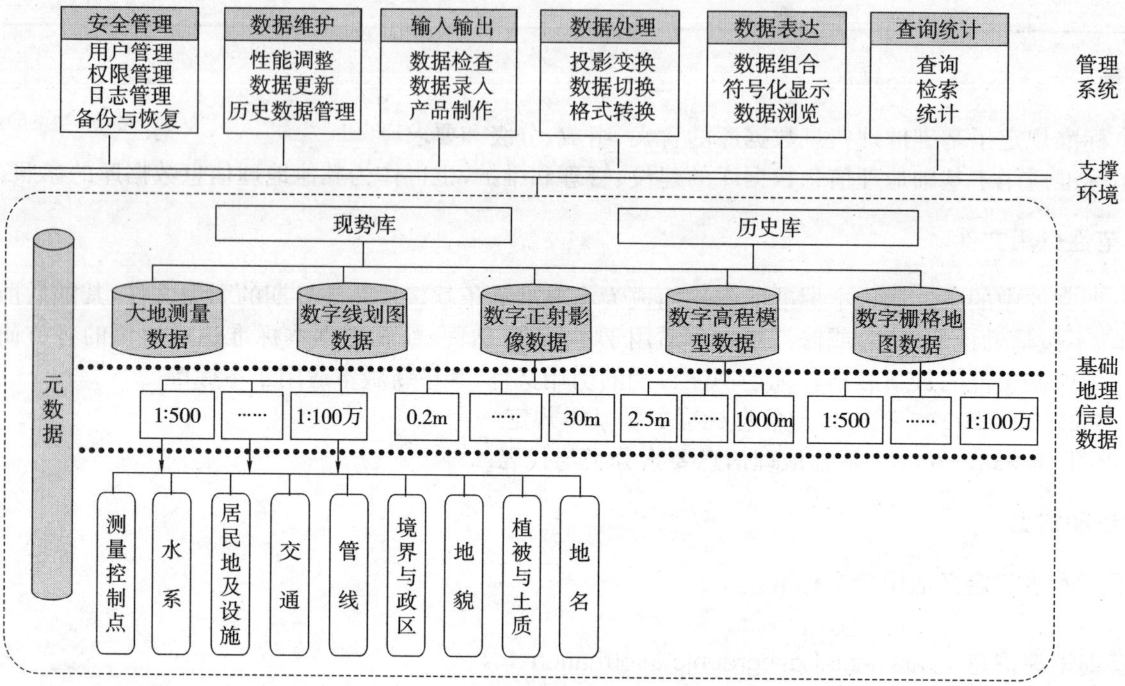

图1 基础地理信息数据库组成

5 基础地理信息数据

5.1 数据内容

5.1.1 1∶1 000 000

包含数字线划图、数字高程模型和地名等数据。数字线划图采用国家统一的坐标和高程系统,若需投影,则采用正轴等角割圆锥投影,按6°分带,6°×4°(经差×纬差)分幅,主要内容包括政区、居民地、铁路、公路、机场、文化要素、水系、地貌、植被、土地覆盖、其他自然要素、海底地貌、其他海洋要素和地理格网等。数字高程模型的格网间距为1 000 m。地名数据包含各类地名的位置及名称。

5.1.2 1∶250 000

包含数字线划图、数字高程模型和地名等数据。数字线划图采用国家统一的坐标和高程系统,若需投影,则采用高斯—克吕格投影,按6°分带,1°30′×1°(经差×纬差)分幅,主要内容包括水系、居民地、铁路、公路、境界、地形、其他要素、辅助要素以及坐标网等。数字高程模型的格网间距为100 m。地名数据包含各类地名的位置及名称。

5.1.3 1∶50 000

包含数字线划图、数字高程模型、数字栅格地图、数字正射影像和地名等数据。数字线划图采用国家统一的坐标和高程系统,若需投影,则采用高斯—克吕格投影,按6°分带,15′×10′(经差×纬差)分幅,主要内容包括水系、居民地、交通、境界与政区、地貌与土质、植被、管线等。数字高程模型的格网间距为25 m。数字栅格地图是现有1∶50 000模拟地形图的数字形式,按地面分辨率4 m输出,按标准1∶50 000图幅分幅存储。数字正射影像是将航空像片或高分辨率卫片的影像数据,经逐像元进行几何改正,按标准1∶50 000图幅范围裁切和镶嵌生成,地面分辨率不大于5 m。地名数据包含各类地名的位置及名称。

5.1.4 1∶10 000

包含数字线划图、数字高程模型、数字栅格地图、数字正射影像和地名等数据。数字线划图采用国家统一的坐标和高程系统，若需投影，则采用高斯—克吕格投影，按3°分带，3′45″×2′30″(经差×纬差)分幅，主要内容包括测量控制点、水系、居民地及设施、交通、管线、境界与政区、地貌、植被与土质等。数字高程模型的格网间距为12.5 m或5 m。数字栅格地图是现有1∶10 000模拟地形图的数字形式，按地面分辨率0.8 m输出，按照1∶10 000数字线划图分幅存储。数字正射影像是将航空像片或高分辨率卫片的影像数据，经逐像元进行几何改正，按标准1∶10 000图幅范围裁切和镶嵌生成，地面分辨率为1 m。地名数据包含各类地名的位置及名称。

5.1.5 1∶5 000

包含数字线划图、数字高程模型、数字栅格地图和数字正射影像等数据。数字线划图采用国家统一的坐标和高程系统，若需投影，则采用高斯—克吕格投影，按3°分带，1′52.5″×1′15″(经差×纬差)格网分幅，主要内容包括测量控制点、水系、居民地及设施、交通、管线、境界与政区、地貌、植被与土质等。数字高程模型的格网间距为2.5 m。数字栅格地图是现有1∶5 000模拟地形图的数字形式，按地面分辨率0.5 m输出，按照1∶5 000数字线划图分幅存储。数字正射影像是将航空像片或高分辨率卫片的影像数据，经逐像元进行几何改正，按标准1∶5 000图幅范围裁切和镶嵌生成，地面分辨率为0.5 m。

5.1.6 1∶2 000,1∶1 000和1∶500

包含数字线划图、数字高程模型和数字正射影像。数字线划图采用国家统一的坐标和高程系统，确有必要时，可采用依法批准的独立坐标系统和高程系统，若需投影，则采用高斯—克吕格投影，按3°分带，矩形分幅，其规格为50 cm×50 cm或40 cm×50 cm。主要内容包括测量控制点、水系、居民地及设施、交通、管线、境界与政区、地貌、植被与土质、地籍和地名等。数字高程模型的格网间距为2.5 m。数字正射影像是将航空像片的影像数据，经逐像元进行几何改正，按50 cm×50 cm或40 cm×50 cm标准图幅范围裁切和镶嵌生成，地面分辨率为0.2 m。

5.2 数据检查

对大地测量数据、数字线划图、数字高程模型、数字栅格地图和数字正射影像及其元数据进行检查，包括数学基础、数据完整性、逻辑一致性、位置精度、属性精度等内容。

5.2.1 数学基础检查

检查数据的平面坐标基准、高程基准、投影、分幅和分带情况是否符合要求。

5.2.2 数据完整性检查

检查数据覆盖范围、图幅总数量是否完整；要素、数据层与内部文件是否完整。

5.2.3 逻辑一致性检查

检查数字线划图数据拓扑关系、概念、格式是否一致；数字高程模型和数字正射影像图像灰度值及色调、数据格式是否一致；数字栅格地图数据格式是否一致。

5.2.4 位置精度检查

检查数据的平面位置精度和高程精度是否符合要求；数字正射影像和数字栅格地图的分辨率、数字高程模型格网大小是否符合要求。

5.2.5 属性精度检查

检查属性项名称、类型、长度、顺序以及属性值、分类等内容是否正确。

5.3 数据组织

5.3.1 大地测量数据按类别分层分等级组织。

5.3.2 数字线划图数据采用物理上分幅、分区块或按要素分层来组织。分幅、分区块组织时应通过接边处理确保数据库逻辑无缝；按要素分层组织时同一类数据放在同一层，每层通过拼接处理确保物理无缝，用于制图的辅助点、线、面数据应单独放在同一层。不同尺度的同类要素数据应建立垂直关联，同一尺度的要素数据间应建立正确拓扑关系。

5.3.3 数字高程模型数据按分幅、分块或分区组织管理，并建立多级金字塔索引结构以提高存取速度，以对象关系数据库的方式存放金字塔各级数据。

5.3.4 数字正射影像数据按分幅、分块或分区组织管理，通过接边处理确保数据逻辑无缝，建立多级金字塔索引结构以提高存取速度，以对象关系数据库的方式存放金字塔各级影像数据。

5.3.5 数字栅格地图数据的组织以图幅为单元组织，并建立区域索引。

5.3.6 地名数据采用分幅、分区块或按类别分层来组织。

5.3.7 历史数据的组织与其同源现势数据组织方式相同。

5.3.8 元数据采用与所描述的数据对象(图幅、图层或块、区)的数据组织方式相同。

6 管理系统

6.1 输入输出

输入功能包括对入库数据的检查、录入、添加和确认；输出功能包括按照产品标准或用户需求所进行的产品制作、导出和分发。

6.2 数据处理

具有坐标及投影变换、高程换算、数据裁切、数据格式转换以及影像数据的对比度、灰度(色彩)、饱和度一致性调整等功能。

6.3 数据表达

具有将数据组合、叠加、符号化显示和放大、缩小、漫游、前视图、后视图等浏览功能。

6.4 查询统计

具有以不同的查询条件对各种数据进行单独的、组合的、相互的查询与检索，并能依据查询结果提取数据和对数据进行统计功能。

6.5 数据更新

具有实现包括数据库中各子库、要素、属性和其他信息的更新与维护，可采用直接编辑或批量导入等方法实现数据的更新。

6.6 历史数据管理

具有采取修改对象加注时间标识和版本管理方式，或者两者的有机结合方式实现历史数据库的建立、删除、修改，以及历史数据查询、统计和分析等功能。

6.7 元数据管理

具有提供元数据注册、编辑、修改和元数据查询、统计、分析、输出等功能；元数据与其对应的基础地理信息数据应建立关联，应能实现与其对应的基础地理数据进行同步更新。更新后的元数据应备份，并建立历史元数据库。

6.8 安全管理

具有用户管理、权限管理、日志管理、事务管理、数据库备份与恢复功能。数据库备份包括数据的备份和系统软件的备份。备份可采用全备份或增量备份方式，定期检查数据库备份的可用性。

7 支撑环境

7.1 服务器设备

服务器设备应能够支持海量信息存储，预留扩展空间，运行稳定、安全可靠。

7.2 存储备份设备

存储备份设备应具有空间数据的安全高效存储备份能力，并预留扩展空间；有条件可建立异地存储备份机制。

7.3 外围设备

根据需要配置扫描仪、绘图机、打印机、刻盘机、磁带机等外围设备，满足数据输入和成果输出的需要。

7.4 网络环境

应采用涉密的内部局域网或测绘专网，并建立完备的安全管理措施，具备漏洞扫描、入侵检测、数据包过滤、防病毒、身份认证、数据加密和主机监控等能力。

前　言

本标准附录 A、附录 B、附录 C、附录 D、附录 E、附录 F、附录 G、附录 H、附录 I、附录 J 为规范性附录。
本标准由国家测绘局提出并归口。
本标准起草单位：国家测绘产品质量监督检验测试中心、上海市测绘产品质量监督检验站。
本标准主要起草人：谭明建、曾衍伟、顾建祥、唐翼德、刘德阳、何文林、姜朝芳、陈四平、谭理。
本标准为首次发布。

引　言

《中华人民共和国测绘法》第三十四条规定："县级以上人民政府测绘行政主管部门应当加强对测绘成果质量的监督管理。"国家对测绘质量实行以监督抽查为主要方式的监督检查制度。

《中华人民共和国测绘法》第二十一条规定："建立地理信息系统，必须采用符合国家标准的基础地理信息数据。"GB 21139—2007《基础地理信息标准数据基本规定》从数学基础、数据内容、生产过程和数据认定四个方面规定了基础地理信息标准数据的基本要求。

为贯彻法律法规的规定，保障测绘成果质量监督抽查和基础地理信息标准数据认定工作的规范性和可靠性，促进测绘生产质量管理和测绘成果质量水平的提高，促进基础地理信息的共享与集成，维护国家、企业和公众的利益，特制定本标准。

中华人民共和国测绘行业标准

CH/T 1018—2009

测绘成果质量监督抽查与数据认定规定

Requirement for quality supervision sampling inspection of surveying and mapping products and data certificating

1 范围

本标准规定了测绘成果质量监督抽查和基础地理信息标准数据认定的基本原则、工作要求、检验程序,认定的程序、内容和方法,以及检验报告、认定证书等文件的内容和格式要求。

本标准适用于测绘成果质量监督抽查和基础地理信息标准数据认定,测绘成果质量监督检查的其他方式可参照执行。

2 规范性引用文件

下列文件中的条款通过本标准的引用而成为本标准的条款。凡是注日期的引用文件,其随后所有的修改单(不包括勘误的内容)或修订版均不适用于本标准,然而,鼓励根据本标准达成协议的各方研究是否可使用这些文件的最新版本。凡是不注日期的引用文件,其最新版本适用于本标准。

GB/T 18316—2008 数字测绘成果质量检查与验收

GB 21139—2007 基础地理信息标准数据基本规定

《测绘质量监督管理办法》 国家测绘局、国家技术监督局 1997 年 6 月发布

3 术语和定义

下列术语和定义适用于本标准。

3.1

监督抽查 supervision sampling inspection

国务院或地方测绘行政主管部门依照测绘成果质量监督抽查计划,在生产领域和流通领域抽取样品,组织监督检验,并限期发布测绘成果质量监督抽查公告,对抽查不合格的测绘单位采取相应措施的一种监督活动。

3.2

监督检验 supervision testing

监督检验指监督抽查中对测绘成果实施的质量检验活动。

3.3

监督复查 supervision retesting

测绘行政主管部门对监督抽查不合格的测绘成果实施的再次监督抽查活动。

3.4

数据认定 data certificating

证明基础地理信息数据符合相关技术标准强制性要求的评定活动。

4 基本要求

4.1 监督抽查的对象应是测绘资质单位生产的测绘成果。

4.2 检验单位和认定机构开展检验和认定工作时,应遵照以下基本原则:

国家测绘局 2009-06-09 发布 2009-07-01 实施

a)　客观公正，公平公开，作风廉洁，并对结果的准确性负责。

b)　严格执行有关标准和规定，确保方法科学、数据准确，并按检验单位和认定机构的质量管理体系有效运行，做好各项记录。

c)　未经任务下达部门的批准或委托方的同意，不得公布或泄露受检单位、受检测绘项目、认定数据以及与结果相关的情况。

4.3　监督抽查过程中发现受检成果存在严重质量问题后，应按监督抽查实施方案的要求完成余下所有的检验项目。

4.4　抽查/认定工作结束后，应做好抽查/认定工作总结，为测绘行政主管部门提供及时、有效的质量信息。

5　工作流程

监督抽查与数据认定工作流程如图1所示。

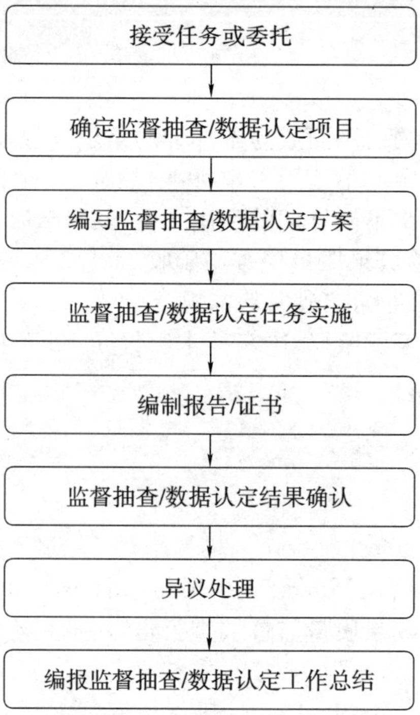

图1　工作流程

6　监督抽查

6.1　实施方案编制要求

6.1.1　开展监督抽查工作，应编制监督抽查实施方案。监督抽查实施方案内容原则上应包括：

a)　监督抽查基本情况，主要包括任务来源、抽查范围、抽查对象等；

b)　实施方案编制依据、检验技术依据，主要包括法律法规要求，以及国家、行业技术标准等；

c)　组织方式、检验人员、执行时间和进度安排等；

d)　抽样、检验、质量统计与评定的方式和方法；

e)　需要提交的成果。

6.1.2　监督抽查实施方案应上报下达监督抽查任务的测绘行政主管部门批准后实施。若需对原监督抽查实施方案作变更时，则应将变化的内容报下达任务的测绘行政主管部门审批后执行。

6.2　抽样要求

6.2.1　抽样工作应执行测绘成果质量检验方面的国家标准、行业标准。

6.2.2 抽样时，应有不少于 2 名抽样或检验人员参加，抽样人员应出示测绘成果质量监督抽查通知单（见附录 A）、工作证等证明文件。

6.2.3 对因转产、未生产等原因导致无项目或无样品可抽的，受检单位应提供确凿的证据，并出具书面证明材料。

6.2.4 受检单位无正当理由拒绝接受抽样及监督抽查的，其测绘成果按“批不合格”处理。

6.2.5 抽样时，抽样人员应认真填写测绘成果质量检验抽样单（见附录 B）。

6.2.6 在流通领域抽样后，抽样单位还应填写检验样品确认通知单（见附录 C），并及时通知受检单位（产品包装或产品铭牌上标称的测绘单位）或其授权的经销商、代理商对样品的真伪进行书面确认。

6.2.7 受检单位需要对样本数据进行整理的，抽样人员应现场监督。需受检单位协助寄、送样品的，抽样人员应向受检单位明确寄、送样品的时间、地点和保护样品的有关要求，并满足测绘成果管理的相关规定。

6.2.8 当抽样与检验工作分离时，抽样人员抽样后应封样，防止样品被擅自拆封、动用或调换。

6.3 检验工作要求

6.3.1 检验工作应严格按现行国家、行业技术标准所规定的内容和方法进行。

6.3.2 检验用仪器设备应在检定有效期内，满足检验工作的需求。检验人员应遵守仪器设备操作规程。

6.3.3 对现场检验的过程应进行有效的控制，并应做好样品资料、检验数据、检验结果的安全防护工作。

6.3.4 检验过程中遇有样品损坏、丢失或其他情况致使检验无法进行时，应如实做好情况记录，提供充分的证明材料。

6.3.5 执行监督复查的检验工作时，应重新抽样。

6.4 样品处置要求

6.4.1 检验单位应制定有关样品接收、入库、领用、检验、保存和处置的程序，并认真按程序执行，做好执行记录。

6.4.2 检验单位应保护样品的完整性，避免样品在存储、检验、处置过程中发生丢失、破坏或损伤。

6.4.3 检验工作结束后，样品及其附件应按档案资料管理有关规定归档。由于受检单位的特殊需要，样品及其附件资料需要返还的，应保存返还记录，并保留重要样品及其附件资料的复制件。

6.4.4 因检验造成样品及其附件丢失、损坏的，应向受检单位说明情况。

6.5 报告编制要求

6.5.1 监督抽查检验报告的编制应遵循准确、清晰、客观的原则，应符合所依据的标准和监督抽查实施方案。

6.5.2 检验单位编制的检验报告，应符合附录 D 规定的格式要求，不能简化和删除。在满足必要、适用、合理及便于读者理解的原则下可按需增添。

6.6 结果确认要求

6.6.1 监督抽查结果在报送下达监督抽查任务的测绘行政主管部门前，应经过受检单位的确认。

6.6.2 检验工作结束后，检验单位应将正式签发的检验报告和《监督（抽查/复查）结果通知单》（见附录 E）一并寄（送）到受检单位。

6.6.3 在规定的确认时间内，检验单位若接到受检单位的书面异议，则应由专家组（参与检验的人员不得参加）分析异议材料，必要时，根据异议材料的内容对检验工作进行核查、复检。

6.6.4 异议处理完成后，检验单位应及时向提出异议的受检单位发出《异议处理结果通知单》（见附录 F）。

6.6.5 受检单位在规定时限内不确认结果的，视为对检验结果认可。

6.6.6 异议处理通知单发出后的规定时间内，若受检单位向测绘行政主管部门提出异议，检验单位应配合测绘行政主管部门进行异议处理。

6.7 监督抽查工作总结编写要求

6.7.1 监督检验工作结束后，应做好抽查工作总结，抽查工作总结应符合监督抽查任务的要求，并做到：

a） 实事求是，客观公正；数据准确，内容详实；观点明确，重点突出；条理清晰，文字通顺。

b) 抽查工作总结的重点应是“检验结果的综合分析和评价”。

c) 抽查工作总结具有时效性。

6.7.2 监督抽查工作总结的内容至少应包括：

a) 概述。描述下达监督抽查任务文件名称及文件号、任务性质、任务执行和完成日期；抽查测绘单位、测绘项目的名称和数量；抽查合格率，抽查覆盖率和覆盖面等。

b) 监督抽查实施情况。描述组织实施、工作进展等情况。

c) 抽查结果的综合分析与评价。

1) 总体评价与分析；

2) 基本成绩或进步及其原因分析；

3) 主要问题及原因分析。

d) 质量保证能力检查结果及其分析。若在实施测绘成果质量检验的同时检查受检单位的质量保证能力，应对质量保证能力的检查结果以及好的经验和存在的问题做相应的总结和分析。

e) 综合整治建议。

7 数据认定

7.1 委托或申请认定要求

委托或申请认定单位应向认定机构提交数据认定委托书或申请书(见附录 G)，并提供以下成果资料：

a) 测绘资质证书(正本、副本)复印件；

b) 数据生产设计书、技术总结、仪器设备检定或校准资料等技术文档；

c) 经注册测绘师签字并加盖执业印章，或单位技术负责人签字的数据证明文件；

d) 成果数据；

e) 数据生产质量检查及验收的全部文档资料。

7.2 认定内容

7.2.1 生产单位合法性

基础地理信息数据生产单位是否具有相应的测绘资质及业务范围。

7.2.2 数学基础符合性

平面坐标系、高程系、比例尺、地图投影方式、分幅及编号是否符合 GB 21139—2007 第 4 章的要求。

7.2.3 数据内容符合性

数据内容是否属于基础地理信息标准数据所需要认定的范畴，数据内容是否完整并符合设计书要求等。

7.2.4 生产过程符合性

a) 数据生产设计书的内容、审批认可程序的符合性；

b) 利用的资料和数据源的符合性；

c) 采用技术方法的符合性；

d) 质量控制有效性；

e) 仪器设备计量检定或校准的符合性。

7.3 认定方法及判定原则

7.3.1 认定方法

针对不同的基础地理信息数据及认定内容，应按照科学、便利等原则确定认定方法。认定方法可以用 a)或者 a)与其他认定方法的组合。

a) 资料审核。通过审核数据生产设计书、技术总结、数据成果、数据生产质量控制资料、检查及验收的全部文档资料、仪器设备检定证书、资质证书，经注册测绘师签字并加盖执业印章或单位技术负责人签字的数据证明文件等资料，认定基础地理信息数据与 GB 21139—2007 的符合性。

b) 专家评审。召开相关专家会议，由数据生产单位介绍基础地理信息数据获取过程、成果质量等，由专家组认定基础地理信息数据与GB 21139—2007的符合性。

c） 关键参数测试。认定机构对关键参数有疑问时，应对基础地理信息数据的关键参数进行测试，作为数据认定的依据。

d） 现场核查。当有必要时，质量控制有效性可以通过现场核查的方法进行认定。

7.3.2 判定原则

认定内容中有一项不符合，则判定该成果不符合GB 21139—2007的规定。

7.4 工作要求

7.4.1 编写认定方案要求

认定国家、省级或大型建设工程中的基础地理信息数据，以及采用新技术、新工艺生产的基础地理信息数据，一般应按基础地理信息数据类别编写认定方案。认定方案由认定机构编写，应包括以下基本内容：

a） 适用的数据范围；

b） 认定依据；

c） 采用的认定方法，若有必要，应规定关键参数的认定要求、采用“关键参数测试”方法时测试的样本数量；

d） 其他规定。

认定方案应报相应的测绘行政主管部门备案。

7.4.2 数据认定要求

a） 严格执行GB 21139—2007等标准及认定方案；

b） 认定记录应符合认定方案中的记录要求；

c） 若需要实施检验，相关内容按监督抽查的方式执行；

d） 认定机构在受理认定委托或申请后的45个工作日内，给出认定结果，并将认定结果通知单（见附录H）寄提出送达或委托或申请认定的单位，由认定单位确认。

e） 若委托或申请认定单位对认定结果有异议，应在收到认定结果通知单10个工作日内向测绘行政主管部门或认定机构提出异议，测绘行政主管部门或认定机构组织有关专家进行确认。如果异议成立，认定机构重新实施数据认定。

7.4.3 资料处置要求

a） 数据认定单位应制定有关资料接收、领用、保存和处置的程序，并认真按程序执行，做好执行记录。

b） 数据认定单位应保护资料的完整性，避免在存储、检验、处置过程中发生丢失、破坏或损伤。

c） 数据认定工作结束后，资料及其附件应按档案资料管理有关规定归档。对于被认定数据生产单位的特殊需要，资料及其附件资料需要返还的，应做好并保存归还记录，但应保留重要资料及其附件资料的复制件。

d） 因认定机构的原因造成资料及其附件丢失、损坏的，应追究认定机构的责任。

7.4.4 证书编制要求

a） 认定证书格式见附录I。

b） 认定证书号编码规则见附录J。

8 记录要求

8.1 记录原则

8.1.1 检验和认定活动均应进行记录，记录应清晰、真实、准确、及时。

8.1.2 原始记录应是书面的，原始数据可以储存于其他形式的载体上，例如光盘、磁盘等。

8.1.3 检验报告、认定证书中出现的任何检验和认定结果的信息均应来源于原始记录。

8.2 记录格式

8.2.1 检验单位和数据认定机构应设计和使用符合受控文件要求的检验和认定活动记录格式，并加以标识和页码以便识别和追溯。栏目设计应内容完整、布局合理、方便填写，并留有记错更改的余地，大小规格应尽可能统一，便于装订。

8.2.2 记录格式应包含足够的信息，以保证该检验和认定过程在尽可能接近原条件(人员、设备、环境等)的情况下能够重复进行，以及在必要时能够追溯检验和认定的过程和细节。

8.3 记录内容

原始记录应至少包含下述内容：

a) 受检、认定成果名称或编号，检验的质量元素、认定项目，检验、认定日期；
b) 主要检验仪器设备的名称、型号规格、编号，检验环境条件；
c) 观测记录、巡视记录、检查记录、检测数据和认定记录等；
d) 检验人员、校核人员、认定人员、复核人员(适用时)签名；
e) 检验、认定活动追溯或复现所需的其他信息。

8.4 记录规范

8.4.1 观测记录、检查记录、认定记录、检测数据是检验或认定过程的实时记录，不应重新誊抄整理。

8.4.2 应准确记录规定的全部信息，不得缺漏。需要时，还应包括临界数据分析的有关信息。

8.4.3 应采用法定计量单位和标准的符号、术语、代号。

8.4.4 原始记录应字迹清晰，使用能长期清晰保存笔迹的记录笔；文字描述应确切、简明，与所用检验和认定标准相适应。采用电脑记录，应输出打印，并由相关责任人签字。

8.4.5 记录差错不得涂改、就字改字、擦掉、删除，应在差错数据或文字上杠改(划改)，在其旁标明正确数据或文字并加盖更改人的名章或签名，不得使原字迹难以辨认。

8.4.6 对记录内容负责的人员需手工签姓名或加以等同的标识。

8.4.7 记录表格的空白栏目应用“/”或“此项不适用”加以标识。

8.4.8 当使用计算机或自动化设备采集、处理、运算、记录、报告、存储或检索检测数据时，应确保：

a) 数据完整性；
b) 检验单位开发的有关数据处理、运算、控制的计算机软件，应有足够详细的文档，并应对其适用性进行验证或核查；若配置上述内容的通用商业软件，则应对其适用性进行确认；
c) 数据记录应有可追溯的标识；
d) 应有措施防止非授权人员或非检测人员接触或篡改记录。

8.4.9 原始记录(包括各种媒体形式)应保存在环境适宜、便于检索的设施中，避免损坏、变质和丢失，保存期限应符合有关规定，一般为5年，并应有保密措施和有效的防护措施。

9 资料管理

9.1 监督抽查和数据认定的相关文件、样品及其附件资料、监督抽查实施方案、数据认定方案、监督抽查通知书、监督抽查结果通知书、抽样单、样品清单、申诉及其处理记录、原始记录、检测数据、检验报告、认定证书、工作总结等检验和认定过程留下的成果、记录均应归档管理。

9.2 检验单位和数据认定单位归档的资料保存期应不少于5年，并便于查询、检索。

附　录　A
（规范性附录）
测绘成果质量监督抽查通知单格式

测绘成果质量监督抽查通知单格式见示例。

测绘成果质量监督抽查通知单

（编号）

（受检单位名称）＿＿＿＿＿＿＿＿＿＿：

＿＿＿＿＿＿（检验单位或检查组名称）＿＿＿＿＿＿于＿＿年＿＿月＿＿日至＿＿年＿＿月＿＿日，对你单位承担完成的测绘项目成果质量依法进行监督抽查。抽查工作中涉及的仪器、设备、资料以及其他有关事项请给予支持和配合。

受检项目：＿＿＿＿＿＿＿＿＿＿＿＿

抽查人员：＿＿＿＿＿＿＿＿

＿＿＿＿＿＿＿＿

＿＿＿＿＿＿＿＿

＿＿＿＿＿＿＿＿

＿＿＿＿＿＿＿＿

（下达监督抽查任务的部门盖章）

年　月　日

注：此通知单一式三联，第一联由受检单位留存；第二联检验单位留存；第三联由下达任务的测绘行政主管部门留存。

附 录 B
（规范性附录）
测绘成果质量检验抽样单格式

测绘成果质量检验抽样单格式见示例。

测绘成果质量检验抽样单

委托单位：　　　　　　　　　　　　　　　　　　　　　　检验类别：

<table>
<tr><td>成果名称</td><td colspan="6"></td></tr>
<tr><td rowspan="2">生产日期</td><td colspan="2" rowspan="2"></td><td rowspan="2">抽样日期</td><td rowspan="2"></td><td>成果总数</td><td></td></tr>
<tr><td>批　次</td><td></td></tr>
<tr><td rowspan="2">提样方式</td><td colspan="4" rowspan="2">□送寄　　　　　□自提</td><td>批　量</td><td></td></tr>
<tr><td>样本数</td><td></td></tr>
<tr><td rowspan="3">生产单位</td><td>单位名称</td><td colspan="3">（盖章）</td><td>电　话</td><td></td></tr>
<tr><td>经办人</td><td colspan="3"></td><td>传　真</td><td></td></tr>
<tr><td>通讯地址</td><td colspan="3"></td><td>邮政编码</td><td></td></tr>
<tr><td rowspan="4">检验单位</td><td rowspan="2">单位名称</td><td colspan="3" rowspan="2">（盖章）</td><td>电　话</td><td></td></tr>
<tr><td>传　真</td><td></td></tr>
<tr><td>抽样人</td><td colspan="3"></td><td>抽样地点</td><td></td></tr>
<tr><td>通讯地址</td><td colspan="3"></td><td>邮政编码</td><td></td></tr>
<tr><td colspan="5">样本资料：</td><td colspan="2">检验参数：</td></tr>
<tr><td colspan="7">样本号：</td></tr>
<tr><td colspan="7">备注：</td></tr>
</table>

附 录 C
(规范性附录)
检验样品确认通知单格式

检验样品确认通知单格式见示例。

检验样品确认通知单

（编号）

(受检单位名称)________________：

受____________________的委托，我单位在执行____________________任务时，于____年___月___日在________________抽取到标识为你单位生产的________________，经□经销商 □代理商)________________确认，属你单位生产。

请你单位收到此单后立即将《检验样品确认回执》传真或寄送回我单位。若对样品存在疑问，请在接到本通知单15日内提出书面(传真或寄送文本)意见和相关证明材料。逾期无书面反馈的，视为认可样品属你单位生产。

我单位电话、传真：____________________

我单位地址、邮编：____________________

检验单位公章

年 月 日

……………………………………………………………………

检验样品确认回执 （编号）

□样品是我单位生产。

□样品不是我单位生产，我单位将在规定时间内提出书面异议。

单位公章

年 月 日

附　录　D
（规范性附录）
检验报告格式

D.1　检验报告封面格式

测绘成果质量

检 验 报 告

*测质检　（****）第　（***）号

流水号，从001开始编

年号

检验单位所在省、市和自治区的简称，如陕、黑、川等。

成果名称：＿＿＿＿＿＿＿＿

生产单位：＿＿＿＿＿＿＿＿

检验类别：＿＿＿＿＿＿＿＿

检 验 单 位 名 称(公章)

D.2　检验报告扉页格式

声　明

1. 本报告封面和检验结论处无检验单位公章无效。本报告无骑缝章无效。
2. 本报告无编制、审核 、批准签字无效。
3. 本报告涂改无效。
4. 未经检验单位同意，不得复制本报告（全文复制除外）。
5. 本次检验仅对样本负责。

联系方式

地　　址：

邮政编码：

电　　话：

传　　真：

电子信箱：

D.3 检验报告正页格式

*测质检(****)第(***)号　　检验报告　　第1页 共2页

成果名称		生产日期	
生产单位		地　址	
委托单位		地　址	
批　量		样本数量	
样本状态		抽 样 者	
抽样日期		抽样地点	
检验日期		检验地点	
检验依据	(列出有关检验的标准、规范、设计书、文件等,版本号在前,名称在后。注:数量很多时可摘要填写。)		
质量元素 (检验参数)	(按实际检验内容列出检验元素或参数,如数学精度、属性精度、地理精度、整饰质量和附件质量等。)		
检验结论	(样本质量评定和批质量判定。) (检验单位公章) 签发日期:　年　月　日		
备　注			

批 准:　　审 核:　　编 制:

检验单位名称

D.4　检验报告附页格式

*测质检(＊＊＊＊)第(＊＊＊)号　　检验报告　　第2页 共2页

样本质量统计表

注：统计表的格式根据检验项目的具体情况而定，但应将检验的质量元素全部统计出来。

主要质量问题

序号	质量问题	判定依据

注：判定依据应落实到相应标准、设计书等技术要求的具体条款。

检验单位名称

附 录 E
（规范性附录）
测绘成果质量监督（抽查/复查）结果通知单格式

测绘成果质量监督（抽查/复查）结果通知单

（编号）

（受检单位名称）____________：

受____（下达监督抽查任务的主管部门）____________的委托，我单位于______年____月____日至______年____月____日对你单位（□经销；□生产）的________________成果进行了质量监督（□抽查；□复查），检验结果为（□合格；□不合格），验验报告附后。

请你单位收到此单后立即将《检验结果确认回执》传真或寄送回我单位。对检验结果若有异议，请在接到本通知单 15 日内向我单位提出书面（传真或寄送文本）意见和相关证明材料。逾期无书面反馈的，视为认可检验结果。

我单位电话、传真：________________

我单位地址、邮编：________________

检验单位公章

年　月　日

………………………………………………………………………………

检验结果确认回执　　（编号）

□我单位对检验结果无异议。

□我单位将在规定时间内提出书面异议。

（单位公章及日期）

附　录　F
（规范性附录）
异议处理结果通知单格式

异议处理结果通知单见示例。

异议处理结果通知单

（编号）

（受检单位名称）________________：

我单位于______年____月____日接到你单位的异议材料后，对你单位提出的异议进行了认真的分析，并针对异议核实检验资料和检验过程，处理结果为：

□ 维持检验报告。

□ 对检验报告进行修改，修改材料附后。

□ 原检验报告作废，新检验报告附后。

请你单位收到此单后立即将《异议处理结果确认回执》传真或寄送回我单位。对异议处理结果若有异议，请在接到本通知单15日内向（下达监督抽查任务的主管部门）提出书面（传真或寄送文本）意见和相关证明材料。逾期无书面反馈的，视为认可处理结果。

主管部门电话、传真：____________________

主管部门地址、邮编：____________________

检验单位公章

年　月　日

………………………………………………………………

异议处理结果确认回执　　（编号）

□我单位对处理结果无异议。

□我单位将在规定时间内提出书面异议。

单位公章

年　月　日

附　录　G
(规范性附录)
基础地理信息标准数据认定委托/申请书格式

基础地理信息标准认定委托/申请书见示例。

基础地理信息标准数据认定委托/申请书

<table>
<tr><td>数据名称</td><td></td><td>经费来源</td><td></td></tr>
<tr><td>数学基础</td><td colspan="3"></td></tr>
<tr><td>数据内容</td><td colspan="3"></td></tr>
<tr><td>覆盖范围</td><td></td><td>尺度/等级</td><td></td></tr>
<tr><td>检验单位</td><td></td><td>结论摘要</td><td></td></tr>
<tr><td>附件材料
清单</td><td colspan="3"></td></tr>
<tr><td colspan="4">(委托/申请认定单位、数据生产单位、数据成果介绍)

委托/申请认定单位承诺提交材料全部真实可靠。

委托/申请认定单位(盖章)　　负责人签字:

年　月　日</td></tr>
</table>

附　录　H
（规范性附录）
数据认定结果通知单格式

基础地理信息标准数据认定结果通知单见示例。

基础地理信息标准数据认定结果通知单

（编号）

（委托/申请认定单位名称）________：

受　（下达认定任务的测绘行政主管部门名称）______委托，我单位于____年____月____日至____年____月____日对你单位提交的____________数据进行了认定，认定结果为　（□符合；□不符合）　。

请你单位收到此单后将《认定结果确认回执》传真或寄送回我单位。对认定结果若有异议，请在接到本通知单10个工作日内向我单位提出书面（传真或寄送文本）意见和相关证明材料。逾期无书面反馈的，视为认可认定结果。

我单位电话、传真：____________

我单位地址、邮编：____________

认定单位公章

年　月　日

……………………………………………………………………………………

认定结果确认回执　　（编号）

□我单位对认定结果无异议。

□我单位将在规定时间内提出书面异议。

（委托/申请认定单位公章及日期）

附 录 I
(规范性附录)
基础地理信息数据认定证书格式

I.1 基础地理信息数据认定证书正面格式

基础地理信息数据认定证书

Certificate For Fundamental Geographic Information Data

编号:××-××××-×××

根据《中华人民共和国测绘法》,按照《测绘成果质量监督抽查与数据认定规定》的要求,认定合格。特发此证。

This is to certify that the data conforms with the requirements of the "Requirement for quality supervision sampling inspection of surveying and mapping products and data certificating" according to the "Law on Surveying and Mapping of the People's Republic of China".

委托/申请认定单位:

Possessor of the data

数据名称:

Data name

认定机构(印章)

The issuing authority

发证日期: 年 月 日

Date of expiry

I.2 基础地理信息数据认定证书反面格式

基础地理信息数据认定证书

编号：××-××××-×××

委托/申请认定单位	
数据生产单位	
生产时间	
数据范围	
尺度/等级	
数学基础	
数据内容	

附 录 J
（规范性附录）

基础地理信息数据认定证书号编码规则

J.1 编码规则

基础地理信息标准数据认定证书号采用9位数字式编号：认定机构代码2位，发证年号4位，证书流水号3位。编码规则如下：

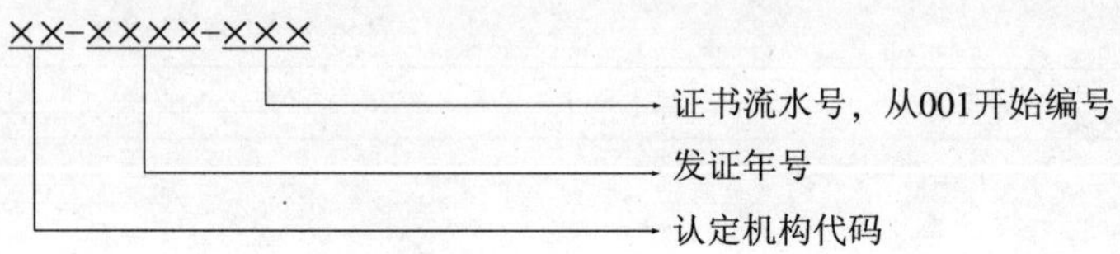

J.2 认定机构代码规则

国家级、31个省（区、市）级认定机构代码规定如下：

00 国家

01 北京	02 天津	03 河北	04 山西	05 内蒙古	06 辽宁
07 吉林	08 黑龙江	09 上海	10 江苏	11 浙江	12 安徽
13 福建	14 江西	15 山东	16 河南	17 湖北	18 湖南
19 广东	20 广西	21 海南	22 重庆	23 四川	24 贵州
25 云南	26 西藏	27 陕西	28 甘肃	29 青海	30 宁夏
31 新疆					

前　言

本指导性技术文件的附录 A 为规范性附录。

本指导性技术文件由国家测绘局提出并归口。

本指导性技术文件起草单位:武汉大学、立得空间信息技术有限公司。

本指导性技术文件主要起草人:李德仁、胡庆武、郭晟、邵振峰、陈智勇、王少华、刘守军、毛凯、魏建魁、方磊。

本指导性技术文件为国内首次发布。

引　言

本指导性技术文件是为了满足空间信息服务对地面可量测实景影像进行按需测量采集、更新城市基础地理信息数据的需求,参考国家测绘局 CH/T 1008—2001《基础地理信息数字产品 1∶10 000　1∶50 000 数字高程模型》、CH/T 1009—2001《基础地理信息数字产品 1∶10 000　1∶50 000 数字正射影像图》、CH/T 1010—2001《基础地理信息数字产品 1∶10 000　1∶50 000 数字栅格地图》和 CH/T 1011—2005《基础地理信息数字产品 1∶10 000　1∶50 000 数字线划图》标准,根据当前的生产技术水平而制定的。

中华人民共和国测绘行业标准化指导性技术文件

CH/Z 1002—2009

可量测实景影像

Digital measurable image

1 范围

本指导性技术文件规定了可量测实景影像产品定义、产品内容、产品规格、产品元数据、产品包装及标识、技术指标和数据处理等内容。

本指导性技术文件适用于通过地面移动测量系统获取的可量测实景影像的生产、标识、处理和检验，其他非地面移动测量系统获得的可量测实景影像产品可参照执行。

2 规范性引用文件

下列标准文件中的有关条款通过本指导性技术文件的引用而成为本指导性技术文件的条款。凡是注日期的引用文件，其随后所有的修改单(不包括勘误的内容)或修订版均不适用于本指导性技术文件，然而，鼓励根据本指导性技术文件达成协议的各方研究是否可使用这些文件的最新版本。凡是未注日期的引用文件，其最新版本适用于本指导性技术文件。

GB/T 18316—2008 数字测绘成果检查与验收

GB/T 19710—2005 地理信息元数据

3 术语与定义

下列术语和定义适用于本指导性技术文件。

3.1

移动测量技术 mobile mapping technique

通过全球卫星定位系统(global satellite position system)、惯性导航单元(Inertial measurement unit)或航位推算装置(dead reckoning)、数字相机(charge coupled device)和激光扫描设备(laser range finder)等定位、定姿和成像设备在行进中对目标立体影像的快速同步拍摄，以及对目标立体影像的摄影测量，从而获取其形状、尺寸、位置、姿态及其拓扑关系的测量技术。

3.2

内方位元素 Interior orientation elements

描述摄影中心与像片之间相关位置以及像片畸变的参数。摄影中心与像片之间相关位置包括三个参数，即摄影中心 S 到像平面的垂距(主距) f 及像主点在像平面坐标系中的坐标 x_0，y_0。像片畸变参数可根据不同的畸变模型选择。

3.3

外方位元素 exterior orientation elements

确定摄影光束在摄影瞬间的空间位置和姿态的参数。一张像片的外方位元素包括六个参数，其中有三个是直线元素，用于描述摄影中心的空间坐标值，另外三个是角元素，用于表达像片的空间姿态。

国家测绘局 2009-06-09 发布 2009-07-01 实施

3.4

应用接口 application development kits

应用开发接口程序,包括插件、组件、应用编程接口(application programming lnterface)等。

3.5

实景影像 Digital Reality Imagery

与人眼视觉感知一致,反映地表真实的空间关系、时间以及人文社会环境信息等的近地面高分辨率数字影像。

3.6

可量测实景影像 digital measurable Image

采用移动测量技术采集的具有内、外方位元素和时间参数的地面实景影像以及应用接口的统称。

4 产品内容

可量测实景影像,简称DMI,产品包括:

a) 实景影像:通过地面移动道路测量系统采集的实景影像序列,可构成立体影像;

b) 内外方位元素:描述每一个实景影像的内方位元素以及摄站位置、姿态参数的外方位元素;

c) 时间参数:描述每一个实景影像采集的绝对时刻值;

d) 应用接口:根据实景影像的内外方位元素进行近景摄影测量以及对实景影像进行空间位置查询的程序接口。

5 产品规格

一个摄站的可量测实景影像构成一个最小的产品单元,沿道路连续的可量测实景影像构成数据集产品。一个可量测实景影像数据集要求覆盖道路及道路两侧可视范围内的全部可量测实景影像数据及其元数据。

6 产品元数据

可量测实景影像产品可按照道路、城市单元、标准图幅或用户自定义区域提交。可量测实景影像产品元数据参照GB/T 19710—2005并按照附录A的要求进行填写。

7 产品包装及标识

7.1 产品包装

可量测实景影像产品由数据集、元数据等构成,以光盘为主要存储介质,可以使用硬盘、磁带和磁盘等。外包装上需包括商标、产品范围、产品编号、生产单位、生产时间、版本号、年份、价格等。

7.2 产品标识及示例

每一个可量测实景影像的产品标识应该包含实景影像、内方位元素、外方位元素和时间参数的相关信息,以文件名或文本文件的方式对每一个可量测实景影像进行标识。

7.2.1 实景影像标识

实景影像的标识通过实景影像文件名标识。实景影像文件名包含实景影像获取的设备唯一编号、朝向代号、获取时间和序号,示例如下:

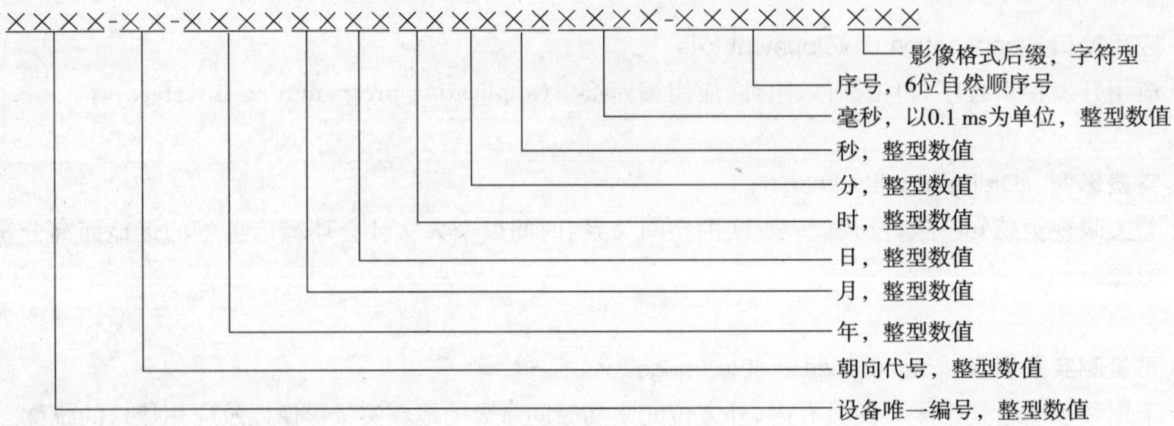

图 1

示例：

0274-01-200704120831310553-021121.jpg 表示由编号 0274 设备在 UTC 时刻 2007 年 4 月 12 日 8 时 31 分 31 秒 55.3 毫秒采集沿行进方向左边的实景影像，格式为 JPEG。

7.2.2　内方位元素

内方位元素以文本文件的方式标识。内方位元素应该包含相机主距、像主点和畸变差改正参数等，示例如下：

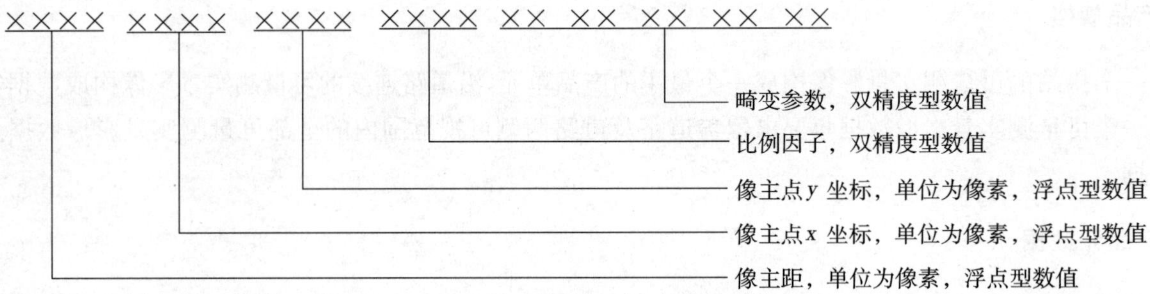

图 2

示例：

1283.75 695.73 550.05 1.0007583 −0.00485 0.000233 0.000001503666 0.0 0.0 表示像主距为 1283.75 像素单位，像主点 x 坐标为 695.73　y 坐标为 550.05 像素单位，比例因子为 1.0007583，选择的畸变模型参数的系数分别为 −0.00485、0.000233、0.000001503666、0.0、0.0。

7.2.3　外方位元素

外方位元素以文本文件的方式标识。外方位元素应该包含三个位置元素、三个角元素、三个位置元素精度、三个角元素精度等，示例如下：

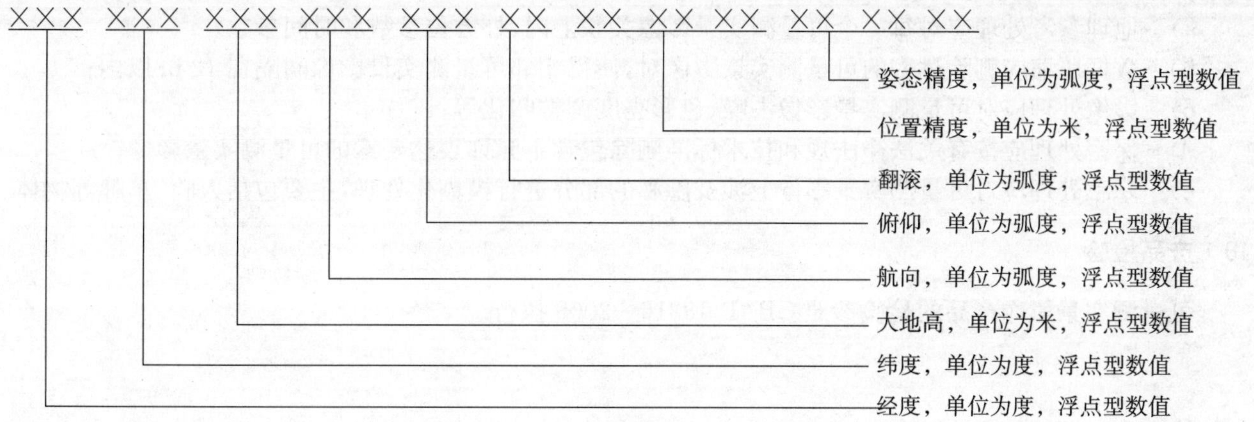

图3

示例：

112.813254 34.614323 456.050 1.62523963 0.0598419 0.006131 0.015 0.023 0.051 0.01 0.02 0.001 表示位置坐标为(112.813254° E,34.614323° N,456.050 m)，姿态为(1.62523963,0.0598419,0.006131)，位置精度为(0.015 m,0.023 m,0.051 m)，姿态精度为(0.01,0.02, 0.001)。

8 技术指标

8.1 空间定位参考系

可量测实景影像产品的坐标系采用 CGCS 2000 国家大地坐标系，高程基准为 1985 国家高程基准。当采用独立平面坐标系时，应当提供与 CGCS 2000 转换参数。

8.2 时间坐标系

时间坐标系采用 UTC 时间，时间精度优于 0.1 ms。

8.3 实景影像分辨率

可量测实景影像的分辨率在 40 m 成像距离内不低于 2.5 cm。

8.4 间隔和数量

相邻可量测实景影像成像间隔应在 12 m 以内。每一个成像位置的可量测实景影像的个数至少 4 个，即前视两个、左视一个、右视一个，前视影像与中心线夹角应小于 15°，左视、右视影像与中心线夹角应为 20°～45°。

8.5 同步

每一个成像位置的多个可量测实景影像应同步拍摄，同步精度优于 1/1000 s。

8.6 摄站精度

可量测实景影像的外方位位置元素平面位置精度优于 0.5 m，姿态精度优于 0.05°，可量测实景影像上地物相对量测精度优于 1/100。

8.7 影像质量

可量测实景影像整幅影像应清晰，色彩饱和，亮度均匀，反差适中，无明显遮挡。

8.8 数据格式

可量测实景影像应进行无损压缩，数据格式应为 JPEG、JPEG 2000、GIF、TIFF 等。内、外方位元素应为文本格式。

8.9 应用接口

应用接口应为 ActiveX 控件或 COM 组件，能够跨平台使用。

9 数据处理

可量测实景影像应进行地理参考处理、数据压缩和影像处理，对外提供或在互联网上发布的可量测实景影像应进行保密和隐私处理。具体要求如下：

a） 地理参考处理应对每一个可量测实景影像关联上内、外方位参数和时间参数；

b） 数据压缩应删除过密的可量测实景影像对，使得相邻可量测实景影像间隔在 12 m 以内；

c） 影像处理应对可量测实景影像去噪、色彩亮度调整归化等；

d） 保密处理应按有关法律法规和技术标准删除包含不允许表达要素的可量测实景影像；

e） 隐私处理应对可量测实景影像上涉及隐私的部分进行模糊化处理，主要包括人脸、车牌等物体。

10 产品检验

可量测实景影像产品的检验参照 GB/T 18316—2008 执行。

附 录 A
（规范性附录）
可量测实景影像产品元数据

序号	数据项	数据类型	值域	生产	建库	分发
1	产品名称	字符型		√	√	√
2	产品代号	字符型		√	√	√
3	图幅号（城市代码、道路名称）	字符型			√	√
4	产品采集日期	整型	YYYYMMDD	√	√	√
5	产品生产日期	整型	YYYYMMDD	√	√	√
6	产品更新日期	整型	YYYYMMDD	√	√	√
7	产品版本	字符型			√	√
8	发布日期	整型	YYYYMMDD			√
9	产品所有权单位名称	字符型		√	√	√
10	产品生产单位名称	字符型		√	√	√
11	产品发布单位名称	字符型				√
12	数据量	长整型	单位为 MB	√	√	√
13	数据文件个数	长整型		√	√	√
14	数据格式	字符型	“JPEG”、“GIF”、“TIFF”	√	√	√
15	像幅大小	字符型	如：“1600×1200”	√	√	√
16	地面分辨率	双精度型	单位为 m	√	√	√
17	色彩	字符型	“单色”“彩色”	√	√	√
18	摄站实景影像个数	整型		√	√	√
19	实景影像配置	字符型	如：“1-前视左” “2-前视右” “3-左视” “4-右视”	√	√	√
20	实景影像成像方向描述	字符型	如：“与车行方向夹角 15°”	√	√	√

附录A（续）

序号	数据项	数据类型	值域	生产	建库	分发
21	摄站平面位置精度	双精度型	单位为m	√	√	√
22	摄站高程精度	双精度型	单位为m	√	√	√
23	摄站姿态精度	双精度型	单位为rad	√	√	√
24	同步精度	双精度型	单位为s	√	√	√
25	前后实景影像间隔	双精度型	单位为m	√	√	√
26	隐私处理	字符型	如:“人脸”、“车牌”			√
27	密级	字符型	“绝密”、“秘密”、“机密”、“内部”	√	√	√
28	坐标系	字符型	“CGCS 2000”	√	√	√
29	坐标单位	字符型	“度”、“米”	√	√	√
30	高程系统名	字符型	“正常高”、“大地高”	√	√	√
31	高程基准	字符型	“1985 国家高程基准”		√	√
32	完整性	字符型			√	√
33	数据质量评分	浮点型			√	√
34	数据质量检验单位	字符型			√	√
35	数据质量检查日期	字符型	YYYYMMDD		√	√
36	数据采集方式	字符型		√	√	√
37	发布介质	字符型				√
38	发布格式	字符型				√
39	发布单位名称	字符型				√
40	发布单位传真号	字符型				√
41	发布单位电话号码	字符型				√
42	发布单位通讯地址	字符型				√

前 言

本标准由国家测绘局提出并归口。

本标准起草单位:浙江省测绘局、国家基础地理信息中心。

本标准主要起草人:楼燕敏、詹寄萍、方剑强、商瑶玲、郭伟、刘建军、崔菲、顾春墚。

中华人民共和国测绘行业标准

CH/T 9006—2010

1∶5 000、1∶10 000 基础地理信息数字产品更新规范

Revision specifications for digital products of 1∶5 000,1∶10 000 fundamental geographic information

1 范围

本标准规定了1∶5 000、1∶10 000基础地理信息数字产品更新的原则、方法及质量要求，同时规定了数字线划图更新时的技术指标，以及数据更新关系的处理。

本标准适用于1∶5 000、1∶10 000基础地理信息数字产品及数据库的更新。

2 规范性引用文件

下列文件对于本文件的应用是必不可少。凡是注日期的引用文件，仅注日期的版本适用本文件。凡是不注日期的引用文件，其最新版本(包括所有的修改单)适用于本文件。

GB/T 13923 基础地理信息要素分类与代码

GB/T 13977 1∶5 000、1∶10 000地形图航空摄影测量外业规范

GB/T 13990 1∶5 000、1∶10 000地形图航空摄影测量内业规范

GB/T 14268 国家基本比例尺地形图更新规范

GB/T 15661 1∶5 000、1∶10 000、1∶25 000、1∶50 000、1∶100 000地形图航空摄影规范

GB/T 17941 数字测绘成果质量要求

GB/T 18316 数字测绘成果质量检查与验收

GB/T 20257.2 国家基本比例尺地图图式 第2部分:1∶5 000、1∶10 000地形图图式

GB/T 20258.2 基础地理信息要素数据字典 第2部分:1∶5 000、1∶10 000基础地理信息要素数据字典

CH/T 1011 基础地理信息数字产品1∶10 000、1∶50 000数字线划图

CH/T 1015.1 基础地理信息数字产品1∶10 000、1∶50 000生产技术规程 第1部分:数字线划图(DLG)

3 术语和定义

下列术语和定义适用于本文件。

3.1

全要素更新 complete feature updating

对数字产品及数据库中全部基础地理信息要素及其属性进行更新。

3.2

分要素更新 part feature updating

对数字产品及数据库中发生变化的部分基础地理信息要素及属性进行更新。

3.3

定期更新 periodic updating

按一定年限对数字产品及数据库中发生变化的要素或属性进行更新。

国家测绘局 2010-03-31发布 2010-05-01实施

3.4

动态更新 dynamic updating

根据需要对数字产品及数据库中发生变化的要素或属性进行更新。

3.5

变化率 variation ratio

区域内的数字产品及数据库中发生变化的基础地理信息要素总和与变化前基础地理信息要素总和的估算比率。

4 总则

4.1 基本要求

更新后的数字产品应符合以下要求：

数字线划图应符合 GB/T 13923、GB/T 13977、GB/T 13990、GB/T 20257.2、GB/T 20258.2、CH/T 1011、CH/T 1015.1 的要求。

4.2 更新原则

4.2.1 要素变化发现

将原始数据与收集到的最新立体影像或数字正射影像进行叠加比对，也可以将原始数据与收集到的大于成图比例尺的数字线划图进行叠加比对，发现地形要素的变化。

4.2.2 要素变化率计算

地物要素变化率计算应根据 GB/T 14268 附录 B 地物要素变化率计算方法进行计算。

4.2.3 更新周期确定

基础地理信息数字产品更新时应根据社会发展、经济建设情况以及地物要素变化的情况确定定期更新的周期，更新周期按 GB/T 14268 附录 A 的规定。

4.2.4 更新评判标准

根据经济建设的需求和地物要素重要性确定数字产品进行适时更新。重要地物按 GB/T 14268 附录 B 中 B.2.1.2 的规定。

4.3 更新方案

4.3.1 更新类型

数字产品及数据库更新类型按时间分为定期更新和动态更新；按区域分为全域更新和局部更新；按要素可分为全要素更新和分要素更新。

更新时间、更新区域和更新要素之间的相互结合，可以构成多种更新类型，满足各种生产组织模式。

4.3.2 数字产品更新方案

数字线划图根据要素变化率及重要要素变化的情况确定更新方案。

a) 全要素更新：区域内的基础地理信息地物要素变化率超过 40%或原始数据精度达不到现行标准规定的精度要求，采用全要素更新；

b) 分要素更新：区域内的基础地理信息地物要素变化率未超过 40%，可根据需求对区域内发生变化的部分要素或单类要素及属性采用分要素更新。

4.4 原始数据和现势资料要求

4.4.1 原始数据的要求

用于数字产品更新载体的原始数据应采用该区域近期生产的最新数据，该数据应符合数据生产时相应的规范要求，并经质检部门验收认可，方可作为更新数据的数据源载体。

4.4.2 现势资料的要求

4.4.2.1 影像资料

用于更新的影像资料应满足下列要求。

a) 影像的质量应符合 GB/T 15661 中有关条款的规定；

b) 影像的获取时间，经济发达区不超过 2 年，经济中等发达区不超过 3 年，经济欠发达区不超过

5年；

c) 影像的地面分辨率应满足表1中的规定。

表1 影像地面分辨率

单位为米

比例尺	1∶5 000	1∶10 000
影像地面分辨率	≤0.5	≤1.0
注:分要素更新时,根据不同的要素和需求,影像地面分辨率可以放宽1倍。		

4.4.2.2 数字线划图

数字线划图应满足下列要求。

a) 用于更新的数字线划图的精度及质量,应满足数据生产时相应的规范和图式要求,并经质检部门检验;

b) 用于更新的数字线划图的比例尺应大于或等于更新数据的地形图比例尺;

c) 用于缩编的数字线划图其数据提交时间,经济发达区不超过2年,经济中等发达区不超过3年,经济欠发达区不超过5年。

4.4.2.3 专业资料

专业资料分为文档资料、图形数据和属性信息。专业资料应满足下列要求:

a) 专业资料需经专业部门验收认可或通过权威部门公开发布;

b) 专业资料的现势性以专业部门最新发布的信息为准。

5 数字产品更新

5.1 外业实测法

利用野外测量数据采集系统获取地形要素的坐标、高程及属性,适用于1∶5 000、1∶10 000数字线划图中的全要素更新、分要素更新中新增地物的补测。具体方法及要求按CH/T 1015.1中4.3.1.4.2的规定。

5.2 航空摄影测量法

采用航空摄影测量内外业结合的方法获取数字线划图地形要素的坐标、高程、属性,适用于1∶5 000、1∶10 000数字线划图的全要素更新和分要素更新。具体方法及要求见GB/T 13977、GB/T 13990、GB/T 20257.2、GB/T 20258.2、CH/T 1011、CH/T 1015.1。数据精度及要素内容取舍和更新指标见GB/T 13977、GB/T 13990、GB/T 20257.2及本标准第6章。航空摄影测量法更新流程见图1。

5.3 航天遥感测量法

利用航天遥感影像立体模型,采用内外业结合的方法获取数字线划图地形要素的坐标、高程、属性,适用于1∶5 000、1∶10 000数字线划图的全要素更新和分要素更新。利用单景卫星遥感影像制作正射影像图,适用于1∶5 000、1∶10 000数字线划图分要素更新。具体方法及要求见CH/T 1015.1。数据精度及要素内容取舍和更新指标见GB/T 13977、GB/T 13990、GB/T 20257.2及本标准第6章。航天遥感测量更新流程可参考航空摄影测量法更新流程。

5.4 地图编绘法

地图编绘法是利用大于成图比例尺的数字线划图进行缩编、更新并补充现势资料进行基础地理数据的更新。其方法是通过对大于成图比例尺的数字线划图进行坐标转换、内容取舍与更新、制图综合与编辑等编绘技术方法编制地形要素。地图编绘法适用于1∶5 000、1∶10 000基础地理信息数字线划图全要素更新和分要素更新。数据精度及要素内容取舍和更新指标见GB/T 13977、GB/T 13990、GB/T 20257.2、GB/T 20258.2、CH/T 1011、CH/T 1015.1及本标准第6章。地图编绘法更新流程见图2。

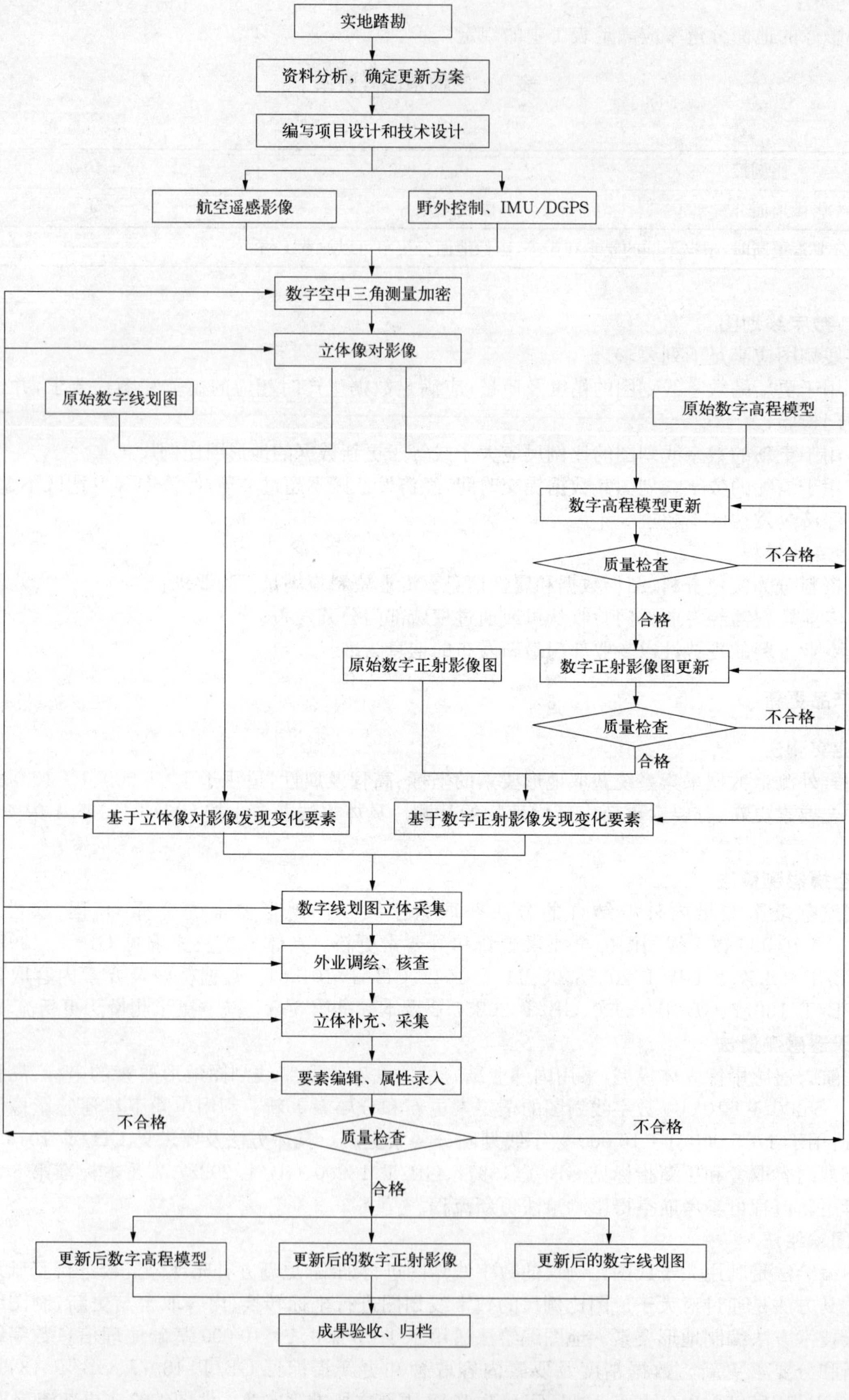

图1　航空摄影测量法更新流程图

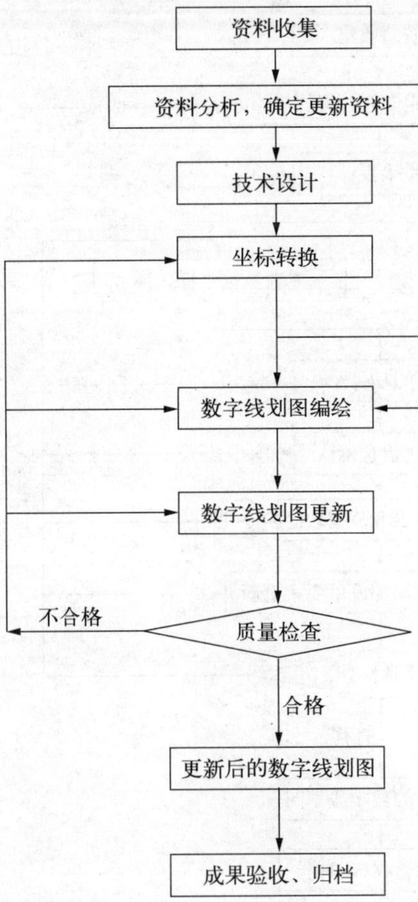

图 2　地图编绘法更新流程图

5.5　地图转绘法

地图转绘法是通过对所收集到的权威部门专业资料的分析、研究以及与原始数据的比对，找出对基础地理信息数据更新的可利用数据，将专业资料中的可利用数据转换为更新数据。地图转绘法适用于1∶5 000、1∶10 000 基础地理信息数字线划图的分要素更新。数据精度及要素内容取舍和更新指标见 GB/T 13977、GB/T 13990、GB/T 20257.2、GB/T 20258.2、CH/T 1011、CH/T 1015.1 及本标准第 6 章。利用专业资料转绘时应按以下要求执行：

a）对于有定位信息的专业数据可通过坐标转换和定向后与原始数据进行套合，将专业数据中的可利用数据进行转绘；

b）对于没有定位信息或定位精度不符合要求的专业图形数据，可采用满足精度要求、现势性强的正射影像图作为背景对专业图形数据中的可利用数据进行转绘；

c）文档资料和属性信息中与基础地理信息相关的部分在更新中可以直接利用。

地图转绘法更新流程见图 3。

6　要素更新指标

6.1　要素更新指标的应用原则

根据不同的地区、不同的更新方案以及要素的重要性，对变化要素按定性更新指标和定量更新指标进行不同的更新处理。对于分要素更新方案中没有发生变化的要素，仍按原始数据表示。对于分要素更新方案中的变化要素按定量更新指标执行，小于定量更新指标的要素和没有提及的要素可以不作更新处理。

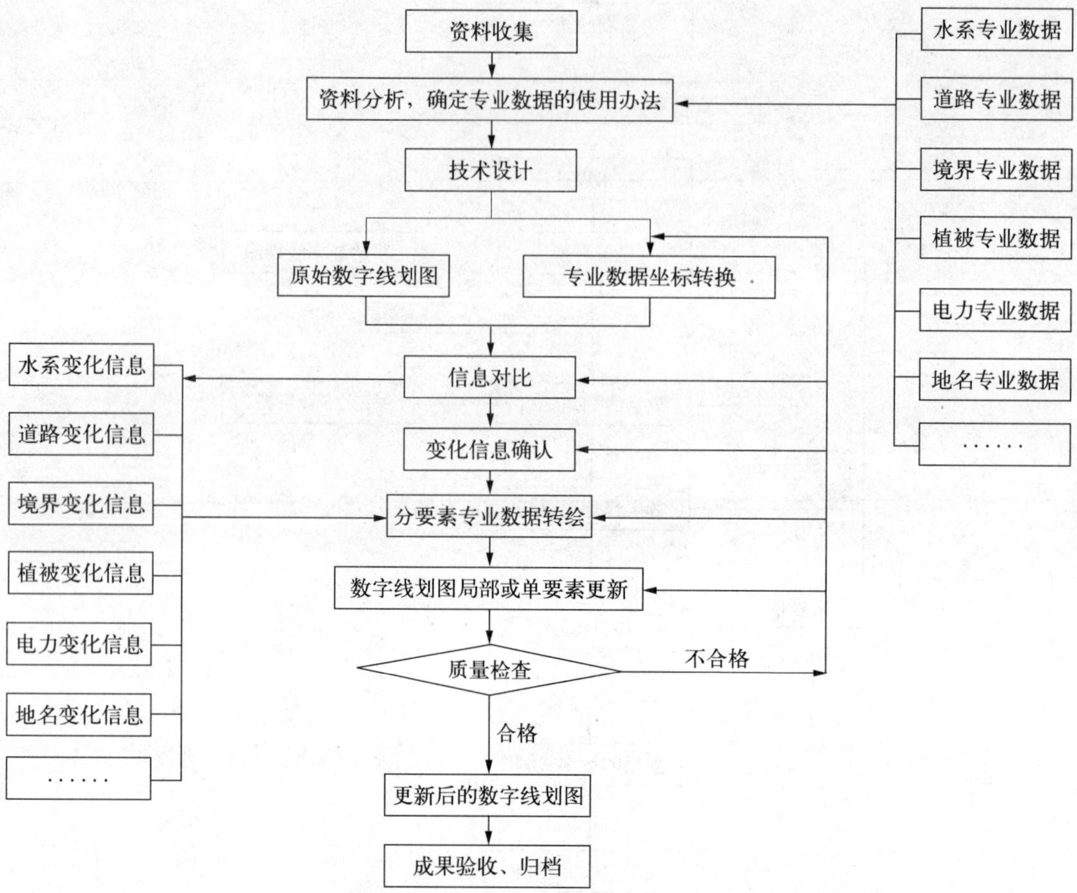

图 3　地图转绘法更新流程图

6.2　定性更新指标

定性更新指标按 GB/T 13977、GB/T 13990、GB/T 20257.2、GB/T 20258.2、CH/T 1011、CH/T 1015.1 执行。采用定性更新指标有：

a）全要素更新方案；

b）分要素更新方案中的新增要素；

c）分要素更新方案中的测量控制点、铁路、高速公路、各级境界、居民地名称和地理名称，以及用户急需的其他重要要素；

d）分要素更新方案中缺水地区（海岛、干旱地区）的水系；

e）分要素更新方案中的礁石、岛屿、助航标志、航行险区等海部要素；

f）分要素更新方案中地面塌陷或地质灾害引起的地貌变化；

g）分要素更新方案中按 6.2 中提到应按定性更新指标进行更新的重要地物。

6.3　定量更新指标

6.3.1　水系

6.3.1.1　河流、沟渠

河流、沟渠更新指标如下：

a）实地变化图上长度超过 5 mm 的河流、运河和沟渠应予以更新；

b）实地岸线（含单、双线）偏移图上超过 0.5 mm 且长度超过 5 mm 的河流、运河和沟渠应予更新，偏移超过 0.5 mm 但长度不足 5 mm 可以不作更新处理；

c）实地变化图上长度超过 10 mm 的坎儿井应予以更新；

d）消失河段、地下河段、时令河、干沟、干河床、地下渠道、暗渠可视情况择要更新。

6.3.1.2 湖泊、水库

湖泊、水库的更新指标如下：

a） 实地变化图上面积超过 4～9 mm^2 或岸线偏移图上超过 0.5 mm 且长度超过 5 mm 的湖泊、水库、池塘应予以更新，偏移超过 0.5 m 但长度不足 5 mm 可以不作更新处理；

b） 实地变化图上长度超过 3 mm 的溢洪道应予以更新；

c） 时令湖、干涸湖可视情况择要更新。

6.3.1.3 海洋要素

海洋要素更新指标如下：

a） 实地岸线偏移图上超过 0.5 mm 且长度超过 5 mm 的海岸线应予以更新；

b） 实地变化图上面积超过 4～9 mm^2 的干出滩、危险岸区应予以更新，其干出线作相应更新。

6.3.1.4 其他水系要素

其他水系要素更新指标如下：

a） 实地变化图上超过 2 mm^2 的河、湖岛应予以更新；

b） 实地变化图上超过 100 mm^2 的沙洲、岸滩、水中滩应予以更新；

c） 实地变化图上超过 100 mm^2 的沼泽、湿地应予以更新；

d） 水井、泉、储水水窖等其他水系要素可视情况择要更新。

6.3.1.5 水利及附属设施

水利及附属设施更新指标如下：

a） 实地变化图上长度超过 10 mm 的主要堤、一般堤、加固岸应予更新；

b） 其他水系附属设施根据水系主体要素的相应关系进行同步更新，如拦水坝、滚水坝、闸等。

6.3.2 居民地及设施

6.3.2.1 居民地

居民地更新指标如下：

a） 实地变化图上面积超过 9～50 mm^2 或居民地轮廓偏移超过 2 mm 且长度超过 5 mm 的街区式居民地中已建成的单幢房屋、普通房屋和高层建筑应予以更新，轮廓偏移超过 2 mm 但长度不足 5 mm的可不作更新处理；

b） 实地变化图上面积超过 6～25 mm^2 的散列式居民地中的单幢房屋、普通房屋和高层建筑应予以更新，散列式居民地更新时应注意保持居民地的外围特征；

c） 实地变化图上面积超过 4～9 mm^2 的分散式居民地中的单幢房屋、普通房屋和高层建筑应予以更新，小于该面积的有方位作用的单幢房屋也应进行更新，分散式居民地更新时应注意保持居民地的分布状况；

d） 实地变化图上超过 4～9 mm^2 的突出房屋应予以更新；

e） 成片分布或有方位作用的窑洞视情况进行更新；

f） 蒙古包、放牧点视情况进行更新。

6.3.2.2 工矿及其设施

工矿及其设施更新指标如下：

a） 发电厂、矿井、盐井、海上平台按定性更新指标进行更新，其余的点状工矿要素及其设施择要更新；

b） 实地变化图上长度超过 5～10 mm 的线状工矿要素及其设施应予以更新；

c） 实地变化的盐田按定性更新指标进行更新，其余面状工矿要素及其设施实地变化图上大于 9～50 mm^2 应予以更新。

6.3.2.3 农业及其设施

农业及其设施更新指标如下：

a） 实地变化图上面积超过 25～100 mm^2 的饲养场、水产养殖场应予以更新；

b） 点状农业及其设施要素择要更新。

6.3.2.4 公共服务及其设施

县级以上或大型公共服务及其设施按定性更新指标进行更新。偏远地区县级以下公共服务及其设施应择要更新。

6.3.2.5 名胜古迹、宗教设施、科学观测站

实地变化的名胜古迹、宗教设施、科学观测站按定性更新指标进行更新。

6.3.2.6 其他建筑物及其设施

其他建筑物及其设施更新指标如下：

a） 实地变化的城墙、长城按定性更新指标进行更新；
b） 实地变化图上长度超过 10 mm 的垣栅应予以更新；
c） 实地变化的地下建筑物和建筑附属设施择要更新。

6.3.3 交通

6.3.3.1 城际公路、城市道路、乡村道路

城际公路、城市道路、乡村道路更新指标如下：

a） 实地变化图上长度超过 5 mm 的城际公路和除内部道路、阶梯路以外的城市道路应予以更新，图上长度虽小于 5 mm，但起贯通作用的城市道路也应予以更新；
b） 城际公路和除内部道路、阶梯路以外的城市道路偏移图上超过 0.5 mm 且长度超过 5 mm 的应予以更新；
c） 城际公路和除内部道路、阶梯路以外的城市道路其路宽改变图上超过 0.5 mm 且长度超过5 mm 应予以更新；
d） 实地变化图上长度超过 10 mm 或实地偏移图上超过 0.5 mm 且长度超过 10 mm 的内部道路和阶梯路应予以更新；
e） 实地变化图上长度超过 10 mm 的乡村道路应予以更新，实地偏移图上超过 0.5 mm 且长度超过 10 mm 的乡村道路应予以更新。

6.3.3.2 道路构造物及附属设施

道路构造物及附属设施更新指标如下：

a） 参与路网的道路构造物及附属设施应根据道路主体要素的相应关系进行同步更新，如桥梁、隧道、收费站等；
b） 其余的道路构造物及附属设施视其重要性进行更新。

6.3.3.3 水运设施、航道及空运设施

水运、航道及空运交通要素视重要性进行更新，机场、水运港客运站、灯塔、码头、停泊场、助航标志等按定性指标进行更新，其他的水运、空运交通附属设施可择要更新。

6.3.3.4 其他交通设施

渡口、徒涉场、缆车道、索道按定性更新指标进行更新，其他的交通设施择要更新。

6.3.4 管线

6.3.4.1 输电线

输电线更新指标如下：

a） 偏远地区 10 kV 以上的高压输电线应予以更新，其他地区 35kV 以上高压输电线应予以更新；
b） 居民地内的大型变电站室（所）应予以更新，居民地外的变电站室（所）根据高压输电线更新的情况进行更新。

6.3.4.2 通信线

经济发达地区通信线可不更新，其他地区择要更新。

6.3.4.3 油、气、水输送主管道及城市管线

实地变化图上长度超过 10 mm 的主要管道视其连通性进行更新。

6.3.5 境界

界线按定性更新指标进行更新。

6.3.6 地貌

地貌更新指标如下：

a) 地貌变化其高差超过1个等高距且图上面积超过100 mm^2 的应予以更新；
b) 高程点按定性更新指标进行更新；
c) 实地变化图上面积超过400 mm^2 的沙地应予以更新；
d) 实地变化图上面积超过400 mm^2 的雪山应予以更新；
e) 实地变化图上面积超过100 mm^2 的崩岩、滑坡应予以更新；
f) 实地变化图上长度超过200 mm的泥石流应予以更新；
g) 实地变化图上长度超过200 mm的人工地貌应予以更新；
h) 地物"建筑中"区域的高程点、自然地貌和人工地貌可暂不作更新处理，其内部的等高线改用草绘等高线表示。

6.3.7 植被与土质

6.3.7.1 农林用地

农林用地更新指标如下：

a) 有方位作用的独立树、独立树丛按定性更新指标进行更新，植被荒芜地区的独立树、独立树丛按定性更新指标进行更新；
b) 树木稀少地区的零星树木按定性更新指标进行更新，其他地区的零星树木可不作更新处理；
c) 实地变化图上长度超过50 mm的行树择要更新；
d) 实地变化图上长度超过10 mm的狭长林带择要更新；
e) 防火带按定性更新指标进行更新；
f) 实地变化图上面积超过25～50 mm^2 的稻田、旱地、菜地应予以更新；
g) 实地变化图上面积超过100～200 mm^2 的水生作物地应予以更新；
h) 实地变化图上面积超过25～50 mm^2 的园地应予以更新，品种名称有所改变的做相应的更新；
i) 实地变化图上面积超过25～100 mm^2 的林地应予以更新，品种名称有所改变的做相应的更新；
j) 实地变化图上面积超过25～100 mm^2 的天然草地应予以更新。

6.3.7.2 城市绿地

城市绿地更新指标如下：

a) 实地变化图上面积超过100～300 mm^2 的人工绿地应予以更新；
b) 实地变化图上面积超过25～50 mm^2 的花圃、花坛应予以更新；
c) 实地变化图上长度超过50 mm的带状绿化树应予以更新。

6.3.7.3 土质

实地变化图上面积大于100～300 mm^2 的荒地、盐碱地、裸土地应予以更新。

6.3.8 注记

各类说明注记随主体要素的变化而进行更新。

6.3.9 属性更新

地理信息变化引起的属性变化应作相应的更新。属性更新原则如下：

a) 由于新增或地理空间位置发生变化而引起的基础地理信息要素属性的变化按GB/T 20258.2对要素的属性进行更新，更新时可按实际情况与需求对属性项进行删减或扩充；
b) 地理空间位置发生变化未达到更新要求但属性发生变化的基础地理信息要素，应对其变化的属性项进行更新；
c) 更新要素应在属性中增加更新标识属性。

7 数据衔接与一致性处理

7.1 更新数据与原始数据的衔接

数字线划图更新数据与原始数据的检查与处理应符合以下规定：

a) 更新数据的地物与原始数据的地物进行衔接时，若衔接误差在现行标准规定的限差之内则移动原始地物，并应保持要素几何形状和要素位置相互关系的正确性；若衔接误差超出现行标准规定的限差，则查找原因，在确认更新数据无误的情况下，修改原始数据。

b) 因地物更新引起的地貌变化其高差超过 1 个等高距且图上面积超过 100 mm^2，地物地貌应进行同步更新，当地貌变化小于 1 个等高距或地貌变化超过 1 个等高距但图上面积不足 100 mm^2，且地貌与地物没有发生矛盾时，地貌可不作更新处理，发生矛盾时，地貌应进行合理处理。更新数据的地物与原始数据的地貌进行衔接时，应处理好地物与地貌的关系，保持地物、地貌相关位置的正确性。

c) 更新后的地貌与原始数据的地貌进行衔接时，若套合差在现行标准规定限差之内，在误差范围内等高线各改 1/2，并进行合理过渡；若衔接误差超出现行标准规定的限差，则查找原因，在确认更新数据无误的情况下，修改原始数据。

7.2 更新数字产品之间的一致性处理

7.2.1 数字线划图与数字正射影像图

采用同数据源同期更新的数字线划图与数字正射影像图，其套合偏差应在规范规定的地物点平面中误差的范围内。不同数据源不同期更新的数字线划图与数字正射影像图，其套合偏差则按规范规定的地物点平面中误差$\sqrt{2}$倍进行处理。两者的套合差超出允许误差范围，则应查找原因进行修改。

7.2.2 数字线划图与数字栅格地图

采用同数据源同期更新的数字线划图与数字栅格地图其要素应严格一致，不能有变形和遗漏。

7.3 更新区域与未更新区域的数据接边处理

7.3.1 数字线划图(DLG)

更新数据与周边未更新区域数据之间的图幅接边除执行 GB/T 13990、CH/T 1015.1 的图幅接边规定外，还需按以下规定执行：

a) 全要素更新应进行全要素接边，其中没有变化的要素应严格接边，因变化引起的要素允许存在不接边的情况；

b) 分要素更新只对更新要素进行接边，对没有变化的要素只做接边检查；

c) 接边中发现要素不接边时，在确认更新要素数据正确的情况下，以更新数据为准，不再进行接边处理，但应将发现的问题记录在图历簿和元数据中，以便周边的数字线划图在今后的更新工作中进行接边。

7.3.2 数字高程模型(DEM)

更新后的数字高程模型需与周边未更新区域的数字高程模型进行接边，接边较差在限差以内各改 1/2 进行严格接边。当接边较差超出限差规定时应查找原因，若更新数据正确无误，以更新数据为准，不再进行接边处理，但应将发现的问题记录在图历簿和元数据中，以便周边未更新数字高程模型在今后的更新工作中进行接边。

7.3.3 数字正射影像图(DOM)

更新后的数字正射影像图与周边未更新区域的数字正射影像图的衔接要求：

a) 更新后的数字正射影像图除图内影像清晰、色调一致外，还需与周边未更新区域相同品种的数字正射影像图的色调基本一致，并没有明显的拼接痕迹；

b) 更新后的数字正射影像图需与周边未更新区域的数字正射影像图进行接边检查，当接边较差超出限差规定时应查找原因，若更新数据正确无误则应在元数据中进行记载，以便周边未更新区域的数字正射影像图在今后的更新工作中进行接边检查。

8 元数据及附件更新

8.1 元数据更新

元数据应全面、正确地反映基础地理信息更新的过程。在已有的元数据基础上，需增加更新的元数据内容。新增的元数据内容主要有：更新资料、更新日期、更新方法、主要问题的处理情况、图幅接边遗留问题（指更新图幅与未更新图幅之间接边引起的遗留问题等）和质量评定等。

8.2 附件更新

附件更新包括：图历簿和各种文档。要求各种附件中记载的各类更新信息准确、完备。

9 质量检查

9.1 检查内容

成果质量检查、验收的内容和方法按 GB/T 17941、GB/T 18316 执行。除 GB/T 17941、GB/T 18316 中规定检查内容外，还需对更新要素的遗漏、更新数据与未更新数据的衔接情况以及同期更新的不同数字产品的一致性进行检查。

9.2 质量评价

经检查、验收的更新成果应根据 GB/T 17941、GB/T 18316 作出质量评价。

10 成果上交

更新工作完成后，应对更新数据、文档等进行整理，编制成果清单后正式上交。上交的成果包括：

a） 更新基础地理信息产品及元数据；

b） 图历簿；

c） 技术设计；

d） 技术总结；

e） 检查报告；

f） 验收报告等。

前 言

本标准由国家测绘局提出并归口。

本标准主要起草单位:浙江省测绘局、国家测绘局重庆测绘院。

本标准主要起草人:骆光飞、杨洪、葛中华、廖振环、闻洪峰、李凉、胡有顺。

中华人民共和国测绘行业标准

CH/T 2009—2010

全球定位系统实时动态测量(RTK)技术规范

Specifications for global positioning system real-time kinematic (RTK) surveys

1 范围

本标准规定了利用全球定位系统实时动态测量(RTK)技术,实施平面控制测量和高程控制测量、地形测量的技术要求、方法。

RTK 平面和高程控制测量适用于布测外业数字测图和摄影测量与遥感的基础控制点,RTK 地形测量适用于外业数字测图的图根测量和碎部点数据采集。

其他相应精度的定位测量可参照本标准执行。

2 规范性引用文件

下列文件对于本文件的应用是必不可少的。凡是注日期的引用文件,仅注日期的版本适用于本文件。凡是不注日期的引用文件,其最新版本(包括所有的修改单)适用于本文件。

GB/T 18314 全球定位系统(GPS)测量规范

CH/T 2008 全球导航卫星系统连续运行参考站网建设规范

CH 8016 全球定位系统(GPS)测量型接收机检定规程

3 术语和定义

下列术语和定义适用于本文件:

3.1

实时动态测量 real time kinematic

RTK 技术是全球卫星导航定位技术与数据通信技术相结合的载波相位实时动态差分定位技术,它能够实时地提供测站点在指定坐标系中的三维定位结果。

3.2

天线高 antenna height

观测时接收机天线相位中心至测站中心标志面的高度。

3.3

基准站 reference station

在一定的观测时间内,一台或几台接收机分别固定在一个或几个测站上,一直保持跟踪观测卫星,其余接收机在这些测站的一定范围内流动设站作业,这些固定测站就称为基准站。

3.4

流动站 roving station

在基准站的一定范围内流动作业的接收机所设立的测站。

3.5

单基准站 RTK 测量 single reference station for RTK surveying

只利用一个基准站,并通过数据通信技术接收基准站发布的载波相位差分改正参数进行 RTK 测量。

国家测绘局 2010-03-31 发布 2010-05-01 实施

3.6

网络 RTK　network RTK

指在一定区域内建立多个基准站，对该地区构成网状覆盖，并进行连续跟踪观测，通过这些站点组成卫星定位观测值的网络解算，获取覆盖该地区和某时间段的 RTK 改正参数，用于该区域内 RTK 用户进行实时 RTK 改正的定位方式。

3.7

截止高度角　cut off

为了屏蔽遮挡物(如建筑物、树木等)及多路径效应的影响所设定的蔽遮高度角，低于此角视空域的卫星不予跟踪。

3.8

空间位置精度因子(PDOP)　position dilution of precision

反映定位精度衰减的因子与所测卫星的空间几何分布有关，空间分布范围越大，PDOP 值越小，定位精度越高；反之，PDOP 值越大，定位精度越低。

3.9

固定解　fixed solution

卫星载波相位观测量的整周未知数的整数解叫固定解。

3.10

观测次数　observation times

同一流动站初始化观测的次数。

3.11

历元　epoch

指一个时期和一个事件的起始时刻或者表示某个测量系统的参考日期。

4　坐标系统、高程系统和时间系统

4.1　坐标系统

全球定位系统实时动态测量(RTK)采用 2000 国家大地坐标系(CGCS 2000)。

4.2　高程系统

高程系统采用正常高系统，基准为 1985 国家高程基准。

4.3　时间系统

RTK 测量宜采用协调世界时(UTC)。当采用北京标准时间(BST)时，应考虑时区差与 UTC 进行换算。

5　RTK 控制测量

5.1　一般规定

5.1.1　RTK 控制测量前，应根据任务需要，收集测区高等级控制点的地心坐标、参心坐标、坐标系统转换参数和高程成果等，进行技术设计。

5.1.2　RTK 平面控制点按精度划分等级为：一级控制点、二级控制点、三级控制点。RTK 高程控制点按精度划分等级为等外高程控制点。

一级、二级、三级平面控制点及等外高程控制点，适用于布设外业数字测图和摄影测量与遥感的控制基础，可以作为图根测量、像片控制测量、碎部点数据采集的起算依据。

5.1.3　平面控制点可以逐级布设、越级布设或一次性全面布设，每个控制点宜保证有一个以上的通视方向。

5.1.4　RTK 测量可采用单基准站 RTK 和网络 RTK 两种方法进行。在通信条件困难时，也可以采用后处理动态测量模式进行测量。

5.1.5　有条件采用网络 RTK 测量的地区，宜优先采用网络 RTK 技术测量。

5.1.6 RTK 卫星的状态应符合表 1 规定。

表 1

观测窗口状态	截止高度角 15°以上的卫星个数	PDOP 值
良好	≥6	<4
可用	5	≥4 且≤6
不可用	<5	>6

5.1.7 经、纬度记录精确至 0.00001″，平面坐标和高程记录精确至 0.001 m，天线高量取精确至 0.001 m。

5.2 RTK 平面控制测量

5.2.1 RTK 平面控制点的点位选择要求按照 GB/T18314 执行。

5.2.2 RTK 平面控制点的埋石根据技术设计要求确定。

5.2.3 RTK 平面控制点测量主要技术要求应符合表 2 规定。

表 2

等级	相邻点间平均边长/m	点位中误差/cm	边长相对中误差	与基准站的距离/km	观测次数	起算点等级
一级	500	≤±5	≤1/20 000	≤5	≥4	四等及以上
二级	300	≤±5	≤1/10 000	≤5	≥3	一级及以上
三级	200	≤±5	≤1/60 00	≤5	≥2	二级及以上

注 1：点位中误差指控制点相对于最近基准站的误差。
注 2：采用单基准站 RTK 测量一级控制点需至少更换一次基准站进行观测，每站观测次数不少于 2 次。
注 3：采用网络 RTK 测量各级平面控制点可不受流动站到基准站距离的限制，但应在网络有效服务范围内。
注 4：相邻点间距离不宜小于该等级平均边长的 1/2。

5.2.4 RTK 控制点平面坐标测量时，流动站采集卫星观测数据，并通过数据链接收来自基准站的数据，在系统内组成差分观测值进行实时处理，通过坐标转换方法将观测得到的地心坐标转换为指定坐标系中的平面坐标。

5.2.5 测区坐标系统转换参数的获取：

a） 在获取测区坐标系统转换参数时，可以直接利用已知的参数；
b） 在没有已知转换参数时，可以自行求解；
c） 2000 国家大地坐标系与参心坐标系（如 1954 北京坐标系、1980 西安坐标系或地方独立坐标系）转换参数的求解，应采用不少于 3 点的高等级起算点两套坐标系成果，所选起算点应分布均匀，且能控制整个测区；
d） 转换时应根据测区范围及具体情况，对起算点进行可靠性检验，采用合理的数学模型，进行多种点组合方式分别计算和优选；
e） RTK 控制点测量转换参数的求解，不能采用现场点校正的方法进行。

5.2.6 RTK 平面控制点测量基准站的技术要求应满足：

a） 采用网络 RTK 时，基准站网点的设立应符合 CH/T 2008 的要求；
b） 自设基准站如需长期和经常使用，宜埋设有强制对中的观测墩；

c) 自设基准站应设置在高一级控制点上；
d) 用电台进行数据传输时，基准站宜选择在测区相对较高的位置；
e) 用移动通信进行数据传输时，基准站必须选择在测区有移动通信接收信号的位置；
f) 选择无线电台通信方法时，应按约定的工作频率进行数据链设置，以避免串频；
g) 应正确设置随机软件中对应的仪器类型、电台类型、电台频率、天线类型、数据端口、蓝牙端口等；
h) 应正确设置基准站坐标、数据单位、尺度因子、投影参数和接收机天线高等参数。

5.2.7 RTK 平面控制点测量流动站的技术要求应满足：
a) 网络 RTK 的流动站应获得系统服务的授权；
b) 网络 RTK 的流动站应在有效服务区域内进行，并实现与服务控制中心的数据通信；
c) 用数据采集器设置流动站的坐标系统转换参数，设置与基准站的通信；
d) RTK 的流动站不宜在隐蔽地带、成片水域和强电磁波干扰源附近观测；
e) 观测开始前应对仪器进行初始化，并得到固定解，当长时间不能获得固定解时，宜断开通信链路，再次进行初始化操作；
f) 每次观测之间流动站应重新初始化；
g) 作业过程中，如出现卫星信号失锁，应重新初始化，并经重合点测量检测合格后，方能继续作业；
h) 每次作业开始前或重新架设基准站后，均应进行至少一个同等级或高等级已知点的检核，平面坐标较差不应大于 7 cm；
i) RTK 平面控制点测量平面坐标转换残差不应大于±2 cm；
j) 数据采集器设置控制点的单次观测的平面收敛精度不应大于 2 cm；
k) RTK 平面控制点测量流动站观测时应采用三角架对中、整平，每次观测历元数应不少于 20 个，采样间隔 2～5 s，各次测量的平面坐标较差应不大于 4 cm；
l) 应取各次测量的平面坐标中数作为最终结果；
m) 进行后处理动态测量时，流动站应先在静止状态下观测 10～15 min 获得固定解，然后在不丢失初始化状态的前提下进行动态测量。

5.3 RTK 高程控制测量

5.3.1 RTK 高程控制点的埋设一般与 RTK 平面控制点同步进行，标石可以重合，重合时应采用圆头带十字的标志。

5.3.2 RTK 高程控制点测量主要技术要求应符合表 3 规定。

表 3

大地高中误差/cm	与基准站的距离/km	观测次数	起算点等级
≤±3	≤5	≥3	四等及以上水准

注 1：大地高中误差指控制点大地高相对于最近基准站的误差。
注 2：网络 RTK 高程控制测量可不受流动站到基准站距离的限制，但应在网络有效服务范围内。

5.3.3 RTK 高程控制点测量基准站的技术要求，按照 5.2.6 执行。

5.3.4 RTK 高程控制点测量流动站的技术要求，按照 5.2.7 中 a)至 h)款执行。

5.3.5 RTK 高程控制点测量设置高程收敛精度不应大于 3 cm。

5.3.6 RTK 高程控制点测量流动站观测时应采用三角架对中、整平，每次观测历元数应不少于 20 个，采样间隔 2 s～5 s，各次测量的大地高较差应不大于 4 cm。

5.3.7 应取各次测量的大地高中数作为最终结果。

5.3.8 RTK 控制点高程的测定，通过流动站测得的大地高减去流动站的高程异常获得。

5.3.9 流动站的高程异常可以采用数学拟合方法、似大地水准面精化模型内插等方法获取，拟合模型及似大地水准面模型的精度根据实际生产需要确定。

5.4 成果数据处理与检查

5.4.1 RTK 控制测量外业采集的数据应及时进行备份和内外业检查。

5.4.2 RTK 控制测量外业观测记录采用仪器自带内存卡或数据采集器，记录项目及成果输出包括下列内容：

a) 转换参考点的点名(号)、残差、转换参数(参见附录 A)；
b) 基准站点名(号)、天线高、观测时间(参见附录 B)；
c) 流动站点名(号)、天线高、观测时间；
d) 基准站发送给流动站的基准站地心坐标、地心坐标的增量；
e) 流动站的平面、高程收敛精度；
f) 流动站的地心坐标、平面和高程成果(参见附录 C、附录 D)；
g) 测区转换参考点、观测点网图。

在进行网络 RTK 时，a)至 d)项可根据项目要求部分提供。

5.4.3 用 RTK 技术施测的控制点成果应进行 100%的内业检查和不少于总点数 10%的外业检测，平面控制点外业检测可采用相应等级的卫星定位静态(快速静态)技术测定坐标，全站仪测量边长和角度等方法，高程控制点外业检测可采用相应等级的三角高程、几何水准测量等方法，检测点应均匀分布测区。检测结果应满足表 4 和表 5 的要求。

表 4

等级	边长校核		角度校核		坐标校核
	测距中误差/mm	边长较差的相对误差	测角中误差/(″)	角度较差限差/(″)	坐标较差中误差/cm
一级	≤±15	≤1/14000	≤±5	≤14	≤±5
二级	≤±15	≤1/7000	≤±8	≤20	≤±5
三级	≤±15	≤1/5000	≤±12	≤30	≤±5

表 5

高差较差/mm
$\leqslant 40\sqrt{L}$
注：L 为检测线路长度，以 km 为单位，不足 1 km 时按 1 km 计算。

6 RTK 地形测量

6.1 一般规定

6.1.1 RTK 地形测量适用于外业数字测图，内容分为图根点测量和碎部点测量。

6.1.2 地形测量其他一般规定见 5.1.1、5.1.4、5.1.5、5.1.6、5.1.7。

6.1.3 摄影测量与遥感中 RTK 技术施测像片控制点的要求，参照相应比例尺地形图测量规范执行。

6.2 主要技术指标

RTK 地形测量主要技术要求应符合表 6 规定。

表6

等 级	图上点位中误差/mm	高程中误差	与基准站的距离/km	观测次数	起算点等级
图根点	≤±0.1	≤1/10 基本等高距	≤7	≥2	平面三级以上、高程等外以上
碎部点	≤±0.5	符合相应比例尺成图要求	≤10	≥1	平面图根、高程图根以上
注1:点位中误差指控制点相对于最近基准站的误差。 注2:用网络 RTK 测量可不受流动站到基准站间距离的限制,但宜在网络覆盖的有效服务范围内。					

6.3 **RTK 图根点测量**

6.3.1 图根点标志宜采用木桩、铁桩或其他临时标志,必要时可埋设一定数量的标石。

6.3.2 RTK 图根点测量时,地心坐标系与地方坐标系的转换关系的获取方法按照 5.2.5,也可以在测区现场通过点校正的方法获取。

6.3.3 RTK 图根点高程的测定,通过流动站测得的大地高减去流动站的高程异常获得。

6.3.4 流动站的高程异常可以采用数学拟合方法、似大地水准面精化模型内插等方法获取,也可以在测区现场通过点校正的方法获取。

6.3.5 RTK 图根点测量方法按照 5.2、5.3 中相关要求执行。

6.3.6 RTK 图根点测量流动站观测时应采用三角架对中、整平,每次观测历元数应大于 20 个。

6.3.7 RTK 图根点测量平面坐标转换残差不应大于图上±0.07 mm。RTK 图根点测量高程拟合残差不应大于 1/12 基本等高距。

6.3.8 RTK 图根点测量平面测量各次测量点位较差不应大于图上 0.1 mm,高程测量各次测量高程较差不应大于 1/10 基本等高距,各次结果取中数作为最后成果。

6.4 **RTK 碎部点测量**

6.4.1 RTK 碎部点测量时,地心坐标系与地方坐标系的转换关系的获取方法按照 5.2.5,也可以在测区现场通过点校正的方法获取。当测区面积较大,采用分区求解转换参数时,相邻分区应不少于 2 个重合点。

6.4.2 RTK 碎部点高程的获得按照 6.3.3、6.3.4、6.3.5 执行。

6.4.3 RTK 碎部点测量平面坐标转换残差不应大于图上±0.1 mm。RTK 碎部点测量高程拟合残差不应大于 1/10 基本等高距。

6.4.4 RTK 碎部点测量流动站观测时可采用固定高度对中杆对中、整平,观测历元数应大于 5 个。

6.4.5 连续采集一组地形碎部点数据超过 50 点,应重新进行初始化,并检核一个重合点。当检核点位坐标较差不大于图上 0.5 mm 时,方可继续测量。

6.5 **成果数据处理与检查**

6.5.1 RTK 地形测量外业采集的数据应及时从数据采集器中导出,并进行数据备份,同时对数据记录器内存进行整理。

6.5.2 RTK 地形测量外业观测记录采用仪器自带内存卡和数据采集器,记录项目及成果输出包括下列内容:

a) 转换参考点的点名(号)、残差、转换参数;

b) 基准站、流动站的天线高、观测时间;

c) 流动站的平面、高程收敛精度;

d) 流动站的地心坐标、平面和高程成果数据。

6.5.3 导出的成果数据在计算机中用相应的成图软件编辑成图。

6.5.4 用RTK方法施测的图根点平面成果应进行100%的内业检查和不少于总点数10%的外业检测，外业检测采用相应等级的全站仪测量边长和角度等方法进行，其检测点应均匀分布测区。

检测结果应满足表7的要求。

表7

等级	边长校核		角度校核		坐标校核
	测距中误差/mm	边长较差的相对误差	测角中误差/(″)	角度较差限差/(″)	图上平面坐标较差/mm
图根	≤±20	≤1/3000	≤±20	60	≤±0.15

6.5.5 用RTK技术施测的图根点高程成果应进行100%的内业检查和不少于总点数10%的外业检测，外业检测采用相应等级的三角高程、几何水准测量等方法进行，其检测点应均匀分布测区。

检测结果应满足表8的要求。

表8

等级	高差较差
图根	≤1/7 基本等高距

7 仪器设备要求

7.1 RTK接收设备

RTK接收设备应符合下列规定：

a) 接收设备应包括接收机、天线和天线电缆、数据链套件(调制解调器、电台或移动通讯设备)、数据采集器等；
b) 基准站接收设备应具有发送标准差分数据的功能；
c) 流动站接收设备应具有接收并处理标准差分数据功能；
d) 接收设备应操作方便、性能稳定、故障率低、可靠性高；
e) 接收机标称精度公式为：

$$\delta = a + b \times d \qquad (1)$$

式中：

a——固定误差，单位为毫米(mm)；
b——比例误差系数，单位为毫米每千米(mm/km)；
d——流动站至基准站的距离，单位为千米(km)。

RTK控制测量宜选用优于下列测量精度指标的双频接收机：

1) 平面：

$$10 + 2 \times 10^{-6} \times d \qquad (2)$$

式中：

d——流动站至基准站的距离，以km为单位。

2) 高程：

$$20 + 2 \times 10^{-6} \times d \qquad (3)$$

式中：

d——流动站至基准站的距离，以千米(km)为单位。

7.2 接收设备的检验

7.2.1 接收机的一般检验应符合下列要求：

a) 接收机及天线型号应与标称一致，外观良好；

b) 各种部件及其附件应匹配、齐全和完好，紧固的部件应不得松动或脱落；

c) 设备使用手册和后处理软件操作手册及磁(光)盘应齐全；

d) 接收机的检定按 CH 8016 执行，并应在有效的使用周期内。

7.2.2 RTK 前宜对设备进行以下的检验：

a) 基准站与流动站的数据链联通检验；

b) 数据采集器与接收机的通信联通检验。

7.3 接收设备的维护

接收设备的维护应符合下列要求：

a) 接收设备应有专人保管，运输期间应有专人押送，并应采取防震、防潮、防晒、防尘、防蚀和防辐射等防护措施，软盘驱动器在运输中应插入保护片或废磁盘；

b) 接收设备的接头和连接器应保持清洁，电缆线不应扭折，不应在地面拖拉、碾砸，连接电源前电池正负极连接应正确，观测前电压应正常；

c) 当接收设备置于楼顶、高标或其他设施顶端作业时，应采取加固措施，在大风和雷雨天气作业时应采取防风和防雷措施；

d) 作业结束后，应及时对接收设备进行擦拭，并放入有软垫的仪器箱内，仪器箱应置放于通风、干燥阴凉处，保持箱内干燥；

e) 接收设备在室内存放时，电池应在充满状态下存放，应每隔 1 至 2 个月充放电一次；

f) 仪器发生故障，应转交专业人员维修。

8 资料提交和成果验收

8.1 资料提交

RTK 任务完成后，应提交下列资料：

a) 技术设计、技术总结和检查报告；

b) 接收机检定资料；

c) 按需要应提交的控制点点之记；

d) 按本标准 5.4.2 和 6.5.2 及技术设计书要求的各类成果资料。

8.2 成果验收

RTK 成果验收内容工作包括：

a) 技术设计和技术总结是否符合要求；

b) 转换参考点的分布及残差是否符合要求；

c) 观测的参数设置、观测条件及检测结果和输出的成果是否符合要求；

d) 实地检验控制点的精度及选点、埋石质量；

e) 实地检验地形测量各质量元素的质量。

附 录 A
(资料性附录)
参考点的转换残差及转换参数表

参考点的转换残差及转换参数表见表 A.1。

表 A.1 参考点的转换残差及转换参数表

参考点地心坐标与地方坐标转换残差			
序号	参考点名(号)	平面残差/cm	高程残差/cm
参考点地心坐标与地方坐标转换参数			
平面转换参数:			
高程转换参数:			

附　录　B
（资料性附录）
RTK 基准站观测手簿

RTK 基准站观测手簿见表 B.1。

表 B.1　RTK 测量基准站观测手簿

点名		点名		参考点等级	
观测记录员		观测日期		采样间隔	
接收机类型		接收机编号		开始记录时间	
天线类型		天线编号		结束记录时间	
近似纬度 N	°　′　″	近似经度 E	°　′　″	近似高程 H	m

天线高测定		天线高测定方法及略图	点位略图
测前	测后		
平均值：	平均值：		

时间(UTC)	跟踪卫星号及信噪比	纬度/(°′″)	经度/(°′″)	大地高/m	天气状况

备注	

附 录 C
（资料性附录）
同一基准站二次观测点位平面坐标成果表

同一基准站二次观测点位平面坐标成果表见表C.1。

表C.1 同一基准站二次观测点位平面坐标成果表

基准站名称：

序号	点号	第一次坐标/m		第二次坐标/m		中数/m	
		X_1	Y_1	X_2	Y_2	X	Y

附　录　D

（资料性附录）

同一基准站三次观测高程成果表

同一基准站三次观测高程成果表见表 D.1。

表 D.1　同一基准站三次观测高程成果表

基准站名称：

序号	点号	第一次高程 H_1/m	第二次高程 H_2/m	第三次高程 H_3/m	中数 H/m

前　言

本标准由中国全球定位系统技术应用协会提出。

本标准由国家测绘局归口。

本标准起草单位:中国全球定位系统技术应用协会。

本标准主要起草人:孙旭、吴磊、杨洲、张路、侯宏伟、石一慧、王健、陈明等。

本标准为首次发布。

引　言

随着我国经济和社会的快速发展、人民生活水平的不断提高,全社会对导航定位服务的需求日益强烈,导航定位产业正在成为迅猛发展的朝阳产业。发展智能交通系统(ITS),已成为我国导航定位产业进一步快速发展的最大契机。

导航电子地图是导航与位置服务产品的核心。在车载导航、手持导航(PND和手机)等移动导航中具有特殊地位和极其重要的作用。

因此,确保导航电子地图的技术水平和质量就成为十分突出和紧迫的问题。由于缺少导航电子地图产品的检测标准,难以实现对导航电子地图产品质量的正常考核,进而建立优质产品的推介和劣质产品的退市机制。制定导航电子地图检测标准,有利于完善市场准入和退出机制;有利于促进企业不断改进质量,提高水平,更好地满足社会需求,维护好消费者的合法权益;有利于促进我国导航定位产业的健康发展。

本标准主要针对已依法取得导航电子地图制作资质证书的企业,满足对其生产成果或产品的质量实施检测评定的需求。

中华人民共和国测绘行业标准

CH/T 1019—2010

导航电子地图检测规范

Specifications for navivgable map data test

1 范围

本标准规定了导航电子地图产品的检测内容、检测指标、检测方法、检测流程、检测结果判定与质量评分等要求。

本标准适用于对导航电子地图产品及相关成果或产品的质量检测评定，也可用于导航电子地图生产的指导。

2 规范性引用文件

下列文件对于本文件的应用是必不可少的。凡是注日期的引用文件，仅注日期的版本适用于本文件。凡是不注日期的引用文件，其最新版本(包括所有的修改单)适用于本文件。

GB 20263—2006 导航电子地图安全处理技术基本要求

GB/T 18316 数字测绘成果质量检查与验收

3 术语和定义

下列术语和定义适用于本文件。

3.1

资信 credit

履约能力和可信任程度。

3.2

检测单元 item

为实施产品检测而划分的基本单位，亦称单位产品。

3.3

检测批 lot

同一技术设计要求下生产的同一测区的检测单元集合。

3.4

样本 sample

从检测批中抽取的用于评价检测批质量的检测单元集合。

3.5

样本量 sample size

样本中检测单元的数量。

3.6

质量元素 quality element

说明质量的定量、定性组成部分，即成果满足规定要求和使用目的的基本特性。

注：质量元素的适用性取决于成果的内容及其成果规范，并非所有的质量元素适用于所有的成果。

[GB/T 18316—2008，定义 2.4]

国家测绘局 2010-03-31 发布 2010-05-01 实施

3.7

数据质量定性元素 data quality qualitative element

描述数据集满足产品技术要求中定义的质量标准的程度，并提供概括性的、非量化的质量信息，例如，安全性、附件质量。

3.8

数据质量定量元素 data quality quantitative element

描述数据集满足产品技术要求中定义的质量标准的程度，并提供量化的质量信息，例如，位置精度、属性精度。

3.9

质量子元素 quality subelement

质量元素的组成部分，描述质量元素的一个特定方面。

[GB/T 18316—2008，定义 2.5]

3.10

检查项 inspected entry

质量子元素的检测内容。说明质量的最小单位，质量检查和评定的最小实施对象。

[GB/T 18316—2008，定义 2.6]

3.11

检测指标 quality measure

定义质量元素的评价等级参数。

3.12

严重差错 serious mistake

地图产品的极重要质量元素不符合规定。

3.13

大差错 big mistake

地图产品的重要质量元素不符合规定。

3.14

一般差错 common mistake

地图产品的一般质量元素不符合规定。

3.15

全数检测 full inspection

对检测批中全部检测单元逐一进行的详查。

3.16

抽样检测 sampling inspection

从检测批中按抽样方案抽取样本进行的检查。

3.17

直接检测法 direct inspection

通过与内部或外部的参照信息进行对比来评定质量状况。内部或外部的参照信息可以是现实世界的客观描述信息，也可以是被认可的权威性信息。

3.18

间接检测法 indirect inspection

基于相关知识或信息进行演绎推理来评定质量状况。

3.19

自动检查 automatic inspection

通过检查软件或应用软件来评定检查对象的质量状况。

3.20

人工检查 manual inspection

对于一些计算机检查软件无法判别的检查对象，采用辅助工具结合人工判别来评定质量状况。

3.21

抽样单元 sample unit

在抽样检测中选取的检测数据范围。

4 基本要求

4.1 检测项目

4.1.1 检测项目确定原则

4.1.1.1 检测范围应覆盖导航电子地图产品实现的主要过程。

4.1.1.2 检测对象应针对导航电子地图产品及其实现主要过程的成果。

4.1.1.3 质量检测与评价能够分项目实施。

4.1.2 检测项目描述

4.1.2.1 导航电子地图原始数据资料合法性，包括自采集原始数据资料合法性和采购(或定制)原始数据资料合法性。

4.1.2.2 导航电子地图产品资信，包括安全保密性和出版合法性。

4.1.2.3 导航电子地图数据质量，包括数据质量定量部分和数据质量定性部分。

4.1.2.4 导航电子地图可视化表达及应用功能，包括地图可视化表达和地图应用功能。

4.2 检测单元

4.2.1 导航电子地图原始数据资料合法性检测单元

自采集原始数据资料合法性只划定一个检测单元，该检测单元与导航电子地图数据检测批或样本相关，即全数检测时其检测单元为检测批，抽样检测时其检测单元为样本。

采购(或定制)原始数据资料合法性只划定一个检测单元，该检测单元与导航电子地图数据检测批或样本相关，即全数检测时其检测单元为检测批，抽样检测时其检测单元为样本。

4.2.2 导航电子地图产品资信检测单元

导航电子地图产品资信的检测单元与导航产品相关，即为某款导航产品。

4.2.3 导航电子地图数据质量检测单元

导航电子地图数据质量的检测单元依据检测需求，以图幅、行政区划、区域、要素主题等划分。

4.2.4 导航电子地图可视化表达及应用功能检测单元

导航电子地图可视化表达及应用功能的检测单元依据检测需求，以行政区划、区域等划分。

4.3 检测方法

导航电子地图检测一般采用全数检测与抽样检测方法，表1描述了利用这两种方法实施检测的过程。

表1 导航电子地图检测过程

序号	步 骤	描 述
1	确定检测单元	检测单元是实施检测的最小单位
2	确定检测方法	全数检测方法是对检测范围内的每一个检测单元逐一进行检测；抽样检测方法是从检测批中按抽样方案对抽取样本进行检测。抽样方法有随机抽样、分层抽样、多级抽样和非随机抽样等，一般采用随机抽样方法
3	组成检测批	检测批应由同一技术设计书指导下生产的同等级、同规格检测单元汇集而成

表 1 导航电子地图检测过程 （续）

序号	步骤	描述
4	若采用抽样检测方法，则定义抽样比例或样本量，将检测批划分抽样单元	抽样比例或样本量给出从每个检测批平均抽取多少检测单元进行检测的信息
5	若采用抽样检测方法，则选取抽样单元组成样本	根据抽样比例或样本量选取抽样单元
6	对全部检测单元实施检测	若采用抽样检测方法，则检测样本中的所有检测单元；若采用全数检测方法，则对检测批中的所有检测单元进行检测

4.4 质量描述与评价

4.4.1 质量元素设定

质量元素、质量子元素及其检测项应根据检测项目具体设定。依据被检测导航电子地图的技术设计或实际用途，质量元素、质量子元素及其检测项可以扩展或调整。扩充或调整的具体内容应适用于检测批内的所有检测单元。

4.4.2 检测指标设定

检测指标应根据质量元素、质量子元素具体设定。每个质量元素或质量子元素的检测指标值可以根据被检测的导航电子地图的技术要求和实际用途不同作适应性调整。

4.4.3 权值设定

同一检测项目里的不同的检测子项目、质量元素或质量子元素所占的权值可根据被检测的导航电子地图技术要求和实际用途设定。

4.4.4 质量分值计算

4.4.4.1 当质量(子)元素的某一项检查结果不满足合格条件时，质量(子)元素判定为不合格，不计分。

4.4.4.2 根据检测指标对检测项目的检测批(样本)计算各质量(子)元素分值，并依据设定的不同的检测子项目、质量元素或质量子元素的权值，计算检测项目的质量分值。

5 导航电子地图原始数据资料合法性检测

5.1 检测内容与指标

5.1.1 检测内容

导航电子地图原始数据资料的来源包括企业自采集和采购(或定制)两种方式，表 2 列出了原始数据资料合法性的质量元素、质量子元素及其检测项的检测内容。

表 2 导航电子地图原始数据资料合法性检测内容

质量元素	质量子元素	检测项	检测内容
自采集数据资料合法性	企业采集资信	企业取得的原始数据采集资信	检测企业取得的原始数据采集资信的真实性、合法性
	企业原始数据集	企业原始数据集与产品数据的范围一致性、内容一致性、现势性一致性	检测企业原始数据集与产品数据的范围一致性、内容一致性、现势性一致性
	企业原始数据采集附属文档	企业原始数据采集作业记录与原始数据的符合程度	检测企业原始数据采集的作业记录与原始数据的符合程度

表 2　导航电子地图原始数据资料合法性检测内容　（续）

质量元素	质量子元素	检测项	检测内容
采购(或定制)数据资料合法性	提供方采集资信	提供方取得的原始数据采集资信	检测提供方取得的原始数据采集资信的真实性、合法性
	提供方制作资信	提供方取得的原始数据制作资信	检测提供方取得的原始数据制作资信的真实性、合法性
	提供方销售资信	提供方取得的原始数据销售资信	检测提供方取得的原始数据销售资信的真实性、合法性
	双方合作协议	双方合作协议文档	检测企业与提供方采购(或定制)合作协议的真实性、合法性
	提供方原始数据集	提供方原始数据集与产品数据的范围一致性、内容一致性、现势性一致性	检测提供方原始数据集与产品数据的范围一致性、内容一致性、现势性一致性

5.1.2　**检测指标**

5.1.2.1　**概述**

检测指标用原始数据的合法性等级来定义，分为合法和不合法两个等级。

5.1.2.2　**自采集原始数据资料合法性检测指标**

自采集原始数据资料合法性各质量子元素检测项对应的检测指标见表 3。

表 3　自采集原始数据资料合法性检测指标

质量元素	质量子元素	检测指标	
		合法	不合法
自采集数据资料合法性	企业原始数据采集资信	具备国家测绘行政主管部门颁发的数据采集资信，并在国家、省级测绘行政主管部门备案	不具备国家测绘行政主管部门颁发的数据采集资信，未在国家、省级测绘行政主管部门备案
	企业原始数据集	原始数据集与地图产品数据的范围、现势性及内容一致	原始数据集与地图产品数据的范围、现势性及内容不一致
	企业原始数据采集附属文档	与原始数据符合	与原始数据不符合

5.1.2.3　**采购(或定制)原始数据资料合法性检测指标**

采购(或定制)原始数据资料合法性各质量子元素检测项的检测指标见表 4。

表4 提供方原始数据资料合法性检测指标

<table>
<tr><th rowspan="2">质量元素</th><th rowspan="2">质量子元素</th><th colspan="2">检测指标</th></tr>
<tr><th>合法</th><th>不合法</th></tr>
<tr><td rowspan="5">采购(或定制)数据资料合法性</td><td>提供方采集资信</td><td>具备国家和相应机构颁发的数据采集资信</td><td>不具备国家和相应机构颁发的数据采集资信</td></tr>
<tr><td>提供方制作资信</td><td>具备国家和相应机构颁发的数据制作资信</td><td>不具备国家和相应机构颁发的数据制作资信</td></tr>
<tr><td>提供方销售资信</td><td>具备国家和相应机构颁发的数据销售资信</td><td>不具备国家和相应机构颁发的数据销售资信</td></tr>
<tr><td>双方合作协议</td><td>与提供方合作协议真实、具有法律效力</td><td>与提供方合作协议不真实、不具有法律效力</td></tr>
<tr><td>提供方原始数据集</td><td>原始数据集与地图产品数据的范围、现势性及内容一致</td><td>原始数据集与地图产品数据的范围、现势性及内容不一致</td></tr>
</table>

5.2 检测方法

5.2.1 概述

原始数据资料合法性检测采用全数检测与抽样检测相结合的方法。

5.2.2 自采集原始数据资料合法性检测方法

5.2.2.1 企业原始数据采集资信检测方法

检测方采用全数检测方法，对企业提供的原始数据采集资信文件进行查验。

5.2.2.2 原始数据集检测方法

检测方采用抽样方法，比对原始数据集与导航电子地图产品在数据范围、现势性、内容等方面的一致性。

5.2.2.3 原始数据采集附属文档检测方法

检测方采用抽样方法，比对原始数据采集作业记录与原始数据的符合度。

5.2.3 采购(或定制)原始数据资料合法性检测方法

5.2.3.1 提供方原始数据采集、制作及销售资信检测方法

检测方采用全数检测或抽样检测方法，对可以证明提供方具备原始数据采集、制作及销售资信的材料进行查验。

5.2.3.2 与提供方数据合作协议检测方法

检测方采用全数检测或随机抽样检测方法，对企业出具与提供方签订的原始数据资料采购合作协议或其他相关证明进行查验。

5.2.3.3 原始数据集检测方法

同5.2.2.2。

5.3 检测流程

导航电子地图原始数据资料合法性检测流程参见图1。

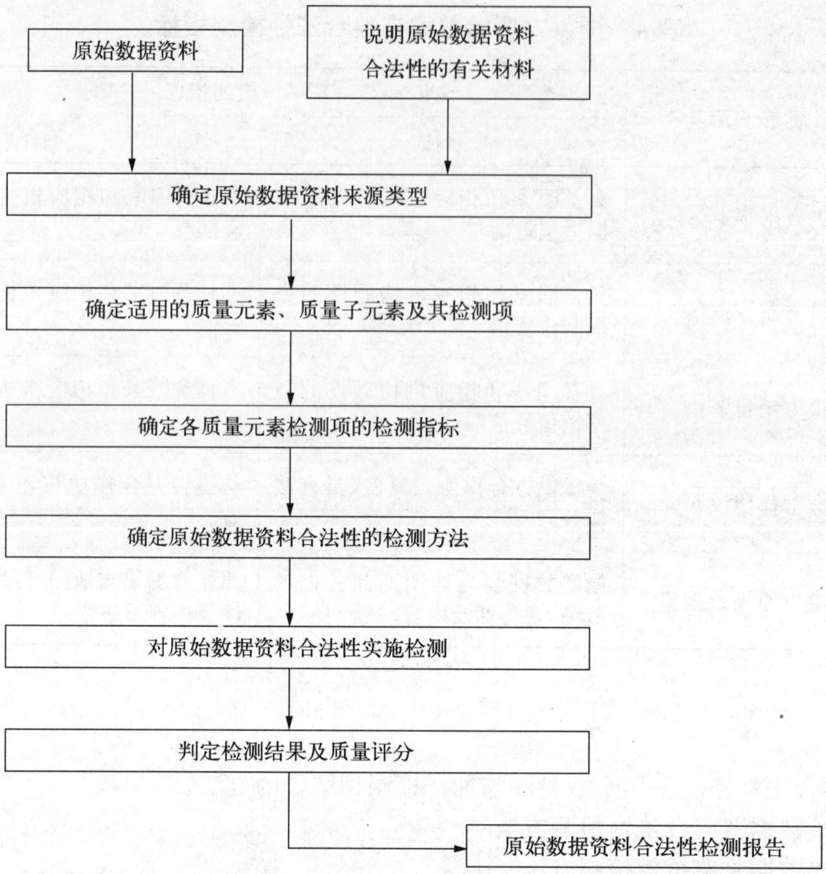

图 1　导航电子地图原始数据资料合法性检测流程

5.4　项目质量评分

5.4.1　依据原始数据资料合法性各质量子元素的检测指标，判定并统计出检测单元的检测结果(见附录A.5)。

5.4.2　依据表 5 对原始数据资料合法性项目质量评分。当表 A.1 中所有质量子元素的检测结果都合格，即其质量分值为 100 分时，检测项目的质量得分值则为 100 分；如果任何一项质量子元素的检测结果不合格，则该检测项目质量得分值为 0 分。

表 5　导航电子地图原始数据资料合法性质量评分表

质量元素	质量子元素	检测结果	检测指标	合格条件	合格后的计算方法	检测项目分值
自采集原始数据合法性	企业原始数据采集资信	合法/不合法	见表 3	合法	$e=100$	100
	企业原始数据集	合法/不合法	见表 3	合法	$e=100$	
	企业原始数据采集附属文档	合法/不合法	见表 3	合法	$e=100$	
采购(或定制)原始数据资料合法性	提供方采集资信	合法/不合法	见表 4	合法	$e=100$	
	提供方制作资信	合法/不合法	见表 4	合法	$e=100$	
	提供方销售资信	合法/不合法	见表 4	合法	$e=100$	
	双方合作协议	合法/不合法	见表 4	合法	$e=100$	
	提供方原始数据集	合法/不合法	见表 4	合法	$e=100$	

原始数据资料合法性的项目质量得分值应写入检测报告，见附录A。

6 导航电子地图产品资信检测

6.1 检测内容与指标

6.1.1 检测内容

表6列出了导航电子地图产品资信的质量元素、质量子元素及检测项的检测内容。

表6 导航电子地图产品资信检测内容

质量元素	质量子元素	检测项	检测内容
安全保密性	保密技术处理	地图空间位置保密技术处理	1）检测是否提交国家测绘局指定机构进行空间位置保密技术处理、并已由该机构开具保密技术处理证明； 2）产品上是否安装保密插件
	地图审查	地图内容审查	检测是否按照规定程序提交国家测绘局审查、并已获得审图号
出版合法性	出版资质	地图出版资质	检测导航电子地图出版社是否具备导航电子地图出版资质
	外装帧面标识	出版物信息正确性	1）检测出版物的名称是否标注且正确； 2）检测出版时间是否标注且正确
		出版者信息正确性	1）检测出版者的名称、地址、邮政编码、网址、电话以及其他联系方式是否标注且正确； 2）检测注册商标或出版标识是否标注且正确
		审图号有效性	检测审图号是否经国家测绘局对电子地图进行审核后下发
		地图覆盖范围真实性	检测地图地理覆盖范围描述是否真实
	媒体面标识	出版物信息正确性	1）检测出版物的名称是否标注且正确； 2）检测出版时间是否标注且正确
		出版者信息正确性	1）检测出版者的名称、地址、邮政编码、网址、电话以及其他联系方式是否标注且正确； 2）检测注册商标或出版标识是否标注且正确

6.1.2 检测指标

产品资信检测针对于地图产品安全保密性与出版合法性。检测指标用通过与否、具备与否来定义，分为通过和未通过、具备和不具备各两个等级。产品资信的各质量子元素检测项对应的检测指标见表7。

表7 导航电子地图产品资信检测指标

质量元素	质量子元素	检查指标	
		通过或具备	未通过或不具备
安全保密性	保密技术处理	提交国家测绘局指定机构进行空间位置保密技术处理、并已由该机构开具保密技术处理证明	没有通过保密技术处理
	地图审查	按照规定程序提交国家测绘局审查、并已获得审图号	没有通过地图审查

表 7　导航电子地图产品资信检测指标　（续）

质量元素	质量子元素	检查指标	
		通过或具备	未通过或不具备
出版合法性	出版资质	导航电子地图出版社具备导航电子地图出版资质	导航电子地图出版社不具备导航电子地图出版资质
	外装帧面标识	1）出版物的名称已标注且标注正确； 2）出版时间已标注且标注正确	1）出版物的名称未标注或标注不正确； 2）出版时间未标注或标注不正确
		1）出版者的名称、地址、邮政编码、网址、电话以及其他联系方式均标注且都标注正确； 2）注册商标或出版标识均标注且都标注正确	1）出版者的名称、地址、邮政编码、网址、电话以及其他联系方式未标注或标注不正确； 2）注册商标或出版标识未标注或标注不正确
		审图号是经国家测绘局对电子地图进行审核后下发的	审图号是未经国家测绘局对电子地图进行审核后下发的
		地图地理覆盖范围描述真实	地图地理覆盖范围描述不真实
	媒体面标识	1）出版物的名称已标注且标注正确； 2）出版时间已标注且标注正确	1）出版物的名称未标注或标注不正确； 2）出版时间未标注或标注不正确
		1）出版者的名称、地址、邮政编码、网址、电话以及其他联系方式已标注且标注正确； 2）注册商标或出版标识均标注且标注正确	1）出版者的名称、地址、邮政编码、网址、电话以及其他联系方式未标注或标注不正确； 2）检测注册商标或出版标识未标注或标注不正确

6.2　检测方法

6.2.1　概述

导航电子地图产品资信检测采用全数检测方法。

6.2.2　产品安全保密性检测方法

6.2.2.1　保密技术处理证明检测方法

由企业提供国家指定机构开具的保密技术处理证明以及产品上安装的保密插件，供检测方检查。

6.2.2.2　地图审图号检测方法

由企业提供国家测绘局下发的审核批准书以及在地图产品版权页或地图显著位置上载明审图号，供检测方检查。

6.2.3　产品出版合法性检测方法

6.2.3.1　出版资质检测方法

由企业提供出版社的出版资质证明文件，供检测方检查。

6.2.3.2　外装帧面检测方法

由企业提供产品外装帧面供检测方检测。

6.2.3.3　媒体主标识面检测方法

由企业提供媒体主标识面供检测方检测。

6.3　**检测流程**

导航电子地图产品资信检测流程参见图 2。

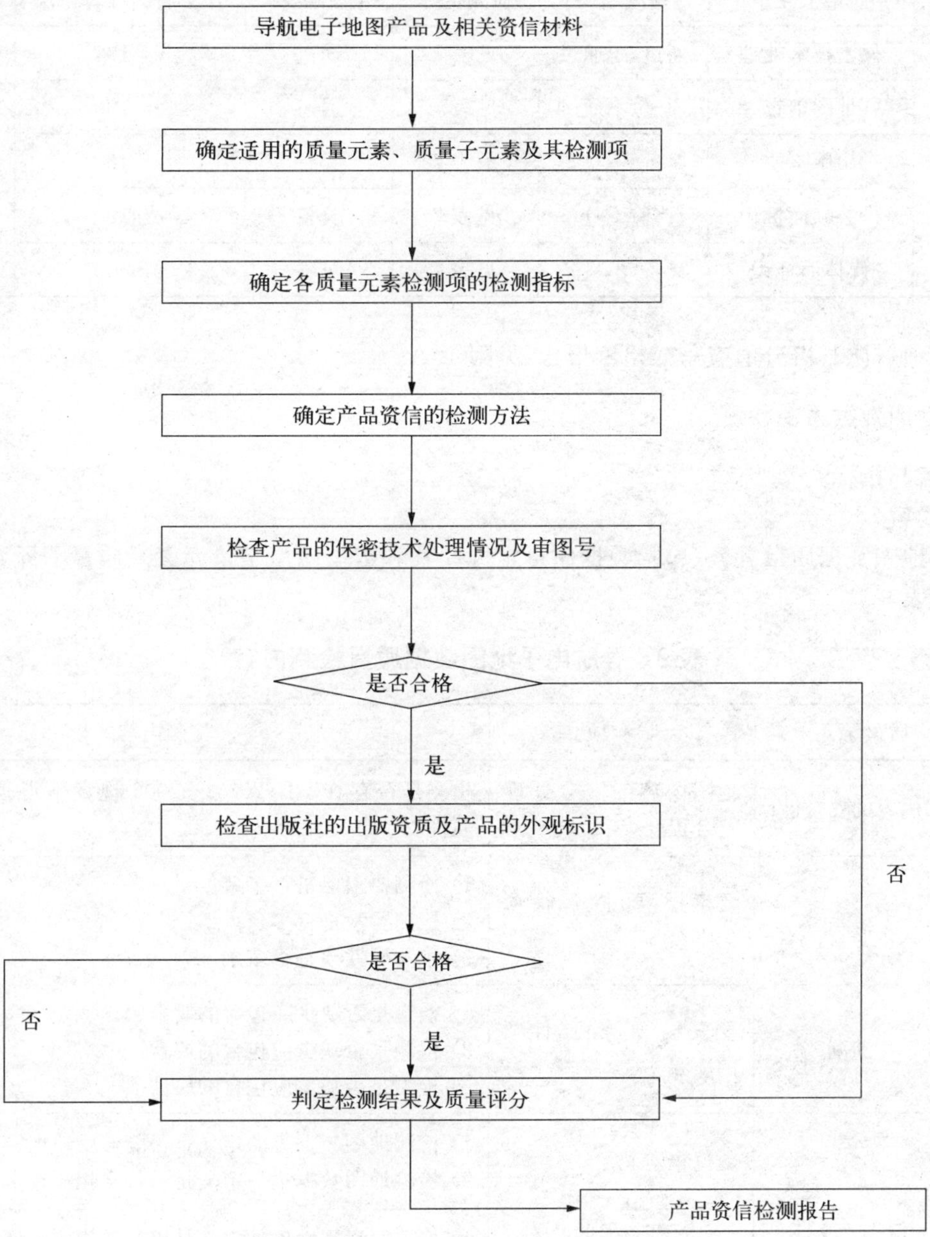

图 2　导航电子地图产品资信检测流程

6.4　**项目质量评分**

6.4.1　依据产品资信各质量子元素的检测指标，判定并统计出检测单元的检测结果(见附录 A.6)。

6.4.2　依据表 8 对产品资信项目质量评分。当表 A.2 中所有质量子元素的检测结果都合格，即其质量分值为 100 分时，检测项目的质量得分值则为 100 分；如果任何一项质量子元素的检测结果不合格，则该检测项目质量得分值为 0 分。

表 8　导航电子地图产品资信质量评分表

质量元素	质量子元素	检测结果	检测指标	合格条件	合格后的计算方法	检测项目分值
安全保密性	保密技术处理	通过/不通过	见表 7	通过	$e=100$	100
	地图审查	通过/不通过	见表 7	通过	$e=100$	
出版合法性	出版资质	具备/不具备	见表 7	具备	$e=100$	
	外装帧面标识	具备/不具备	见表 7	具备	$e=100$	
	媒体面标识	具备/不具备	见表 7	具备	$e=100$	

产品资信项目质量得分值应写入检测报告，见附录 A。

7　导航电子地图数据质量检测

7.1　检测内容与指标

7.1.1　检测内容

导航电子地图数据质量元素（包括数据质量定性元素和数据质量定量元素）、质量子元素及其检测项的检测内容见表 9。

表 9　导航电子地图数据质量检测内容

质量元素	质量子元素	检测项	检测内容
安全性	内容的安全性	地图内容的安全处理符合程度	检测是否存在 GB 20263—2006 规定不得采集的要素或属性
完整性	多余	要素层、要素、属性项的多余	1）检测要素层是否多余； 2）检测要素是否多余； 3）检测属性项是否多余
	遗漏	要素层、要素、属性项的遗漏	1）检测是否缺少应包含的要素层； 2）检测是否缺少应包含的要素； 3）检测是否缺少应包含的属性项
逻辑一致性	概念一致性	数据集定义	1）检测地图数据集的定义是否能够反映现实世界； 2）检测地图数据集的定义是否符合相关技术要求
		属性项定义	1）检测要素属性项的定义是否反映相应地理实体的质量特征与数量特征； 2）检测要素属性项的定义是否符合相关技术要求
	格式一致性	数据文件	检测数据文件组织、命名是否符合相关技术要求
		数据格式	检测数据格式是否符合相关技术要求
逻辑一致性	拓扑一致性	拓扑关系	1）检测面状要素的闭合性以及符合某种条件的线状要素的闭合性； 2）检测线状要素的连通性； 3）检测要素间存在的重合、重复、未打断、未相接等与相关技术要求不符的拓扑错误

表9 导航电子地图数据质量检测内容 （续）

质量元素	质量子元素	检测项	检测内容
位置精度	平面精度	绝对空间位置精度	1）检测地图采用的空间位置坐标系统是否符合国家相关要求； 2）检测数据集精度等级是否符合相关技术规定要求； 3）检测要素的绝对空间位置中误差是否在相关技术规定的允许范围内
		相对空间位置精度	1）检测要素的相对位置基准点的位置中误差是否在相关技术规定的允许范围内； 2）检测要素的相对几何位置偏移是否在相关技术规定的允许范围内
		几何位置接边	检测要素几何位置接边错误
	高程精度	等高线高程精度	1）检测地图采用的高程基准是否符合国家有关要求； 2）检测高程或相对高数据精度是否符合相关规定的限制要求
		等高距	检测等高线(或等高面)的等高距是否符合相关规定的限制要求
属性精度	要素属性正确性	要素分类正确性	检测要素分类是否正确和准确
		要素属性值正确性	检测要素属性值是否正确
	属性接边	接边要素属性值正确性	检测接边要素属性值是否正确
时间精度	现势性	原始资料的现势性	检测原始资料或数据的现势性
		数据的现势性	检测数据(集)的现势性
附件质量	元数据	完整性	检测元数据内容是否完整
		正确性	检测元数据内容是否正确

注1:安全性、高程精度(质量子元素)、附件质量为数据质量定性元素。

注2:其他质量元素均为数据质量定量元素。

7.1.2 检测指标

7.1.2.1 数据质量定性元素检测指标

涉及导航电子地图数据安全性的空间位置和内容应满足 GB 20263—2006 的要求。本标准只阐述与数据质量定性元素相关的检测内容，不涉及具体的检测指标。具体指标由使用或参考本标准的单位或机构确定。

7.1.2.2 数据质量定量元素检测指标

7.1.2.2.1 概述

数据质量定量元素检测主要针对道路、兴趣点、背景和注记四个要素主题。检测指标用各类要素数据内容的差错严重等级来定义，即分为严重差错、大差错和一般差错三个错误等级。严重差错表示对路径规划及引导、信息检索、信息显示有严重影响的数据质量问题;大差错表示对路径规划及引导、信息检索、信息显示有重大影响的数据质量问题;一般差错表示对路径规划及引导、信息检索、信息显示有轻微影响的数据质量问题。

7.1.2.2.2 **道路检测指标**

道路的检测指标依据质量元素设定,见表10。应具体数据(集)的技术要求与用途所需,可以在表10的基础上对道路的各项检测指标作适用性调整。

表10 道路检测指标

质量元素	严重差错	大差错	一般差错
完整性	高速公路、国道、城市快速路、省道四级(含)以上功能道路的遗漏或多余	1) 造成道路规划和引导错误的道路方向和交通限制信息的遗漏或多余; 2) 五级及以下功能道路的遗漏或多余	1) 一般属性(如收费、隔离带和交通灯信息等)遗漏或多余; 2) 造成引导绕远的道路方向和交通限制信息遗漏或多余
逻辑一致性	数据存储格式与数据规格的不一致	1) 高速公路、国道、城市快速路、省道四级(含)以上功能道路的空间位置关系(平面或交叉)错误; 2) 四级(含)以上功能道路间的连接关系错误; 3) 四级(含)以上功能道路与背景、兴趣点、注记之间压盖关系错误	1) 五级(含)以下功能道路的空间位置关系(平面或交叉)错误; 2) 五级(含)以下功能道路间的连接关系错误; 3) 五级(含)以下功能道路与背景、兴趣点、注记之间压盖关系错误
位置精度	道路相对位置误差大于15 m	道路相对位置误差大于10 m、小于等于15 m	道路相对位置误差大于5 m、小于等于10 m
属性精度	高速公路、国道、城市快速路、省道四级(含)以上功能道路中导致路径规划与引导不正确的属性错误	五级(含)以下功能道路中导致路径引导不正确的属性错误	五级(含)以下功能道路属性错误
时间精度	——	高速公路、国道、城市快速路、省道四级(含)以上功能道路的形状及属性与其实际状况不完全符合	五级(含)以下功能可引导道路的形状及属性与其实际状况不完全符合
注:"——"表示此项无内容。			

7.1.2.2.3 **兴趣点检测指标**

兴趣点的检测指标依据质量元素设定,见表11。应具体数据(集)的技术要求与用途所需,可以在表11的基础上对兴趣点的各项检测指标作适用性调整。

表 11 兴趣点检测指标

质量元素	严重差错	大差错	一般差错
完整性	涉及国家政策、法规及强制性标准禁止表达的兴趣点	1）重要标志性兴趣点的遗漏或多余； 2）唯一性或限制性属性的遗漏或多余	一般兴趣点的遗漏或多余
逻辑一致性	数据存储格式与数据规格的不一致	1）重要兴趣点与道路、背景、注记等空间位置关系错误； 2）重要兴趣点的到达点与道路位置关系错误	1）一般兴趣点与道路、背景、注记等空间位置关系错误； 2）一般兴趣点的到达点与道路位置关系错误
位置精度	——	兴趣点相对位置误差大于 30 m	兴趣点相对位置误差大于 15 m、小于等于 30 m
属性精度	涉及国家政策法规及强制性标准禁止表达的兴趣点属性信息	重要兴趣点的属性错误（名称、分类、拼音等）	1）一般兴趣点的属性（如门牌号、电话）错误； 2）兴趣点次要属性（如邮编、邮箱）错误
时间精度	——	重要兴趣点信息与其实际状况不完全符合	一般兴趣点的信息与其实际状况不完全符合
注："——"表示此项无内容。			

7.1.2.2.4 **背景检测指标**

背景的检测指标依据质量元素设定，见表 12。应具体数据（集）的技术要求与用途所需，可以在表 12 的基础上对背景的各项检测指标作适用性调整。

表 12 背景检测指标

质量元素	严重差错	大差错	一般差错
完整性	关系到国家领土、领海完整的要素（如国界、未定国界、界河、敏感地区的岛屿或岛礁、归属范围线）遗漏或多余	1）强制性要素或属性遗漏或多余； 2）惟一性或限制性属性遗漏或多余； 3）县级及以上行政区划遗漏或多余； 4）全国一级水系遗漏或多余	1）县级以下行政区划遗漏或多余； 2）全国二级或重要水系遗漏或多余
逻辑一致性	——	1）数据存储格式与数据规格的不一致； 2）行政区划形状不闭合	1）相邻行政区划的几何图形出现重叠或空隙； 2）水系、居民地、绿地等背景要素之间位置关系错误； 3）背景与道路、兴趣点、注记要素之间压盖
位置精度	关系到国家领土、领海完整的要素（如国界、未定国界、岛礁归属范围线）位置数据与国家公布的相关信息数据不一致	1）省级及以上行政区划边界与国家公布的相关信息数据不一致； 2）重要水系（如国界河流、敏感地区的岛屿、岛礁等）的空间位置或形状与其实际状况不一致； 3）全国一级水系空间位置或形状与其实际状况不一致	1）县级及以下行政区划边界与国家公布的行政区划边界数据不一致； 2）全国二级及以下水系的空间位置或形状与其实际状况不一致

表 12 背景检测指标 （续）

质量元素	严重差错	大差错	一般差错
属性精度	1) 国界、未定国界处的背景信息错误造成主权归属错误； 2) 国界、未定国界、特别行政区划的类别错误等	1) 县级及以上行政区划信息(如名称、行政区划代码)与民政部门公布的相关信息不符； 2) 全国一级水系的名称或类别错误	1) 全国二级及以下水系的名称或类别错误； 2) 居民地、铁路、绿地等背景要素的名称或类别错误
时间精度	——	——	背景的现势性未满足产品要求
注:"——"表示此项无内容。			

7.1.2.2.5 注记检测指标

注记的检测指标依据质量元素设定，见表 13。应具体数据(集)的技术要求与用途所需，可以在表 13 的基础上对注记的各项检测指标作适用性调整。

表 13 注记检测指标

质量元素	严重差错	大差错	一般差错
完整性	——	重要标志性注记点的遗漏或多余	一般注记点的遗漏或多余
逻辑一致性	——	1) 数据存储格式与数据规格的不一致； 2) 重要注记点与道路、兴趣点、背景等空间位置关系错误	一般注记点与道路，兴趣点、背景等空间位置关系错误
位置精度	——	重要注记点表示区域误差大于 30 m	重要注记点表示区域误差大于 20 m、小于等于 30 m
属性精度	涉及国家领土和主权的注记信息错误	1) 重要注记的属性错误(如名称等)； 2) 注记重要属性错误	1) 注记次要属性错误(如显示等级等)； 2) 一般注记的属性错误
时间精度	——	重要注记的信息与现实世界的状况不符合	一般注记的信息与现实世界的状况不符合
注:"——"表示此项无内容。			

7.2 检测方法

7.2.1 概述

导航电子地图数据质量检测采用全数检测或抽样检测两种方法，其检查手段可采用自动检查和人工检查相结合的形式。

7.2.2 数据质量定性元素检测

检测方确认数据质量定性元素检测项是否与相关的标准、技术要求和成果的内容相符。

7.2.3 数据质量定量元素检测

数据质量定性元素检测合格后，方可进行相应的数据质量定量元素的检测，否则直接判定该检测批不合格，此检查项目的质量评分计 0 分，并编写入数据质量检测报告。

数据质量定量元素检测项一般在以下环境实施检测：

a) 数据编辑环境。使用自动检查和人工检查相结合的方法，在相应的数据编辑工具的辅助下，对照原始资料或数据，对部分适用的数据质量定量元素检测项实施检测。

b） 数据编译环境。通过编译前的输入检查、编译过程检查和编译后的数据提交检查这三种方式，使用编译软件对部分适用的数据质量定量元素检测项实施检测。

c） 室内模拟应用环境。在室内模拟导航的环境下，参照权威数据或被认可的参照数据对部分适用的数据质量定量元素检测项实施检测。

7.3 检测流程

导航电子地图数据质量检测流程参见图3。

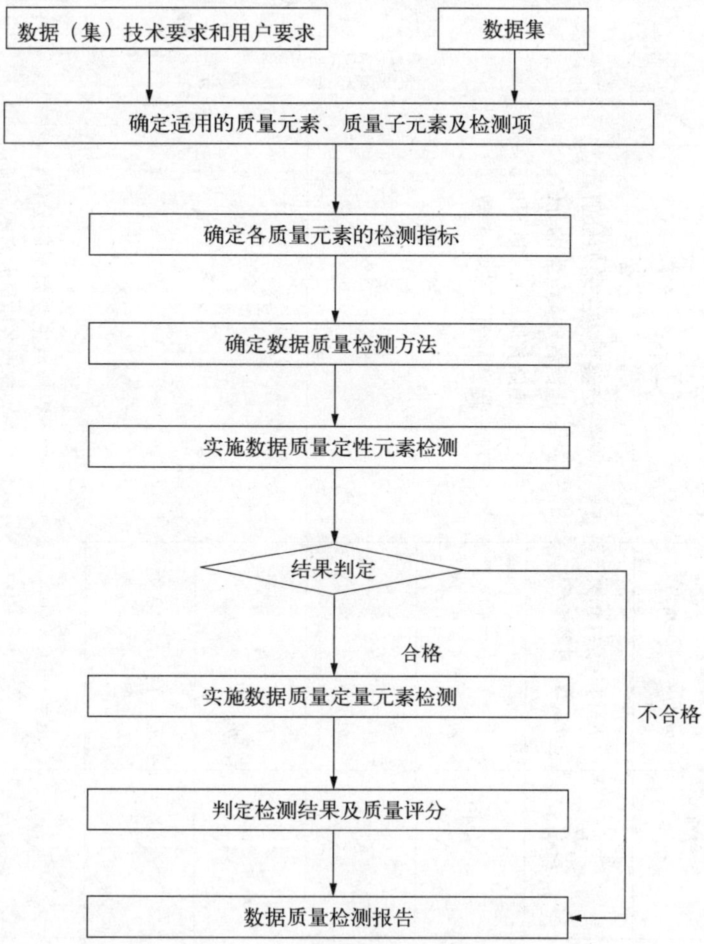

图3 导航电子地图数据质量检测流程

7.4 项目质量评分

7.4.1 若数据质量定性元素判定为不合格，则数据质量评分为0分。

7.4.2 若数据质量定性元素判定为合格，则依据数据质量定量元素各要素主题的质量元素检测指标统计出数据质量检测批（样本）内各检测单元的差错个数之和（$l_i\ m_i\ n_i$），见附录A.7。

7.4.3 根据统计结果利用表14中的公式计算各要素主题对应质量元素的质量分值（E），并填写在表A.3中。

7.4.4 根据质量元素的质量分值计算出检测批（样本）中各要素主题的质量分值（s），并填写在表A.3中。

7.4.5 根据表14中的公式，计算数据质量项目质量分值（w）。

表 14　导航电子地图数据质量评分表

要素主题	质量元素	检测结果	检测指标	合格条件	合格后的计算方法	要素主题计算方法	检测项目计算方法
道路	完整性	l_i m_i n_i	见表 10	$l_i<1$ $m_i<N/40$ $n_i<N/4$	$E=1-l_i-40\times m_i/N-4\times n_i/N$	$s=\sum_{i=1}^{n}E_i\times p_i'$ 式中： s——道路要素主题的分值； E_i——道路各质量元素的分值； p_i'——道路各质量元素的权值； n——道路质量元素的个数。	$w=\sum_{i=1}^{n}s_i\times p_i''\times 100$ 式中： w——数据质量检测项目的分值； s_i——各要素主题的分值； p_i''——各要素主题的权值； n——要素主题的个数。
	逻辑一致性	l_i m_i n_i	见表 10	$l_i<1$ $m_i<N/40$ $n_i<N/4$	$E=1-l_i-40\times m_i/N-4\times n_i/N$		
	位置精度	l_i m_i n_i	见表 10	$l_i<1$ $m_i<N/40$ $n_i<N/4$	$E=1-l_i-40\times m_i/N-4\times n_i/N$		
	属性精度	l_i m_i n_i	见表 10	$l_i<1$ $m_i<N/40$ $n_i<N/4$	$E=1-l_i-40\times m_i/N-4\times n_i/N$		
	时间精度	l_i m_i n_i	见表 10	$l_i<1$ $m_i<N/40$ $n_i<N/4$	$E=1-l_i-40\times m_i/N-4\times n_i/N$		
兴趣点	完整性	l_i m_i n_i	见表 11	$l_i<1$ $m_i<N/40$ $n_i<N/4$	$E=1-l_i-40\times m_i/N-4\times n_i/N$	$s=\sum_{i=1}^{n}E_i\times p_i'$ 式中： s——兴趣点主题要素的分值； E_i——兴趣点各质量元素的分值； p_i'——兴趣点各质量元素的权值； n——兴趣点质量元素的个数。	
	逻辑一致性	l_i m_i n_i	见表 11	$l_i<1$ $m_i<N/40$ $n_i<N/4$	$E=1-l_i-40\times m_i/N-4\times n_i/N$		
	位置精度	l_i m_i n_i	见表 11	$l_i<1$ $m_i<N/40$ $n_i<N/4$	$E=1-l_i-40\times m_i/N-4\times n_i/N$		
	属性精度	l_i m_i n_i	见表 11	$l_i<1$ $m_i<N/40$ $n_i<N/4$	$E=1-l_i-40\times m_i/N-4\times n_i/N$		
	时间精度	l_i m_i n_i	见表 11	$l_i<1$ $m_i<N/40$ $n_i<N/4$	$E=1-l_i-40\times m_i/N-4\times n_i/N$		

表 14　导航电子地图数据质量评分表　（续）

要素主题	质量元素	检测结果	检测指标	合格条件	合格后的计算方法	要素主题计算方法	检测项目计算方法
背景	完整性	l_i m_i n_i	见表 12	$l_i<1$ $m_i<N/40$ $n_i<N/4$	$E=1-l_i-40\times m_i/N-4\times n_i/N$	$s=\sum_{i=1}^{n}E_i\times p_i^{'}$ 式中： s ——背景主题要素的分值； E_i——背景各质量元素的分值； $p_i^{'}$——背景各质量元素的权值； n ——背景质量元素的个数。	$w=\sum_{i=1}^{n}s_i\times p_i^{''}\times 100$ 式中： w ——数据质量检测项目的分值； s_i ——各要素主题的分值； $p_i^{''}$ ——各要素主题的权值； n ——要素主题的个数。
	逻辑一致性	l_i m_i n_i	见表 12	$l_i<1$ $m_i<N/40$ $n_i<N/4$	$E=1-l_i-40\times m_i/N-4\times n_i/N$		
	位置精度	l_i m_i n_i	见表 12	$l_i<1$ $m_i<N/40$ $n_i<N/4$	$E=1-l_i-40\times m_i/N-4\times n_i/N$		
	属性精度	l_i m_i n_i	见表 12	$l_i<1$ $m_i<N/40$ $n_i<N/4$	$E=1-l_i-40\times m_i/N-4\times n_i/N$		
	时间精度	l_i m_i n_i	见表 12	$l_i<1$ $m_i<N/40$ $n_i<N/4$	$E=1-l_i-40\times m_i/N-4\times n_i/N$		
注记	完整性	l_i m_i n_i	见表 13	$l_i<1$ $m_i<N/40$ $n_i<N/4$	$E=1-l_i-40\times m_i/N-4\times n_i/N$	$s=\sum_{i=1}^{n}E_i\times p_i^{'}$ 式中： s ——注记主题要素的分值； E_i——注记各质量元素的分值； $p_i^{'}$——注记各质量元素的权值； n ——注记质量元素的个数。	
	逻辑一致性	l_i m_i n_i	见表 13	$l_i<1$ $m_i<N/40$ $n_i<N/4$	$E=1-l_i-40\times m_i/N-4\times n_i/N$		
	位置精度	l_i m_i n_i	见表 13	$l_i<1$ $m_i<N/40$ $n_i<N/4$	$E=1-l_i-40\times m_i/N-4\times n_i/N$		
	属性精度	l_i m_i n_i	见表 13	$l_i<1$ $m_i<N/40$ $n_i<N/4$	$E=1-l_i-40\times m_i/N-4\times n_i/N$		
	时间精度	l_i m_i n_i	见表 13	$l_i<1$ $m_i<N/40$ $n_i<N/4$	$E=1-l_i-40\times m_i/N-4\times n_i/N$		
注：l_i 为严重差错的个数，m_i 为大差错的个数，n_i 为一般差错的个数，N 为数据检查总量							

数据质量项目质量得分值应写入检测报告，见附录A。

8 导航电子地图可视化表达及应用功能检测

8.1 检测内容与指标

8.1.1 检测内容

8.1.1.1 可视化表达

导航电子地图可视化表达的质量元素、质量子元素、检测项的检测内容见表15。

表15 导航电子地图可视化表达检测内容

质量元素	质量子元素	检测项	检测内容
安全性	要素表示	不得表示的要素	检测是否存在GB 20263—2006中规定不得表示的要素
	属性显示	不得显示的属性信息	检测是否存在GB 20263—2006中规定不得显示的属性信息
完整性	道路的完整性	道路显示内容缺失或冗余	1)检测显示道路网是否存在少路、断路或多路的错误； 2)检测必要道路设施是否存在遗漏或多余
	背景要素的完整性	背景要素显示内容缺失	检测背景(行政区划、水系、绿地、居民地、铁路等)要素显示内容是否缺失
准确性	道路的准确性	显示道路的真实度	1)检测道路位置、形状、连通关系表达是否准确； 2)检测道路名称、类别、等级、宽度、通行方向、交通限制等道路属性信息表达是否准确
	兴趣点的准确性	显示兴趣点的真实度	1)检测兴趣点名称、类别等属性信息表达是否正确； 2)检测兴趣点的位置与道路、背景的位置关系是否正确
	背景要素的准确性	显示背景要素的真实度	1)检测各比例尺下背景要素的位置、几何图形以及关系是否正确； 2)检测背景要素名称、类别等属性信息表达是否正确
	注记的准确性	注记指示的正确性	1)检测注记信息是否正确； 2)检测注记指示是否清楚、准确
一致性	道路的一致性	道路显示继承性	检测在多尺度地图中，同名道路自小(比例尺)到大(比例尺)是否能继承性显示
	兴趣点的一致性	兴趣点显示继承性	检测在多尺度地图中，同名兴趣点自小(比例尺)到大(比例尺)是否能继承性显示
	背景要素的一致性	背景要素显示继承性	检测在多尺度地图中，同名背景要素自小(比例尺)到大(比例尺)是否能继承性显示
	注记的一致性	注记信息显示继承性	检测在多尺度地图中，同名注记信息自小(比例尺)到大(比例尺)是否能继承性显示

表 15 导航电子地图可视化表达检测内容 （续）

质量元素	质量子元素	检测项	检测内容
表征质量	道路的美观程度	几何图形规范性	检测道路的几何图形是否规范
		关系协调性	检测道路网以及道路与其他图层的要素关系是否协调
		图面载负量	检测在图面中，道路的信息量是否适中
	兴趣点的美观程度	几何图形规范性	检测兴趣点的图形符号是否形象
		关系协调性	检测兴趣点层以及兴趣点与其他图层的要素关系是否协调
		图面载负量	检测在图面中，兴趣点的信息量是否适中
	背景要素的美观程度	几何图形规范性	检测背景要素的几何图形是否规范
		关系协调性	检测背景要素层以及背景要素与其他图层的要素关系是否协调
		图面载负量	检测在图面上，背景要素的信息量是否适中
	注记的美观程度	配置规范性	检测注记的配置是否规范
		关系协调性	检测注记层以及注记与其他图层的要素关系是否协调
		图面载负量	检测在图面中，注记的信息量是否适中

8.1.1.2 **应用功能**

导航电子地图应用功能对应的质量元素、检测项及检测内容见表 16。

表 16 导航电子地图应用功能检测内容

质量元素	质量子元素	检测项	检测内容
基本功能	地图显示	地图尺度	检测多尺度范围、尺度级差
		地图覆盖范围	检测地图显示覆盖的地理范围
	地图放大、缩小	地图显示内容分布	检测在同尺度地图上的显示要素分布是否均衡
		多尺度地图上显示内容变化	检测在不同尺度地图上显示要素变化是否连贯
		注记显示质量	检测注记显示是否清晰、完整、无相互叠压，不遮挡兴趣点、道路等核心要素的图形符号
	兴趣点查询	兴趣点查询方式	检测兴趣点查询方式的种类及其便捷程度
		兴趣点位置与名称	1)检测兴趣点图形符号定位是否准确； 2)检测兴趣点名称(指正式名称或缩写简称)是否正确、规范
	路径匹配	路径匹配	检测车辆行驶轨迹是否能够定位和匹配在相应的道路上
	路径计算	导航路线	检测是否能够在一定时间内，确定任意两点间多条合理、可供选择的导航路线

表 16 导航电子地图应用功能检测内容 （续）

质量元素	质量子元素	检测项	检测内容
增强功能	语音引导	起始点、目的地语音提示	检测是否支持起始点、目的地语音提示
		距离和转向提示	检测是否支持全程语音引导功能，包括路口语音转向提示、多级距离提示
	路口放大图片引导	图片引导	检测在导航路线引导中，路口转向是否采用了矢量图放大、位图路口或实景图片路口提示
	周边兴趣点显示	设定兴趣点显示	检测是否能够显示周边设定范围内的相关兴趣点
扩展功能	多个路径点设置	多个路径点设置	检测能否设置从起始点到目的地中多个中途点，并参与规划导航路线
	实时交通信息显示	实时道路交通信息显示	检测能否将实时道路交通信息显示在地图上
	公交线路查询	公交线路查询	检测能否提供按公交线路名称或编号查找公交线路
	图标选择性显示	图标显示	检测能否在一定比例尺下选择性显示与兴趣点类型相匹配的图标
	旅游电子书	旅游信息查询	检测能否在地图上显示旅游景点，并提供旅游景点详细信息查询

8.1.2 检测指标

8.1.2.1 可视化表达检测指标

8.1.2.1.1 概述

导航电子地图可视化表达主要针对道路、兴趣点、背景和注记 4 个要素主题；检测指标用各类要素数据可视化表达的合格等级来定义，即分为合格、基本合格和不合格 3 个等级。

8.1.2.1.2 道路可视化表达检测指标

道路可视化表达的检测指标依据质量元素设定，见表 17。应具体地图产品的技术要求与用途所需，可以在表 17 的基础上对道路的各项检测指标作适用性调整。

表 17 道路可视化表达检测指标

质量元素	合格	基本合格	不合格
安全性	不存在 GB 20263—2006 中规定的不得表示的道路和不得显示的属性信息	—	存在 GB 20263—2006 中规定的不得表示的道路和不得显示的属性信息
完整性	未出现多路、少路或断路的数量占检测总数的 80%以上	未出现多路、少路或断路的数量占检测数量的 60%～80%	未出现多路、少路或断路的数量占检测数量的 60%以下
准确性	道路位置、形状、连通关系，以及名称、等级、宽度、禁行关系、通行方向等道路属性正确率在 80%以上	道路位置、形状、连通关系，以及名称、等级、宽度、禁行关系、通行方向等道路属性正确率在 60%～80%	道路位置、形状、连通关系，以及名称、等级、宽度、禁行关系、通行方向等道路属性正确率在 60%以下

表 17 道路可视化表达检测指标 （续）

质量元素	合 格	基本合格	不合格
一致性	道路在不同比例尺地图中80%以上有继承性	道路在不同比例尺地图中60%～80%有继承性	道路在不同比例尺地图中有继承性的比率在60%以下
表征质量	用不同的符号描述各等级道路，并在不同比例尺地图上准确显示或隐藏不同等级道路；道路符号与兴趣点、背景的符号搭配协调	用有一定差异的符号描述各等级道路，并在不同比例尺地图上显示或隐藏不同等级道路；道路符号与兴趣点、背景的符号搭配基本协调	没用不同的符号描述各等级道路，或在不同比例尺地图上没有显示或隐藏不同等级道路；或道路符号与兴趣点、背景的符号搭配不协调
注："——"表示此项无内容。			

8.1.2.1.3 兴趣点可视化表达检测指标

兴趣点可视化表达的检测指标依据质量元素设定，见表18。应具体地图产品的技术要求与用途所需，可以在表18的基础上对兴趣点的各项检测指标作适用性调整。

表 18 兴趣点可视化表达检测指标

质量元素	合格	基本合格	不合格
安全性	不存在GB 20263—2006中规定的不得表示的兴趣点和不得显示的属性信息	——	存在GB 20263—2006中规定不得表示的兴趣点和不得显示的属性信息
准确性	兴趣点的位置与道路、背景、注记要素的位置关系正确率在80%以上	兴趣点的位置与道路、背景的位置关系正确率在60%～80%	兴趣点的位置与道路、背景的位置关系正确率在60%以下
一致性	兴趣点在不同比例尺地图中80%以上有继承性	兴趣点在不同比例尺地图中60%～80%有继承性	兴趣点在不同比例尺地图中有继承性的占60%以下
表征质量	兴趣点符号的几何形状、颜色及其尺寸适合，指示要素准确，其名称、类型、所属政区、地址等属性正确表达，图面信息容量适中	兴趣点符号的几何形状、颜色及其尺寸基本适合，指示要素基本准确，其名称、类型、所属政区、地址等属性基本正确表达，图面信息容量基本适中	兴趣点符号的几何形状、颜色及其尺寸大部分不适合，或指示要素大部分不准确，或其名称、类型、所属政区、地址、电话号码等属性大部分不能正确表达，或图面信息容量不适中
注："——"表示此项无内容。			

8.1.2.1.4 背景可视化表达检测指标

背景可视化表达的检测指标依据质量元素设定，见表19。应具体地图产品的技术要求与用途所需，可以在表19的基础上对背景的各项检测指标作适用性调整。

表 19　背景可视化表达检测指标

质量元素	合格	基本合格	不合格
安全性	不存在 GB 20263—2006 中规定的不得表示的要素和不得显示的属性信息	——	存在 GB 20263—2006 中规定的不得表示的要素和不得显示的属性信息
完整性	背景(建筑物或街区、水系、绿地、行政区划、铁路等)显示完整率在80%以上,支持在多比例尺地图上显示	背景(建筑物或街区、水系、绿地、行政区划、铁路等)显示完整率在60%～80%,支持在多比例尺地图上显示	背景(建筑物或街区、水系、绿地、行政区划、铁路等)显示完整率在60%以下或不支持在多比例尺地图上显示
准确性	各比例尺地图上要素的几何位置、属性、关系正确率在80%以上	各比例尺地图上要素的几何位置、属性、关系正确率在60%～80%	各比例尺地图上要素的几何位置、属性、关系正确率在60%以下
一致性	同名要素在不同比例尺地图中80%以上有继承性	同名要素在不同比例尺地图中60%～80%有继承性	同名要素在不同比例尺地图中有继承性的占60%以下
表征质量	要素符号的几何形状、颜色及其尺寸适合,要素之间的关系协调,图面信息容量适中	要素符号的几何形状、颜色及其尺寸基本适合,要素之间的关系基本协调,图面信息容量基本适中	要素符号的几何形状、颜色及其尺寸不适合,或要素之间的关系不协调,或图面信息容量不适中
注:“——”表示此项无内容。			

8.1.2.1.5　**注记可视化表达检测指标**

注记可视化表达的检测指标依据质量元素设定,见表20。应具体地图产品的技术要求与用途所需,可以在表20的基础上对注记的各项检测指标作适用性调整。

表 20　注记质量元素检测指标

质量元素	合　格	基本合格	不合格
安全性	不存在 GB 20263—2006 中规定的不得表示的注记和不得显示的属性信息	——	存在 GB 20263—2006 中规定不得表示的注记和不得显示的属性信息
准确性	80%以上注记的标注位置合理、显示的名称信息正确	60%～80%注记的标注位置合理、显示的名称信息正确	注记的标注位置或显示的名称信息正确率在60%以下
一致性	注记在不同比例尺地图中80%以上有继承性	注记在不同比例尺地图中60%～80%有继承性	注记在不同比例尺地图中有继承性的占60%以下
表征质量	注记的字体、颜色、尺寸适合,注记指示清楚,图面清晰,图面信息容量适中的占80%以上	注记的字体、颜色、尺寸适合,注记指示清楚,图面清晰,图面信息容量适中的占60%～80%	注记的字体、颜色、尺寸适合,注记指示清楚,图面清晰,图面信息容量适中的占60%以下
注:“——”表示此项无内容。			

8.1.2.2 应用功能检测指标

8.1.2.2.1 概述

导航电子地图应用功能包括基本功能、增强功能和扩展功能；其中基本功能与增强功能的检测指标用功能的合格等级来定义，分为合格、基本合格和不合格3个等级；扩展功能的检测指标用功能是否具备来定义，分为具备、不具备两个等级。

8.1.2.2.2 基本功能检测指标

基本功能的检测指标依据质量子元素设定，见表21。应具体地图产品的技术要求与用途所需，可以在表21的基础上对基本功能的各项检测指标作适用性调整。

表21 基本功能质量元素检测指标

质量子元素	合格	基本合格	不合格
地图显示	80%以上地区能准确、清晰地显示地图各种要素；用协调的颜色表达水系、绿地、行政区划、铁路、居民地、道路、导航路线等；用丰富的图标表达各类地标信息，用适量的注记表达不同地名信息；支持多比例尺下地图要素信息查看，三维画面显示、双画面显示等	60%～80%地区能准确、清晰地显示地图各种要素；用基本协调的颜色表达水系、绿地、行政区划、铁路、居民地、道路、导航路线等；地标信息、地名注记的表达清楚；支持多比例尺下地图要素信息查看	地图要素显示不清晰；表达各要素的符号颜色搭配不协调，无法正常区分不同的地图要素；地图表示内容单调，显示模式单一
地图放大或缩小	具备地图放大或缩小功能，画面切换时速度正常；在不同尺度的显示画面中，没有要素显示不清晰或信息载负量不适中、不均衡的现象	具备地图放大或缩小的功能，但有在不同尺度的画面中各要素显示不够清晰、不均衡现象	不具备地图放大和缩小功能
兴趣点查询	兴趣点内容丰富，定位准确，信息翔实；提供兴趣点类型检索、关键字检索、拼音检索（首拼或全拼字母的检索）、电话号码检索、地址（含交叉路口）检索、门牌检索、记忆点检索、目的地履历检索、邮政编码检索、附近兴趣点检索等查询功能	提供兴趣点关键字检索、拼音检索、首拼检索、电话号码检索、门牌检索中至少一种查询功能	不提供兴趣点查询功能
路径匹配	具备完全将车辆行驶轨迹定位和匹配在适当道路上的功能	具备基本将车辆行驶轨迹定位和匹配在适当道路上的功能	不具备将车辆行驶轨迹定位和匹配在适当道路上的功能
路径计算	设置目的地后，能够在1分钟之内通过计算获得任意两点间多条合理的、可供选择的导航路线	设置目的地后，能够计算获得两点间导航路线	不具备路径计算功能

8.1.2.2.3 增强功能检测指标

增强功能的检测指标依据质量子元素设定，见表22。应具体地图产品的技术要求与用途所需，可以在表22的基础上对增强功能的各项检测指标作适用性调整。

表 22　增强功能质量元素检测指标

质量子元素	合　格	基本合格	不合格
语音引导	支持全程语音引导功能，在每个路口有准确的距离和转向提示，并配合转向图标、距离进度条辅助信息提示；支持起始点、到达目的地语音提示	支持转向语音提示	无语音引导功能
路口放大图片引导	导航路线引导时，主要转向路口采用了矢量图放大、位图路口或实景图片路口三种方式中的两种，或两种以上提示路口转向；支持转向车道提示功能	只采用矢量图路口放大方式	无路口放大功能
周边兴趣点显示	具备在一定的地图显示比例尺下，显示周边设定范围内相关兴趣点的功能	——	不提供显示周边设定范围内相关兴趣点的功能
注：“——”表示此项无内容。			

8.1.2.2.4　**扩展功能检测指标**

扩展功能的检测指标依据质量子元素设定，见表 23。应具体地图产品的技术要求与用途所需，可以在表 23 的基础上对扩展功能的各项检测指标作适用性调整。

表 23　扩展功能质量元素检测指标

质量子元素	具备	不具备
多个路径点设置	能够设置从起始点到目的地中的多个中途点，并参与规划导航路线	不能设置从起始点到目的地中的多个中途点
实时交通信息显示	能够将实时交通信息状态显示在地图上	不能将实时交通信息状态显示在地图上
公交线路查询	能够提供按线路或按编号查找公交线路方式	不能提供按线路或按编号查找公交线路的方式
图标选择性显示	能够在一定比例尺下选择性显示与兴趣点类型相匹配的图标	不能在一定比例尺下选择性显示与兴趣点类型相匹配的图标
旅游电子书	能够在地图上显示旅游景点，提供旅游景点详细信息查询功能	不能在地图上显示旅游景点，也不提供旅游景点详细信息查询功能

8.2　检测方法

导航电子地图可视化表达及应用功能可采用全数检测和抽样检测相结合的方法实施检测。利用导航模拟系统或导航仪，通过模拟或实机应用，对可视化表达和应用功能的质量子元素检测项进行逐一检测。

8.3　检测流程

导航电子地图可视化表达及应用功能检测流程参见图 4。

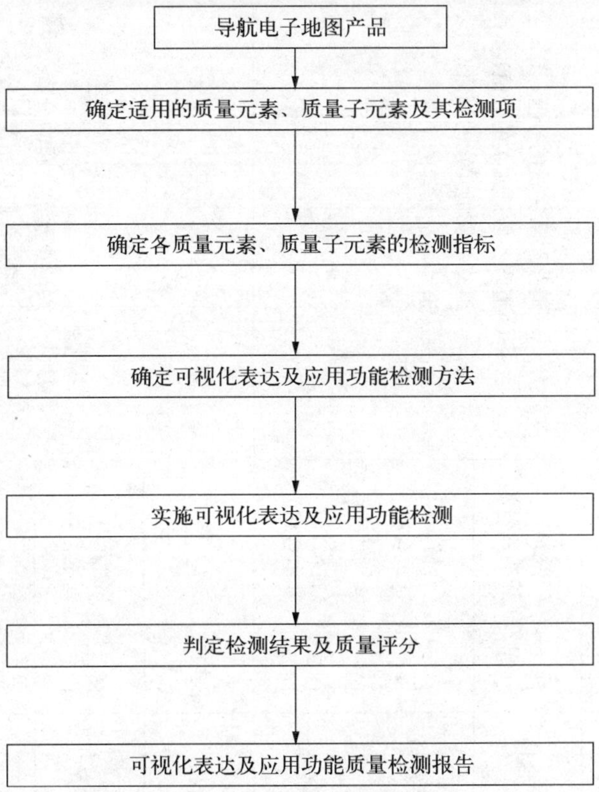

图4 导航电子地图可视化表达及应用功能检测流程

8.4 项目质量评分

8.4.1 依据可视化表达及应用功能质量(子)元素的检测指标,判定并统计出检测批(样本)的检测结果(见附录 A.8)。

8.4.2 根据各要素主题的质量(子)元素检测指标利用表 24 中的公式计算各要素主题/质量元素分值(E),并填写在表 A.4 和表 A.5 中。

8.4.3 根据要素主题/质量元素的分值计算出检测批(样本)中各检测子项目的分值(s),并填写在表 A.4 和表 A.5 中。

8.4.4 根据表 24 中的公式,计算可视化表达及应用功能项目分值(V)。

表 24 导航电子地图可视化表达及应用功能质量评定表

检测子项目	要素主题	质量元素	质量子元素	检测结果	检测指标	合格条件	合格后的计算方法	要素主题/质量元素计算方法
可视化表达	道路	安全性	—	合格/不合格	见表 17	合格	$e=100$	$E=\sum_{i=1}^{n} e_i \times p_i$ 式中： E ——道路要素主题的分值； e_i ——道路各质量元素的分值； p_i ——道路各质量元素的权值； n ——道路质量元素的个数。
		完整性	—	合格/基本合格/不合格	见表 17	基本合格	$e=100$（合格） $e=60$（基本合格）	
		准确性	—	合格/基本合格/不合格	见表 17	基本合格	$e=100$（合格） $e=60$（基本合格）	
		一致性	—	合格/基本合格/不合格	见表 17	基本合格	$e=100$（合格） $e=60$（基本合格）	
		表征质量	—	合格/基本合格/不合格	见表 17	基本合格	$e=100$（合格） $e=60$（基本合格）	
	兴趣点	安全性	—	合格/不合格	见表 18	合格	$e=100$	$E=\sum_{i=1}^{n} e_i \times p_i$ 式中： E ——兴趣点要素主题的分值； e_i ——兴趣点各质量元素的分值； p_i ——兴趣点各质量元素的权值； n ——兴趣点质量元素的个数。
		准确性	—	合格/基本合格/不合格	见表 18	基本合格	$e=100$（合格） $e=60$（基本合格）	
		一致性	—	合格/基本合格/不合格	见表 18	基本合格	$e=100$（合格） $e=60$（基本合格）	
		表征质量	—	合格/基本合格/不合格	见表 18	基本合格	$e=100$（合格） $e=60$（基本合格）	

表 24　导航电子地图可视化表达及应用功能质量评定表　（续）

检测子项目	要素主题	质量元素	质量子元素	检测结果	检测指标	合格条件	合格后的计算方法	要素主题/质量元素计算方法
可视化表达	背景	安全性	—	合格/不合格	见表 19	合格	$e=100$	$E=\sum_{i=1}^{n} e_i \times p_i$ 式中： E——背景要素主题的分值； e_i——背景各质量元素的分值； p_i——背景各质量元素的权值； n——背景质量元素的个数。
		完整性	—	合格/基本合格/不合格	见表 19	基本合格	$e=100$（合格） $e=60$（基本合格）	
		准确性	—	合格/基本合格/不合格	见表 19	基本合格	$e=100$（合格） $e=60$（基本合格）	
		一致性	—	合格/基本合格/不合格	见表 19	基本合格	$e=100$（合格） $e=60$（基本合格）	
		表征质量	—	合格/基本合格/不合格	见表 19	基本合格	$e=100$（合格） $e=60$（基本合格）	
	注记	安全性	—	合格/不合格	见表 20	合格	$e=100$	$E=\sum_{i=1}^{n} e_i \times p_i$ 式中： E——注记要素主题的分值； e_i——注记各质量元素的分值； p_i——注记各质量元素的权值； n——注记质量元素的个数。
		准确性	—	合格/基本合格/不合格	见表 20	基本合格	$e=100$（合格） $e=60$（基本合格）	
		一致性	—	合格/基本合格/不合格	见表 20	基本合格	$e=100$（合格） $e=60$（基本合格）	
		表征质量	—	合格/基本合格/不合格	见表 20	基本合格	$e=100$（合格） $e=60$（基本合格）	

表 24　导航电子地图可视化表达及应用功能质量评定表　（续）

检测子项目	要素主题	质量元素	质量子元素	检测结果	检测指标	合格条件	合格后的计算方法	要素主题/质量元素计算方法
应用功能	—	基本功能	地图显示	合格/基本合格/不合格	见表 21	基本合格	$\begin{cases}e=100（合格）\\e=60（基本合格）\end{cases}$	$E=\sum_{i=1}^{n}e_i \times p_i$ 式中： E——质量元素基本功能的分值； e_i——基本功能各质量子元素的分值； p_i——基本功能各质量子元素的权值； n——基本功能质量子元素的个数。
			地图放大/缩小	合格/基本合格/不合格	见表 21	基本合格	$\begin{cases}e=100（合格）\\e=60（基本合格）\end{cases}$	
			兴趣点查询	合格/基本合格/不合格	见表 21	基本合格	$\begin{cases}e=100（合格）\\e=60（基本合格）\end{cases}$	
			路径匹配	合格/基本合格/不合格	见表 21	基本合格	$\begin{cases}e=100（合格）\\e=60（基本合格）\end{cases}$	
			路径计算	合格/基本合格/不合格	见表 21	基本合格	$\begin{cases}e=100（合格）\\e=60（基本合格）\end{cases}$	
	—	增强功能	语音引导	合格/基本合格/不合格	见表 22	基本合格	$\begin{cases}e=100（合格）\\e=60（基本合格）\end{cases}$	$E=\sum_{i=1}^{n}e_i \times p_i$ 式中： E——质量元素增强功能的分值； e_i——增强功能各质量子元素的分值； p_i——增强功能各质量子元素的权值； n——增强功能质量子元素的个数。
			路口放大图片引导	合格/基本合格/不合格	见表 22	基本合格	$\begin{cases}e=100（合格）\\e=60（基本合格）\end{cases}$	
			周边兴趣点显示	合格/基本合格/不合格	见表 22	合格	$e=100$	

表 24　导航电子地图可视化表达及应用功能质量评定表　（续）

检测子项目	要素主题	质量元素	质量子元素	检测结果	检测指标	合格条件	合格后的计算方法	要素主题/质量元素计算方法
应用功能	—	扩展功能	多个路径点设置	具备/不具备	见表 23	具备	$e=1$	$f=\sum_{i=1}^{n} e_i$ 式中： f ——质量元素扩展功能的分值； e_i ——扩展功能各质量子元素的分值； n ——扩展功能质量子元素的个数。
			实时交通信息显示	具备/不具备	见表 23	具备	$e=1$	
			公交线路查询	具备/不具备	见表 23	具备	$e=1$	
			图标选择性显示	具备/不具备	见表 23	具备	$e=1$	
			旅游电子书	具备/不具备	见表 23	具备	$e=1$	

注 1：检测子项目计算方法：

1）可视化表达

$$s=\sum_{i=1}^{n} E_i \times p_i'$$

式中：

s —— 可视化表达的分值；

E_i —— 可视化表达各要素主题的分值；

p_i' —— 可视化表达各要素主题的权值；

n —— 可视化表达要素主题的个数。

2）应用功能

$$s=(\sum_{i=1}^{n} E_i \times P_i')+f$$

式中：

s —— 应用功能的分值；

E_i —— 应用功能各质量元素的分值；

p_i' —— 应用功能各质量元素的权值；

n ——应用质量元素的个数，此处 $n=2$；

f ——扩展功能的分值。

注 2：检测项目计算方法：

$$V=\sum_{i=0}^{n} s_i \times P_i''$$

式中：

V —— 可视化表达与应用功能项目分值；

s_i —— 各检测子项目的分值；

p_i'' ——各检测子项目的权值；

n ——检测子项目的个数，此处 $n=2$。

可视化表达及应用功能项目质量得分值应写入检测报告；见附录 A。

附　录　A
（规范性附录）
导航电子地图检测报告格式

A.1　概述

A.1.1　导航电子地图检测报告是记载对导航电子地图产品实施检测并作出质量评价的工作文档。

A.1.2　导航电子地图检测报告由封面、封二、正文首页以及具体检测项目（包括导航电子地图原始数据合法性、产品资信、数据质量、可视化表达及应用功能四项中的某一项、某几项或全部）的检测结果判定表组成。

A.1.3　导航电子地图检测报告由检测单位填写后提交委托单位并存档留用。

A.1.4　导航电子地图检测报告格式应符合 GB/T 18316。

A.2　报告封面

A.2.1　检测报告封面格式见图 A.1。

A.2.2　检测报告编号为“导航地图质检（××××）第（×××）号”，其中的“××××”为年号“×××”为流水号。

A.2.3　委托单位、产品（或成果）名称、生产单位和检测单位应填写全称；检测类别按实际检测的产品种类填写。

A.3　封二

A.3.1　检测报告封二格式见图 A.2。

A.3.2　“联系方式”中应填写检测单位的详细地址、邮政编码、电话号码、传真号和电子邮箱地址。

A.4　正文首页

A.4.1　检测报告的正文首页格式见图 A.3。

A.4.2　检测依据应列出对产品检测项目实施检测所依据的标准、规范等有关技术文件。当检测多个项目时，则分项目填写；当检测依据数据量过多时，只填写主要或重要的检测依据。

A.4.3　检测参数应列出产品所检测项目的质量元素。当检测多个类别（项目）时，则分项目填写。

A.4.4　检测结论中，应包括各检测项目的质量得分值；签发日期应手工签署。

A.4.5　编制、审核和批准栏中应由相应人员本人手工签署。

A.5　原始数据合法性检测结果判定表

导航电子地图原始数据合法性检测结果判定表格式见表 A.1。

A.6　产品资信检测结果判定表

导航电子地图产品资信检测结果判定表格式见表 A.2。

A.7　数据质量检测结果判定表

导航电子地图数据质量检测结果判定表格式见表 A.3。

A.8　可视化表达及应用功能检测结果判定表

导航电子地图可视化表达及应用功能检测结果判定表格式分别见表 A.4 和表 A.5。

导航电子地图

检测报告

*导航地图质检××××)第(×××)号

[骑缝章]

委托单位：______________

产品名称：______________

生产单位：______________

检测类别：______________

××××××××××[检测单位名称，并加盖公章]

年 月 日

注：虚方框为 A4 幅面，方括号内为内容说明。

图 A.1 封面格式

*导航电子地图质检(××××)第(×××)号　　检测报告　　第　页　共　页

注 意 事 项

1. 本报告无“检测单位公章”及“骑缝章”无效。
2. 本报告复印件未加盖“检测单位公章”无效。
3. 报告无编制人、审核人、批准人签字无效。
4. 报告涂改无效。
5. 若对检测报告内容有异议，应于收到报告起十五日内向检测单位提出，逾期不予受理。
6. 送样委托检测，检测报告仅对来样负责。

联 系 方 式

地　　址：

邮政编码：

电　　话：

传　　真：

电子信箱：

[检测单位名称]

注：虚方框为A4幅面，方括号内为内容说明。

图A.2　封二格式

＊导航电子地图(××××)第(×××)号 检测报告 第 页 共 页

<table>
<tr><td>产品名称</td><td></td><td>生产日期</td><td>[年 月— 年 月]</td></tr>
<tr><td>生产单位</td><td></td><td>地址</td><td>[详细地址]</td></tr>
<tr><td>委托单位</td><td></td><td>地址</td><td>[详细地址]</td></tr>
<tr><td>批量</td><td></td><td>样本量</td><td></td></tr>
<tr><td>样本状态</td><td>[正常、完好或缺陷描述]</td><td>抽样者</td><td>[至少两人]</td></tr>
<tr><td>抽样日期</td><td>[年 月 日]</td><td>抽样地点</td><td>[详细地址]</td></tr>
<tr><td>检测依据</td><td colspan="3">[列出与产品生产、质量以及检测有关的标准、规范、设计书、文件等，编号在前，名称与版本号在后；数量很多时可摘要填写]</td></tr>
<tr><td>检测参数</td><td colspan="3">[按实际检测内容列出检测参数，包括质量元素、质量子元素、检测项等]</td></tr>
<tr><td>检测结论</td><td colspan="3">[检测项目质量得分值]
[加盖检测单位公章]
年 月 日</td></tr>
<tr><td>备 注</td><td colspan="3"></td></tr>
</table>

<table>
<tr><td colspan="2">编制人：</td><td colspan="2">审核人：</td></tr>
<tr><td>批准人：</td><td colspan="2">批准日期： 年 月 日</td><td>批准人职务：</td></tr>
</table>

[检测单位名称]

注：虚方框为A4幅面，方括号内为内容说明。

图A.3 正文首页格式

表 A.1　导航电子地图原始数据资料合法性检测结果判定表

<table>
<tr><td>原始数据资料
来源类型</td><td colspan="5">□全部自采集　□部分自采集，部分采购(或定制)
□全部采购(或定制)</td></tr>
<tr><td>质量元素</td><td>质量子元素</td><td>检测项</td><td>检测方法</td><td>检测结果</td><td>问题描述</td></tr>
<tr><td rowspan="3">自采集数据
资料合法性</td><td>企业原始数据采集资信</td><td></td><td></td><td>合法 □
不合法 □</td><td></td></tr>
<tr><td>企业原始数据集</td><td></td><td></td><td>合法 □
不合法 □</td><td></td></tr>
<tr><td>企业原始数据采集
附属文档</td><td></td><td></td><td>合法 □
不合法 □</td><td></td></tr>
<tr><td rowspan="5">采购(或定制)
数据资料合法性</td><td>提供方采集资信</td><td></td><td></td><td>合法 □
不合法 □</td><td></td></tr>
<tr><td>提供方制作资信</td><td></td><td></td><td>合法 □
不合法 □</td><td></td></tr>
<tr><td>提供方销售资信</td><td></td><td></td><td>合法 □
不合法 □</td><td></td></tr>
<tr><td>双方合作协议</td><td></td><td></td><td>合法 □
不合法 □</td><td></td></tr>
<tr><td>提供方原始数据集</td><td></td><td></td><td>合法 □
不合法 □</td><td></td></tr>
<tr><td>检测人员</td><td></td><td>检测日期</td><td colspan="3"></td></tr>
<tr><td>审核人员</td><td></td><td>审核日期</td><td colspan="3"></td></tr>
</table>

表 A.2　导航电子地图产品资信检测结果判定表

<table>
<tr><td>产品种类</td><td colspan="2"></td><td>产品型号</td><td></td></tr>
<tr><td>产品形态</td><td colspan="2"></td><td>检测方法</td><td></td></tr>
<tr><td>质量元素</td><td>质量子元素</td><td>检测项</td><td>检测结果</td><td>问题描述</td></tr>
<tr><td rowspan="2">安全保密性</td><td>保密技术处理</td><td></td><td>通过 □
不通过 □</td><td></td></tr>
<tr><td>地图审核</td><td></td><td>通过 □
不通过 □</td><td></td></tr>
<tr><td rowspan="3">出版合法性</td><td>出版资质</td><td></td><td>具备 □
不具备 □</td><td></td></tr>
<tr><td>外装帧面标识</td><td></td><td>具备 □
不具备 □</td><td></td></tr>
<tr><td>媒体面标识</td><td></td><td>具备 □
不具备 □</td><td></td></tr>
<tr><td>检测人员</td><td colspan="2"></td><td>检测时间</td><td></td></tr>
<tr><td>审核人员</td><td colspan="2"></td><td>审核时间</td><td></td></tr>
</table>

表 A.3　导航电子地图数据质量检测结果判定表

<table>
<tr><td>数据(集)
范围</td><td colspan="6">[以样本内全部检测单元:图幅、行政区划、区域或要素主题的编号、名称或地理坐标描述]</td></tr>
<tr><td>检测方法</td><td colspan="6"></td></tr>
<tr><td rowspan="2">要素主题</td><td rowspan="2">质量元素</td><td colspan="3">检测结果</td><td rowspan="2">质量元素分值</td><td rowspan="2">问题描述</td></tr>
<tr><td>严重差错</td><td>大差错</td><td>一般差错</td></tr>
<tr><td rowspan="5">道路</td><td>完整性</td><td></td><td></td><td></td><td></td><td></td></tr>
<tr><td>逻辑一致性</td><td></td><td></td><td></td><td></td><td></td></tr>
<tr><td>位置精度</td><td></td><td></td><td></td><td></td><td></td></tr>
<tr><td>属性精度</td><td></td><td></td><td></td><td></td><td></td></tr>
<tr><td>时间精度</td><td></td><td></td><td></td><td></td><td></td></tr>
<tr><td colspan="2">样本内检测总数</td><td colspan="2"></td><td colspan="2">道路质量分值</td><td></td></tr>
<tr><td rowspan="5">兴趣点</td><td>完整性</td><td></td><td></td><td></td><td></td><td></td></tr>
<tr><td>逻辑一致性</td><td></td><td></td><td></td><td></td><td></td></tr>
<tr><td>位置精度</td><td></td><td></td><td></td><td></td><td></td></tr>
<tr><td>属性精度</td><td></td><td></td><td></td><td></td><td></td></tr>
<tr><td>时间精度</td><td></td><td></td><td></td><td></td><td></td></tr>
<tr><td colspan="2">样本内检测总数</td><td colspan="2"></td><td colspan="2">兴趣点质量分值</td><td></td></tr>
<tr><td rowspan="5">背景</td><td>完整性</td><td></td><td></td><td></td><td></td><td></td></tr>
<tr><td>逻辑一致性</td><td></td><td></td><td></td><td></td><td></td></tr>
<tr><td>位置精度</td><td></td><td></td><td></td><td></td><td></td></tr>
<tr><td>属性精度</td><td></td><td></td><td></td><td></td><td></td></tr>
<tr><td>时间精度</td><td></td><td></td><td></td><td></td><td></td></tr>
<tr><td colspan="2">样本内检测总数</td><td colspan="2"></td><td colspan="2">背景质量分值</td><td></td></tr>
<tr><td rowspan="5">注记</td><td>完整性</td><td></td><td></td><td></td><td></td><td></td></tr>
<tr><td>逻辑一致性</td><td></td><td></td><td></td><td></td><td></td></tr>
<tr><td>位置精度</td><td></td><td></td><td></td><td></td><td></td></tr>
<tr><td>属性精度</td><td></td><td></td><td></td><td></td><td></td></tr>
<tr><td>时间精度</td><td></td><td></td><td></td><td></td><td></td></tr>
<tr><td colspan="2">样本内检测总数</td><td colspan="2"></td><td colspan="2">背景质量分值</td><td></td></tr>
<tr><td>检测人员</td><td colspan="3"></td><td>检测日期</td><td colspan="2"></td></tr>
<tr><td>审核人员</td><td colspan="3"></td><td>审核日期</td><td colspan="2"></td></tr>
</table>

表 A.4 导航电子地图可视化表达检测结果判定表

产品种类			产品型号	
产品形态			检测方法	
地图范围	[以样本内全部检测单元:行政区划、区域的名称或地理坐标描述]			
要素主题	质量元素	检测项	判定结果	问题描述
道路	安全性		合格□ 不合格□	
	完整性		合格□ 基本合格□ 不合格□	
	准确性		合格□ 基本合格□ 不合格□	
	一致性		合格□ 基本合格□ 不合格□	
	表征质量		合格□ 基本合格□ 不合格□	
道路质量分值				
兴趣点	安全性		合格□ 不合格□	
	准确性		合格□ 基本合格□ 不合格□	
	一致性		合格□ 基本合格□ 不合格□	
	表征质量		合格□ 基本合格□ 不合格□	
兴趣点质量分值				
背景	安全性		合格□ 不合格□	
	完整性		合格□ 基本合格□ 不合格□	
	准确性		合格□ 基本合格□ 不合格□	
	一致性		合格□ 基本合格□ 不合格□	
	表征质量		合格□ 基本合格□ 不合格□	
背景质量分值				
注记	安全性		合格□ 不合格□	
	准确性		合格□ 基本合格□ 不合格□	
	一致性		合格□ 基本合格□ 不合格□	
	表征质量		合格□ 基本合格□ 不合格□	
注记质量分值				
可视化表达质量分值				

表 A.5 导航电子地图应用功能检测结果判定表

产品种类			产品型号	
产品形态			检测方法	
地图范围	［以样本内全部检测单元:行政区划、区域的名称或地理坐标描述］			
质量元素	质量子元素	检测项	判定结果	问题描述
基本功能	地图显示		合格□ 基本合格□ 不合格□	
	地图放大/缩小		合格□ 基本合格□ 不合格□	
	兴趣点查询		合格□ 基本合格□ 不合格□	
	路径匹配		合格□ 基本合格□ 不合格□	
	路径计算		合格□ 基本合格□ 不合格□	
基本功能质量分值				
增强功能	语音引导		合格□ 基本合格□ 不合格□	
	路口放大图片引导		合格□ 基本合格□ 不合格□	
	周边兴趣点显示		合格□ 不合格□	
增强功能质量分值				
扩展功能	多个路径点设置		具备□ 不具备□	
	实时交通信息显示		具备□ 不具备□	
	公交线路查询		具备□ 不具备□	
	图标选择性显示		具备□ 不具备□	
	旅游电子书		具备□ 不具备□	
扩展功能质量分值				
应用功能质量分值				
检测人员		检测时间		
审核人员		审核时间		

参考文献

[1] GB 21139—2007 基础地理信息标准数据基本规定
[2] GB/T 21336 地理信息 质量评价过程(GB/T 21336,ISO19114)
[3] GB/T 21337 地理信息 质量原则(GB/T 21337,ISO19113)
[4] GB/T 19711—2005 导航地理数据模型与交换格式
[5] GB/T 20267—2006 车载导航电子地图产品规范
[6] GB/T 20268—2006 车载导航地理数据采集处理技术规程
[7] GB/T 19996 公开版地图质量评定标准

前　言

本标准是对基础地理信息数据库的数据集及管理系统进行测试的标准，GB/T 18316—2008《数字测绘成果质量检查与验收》、GB 21139－2007《基础地理信息标准数据基本规定》是对基础地理信息数据成果质量进行监督检查与数据认证的标准。

本标准由国家测绘局提出并归口。

本标准起草单位：中国测绘学会、国家基础地理信息中心、广东省国土资源厅、中国测绘科学研究院、北京市测绘设计研究院、国家测绘局标准化研究所。

本标准主要起草人：杨凯、周一、王东华、商瑶玲、陈倬、江贻芳、苏山舞、肖学年、廖安平、李根洪、刘建军、谭吉安。

本标准为首次制定。

引　言

地理信息系统应采用符合国家标准的基础地理信息数据。各级基础地理信息的数据采集、更新、建库已经积累了多年、广泛的实践经验，为了统一规范基础地理信息数据库的建设，适应对数据库的数据集及其管理系统测试的需要，有必要在实践的基础上制定基础地理信息数据库测试规程。

数据库测试是基础地理信息数据库最终成果验收的必要组成部分，数据库测试结果是验收的主要依据之一。

中华人民共和国测绘行业标准

CH/T 9007—2010

基础地理信息数据库测试规程

Regulation for fundamental geographic Information database testing

1 范围

本标准规定了基础地理信息数据库测试的总体原则、测试环境、测试内容、测试方法、测试要求以及测试报告等内容。

本标准适用于基础地理信息数据库的验收测试。

2 规范性引用文件

下列文件对于本文件的应用是必不可少。凡是注日期的引用文件，仅注日期的版本适用本文件。凡是不注日期的引用文件，其最新版本(包括所有的修改单)适用于本文件。

GB 21139 基础地理信息标准数据基本规定

GB/T 21337 地理信息 质量原则

GB/T 21336 地理信息 质量评价过程

GB/T 18316 数字测绘成果质量检查与验收

3 术语和定义

下列术语和定义适用于本文件。

3.1

基础地理信息数据库 fundamental geographic information database

由基础地理信息数据集及其管理系统构成的数据库系统。基础地理信息数据集一般包括数字线划图(DLG)、数字高程模型(DEM)、数字正射影像(DOM)、数字栅格地图(DRG)、地名、地形图制图数据以及相应的元数据等数据。

3.2

地形图制图数据 cartographic data of topographic map

由数字线划图(DLG)数据按照地形图图式符号化、编辑处理、图廓整饰等过程形成的供显示输出或供印刷工艺处理的地形图数据集。

4 总则

4.1 测试组织管理

4.1.1 测试由数据库建设项目的主管部门组织实施，也可委托独立于数据库建设实施单位之外具有资质的第三方承担。

4.1.2 测试组是承担数据库测试的工作机构，其成员由项目主管部门或由被委托的第三方指定，一般由测绘与地理信息系统、计算机软硬件、系统开发及质检方面的专家组成。测试人员应以严谨、科学的态度，实事求是，不得弄虚作假和伪造测试结果，并对所承担的测试工作及最终测试结果负责。

4.1.3 数据库测试应由测试组独立承担完成。

4.2 测试基本要求

4.2.1 测试环境与运行环境应保持一致，不应改变数据库系统硬件、软件和网络设备及其各项参数。

国家测绘局 2010-03-31 发布 2010-05-01 实施

4.2.2　测试组负责测试大纲的设计和编写。测试时应按照测试大纲规定的内容、程序和要求，对测试项逐项进行测试，不应擅自改变、调整其内容、技术要求和质量要求。

4.2.3　测试时应现场逐项填写测试记录，并由测试人员签名确认。测试记录填写应及时、完整、规范、清晰、真实，客观反映存在问题；不应随意涂改、增删，测试人员应在修改处签名确认；测试评价、结论应公正、全面。

4.2.4　提交测试的基础地理信息数据库应是完成建库并通过了试运行的最终成果。数据和文档资料应完整齐全，数据已通过质检机构的检查验收以及数据入库的全面检查，符合要求，并具有相关的质检报告、入库检查质量报告及数据成果清单等。

4.2.5　当测试过程中发现数据库系统存在重大质量问题时，测试组应及时与数据库建设实施单位进行沟通和确认，如双方对测试结果存有分歧时，应形成专题报告报测试委托单位处理。

4.3　测试工作程序

基础地理信息数据库的测试，按图1所示的工作流程进行。

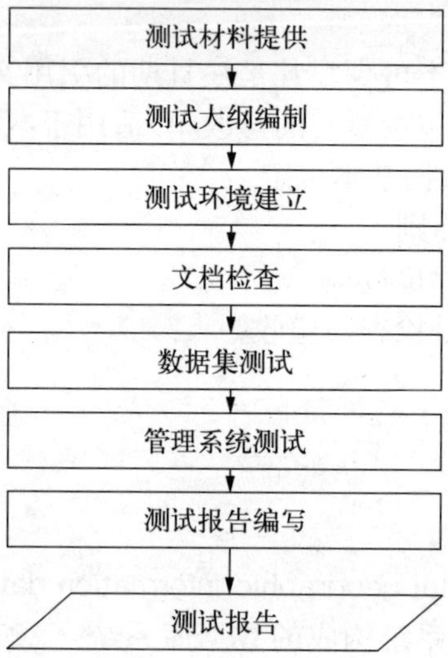

图1　数据库测试工作流程

5　测试准备

5.1　测试材料提供

数据库建设实施单位应向测试组提供测试所需的成果和文档资料，包括的种类如下：

a）系统需求。包括任务委托合同、系统需求调查分析报告等。

b）系统设计。包括数据库建设项目设计书、数据库系统总体技术设计、数据库详细设计等。

c）系统实施。包括实施方案、质量检查记录与检测报告、工作报告、技术总结等。

d）用户文档。包括数据库数据字典、数据库操作手册等。

e）其他技术文件。包括数据库运行记录、系统安装步骤说明等。

5.2　测试大纲编制

测试组在接受任务、了解数据库情况的基础上，依据相关标准、规范、数据库设计及本标准中规定的数据集测试与管理系统测试的内容编制测试大纲，报委托方确认。

5.3　测试大纲内容

5.3.1　测试大纲的名称。

5.3.2　测试任务来源：

a）说明被测数据库系统的名称、委托单位、开发单位及主管部门；

b）被测数据库系统的简介，说明数据集的名称、内容、结构、覆盖范围，系统的软、硬件运行环境及其功能、性能等。

5.3.3 术语定义。如果需要，应列出测试大纲中用到的专门术语的定义和缩写词的原意。

5.3.4 测试依据：

a) 经过论证的数据库系统设计、任务委托合同等有关文件；

b) 数据库系统设计、开发所遵循的有关标准或规范；

c) 系统建设中形成的其他文档资料等。

5.3.5 测试内容。根据本标准，结合基础地理信息数据库项目设计要求，逐项列出测试内容。本标准未规定的测试内容，可根据需要增加。

5.3.6 测试安排。给出各项测试的名称、测试顺序、测试日期及测试人员的分工。

5.3.7 测试设计：

a) 测试项1(标识符)

1) 测试条件：

——硬件：所用到的硬件设备类型、数量；

——软件：列出被用来支持本项测试过程而本身又并不是被测数据库的组成部分的软件；

——测试范围：说明所选择的测试用例能够检查的范围及其局限性；

——测试数据：列出本项测试所需的数据资料，提取图幅或数据的比例。

2) 测试步骤：

——方法：本项测试的操作方式，如自动或半自动方式输入、操作的顺序以及结果的记录方式；

——输入：本项测试中所用的输入数据及选择这些数据的原因；

——过程：完成本项测试的步骤；

——输出：记录测试结果。

3) 评价指标

判断测试结果是否能通过的评价尺度。

b) 用测试项1方式进行第2项及其后各项测试的设计。

5.3.8 测试记录表。根据上述测试设计，形成测试记录表(见图A.3)。

5.3.9 测试结果评价。依据项目设计书、测试委托合同以及相关的标准、规范和技术规定等，确定评价标准，并对基础地理信息数据库测试结果进行评价。

5.4 测试环境

5.4.1 一般要求

在数据库测试之前，应了解其系统的运行环境，在此基础上建立测试环境。要求如下：

a) 测试环境与运行环境应保持一致。

b) 测试组根据需要提出测试环境方案，由系统建设单位进行准备，构建测试环境。

5.4.2 硬件环境

硬件环境主要包括数据库服务器、磁盘阵列、图形工作站、微机等，明确相应的设备名称、型号及其基本参数。

5.4.3 软件环境

软件环境主要包括所采用的空间数据管理及关系型数据库管理软件，明确其产品型号、基本功能。

5.4.4 网络环境

网络环境主要包括服务器与磁盘阵列之间、服务器与客户端之间的连接方式，提供的网络速率，以及网络安全措施、网络安全的检测结论。

6 文档检查

6.1 文档类型

检查的文档类型应包括需求规格说明、设计文档、系统操作手册和帮助文件等。

6.2 检查内容

6.2.1 完整性

文档的种类应齐全，应符合5.1的规定。

6.2.2 准确性

文档的准确性应审查下列内容：

a) 各类文档的描述是否准确，有无歧义；

b) 文字、图、表、公式等表达是否存在错误。

6.2.3 一致性和可追溯性

文档的一致性和可追溯性应审查下列内容：

a) 软件的设计描述是否按照需求定义进行展开；

b) 应用程序是否与设计文档的描述一致；

c) 用户文档是否客观描述应用程序的实际操作；

d) 同一问题在文档中或不同文档间是否存在不同的描述；

e) 文档编制依据是否充分，关键环节是否可溯源。

6.2.4 可理解性

文档的可理解性应审查文档是否表达清晰、明确和易读。

7 数据集测试

7.1 基本要求

7.1.1 应对数据库包含的数字线划图(DLG)、数字高程模型(DEM)、数字正射影像(DOM)、数字栅格地图(DRG)、地名、地形图制图数据、元数据等数据，按本章要求的测试内容、测试要求和测试方法，逐类型进行测试。当数据库中包含其他类型数据时，应参照本章要求进行测试。

7.1.2 数据库中包含的多种或单一类型、不同比例尺或不同分辨率以及区分多个数据层的数据集等，都应按照本章要求进行测试。

7.1.3 对数据集进行测试主要包括完整性、逻辑一致性、位置准确度、专题准确度、时间准确度。

7.1.4 数据集测试的方法主要有审核检查、上机检查、外业测绘检查、相关质检报告认定等。测试时应根据数据内容和测试要求具体选择一种或综合运用多种测试方法。

7.1.5 必要时采用外业测绘检查方法，对数据位置准确度、专题准确度及时间准确度等进行测试。

7.1.6 对项目设计书、质量检验报告、入库检查报告、自检报告、工作报告和技术报告等包含的有关测试的结果，经认定为正确、合理的可以直接采用，作为测试结果。

7.1.7 数据测试采用抽样检查方式，抽样的具体内容和抽样比例应由测试人员根据测试数据库的实际情况进行确定，一般按1%～3%比例抽样，并在测试大纲中明确。

7.1.8 对抽样数据集的检测，可通过对抽样图幅相关质检报告的认定或上机实际检测完成。对重要质量元素和普遍性质量问题应进行重点检查。

7.1.9 测试数据的质量评价，主要依据项目设计书、任务委托合同及相关的标准、规范和技术规定。

7.2 数字线划图(DLG)数据测试

数字线划图(DLG)数据的主要测试内容及其测试要求和测试方法见表1。

表 1

测试内容		测试要求	测试方法
完整性	数据整体覆盖范围	全部数据的覆盖范围应符合项目设计要求覆盖的行政区域范围、自然地理区域范围或其他数据范围要求	对数据库建设实施单位提供的报告进行审核；对相关质检报告进行认定；上机统计检核，并选择重点或易遗漏区域进行抽检
	图幅总数量	全部数据所包含的图幅总数量应符合项目设计要求，能覆盖要求的数据范围	对数据库建设实施单位提供的报告进行审核；对相关质检报告进行认定；上机统计检核，并与要求的数据范围进行比对
	数据量	按照项目规定的成果数据格式，对全部数据所占的磁盘空间进行统计，统计结果应与使用的成果数据格式相匹配	对数据库建设实施单位提供的报告进行审核；上机统计
	数据层的完整性	项目规定的数据内容应完整包含在各成果数据层中，数据层数应符合规定的要求	对相关质检报告进行认定；抽取一定比例的图幅上机抽检
	要素有无遗漏或多余	数据成果中应表示的要素应齐全，符合项目规定的要求，各数据层要素应无遗漏和多余	对相关质检报告进行认定；抽取一定比例的图幅上机查看；核对使用的基本资料，上机检查
	各数据层属性项的完整性	各数据层包含数据属性项内容应符合项目规定的要求，不同图幅间相同数据层的属性项应一致并齐全	对相关质检报告进行认定；抽取一定比例的图幅上机抽检
逻辑一致性	平面坐标系统的正确性	数据成果所采用的平面坐标系统应符合项目规定的要求，平面坐标系统的相关定义参数的使用应正确；应用坐标系统改正数的，改正数引用应正确，使用应正确	对相关质检报告进行认定；抽取一定比例的图幅上机查看参数设置；选取参考点，通过理论平面坐标计算后与成果数据坐标进行比对
	高程系统的正确性	数据成果所采用的高程系统应符合项目规定的要求，应用高程改正数的，改正数引用应正确，使用应正确	对相关质检报告进行认定；抽取一定比例的图幅上机查看；选取参考点，应用高程改正数计算后与成果数据高程进行比对
	投影的正确性	数据成果所采用投影系统应符合项目规定的要求，成果数据的投影方式应正确，各投影参数的设置和使用应正确	对相关质检报告进行认定；抽取一定比例的图幅上机查看；选取参考点，应用理论投影坐标计算后与成果数据坐标进行比对
	数据分幅范围的正确性	数据成果分幅存储的范围应符合项目规定的要求	对相关质检报告进行认定；抽取一定比例的图幅上机查看；选取分幅图廓点，通过上机计算后进行比对
	文件组织的正确性	数据成果存储的文件组织方式、路径、文件命名应符合项目规定要求	对数据库建设实施单位提供的报告进行审核检查；对相关质检报告进行认定；抽取一定比例的图幅上机核查
	数据格式的正确性	数据成果使用的数据格式应符合项目规定的要求，构成规定数据格式的文件应齐全并正确	对相关质检报告进行认定；抽取一定比例的图幅上机查看；选取图幅数据通过格式转换或其他方法进行验证
	各数据层命名的正确性	数据成果应包含的各数据层命名应符合项目规定的要求，有数据层命名规则，数据层命名应符合规则的要求	对相关质检报告进行认定；抽取一定比例的图幅上机查看
	各层属性项定义的正确性	数据成果各数据层属性项的定义应符合项目规定的要求，属性项定义所包含的名称、输入输出长度、类型、小数位数等的确定应正确	对相关质检报告进行认定；抽取一定比例的图幅上机查看
	要素分层的正确性	数据成果中的要素分层应符合项目规定的要求，各数据层应表示的数据内容应正确，数据的点、线、面等分层表示应正确，不应有多余或缺少的数据内容	对相关质检报告进行认定；抽取一定比例的图幅上机查看；核对使用的基本资料，上机检查

表 1 （续）

测试内容		测试要求	测试方法
逻辑一致性	要素表示的正确性	成果数据的表示应符合项目规定的要求，要素点、线、面等的表示方式应正确，要素的选取表示应正确，综合取舍应合理正确	对相关质检报告进行认定；抽取一定比例的图幅上机查看；核对使用的基本资料，上机检查
	要素拓扑关系的正确性	数据成果的要素拓扑关系应正确，要素应无节点错误、无线段错误、无多边形错误等，要素拓扑关系应符合项目规定的要求	对相关质检报告进行认定；抽取一定比例的图幅上机查看
	要素方向表示的正确性	数据成果中要素具有方向性表示要求的，应符合项目规定的要求，有向点、有向线等要素的方向性表示应正确	对相关质检报告进行认定；抽取一定比例的图幅上机查看；核对使用的基本资料，上机检查；采用外业实测法进行检测
	各要素间关系的协调性	数据成果中的各要素内容间关系应协调，符合项目规定的要求，一般应包括水系、道路、居民地、境界、地貌、土质植被、独立地物等要素之间，各要素及附属设施之间的协调关系的表示应正确	对相关质检报告进行认定；抽取一定比例的图幅上机查看；核对使用的基本资料，上机检查
位置准确度	数据精度的检测	数据成果精度应符合项目规定的要求，数据的平面精度和高程精度应在限差范围内	对相关质检报告进行认定；抽取一定比例的图幅，与使用的基本资料进行对比；采用外业实测或应用与大比例尺数据比对的方法对平面精度和高程精度进行检测
	数据图形接边精度	数据成果接边精度符合项目规定要求，数据按照分幅和分区域范围严格到边，相邻图幅或区域间接边要素数据坐标应做到无缝接边	对相关质检报告进行认定；抽取一定比例图幅，上机实际检查接边状况
专题准确度	各数据层属性分类的正确性	数据成果中各数据属性分类应符合项目规定的要求，属性分类合理，代码使用正确	对相关质检报告进行认定；抽取一定比例的图幅上机查看；核对使用的基本资料，上机检查
	各数据属性值的正确性	数据成果中的各属性值应符合项目规定的要求，属性值填写内容及格式等应正确，属性值应正确，且无遗漏	对相关质检报告进行认定；抽取一定比例的图幅，核对使用的基本资料，上机查看；采用外业核查的方法对要素属性信息正确性进行检测
	各层数据属性接边的正确性	数据成果的属性接边应符合项目规定的要求，相邻图幅或区域间接边要素属性应保持一致并正确	对相关质检报告进行认定；抽取一定比例的图幅，上机检查接边要素属性
时间准确度	数据现势性	数据成果现势性应符合项目规定的要求	对相关质检报告进行认定；抽取一定比例的图幅，核对使用的基本资料，上机查看；采用外业核查方法检核数据现势性

7.3　数字高程模型(DEM)数据测试

数字高程模型数据(DEM)的主要测试内容及其测试要求和测试方法见表 2。

表2

测试内容		测试要求	测试方法
完整性	数据整体覆盖范围	全部数据的覆盖范围应符合项目设计要求覆盖的行政区域范围、自然地理区域范围或其他数据范围要求	对数据库建设实施单位提供的报告进行审核；对相关质检报告进行认定；上机统计检核，并选择重点或易遗漏区域进行抽检
	图幅总数量	统计入库的图幅数量应符合项目设计要求	对数据库建设实施单位提供的报告进行审核；对相关质检报告进行核实；上机统计检核，并与要求的数据范围进行比对
	数据量	按照项目规定的成果数据格式，对全部数据所占的磁盘空间进行统计，统计结果应与使用的成果数据格式相匹配	对数据库建设实施单位提供的报告进行审核；上机统计
逻辑一致性	平面坐标系统的正确性	数据成果所采用的平面坐标系统应符合项目规定的要求，平面坐标系统的相关定义参数的使用应正确；应用坐标系统改正数的，改正数引用应正确，使用应正确	对相关质检报告进行认定；抽取一定比例图幅上机查看参数设置；选取参考点，通过理论平面坐标计算后与成果数据坐标进行比对
	高程系统的正确性	数据成果所采用的高程系统应符合项目规定的要求，应用高程改正数的，改正数引用应正确，使用应正确	对相关质检报告进行认定；抽取一定比例的图幅上机查看；选取参考点，应用高程改正数计算后与成果数据高程进行比对
	投影的正确性	数据成果所采用投影系统应符合项目规定的要求，成果数据的投影方式应正确，各投影参数的设置和使用应正确	对相关质检报告进行认定；抽取一定比例的图幅上机查看；选取参考点，应用理论投影坐标计算后与成果数据坐标进行比对
	数据分幅范围的正确性	数据成果分幅存储的范围应符合项目规定的要求	对相关质检报告进行认定；抽取一定比例的图幅上机查看；选取分幅范围点，通过上机计算后进行比对
	文件组织的正确性	数据成果存储的文件组织方式、路径、文件命名应符合项目规定的要求	对数据库建设实施单位提供的报告进行审核检查；对相关质检报告进行认定；抽取一定比例图幅上机核查
	数据格式的正确性	数据成果使用的数据格式应符合项目规定的要求，构成规定数据格式的文件应齐全并正确。高程的表示形式应符合项目规定的要求	对相关质检报告进行认定；抽取一定比例的图幅上机查看；选取图幅数据通过格式转换或其他方法进行验证
	数据命名的正确性	数据成果应包含的数据层命名应符合项目规定要求，有数据层命名规则，数据层命名应符合规则的要求	对相关质检报告进行认定；抽取一定比例的图幅上机查看
位置准确度	数据精度的检测	数据成果精度应符合项目规定的要求，格网内插方法正确，内插精度应在限差范围内	对相关质检报告进行认定；抽取一定比例的图幅与使用的基本资料进行对比；应用基本资料进行内插计算验证
	数据起止点坐标的正确性	数据成果的起止点坐标应符合项目规定的要求	对相关质检报告进行认定；抽取一定比例的图幅，上机查看起止点坐标的正确性
	格网大小的正确性	数据成果格网大小应符合项目规定的要求	对相关质检报告进行认定；抽取一定比例的图幅上机查看

表2 （续）

测试内容		测试要求	测试方法
专题准确度	高程值的正确性	高程值的表示应符合项目规定的要求，高程精度应在限差范围内，高程无粗差，高程值应正确，且无遗漏	对相关质检报告进行认定；抽取一定比例的图幅，核对使用的基本资料，上机查看；采用外业实测，或应用大比例尺高程数据，或其他已有的实测成果，对高程值的正确性进行检测
	接边的正确性	数据成果的接边应符合项目规定的要求，相邻图幅或区域间接边高程应合理。相邻图幅有数据重叠区域的，高程值应一致并正确	对相关质检报告进行认定；抽取一定比例图幅，上机检查接边要素属性
时间准确度	数据现势性	数据成果现势性应符合项目规定的要求	对相关质检报告进行认定；抽取一定比例的图幅，核对使用的基本资料，上机查看；采用外业方法对重点区域进行检核

7.4 数字正射影像(DOM)数据测试

数字正射影像(DOM)数据的主要测试内容及其测试要求和测试方法见表3。

表3

测试内容		测试要求	测试方法
完整性	数据整体覆盖范围	测试入库的数据覆盖范围应按项目设计的要求完整覆盖，不存在缺漏或空白区	对数据库建设实施单位提供的报告进行审核；对相关质检报告进行核实；上机统计检核，并选择重点或易遗漏区域进行抽检
	图幅总数量	统计入库的图幅数量应符合项目设计要求	对数据库建设实施单位提供的报告进行审核；对相关质检报告进行核实；上机统计检核，并与要求的数据范围进行比对
	数据量	按照项目规定的成果数据格式，对全部数据所占的磁盘空间进行统计	对数据库建设实施单位提供的报告进行审核；上机统计
逻辑一致性	平面坐标系统的正确性	测试成果所采用的平面坐标系统应符合项目规定的要求，各类相关参数使用应正确	对相关质检报告进行核实；抽取一定比例的图幅上机查看参数设置
	投影与分带的正确性	测试成果所采用的投影、分带应符合项目规定的要求，各类相关参数使用应正确	对相关质检报告进行核实；抽取一定比例的图幅上机查看参数设置
	分幅与裁切的正确性	数据成果分幅存储的范围与影像的裁切范围应符合项目规定的要求	对相关质检报告进行核实；抽取一定比例的图幅上机查看；按照项目设计要求计算分幅图廓点，与生产的分幅成果进行坐标比对
	文件组织的正确性	数据成果存储的文件组织方式、路径、文件命名应符合项目规定的要求	对项目承担单位提供的报告进行审核检查；对相关质检报告进行核实；抽取一定比例的图幅上机核查
	数据格式的正确性	影像文件、元数据、坐标信息文件等各类数据成果使用的数据格式应符合项目规定的要求	对相关质检报告进行核实；抽取一定比例的图幅上机查看
	浏览、成果、历史等数据的逻辑一致性	入库的浏览、成果、历史、元数据库等各类数据库之间应一一对应，不存在错漏现象或不一致的情况	上机统计、查看、比对

表3　(续)

测试内容		测试要求	测试方法
位置准确度	数据精度检测	入库的成果数据的精度应满足生产技术规定或建库技术规定要求	相关质检报告进行核实;按照成果所涉及的地形、资料源、生产单位、控制源等情况,抽取一定比例的图幅,外业实测检测或与高精度的资料(如大比例尺的DOM、DLG、DRG等)进行比对,计算中误差和最大误差
	接边精度	数据成果的接边精度应符合项目规定的要求,相邻图幅或区域间接边精度应在接边限差之内	对相关质检报告进行核实;抽取一定比例的图幅,上机实际量测接边限查,记录接边差最大值
	分辨率的正确性	数据成果的影像分辨率应符合项目规定要求	对数据库建设实施单位提供的报告进行审核检查;对相关质检报告进行核实;抽取一定比例的图幅上机核查
	数据起止点坐标的正确性	数据成果的起止点坐标应符合项目规定的要求	对相关质检报告进行认定;抽取一定比例的图幅,上机查看起止点坐标的正确性
专题准确度	影像质量	影像质量宜整体色调均匀,纹理清晰、反差适中。入库影像与原始影像相比不应有大的细节丢失	上机整体查看;选择一定量图幅进行统计、分析,与原始影像进行质量分析比较
	影像色彩规范性	数据成果的影像色彩表达、存储格式以及像素位数应符合项目规定要求	对数据库建设实施单位提供的报告进行审核检查;对相关质检报告进行核实;抽取一定比例图幅上机核查
	影像色彩质量	影像整体颜色应基本一致,图幅与图幅之间色彩过渡自然;真彩色影像应与地表自然色基本一致	上机整体查看;选择一定量图幅进行信息统计、分析,查看图幅之间的色彩过渡情况
时间准确度	数据现势性	数据成果现势性应符合项目规定的要求	对相关质检报告进行核实;统计资料整体现势的基本情况

7.5　数字栅格地图(DRG)数据测试

数字栅格地图(DRG)数据的主要测试内容及其测试要求和测试方法见表4。

表4

测试内容		测试要求	测试方法
完整性	数据整体覆盖范围	全部数据成果的覆盖范围应符合项目设计要求覆盖的行政区域范围、自然地理区域范围或其他数据范围要求	对数据库建设实施单位提供的报告进行审核;对相关质检报告进行认定;上机统计检核,并选择重点或易遗漏区域进行抽检
	图幅总数量	统计入库的图幅数量应符合项目设计要求	对数据库建设实施单位提供的报告进行审核;对相关质检报告进行核实;上机统计检核,并与要求的数据范围进行比对
	数据量	按照项目规定的成果数据格式,对全部数据所占的磁盘空间进行统计,统计结果应与使用的成果数据格式相匹配	对数据库建设实施单位提供的报告进行审核;上机统计
	图面内容的完整性	各图幅数据成果应包含的内容完整,符合项目规定的要求,数据包含的图幅内外图廓、图外说明、图例、图外整饰等内容应齐全,无遗漏	对相关质检报告进行认定;抽取一定比例的图幅上机查看
	色彩归化完整无遗漏或多余	数据成果中各图幅色彩归化应完整,无未归化颜色,无多余色彩值	对相关质检报告进行认定;抽取一定比例的图幅上机核查

表4 （续）

测试内容		测试要求	测试方法
逻辑一致性	平面坐标系统的正确性	数据成果所采用的平面坐标系统应符合项目规定的要求，平面坐标系统的相关定义参数的使用应正确；应用坐标系统改正数的，改正数引用应正确，使用应正确	对相关质检报告进行认定；抽取一定比例的图幅上机查看参数设置；选取参考点，通过理论平面坐标计算后与成果数据坐标进行比对
	投影的正确性	数据成果所采用投影系统应符合项目规定的要求，成果数据的投影方式应正确，各投影参数的设置和使用应正确	对相关质检报告进行认定；抽取一定比例的图幅上机查看；选取参考点，应用理论投影坐标计算后与成果数据坐标进行比对
	数据分幅范围的正确性	数据成果分幅存储的范围应符合项目规定的要求。数据起始点坐标应正确，数据涵盖的范围应正确	对相关质检报告进行认定；抽取一定比例的图幅上机查看；选取分幅图廓点，通过上机计算后进行坐标比对
	文件组织的正确性	数据成果存储的文件组织方式、路径、文件命名应符合项目规定的要求	对数据库建设实施单位提供的报告进行审核检查；对相关质检报告进行认定；抽取一定比例的图幅上机核查
	数据格式的正确性	数据成果使用的数据格式应符合项目规定的要求，构成规定数据格式的文件应齐全并正确	对相关质检报告进行认定；抽取一定比例的图幅上机查看；选取图幅数据通过格式转换或其他方法进行验证
	数据命名的正确性	数据成果的命名应符合项目规定的要求	对相关质检报告进行认定；抽取一定比例的图幅上机查看
位置准确度	纠正精度的检测	数据成果纠正精度应符合项目规定的要求，数据逐格网纠正的平面精度应在限差范围内	对相关质检报告进行认定；抽取一定比例的图幅，上机查看量算；应用DRG扫描数据源，进行纠正验证对比
	分辨率的正确性	数据成果的分辨率应符合项目规定的要求	对相关质检报告进行认定；抽取一定比例的图幅上机查看
专题准确度	图像质量	成果图像质量应符合规定要求，线划、注记、符号清晰	对相关质检报告进行认定；抽取一定比例的图幅上机抽查
	归化色彩值使用正确性	归化色彩值使用应符合规定要求，各图幅色彩值的使用正确且一致	相关质检报告进行认定；抽取一定比例的图幅上机抽查
时间准确度	数据现势性	数据成果现势性应符合项目规定的要求，生产DRG使用的基本资料应符合要求	对相关质检报告进行认定；抽取一定比例的图幅，核对使用的基本资料，上机查看

7.6　地名数据测试

地名数据的主要测试内容及其测试要求和测试方法见表5。

表 5

<table>
<tr><th colspan="2">测试内容</th><th>测试要求</th><th>测试方法</th></tr>
<tr><td rowspan="5">完整性</td><td>数据整体覆盖范围</td><td>全部成果的覆盖范围应符合项目设计要求</td><td>查阅设计书及相关质检报告；上机对数据整体覆盖范围进行核查，检查图幅数，并选择重点或易遗漏区域进行抽检</td></tr>
<tr><td>数据量</td><td>按照项目规定的成果数据格式，对全部数据所占的磁盘空间进行统计，统计结果应与使用的成果数据格式相匹配</td><td>数据库建设实施单位提供的报告进行审核；上机统计</td></tr>
<tr><td>数据层的完整性</td><td>项目规定的数据内容应完整包含在各成果数据层中，数据层数应符合规定的要求</td><td>对相关质检报告进行认定；抽取一定比例的图幅上机抽检</td></tr>
<tr><td>地名对象的完整性</td><td>应表示的地名齐全，无遗漏，无误选，符合项目规定的要求</td><td>对相关质检报告进行认定；抽取一定比例的图幅上机查看；核对使用的基本资料，上机检查</td></tr>
<tr><td>各数据层属性项的完整性</td><td>各数据层包含数据属性项内容应符合项目规定的要求，不同图幅间相同数据层的属性项应一致并齐全</td><td>对相关质检报告进行认定；抽取一定比例的图幅上机抽检</td></tr>
<tr><td rowspan="9">逻辑一致性</td><td>平面坐标系统的正确性</td><td>数据成果所采用的平面坐标系统应符合项目规定的要求，平面坐标系统的相关定义参数的使用应正确；应用坐标系统改正数的，改正数引用应正确，使用应正确</td><td>对相关质检报告进行认定；抽取一定比例的图幅上机查看参数设置；选取参考点，通过理论平面坐标计算后与成果数据坐标进行比对</td></tr>
<tr><td>投影的正确性</td><td>数据成果表示投影坐标的，所采用投影系统应符合项目规定的要求，成果数据的投影方式应正确，各投影参数的设置和使用应正确</td><td>对相关质检报告进行认定；抽取一定比例的图幅上机查看；选取参考点，应用理论投影坐标计算后与成果数据坐标进行比对</td></tr>
<tr><td>数据分幅范围的正确性</td><td>数据成果分幅存储的范围应符合项目规定的要求</td><td>对相关质检报告进行认定；抽取一定比例的图幅上机查看；选取分幅范围，通过上机计算后进行比对</td></tr>
<tr><td>文件组织的正确性</td><td>数据成果存储的文件组织方式、路径、文件命名应符合项目规定的要求</td><td>对数据库建设实施单位提供的报告进行审核检查；对相关质检报告进行认定；抽取一定比例的图幅上机核查</td></tr>
<tr><td>数据格式的正确性</td><td>数据成果使用的数据格式应符合项目规定的要求，构成规定数据格式的文件应齐全并正确</td><td>对相关质检报告进行认定；抽取一定比例的图幅上机查看；选取数据通过格式转换或其他方法进行验证</td></tr>
<tr><td>各数据层命名的正确性</td><td>数据成果应包含的各数据层命名应符合项目规定的要求，有数据层命名规则，数据层命名应符合规则的要求</td><td>对相关质检报告进行认定；抽取一定比例的图幅上机查看</td></tr>
<tr><td>各层属性项定义的正确性</td><td>数据成果各数据层属性项的定义应符合项目规定的要求，属性项定义所包含的名称、输入输出长度、类型、小数位数等的确定应正确</td><td>对相关质检报告进行认定；抽取一定比例的图幅上机查看</td></tr>
<tr><td>要素分层的正确性</td><td>数据成果中的要素分层应符合项目规定的要求，各数据层应表示的地名数据内容应正确，不应有多余或缺少的数据内容</td><td>对相关质检报告进行认定；抽取一定比例的图幅上机查看；核对使用的基本资料，上机检查</td></tr>
<tr><td>各地名要素间关系的协调性</td><td>数据成果中的各要素内容间关系应协调，符合项目规定的要求，居民地、河流、山脉、道路、港湾等地名位置关系应合理</td><td>对相关质检报告进行认定；抽取一定比例的图幅上机查看；核对使用的基本资料，上机检查</td></tr>
</table>

表5 （续）

测试内容		测试要求	测试方法
位置准确度	数据精度的检测	数据成果精度应符合项目规定的要求，数据的平面精度应在限差范围内	对相关质检报告进行认定；抽取一定比例的图幅，与使用的基本资料进行对比；采用外业实调或与大比例尺资料或数据比对的方法对地名平面精度进行检测
	地名位置接边精度	跨图幅的同名地名位置应符合接边要求	对相关质检报告进行认定；抽取一定比例的图幅，上机查看
专题准确性	地名分类的正确性	地名数据成果中各类地名的分类应符合项目规定的要求，属性分类合理，代码使用正确	对相关质检报告进行认定；抽取一定比例的图幅上机查看；核对使用的基本资料，上机检查
	地名数据各属性值的正确性	地名数据成果中的各属性值应符合项目规定的要求，属性值填写内容及格式等应正确，属性值应正确，且无遗漏	对相关质检报告进行认定；抽取一定比例的图幅，核对使用的基本资料，上机查看；采用外业实调方法对地名属性信息正确性进行检测
	地名属性接边精度	跨图幅的同名地名名称应一致	对相关质检报告进行认定；抽取一定比例的图幅，上机查看
时间准确度	地名数据现势性	地名数据成果现势性应符合项目规定的要求	对相关质检报告进行认定；抽取一定比例的图幅，核对使用的基本资料，上机查看；采用外业实调方法检核数据现势性

7.7 地形图制图数据测试

地形图制图数据的主要测试内容及其测试要求和测试方法见表6。

表6

测试内容		测试要求	测试方法
完整性	数据整体覆盖范围	全部成果的覆盖范围应符合项目设计要求	查阅设计书及相关质检报告；上机对数据整体覆盖范围进行核查，检查图幅数，并选择重点或易遗漏区域进行抽检
	数据量	按规定的成果数据格式，对数据所占的磁盘空间进行统计，结果应与相应的数据格式相匹配	查阅成果清单，并上机统计核查
	地形图内容的完整性	应与数据库数据内容以及相关设计要求一致	设计辅助检查程序，对抽样图幅上机逐数据层全面检查，或按图式要求输出地形图进行检查
	图外整饰的完整性、正确性	应符合图式、设计书等规定要求	对抽样图幅上机检查图外整饰内容是否完整、正确，注意检查三北方向线标注角度值的正确性，注意检查附注中内容的完整性
	图历簿填写的完整性、正确性	应符合设计书和图历簿填写的规定要求	对抽样图幅的图历簿进行检查，填写的内容是否完整正确，重大问题处理是否合理，责任人是否签名
逻辑一致性	要素分层内容结构的合理性、正确性	要素分层、分色、内容结构应符合设计书、图式和相关技术规定要求	逐要素类、属性类、注记类检查分层结构模板
	地形要素与制图符号对应的正确性	应按图式规定要求	逐要素类、属性类、注记类检查分层结构模板和符号对照表

表6 （续）

测试内容		测试要求	测试方法
逻辑一致性	各要素位置关系的合理性	应符合图式、编绘规范、设计书和相关技术规定要求，次要要素避让主要要素，低等级要素避让高等级要素	将抽样图幅放大一倍，检查各要素位置关系；重点检查水系与等高线、水系与铁路、公路关系，可用计算机辅助检查，或输出地形图进行检查
	符号库符号的精确性	符号库中具体图形符号的形状、颜色、大小，应符合图式、设计书和相关技术规定要求	在计算机上检查符号库中各要素形状、颜色、大小、定位点是否正确；放大绘图（打样）检查符号库中各要素形状、颜色、大小是否正确
位置准确度	内图廓尺寸、图廓点坐标	应符合相关标准、设计书和技术规定要求	设计程序，检查内图廓点坐标值，或量测地形图的内图廓边长、对角线边长尺寸
	方里网尺寸或坐标精度	应符合相关标准、设计书和技术规定要求	检查方里网交点数据值或尺寸
	接边的正确性	应符合相关标准、设计书和技术规定要求	对抽样图幅上机检查图幅四边接边情况，或通过输出地形图进行检查
专题准确度	各类注记的内容正确性	按图式规定要求，与DLG和外业调绘片对照，属性值调用应正确，取位应正确	对抽样图幅进行全面检查，逐数据层检查数据，或输出地形图进行检查
	各类注记表达的正确性	注记的字体、颜色、大小、耸肩、倾斜等，应符合图式、编绘规范、设计书等相关技术规定要求，分级应合理	将抽样图幅放大一倍，检查各类注记的字体、颜色、大小、耸肩、倾斜等；可用计算机辅助检查，或输出地形图进行检查
	各类注记位置的合理性	应符合图式、编绘规范、设计书和相关技术规定要求	对抽样图幅上机检查注记位置是否合理，或输出地形图进行检查
时间准确度	数据现势性	应达到设计书规定要求	查阅设计书与质检报告等相关资料。选择重要地形要素（如新建成公路、近期变更的行政境界等）进行检查

7.8 元数据测试

元数据的主要测试内容及其测试要求和测试方法见表7。

表7

测试内容		测试要求	测试方法
完整性	元数据整体覆盖范围	全部元数据成果的覆盖范围应符合项目设计要求覆盖的行政区域范围、自然地理区域范围或其他数据范围要求	对数据库建设实施单位提供的报告进行审核；对相关质检报告进行认定；上机统计核核，并选择重点或易遗漏区域进行抽检
	图幅元数据总数量	全部数据成果所包含的分幅图幅元数据总数量应符合项目设计要求，能覆盖要求的数据范围	对数据库建设实施单位提供的报告进行审核；对相关质检报告进行认定；上机统计核核，并与要求的元数据范围进行比对
	数据量	按照项目规定的元数据成果数据格式，对全部数据所占的磁盘空间进行统计，统计结果应与使用的成果数据格式相匹配	数据库建设实施单位提供的报告进行审核；上机统计
	元数据项内容设置的完整性	元数据各数据项设置应齐全合理，无遗漏，符合规定要求	抽取一定比例的图幅元数据，对元数据项内容的设置上机查看
	元数据内容填写无遗漏	元数据成果中应表示的内容应齐全，符合项目规定的要求，元数据内容填写应无遗漏	对相关质检报告进行认定；抽取一定比例的图幅上机查看；核对使用的基本资料，上机检查

表 7 （续）

测试内容		测试要求	测试方法
逻辑一致性	文件组织的正确性	元数据成果存储的文件组织方式、路径、文件命名应符合项目规定的要求	对数据库建设实施单位提供的报告进行审核检查；对相关质检报告进行认定；抽取一定比例的图幅上机核查
	元数据格式的正确性	元数据成果使用的数据格式应符合项目规定的要求	对相关质检报告进行认定；抽取一定比例的图幅上机查看；选取图幅数据通过格式转换或其他方法进行验证
	元数据命名的正确性	元数据成果的命名应符合项目规定的要求，有命名规则的，元数据命名应符合规则的要求	对相关质检报告进行认定；抽取一定比例的图幅上机查看
	元数据的协调性	元数据成果中各元数据项内容应合理协调，不同图幅相同元数据项或有相关关系的元数据项的填写应规范协调，符合规定要求	对相关质检报告进行认定；抽取一定比例的图幅上机查看；核对使用的基本资料，上机检查
	元数据填写的正确性	元数据填写方式与内容应符合项目规定的要求，元数据内容填写应规范并正确	对相关质检报告进行认定；抽取一定比例的图幅上机查看；核对使用的基本资料，上机检查
时间准确度	数据现势性	元数据成果现势性应与数据集一致	对相关质检报告进行认定

7.9 数据集一致性测试

数据集一致性测试的主要测试内容及其测试要求和测试方法见表 8。

表 8

测试内容		测试要求	测试方法
基本要求	数学基础一致性	数学基础一致或有关联关系	检查两者的设计书，上机抽查数据的实际数学基础
相同比例尺 DEM 与 DLG 之间	DEM 与 DLG 高程要素的符合程度	DEM 格网点高程与 DLG 的高程注记点、等高线符合一致，要求两者高程偏差在允许的精度范围之内	通过分层设色图与等高线图对照，用目视或程序内插等方式检查，抽样统计
	DEM 与其他要素内容的符合程度	DEM 与 DLG 面状、线状水系要素符合一致，没有明显不协调	目视或程序检查 DEM 格网点高程与湖泊、双线河等面状要素的符合程度
相同比例尺 DOM 与 DLG 之间	DOM 与 DLG 位置精度的一致性	DOM 与 DLG 点状、线状明显地物位置的符合程度，要求两者位置偏差在允许的精度范围之内	数据叠合，人机交互检查，抽样统计
	DOM 与 DLG 时间准确度的一致性	要求两者尽可能保持一致	查看设计书、相关质检报告及元数据，对两者数据目视检查
相同比例尺 DLG 与地形图制图数据之间	要素内容的一致性	符合设计书与图式要求，要素主次内容选择一致，关系合理	目视检查为主
	属性的一致性	符合设计书与图式要求，属性内容与图面表达一致	目视或人机交互检查

表8 （续）

测试内容		测试要求	测试方法
相邻比例尺 DEM 之间	同名格网点高程值符合程度	以小比例尺精度要求为准，符合良好	设计程序检查，抽样统计
	地貌特征点、线的符合程度	主要地貌特征点、线，如山头、山脊、山谷线位置应吻合	目视或人机交互检查
相邻比例尺 DLG 之间	各类要素标识码的一致性	根据要素内容不同，要求同一要素采用同一标识码，或可以方便转换	检查设计书，设计程序检查数据是否一致
	分层一致性	根据要素内容不同，要求一致，或可方便转换	检查设计，是否要求一致；设计程序对照检查
	同名地物平面位置的一致性	要求同名明显地物点、线位置偏差在小比例尺允许的精度范围之内	人机交互对照检查，抽样统计
	要素主次取舍表达的一致性	要素主次取舍合理，一般情况下小比例尺有，大比例尺也应有	人机交互对照检查
	时间准确度的一致性	要求两者尽可能保持一致	查看设计书、相关质检报告及元数据，对两者数据目视检查

7.10 数据集测试评价

7.10.1 测试结果记录

在测试记录表上，根据数据集各测试项的完成情况，填写测试结果记录及存在问题。

7.10.2 测试结果评价

依据各测试项的评价标准，对数据集各测试项的测试结果进行评价。

7.10.3 测试结论

数据集测试全部完成后，综合各测试项的测试结果评价作出数据集测试结论。测试结论可采样两级制（合格、不合格）。

8 管理系统测试

8.1 基本要求

8.1.1 管理系统测试主要包括系统功能测试、系统性能测试等内容。功能测试与性能测试的测试内容，根据具体数据库的情况与测试需求可对8.2测试内容进行选定或补充。

8.1.2 管理系统需要进行涉及数据库安全保密功能的测试时，应按照相关保密规定执行。

8.1.3 管理系统测试的重点内容应现场测试，一般内容可以通过认定方式测试。

8.2 测试内容

8.2.1 功能测试

8.2.1.1 数据库建库

数据库建库的功能测试应包括以下内容：

a） 数据库创建；

b） 数据入库检查；

c） 空间索引建立与更新；

d） 数据入库（增、删、改）。

8.2.1.2 数据库显示浏览

数据库显示浏览的功能测试应包括以下内容：

a） 鹰眼图功能；

b） 基本地图操作(放大、缩小、平移、比例尺控制、全图等)；

c） 书签管理；

d） 数据图层控制(加载、显示顺序调整、显示比例尺控制、符号设置、属性标注等)；

e） 矢量和栅格一体化显示；

f） 投影设置(经纬度、高斯-克吕格投影、自定义投影、动态投影)。

8.2.1.3 数据库查询检索

数据库查询检索的功能测试应包括以下内容：

a） 基于空间位置的查询(坐标范围、图号范围)；

b） 基于要素属性的查询(政区、道路、河流、地名等)；

c） 基于空间关系的查询(相交查询、缓冲区查询、邻近查询、穿过查询等)；

d） 基于元数据查询空间数据；

e） 组合条件查询。

8.2.1.4 数据库数据转换与输出

数据库数据输出的功能测试应包括以下内容：

a） 投影转换、坐标转换与数据格式转换；

b） 按标准图幅号输出；

c） 按经纬度或投影坐标范围全要素或部分要素输出；

d） 按行政区范围全要素或部分要素输出；

e） 屏幕上任意范围内全要素或部分要素输出；

f） 符合特定条件的数据导出。

8.2.1.5 数据库统计分析

数据库统计分析的功能测试应包括以下内容：

a） 统计某个区域内的矢量要素；

b） 统计分析两点或多点间的平面距离；

c） 统计分析某个区域内的面积；

d） 坡度、坡向等的计算与统计；

e） 剖面的计算、显示与统计。

8.2.1.6 数据库地图制图

数据库地图制图的功能测试应包括以下内容：

a） 制图模版的定义和选择(标准地形图、专题图等)；

b） 地图整饰；

c） 地图输出。

8.2.1.7 数据库分发服务

数据库分发服务的功能测试应包括以下内容：

a） 数据目录查询；

b） 订单管理功能(生成、查询、处理、输出)。

8.2.1.8 数据库维护更新

数据库维护更新的功能测试应包括以下内容：

a） 数据库编辑(增加、删除、修改)；

b） 数据覆盖与替换；

c） 数据库版本管理；

d） 数据备份和恢复；

e） 数据库迁移；

f） 数据库日志管理。

8.2.1.9 **权限管理及安全审计**

权限管理及安全审计的功能测试应包括以下内容：

a) 权限管理(角色管理、用户管理、数据管理)；

b) 安全审计(审计信息记录、审计信息控制、审计信息管理)。

8.2.2 **性能测试**

数据库的性能测试包括以下内容：

a) 系统界面友好性；

b) 系统运行稳定性；

c) 系统操作便捷性；

d) 系统运行结果的正确性；

e) 海量数据操纵与响应的时效性；

f) 其他性能指标(功能组织合理性、系统维护方便性、帮助和手册完备性)。

8.3 **测试方法**

8.3.1 管理系统测试可采用审核文档、观看操作演示、上机测试等方法。

8.3.2 功能测试应以数据库管理的数据集为基础，系统性能及各项技术指标的测试可采用逐步加大数据量方式进行。

8.4 **管理系统测试评价**

8.4.1 **测试结果记录**

在测试记录表上，根据功能测试与性能测试各测试项的完成情况，填写测试结果记录及存在问题。

8.4.2 **测试结果评价**

依据各测试项的评价标准，对功能测试与性能测试各测试项的测试结果进行评价。

8.4.3 **测试结论**

功能测试与性能测试全部完成后，综合各测试项的测试结果评价作出管理系统测试结论，其中功能测试结论可采样两级制(通过、不通过)，性能测试结论可采用等级制(优、良、中、差)。

9 测试报告编写

9.1 基本要求

9.1.1 基础地理信息数据库测试工作完成后，应编写测试报告。

9.1.2 测试报告由测试组编写，编写完成后，测试组负责人应对测试报告编写的客观性、完整性等进行审核、签字，并对技术总结编写的质量负责。

9.1.3 测试报告编写的主要依据包括：

a) 基础地理信息数据库项目任务书或合同的有关要求；

b) 基础地理信息数据库技术设计文件、相关的法律、法规、技术标准和规范；

c) 基础地理信息数据库测试方案、测试技术设计；

d) 其他有关文件和资料。

9.1.4 测试报告的编写应内容真实、全面，文字应简明扼要；各类测试结果应明确描述、准确表达，重点突出；数据和图表应准确；名词、术语、符号和计量单位等均应与有关法规和标准一致；测试的各项结果应现场纪录，并由测试者签字确认。

9.2 主要内容

9.2.1 **测试报告的组成**

测试报告一般由封面、简表、报告正文和附录组成，并按此顺序统一编制页码，按顺序装订。报告正文包括引言、测试概要、测试结果、测试结论与建议等 4 部分组成。

9.2.2 **封面**

测试报告封面应包括所测试的数据库名称，测试机构名称和编号。测试机构为某单位时应填写单位名称，测试机构为测试组时应填写全部测试组人员姓名。测试报告编号应按该数据库建设工程文档编号的要求进行编号。

9.2.3 简表

数据库测试简表应包括所测试的数据库名称、数据库建设时间、数据库状态、委托测试单位、测试机构、测试时间、测试地点、被测数据库的基本描述、测试工作概要和测试结论等。测试工作概要应简要描述测试组织、测试对象、测试的主要内容等。测试负责人、测试组成员均应由本人签名，测试机构为委托单位还应加盖单位公章。

9.2.4 正文

9.2.4.1 引言部分

测试报告的引言部分应包括以下内容：

a) 背景：对基础地理信息数据库的目标和目的进行简要说明，必要时可简要描述数据库建设的过程；
b) 数据库简介：对基础地理信息数据库的内容、结构和功能等进行简要说明；
c) 术语和缩写词：必要时列出所测试的数据库和测试使用的专用术语及缩写语约定；
d) 测试依据：列出数据库测试所依据的各项文件；
e) 测试人员：对测试人员的组成、组织和分工进行说明；
f) 其他。

9.2.4.2 测试概要部分

测试报告的测试概要部分应包括以下内容：

a) 测试工作简介：对测试对象、测试范围、测试目的等情况进行简要说明；
b) 测试主要内容：描述各项测试的主要内容；
c) 测试环境与配置：简要介绍测试环境及其配置，包括数据库服务器配置、应用服务器配置、客户端配置，以及网络设备相关配置等；
d) 测试过程：描述测试的时间、程序、测试内容等测试过程情况，对于未计划测试但实际进行测试的内容也应描述，对于已经列入计划测试但没有进行测试的应予以说明。

9.2.4.3 测试结果部分

测试报告的测试结果部分应包括以下内容：

a) 测试记录：纪录各项测试结果；
b) 存在的问题与分析：描述测试中存在的问题，并作简要分析；
c) 其他：包括测试图件。

9.2.4.4 测试结论部分

测试报告的测试结论部分应包括以下内容：

a) 测试结论：依据测试结果，作出测试结论，包括对测试工作的结论和数据库系统测试的结论；
b) 建议。

9.2.5 附录

测试报告的附录应包括测试大纲和测试记录表等。

9.3 格式

测试报告的格式按附录 A 执行。

附 录 A
(规范性附录)
测试报告的格式

A.1 幅面要求

基础地理信息数据库测试报告采用 A4 幅面(210 mm×297 mm)。

A.2 格式

A.2.1 封面格式

测试报告的封面格式见图 A.1。

A.2.2 简表格式

测试简表的格式见图 A.2。

A.2.3 测试记录表格式

测试记录表的格式见图 A.3。

A.3 字号和字体

A.3.1 封面的字号和字体

测试报告封面的名称用二号黑体,封面的其他文字均用四号仿宋。

A.3.2 正文的字号和字体

测试报告的正文中,章、条、附录的编号和标题用小四号黑体,图、表的标题用小四号黑体。

条文(或图、表)的注、脚注用五号宋体,图、表中的数字和文字以及图、表右上方关于单位的陈述用五号宋体。

正文和附录的其他内容均采用小四号宋体。

编号：

数据库名称

测试报告

工程承担单位(盖章)：

测　试　机　构(盖章)：

年　月　日

图 A.1　测试报告封面格式

测试报告简表

<table>
<tr><td>数据库名称</td><td></td><td>建设时间</td><td>年　月—　　年　月</td></tr>
<tr><td>工程承担单位</td><td></td><td>委托测试单位</td><td></td></tr>
<tr><td>测试机构</td><td colspan="3"></td></tr>
<tr><td>数据库状态</td><td colspan="3">□试运行　　　□运行　　　□未运行</td></tr>
<tr><td>测试日期</td><td>年　月　日</td><td>测试地点</td><td></td></tr>
<tr><td>被测数据库
基本描述</td><td colspan="3"></td></tr>
<tr><td>测试工作概要</td><td colspan="3"></td></tr>
<tr><td>测试结论</td><td colspan="3">

年　月　日</td></tr>
<tr><td colspan="4">测试机构：(单位盖章)
测试组负责人：
测试组成员：</td></tr>
</table>

图 A.2　测试报告简表格式

测试记录表

测试内容： 测试时间： 年 月 日

序号	测试项	评价指标	测试结果记录	存在问题	结果评价	测试者[a]

[a] 测试者应由本人签字。

图 A.3 测试记录格式

前 言

本标准由国家测绘局提出并归口。

本标准起草单位:国家测绘局测绘标准化研究所。

本标准主要起草人:马晓萍、刘小强、宋耀东。

中华人民共和国测绘行业标准

CH/T 9008.1—2010

基础地理信息数字成果 1∶500、1∶1 000、1∶2 000数字线划图

Digital products of fundamental geographic information 1∶500,1∶1 000,1∶2 000 digital line graphs

1 范围

本标准规定了基础地理信息数字成果1∶500、1∶1 000、1∶2 000数字线划图的构成、形式、要求、质量检验和保密等内容。

本标准适用于基础地理信息数字成果1∶500、1∶1 000、1∶2 000数字线划图的生产、质量控制和使用。

2 规范性引用文件

下列文件对于本文件的应用是必不可少的。凡是注日期的引用文件，仅注日期的版本适用于本文件。凡是不注日期的引用文件，其最新版本(包括所有的修改单)适用于本文件。

GB/T 13923 基础地理信息要素分类与代码

GB/T 17798 地理空间数据交换格式

GB/T 18316 数字测绘成果质量检查与验收

GB/T 20257.1 国家基本比例尺地图图式 第1部分:1∶500、1∶1 000、1∶2 000地形图图式

GB/T 20258.1 基础地理信息要素数据字典 第1部分:1∶500、1∶1 000、1∶2 000基础地理信息要素数据字典

CH/T 1005 基础地理信息数字产品数据文件命名规则

CH/T 1007 基础地理信息数字产品元数据

3 成果描述

数字线划图(digital line graph,DLG)是以点、线、面形式或地图特定图形符号形式表达地形要素的地理信息矢量数据集。点要素在矢量数据中表示为一组坐标及相应的属性值;线要素表示为一串坐标组及相应的属性值;面要素表示为首尾点重合的一串坐标组及相应的属性值。数字线划图是我国基础地理信息数字成果的主要组成部分。

4 成果构成

数字线划图由数字线划图矢量数据(包括要素属性)、元数据及相关文件构成:

a) 矢量数据包含GB/T 20257.1、GB/T 20258.1规定的定位基础(平面与高程),水系、居民地及设施、交通、管线、境界与政区、地貌、植被与土质等地形要素的空间坐标、属性和几何信息,以及注记、图廓整饰要素及图形数据等;

b) 元数据是关于数据的说明数据;

c) 相关文件指需要随矢量数据同时提供的其他附件及说明信息。

国家测绘局 2010-06-07发布 2010-07-01实施

5 成果形式

数字线划图分为非符号化数据和符号化数据两类，见表1。非符号化数据是以平面位置坐标、几何信息和属性值表示地形要素，即点、线、面形式的非符号化矢量数据集；符号化数据是以平面位置坐标、属性和地图特定符号的形式表示地形要素，是按照GB/T 20257.1要求进行了地图符号化及编辑处理后的矢量数据集。

表1 数字线划图形式及代号

形式	代号
非符号化数据	A
符号化数据	B

6 成果要求

6.1 对矢量数据的要求

6.1.1 数学基础

坐标系采用2000国家大地坐标系；确有必要时，亦可采用依法批准的其他独立坐标系。

地图投影采用高斯-克吕格投影，按3°分带；确有必要时，亦可按1.5°分带。

高程基准采用1985国家高程基准；确有必要时，亦可采用依法批准的其他高程基准。

6.1.2 分幅与编号

数字线划图分幅与编号见GB/T 20257.1的规定。

6.1.3 表示内容及方式

数字线划图表示的内容及方式见GB/T 20257.1的规定。

6.1.4 要素描述

要素描述包括名称、定义、数据类型、值域、代码以及图式表达等。要素描述按GB/T 20257.1、GB/T 20258.1的规定。根据用户需求或制图区域特征可补充增加要素，增加的要素应在相关文件中明示。

6.1.5 基本等高距

基本等高距依据地形类别划分，按表2的规定。一幅图内宜采用一种等高距，亦可以图内线性地物为界采用两种等高距，但不应多于两种。

表2 基本等高距

单位为米

比例尺	地形类别			
	平地 （坡度<2°）	丘陵地 （2°≤坡度<6°）	山地 （6°≤坡度<25°）	高山地 （坡度≥25°）
1:500	0.5	1.0(0.5)	1.0	1.0
1:1 000	0.5(1.0)	1.0	1.0	2.0
1:2 000	1.0(0.5)	1.0	2.0(2.5)	2.0(2.5)

注1：坡度按图幅范围内大部分的地面坡度划分。

注2：括号内表示依用途需要选用的等高距（以下同）。

6.1.6 位置精度

6.1.6.1 平面位置精度

平面位置精度要求如下：

a) 图廓点、公里网、控制点的坐标值符合理论值或已测坐标值；

b) 图上地物点对邻近野外控制点的平面位置中误差不应大于表3的规定。特别困难地区（大面积的森林、沙漠、戈壁、沼泽等）平面位置中误差按表3相应地形类别放宽0.5倍。

表3 平面位置中误差

单位为米

比例尺	地形类别	
	平地、丘陵地（坡度＜6°）	山地、高山地（坡度≥6°）
1∶500	0.3	0.4
1∶1 000	0.6	0.8
1∶2 000	1.2	1.6
注：最大允许误差为两倍中误差。		

6.1.6.2 高程精度

高程精度要求如下：

a) 各类控制点的高程值符合已测高程值；

b) 高程注记点、等高线对邻近野外控制点的高程中误差不应大于表4的规定。

表4 高程中误差

单位为米

要素		地形类别			
		平地（坡度＜2°）	丘陵地（2°≤坡度＜6°）	山地（6°≤坡度＜25°）	高山地（坡度≥25°）
1∶500	高程注记点	0.2	0.4（0.2）	0.5	0.7
	等高线	0.25	0.5（0.25）	0.7	1.0（地形变换点）
1∶1 000	高程注记点	0.2（0.4）	0.5	0.7	1.5
	等高线	0.25（0.5）	0.7	1.0	2.0（地形变换点）
1∶2 000	高程注记点	0.4（0.2）	0.5	1.2	1.5
	等高线	0.5（0.25）	0.7	1.5（地形变换点）	2.0（地形变换点）
注：最大允许误差为两倍中误差。					

特别困难地区（大面积的森林、沙漠、戈壁、沼泽等）高程中误差按表4相应地形类别放宽0.5倍，高山地不宜再放宽。

6.1.6.3 接边

数据应接边，接边要求如下：

a) 接边处的数据应连续，无裂缝、图形平滑自然；

b) 同一要素在相邻图幅的位置、属性、关系正确一致。

符号化数据接边时，还应保持符号图形形状特征的正确性，图形过渡自然，避免生硬。

6.1.7 属性精度

属性数据应满足以下要求：

a) 分类代码应采用 GB/T 13923 的规定；

b) 数据分层及其名称、属性表结构、属性项的内容名称及值域等相关定义应符合 GB/T 20258.1 的要求；

c) 描述要素的各种属性项如名称、类型、长度、顺序等，属性值应正确。

6.1.8 逻辑一致性

应满足以下规定：

a) 要素点、线、面等的表示方式及关系应正确；

b) 面要素应闭合且具有唯一性；

c) 要素应最小冗余表示；

d) 要素位置关系没有逻辑冲突，综合取舍应合理正确；

e) 有向点、有向线等要素的方向应正确；

f) 数据结构及存储格式符合要求。

6.1.9 现势性

数字线划图应具有良好的现势性，并能满足应用需求。

6.1.10 完整性

完整性要求如下：

a) 要素内容应完整，无遗漏、多余或重复现象；

b) 要素分层应无多余层、重复层或遗漏层现象；

c) 要素属性值应无多余、遗漏现象。

6.1.11 表征质量

6.1.11.1 非符号化数据应满足以下要求：

a) 要素几何类型表达正确；

b) 线划光滑、自然，节点密度适中，形状保真度强，无明显的折刺、回头线、粘连、自相交、抖动、变形扭曲等现象。

6.1.11.2 符号化数据的符号表示按 GB/T 20257.1 的规定，要求如下：

a) 要素综合取舍与图形概括符合相应比例尺地形图测图规范或编绘规范的要求，并能正确反映各要素的分布地理特点和密度特征；

b) 地图符号使用正确，其颜色、尺寸、定位等符合要求；

c) 地图符号配置合理，保持规定的间隔，清晰、易读；

d) 有方向性的地物符号方向应正确；

e) 注记选取与配置密度符合设计书的要求；

f) 注记字体、字大、字向、字色符合要求，配置合理，清晰、易读，指向明确无歧义；

g) 内图廓线、公里网线、经纬网线应正确，线条应光滑。图廓内外整饰内容按 GB/T 20257.1 的规定。

6.1.12 数据存储格式

数字线划图的存储格式宜满足 GB/T 17798 的规定或应用需求。

6.1.13 文件命名

数字线划图的文件命名要求应符合 CH/T 1005 的规定。

6.2 元数据

数字线划图的元数据内容、结构和格式应符合 CH/T 1007 的规定。

6.3 对相关文件的要求

相关文件可包括补充要素的描述，数据文件存放结构形式说明、图层说明，数据使用所需要的软硬件要求以及附属资料等，要求如下：

1) 补充要素的描述应完整，如包括要素的名称、定义、分类代码、属性值域、符号等；
2) 数据文件存放结构形式说明、图层说明等应简单、明确，必要时可采用图表形式描述；
3) 在采用非 GB/T 17798 格式时，应详细描述数据的格式；
4) 附属资料应完整、正确、可靠。

7 质量检验

数字线划图的质量检验要求应符合 GB/T 18316 的规定。

8 成果标记

成果标记用于成果外包装及成果标签等处。成果标记应包含成果名称、所采用标准的标准号、成果比例尺、成果形式代号、图幅分幅编号、更新生产时间等内容，根据需要也可标识版本号。以符合 CH/T 9008.1，比例尺为 1∶500，图幅分幅编号为 10.40-27.75 的数字线划图的符号化数据为例，其标记为：

数字线划图 CH/T 9008.1— 1∶500，B，10.40-27.75，200906，2.1

标记中各要素的含义如下：

1∶500 ——成果比例尺；
B ——成果形式代号(符号化数据)；
10.40 -27.75 ——图幅分幅编号；
200906 ——最新生产时间(年月)；
2.1 ——版本号，其中整数位代表重测次数，小数位代表修测次数。

9 成果包装

数字线划图主要以光盘为主要存储介质，也可使用磁带、磁盘等。成果外包装上应包括成果标记、生产单位、分发单位等内容。

10 保密

数字线划图成果的生产、分发和使用应符合国家有关保密的法律、法规及相关规定。

前　言

本标准由国家测绘局提出并归口。

本标准起草单位：国家测绘局测绘标准化研究所。

本标准主要起草人：兀伟、马晓萍、郭玉芳。

中华人民共和国测绘行业标准

CH/T 9008.2—2010

基础地理信息数字成果 1∶500、1∶1 000、1∶2 000 数字高程模型

Digital products of fundamental geographic information 1∶500,1∶1 000,1∶2 000 digital elevation models

1 范围

本标准规定了平面坐标系下的基础地理信息数字成果1∶500、1∶1 000、1∶2 000数字高程模型的构成、分级、要求、质量检验和保密等内容。

本标准适用于平面坐标系下的基础地理信息数字成果1∶500、1∶1 000、1∶2 000数字高程模型的生产、质量检验和使用。

2 规范性引用文件

下列文件对于本文件的应用是必不可少的。凡是注日期的引用文件，仅注日期的版本适用于本文件。凡是不注日期的引用文件，其最新版本(包括所有的修改单)适用于本文件。

GB/T 17798 地理空间数据交换格式

GB/T 18316 数字测绘成果质量检查与验收

GB/T 20257.1 国家基本比例尺地图图式 第1部分:1∶500、1∶1 000、1∶2 000地形图图式

CH/T 1005 基础地理信息数字产品数据文件命名规则

CH/T 1007 基础地理信息数字产品元数据

3 成果描述

数字高程模型(digital elevation model,DEM)是在一定范围内通过规则格网点描述地面高程信息的数据集，用于反映区域地貌形态的空间分布。数字高程模型是国家基础地理信息数字成果的主要组成部分。

4 成果构成

数字高程模型成果由数字高程模型数据、元数据及相关文件构成。相关文件是指需要随数据同时提供的说明信息，如高程推测区范围等。

5 成果分级

数字高程模型成果按精度分为三级，其分级与代号见表1。

表1 数字高程模型分级及代号

精度等级	代号
一级	A
二级	B
三级	C

国家测绘局 2010-06-07发布 2010-07-01实施

6 成果要求

6.1 数学基础

坐标系采用2000国家大地坐标系，确有必要时，亦可采用依法批准的独立坐标系。

地图投影采用高斯-克吕格投影，按3°分带，确有必要时，亦可按1.5°分带。

高程基准采用1985国家高程基准。确有必要时，亦可采用依法批准的其他高程基准。

6.2 分幅与编号

数字高程模型成果的分幅与编号应符合GB/T 20257.1的规定。

6.3 格网尺寸

1∶500、1∶1 000、1∶2 000数字高程模型成果宜采用的格网尺寸见表2。

表2　数字高程模型的格网尺寸

单位为米

比例尺	格网尺寸
1∶500	0.5
1∶1 000	1
1∶2 000	2

6.4 精度

数字高程模型成果的精度用格网点的高程中误差表示，其精度要求见表3。高程中误差的两倍为采样点数据最大误差。1∶500、1∶1 000、1∶2 000数字高程模型高程值应取位至0.01 m。高程值存储时可以采用浮点型或放大至整型。

表3　数字高程模型精度指标

单位为米

比例尺	高程中误差		
	一级	二级	三级
1∶500	平地 0.20 丘陵地 0.40 山地 0.50 高山地 0.70	平地 0.25 丘陵地 0.50 山地 0.70 高山地 1.00	平地 0.37 丘陵地 0.75 山地 1.05 高山地 1.50
1∶1 000	平地 0.20 丘陵地 0.50 山地 0.70 高山地 1.50	平地 0.25 丘陵地 0.70 山地 1.00 高山地 2.00	平地 0.37 丘陵地 1.05 山地 1.50 高山地 3.00
1∶2 000	平地 0.40 丘陵地 0.50 山地 1.20 高山地 1.50	平地 0.50 丘陵地 0.70 山地 1.50 高山地 2.00	平地 0.75 丘陵地 1.05 山地 2.25 高山地 3.00

6.5 水域高程

静止水域范围内的DEM高程值应一致，其高程值应取常水位高程。流动水域内的DEM高程应自上而下平缓过渡，并且与周围地形高程之间的关系正确、合理。

6.6 高程推测区

数字高程模型数据中达不到规定高程精度要求的区域应划为高程推测区。

6.7 空白区域

空白区域是指获取的数据源出现局部中断等原因无法获取高程的区域。位于空白区域的格网高程值应赋予－9999，对空白区的处理要完整地记录在元数据中。

6.8 格网定位

数字高程模型的格网坐标原则上平行于高斯平面坐标系，以水平方向为行，顺序从上至下排列；以垂直方向为列，顺序从左至右排列。数字高程模型数据以左上角第一个格网点的格网坐标(0,0)对应的高斯平面坐标($X_{起}$，$Y_{起}$)(见图1)为起始点。

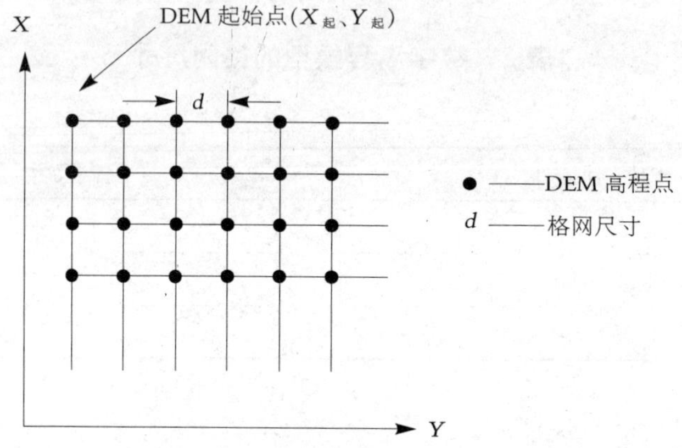

图1 格网定位示意图

6.9 数据覆盖范围

数字高程模型按正方形或矩形分幅时，以GB/T 20257.1规定的图幅向四边扩展图上约10 mm提供数据；按梯形分幅时，以GB/T 20257.1规定的图幅内图廓线最小外接矩形，向四边扩展图上约10 mm，以矩形覆盖范围为单位提供数据。起止格网点坐标按式(1)、式(2)、式(3)、式(4)计算。

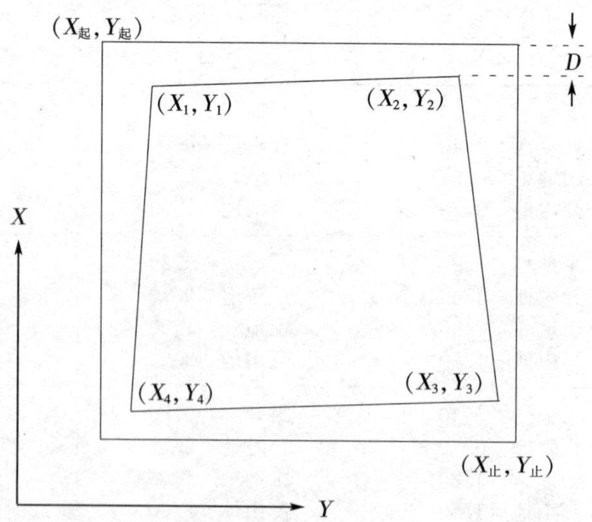

图2 数字高程模型起止点与图廓关系示意图

$$X_{起}=\mathrm{INT}[(\mathrm{MAX}(X_1,X_2,X_3,X_4)+D)/d]\times d \qquad (1)$$

$$Y_{起}=\mathrm{INT}[(\mathrm{MIN}(Y_1,Y_2,Y_3,Y_4)-D)/d]\times d \qquad (2)$$

$$X_{止}=\mathrm{INT}[(\mathrm{MIN}(X_1, X_2, X_3, X_4)-D)/d]\times d \qquad (3)$$

$$Y_{止}=\mathrm{INT}[(\mathrm{MAX}(Y_1, Y_2, Y_3, Y_4)+D)/d]\times d \qquad (4)$$

式中：

$X_1,Y_1,X_2,Y_2,X_3,Y_3,X_4,Y_4$ —— 内图廓点高斯坐标，单位为米(m)；

$X_{起},Y_{起},X_{止},Y_{止}$ —— 起止格网点高斯坐标，单位为米(m)；

d —— 格网尺寸，单位为米(m)；

D ——DEM 外扩地面尺寸，单位为米(m)；$D=0.01\ M$，M 为 DEM 所对应的比例尺分母。

INT ——将数字向下舍入到最接近的整数；

MAX ——返回参数列表中的最大值；

MIN ——返回给定参数表中的最小值。

6.10 接边

相邻数字高程模型应接边。接边后数据应连续，接边的 DEM 格网不应出现错位现象，相邻图幅重叠范围内同一格网点的高程值应一致。

6.11 数据存储

数字高程模型存储时，应由起始格网点起，按从西向东、由北向南的顺序排列。数据格式宜满足 GB/T 17798 的要求。

6.12 文件命名

数字高程模型的文件命名应符合 CH/T 1005 的规定。

6.13 元数据

数字高程模型元数据内容、结构和格式应符合 CH/T 1007 的规定。

7 质量检验

数字高程模型成果的质量检验要求应符合 GB/T 18316 的规定。

8 成果标记

成果标记用于成果外包装及成果标签等处，成果标记应包含成果名称、所采用标准的标准号、成果分级代号、图幅分幅编号、格网尺寸、最新生产时间等内容，根据需要也可标识版本号。以符合 CH/T 9008.2，图幅分幅编号为 A—4 的数字高程模型成果为例，其标记为：

数字高程模型 CH/T 9008.2—B，A—4，1，200906，2.1

标记中各项的含义如下：

B ——成果分级代号；

A—4 ——图幅分幅编号；

1 ——格网尺寸，单位为米(m)；

200906——最新生产时间(年月)；

2.1 ——版本号，其中整数位代表重测次数，小数位代表修测次数。

9 成果包装

数字高程模型成果以光盘为主要存储介质，也可使用磁带或磁盘等。外包装上应包括成果标记、生产单位、分发单位等内容。

10 保密

数字高程模型成果的生产、分发和使用应符合国家有关保密的法律、法规及相关规定。

前　言

本标准由国家测绘局提出并归口。

本标准起草单位:国家测绘局测绘标准化研究所。

本标准主要起草人:马聪丽、段怡红、吕玉霞。

CH/T 9008.3—2010

基础地理信息数字成果
1∶500、1∶1000、1∶2000
数字正射影像图

Digital products of fundamental geographic information
1∶500,1∶1000,1∶2000 digital orthophoto maps

1 范围

本标准规定了基础地理信息数字成果1∶500、1∶1000、1∶2000数字正射影像图的构成、分类、要求、质量检验和保密等内容。

本标准适用于基础地理信息数字成果1∶500、1∶1000、1∶2000数字正射影像图的生产、质量控制和使用。

2 规范性引用文件

下列文件对于本文件的应用是必不可少的。凡是注日期的引用文件,仅注日期的版本适用于本文件。凡是不注日期的引用文件,其最新版本(包括所有的修改单)适用于本文件。

GB/T 17798 地理空间数据交换格式

GB/T 18316 数字测绘成果质量检查与验收

GB/T 20257.1 国家基本比例尺地图图式 第1部分:1∶500、1∶1000、1∶2000地形图图式

CH/T 1005 基础地理信息数字产品数据文件命名规则

CH/T 1007 基础地理信息数字产品元数据

3 成果描述

数字正射影像(digital orthophoto)是将地表航空航天影像经垂直投影而生成的影像数据集。参照地形图要求对正射影像数据按图幅范围进行裁切,配以图廓整饰,即成为数字正射影像图(digital orthophoto map,简称DOM),它具有像片的影像特征和地图的几何精度,是国家基础地理信息数字成果的主要组成部分之一。

4 成果构成

数字正射影像图由数字正射影像数据(包括影像定位信息)、元数据及相关文件构成。相关文件指需要随数据同时提供的信息,如图廓整饰等。

5 成果分类

数字正射影像图按颜色分为两类,其分类及代号见表1。

国家测绘局 2010-06-07发布 2010-07-01实施

表 1　数字正射影像图分类及代号

分　类	代　号
全　色	D
彩　色	C

6　成果要求

6.1　数学基础

坐标系采用 2000 国家大地坐标系，确有必要时，亦可采用依法批准的独立坐标系。

地图投影采用高斯-克吕格投影，按 3°分带，确有必要时按 1.5°分带。

6.2　分幅与编号

数字正射影像图的分幅与编号应符合 GB/T 20257.1 的规定。

6.3　分辨率

数字正射影像图影像地面分辨率应优于表 2 的规定。

表 2　数字正射影像图影像分辨率

单位为米

比例尺	1∶500	1∶1 000	1∶2 000
地面分辨率	0.05	0.1	0.2

6.4　影像定位

数字正射影像是由二维像元构成的栅格数据。水平方向为行，顺序从上至下排列；垂直方向为列，顺序从左至右排列；左上角第一个像元的栅格坐标定为(0,0)，对应的高斯平面坐标($X_{起}$，$Y_{起}$)(见图 1)为 DOM 的起始点。一般情况下，栅格坐标系平行于平面坐标系，DOM 栅格的平面坐标值应为像元分辨率的整数倍。

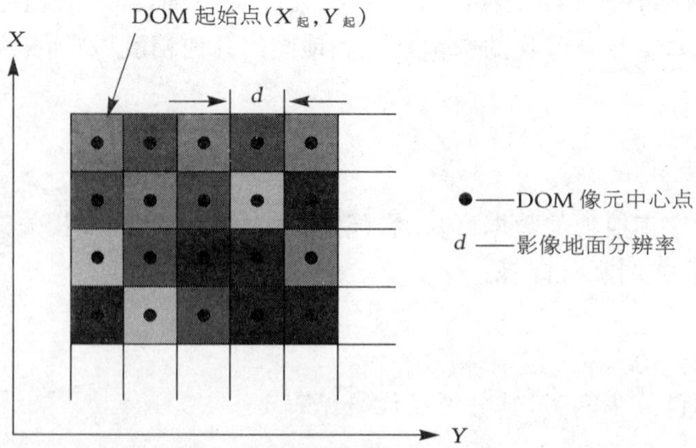

图 1　影像定位示意图

6.5　数据覆盖范围

数字正射影像图按正方形或矩形分幅时，以 GB/T 20257.1 规定的图幅向四边扩展(图上约 10 mm)

提供数据；按梯形分幅时，以 GB/T 20257.1 规定的图幅内图廓线最小外接矩形，向四边扩展（图上约10 mm），以矩形覆盖范围为单位提供数据。起止点坐标按式(1)、式(2)、式(3)、式(4)计算（点位关系如图 2所示）。

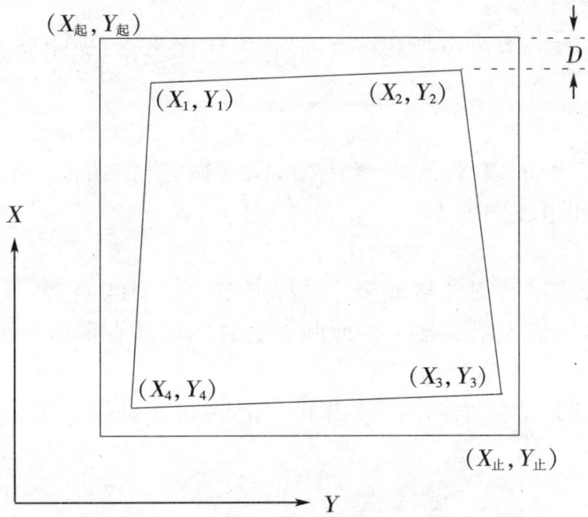

图 2　数字正射影像图起止点与图廓关系示意图

$$X_{起}=\mathrm{INT}[(\mathrm{MAX}(X_1,X_2,X_3,X_4)+D)/d]\times d \quad (1)$$

$$Y_{起}=\mathrm{INT}[(\mathrm{MIN}(Y_1,Y_2,Y_3,Y_4)-D)/d]\times d \quad (2)$$

$$X_{止}=\mathrm{INT}[(\mathrm{MIN}(X_1,X_2,X_3,X_4)-D)/d]\times d \quad (3)$$

$$Y_{止}=\mathrm{INT}[(\mathrm{MAX}(Y_1,Y_2,Y_3,Y_4)+D)/d]\times d \quad (4)$$

式中：

$X_1,Y_1,X_2,Y_2,X_3,Y_3,X_4,Y_4$ ——内图廓点高斯平面坐标，单位为米(m)；

$X_{起},Y_{起},X_{止},Y_{止}$ ——影像起止点高斯平面坐标，单位为米(m)；

D ——数字正射影像图裁切时外扩尺寸，单位为米(m)；$D=0.01\times M$，M 为成图比例尺分母；

d ——影像地面分辨率，单位为米(m)；

INT ——将数字向下舍入到最接近的整数；

MAX ——返回参数列表中的最大值；

MIN ——返回给定参数表中的最小值。

6.6　精度

6.6.1　平面位置精度

数字正射影像图明显地物点的平面位置中误差不应大于表 3 规定，平面位置中误差的两倍为其最大误差。

表 3　平面位置中误差

单位为毫米（图上）

比例尺	平地、丘陵地	山地、高山地
1∶500、1∶1 000、1∶2 000	0.6	0.8

6.6.2　接边

数字正射影像图应与相邻影像图接边，接边误差不应大于 2 个像元。

6.7 影像质量

6.7.1 色彩模式

根据生产使用数据源的不同，数字正射影像图的色彩模式分为全色和彩色两种形式，全色影像为8位(比特)，彩色影像为24位(比特)。

6.7.2 色彩特征

整个图幅内的影像都应反差适中，色调均匀，纹理清楚，层次丰富，无明显失真，灰度直方图一般呈正态分布。

6.7.3 影像缺损

避免出现因影像缺损(如影像的纹理不清、噪声、影像模糊、影像扭曲、错开、裂缝、漏洞、污点、划痕等)而造成无法判读影像信息和精度的损失。

6.8 图廓整饰

数字正射影像图可根据需要进行图廓整饰如按设计书增加必要的要素、符号及注记等。数字正射影像图的图廓整饰及注记部分可以矢量或栅格文件或两者组合的形式存储或分层存放。

6.9 数据存储

数字正射影像图数据存储时，应按由西向东、由北向南的顺序排列。数据格式宜满足GB/T 17798的要求。

6.10 文件命名

数字正射影像图的文件命名应符合CH/T 1005的要求。

6.11 元数据

数字正射影像图元数据的内容、结构和格式应符合CH/T 1007的要求。

7 质量检验

数字正射影像图的质量检验要求应符合GB/T 18316的要求。

8 成果标记

成果标记用于成果外包装及成果标签等处，成果标记应包含成果名称、所采用标准的标准号、成果分类代号、图幅分幅编号、地面分辨率、最新生产时间等内容，根据需要也可标识版本号。以符合CH/T 9008.3，图幅分幅编号为A-4，分辨率为0.1 m的全色数字正射影像图为例，其标记为：

数字正射影像图 CH/T 9008.3—D，A-4，0.1，200906，2.1

标记中各要素的含义如下：

D ——成果分类代号；

A—4 ——图幅分幅编号；

0.1 ——地面分辨率，单位为米(m)；

200906 ——最新生产时间(年月)；

2.1 ——版本号，其中整数位代表重测次数，小数位代表修测次数。

9 成果包装

数字正射影像图以光盘为主要存储介质，也可使用磁带或磁盘等。外包装上应包括成果标记、生产单位、分发单位等内容。

10 保密

数字正射影像图的生产、分发和使用应符合国家有关保密的法律、法规及相关规定。

前 言

本标准由国家测绘局提出并归口。

本标准起草单位:国家测绘局测绘标准化研究所。

本标准主要起草人:吕玉霞、马聪丽、宋耀东。

中华人民共和国测绘行业标准

CH/T 9008.4—2010

基础地理信息数字成果 1∶500、1∶1 000、1∶2 000 数字栅格地图

Digital products of fundamental geographic information 1∶500,1∶1 000,1∶2 000 digital raster graphics

1 范围

本标准规定了基础地理信息数字成果1∶500、1∶1 000、1∶2 000数字栅格地图的构成、分类、要求、质量检验和保密等内容。

本标准适用于基础地理信息数字成果1∶500、1∶1 000、1∶2 000数字栅格地图的生产、质量控制和使用。

2 规范性引用文件

下列文件对于本文件的应用是必不可少的。凡是注日期的引用文件，仅注日期的版本适用于本文件。凡是不注日期的引用文件，其最新版本(包括所有的修改单)适用于本文件。

GB/T 17798 地理空间数据交换格式

GB/T 18316 数字测绘成果质量检查与验收

GB/T 20257.1 国家基本比例尺地图图式 第1部分：1∶500、1∶1 000、1∶2 000地形图图式

CH/T 1005 基础地理信息数字产品数据文件命名规则

CH/T 1007 基础地理信息数字产品元数据

3 成果描述

数字栅格地图(digital raster graphic，DRG)是以栅格数据形式表达地形要素的地理信息数据集。数字栅格地图数据可由矢量数据格式的数字线划图转换后形成，也可由模拟地图经扫描、几何纠正及色彩归化等处理后形成。数字栅格地图是我国基础地理信息数字成果的主要组成部分。

4 成果构成

数字栅格地图成果由栅格数据(包括地理定位信息)、元数据及相关文件构成。相关文件指需要随数据同时提供的说明信息。

5 成果分类

数字栅格地图按颜色分为两类，其分类及代号见表1。

表1 数字栅格地图分类及代号

分 类	代 号
单 色	D
彩 色	C

国家测绘局 2010-06-07 发布 2010-07-01 实施

6　成果要求

6.1　数学基础

坐标系采用2000国家大地坐标系；确有必要时，可采用依法批准的独立坐标系。数据源为模拟地图时，坐标系可与模拟地图保持一致。

地图投影采用高斯-克吕格投影，按3°分带。确有必要时，按1.5°分带。

高程基准采用1985国家高程基准；确有必要时，亦可采用依法批准的其他高程基准。数据源为模拟地图时，高程基准可与模拟地图保持一致。

6.2　分幅和编号

1∶500、1∶1 000、1∶2 000数字栅格地图分幅和编号应符合GB/T 20257.1的规定。

6.3　分辨率

1∶500、1∶1 000、1∶2 000数字栅格地图图面分辨率不低于12点/毫米(300 dpi)。

6.4　精度

6.4.1　图廓点和公里格网精度

图廓点和格网交叉点位置偏差不大于一个栅格。

当数据源为模拟地图时，格网交叉点位置偏差不大于两个栅格。

6.4.2　平面位置精度

图上地物点对最近野外控制点的图上点位中误差不得大于表2规定。

表2　图上地物点对最近野外控制点的图上点位中误差要求

单位为毫米

比例尺	平地、丘陵地	山地、高山地
1∶500～1∶2 000	0.6	0.8

图上地物点对最近野外控制点的图上点位最大误差要求不大于两倍中误差。

6.5　色彩模式

6.5.1　单色图

1∶500、1∶1 000、1∶2 000单色数字栅格地图以二值黑白模式表示。

6.5.2　彩色图

1∶500、1∶1 000、1∶2 000数字栅格地图的色彩模式见表3。当数据源为模拟地图时，1∶500、1∶1 000、1∶2 000数字栅格地图的色彩模式可与数据源所采用的图式的规定保持一致。

表3　1∶500、1∶1 000、1∶2 000数字栅格地图色彩模式

序号	颜色	R、G、B值			C、M、Y、K值				表示内容
1	棕色	194	135	0	0	40	100	30	地貌、土质
2	橙色	230	0	18	0	100	100	0	国道、危险岸区符号及注记
3	浅品红色	232	82	152	0	80	0	0	省道
4	品红色	228	0	127	0	100	0	0	地铁、磁悬浮、轻轨、开发区保税区界线及其注记、自然、文化保护区界线及其注记
5	黄色	250	190	0	0	30	100	0	县道、乡道及其他公路

表3 1∶500、1∶1 000、1∶2 000 数字栅格地图色彩模式 （续）

序号	颜色	R、G、B值			C、M、Y、K值				表示内容
6	绿色	0	153	68	100	0	100	0	植被符号及注记、专用公路、医疗点
7	蓝色	0	166	233	100	0	0	0	水系线状要素、符号、水系注记
8	浅蓝色	234	246	253	10	0	0	0	水系面域普染
9	黑色	0	0	0	0	0	0	100	其他要素符号和注记
10	白色	255	255	255	0	0	0	0	底色
11	灰色	239	239	239	0	0	0	10	留用
12	紫色	128	0	128	65	100	18	0	修测内容和说明注记

6.6 图式表达

1∶500、1∶1 000、1∶2 000 数字栅格地图各要素符号、注记和图廓整饰的表示一般应符合 GB/T 20257.1 的规定。当数据源为模拟地图时，1∶500、1∶1 000、1∶2 000 数字栅格地图各要素符号、注记和图廓整饰的表示可与数据源所采用的图式保持一致。

6.7 表征质量

1∶500、1∶1 000、1∶2 000 数字栅格地图通过矢栅转换方式生产时，线划、符号和注记应完整、清晰，图面整体无噪点，色彩、色值应正确无误；通过扫描方式生产时，线划、符号和注记应保持清晰、完整、连续，无发糊、虚断或粘连，注记无残缺，图面要求整体噪点小，图形亮度、反差适宜，无多余脏点，色彩、色值应正确。

6.8 数据存储

数字栅格地图数据的存储格式应满足应用需求。

6.9 文件命名

数字栅格地图的文件命名要求应符合 CH/T 1005 的规定。

6.10 元数据

数字栅格地图元数据的内容、结构和格式应符合 CH/T 1007 的规定。

7 质量检验

数字栅格地图的质量检验要求应符合 GB/T 18316 的规定。

8 成果标记

成果标记用于成果外包装及成果标签等处，成果标记应包含成果名称、所采用标准的标准号、成果比例尺、成果分类代号、图幅分幅编号、最新生产时间等内容，根据需要也可标识更新版本。以符合 CH/T 9008.4，比例尺为 1∶500，分类为彩色，图幅分幅编号为 10.40-27.75 的数字栅格地图为例，其标记为：

数字栅格地图 CH/T 9008.4—1∶500，C，10.40-27.75，200906，2.1

标记中各要素的含义如下：

1∶500 ——成果比例尺；

C ——成果分类代号；

10.40—27.75 ——图幅分幅编号；

200906 ——最新生产时间(年月);
2.1 ——版本号,其中整数位代表重测次数,小数位代表修测次数。

9 成果包装

数字栅格地图以光盘为主要存储介质,也可使用磁带或磁盘等。外包装上应包括成果标记、生产单位、分发单位等内容。

10 保密

1∶500、1∶1 000、1∶2 000 数字栅格地图的生产、分发和使用应符合国家有关保密的法律、法规及相关规定。

前　言

本标准代替 CH/T 1008—2001《基础地理信息数字产品 1∶10 000、1∶50 000 数字高程模型》。本标准与 CH/T 1008—2001 相比，除编辑性修改外主要变化如下：

——标准名称修改为《基础地理信息数字成果 1∶5 000、1∶10 000、1∶25 000、1∶50 000、1∶100 000 数字高程模型》，增加了 1∶5 000、1∶25 000、1∶100 000 数字高程模型成果的相关内容；

——按照 GB/T 1.1—2009 的要求对标准的格式和体例进行了修改；

——增加了数字高程模型的成果构成(见 4)；

——修改了数字高程模型的成果分类，删除了不规则格网数字高程模型的内容(见 5，2001 年版的 4.1)；

——修改了 1∶10 000 数字高程模型成果的格网尺寸(见 6.3，2001 年版的 5.2)；

——删除了按弧秒划分的数字高程模型的内容(见 2001 年版的 5.2)；

——增加了数字高程模型的格网定位(见 6.8)；

——修改了数字高程模型成果起止格网点坐标的计算公式(见 6.9，2001 年版的 6.6)；

——增加了水域、高程推测区、空白区域的处理规定(见 6.5，6.6 和 6.7)；

——修改了数字高程模型成果的成果标记(见 8，2001 年版的 4.2)；

——删除了"产品分发格式"的内容(见 2001 年版的 10)。

本标准由国家测绘局提出并归口。

本标准起草单位：国家测绘局测绘标准化研究所。

本标准主要起草人：郭玉芳、兀伟、朱健。

本标准所代替标准的历次版本发布情况为：

—— CH/T 1008—2001

中华人民共和国测绘行业标准

CH/T 9009.2—2010
代替 CH/T 1008—2001

基础地理信息数字成果 1∶5 000、1∶10 000、1∶25 000、1∶50 000、1∶100 000 数字高程模型

Digital products of fundamental geographic information 1∶500,1∶1 000,1∶25 000,1∶50 000,1∶100 000 digital elevation models

1 范围

本标准规定了平面坐标系下的 1∶5 000、1∶10 000、1∶25 000、1∶50 000、1∶100 000 数字高程模型的构成、分级、要求、质量检验和保密等内容。

本标准适用于平面坐标系下的 1∶5 000、1∶10 000、1∶25 000、1∶50 000、1∶100 000 数字高程模型的生产、质量检验和使用。

2 规范性引用文件

下列文件对于本文件的应用是必不可少的。凡是注日期的引用文件，仅注日期的版本适用于本文件。凡是不注日期的引用文件，其最新版本(包括所有的修改单)适用于本文件。

GB/T 13989 国家基本比例尺地形图分幅和编号

GB/T 17798 地理空间数据交换格式

GB/T 18316 数字测绘成果质量检查与验收

CH/T 1005 基础地理信息数字产品数据文件命名规则

CH/T 1007 基础地理信息数字产品元数据

3 成果描述

数字高程模型(digital elevation model,DEM)是在一定范围内通过规则格网点描述地面高程信息的数据集，用于反映区域地貌形态的空间分布。数字高程模型是国家基础地理信息数字成果的主要组成部分。

4 成果构成

数字高程模型成果由数字高程模型数据、元数据及相关文件构成。相关文件是指需要随数据同时提供的说明信息，如高程推测区范围等。

5 成果分级

数字高程模型成果按精度分为三级，其分级及代号见表 1。

国家测绘局 2010-06-07 发布 2010-07-01 实施

表 1　数字高程模型分级及代号

精度等级	代号
一级	A
二级	B
三级	C

6　成果要求

6.1　数学基础

坐标系采用2000国家大地坐标系。确有必要时，1∶5 000、1∶10 000数字高程模型亦可采用依法批准的其他平面坐标系。

地图投影采用高斯-克吕格投影，根据国家基本比例尺系列，1∶5 000、1∶10 000按3°分带，1∶25 000、1∶50 000、1∶100 000按6°分带。

高程基准采用1985国家高程基准。

6.2　分幅与编号

数字高程模型的分幅与编号应符合GB/T 13989的规定。

6.3　格网尺寸

数字高程模型成果的格网尺寸见表2。

表 2　数字高程模型的格网尺寸

单位为米

比例尺	格网尺寸
1∶5 000	2.5
1∶10 000	5
1∶25 000	10
1∶50 000	25
1∶100 000	50

6.4　精度

数字高程模型成果的精度用格网点的高程中误差表示，其精度要求见表3。高程中误差的两倍为采样点数据最大误差。1∶5 000、1∶10 000、1∶25 000数字高程模型的高程值取位至0.1 m，1∶50 000、1∶100 000数字高程模型的高程值取位至1 m。高程值存储时可以采用浮点型或放大至整型。

表 3　数字高程模型精度指标

单位为米

比例尺	高程中误差		
	一级	二级	三级
1∶5 000	平地　0.5 丘陵地　1.2 山地　2.5 高山地　4.0	平地　0.7 丘陵地　1.7 山地　3.3 高山地　6.0	平地　1.0 丘陵地　2.5 山地　5.0 高山地　8.0

表3 数字高程模型精度指标 （续）

单位为米

比例尺	高程中误差		
	一级	二级	三级
1∶10 000	平地 0.5 丘陵地 1.2 山地 2.5 高山地 5.0	平地 0.7 丘陵地 1.7 山地 3.3 高山地 6.7	平地 1.0 丘陵地 2.5 山地 5.0 高山地 10.0
1∶25 000	平地 1.5 丘陵地 2.5 山地 4.0 高山地 7.0	平地 2.0 丘陵地 3.5 山地 5.5 高山地 9.5	平地 3.0 丘陵地 5.0 山地 8.0 高山地 14.0
1∶50 000	平地 3 丘陵地 5 山地 8 高山地 14	平地 4 丘陵地 7 山地 11 高山地 19	平地 6 丘陵地 10 山地 16 高山地 28
1∶100 000	平地 6 丘陵地 10 山地 16 高山地 28	平地 8 丘陵地 14 山地 22 高山地 38	平地 12 丘陵地 20 山地 32 高山地 54

6.5 水域高程

静止水体范围内的DEM高程值应一致，流动水域的DEM高程应自上而下平缓过渡，关系合理。

6.6 高程推测区

达不到规定高程精度要求的区域应划为DEM高程推测区。

6.7 空白区域

空白区域是指获取高程的数据源出现局部中断的情况。位于空白区域的格网应赋予高程值－9999，对空白区的处理要完整地记录在元数据中。

6.8 格网定位

数字高程模型的格网坐标原则上平行于高斯平面坐标系，水平方向为行，顺序从上至下排列；垂直方向为列，顺序从左至右排列。左上角第一个格网点的格网坐标(0,0)，其对应的高斯平面坐标($X_{起}$，$Y_{起}$)(见图1)为DEM的起始点。

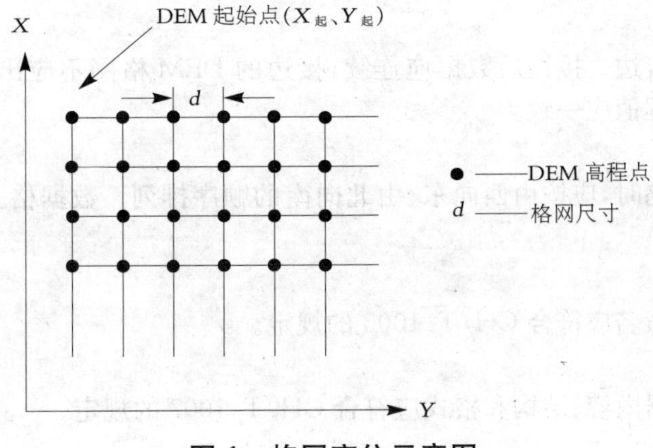

图1 格网定位示意图

6.9 数据覆盖范围

数字高程模型数据以矩形覆盖范围为单位提供数据。起止格网点坐标按式(1)、式(2)、式(3)、式(4)计算(点位关系如图 2 所示)。

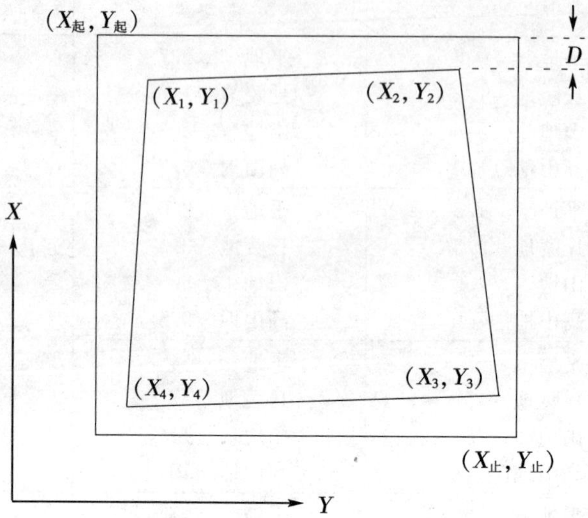

图 2 数字高程模型起止点与图廓关系示意图

$$X_{起}=\mathrm{INT}[(\mathrm{MAX}(X_1, X_2, X_3, X_4)+D)/d]\times d \quad\cdots\cdots(1)$$

$$Y_{起}=\mathrm{INT}[(\mathrm{MIN}(Y_1, Y_2, Y_3, Y_4)-D)/d]\times d \quad\cdots\cdots(2)$$

$$X_{止}=\mathrm{INT}[(\mathrm{MIN}(X_1, X_2, X_3, X_4)-D)/d]\times d \quad\cdots\cdots(3)$$

$$Y_{止}=\mathrm{INT}[(\mathrm{MAX}(Y_1, Y_2, Y_3, Y_4)+D)/d]\times d \quad\cdots\cdots(4)$$

式中:

$X_1,Y_1,X_2,Y_2,X_3,Y_3,X_4,Y_4$ —— 内图廓点高斯坐标,单位为米(m);

$X_起,Y_起,X_止,Y_止$ —— 起止格网点高斯坐标,单位为米(m);

d —— 格网尺寸,单位为米(m);

D ——DEM 外扩地面尺寸,单位为米(m);D=0.01 M,M 为 DEM 所对应的比例尺分母;

INT ——将数字向下舍入到最接近的整数;

MAX ——返回参数列表中的最大值;

MIN ——返回给定参数表中的最小值。

6.10 接边

相邻数字高程模型应接边。接边后数据应连续,接边的 DEM 格网不应出现错位现象,相邻图幅重叠范围内同一格网点的高程值应一致。

6.11 数据存储

数字高程模型数据存储时,应按由西向东、由北向南的顺序排列。数据格式宜满足 GB/T 17798 的要求。

6.12 文件命名

数字高程模型的文件命名应符合 CH/T 1005 的规定。

6.13 元数据

数字高程模型的元数据内容、结构和格式应符合 CH/T 1007 的规定。

7 质量检验

数字高程模型成果的质量检验要求应符合 GB/T 18316 的规定。

8 成果标记

成果标记用于成果外包装及成果标签等处，成果标记应包含成果名称、所采用标准的标准号、成果分级代号、图幅分幅编号、格网尺寸、最新生产时间等内容，根据需要也可标识版本号。以符合 CH/T 9009.2，成果分级为 A，图幅分幅编号为 H50G092005 的数字高程模型为例，其标记如下：

数字高程模型 CH/T 9009.2—A，H50G092005，5，200906，2.1

标记中各要素的含义如下：

A ——成果分级代号；

H50G092005——图幅分幅编号；

5 ——格网尺寸，单位为米(m)；

200906 ——最新生产时间(年月)；

2.1 ——版本号，其中整数位代表重测次数，小数位代表修测次数。

9 成果包装

数字高程模型以光盘为主要存储介质，也可使用磁带或磁盘等。外包装上应包括成果标记、生产单位、分发单位等内容。

10 保密

数字高程模型的生产、分发和使用应符合国家有关保密的法律法规及相关规定。

前　言

本标准代替 CH/T 1009—2001《基础地理信息数字产品 1∶10 000、1∶50 000 数字正射影像图》。本标准与 CH/T 1009—2001 相比，除编辑性修改外主要变化如下：

——标准名称由《基础地理信息数字产品 1∶10 000、1∶50 000 数字正射影像图》改为《基础地理信息数字成果 1∶5 000、1∶10 000、1∶25 000、1∶50 000、1∶100 000 数字正射影像图》，相应技术内容也作了扩充；

——删除了原标准中五项引用标准，另增加了一项引用标准（见 2）；

——增加了影像定位图（见 6.4）、数字正射影像图起止点与图廓关系示意图（见 6.5）、起止点坐标计算公式（见 6.5）等信息；

——增加了文件命名的要求（见 6.10）。

本标准由国家测绘局提出并归口。

本标准起草单位：国家测绘局测绘标准化研究所。

本标准主要起草人：段怡红、马聪丽、郭玉芳。

本标准所代替标准的历次版本发布情况为：

——CH/T 1009—2001

中华人民共和国测绘行业标准

CH/T 9009.3—2010
代替 CH/T 1009—2001

基础地理信息数字成果 1∶5 000、1∶10 000、1∶25 000、1∶50 000、1∶100 000 数字正射影像图

Digital products of fundamental geographic information 1∶5 000、1∶10 000、1∶25 000、1∶50 000、1∶100 000 digital orthophoto maps

1 范围

本标准规定了基础地理信息数字成果 1∶5 000、1∶10 000、1∶25 000、1∶50 000、1∶100 000 数字正射影像图的构成、分类、要求、质量检验和保密等内容。

本标准适用于基础地理信息数字成果 1∶5 000、1∶10 000、1∶25 000、1∶50 000、1∶100 000 数字正射影像图的生产、质量控制和使用。

2 规范性引用文件

下列文件对于本文件的应用是必不可少的。凡是注日期的引用文件,仅注日期的版本适用于本文件。凡是不注日期的引用文件,其最新版本(包括所有的修改单)适用于本文件。

GB/T 13989 国家基本比例尺地形图分幅和编号

GB/T 17798 地理空间数据交换格式

GB/T 18316 数字测绘成果质量检查与验收

CH/T 1005 基础地理信息数字产品数据文件命名规则

CH/T 1007 基础地理信息数字产品元数据

3 成果描述

数字正射影像(digital orthophoto)是将地表航空航天影像经垂直投影而生成的影像数据集。参照地形图要求对正射影像数据按图幅范围进行裁切,配以图廓整饰,即成为数字正射影像图(digital orthophoto map,DOM),它具有像片的影像特征和地图的几何精度,是国家基础地理信息数字成果的主要组成部分。

4 成果构成

数字正射影像图由数字正射影像数据(包括影像定位信息)、元数据及相关文件构成。相关文件指需要随数据同时提供的说明信息,如图廓整饰等。

5 成果分类

数字正射影像图按颜色分为两类,其分类及代号见表1。

国家测绘局 2010-06-07 发布　　2010-07-01 实施

表 1 数字正射影像图分类及代号

分 类	代 号
全 色	D
彩 色	C

6 成果要求

6.1 数学基础

坐标系采用 2000 国家大地坐标系。确有必要时，1∶5 000、1∶10 000 数字正射影像图亦可采用依法批准的其他平面坐标系。

地图投影采用高斯-克吕格投影。根据测图比例尺，1∶5 000、1∶10 000 按 3°分带，1∶25 000、1∶50 000、1∶100 000 按 6°分带。

6.2 分幅与编号

数字正射影像图的分幅与编号应符合 GB/T 13989 的规定。

6.3 分辨率

数字正射影像图地面分辨率应优于表 2 的规定。

表 2 数字正射影像图地面分辨率

单位为米

比例尺	1∶5 000	1∶10 000	1∶25 000	1∶50 000	1∶100 000
地面分辨率	0.5	1	2.5	5	10

6.4 影像定位

数字正射影像是由二维像元构成的栅格数据，水平方向为行，顺序从上至下排列；垂直方向为列，顺序从左至右排列；左上角第一个像元的栅格坐标定为(0,0)，对应的高斯平面坐标为($X_{起}$,$Y_{起}$)(见图 1)。一般情况下，栅格坐标系平行于平面坐标系，DOM 栅格的平面坐标值应为像元分辨率的整数倍。

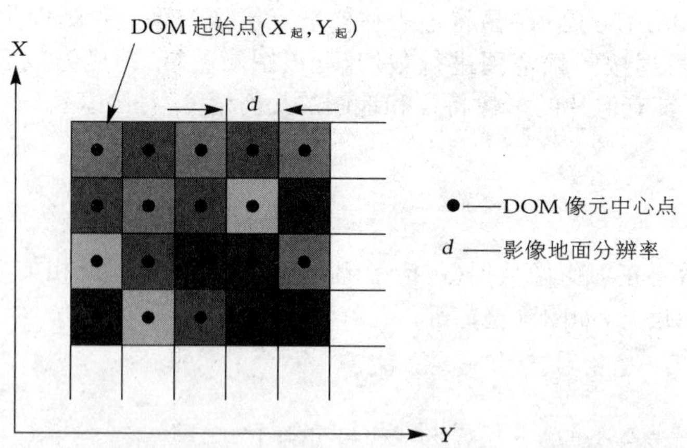

图 1 影像定位示意图

6.5 数据覆盖范围

数字正射影像图按 GB/T 13989 规定的图幅内图廓线最小外接矩形向四边扩展(图上约 10 mm)的

矩形范围为单位提供数据。

起止点坐标按式(1)、式(2)、式(3)、式(4)计算(点位关系如图1所示)。

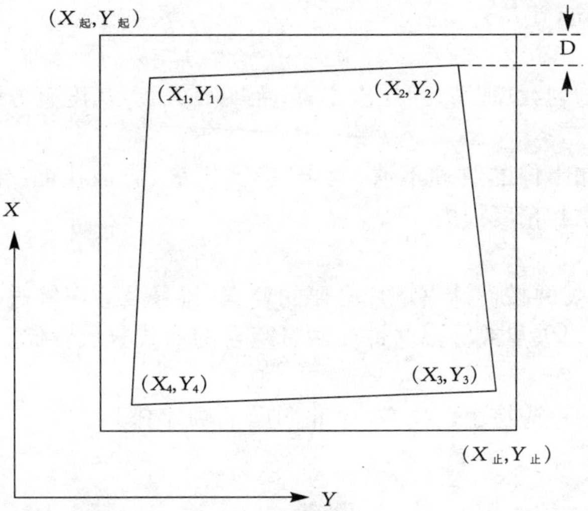

图2 数字正射影像图起止点与图廓关系示意图

$$X_{起}=\mathrm{INT}[(\mathrm{MAX}(X_1,X_2,X_3,X_4)+D)/d]\times d \quad\cdots\cdots(1)$$

$$Y_{起}=\mathrm{INT}[(\mathrm{MIN}(Y_1,Y_2,Y_3,Y_4)-D)/d]\times d \quad\cdots\cdots(2)$$

$$X_{止}=\mathrm{INT}[(\mathrm{MIN}(X_1,X_2,X_3,X_4)-D)/d]\times d \quad\cdots\cdots(3)$$

$$Y_{止}=\mathrm{INT}[(\mathrm{MAX}(Y_1,Y_2,Y_3,Y_4)+D)/d]\times d \quad\cdots\cdots(4)$$

式中：

$X_1,Y_1,X_2,Y_2,X_3,Y_3,X_4,Y_4$——内图廓点高斯坐标,单位为米(m);

$X_{起},Y_{起},X_{止},Y_{止}$——影像起止点高斯坐标,单位为米(m);

D——数字正射影像图裁切时外扩地面尺寸,单位为米(m),其中,$D=0.01\times M$,M为数字正射影像图成图比例尺分母;

d——数字正射影像图地面分辨率,单位为米(m);

INT——将数字向下舍入到最接近的整数;

MAX——返回参数列表中的最大值;

MIN——返回给定参数表中的最小值。

6.6 精度

6.6.1 平面位置精度

数字正射影像图的平面位置中误差不应大于表3规定,明显地物点平面位置中误差的两倍为其最大误差。

表3 平面位置中误差

单位为毫米(图上)

比　例　尺	平地、丘陵地	山地、高山地
1:5 000、1:10 000、1:25 000、1:50 000、1:100 000	0.5	0.75

6.6.2 接边

数字正射影像图应与相邻影像图接边,接边误差不应大于2个像元。

6.7 影像质量

6.7.1 色彩模式

根据生产所用数据源的不同，数字正射影像成果的色彩模式分为全色和彩色两种形式，全色影像为8位(比特)，彩色影像为24位(比特)。

6.7.2 色彩特征

影像应反差适中，色调均匀，纹理清楚，层次丰富，无明显失真，灰度直方图一般呈正态分布。

6.7.3 影像缺损

避免出现因影像缺损(如影像的纹理不清、噪声、影像模糊、影像扭曲、错开、裂缝、漏洞、污点、划痕等)而造成无法判读影像信息和精度损失。

6.8 图廓整饰

数字正射影像图可根据需要按设计书增加必要的要素、符号及注记等进行图廓整饰。数字正射影像图的图廓整饰及注记部分可以矢量或栅格文件或两者组合的形式分层存储。

6.9 数据存储

数字正射影像数据存储时，应按由西向东、由北向南的顺序排列。数字正射影像图数据存储格式宜满足GB/T 17798的要求。

6.10 文件命名

数字正射影像图的文件命名应符合CH/T 1005的规定。

6.11 元数据

数字正射影像图元数据的内容、结构和格式应符合CH/T 1007的规定。

7 质量检验

数字正射影像图的质量检验要求应符合GB/T 18316的规定。

8 成果标记

成果标记用于成果外包装及成果标签等处，成果标记应包含成果名称、所采用标准的标准号、成果分类代号、图幅分幅编号、地面分辨率、最新生产时间，根据需要也可标识版本号。以符合CH/T 9009.3，成果分类代号为D，图幅分幅编号为H50G092005，地面分辨率为1 m，最新生产时间为2009年6月，版本号为2.1的数字正射影像图为例，其标记如下：

数字正射影像图 CH/T 9009.3—D，H50G092005，1，200906，2.1

标记中各要素的含义如下：

D　　　　　——成果分类代号；
H50G092005——图幅分幅编号；
1　　　　　——地面分辨率，单位为米(m)；
200906　　　——最新生产时间(年月)；
2.1　　　　——版本号，其中整数位代表重测次数，小数位代表修测次数。

9 成果包装

数字正射影像图以光盘为主要存储介质，也可使用磁带或磁盘等。外包装上应包括成果标记、生产单位、分发单位等内容。

10 保密

数字正射影像图的生产、分发和使用应符合国家有关保密的法律法规及相关规定。

前　言

本标准代替 CH/T 1010—2001，除编辑性修改外主要技术变化如下：

——增加了“成果构成”(见 4)；

——修改了“标记示例”(见 8，2001 版 4.2)；

——删除了高程精度要求(见 2001 版 5.4.2)；

——修改了“色彩模式”(见 6.6，2001 版 6.6.1，6.6.2)；

——增加了“图式表达”(见 6.6)；

——增加了“表征质量”(见 6.7)；

——修改了“数据存储”(见 6.8，2001 版 5.6)；

——删除了“数据源”(见 2001 版 6.2)；

——删除了“扫描分辨率”(见 2001 版 6.3)；

——删除了“数据处理”(见 2001 版 6.4)。

本标准由国家测绘局提出并归口。

本标准起草单位：国家测绘局测绘标准化研究所。

本标准主要起草人：张坤、刘小强、马晓萍。

中华人民共和国测绘行业标准

CH/T 9009.4—2010
代替 CH/T 1010—2001

基础地理信息数字成果
1∶5 000、1∶10 000、1∶25 000、
1∶50 000、1∶100 000 数字栅格地图

Digital products of fundamental geographic information
1∶5 000,1∶10 000,1∶25 000,1∶50 000,1∶100 000
digital raster graphics

1 范围

本标准规定了基础地理信息数字成果 1∶5 000、1∶10 000、1∶25 000、1∶50 000、1∶100 000 数字栅格地图的构成、分类、要求、质量检验和保密等内容。

本标准适用于基础地理信息数字成果 1∶5 000、1∶10 000、1∶25 000、1∶50 000、1∶100 000 数字栅格地图的生产、质量控制和使用。

2 规范性引用文件

下列文件对于本文件的应用是必不可少的。凡是注日期的引用文件,仅注日期的版本适用于本文件。凡是不注日期的引用文件,其最新版本(包括所有的修改单)适用于本文件。

GB/T 13989 国家基本比例尺地形图分幅和编号

GB/T 17798 地理空间数据交换格式

GB/T 18316 数字测绘成果质量检查与验收

GB/T 20257.2 国家基本比例尺地图图式 第 2 部分:1∶5 000、1∶10 000 地形图图式

GB/T 20257.3 国家基本比例尺地图图式 第 3 部分:1∶25 000、1∶50 000、1∶100 000 地形图图式

CH/T 1005 基础地理信息数字产品数据文件命名规则

CH/T 1007 基础地理信息数字产品元数据

3 成果描述

数字栅格地图(digitalraster graphic,DRG)是以栅格数据形式表达地形要素的地理信息数据集。数字栅格图可由矢量数据格式的地图图形数据转换而成,也可由模拟地图经扫描、几何纠正及色彩归化等处理后形成。数字栅格地图是我国基础地理信息数字成果的主要组成部分。

4 成果构成

数字栅格地图成果由栅格数据(包括数据定位信息)、元数据及相关文件构成。相关文件指需要随数据同时提供的说明信息。

5 成果分类

数字栅格地图按颜色分为两类,其分类及代号见表 1。

国家测绘局 2010-06-07 发布 2010-07-01 实施

表 1 数字栅格图产品分类及代号

分 类	代 号
单 色	D
彩 色	C

6 成果要求

6.1 空间参考系

坐标系采用2000国家大地坐标系。数据源为模拟地图时，坐标系可与模拟地图保持一致。

地图投影采用高斯-克吕格投影，根据地图比例尺，1∶5 000、1∶10 000按3°分带，1∶25 000、1∶50 000、1∶100 000按6°分带。

高程基准采用1985国家高程基准。数据源为模拟地图时，高程基准可与模拟地图保持一致。

6.2 分幅和编号

1∶5 000、1∶10 000、1∶25 000、1∶50 000、1∶100 000数字栅格地图的分幅与编号见GB/T 13989的规定。

6.3 分辨率

1∶5 000、1∶10 000、1∶25 000、1∶50 000、1∶100 000数字栅格地图产品分辨率不低于12点/毫米(300 dpi)。

6.4 精度

6.4.1 图廓点和公里格网精度

图廓点和公里格网交叉点位置偏差不大于一个栅格。

当数据源为模拟地图时，公里格网交叉点位置偏差不大于两个栅格。

6.4.2 平面位置精度

图上地物点对最近野外控制点的图上点位中误差不大于表2规定。

表 2 图上地物点对最近野外控制点精度要求

单位为毫米

比例尺	平地、丘陵	山地、高山地
1∶5 000～1∶100 000	0.5	0.75

图上地物点对最近野外控制点的图上点位最大误差要求不大于两倍中误差。

6.5 色彩模式

6.5.1 单色图

1∶5 000、1∶10 000、1∶25 000、1∶50 000、1∶100 000单色数字栅格地图以灰度模式表示，灰度值范围应符合正态分布。

6.5.2 彩色图

1∶5 000、1∶10 000栅格地图色彩模式见表3；1∶25 000、1∶50 000、1∶100 000栅格地图色彩模式见表4。当数据源为模拟地图时，1∶5 000、1∶10 000、1∶25 000、1∶50 000、1∶100 000数字栅格地图色彩模式可与数据源所采用的图式的规定保持一致。

表3 1∶5 000、1∶10 000 栅格地图色彩模式

序号	颜 色	R、G、B值			C、M、Y、K值				表示内容
1	棕 色	194	135	0	0	40	100	30	地貌、土质
		243	153	58	0	50	80	0	高速公路普染
		248	197	163	0	30	35	0	省道普染
2	蓝 色	0	166	233	100	0	0	0	水系线状要素及符号
		233	242	252	15	0	0	0	水系面域普染
3	绿 色	0	153	68	100	0	100	0	植被符号
		137	201	151	50	0	50	0	专用公路普染
		213	234	216	20	0	20	0	植被面状普染、温室、医疗点
4	黄 色	255	244	98	0	0	70	0	国道普染
5	红 色	230	0	18	0	100	100	0	危险岸区、医院、火山口、省级驻地注记
		228	0	127	0	100	0	0	地铁、磁悬浮、轻轨、开发区及保护区界
6	黑 色	0	0	0	0	0	0	100	其他要素
7	白 色	255	255	255	0	0	0	0	底色
8	紫 色	128	0	128	65	100	18	0	修测内容和说明注记
9	灰色	114	113	113	0	0	0	70	沟堑、海岸线、干出线、干出滩、礁石、水中滩、堤、街区、棚房、破坏房屋、采掘场、乱掘地、盐田、场馆、围墙、铁丝网、铁路、等级以下公路、路堤、路堑、隧道、管线、索道、滑道、简易轨道、徒涉场、土堆、坑穴、梯田坎、村庄名
		159	160	160	0	0	0	50	单幢房屋
		221	226	230	5	0	0	15	街区普染
		194	204	210	10	0	0	25	高层、突出房、场馆普染
		242	242	243	0	0	0	8	砖石城墙、长城普染
		239	239	239	0	0	0	10	留用

表4 1∶25 000、1∶50 000、1∶100 000 栅格地图色彩模式

序号	颜 色	R、G、B值			C、M、Y、K值				表示内容
1	棕 色	194	135	0	0	40	100	30	地貌、土质
		243	153	58	0	50	80	0	高速公路普染
		248	197	163	0	30	35	0	省道普染
2	蓝 色	0	166	233	100	0	0	0	水系线状要素及符号
		211	237	251	20	0	0	0	水系面域普染

表4　1∶25 000、1∶50 000、1∶100 000栅格地图色彩模式　（续）

序号	颜　色	R、G、B值			C、M、Y、K值				表示内容
3	绿　色	0	153	68	100	0	100	0	植被符号
		137	201	151	50	0	50	0	专用公路普染
		190	223	194	30	0	30	0	植被面状普染
4	黄　色	255	243	63	0	0	80	0	国道普染
5	红　色				0	100	100	0	危险岸区、医院、火山口
		228	0	127	0	100	0	0	地铁、磁悬浮、轻轨及其站点、开发区及保护区界、首都及省级政府驻地注记
6	黑　色	0	0	0	0	0	0	100	其他要素
7	白　色	255	255	255	0	0	0	0	底色
8	紫　色	128	0	128	65	100	18	0	修测内容和说明注记
9	灰色	114	113	113	0	0	0	70	干出线、干出滩、礁石、水中滩、堤、房屋、采掘场、乱掘地、盐田、围墙、铁丝网、铁路、等级以下公路、路堤、路堑、隧道、索道、滑道、简易轨道、渡口、徒涉场、管线、土堆、坑穴、梯田坎
		211	210	210	5	0	0	20	街区普染
		185	195	201	10	0	0	30	高层、突出房、场馆普染
		239	239	239	0	0	0	10	留用

6.6　图示表达

1∶5 000、1∶10 000、1∶25 000、1∶50 000、1∶100 000数字栅格地图各要素符号、注记和图廓整饰的表示一般应符合GB/T 20257.2或GB/T 20257.3的规定。当数据源为模拟地图时，各要素符号、注记和图廓整饰的表示可与数据源所采用的图式的规定保持一致。

6.7　表征质量

1∶5 000、1∶10 000、1∶25 000、1∶50 000、1∶100 000数字栅格图通过矢栅转换方式生产时，线画、符号和注记应完整、清晰，图面整体无噪点，色彩、色值应正确无误。通过扫描方式生产时，线画、符号和注记应保持清晰、完整、连续，无发糊、虚断；图面要求整体噪点小，图形亮度、反差适宜，无多余脏点，如为彩图，色彩、色值应正确。

6.8　数据存储

数字栅格地图数据的存储格式应满足应用需求。

6.9　文件命名

数字栅格地图的文件命名应符合CH/T 1005的规定。

6.10　元数据

数字栅格地图的元数据内容、结构和格式应符合CH/T 1007的规定。

7　质量检验

数字栅格地图成果的质量检验要求应符合GB/T 18316的规定。

8　成果标记

成果标记用于成果外包装及成果标签等处。成果标记应包含成果名称、所采用标准的标准号、成果分类代号、图幅分幅编号、最新生产时间等内容，根据需要也可标识版本号。以符合 CH/T 9009.4，分类为彩色，图幅分幅编号为 I48G001002 的数字栅格地图为例，其标记为：

数字栅格地图 CH/T 9009.4—C，I48G001002，200906，2.1 标记中各要素的含义如下：

C ——成果分类代号；

I48G001002 ——图幅分幅编号；

200906 ——最新生产时间(年月)；

2.1 ——版本号，其中整数位代表重测次数，小数位代表修测次数。

9 成果包装

数字栅格地图以光盘为主要存储介质，也可使用磁带或磁盘等。成果外包装上应包括成果标记、生产单位、分发单位等内容。

10 保密

1∶5 000、1∶10 000、1∶25 000、1∶50 000、1∶100 000 数字栅格地图的生产、分发和使用应符合国家有关保密的法律、法规及相关规定。

前　言

本标准由国家测绘局提出并归口。

本标准起草单位：中国测绘科学研究院、北京航空航天大学、贵州省第三测绘院。

本标准主要起草人：孙杰、盛蔚、万志强、王国洲、赵和亭、种逸山。

引　言

本标准根据国内无人机航摄系统软硬件的生产现状、技术特点以及应用情况，以保障无人机航摄安全为重点，对无人机航摄安全作业的有关内容进行了规定。随着相关技术的发展，将适时对本标准作修订。

本标准中的无人机航摄系统特指固定翼轻型无人机航摄系统，对其技术特点做以下定性描述：

——机翼在机体两侧，并相对固定；

——最大起飞重量不超过 100 kg；

——以汽油发动机作为动力，最大巡航速度不超过 200 km/h；

——无人机的飞行导航与控制系统采用微小型传感器为代表的高集成度元器件构成；

——空中与地面之间的数据传输采用轻小型数传电台；

——机上设备采用锂、镍氢、镍镉等电池组或机载发电机供电；

——发射方式主要采用轮式滑跑或弹射，回收方式主要采用滑跑或伞降；

——任务设备为轻小型数码相机，数码摄录机、稳定平台、差分 GPS、POS 装置为附设设备。

中华人民共和国测绘行业标准化指导性技术文件

CH/Z 3001—2010

无人机航摄安全作业基本要求

Basic requirements of unmanned air vehicle aerial survey safe operation

1 范围

本标准规定了无人机航摄安全作业的技术准备、实地踏勘与场地选取、飞行检查与操控、保障措施、设备使用与维护等内容。

本标准适用于以固定翼轻型无人机航摄系统为设备的无人机航摄作业，旋翼轻型无人机航摄作业和无人飞艇航摄作业可参照执行。

2 规范性引用文件

下列文件对于本文件的应用是必不可少的。凡是注日期的引用文件，仅注日期的版本适用于本文件。凡是不注日期的引用文件，其最新版本（包括所有的修改单）适用于本文件。

CH/Z 3005 低空数字航空摄影规范

3 术语和定义

下列术语和定义适用于本文件。

3.1

无人机 unmanned air vehicle

一种由动力驱动、机上无人驾驶、可重复使用的航空器，具有遥控、半自主、自主三种飞行控制方式。

3.2

无人机航摄系统 unmanned air vehicle aerial photography system

以无人机为飞行平台、以影像传感器为任务设备的航空遥感影像获取系统。

3.3

安全 safety

不出事故，没有危害，不受威胁。

4 技术准备

4.1 资料收集

航摄作业前，应充分收集与摄区有关的地形图、影像等资料或数据，了解摄区地形地貌、气候条件以及机场、重要设施等情况，并进行分析研究，确定飞行区域的空域条件、设备对任务的适应性，制订详细的项目实施方案。

4.2 技术设计

4.2.1 基本要求

无人机飞行高度和总航程是影响飞行安全的重要指标，技术设计应符合以下要求：

a） 设计飞行高度应高于摄区和航路上最高点 100 m 以上；

b） 设计航线总航程应小于无人机能到达的最远航程。

国家测绘局 2010-08-24 发布 2010-10-01 实施

4.2.2 航摄设计

根据地面分辨率、航摄范围的要求，航摄时间、航线布设、影像重叠度、分区等按照 CH/Z 3005 相关要求执行。

4.3 设备器材

4.3.1 设备器材选用

根据航摄任务性质和工作内容，选择所需的设备器材，其规格型号、数量和性能指标应满足航摄任务的要求。

4.3.2 设备检查与调试

对选用的设备进行检查和调试，使其处于正常状态。

5 实地踏勘和场地选取

5.1 实地踏勘

5.1.1 实地采集信息

工作人员需对摄区或摄区周围进行实地踏勘，采集地形地貌、地表植被以及周边的机场、重要设施、城镇布局、道路交通、人口密度等信息，为起降场地的选取、航线规划、应急预案制订等提供资料。

5.1.2 起降场地坐标

实地踏勘时，应携带手持或车载 GPS 设备，记录起降场地和重要目标的坐标位置，结合已有的地图或影像资料，计算起降场地的高程，确定相对于起降场地的航摄飞行高度。

5.2 场地选取

5.2.1 常规航摄作业

根据无人机的起降方式，寻找并选取适合的起降场地，非应急性质的航摄作业，起降场地应满足以下要求：

a) 距离军用、商用机场须在 10 km 以上；
b) 起降场地相对平坦、通视良好；
c) 远离人口密集区，半径 200 m 范围内不能有高压线、高大建筑物、重要设施等；
d) 起降场地地面应无明显凸起的岩石块、土坎、树桩，也无水塘、大沟渠等；
e) 附近应无正在使用的雷达站、微波中继、无线通信等干扰源，在不能确定的情况下，应测试信号的频率和强度，如对系统设备有干扰，须改变起降场地；
f) 无人机采用滑跑起飞、滑行降落的，滑跑路面条件应满足其性能指标要求。

5.2.2 应急航摄作业

灾害调查与监测等应急性质的航摄作业，在保证飞行安全的前提下，起降场地要求可适当放宽。

6 飞行检查与操控

6.1 飞行前检查

每次飞行前，须仔细检查设备的状态是否正常。检查工作应按照检查内容逐项进行，对直接影响飞行安全的无人机的动力系统、电气系统、执行机构以及航路点数据等应重点检查。每项内容须两名操作员同时检查或交叉检查。

6.1.1 设备使用记录

记录使用设备的型号和编号（见表 1），用于设备使用时间的统计、故障的查找和分析。

表 1 设备使用记录表

名 称	飞行平台	发动机	飞 控	任务设备	监控站	遥控器	弹射架	降落伞
型 号								
编 号								

6.1.2 地面监控站设备检查

检查地面监控站设备并记录检查结果(见表2),存在问题的应注明。

表2 地面监控站设备检查项目

检查项目	检查内容
线缆与接口	检查线缆无破损,接插件无水、霜、尘、锈,针、孔无变形、无短路
监控站主机	放置应稳固,接插件连接牢固
监控站天线	数据传输天线应完好,架设稳固,接插件连接牢固
监控站电源	正负极连接正确,记录电压数值

6.1.3 任务设备检查

检查任务设备并记录检查结果(见表3),存在问题的须注明。此处任务设备为单反数码相机,其他类别任务设备的检查项目和检查内容参照执行,表中未列项目应根据需要按照任务设备使用说明进行检查。

表3 任务设备检查项目

检查项目	检查内容
镜头	镜头焦距须与技术设计要求相同,镜头应洁净,记录镜头编号
对焦	设置为手动对焦,对焦点为无穷远
快门速度	根据天气条件和机体振动情况正确设置,宜采用快门优先或手动设置
光圈大小	根据天气正确设置,F值不应小于5.6
拍摄控制	应选择单张拍摄模式
感光度	根据天气条件正确设置
影像品质	影像品质设置正确,宜选择优
影像风格	影像风格选择正确,包括锐度、反差、饱和度、白平衡等
日期和时间	相机设置的日期、时间应正确
试拍	连接电池和存储设备,对远处目标试拍数张,检查影像是否正常
电量	检查相机电量是否充足
清空存储设备	相机装入机舱前,应清空存储设备

6.1.4 飞行平台检查

检查无人机飞行平台并记录检查结果(见表4),存在问题的须注明。此处飞行平台指正常布局、机翼和尾翼可拆卸的固定翼无人机,其他气动布局的无人机飞行平台检查项目和检查内容参照执行。

表4 无人机飞行平台检查项目

检查项目	检查内容
机体外观	应逐一检查机身、机翼、副翼、尾翼等有无损伤,修复过的地方应重点检查
连接机构	机翼、尾翼与机身连接件的强度、限位应正常,连接结构部分无损伤
执行机构	应逐一检查舵机、连杆、舵角、固定螺丝等有无损伤、松动和变形
螺旋桨	应无损伤,紧固螺栓须拧紧,整流罩安装牢固
发动机	零件应齐全,与机身连接应牢固,注明最近一次维护的时间
机内线路	线路应完好、无老化,各接插件连接牢固,线路布设整齐、无缠绕
机载天线	接收机、GPS、飞控等机载设备的天线安装应稳固,接插件连接牢固

表4　无人机飞行平台检查项目　（续）

检查项目	检查内容
空速管	安装应牢固，胶管无破损、无老化，连接处应密闭
飞控及飞控舱	各接插件连接牢固，线路布设整齐无缠绕，减震机构完好，飞控与机身无硬性接触
相机及相机舱	快门接插件连接牢固，线路布设整齐无缠绕，减震机构完好，相机与机身无硬性接触
降落伞	应无损伤，主伞、引导伞叠放正确，伞带结实、无老化
伞舱	舱盖能正常弹起，伞舱四周光滑，伞带与机身连接牢固
油箱	无漏油现象，油箱与机体连接应稳固，记录油量
油路	油管应无破损、无挤压、无折弯，油滤干净，注明最近一次油滤清洗时间
起落架	外形应完好，与机身连接牢固，机轮旋转正常
飞行器总体	重心位置应正确，向上提伞带使无人机离地，模拟伞降，无人机落地姿态应正确

6.1.5　燃油和电池检查

检查燃油和机载电池（见表5）。

表5　燃油、电池检查项目

检查项目	检查内容
燃油	确认汽油、机油的标号及混合比符合要求，汽油应无杂质
机载电源	机载电池（包括点火电池、接收机电池、飞控电池、舵机电池等）装入无人机之前，记录电池的编码、电量，确认电池已充满，电池与机身之间应固定连接，电源接插件连接应牢固
遥控器电源	记录电池的编号、电量，确认电池已充满

6.1.6　弹射架检查

采用弹射起飞为发射方式的无人机系统，应检查弹射架（见表6）。此处弹射架特指使用轨道滑车、橡皮筋的弹射机构。

表6　弹射架检查项目

检查项目	检查内容
稳固性	支架在地面的固定方式应因地制宜，有稳固措施，用手晃动测试其稳固性
倾斜度	前后倾斜度应符合设计要求，左右应保持水平
完好性	每节滑轨应紧固连接，托架和滑车应完好
润滑性	前后推动滑车进行测试，应顺滑；必要时应涂抹润滑油
牵引绳	与滑车连接应牢固，应完好、无老化
橡皮筋	应完好、无老化，注明已使用时间
弹射力	根据海拔高度、发动机动力，确定弹射力是否满足要求，必要时测试拉力
锁定机构	用手晃动无人机机体，测试锁定状态是否正常
解锁机构	应完好，向前推动滑车，检查解锁机构工作是否正常

6.1.7　设备通电检查

打开地面监控站、遥控器以及所有机载设备的电源，运行地面站监控软件，检查设计数据，向机载飞控系统发送设计数据并检查上传数据的正确性，检查地面监控站、机载设备的工作状态，检查飞控系统的设置参数（见表7）。

表 7 通电检查项目

检查项目	检查内容
监控站设备	地面监控站设备运行应正常
设计数据	检查设计数据是否正确，包括调取的底图、航路点数据是否符合计划航摄区域，整个飞行航线是否闭合，各航路点相对起飞点的飞行高度，单架次航线总长度，航路点（重点是起降点）的制式航线，曝光模式（定点、定时、等距）、曝光控制数据的设置
数据传输系统	地面监控站至机载飞行控制系统的数据传输、指令发送正常
信号干扰情况	舵机及其他机载设备工作状态是否正常，有无被干扰现象
遥控器	记录遥控器的频率；所有发射通道设置正确；遥控通道控制正常，各舵面响应（方向、量）正确；遥控开伞响应正常；遥控器的控制距离正常；遥控（RC）和自主飞行（UAV）控制切换正常
飞控系统	检查 PID 参数、GPS 定位、卫星失锁后的保护设置；检查机体静态情况下的陀螺零点；转动飞机（航向、横滚、俯仰），观察陀螺、加速度计数据的变化；检查高度、空速、转速传感器的工作状态；启用应急开伞功能，应急开伞高度应大于 100 m
数据发送与回传	将设计数据从监控站上传到机载飞控系统，并回传，检查上传数据的完整性和正确性；上传目标航路点，回传显示正确；上传航路点的制式航线，回传显示正确
控制指令响应	发送开伞指令，开伞机构响应正常；发送相机拍摄指令，相机响应正常；发送高度置零指令，高度数据显示正确

6.1.8 发动机启动后检查

启动发动机，检查无人机和机载设备着车后的工作状态（见表 8）。

表 8 启动发动机后检查项目

检查项目	检查内容
飞控系统	在发动机整个转速范围内，飞控各项传感器数据跳动在正常范围内
发动机响应	大、小油门以及风门响应线性度正常；发动机工作状态正常，无异常抖动
发动机风门	发动机风门最大值、最小值、停车位置设置正确
转速	转速显示正确；用测速表测最大转速并记录，最大转速应与标称值相符
舵面中立	各舵面中立位置正确，否则用遥控器调整
发动机动力	发动机动力随海拔高度、使用时间而变化，根据需要进行拉力测试
停车控制	监控站停车控制正常；遥控器停车控制正常

6.1.9 附设设备检查

根据系统配置，对相关的附设设备进行检查。检查项目按照其组成、配置、技术指标进行设置。

6.1.10 关联性检查

设备检查时，任何一项内容发现问题并调整正常后，要对与其相关内容进行追溯性检查。

6.2 飞行操控

6.2.1 起飞阶段操控

起飞阶段操控应注意事项：

a） 起飞前，根据地形、风向决定起飞方向，无人机须迎风起飞；
b） 飞行操作员须询问机务、监控、地勤等岗位操作员能否起飞，在得到肯定答复后，方能操控无人机起飞；
c） 机务、监控操作员应同时记录起飞时间；
d） 遥控飞行模式下，监控操作员应每隔 5～10 s 向飞行操作员通报飞行高度、速度等数据。

6.2.2 **飞行模式切换**

遥控模式何时切换到自主飞行模式，由监控操作员向飞行操作员下达指令。

6.2.3 **视距内飞行操控**

视距内飞行阶段操控应注意事项：

a) 在自主飞行模式下，无人机应在视距范围内按照预先设置的检查航线（或制式航线）飞行 2～5 min，以观察无人机及机载设备的工作状态；
b) 飞行操作员须手持遥控器，密切观察无人机的工作状态，做好应急干预的准备；
c) 监控操作员应密切监视无人机是否按照预设的航线和高度飞行，观察飞行姿态、传感器数据是否正常；
d) 监控操作员在判断无人机及机载设备工作正常情况下，还应通过口语或手语询问飞行、机务、地勤等岗位操作员，在得到肯定答复后，方能引导无人机飞往航摄作业区。

6.2.4 **视距外飞行操控**

视距外飞行阶段操控应注意事项：

a) 视距外飞行阶段，监控操作员须密切监视无人机的飞行高度、发动机转速、机载电源电压、飞行姿态等，一旦出现异常，应及时发送指令进行干预；
b) 其他岗位操作员须密切监视地面设备的工作状态，如发现异常，应及时通报监控操作员并采取措施。

6.2.5 **降落阶段操控**

降落阶段操控应注意事项：

a) 无人机完成预定任务返航时，监控操作员须及时通知其他岗位操作人员，做好降落前的准备工作；
b) 机务、地勤操作员应协助判断风向、风速，并随时提醒遥控飞行操作员；
c) 自主飞行何时切换到遥控飞行，由监控操作员向飞行操作员下达指令；
d) 在遥控飞行模式下，监控操作员根据具体情况，每隔数秒向飞行操作员通报飞行高度；
e) 无人机落地后，机务、监控两名操作员应同时记录降落时间。

6.3 **飞行后检查**

6.3.1 **飞行平台检查**

对无人机飞行平台进行飞行后检查并记录（见表 9），如果无人机以非正常姿态着陆并导致无人机损伤时，应优先检查受损部位。

表 9 飞行平台检查

检查项目	检查内容
动力装置	检查发动机有无损伤，排气管、化油器中有无泥土等污物；检查螺旋桨有无损伤，与机体连接处有无松动
机体	检查机身、机翼、副翼、尾翼等有无损伤，重点检查起落架与机身连接部位
连接机构	检查机翼、副翼、尾翼与机身连接机构有无损伤
执行机构	检查舵机、连杆、舵角等执行机构有无损伤
降落伞	采用伞降时，检查降落伞有无损伤，伞带与机身连接处有无损伤
供油系统	检查油箱是否漏油；检查油路有无损伤和漏油

6.3.2 **油量、电量检查**

检查所剩的油量、电量（见表 10），评估当时天气条件和地形地貌情况下油量和电量的消耗情况，为后续飞行提供参考数据。

表 10 油量、电量检查

检查项目	检查内容
油量	检查剩余油量，计算每小时的油耗
电量	检查点火电池、飞控电池、舵机电池、任务设备电池的剩余电量，计算每小时的电量消耗

6.3.3 机载设备检查

检查机载设备并记录(见表 11)。

表 11 机载设备检查

检查项目	检查内容
机载天线	检查接收机、GPS、数传等机载设备的天线有无损伤，接插件有无松动
飞行控制设备	检查飞控有无损伤，接插件有无松动；检查减震机构位置有无变化、有无变形
任务设备	检查任务设备有无损伤，位置有无变化，接插件有无松动

6.3.4 影像数据检查

从机载设备中导出影像数据及其位置和姿态数据，并进行检查(见表 12)。

表 12 影像数据检查

检查项目	检查内容
影像数据	检查影像质量是否合格、数量与技术设计是否相符
位置和姿态数据	检查影像的位置和姿态数据与影像是否一一对应

7 阶段工作小结

7.1 飞行记录整理

对飞行检查记录与飞行监控记录进行整理，文字和数字应正确、清楚、格式统一，原始记录须填写在规定的载体上，禁止转抄。整理内容包括：

a) 飞行前检查记录；

b) 飞行监控记录；

c) 飞行后检查记录。

7.2 飞行资料整理

对航摄飞行资料进行整理，填写相关的航摄飞行报表，主要内容包括：

a) 云高、云量、能见度；

b) 风向、风速；

c) 航摄飞行设计底图；

d) 航路点数据；

e) 飞行航迹数据；

f) 曝光点数据；

g) 影像位置与姿态数据。

7.3 航摄作业小结

对当天航摄作业情况进行总结，主要内容包括：

a) 人员工作情况；

b) 设备工作情况；

c） 航摄任务完成情况；

d） 后续工作计划及注意事项。

8 成果整理与验收

航摄成果的整理与验收参照 CH/Z 3005 的相关要求执行。

9 保障措施

9.1 操作人员

9.1.1 一般要求

参与无人机航摄作业的系统操作人员需经过专业培训，并通过有关技术部门的岗位技能考核。

9.1.2 岗位要求

设备的检查、使用、维护按照岗位分工负责并相互配合，由具备相应资格、有实践经验、能力较强的操作人员承担。

9.2 环境条件

根据掌握的环境数据资料和设备的性能指标，判断环境条件是否适合无人机的飞行，如不适合，应暂停或取消飞行。环境条件主要包括：

a） 海拔高度；

b） 地形地貌条件；

c） 地面和空中的风向、风速；

d） 环境温度；

e） 环境湿度；

f） 空气含尘量；

g） 电磁环境和雷电；

h） 起降场地地面尘土情况；

i） 气象条件（云高、云量、光照）。

9.3 飞行现场管理

飞行现场的管理关系到人员安全、设备安全以及工作效率，须认真组织，规范操作；现场工作人员应注意检查安全隐患。现场管理主要包括：

a） 指定 1 名负责人，负责飞行现场的统一协调和指挥；

b） 设备应集中、整齐摆放，设备周围 30 m×30 m 范围设置明显的警戒标志，飞行前的检查和调试工作在警戒范围内进行，非工作人员不允许进入；

c） 发动机在地面着车时，人员不能站立在发动机正侧方和正前方 5 m 以内；

d） 现场噪音过大或操作员之间相距较远时，应采用对讲机、手势方式联络，应答要及时，用语和手势要简练、规范；

e） 滑行起飞和降落时，与起降方向相交叉的路口须派专人把守，禁止车、人通过，应确保起降场地上没有非工作人员；

f） 弹射起飞时，发射架前方 200 m、90°夹角扇形区域内不能有人站立；

g） 无人机伞降时，应确保无人机预定着陆点半径 50 m 范围内没有非工作人员。

9.4 飞行检查记录编制

根据设备的配置、性能指标以及使用说明，结合本标准的飞行检查内容、航摄作业环境等，设备操作人员应逐条编制详细的《飞行前检查记录》、《飞行后检查记录》，并严格执行。

9.5 应急预案的制订

无人机航摄作业前，应制订应急预案，应急预案的主要内容包括：

a） 无人机出现故障后的人工应急干预方法，安全迫降的地点和迫降方式；

b） 根据地形地貌，制订事故发生后无人机的搜寻方案，并配备相应的便携地面导航设备、快捷的交通工具以及通信设备；

c） 协调地方政府，调动行政区域内的社会力量参与应急救援；

d） 开展事故调查与处理工作，填写《事故调查表》(见附录 H)。

9.6 设备使用时间统计

编制设备和主要部件使用时间统计表，做好统计工作，防止因累计使用时间超过使用寿命而造成飞行事故，使用时间统计表主要包括：

a） 飞行平台使用时间统计表(见附录 A)；

b） 飞控使用时间统计表(见附录 B)；

c） 发动机使用时间统计表(见附录 C)；

d） 相机使用时间统计表(见附录 D)；

e） 接收机使用时间统计表(见附录 E)；

f） 舵机使用时间统计表(见附录 F)；

g） 电池使用时间统计表(见附录 G)。

10 设备使用与维护

10.1 设备使用

设备使用中应注意事项：

a） 设备应轻拿轻放，避免损坏无人机的舵面、舵机连杆、尾翼等易损部件；

b） 拆装时，应使用专用工具，避免过分用力造成设备和系统部件的损坏；

c） 通电前，先将接插件、线路正确连接，禁止通电状态下插拔接插件；

d） 接插件应防止进水、进尘土，小心插拔，勿将插针折弯；

e） 室内外温度、湿度相差较大时，电子、光学设备应在工作环境下放置 10 min 以上，待设备内外温度基本一致、无水雾、无霜情况下，再通电使用；

f） 在阴雨天气下使用时，设备须有防水、防雨淋措施；

g） 在太阳直射且温度较高的环境下使用，应采取遮阳措施；

h） 选用洁净、高质量的汽油和机油。

10.2 定期保养

设备定期保养应注意事项：

a） 按照设备生产厂商提供的《设备使用说明》(或《用户手册》)做定期保养；

b） 在设备生产厂商有关规定不全面时，可根据当地的地理、气候特点以及设备的使用情况，由设备操作人员制订定期保养计划并严格执行。

10.3 设备装箱

设备装箱时应注意事项：

a） 无人机装箱前，须将油箱内的汽油抽空；

b） 装有汽油的油桶、油箱不能放入密封的箱子内，并远离火源、避开高温环境；

c） 设备、部件应擦拭干净，设备如果受潮，应晾干后再装箱；

d） 运输包装箱内应有减震、隔离措施，设备和部件应使用扎带或填充物固定在箱内，以防止振动和相互碰撞。

10.4 设备运输

设备运输中应注意事项：

a） 易损设备或系统部件，应装入专用的运输包装箱内；

b） 运输中，设备应固定在车内，并采取减震、防冲击、防水、防尘措施；

c） 运输包装箱顶面应贴“小心轻放”、“防潮”、“防晒”等标签，箱体侧面应贴上箭头朝上的标志。

10.5 设备储放

设备储放应注意事项：

a） 设备储放中应注意防潮、防雨、防尘、防日晒；

b） 易受温度影响的设备，根据其性能指标，采取防高温和防低温措施；

c） 数码相机、电池、电脑等易受潮湿影响的设备，其包装箱内放置防潮剂；

d） 设备长期不使用，应定期（最长不超过 1 个月）通电、驱潮、维护、保养，并检测设备工作是否正常。

附 录 A
（资料性附录）
飞行平台使用时间统计表

型号：______________ 编号：______________

编号	使用日期（年月日）	飞行地点	任务性质	起飞时间	降落时间	飞行时间	时间累计	操作员（签字）
1								
2								
3								
4								
5								
6								
7								
8								
9								
10								
11								
12								
13								
14								
15								
16								
17								
18								
19								
20								
备注：								

前期累计(h)：________ 本期累计(h)：________ 累计(h)：________ 审核人：________

附 录 B
（资料性附录）
飞控使用时间统计表

型号：________　　　　编号：________

编号	使用日期（年月日）	飞行地点	任务性质	开机时间	关机时间	使用时间	时间累计	操作员（签字）
1								
2								
3								
4								
5								
6								
7								
8								
9								
10								
11								
12								
13								
14								
15								
16								
17								
18								
19								
20								
备注：								

前期累计(h)：________　本期累计(h)：________　累计(h)：________　审核人：________

附 录 C
(资料性附录)
发动机使用时间统计表

型号：______________ 编号：______________

编号	使用日期（年月日）	飞行地点	任务性质	着车时间	关车时间	使用时间	时间累计	操作员（签字）
1								
2								
3								
4								
5								
6								
7								
8								
9								
10								
11								
12								
13								
14								
15								
16								
17								
18								
19								
20								
备注：								

前期累计(h)：________ 本期累计(h)：________ 累计(h)：________ 审核人：________

附　录　D
（资料性附录）
相机使用时间统计表

型号：________　　　　　　编号：________

编号	使用日期（年月日）	使用地点	任务性质	搭载飞行平台的型号和编号	曝光次数	曝光累计	操作员（签字）
1							
2							
3							
4							
5							
6							
7							
8							
9							
10							
11							
12							
13							
14							
15							
16							
17							
18							
19							
20							
备注：							

前期累计(h)：________　本期合计(h)：________　累计(h)：________　审核人：________

附 录 E
(资料性附录)
接收机使用时间统计表

型号:________　　　　　　　　　　　　编号:________

编号	使用日期(年月日)	飞行地点	任务性质	通电时间	关电时间	使用时间	时间累计	操作员(签字)
1								
2								
3								
4								
5								
6								
7								
8								
9								
10								
11								
12								
13								
14								
15								
16								
17								
18								
19								
20								
备注:								

前期累计(h):________　本期累计(h):________　累计(h):________　审核人:________

附 录 F
(资料性附录)
舵机使用时间统计表

型号：________　　　　　　　　编号：________

编号	使用日期(年月日)	飞行地点	任务性质	通电时间	关电时间	使用时间	时间累计	操作员(签字)
1								
2								
3								
4								
5								
6								
7								
8								
9								
10								
11								
12								
13								
14								
15								
16								
17								
18								
19								
20								
备注：								

前期累计(h)：________　本期累计(h)：________　累计(h)：________　审核人：________

附 录 G
（资料性附录）
电池使用时间统计表

编号：____________ 开始时间：________年______月_____日

类别：____________ 标称电压：____________ 供给设备：____________

编号	使用日期（年月日）	充电日期（年月日）	开始充电时 间	结束充电时 间	充电器规格型号	充电后电 压	操作员（签字）
1							
2							
3							
4							
5							
6							
7							
8							
9							
10							
11							
12							
13							
14							
15							
16							
17							
18							
说明：							

前期累计充电次数：____________ 本期充电次数：____________ 累计充放电次数：____________

统计人：________________________ 审核人：________________

附　录　H
（资料性附录）
事故调查表

H.1　基本情况

<table>
<tr><td colspan="2">事发地点</td><td colspan="4"></td><td colspan="2">事发时间</td><td>年　月　日</td></tr>
<tr><td rowspan="2">无人机</td><td>型号</td><td></td><td rowspan="2">发动机</td><td>型号</td><td></td><td rowspan="2">飞控</td><td>型号</td><td></td></tr>
<tr><td>编号</td><td></td><td>编号</td><td></td><td>编号</td><td></td></tr>
<tr><td colspan="2">事故原因</td><td colspan="7"></td></tr>
<tr><td colspan="2">损失情况</td><td colspan="7"></td></tr>
<tr><td colspan="2">损失总额</td><td colspan="4">元</td><td colspan="2">事故等级</td><td></td></tr>
</table>

H.2　责任认定与处理决定

责任人	岗位	责任认定	处理决定	责任人签字

H.3　备注（包括今后应注意事项）

前　言

本标准由国家测绘局提出并归口。

本标准起草单位：中国测绘科学研究院、北京航空航天大学、贵州省第三测绘院。

本标准主要起草人：孙杰、盛蔚、万志强、王国洲、种逸山、赵和亭。

引　言

本标准根据国内无人机航摄系统软硬件的生产现状、应用情况和航测业务需求，参照有关的无人机系统技术标准、数字航空摄影规范，对用于航测的无人机航摄系统的技术要求进行规定。随着相关技术的发展，将适时对本标准作修订。

本标准中的无人机航摄系统特指固定翼轻型无人机航摄系统，对其技术特点做以下定性描述：

——机翼在机体两侧，并相对固定；

——最大起飞重量不超过 100 kg；

——以汽油发动机为动力，最大巡航速度不超过 200 km/h；

——无人机的飞行导航与控制系统采用微小型传感器为代表的高集成度元器件构成；

——空中与地面之间的数据传输采用轻小型数传电台；

——机上设备采用锂、镍氢、镍镉等电池组或机载发电机供电；

——发射方式主要采用轮式滑跑或弹射；回收方式主要采用滑行或伞降；

——任务设备为轻小型数码相机，数码摄录机、稳定平台、差分 GPS、POS 装置为附设设备。

中华人民共和国测绘行业标准化指导性技术文件

CH/Z 3002—2010

无人机航摄系统技术要求

Technology requirements of unmanned air vehicle aerial photography system

1 范围

本标准规定了无人机航摄系统的基本构成和设备的技术要求。

本标准适用于以固定翼轻型无人机为飞行平台、以数码相机为任务设备、能用于测绘成果生产的无人机航摄系统的选型，旋翼轻型无人机航摄系统、无人飞艇航摄系统的选型，以及系统设备的设计和生产可参照执行。

2 规范性引用文件

下列文件对于本文件的应用是必不可少的。凡是注日期的引用文件，仅注日期的版本适用于本文件。凡是不注日期的引用文件，其最新版本(包括所有的修改单)适用于本文件。

GB/T 17626 电磁兼容

CH/Z 3005 低空数字航空摄影规范

3 术语和定义

下列术语和定义适用于本文件。

3.1

任务载重 role load

飞行器在正常飞行时可以承受的最大任务设备载重。

3.2

无人机 unmanned air vehicle

一种由动力驱动、机上无人驾驶、可重复使用的航空器，具有遥控、半自主、自主三种飞行控制方式。

3.3

无人机航摄系统 unmanned air vehicle aerial photography system

以无人机为飞行平台、以影像传感器为任务设备的航空遥感影像获取系统。

4 系统基本构成及要求

4.1 系统基本构成

无人机航摄系统基本构成包括飞行平台、飞行导航与控制系统(以下简称飞控系统)、地面监控系统、任务设备、数据传输系统、发射与回收系统、地面保障设备。

4.2 一般要求

4.2.1 可靠性

可靠性应符合规定型号的要求，正常使用下，系统平均无故障工作时间应大于 200 h。

4.2.2 维护性

系统各部件应便于检查和维护。

4.2.3 互换性

同型号的系统，系统部件要求具有互换性。

国家测绘局 2010-08-24 发布　　2010-10-01 实施

4.2.4 环境适应性

4.2.4.1 冲击

系统设备承受的冲击应满足相应的强度和刚度要求。

4.2.4.2 振动

系统应能承受振动幅度大于 3 g(频率 20～2 000 Hz)。

4.2.4.3 高温

系统应满足在55℃温度环境中运输、储存、工作的使用要求。

4.2.4.4 低温

系统应满足在－10℃温度环境中运输、储存、工作的使用要求。

4.2.4.5 湿度

系统应满足在 70％湿度环境中运输、储存、工作的使用要求。

4.2.5 强度

无人机应有足够的强度和刚度。在满载荷下不应有影响工作的弹性变形；在设计极限载荷下不应损坏。

4.2.6 电磁兼容性

除另有规定外，系统电磁兼容性要求应按 GB/T 17626 确定，并根据型号产品的具体情况，规定系统的频率范围、发射和接收敏感度要求及其极限值。

4.2.7 应急性

应配备伞降设备，在无人机遇到突发故障时，可通过降落伞减缓下降速度，避免或减小对地面目标的冲击和损害，减小飞行平台和机载设备的损伤。

5 飞行平台

5.1 组成

飞行平台主要包括机体、动力系统、执行机构、电气系统、起落架以及其他保证飞行平台正常工作的设备和部件。

5.2 功能

用于搭载任务设备并执行航摄飞行任务。

5.3 性能指标要求

飞行平台的主要性能指标要求：

a) 任务载重应大于 2 kg；
b) 任务舱尺寸应大于 25 cm(长)×20 cm(宽)×25 cm(高)；
c) 巡航速度 60～160 km/h；
d) 实用升限高于海拔 3 000 m；
e) 续航时间大于 1.5 h；
f) 抗风能力应大于 4 级。

6 飞控系统

6.1 组成

机载飞控系统主要包括飞控板、惯性导航系统、GPS 接收机、气压传感器、空速传感器、转速传感器等部件。

6.2 功能

飞控系统用于无人机的导航、定位和自主飞行控制。无人机航摄对其具体功能要求如下：

a) 系统应具备自检测功能；
b) 能采集电池电压、GPS 导航定位、发动机转速、气压高度、空速等信息；
c) 具备遥控、半自主、自主三种飞行控制模式；

d） 具备 GPS/INS 惯性导航功能；
e） 能实现飞行姿态、飞行高度、飞行速度的稳定控制；
f） 可预置航线，航点间具备沿线飞行和斜坡飞行模式，能实现对飞行航迹的控制；
g） 航路点数据可在飞行中修改，目标航点可实时修改；
h） 每个航路点可设置多种制式飞行模式；
i） 可设定包括应急开伞在内的多种安全保护模式；
j） 根据设置的高度数据，在无人机失速后能自动控制应急开伞；
k） 响应地面监控站的遥控指令，接收和存储航路点，并实现航路点数据的自动回传；
l） 外部接口和任务功能灵活且可以定制。

6.3 性能指标要求

无人机航摄对飞控系统的性能指标要求如下：
a） 航路点设置数量应多于 100 个；
b） 重量应小于 2 kg；
c） 飞行姿态控制稳度：横滚角应小于±3°、俯仰角应小于±3°、航向角误差应小于±3°；
d） 航迹控制精度：偏航距应小于±20 m、航高差应小于±20 m、直线段航迹弯曲度应小于±5°。

7 地面监控系统

7.1 组成

地面监控系统主要包括无线电遥控器、RC 接收机、监控计算机系统、地面供电系统以及监控软件等。

7.2 功能

地面监控系统的主要功能要求如下：
a） 可进行飞行任务规划与设计；
b） 通过数据传输系统，地面监控站可以向飞控系统发送数据和控制指令等；
c） 可接收、存储、显示、回放无人机的高度、空速、地速、方位、航向、航迹、飞行姿态等飞行数据；
d） 能显示任务设备工作状态，显示发动机转速、机载电源电压等数值；
e） 在机载电池电压不足、GPS 卫星失锁、发动机停车、无人机失速、飞行数据误差等超限时，有报警提示功能。

7.3 性能指标要求

地面监控系统的主要性能要求如下：
a） 监控计算机主机应选用加固笔记本电脑，或同等性能的计算机和电子设备；
b） 地面监控系统硬件应集成化设计、拆装方便、便于携带与搬运；
c） 监控数据可以图形和数字两种形式显示，显示做到综合化、形象化和实用化；
d） 无线电遥控器通道数应多于 8 个，以满足使用要求；
e） 监控计算机应满足一定的防水、防尘性能要求，能在野外较恶劣环境中正常工作；
f） 监控计算机的主频、内存应满足监控软件对计算机系统的要求；
g） 电源供电系统应保障地面监控系统连续工作时间大于 5 h。

8 任务设备

8.1 组成

任务设备主要包括数码相机、数码相机控制系统以及有关的附设装置。

8.2 功能

用于航摄影像的获取与存储。

8.3 性能指标要求

8.3.1 数码相机

参照 CH/Z 3005 执行，须经过检校，数码相机主要性能指标要求如下：

a） 面阵传感器，有效像素应大于 2 000 万；
b） 像素 2 000 万的影像能存储 1 000 幅以上；
c） 快门速度应快于 1/1 000 s；
d） 连续工作时间应大于 2 h；
e） 具备电子快门；
f） 机身与镜头之间应固定安装。

8.3.2 数码相机控制系统

数码相机控制系统是指控制与管理数码相机的装置，由软硬件组成，对其主要功能要求如下：

a） 按照任务需要，应具备自动控制与管理数码相机的能力；
b） 具备定点、等时间间隔、等距离间隔曝光控制功能；
c） 能记录数码相机曝光时刻影像的经度、纬度、高度、横滚角、俯仰角、航向角等数据，能存储 1 000 个曝光点的以上数据；
d） 数码相机控制系统可单独配置，也可与飞控系统一体化设计。

9 数据传输系统

9.1 组成

数据传输系统分为空中与地面两个部分。空中部分主要包括数传电台、天线、数据接口等；地面部分主要包括数传电台、天线数传接口等。

9.2 功能

用于地面监控站与飞行控制系统以及其他机械设备之间的数据和控制指令的传输。

9.3 性能指标要求

数据传输系统主要性能指标要求如下：

a） 数据传输距离应大于 10 km(空—地，没有遮挡)；
b） 传输速率应不低于 2 400 bit/s；
c） 误码率应低于千分之一；
d） 具有电磁兼容能力，对其他电子设备不产生干扰；
e） 空中数传电台应小型化、轻型化，重量不超过 2 kg；
f） 机载数传天线设计与安装时，应在重量、阻力和气动性能等方面进行优化设计；
g） 馈线应保证输入、输出端子阻抗匹配，布线应服从电磁兼容性设计。

10 发射与回收系统

10.1 组成

发射与回收系统包括无人机发射系统和回收系统两部分。

10.2 功能

发射系统是为无人机在一定距离内可加速到起飞速度提供保障；回收系统是为无人机从空中安全着陆提供保障。在起降场地条件允许情况下，一般采用地面滑跑发射、滑跑回收；在地理环境比较复杂、起降场地不具备滑跑条件时，采用弹射发射和伞降回收。

10.3 性能指标要求

10.3.1 滑跑发射系统

对无人机滑跑发射系统性能要求如下：

a） 在海拔高度 2 000 m、较平整、无人机可正常滑行的硬质地面上，能使无人机在 60 m 距离内加速到起飞速度并升空；
b） 在海拔高度 2 000 m 至 4 000 m、较平整、无人机可正常滑行的硬质地面上，能使无人机在 100 m 距离内加速到起飞速度并升空。

10.3.2 弹射发射系统

在海拔高度 4 000 m 地区,配置的弹射发射系统能使无人机正常起飞。

10.3.3 滑行回收系统

在较平整、无人机可正常滑行的硬质地面上,能使无人机正常着陆。

10.3.4 伞降回收系统

在 80 m×80 m 的范围内,配置的伞降回收系统能使无人机正常着陆回收。

11 地面保障设备

11.1 组成

地面保障设备主要分为运输保障设备和航摄作业保障设备。运输保障设备是指用于无人机航摄系统设备和部件运输保障的包装运输箱,系统主要设备和易损部件应配备专用包装运输箱;航摄作业保障设备是指保障无人机航摄工作正常开展所需的设备器材,主要是指野外装备,其种类和数量根据实际需求确定。

11.2 功能

为无人机航摄安全作业提供基本设备保障。

11.3 性能指标要求

11.3.1 运输保障设备性能要求

运输保障设备性能要求如下:

a) 应采用高质量硬质材料制作,具有一定的抗冲击、抗震动性能;

b) 内部采用软质材料填充,以保护设备;

c) 密封性好,具备一定的防水、防潮、防尘功能。

11.3.2 业务运行保障设备性能要求

业务保障设备性能要求如下:

a) 质量可靠,精度较高,适合野外应用;

b) 满足无人机航摄工作的需要。

12 质量保证规定

12.1 成果鉴定

无人机航摄系统设备应通过测绘主管部门组织的成果鉴定。

12.2 检验与测试

无人机飞行平台、飞控系统、地面监控站等关键设备,应有国家认定的检验或检测机构出具的检验或检测报告,报告中的精度和指标数据须达到产品的标称数据值。

12.3 原材料质量

系统选用的设备、器材等原材料应为合格产品,其性能指标应符合相关的国家标准。

13 产品信息要求

13.1 产品标志

设备上应有产品标志,包括:

a) 生产厂商名称或商标;

b) 产品名称和型号;

c) 出厂编号和生产日期。

13.2 产品清单

应提供产品清单,内容包括:

a) 产品名称和规格型号;

b) 产品的编号;

c） 产品的数量。

13.3 产品说明书

应提供设备使用说明书或用户手册，内容包括：

a） 设备的组成、功能、性能指标介绍；

b） 设备使用、维护与保养方法；

d） 设备故障诊断和处理办法。

前　言

本标准由国家测绘局提出并归口。

本标准起草单位：中测新图（北京）遥感技术有限责任公司、中国测绘科学研究院、广东省国土资源厅测绘院。

本标准主要起草人：李英成、李玲、郭童英、廖明、唐力明、丁晓波、刘小丁、张丽娜、毕凯、丁华祥。

引　言

本标准根据国内超轻型飞行器航摄系统和无人飞行器航摄系统的技术水平、应用情况及相关软硬件生产现状，参照有关航空摄影测量标准，对影像预处理、空中三角测量、定向建模、数字线划图制作、数字高程模型制作、数字正射影像图制作、数字线划图（B类）制作、数字正射影像图（B类）制作和检查验收、上交成果等内业工作进行规范。

中华人民共和国测绘行业标准化指导性技术文件

CH/Z 3003—2010

低空数字航空摄影测量内业规范

Specifications for office operation of low-altitude digital aerophotogrammetry

1 范围

本标准规定了低空数字航空摄影测量内业工作的影像预处理要求、空中三角测量要求、定向建模要求,以及数字线划图制作、数字高程模型制作、数字正射影像图制作、数字线划图(B类)制作、数字正射影像图(B类)制作和检查验收上交成果要求。

本标准适用于超轻型飞行器航摄系统和无人飞行器航摄系统,以1∶500、1∶1 000、1∶2 000航测成图为主要目的的航空摄影测量内业工作,其他比例尺成果测制可参照执行。

2 规范性引用文件

下列文件对于本文件的应用是必不可少的。凡是注日期的引用文件,仅注日期的版本适用于本文件。凡是不注日期的引用文件,其最新版本(包括所有的修改单)适用于本文件。

GB/T 7930 1∶500 1∶1 000 1∶2 000地形图航空摄影测量内业规范

GB/T 18316 数字测绘成果质量检查与验收

GB/T 20257.1 国家基本比例尺地图图式 第1部分:1∶500 1∶1 000 1∶2 000地形图图式

GB/T 23236—2009 数字航空摄影测量 空中三角测量规范

GB/T 24356 测绘成果质量检查与验收

CH/T 1015.2 基础地理信息数字产品1∶10 000 1∶50 000生产技术规程 第2部分:数字高程模型(DEM)

CH/T 9008.1 基础地理信息数字成果1∶500、1∶1 000、1∶2 000数字线划图

CH/T 9008.2 基础地理信息数字成果1∶500、1∶1 000、1∶2 000数字高程模型

CH/T 9008.3 基础地理信息数字成果1∶500、1∶1 000、1∶2 000数字正射影像图

CH/Z 3004 低空数字航空摄影测量外业规范

CH/Z 3005 低空数字航空摄影规范

3 总则

3.1 产品分类

产品分类见表1。

表1 产品分类

产品名称	说明
数字线划图	符合CH/T 9008.1
数字高程模型	符合CH/T 9008.2
数字正射影像图	符合CH/T 9008.3
数字线划图(B类)	本规范规定
数字正射影像图(B类)	本规范规定

国家测绘局 2010-08-24发布 2010-10-01实施

3.2 空间参考系

按 GB/T 7930 要求执行。

3.3 产品分幅和编号

分幅与编号应按 GB/T 20257.1 执行，也可采用自由分幅和编号。

3.4 精度要求

产品精度应满足下列要求：

a) 数字线划图精度按 CH/T 9008.1 要求执行，数字高程模型精度按 CH/T 9008.2 要求执行，数字正射影像图精度按 CH/T 9008.3 要求执行。

b) 数字线划图(B类)、数字正射影像图(B类)的地物点对附近野外控制点的平面位置中误差不应大于表 2 规定。

表 2 平面位置中误差

单位为米

比例尺	1∶500		1∶1 000		1∶2 000	
地形类别	平地、 丘陵地	山地、 高山地	平地、 丘陵地	山地、 高山地	平地、 丘陵地	山地、 高山地
地物点	0.6	0.8	1.2	1.6	2.5	3.75

c) 数字线划图(B类)的高程注记点和等高线对附近野外控制点的高程中误差不应大于表 3 规定。

表 3 高程中误差

单位为米

比例尺	1∶500				1∶1 000				1∶2 000			
地形类别	平地	丘陵地	山地	高山地	平地	丘陵地	山地	高山地	平地	丘陵地	山地	高山地
基本等高距	1.0	1.0	1.0	2.0	1.0	1.0	2.0	2.0	2.5	2.5	5.0	5.0
中误差 注记点	0.5	0.5	0.7	1.5	0.5	0.5	1.2	1.5	1.2	1.2	2.5	3.0
中误差 等高线	0.7	0.7	1.0	2.0 地形 变换点	0.7	0.7	1.5 地形 变换点	2.0 地形 变换点	1.5	1.5	3.0 地形 变换点	4.0 地形 变换点

d) 困难地区(如沙漠、戈壁、沼泽、森林等)的平面和高程中误差均可放宽 0.5 倍，应在技术设计书中明确规定。

e) 其他精度要求按 GB/T 7930 要求执行。

3.5 影像地面分辨率

数字正射影像图和数字正射影像图(B类)的影像地面分辨率应不低于表 4 的规定。

表 4 影像地面分辨率

单位为米

比例尺	1∶500	1∶1 000	1∶2 000
地面分辨率	0.05	0.1	0.2

3.6 对航摄资料的要求

航摄资料应满足 CH/Z 3005 的要求。

3.7 对外业测量成果的要求

外业测量成果应符合 CH/Z 3004 的有关规定。

3.8 仪器设备和软件

作业中使用的测量仪器设备应检验合格后，在有效期内使用。测绘软件应通过检测或认可。

3.9 对其他作业方法的要求

在满足本规范规定精度的前提下，可采用经过实践验证并提供实验报告的新技术和新方法，但应在设计书中明确说明相关要求和规定。

4 影像预处理

4.1 格式转换

根据后处理需求，可对原始数据进行数据格式转换，但不应损失几何信息和辐射信息。

4.2 数码相机畸变差改正

原始影像数据应进行畸变差改正，可采用专用软件改正相机畸变差，也可在空中三角测量时改正相机畸变差。

4.3 图像增强

可对原始数据进行图像增强处理，但应保证数字正射影像图成果图面质量。

5 空中三角测量

5.1 精度要求

空中三角测量精度应满足下列要求：

a) 数字线划图、数字高程模型、数字正射影像图制作时，内业加密点对附近野外控制点的平面位置中误差、高程中误差按 GB/T 7930 要求执行。成果仅用于数字正射影像图制作时，高程精度可适当放宽。

b) 数字线划图(B 类)、数字正射影像图(B 类)制作时，内业加密点对附近野外控制点的平面位置中误差、高程中误差不应大于表 5 规定。成果仅用于数字正射影像图(B 类)制作时，高程精度可适当放宽。

表 5 内业加密点对附近野外控制点的平面位置中误差、高程中误差

单位为米

成图比例尺	平面位置中误差		高程中误差			
	平地、丘陵地	山地、高山地	平地	丘陵地	山地	高山地
1∶500	0.4	0.55	0.35	0.35	0.5	1.0
1∶1 000	0.8	1.1	0.35	0.35	0.8	1.2
1∶2 000	1.75	2.5	1.0	1.0	2.0	2.5

5.2 相对定向

空中三角测量相对定向应满足下列要求：

a) 连接点上下视差中误差为 2/3 个像素，最大残差 4/3 个像素，特别困难地区(大面积沙漠、戈壁、沼泽、森林等)可放宽 0.5 倍。

b) 模型连接较差限差按公式(1)和公式(2)计算：

$$\Delta S = 0.03 \times m_{像} \times 10^{-3} \qquad (1)$$

式中：

ΔS ——平面位置较差，单位为米(m)；

$m_{像}$ ——像片比例尺分母。

$$\Delta Z = 0.02 \times \frac{m_{像} \times f_k}{b} \times 10^{-3} \quad \cdots\cdots (2)$$

式中：

ΔZ ——高程较差，单位为米(m)；

$m_{像}$ ——像片比例尺分母；

f_k ——数码相机焦距，单位为毫米(mm)；

b ——像片基线长度，单位为毫米(mm)。

c) 每个像对连接点应分布均匀，自动相对定向时，每个像对连接点数目一般不少于 30 个，人工相对定向时，每个像对连接点数目一般不少于 9 个。

d) 在精确改正畸变差的基础上，连接点距影像边缘不应小于 100 个像素。

e) 其他要求按 GB/T 23236—2009 中 6.5、6.6、6.8、6.9、6.10、6.11 条执行。

5.3 绝对定向

空中三角测量绝对定向应满足下列要求：

a) 数字线划图、数字高程模型、数字正射影像图制作时，区域网平差计算结束后，基本定向点残差、检查点误差及公共点的较差按 GB/T 7930 要求执行。成果仅用于数字正射影像图制作时，高程精度可适当放宽。

b) 数字线划图(B 类)、数字正射影像图(B 类)制作时，区域网平差计算结束后，基本定向点残差、检查点误差及公共点的较差不得大于表 6 的规定。成果仅用于数字正射影像图(B 类)制作时，高程精度可适当放宽。

表 6 基本定向点残差、检查点误差、公共点较差最大限值

单位为米

成图比例尺	类别	平面				高程			
		平地	丘陵地	山地	高山地	平地	丘陵地	山地	高山地
1∶500	基本定向点	0.3	0.3	0.4	0.4	0.26	0.26	0.4	0.75
	检查点	0.5	0.5	0.7	0.7	0.4	0.4	0.6	1.2
	公共点	0.8	0.8	1.1	1.1	0.7	0.7	1.0	2.0
1∶1 000	基本定向点	0.6	0.6	0.8	0.8	0.26	0.26	0.6	0.9
	检查点	1.0	1.0	1.4	1.4	0.4	0.4	1.0	1.5
	公共点	1.6	1.6	2.2	2.2	0.7	0.7	1.6	2.4
1∶2 000	基本定向点	1.5	1.5	2	2	0.8	0.8	1.5	1.9
	检查点	1.75	1.75	2.5	2.5	1.0	1.0	2.0	2.5
	公共点	3.5	3.5	5	5	2.0	2.0	4.0	5.0

注 1：基本定向点残差为加密点中误差的 0.75 倍。

注 2：1∶500、1∶1 000 检查点的误差为加密点中误差的 1.25 倍；1∶2 000 检查点的误差为加密点中误差的 1.0 倍。

注 3：公共点的较差为加密点中误差的 2.0 倍。

注 4：特殊困难地区(沙漠、戈壁、沼泽、森林等)平面和高程中误差可放宽 0.5 倍，应在技术设计书中规定。

c) 可采用带附加参数的自检校区域网平差以消除系统误差。

d) 其他要求按 GB/T 23236—2009 执行。

6 定向建模

定向建模应满足下列要求：

a) 数字线划图、数字高程模型、数字正射影像图制作时，单模型定向精度按 GB/T 7930 要求执行。

成果仅用于数字正射影像图生产时，高程精度可适当放宽。

b) 数字线划图(B类)、数字正射影像图(B类)制作时，单模型定向精度应符合表7的规定，特别困难地区可放宽0.5倍。成果仅用于数字正射影像图(B类)生产时，高程精度可适当放宽。

c) 采用已知内外方位元素或导入空中三角测量成果，单模型定向建模的精度应符合表7的规定。

d) 采用导入空中三角测量成果恢复立体模型时，相对定向点尽量均匀分布，一般不少于30个点，点数较少时可重新自动相对定向，对于难于自动相对定向的区域(如水域、森林、沙漠、戈壁、沼泽等)，人工适当添加相对定向点。

表7 单模型定向精度要求

成图比例尺	地形类别	相对定向限差(残余上下视差，像素)	绝对定向限差/m	
			平面坐标误差	高程定向误差
1∶500	平地	1.0	0.20(0.3)	0.26
	丘陵地		0.20(0.3)	0.26
	山地		0.30(0.4)	0.38
	高山地		0.30(0.4)	0.75
1∶1 000	平地	1.0	0.40(0.6)	0.26
	丘陵地		0.40(0.6)	0.26
	山地		0.60(0.8)	0.60
	高山地		0.60(0.8)	0.90
1∶2 000	平地	1.0	1.0(1.5)	0.75
	丘陵地		1.0(1.5)	0.75
	山地		1.5(2.0)	1.50
	高山地		1.5(2.0)	1.90
注：括号内为个别点允许出现的残差值。				

7 数字线划图制作

7.1 生产要求

按GB/T 7930相关要求执行，也可执行之后颁布的适用于本产品的最新规范。

7.2 产品要求

按CH/T 9008.1要求执行。

8 数字高程模型制作

8.1 DEM数据采集及接边

按CH/T1015.2相关要求执行，也可执行之后颁布的适用于本产品的最新规范。

8.2 图幅裁切

按CH/T 9008.2相关要求执行。

8.3 产品要求

按CH/T 9008.2相关要求执行。

9 数字正射影像图制作

9.1 纠正

影像纠正可采用数字微分纠正等方法。纠正范围选取影像的中心部分，同时保证影像之间有足够的重叠区域进行镶嵌。对平地、丘陵地可采用隔片纠正，对山地、高山地以及平地和丘陵地中的居民地密集区可采用逐片纠正。

9.2 匀色

对影像进行色彩、亮度和对比度的调整和匀色处理。匀色处理应缩小影像间的色调差异，使色调均匀，反差适中，层次分明，保持地物色彩不失真。不应有匀色处理的痕迹。

9.3 镶嵌

检查镶嵌的接边精度是否符合 CH/T 9008.3 的规定，接边超限应返工处理。接边差符合要求后，选择镶嵌线进行镶嵌处理。镶嵌后的影像应确保无明显拼接痕迹，过渡自然，纹理清晰。

9.4 影像处理

按 CH/T 9008.3 相关要求检查影像质量，对影像模糊、错位、扭曲、重影、变形、拉花、脏点、漏洞、地物色彩反差不一致等问题，应查找和分析原因，并进行处理。涉及保密的内容应进行保密处理，同时与数字线划图成果保持一致。

9.5 图幅裁切

裁切范围参考 CH/T 9008.3 相关要求执行。

9.6 产品要求

按 CH/T 9008.3 相关要求执行。

10 数字线划图(B类)制作

10.1 作业方法及要求

按 GB/T 7930 相关要求执行，也可执行之后颁布的适用于本产品的最新规范。

10.2 图幅裁切

按 GB/T 20257.1 进行分幅时，裁切范围参考 CH/T 9008.3 相关要求执行；自由分幅和编号时，以自由分幅范围线外扩图上 10 mm 进行裁切。

10.3 图廓整饰

应加注“数字线划图(B类)”说明注记，其他要求参照 GB/T 20257.1 的规定。

10.4 成果标记

成果标记用于成果外包装及成果标签等处，成果标记应包含成果名称、成果分级代号、图幅分幅编号、格网尺寸、最新生产时间等内容，根据需要也可标识版本号。以图幅分幅编号为 A—4 的数字线划图(B类)成果为例其标记为：

数字线划图(B类)CH/Z 3003，A—4，1，200906，2.1

标记中各项的含义如下：

A—4 ——图幅分幅编号；

1 ——格网尺寸，单位为米(m)；

200906——最新生产时间(年月)；

2.1 ——版本号，版本号中整数位代表重测次数，小数位代表修测次数。

10.5 产品其他要求

产品的其他要求按 CH/T 9008.1 相关要求执行。

11 数字正射影像图(B类)制作

11.1 数字高程模型生成

11.1.1 精度要求

用于数字正射影像图(B类)制作的数字高程模型精度按 CH/T 9008.2 中三级精度适当放宽。

11.1.2 DEM 数据采集及接边

按 CH/T 1015.2 相关要求执行，也可执行之后颁布的适用于本产品的最新规范。

11.1.3 特征点匹配及数字高程模型生成

特征点匹配及数字高程模型生成的要求如下：

a) 可采用影像匹配方法进行特征点匹配，特征点分布均匀，格网尺寸根据附录 A 的计算公式不应大于表 8 规定，对于匹配困难地区应进行特征数据采集。

b) 对匹配得到的特征点进行粗差剔除、滤波等处理,按 CH/T 9008.2 的格网尺寸要求内插生成数字表面模型数据。

c) 采用自动生成的数字表面模型数据,套合立体模型数据,对房屋等建筑物、植被覆盖地区进行人工编辑,使点位切准地面,得到 DEM 数据,DEM 接边镶嵌按 CH/T 1015.2 相关要求执行,也可执行之后颁布的适用于本产品的最新规范。

表 8 各地形格网尺寸

单位为像素

地形	格网尺寸
平地	15×15
丘陵	10×10
山地	10×10
高山地	10×10
注:本表计算公式参见附录 A,平地进行了适当放宽。	

11.2 数字正射影像(B 类)纠正、匀色、镶嵌和影像处理

按本规范 9.1、9.2、9.3、9.4 相关要求执行。

11.3 图幅裁切

按 GB/T 20257.1 进行分幅时,裁切范围参考 CH/T 9008.3 相关要求执行;自由分幅和编号时,以自由分幅范围线外扩图上 10 mm 进行裁切。

11.4 整饰

图廓整饰应加注"数字正射影像图(B 类)"说明注记,可根据需要按设计书增加必要的要素、符号及注记等进行图廓整饰。数字正射影像图(B 类)的图廓整饰及注记部分可以矢量或栅格文件或两者组合的形式存储或分层存放。

11.5 成果标记

成果标记用于成果外包装及成果标签等处,成果标记应包含成果名称、成果分级代号、图幅分幅编号、格网尺寸、最新生产时间等内容,根据需要也可标识版本号。以图幅分幅编号为 A—4 的数字正射影像图(B 类)成果为例,其标记为:

数字正射影像图(B 类)CH/Z 3003,A—4,1,200906,2.1

标记中各项的含义如下:

A—4 ——图幅分幅编号;

1 ——格网尺寸,单位为米(m);

200906——最新生产时间(年月);

2.1 ——版本号,版本号中整数位代表重测次数,小数位代表修测次数。

11.6 产品其他要求

产品的其他要求按 CH/T 9008.3 相关要求执行。

12 检查验收和上交成果

12.1 检查验收

按 GB/T 24356 的规定进行成果检查和验收。

12.2 上交成果

12.2.1 空三加密成果

空三加密成果按以下内容逐项登记整理并上交:

a) 相机文件;

b) 像片控制点坐标;

c） 像片外方位元素；

d） 连接点分布略图；

e） 连接点或测图定向点像片坐标和大地坐标；

f） 其他相关资料。

12.2.2 数字线划图

数字线划图成果按以下内容逐项登记整理并上交：

a） 分幅结合图；

b） 数字线划图成果；

c） 元数据文件；

d） 图历簿；

e） 其他相关资料。

12.2.3 数字高程模型成果

数字高程模型成果按以下内容逐项登记整理并上交：

a） 分幅结合图；

b） 数字高程模型成果；

c） 元数据文件；

d） 图历簿；

e） 其他相关资料。

12.2.4 数字正射影像图成果

数字正射影像图成果按以下内容逐项登记整理并上交：

a） 分幅结合图；

b） 数字正射影像图成果；

c） 元数据文件；

d） 图历簿；

e） 其他相关资料。

12.2.5 数字线划图(B类)成果

数字线划图(B类)成果按以下内容逐项登记整理并上交：

a） 分幅结合图；

b） 数字线划图(B类)成果；

c） 元数据文件；

d） 图历簿；

e） 其他相关资料。

12.2.6 数字正射影像图(B类)成果

数字正射影像图(B类)成果按以下内容逐项登记整理并上交：

a） 分幅结合图；

b） 数字正射影像图(B类)成果；

c） 元数据文件；

d） 图历簿；

e） 其他相关资料。

12.2.7 文档资料

文档资料成果按以下内容逐项登记整理并上交：

a） 技术设计书；

b） 技术总结；

c） 检查报告与验收报告；

d） 其他相关资料。

附 录 A
(资料性附录)
数字高程模型特征点匹配格网尺寸估算

数字高程模型数据特征点匹配尺寸估算公式

$$S_m=\frac{f_k\times D_{dem}}{S_p\times H} \qquad \cdots\cdots A.1$$

式中：

S_m ——匹配网格尺寸，单位为像素数；

D_{dem}——数字高程模型格网尺寸，单位为米(m)；

S_p ——数码相机像元尺寸，单位为毫米(mm)；

f_k ——数码相机焦距，单位为毫米(mm)；

H ——相对航高，单位为米(m)。

前　言

本标准由国家测绘局提出并归口。

本标准起草单位：中测新图(北京)遥感技术有限责任公司、中国测绘科学研究院、广东省国土资源厅测绘院。

本标准主要起草人：李英成、廖明、张丽娜、李玲、唐力明、丁晓波、郭童英、刘小丁、陈曦、毕凯、丁华祥。

引　言

本标准根据国内超轻型飞行器航摄系统和无人飞行器航摄系统的技术水平、应用情况及相关软硬件生产现状，参照有关航空摄影测量标准，对基础控制点测量、像片控制点的布设与测量、调绘等外业工作进行规范。

中华人民共和国测绘行业标准化指导性技术文件

CH/Z 3004—2010

低空数字航空摄影测量外业规范

Specifications for field work of low-altitude digital aerophotogrammetry

1 范围

本标准规定了低空数字航空摄影测量外业工作的基础控制点测量要求、像片控制点的布设与测量要求、调绘要求、检查验收和上交成果的要求。

本标准适用于超轻型飞型器航摄系统和无人飞行器航摄系统，以 1∶500、1∶1 000、1∶2 000 航测成图为主要目的航空摄影测量外业工作。其他比例尺成果测制可参照执行。

2 规范性引用文件

下列文件对于本文件的应用是必不可少的。凡是注日期的引用文件，仅注日期的版本适用于本文件。凡是不注日期的引用文件，其最新版本(包括所有的修改单)适用于本文件。

GB/T 7931　1∶500、1∶1 000、1∶2 000 地形图航空摄影测量外业规范

GB/T 13923　基础地理信息要素分类与代码

GB/T 20257.1　国家基本比例尺地图图式　第 1 部分：1∶500、1∶1 000、1∶2 000 地形图图式

GB/T 20258.1　基础地理信息要素数据字典　第 1 部分：1∶500、1∶1 000、1∶2 000 基础地理信息要素数据字典

GB/T 24356　测绘成果质量检查与验收

CH/T 1004　测绘技术设计规定

CH/Z 3003　低空数字航空摄影测量内业规范

CH/Z 3005　低空数字航空摄影规范

3 总则

3.1 空间参考系

按 GB/T 7931 的要求执行。

3.2 控制点精度要求

基础控制点、像片控制点的精度按 GB/T 7931 的要求执行。

3.3 对航摄资料的要求

航摄资料应满足 CH/Z 3005 的要求。

3.4 对其他作业方法的要求

在满足精度的前提下，可采用本规范未列入的新技术和新方法，但应在技术设计书中明确说明相关要求和规定。

3.5 准备工作

3.5.1 资料收集

主要收集以下资料：

国家测绘局　2010-08-24 发布　　　　2010-10-01 实施

a） 航摄资料；

b） 基础控制点成果；

c） 各种地图资料，如相关的地形图、交通图、水利图、行政区划图、地名录等。

3.5.2 测区踏勘

对不熟悉情况的测区，应进行测区踏勘，了解测区内与生产、生活有关的各方面情况。

3.5.3 技术设计

按CH/T 1004的规定编写技术设计书，其中像片控制点的布设应符合本标准的相应规定。

3.5.4 仪器检查、校正

作业适用的各种仪器、器材应进行检查校正，并在检校合格的有效期内。

4 像片控制点的布设

4.1 像片控制点选点条件

4.1.1 目标条件

目标条件应满足以下要求：

a） 像片控制点的目标影像应清晰，易于判刺和立体量测，如选在交角良好（30°～150°）的细小线状地物交点、明显地物拐角点、原始影像中不大于3×3像素的点状地物中心，同时应是高程起伏较小、常年相对固定且易于准确定位和量测的地方；弧形地物及阴影等不应选作点位目标。

b） 高程控制点点位目标应选在高程起伏较小的地方，以线状地物的交点和平山头为宜；狭沟、尖锐山顶和高程起伏较大的斜坡等，均不宜选作点位目标。

c） 当目标条件与像片条件矛盾时应着重考虑目标条件。

4.1.2 像片条件

按GB/T 7931执行，其中点位距像片边缘不应小于150像素。

4.2 全野外布点

按照GB/T 7931的要求执行。

4.3 区域网布点

4.3.1 基本要求

区域网的划分应依据成图比例尺、地面分辨率、测区地形特点、摄区的实际划分、图幅分布等情况全面进行考虑，根据具体情况选择最优实施方案。区域网的图形宜呈矩形或方形；区域网的大小和像控点之间的跨度以能够满足空中三角测量精度要求为原则，主要依据成图精度、航摄资料的有关参数及对系统误差的处理等多因素确定。

4.3.2 区域网布点方案

对于两条和两条以上的平行航线采用区域网布点时，要求如下：

a） 航向相邻平面控制点间隔基线数可参照附录A中的公式（A.1）估算，公式中所涉及的参数由所采用的相机、地面分辨率等参数确定。附录A中的表A.1示例性列出了低空数字航空摄影中采用的几款数码相机的参数，据此计算出的结果参见附录A中的表A.2。使用时，可根据CH/Z 3003中规定的成果精度要求参照附录A中的表A.2选取适当的平面控制点间隔基线数。其他相机、地面分辨率也可按此方法根据相应参数进行估算。

b） 旁向相邻平面控制点的航线跨度应不超过表1的规定。

表 1 旁向相邻平面控制点的航线跨度

比例尺	航线数
1∶500	4～5
1∶1 000	4～5
1∶2 000	5～6

c) 航向相邻高程控制点间隔基线数可参照附录 A 中的公式(A.2)估算，采用附录 A 中的表 A.1 的相关参数按不同比例尺、分影像短边平行航向和垂直航向两种摄影方式进行计算，结果见附录 A 中的表 A.3 至表 A.8。使用时，可根据 CH/Z 3003 中规定的成果精度要求参照附录 A 中的表 A.3至表 A.8 选取适当的高程控制点间隔基线数，其他相机、地面分辨率也可按此方法根据相应参数进行估算；控制成果仅为数字正射影像图和数字正射影像图(B 类)生产使用时，高程控制点间的间隔基线数可适当放宽。

d) 制作数字线划图、数字高程模型和数字正射影像图成果时，高程控制点宜按航线逐条布设，且航线两端应布点；制作数字线划图(B 类)和数字正射影像图(B 类)成果时，高程控制点间的航线跨度可适当放宽。

e) 特殊困难地区(大面积沙漠、戈壁、沼泽、森林等)的平面和高程中误差均可按相应要求放宽 0.5 倍，布点要求作相应放宽，且应在技术设计书中明确规定。

4.3.3 GPS 辅助航摄、IMU/GPS 辅助航摄区域网布点

平面控制点采用角点布设法，即在区域网凸角转折处和凹角转折处布设平面点，区域网的航线数和基线数应相对本标准 4.3.2 适当放宽，可根据需要加布高程控制点，区域网中应至少布设 1 个平面检查点。

4.3.4 单航线布点方案

采用单航线布点时，相邻平面控制点和高程控制点间的航向间隔基线数可参照本标准 4.3.2 的规定设计，在需布点像片的上下标准点位处均需布设控制点。

4.4 特殊情况的布点

当遇到像主点、标准点位落水，海湾岛屿地区，航摄漏洞等特殊情况，不能按正常情况布设像控点时，视具体情况以满足空中三角测量和立体测图要求为原则布设控制点，具体方法宜按照 GB/T 7931 的要求执行。

5 基础控制点测量

基础控制点的测量应按照 GB/T 7931 的要求执行。

6 像片控制点测量

6.1 测量要求

像片控制点的测量方法和要求应按照相关标准的要求执行。

6.2 刺点与整饰

6.2.1 编号要求

编号要求如下：

a) 控制像片的编号按 CH/Z 3005 执行。

b) 基础控制点使用原有编号，像片控制点应统一编号，同一测区内不得重号，由技术设计书作出具

体规定。

6.2.2 **刺点与整饰**

可采用相纸输出的像片进行像控点判刺与整饰，相关要求按 GB/T 7931 执行；也可在数字影像上选点、标记，准确标示出刺点位置。采用数字影像进行刺点的，可参照附录 B 的样例制作数字刺点片，点之记可参照附录 C 的格式制作。

7 调绘

7.1 基本要求

7.1.1 调绘前应制订调绘计划、熟悉测区像片、研究测区特征、选择调绘路线以及人力分配，尽力收集现势性强的各类专业资料。

7.1.2 调绘与立体测图、数据编辑应有效衔接，以保证地形要素表达的完整性和准确性。

7.1.3 调绘应走到、看到、量到、问清、绘准，判读准确，描绘清楚，符号运用恰当，各种注记准确无误。

7.1.4 各类要素调绘的具体要求应符合 GB/T 20257.1 的规定，需要补充时，应在技术设计书中明确。

7.1.5 数字影像调绘，直接使用数字正射影像(先外后内)、数字正射影像套合矢量数据(先内后外)进行调绘，调绘用数字正射影像宜保持数字影像原始分辨率。

7.1.6 纸质像片调绘，采用调绘像片、数字正射影像或者矢量数据按成图比例尺输出调绘用图的形式进行调绘，调绘像片比例尺视地物复杂程度决定，以保证判读和方便清绘为原则，一般应大于或等于成图比例尺，地物复杂地区应适当放大；数字影像输出调绘用图时，像元尺寸不应大于相应比例尺图上 0.1 mm。

7.1.7 一般以标准图幅为调绘范围，但调绘像片除外。调绘像片的调绘范围线要求如下：

a) 调绘影像之间应有 20%以上的重叠度，调绘范围线宜绘在相邻调绘片重叠的中心线位置，距原始像片边缘应大于 1 mm；全野外布点时，调绘范围线以图廓线为准，以像控点连线绘出，若有偏离应不大于 1 mm。

b) 平坦地区调绘范围线采用直线或折线；丘陵地、山地调绘范围线在调绘像片东、南边采用直线或折线，西、北边根据邻片立体转绘成曲线。

c) 调绘范围线应避免与线状地物重合或切割居民地，相邻调绘片的范围线之间不应出现漏洞与重叠。

7.1.8 摄影后新增的一般地物可不补调，但新增的大型工程设施和变化较大的居民区、开发区等应进行补调或补测；航摄后拆除的地物，应在影像上标记。

7.1.9 测区周边调绘应保证满幅，自图边应调绘出图外 4 mm(图上距离)，相邻调绘范围之间应注意接边。

7.1.10 调绘内容按 GB/T 13923 规定的要素类进行。调绘时对影像上各种明显的、依比例尺表示的地物，可只作性质、数量说明，其位置、形状以内业立体模型为准。要素的属性调绘内容按 GB/T 20258.1 的规定，需要调整时，在技术设计书中明确规定。调绘时，属性值应标注在调绘片或调绘图上，也可记录在要素的属性表中并在图面予以注记。

7.1.11 房屋调绘时以墙基为准。当屋檐、阳台宽度大于图上 0.2 mm 时，应在影像相应处注明实测宽度(量注至厘米)，供内业进行屋檐宽度改正和阳台制作处理。

7.1.12 调绘成果使用的符号、文字宜参考相关图式标准的要求，以方便内业人员准确判读为原则。所用符号、文字应统一、清楚、易读、实用，整饰清晰。具体要求在技术设计书中明确规定，必要时采用图例说明。

7.1.13 调绘影像间应接边，接边处房屋轮廓、道路、管线、河流、植被等的性质、等级、宽度和符号，以及各项注记应一致。

7.1.14 调绘像片的整饰要求在技术设计书中应明确。

7.2 先外后内

采用全要素调绘方式，要素的符号和注记设置以方便立体测图人员准确判读为原则，可由技术设计书明确规定。调绘时应尽量避免要素的丢漏、属性的丢漏。

7.3 先内后外

调绘前，对立体测图采集的数据进行检查，主要检查采集的数据是否有遗漏或综合取舍是否合理。

调绘时，对内业判读和采集数据进行实地核查，对错漏等进行修改，补测立体测图无法或不能准确采集的要素，如新增地物、阴影区地物、隐蔽部位、地形复杂部位等。并实地补调内业无法获取的地理名称、屋檐改正和地貌要素属性及注记。属性的内容按 GB/T 20258.1 的规定，当属性内容需要调整时，应在专业设计书中明确，最终形成调绘成果。

8 检查验收和上交成果

8.1 检查验收

按 GB/T 24356 的规定进行成果检查和验收。

8.2 上交成果

8.2.1 上交成果的要求

上交的成果应经检查验收后，交下一工序使用。上交的成果应准确、清楚、齐全。

8.2.2 上交成果资料项目

上交成果资料应包括：

a） 技术设计书；
b） 控制像片或数字刺点片(格式参照附录 B)；
c） 控制点点之记(格式参照附录 C)；
d） 观测手簿；
e） 计算手簿；
f） 图历簿(少数民族地区作业，应附少数民族语地理名称调查表)；
g） 控制点成果及控制点分布略图；
h） 外业调绘图；
i） 检查验收报告；
j） 技术总结报告；
k） 其他相关资料。

8.2.3 成果整理

外业成果的整理要求如下：

a） 调绘成果应分幅整理上交；
b） 全野外布点的控制成果应分幅整理上交；
c） 单航线布点的控制成果应分航线整理上交；
d） 区域网布点的控制成果应按区域网整理上交。

附 录 A
(资料性附录)
像片控制点航向基线数跨度估算

A.1 像片控制点航向基线数跨度估算公式

$$m_s=\pm 0.28\times Km_q\sqrt{n^3+2n+46} \quad \cdots\cdots (A.1)$$

$$m_h=\pm 0.088\times \frac{H}{b}m_q\sqrt{n^3+23n+100} \quad \cdots\cdots (A.2)$$

式中：

m_s——连接点(空三加密点)的平面中误差,单位为毫米(mm)；

m_h——连接点(空三加密点)的高程中误差,单位为米(m)；

K——像片放大成图的倍数；

H——相对航高,单位为米(m)；

b——像片基线长度,单位为毫米(mm)；

m_q——视差量测的单位权中误差,单位为毫米(mm)；

n——航线方向相邻平面控制点的间隔基线数。

A.2 国内低空数字航空摄影中采用的几款数码相机参数

国内有人驾驶超轻型飞机、无人驾驶固定翼飞机、飞艇等低空飞行平台中安装的几款数码相机的基本参数见表 A.1。

表 A.1 几款数码相机的基本参数

相机类型	短边像元数/个	长边像元数/个	像元大小/μm	焦距 f/mm	放大倍率 K	像片基线宽度 b_1/mm	像片基线长度 b_2/mm	成图比例尺	相对航高 H/m
Rollei DB45	4 080	5 440	9	50	11	12.85	17.14	1∶500	278
								1∶1 000	556
								1∶2 000	1 111
Rollei DB57	5 428	7 228	6.8	50	15	12.92	17.20	1∶500	368
								1∶1 000	735
								1∶2 000	1 471
Canon EOS 5D Mark II-24 mm	3 744	5 616	6.4	24	16	8.39	12.58	1∶500	188
								1∶1 000	375
								1∶2 000	750
Canon EOS 5D Mark II-35 mm	3 744	5 616	6.4	35	16	8.39	12.58	1∶500	273
								1∶1 000	547
								1∶2 000	1 094
Canon EOS 450D	2 848	4 272	5.2	24	19	5.18	7.78	1∶500	231
								1∶1 000	462
								1∶2 000	923

注 1:本表中的像片基线宽度 b_1 和长度 b_2 按航向重叠 65%计算。

注 2:本表中 1∶500、1∶1 000、1∶2 000 成图比例尺时的航摄地面分辨率分别按 0.05 m、0.1 m 和 0.2 m 计算。

注 3:公式(A.1)和(A.2)中的视差量测的单位权中误差 m_q 取 0.005 mm。

A.3 像片平面控制点航向基线数跨度估算

采用表 A.1 中所列的参数按公式(A.1)估算平面控制点间航向上的间隔基线数,结果见表 A.2。

表 A.2 1∶500、1∶1 000、1∶2 000 成图比例尺平面控制点航向基线数跨度

基线数 n	$n^3+2n+46$	m_s ($K=9$)	m_s ($K=10$)	m_s ($K=11$)	m_s ($K=12$)	m_s ($K=13$)	m_s ($K=14$)	m_s ($K=15$)	m_s ($K=16$)	m_s ($K=17$)	m_s ($K=18$)	m_s ($K=19$)
1	7.00	0.09	0.10	0.11	0.12	0.13	0.14	0.15	0.16	0.17	0.18	0.19
2	7.62	0.10	0.11	0.12	0.13	0.14	0.15	0.16	0.17	0.18	0.19	0.20
3	8.89	0.11	0.12	0.14	0.15	0.16	0.17	0.19	0.20	0.21	0.22	0.24
4	10.86	0.14	0.15	0.17	0.18	0.20	0.21	0.23	0.24	0.26	0.27	0.29
5	13.45	0.17	0.19	0.21	0.23	0.24	0.26	0.28	0.30	0.32	0.34	0.36
6	16.55	0.21	0.23	0.25	0.28	0.30	0.32	0.35	0.37	0.39	0.42	0.44
7	20.07	0.25	0.28	0.31	0.34	0.37	0.39	0.42	0.45	0.48	0.51	0.53
8	23.96	0.30	0.34	0.37	0.40	0.44	0.47	0.50	0.54	0.57	0.60	0.64
9	28.16	0.35	0.39	0.43	0.47	0.51	0.55	0.59	0.63	0.67	0.71	0.75
10	32.65	0.41	0.46	0.50	0.55	0.59	0.64	0.69	0.73	0.78	0.82	0.87
11	37.40	0.47	0.52	0.58	0.63	0.68	0.73	0.79	0.84	0.89	0.94	0.99
12	42.40	0.53	0.59	0.65	0.71	0.77	0.83	0.89	0.95	1.01	1.07	1.13
13	47.63	0.60	0.67	0.73	0.80	0.87	0.93	1.00	1.07	1.13	1.20	1.27
14	53.08	0.67	0.74	0.82	0.89	0.97	1.04	1.11	1.19	1.26	1.34	1.41
15	58.75	0.74	0.82	0.90	0.99	1.07	1.15	1.23	1.32	1.40	1.48	1.56
16	64.61	0.81	0.90	0.99	1.09	1.18	1.27	1.36	1.45	1.54	1.63	1.72
17	70.66	0.89	0.99	1.09	1.19	1.29	1.38	1.48	1.58	1.68	1.78	1.88
18	76.90	0.97	1.08	1.18	1.29	1.40	1.51	1.61	1.72	1.83	1.94	2.05
19	83.32	1.05	1.17	1.28	1.40	1.52	1.63	1.75	1.87	1.98	2.10	2.22
20	89.92	1.13	1.26	1.38	1.51	1.64	1.76	1.89	2.01	2.14	2.27	2.39

A.4 像片高程控制点航向基线数跨度估算

采用表 A.1 中所列的参数按公式(A.2)估算高程控制点间航向上的间隔基线数,各成图比例尺的计算结果见表 A.3~表 A.8。

表 A.3 1∶500 成图比例尺影像短边平行航向时高程控制点基线数跨度

基线数 n	$n^3+23n+100$	Rollei DB45	Canon EOS 5D Mark II-24mm	Rollei DB57	Canon EOS 5D Mark II-35mm	Canon EOS 450D
		$H=278$ m $b_1=12.85$ mm	$H=188$ m $b_1=8.39$ mm	$H=368$ m $b_1=12.92$ mm	$H=273$ m $b_1=8.39$ mm	$H=231$ m $b_1=5.18$ mm
1	11.14	0.11	0.11	0.14	0.16	0.22
2	12.41	0.12	0.12	0.16	0.18	0.24
3	14.00	0.13	0.14	0.18	0.20	0.27
4	16.00	0.15	0.16	0.20	0.23	0.31
5	18.44	0.18	0.18	0.23	0.26	0.36
6	21.31	0.20	0.21	0.27	0.31	0.42
7	24.58	0.23	0.24	0.31	0.35	0.48
8	28.21	0.27	0.28	0.35	0.40	0.55

表 A.3　1∶500 成图比例尺影像短边平行航向时高程控制点基线数跨度　（续）

基线数 n	$n^3+23n+100$	Rollei DB45 $H=278$ m $b_1=12.85$ mm	Canon EOS 5D Mark II-24mm $H=188$ m $b_1=8.39$ mm	Rollei DB57 $H=368$ m $b_1=12.92$ mm	Canon EOS 5D Mark II-35mm $H=273$ m $b_1=8.39$ mm	Canon EOS 450D $H=231$ m $b_1=5.18$ mm
9	32.19	0.31	0.32	0.40	0.46	0.63
10	36.47	0.35	0.36	0.46	0.52	0.71
11	41.04	0.39	0.40	0.51	0.59	0.80
12	45.87	0.44	0.45	0.57	0.66	0.90
13	50.95	0.48	0.50	0.64	0.73	1.00
14	56.27	0.54	0.55	0.70	0.81	1.10
15	61.81	0.59	0.61	0.77	0.89	1.21
16	67.56	0.64	0.66	0.85	0.97	1.32
17	73.51	0.70	0.72	0.92	1.05	1.44
18	79.66	0.76	0.78	1.00	1.14	1.56
19	86.00	0.82	0.85	1.08	1.23	1.68
20	92.52	0.88	0.91	1.16	1.33	1.81
21	99.22	0.94	0.98	1.24	1.42	1.94

表 A.4　1∶500 成图比例尺影像短边垂直航向时高程控制点基线数跨度

基线数 n	$n^3+23n+100$	Rollei DB45 $H=278$ m $b_2=17.14$ mm	Canon EOS 5D Mark II-24mm $H=188$ m $b_2=12.58$ mm	Rollei DB57 $H=368$ m $b_2=17.20$ mm	Canon EOS 5D Mark II-35mm $H=273$ m $b_2=12.58$ mm	Canon EOS 450D $H=231$ m $b_2=7.78$ mm
1	11.14	0.08	0.07	0.10	0.11	0.15
2	12.41	0.09	0.08	0.12	0.12	0.16
3	14.00	0.10	0.09	0.13	0.13	0.18
4	16.00	0.11	0.10	0.15	0.15	0.21
5	18.44	0.13	0.12	0.17	0.18	0.24
6	21.31	0.15	0.14	0.20	0.20	0.28
7	24.58	0.18	0.16	0.23	0.24	0.32
8	28.21	0.20	0.19	0.27	0.27	0.37
9	32.19	0.23	0.21	0.30	0.31	0.42
10	36.47	0.26	0.24	0.34	0.35	0.48
11	41.04	0.29	0.27	0.39	0.39	0.54
12	45.87	0.33	0.30	0.43	0.44	0.60
13	50.95	0.36	0.33	0.48	0.49	0.67
14	56.27	0.40	0.37	0.53	0.54	0.73
15	61.81	0.44	0.41	0.58	0.59	0.81
16	67.56	0.48	0.44	0.64	0.65	0.88
17	73.51	0.52	0.48	0.69	0.70	0.96
18	79.66	0.57	0.52	0.75	0.76	1.04
19	86.00	0.61	0.56	0.81	0.82	1.12
20	92.52	0.66	0.61	0.87	0.88	1.21
21	99.22	0.71	0.65	0.93	0.95	1.30

表 A.5　1∶1 000 成图比例尺影像短边平行航向时高程控制点基线数跨度

基线数 n	$n^3+23n+100$	Rollei DB45	Canon EOS 5D Mark II-24 mm	Rollei DB57	Canon EOS 5D Mark II-35 mm	Canon EOS 450D
		H=556 m b_1=12.85 mm	H=375 m b_1=8.39 mm	H=735 m b_1=12.92 mm	H=547 m b_1=8.39 mm	H=462 m b_1=5.18 mm
1	11.14	0.21	0.22	0.28	0.32	0.44
2	12.41	0.24	0.24	0.31	0.36	0.49
3	14.00	0.27	0.28	0.35	0.40	0.55
4	16.00	0.30	0.31	0.40	0.46	0.63
5	18.44	0.35	0.36	0.46	0.53	0.72
6	21.31	0.41	0.42	0.53	0.61	0.83
7	24.58	0.47	0.48	0.62	0.71	0.96
8	28.21	0.54	0.56	0.71	0.81	1.11
9	32.19	0.61	0.63	0.81	0.92	1.26
10	36.47	0.69	0.72	0.91	1.05	1.43
11	41.04	0.78	0.81	1.03	1.18	1.61
12	45.87	0.87	0.90	1.15	1.32	1.80
13	50.95	0.97	1.00	1.28	1.46	2.00
14	56.27	1.07	1.11	1.41	1.61	2.20
15	61.81	1.18	1.22	1.55	1.77	2.42
16	67.56	1.28	1.33	1.69	1.94	2.65
17	73.51	1.40	1.45	1.84	2.11	2.88
18	79.66	1.52	1.57	2.00	2.29	3.12
19	86.00	1.64	1.69	2.15	2.47	3.37
20	92.52	1.76	1.82	2.32	2.65	3.62
21	99.22	1.89	1.95	2.48	2.85	3.89

表 A.6　1∶1 000 成图比例尺影像短边垂直航向时高程控制点基线数跨度

基线数 n	$n^3+23n+100$	Rollei DB45	Canon EOS 5D Mark II-24 mm	Rollei DB57	Canon EOS 5D Mark II-35 mm	Canon EOS 450D
		H=556 m b_2=17.14 mm	H=375 m b_2=12.58 mm	H=735 m b_2=17.20 mm	H=547 m b_2=12.58 mm	H=462 m b_2=7.78 mm
1	11.14	0.16	0.15	0.21	0.21	0.29
2	12.41	0.18	0.16	0.23	0.24	0.32
3	14.00	0.20	0.18	0.26	0.27	0.37
4	16.00	0.23	0.21	0.30	0.31	0.42
5	18.44	0.26	0.24	0.35	0.35	0.48
6	21.31	0.30	0.28	0.40	0.41	0.56
7	24.58	0.35	0.32	0.46	0.47	0.64
8	28.21	0.40	0.37	0.53	0.54	0.74
9	32.19	0.46	0.42	0.61	0.62	0.84
10	36.47	0.52	0.48	0.69	0.70	0.95
11	41.04	0.59	0.54	0.77	0.78	1.07

表 A.6　1∶1 000 成图比例尺影像短边垂直航向时高程控制点基线数跨度　（续）

基线数 n	$n^3+23n+100$	Rollei DB45	Canon EOS 5D Mark II-24 mm	Rollei DB57	Canon EOS 5D Mark II-35 mm	Canon EOS 450D
		H=556 m b_2=17.14 mm	H=375 m b_2=12.58 mm	H=735 m b_2=17.20 mm	H=547 m b_2=12.58 mm	H=462 m b_2=7.78 mm
12	45.87	0.65	0.60	0.86	0.88	1.20
13	50.95	0.73	0.67	0.96	0.97	1.33
14	56.27	0.80	0.74	1.06	1.08	1.47
15	61.81	0.88	0.81	1.16	1.18	1.61
16	67.56	0.96	0.89	1.27	1.29	1.76
17	73.51	1.05	0.96	1.38	1.41	1.92
18	79.66	1.14	1.04	1.50	1.52	2.08
19	86.00	1.23	1.13	1.62	1.64	2.25
20	92.52	1.32	1.21	1.74	1.77	2.42
21	99.22	1.42	1.30	1.87	1.90	2.59

表 A.7　1∶2 000 成图比例尺影像短边平行航向时高程控制点基线数跨度

基线数 n	$n^3+23n+100$	Rollei DB45	Canon EOS 5D Mark II-24 mm	Rollei DB57	Canon EOS 5D Mark II-35 mm	Canon EOS 450D
		H=1 111 m b_1=12.85 mm	H=750 m b_1=8.39 mm	H=1 471 m b_1=12.92 mm	H=1 094 m b_1=8.39 mm	H=923 m b_1=5.18 mm
1	11.14	0.42	0.44	0.56	0.64	0.87
2	12.41	0.47	0.49	0.62	0.71	0.97
3	14.00	0.53	0.55	0.70	0.80	1.10
4	16.00	0.61	0.63	0.80	0.92	1.25
5	18.44	0.70	0.73	0.92	1.06	1.44
6	21.31	0.81	0.84	1.07	1.22	1.67
7	24.58	0.93	0.97	1.23	1.41	1.93
8	28.21	1.07	1.11	1.41	1.62	2.21
9	32.19	1.22	1.27	1.61	1.85	2.52
10	36.47	1.39	1.44	1.83	2.09	2.86
11	41.04	1.56	1.61	2.06	2.35	3.22
12	45.87	1.74	1.80	2.30	2.63	3.59
13	50.95	1.94	2.00	2.55	2.92	3.99
14	56.27	2.14	2.21	2.82	3.23	4.41
15	61.81	2.35	2.43	3.10	3.55	4.84
16	67.56	2.57	2.66	3.38	3.88	5.29
17	73.51	2.80	2.89	3.68	4.22	5.76
18	79.66	3.03	3.13	3.99	4.57	6.24
19	86.00	3.27	3.38	4.31	4.93	6.74
20	92.52	3.52	3.64	4.63	5.31	7.25
21	99.22	3.77	3.90	4.97	5.69	7.77

表 A.8 1：2 000 成图比例尺影像短边垂直航向时高程控制点基线数跨度

基线数 n	$n^3+23n+100$	Rollei DB45	Canon EOS 5D Mark II-24 mm	Rollei DB57	Canon EOS 5D Mark II-35 mm	Canon EOS 450D
		H=1 111 m b_2=17.14 mm	H=750 m b_2=12.58 mm	H=1 471 m b_2=17.20 mm	H=1 094 m b_2=12.58 mm	H=923 m b_2=7.78 mm
1	11.14	0.32	0.29	0.42	0.43	0.58
2	12.41	0.35	0.33	0.47	0.47	0.65
3	14.00	0.40	0.37	0.53	0.54	0.73
4	16.00	0.46	0.42	0.60	0.61	0.84
5	18.44	0.53	0.48	0.69	0.71	0.96
6	21.31	0.61	0.56	0.80	0.82	1.11
7	24.58	0.70	0.64	0.92	0.94	1.28
8	28.21	0.80	0.74	1.06	1.08	1.47
9	32.19	0.92	0.84	1.21	1.23	1.68
10	36.47	1.04	0.96	1.37	1.40	1.91
11	41.04	1.17	1.08	1.54	1.57	2.14
12	45.87	1.31	1.20	1.73	1.75	2.40
13	50.95	1.45	1.34	1.92	1.95	2.66
14	56.27	1.61	1.48	2.12	2.15	2.94
15	61.81	1.76	1.62	2.32	2.36	3.23
16	67.56	1.93	1.77	2.54	2.58	3.53
17	73.51	2.10	1.93	2.77	2.81	3.84
18	79.66	2.27	2.09	3.00	3.05	4.16
19	86.00	2.45	2.26	3.23	3.29	4.49
20	92.52	2.64	2.43	3.48	3.54	4.83
21	99.22	2.83	2.60	3.73	3.80	5.18

附　录　B
（资料性附录）
数字刺点片样例

<table>
<tr><td>点　号</td><td colspan="5">3003</td></tr>
<tr><td>刺点者</td><td>李小军</td><td>检查者</td><td>王大伟</td><td>日期</td><td>2010.6.10</td></tr>
<tr><td rowspan="2">坐　标</td><td colspan="2">X/m</td><td>Y/m</td><td colspan="2">H/m</td></tr>
<tr><td colspan="2">6 666 666.666</td><td>666 666.666</td><td colspan="2">6.666</td></tr>
<tr><td colspan="3" rowspan="2">概略点位图（片号：070700066）
</td><td colspan="3">点位略图
</td></tr>
<tr><td colspan="3">点位详细图
</td></tr>
<tr><td>备注</td><td colspan="5">点位刺在篮球场水泥地东北角，高程与球场同高。</td></tr>
</table>

附 录 C
（资料性附录）
点之记

<table>
<tr><td>点名</td><td></td><td>点号</td><td></td><td>所在图幅</td><td></td></tr>
<tr><td>概略纬度</td><td colspan="3"></td><td colspan="2" rowspan="8">交通路线图</td></tr>
<tr><td>概略经度</td><td colspan="3"></td></tr>
<tr><td>概略高程</td><td colspan="3"></td></tr>
<tr><td>站址所在地</td><td colspan="3"></td></tr>
<tr><td>最近水源</td><td colspan="3"></td></tr>
<tr><td>最近住所</td><td colspan="3"></td></tr>
<tr><td>供电系统</td><td colspan="3"></td></tr>
<tr><td>邮电通讯</td><td colspan="3"></td></tr>
<tr><td>点位描述</td><td colspan="2"></td><td>点位略图</td><td colspan="2"></td></tr>
<tr><td colspan="3">实地照片 1</td><td colspan="3">实地照片 2</td></tr>
<tr><td colspan="3">选点人：　　单位：</td><td colspan="3">检查人：　　单位：</td></tr>
<tr><td colspan="3">时　间：</td><td colspan="3">时　间：</td></tr>
<tr><td colspan="6">备　注：</td></tr>
</table>

前　言

本标准由国家测绘局提出并归口。

本标准起草单位：中测新图(北京)遥感技术有限责任公司、中国测绘科学研究院、广东省国土资源厅测绘院。

本标准主要起草人：李英成、丁晓波、毕凯、郭童英、刘小丁、廖明、曲磊、唐力明、李玲、杨江江、丁华祥、张丽娜、滕长胜。

引　言

本标准根据国内超轻型飞型器航摄系统和无人飞行器航摄系统的技术水平、应用情况及相关软硬件生产现状，参照有关航空摄影标准，对低空航空摄影工作进行规范。

本标准中的"低空数字航空摄影"非严密概念，仅作为代名词以区别于大飞机和大幅面数字航摄仪所进行的"数字航空摄影"，其特点如下：

——采用轻小型飞行器，可使用、但不依赖机场起降；

——相对航高较低，一般在 2 000 m 以下；

——采用 2 000 万像素以上小像幅数码相机作为传感器进行航空摄影测量工作。

中华人民共和国测绘行业标准化指导性技术文件

CH/Z 3005—2010

低空数字航空摄影规范

Specifications for low-altitude digital aerial photography

1 范围

本标准规定了低空数字航空摄影生产的航摄系统要求、航摄计划与航摄设计要求、飞行质量和影像质量要求、成果整理和验收要求。

本标准适用于超轻型飞型器航摄系统和无人飞行器航摄系统，以1∶500、1∶1 000、1∶2 000航测成图为主要目的的低空数字航空摄影工作。其他比例尺成果测制可参照执行。

2 规范性引用文件

下列文件对于本文件的应用是必不可少的。凡是注日期的引用文件，仅注日期的版本适用于本文件。凡是不注日期的引用文件，其最新版本(包括所有的修改单)适用于本文件。

GB/T 6962 1∶500、1∶1 000、1∶2 000地形图航空摄影规范

CH/T 8021 数字航摄仪检定规程

CH/Z 3001 无人机航摄安全作业基本要求

CH/Z 3002 无人机航摄系统技术要求

3 术语和定义

下列术语和定义适用于本文件。

3.1

超轻型飞行器航摄系统 aerial photography system of ultra-light aircraft

采用2 000万像素以上框幅式小像幅数码相机和有人驾驶超轻型固定翼飞机、三角翼飞行器、动力滑翔伞、直升机等飞行平台进行航空摄影的系统。

3.2

无人飞行器航摄系统 aerial photography system of unmanned aerial vehicle

采用2 000万像素以上框幅式小像幅数码相机和无人驾驶的固定翼飞机、直升机、飞艇等飞行平台进行航空摄影的系统。

4 航摄系统要求

4.1 飞行平台要求

4.1.1 飞行高度

4.1.1.1 相对航高

相对航高一般不超过1 500 m，最高不超过2 000 m。

4.1.1.2 绝对航高

满足平原、丘陵等地区使用的超轻型飞行器航摄系统和无人飞行器航摄系统的飞行平台升限应不小于海拔3 000 m，满足高山地、高原等地区使用的超轻型飞行器航摄系统和无人飞行器航摄系统的升限应不小于海拔6 000 m。

国家测绘局 2010-08-24发布 2010-10-01实施

4.1.2　**续航能力**

超轻型飞行器航摄系统和无人飞行器航摄系统的飞行平台的续航时间须大于1.5 h。

4.1.3　**抗风能力**

航摄系统的抗风能力应满足以下要求：

a)　超轻型飞行器航摄系统应具备5级风力气象条件下安全飞行的能力；

b)　无人飞行器航摄系统应具备4级风力气象条件下安全飞行的能力。

4.1.4　**飞行速度**

航空摄影时巡航速度一般不超过120 km/h，最快不超过160 km/h。

4.1.5　**自动驾驶仪**

航路点和曝光点的存储数量不宜少于1 000个。

4.1.6　**导航定位GPS**

导航定位GPS应满足以下要求：

a)　数据输出频率应不小于4 Hz；

b)　可使用双天线GPS导航和自动修正旋角；

c)　可使用带数据存储功能的双频GPS差分定位或精密单点定位来解算实际曝光点坐标。

4.1.7　**惯性测量装置**

可使用惯性测量装置辅助内业空中三角测量计算和稀少控制、无控制测图。用于直接定向法测图的惯性测量装置的测角精度应达到侧滚角、俯仰角不大于0.01°，航偏角不大于0.02°。

4.1.8　**监控范围**

航摄系统的监控范围应满足以下要求：

a)　有人驾驶的超轻型飞行器航摄系统应装备符合民航和空域管理部门规定的应答机和语音通话系统，接受当地空管监控指挥；

b)　无人飞行器航摄系统应配备数传电台和地面监控站，监控半径应大于5 km。

4.1.9　**任务载荷**

无人飞行平台的任务载荷(包括相机和其稳定装置)不宜小于3 kg。

4.1.10　**起降性能**

航摄系统的起降性能应满足以下要求：

a)　超轻型飞行器航摄系统和无人飞行器航摄系统均应具备不依赖机场起降的能力；

b)　起降困难地区使用的无人飞行器航摄系统应具有弹射起飞能力和具备撞网回收或伞降功能。

4.1.11　**其他要求**

超轻型飞行器航摄系统应遵照民航、通航和空域管理部门的相关规定执行；无人飞行器航摄系统应遵照CH/Z 3002的相关规定执行。

4.2　**数码相机要求**

4.2.1　**基本要求**

数码相机应满足以下基本要求：

a)　相机镜头应为定焦镜头，且对焦无限远；

b)　镜头与相机机身，以及相机机身与成像探测器稳固连接；

c)　成像探测器面阵应不小于2 000万像素；

d)　最高快门速度应不低于1/1 000 s。

4.2.2　**检校要求**

数码相机检校应满足以下要求：

a)　相机检校参数应包括：主点坐标、主距和畸变差方程系数；

b)　相机检校时应在地面或空中对检校场进行多基线多角度摄影，通过摄影测量平差方法得到相机参数最终解，并统计精度报告；

c)　检校精度应满足：主点坐标中误差不应大于10 μm，主距中误差不应大于5 μm，经过畸变差方程式及测定的系数值拟合后，残余畸变差不应大于 0.3 像素；

d） 其他检校要求按照 CH/T 8021 执行。

4.2.3 数据动态范围

影像每通道的数据动态范围不应小于 8 bit，可采用压缩格式，压缩倍率不应大于 10 倍。

4.2.4 存储

相机存储器可容纳影像的数量不应少于 500 张。

4.2.5 供电

相机电池可支持连续工作应不少于 2 小时。

5 航摄计划与航摄设计

5.1 航摄计划

航摄计划宜采用 1∶1 万或更大比例尺地形图或影像图进行，或在三维建模系统中进行，明确任务范围、精度、用途等基本内容，制定详细的实施计划。

5.2 航摄设计

5.2.1 地面分辨率的选择

各摄影分区基准面的地面分辨率应根据不同比例尺航摄成图的要求，结合分区的地形条件、测图等高距、航摄基高比及影像用途等，在确保成图精度的前提下，本着有利于缩短成图周期、降低成本、提高测绘综合效益的原则在表 1 的范围内选择。

表 1 地面分辨率

测图比例尺	地面分辨率值/cm
1∶500	≤5
1∶1 000	8～10
1∶2 000	15～20

5.2.2 航摄分区的划分

划分航摄分区应遵循以下原则：

a） 分区界线应与图廓线相一致；

b） 分区内的地形高差不应大于 1/6 摄影航高；

c） 在地形高差符合 b）条规定，且能够确保航线的直线性的情况下，分区的跨度应尽量划大，能完整覆盖整个摄区；

d） 当地面高差突变，地形特征差别显著或有特殊要求时，可以破图廓划分航摄分区。

5.2.3 分区基准面高度的确定

依据分区地形起伏、飞行安全条件等确定分区基准面高度，具体计算公式参见附录 A。

5.2.4 航线敷设方法

航线敷设应遵循以下原则：

a） 航线一般按东西向平行于图廓线直线飞行，特定条件下亦可作南北向飞行或沿线路、河流、海岸、境界等方向飞行；

b） 曝光点应尽量采用数字高程模型依地形起伏逐点设计；

c） 进行水域、海区摄影时，应尽可能避免像主点落水，要确保所有岛屿达到完整覆盖，并能构成立体像对。

5.2.5 航摄季节和航摄时间的选择

航摄季节和航摄时间的选择应遵循以下原则：

a） 航摄季节应选择摄区最有利的气象条件，应尽量避免或减少地表植被和其他覆盖物（如积雪、洪水、扬沙等）对摄影和测图的不利影响，确保航摄影像能够真实地显现地面细部。

b) 航摄时，既要保证具有充足的光照度，又要避免过大的阴影。航摄时间一般应根据表 2 规定的摄区太阳高度角和阴影倍数确定。

表 2 摄区太阳高度角和阴影倍数

地形类别	太阳高度角/(°)	阴影倍数
平地	＞20	＜3
丘陵地和一般城镇	＞25	＜2.1
山地和大、中城市	≥40	≤1.2

c) 沙漠、戈壁、森林、草地、大面积的盐滩、盐碱地，当地正午前后各 2 小时内不应摄影。

d) 陡峭山区和高层建筑物密集的大城市应在当地正午前后各 1 小时内摄影，条件允许时，可实施云下摄影。

5.2.6 其他要求

对于设计好的曝光点坐标序列，按照每架次飞行需要，增加必要的航路点，检查无误后导入航摄系统。对于超轻型飞行器航摄系统导入到控制计算机中，对于无人飞行器航摄系统导入自动驾驶仪中。

6 航摄实施

航摄实施应满足以下要求：

a) 使用机场时，应按照机场相关规定飞行；不使用机场时，应根据飞行器的性能要求，选择起降场地和备用场地。

b) 航摄实施前应制订详细的飞行计划，且应针对可能出现的紧急情况制订应急预案。

c) 在保证飞行安全的前提下可实施云下摄影。

d) 超轻型飞行器航摄系统实施航摄时，风力应不大于 5 级；无人飞行器航摄系统实施航摄时，固定翼飞机、直升机要求风力应不大于 4 级；飞艇等应不大于 3 级。

e) 轻型无人飞行器航摄实施的其他要求按照 CH/Z 3001 执行。

f) 需要进行差分 GPS 测量计算实际曝光点坐标的情况下，可就近布设 GPS 地面基站点。

7 飞行质量与影像质量要求

7.1 飞行质量

7.1.1 像片重叠度

像片重叠度应满足以下要求：

a) 航向重叠度一般应为 60%～80%，最小不应小于 53%；

b) 旁向重叠度一般应为 15%～60%，最小不应小于 8%。

7.1.2 像片倾角

像片倾角一般不大于 5°，最大不超过 12°，出现超过 8°的片数不多于总数的 10%。特别困难地区一般不大于 8°，最大不超过 15°，出现超过 10°的片数不多于总数的 10%。

7.1.3 像片旋角

像片旋角应满足以下要求：

a) 像片旋角一般不大于 15°，在确保像片航向和旁向重叠度满足要求的前提下，个别最大旋角不超过 30°，在同一条航线上旋角超过 20°像片数不应超过 3 片，超过 15°旋角的像片数不得超过分区像片总数的 10%；

b) 像片倾角和像片旋角不应同时达到最大值。

7.1.4 摄区边界覆盖保证

航向覆盖超出摄区边界线应不少于两条基线。旁向覆盖超出摄区边界线一般应不少于像幅的 50%；在便于施测像片控制点及不影响内业正常加密时，旁向覆盖超出摄区边界线应不少于像幅的 30%。

7.1.5 航高保持

同一航线上相邻像片的航高差不应大于30 m,最大航高与最小航高之差不应大于50 m,实际航高与设计航高之差不应大于50 m。

7.1.6 漏洞补摄

航摄中出现的相对漏洞和绝对漏洞均应及时补摄,应采用前一次航摄飞行的数码相机补摄,补摄航线的两端应超出漏洞之外两条基线。

7.1.7 飞行记录资料的填写

每次飞行结束,应填写航摄飞行记录表,航摄飞行记录表格式参见附录B。

7.2 影像质量

影像质量应满足以下要求:

a) 影像应清晰,层次丰富,反差适中,色调柔和;应能辨认出与地面分辨率相适应的细小地物影像,能够建立清晰的立体模型。

b) 影像上不应有云、云影、烟、大面积反光、污点等缺陷。虽然存在少量缺陷,但不影响立体模型的连接和测绘,可以用于测制线划图。

c) 确保因飞机地速的影响,在曝光瞬间造成的像点位移一般不应大于1个像素,最大不应大于1.5个像素。

d) 拼接影像应无明显模糊、重影和错位现象。

8 成果质量检查

8.1 检查范围

航摄执行单位应按本标准第7章的要求对飞行质量和影像质量进行检查。

8.2 检查项目和方法

8.2.1 像片重叠度

像片重叠度检查应采用以下方法:

a) 优先采用相关软件对数字像片进行检查;

b) 必要时可输出相纸,按照GB/T 6962的相关规定执行。

8.2.2 像片倾角

像片倾角检查应采用以下方法:

a) 有倾角记录装置的情况下,通过记录的姿态角元素检查,取像片的横滚角和俯仰角中的较大者作为对应像片的像片倾角;

b) 无倾角记录装置的情况下,可不检查像片倾角。

8.2.3 像片旋角

旋角的检查方法参见附录C。

8.2.4 航线弯曲度

航线弯曲度检查应采用以下方法:

a) 优先采用相关软件对数字像片进行检查;

b) 必要时可输出相纸,按照GB/T 6962的相关规定执行。

8.2.5 航高保持

航高检查应采用以下方法:

a) 有定点曝光记录装置时,利用其记录的曝光点坐标通过相应软件检查;

b) 无定点曝光记录装置时,按照GB/T 6962的相关规定执行。

8.2.6 摄区、分区、图廓覆盖保证

摄区、分区、图廓覆盖检查应采用以下方法:

a) 优先采用质量检查软件对数字像片进行检查;

b) 必要时可输出相纸,按照GB/T 6962的相关规定执行。

8.2.7 漏洞

相对和绝对漏洞检查应采用以下方法：

a） 按8.2.1规定的方法检查航摄相对漏洞；

b） 按8.2.1和8.2.6规定的方法检查航摄绝对漏洞。

8.2.8 影像质量

影像质量检查应采用以下方法：

a） 通过目视观察，检查影像的清晰度，层次的丰富性，色彩反差和色调柔和情况，影像有无缺陷，拼接影像拼接带有无明显模糊、重影和错位；

b） 像点位移根据飞机飞行速度、曝光时间和影像地面分辨率利用附录A相应公式计算，最大像点位移以航摄分区最高点处对应的参数计算获得。

8.3 空中三角测量精度验证

为便于航摄单位与内业处理单位交接资料，避免出现精度问题，例如，数码相机几何结构变动、更换了未与相机匹配过的飞行平台等情况，航摄单位可增加空中三角测量精度验证，从摄区影像中选取3条航线×8张像片组成的区域进行空三自由网平差，具体指标可在技术设计书中规定。

9 成果整理与验收

9.1 整理

9.1.1 数字航片整理

9.1.1.1 预处理

数字航片预处理内容和要求如下：

a） 格式转换。为归档资料或后处理的需要，将不同低空航摄系统获取的专用影像数据格式转换为通用格式，转换过程应采用无损方法。

b） 旋转影像。所有低空数字航片应保持与相机参数的一致性，不做旋转指北处理，通过标明飞行方向、起止像片编号的航线示意图（参见附录D），以及航摄相机在飞行器上安装方向示意图（参见附录E），建立对应关系。

c） 畸变差改正。可采用专用软件对原始数字航片数据进行畸变差改正，输出无畸变影像和与之相应的相机参数。

d） 增强处理。在不影响成果质量和后续处理的前提下，对阴天有雾等原因引起的影像质量较差的数字航片，可适度增强处理。

9.1.1.2 航片编号

航片编号方法为：

a） 航片编号由12位数字构成，采用以航线为单位的流水编号。航片编号自左至右1～4位为摄区代号，5～6位为分区号，7～9位为航线号，10～12位为航片流水号，其中没有摄区代号的可自行定义摄区代号。

b） 一般以飞行方向为编号的增长方向。

c） 同一航线内的航片编号不允许重复。

d） 当有补飞航线时，补飞航线的航片流水号在原流水号基础上加500。

9.1.1.3 航片存储

按照航线建立目录分别存储，一般应采用光盘或硬盘存储，存放于纸质或塑料光盘盒、硬盘盒内。

9.1.1.4 外包装

硬盘或光盘和其包装盒标签的注记内容应包括：

a） 总体信息部分包括：摄区名称、相机型号及其编号、相机主距、航摄时间、飞行器型号、航线数和航片数、摄区面积、地面分辨率、航摄单位。

b） 本盘装载内容部分包括：盘号（分盘序号/总盘数）、影像类型、航线号、起止片号、备注。

9.1.2 文档资料整理

9.1.2.1 纸质文档资料的整理

纸质文档资料应按以下要求整理：

a) 所有文档应单独装订成册，存放在A4幅面的档案盒内；

b) 每份案卷中应包含卷内资料清单。

9.1.2.2 电子文档资料的整理

电子文档资料应按以下要求整理：

a) 电子文档的名称和内容应与纸质文档一致，无电子格式的纸质文档应扫描成电子文档；

b) 电子文档的存储介质为光盘，光盘存放于方形硬质塑料盒内，盒外注明摄区名称，摄区代码和资料名称。

9.2 验收

9.2.1 验收程序

验收应按照以下程序执行：

a) 航摄执行单位按本规范和摄区合同的规定对全部航摄成果资料逐项进行认真的检查，并详细填写检查记录手簿；

b) 航摄执行单位质检合格后，将全部成果资料整理齐全，移交航摄委托单位代表验收；

c) 航摄委托单位代表依据本规范和航摄合同规定对全部成果资料进行验收，双方代表协商处理检查验收工作中发现的问题，航摄委托单位代表最终给出成果资料的质量评定结果；

d) 成果质量验收合格后，双方在移交书上签字，并办理移交手续。

9.2.2 移交的资料

移交的资料应包括：

a) 影像数据；

b) 标明飞行方向、起止像片编号的航线示意图(参见附录D)；

c) 航摄相机在飞行器上安装方向示意图(参见附录E)；

d) 航空摄影技术设计书；

e) 飞行记录表；

f) 相机检定参数报告；

g) 航摄资料移交书(参见附录F)；

h) 航摄军区批文；

i) 航摄资料审查报告；

j) 其他有关资料。

9.2.3 验收报告

航摄委托单位代表完成验收后，应写出验收报告。报告的内容主要包括：

a) 航摄的依据——航摄合同和技术设计；

b) 完成的航摄图幅数和面积；

c) 对成果资料质量的基本评价；

d) 存在的问题及处理意见。

附 录 A
(资料性附录)
航摄常用计算公式

A.1 像点位移

$$\delta=\frac{v\times t}{GSD} \quad \text{(A.1)}$$

式中：

δ ——像点位移，单位为像素；

v ——航摄飞机飞行速度，单位为米/秒(m/s)；

t ——曝光时间，单位为秒(s)；

GSD——地面分辨率，单位为米(m)。

A.2 航高

$$H=\frac{f\times GSD}{a} \quad \text{(A.2)}$$

式中：

H ——摄影航高，单位为米(m)；

f ——镜头焦距，单位为毫米(mm)；

a ——像元尺寸，单位为毫米(mm)；

GSD ——地面分辨率，单位为米(m)。

A.3 摄影基线和航线间隔

$$\left.\begin{aligned} b_X&=L_X(1-p_X)\\ d_Y&=L_Y(1-q_Y)\end{aligned}\right\} \quad \text{(A.3)}$$

$$\left.\begin{aligned} B_X&=b_X\times\frac{H}{f}\\ D_Y&=d_Y\times\frac{H}{f}\end{aligned}\right\} \quad \text{(A.4)}$$

式中：

b_X ——像片上的摄影基线长度，单位为毫米(mm)；

d_Y ——像片上的航线间隔宽度，单位为毫米(mm)；

B_X ——实地上的摄影基线长度，单位为米(m)；

D_Y ——实地上的航线间隔宽度，单位为米(m)；

L_X,L_Y——像幅长度和宽度，单位为毫米(mm)；

p_X,q_Y——像片航向和旁向重叠度(以百分比表示)；

f ——焦距，单位为毫米(mm)；

H ——摄影航高，单位为米(m)。

A.4 像片重叠度

$$\left.\begin{aligned} p_X&=p'_X+(1-p'_X)\Delta h/H\\ q_Y&=q'_Y+(1-q'_Y)\Delta h/H\end{aligned}\right\} \quad \text{(A.5)}$$

式中：

p'_X, q'_Y ——航摄像片的航向、旁向标准重叠度（以百分比表示）；

Δh ——相对于摄影基准面的高差，单位为米(m)；

H ——摄影航高，单位为米(m)。

A.5 相邻像片的曝光时间间隔

$$\Delta t = \frac{B_X}{W} \qquad \cdots\cdots (A.6)$$

式中：

Δt ——相邻像片曝光时间间隔，单位为秒(s)；

W ——飞机飞行时的地速，单位为米每秒(m/s)；

B_X ——实地上的摄影基线长度，单位为米(m)。

A.6 航线弯曲度

$$E = \frac{\Delta l}{L} \times 100\% \qquad \cdots\cdots (A.7)$$

式中：

E ——航线弯曲度；

Δl ——像主点偏离航线首末像主点连线的最大距离，单位为毫米(mm)；

L ——航线首末像主点连线的长度，单位为毫米(mm)。

A.7 摄影分区基准面高程

A.7.1 摄影分区基准面高程是将分区个别突出最高点与最低点舍去不计外，使分区内高点平均高程与低点平均高程面积各占一半的平均高程平面。

A.7.2 采用DEM设计时，摄影分区基准面高程计算公式为

$$h_{基} = \frac{\sum_{i=1}^{n} h_i}{n} \qquad \cdots\cdots (A.8)$$

式中：

$h_{基}$ ——摄影分区基准面高程，单位为米(m)；

h_i ——分区内DEM格网点的高程值，单位为米(m)；

n ——分区内DEM格网点数。

A.7.3 在地形图上选择高程点计算分区平均平面高程公式。

A.7.3.1 在平原和地形高差不大的平缓地区，用式(A.9)计算。

$$h_{基} = \frac{h_{最高} + h_{最低}}{2} \qquad \cdots\cdots (A.9)$$

式中：

$h_{基}$ ——摄影分区基准面高程，单位为米(m)；

$h_{最高}$ ——分区内最高高程，单位为米(m)；

$h_{最低}$ ——分区内最低高程，单位为米(m)。

A.7.3.2 在丘陵和地形起伏较大的地区，用以下公式计算。

$$h_{基} = \frac{h_{高平均} + h_{低平均}}{2} \qquad \cdots\cdots (A.10)$$

$$h_{高平均} = \frac{\sum_{i=1}^{n} h_{i高}}{n} \qquad \cdots\cdots (A.11)$$

$$h_{低平均}=\frac{\sum_{i=1}^{n}h_{i低}}{n} \quad \cdots\cdots (A.12)$$

式中：

$h_{基}$ ——摄影分区基准面高程，单位为米(m)；

$h_{高平均}$——分区内高点平均高程，单位为米(m)；

$h_{低平均}$——分区内低点平均高程，单位为米(m)。

附　录 B
（资料性附录）
航摄飞行记录表

机组__________ 日期__________ 从____时____分到____时____

摄区	摄区名称		摄区代号		航摄分区		地面分辨率	
	绝对航高		摄影方向		航线条数		地形地貌	
飞机	飞机型号		飞机编号		导航仪			
航摄仪	航摄仪型号		航摄仪编号		镜头号码		焦距	
	滤光镜		光圈		曝光时间		感光度	
影像	盘号				摄影时间			
	摄影前试片				摄影后试片			
天气	天气状况		水平能见度		垂直能见度			
机组	操控手		地面站人员		摄影测量员		机械师	

航线飞行示意图

备注：

填表人________ 送片人________ 接片人________

附　录　C
(资料性附录)
旋角计算示意图

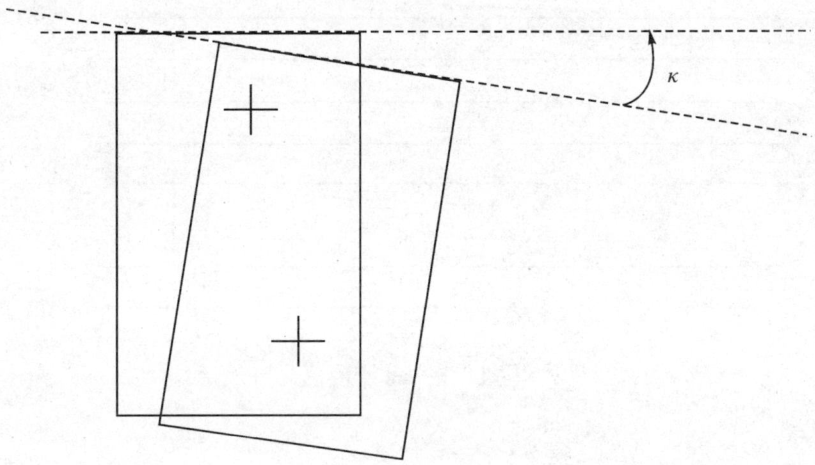

注:选取两个同名点后,计算像片旋角κ值。

图 C.1

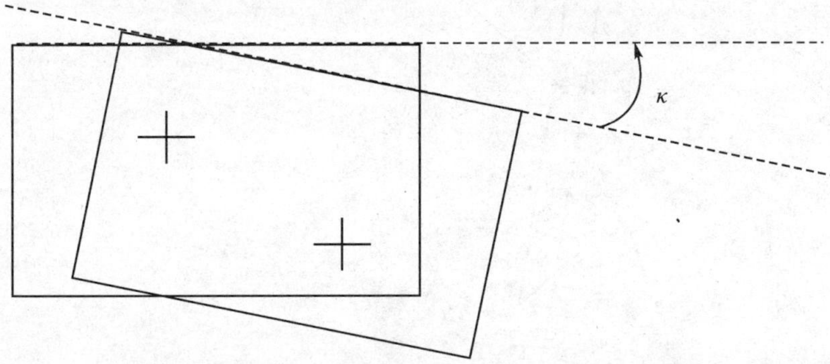

注:选取两个同名点后,计算像片旋角κ值。

图 C.2

附 录 D
（资料性附录）
航线示意图

图 D.1 面状摄区

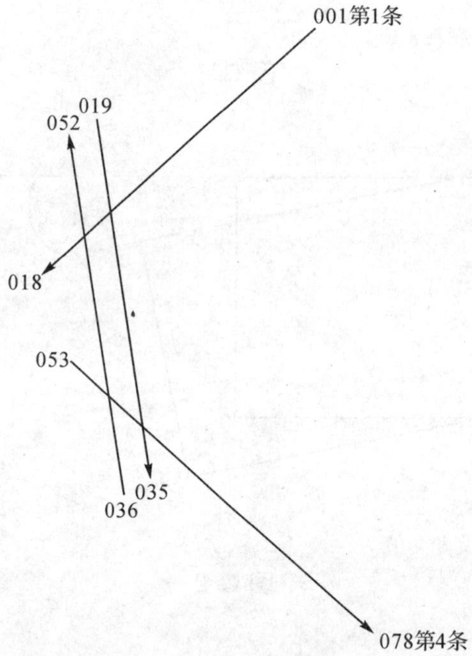

图 D.2 线状摄区

附 录 E
(资料性附录)
相机安装示意图

相机与像空间坐标的关系如图 E.1 所示。

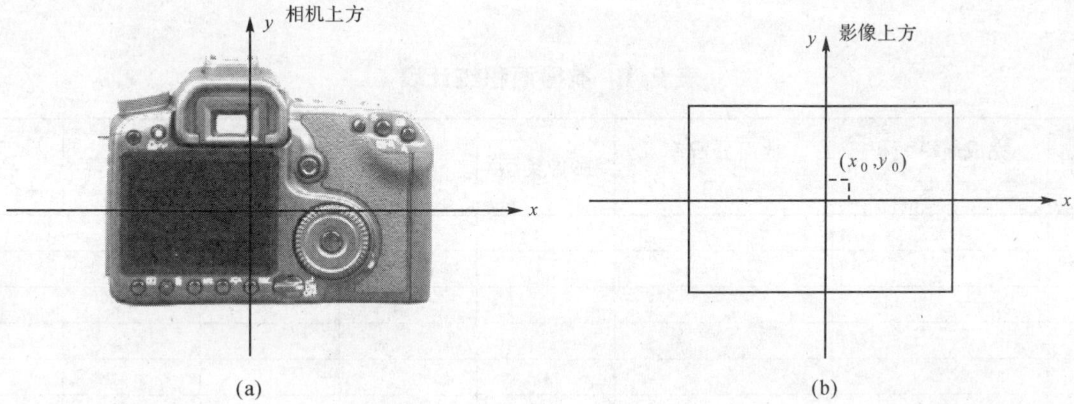

图 E.1

影像上方采用箭头标明与飞行方向的关系如图 E.2、图 E.3、图 E.4、图 E.5 所示。

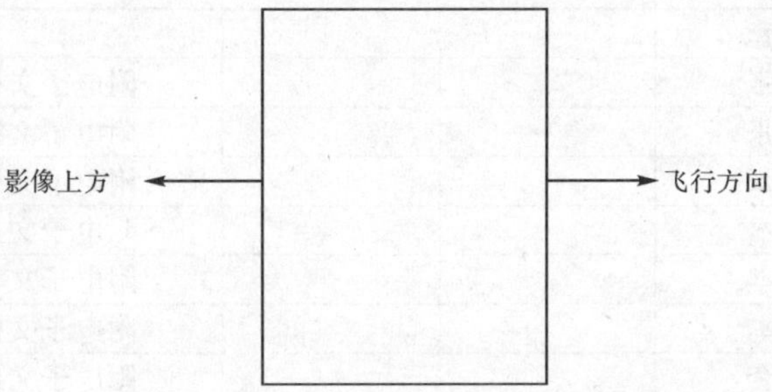

图 E.2

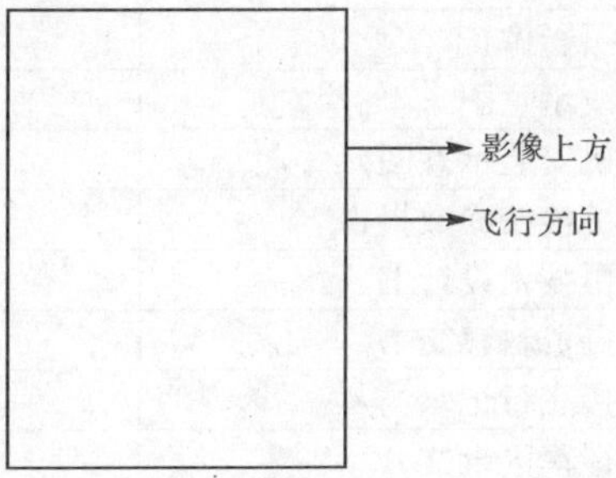

图 E.3

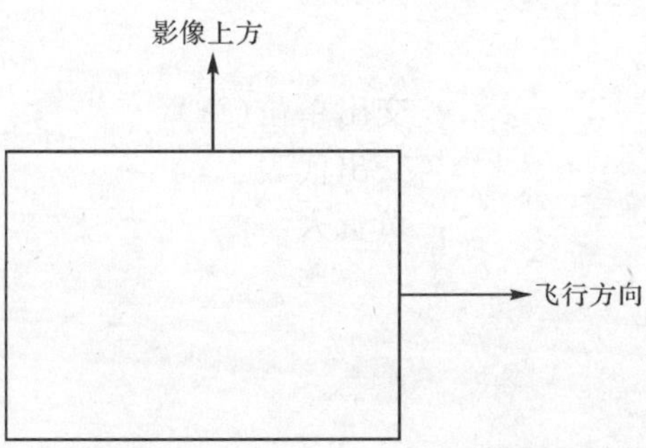

图 E.4

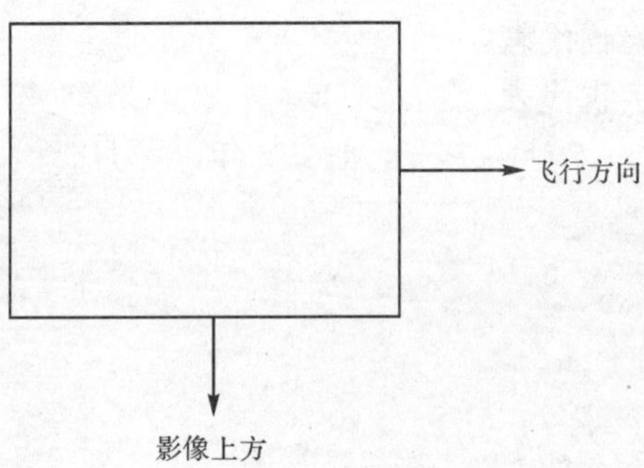

图 E.5

附　录　F
(资料性附录)
航摄资料移交书

航摄资料移交书应包括航摄任务说明、航摄面积统计表和航摄资料统计表。具体格式和内容如下：

根据××××年××月××日合同执行××××××摄区航空摄影任务，完成航摄面积及移交资料(见表F.1、表F.2)。

表F.1　航摄面积统计表

地区类别	完成航摄面积/km^2	地面分辨率/cm	影像类型	像幅	航向重叠	旁向重叠	备注

表F.2　航摄资料统计表

项目	规格	单位	份数	数量	备注
航摄影像		套			
航线示意图		张			附电子文档
相机安装示意图		张			附电子文档
相机检校参数报告		张			附电子文档
航摄技术设计书		本			附电子文档
航摄资料移交书		本			附电子文档
航摄飞行记录		本			附电子文档
航摄军区批文		套			附电子文档
航摄资料审查报告		套			附电子文档
其他					

以上经甲、乙双方代表确认，并核实清点无误。

接收单位(章)　　　　交出单位(章)

验收代表　　　　交出代表

接收代表　　　　负责人

年　月　日　　　　年　月　日

前 言

本标准由国家测绘局提出并归口。

本标准起草单位:四川省测绘产品质量监督检验站。

本标准主要起草人:曹兵、曾衍伟、唐翼德、何文林、汤权、李东辉、王辉、华劼。

引 言

为保障1∶500、1∶1 000、1∶2 000地形图质量检查工作的规范性和可靠性,提高测绘成果质量水平,在GB/T 24356的基础上,对检查内容、方法等进行细化,制订本标准。

中华人民共和国测绘行业标准

CH/T 1020—2010

1∶500、1∶1 000、1∶2 000 地形图质量检验技术规程

Technical specifications for quality inspection and acceptance of 1∶500,1∶1 000,1∶2 000topographic maps

1 范围

本标准规定了1∶500、1∶1 000、1∶2 000地形图质量检验及质量评定的基本要求、检验工作流程、检验方法和质量评定方法。

本标准适用于按现行国家标准、行业标准生产的各种载体形式的1∶500、1∶1 000、1∶2 000地形图成果质量的检验。

2 规范性引用文件

下列文件对于本文件的应用是必不可少的。凡是注日期的引用文件，仅注日期的版本适用于本文件。凡是不注日期的引用文件，其最新版本(包括所有的修改单)适用于本文件。

GB/T 18316 数字测绘成果质量检查与验收

GB/T 24356 测绘成果质量检查与验收

CH/T 1001 测绘技术总结编写规定

CH/T 1004 测绘技术设计规定

CH/T 1018 测绘成果质量监督抽查与数据认定规定

CH/T 1022 平面控制测量成果质量检验技术规程

3 基本要求

3.1 1∶500、1∶1 000、1∶2 000地形图质量检验详查的质量元素、权重划分、错漏分类应按GB/T 24356的要求执行。

3.2 1∶500、1∶1 000、1∶2 000地形图质量检验应依据有关法律法规、国家标准、行业标准、技术设计书及相关文件等。

3.3 批成果应由相同技术要求下生产的同一测区、同一比例尺单位成果集合组成，当检验批划分为多个批次检验时，各批次分别进行质量检验和批成果质量判定。

3.4 检验使用仪器设备的精度指标应不低于规范及设计对仪器设备精度指标的要求。

3.5 详查内容包括：样本单位成果的数学精度、数据及结构正确性、地理精度、整饰质量、附件质量以及批成果的附件质量。

3.6 概查内容包括：成图范围、区域的符合性，基本等高距的符合性，图幅分幅与编号、测图控制覆盖面、密度的符合性，测图控制施测方法的符合性，详查以外图幅的重要或特别关注的质量要求或指标；系统性的偏差、错误。

3.7 质量问题应记载在检查意见记录表，检验记录应整洁、清晰。质量问题应描述完整、指标明确。质量问题所属错漏类别应明确。记录格式参见CH/T 1022—2010附录C。

3.8 精度检测记录表应规范、信息记载详尽，格式参见附录A；样本质量统计表内容应完整，格式参见附录B。

国家测绘局 2010-11-26 发布 2011-01-01 实施

4 工作流程

检验工作流程包括:检验前准备、抽样、成果质量检验概查与详查、质量评定、报告编制和资料整理,参见图1。

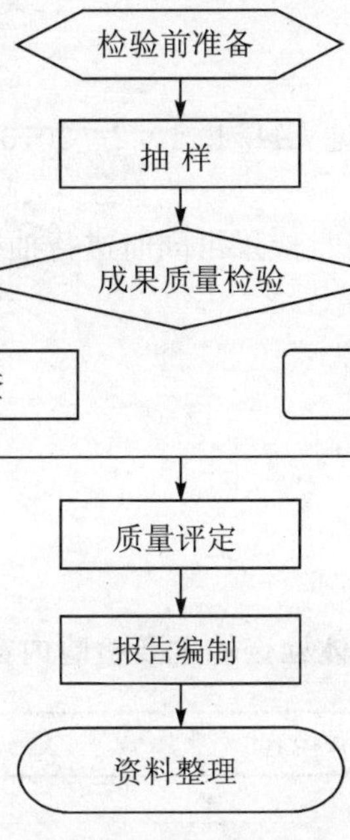

图1 检验工作流程

具体内容如下:

a) 收集相关的技术资料及标准,准备检验仪器设备,明确检查内容及方法,统一检验要求及评价方法、标准,准备检验物资,制订工作计划。重点、重大测绘项目或有必要的应根据需要编制检验方案,组织培训。

b) 确定样本方案、抽取样本、提取资料等。

c) 对批成果质量实施概查及详查。

d) 对单位成果及样本进行质量评定,对批成果进行质量判定及检验批成果质量评定。

e) 按相关要求编制检验报告。

f) 汇总、整理、完善检验记录、数据、资料,按档案管理要求存档。

5 抽样程序

5.1 单位成果总数确定

5.1.1 单位成果以幅为单位。

5.1.2 单位成果总数根据相关成果资料确定。

5.2 检验批次、批量确定

5.2.1 当检验成果中有多种比例尺地形图时,应按不同比例尺分别确定批次、批量。

5.2.2 当检验成果批量大于等于201时,应划分检验批次,批次数量应最小,各批次的批量应均匀。

5.2.3 批次确定宜与前期检验批次顺延。

5.3 样本量确定

根据批量,按GB/T 24356—2009,6.1的规定执行。

5.4 抽样

5.4.1 抽样一般采用简单随机抽样方式,也可根据不同班组、单位、时间、生产方式、困难类别等因素,采用分层随机抽样方式。

5.4.2 样本应分布均匀,考虑到图幅接边等因素,可上下两幅或左右两幅相连进行抽取。

5.4.3　样本资料包括：

——技术设计书、技术总结，检查报告及相应的检查记录、仪器检定和检校资料等附件资料；

——起算数据资料，观测数据、计算资料、成果表、点位信息等图根控制资料；

——样本图幅的纸质图和电子版数据，图幅接合表、接边图幅等地形图资料；

——非样本图幅的电子版数据；

——其他相关资料。

5.4.4　测绘成果检验抽样单的格式参见 CH/T 1022—2010 附录 A。样品清单的格式参见 CH/T 1022—2010 附录 B。

5.4.5　当检验批划分为多个批次时，对各批成果可同时进行抽样，填写同一抽样单。

6　检验内容及方法

6.1　概查

6.1.1　总体检查

6.1.1.1　检验内容及方法

总体检查的主要内容及方法见表 1。

表 1　总体检查的主要检验内容及方法

主要检查项	检查内容	检验方法
使用的仪器	仪器精度的符合性	核查分析
	仪器检定的符合性	
	仪器检定资料的合法性	
成图范围、区域	测图范围、区域的符合性	核查分析
	自由图边的符合性	
基本等高距	基本等高距的符合性	核查分析
图幅分幅、编号	分幅、编号与技术设计、规范的符合性	核查分析
测图控制	控制范围、密度的符合性	核查分析
	图根控制测量方法的符合性	

6.1.1.2　使用的仪器

采用以下方法进行检查：

a）核查分析仪器的标称精度是否满足所需精度的要求；

b）核查仪器有无检定证书，分析检定是否合格，是否在有效期内；

c）核查仪器检定证书的签章是否为测绘行政主管部门认可的检定机构。

6.1.1.3　成图范围、区域

采用以下方法进行检查：

a）依照生产合同、技术设计、图幅接合表等资料，核查分析成图范围、区域的符合性，测图区域有无漏测；

b）依照生产合同、技术设计、图幅接合表等资料，核查分析自由图边测绘的符合性。

6.1.1.4　基本等高距

依照规范、技术设计及相关资料，核查分析基本等高距选用的符合性。

6.1.1.5　图幅分幅、编号

采用以下方法进行检查：

a）依照生产合同、技术设计、图幅接合表等资料，核查分析图幅分幅的符合性。

b）依照生产合同、技术设计、图幅接合表等资料，核查分析图幅编号的正确性。要求如下：

1）按流水号编号时，核查有无漏号，左右、上下顺序的正确性；

2) 按图廓西南角坐标公里数编号时，核查取位的正确性，坐标公里数 X、Y 前后次序的正确性；

3) 按行列编号时，核查以英文字母为横行代号，以阿拉伯数字为纵列代号的前后顺序的正确性；

4) 当 1∶2 000 地形图以 1∶5 000 地形图为基础分幅时，核查 1∶5 000 地形图图号的正确性及顺序号的正确性。

6.1.1.6 测图控制

采用核查分析的检验方法，主要内容包括：

a) 控制范围及密度。检查方法如下：

1) 将控制展点图与图幅接合图套合，依照生产合同、规范及技术设计等资料，核查分析测图控制范围、密度(含埋石点)的符合性，是否满足测图的需要；

2) 当图根控制以规范规定的最大边长进行三次附合，或以规范规定的最大边长进行三次逐级支点都无法满足测图要求时，认定测图控制范围覆盖区域不符合，反之，符合；

3) 当图根控制点(含埋石点)密度未达到技术设计或规范规定的要求时，或图根点密度分布不均匀无法满足测图要求时，认定图根点密度不符合。

b) 图根控制测量方法的符合性。检查方法如下：

1) 依照规范、技术设计等资料，核查分析图根控制平面及高程测量施测方法的符合性；

2) 当采用图根导线法时，检查各级图根导线的附合次数；

3) 依照规范、技术设计等资料，核查分析图根点平均边长的符合性；

4) 当采用光电测距极坐标法施测图根点时，检查是否利用所测点再次发展图根点，并且检查一幅图内用此法布设的点数占图根点总数的比例是否符合规范要求。

6.1.1.7 总体检查质量错漏分类

6.1.1.7.1 A类错漏包括如下内容：

a) 使用仪器的标称精度不能满足施测精度要求；

b) 使用仪器未经检定，或检定不合格，或超过有效期范围；

c) 测图控制存在较大漏洞，造成测图困难，影响成图精度；

d) 测图范围存在漏测；

e) 自由图边不符合技术设计要求；

f) 基本等高距不符合技术设计或规范要求；

g) 编号取位错，造成图幅无法识别；

h) 擅自更改图根控制的技术手段，造成测图困难，影响成图精度；

i) 图根控制点(含埋石点)密度严重不符合技术设计或规范要求；

j) 其他严重错漏。

6.1.1.7.2 B类错漏包括如下内容：

a) 测图控制存在一般漏洞，对测图影响较小；

b) 图根控制点密度不符合技术设计或规范要求，但对测图没有产生较大的影响；

c) 编号取位错，但图幅还可识别；

d) 图幅编号漏号，造成编号不连续；

e) 其他较重的错漏。

6.1.2 非样本图幅概查

依照规范、技术设计，在室内对非样本图幅进行核查，核查比例依实际情况确定。

6.2 详查

6.2.1 检查内容及方法

成果质量检验的内容及方法见表2。

表2 成果质量检验的内容及方法

<table>
<tr><th>质量元素</th><th>质量子元素</th><th colspan="2">检验内容</th><th>检验方法</th></tr>
<tr><td rowspan="13">数学精度</td><td rowspan="7">数学基础</td><td colspan="2">坐标系统、高程系统的正确性</td><td>核查分析</td></tr>
<tr><td colspan="2">各类投影计算、使用参数的正确性</td><td>核查分析、比对分析</td></tr>
<tr><td rowspan="3">图根控制测量精度</td><td>观测质量</td><td>核查分析</td></tr>
<tr><td>计算质量</td><td>核查分析、比对分析</td></tr>
<tr><td>成果精度的符合性</td><td>核查分析、比对分析、实地检测</td></tr>
<tr><td colspan="2">图廓尺寸、格网尺寸的正确性</td><td>比对分析</td></tr>
<tr><td colspan="2">图上控制点间距离与坐标反算长度较差</td><td>比对分析</td></tr>
<tr><td rowspan="3">平面精度</td><td colspan="2">绝对位置中误差</td><td>实地检测</td></tr>
<tr><td colspan="2">相对位置中误差</td><td>实地检测</td></tr>
<tr><td colspan="2">接边精度</td><td>核查分析、比对分析</td></tr>
<tr><td rowspan="3">高程精度</td><td colspan="2">注记点高程中误差</td><td>实地检测</td></tr>
<tr><td colspan="2">等高线高程中误差</td><td>实地检测</td></tr>
<tr><td colspan="2">接边精度</td><td>核查分析、比对分析</td></tr>
<tr><td rowspan="5">数据及结构正确性[a]</td><td colspan="3">文件命名、数据组织的正确性</td><td rowspan="5">核查分析、数据检查软件分析处理、剔除伪错漏</td></tr>
<tr><td colspan="3">数据格式的正确性</td></tr>
<tr><td colspan="3">要素分层的正确性、完备性</td></tr>
<tr><td colspan="3">属性代码的正确性</td></tr>
<tr><td colspan="3">属性接边质量</td></tr>
<tr><td rowspan="5">地理精度</td><td colspan="3">地理要素的完整性与规范性</td><td rowspan="5">实地检查、核查分析</td></tr>
<tr><td colspan="3">地理要素的协调性</td></tr>
<tr><td colspan="3">注记和符号的正确性</td></tr>
<tr><td colspan="3">综合取舍的合理性</td></tr>
<tr><td colspan="3">地理要素接边质量</td></tr>
<tr><td rowspan="4">整饰质量</td><td colspan="3">符号、线划、色彩质量</td><td rowspan="4">核查分析</td></tr>
<tr><td colspan="3">注记质量</td></tr>
<tr><td colspan="3">图面要素协调性</td></tr>
<tr><td colspan="3">图面、图廓外整饰质量</td></tr>
<tr><td rowspan="5">附件质量</td><td colspan="3">元数据文件的正确性、完整性</td><td rowspan="5">核查分析</td></tr>
<tr><td colspan="3">检查报告、技术总结内容的全面性及正确性</td></tr>
<tr><td colspan="3">成果资料的齐全性</td></tr>
<tr><td colspan="3">各类报告、附图(接合图、网图)附表、簿册整饰的规整性</td></tr>
<tr><td colspan="3">资料装帧</td></tr>
<tr><td colspan="5">[a] 当成果中没有此项技术要求时,不进行此项检查,其权重按比例分配到其他质量元素中。</td></tr>
</table>

6.2.2 **数学基础**

6.2.2.1 坐标系统、高程系统的正确性采用以下方法进行检查：

a) 城市平面控制测量坐标系统的选择应以投影长度变形值不大于技术设计或规范规定为原则，并根据城市地理位置和平均高程而定；

b) 核查起算点、控制网平差报告、技术设计及技术总结等相关技术资料，分析检查坐标系统、高程系统采用的正确性及合理性。

6.2.2.2 各类投影计算、使用参数的正确性采用以下方法进行检查：

a) 核查相关资料，分析检查各类投影计算或改算的正确性，使用参数的正确性及合理性；

b) 重新计算，比对分析检查各类投影计算或改算的正确性，使用参数的正确性及合理性；

c) 核查资料，分析检查各类起算点使用的正确性，如起算点录入的正确性，起算点的兼容性。

6.2.2.3 图根控制测量精度采用以下方法进行检查：

a) 依照规范、技术设计，核查观测数据等图根控制资料，分析检查图根控制测量观测质量的符合性（主要为观测条件的符合性和重要观测限差的符合性）。

b) 依照规范、技术设计，核查计算数据等图根控制资料，分析检查图根控制测量计算的正确性与符合性，必要时可重新计算，比对分析图根控制测量计算的正确性与符合性。

c) 图根控制测量精度一般采用核查分析、比对分析的方法进行检查，也可以利用 GPS-RTK 测量或全站仪导线测量方法通过高等级控制进行重合检测，要求如下：

 1) 埋石图根点重合检测比例一般不低于总图根点个数的 5%；

 2) 图根点重合检测的平面较差值、高程较差值应符合相关的技术规定；

 3) 图根点重合检测的点位中误差、高程中误差按等精度检测计算统计后，应符合图根点相对于图根起算点的点位中误差和高程中误差的规范规定。

d) 测量原图根点点间距离，与原图根点坐标反算值进行比对，其平面较差值应符合相关的技术指标，施测精度等级应高于原测精度等级。

6.2.2.4 图廓尺寸、格网尺寸的正确性采用以下方法进行检查：

a) 对于数字地形图，在计算机上将图廓点、首末公里网线、经纬网线交点的值按检索条件在屏幕上显示，并与理论值进行比对，检查差值的符合性；

b) 对于模拟地形图，使用一级线纹米尺量测图廓及格网尺寸，并与理论值进行比对，检查差值的符合性。

6.2.2.5 图上控制点间距离与坐标反算长度较差采用以下方法进行检查：

a) 对于数字地形图，采用读取坐标与已知坐标分别计算点间距离，并进行比对，检查差值的符合性；

b) 对于模拟地形图，采用图上量取距离与坐标反算长度比对的方法，检查差值的符合性。

6.2.3 **平面精度、高程精度**

6.2.3.1 实地检测方法如下所述：

a) 采用全站仪极坐标法或 GPS-RTK 测量方法，实地采集各要素特征数据，获取要素特征点的平面坐标和高程；

b) 采用加密桩点法，在立体模型下采集各要素特征数据，获取要素特征点的平面坐标和高程；

c) 利用更大比例尺地形图缩编，获取要素同名点的平面坐标，并进行比对，检测平面精度；

d) 居民地密集且道路狭窄，散点法不易实施的区域，采用钢（皮）尺或手持测距仪实地量取地物间的距离的方法，检查各类地物的平面相对位置精度；

e) 将采集的平面坐标展点上图，量取地形图上的同名点坐标，进行同名点坐标比对，计算坐标差，按图幅统计地形图平面绝对位置中误差；

f) 将采集的高程点高程值与图上同名高程注记点高程值进行比对，计算高程较差，按图幅统计地形图高程注记点高程中误差；

g) 将采集的高程点高程值与采用量取至最近距离相邻等高线进行内插推算的方式得出的高程值进行比对，计算高程较差，按图幅统计地形图等高线插求点高程中误差；

h） 将实地量取的地物间的距离，与地形图上同名距离进行比对，计算距离差值，按图幅统计地形图平面相对位置中误差。

6.2.3.2 检测控制要求如下所述：

a） 利用原测图根控制成果检测时，应对所需的图根点进行检测，检测按6.2.2.3的规定执行；

b） 当原测图根点不能满足检测需要时，应在等级控制点上布设检测控制点，并符合规范和技术设计的相关规定和技术指标；

c） 当采用加密桩点法时，应对其加密成果进行核查分析，若认定符合可直接利用，若认定不符合应重新进行布控；

d） 当利用更大比例尺地形图缩编获取坐标数据时，应核查是否为同一个坐标系统，否则不应采用该方法。

6.2.3.3 数据采集要求如下所述：

a） 野外数据采集前，应对样本图幅进行分析，掌握图幅各类要素的获取方式，重点针对交会及影像判调的要素进行检查。

b） 采用全站仪极坐标法采集数据时，应进行后视坐标和高程检核，其点位误差、高程误差应符合测站点相对于邻近图根点的精度要求。

c） 采用GPS-RTK方法采集数据时，测前、测后应与已知点坐标进行比对检核，其点位误差、高程误差应符合图根点相对于邻近图根起算点的精度要求。

d） 平面、高程检测点位置应分布均匀，要素覆盖全面。检测点(边)的数量视地物复杂程度、比例尺等具体情况确定，每幅图一般各选取20～50个，尽量按50个采集。

e） 平面绝对位置检测点应选取明显地物点。主要为明显地物的角隅点，独立地物点，线状地物交点、拐角点，面状地物拐角点等。

f） 同名高程注记点采集位置应尽量准确，当遇到难以准确判读的高程注记点时，应舍去该点。

g） 高程检测点应尽量选取明显地物点和地貌特征点，且尽量分布均匀，避免选取高程急剧变化处。

h） 高程注记点应着重选取山顶、鞍部、山脊、山脚、谷底、谷口、沟底、凹地、台地、河川湖池岸旁、水涯线上等重要地形特征点。

i） 城区内高程注记点应注重选取城区的街道中心线、街道交叉中心、建筑物墙基脚和相应的地面、管道检查井、桥面、广场、较大庭院内或空地上等地形地物特征点。

j） 当成图为航测法时，应重点对城区高层建筑物的角点，各种廊坊、飘楼、有房檐的房基角点进行平面精度的检查。

k） 当成图为航测法时，应检查外业高程实测的比例是否符合相关的技术要求。

l） 当成图为全野外法时，应重点对高层建筑的裙楼或平台上的建筑进行平面精度检查。

m） 当成图为全野外法时，应重点对山脊、沟谷、鞍部、凹地等地貌特征点进行高程精度的检查。

n） 当进行地物间距采集时，应对同一地物点进行多余边长的间距检查，以保证检验的可靠性。统计时，同一地物点相关检测边不能超过两条，检测边位置应分布均匀，要素覆盖全面，应选取明显地物点。主要为房屋边长、建筑物角点间距离、建筑物与独立地物间距离、独立地物间距离等。

6.2.3.4 精度统计要求如下所述：

a） 精度统计按单位成果进行，困难时可以适当扩大统计范围。

b） 当检测点(边)数量小于20时，以误差的算术平均值代替中误差；当数量大于等于20时，按中误差统计。

c） 高精度检测时，在允许中误差2倍以内(含2倍)的误差值均应参与数学精度统计；超过允许中误差2倍的误差视为粗差。

d） 同精度检测时，在允许中误差$2\sqrt{2}$倍以内(含$2\sqrt{2}$倍)的误差值均应参与数学精度统计；超过允

许中误差 $2\sqrt{2}$ 倍的误差视为粗差。

e） 当粗差率大于或等于5%时，判定精度不合格；当粗差率小于5%时，将每个粗差按其要素的重要性按地理精度扣分。

f） 中误差的计算按GB/T 24356—2009，4.3.5或4.3.6的规定执行。

6.2.3.5 对于接边精度，应对照相关要求与限差值，在图上获取要素几何位置接边错误的个数，采用核查分析、比对分析的方法，检查接边精度的符合性。

6.2.4 数据及结构正确性

数据及结构的正确性采用以下方法进行检查：

a） 利用人机交互的方式对照技术设计及相关引用规范，核查文件命名、数据组织和格式的正确性；

b） 对照技术设计及相关引用规范内容，逐层核查要素分层、用色以及要素属性代码的正确性；

c） 对照技术设计及相关引用规范内容，检查图形数据层设置的正确性，有无多余层、块；

d） 拼接相邻图幅，逐一核对接边要素属性的一致性；

e） 利用检查软件对具有逻辑关系的检查项进行批处理检查，但对检查出的错漏应进行分析确认，剔除伪错漏。

6.2.5 地理精度

6.2.5.1 野外巡视检查如下所述：

a） 核查各类地貌、地物要素表示是否完整、正确，地貌特征表示是否真实，是否充分表示出实地的地理特征；

b） 核查地物、地貌属性表示的正确性；

c） 核查各种名称注记是否表示完整、正确；

d） 检查地物要素、地貌要素综合取舍的合理性；

e） 当成图为航测法时应特别注意房檐改正及檐廊、飘楼的表示；

f） 当成图为全野外法或平板仪法时，应特别注意地貌形态、走势、地貌变换处的表示。

6.2.5.2 内业图面检查如下所述：

a） 内业检查地理要素间主次关系、取舍的正确性；

b） 内业检查测图控制点密度，高程注记点分布、密度及选点位置的符合性；

c） 内业检查图幅要素属性接边的正确性。

6.2.6 整饰质量

采用内业图面检查的方法对地形图的如下几个方面进行检查：

a） 图廓外整饰的内容、规格、位置的正确性；

b） 符号使用、配置的正确性；

c） 各种线划规格、文字注记的字体和字号的规范性；

d） 各要素关系的合理性，是否有重叠、压盖现象；

e） 各要素用色的正确性；

f） 高程注记点的取位、密度的符合性。

6.2.7 附件质量

6.2.7.1 资料的齐全性、装订规整性检查如下所述：

a） 对照项目设计、技术设计检查上交资料项的齐全性；

b） 查看各项上交成果资料，检查资料是否整洁，装订是否齐整；

c） 对照相关要求，检查技术总结、检查报告等文档资料的字体、排版等是否规范；

d） 对照相关要求，检查各项上交成果资料封面、格式、编号等是否符合技术设计要求。

6.2.7.2 资料内容的符合性、完整性检查如下所述：

a） 对照CH/T 1004，检查技术设计的符合性；

b) 对照CH/T 1001,核查技术总结内容项是否齐全;

c) 检查生产过程中技术问题处理情况,在技术总结中有无描述和说明,是否符合相关的技术标准、规范及技术设计要求;

d) 根据相关的技术标准、规范及技术设计要求,检查技术总结是否能真实客观反映整个生产的技术过程,以及结果分析的真实性和可靠性;

e) 检查数据处理资料、成果表、控制网图、图幅接合图、图历簿、技术总结、检查报告等资料的文字、表述、图表等方面正确性;

f) 查看检查资料中是否装订有与本册资料无关的内容;

g) 检查是否有资料清单,对照技术设计,检查清单内容完整性。

7 质量评定

7.1 单位成果质量评定

7.1.1 质量表征

单位成果质量水平以百分制表征。

7.1.2 质量元素与错漏分类

单位成果质量元素及权、错漏按GB/T 24356—2009,8.5.3的规定执行。

7.1.3 质量评分方法

按GB/T 24356—2009,5.4的规定执行。

7.1.4 单位成果质量评定

按GB/T 24356—2009,5.5的规定执行。

7.2 样本质量评定

按GB/T 24356—2009,6.4的规定执行。

7.3 批质量判定

7.3.1 批成果质量判定原则

批成果质量判定原则如下:

a) 当概查和详查均为合格时,判为批合格;否则,判为批不合格。

b) 若检验中未进行概查,只依据详查结果判定批质量。

7.3.2 最终检验批成果质量评定

按GB/T 24356—2009,6.5.1的规定执行。

7.3.3 批成果质量核定

按GB/T 24356—2009,6.5.2的规定执行。

8 检验报告编制

8.1 委托检验报告的内容、格式按GB/T 18316的规定执行。

8.2 监督检验报告的内容、格式按CH/T 1018的规定执行。

8.3 测绘单位按GB/T 24356、GB/T 18316的规定,编制检查报告。

8.4 当检验批划分为多个批次检验时,可编制同一报告。

9 资料整理

整理检验(查)报告、检查原始记录、检测数据等资料,按规定进行管理。

附　录　A
（资料性附录）
精度检测记录表格式

A.1　平面绝对位置精度检测记录表格式

平面绝对位置精度检测记录表格式见表 A.1。

表 A.1　平面绝对位置精度检测记录表

第____页共____页

项目名称：

比例尺：　图幅号：　高精度检测 □

检测方式：　单位：米　等精度检测 □

仪器名称、型号：　仪器编号：　得分：

序号	要素类型	检测坐标值		图上坐标值		差　值			备注
		X_1	Y_1	X_2	Y_2	dx	dy	ds	

备注：

检测点数量（个）：　粗差数量（个）：　粗差率（%）：

中误差允许值：±　统计中误差值：±

检查者：　日期：

复核者：　日期：

A.2 平面相对位置精度检测记录表格式

平面相对位置精度检测记录表格式见表 A.2。

表 A.2 平面相对位置精度检测记录表

第___页共___页

项目名称：									
图幅号：			单位：米				比例尺：		
仪器设备名称、型号：			仪器编号：				得分：		
序号	要素类型	实地距离	图上距离	差值	序号	要素类型	实地距离	图上距离	差值
备注：									
检测边数量(条)：					粗差数量(条)：			粗差率(%)：	
中误差允许值：±					统计中误差值：±				
检查者：					日期：				
复核者：					日期：				

A.3　高程精度检测记录表格式

高程精度检测记录表格式见表 A.3。

表 A.3　高程精度检测记录表

第____页共____页

项目名称：					
比例尺：		图幅号：		高精度检测 □	
检测方式：		单位：米		等精度检测 □	
仪器名称、型号：		仪器编号：		得分：	
序号	要素类型	检测高程值 H_1	图上高程值 H_2	差值 dh	备注
备注：					
检测点数量(个)：			粗差数量(个)：	粗差率(%)：	
中误差允许值：±			统计中误差值：±		
检查者：			日期：		
复核者：			日期：		

附　录　B
（资料性附录）
样本质量统计表格式

表 B.1　样本质量统计表

图号	数学精度(0.2)					地理精度(0.3)					数据及结构的正确性(0.2)					整饰质量(0.2)					附件质量(0.1)					单位成果质量得分	样本质量得分
	数学基础(0.2)	平面精度(0.4)		高程精度(0.4)	得分	错漏类别及数量				得分	错漏类别及数量				得分	错漏类别及数量				得分	错漏类别及数量				得分		
		绝对(0.5)	相对(0.5)			A	B	C	D		A	B	C	D		A	B	C	D		A	B	C	D			
备注：																											

参　考　文　献

［1］　国家测绘局．2009．关于印发测绘资质管理规定和测绘资质分级标准的通知［M］//国家测绘局文件汇编（2009 年）．北京：测绘出版社．

前 言

本标准由国家测绘局提出并归口。

本标准起草单位：四川省测绘产品质量监督检验站。

本标准主要起草人：余银普、曾衍伟、唐翼德、何文林、汤权、李东辉、王辉、华劼。

引 言

为保障高程控制测量成果质量检验工作的规范性和可靠性，提高测绘成果质量检验水平，在GB/T 24356的基础上对检验内容、方法等进行细化，制订本标准。

中华人民共和国测绘行业标准

CH/T 1021—2010

高程控制测量成果质量检验技术规程

Technical specifications for quality inspection and acceptance of vertical control surveying products

1 范围

本标准规定了高程控制测量成果检查验收工作的基本要求、工作流程、检验方法和质量评定方法。

本标准适用于按现行国家标准、行业标准生产的水准测量、三角高程测量及GNSS高程测量成果的质量检验。采用其他方式生产的高程控制测量成果也可参照本标准进行检验。

2 规范性引用文件

下列文件对于本文件的应用是必不可少的。凡是注日期的引用文件，仅注日期的版本适用于本文件。凡是不注日期的引用文件，其最新版本(包括所有的修改单)适用于本文件。

GB/T 18316　数字测绘成果质量检查与验收

GB/T 24356　测绘成果质量检查与验收

CH/T 1018　测绘成果质量监督抽查与数据认定规定

CH/T 1022　平面控制测量成果质量检验技术规程

3 基本要求

3.1　高程控制测量成果的质量元素、权重划分、错漏分类按GB/T 24356的相关规定执行。

3.2　批成果应由相同技术要求下生产的同一测区、同一等级单位成果的集合组成。

3.3　高程控制测量成果质量检验由详查和概查两部分组成。

3.3.1　详查内容包括：批成果数学精度、计算质量、点位整体布设情况、资料整饰质量和资料完整性，样本单位成果观测质量、选点质量和埋石质量。详查之外的内容、资料均属于概查范畴。

3.3.2　概查内容包括：样本点外控制点观测质量、选点质量和埋石质量。概查资料包括：样本点外的外业观测记录资料、观测数据、各类技术文档及成果资料。概查主要采用核查分析的方法进行。

3.4　质量问题应在检查意见记录表中进行记录，检验记录应整洁、清晰，质量问题应描述完整、指标明确，质量问题所属错漏类别应明确，格式参见CH/T 1022—2010附录C。

3.5　当检验批批量划分为多个批次检验时，各批次分别进行质量检验与质量判定。当各批次批成果质量均判定为合格时，该检验批成果质量判定为合格，否则为不合格。同一受检成果中包含不同类型高程控制测量成果时，应对不同类型成果分别进行质量检验及质量评定。

3.6　高程控制测量成果需要按照选埋、观测等工序进行检查时，可由各阶段成果组成检验批分别进行质量检验及质量评定。

3.7　检验使用仪器设备的精度指标应不低于规范及设计对仪器设备精度指标的要求。

4 工作流程

检验工作流程包括：检验前准备、抽样、成果质量检验(详查、概查)、质量评定、报告编制和资料整理，参见图1。

国家测绘局　2010-11-26 发布　　　　2011-01-01 实施

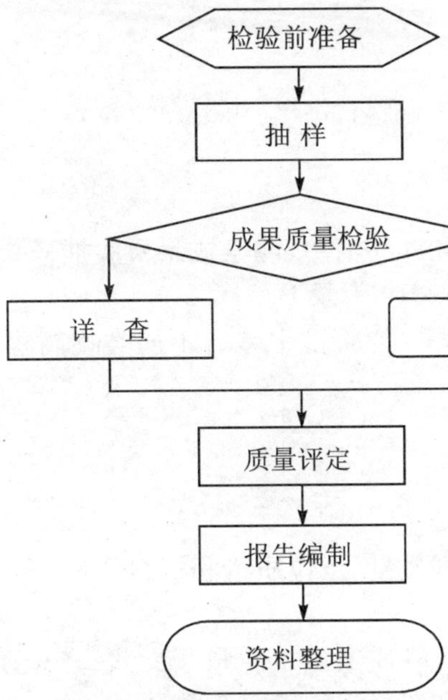

图 1 检验工作流程图

具体内容如下：

a) 检验前应收集项目设计、相关技术资料及标准，核查最终检查完成情况，明确检查内容及方法，准备检验物资，制订下一步工作计划。必要时，可根据需要编制检验方案，组织培训。

b) 抽样按 GB/T 24356—2009 第 6 章的规定执行。

c) 成果质量检验分为详查和概查，对样本进行详查，对样本外成果资料进行概查。

d) 质量评定、报告编制、资料整理按 GB/T 24356 及本规程相关要求执行。

5 抽样程序

5.1 单位成果总数确定

5.1.1 高程控制测量单位成果划分方式如下所述：

a) 以水准测量方式进行高程控制测量成果检验时，以测段为单位；按工序成果检验时，选埋工序以点为单位，观测工序以测段为单位。

b) 以三角高程方式进行高程控制测量成果检验时，以测段为单位；按工序成果检验时，选埋工序以点为单位，观测工序以测段为单位。

c) 以 GNSS 高程测量方式进行高程控制测量成果检验时，以点为单位。

5.1.2 依据项目相关技术文档及成果资料等，确定单位成果总数。

5.1.3 当成果中包括多个类型、等级的测绘成果时，应分别统计各类型、各等级单位成果总数。

5.2 成果批次、批量确定

当检验的单位成果总数大于等于 201 时，应划分检验批次。批次划分时应尽量保持控制网图形、环、线的相对结构完整，并考虑生产单位、生产方式、生产时间、地形类别等情况，应使批次数最小，各批次批量均匀。

5.3 样本量确定

5.3.1 按不同类型、等级分别抽取样本。

5.3.2 样本量的确定按 GB/T 24356 的相关规定执行。

5.4 抽样

5.4.1 抽样一般采用简单随机抽样方式，也可根据生产方式、生产时间、控制网、环线、路线的构成、地形类别等情况实施分层随机抽样，样本应分布均匀，样本资料应与上交的成果类型和数量一致。提取的样本资料包括：

——技术设计书、技术总结、检查报告；

——仪器检定和检校资料；

——控制网、环线、路线展点图；

——观测记录及数据、概算及平差计算资料；

——成果表、点之记、委托保管书；

——其他相关资料。

5.4.2　抽样应填写测绘成果检验抽样单和样品清单，测绘成果检验抽样单格式参见 CH/T 1022—2010 附录 A，样品清单格式参见 CH/T 1022—2010 附录 B。

5.4.3　当检验批划分为多个批次检验或同一检验批中包含不同类型高程控制测量成果时，对各批成果可同时进行抽样，填写同一抽样单。

6　检验内容及方法

6.1　质量元素

高程控制测量成果质量元素包括：数据质量、点位质量和资料质量。

6.2　质量子元素

数据质量包括数学精度、观测质量和计算质量三个质量子元素，点位质量包括选点质量和埋石质量两个质量子元素，资料质量包括整饰质量和资料完整性两个质量子元素。

6.3　水准测量成果

6.3.1　检验内容及方法

水准测量成果检验内容及方法见表 1。

表 1　水准测量成果检验内容及方法

质量子元素	检验内容		检验方法
数学精度	每千米偶然中误差的符合性		比对分析、核查分析、实地检测
	每千米全中误差的符合性		
	最弱点高程中误差的符合性		
	附合路线、环闭合差的符合性		
观测质量	仪器和标尺检验、检校的符合性	仪器、标尺类型与测量等级的符合性	核查分析
		仪器检验、检校项目的齐全性及正确性	
		水准标尺检验、检校项目的齐全性及正确性	
	观测条件、方法的符合性	观测条件的符合性	核查分析
		观测方法的正确性	
		间歇与检测方法的正确性	
		水准联测和接测方法的正确性	
	观测成果、记录的正确性	测站观测误差的符合性	核查分析、比对分析
		测段、区段、路线闭合差的符合性	
		成果取舍、重测的合理性和正确性	
		记录的规范性、划改的规范性	核查分析
		测站、测段数据计算的正确性	核查分析、比对分析
计算质量	起算数据的正确性	高程系统采用的正确性	核查分析
		起算点等级、个数及分布情况	
		起算点数据的正确性	
		起算点的兼容性	核查分析、比对分析
	数据处理的正确性	高差改正方法的正确性、齐全性	核查分析
		计算方法的正确性	
		计算结果的正确性	核查分析、比对分析
	验算项目的符合性	验算指标的符合性	核查分析、比对分析
		验算指标的齐全性	核查分析

表1 水准测量成果检验内容及方法 （续）

<table>
<tr><th>质量子元素</th><th colspan="2">检验内容</th><th>检验方法</th></tr>
<tr><td rowspan="16">选点质量</td><td rowspan="5">点位布设的合理性</td><td>网形结构的合理性</td><td rowspan="3">核查分析</td></tr>
<tr><td>点位密度的合理性</td></tr>
<tr><td>测段长度的符合性</td></tr>
<tr><td>区段长度的符合性</td><td>核查分析、比对分析</td></tr>
<tr><td>控制网、环线、路线图的完整性、正确性</td><td>核查分析</td></tr>
<tr><td rowspan="5">点位选择的符合性</td><td>观测条件的符合性</td><td rowspan="5">实地检查、核查分析</td></tr>
<tr><td>地质条件的符合性</td></tr>
<tr><td>稳定性条件的符合性</td></tr>
<tr><td>永久性条件的符合性</td></tr>
<tr><td>选点照片或影像资料的完整性、正确性</td></tr>
<tr><td rowspan="6">点之记内容的正确性</td><td>点名、点号的正确性</td><td rowspan="6">实地检查、核查分析</td></tr>
<tr><td>点位概略位置的准确性</td></tr>
<tr><td>点到相关方位物的距离的正确性</td></tr>
<tr><td>点位略图、交通路线图</td></tr>
<tr><td>接测图的正确性</td></tr>
<tr><td>点位说明的正确性</td></tr>
<tr><td rowspan="7">埋石质量</td><td colspan="2">埋石坑位的规范性和尺寸的符合性</td><td rowspan="7">实地检查、核查分析</td></tr>
<tr><td colspan="2">标石、标志类型、规格和预制的规整性</td></tr>
<tr><td colspan="2">标石的埋设和外部整饰的规范性</td></tr>
<tr><td colspan="2">水准点护井建造的规范性</td></tr>
<tr><td colspan="2">水准点标志盖、指示碑的规范性</td></tr>
<tr><td colspan="2">水准点埋石照片或影像资料的完整性、正确性</td></tr>
<tr><td colspan="2">委托保管手续、内容的齐全性和正确性</td></tr>
<tr><td rowspan="3">整饰质量</td><td colspan="2">资料装订的规整性</td><td rowspan="3">核查分析</td></tr>
<tr><td colspan="2">资料格式的规整性</td></tr>
<tr><td colspan="2">资料的正确性</td></tr>
<tr><td rowspan="3">资料完整性</td><td colspan="2">技术总结内容的完整性</td><td rowspan="3">核查分析</td></tr>
<tr><td colspan="2">检查报告内容的完整性</td></tr>
<tr><td colspan="2">成果资料的完整性</td></tr>
</table>

6.3.2 数学精度

6.3.2.1 检查方法

数学精度的检验一般采用比对分析和核查分析的方法，必要时可采用实地检测的方法。

6.3.2.2 比对分析

经过重新平差计算，统计出各项精度指标并与原成果进行比对，分析原成果精度指标的符合性。重新平差计算的方法及各项精度指标应符合规范及技术设计书要求。若重新计算统计结果与原成果较差均不大于规范及技术设计书要求，则认定成果精度符合规范及技术设计书要求，采用检验成果资料中的精度指标评定数学精度。

6.3.2.3 核查分析

分析观测数据资料、数据处理资料，分析观测数据、起算数据的正确性，检查计算过程各项改正是否符合要求，对照相关技术要求（合同、技术设计书、标准规范），对成果表、技术总结、检查报告等样本资料进行检查，认定原成果精度的符合性，采用检验成果资料中的精度指标评定数学精度。

6.3.2.4 实地检测

可用水准测量的方式进行，以不低于所检项目原测精度的技术要求和技术方法，对抽查的样本测段进行外业实地检测，要求如下：

a） 检测时，可对样本测段及项目使用起算点或认定可靠的其他相同基准的高等级点进行水准联测，平差计算出一套样本点高程(或测段高差)成果，将其与提交成果进行比较，分析是否存在粗差。

b） 若采用同精度检测，测段高差较差应不大于$\sqrt{2}$倍的限差要求；若采用高精度检测，测段高差较差应不大于规范及技术设计书规定的限差要求。若满足限差要求，则认定样本中没有粗差。

c） 以样本测段高差和原测高差进行比对，计算得出检测高差较差及中误差，以检验成果资料中的精度指标评定数学精度。

6.3.3 观测质量

6.3.3.1 仪器和标尺检验、检校的符合性

6.3.3.1.1 对于仪器、标尺类型与测量等级的符合性，应核查仪器、标尺的检定证书和项目技术文档资料，分析所使用仪器、标尺的类型、精度等级以及尺承等是否符合水准测量技术要求。

6.3.3.1.2 仪器检验、检校项目的齐全性及正确性采用以下方法进行检查：

a） 核查仪器检定资料，分析所使用的仪器是否经测绘行政主管部门认可的检验机构检验合格且在有效期内，精度是否满足规范要求；

b） 核查新使用仪器检校项目的齐全性、正确性；

c） 核查仪器作业前检校项目的齐全性、正确性；

d） 核查仪器 i 角的检校是否符合规范要求。

6.3.3.1.3 水准标尺检验、检校项目的齐全性及正确性采用以下方法进行检查：

a） 核查水准标尺检定资料，确认标尺是否在有效期内使用，各项指标是否满足规范要求；

b） 核查水准标尺测前、测后检验检定资料，分析水准标尺的使用是否符合规范要求。

6.3.3.2 观测条件、方法的符合性

6.3.3.2.1 观测条件的符合性采用以下方法进行检查：

a） 核查高程控制点的点之记等埋设资料，分析水准点观测与埋石间隔期是否满足规范要求；

b） 核查观测手簿中起止时间、气象记录，分析观测时气象条件是否符合规范要求；

c） 核查观测手簿、原始观测数据等资料，分析上、下午重站数比例是否符合规范要求。

6.3.3.2.2 观测方法的正确性采用以下方法进行检查：

a） 核查观测手簿、原始观测数据等资料，分析观测方法、程序等是否符合规定要求；

b） 核查观测手簿、原始观测数据等资料，分析成果的取舍、重测的合理性、正确性；

c） 核查观测手簿、原始观测数据、高差计算等资料，分析测段、区段、路线闭合差的符合性；

d） 使用工具软件或经过审批的检查软件导入全部原始数据进行重新计算、统计，比对分析测站限差，测段、区段、路线、环线闭合差的符合性。

6.3.3.2.3 对于间歇与检测方法的正确性，应核查观测手簿、原始观测数据等资料，分析观测间歇和水准点稳定性检测方法的正确性。

6.3.3.2.4 对于水准联测和接测方法的正确性，应核查观测手簿、原始观测数据等资料，分析对已有水准点和水准路线联测和接测方法的正确性。

6.3.3.3 观测成果、记录的正确性

6.3.3.3.1 测站观测误差的符合性采用以下方法进行检查：

a） 核查观测手簿、原始观测数据等资料，分析测站观测误差的符合性；

b） 重新计算各项观测误差并与原有结果进行比对，检查测站观测误差的符合性。

6.3.3.3.2 测段、区段、路线闭合差的符合性采用以下方法进行检查：

a） 核查观测手簿、原始观测数据等资料，分析测段、区段、路线闭合差的符合性；

b） 重新计算测段、区段、路线闭合差并与原有结果进行比对，检查测段、区段、路线闭合差的符合性。

6.3.3.3.3 成果取舍、重测的合理性和正确性采用以下方法进行检查：

a） 核查观测手簿、原始观测数据等资料，分析成果取舍、重测的合理性和正确性；

b） 重新计算测段、区段、路线高差和闭合差并与原有结果进行比较，分析成果取舍、重测的合理性和正确性。

6.3.3.3.4 记录的规范性、划改的规范性采用以下方法进行检查：

a) 核查电子记簿文档，分析记录格式是否规范、完整，提交数据格式是否符合要求；

b) 核查观测记录资料，分析记录内容是否完整、正确，是否存在连环涂改、划改数值尾数等数字划改、数字修约不规范的问题。

6.3.3.3.5 测站、测段数据计算的正确性采用以下方法进行检查：

a) 核查记录手簿、原始观测数据等资料，分析测站、测段数据计算的正确性；

b) 使用工具软件或经过审批的检查软件重新计算，比对分析测站、测段数据计算的方式及结果是否正确。

6.3.4 计算质量

6.3.4.1 起算数据的正确性

起算数据的正确性采用以下方法进行检查：

a) 核查项目技术设计书等技术文档资料，分析高程系统的采用是否符合要求。

b) 核查控制网图、技术总结等技术文档资料，分析起算点等级是否满足项目要求，起算点数量是否满足规范要求。

c) 核查控制网展点图等，分析起算点位置分布是否合理。

d) 核查平差资料，检查起算点数学基础是否与技术设计书要求一致，起算点数值录入是否正确。

e) 起算点的兼容性检查有核查分析、比对分析两种方法：

1) 核查分析：核查起算点资料(主要包括点之记、成果表等技术文档资料)，分析起算数据的兼容性。

2) 比对分析：采用空点法进行平差计算。将部分起算点作为已知点，其余点作为未知点计算其高程，将结果等与提供的起算数值进行比对分析，判断起算数据是否兼容。

6.3.4.2 数据处理的正确性

6.3.4.2.1 对于高差改正方法的正确性、齐全性，应核查水准测量外业高差及概略高程表、外业高差各项改正数计算资料、平差计算资料，分析计算中各项高差改正的齐全性、正确性。

6.3.4.2.2 计算方法的正确性采用以下方法进行检查：

a) 核查观测手簿与水准测量外业高差及概略高程表、外业高差各项改正数计算资料、平差计算资料，分析各项计算中观测数据录入是否完整、正确；

b) 核查平差计算资料，分析数据处理方法、精度统计方法和计算过程中数字取位、修约的符合性；

c) 核查项目技术设计书，分析平差计算后输出的内容是否符合要求。

6.3.4.2.3 计算结果的正确性采用以下方法进行检查：

a) 对单一环线、路线或控制网进行重新计算，比对分析原成果中高程、高差等计算结果的正确性；

b) 核查平差计算资料，分析每千米全中误差、每千米偶然中误差、环闭合差等技术指标统计结果是否正确。

6.3.4.3 验算项目的符合性

验算项目的符合性采用以下方法进行检查：

a) 核查成果资料中是否对每千米偶然中误差、每千米全中误差、环闭合差等技术指标进行了验算。

b) 采用核查分析、比对分析的方法检查验算项目计算的正确性：

1) 将成果资料中的计算公式与规范、技术设计书进行比较，分析计算公式的正确性；

2) 按照规范及技术设计书要求，重新计算各项指标，与成果资料中的数值进行比对，分析验算指标计算的正确性。

c) 依据规范及技术设计书，核查计算过程中各验算数据是否符合要求。

6.3.5 选点质量

6.3.5.1 点位布设的合理性采用以下方法进行检查：

a) 核查控制网布点图，分析点位分布、网形结构是否符合技术设计书要求，能否满足下一道工序

（联测、接测等）生产需求；

b） 核查控制网、环线、路线图、点之记等资料，分析点位密度、测段长度、区段长度是否符合规定要求；

c） 重新计算区段长度，与成果资料中的数值进行比对，分析区段长度的符合性；

d） 核查技术设计书、技术总结等文档资料，分析控制网、环线、路线图、旧点利用情况的完整性、正确性。

6.3.5.2 点位选择的符合性采用以下方法进行检查：

a） 实地检查点位所在地的地形、地貌、地物等情况，检查观测条件的符合性；

b） 实地检查点位所在地的地质条件、稳定性条件、永久性条件等是否符合规范要求；

c） 实地检测点位至铁路、公路等的距离是否符合规范要求；

d） 实地检查点位是否有利于其他测量手段进行扩展与联测；

e） 核查点之记、路线图、选点照片或影像等资料，分析点位选择的合理性。

6.3.5.3 点之记内容的正确性采用以下方法进行检查：

a） 核查分析点之记中点名、点号、等级、交通情况说明、施测单位、选埋人员及日期等信息填写是否完整。

b） 核查点之记中是否按规范要求填写了地质概要、构造背景及地形构造略图。

c） 点位概略坐标可采用核查分析与实地检测两种方法进行检查：

1） 核查分析：核查控制点成果表及相关技术文档中的坐标，分析点之记中点位概略坐标是否正确；

2） 实地检测：使用测量仪器，现场采集点位坐标，检查点之记中点位概略坐标是否正确。

d） 实地核查点位略图、地理名称、交通路线的正确性。

e） 核查点之记中点位略图、地理名称、交通路线等内容，分析点位说明的正确性。

f） 实地检测点到相关方位物的距离的正确性。

6.3.6 埋石质量

6.3.6.1 埋石坑位的规范性和尺寸的符合性

埋石坑位的规范性和尺寸的符合性采用以下方法进行检查：

a） 实地检查埋石坑位深度、坑口及坑底尺寸是否符合规范及技术设计书要求；

b） 核查分析点之记、埋石关键工序照片，对坑位的规范性和尺寸的符合性进行检查。

6.3.6.2 标石、标志类型、规格和预制的规整性

6.3.6.2.1 标石类型和标石埋设规格的规范性采用以下方法进行检查：

a） 实地检查标石类型、混凝土灌制是否正确，内置钢筋直径、标石尺寸是否符合规范要求；

b） 实地检查标石面是否平整，上、下标志的设置是否符合要求；

c） 核查点之记、埋石关键工序照片，分析标石尺寸等是否符合规范及技术设计书要求；

d） 在标石预制现场，实地检查标石模板规格的符合性；

e） 必要时，可实地开挖一定数量的水准点，量测标石尺寸，查看埋石深度的符合情况。

6.3.6.2.2 标志类型、规格的正确性采用以下方法进行检查：

a） 标石制作过程中，实地检测标志材质是否坚硬，规格是否符合规范及技术设计书要求；

b） 实地检查标志是否凸起、光滑，水准点作为平面控制点时查看是否刻有中心位置；

c） 标石制作过程中，实地检测标志安置是否规范；

d） 核查标志安置照片，检查安置是否平直、端正，标志中心刻画是否明显。

6.3.6.3 标石的埋设和外部整饰的规范性

标石的埋设和外部整饰的规范性采用以下方法进行检查：

a） 实地检查标石顶面至地面的埋设深度、标识注记的字头朝向等内容，检查标石埋设的规范性；

b） 实地检查标石表面是否压印了控制点类级、埋设年代等文字信息；

c） 实地检查护框规格是否符合规范及技术设计书要求；

d） 实地检查荒漠或平原不易寻找的控制点附近是否埋设有指示牌，规格是否符合相关规定要求；

e） 核查点之记、标石照片或影像资料等，分析标石外部整饰规整性是否符合要求；

f） 实地开挖检查，对 6.3.6.1、6.3.6.2、6.3.6.3 的检查内容进行直接验证。开挖检查时，一般只开挖水准点标石的顶面，确有必要时才开挖标石的一个侧面。开挖过程一定要小心谨慎，切忌造成标石松动而破坏点位的稳定性。开挖检查一定要回填、夯实点位。

6.3.6.4 水准点护井建造的规范性

实地检查或核查点之记、点位照片或影像资料等，分析、检查水准点护井建造的规范性。

6.3.6.5 水准点标志盖、指示碑的规范性

实地检查或核查点之记、点位照片或影像资料等，分析、检查水准点水准点标志盖、指示碑的规范性。

6.3.6.6 水准点埋石照片或影像资料的完整性、正确性

核查点之记、点位埋石过程照片或影像资料等，分析水准点埋石照片或影像资料的完整性、正确性、规范性。

6.3.6.7 委托保管手续、内容的齐全性和正确性

核查控制点托管书及批准征用土地文件的资料，检查托管手续是否按照要求进行了办理。

6.3.7 整饰质量

6.3.7.1 资料装订的规整性采用以下方法进行检查：

a) 核查分析各项上交成果资料，检查资料是否整洁，装订是否齐整；

b) 核查分析资料中是否装订有与本册资料无关的内容。

6.3.7.2 资料格式的规整性采用以下方法进行检查：

a) 核查技术设计，检查各项上交成果资料封面、格式、编号等是否符合设计要求；

b) 核查技术总结、检查报告等成果资料，检查其字体、排版等是否规范要求。

6.3.7.3 资料的正确性采用以下方法进行检查：

a) 核查水准测量外业高差及概略高程表、外业高差各项改正数计算资料、平差计算资料、成果表、点之记、控制网图、技术总结、检查报告等成果资料，检查文字、图表等是否存错漏；

b) 核查分析电子文档数据格式的正确性、内容的完整性，检查其与纸质成果的一致性。

6.3.8 资料完整性

6.3.8.1 技术总结内容的完整性采用以下方法进行检查：

a) 核查技术总结，检查内容项是否齐全；

b) 核查生产过程中技术问题处理情况，检查是否在技术总结中进行了说明；

c) 核查技术设计书及有关技术变更文件，分析技术总结中技术问题的处理是否符合规范及技术设计书要求；

d) 核查技术总结，分析是否真实客观反映整个测绘过程，结果分析是否真实可靠。

6.3.8.2 对于检查报告内容的完整性，应核查检查报告的内容是否齐全，分析是否符合 GB/T 18316 的相关规定。

6.3.8.3 成果资料的完整性采用以下方法进行检查：

a) 核查是否有资料清单，分析其与技术设计书内容的一致性、完整性；

b) 核查资料清单，检查提交的成果资料是否齐全。

6.4 三角高程测量成果

6.4.1 检验内容及方法

三角高程测量成果检验内容及方法见表 2。

表 2 三角高程测量成果检验内容及方法

质量子元素	检验内容	检验方法
数学精度	每千米偶然中误差的符合性	比对分析、核查分析、实地检测
	每千米全中误差的符合性	
	相对于起算点的最弱点高程中误差的符合性	
	三角高程附合或环形闭合差的符合性	

表 2　三角高程测量成果检验内容及方法　（续）

<table>
<tr><th>质量子元素</th><th colspan="2">检验内容</th><th>检验方法</th></tr>
<tr><td rowspan="13">观测质量</td><td rowspan="2">仪器检验、检校的符合性</td><td>仪器类型与测量等级的符合性</td><td rowspan="2">核查分析</td></tr>
<tr><td>仪器检验、检校项目的齐全性及正确性</td></tr>
<tr><td rowspan="6">观测条件、方法的符合性</td><td>观测条件选择的正确性、合理性</td><td rowspan="6">核查分析</td></tr>
<tr><td>垂直角观测方法的正确性</td></tr>
<tr><td>电磁波测距方法的正确性</td></tr>
<tr><td>测站高测定方法的正确性</td></tr>
<tr><td>觇标高测定方法的正确性</td></tr>
<tr><td>对已有高程点或路线联测和接测方法的正确性</td></tr>
<tr><td rowspan="5">观测成果、记录的正确性</td><td>测站观测误差的符合性</td><td rowspan="3">核查分析、比对分析</td></tr>
<tr><td>对向观测高差较差的符合性</td></tr>
<tr><td>成果取舍、重测的合理性和正确性</td></tr>
<tr><td>记录的规范性、划改的规范性</td><td>核查分析</td></tr>
<tr><td>测站数据计算的正确性</td><td>核查分析、比对分析</td></tr>
<tr><td rowspan="8">计算质量</td><td rowspan="3">起算数据的正确性</td><td>高程系统采用的正确性</td><td rowspan="3">核查分析</td></tr>
<tr><td>起讫点等级、个数及分布情况</td></tr>
<tr><td>起讫点数据的正确性</td></tr>
<tr><td rowspan="3">数据处理的正确性</td><td>高差改正方法的正确性、齐全性</td><td rowspan="2">核查分析</td></tr>
<tr><td>计算方法的正确性</td></tr>
<tr><td>计算结果的正确性</td><td>核查分析、比对分析</td></tr>
<tr><td rowspan="2">验算项目的符合性</td><td>验算指标的符合性</td><td>核查分析、比对分析</td></tr>
<tr><td>验算指标的齐全性</td><td>核查分析</td></tr>
<tr><td rowspan="14">选点质量</td><td rowspan="4">点位布设的合理性</td><td>网形结构的合理性</td><td rowspan="4">核查分析</td></tr>
<tr><td>点位密度的合理性</td></tr>
<tr><td>边长、路线长度的符合性</td></tr>
<tr><td>控制点展点图的完整性、正确性</td></tr>
<tr><td rowspan="5">点位选择的符合性</td><td>观测条件的符合性</td><td rowspan="4">实地检查、核查分析</td></tr>
<tr><td>地质条件的符合性</td></tr>
<tr><td>稳定性条件的符合性</td></tr>
<tr><td>永久性条件的符合性</td></tr>
<tr><td>选点照片或影像资料的完整性、正确性</td><td>实地检查、核查分析</td></tr>
<tr><td rowspan="5">点之记内容的正确性</td><td>点名、点号的正确性</td><td rowspan="5">实地检查、核查分析</td></tr>
<tr><td>点位概略位置的准确性</td></tr>
<tr><td>点到相关方位物的距离的正确性</td></tr>
<tr><td>点位略图、交通路线图的正确性</td></tr>
<tr><td>点位说明的正确性</td></tr>
<tr><td rowspan="4">埋石质量</td><td colspan="2">标石、标志类型、规格和预制的规整性</td><td rowspan="4">实地检查、核查分析</td></tr>
<tr><td colspan="2">标石的埋设和外部整饰的规范性</td></tr>
<tr><td colspan="2">埋石照片或影像资料的完整性、正确性</td></tr>
<tr><td colspan="2">委托保管手续、内容的齐全性和正确性</td></tr>
<tr><td rowspan="3">整饰质量</td><td colspan="2">资料装订的规整性</td><td rowspan="3">核查分析</td></tr>
<tr><td colspan="2">资料格式的规整性</td></tr>
<tr><td colspan="2">资料的正确性</td></tr>
<tr><td rowspan="3">资料完整性</td><td colspan="2">技术总结内容的完整性</td><td rowspan="3">核查分析</td></tr>
<tr><td colspan="2">检查报告内容的完整性</td></tr>
<tr><td colspan="2">成果资料的完整性</td></tr>
</table>

6.4.2 **数学精度**

检验方法按6.3.2的规定执行。实地检测可用水准测量、三角高程测量等方式进行。

6.4.3 **观测质量**

6.4.3.1 **仪器检验、检校的符合性**

6.4.3.1.1 对于仪器类型与测量等级的符合性,应核查仪器检定证书和项目技术文档资料,分析所使用的仪器类型、精度等级是否符合三角高程测量技术要求。

6.4.3.1.2 仪器检验、检校项目的齐全性及正确性采用以下方法进行检查:

a) 核查仪器检定证书等资料,检查仪器是否在检定有效期内使用;

b) 核查仪器检定证书及检校资料,检查仪器检验、检校项目是否齐全;

c) 核查仪器检校记录,分析检校方法是否正确,是否符合规范要求。

6.4.3.2 **观测条件、方法的符合性**

6.4.3.2.1 对于观测条件选择的正确性、合理性,应核查观测手簿、原始数据资料,分析垂直角观测、电磁波测距条件选择的正确性、合理性。

6.4.3.2.2 垂直角观测方法的正确性采用以下方法进行检查:

a) 核查观测手簿,分析垂直角观测时段是否符合要求;

b) 核查观测手簿,分析垂直角观测测回数是否符合规范及技术设计书要求;

c) 核查观测手簿,检查垂直角是否进行了对向观测,观测是否及时;

d) 核查观测手簿,检查垂直角大小是否超过测量规定范围。

6.4.3.2.3 电磁波测距方法的正确性采用以下方法进行检查:

a) 核查观测手簿,分析气象数据的记录是否齐全、观测时间是否符合规定;

b) 核查观测手簿,分析采用垂直角计算平距时,垂直角的观测方法是否正确;

c) 核查观测手簿,分析电磁波测距测回数是否符合规范及技术设计书要求;

d) 核查观测手簿,检查测距边是否进行了对向观测,观测是否及时;

e) 核查观测手簿,检查观测边长度是否在规定范围以内。

6.4.3.2.4 测站高测定方法的正确性采用以下方法进行检查:

a) 核查观测记录等资料,分析测站高的测定方法是否符合规范及技术设计书要求;

b) 核查观测记录等资料,分析测站高的测定位置是否符合规范及技术设计书要求。

6.4.3.2.5 觇标高测定方法的正确性采用以下方法进行检查:

a) 核查观测记录等资料,分析觇标高的测定方法是否符合规范及技术设计书要求;

b) 核查观测记录等资料,分析觇标高的测定位置是否符合规范及技术设计书要求。

6.4.3.2.6 关于对已有高程点或路线联测和接测方法的正确性,应核查观测记录手簿、原始观测数据、控制网展点图、路线图等资料,分析对已有高程点或路线联测和接测方法的正确性。

6.4.3.3 **观测成果、记录的正确性**

6.4.3.3.1 测站观测误差的符合性采用以下方法进行检查:

a) 核查观测手簿、原始观测数据,检查垂直角观测误差是否超限,检查项目包括指标差较差、测回较差等;

b) 核查观测手簿、原始观测数据,分析测距时气象数据记录的正确性、合理性,检查一测回读数较差、单程各测回较差、往返测距较差等是否超限。

6.4.3.3.2 对于对向观测高差较差的符合性,应核查观测手簿、原始观测数据、观测计算等资料,分析对向观测高差较差的符合性。

6.4.3.3.3 对于成果取舍、重测的合理性和正确性,应核查观测手簿、原始观测数据、观测计算等资料,分析垂直角观测和距离测量过程中超限的测回是否按规范进行了重测,分析重测数大于规定比例的测站是否进行了全点重测,分析对向观测高差较差超限的测站是否按规范进行了重测。

6.4.3.3.4 对于记录的规范性、划改的规范性,应核查观测记录资料,分析记录内容是否完整、正确,检查垂直角、距离、测站高、觇标高是否存在连环涂改、划改数值尾数等数字划改、数字修约的不规范问题。

6.4.3.3.5 对于测站数据计算的正确性，应核查观测记录手簿、原始观测数据等资料，分析垂直角、距离等观测结果计算的正确性。

6.4.4 计算质量

6.4.4.1 起算数据的正确性

6.4.4.1.1 高程系统采用的正确性

核查项目技术设计书、高程起算点资料等，分析高程系统的采用是否符合要求。

6.4.4.1.2 起讫点等级、个数及分布情况

核查控制网展点图、技术设计等技术文档资料，分析起讫点等级是否满足项目要求，起讫点数量、分布是否满足规范要求。

6.4.4.1.3 起讫点数据的正确性

核查已知高程点成果和平差资料，分析起讫点高程数值录入是否正确。

6.4.4.2 数据处理的正确性

6.4.4.2.1 对于高差改正方法的正确性、齐全性，应核查观测手簿、原始观测数据与计算资料，分析计算中地球曲率和折光差等项改正的齐全性、正确性。

6.4.4.2.2 计算方法的正确性采用以下方法进行检查：

a) 核查观测手簿、原始观测数据与平差计算资料，分析平差计算时各项观测数据录入是否完整、正确；
b) 核查平差计算资料，分析数据处理方法、精度统计方法和计算过程中数字取位、修约的符合性；
c) 核查项目技术设计书，分析平差计算后输出的内容是否符合要求。

6.4.4.2.3 计算结果的正确性采用以下方法进行检查：

a) 对起讫点为已知高程点的单一路线、环线或控制网进行重新计算，比对分析原成果中高程、高差等计算结果的正确性；
b) 核查平差计算资料，分析每千米全中误差、每千米偶然中误差、环闭合差等技术指标统计结果是否正确。

6.4.4.3 验算项目的符合性

验算项目的符合性采用以下方法进行检查：

a) 核查成果资料中是否对每千米全中误差、每千米偶然中误差、环闭合差等技术指标进行了验算。
b) 核查平差计算资料中的高差中数是否由对向观测所求得，闭合环线或附合路线的高程闭合差是否进行了验算。
c) 核查平差计算资料中是否对由两个单方向算得的高程不符值及由对向观测所求得高差较差进行了验算。
d) 采用核查分析、比对分析的方法检查验算项目计算方法的正确性：
   1) 将成果资料中的计算公式与规范、技术设计书进行比较，核实计算公式的正确性；
   2) 按照规范及技术设计书要求，重新计算各项指标，与成果资料中的数值进行比对分析，检查验算指标计算的正确性。
e) 依据规范及技术设计书，核查计算过程中各验算数据是否符合要求。

6.4.5 选点质量

6.4.5.1 点位布设的合理性采用以下方法进行检查：

a) 核查项目技术设计书等技术文档资料，结合测区概况和各等级控制点布网情况，分析网形结构的合理性；
b) 核查技术设计书、技术总结等文档资料，分析控制网、环线、路线图、已有高程点利用的完整性、正确性；
c) 核查控制点网图、技术总结等相关资料，分析测距边长、路线长度、起算点分布及点位情况等是否符合规范及技术设计书要求；

d） 核查控制点网图、路线图，分析三角高程网中任一点与最近高程起算点的最多间隔边数是否符合要求；

e） 使用控制点平面坐标重新展点，比对检查点位分布、相关位置是否正确。

6.4.5.2 点位选择的符合性采用以下方法进行检查：

a） 实地检查地质、地理条件是否有利于点位稳定，有利于保护；

b） 实地检查控制点是否有利于采用其他测量手段进行扩展与联测；

c） 核查点之记、路线图、选点照片或影像等资料，分析点位选择的合理性。

6.4.5.3 点之记内容的正确性采用以下方法进行检查：

a） 核查分析点之记中点名、点号、等级、交通情况说明、施测单位、选埋人员及日期等信息填写是否完整。

b） 点位概略坐标可采用实地检测与核查分析两种方法进行检查：

1） 实地检测：使用测量仪器，现场采集点位坐标，检查点之记中点位概略坐标是否正确；

2） 核查分析：核查控制点成果表及相关技术文档中的坐标，分析点之记中点位概略坐标是否正确。

c） 实地核查点位略图、地理名称、交通路线的正确性。

d） 核查点之记中点位略图、地理名称、交通路线等内容，分析点位说明的正确性。

e） 实地检查点到相关方位物的距离的正确性和点位说明的正确性。

f） 实地检查标石、标志类型、觇标类型等记录是否与点位实地情况相符。

6.4.6 埋石质量

6.4.6.1 标石、标志类型、规格和预制的规整性

6.4.6.1.1 标石类型和标石埋设规格的规范性采用以下方法进行检查：

a） 实地检查标石类型、混凝土灌制是否正确，标石尺寸是否符合规范要求；

b） 实地检查标石面是否平整，标志的设置是否符合要求；

c） 核查点之记、埋石关键工序照片，分析标石尺寸等是否符合规范及技术设计书要求；

d） 到批量生产标石现场，实地检测标石模板规格的符合性。

6.4.6.1.2 标志类型、规格的正确性采用以下方法进行检查：

a） 实地检查标志材质是否坚硬、规格、安置是否符合规范及技术设计书要求。

b） 实地检查标志是否凸起、光滑。与平面控制点共用时，应查看是否刻有中心位置。

c） 核查标志安置照片，分析安置是否平直、端正，标志中心刻画是否明显。

6.4.6.2 标石的埋设和外部整饰的规范性

标石的埋设和外部整饰的规范性采用以下方法进行检查：

a） 实地检查标石顶面至地面的埋设深度、标石埋设的规范性；

b） 实地检查标石表面是否压印了控制点类级、埋设年代等文字信息；

c） 核查点之记、埋石照片或影像资料等，分析标石的埋设和外部整饰的规范性。

6.4.6.3 埋石照片或影像资料的完整、正确性

核查点之记、埋石照片或影像资料等，分析埋石照片或影像资料的完整、正确性。

6.4.6.4 委托保管手续、内容的齐全性和正确性

核查控制点托管书，检查托管手续是否按要求进行了办理。

6.4.7 整饰质量

6.4.7.1 资料装订的规整性采用以下方法进行检查：

a） 核查分析各项上交成果资料，检查资料是否整洁，装订是否齐整；

b） 核查分析资料中是否装订有与本册资料无关的内容。

6.4.7.2 资料格式的规整性采用以下方法进行检查：

a） 核查技术设计，分析各项上交成果资料封面、格式、编号等是否符合设计要求；

b） 核查技术总结、检查报告等成果资料，分析其字体、排版等是否符合规范要求。

6.4.7.3 资料的正确性采用以下方法进行检查：

a） 核查技术总结、检查报告、数据处理资料、成果表、点之记、控制网图等成果资料，分析文字、图表等是否存在错、漏；

b） 核查分析电子文档数据格式的正确性、内容的完整性，检查其与纸质成果的一致性。

6.4.8　资料完整性

按 6.3.8 的要求进行检查。

6.5　GNSS 高程测量成果

6.5.1　检验内容及方法

GNSS 高程测量成果检验内容及方法见表 3。

表 3　GNSS 高程测量成果检验内容及方法

<table>
<tr><th>质量子元素</th><th colspan="2">检验内容</th><th>检验方法</th></tr>
<tr><td rowspan="3">数学精度</td><td colspan="2">相对于起算点的最弱点高程中误差的符合性</td><td rowspan="3">比对分析、核查分析、实地检测</td></tr>
<tr><td colspan="2">GNSS 高程精度的符合性</td></tr>
<tr><td colspan="2">已知点拟合残差的符合性</td></tr>
<tr><td rowspan="15">观测质量</td><td rowspan="3">仪器检验、检校的符合性</td><td>仪器类型与测量等级的符合性</td><td rowspan="3">核查分析</td></tr>
<tr><td>仪器检验、检校项目的齐全性及正确性</td></tr>
<tr><td>不同类型接收机联合作业时，精度比对测试结果是否满足规范及技术设计书要求</td></tr>
<tr><td rowspan="6">观测条件、方法的符合性</td><td>观测条件的符合性</td><td rowspan="6">核查分析</td></tr>
<tr><td>观测方法的正确性</td></tr>
<tr><td>多路径效应的规范性和正确性</td></tr>
<tr><td>天线高测定方法的正确性</td></tr>
<tr><td>观测时段数的符合性</td></tr>
<tr><td>拟合高程联测点数量、分布地点间距的符合性</td></tr>
<tr><td rowspan="6">观测成果、记录的正确性</td><td>有效观测卫星总数、时段中任一卫星有效观测时间、时段长度、数据采样间隔、卫星高度角、PDOP 值、钟漂等的符合性</td><td rowspan="2">核查分析</td></tr>
<tr><td>成果取舍、重测的正确性、合理性</td></tr>
<tr><td>记录的规范性、划改的规范性</td><td rowspan="4">核查分析</td></tr>
<tr><td>记录、注记内容的完整性</td></tr>
<tr><td>观测数据格式的符合性、内容的完整性</td></tr>
<tr><td>检测点数量、分布和高差较差的符合性</td></tr>
<tr><td rowspan="12">计算质量</td><td rowspan="4">起算数据的正确性</td><td>高程系统采用的正确性</td><td rowspan="3">核查分析</td></tr>
<tr><td>已知高程点等级、个数及分布情况</td></tr>
<tr><td>已知高程点数据的正确性</td></tr>
<tr><td>已知高程点的兼容性、不合格点剔除的合理性</td><td>核查分析、比对分析</td></tr>
<tr><td rowspan="6">数据处理的正确性</td><td>高程拟合模型选取的合理性</td><td rowspan="5">核查分析</td></tr>
<tr><td>对拟合高程模型优化的正确性和合理性</td></tr>
<tr><td>重力大地水准面模型或资料利用的正确性、合理性</td></tr>
<tr><td>高程点计算范围与拟合高程模型覆盖范围的符合性</td></tr>
<tr><td>计算方法的正确性</td></tr>
<tr><td>计算结果的正确性</td><td>核查分析、比对分析</td></tr>
<tr><td rowspan="2">验算项目的符合性</td><td>验算指标的符合性</td><td>核查分析、比对分析</td></tr>
<tr><td>验算指标的齐全性</td><td>核查分析</td></tr>
</table>

表 3　GNSS 高程测量成果检验内容及方法　（续）

质量子元素	检验内容		检验方法
选点质量	点位布设的合理性	点位布设和密度是否利于扩展和联测	核查分析
		平均边长的符合性	
		起算点的分布及点位情况	
	点位选择的符合性	观测条件的符合性	实地检查、核查分析
		地质条件的符合性	
		稳定性条件的符合性	
		永久性条件的符合性	
		选点照片或影像资料的完整性、正确性	
	点之记内容的完整性、正确性	点名、点号的正确性	实地检查、核查分析
		点位概略位置的准确性	
		点到相关方位物的距离的正确性	
		点位略图、交通路线图、环视图与实地的符合性	
		点位说明的正确性	
埋石质量	标石、标志类型、规格和预制的规整性		实地检查、核查分析
	标石的埋设和外部整饰的规范性		
	埋石照片或影像资料的完整性、正确性		
	委托保管手续内容的齐全性、正确性		
整饰质量	资料装订的规整性		核查分析
	资料格式的规整性		
	资料的正确性		
资料完整性	技术总结内容的完整性		核查分析
	检查报告内容的完整性		
	成果资料的完整性		

6.5.2　数学精度

6.5.2.1　检验方法

数学精度的检验一般采用比对分析或核查分析的方法，必要时可采用实地检测的方法。

6.5.2.2　比对分析

按 6.3.2.2 的要求进行检查。

6.5.2.3　核查分析

按 6.3.2.3 的要求进行检查。

6.5.2.4　实地检测

可用水准测量、三角高程测量、GNSS 高程测量等方法进行，以不低于所检项目原测精度的技术要求，实地对抽查的样本单位成果进行检测。要求如下：

a）检测时，可对样本点及项目使用起算点或认定可靠的其他相同基准的高等级点进行联测，平差计算出一套样本点高程成果，将其与提交成果进行比较，分析是否存在粗差；

b）若采用同精度检测且高程较差不大于$\sqrt{2}$倍规范及设计限差要求，或者采用高精度检测且高程较差不大于规范及设计限差要求，则认定样本中没有粗差；

c）以检验成果资料中的精度指标评定数学精度。

6.5.3　观测质量

6.5.3.1　仪器检验、检校的符合性

6.5.3.1.1　对于仪器类型与测量等级的符合性，应核查仪器检定证书和项目技术文档资料，分析所使用的仪器类型、精度等级是否符合 GNSS 高程测量技术要求。

6.5.3.1.2 仪器检验、检校项目的齐全性及正确性采用以下方法进行检查：

a) 核查仪器检定证书等资料，分析仪器是否在检定有效期内使用；

b) 核查仪器检定证书及检校资料，分析仪器检验、检校项目的齐全性；

c) 核查仪器检校记录，分析检校方法是否正确，是否符合规范要求。

6.5.3.1.3 核查仪器比对资料，分析不同类型接收机联合作业时，精度比对测试结果是否满足规范及技术设计书要求。

6.5.3.2 **观测条件、方法的符合性**

6.5.3.2.1 观测条件的符合性采用以下方法进行检查：

a) 核查点之记等控制点埋设资料，分析GNSS高程测量点观测与埋石间隔期是否满足技术要求；

b) 核查GNSS测量观测手簿、原始观测数据等资料，分析起止时间、气象条件是否符合规范及技术设计书要求。

6.5.3.2.2 观测方法的正确性采用以下方法进行检查：

a) 核查GNSS测量观测手簿、原始观测数据等资料，分析观测方案、程序等是否符合规定要求；

b) 核查GNSS测量观测手簿、原始观测数据，分析有效同步观测时段长度、时段数、重站率、卫星截止高度角设置、采样间隔是否符合规范及技术设计书要求。

6.5.3.2.3 对于多路径效应的规范性和正确性，应核查技术设计书和相关技术文档，若对多路径效应值有要求，应对其量值大小进行分析或使用软件对相关参数进行检查。

6.5.3.2.4 对于天线高测定方法的正确性，应核查GNSS测量观测手簿、原始观测数据等资料，分析天线高量取次数、量测方式等是否符合规定要求。

6.5.3.2.5 对于观测时段数的符合性，应核查GNSS测量观测手簿、原始观测数据等资料，使用软件导入全部原始数据，分析同步观测时段数等是否符合规范及设计要求，统计观测时段数是否符合要求。

6.5.3.2.6 对于拟合高程联测点数量、分布地点间距的符合性，应核查技术设计书等技术文档资料，分析拟合高程联测点数量、分布、点间距的符合性。

6.5.3.3 **观测成果、记录的正确性**

观测成果、记录的正确性采用以下方法进行检查：

a) 核查GNSS测量观测手簿和RINEX格式数据记录信息，检查观测者、观测单位、接收机类型及编号，天线类型编号、点名、点号、天线高，开关机时间等内容是否一致；

b) 核查观测记录、计算资料，分析记录、计算内容是否完整、正确，是否存在连环涂改、划改数值尾数及数字划改、数字修约不规范的问题；

c) 核查GNSS测量观测手簿、原始观测数据，检查是否对观测时间等指标不符合规范及技术设计书要求的数据进行了补测；

d) 核查计算资料，检查是否对环闭合差超限的一组观测数据进行了重测，采用的数据是否满足环闭合差精度要求；

e) 使用软件导入原始观测数据，检查同步观测接收机数或同步观测时段数等是否符合规范及设计要求，统计观测时段数是否符合要求；

f) 核查电子记录手簿，查看记录格式是否规范、完整；

g) 核查GNSS测量观测手簿和观测数据，分析提交数据格式是否符合要求；

h) 核查技术设计书等技术文档资料，分析检测点数量、分布和高差较差是否符合规定要求。

6.5.4 **计算质量**

6.5.4.1 **起算数据的正确性**

6.5.4.1.1 **高程系统采用的正确性**

核查项目技术设计书、联测水准点高程系统资料等，分析高程系统的采用是否符合要求。

6.5.4.1.2 **已知高程点等级、个数及分布情况**

核查控制网展点图、技术设计等技术文档资料，分析已知高程点等级是否满足项目要求，已知高程点数量、分布是否满足规范要求。

6.5.4.1.3 **已知高程点数据的正确性**

核查已知高程点成果和拟合计算资料，分析起算点高程数值录入是否正确。

6.5.4.1.4 **已知高程点的兼容性、不合格点剔除的合理性**

已知高程点的兼容性检查有核查分析、比对分析两种方法：

a) 核查分析：核查起算点资料（主要包括已知高程点的点之记、成果表等技术文档资料），分析起算数据兼容性；

b) 比对分析：采用空点法进行平差计算。将部分起算点作为已知点，其余点作为未知点计算其高程，将结果等与提供的起算数值进行比对，分析起算数据是否兼容，不合格点的剔除是否合理。

6.5.4.2 **数据处理的正确性**

6.5.4.2.1 **高程拟合模型选取的合理性**

核查技术设计书等技术文档资料、平差计算资料，分析高程拟合模型（平面拟合模型、曲面拟合模型等）选取的合理性。

6.5.4.2.2 **对拟合高程模型优化的正确性和合理性**

核查技术设计书等技术文档资料、平差计算资料，分析对拟合高程模型优化的正确性和合理性。

6.5.4.2.3 **重力大地水准面模型或资料利用的正确性、合理性**

核查技术设计书等技术文档资料、平差计算资料，分析重力大地水准面模型或资料利用的正确性、合理性。

6.5.4.2.4 **高程点计算范围与拟合高程模型覆盖范围的符合性**

核查技术设计书等技术文档资料、平差计算资料，分析高程点计算范围与拟合高程模型覆盖范围的符合性。

6.5.4.2.5 **计算方法的正确性**

计算方法的正确性采用以下方法进行检查：

a) 核查技术设计书等技术文档资料、平差计算资料，分析计算方法的正确性；

b) 核查平差计算资料，分析项目中数学基础及解算参数设置是否正确。

6.5.4.2.6 **计算结果的正确性**

计算结果的正确性采用以下方法进行检查：

a) 核查平差计算资料，分析计算结果的正确性；

b) 核查 GNSS 高程测量网图、基线处理报告等资料，分析选取基线构成的 GNSS 网最简异步观测环或附合路线的边数是否符合规范要求；

c) 重新计算，比对分析计算结果的正确性。

6.5.4.3 **验算项目的符合性**

验算项目的符合性采用以下方法进行检查：

a) 核查成果资料，分析复测基线长度较差、同步环闭合差、独立闭合环或附合路线坐标和坐标分量闭合差、无约束平差基线分量改正数、约束平差与无约束平差基线改正数较差精度的符合性。

b) 验算项目计算方法的正确性采用核查分析及比对分析的方法进行检查：

  1) 核查成果资料中的计算公式，分析计算公式的正确性；

  2) 利用计算资料中的有关数据，按照规范及设计要求，重新计算各项指标，与成果资料中的数值进行比对，分析验算指标计算的正确性。

c) 核查计算过程中各验算量，分析是否符合规范及要求。

6.5.5 **选点质量**

6.5.5.1 点位布设的合理性采用以下方法进行检查：

a) 核查 GNSS 高程测量布点图，分析点位分布能否满足下一道工序（加密、测图等）生产需求，是否符合设计要求；

b) 核查 GNSS 高程测量网图、基线处理报告等资料，分析基线平均边长是否符合规范及技术设计书要求；

c） 核查技术总结等资料，分析利用已知高程点情况是否合理；

d） 核查技术总结、布点图等资料，分析起算点与GNSS点距离是否符合规范要求。

6.5.5.2 点位选择的符合性采用以下方法进行检查：

a） 实地检查点位周围视野是否开阔，视场内障碍物的高度角是否符合规范要求；

b） 实地检查点位与大功率无线电发射源、高压输电线和微波无线电信号传送通道的距离是否符合规范要求；

c） 实地检查点位附近是否容易产生多路径效应，是否存在大面积水域、大型建(构)筑物等；

d） 实地检查点位局部环境是否与周围大环境一致，是否有利于减少气象元素的代表性误差；

e） 实地检查点位是否便于安装接收设备及仪器操作；

f） 实地检查地面基础是否稳定，是否有利于标石的长期保存；

g） 实地检查点位是否有利于其他测量手段进行扩展与联测(通视条件等)。

6.5.5.3 点之记内容的完整性、正确性采用以下方法进行检查：

a） 核查点之记中点名、级别、交通情况说明、施测单位、选埋人员及日期等信息填写是否完整。

b） 核查点之记中是否按照规范要求填写了地质概要、构造背景及地形构造略图。

c） 核查点之记点位略图，分析是否记录了点位至主要特征地物(地貌)的方向及距离。

d） 点位概略坐标可通过核查分析与实地检测两种方法检查：

1） 检查分析：核查提交控制点成果坐标，分析点之记中点位概略坐标是否正确；

2） 实地检测：使用测量仪器，实地采集点位坐标，检查点之记中点位概略坐标正确性。

e） 实地检查点名、点号、点位略图、交通路线图、环视图等与点位实地情况的符合性。

6.5.6 埋石质量

6.5.6.1 标石、标志类型、规格和预制的规整性

6.5.6.1.1 标石类型和标石埋设规格的规范性采用以下方法进行检查：

a） 实地检查标石类型、混凝土灌制是否正确，标石尺寸是否符合规范要求；

b） 实地检查标石面是否平整，标志的设置是否符合要求；

c） 核查点之记、埋石关键工序照片，分析标石尺寸等是否符合规范及技术设计书要求；

d） 在标石预制现场，实地检查标石模板规格的符合性。

6.5.6.1.2 标志类型、规格的正确性采用以下方法进行检查：

a） 实地检查标志材质是否坚硬，规格、安置是否符合规范及技术设计书要求。

b） 实地检查标志是否凸起、光滑。与平面控制点共用时，应查看是否刻有中心位置。

c） 核查标志安置照片，检查安置是否平直、端正，标志中心刻画是否明显。

6.5.6.2 标石的埋设和外部整饰的规范性

标石的埋设和外部整饰的规范性采用以下方法进行检查：

a） 实地检查标石顶面至地面的埋设深度，标石埋设的规范性；

b） 实地检查标石表面是否压印了控制点类级、埋设年代等文字信息；

c） 核查点之记、标石照片或影像资料等，分析标石外部整饰规整性是否符合要求。

6.5.6.3 埋石照片或影像资料的完整、正确性

核查点之记、埋石照片或影像资料等，分析埋石照片或影像资料的完整、正确性。

6.5.6.4 委托保管手续内容的齐全性、正确性

核查控制点托管书，检查托管手续是否按要求进行了办理。

6.5.7 整饰质量

6.5.7.1 资料装订的规整性采用以下方法进行检查：

a） 核查分析各项上交成果资料，检查资料是否整洁，装订是否齐整；

b） 核查分析资料中是否装订有与本册资料无关的内容。

6.5.7.2 资料格式的规整性采用以下方法进行检查：

a） 核查技术设计书，检查各项上交成果资料封面、格式、编号等是否符合设计要求；

b） 核查技术总结、检查报告等成果资料，检查其字体、排版等是否规范要求。

6.5.7.3 资料的正确性采用以下方法进行检查：

a） 核查数据处理资料、成果表、点之记、控制网图、技术总结、检查报告等成果资料，分析文字、图表等是否存错、漏；

b） 核查分析电子文档数据格式的正确性、内容的完整性，检查其与纸质成果的一致性。

6.5.8 资料完整性

6.5.8.1 技术总结内容的完整性采用以下方法进行检查：

a） 核查分析技术总结，检查内容项是否齐全；

b） 核查分析生产过程中技术问题处理情况是否在技术总结中进行了说明；

c） 核查技术设计书及有关技术变更文件，分析技术总结中技术问题的处理是否符合规范及技术设计书要求；

d） 核查分析技术总结是否能真实客观的反映整个测绘过程，结果分析是否真实可靠。

6.5.8.2 对于检查报告内容的完整性，应核查检查报告的内容是否齐全，分析是否符合 GB/T 18316 的相关规定。

6.5.8.3 成果资料的完整性采用以下方法进行检查：

a） 核查是否有资料清单，分析其与技术设计书内容的一致性、完整性；

b） 核查资料清单，检查提交的成果资料是否齐全。

7 质量评定

7.1 质量子元素评分

7.1.1 数学精度评分

7.1.1.1 检验批成果划分为多个批次时，数学精度按未划分批次时的成果进行总体评定。

7.1.1.2 各项数学精度指标均按分段直线内插的方法计算得分。

7.1.1.3 数学精度采用多个指标评定时，取多个精度指标得分的算术平均值作为成果的数学精度得分。

7.1.2 其他质量子元素

按 GB/T 24356 的相关规定执行。

7.2 样本质量评定

7.2.1 以批成果整体精度与限差的符合情况，统计、评定样本的数学精度。

7.2.2 汇总样本中单位成果观测技术指标与规范、技术设计书的符合情况，统计、评定样本的观测质量。

7.2.3 以批成果整体计算的指标、技术要求与规定的符合情况，统计、评定样本的计算质量。

7.2.4 以批成果整体点位布设及单位成果点位布设、选择与规定的符合情况，汇总统计，评定样本的选点质量。

7.2.5 以单位成果标石、标志等预制、埋设与规定的符合情况，汇总统计，评定样本的埋石质量。

7.2.6 以批成果所有资料的符合情况，统计、评定样本的整饰质量、资料完整性。

7.2.7 样本质量评定可考虑困难类别，具体方法按 GB/T 24356—2009 表 2 的规定执行。

7.2.8 不同类型或不同等级的样本成果质量，应分别评定。

7.2.9 检验(查)报告中应有样本质量统计表，其内容、格式参见附录 A。

7.2.10 样本质量等级按 GB/T 24356—2009 表 5 的要求进行评定。

7.3 批质量判定

批质量判定、批成果质量等级的评定按 GB/T 24356—2009，6.5 的规定执行。

8 编制报告

8.1 委托检验报告的内容、格式按 GB/T 18316 的相关规定执行，监督检验报告的内容、格式按 CH/T 1018 的相关规定执行。

8.2 测绘单位按 GB/T 24356、GB/T18316 的相关规定编制检查报告。

8.3　当检验成果划分为多个批次检验，或同一检验批中包含不同类型高程控制测量成果时，可编制同一报告。

9　资料整理

整理检验(查)报告、检查原始记录、检测数据等资料，按规定进行管理。

附　录　A
(资料性附录)
样本质量统计表格式

表 A.1　样本质量统计表

<table>
<tr><th rowspan="2">质量元素</th><th rowspan="2">质量子元素</th><th colspan="4">错漏类别及数量</th><th rowspan="2" colspan="2">得分</th><th rowspan="2">样本质量得分</th><th rowspan="2">样本质量等级</th></tr>
<tr><th>A类</th><th>B类</th><th>C类</th><th>D类</th></tr>
<tr><td rowspan="3">数据质量
(0.50)</td><td>数学精度
(0.30)</td><td></td><td></td><td></td><td></td><td></td><td rowspan="3"></td><td rowspan="7"></td><td rowspan="7"></td></tr>
<tr><td>观测质量
(0.40)</td><td></td><td></td><td></td><td></td><td></td></tr>
<tr><td>计算质量
(0.30)</td><td></td><td></td><td></td><td></td><td></td></tr>
<tr><td rowspan="2">点位质量
(0.30)</td><td>选点质量
(0.50)</td><td></td><td></td><td></td><td></td><td></td><td rowspan="2"></td></tr>
<tr><td>埋石质量
(0.50)</td><td></td><td></td><td></td><td></td><td></td></tr>
<tr><td rowspan="2">资料质量
(0.20)</td><td>整饰质量
(0.30)</td><td></td><td></td><td></td><td></td><td></td><td rowspan="2"></td></tr>
<tr><td>资料完整性
(0.70)</td><td></td><td></td><td></td><td></td><td></td></tr>
</table>

参　考　文　献

[1]　国家测绘局．2009．关于印发测绘资质管理规定和测绘资质分级标准的通知[M]//国家测绘局文件汇编(2009年)．北京:测绘出版社．

前　言

本标准由国家测绘局提出并归口。

本标准起草单位:四川省测绘产品质量监督检验站。

本标准主要起草人:王辉、曾衍伟、唐翼德、何文林、华劼、汤权、李东辉、余银普。

引　言

为保障平面控制测量成果质量检验工作的规范性和可靠性,提高测绘成果质量检验水平,在GB/T 24356的基础上,对检查内容、方法等进行细化,制订本标准。

中华人民共和国测绘行业标准

CH/T 1022—2010

平面控制测量成果质量检验技术规程

Technical specifications for quality inspection and acceptance of horizontal control surveying products

1 范围

本标准规定了平面控制测量成果质量检验的基本要求、工作流程、检验方法和质量评定方法。

本标准适用于按现行国家标准、行业标准生产的全球导航卫星系统(GNSS)、导线、三角、边角组合等类型的平面控制测量成果质量的检验。

2 规范性引用文件

下列文件对于本文件的应用是必不可少的。凡是注日期的引用文件,仅注日期的版本适用于本文件。凡是不注日期的引用文件,其最新版本(包括所有的修改单)适用于本文件。

GB/T 18316 数字测绘成果质量检查与验收

GB 22021 国家大地测量基本技术规定

GB/T 24356 测绘成果质量检查与验收

CH/T 1018 测绘成果质量监督抽查与数据认定规定

3 基本要求

3.1 平面控制测量成果的质量元素、权重划分、错漏分类应按 GB/T 24356 的要求执行。

3.2 批成果应由相同技术要求下生产的同一测区、同一等级单位成果的集合组成。

3.3 检验使用仪器设备的精度指标应不低于规范及设计对仪器设备精度指标的要求。当检验批批量划分为多个批次检验时,各批次分别进行质量检验与质量判定。当各批次批成果质量均判定为合格时,该检验批成果质量判定为合格,否则为不合格。同一受检成果中包含不同类型平面控制测量成果时,应对不同类型成果分别进行质量检验及质量评定。

3.4 详查内容包括:批成果数学精度、计算质量、点位整体布设情况、资料整饰质量和资料完整性;样本单位成果观测质量、选点质量和埋石质量。详查之外的内容、资料均属于概查范畴。概查内容包括:样本点外控制点观测质量,样本点外控制点选点质量和埋石质量。概查资料包括样本点外的外业观测记录资料、观测数据、各类技术文档及成果资料。

3.5 质量问题应记载在检查意见记录表上,检验记录应整洁、清晰,质量问题应描述完整、指标明确,质量问题所属错漏类别应明确。格式参见附录 A。

4 工作流程

检验工作流程包括:检验前准备、抽样、成果质量检验(详查、概查)、质量评定、报告编制和资料整理,参见图 1。

具体内容如下:

a) 检验前应收集项目设计、相关技术资料及标准,核查最终检查完成情况,明确检查内容及方法,准备检验物资,制订下一步工作计划。必要时,可根据需要编制检验方案,组织培训。

b) 抽样按 GB/T 24356—2009 第 6 章的规定执行。

国家测绘局 2010-11-26 发布 2011-01-01 实施

c） 成果质量检验应对样本进行详查，对所有成果资料进行概查。

d） 质量评定、报告编制、资料整理按 GB/T 24356 及本标准的相关要求执行。

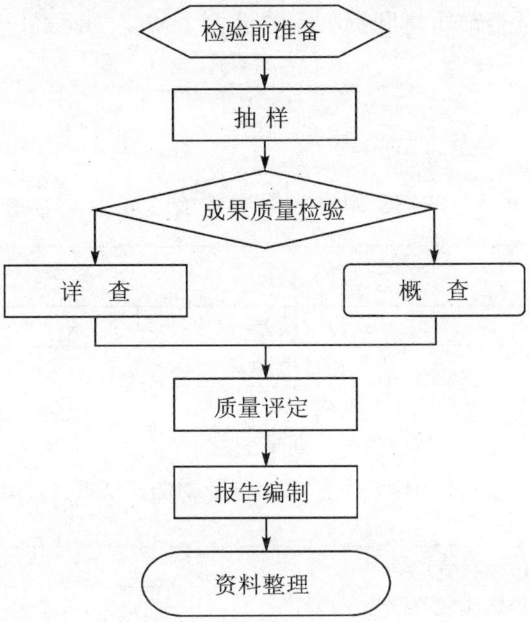

图 1 检验工作流程图

5 抽样程序

5.1 单位成果总数确定

5.1.1 平面控制测量单位成果以点为单位。

5.1.2 依据项目相关技术文档及成果资料等，确定单位成果总数。

5.1.3 当成果中包括多个类型、等级的测绘成果时，应分别统计各类型、各等级单位成果总数。

5.2 成果批次、批量确定

当检验单位成果总数大于等于 201 时，应划分检验批次。划分批次时，可根据控制网网形、生产单位、生产方式、生产时间、地形类别等情况划分，应使批次数最小，各批次批量均匀。

5.3 样本量确定

5.3.1 按不同类型、等级分别抽取样本。

5.3.2 样本量的确定按 GB/T 24356 的相关规定执行。

5.4 抽样

5.4.1 抽样应采用简单随机或分层随机的抽样方式。分层随机抽样应考虑生产单位、生产方式、生产时间、地形类别等情况。样本应分布均匀，样本资料应与上交的成果类型和数量一致。提取的样本资料包括：

——技术设计书、技术总结、检查报告；

——仪器检定和检校资料；

——控制网展点图；

——观测记录及数据、概算或数据预处理资料、平差计算资料；

——成果表、点之记、委托保管书；

——其他相关资料。

5.4.2 抽样应填写测绘成果检验抽样单和样品清单，其格式参见附录 B 和附录 C。

6 检验内容及方法

6.1 质量元素

平面控制测量成果质量元素包括：数据质量、点位质量和资料质量。

6.2 质量子元素

数据质量包括数学精度、观测质量和计算质量三个质量子元素；点位质量包括选点质量和埋石质量两个质量子元素；资料质量包括整饰质量和资料完整性两个质量子元素。

6.3 GNSS 测量成果

6.3.1 检验内容及方法

GNSS 测量成果质量检验内容及方法见表 1。

表 1 GNSS 测量成果质量检验内容及方法

<table>
<tr><th>质量子元素</th><th colspan="3">检验内容</th><th>检验方法</th></tr>
<tr><td rowspan="2">数学精度</td><td colspan="3">点位中误差</td><td rowspan="2">实地检测、比对分析、核查分析</td></tr>
<tr><td colspan="3">边长相对中误差</td></tr>
<tr><td rowspan="12">观测质量</td><td rowspan="3">仪器检验项目齐全性，检校方法正确性</td><td colspan="2">仪器是否在检定有效期内</td><td rowspan="3">核查分析</td></tr>
<tr><td colspan="2">仪器精度是否符合规范及设计要求</td></tr>
<tr><td colspan="2">不同类型接收机联合作业时，精度比对测试结果是否满足规范及设计要求</td></tr>
<tr><td rowspan="2">观测条件合理性</td><td colspan="2">天气情况符合性</td><td>核查分析</td></tr>
<tr><td colspan="2">多路径效应规范性和正确性</td><td>核查分析</td></tr>
<tr><td rowspan="4">观测方法正确性</td><td colspan="2">天线高测定方法的正确性</td><td rowspan="2">核查分析</td></tr>
<tr><td colspan="2">观测时段数的符合性</td></tr>
<tr><td colspan="2">有效观测卫星总数、时段中任一卫星有效观测时间、时段长度、数据采样间隔、卫星高度角、PDOP 值、钟漂、同步观测时段数等的符合性</td><td>核查分析</td></tr>
<tr><td colspan="2">成果的取舍、重测的正确性、合理性</td><td>核查分析</td></tr>
<tr><td rowspan="3">记录规范性</td><td rowspan="2">记簿规范性</td><td>记录内容完整性</td><td rowspan="3">核查分析</td></tr>
<tr><td>数字划改、数字修约规范性</td></tr>
<tr><td colspan="2">观测数据格式符合性、内容的完整性</td></tr>
<tr><td rowspan="15">计算质量</td><td rowspan="5">起算数据正确性</td><td colspan="2">起算点数据可靠性</td><td>核查分析</td></tr>
<tr><td colspan="2">起算点等级、个数符合性</td><td>核查分析</td></tr>
<tr><td colspan="2">起算点选取的合理性</td><td>核查分析</td></tr>
<tr><td colspan="2">起算点数据录入正确性</td><td>核查分析</td></tr>
<tr><td colspan="2">起算点兼容性</td><td>核查分析、比对分析</td></tr>
<tr><td rowspan="2">坐标系统符合性</td><td colspan="2">坐标系统选择的合理性</td><td>核查分析</td></tr>
<tr><td colspan="2">坐标系统使用的正确性</td><td>核查分析</td></tr>
<tr><td rowspan="5">数据处理正确性、合理性</td><td colspan="2">观测数据录入正确性</td><td>核查分析</td></tr>
<tr><td colspan="2">星历使用正确性</td><td>核查分析</td></tr>
<tr><td colspan="2">同一时段观测值的数据剔除率或数据采用率</td><td>核查分析</td></tr>
<tr><td colspan="2">基线选取合理性</td><td>核查分析</td></tr>
<tr><td colspan="2">坐标改算正确性</td><td>核查分析、比对分析</td></tr>
<tr><td rowspan="3">验算项目齐全性</td><td colspan="2">验算指标的齐全性</td><td>核查分析</td></tr>
<tr><td colspan="2">计算方法的正确性</td><td>比对分析</td></tr>
<tr><td colspan="2">指标的符合性</td><td>核查分析</td></tr>
</table>

表1 GNSS测量成果质量检验内容及方法 （续）

质量子元素	检验内容		检验方法
选点质量	点位布设合理性	点位布设和密度是否利于扩展和联测	实地检查、核查分析
		边长符合性	核查分析
		旧点利用符合性	
		辅助点、方位点布设规范性	
		起算点的分布及点位情况	
	实地点位符合性		实地检查
	展点图内容完整性、正确性		核查分析
	点之记内容完整性、正确性	点名、点号正确性	核查分析
		点位概略位置准确性	实地检测、核查分析
		点位略图、交通路线图、GNSS环视图与实地的符合性	实地检查
埋石质量	埋石坑位的规范性和尺寸的符合性		实地检查、核查资料
	标石类型和标石埋设规格的规范性		实地检查、核查分析
	标志类型、规格的正确性		实地检查、核查分析
	标石外部整饰规整性		实地检查
	委托保管手续内容的齐全性、正确性		核查分析
整饰质量	资料装订规整性		核查分析
	资料格式规整性		核查分析
	资料正确性		核查分析
资料完整性	技术总结内容完整性		核查分析
	检查报告内容完整性		核查分析
	成果资料完整性		核查分析

6.3.2 数学精度

6.3.2.1 检验方法

数学精度的检测一般采用比对分析或核查分析的方法，必要时可采用实地检测的方法。

6.3.2.2 比对分析

经过重新平差计算，比较重新平差成果与原成果，检查原成果精度指标的符合性。重新平差计算的方法及各项精度指标应符合规范及设计要求。若重新平差结果与原成果较差均不大于规范及设计要求，则认定成果精度符合规范及设计要求，采用检验成果资料中的最弱点点位中误差评定数学精度。

6.3.2.3 核查分析

分析观测数据资料、数据处理资料，分析观测数据、起算数据使用的正确性，检查计算过程参数设置是否符合要求，对照相关技术要求（合同、技术设计书、标准规范），对成果表、技术总结、检查报告等样本资料进行检查，认定原成果精度符合性，采用检验成果资料中的精度指标评定数学精度。

6.3.2.4 实地检测

实地检测包括以下内容：

a） 以不低于所检项目原测精度的技术要求和技术方法，外业实地对抽查的样本单位成果进行检测。检测时，将样本点与项目使用起算点或认定可靠的其他相同基准的高等级点进行GNSS联测，平差计算一套样本点坐标成果，将其与提交成果进行比较，分析是否存在粗差。也可以使用测距仪等仪器设备对边长进行复测（边长需进行投影改正），检查是否存在粗差。

b） 当出现下列情况之一时，认定成果中存在粗差：

1） 同精度检测，点位较差或相邻点基线分量较差大于规范及设计要求中误差的 $2\sqrt{2}$ 倍或限差的$\sqrt{2}$倍；

2） 高精度检测，点位较差或相邻点基线分量较差大于规范及设计要求2倍的中误差或限差；

3） 同精度检测，基线或边长较差的相对误差大于规范及设计要求$\sqrt{2}$倍的相对精度或最弱边相对中误差；

4） 高精度检测，基线或边长较差的相对误差大于规范及设计要求的相对精度或最弱边相对中误差。

6.3.3 **观测质量**

6.3.3.1 仪器检验项目齐全性及检校方法正确性采用以下方法进行检查：

a） 核查仪器检定资料，分析所使用的仪器是否经测绘行政主管部门认可的检验机构检验合格且在有效期内，精度是否满足规范要求；

b） 核查仪器日常检校资料，分析检校内容及方法是否符合规范及设计要求。

6.3.3.2 观测条件合理性采用以下方法进行检查：

a） 核查观测手簿中气象记录，分析观测时气象条件是否符合规范要求；

b） 设计中对多路径效应值有要求时，使用软件对相关参数进行检查。

6.3.3.3 观测方法正确性采用以下方法进行检查：

a） 核查记录手簿、原始观测数据等资料，分析观测方法、程序等是否符合规定要求，如：天线高量取次数、有效同步观测时段长度、观测时段数、观测方案等；

b） 核查原始观测数据，分析时段长度、采样间隔是否符合规范及设计要求；

c） 核查有效观测卫星总数、卫星截止高度角设置、同时观测有效卫星数、PDOP值等，分析是否符合规范及设计要求；

d） 使用软件导入全部原始数据，分析同步观测接收机数或同步观测时段数等是否符合规范及设计要求；

e） 核查点之记等控制点埋设资料，分析GNSS点观测与埋石间隔期是否满足规范要求；

f） 对于观测时间等指标严重不符合规范及设计要求的数据，应核查外业补测资料，分析补测成果是否符合规范及设计要求；

g） 核查计算资料，分析对于环闭合差超限的一组观测数据是否进行了分析、重测，采用的数据是否满足环闭合差精度要求。

6.3.3.4 记录规范性采用以下方法进行检查：

a） 核查观测记录资料，分析记录内容是否完整、正确，是否存在连环涂改、划改数值尾数等数字划改、数字修约不规范的问题；

b） 有电子手簿的，应核查电子手簿，分析记录格式是否规范、完整；

c） 按照规范及项目设计要求，核查提交数据格式是否符合要求；

d） 成果中包含RINEX格式数据的，应核查观测手簿和RINEX格式数据，分析记录信息（如：观测者、观测单位、接收机类型及编号、天线类型编号、点名、点号、天线高、开关机时间等）是否一致。

6.3.4 **计算质量**

6.3.4.1 起算数据正确性采用以下方法进行检查：

a） 核查起算点资料，分析起算点来源是否可靠；

b） 内业核查控制网图、技术总结等资料，分析计算采用的起算点等级是否满足项目要求，起算点数量是否满足规范要求；

c） 核查控制网展点图，分析起算点位置分布是否控制到了测区范围；

d） 核查起算数据资料及平差资料，分析起算点数学基础是否与设计要求一致，起算点数值录入是否正确；

e） 起算点的兼容性检查有核查分析、比对分析两种方法：

1） 核查分析：核查提供的起算点兼容性分析资料，分析起算数据兼容性分析的正确性；核查无约束、约束平差基线改正数之差是否超过规范要求，分析起算数据兼容性是否良好。

2） 比对分析：将部分起算点作为已知点，其余点作为未知点计算其坐标，将结果等与提供的起算数值进行比对分析。计算时，固定的已知点数量需满足已知点或生产成果的等级要求，根据采用的技术等级分析点位误差、相对误差等是否满足规范要求，从而判断起算数据是否兼容。

6.3.4.2 坐标系统符合性采用以下方法进行检查：

a） 核查技术总结等文档资料，分析选用的坐标系统是否满足规范及设计要求的每千米投影变形值等指标要求；

b） 核查每千米投影变形值等指标，分析其是否符合规范及设计要求；

c） 核查计算资料各项参数设置，分析成果的坐标系统是否与设计一致。

6.3.4.3 数据处理正确性、合理性采用以下方法进行检查：

a） 核查外业观测手簿或收集的边、角数据资料与平差计算资料，分析联合平差时已知边长和方位角录入是否正确；

b） 核查基线处理等资料，分析使用星历是否符合规范及设计要求；

c） 使用软件打开基线处理计算项目，分析同一时段观测值的数据剔除率或数据采用率是否符合要求；

d） 核查 GNSS 网图、基线处理报告等资料，分析选取基线构成的 GNSS 网最简异步观测环或附合路线的边数是否符合规范要求；

e） 坐标改算方法的正确性采用核查分析或比对分析的方法进行检查：

1） 核查数据处理资料，分析平差项目中数学基础及解算参数设置是否正确；

2） 应用坐标转换软件、手工计算，比对分析起算数据坐标转换结果是否正确。

6.3.4.4 验算项目齐全性采用以下方法进行检查：

a） 核查成果资料，分析对复测基线长度较差、同步环闭合差、独立闭合环或附合路线坐标和坐标分量闭合差、无约束平差基线分量改正数、约束平差与无约束平差基线改正数较差精度符合性的分析情况。

b） 验算项目计算方法的正确性采用核查分析及比对分析的方法进行检查：

1） 核查成果资料中的计算公式，分析计算公式的正确性；

2） 利用计算资料中的有关数据，按照规范及设计要求，重新计算各项指标，与成果资料中的数值进行比对，分析验算指标计算的正确性。

c） 核查计算过程中各验算量，分析是否符合规范及要求。

6.3.5 选点质量

6.3.5.1 点位布设合理性采用以下方法进行检查：

a） 核查GNSS布点图，分析点位分布能否满足下一道工序（加密、测图等）生产需求，是否符合设计要求；

b） 实地检查或核查点之记等资料，分析 GNSS 通视条件是否满足规范及设计要求；

c） 核查 GNSS 网图、基线处理报告等资料，分析基线平均边长、相邻点间最大距离、相邻点间最小距离是否符合规范及设计要求；

d） 核查技术总结等资料，分析利用旧点情况是否合理；

e） 核查技术总结、布点图等资料，分析辅助点布设精度是否符合规范要求；

f） 核查技术总结、布点图等资料，分析方位点与 GNSS 点距离是否符合规范要求。

6.3.5.2 实地点位符合性采用以下方法进行检查：

a） 实地检查点位周围视野是否开阔，视场内障碍物的高度角是否符合规范及设计要求；

b） 实地检查点位与大功率无线电发射源、高压输电线和微波无线电信号传送通道距离是否符合规范及设计要求；

c） 实地检查点位附近是否容易产生多路径效应，是否存在大面积水域、大型建（构）筑物等；

d） 实地检查点位局部环境是否与周围大环境一致，是否有利于减少气象元素的代表性误差；

e） 实地检查点位是否便于安装接收设备及仪器操作；

f） 实地检查地面基础是否稳定，是否有利于标石的长期保存；

g） 实地检查点位是否有利于其他测量手段进行扩展与联测（通视条件等）。

6.3.5.3 展点图内容完整性、正确性采用以下方法进行检查：

a） 利用计算成果重新展点，分析点位分布、坐标、相关位置是否正确；

b） 核查展点图与点之记、成果表，分析展点图中点名、点号是否与点之记、成果表一致；

c） 核查展点图，分析内容项是否齐全。

6.3.5.4 点之记内容完整性、正确性采用以下方法进行检查：

a） 核查点之记内容，检查点名、级别、交通情况说明、施测单位、选埋人员及日期等信息填写是否完整。

b） 核查点之记，检查是否按规范要求填写了地质概要、构造背景及地形构造略图。

c） 核查点之记点位略图，检查是否记录了点位至主要特征地物（地貌）的方向及距离。

d） 点位概略坐标通过实地检测与核查分析两种方法检查：

1） 实地检测：核查提交控制点成果坐标，检查点之记中点位概略坐标是否正确；

2） 核查分析：使用测量仪器，实地采集点位坐标，检测点之记中点位概略坐标是否正确。

e） 实地检查点名、点号、点位略图、交通路线图、环视图等与点位实地情况的符合性。

6.3.6 **埋石质量**

6.3.6.1 埋石坑位规范性和尺寸符合性采用以下方法进行检查：

a） 实地检查埋石坑位深度、坑口及坑底尺寸是否符合规范及设计要求；

b） 核查埋石关键工序照片，分析坑位的规范性和尺寸的符合性。

6.3.6.2 标石类型和标石埋设规格规范性采用以下方法进行检查：

a） 实地检查标石类型、混凝土灌制是否正确，内置钢筋直径、标石尺寸是否符合规范要求，标石面是否平整；

b） 核查关键工序的照片，分析钢筋骨架捆扎、标石尺寸、埋设程序等是否符合规范及设计要求；

c） 在标石预制现场，实地检查标石模板规格的符合性；

d） 实地检查 GNSS 点护井、护框规格是否符合规范要求；

e） 根据项目要求，可实地开挖一定数量的 GNSS 点，检查标石尺寸的符合情况；

f） 根据项目安排，可实地检查各层标志中心是否在同一铅垂线上。

6.3.6.3 标志类型、规格正确性采用以下方法进行检查：

a） 标石制作过程中，实地检查标志材质是否坚硬，规格是否符合规范及设计要求；

b） 标石制作过程中，实地检查标志中心刻划是否清晰；

c） 标石制作过程中，实地检查安置是否规整；

d） 核查标志安置照片，分析标志安置是否平直、端正，标志中心刻划是否明显；

e） 根据项目要求，可实地开挖一定数量的 GNSS 点，查看标志类型、规格、埋设是否符合规范及设计要求。

6.3.6.4 标石外部整饰规整性采用以下方法进行检查：

a） 实地检查标石表面是否压印了控制点类级、埋设年代等文字信息，文字方向是否合理，字体是否工整；

b） 实地检查荒漠或平原不易寻找的控制点附近是否埋设有指示牌，规格是否符合相关规定。

6.3.6.5 对于委托保管手续内容齐全性、正确性，应核查控制点托管书及批准征用土地文件的资料，检查托管手续是否按照规范要求进行了办理。

6.3.7 **整饰质量**

6.3.7.1 资料装订规整性采用以下方法进行检查：

a） 核查各项上交成果资料，检查资料是否整洁，装订是否齐整；

b） 核查检查资料，检查是否装订有与本册资料无关的内容。

6.3.7.2 资料格式规整性采用以下方法进行检查：

a） 核查技术设计，检查各项上交成果资料封面、格式、编号等是否符合设计要求；

b） 核查技术总结、检查报告字体、排版等，检查是否符合规范要求。

6.3.7.3 资料正确性采用以下方法进行检查：

a） 核查技术设计书、计算资料，分析成果表中坐标系统、投影方式等信息是否正确；

b） 核查成果表与点之记，检查成果表中点名、点号是否与点之记一致；

c） 核查计算资料、成果表、点之记、控制网图、技术总结、检查报告等资料，检查文字、图表等是否存在错、漏。

6.3.8 资料完整性

6.3.8.1 技术总结完整性采用以下方法进行检查：

a） 核查技术总结，检查其内容项是否齐全；

b） 核查生产过程中技术问题处理情况，检查是否在技术总结中予以说明；

c） 核查技术总结中技术问题的处理，检查是否符合规范及设计要求；

d） 核查技术总结，分析是否真实客观反映整个测绘过程，结果分析是否真实可靠。

6.3.8.2 对于检查报告完整性，应核查检查报告的内容是否齐全，分析是否符合 GB/T 18316 的规定。

6.3.8.3 成果资料完整性采用以下方法进行检查：

a） 检查是否有资料清单，检查清单内容是否完整性；

b） 核查提供的资料清单，检查提交成果资料是否齐全；

c） 核查成果表中坐标系统、投影方式等，检查信息是否完整。

6.4 导线测量成果

6.4.1 检验内容及方法

导线测量成果检验内容及方法见表 2。

表 2 导线测量成果检验内容及方法

<table>
<tr><th>质量子元素</th><th colspan="2">检验内容</th><th>检验方法</th></tr>
<tr><td rowspan="5">数学精度</td><td colspan="2">点位中误差</td><td rowspan="5">实地检测、比对分析、核查分析</td></tr>
<tr><td colspan="2">相对点位中误差</td></tr>
<tr><td colspan="2">边长相对中误差</td></tr>
<tr><td colspan="2">测角中误差</td></tr>
<tr><td colspan="2">方位角闭合差</td></tr>
<tr><td rowspan="12">观测质量</td><td colspan="2">仪器检验项目齐全性、检验方法正确性</td><td>核查分析</td></tr>
<tr><td colspan="2">各项观测误差符合性</td><td rowspan="7">核查分析</td></tr>
<tr><td colspan="2">归心元素的测定方法及投影方法正确性</td></tr>
<tr><td colspan="2">觇标高测定方法正确性</td></tr>
<tr><td colspan="2">水平角观测方法正确性</td></tr>
<tr><td colspan="2">测距方法正确性</td></tr>
<tr><td colspan="2">天顶距或垂直角的观测方法正确性</td></tr>
<tr><td colspan="2">成果取舍、重测合理性、正确性</td></tr>
<tr><td rowspan="4">记录规范性</td><td>记录规范性</td><td>核查分析</td></tr>
<tr><td>记录内容完整性</td><td>核查分析</td></tr>
<tr><td>计算正确性</td><td>核查分析</td></tr>
<tr><td>数据格式符合性</td><td>核查分析</td></tr>
</table>

表2 导线测量成果检验内容及方法 （续）

质量子元素	检验内容		检验方法
计算质量	起算数据使用正确性	起算点数据可靠性	核查分析
		起算点等级、个数及分布情况	核查分析
		起算点数据录入情况	核查分析
	数学基础使用正确性		核查分析
	使用数据的正确性		核查分析
	验算项目齐全性、正确性	验算指标的齐全性	核查分析
		计算方法的正确性	比对分析、核查分析
		验算指标符合性	核查分析
	坐标改算方法正确性		核查分析
	数字取位、修约符合性		核查分析
选点质量	点位布设合理性	网形结构合理性	核查分析
		点位密度合理性	核查分析
		导线曲折度及导线网结点间距离的符合性	核查分析
	实地点位选择合理性		实地检查、核查分析
	展点图完整性、正确性		核查分析
	点之记内容完整性、正确性	点名、点号正确性	实地检查
		点位概略位置准确性	实地检测
		点位略图、交通路线图与实地的符合性	实地检查、核查分析
		点位说明正确性	实地检查
	导线曲折度符合性		核查分析
埋石质量	觇标的结构及橹柱与视线关系		实地检查
	标石、标志类型、规格和预制的规整性		实地检查、核查分析
	标石的埋设和外部整饰的规范性		核查分析
	委托保管情况		核查分析
整饰质量	资料装订规整性		核查分析
	资料格式规整性		核查分析
	资料正确性		核查分析
资料完整性	技术总结内容完整性		核查分析
	检查报告内容完整性		核查分析
	成果资料完整性		核查分析

6.4.2 **数学精度**

6.4.2.1 点位及边长中误差检查方法按6.3.2执行。

6.4.2.2 测角中误差、方位角闭合差检查一般采用比对分析或核查分析的方法，必要时可采用实地检测的方法。比对分析按6.3.2.2执行，核查分析按6.3.2.3执行。

6.4.2.3 测角中误差、方位角闭合的差实地检测方法如下：

a) 以不低于所检项目原测精度的技术要求和技术方法，外业实地对抽查的样本单位成果所涉及的角度进行检测,内业将检测角度值或方位角闭合差与提交成果进行比较,分析是否存在粗差。

b) 当出现下列情况之一时,认定成果中存在粗差:

1) 同精度检测,角度较差或方位角闭合差大于规范及设计要求中误差的 $2\sqrt{2}$倍或限差的$\sqrt{2}$倍;

2) 高精度检测,角度较差或方位角闭合差大于规范及设计要求 2 倍中误差或限差。

6.4.3 观测质量

6.4.3.1 仪器检验项目齐全性、检验方法正确性采用以下方法进行检查:

a) 核查仪器检定证书,检查仪器是否经法定检验机构检验合格且在有效期内;

b) 核查仪器检定证书,分析仪器标称精度是否满足项目精度要求;

c) 核查日常检校记录,分析检校方法是否正确,内容是否齐全。

6.4.3.2 各项观测误差符合性采用以下方法进行检查:

a) 核查观测手簿,分析全组合测角法水平角观测是否超限,检查项目包括:光学测微器两次读数差,上、下半测回角值的差,同一角度各测回互差,直接角、间接角互差等;

b) 核查观测手簿,分析方向观测法水平角观测是否超限。检查项目包括:光学测微器两次读数差,半测回归零差,一测回内 2C 互差,划归同一起算方向后同一方向值各测回互差等;

c) 核查观测手簿,分析测距时气象数据记录的正确性、合理性,检查一测回读数较差、单程各测回较差、往返测距较差等观测是否超限。

6.4.3.3 归心元素的测定方法及投影方法正确性采用以下方法进行检查:

a) 核查归心投影用纸,分析测站间角度是否符合规范要求;分析示误三角形、示误四边形投影边长是否过长;分析观测方向数是否符合规定要求。

b) 核查归心投影用纸及测定的归心元素资料,分析归心元素测定方法是否正确;分析归心元素测定次数、时间是否符合规定要求。

6.4.3.4 觇标高的测定方法正确性采用以下方法进行检查:

a) 核查观测记录等资料,分析觇标高的测定方法是否符合规范及设计要求;

b) 核查观测记录等资料,分析觇标高的测定位置是否符合规范及设计要求。

6.4.3.5 水平角观测方法正确性采用以下方法进行检查:

a) 核查观测手簿,分析水平角观测测回数是否符合规范及设计要求,各测回度盘配置是否正确;

b) 核查观测手簿,分析观测时间段、各时段测回数比例等是否符合规范及设计要求。

6.4.3.6 测距方法正确性采用以下方法进行检查:

a) 核查观测手簿,分析气象数据的记录是否齐全,观测时间是否符合规定;

b) 核查观测手簿,分析采用垂直角计算平距时,垂直角的观测方法是否正确。

6.4.3.7 天顶距或垂直角的观测方法正确性采用以下方法进行检查:

a) 核查观测手簿,分析天顶距或垂直角观测时段是否符合要求;

b) 核查观测手簿,分析天顶距或垂直角观测测回数是否符合规范及设计要求;

c) 核查观测手簿,分析天顶距或垂直角往返观测的时间段选取是否适当,气象条件是否相同;

d) 核查观测手簿,分析指标差是否符合规范及设计要求。

6.4.3.8 对于成果取舍、重测的合理性、正确性,应核查观测手簿,分析对于水平角和导线测距过程中超限的测回是否按规范进行了重测,对于重测数大于规定比例的是否进行了全点重测。

6.4.3.9 记录规范性采用以下方法进行检查:

a) 核查观测手簿,分析测站上各项计算是否正确;

b) 记录内容完整性、记录规范性、数据格式符合性检查按 6.3.3.4 的规定执行。

6.4.4 计算质量

6.4.4.1 起算数据使用正确性采用以下方法进行检查:

a) 核查起算点数据收集资料,分析起算点来源是否可靠;

b) 核查展点图,分析已知点点位分布的合理性;

c） 核查已知点成果资料，分析验算资料中起算数据录入是否正确。

6.4.4.2 数学基础使用正确性采用以下方法进行检查：

a） 对照技术设计的要求，核查分析采用的数学基础的正确性；

b） 核查数据处理资料进行分析，分析数学基础各项参数设置是否正确。

6.4.4.3 对于使用数据的正确性，应对照原始观测手簿和计算资料，核查计算中使用的原始数据是否正确。

6.4.4.4 对于验算指标齐全性，应核查外业观测记录和平差计算资料，检查是否对导线各条件自由项、方位角闭合差、测角中误差、环闭合差等项目进行了验算。

6.4.4.5 计算方法正确性采用以下方法进行检查：

a） 核查计算报告、技术总结等资料中的指标计算公式，分析验算指标计算方法是否正确；

b） 重新计算各项计算指标，与成果资料中各指标数值进行比对，分析其正确性；

c） 核查观测手簿，分析验算数据录入是否正确，验算结果是否正确，各自由项是否超限。

6.4.4.6 对于验算指标符合性，应核查成果资料中指标数值，分析其与标准或设计的符合性。

6.4.4.7 对于坐标改算方法正确性，应核查分析坐标改算方法是否符合规范及设计要求。

6.4.4.8 对于数字取位、修约符合性，应核查计算过程中数字修约、数字取位是否符合规范及设计要求。

6.4.5 选点质量

6.4.5.1 点位布设合理性采用以下方法进行检查：

a） 结合测区概况和各等级导线网布网要求，分析网形结构的合理性；

b） 核查导线网图、技术总结等相关资料，分析导线网平均边长、起算点分布及点位情况等是否符合规范及设计要求；

c） 核查展点图等资料，分析导线曲折度、导线网结点间距离、相邻边长之比与规范及设计的符合性。

6.4.5.2 实地点位选择的合理性采用以下方法进行检查：

a） 实地检查地质、地理条件是否利于点位稳定，且利于保护；

b） 实地检查点位是否利于观测和扩展；

c） 可核查照片等影像资料，分析实地点位符合情况。

6.4.5.3 展点图内容完整性、正确性采用以下方法进行检查：

a） 核查展点图与点之记、成果表，检查展点图中点名、点号是否与点之记、成果表一致；

b） 使用计算成果重新展点，比对分析点位分布、坐标、相关位置是否正确；

c） 对照规范及设计检查展点图内容项是否齐全。

6.4.5.4 点之记内容完整性、正确性采用以下方法进行检查：

a） 实地检查或通过照片资料核查分析点之记上点名、点号、点位略图、交通路线图与实地的符合性，检查点位说明是否清晰明确；

b） 实地检测点位概略位置。

6.4.6 埋石质量

6.4.6.1 觇标的结构及橹柱与视线关系采用以下方法进行检查：

a） 实地检查觇标的标形是否端正，标心和圆筒是否与铅垂线平行，结构是否牢固；内架和基板结构是否密合；基面是否平整；觇标的圆筒中心、回光台中心、标石中心是否位于同一铅垂线上，其最大偏离（标石中心）值是否符合要求。

b） 实地检查观测方向的视线离开橹柱的距离。

c） 实地检查无外架的墩标南侧或橹柱上整饰是否规范。

6.4.6.2 标石、标志类型、规格和预制的规整性采用以下方法进行检查：

a） 实地检查或通过照片核查分析标石类型、混凝土灌制是否正确，内置钢筋直径、数量、标石尺寸是否符合规范要求，标石安置是否平直，标志中心刻划是否清晰，上、下标志中心是否对准等；

b） 可在观测之前，实地检查标石、标志的预制情况，后期可通过实地检查或结合影像资料核查分析，根据项目要求，可开挖检查。

6.4.6.3 标石的埋设和外部整饰的规范性采用以下方法进行检查：

a) 实地检查或通过照片核查分析标石面是否平整，是否按要求标明等级、点号等文字内容；

b) 实地检查标石、标志是否有损坏、松动等。

6.4.6.4 委托保管情况按 6.3.6.5 的要求进行检查。

6.4.7 整饰质量

按 6.3.7 的要求进行检查。

6.4.8 资料完整性

按 6.3.8 的要求进行检查。

6.5 三角测量成果

6.5.1 检验内容及方法

三角测量成果质量检验内容及方法见表 3。

表 3 三角测量成果质量检验内容及方法

质量子元素	检验内容		检验方法
数学精度	最弱边相对中误差符合性		实地检测、比对分析、核查分析
	最弱点中误差符合性		
	测角中误差符合性		
观测质量	仪器检验项目的齐全性、检验方法的正确性		核查分析
	各项观测误差符合性		核查分析
	归心元素的测定方法、次数、时间及投影偏差的符合性		核查分析
	水平角观测方法、时间选择、光段分布符合性		核查分析
	成果取舍和重测、补测的合理性和正确性		核查分析
	观测手簿计算正确性、注记的完整性和数字记录、划改的规范性		核查分析
计算质量	已知点选取的合理性	起算点数据可靠性	核查分析
		起算点等级、个数及分布情况	核查分析
		起算点数据录入情况	核查分析
	使用数据的正确性		核查分析
	验算项目齐全性	验算指标的齐全性	核查分析
		计算方法的正确性	核查分析、比对分析
		指标的符合性	核查分析
		坐标改算方法正确性	核查分析
选点质量	点位密度的合理性		核查分析
	点位选择的合理性		核查分析、实地检查
	锁段图形权倒数值的符合性		核查分析
	展点图内容的完整性和正确性		核查分析
	点之记内容的完整性和正确性		核查分析、实地核查
埋石质量	觇标的结构及橹柱与视线关系的合理性		实地检查
	标石的类型、规格和预制质量符合性		核查分析、实地检查
	标石的埋设和外部整饰符合性		实地检查
	托管手续内容的齐全性和正确性		核查分析
整饰质量	资料装订规整性		核查分析
	资料格式规整性		核查分析
	资料正确性		核查分析
资料完整性	技术总结内容完整性		核查分析
	检查报告内容完整性		核查分析
	成果资料完整性		核查分析

6.5.2　**数学精度**

按6.4.2的要求进行检查。

6.5.3　**观测质量**

6.5.3.1　仪器检验项目的齐全性、检验方法的正确性按6.4.3.1的要求进行检查。

6.5.3.2　各项观测误差符合性采用核查分析的方法进行检查，主要包括以下内容：

a）核查观测手簿，分析全组合测角法水平角观测是否超限。检查项目包括：光学测微器两次读数差；上、下半测回角值的差；同一角度各测回互差；直、间接角互差；三角形最大闭合差等。

b）核查观测手簿，分析方向观测法水平角观测是否超限。检查项目包括：光学测微器两次读数差；半测回归零差；一测回内2C互差；划归同一起算方向后，同一方向值各测回互差；三角形最大闭合差等。

6.5.3.3　归心元素的测定方法、次数、时间及投影偏差的符合性采用核查分析的方法进行检查，主要包括以下内容：

a）核查归心投影用纸，分析测站间角度是否为120°（三测站）或90°（双测站）左右，示误三角形、示误四边形投影边长是否过长，观测方向数是否符合规定要求；

b）核查归心投影用纸及测定的归心元素资料，分析归心元素测定方法是否正确，归心元素测定次数、时间是否符合规定要求；

c）核查归心投影用纸及测定的归心元素资料，分析投影偏差是否超限，归心元素的取用是否正确。

6.5.3.4　水平角的观测方法、时间选择、光段分布的规范性采用核查分析的方法进行检查，主要包括以下内容：

a）核查观测手簿，分析水平角观测方法、测回数是否符合规范或设计要求；各测回度盘配置是否正确，照准点垂直角是否按规范要求加了垂直轴倾斜改正；

b）核查观测手簿，分析时间段、各时段测回数比例等是否符合规范要求。

6.5.3.5　成果取舍和重测、补测的合理性和正确性采用核查分析的方法进行检查，主要包括以下内容：

a）核查观测手簿及计算资料，检查对于水平角观测过程中超限的测回是否按规范进行了重测，对于重测数大于规定比例的是否进行了测站整站重测，是否按规范采用了符合限差要求的结果；

b）核查观测手簿，检查补测时是否联测了零方向，补测方向数比例是否符合规范要求。

6.5.3.6　观测手簿计算正确性、注记的完整性和数字记录、划改的规范性按6.4.3.9的要求进行检查。

6.5.4　**计算质量**

6.5.4.1　已知点选取的合理性采用核查分析的方法进行检查，主要包括以下内容：

a）核查起算点数据收集资料，分析起算点来源是否可靠；

b）核查三角锁、网展点图，分析已知点点位分布的合理性；

c）核查已知点成果资料，分析验算资料中起算数据录入是否正确。

6.5.4.2　对于使用数据的正确性，应核查原始观测手簿和计算资料，分析计算中使用的原始数据是否正确。

6.5.4.3　验算项目的齐全性、正确性采用核查分析的方法进行检查，主要包括以下内容：

a）核查三角锁、网展点图和外业成果验算资料，检查是否按规范对所有的极条件自由项、基线自由项、方位角自由项、测角中误差进行了验算；

b）核查计算报告、技术总结等资料中的指标计算公式，分析验算指标计算方法是否正确，各自由项是否超限；

c） 重新计算各项计算指标，与成果资料中各指标数值进行比对，分析其正确性；

d） 坐标改算方法正确性按6.4.4.7的要求进行检查。

6.5.5 选点质量

6.5.5.1 对于点位密度的合理性，应核查三角锁、网展点图等资料，分析三角锁网平均边长情况。

6.5.5.2 点位选择的合理性采用以下内容进行检查：

a） 核查展点图，分析三角锁方向、锁环长度是否符合要求；

b） 核查水平角观测手簿或三角锁、网展点图等资料，分析三角形内角是否符合规范要求；

c） 核查技术总结、外业成果验收资料等，分析对已有大地控制点的联测点数是否大于等于三个；

d） 实地检查三角点的通视情况，核查视线超越和偏离障碍物的高度和距离是否便于扩展；

e） 实地核查天文墩距离觇标的距离及距离起始边方向线的距离。

6.5.5.3 对于锁段图形权倒数值的符合性，应核查外业成果验算资料，分析三角锁各锁段图形权倒数是否符合规范要求。

6.5.5.4 展点图内容的完整性和正确性采用以下内容进行检查：

a） 计算成果重新展点，比对分析三角锁、网展点中点位分布、坐标、相关位置是否正确；

b） 核查展点图与点之记、成果表，检查展点图中点名、点号是否与点之记、成果表一致；

c） 核查观测手簿或外业验算资料，分析三角网连接关系是否正确。

6.5.5.5 点之记内容的完整性和正确性按6.4.5.4的要求进行检查。

6.5.6 埋石质量

6.5.6.1 觇标的结构及橹柱与视线关系的合理性按6.4.6.1的要求进行检查。

6.5.6.2 标石的类型、规格和预制质量的符合性采用以下内容进行检查：

a） 核查点之记、技术总结等中关于标石类型方面的内容，分析永久性标志建立是否规范；

b） 实地检查标石材料是否坚硬；

c） 实施检查标石中心标志是否清晰、牢固、突出。

6.5.6.3 标石的埋设和外部整饰的符合性采用以下内容进行检查：

a） 标石埋设过程中，实地检查盐碱地中埋设的混凝土标石是否外涂沥青等防腐材料；

b） 标石埋设过程中，实地检查泥土松软、地下水位较高的地区或沼泽地区的盘石下是否浇灌有混凝土底层；

c） 标石埋设过程中，实地检查各层标石的标志中心偏差是否符合规范要求。

6.5.6.4 托管手续内容的齐全性和正确性按6.3.6.5的要求进行检查。

6.5.7 整饰质量

按6.3.7的要求进行检查。

6.5.8 资料完整性

按6.3.8的要求进行检查。

6.6 边角组合测量成果

按6.4与6.5的要求进行检查。

7 质量评定

7.1 质量子元素评分

7.1.1 数学精度评分

7.1.1.1 当检验成果划分为多个批次进行检验时，数学精度按未划分批次时的成果进行总体评定。

7.1.1.2 以检验成果资料中的精度评定指标评定数学精度。

7.1.1.3 以相对精度、最弱边相对中误差进行数学精度评定时，以检验成果中的最弱值进行评定。

7.1.1.4 在检验成果资料中精度评定指标记录缺少或认为不可靠时，可利用实地检测、重新平差计算结果与检验成果较差评定数学精度。

7.1.1.5 各项数学精度指标均按分段直线内插的方法计算得分。

7.1.1.6 数学精度采用多个指标评定时，取多个精度指标得分的算术平均值作为成果的数学精度得分。

7.1.2 其他质量子元素

按 GB/T 24356 的相关条款执行。

7.2 样本质量评定

7.2.1 以批成果整体精度与限差的符合情况，统计、评定样本的数学精度。

7.2.2 汇总样本中单位成果观测技术指标与规范、设计的符合情况，统计、评定样本的观测质量。

7.2.3 以批成果整体计算的指标、技术要求与规定的符合情况，统计、评定样本的计算质量。

7.2.4 以批成果整体点位布设及单位成果点位布设、选择与规定的符合情况，汇总统计，评定样本的选点质量。

7.2.5 以单位成果标石、标志等预制、埋设与规定的符合情况，汇总统计，评定样本的埋石质量。

7.2.6 以批成果所有资料的符合情况，统计、评定样本的整饰质量、资料完整性。

7.2.7 样本质量评定可考虑困难类别，具体方法按 GB/T 24356—2009 表 2 的规定执行。

7.2.8 不同类型或不同等级的样本成果质量，应分别评定。

7.2.9 检验(查)报告中应有样本质量统计表，内容格式参见附录 D。

7.2.10 样本质量等级按 GB/T 24356—2009 表 5 的规定评定。

7.3 批质量判定

按 GB/T 24356—2009，6.5 的规定执行。

8 编制报告

8.1 委托检验报告的内容、格式按 GB/T 18316 的规定执行，监督检验报告的内容、格式按 CH/T 1018 的规定执行。

8.2 测绘单位按 GB/T 24356、GB/T 18316 的规定编制检查报告。

8.3 当检验成果划分为多个批次检验，或同一检验批中包含不同类型平面控制测量成果时，可编制同一报告。

9 资料整理

整理检验(查)报告、检查原始记录、检测数据等资料，按规定进行管理。

附 录 A
（资料性附录）
检查意见记录表格式

表 A.1 检查意见记录表

第____页共____页

<table>
<tr><td colspan="4">资料名称：</td><td colspan="2">资料编号：</td></tr>
<tr><td colspan="6">检验参数：</td></tr>
<tr><td colspan="6">□详查 □概查</td></tr>
<tr><td>序号</td><td>质量问题</td><td>处理意见</td><td>修改情况</td><td>复查情况</td><td>错漏类别</td></tr>
<tr><td></td><td></td><td></td><td></td><td></td><td></td></tr>
<tr><td></td><td></td><td></td><td></td><td></td><td></td></tr>
<tr><td></td><td></td><td></td><td></td><td></td><td></td></tr>
<tr><td></td><td></td><td></td><td></td><td></td><td></td></tr>
<tr><td></td><td></td><td></td><td></td><td></td><td></td></tr>
<tr><td></td><td></td><td></td><td></td><td></td><td></td></tr>
<tr><td></td><td></td><td></td><td></td><td></td><td></td></tr>
<tr><td></td><td></td><td></td><td></td><td></td><td></td></tr>
<tr><td></td><td></td><td></td><td></td><td></td><td></td></tr>
<tr><td></td><td></td><td></td><td></td><td></td><td></td></tr>
<tr><td></td><td></td><td></td><td></td><td></td><td></td></tr>
<tr><td></td><td></td><td></td><td></td><td></td><td></td></tr>
<tr><td colspan="6">备注：</td></tr>
<tr><td colspan="3">检查者：
日期：</td><td colspan="3">复查者：
日期：</td></tr>
</table>

附　录　B
（资料性附录）
测绘成果检验抽样单格式

表 B.1　测绘成果检验抽样单

委托单位：________________　　　　　　　　　　检验类别：__________

<table>
<tr><td>成果名称</td><td colspan="6"></td></tr>
<tr><td rowspan="2">生产日期</td><td colspan="2" rowspan="2"></td><td rowspan="2">抽样日期</td><td rowspan="2"></td><td>成果总数</td><td></td></tr>
<tr><td>批　　次</td><td></td></tr>
<tr><td rowspan="2">提样方式</td><td colspan="2" rowspan="2">□送寄</td><td colspan="2" rowspan="2">□自提</td><td>批　　量</td><td></td></tr>
<tr><td>样 本 数</td><td></td></tr>
<tr><td rowspan="3">测绘单位</td><td>单位名称</td><td colspan="3">（盖章）</td><td>电　　话</td><td></td></tr>
<tr><td>经 办 人</td><td colspan="3"></td><td>传　　真</td><td></td></tr>
<tr><td>通讯地址</td><td colspan="3"></td><td>邮政编码</td><td></td></tr>
<tr><td rowspan="4">检验单位</td><td rowspan="2">单位名称</td><td colspan="3" rowspan="2">（盖章）</td><td>电　　话</td><td></td></tr>
<tr><td>传　　真</td><td></td></tr>
<tr><td>抽 样 人</td><td colspan="3"></td><td>抽样地点</td><td></td></tr>
<tr><td>通讯地址</td><td colspan="3"></td><td>邮政编码</td><td></td></tr>
<tr><td colspan="4">样本资料：</td><td colspan="3">检验参数：</td></tr>
<tr><td colspan="7">样本号：</td></tr>
<tr><td colspan="7">备注：</td></tr>
</table>

附　录　C
(资料性附录)
样品清单格式

表 C.1　样品清单

第____页共____页

项目名称：		批次：		
序号	样品名称及编号	样品状态	数量	备注
测绘单位：		经办人：		
样品接收人： 日期：		样品管理人： 日期：		
样品返还情况： 测绘单位经办人： 日期：				

附 录 D
(资料性附录)
样本质量统计表格式

表 D.1　样本质量统计表

<table>
<tr><th rowspan="2">质量元素及权值</th><th rowspan="2">质量子元素及权值</th><th colspan="4">错漏类别及数量</th><th rowspan="2" colspan="2">得分</th><th rowspan="2">样本质量得分</th><th rowspan="2">样本质量等级</th></tr>
<tr><th>A类</th><th>B类</th><th>C类</th><th>D类</th></tr>
<tr><td rowspan="3">数据质量
(　　)</td><td>数学精度(　　)</td><td></td><td></td><td></td><td></td><td></td><td rowspan="3"></td><td rowspan="7"></td><td rowspan="7"></td></tr>
<tr><td>观测质量(　　)</td><td></td><td></td><td></td><td></td><td></td></tr>
<tr><td>计算质量(　　)</td><td></td><td></td><td></td><td></td><td></td></tr>
<tr><td rowspan="2">点位质量
(　　)</td><td>选点质量(　　)</td><td></td><td></td><td></td><td></td><td></td><td rowspan="2"></td></tr>
<tr><td>埋石质量(　　)</td><td></td><td></td><td></td><td></td><td></td></tr>
<tr><td rowspan="2">资料质量
(　　)</td><td>整饰质量(　　)</td><td></td><td></td><td></td><td></td><td></td><td rowspan="2"></td></tr>
<tr><td>资料完整性(　　)</td><td></td><td></td><td></td><td></td><td></td></tr>
</table>

参 考 文 献

[1]　国家测绘局.2009.关于印发测绘资质管理规定和测绘资质分级标准的通知[M]//国家测绘局文件汇编(2009年).北京:测绘出版社.

海南统计年鉴
Hainan Statistical Yearbook

2011

（总第 25 期 No. 25）

海　南　省　统　计　局
国家统计局海南调查总队　编

Compiled by
Statistical Bureau of Hainan Province
Survey Office of National Bureau of Statistics in Hainan

中国统计出版社
China Statistics Press

（京）新登字041号

图书在版编目（CIP）数据

海南统计年鉴. 2011 / 海南省统计局，国家统计局海南调查总队编
-- 北京：中国统计出版社，2011.8 ISBN 978-7-5037-6316-8

Ⅰ. ①海… Ⅱ. ①海…②国… Ⅲ. ①统计资料-海南省-2011-年鉴
Ⅳ. ①C832.66-54

中国版本图书馆 CIP 数据核字(2011)第 163667 号

海南统计年鉴—2011

作　　者 / 海南省统计局　国家统计局海南调查总队
责任编辑 / 佘竞雄
责任校对 / 陈文科
封面设计 / 吴　权
出版发行 / 中国统计出版社
通信地址 / 北京市西城区月坛南街 57 号
邮　　编 / 100826
办公地址 / 北京市丰台区西三环南路甲 6 号
电　　话 / (010)63376907
E - mail / yearbook@gj.stats.cn
印　　刷 / 海口永发印刷厂有限公司
经　　销 / 新华书店
开　　本 / 890 × 1240 毫米 1/16
字　　数 / 1589 千字
印　　张 / 48.00
版　　别 / 2011 年 8 月第 1 版
版　　次 / 2011 年 8 月第 1 次印刷
书　　号 / ISBN 978-7-5037-6316-8/C·2536
定　　价 / 300.00 元

《海南统计年鉴——2011》编辑委员会和编辑部工作人员

Hainan Statistical Yearbook-2011 Editorial Board and Editorial Staff

编者说明

一、《海南统计年鉴 2011》是一部以统计特有的语言全面、系统、量化地记录海南省经济和社会发展状况的大型资料性年刊。《海南统计年鉴 -2011》年刊辑录了海南省辖区内 18 个市、县、自治县和海南省农垦总局、洋浦经济开发区 2010 年经济社会发展各项统计数据及全省主要历史年份主要统计数据。

二、本年刊共分综合、国民经济核算、人口和就业、固定资产投资和房地产开发、能源和环境、财政、物价指数、居民生活、农业和农村经济、工业、建筑业、交通运输和邮电通讯业、批发零售贸易和住宿餐饮业、旅游业、对外经济贸易、金融和保险、景气指数、教育、文化和科技、卫生和体育、社会福利和保障等 20 个部分。每部分篇末附有主要统计指标解释条目，对主要统计指标的含义、统计范围、统计方法及历史数据的变动情况作了简要说明。

三、按照海南省现行生产管理和行政管理体制，各市、县、自治县辖区内的国有农垦农场经济社会活动由海南省农垦总局直接管理和单独统计。本年刊所辑录之统计数据，除人口、对外经济贸易、旅游业、交通运输和邮电通信业、财政、金融和保险业、教育和文化、卫生和体育、科技等包含农垦数据或表中特别列示农垦数据外，其余部分的市、县、自治县经济社会指标均不含农垦统计数据。农垦农场数据在"农垦"中单独列示。洋浦经济开发区并入儋州统计，并在儋州下设其中项洋浦经济开发区。目前，海南省所辖西、南、中沙群岛经济活动较少，统计资料来源不易取得，本年刊除人口和就业包含西、南、中沙群岛数据外，其余部分均不计入。

四、本年刊使用的度量单位为国际统一标准计量单位。

五、本年刊指标口径和范围，基本上以国家现行统计报表制度为准,数据大部分来源于政府统计机构年度统计报表和抽样调查数据，少部分来源于政府或行业主管部门的年度统计报表。

六、本年刊部分指标合计数或相对数，由于四舍五入关系或核算单位不同，分项数字之和可能会与之有所出入。

Editor's Notes

I. Hainan Statistical Yearbook 2011 is an annual statistical publication, which reflects comprehensively, systematically and quantitatively the economic and social development of Hainan Province in peculiar statistical language. It covers statistical data for the economic and social development of 18 cities and counties, Hainan State Farm, Yangpu Economic Development Zone in year 2010, as well as major statistical data of whole province in importantly historical years.

Ⅱ. The Yearbook contains the following twenty chapters: 1. General Survey; 2.Economic Accounts; 3.Population and Employment; 4.Investment in Fixed Assets and Real Estate Development; 5.Energy an Environment; 6.Government Finance; 7.Price Indices; 8.People's Living Condition; 9.Agriculture and Rural Economy; 10.Industry; 11.Construction; 12.Transport, Postal and Telecommunication Services; 13.Wholesale and Retail Trades, Hotels and Catering Services; 14.Tourism; 15.Foreign Economy and Trade; 16.Financial Intermediation and Insurance;17. Climate Index; 18. Education, Culture, Science and Technology; 19. Public Health and Sports; 20. Social Welfare and Social Security. Explanatory Notes on Main Statistical Indicators are provided at the end of each chapter to briefly describe the content of main statistical indicators, statistical scope, statistical methods and historical changes.

Ⅲ. According to the existing production management and administrative management system in Hainan province, the state owned land reclamation farms in the cities and counties are directly administrated by Hainan State Farm. The data related with all cities and counties don't cover the data related with land reclamation sector except for the data in respect of population, foreign economy and trade, tourism, transport, post and communication, government finance, financial intermediation and insurance, education, culture, science and technology as well as the data specially marked with data for land reclamation. The data related with land reclamation farms are separately listed in item "Nongken". Statistical data related with Yangpu Economic Development Zone are incorporated into and separately listed under Danzhou City. Considering that economic activities are few in Xisha Islands, Nansha Islands and Zhongsha Islands and that it is difficult to obtain statistical data, other data of these islands are not covered except for population and employment.

Ⅳ. The units of measurement used in this yearbook are internationally standard measurement units.

Ⅴ. The statistical approach and scope in this yearbook base on the current national statistical report system basically. Data are mainly obtained from annual statistical reports and sample surveys of government statistics departments, and some from annual statistical reports of government or administrative departments.

VI. Due to rounding or different accounting unit, the amount of separate number may not correspond with the aggregative or relative ones in this yearbook.

目 录

CONTENTS

第二篇 国民经济核算
Ⅱ Economic Accounts

第三篇 人口和就业
Ⅲ Population and Employment

第四篇 固定资产投资和房地产开发

Ⅳ Investment in Fixed Assets and Real Estate Development

第五篇 能源和环境
V Energy and Environment

第六篇 财 政
Ⅵ Government Finance

第七篇 物价指数
Ⅶ Price Indices

第八篇 居民生活
VIII People's Living Condition

第九篇 农业和农村经济
Ⅸ Agriculture and Rural Economy

第十篇 工 业
X Industry

第十一篇　建筑业
XI Construction

第十二篇　交通运输邮电通讯业
XII Transport, Postal and Telecommunication Services

第十三篇 批发零售贸易和住宿餐饮业

XIII Wholesale and Retail Trades, Hotels and Catering Services

第十四篇 旅游业
XIV Tourism

第十五篇 对外经济贸易
XV Foreign Economy and Trade

第十六篇 金融和保险
XVI Financial Intermediation and Insurance

第十七篇 景气指数
XVII Climate Index

第十八篇　教育、文化和科技

XVIII Education, Culture, Science and Technology

第十九篇 卫生和体育
XIX Public Health and Sports

第二十篇 社会福利和保障
XX Social Welfare and Social Security

All the sun, all the fun

海南省旅游发展委员会

▲ 省长助理、省旅游委主任陆志远同志在2010年上海世博会海南国际旅游岛专项推介会上致辞

海南省旅游发展委员会主要肩负着统筹全省旅游业发展，组织制定全省旅游资源保护规划，牵头组织推进海南国际旅游岛建设，统筹全省旅游要素国际化改造，组织指导重大旅游项目的招投标工作，参与管理全省发展旅游产业的国家和地方投资计划，组织全省旅游整体形象对外宣传和重大推广活动，负责实施旅游市场秩序的规范管理等重要职责。

2010年，在省委、省政府的正确领导和社会各界的关心支持下，全省旅游行业克服了60年不遇的特大暴雨的侵袭和国际金融危机负面影响，全面贯彻落实中央关于推进海南国际旅游岛建设发展战略，有力地促进了海南经济社会的健康快速发展，旅游环境不断改善，旅游管理和规划不断加强，旅游项目不断推进，全省旅游业保持较好的增长态势，接待游客人数和旅游业总收入等主要指标都保持平稳增长，敲响了海南推进国际旅游岛建设的开场锣鼓。2010年我省共接待过夜国内外游客2587.34万人次，同比增长14.98%，其中接待过夜入境游客66.31万人次，同比增长20.24%；实现旅游总收入257.63亿元，同比增长21.68%。

提升海南旅游服务品牌

统筹海南旅游国际化

推进国际旅游岛建设

All the sun, all the fun

海南省旅游发展委员会

▲ 省旅游委副主任吴坤雄同志在省旅游委、中国联合网络通信海南分公司旅游信息化建设合作框架协议签订仪式上致辞

▲ 省旅游委副主任胡月明在海南省旅游委、海航集团战略合作框架协作签字仪式上致辞

▲ 省旅游委副主任陈铁军在2011海南国际旅游岛旅游线路推介会上致辞

一、加快创建假日旅游市场管理机制

一是成立省假日旅游管理领导小组，统筹协调全省假日旅游市场环境管理工作，对各市县履行旅游管理职责情况进行检查指导、督查督办、行政问责。二是各市县落实属地管理责任，领导带头值班，靠前指挥，按照属地管理、部门联动的原则，切实抓好假日旅游市场管理工作。三是制定实施了《海南国际旅游岛建设发展条例》、《海南经济特区旅行社管理规定》、《海南省旅游景区景点管理规定》、《海南经济特区导游人员管理规定》、《海南经济特区旅游价格管理办法》等5部法规，为规范旅游市场秩序提供了法律依据。四是进一步加强对旅游六大要素的标准化建设和管理，严格星级饭店的评定、景区（点）门票价格管理，促进导游队伍建设，规范旅行社健康发展。五是推行以“限定涨幅”和“超标报核”相结合的方式，对全省所有宾馆酒店客房价格实施干预，规定最高涨幅不能超过基价的10%，并实行客房价格备案制，对违反规定的酒店予以严厉处罚。

二、扎实推进旅游规划编制工作

省委、省政府专门成立了海南省旅游规划委员会，为推进海南国际旅游岛建设和强化旅游规划提供了有力的组织保障。根据国务院44号文件精神，认真组织编制了《海南国际旅游岛建设发展规划纲要》并获国家发改委批复。在《规划纲要》指引下，目前13个市县已完成本地区旅游发展规划的编制工作，3个市县正在修编，2个市县即将启动。《规划纲要》确定的17个重点旅游景区和度假区规划，已有12个编制了总体规划，其中9个已经通过评审并获批复。森林旅游、温泉旅游、高尔夫旅游等专项规划也正在编制中。

三、狠抓海南国际旅游岛环境综合整治

2010年是省政府确定的“海南国际旅游岛建设环境综合整治年”，省委、省政府印发了《海南国际旅游岛建设环境综合整治工作方案》，成立了综合整治工作领导小组，集中推进旅游市场环境、社会治安环境、卫生环境三方面整治。省旅游委针对我省旅游市场存在的十类突出问题，联合公安、交通、工商、质监、物价等13个部门，抽调精干力量，抓住重点时段，深入到重点市县、重点地区，严厉查处旅游企业和旅游从业人员违法违规行为。全年查封了“黑社”8家（含服务网点）；查处涉嫌违规旅行社115家次；查处违规景区（点）6个；关闭欺客宰客严重的海鲜大排档17家；查处导游149人次。经过大力整治，我省旅游市场秩序出现明显好转。

四、强力推进国务院赋予海南优惠政策的落实

围绕海南国际旅游岛建设重点优惠政策，狠抓国务院44号文件贯彻落实。免签证方面，26国免签证政策已获公安部正式批准，增加5个免签证国家，放宽了组团人数、延长了入境时间。退免税政策方面，离境游客退税政策已经实施，离岛免税政策正在积极推进之中。游艇政策方

▲ 省旅游委巡视员陈耀同志在海南省2011年市县旅游管理干部研修班上讲话

▲ 省旅游委副巡视员陈祎波同志在海南国际旅游岛成都专场推介会上致辞

▲植物园

▲石梅湾艾美酒店

▲槟榔谷

面，省政府正式颁布实施了《海南省游艇管理试行办法》，在游艇登记、驾驶、入境查验、活动水域等15项游艇管理政策上实现突破，海关、边检、海事等口岸部门正相应制定实施办法。西沙旅游方面，军地双方对西沙旅游开放问题达成共识，取得了突破性进展，西沙邮轮旅游正在完善方案，准备试航。此外，邮轮旅游和通用航空旅游发展已经启动，即开型、竞猜型体育彩票正在设计中。

五、大力推动旅游宣传文化融合发展

着力整合旅游宣传文化资源，探索构建大营销格局，丰富旅游文化内涵，提升国际旅游岛的吸引力和影响力。一是根据海南的资源特点和旅游产品特色，选准重点客源地，综合运用“走出去”和“请进来”等多种手段，开展一系列旅游宣传促销活动。充分借助“中国国内旅游交易会、国际旅游交易会、国际旅游博览会、上海世博会”等平台，组织大型演出推介活动，展示海南自然和人文之美。二是提升旅游项目的文化内涵、旅游商品的文化创意、旅游从业人员的文化素养，深入挖掘优秀历史文化、革命传统文化和民族民间文化资源，举办主题文化活动，开发特色文化产品，推动旅游产业转型升级。三是组织策划了“千车万人自驾游海南”活动，邀请了60余人的海外买家团，体验海南之旅；聘请世界旅游理事会编写《海南旅游经济发展与投资报告书》的协议，与《新京报》、《新民晚报》、《华南都市报》和《成都商报》签订设立旅游联络处协议，扩大了海南旅游的影响力。

六、全力推进旅游公共服务体系建设

旅游基础设施建设步伐加快。海口美兰、三亚凤凰两个国际机场的改、扩建工程正在加紧实施，琼海博鳌机场预计今年上半年开工建设，西部民用机场选址调整已经完成；东环铁路正式投入运营，西环铁路开工建设；海口港二期工程7万吨级国际邮轮泊位，三亚凤凰岛10万吨级国际邮轮码头部分建成。

旅游服务体系日趋完善。开工建设旅游厕所501个，其中262个投入使用；海南国际旅游岛门户网站正式开通；海口、三亚、保亭、澄迈旅游咨询服务中心投入运营，万宁、儋州旅游咨询服务中心正在加快建设；高速公路的标识牌改造工程全面完成。

七、成功举办一批文化会展体育节庆活动

圆满举办博鳌国际旅游论坛，为国际旅游岛建设敲响了“开场锣鼓”。参会代表来自50多个国家和地区，嘉宾多达2136人。论坛共举行10多项主题活动，并通过了“海南旅游宣言”，取得了丰硕成果。

创新举办第十一届中国海南岛欢乐节，开创了“举办一场活动，带动一个产业，发展一方经济”的办节模式，实现了欢乐节向务实转型。此外，还成功举办了中国体育旅游博览会、七仙温泉嬉水节、2010酒店业发展与战略投资高峰论坛、世界女子沙排巡回赛等大型活动，有效提升海南知名度和旅游吸引力。

▲儋州–东坡书院

▲108米南山海上观音

▲三亚邮轮码头

▲尖峰岭雨林溪流

▲吊罗山枫果银河

▲火山口—马鞍岭和包子岭

HNA

HAINAN INT'LTOURISM ISLAND

海岛建设

海島建设

海岛建设是海航集团为响应国家建设国际旅游岛的宏伟蓝图而成立的直属企业，专注于国际旅游岛的开发、建设与服务。目前，海岛建设下属120多家成员公司，业务涵盖地产、商业、酒店、物业、高尔夫、农业、海洋、游艇邮轮、健康医疗等，资产规模约200亿元，从业人员逾7000名，产业遍布海南省18个市县。

海岛建设将依托海航集团在琼产业资源优势，顺天时、集地利、应人和，积极担负起全力服务海南国际旅游岛的重大使命，致力于为世界打造一个美好的海岛家园。

服务海岛

中国南方航空
CHINA SOUTHERN

南航集团公司总经理司献民、股份公司总经理谭万庚，以及海南公司总经理刘国军、书记赖建民与省委领导会见，并签署南航与海南省政府战略合作协议

2010年海南公司荣获安全荣誉：

一、三亚飞行部被评为南航股份公司飞行安全管理先进单位

二、海口飞机维修厂荣获南航股份安全管理先进单位，南航股份“安康杯”五零劳动竞赛三等奖，南航机务系统运行品质铜奖

三、三亚飞机维修厂荣获南航股份“安康杯”五零劳动竞赛三等奖，南航股份公司机务系统运行品质铜奖

四、客舱部被评为南航股份客舱部安全管理先进单位

五、后勤保障部被评为南航股份客舱安全管理先进单位

六、2010年公司安全综合排名在股份公司位居第十，公司安全管理品质大大提升，通过了SMS局方审定

七、公司荣获“海南最具社会责任慈善企业”的称号

八、全国青年文明号“含笑”乘务组被评为中央企业“迎世博、展风采”优秀服务窗口青年文明号

九、运行指挥部被评为2010年度南航股份公司涉澳、涉亚保障先进单位

十、全国级青年文明号“蓝盾号”被评为中央企业“迎亚运盛会、展央企风采”优秀服务窗口青年文明号，荣获中国民航报颁发的“微笑中国-微笑班组”奖，被股份公司评为“优秀班组”

▲ 海南公司总经理刘国军讲话

▲ 南航为海南省特大水灾捐款1千万

海南分公司

2010年海南公司成绩：

一、 海南战略形成与推进：南航与海南省正式签署国际旅游岛战略合作协议。

二、 按计划顺利引进新飞机并投入生产运营：顺利引进4架空客320系列飞机，并全部投入航线运营，使公司空客机队规模达到13架。

三、 圆满完成MD82飞机退役工作：积极的配合售机小组开展MD-82飞机售机保障工作，并于2010年4月28日平安送走最后一架MD-82飞机，圆满完成该机型的退役工作。

四、 深化整合海口、三亚两地运控，成立海南分公司运行指挥部。

五、 全面接收三亚凤凰机场地面服务业务。

六、 抗雨救灾、捐款行动：2010年10月，海南遭遇60年不遇的特大暴雨灾害，公司积极向南航申请，为海南省捐款一千万元，同时，公司全体干部员工积极向灾区捐款达17.35万元，工会向股份公司申请30万元资金，慰问164名受灾员工，受到海南省委、省政府以及社会各界的广泛称赞。

七、 圆满完成保障世博、亚运各项工作。

2010年海南公司发展规划：

一、 精心维护安全基础，全面确保机型置换。

二、 围绕转型，科学管理，提升营销品质。

三、 扎实推进“品牌服务推广年”，努力提升空地服务。

四、 信息化建设，服务公司整合发展。

五、 强化思想政治工作。

全球通®
GoTone
人生的每一个
都活出自

角度
我的高度

做人生的赢家
我能

坚持科学发展、绿色发展、和谐发展，为国际旅游岛建设提供电力保障

海南电网公司

▲6月18日，尹炼总经理（中）被评为海南省优秀企业家

海南电网公司是中国南方电网有限责任公司全资子公司，负责经营南方电网在海南投资的国有电网资产，对海南电网实施统一规划、统一建设、统一调度、统一管理，承担国有资产的保值增值任务，直接为海南经济发展和人民生活提供电力保障。

公司秉承"对南网负责，为海南服务"的宗旨，坚持科学发展、绿色发展、和谐发展，截至2010年末，公司资产总额128.5亿元，供电户数共188万户，供电人口约850万人，营业区面积3.38万平方公里。全省统调装机总容量340.3万千瓦，统调最高负荷229万千瓦。海南电网与南方电网主网相连，全省建成投运220千伏变电站18座、容量422万千伏安，总长1983公里。35～110千伏电网已覆盖全省各市县及主要乡镇，乡镇和行政村通电率达100%。

2010年，海南电网公司紧紧围绕海南国际旅游岛和国际先进水平电网企业建设两个大局，紧紧抓住"保安全、优电网、添绿色、强基础、重和谐"五个关键，深化"三基"（抓基层，强基础，苦练基本功），主动作为，打赢了三大战役，迈出了三大步伐，助力敲响海南国际旅游岛建设开场锣。一是打赢了一场抗洪复电攻坚战，在抗击60年不遇洪灾中确保了主网安全以及338万受灾群众未发生一起人身触电伤亡次生灾害，公司被省委省政府评为海南省抗洪抢险救灾先进集体。二是打赢了一场电网建设攻坚战，攻坚克难按时保质建成投运一批供电配套工程，保障"东环铁路"等一批具有标志性意义的重大工程如期竣工投运。三是打赢了一场信息化建设攻坚战，用三年时间达到信息化B级上游水平，信息门户平台达到国内同行业领先水平。四是公司创建国际先进水平电网企业工作迈出新步伐，提出了《建设国际先进水平电网企业的意见》，谋定海南电网公司用十年时间达到国际先进水平电网企业的发展蓝图。五是电力优质服务迈出新步伐，全面落实《海南国际旅游岛电力保障与服务行动纲领》，与国际电力服务水平对标，保障国际旅游岛建设重大项目落地。六是劳动用工改革迈出新步伐，完成基层供电局劳动用工制度改革，实现人力资源的优化配置。

▲4月28日，尹炼总经理（左一）荣获全国劳动模范称号，载誉归来

▲12月17日，海南省委省政府隆重召开抗洪抢险救灾总结表彰大会。杨卓副总经理（右）代表公司上台领奖

▲7月30日，公司召开创建国际先进水平电网企业启动会，正式向全系统发出创先动员令

▲ 博鳌论坛保电一人一塔的风景

▲ 10月26日，海口供电局抢修突击队乘坐皮划艇对供电线路进行抢修

▲ 电网建设现场

海南电网公司“十一五”发展成绩

五年拼搏，五年奋斗，公司实现了五大跨越，经历了一个发展最快、质量最好的时期。

一、这五年由脆弱变坚强，电网发展有了质的飞跃。五年来，公司鼎力支持海南社会经济建设，尽心尽责当好电力先行官，固定资产投资近百亿元，是“十五”时期的2倍。累计新建35千伏及以上输电线路1975公里、10千伏及以下输电线路10645公里，新增35千伏及以上变电容量428万千伏安，新增35千伏及以上变电站44座，拥有了第一座500千伏变电站。海南电网实现与南方电网500千伏主网联网，结束百年“电力孤岛”历史。网架结构实现从“单环网”到“双环网”、从“日”字型到“目”字型的巨大转变。

二、这五年由被动变主动，驾驭电网能力快速提升。五年来，公司坚持一切事故都可以预防的安全理念，创建本质安全型企业。安全生产投入逐年递增，2010年与2005年比较，大修技改投入增长2倍，安措投入增长4倍，科技投入增长6倍。公司研发的电网高周加载装置首获国家发明专利，科技进步奖项、自主专利技术从无到有。信息化实现从D级到B级上游水平的大跨越。安全生产各项指标全面提升，综合电压合格率上升5.61个百分点，城市供电可靠率上升0.32个百分点，综合线损率下降2.41个百分点，用户年平均停电时间下降28.65个小时。35千伏以上主网近三年未发生一起误操作事故。从抗“达维”到战洪灾，实现从完成传统突击任务向现代应急管理的转变；从援黔抗冰到亚运保电，三年两次出岛支援保电。十载博鳌亚洲论坛没有发生一次停电事故。

三、这五年由粗放变规范，抓三基促企业管理嬗变。五年来，持续深化“三基”，夯实管理基础和发展基础，不断提高治企能力。梳理优化工作流程605个，新建管理标准152个，作业指导书172项，收录技术标准2000余项，构建起技术、管理、工作三大企业标准体系。企业管理完成了从简单粗放到高效规范的管理大蜕变，带动经营效益大飞跃。“十一五”期间，售电量以年均13.81%速度增长，是2005年的2倍；资产总额年均增长11.85%，是2005年的1.75倍。

四、这五年唱响“责任南网”主旋律，电力民生惠及广大人民群众。五年来，公司坚持电力供应社会责任优先，努力促进电力供应均等化。通过实施“两改一同价”，顺利完成覆盖18个市县惠及102万群众的垦区电网接管工作，在全国率先实现城乡用电同网同价。农村生活电价平均减少0.484元/千瓦时，减轻农民负担约20多亿元。2010年人均年用电量1728千瓦时，比2005年增加835千瓦时，实现企业发展成果与群众共享。

五、这五年唱响“和谐南网”大乐章，企业社会美誉度不断提高。五年来，公司坚持践行南网企业文化，开展特色文化建设，构建和谐企业。党建融入争当先锋，科学发展，创先争优，建立党员责任区546个、示范岗229个、联系点249个，创建了一批党建精品工程，公司被省委列为党建工作示范点。南网企业文化在海南落地，积淀了“科学应对、恪尽职守、顽强拼搏、勇于担当”的抗风、抗冰、抗洪宝贵精神财富。公司先后荣获全国“五一”劳动奖状、全国精神文明建设先进单位、海南十大最具社会责任感企业等荣誉。尹炼总经理等50人获得全国劳动模范、全国“五一”劳动奖章、全国技术能手等省部级以上荣誉。

▲ 9月27日，海南电网公司支援广州亚运保电首支队伍启程赴穗

▲ 公司供电抢修队员正在对受损的会文10千伏白延主线文林支线重新立杆

粤海铁路有限责任公司

粤海铁路是中国第一条跨海铁路，由铁道部、海南省、广东省合资建设，是“九五”期间铁路重点建设项目之一，1998年8月30日正式开工，2004年3月28日全线竣工。

2005年10月海南西环线实施提速改造，2007年4月18日正式开通运营，目前开行三亚–北京西（T201/202次）、三亚–上海南（K511/512次）、三亚–广州（K407/408次）旅客列车3对。

海南东环高速铁路北起海口市，途径文昌市、琼海市、万宁市、陵水县，南至三亚市，2007年9月28日全线开工建设，2010年12月30日建成开通运营，目前日开行海口–三亚、海口东–三亚动车组28对。主要技术标准为复线，Ⅰ级干线，最小曲线半径为5500m，限制坡度12‰，线路最高运行速度250km/h，海口至三亚仅需1.5小时，实现海南“一个半小时生活圈”。12月30日，受广州铁路（集团）公司委托，粤海铁路公司正式接管运营东环高速铁路。

粤海铁路有限责任公司是由铁道部、海南省、广东省共同出资，严格按照《公司法》组建的新型合资铁路企业，设有股东会、董事会和监事会。公司内设职能管理机构10个，下设27个生产车间，公司党委、纪委、工会、团委等党群组织健全。

粤海铁路有限责任公司作为独立法人，实行业主负责制，经营湛江至三亚间铁路（含海峡轮渡）建设及运营；航运及铁路、水航联运；仓储（危险品除外）；装卸；铁路设备及配件的制造、安装、维修和销售；科技开发及技术培训；经济信息服务。

1999–2009年，公司连续十年荣获全国“安康杯”竞赛优胜企业。

2009年12月，公司总经理张学工荣获海南省劳动模范，当选第四届海南省人民代表大会常务委员会委员。

2010年1月，公司总经理张学工荣获“全国安康企业家”称号。

2010年6月，公司总经理张学工荣获海南解放60周年“十大优秀企业家”称号。

地　　址：海南省海口市秀英区粤海大道

邮　　编：570312

电　　话：0898-31686200

传　　真：0898-31686210

网　　址：www.yuehairailway.com

电子邮箱：yuehaizhb@163.com

▲ 粤海铁3号

▲ 晨曦中的东环铁路

▲粤海铁路南站货场

▲ 60周年文艺汇演

▲ “和谐号”动车组

ICBC 中国工商银行 海南省分行

▲ 2010年12月31日，省领导一行视察工行海南省分行年终决算工作

▲2010年3月23日，工行海南省分行与海南省中小企业信用担保公司举行银企战略合作框架协议签字仪式

▲ 2010年12月20日，工行海南省分行召开第四届发展战略研讨会

中国工商银行股份有限公司海南省分行的前身是中国工商银行海南行政区分行，1984年10月从当时的中国人民银行海南行政区分行分设而立。1988年4月海南建省后，于1988年12月正式升格为中国工商银行海南省分行。2005年10月，中国工商银行股份有限公司正式成立，中国工商银行海南省分行也随之变更为中国工商银行股份有限公司海南省分行。截止2010年末，该行共有内设机构25个，分支机构18家，营业网点108个，从业人员2497人。

近年来，该行坚持以市场为导向、以客户为中心的经营理念，不断加大改革创新力度，提高核心竞争力，各项业务不断发展。业务范围从传统的存贷汇业务扩展到个人理财、银行卡、网上银行、外汇买卖、代理业务、现金管理、企业年金、资产托管、贵金属、投资银行等新兴业务和中间业务；服务和管理手段实现了由手工操作到信息化处理的跨越，营销渠道完成了由单一柜面向实体机构、自助设备和虚拟银行相结合的全面转型；电子化网络覆盖所有营业网点，ATM自动柜员机、自助终端、POS机遍布全省各市县；依托强大的科技优势，开通了全国联行实时清算系统、新一代综合业务系统、全功能银行系统以及银证通、网上银行、电话银行、手机银行等电子银行业务；经营实力不断增强，实现了速度、规模、质量、效益的协调发展。2010年，工行海南省分行认真贯彻落实国家宏观产业调控政策，积极参与海南省委、省政府"国际旅游岛"发展战略的实施，通过加大贷款投放力度，大力支持地方经济的建设。全行累计发放各项贷款（不含票据融资）276.99亿元，贷款重点投向了省内优先发展的铁路、电力、航空、浆纸、石油、石化、邮政、旅游和房地产等领域，有力支持了省内一批重点行业项目、重点基础设施项目的建设和发展，充分发挥了信贷投放优化金融资源配置的作用，为推动海南经济的发展发挥了重要的作用。截止2010年末，各项存款余额比年初增加204.39亿元，增幅为32.67%，各项存款的存量稳居同业第一。各项贷款余额比年初增加70.06亿元，增幅为25.29%，各项贷款的存量、增量均位居同业第一。中间业务收入同比增幅40.12%，总量和增量实现了同业排第一的目标。存贷款、中间业务收入、经营效益等核心指标均创历年来最好水平，多项主要经营指标在海南同业中名列前茅。

该行全年累计销售理财产品470.8亿元，是同期1.76倍。代理基金、代理保险和电子银行、信用卡业务同业优势明显，进一步确立了同业第一代理银行、第一电子银行和第一信用卡银行的地位。信用卡发卡量35.14万张，消费额40.6亿元，分别较年初增长223%、38%，主要业务指标均领先同业。电子银行交易额已超过1万亿元人民币，同比增长54%，客户通过电子银行渠道办理的业务笔数已经占该行全部交易量的60%以上。

作为海南省总资产最大的一家商业银行省级分行，工行海南省分行始终坚持与时俱进、不断超越的精神，认真贯彻执行国家经济金融方针政策，不断开拓创新，以支持海南的改革开放和经济建设、服务广大企事业单位和人民群众为己任，积极筹措资金，灵活运用资金，不断拓展服务领域，完善服务功能和手段，为海南经济发展、社会进步、人民生活水平提高发挥了重要作用。

▲ 2010年2月4日，工行海南省分行召开2010年新春团拜会

▲ 2010年12月10日，工行海南省分行举行向海南省红十字会爱心赠车交接仪式

▲ 2010年12月19日，工行海南省分行举办第一届职工运动会

▲ 2010年11月26日，工行海南省分行举行海南工银商友俱乐部启动仪式

中国农业银行
AGRICULTURAL BANK OF CHINA

和谐奋进铸辉煌 创新发展谱新章

农行海南分行全力服务“三农”

成为国际旅游岛主流银行

▲ 主持工作的党委副书记、副行长石九生同志会见来访的企业代表

▲ 2011年2月28日，农行海南省分行牵头的银团贷款6家成员单位与国投孚宝公司签订海南洋浦30万吨级原油码头及配套储运设施工程项目银团贷款协议

2010年是农业银行股改上市的第一年，也是农行海南分行改革发展取得丰硕成果的一年。农行海南分行以国际旅游岛建设为契机，以科学发展观为指导，坚持面向“三农”市场定位，按照“外联关系树形象，内转思想打基础，稳中求进促发展”的工作思路，扎实推进“三农”工作，促进各项业务的持续发展，全面实现了再造一个海南分行的目标，为海南国际旅游岛建设和新农村建设做出了积极贡献。

农行海南分行下辖24个分支行，190个营业网点，3800多名在职员工，机构遍布城乡。同时，充分依托科技支撑，发挥虚拟网点的作用，设置24小时自助银行77个、ATM机328台，并借助电子网络技术和全国农行系统的服务资源，构建了一个庞大的服务网络，努力为海南城乡广大客户提供高效、优质、便捷的金融服务。

2010年，农行海南分行各项业务快速发展，与2008年相比，主要业务实现了翻番，再造了一个海南分行。一是存款增量实现新突破。到年末，本外币各项存款余额688.45亿元，比2008年4月末增长了1.16倍，实现了翻番。二是贷款投放取得新进展。到年末，本外币各项贷款余额189.48亿元，是剥离后的3.62倍，比年初增加47.59亿元，增长33.54%。三是“三农”业务取得新成效。到年末，惠农卡发卡总量达51.68万张，比年初增加16.17万张；农户小额贷款授信总户数达4.04万户，新增授信户数1.61万户；农户小额贷款余额4.83亿元，新增用信2.56亿元。四是中间业务作出新贡献。到年末，实现中间业务收入2.12亿元，是2007年末的

2.16倍，同比增加0.68亿元，增长47.22%，比前3年平均增长率30.06%高16.67个百分点。五是资产质量实现新提高。不良贷款余额比年初下降0.72亿元，占比比年初下降1个百分点，实现“双降”。六是经营效益再上新台阶。到年末，实现拨备前利润分别为9.23亿元，在2008年扭亏为盈后持续成倍增长，比2009年增盈4.82亿元，同比增长109.3%。七是风控管理迈出新步伐。共向19个经营行派驻了风险合规经理，强力推进守押市场化工作，全面实现了“一库无枪”目标，内部控制不断强化，基础管理深入扎实。

2011年，农行海南分行将继续以扩规模、调结构，提份额、增盈利，强管理、上水平为主线，坚持业务发展与强化风险管理并重，夯实管理基础，提高发展质量，推进和谐建设，坚定不移做好“三农”服务工作，积极支持海南国际旅游岛建设，在新的起点上实现全行改革发展的新跨越。

▲ 2月18日，农行海南分行召开2011年工作会议，部署2011年全行工作

▲ 海南农行表彰先进单位和先进个人

▲ 海南农行举办元宵联欢晚会

附：

农行海南省分行2010年度领导班子成员

党委书记、行长　廖家旺

（任职时间：2008年12月25日任）

党委副书记、副行长　石九生

（任职时间：2008年11月11日任）

党委委员、副行长　刘 峰

（任职时间：2009年4月2日任党委委员，
2009年7月10日任副行长）

党委委员、纪委书记　覃国安

（任职时间：2006年7月25日任）

党委委员、副行长　黄瑞三

（任职时间：2010年6月7日任）

党委委员、行长助理　王起鸿

（任职时间：2010年8月3日任）

中国银行 BANK OF CHINA 海南省分行

▲2010年12月18日，中国银行海南省分行王一林行长作为特邀嘉宾在“2010中国体育旅游发展论坛”上发言

▲2010年3月1日，中国银行海南省分行与海南省科学技术厅签署全面合作协议

▲2010年9月，中国银行海南省分行和多家银行与省文化广电出版体育厅签订支持文化产业发展全面战略合作框架协议

▲2010年10月26日，中国银行海南省分行与海南省鄂尔多斯商会全面合作协议签字仪式

中国银行股份有限公司海南省分行（简称中国银行海南省分行）是中国银行股份有限公司（简称中国银行）设在海南省的一级分行，前身为始建于1914年的中国银行“琼州分号”，是海南省历史最悠久的银行，具有较高的信誉度和美誉度。

在总行党委及海南省委、省政府的领导和支持下，中国银行海南省分行以科学发展观统领全局，秉承“以客户为中心，以市场为导向，强化公司治理，追求卓越效益，创建国际一流大银行”的宗旨，以“服务地方经济社会发展”为己任，大力支持海南建省办经济特区和国际旅游岛建设。

建省20年来，中国银行海南分行认真贯彻省委省政府“一省两地”和“大公司进入、大项目带动”的发展战略，重点支持了海南省的高新技术、交通、能源、通讯、经贸等重点行业和中海油、中石化、一汽海马、洋浦电厂、海南港航控股、海南民生管道燃气等一批大型骨干企业集团，与海口城市发展有限公司签订“银企战略合作”，支持海口旧城区改造工程，为海南的经济社会发展做出了重大贡献。2010年，中国银行海南省分行积极抢抓海南建设国际旅游岛的战略机遇，授信支持已延伸到海南旅游业、高端酒店业、房地产业、航空业等各大重点行业。

近年来，中国银行海南省分行始终紧盯市场标杆和同业标杆，以“倒计时”的压力和“极力争取”的精神发展业务，实现了业务发展和经营效益跨越式发展。2010年，人民币存款实现跨越式发展，市场份额跃居四大行第二位，人民币授信业务增幅首次居四大行和全社会之首，不良资产持续“双降”，资产质量达到历史最好水平，风险内控能力不断增强，连续五年实现安全经营目标。

追求卓越，永不停步。中国银行海南省分行在稳健经营的同时，积极进取，不断创新，在国际结算、外汇资金和贸易融资等领域得到业界和客户的广泛认可和赞誉。2008年至2009年，我行连续被省政府授予“企业社会责任十大楷模”和“十大最具社会责任感企业”，2010年再度被授予海南解放60周年“海南省优秀企业”和“海南国际旅游岛建设与发展新兴产业十大楷模”，成为海南省金融系统唯一一家连续三年获省政府表彰的金融机构。

▲2010年12月12日，中国银行海南省分行与海南雅居乐公司签订30.8亿授信协议，是海南酒店项目金融最大的一笔授信

交通银行海南省分行

省政府与交通银行签署战略合作协议

2011年4月21日，海南省政府与交通银行在海口签署战略合作协议。海南省委书记、省人大常委会主任卫留成出席签约仪式；海南省委副书记、省长罗保铭，交通银行党委书记、董事长胡怀邦分别致辞。海南省委常委、常务副省长蒋定之、省委常委、省委秘书长许俊，交通银行党委副书记、监事长华庆山、副行长钱文挥、副行长王滨，海航集团董事长陈峰等企业负责人参加了签约仪式。根据协议，双方将在国际旅游岛基础设施和重大项目建设、支柱产业、特色产业、中小企业融资、经济结构调整和升级、国有资产管理、国有企业改革等领域展开全面合作。

罗保铭感谢交通银行长期以来给予海南的大力支持，对双方签订战略合作协议表示祝贺。罗保铭说，交通银行是我国一家有着百年历史的商业银行，近年来发展迅速。交通银行进入海南20年来，在交通运输、公路建设、高新技术产业、旅游酒店、保障性住房和中小企业融资贷款等方面给予了总额达600亿元的贷款支持。特别令人感动的是，去年海南遭遇特大洪涝灾害，交通银行海南省分行职工慷慨解囊，捐款70万元。近年来，交通银行海南省分行各项业务高速发展，经营效益大幅增长，2010年末，经营利润是2007年的2.6倍，至2011年3月末，资产总额、存款余额、贷款余额分别是2007年底的3倍、3.3倍、2.5倍。罗保铭表示，在建设海南国际旅游岛的进程中，海南省政府坚持把服务业放在优先发展的突出位置，把推动服务业大发展作为产业结构优化升级的战略重点，努力把服务业培育成海南的主导产业。尤其看中银行、证券、保险、基金等金融业在海南服务业发展中的引领和支撑作用。他指出，海南省政府已制定了促进金融业加快发展的优惠政策，支持交通银行在海南拓展金融业务，期待交通银行发挥自身优势，创新金融服务，在支持基础设施建设、培育特色产业、重组地方性商业银行等方面再创佳绩。

胡怀邦在致辞中对海南省委、省政府长期以来对交通银行海南省分行的大力支持表示感谢。胡怀邦指出，海南国际旅游岛建设上升到国家战略高度，将再次为海南带来重大历史性发展机遇，海南也必将在中国经济发展中扮演越来越重要的角色。此次战略合作协议的签订，是交通银行和海南省共谋发展的双赢成果，更是深化合作的新起点。交通银行将继续发挥综合经营、国际发展的优势，综合利用各类服务平台，全力支持海南国际旅游岛建设，为海南广大客户提供更加便捷优质的金融服务。

随后，交通银行还与省内4家重点企业签订了总额达450亿元的授信合作协议，其中，与海航集团有限公司签订150亿元授信合作协议，与海南农垦集团有限公司、省发展控股有限公司、省国际旅游岛开发建设有限公司分别签订100亿元授信合作协议。

▲ 省委、省政府领导、交通银行董事长胡怀邦(右四)、监事长华庆山（右三）等领导出席战略合作协议签约仪式

▲ 4月21日下午，省领导会见交通银行党委书记、董事长胡怀邦一行。双方就进一步深化合作交换了意见

▲ 2010年9月14日，交通银行海南省分行支持海航集团建设海南第一高楼（海航国际广场）授信签字仪式在海南迎宾馆国宾一厅顺利举行

▲ 2010年11月10日下午，省领导会见交通银行党委副书记、副董事长、行长牛锡明

▲ 交通银行海南省分行营业部被评为“2009年度中国银行业文明规范服务百佳示范单位”

高效链接
效益攀升
实现核心企业和上下游企业无缝链接
整合资源效益最大化
www.sdb.com.cn | 服务热线:95501 0898-68511220
线上供应链金融
竞争越激烈，意味着企业面临更加复杂和更具风险的市场，如何应对来自融资、避险、资金管理、支付结算等问题？现在起，改变单一问题单一解决的低效方式，联动上下游企业、银行、第三方机构，实现供应链中物流、资金流和信息流的有效整合，灵活高效地在网路平台上解决各种问题，让协同联合发挥最大效应。这，就是深发展线上供应链金融。
供应链金融，是深圳发展银行于2003年推出的创新金融服务，通过分析供应链和每一笔生意，借助大企业的实力，以及存货、应收账款等动产担保，为供应链上的单个企业或上下游企业链条提供融资、结算、理财等全面金融服务。
详尽资讯请参阅专著《供应链金融》：深圳发展银行－中欧国际工商学院“供应链金融”课题组，上海远东出版社，2009年1月。
深圳发展银行 海口分行
SHENZHEN DEVELOPMENT BANK HAIKOUBRANCH
供应链金融
SDB SUPPLY CHAIN FINANCE
深发展，深知我心

海南省农村信用社联合社

海南省农村信用社联合社现辖18个市县联社、1个县级农合行，397个营业网点，在岗职工3568人,是全省网点最多的金融机构。截止2010年底，存款余额313亿元，比年初增加106亿元，增长50%；贷款余额180亿元，比年初增加了66亿元，增长58%；涉农贷款117.8亿元，比年初增加43.64亿元，占比65.4%，达到“三个高于”目标；累放小额贷款19.55亿元；不良贷款实现双降，余额比年初下降0.9亿元，不良贷款率比年初下降7.21个百分点，全年共清收不良贷款4.4亿元。

一、组织存款壮实力。一是建立激励制度，调动全员揽存积极性。二是抓住重点项目。“一卡通”代理发放惠民资金3.2亿元，代收新农保保费1.4亿元，吸收征地赔偿款等财政性资金33亿元。三是实行科技引存。大海卡吸引资金58亿元，比年初增加30亿元，EPOS机、自助转账终端归集资金15亿元。

二、服务三农当主力。加大小额贷款推广力度。小额信贷技术员增加到500人，发放涉农企业“一抵通”贷款27.8亿元。“一小通”小额信贷模式获得省科技进步奖。累计发放农民自建住房贷款3469万元，支持1350户农民建造了住房。在海南遭受历史罕见的强降雨灾害期间，发放贷款 15亿元，有力的支持了全省灾后重建工作。省委、省政府给予了充分的肯定。

三、深化改革激活力。一是省政府扶持政策更给力。5月份，省政府下发了《海南省支持农村信用社改革发展的若干意见》，出台减免税费、设立改革补贴专项资金等十条政策，建立了扶持农信社改革发展的长效机制。12月30日，省政府向农信社注入5000亩土地，帮助消化历年亏损包袱。二是统一法人改革全面完成。3月30日，全省第一家农村合作银行白沙银行开业。8月底，19家市县统一法人联社全部挂牌。三是票据兑付实现零的突破。9月2日，琼中、城郊、白沙联社（农合行）2.25亿元票据资金到账，占全部20.96亿元票据的10.75%。四是挂钩扶持的海口龙谭、万宁和港两家农村资金互助社6月30日、7月1日如期开业。

四、科技引领强内力。成立科技处，归口统一管理全辖金融科技工作。新增上线ATM机65台，设立自助银行5个。新开通了视频会议、电子商业汇票、固网支付、代收代付等系统，网上银行和网上支付也相继上线，达到现代商业银行同等水平。

五、文化建设显魅力。发布新标识墙体广告1306条，全年在《人民日报》、《海南日报》等媒体刊发农信社新闻369条，其中头版46条。吴伟雄理事长受邀赴京参加了“全国劳模表彰大会”，并荣获“中国农村新闻人物2010年度杰出人物”，为农信社增光添彩。琼中联社被中国银监会、银行业协会评为“全国服务三农先进单位”。积极组织献爱心活动，向岛内强降雨重灾区捐款100万元，先后向青海玉树地震灾区、西南干旱灾区、省慈善医院捐款捐物103万元。

▲ 海南省农信联社理事长吴伟雄荣获“中国农村新闻人物2010年度杰出人物奖”

▲ 中农办主任陈锡文(右二)来海南调研海南农信社小额信贷工作

▲ 中国银监会原副主席蒋定之（左二）来海南专题调研农信社小额信贷工作

▲ 海南省农村信用社新标识亮相营业网点

▲ 2010年3月30日，全省第一家农村合作银行白沙农合行开业

FAIRYLAND

大小洞天

三亚大小洞天发展有限公司

Sanya Dongtian Park Development Ltd.

三亚大小洞天旅游区

国家首批5A级景区

三亚大小洞天位于三亚市以西40公里处的南山山麓，始创于南宋（公元1187年），是海南省历史最悠久的风景名胜，是中国最南端的道家文化旅游胜地，自古因其奇特秀丽的海景、山景、石景与洞景被誉为“琼崖八百年第一山水名胜”，现已发展成为国家首批5A级旅游景区。

三亚大小洞天自古留下了众多名人胜迹。唐代高僧鉴真为弘扬佛法六次东渡日本，曾于第五次漂流至南山大小洞天海岸登岸，留下千古史话；宋末元初我国棉纺技术革新家黄道婆在这一带采棉纺织，并从这里登船离岸，把崖州的植棉技术和棉纺技术传播海内外；宋代道教南宗五祖白玉蟾曾在此修炼和传法布道，使大小洞天从此与道家有了渊源……

三亚大小洞天超凡脱俗的风光，也吸引来了无数古今名人，留下了大量赞美华章。1962年，郭沫若同志到此游览访古，写下了《游崖县鳌山》一诗，并镌刻在小洞天旁。

地址：海南省三亚市崖城大小洞天旅游区
电话：0898－88830003　88830188
传真：0898－88830117　88830199
Http://www.sanyapark.com

洞天福地

▲ 寿字碑——寿比南山

1993年4月17日，时任中国共产党中央总书记、国家主席、中央军委主席江泽民同志莅临视察并题词："碧海连天远，琼崖尽是春"。1994年1月，全国政协副主席、中国佛教协会会长赵朴初为景区题词"福如东海，寿比南山"。

三亚大小洞天依托得天独厚的生态资源、天工造化的山海形胜和深厚的历史文化底蕴，目前已形成了六个游览区域：彰显古代道迹仙踪的"洞天福地"区域，发掘长寿文化的"福寿南山"区域，宣传中华龙文化的"南海龙王"区域，揭示古崖州文化渊流的"摩崖题咏"区域，以滨海自然风貌为主题的"山海奇观"区域，展现1.4亿年前生命世界的"三亚自然博物馆"，可承接度假住宿、婚庆蜜月、婚纱摄影与露营拓展的小月湾生态度假酒店，共有50多个游览景点。

三亚大小洞天年接待游客逾百万人次，是一个以古崖州文化为脉络，汇聚中国传统的道家文化与龙文化，融滨海风光、科普教育、民俗风情、滨海休闲于一体的国际化旅游风景区。

▲ 婚庆蜜月房、生态木屋

▲ 三亚自然博物馆

德桂轩海景大酒楼

2010 年海南省经济和社会发展综述

2010 年，全省各族人民在省委、省政府的正确领导下，深入贯彻落实科学发展观，认真贯彻执行国家的各项宏观调控政策措施，按照省委、省政府的一系列决策部署，紧紧抓住国际旅游岛建设上升为国家战略这一重大机遇，进一步推进改革开放，着力转变经济发展方式和加快经济结构调整，战胜了历史罕见的特大洪涝灾害，开创了科学发展新局面。经济保持快速增长，经济总量跨上新台阶，经济效益大幅提高，产业结构升级转型，三次产业全面协调发展，投资、消费和出口需求增长强劲，多项主要经济指标增速位居全国前茅，经济发展方式出现积极转变，经济运行呈现出速度、结构和效益同步提升的良好态势，民生状况明显改善，改革开放不断深化，各项社会事业全面进步，是建省以来经济社会发展最好的一年。

一、综合

经济保持快速增长，经济总量跨上新台阶。2010 年全省生产总值突破 2000 亿元大关，达到 2064.50 亿元，比上年增长 16.0%，增速提高 4.3 个百分点，比全国 GDP 增速高 5.7 个百分点。其中，第一产业增加值 539.83 亿元，增长 6.3%；第二产业增加值 571.00 亿元，增长 19.2%；第三产业增加值 953.67 亿元，增长 20.1%。

人均地区生产总值突破三千美元大关，经济社会步入发展新阶段。2010 年全省人均生产总值 23831 元，按现行汇率折算为 3533 美元，登上了 3000 美元的新台阶。按照国际经验，人均 GDP 超过 3000 美元，标志着一个国家或地区处于消费加快升级换代时期，服务业发展加速，经济将进入快速发展轨道。

经济结构调整取得重要进展，三次产业结构转型升级。2010 年第二产业增加值占全省生产总值的比重为 27.6%，比上年提高 0.8 个百分点，超过第一产业 1.5 个百分点；第三产业增加值占全省生产总值的比重为 46.2%，比上年提高 0.9 个百分点。经济结构调整实现历史性转型，由"三一二"转变为"三二一"。

地方财政收入、企业利润大幅增长，经济效益明显提高。2010 年全省地方财政收入 551.62 亿元，比上年增长 84.1%。其中，地方一般预算收入 270.99 亿元，增长 52.0%，增速比全国财政收入增长 21.3%高 30.7 个百分点，增幅全国第一。全年列入统计监测的 420 家规模以上工业企业综合效益指数 329.2%，比上年提高 27.9 个百分点，创历年新高；盈亏相抵后实现利润总额 140.04 亿元，增长 31.3%。全省银行业金融机构盈利 61.20 亿元，比上年增长 51.9%。

物价上涨较快，结构性上涨特征较明显。2010 年全省居民消费价格（CPI）比上年上涨 4.8%。受房地产迅猛发展的拉动，建房及装修材料、租房、水电、燃料等居住类价格明显上涨，涨幅达 9.7%，居八大类价格之首；其次是食品类上涨 7.6%，居住类和食品类价格较快上涨是推动居民消费价格上涨的主要因素。商品零售价格上涨 4.6%，农业生产资料价格上涨 7.3%，工业品出厂价格上涨 7.7%，原材料、燃料、动力购进价格上涨 10.3%，固定资产投资价格上涨 5.2%。居民消费价格比上年涨跌幅度见表 1：

表 1：居民消费价格比上年涨跌幅度（%）

居民消费价格	4.8
食品类	7.6
烟酒及用品类	0.6
衣着类	1.2
家庭设备用品及维修服务类	4.6
医疗保健与个人用品类	2.0
交通和通信类	0.6
娱乐教育文化用品及服务类	−0.6
居住类	9.7

二、民生

城乡居民收入较快增加。2010年全省城镇居民人均可支配收入达15581元，比上年增长13.3%；全年在岗职工平均工资31025元，比上年增长24.6%。全年农村居民人均纯收入5275元，比上年增长11.2%，其中工资性收入增长29.7%。年末城乡居民储蓄存款余额1666.74亿元，比上年增长29.9%。居民消费支出较快增长，生活质量不断改善。城镇居民人均消费支出10927元，比上年增长8.3%；农民人均生活消费支出3446元，增长11.6%。城镇居民人均住宅建筑面积达28.88平方米，农村居民人均住房居住面积24.74平方米。

各类保障性住房建设超额完成任务。2010年全省计划建设保障性住房10.09万套、716.02万平方米。全年开工12.63万套，开工率125.2%，其中竣工7.4万套(含上年结转3.5万套)；开工建设面积1057.19万平方米，占计划总面积的147.6%，其中竣工面积561.72万平方米(含上年结转287.73万平方米)。农垦、国有林场及农村危房改造套数为2.41万套、0.48万套和1.95万套，分别完成计划的105.3%、106.3%和135.2%。

社会保障和社会救助水平明显提高。2010年全省最低工资标准上调200元，增幅居全国之首。城镇从业人员基本养老保险纳入省级统筹，全省60岁及以上农民享受普惠式的养老保障，有55万人每人每月领取55元的基础养老金。新型农村合作医疗和城镇医疗保险已基本覆盖全省城乡居民。年末全省城镇参加基本养老保险人数(含离退休人员)180万人，比上年末增长7.1%；参加医疗保险人数323.29万人，增长13.8%；参加工伤保险人数95.43万人，增长5.9%；参加生育保险92.59万人，增长8.9%；参加失业保险112.48万人，增长9.7%。社会救助显著加强。年末全省城镇各种社区服务设施91个；抚恤、补助各类优抚对象2.6万人；年末城镇居民最低生活保障人数16.98万人，农村居民最低生活保障人数23.07万人，农村五保户供养人数3.62万人。全年实施城乡医疗救助56.7万人次，比上年增长19.4%。其中，城市医疗救助21.6万人次，增长20.3%；农村医疗救助35.1万人次，增长18.9%；全年救助灾民223.5万人次。全省共销售福利彩票8.4亿元，比上年增长1.2倍；筹集社会福利彩票公益金2.1亿元，增长96.3%；直接接收社会捐赠5.52亿元。

劳动就业人数持续增加。2010年城镇新增就业人数9.36万人，比上年增长2.9%；城镇登记失业率3%，下降0.48个百分点；农村劳动力转移9万人，增长1.1%。劳动就业规模继续扩大，年末全省从业人员439.65万人，比上年末增长3.6%，其中城镇从业人员155.07万人，在岗职工年末人数79.21万人，分别增长8.5%和1.9%。

教育事业健康发展。2010年全省新建教育扶贫(移民)学校9所，改造中小学校舍479所。重点发展面向农村的职业教育，职业教育办学能力明显提高。2010年起，高中学校、中等职业学校、特殊教育学校、幼儿园教师及省、市研训、电教机构等全体人员享受绩效工资，教师绩效工资实现全覆盖。全年普通高校招生4.82万人，在校学生15.08万人，比上年增长4.3%；中职(含技工)在校学生10.86万人，比上年增长2.0%；普通高中招生5.6万人，增长2.2%，在校学生16.05万人，增长3.0%；普通初中招生13.35万人，在校学生42.16万人，初中毛入学率101.8%；普通小学招生10.36万人，在校学生78.05万人，小学净入学率达99.76%。

医疗卫生事业取得新发展。2010年，省干部医疗保健中心、省人民医院综合住院大楼、省中医院门诊综合大楼、海口市人民医院医疗综合大楼等建成投入运营，301医院海南分院进入后期施工阶段，省眼耳鼻喉专科医院正在加快建设。全年新型农村合作医疗参合率达到97.1%，比上年提高0.7个百分点。全年改造乡镇卫生院12个。年末全省共有各类卫生机构2265个。其中，疾病预防控制中心26个，妇幼保健机构24个，专科疾病防治机构24个。社区卫生服务机构120个，增长34.8%；农村乡(镇)卫生院307个。全省共有医院病床位2.60万张，增长10.6%。各类卫生技术人员3.88万人，增长4.3%。其中，执业医师1.11万人，增长3.7%；执业助理医师0.3万人，增长3.2%；注册护士1.61万人，增长7.3%；药剂人员0.2万人，增长5.7%；检验人员0.15万人，增长0.2%。报告甲、乙类传染病发病人数2.21万例，下降3.7%；报告死亡141人，报告传染病发病率十万分之791.79，死亡率十万分之1.69。

三、农业

农业生产平稳较快发展。2010年全省农业完成增加值539.83亿元，比上年增长6.3%。分产业看，渔业完成增加值130.12亿元，比上年增长5.0%。临高县深水网箱养殖扩建，已发展成为亚洲最大的深海抗风浪网箱养殖基地。林业完成增加值85.57亿元，比上年增长13.9%。干胶产量34.64万吨，增长12.8%。种植业完成增加值219.78亿元，比上年增长5.5%。瓜菜产量532.13万吨，增长8.1%；园林水果产量285.36万吨，增长6.5%。南繁育种业和花卉业、桑蚕业等特色绿色产业不断发展壮大。畜牧业完成增加值91.42亿元，增长4.3%。肉类总产量68.49万吨，增长3.7%。温氏、罗牛山、海平达、鹏翔、禾牧、永茂等大型龙头企业的生猪标准化养殖规模迅猛扩大，有10多个标准化养殖场被农业部列入首批示范项目。新建万头养猪场47

个,全省万头以上猪场已达到153个。全年瓜果菜出岛540万吨,生猪出岛量173万头,水产品出口12.9万吨,创历史新高。主要农产品产量见表2:

表2:主要农产品产量

产品名称	单 位	绝对数	比上年增长%
粮食	万吨	180.38	-3.8
糖蔗	万吨	363.13	-20.7
油料	万吨	9.49	4.3
瓜菜	万吨	532.13	8.1
水果	万吨	285.36	6.5
其中:香蕉	万吨	172.29	8.0
菠萝	万吨	29.74	0.3
芒果	万吨	37.02	3.1
橡胶干胶	万吨	34.64	12.8
椰子	亿个	2.31	-2.5
胡椒	万吨	3.60	-3.9
槟榔	万吨	15.21	5.9
肉类总产量	万吨	68.49	3.72
其中:猪牛羊肉产量	万吨	44.59	3.58
禽肉产量	万吨	21.68	2.9
禽蛋产量	万吨	3.5	9.7

农业现代化水平进一步提高。年末农业机械总动力421.51万千瓦,增长6.4%,其中排灌机械动力90.52万千瓦,增长3.6%。大中型拖拉机13203台,增长9.0%;小型拖拉机52163台,增长5.3%;农用载重汽车4948辆,增长1.0%。化肥施用量(折纯量)46.4万吨,增长0.3%。全年农村用电量5.95亿千瓦时,增长5.5%。现有农田水利有效灌溉面积17.99万公顷,增长0.6%。

四、工业和建筑业

工业生产明显提速。2010年,全省工业完成增加值385.21亿元,比上年增长17.6%。其中,规模以上工业增加值354.80亿元,增长18.5%,增速加快11个百分点。分轻重工业看,轻工业增加值83.10亿元,增长16.7%;重工业增加值271.70亿元,增长19.1%。分经济类型看,国有企业增长20.8%,集体企业增长82.0%,股份合作企业下降3.5%,股份制企业增长28.6%,外商及港澳台投资企业增长11.8%,其他经济类型工业增长0.9%。工业产品产销衔接良好,产销率达98.03%。

从企业生产情况看,大中型企业生产增势强劲,推动了工业加快增长。一汽海马、金海浆纸、海南矿业、海口供电公司、中海石油化学公司、海宇锡板、红塔卷烟、海洋石油富岛股份等企业对规模以上工业总产值增长的贡献率达到59.2%。金海160万吨造纸一期、英利100兆瓦多晶硅太阳能电池一期、中航特玻一期、海马10万台发动机技改、80万吨甲醇、汉地阳光石油化工、威隆造船一期、东方四更风电场一期、叉河100万吨水泥二期、华盛水泥三期等一批工业项目建成投产形成新的经济增长点。主要工业产品产量见表3:

表 3:主要工业产品产量

产品名称	单 位	绝对数	比上年增长%
发电量	亿度	149.22	20.1
铁矿石(原矿)	万吨	489.62	0.5
原油加工	万吨	856.79	3.1
钢材	万吨	14.55	38.9
水泥	万吨	1264.05	38.9
人造板	万 m^3	23.98	25.1
汽车	万辆	13.60	48.5
精甲醇	万吨	63.36	4.5
塑料制品	万吨	3.28	16.4
化学纤维	万吨	4.00	-19.2
配混合饲料	万吨	131.31	21.7
成品糖	万吨	30.10	-28.6
原盐	万吨	14.40	18.0
卷烟	亿支	87.50	6.1
罐头	万吨	20.34	13.2
软饮料	万吨	42.13	11.1
饮料酒	万吨	18.90	-6.4
#啤酒	万吨	16.11	-5.5
机制纸及纸板	万吨	51.43	117.3
涂料	吨	3734	29.0
氮肥	万吨	66.56	9.7
合成纤维聚合物	万吨	27.72	8.5
天然原油	万吨	19.96	8.7
天然气	亿立方米	1.84	-1.0
纸浆	万吨	121.67	8.6
液化石油气	万吨	54.89	5.2

建筑业快速发展。2010 年全省建筑业完成增加值 185.79 亿元,比上年增长 23.3%。具有资质等级的建筑企业单位 149 个,从业人员 11.00 万人;全年房屋建筑施工面积 1429.70 万平方米,比上年增长 17.1%;房屋建筑竣工面积 508.70 万平方米,增长 30.3%。本省资质内建筑企业实现利润总额 4.78 亿元,上缴税金 5.65 亿元。

五、固定资产投资与房地产开发

固定资产投资快速增长。2010 年,东环快速铁路、金海 160 万吨造纸一期、100 兆瓦多晶硅太阳能电池一期、中航特玻一期、80 万吨甲醇、威隆船舶、华盛水泥三期、海马 10 万台发动机技改、海南生态软件园一期、海口综合保税区、省人民医院扩建一期、省文化艺术中心等一批重点项目建成投产;大广坝二期、海南会展中心、解放军总医院海南分院、昌江核电、海南电网建设与改造、海口至屯昌高速公路、三亚绕城高速公路、三亚湾新城、洋浦港区深水航道及岸滩整治工程和海棠湾、神州半岛、石梅湾、铜鼓岭等开发区,一大批旅游房地产项目等加快建设,以及各市县保障性住房大规模开工建设,促进了投资快速增长。全年全社会固定资产完成投资总额1331.46亿元,比上年增长32.8%,比全国增长23.8%快9个百分点。其中,城镇固定资产投资1257.50亿元,增长33.4%;农村投资73.96亿元,增长24.0%。全年137个重点项目完成投资553.6亿元,占全部投资的44.0%。

区域投资发生新变化,中部投资明显加强。中部地区城镇固定资产投资67.79亿元,增长65.1%;西部地区投资276.05亿元,增长45.3%;东部地区投资934.78亿元,增长35.4%。

房地产开发投资迅猛增长,成为拉动投资增长的主导力量。全年房地产开发完成投资467.87亿元,同比增长62.5%,占城镇固定资产投资额的37.2%,是拉动投资快速增长的主力。全年房屋销售面积854.73万平方米,增长52.3%。

六、消费品市场

消费需求保持旺盛势头。2010年,全省实现社会消费品零售总额623.82亿元,比上年增长19.5%。按经营地分,城镇零售额555.34亿元,增长20.2%;乡村零售额68.48亿元,增长14.0%。按消费形态分,商品零售额536.98亿元,增长19.5%;餐饮收入86.84亿元,增长19.7%。

热点商品持续旺销。全年限额以上企业的汽车零售额比上年增长50.8%,汽车销售快速增长带旺了石油及制品销售额同比增长39.4%,实施家电下乡优惠政策及商家开展多种促销活动推动家用电器销售额增长42.6%,房地产业迅猛发展带动建筑装潢材料销售额增长82.7%,金银珠宝、通讯器材销售额分别比上年增长50.1%和40.8%。

七、旅游业和交通运输邮电业

旅游业较快发展。2010年,全省接待旅游过夜人数2587.35万人次,比上年增长15.0%。其中,接待国内旅游者2521.02万人次,增长14.8%;接待入境旅游者66.33万人次,增长20.3%。旅游总收入257.63亿元,增长21.7%。其中,国内旅游收入235.61亿元,增长22.2%;入境旅游收入22.02亿元,增长16.5%。旅游饭店客房开房率60.4%,提高1.5个百分点。年末全省共有星级宾馆238家,其中五星级宾馆21家,四星级宾馆55家,三星级宾馆112家。

交通运输邮电业较快增长。全年交通运输、仓储和邮电业实现增加值101.90亿元,比上年增长13.9%。主要交通运输周转量和港口吞吐量见表4:

表4:货物和旅客周转量、主要港口吞吐量及其增长速度

指　　标	单　位	2010年实际	比上年增长%
一、货物周转量	**亿吨公里**	**1003.60**	**25.4**
铁　路	亿吨公里	9.6	-6.8
公　路	亿吨公里	90.8	14.4
水　运	亿吨公里	897.6	27.2
民　航	亿吨公里	5.6	-8.2
二、旅客周转量	**亿人公里**	**417.4**	**8.5**
铁　路	亿人公里	4.7	17.8
公　路	亿人公里	150.0	11.0
水　运	亿人公里	2.7	12.5
民　航	亿人公里	260.0	6.9
三、主要港口吞吐量			
货物吞吐量	万吨	9617.31	15.8
其中:出港货物	万吨	4027.64	14.8
旅客吞吐量	万人	1122	26.7
其中:离港旅客	万人	564	21.2

全年邮电业务总量233.7亿元,其中,电信业务总量227.5亿元,邮政业务总量6.2亿元。年末全省固定电话用户179.8万户,其中,城市电话用户124.9万户,农村电话用户54.9万户。年末移动电话用户594.33万户,增长19.7%。年末拥有互联网用户91.3万户,增长58.0%。固定电话普及率21.2%,移动电话普及率57.4%。已通电话的行政村达100%。

八、金融、证券和保险业

金融业快速健康发展。2010年末,全省金融机构本外币存款余额4217.30亿元,比上年末增长32.8%。其中,企事业单位存款余额 1760.14 亿元，增长 29.9%。年末金融机构本外币贷款余额 2509.72 亿元，比上年末增长 29.3%。其中，短期贷款 397.79 亿元，增长 1.3%；中长期贷款 2062.76 亿元，增长 43.6%；票据融资 34.08 亿元，下降 61.7%。金融机构效益显著提高。银行业金融机构资产总额 5470.36 亿元，比上年增长 32.8%；利润总额 61.20 亿元，增长 51.9%；不良贷款率 2.0%，下降 0.7 个百分点。

证券业发展势头强劲。全年通过发行、配售股票共筹集资金 122.14 亿元，比上年增长 8.16 倍；年末上市公司由上年末的 21 家增加到 23 家，股票市价总值 1504.57 亿元，增长 35.2%；证券和期货交易总额 28919.48 亿元，比上年增长 1.3 倍。

保险业务规模迅速扩大。全年保险机构承保金额 21727.19 亿元，比上年增长 23.9%。实现保费收入 47.95 亿元，增长 45.0%。其中，财产险业务收入 18.44 亿元，增长 49.7%；人身险业务收入 29.51 亿元，增长 42.2%。在人身险业务收入中，寿险收入 27.25 亿元，增长 44.6%；健康险收入 1.57 亿元，增长 18.0%；人身意外伤害险收入 0.69 亿元，增长 21.1%。全年各项赔款和给付金额 11.34 亿元，比上年增长 6.8%。其中，财产险业务赔付 6.91 亿元，增长 22.7%；人身险业务赔付 4.43 亿元，下降 11.2%。在人身险业务赔付中，寿险赔付 3.98 亿元，下降 13.8%；健康险赔付 0.37 亿元，增长 37.0%；人身意外伤害险赔付 0.08 亿元，下降 14.8%。

九、对外开放和改革

对外开放水平进一步提高。2010 年，实施入境免签证政策范围扩大到 26 个国家，境外游客购物退税政策正式实施，出台《海南省游艇管理试行办法》，在游艇登记、驾驶、入境查验、活动水域等多项游艇管理政策上实现突破，对外开放的范围不断扩大、领域不断拓宽、层次不断提高。加强经贸和招商活动，积极融入区域合作。精心策划上海世博会海南周活动、香港现代服务业推介会等，参与了"环渤海"、珠江三角洲区域合作论坛等大型经贸活动，举办、协办博鳌国际旅游论坛、博鳌亚洲论坛年会等，与天津、福建等省市和国电、南航、港中旅等企业签署战略合作协议等。境外大财团、大企业来琼投资日益增多，与世界各国、各地区的经济、贸易、科技、教育、文化等领域的交流日益加强，政府、民间和社会团体之间的友好往来进一步活跃。全年全省对外贸易进出口总值 108.17 亿美元（含中石化海南炼油厂），比上年增长 21.5%。其中，出口总值 23.91 亿美元，增长 25.8%；进口总值 84.25 亿美元，增长 20.2%。在出口总值中，对香港出口 5.84 亿美元，增长 13.1%；对东盟出口 6.59 亿美元，增长 27.7%；对欧盟出口 2.41 亿美元，增长 72.0%；对美国出口 2.20 亿美元，增长 17.7%；对日本出口 1.24 亿美元，增长 2.8%。全年全省实际利用外资总额 15.23 亿美元，比上年增长 61.5%。其中，外商直接投资 15.12 亿美元，增长 61.2%。新签利用外资协议合同数 72 宗，下降 18.2%；新签协议合同规定外商投资额 4.02 亿美元，下降 3.7%。

各项改革不断深化。海南农垦管理体制改革取得重大突破，农垦总公司与农垦总局实现政企分开，27 个气象台、3 所农垦中学、民政职能全部移交地方，农场管理属地化试点启动。农村综合改革不断深化，集体林权制度主体改革基本完成。组建省建设集团、省林业集团。康芝药业在创业板块上市，海南橡胶集团在上海证券交易所挂牌上市，出台扶持农信社改革发展十条政策，完成社保、地税、农税征管"三项体制"改革，48 项涉农补贴纳入惠民"一卡通"，行政审批制度继续深化，各项改革不断向纵深推进。

十、科学技术、文化和体育

科技事业取得较大成就。深入实施科教兴琼战略，大力提高科技创新能力，科技事业取得了丰硕成果。2010 年全省新增省级工程技术研究中心 5 家、省级重点实验室 6 家，分别比上年增长 66.7%和 50.0%。全省获得国家科技进步奖 1 项，组织实施国家火炬计划项目 10 项、科技型中小企业技术创新基金项目 17 项、国家 973 计划前期研究专项课题 5 项、国家星火计划项目 13 项、国家农业科技成果转化资金项目 17 项、国家重点新产品计划项目 5 项、国家自然科学基金项目 72 项。全年共申请专利 1019 项，较上年减少 2.0%；获得专利授权 714 项，比上年增长 13.3%。

文化事业繁荣发展。围绕建设社会主义和谐文化的总目标，大力推动文化事业繁荣发展，文化事业建设取得重大进展。公共文体服务设施建设实现新突破，省歌舞剧院建成投入运营、市民文化广场落成启用、海南文化公园全面竣工等。"六大文化惠民工程"进展顺利。截止 2010 年全省建成 205 个乡镇综合文化站，建成农家书屋 1279 家、职工书屋 373 家，其中 2010 年建成 798 家，文化资源信息共享工程完成 20 个市县支中心、1200 个村文化室设备配置，广播电视村村通共完成直播卫星接收设备 52406 套，农村数字多路微波入户 1.5 万多户，广播进村完成 1114 个。全年送戏下乡 1300 多场、送书下乡 230 万册。文化精品生产再结硕果，现代琼剧《下南洋》、黎族山歌剧《黎山恋歌》、舞蹈《黎乡雨趣》、《迎亲》等分获第十三届文华奖、剧作奖、全国第九届文化艺术节表演奖、第十五届"群星奖"，舞蹈《三亚郎典打柴舞》荣获国家级大奖。《解放海南岛》、《南下、南下》等电视连续剧和建省以来首部文献纪录片《琼崖纵队》第一部《日出琼崖》等在央视播出。全年举办了 60 项重大文体活动，其中有"海岛欢歌"惠民演出季、迎新艺术节、2010 年上海世博会海南活动周演艺活动及"三民"展演团展演，并组织参加了2010年博鳌国际旅游论坛、2010年博鳌亚洲论坛年会、“2010海南——天津合作交流暨环渤海经贸活动”演出以及第九届中国艺术节、第十三届文华奖和第十五届群星奖比赛。有线数字电视稳步推进，全省注册有线用户终端116万个。初步实现农村数字电视覆盖目标。文化遗产保护工作成果丰硕，南海水下考古首次发现元代青花瓷，获得各类水下文物标本3000件，建成大型非遗保护陈列馆3个，传习所32个。对外文化交流有效开展。年末全省共有各类艺术表演团体21个，文化艺术馆21个，公共图书馆20个。全省共有报社15家，杂志社38家；全年出版报纸20727万份、杂志1103万册。全省有线电视用户达80万户，比上年增长1.3%。广播综合人口覆盖率和电视综合人口覆盖率分别达96.4%和95.4%。

*体育事业蓬勃发展。*2010年全省运动健儿在亚洲运动会比赛中获得银牌1枚；在全国体育运动会比赛中，获得金牌20枚，获得银牌1枚，获得铜牌5枚。举办了首届环海南岛国际大帆船赛、中国体育博览会、观澜湖明星邀请赛、“金椰子”高尔夫公开赛、全国山地自行车冠军赛、中国铁人三项赛、全国男子拳击锦标赛、全国男子摔跤冠军赛、亚洲沙滩排球锦标赛、世界女子沙排巡回赛、全国首届国际象棋特级大师超霸战、环岛国际公路自行车赛、全国钓鱼锦标赛、儋州国际马拉松赛等大型体育赛事。并先后组织了2010年海南省体育大拜年活动、省第四届少数民族传统体育运动会、第三届省直机关运动会、盈滨龙水节全国龙舟邀请赛、“力加杯”排球联赛、篮球联赛等一系列群众体育赛事。

十一、节能减排、环境资源、地质勘查和安全生产

*节能减排取得明显成效。*进一步加强节能减排工作，实施重点节能减排项目，大力淘汰小钢铁、小水泥、实心粘土砖等落后产能；严格落实动态巡查制度，确保煤电厂脱硫设施稳定运行；积极推广使用节能灯和应用太阳能热水系统等，国家下达给我省的“十一五”节能目标有望全面完成，化学需氧量、二氧化碳排放量等主要污染物排放总量控制在国家规定的减排目标内。全年工业废水排放达标率为96.56%、二氧化硫排放达标率为95.2%。加大污水和垃圾处理设施项目建设力度，新建成了15个污水处理厂和6个城镇垃圾处理设施，城镇生活污水集中处理率提高到70%、生活垃圾无害化处理率提高到86%。

*环境保护和生态建设取得新进展。*继续加强退耕还林、水土流失治理、土地荒漠化治理、采空矿区生态恢复、海洋生态保护等方面工作，全省生态环境质量继续保持全国领先水平。年末全省有自然保护区53个，其中国家级9个，省级24个；自然保护区面积达273.36万公顷，其中国家级10.36万公顷，省级261.57万公顷。列入国家一级重点保护野生动物有15种；列入国家二级重点保护野生动物有87种。列入国家一级重点保护野生植物有4种；列入国家二级重点保护野生植物有45种。森林覆盖率达60.2%，比上年提高1个百分点。建成区绿化覆盖率39.08%，提高0.28个百分点。继续推进文明生态村创建工程，新建文明生态村960个，累计达到11461个。年末全省有环境监测站20个，其中国家一级站1个，国家二级站2个，国家三级站17个；环境监测人员376人。

*城市（镇）环境空气质量总体保持优级。*城镇环境空气质量优良天数比例为100%。所有监测城镇的环境空气质量均达到或优于居住区空气质量要求的国家二级标准，其中94.8%的监测日符合国家一级标准，达到自然保护、风景名胜区的空气质量水平。环境空气中主要污染物二氧化硫、二氧化氮浓度符合国家环境空气质量一级标准。

*地表水环境质量总体保持良好状态。*全省82.8%的监测河段、94.4%的监测湖库达到或优于可作为集中式生活饮用水源地的国家地表水Ⅲ类标准；南渡江、昌化江、万泉河三大河流水质保持优良态势，绝大多数中小河流水质优良；开展监测的绝大多数城市（镇）集中式生活饮用水水源地水质符合国家集中式饮用水源地水质要求。

*近岸海域水质总体保持优良。*海南岛绝大部分近岸海域水质处于清洁状态，一、二类海水占88.9%，91.1%的监测海域水质符合水环境管理目标要求；洋浦经济开发区、东方化工城和老城开发区三大重点工业区及18个主要滨海旅游区近岸海域水质保持一、二类海水水质；西沙群岛近岸海域水质保持一类海水水质。

*地质勘查取得新成果。*全年新发现矿产9处，其中金属矿产3种，非金属矿产6种。地质勘查机械岩心钻探9.51万米。

*安全生产状况总体稳定。*亿元地区生产总值生产安全事故死亡0.28人，比上年下降24.3%。全年无重特大事故发生。发生各类生产安全事故2645起，比上年上升8.6%，其中死亡571人，下降6.7%；直接经济损失4031.84万元，下降23.2%。全年道路交通事故发生1499起，上升12.5%；造成死亡471人，下降5.6%；直接经济损失552.64万元，上升36.8%。火灾事故发生1054起，上升4.7%；造成死亡3人，下降50%；直接经济损失1225.93万元，下降16.7%。

注：地区生产总值和各产业增加值绝对数按现行价格计算，增长速度按可比价格计算。

Statistical Summary of Economic and Social Development, Hainan 2010

In 2010, with the correct leadership of Hainan provincial committee of the Communist Party of China and Hainan provincial government, the people of the whole province apply thoroughly the scientific outlook on development, and implement conscientiously our nation's macro adjustment and control policy, according to the decision and deployment made by the provincial party committee and the provincial government, we hold firmly the great opportunity of enhancing the building of the International Tourism Island to the national strategy, promoting further the policies of reform and opening-up, emphasizing on the transformation of the economic development mode and speed up the adjustment of the economic structure, overcoming the catastrophic flood damage which is rarely seem in the history, creating a new situation in scientific development. The maintenance of the rapid growth of the economy, the new breakthrough of the economic aggregate, the vast-scale enhancement of the economic benefit, the upgrading and transformation of the industrial structure, the all-round and coordinated development of the tertiary industries, the robust growth of the investment, consumption and the export requirement, the first national ranking of the speedup of several main economic index, the positive transformation of the economic development mode, the good situation of the economy running in which the speed, the structure and the benefit are simultaneously enhanced, the obvious improvement of the people's livelihood, the continuous deepening of reform and opening-up, the overall progress of various social undertakings, all these indicate the best year of the economic and social development since the setting-up of the province.

I. General survey

Economy maintained growing fast continuously and Economic aggregate moved up to a new stage. The Gross Domestic Product (GDP) of Hainan province broke RMB 200 billion by the end of 2010, achieving RMB 206.45 billion, an increase of 16.0% over the previous year, 4.3 percent higher than that of 2009 and 5.7 percent higher than the national GDP growth. Of which, the value added of the primary industry was RMB 53.98 billion, up 6.3 percent. The secondary industry was RMB 57.10 billion, up 19.2 percent. And the tertiary industry was RMB 95.37 billion, up 20.1 percent.

GDP per capita broke the milestone of USD 3000, economic and social development stepped in a new stage. Per capita GDP was RMB 23831, topped the USD 3000 level to reach USD 3533 equivalent at current exchange rate. According to international experience, a country or region's consumption was in speeding upgrade period when Per capita GDP of more than USD 3000.With the rapid development of modern services, we shall enter into a period of rapid growth in the next years.

Huge progress was made in economic restructuring, so that the structure of primary, secondary and tertiary industries got transformation and upgrade successfully. In 2010,The value added of the secondary industry accounted for 27.6 percent of Hainan's GDP, up by 0.8 percent, about 1.5 percent higher than the primary industry; and the value added of the tertiary industry accounted for 46.2 percent of Hainan's GDP, up by 0.9 percent. Historical changes had taken place in economic restructuring. At last, the economic restructuring had changed over the mode from "Three, One, Two" to "Three, Two, One".

Local financial revenue and enterprise profit increased substantially, hence the economic benefit improved obviously. The local financial revenue of Hainan province was RMB 55.16 billion, up 84.1% over the previous year; Of which, the general budgetary revenue was RMB 27.10 billion, up 52.0%, 30.7 percent higher than the national financial revenue growth (21.3%), which showed the highest in the country. Weighted aggregate index of industrial economic benefits from 420 industrial enterprises above designated size on the statistical monitoring list was 329.2%, up 27.9% over the previous year, representing the highest level. Total profit of enterprises above designated size was RMB 14.00 billion with an increase of 31.3%. All Financial institutions of Provincial banks made a profit of 6.12 billion, up 51.9 % on last year's same period.

Prices went up very rapidly, making the structural characteristics of rise obviously. In 2010, the overall level of the province's consumer price indices increased by 4.8 percent over the previous year. Due to continuous and rapid advance of estate development, all residence price indices of building, decoration materials, renting, water, electricity and fuel advanced noticeably, taking its gains for the year to 9.7 percent. So it was at the head of 8 categories' price. Secondly, the food price increased by 7.6%. The rapid increase of residence and food price, which promoted consumer price index to increase, was the main reason. Retail price rose by 4.6 percent; general price indices of means of agricultural production rose by 7.3 percent; ex-factory price of industrial products rose by 7.7 percent; purchasing price indices for raw materials, fuels and power rose by 10.3 percent; price indices for investment in fixed assets rose by 5.2 percent. Consumer price index's rising and falling over the previous year see table-1.

Table-1: Consumer Price indices' Rising and Falling

Consumer Price Index	4.8
Food	7.6
Tobacco, Liquor and Articles	0.6
Clothing	1.2
Household Facilities, Articles and Services	4.6
Health Care & Personal Articles	2.0
Transportation and Communication	0.6
Recreation, Education and Cultural Articles & Services	-0.6
Residence	9.7

II. People's Wellbeing

Urban and rural people's income increased fairly rapidly. In 2010, the per capita disposable income of urban households was RMB 15581 with an increase of 13.3 percent over the previous year. The average annual wage of staff and workers was RMB 31025 and up 24.6 percent. The per capita net income of rural households was RMB 5275 with an increase of 11.2 percent over the previous year, in which the wages income increased 29.7 percent. The deposit balance of the urban and rural residents at the year-end was RMB 166.67 billion, with an increase of 29.9 percent over the last year-beginning. The consumption expenditure of residents improved further and people's living quality was continuously improved. The per capita living expenditure of urban residents was RMB 10927 with an increase of 8.3 percent and the per capita living expenditure of rural households was RMB 3446 with an increase of 11.6 percent. The per capita living building area in urban areas was 28.88 M^2 and the per capita living space in rural areas was 24.74 M^2.

Construction of various low-income housing was overfulfiled. The whole province planned to construct 100.9 thousand sets of low-income housing with 7.16 million M^2 in 2010, in which 126.3 thousand sets were started to construct with a working rate of 125.2% and 74 thousand sets were completed, including 35 thousand sets carry-over last year. The floor space stated to construct was 10.57 million M^2, accounting for 147.6% of the total plan, in which 5.62 million M^2 were completed, including 2.88 million M^2 carry-over last year. The run-down housing of 24.1 thousand sets in Hainan State Farms, 4.8 thousand sets in state-owned forest farms and 19.5 thousand sets in rural areas was redeveloped, respectively accounting for 105.3%, 106.3% and 135.2% of the plan.

Standard of social security and social relief improved significantly. The provincial minimum wage standard rose RMB 200 with a biggest increase overall the country in 2010. The basic pension insurance for urban employed persons was placed into provincial planning. Farmers at age 60 and above in Hainan enjoyed universal benefits pension and 550 thousand persons were afforded a monthly basic pension of RMB 55. New cooperative medical care system in rural areas and urban medical care system covered the whole province. At the year-end in Hainan, 1.8 million urban persons including retired participated in basic pension insurance, with an increase of 7.1% over the last year-end; 3.23 million persons participated in medical care insurance increasing 13.8 percent; 954.3 thousand persons participated in work injury insurance, up 5.9 percent; 925.9 thousand persons participated in maternity insurance program, up 5.9 percent; 1.12 million persons participated in unemployment insurance, increasing 9.7 percent. Social relief strengthened remarkably. In the end of the year overall the province, the various urban community service facilities numbered 91, all kinds of persons receiving special pensions and relief accounted 26 thousand, the urban residents put into government minimum living allowances were 169.8 thousand and the number of rural residents was 230.7 thousand, and 36.2 thousand persons in rural areas were guaranteed with livelihood allowance in five aspects (food, clothing, housing, medical care and burial service). 567 thousand person-times medical assistance was implemented in urban and rural areas throughout the year, up 19.4 percent, in which 216 thousand person-times in urban areas with an increase of 20.3% and 351 thousand person-times in rural areas with an increase of 18.9%. 2.24 million person-times disaster victims were help in 2010. A total value of RMB 840 million social welfare lotteries was sold and RMB 210 million of social welfare funds was raised, with an increase of 120 percent and 96.3 percent respectively. RMB 525 million from direct donations was accepted.

Employment grew continuously. The number of employed persons in increased in urban areas was 93.6 thousand in 2010, up 2.9 percent over last year. The registered urban unemployment rate was 3 %, down 0.48 percent points. Rural laborers looking for urban employment transferred 90 thousand, up 1.1%. The size of employment continued to expand. Provincial employed persons at the year-end stood 4.40 million increasing 3.6 percent, in which the urban employment numbered 1.55 million and staff and workers numbered 792.1 thousand, increasing respectively 8.5 percent and 1.9 percent.

Education developed soundly. A number of 9 schools aiding the poor with education by migration were newly constructed in 2010 and 479 schoolhouses in primary schools and secondary schools were renovated. Developing of vocational education facing rural areas was focused on and operation ability of vocational education was strengthened remarkably. From 2010, staff of all senior secondary schools, vocational secondary schools, special education schools, kindergartens, research and training institutes at province and city level, audio-visual education institutes received performance wages and teacher performance wages covered the entire province. Regular institutions of higher education enrolled 150.8 thousand students with a new enrollment of 48.2 thousand all the year round, the enrollment of specialized technical secondary schools and vocational secondary schools was 108.6 thousand, a jump of 2.0 percent over previous year; regular senior secondary schools had 160.5 thousand enrolled students, up 3.0 percent, with 56 thousand new enrollments, up 2.2%; students enrolled in regular junior secondary schools totaled 421.6 thousand, including 133.5 thousand new students, and gross attendance rate in junior secondary schools reached 101.8 percent; students enrolled in regular primary schools totaled 780.5 thousand, including 103.6 thousand new pupils, and net enrolment rate in primary schools reached 99.76%.

Medical and health undertakings gained new progress. In 2010, Provincial Medical and Health Care Center of Cadres, the comprehensive in-patient department building of Hainan Provincial People's Hospital, the comprehensive out-patient department building of Hainan Provincial Hospital of Traditional Chinese Medicine and the comprehensive medical treatment building of Haikou Municipal People's Hospital had been built and used in business. PLA (The Chinese People's Liberation Army) 301 Hospital of Hainan Branch was in an advanced stage of construction and Hainan Provincial EENT (eye, ear, nose, and throat) Specialty Hospital speeded up construction. The coverage of new cooperative medical care insurance reached 97.1% and 0.7 percent point more than last year. 12 rural health centers at town level were renovated in 2010.There were 2265 health institutions at the end of 2010 in the whole province, hereinto 26 health and epidemic prevention stations, 24 maternal and child health-care institutions and 24 specialized prevention and treatment institutions. Community service centers numbered 120, increasing 34.8 percent and rural health centers at town level numbered 307. There were 26.0 thousand beds for the sick, up 10.6% and 38.8 thousand medical technical personnel of various types with an increase of 4.3 percent. Of the personnel, there were 11.1 thousand licensed doctors, up 3.7%; 3 thousand assistant doctors, up 3.2%; 16.1 thousand registered nurses, up 7.3%; 2 thousand pharmacists, up 5.7%; 1.5 thousand laboratory technical, up 0.2%. A number of 22.1 thousand clinical cases were reported about infection by A or B class infectious diseases, down 3.7 percent, therein 141 deaths. The incidence of infectious disease per 100 thousand was 791.79, with death rate 1.69 per 100 thousand.

III. Agriculture

Agriculture production maintained rapid growth. In 2010, value added of the province's agriculture was RMB 53.98 million, up 6.3% over the previous year. From different industrial structure development, value added of the province's fishery was RMB 13.01 million, up 5.0% over the previous year. The cage aquiculture expansion of Lingao County had become the largest base of deep-sea cage culture of anti-wave in Asia. Value added of the province's forestry was RMB 8.56 million, up 13.9 % over the previous year. The output of rubber had all reached 346.4 thousand tons, up 12.8%. Value added of the province's farming was RMB 21.98 million, up 5.5% over the previous year. The output of the melons and vegetables had all reached 5321.3 thousand tons, up 8.1 %. The output of fruits had all reached 2853.6 thousand tons, up 6.5 %. The green agriculture with special character of Southern breeding seed industry and flower industry, sericulture got even stronger. Value added of the province's animal husbandry was RMB 9.14 billion, up 4.3 % over the previous year. The out put of the meat had all reached 684.9 thousand tons, up 3.7%. A number of leading enterprises "live pigs" standard cultivation scale developed swiftly and enlarged gradually, such as Wenshi, Luoniushan, Haipingda, Pengxiang, Hemu, and Yongmao. More than 10 standard farms were listed in the first demonstration projects of Ministry of Agriculture. Recently, The new 47 pig farms above million were built. All of pig farms above million reached 153 in the province. Amount of fruits, vegetables and melons sold out of island in the whole year was 5.4 million tons; 1.73 million live pigs were sold out of island. 129 thousand tons marine products were sold out of island. All of above reached the highest in province's history. The output of major farm products was as follow in Table-2.

Table-2 Output of Major Farm Products

Item	Unit	Output	Growth over the previous year(percent)
Grain	10 000 tons	180.38	-3.8
Sugarcane	10 000 tons	363.12	-20.7
Oil-bearing Crops	10 000 tons	9.49	4.3
Vegetables and Melons	10 000 tons	532.13	8.1
Fruits	10 000 tons	285.36	6.5
Banana	10 000 tons	172.29	8.0
Pineapple	10 000 tons	29.74	0.3
Mango	10 000 tons	37.02	3.1
Rubber	10 000 tons	34.64	12.8
Coconut	100 million	2.31	-2.5
Pepper	10 000 tons	3.60	-3.9
Betel Nut	10 000 tons	15.21	5.9
Output of Meat	10 000 tons	68.49	3.72
Pork, Beef and Mutton	10 000 tons	44.59	3.58
Poultry Meat	10 000 tons	21.68	2.9
Poultry Egg	10 000 tons	3.5	9.7

The level of agricultural modernization was improved further. Total power of agricultural machinery at year-end was 4215.1 thousand kw, up 6.4%. Of which, the power of machinery for agricultural drainage and irrigation was 905.2 thousand kw, up 3.6%. There were 1.32 thousand large and medium agricultural tractors with an increase of 9% and 5.22 thousand small agricultural tractors with a increase of 5.3%. There were 4.95 thousand agricultural trucks, up 1.0%. Consumption of chemical fertilizers (converted into 100%) was 464 thousand tons and up 0.3%. Electricity consumed in rural areas in 2010 was 595 million kwh and up 5.5% over the previous year. Effective irrigated area of farmland was 179.9 thousand hectares, up 0.6%.

IV. Industry and Construction

Industrial production speeded up obviously. In 2010, the total value added by the industrial sector was RMB 38.52 billion and up 17.6% over the previous year. The value added of industrial enterprises above designated size was RMB 35.48 billion and up 18.5%, increase of 11 percentage points higher than that in 2009. Analyzed by light and heavy industries, the light industry was RMB 8.31 billion with an increase of 16.7%. The value added of heavy industry was RMB 27.17 billion with an increase of 19.1%. Analyzed by status of registration, the state-owned enterprises increased by 20.8%; the collective-owned enterprises increased by 82.0%; the cooperative enterprises decreased by 3.5%; the share-holding enterprises increase by 28.6%; the enterprises with funds from foreign, Hong Kong, Macao and Taiwan increased by 11.8%, and the other enterprises increased by 0.9%. Production jointed to marketing well, product sales rate was 98.03%.

From the enterprise production's point of view, the development of Large and medium enterprise was strong which promoted the industry to increased rapidly. The contribution rate of Haima, Jinhai Pulp and Paper, Hainan Mining, Haikou Grid, China BlueChemical, Haiyu tin plate, Hongta Cigarettes and CNOOC Fudao reached 59.2% to output value of industrial enterprises above designated size. Jinhai 1.6 million tons paper, Yingli 100 megawatts of silicon solar cell Phase I, AVIC glass Phase I, Haima technological transformation of 100 thousand engines, 800 thousand tons of methanol, Handi Sunshine petrochemical, shipbuilding of Weilong, Dongfang Sigeng wind farm Phase I, Chahe 1 million tons of cement Phase II, Huasheng cement Phase III and a number of industrial projects became the new economic growth point. Major Industrial Products see Table–3.

Table–3 Output of Major Industrial Products

Item	Unit	Output	Growth over the Previous Year (%)
Electricity	100 million kwh	149.22	20.1
Iron Ores (Grude)	10 000 tons	489.62	0.5
Crude Oil (Processed)	10 000 tons	856.79	3.1
Rolled Steel	10 000 tons	14.55	38.9
Cement	10 000 tons	1264.05	38.9
Artificial Board	10 000 m^3	23.98	25.1
Automobiles	10 000 units	13.60	48.5
Refined Methanol	10 000 tons	63.36	4.5
Plastic Products	10 000 tons	3.28	16.4
Chemical Fiber	10 000 tons	4.00	–19.2
Formula&Mixed Feeds	10 000 tons	131.31	21.7
Refined Sugar	10 000 tons	30.10	–28.6
Salt	10 000 tons	14.40	18.0
Cigarette	100 million pieces	87.50	6.1
Canned Food	10 000 tons	20.34	13.2
Non–alcoholic Beverages	10 000 tons	42.13	11.1
Alcoholic Beverages	10 000 tons	18.90	–6.4
# Beer	10 000 tons	16.11	–5.5
Machine–made Paper and Paperboard	10 000 tons	51.43	117.3
Coatings	ton	3734	29.0
Nitrogen Fertilizer	10 000 tons	66.56	9.7
Synthetic Fiber Polymers	10 000 tons	27.72	8.5
Crude Petroleum	10 000 tons	19.96	8.7
Natural Gas	100 million m^3	1.84	–1.0
Pulp	10 000 tons	121.67	8.6
Liquefied Petroleum Gas	10 000 tons	54.89	5.2

Construction kept rising fast. In 2010, the value added of construction enterprises was RMB 18.58 billion, up 23.3% over the previous year. There were 149 construction enterprises with qualification criteria. The staff and workers were 110.0 thousand. Floor space of buildings under construction was 14.30 million square meters, up 17.1%. Floor space of buildings completed was 5.09 million square meter, up 30.3%. Total profit of the construction enterprises with qualification criteria was RMB 478 million, paid tax RMB 565 million.

V. Investment in Fixed Assets and Real Estate Development

The amounts on investment in fixed assets grew at swift speed. In 2010, A set of key projects had been completed and put into operation, such as the construction of East ring high-speed railway, the product line of 1.6 million tons paper from Jinhai Pulp & Paper(Phase I), 100MW polysilicon solar battery (Phase I), AVIC Glass(Phase I), 800 thousand tons methanol, Weilong Ship, Huasheng Cement(Phase III), 100 thousand sets of Haima engine transformation, Hainan Ecological Software Park (Phase I), Haikou Comprehensive Free Trade Zone, extension project in Hainan Provincial People's Hospital (Phase I), Hainan Cultural Arts Center, and so forth. A large number of tourism real estate projects were being constructed quickly, such as the water conservation and hydroelectric power plant of Daguangba (Phase II), Hainan Exhibition Center, PLA General Hospital of Hainan Branch, Changjiang nuclear power, Hainan Grid network construction and transformation, Haikou to Tunchang expressway, Ring express way of Sanya, new district of Sanya Bay, deepwater channel and beach restoration project of Yangpu Port, and the tourism development zone in Haitang Bay, Shenzhou Peninsula, Shimei Bay and Tonggu Ridge. Also the affordable housing by region began large-scale construction and promoted the rapid growth of investment. In 2010, total investment in fixed assets was RMB 133.15 billion by year-end, up 32.8% over last year and 9.0 percentage points higher than the national increase of 23.8%. Of which, urban investment in fixed assets was RMB 125.75 billion, and up 33.4 percent over last year. Rural investment in fixed assets was RMB 7.40 billion, and up 24.0 percent over last year. In 2010, total investment realized by 137 key projects was 55.36 RMB billion which accounted for 44.0 percent of total investment for whole society.

Regional investment had changes and the investment in central region grew quickly. In 2010, the central region had invested in urban areas RMB 6.78 billion, and up 65.1 percent over last year. Western region had invested RMB 27.61billion, and up 45.3 percent over last year. Eastern region had invested RMB 93.48 billion, and up 35.4 percent over last year.

The real estate investment had rapid growth and became major force pushing investment growth. The investment in real estate development reached RMB 46.79 billion, up 62.5 percent over last year which accounted for 37.2 percent of urban investment in fixed assets and became major force pushing investment growth. The floor space of building sold reached 8.55 million M^2, up 52.3 percent over last year.

VI. Consumer Goods Markets

Consumer demand kept exuberant tendency. In 2010, the total retail sales of consumer goods in Hainan achieved RMB 62.38 billion, up 19.5 percent over last year. Specifically, the retail sales in the urban areas were RMB 55.53 billion, up 20.2 percent over last year, while the retail sales in rural market was RMB 6.85 billion, up 14.0 percent over last year. In terms of consumption patterns, the sales of retail and catering services were RMB 53.70 billion and RMB 8.68 billion, increased at the rate of 19.5 percent and 19.7 percent respectively.

The hot point goods kept strong selling. For the enterprises above designated size in wholesale and retail trades, retail trade of cars had got rapidly growth with an increase of 50.8 percent over last year, which drove the petroleum and related products to increase by 39.4 percent. Retail trade of household electrical appliance increased of 42.6 percent over last year, due to the preferential policies for household electrical appliances and variety of commercial promotional activities. Construction and decoration materials increased of 82.7 percent over last year by rapidly growing real estate. Jewelry and communication facilities increased at the rate of 50.1 percent and 40.8 percent over last year respectively.

VII. Tourism, Transport, Postal and Telecommunication Services

Tourism developed rapidly. In 2010, Hainan received 25.87 million person-times of over-night tourists with an increase of 15.0 percent over last year. Of which, the quantities of domestic and overseas travelers were 25.21 million person-times and 0.66 million person-times respectively, and 14.8 percent and 20.3 percent more than last year respectively. Tourism earning was RMB 25.76 billion, up 21.7 percent more than last year. Of which, domestic and international tourism earning were RMB 23.56 billion and RMB 2.20 billion respectively, and the increasing rates were 22.2 percent and 16.5 percent respectively. The guest room occupancy rate was 60.4 percent, which was 1.5 percentage points more than last year. There were 238 star-rated hotels in Hainan at year-end, of which, five-star hotels were 21, four-star hotels 55 and three-star hotels 112.

The transport, Postal and telecommunication services had rapid growth. The transport, warehousing and postal obtained a value added of RMB 10.19 billion by year end in Hainan, up 13.9 percent over last year. The major traffic and volume of freight handled in coastal ports were illustrated in Table-4.

Table-4 Traffic of Freight &Passengers,

Throughput of Freight & Passengers in Major Coastal Ports with their Growth

Item	Unit	Actual Quantity in 2010	Compare to the Last Year (percent)
1.Freight Ton-kilometers	100 million-ton-km	1003.6	25.4
Railways	100 million-ton-km	9.6	-6.8
Highways	100 million-ton-km	90.8	14.4
Waterways	100 million-ton-km	897.6	27.2
Civil Aviation	100 million-ton-km	5.6	-8.2
2.Passenger-kilometers	100 million-person-km	417.4	8.5
Railways	100 million-person-km	4.7	17.8
Highways	100 million-person-km	150.0	11.0
Waterways	100 million-person-km	2.7	12.5
Civil Aviation	100 million-person-km	260.0	6.9
3.Throughput of Freight & Passengers in Major Coastal Ports			
Volume of Freight	10 000 tons	9617.31	15.8
Out-port	10 000 tons	4027.64	14.8
Volume of Passengers	10 000 persons	1122	26.7
Out-port	10 000 persons	564	21.2

Business volume of postal and telecommunication services reached RMB 23.37 billion. Of which, telecommunication service was RMB 22.75 billion, while postal services was RMB 620 million. The number of fixed telephone subscribers was 1.80 million. This data in the urban areas were 1.25 million, 549 thousand in the rural areas. Meantime, the number of mobile telephone subscribers increased to 5.94 million at year-end, up 19.7 percent over last year. Also, the number of internet user achieved 913 thousand, up 58.0 percent over last year. The penetration rate of fixed telephone was 21.2 percent; penetration rate of mobile telephone was 57.4 percent. All the administrative villages had been connected to telephone line.

VIII. Financial Intermediation, Securities and Insurance

The financial intermediation developed quickly and healthily. At the end of 2010, the balance of deposit including RMB and foreign currency in all financial institutions was RMB 421.73 billion, up 32.8 percent over last year. Of which, balance of deposit in enterprises was RMB 176.01 billion, up 29.9 percent over last year. The balance of loan including RMB and foreign currency at year-end in financial institutions was RMB 250.97 billion, up 29.3 percent over last year. Of which, short-term loans were RMB 39.78 billion and up 1.3 percent, medium and long-term loans were RMB 206.28 billion and up 43.6 percent. The bill financing was RMB 3.41 billion, 61.7 percent less than last year. The efficiency of financial institutions improved significantly.Total assets of the banking financial institutions were RMB 547.04 billion, up 32.8 percent over last year. The total annual revenue of financial institutions was 6.12 RMB billion with an increase of 51.9 percent and the bad loan rate was 2.0 percent with a decrease of 0.7 percent.

The development of securities industry growth was strong. In 2010, it through issuing and sharing stocks got RMB 12.21 billion, up 8.2 percent over last year. Listed companies were 23, 2 more than last year. Total stock market values were RMB 150.46 billion, up 35.2 percent over last year. The total amount of transaction for securities and futures were RMB 2891.95 billion, up 130 percent over last year.

Insurance industry expanded rapidly. The annual amount of underwriting in insurance institutions was RMB 2172.72 billion and up 23.9 percent over last year. The income of insurance premiums was RMB 4.80 billion which up 45.0 percent over last year. Of which, the property insurance income was RMB 1.84 billion and up 49.7 percent, personal insurance income was RMB 2.95 billion and up 42.2 percent. In the personal insurance income, life insurance income was RMB 2.73 billion and up 44.6 percent, health insurance income was RMB 157 million and up 18.0 percent, personal accident insurance income was RMB 69 million and up 21.1 percent. The annual claim and payment amounted RMB 1134 million, up 6.8 percent over last year. Of them, the claim and payment of property insurance was RMB 691 million and up 22.7 percent, the claim and payment of personal insurance was RMB 443 million and decrease of 11.2 percent. In the claim and payment of personal insurance, insurance was RMB 398 million and decrease of 13.8 percent, health insurance was RMB 37 million and up 37.0 percent, personal accident insurance was RMB 8 million and decrease of 14.8 percent.

IX. Opening up and reform

The work of opening up improved further. In 2010, the government implemented its policy of extending to 26 countries on visa-free entry and the tax refund policy was implemented officially for foreign tourist shopping. < Yacht management pilot scheme in Hainan Province > came out. The pilot scheme policy of registering, driving, entry inspection and water zone opened up a new prospect. Because of expanding the scope was opened up, the field continued to broaden, the level continued to increase. Strengthening economic and trade and investment activities, we joined into regional cooperation actively. Some actives were carefully planned, such as Hainan week in Shanghai Expo, Hong Kong promotion of modern service industries, and we participated in "around Bohai", "the Pearl River Delta Regional Cooperation Forum" and some other large-scale economic and trade activities, organized Boao International Tourism Forum 2010 and Boao Forum for Asia, etc. Hainan signed strategies agreements and contracts with Tianjin, Fujian, the enterprise of CGDC, CS-Air and HKCTS. More and more consortia and corporations abroad came to invest in Hainan. Exchange activities were carried out more frequently with foreign countries and regions in the field of economy, trade, science, technology, education, culture, and so on. And friendly exchanges between governmental, non-governmental and private sectors became more active. Total value of imports and exports in Hainan 2010 was USD 10.8 billion (including Sinopec Hainan Refinery), up 21.5% over the previous year. Of which, the value of exports was USD 2.39 billion, up 25.8%, and the value of imports was USD 8.42 billion, up 20.2%. Value of exports to Hong Kong was USD 584 million, up 13.1%. Value of exports to Association of Southeast Asian Nations (ASEAN) was USD 659 million, up 27.7%. Value of exports to European Union was USD 241 million, up 72%. Value of exports to the United States America was USD 220 million, up 17.7%. Value of exports to Japan was USD 124 million, up 2.8%. Foreign investment actually utilized in Hainan 2010 was USD 1.52 billion, up 61.5% over the previous year. Of which, foreign direct investments was USD 1.51 billion, up 61.2%. 72 new contracts were signed on foreign investment, down 18.2%. The new contract agreement signed with foreign investment valued USD 402 million, down 3.7%.

Reforms in various fields deepened. The reform of management of the Hainan State Farm Bureau was marked into a new and higher stage. The reform aimed to separate government administration and enterprise management was between Hainan Province agriculture-reclamation bureau and Hainan Province agriculture reclamation enterprise. Civil affairs functions of 27 observatory and 3 agricultural reclamation middle school were turn over to local governments. The experimental farm management was to start in the charge of local farm. Comprehensive reform of rural was deepened. Reform of collective forest right system completed basically. Provincial Construction Group and Provincial Forestry Group were set up; Hainan Honz Pharmaceutical and Hainan Rubber Group were listed on market for growth enterprises and the Shanghai Stock Exchange. The government put forward ten policies to support rural credit cooperatives reform and development; completed three management system reforms about social security, land tax, agricultural tax collection. 48 allowances of agriculture-related subsidies were brought into "the one card" for people profit. The system of administrative approval continued to deepen. All these showed our reforms continue to be deepened.

X. Science, Technology, Culture and Sports

Science and technology made greater achievement. The strategy of rejuvenating Hainan through science and education was implemented vigorously, scientific and technological creation developed rapidly, and the undertaking yielded substantial results. In 2010, 5 engineering technical research centers at province level and 6 provincial key laboratories were newly established, with an increase of 66.7% and 50.0% respectively. Hainan won a National Science and Technology Advancement Prize, organized and implemented 10 projects in the National Torch Program, 17 projects subsidized by Innovation Fund for Technology Based Firms, 5 projects in the National Key Basic Research Program (973 Program), 13 projects in the National Spark Program, 17 projects in National Fund for

Transformation and Application of Agricultural Sci-tech Achievements, 5 projects in National Key New Product Program and 72 projects subsidized by National Natural Science Funds. The total patent applications numbered 1019 with a decrease of 2.0%, in which 714 patents were authorized with an increase of 13.3%.

Cultural development prospered. Around the aim to constructing socialist harmonious culture, great effort was put to prosper cultural development and significant progress was made for it. New breakthrough was made in construction of public cultural and sports facilities. Hainan Provincial Theatre, Civilian Cultural Square and Hainan Provincial Cultural Park were completed and put into use. The "Six Key Social Benefiting Cultural Projects" went forward well. Until 2010, 205 cultural stations at town level, 1279 peasants' book stations and 373 workers' book stations were completed in the whole province. In the project for cultural information sharing, 20 city and county branches, facilities for 1200 cultural rooms at village level were constructed. In the project "Extend Radio and TV Coverage to Every Village", 52406 receiving devices from Direct Broadcasting Satellite and digital multiplex microwave to more than 15 thousand rural households were completed, radio covered 1114 villages. In 2010, 1300 drama shows were played in the countryside and 2.3 million books were sent to villages. Cultural competitive production had a successful result. The modern Qiong Opera < Xia Nanyang > won the 13th Wenhua Prize, folk drama from Li Minority < Lishan Liange > won a playwriting prize, dance < Lixiang Yu Qu > won a playing prize in the 9th National Cultural Arts Fair, dance < Ying Qin > won the 15th Qunxing Prize, and dance < Sanya Langdian Dachaiwu > won a national award. TV Play Serials < Liberation of Hainan Island> and <Nanxia Nanxia>, the first documentary television program <Qiongya Column>-Chapter I <Sunrise at Qiongya> played on CCTV. A number of 60 major cultural and sports activities were held, such as "Haidao Huange" social benefiting performance, New Year arts fair, Hainan shows week in Shanghai Expo 2010, "San Min" performance group, performances at Boao International Tourism Forum 2010, Boao Forum for Asia 2010 and in the event "Cooperation and Exchange between Hainan and Tianjin & economic trades around Bohai", attendance in the 9th National Cultural Arts Fair, participation in competition for the 13th Wenhua Prize and the 15th Qunxing Prize. The project for cable television program advanced steadily and the provincial registered subscriber terminals numbered 1.16 million. The coverage rate of rural digital television program reached the objective initially. Culture heritages protection gained great success. Blue and white porcelain of Yuan Dynasty were first discovered in the underwater archaeology in the South China Sea. Various kinds of cultural relics and specimens numbered 3000, 3 large non-culture heritages protection exhibition halls and 32 training institutes were set up. Cultural exchanges run efficiently. At the end of 2010, there were 21 art performance troupes, 21 culture centers, 20 libraries, 15 newspaper offices, 38 periodical publishers. A number of 207.27 million newspapers and 11.03 million magazines were published throughout the year. At year-end in Hainan, subscribers to cable television programs were 0.8 million, up 1.3 percent. The radio and television coverage of population reached 96.4 percent and 95.4 percent.

Sports flourished. On the games at the continent of Asian level, Hainan provincial athletes won a silver medals; on national sports competitions, 20 gold medals, 1 silver medals and 5 bronze medals. Mega-sport events such as 2010 Round Hainan Island International Sail Race, 2010 China Sports Tourism Expo, Mission Hills Star Trophy 2010, Hainan Golden Coconut Cup Amateur Open Golf, Mountain Cycling National Championship, China Triathlon, Boxing National Championship for Men, Wrestling National Championship for Men, 2010 Asian Beach Volleyball Championship, Beach Volleyball World Tour 2010, Chess Grand Master National Championship, Tour of Hainan Island Cycling Race, Fishing National Championship, 2010 Hainan Danzhou International Marathon were held. Series of social sports activities such as 2010 New Year Hainan Provincial Games, the 4th Provincial Minority Traditional Games, the 3rd Provincial Government Games, Yingbin Longshui Fair & National Dragon Boat Invitational Tournament, Anchor Cup Provincial Volleyball and Basketball League were carried out.

XI. Energy Conservation and Emission Reduction, Environmental Resources, Geological Survey and Production Safety

Energy conservation and emission reduction attained good results. Energy conservation and emission reduction improved further. Key projects for energy conservation and emission reduction were implemented. Backward productivities in steel, cement and solid clay brick production were eliminated. Dynamic patrol inspection system was put into practice strictly, in order to make sure stable operation of desulphurization equipments in thermal power plants. Energy-efficient light bulbs and solar energy water heaters were promoted. The national energy conservation objectivity for Hainan during National Eleventh Five-Year Plan was achieved hopefully. The major total discharge of the pollutants such as chemical oxygen demand (COD) and sulfur dioxide emissions were controlled under the national regulations. In 2010, the discharge standard–achieving rate of treated industrial waste water and industrial sulfur dioxide were 96.56% and 95.2%. Great efforts were made to construct consumed waste water treatment facilities and garbage disposal plants, 15 city waste water plants and 6 urban garbage disposal plants were newly built, the urban waste water treatment rate and garbage disposal rate reached 70% and 86%.

Environmental protection and ecological construction made new progress. Ecological construction projects were implemented in depth such as converting cultivated land into forest, soil and water conservation, ecologic recovery in mine–out area and marine protection. The provincial ecologic environmental quality remained the advanced level in country. At year–end, there were 53 nature reserves in Hainan, hereinto 9 at nation level and 24 at province level; the area of nature reserves reached 2.73 million hectares, hereinto 103.6 thousand hectares at nation level and 2.62 million hectares at province level. 15 types of wild animals were classified as special protection at national Grade I, 87 types at national Grade II. 4 types of plants were classified as special protection at national Grade I, 45 types at national Grade II. Forest coverage rage was 60.2% and one percentage point higher than previous year. Greenery covered 39.08 percent of the urban area, up 0.28 percentage point. The eco–civilized village construction project was promoted continuously, 960 eco–civilized villages were newly built and total number reached 11461. There were altogether 20 environmental monitor stations in Hainan, including one environmental monitor station at national Grade I, 2 at national Grand II, 17 at national Grand III and 376 environmental–monitor staff.

The air environment of cities (towns) maintained good quality generally. The ratio of days when the air quality reached high level numbered 100 percent. The air quality of all monitored cities and towns in Hainan reached or exceeded national standard Grade II for residential air quality requirements; the air quality in 94.8% of the monitored days reached national standard Grade I and the air quality levels for nature conservation and scenic area. The concentration of the major air pollutants SO2 and NO2 attained national air quality standard Grade one.

The environmental quality of surface water stayed generally good condition. In Hainan, 82.8 percent of the monitored sections, 94.4 percent of the monitored lakes and reservoirs were at or better than the national surface water quality standard Grade III for centralized drinking water sources. The surface water quality of Nandu River, Changhua Rive, Wanquan River and the most medium and small rivers maintained well. The centralized drinking water sources of the most monitored cities (towns) met the national centralized drinking water sources quality requirements.

The quality of oceanic water offshore maintained generally well. The most monitoring of oceanic water around Hainan Island indicated clean, 88.9 percent of which met the national quality standard Grade I and II, 91.1 percent of that met the water environmental management objectives and requirements. The quality of oceanic water offshore around Yangpu Economic Development Zone, Dongfang Chemical Industrial Zone, Laocheng Development Zone and 18 major seashore tourism zones remained standard Grade I and II, and that around Xisha Islands met standard Grade I.

Geological exploration gained new progress. In 2010, geological explorations discovered 9 new mineral deposits, including 3 metallic mineral deposits and 6 non–metallic mineral deposits. Geological exploration completed 95.1 thousand meters of core drilling.

Production safety remained steady generally. The death toll from production accidents every RMB 100 million worth of GDP was 0.28 and decreased 24.3 percent. Major or grave production accidents didn't occur in 2010. A total number of 2645 accidents of various types occurred and up 8.6 percent year–on–year, with 517 deaths and a decrease of 6.7 percent, causing a direct economic loss of RMB 40.32 million, down 23.2 percent. The number of traffic accidents amounted to 1499, up 12.5 percent; claiming 471 lives, down 5.6 percent; causing a direct economic loss of RMB 5.53 million, up 36.8 percent. A number of 1054 fire accidents occurred, up 4.7 percent, with 3 deaths, down 50 percent and a direct economic loss of RMB 12.26 million, down 16.7 percent.

Note: Figures in value terms on provincial gross domestic product and value added quoted in the Summary were at current prices, whereas growth rates were calculated at comparable prices.

1. 综　合
GENERAL SURVEY

编辑人员：陈文科　姚洁斯　郑海霞
Compiled by Chen Wenke　Yao Jiesi　Zheng Haixia
英文翻译：姚洁斯
Translated by Yao Jiesi

1-1 行政区划
Administrative Divisions

单位:个 （2010） (unit)

地区	Region	土地面积(平方公里) Area of Land (sq.km)	地级市 Cities at Prefecture Level	县级市 Cities at County Level	县 Counties	民族自治县 Ethnic Minority Autonomous Counties	市辖区数 Districts under the Jurisdiction of Cities	乡(镇) Town-ships (Towns)
全省总计	**Total**	35354	2	6	4	6	4	204
海口市	Haikou	2305	1				4	23
三亚市	Sanya	1915	1					6
五指山市	Wuzhishan	1129		1				7
文昌市	Wenchang	2485		1				17
琼海市	Qionghai	1693		1				12
万宁市	Wanning	1884		1				12
定安县	Ding'an	1187			1			10
屯昌县	Tunchang	1232			1			8
澄迈县	Chengmai	2045			1			11
临高县	Lingao	1317			1			11
儋州市	Danzhou	3265		1				17
东方市	Dongfang	2256		1				10
乐东黎族自治县	Ledong Li Autonomous County	2763				1		11
琼中黎族苗族自治县	Qiongzhong Li and Miao Autonomous County	2706				1		10
保亭黎族苗族自治县	Baoting Li and Miao Autonomous County	1161				1		9
陵水黎族自治县	Lingshui Li Autonomous County	1128				1		11
白沙黎族自治县	Baisha Li Autonomous County	2117				1		11
昌江黎族自治县	Changjiang Li Autonomous County	1610				1		8

注:海南省还管辖西、南、中沙群岛及其海域,群岛设立办事处驻西沙永兴岛。
Note: Xisha, Nansha and Zhongsha islands and their surrounding sea areas are the territory of Hainan. Islands' office was set up in Yongxing island which is in Xisha Islands.

1-2 资源环境
Resources and Environment

项 目	Item	数量 Amount
地理位置	Geographic Position	
东经(度)	Longitude	108.37-111.03
北纬(度)	Latitude	18.10-20.10
土地和海洋	Land and Ocean	
国土面积(万平方公里)	Area of Province (10 000 sq.km)	203.54
陆地面积(万平方公里)	Area of Land (10 000 sq.km)	3.54
#海南岛	# Hainan Island	3.39
海洋面积(万平方公里)	Area of Sea (10 000 sq.km)	200
岛屿个数(个)	Number of Islands (unit)	280
岛屿面积(平方公里)	Area of Islands (sq.km)	930
气候	Climate	
年降雨量(毫米)	Annual Precipitation (mm)	961—2439
年平均气温(摄氏度)	Annual Average Temperature (° C)	22.8—25.8
年日照时数(小时)	Annual Hours of Sunshine (hour)	1832—2558
水利资源	Water Resources	
独流入海河流(条)	Number of Rivers (unit)	154
水力资源理论蕴藏量(万千瓦)	Theoretical Potential Hydrpower Resources(10 000 kwh)	103.88
#可开发量	# Developable Resources	89.77
地下水资源储量(亿立方米)	Groundwater Resources(100 million cu.m)	75
淡水总面积(万公顷)	Freshwater Area(10 000 hectares)	13.7
水库面积(万公顷)	Area of Reservoir(10 000 hectares)	5.6
矿产资源	Mineral Resources	
可开采天然气(万亿立方米)	Valuable Natural Gas(1000 billion cu.m)	4
铁矿(保有储量)(亿吨)	Iron (Ensured Reserves)(100 million tons)	2.31
锆矿(保有储量)(万吨)	Zirconium(Ensured Reserves)(10 000 tons)	1754
森林资源	Forest Resources	
活立木蓄积量(亿立方米)	Total Standing Forest Stock(100 million cu.m)	1.24
森林面积(万公顷)	Forest Area(10 000 hectares)	204.13
森林覆盖率(%)	Forest Coverage Rate(%)	60.2
红树林(万公顷)	Mangroves (10 000 hectares)	0.39
野生植物(种)	Wild Plants (kind)	4600
野生动物(种)	Wild Animals (kind)	574
旅游资源	Tourism Resources	
海岸线(包括海南岛周边岛屿)(公里)	Length of Coastline (including Coastal Islands off Hainan) (km)	1823
#海南岛	# Hainan Island	1528
自然保护区(个)	Nature Reserve (unit)	50
#国家级	# Nation Level	9
热带原始森林区(个)	Tropical virgin Forest(unit)	4

1-3 土地状况
Land Resources

项　目	Item	面积(万公顷) Area(10 000 hectares)	占总面积(%) As Percentage of Total Area (%)
土地面积	**Land Area**	**353.54**	**100.0**
#耕地总资源	Cultivated Land Resources	83.72	23.7
#常用耕地	Cultivated Land in Common Use	41.91	11.8
按地形分类	**By Topographic Feature**		
山地	Mountains	86.1	25.4
丘陵	Hills	45.1	13.3
台地	Terraces	110.5	32.6
阶地平原	Plains	95.3	28.1
其他	Others	2.1	0.6

1-4 主要山脉情况
Major Mountains

名　称	Mountain Range	山峰高程(米) Height of Mountain Peak(m)
五指山	Wuzhi Mountain	1867
霸王岭	Bawang Mountain	1560
莺歌岭	Yingge Mountain	1811
尖峰岭	Jianfeng Mountain	1412
吊罗山	Diaoluo Mountain	1519
黎母山	Limu Mountain	1411

1-5 主要河流
Major Rivers

名称	River	发源地点	Source	长度(公里) Length(km)	集水面积(平方公里) Drainage Area(sq.km)
南渡江	Nandu River	白沙县南峰山	Nanfeng Mountain in Baisha County	331	7176
昌化江	Changhua River	琼中县五指山	Wuzhi Mountain in Qiongzhong County	230	5070
万泉河	Wanquan River	琼中县五指山	Wuzhi Mountain in Qiongzhong County	163	3683
陵水河	Lingshui River	保亭县峨隆岭	E'long Mountain in Baoting County	76	1121
珠碧江	Zhubi River	白沙县南高岭	Nangao Mountain in Baisha County	86	1101
宁远河	Ningyuan River	保亭县甘蔗山	Ganzhe Mountain in Baoting County	90	986
望楼河	Wanglou River	乐东县尖峰岭	Jianfeng Mountain in Ledong County	83	827
文澜河	Wenlan River	儋州市马鞍岭	Ma'an Mountain in Danzhou City	71	795
藤桥河	Tengqiao River	保亭县峨月岭	E'yue Mountain in Baoting County	58	705
北门江	Beimen River	儋州市马岭排	Malingpai Mountain in Danzhou City	62	653
太阳河	Taiyang River	琼中县长沙岭	Changsha Mountain in Qiongzhong County	83	576
春江	Chun River	儋州市高石岭	Gaoshi Mountain in Danzhou City	54	550
文教河	Wenjiao River	海口市大坡乡文德头村	Wendetou Village Dapo Town Haikou City	56	522

1-6 大型水库概况
Large-scale Reservoirs

库名 Reservoir		集水面积（平方公里） Catchment Area (sq.km)	库容 Storage Capacity 总库容（亿立方米） Total Storage Capacity (100 million cu.m)	库容 Storage Capacity 正常库容（亿立方米） Normal Storage Capacity (100 million cu.m)	设计灌溉面积（万公顷） Design Irrigated Area (10 000 hectares)
大广坝	Da Guang Ba	3498	17.10	15.00	6.73
松　涛	Song Tao	1440	33.40	26.00	14.5
万　宁	Wan Ning	429	1.52	0.72	0.8
长　茅	Chang Mao	256	1.44	1.11	1.2
石　碌	Shi Lu	354	1.41	0.99	1
牛路岭	Niu Lu Ling	1236	7.79	5.30	–
大　隆	Da Long	15	4.68	3.93	0.66

1-7 主要矿产资源
Major Mineral Resources

等级	Grade	矿种 Mineral
Ⅰ	Ⅰ	铁、钛、石灰石、石英沙、石油、天然气 Iron Ore, Titanium, Limestone, Quartz, Petroleum, Natural Gas
Ⅱ	Ⅱ	铜、锌、铅、钴、铝、磷、粘土、褐煤、油页岩、钼 Copper, Zinc, Lead, Cobalt, Aluminium, Phosphorus, Clay, Lignite, Oil Shale,Molybdenum
Ⅲ	Ⅲ	石云岩、石英岩、耐火粘土、沸石、石墨、锰 Dolomite, Quartzite, Refractory Clay, Zeolite, Graphite, Manganese
其他	Others	锡、钨、金、银、重晶石、硅藻土、黄铁矿、花岗岩板材、地下水、石粒、泥炭 Tin, Tungsten, Gold, Silver, Barite Ore, Diatomite, Pyrite, Granite Slabs, Grundwater, Rock in grain , Peat

1-8 法人单位数和产业活动单位数
Number of Judicial Entities and Establishments

单位:个　　(2010)　　(unit)

行　业	Sectors	法人单位数 Number of Judicial Entities	单产业法人单位 Single-sector Judicial Entities	多产业法人单位 Multi-sector Judicial Entities	产业活动单位数 Number of Establishments	多产业法人所属的产业活动单位 Establishments of Multi-sector Judicial Entity
合　计	**Total**	**37859**	**35886**	**1973**	**49014**	**13128**
农、林、牧、渔业	**Farming, Forestry, Animal Husbandry and Fishery**	1633	1522	111	1775	253
农业	Farming	773	763	10	780	17
林业	Forestry	190	95	95	204	109
畜牧业	Animal Husbandry	409	406	3	407	1
渔业	Fishery	110	110		112	2
农、林、牧、渔服务业	Services for Agriculture	151	148	3	272	124
采矿业	**Mining**	**254**	**251**	**3**	**254**	**3**
煤炭开采和洗选业	Mining and Washing of Coal					
石油和天然气开采业	Extration of Petroleum and Natural Gas	1	1		1	
黑色金属矿采选业	Mining and Processing of Ferrous Metals Ores	12	10	2	12	2
有色金属矿采选业	Mining and Processing of Non-ferrous Metals Ores	137	137		137	
非金属矿采选业	Mining and Processing of Nonmetal Minerals Ores	90	89	1	90	1
其他采矿业	Mining of Other Ores	14	14		14	
制造业	**Manufacturing**	**2690**	**2637**	**53**	**2816**	**179**
农副食品加工业	Processing of Agricultural and Related Products	364	357	7	402	45
食品制造业	Manufacture of Foods	183	176	7	200	24
饮料制造业	Manufacture of Beverages	100	97	3	110	13
烟草制品业	Manufacture of Tobacco	2	2		2	
纺织业	Manufacture of Textiles	41	41		43	2
纺织服装、鞋、帽制造业	Manufacture of Textile Wearing Apparel, Footwear and Caps	86	83	3	86	3
皮革、毛皮、羽毛(绒)及其制品业	Manufacture of Leather, Fur, Feather and Related Products	5	5		5	
木材加工及木、竹、藤、棕、草制品业	Processing of Timber, Manufacture of Wood, Bamboo, Rattan, Palm and Straw Products	157	156	1	176	20
家具制造业	Manufacture of Furniture	93	93		94	1
造纸及纸制品业	Manufacture of Paper and Paper Products	83	83		84	1
印刷业和记录媒介的复制	Printing, Reproduction of Recording Media	149	148	1	152	4
文教体育用品制造业	Manufacture of Articles for Cultural, Educational and Sports Activities	5	5		5	
石油加工、炼焦及核燃料加工业	Processing of Petroleum, Coking and Nuclear Fuel	11	11		11	
化学原料及化学制品制造业	Manufacture of Raw Chemical Materials and Chemical Products	185	180	5	183	3
医药制造业	Manufacture of Medicines	116	109	7	119	10
化学纤维制造业	Manufacture of Chemical Fibers	7	7		7	

注:本表按法人单位及其产业活动单位统计,含法人单位在外省的产业活动单位。
Note:The table is based on statistics of judicial entities and their establishments,including the judicial entities whose establishments are in other provinces.

表 1-8 续 1(continued 1)

行　业	Sectors	法人单位数 Number of Judicial Entities	单产业法人单位 Single-sector Judicial Entities	多产业法人单位 Multi-sector Judicial Entities	产业活动单位数 Number of Establishments	多产业法人所属的产业活动单位 Establishments of Multi-sector Judicial Entity
橡胶制品业	Manufacture of Rubber	43	43		45	2
塑料制品业	Manufacture of Plastic	86	84	2	90	6
非金属矿物制品业	Manufacture of Non-metallic Mineral Products	382	375	7	392	17
黑色金属冶炼及压延加工业	Smelting and Pressing of Ferrous Metals	17	17		17	
有色金属冶炼及压延加工业	Smelting and Pressing of Non-ferrous Metals	15	15		15	
金属制品业	Manufacture of Metal Products	89	86	3	92	6
通用设备制造业	Manufacture of General Purpose Machinery	34	34		35	1
专用设备制造业	Manufacture of Special Purposes Machinery	47	46	1	53	7
交通运输设备制造业	Manufacture of Transport Equipment	220	220		226	6
电气机械及器材制造业	Manufacture of Electrical Machinery and Equipment	46	45	1	46	1
通信设备、计算机及其他电子设备制造业	Manufactur e of Communication Equipment, Computers and Other Electronic Equipment	20	18	2	20	2
仪器仪表及文化、办公用机械制造业	Manufacture of Measuring Instruments and Machinery for Cultural Activities and Office Work	7	6	1	7	1
工艺品及其他制造业	Manufacture of Artwork and Other Manufacturing	84	82	2	86	4
废弃资源和废旧材料回收加工业	Recycling and Disposal of Waste	13	13		13	
电力、煤气及水的生产和供应业	**Production and Supply of Electric Power,Gas and Water**	**296**	**292**	**4**	**369**	**77**
电力、热力的生产和供应业	Production and Supply of Electric Power, Steam and Heat Power	187	183	4	229	46
燃气生产和供应业	Production and Supply of Gas	27	27		27	
水的生产和供应业	Production and Supply of Water	82	82		113	31
建筑业	**Construction**	**2539**	**2495**	**44**	**2638**	**143**
房屋和土木工程建筑业	Building and Civil Engineering	491	471	20	564	93
建筑安装业	Building Installation	425	417	8	440	23
建筑装饰业	Building Decoration	1298	1288	10	1305	17
其他建筑业	Others Construction	325	319	6	329	10
交通运输、仓储和邮政业	**Transport, Storage, Post**	**773**	**706**	**67**	**1525**	**819**
铁路运输业	Railway Transport	3	2	1	9	7
道路运输业	Road Transport	282	259	23	605	346
城市公共交通业	Urban Public Transport	53	51	2	54	3
水上运输业	Water Transport	106	99	7	115	16
航空运输业	Air Transport	14	12	2	30	18
管道运输业	Transport Via Pipelines	2	1	1	5	4
装卸搬运和其他运输服务业	Loading, Unloading and Other Transport Services	215	200	15	247	47
仓储业	Storage	59	58	1	65	7
邮政业	Posts	39	24	15	395	371
信息传输、计算机服务和软件业	**Information Transmission,Computer Services and Software**	**919**	**899**	**20**	**1022**	**123**
电信和其他信息传输服务业	Telecommunications and Other Information Transmission Services	155	143	12	244	101
计算机服务业	Computer Services	564	556	8	576	20
软件业	Software	200	200		202	2
批发和零售业	**Wholesale & Retail Trades**	**7657**	**7295**	**362**	**9292**	**1997**

表 1-8 续 2(continued 2)

行　业	Sectors	法人单位数 Number of Judicial Entities	单产业法人单位 Single-sector Judicial Entities	多产业法人单位 Multi-sector Judicial Entities	产业活动单位数 Number of Establishments	多产业法人所属的产业活动单位 Establishments of Multi-sector Judicial Entity
批发业	Wholesale Trade	3606	3495	111	3915	420
零售业	Retail Trade	4051	3800	251	5377	1577
住宿和餐饮业	**Hotels and Catering Services**	**1360**	**1293**	**67**	**1544**	**251**
住宿业	Hotels	857	809	48	972	163
餐饮业	Catering Services	503	484	19	572	88
金融业	**Financial Intermediation**	**245**	**180**	**65**	**1396**	**1216**
银行业	Bank	62	28	34	909	881
证券业	Security Activities	15	10	5	35	25
保险业	Insurance	65	42	23	321	279
其他金融活动	Other Financial Activities	103	100	3	131	31
房地产业	**Real Estate**	**4101**	**4005**	**96**	**4263**	**258**
租赁和商务服务业	**Leasing and Commercial Business Services**	**3659**	**3553**	**106**	**4101**	**548**
租赁业	Leasing	248	245	3	253	8
商务服务业	Commercial Business Services	3411	3308	103	3848	540
科学研究、技术服务和地质勘查业	**Scientific Research, Technical Services and Geologic Prospecting**	**1177**	**1105**	**72**	**1530**	**425**
研究与试验发展	R&D	195	187	8	221	34
专业技术服务业	Professional Technical Services	658	623	35	772	149
科技交流和推广服务业	Services of Science and Technology Exchanges and Promotion	280	251	29	491	240
地质勘查业	Geologic Prospecting	44	44		46	2
水利、环境和公共设施管理业	**Management of Water Conservancy, Environmental and Public Facilities**	**314**	**297**	**17**	**518**	**221**
水利管理业	Water Conservancy Management	105	97	8	196	99
环境管理业	Environmental Management	80	78	2	137	59
公共设施管理业	Management of Public Facilities	129	122	7	185	63
居民服务和其他服务业	**Services to Households and Other Services**	**650**	**631**	**19**	**704**	**73**
居民服务业	Services to Households	305	294	11	338	44
其他服务业	Other Services	345	337	8	366	29
教育	**Education**	**2136**	**1896**	**240**	**4389**	**2493**
卫生、社会保障和社会福利业	**Health, Social Security and Social Welfare**	**767**	**747**	**20**	**1076**	**329**
卫生	Health	656	637	19	869	232
社会保障业	Social Security	28	28		84	56
社会福利业	Social Welfare	83	82	1	123	41
文化、体育和娱乐业	**Culture, Sports and Entertainment**	**662**	**638**	**24**	**892**	**254**
新闻出版业	Journalism and Publishing Activities	62	59	3	66	7
广播、电视、电影和音像业	Broadcasting, Televisions, Movies and Audio-visual Activities	94	86	8	178	92
文化艺术业	Culture and Arts	259	257	2	373	116
体育	Sports	40	39	1	45	6
娱乐业	Entertainment	207	197	10	230	33
公共管理和社会组织	**Public Management and Social Organizations**	**6027**	**5444**	**583**	**8910**	**3466**
中国共产党机关	Organs of Communist Party of China	142	117	25	175	58
国家机构	Government Agencies	1991	1465	526	4660	3195
人民政协和民主党派	People's Political Consultative Conference and Democratic Parties	51	49	2	67	18
群众团体、社会团体和宗教组织	Non-governmental Organizations, Social Organizations and Religion Organizations	831	817	14	996	179
基层群众自治组织	Grass Roots Autonomous Body	3012	2996	16	3012	16
国际组织	**International Organizations**					

1-9 各市县法人单位数和产业活动单位数
Number of Judicial Entities and Establishments by Region

单位:个　　　　(2010)　　　　(unit)

市 县	Region	法人单位数 Number of Judicial Entities	单产业法人单位 Single-Sector Judicial Entities	多产业法人单位 Multi-Sector Judicial Entities	产业活动单位数 Number of Establishments	多产业法人所属的产业活动单位 Establishments of Multi-sector Judicial Entity
全省总计	**Total**	**37859**	**35886**	**1973**	**49014**	**13128**
海口市	Haikou	20812	20103	709	22899	2796
三亚市	Sanya	3083	2892	191	3953	1061
五指山市	Wuzhishan	403	356	47	667	311
文昌市	Wenchang	1546	1425	121	2439	1014
琼海市	Qionghai	1433	1344	89	2149	805
万宁市	Wanning	990	940	50	1559	619
定安县	Ding'an	888	833	55	1268	435
屯昌县	Tunchang	629	544	85	1198	654
澄迈县	Chengmai	1342	1268	74	2037	769
临高县	Lingao	654	600	54	1016	416
儋州市	Danzhou	1353	1311	42	1825	514
# 洋浦	Yangpu	518	506	12	537	31
东方市	Dongfang	860	809	51	1286	477
乐东县	Ledong	666	582	84	1317	735
琼中县	Qiongzhong	500	416	84	1058	642
保亭县	Baoting	468	415	53	793	378
陵水县	Lingshui	736	691	45	1034	343
白沙县	Baisha	457	396	61	817	421
昌江县	Changjiang	520	454	66	888	434

1-10 经济和社会发展主要指标
Main Indicators of Economic and Social Development

指标	Indicators	2005	2006	2007	2008	2009	2010
人口与就业	**Population and Employment**						
年底常住人口(万人)	Resident Population at the Year-end (10 000 persons)	828.00	835.88	845.03	854.18	864.07	868.55
年底户籍人口(万人)	Registered Population at the Year-end (10 000 persons)	819.03	833.44	849.26	864.73	879.56	896.09
城镇人口比重(%)	Proportion of Urban Population(%)	45.2	46.1	47.2	48.0	49.1	49.8
从业人员数(万人)	Employed Persons(10 000 persons)	382.53	389.03	397.46	408.36	424.56	439.65
#在岗职工人数	#Staff and Workers	72.63	73.91	74.79	75.26	77.71	79.21
生产总值(当年价)(亿元)	**Gross Domestic Product(Current Price,100 million yuan)**	918.75	1065.67	1254.17	1503.06	1654.21	2064.50
第一产业	Primary Industry	300.75	323.48	361.07	436.04	462.19	539.83
第二产业	Secondary Industry	240.83	308.62	364.26	423.55	443.43	571.00
第三产业	Tertiary Industry	377.17	433.57	528.84	643.47	748.59	953.67
人均生产总值(元)	Per Capita GDP(yuan)	11165	12810	14923	17691	19254	23831
农业	**Agriculture**						
常用耕地面积(万公顷)	Cultivated Land in Common Use (10 000hectare)	41.62	72.75	40.99	43.84	43.55	41.91
农业总产值(当年价)(亿元)	Gross Ouput Value of Agricuture(Current Price, 100 million yuan)	475.88	492.12	548.32	664.98	705.05	821.31
粮　食(万吨)	Grain(10 000 tons)	153.00	161.81	177.5	183.47	187.60	180.38
油　料(万吨)	Oil-bearing Crops(10 000 tons)	8.53	6.14	6.84	8.69	9.10	9.49
糖　蔗(万吨)	Sugarcane(10 000 tons)	253.65	268.00	405.83	497.26	457.74	363.12
瓜　菜(万吨)	Melons and Vegetables(10 000 tons)	363.39	400.23	432.01	456.54	492.47	532.13
水　果(万吨)	Fruits(10 000 tons)	152.53	187.85	233.31	247.87	267.95	285.36
热带作物	Tropical Crops						
#橡　胶(干胶)(万吨)	#Rubber(Dry Rubber)(10 000 tons)	24.78	24.75	28.06	27.74	30.71	34.64
椰　子(万个)	Coconut(10 000 units)	24007	21360	22705	22576	23697	23125
槟　榔(吨)	Betel Nut(ton)	64338	74808	95413	116511	143557	152105
肉　类(万吨)	Meat(10 000 tons)	47.57	50.7	54.66	61.15	66.05	68.49
#生　猪(万头)	# Live Pigs (10 000 units)	342.35	369.87	401.68	445.24	482.45	505.66
鸡　(万只)	Chicken (10 000 units)	6082.94	6358.00	6859.21	7979.24	8382.31	8160.51
水产品(万吨)	Aquatic Products(10 000 tons)	108.41	120.01	132.27	139.4	145.49	149.48
造林面积(万公顷)	Afforestation Area(10 000 hectares)	3.24	2.38	1.33	1.73	1.94	1.62
工业	**Industry**						
规模以上工业企业单位数(家)	Number of Industrial Enterprises Above Designated Size(unit)	646	630	502	548	494	497
规模以上工业总产值(当年价)(亿元)	Gross Ouput Value of Industrial Enterprises Above Designated Size (Current Price,100 million yuan)	473.02	668.10	1003.53	1103.07	1057.45	1381.25
#轻工业	#Light Industry	192.84	225.15	255.43	286.59	274.35	356.60
重工业	Heavy Industry	280.18	442.95	748.1	816.48	783.10	1024.65
发电量(亿千瓦时)	Electricity(100 million kwh)	81.64	94.85	108.02	117.61	125.07	149.22

注:常住人口是指根据人口变动情况抽样调查的推算数据。
Note: The resident population refers to concluded data in according to the Sample survey on population changes.

表 1-10 续 1(continued 1)

指　　标	Indicators	2005	2006	2007	2008	2009	2010
铁矿石(原矿)(万吨)	Crude Iron Ores(Grude)(10 000 tons)	421.2	402.22	441.28	457.83	487.32	489.62
钢　材(万吨)	Rolled Steel(10 000 tons)	14.86	14.15	11.54	9.25	10.68	14.55
水　泥(万吨)	Cement(10 000 tons)	442.55	577.54	625.31	613.29	925.69	1264.05
人造板(万立方米)	Man-made Board(10 000 cu.m)	18.55	17.81	18.79	15.99	19.70	23.98
汽　车(辆)	Automobiles(unit)	73086	83636	122562	85086	91627	136022
天然气(万立方米)	Natural Gas(10 000 cu.m)	16567	20501	20335	23186	18584	18404
化学肥料(折纯)(万吨)	Chemical Fertilizers(100%)(10 000 tons)	62.65	64.27	61.67	65.14	60.63	66.56
#氮肥(折含 N100%)	#Nitrogen Fertilizers(Converted into 100% Nitrogen Content)	62.21	63.91	61.51	65.11	60.63	66.56
合成纤维聚合物(万吨)	Synthetic Fiber Polymers (10 000tons)	4.27	23.79	27.37	22.1	25.55	27.72
化学纤维(吨)	Chemical Fiber (ton)	46136	55859	58736	46734	51428	39991
天然原油(吨)	Crude Petroleum (ton)	100677	110909	106557	120500	183648	199556
成品糖(万吨)	Refined Sugar(10 000 tons)	27.51	20.29	38.13	47.46	42.36	30.1
原　盐(万吨)	Salt(10 000 tons)	16.69	18.25	17.23	11.26	12.20	14.4
卷　烟(亿箱)	Cigarettes(100 million Cases)	11.8	13.1	14.3	15.4	16.5	17.5
罐　头(吨)	Canned Food(ton)	138362	137687	166658	153589	179764	203409
软饮料(吨)	Soft Beverages(ton)	276183	276839	295304	313413	381065	421301
啤　酒(千升)	Beer(kiloliter)	119870	140546	152089	153745	170529	161109
机制纸及纸板(吨)	Machine-made Paper & Paperboard (ton)	12722	13610	15668	177177	236742	514316
运输邮电业	**Transportation, Post and Telecommunication**						
货物周转量(万吨公里)	Freight Ton-Kilometers(10 000 ton-km)	4609661	6001081	6198900	6326873	8000838	10035600
铁　路	Railways	70610	109628	101588	99193	103069	95933
公　路	Highways	604535	660653	769411	936284	793925	908213
水　路	Waterways	3911304	5202102	5298192	5250407	7058964	8975635
民　航	Civil Aviation	23212	28698	29709	40989	44880	55819
旅客周转量(万人公里)	Passenger-Kilometers(10 000 passenger-km)	2153365	2835220	3201834	3885675	3846819	4174331
铁　路	Railways	12230	18379	23468	36419	40002	47133
公　路	Highways	1087647	1175911	1301250	1088455	1351036	1500274

表 1-10 续 2(continued 2)

指 标	Indicators	2005	2006	2007	2008	2009	2010
水 运	Waterways	14465	22517	24842	24581	23979	27249
民 航	Civil Aviation	1039023	1618413	1852274	2736220	2431802	2599675
沿海港口货物吞吐量(万吨)	Troughput of Freight in Coastal Ports(10 000 tons)	3066	3744	3390	7647	8307	9617
进 口	In-port	1410	1921	1604	4265	4798	5590
出 口	Out-port	1656	1821	1786	3382	3509	4028
邮电业务总量(万元)	Business Volume of Postal and Telecommucation Services(10 000 yuan)	750741	977641	1245150	1589151	1772259	767414
固定资产投资	**Investment in Fixed Assets**						
全社会固定资产投资总额(亿元)	Total Investment in Fixed Assets(100 million yuan)	379.43	426.01	509.26	709.01	1002.33	1331.46
全社会新增固定资产(亿元)	Total Newly Increased Fixed Assets (100 million yuan)	173.82	219.46	277.48	296.00	392.71	517.42
固定资产交付使用率(%)	RateofProjectsFixedAssetsCompletedandPutintoUse(%)	45.8	51.5	54.5	41.7	39.2	38.9
全社会竣工房屋建筑面积(万平方米)	Total Floor Space of Buildings Completed (10 000 sq.m)	1664.16	688.17	756.17	813.00	1224.70	1197.74
#住 宅	Residential Buildings	1271.65	420.76	576.90	630.65	1079.97	1011.59
能源生产与消费	**Energy Production and Consumption**						
一次能源生产总量(万吨标准煤)	Total Production of Energy(10^4tce)	59.19	68.27	78.68	108.45	116.03	116.58
能源消费总量(万吨标准煤)	Total Consumption of Energy(10^4tce)	822.20	920.45	1057.00	1135.33	1232.52	1358.51
单位国内生产总值能耗(吨标准煤 / 万元)	Energy Consumption per Unit of GDP(tce/10 000 yuan)	0.916	0.905	0.898	0.875	0.850	0.808
国内商业	**Domestic Trade**						
社会消费品零售总额(亿元)	Total Retail Sales of Consumer Goods(100 million yuan)	268.55	313.35	370.92	463.24	537.51	623.82
城 镇	Urban	210.96	247.57	294.18	368.28	427.40	555.34
乡 村	Rural	57.60	65.78	76.74	94.96	110.11	68.98
利用外资	**Utilization of Foreign Investments**						
对外签订协议合同项目(宗)	Number of New Signed Agreements and Contracts (unit)	174	193	172	122	88	72
#外商直接投资	#Foreign Direct Investments	174	191	170	120	85	70
对外签订协议合同金额(万美元)	Amount of Foreign Investment(USD 10 000)	34211	108602	185724	151821	41786	40228
#外商直接投资	#Foreign Direct Investments	34211	105112	184795	148176	36477	39165
实际利用外资(万美元)	Amount of Foreign Investments Actually Utilized(USD 10 000)	70711	79259	112499	128468	94304	152276
#外商直接投资	#Foreign Direct Investments	68401	74878	112001	128337	93806	151213
对外经济贸易	**Foreign Trade and Economic Cooperation**						
进出口总额(万美元)	Total Value of Imports and Exports (USD 10 000)	259175	397358	735749	1052418	890996	1081650
进 口	Import	156921	251902	552052	866089	700960	842536
出 口	Export	102254	145456	183697	186329	190036	239114

注:2006 年起进出口数据含中石化海南炼化公司,下同。

Note:The data of imports and exports since 2006 include the data of Sinopec Hainan Refinery Company (the Following as the same).

1-10 续 3(continued 3)

指 标	Indicators	2005	2006	2007	2008	2009	2010
旅 游	Tourism						
接待过夜旅游人数(万人次)	Total Number of Overnight Tourists(10 000 person-times)	1516.47	1605.02	1873.78	2060.00	2250.33	2587.35
# 入境游客	#Oversea Visitor Arrivals	43.19	61.69	103.58	97.93	55.15	66.33
旅游收入(亿元)	Tourism Earnings(100 million yuan)	125.05	141.43	171.37	192.33	211.72	257.63
# 国际旅游收入(万美元)	#Earnings from International Tourism(USD 10 000)	12846	22912	37380	39032	27666	32228
财政金融	Government Finance and Banking						
地方财政收入(亿元)	Local Financial Revenue(100 million yuan)	84.89	102.35	152.45	229.75	299.66	551.62
地方财政支出(亿元)	Local Financial Expenditures(100 million yuan)	167.57	196.11	287.10	438.73	604.05	818.68
全社会存款年末余额(亿元)	Total Deposits Balance at the Year-end(100 million yuan)	1302.29	1560.30	1873.00	2350.86	3175.72	4217.30
全社会贷款年末余额(亿元)	Total Loans Balance at the Year-end(100 million yuan)	996.32	1123.28	1228.04	1383.39	1940.86	2509.72
物价总指数(以上年为 100)	General Price Indices(preceding year=100)						
商品零售价格指数(%)	Retail Price Index(%)	100.9	101.3	103.8	106.7	98.5	104.6
居民消费价格指数(%)	Consumer Price Index(%)	101.5	101.5	105.0	106.9	99.3	104.8
农业生产资料价格指数(%)	General Price Indices for Means of Agricultural Production(%)	108.9	100.7	107.1	114.8	94.0	107.3
教 育	Education						
在校学生数	Student Enrollment						
高等学校(万人)	Institutions of Higher Education(10 000 person)	6.99	9.01	10.83	12.63	14.46	15.08
中等专业学校(含中师、技工学校)(万人)	Specialized Technical Secondary Schools (including Normal Teacher-training Schools and Technical Schools, 10 000person)	6.03	6.76	7.51	8.23	10.65	10.86
普通中学(万人)	Regular Secondary Schools(10 000 persons)	58.44	61.33	62.11	61.86	60.17	58.21
小 学(万人)	Primary Schools(10 000 persons)	105.67	104.72	98.34	90.64	83.40	78.05
教师数	Number of Teachers						
高等学校(万人)	Institutions of Higher Education(10 000person)	0.46	0.53	0.58	0.67	0.73	0.78
中等专业学校(含中师、技工学校)(万人)	Specialized Technical Secondary Schools (including Normal Teacher-trainingSchoolsandTechnicalSchools,10 000person)	0.18	0.18	0.23	0.20	0.36	0.22
普通中学(万人)	Regular Secondary Schools(10 000 persons)	2.77	2.98	3.15	3.29	3.39	3.46
小 学(万人)	Primary Schools(10 000 persons)	5.06	5.16	5.23	5.26	5.24	5.21
文化	Culture						
文化产业增加值(亿元)	Value-added of Culture Industry(100 million yuan)	10.93	19.03	23.55	27.96	33.01	43.29
卫生	Health Care						
卫生机构病床数(张)	Number of Beds in Health Care Institutions (unit)	18873	20227	20767	21889	23536	25981
卫生技术人员数(人)	Number of Medical Technical personnel(person)	26230	26639	32494	33875	37155	38812
人民生活	Pepople's Living Conditions						
职工工资总额(亿元)	Total Wages Bill of Staff and Workers(100 million yuan)	104.19	116.84	144.01	166.14	193.95	245.97
职工平均工资(元)	Average Wage of Staff and Workers(yuan)	14417	15890	19357	21864	24934	31025
城镇居民人均可支配收入(元)	Per Capita Disposable Income of Urban Households(yuan)	8124	9395	10997	12608	13751	15581
农民人均纯收入(元)	Per Capita Net Income of Rural Households(yuan)	3004	3256	3791	4390	4744	5275
城乡居民储蓄存款余额(亿元)	Balance of Savings Deposit of Urban and Rural Households (100 million yuan)	697.57	790.56	863.12	1061.12	1282.75	1666.74

1-11 经济和社会发展主要比例关系
Main Proportions of Economic and Social Development

单位:% (%)

项 目	Item	2005	2006	2007	2008	2009	2010
一、从业人员中三次产业比例	Industrial Structure of Employment						
第一产业	Primary Industry	55.84	56.23	55.36	54.18	53.14	50.37
第二产业	Secondary Industry	10.03	10.55	10.77	11.22	11.36	11.90
第三产业	Tertiary Industry	34.13	33.22	33.87	34.6	35.5	37.73
二、国内生产总值中三次产业比例	Industrial Structure of GDP						
第一产业	Primary Industry	32.74	30.35	28.79	29.01	27.94	26.15
第二产业	Secondary Industry	26.21	28.96	29.04	28.18	26.81	27.66
第三产业	Tertiary Industry	41.05	40.69	42.17	42.81	45.25	46.19
三、农业总产值内部比例	Internal Structure of Agricultural Gross Output Value						
种植业	Farming	37.75	43.43	40.88	41.21	43.62	41.60
林业	Forestry	12.38	14.33	14.68	13.78	11.29	15.07
牧业	Animal Husbandry	20.01	17.26	19.36	21.11	20.26	19.31
渔业	Fishery	27.78	21.78	22.13	21.02	21.92	21.13
农林牧渔服务业	Services for Agriculture	2.09	3.21	2.95	2.88	2.91	2.89
四、社会消费品零售总额内部比例	Internal Structure of Retail Sales of Consumer Goods						
城市	Urban	78.55	79.01	79.31	79.70	79.52	89.02
乡村	Rural	21.45	20.99	20.69	20.30	20.48	10.98
五、全社会固定资产投资中资金来源比例	Structure of Sources of Funds of Total Investment in Fixed Assets						
国家预算内资金	State Budgetary	7.90	6.63	5.75	8.21	9.00	5.89
国内贷款	Domestic Loans	33.56	19.82	18.33	23.75	26.36	25.16
股票债券	Stocks and Bonds	0.14	0.06	0.01	0.04	0.07	0.34
利用外资	Foreign Investment	6.24	13.88	4.11	2.86	2.93	1.19
自筹资金	Self-raising Funds	32.69	35.82	49.17	38.35	38.80	30.00
其他投资	Others	19.47	23.79	22.63	26.79	22.84	37.42

表 1-11 续 1(continued 1)

项　　目	Item	2005	2006	2007	2008	2009	2010
六、全社会固定资产投资比例	**Structure of Total Investment in Fixed Assets**						
城镇投资	Urban Investment	89.41	93.19	92.83	94.16	94.05	94.45
农村非农户	Rural Non-Households	1.90	1.90	2.03	1.67	1.89	1.59
城乡个人	Rural Individuals	8.69	4.91	5.14	4.17	4.06	3.97
七、固定资产投资中按经济类型分的投资比例	**Structure of Investment in Fixed Assets Grouped by Status of Registration**						
内资	Domestic Funded	90.02	87.41	87.23	81.74	87.43	86.38
港澳台商	Funds from Hong Kong, Macao and Taiwan	3.49	6.17	3.95	8.06	5.88	8.50
外商	Foreign Funded	6.13	5.91	8.29	9.83	6.26	4.64
个体经营	Indinvidual Investment	0.36	0.51	0.53	0.37	0.43	0.49
八、财政收入相当于国内生产总值比例	**Proportion of Total Financial Revenue to GDP**	9.38	9.60	12.16	15.29	18.12	26.72
九、财政收入内部比例	**Internal Stucture of Local Financial Revenue**						
一般预算收入	General Budgetary Revenue	80.90	79.93	71.03	63.05	59.48	49.13
基金收入	Fund Revenue	19.10	20.07	28.97	36.95	40.52	50.87
十、财政支出内部比例	**Internal Stucture of Government Expenditures**						
一般预算支出	General Budgetary Expenditure	90.25	89.00	85.40	81.59	80.47	71.01
基金预算支出	Fund Expenditure	9.75	11.00	14.60	18.41	19.53	28.99
十一、货运量中各种运输方式比例	**Percentage of Freight Traffic by Various Means**						
铁　　路	Railways	4.64	8.17	3.99	3.40	3.39	2.43
公　　路	Highways	71.19	62.98	69.29	65.00	58.86	62.04
水　　运	Waterways	24.07	28.75	26.62	31.47	37.64	35.43
民　　航	Civil Aviation	0.10	0.10	0.10	0.13	0.11	0.10
十二、客运量中各种运输方式比例	**Percentage of Passenger Traffic by Various Means**						
铁　　路	Railways	0.10	0.19	0.14	0.18	0.21	0.23
公　　路	Highways	95.28	93.95	93.78	92.30	93.44	93.58
水　　运	Waterways	1.92	2.83	2.85	3.36	2.86	2.93
民　　航	Civil Aviation	2.70	3.03	3.23	4.16	3.50	3.26

表 1-11 续 2(continued 2)

项　目	Item	2005	2006	2007	2008	2009	2010
十三、实际利用外资结构	Proportion of Foreign Investments Actually Utilized						
对外借款	Foreign Borrowings	3.27	5.53	0.44	0.10	0.53	0.70
外商直接投资	Foreign Direct Investments	96.73	94.47	99.56	99.90	99.47	99.30
十四、一次能源生产总量结构	Composition of Energy Production						
原油	Grude Oil	0.07	23.21	19.36	15.87	22.61	24.46
天然气	Natural Gas	37.30	33.03	28.38	23.53	17.63	19.20
水电、核电、风电	Hydro-power,Nuclear Power, Wind Power	62.63	43.76	52.26	60.6	59.76	56.34
十五、能源消费总量结构	Composition of Energy Consumption						
煤炭	Coal	30.58	27.7	30.72	30.02	32.12	31.63
石油	Petroleum	29.41	38.71	39.22	40.68	41.68	40.34
天然气	Natural Gas	33.92	28.65	25.61	22.16	18.94	20.42
水电、核电、风电	Hydro-power,Nuclear Power, Wind Power	4.51	3.25	3.89	5.79	5.63	4.83
十六、城镇居民消费结构	Composition of Consumption Expenditure of Urban Residents						
# 食品	Food	47.56	43.47	42.77	44.93	44.69	44.81
衣着	Clothing	5.22	5.27	5.46	5.23	5.77	5.82
居住	Residence	9.87	10.44	9.88	11.76	9.92	10.10
家庭设备用品及服务	Household Facilities,Articles and Services	5.13	5.69	6.27	6.01	5.81	5.64
十七、农村居民消费结构	Composition of Consumption Expenditure of Rural Residents						
# 食品	Food	36.29	34.08	36.45	34.64	35.88	34.03
衣着	Clothing	2.12	2.15	2.20	2.03	2.36	2.32
居住	Residence	4.67	7.22	7.80	8.81	7.63	12.03
家庭设备用品及服务	Household Facilities,Articles and Services	2.95	2.51	2.38	2.34	2.89	2.67

1-12 按区域分的经济和社会发展主要指标
Main Indicators of Economic and Social Development by Region

指　标	Indicators	全省总计 Total	东部地区 Eastern Region		中部地区 Central Region		西部地区 Western Region	
			绝对数 Absolute Figures	占全省比重(%) As Percentage of Total	绝对数 Absolute Figures	占全省比重(%) As Percentage of Total	绝对数 Absolute Figures	占全省比重(%) As Percentage of Total
自然资源	**Natural Resources**							
土地面积(平方公里)	Area of Land(sq.km)	35354	11409	32.3	9531	27.0	13256	37.5
常用耕地面积(万公顷)	Cultivated Land in Common Use (10000hectares)	41.91	18.03	43.02	9.92	23.67	10.16	24.25
人口	**Population**							
年底户籍人口(万人)	Registered Population at the Year-end (10 000 persons)	896.09	423.86	47.30	135.78	15.15	336.43	37.54
劳动就业	**Employment**							
从业人员数(万人)	Employed Persons(10 000 persons)	439.65	229.34	52.16	52.46	11.93	145.87	33.18
第一产业	Primary Industry	221.45	87.40	39.47	32.81	14.82	90.70	40.96
第二产业	Secondary Industry	52.33	33.00	63.06	3.76	7.19	15.33	29.30
第三产业	Tertiary Industry	165.87	108.94	65.68	15.89	9.58	39.84	24.02
国民经济核算	**Economic Accounting**							
生产总值(当年价)(亿元)	Gross Domestic Product (Current Price, 100 million yuan)	2064.5	1192.33	57.75	119.25	5.78	647.56	31.4
第一产业	Primary Industry	539.83	209.54	38.82	50.34	9.32	203.33	37.7
第二产业	Secondary Industry	571	268.43	47.01	18.12	3.17	276.29	48.4
第三产业	Tertiary Industry	953.67	714.35	74.91	50.79	5.33	167.94	17.6
农 业	**Agriculture**							
粮食产量(万吨)	Grain(10 000 tons)	180.38	62.96	34.9	28.95	16.0	74.13	41.1
瓜菜产量(万吨)	Melons and Vegetables(10 000 tons)	532.13	257.76	48.4	44.27	8.3	193.49	36.4
水果产量(万吨)	Fruits(10 000 tons)	285.36	88.98	31.2	14.58	5.1	132.89	46.6
橡胶产量(万吨)	Rubber(10 000 tons)	34.64	4.71	13.6	5.60	16.2	7.39	21.3
肉类产量(万吨)	Meat(10 000 tons)	68.49	29.78	43.48	9.99	14.59	21.60	31.54
水产品产量(万吨)	Aquatic Products(10 000 tons)	149.48	49.36	33.00	2.75	1.80	92.9	62.10
工业	**Industry**							
规模以上工业增加值(当年价)(亿元)	Value-adde d of Industrial Enterprises Above Designated Size (Current Price, 100 million yuan)	354.80	114.69	32.3	5.45	1.5	231.56	65.3
规模以上工业企业单位数(家)	Number of Industrial Enterprises Above Designated Size(unit)	497	291	59	46	9	139	28

注:1.东部地区包括海口市、三亚市、文昌市、琼海市、万宁市、陵水县;中部地区包括五指山市、定安县、屯昌县、琼中县、保亭县、白沙县;西部地区包括儋州市、东方市、澄迈县、临高县、乐东县、昌江县。洋浦并入儋州市统计;2.全省总计含农垦,分地区数不含农垦。

Note: Eastern region includes Haikou City, Sanya City, Wenchang City, Qionghai City, Wanning City and Lingshui County; Central Region includes Wuzhishan City, Ding'an County, Tunchang County, Qiongzhong County, Baoting County and Baisha County; Western Region includes Danzhou City, Dongfang City, Chengmai County, Lingao County, Ledong County and Changjiang County,Yangpu incorporated into Danzhou City. 2.Data of Regions not includes the data of Nongken.

表 1-12 续(continued)

指　　标	Indicators	全省总计 Total	东部地区 Eastern Region 绝对数 Absolute Figures	东部地区 占全省比重(%) As Percentage of Total	中部地区 Central Region 绝对数 Absolute Figures	中部地区 占全省比重(%) As Percentage of Total	西部地区 Western Region 绝对数 Absolute Figures	西部地区 占全省比重(%) As Percentage of Total
旅游	**Tourism**							
旅游饭店接待过夜游客人数(万人次)	Number of Overnight Tourists Received by Tourist Hotel(10 000person-time)	1919	1730	90.19	76	3.95	112	5.86
星级饭店数(家)	Number of Star-rated Hotels(unit)	238	218	91.60	8	3.36	12	5.04
固定资产投资	**Investment in Fixed Assets**							
全社会固定资产投资总额(亿元)	Total Investment in Fixed Assets (100 million yuan)	1331.46	967.50	72.66	73.75	5.54	290.20	21.80
#房地产开发	# Investment in Real Estate Development	467.87	389.6	83.27	27.72	5.92	50.55	10.80
国内商业	**Domestic Trade**							
社会消费品零售总额(亿元)	Total Retail Sales of Consumer Goods (100 million yuan)	623.82	489.98	79.00	32.83	5.00	91.88	14.73
城镇	Urban	555.34	443.99	80.00	24.83	4.00	79.69	14.35
农村	Rural	68.48	45.99	67.00	8.00	12.00	12.19	17.80
财政	**Government Finance**							
地方一般预算收入(亿元)	Local Financial Revenue (100 million yuan)	270.99	126.09	70.91	105.50	5.93	41.19	23.16
地方一般预算支出(亿元)	Local Financial Expenditures (100 million yuan)	410.62	215.98	52.60	63.18	15.39	131.46	32.01
人民生活	**Pepople's Living Conditions**							
城镇居民可支配收入(元)	Per Capita Disposable Income of Urban Households(yuan)	15581	16457	-	12618	-	14193	-
农村居民人均纯收入(元)	Per Capita Net Income of Rural Households(yuan)	5275	5876	-	4275	-	5162	-

1-13 民族地区经济和社会发展主要指标
Main Indicators of Economic and Social Development in Ethnic Minority Autonomous Regions

指标	Indicators	2005	2006	2007	2008	2009	2010
人口	**Population**						
年底户籍人口(万人)	Registered Population at the Year-end (10 000 persons)	263.95	268.54	274.05	279.46	284.24	290.27
劳动就业	**Employment**						
从业人员数(万人)	Employed Persons(10 000 persons)	115.37	118.52	122.70	123.27	127.34	130.94
第一产业	Primary Industry	74.97	75.68	76.32	76.14	77.96	77.76
第二产业	Secondary Industry	8.00	7.91	8.13	8.01	8.29	8.62
第三产业	Tertiary Industry	32.40	34.93	38.25	39.12	41.09	44.56
国民经济核算	**Economic Accounting**						
生产总值(当年价)(亿元)	Gross Domestic Product (Current Price,100 million yuan)	194.12	233.48	291.40	373.62	400.87	515.19
第一产业	Primary Industry	72.40	83.28	91.78	109.84	120.34	139.78
第二产业	Secondary Industry	52.28	63.72	87.90	114.51	105.36	139.87
第三产业	Tertiary Industry	69.44	86.48	111.72	149.27	175.16	235.54
人均生产总值(元)	Per Capita GDP(yuan)	8612	9684	12461	15681	16472	20744
农业	**Agriculture**						
粮食产量(万吨)	Grain(10 000 tons)	52.29	54.16	54.16	58.75	57.77	58.34
瓜菜产量(万吨)	Melons and Vegetables(10 000 tons)	130.08	130.52	146.86	158.07	166.95	181.69
水果产量(万吨)	Fruits(10 000 tons)	52.96	79.71	94.56	98.49	106.69	115.18
橡胶产量(万吨)	Rubber(10 000 tons)	2.74	3.04	3.47	3.76	4.36	5.08
肉类产量(万吨)	Meat(10 000 tons)	9.98	10.36	10.72	11.59	12.31	12.23
水产品产量(万吨)	Aquatic Products(10 000 tons)	–	15.25	16.03	16.56	16.95	18.33
工业	**Industry**						
规模以上工业总产值(当年价)(亿元)	Gross Output Value of Industrial Enterprises Above Designated Size (Current Price,100 million yuan)	74.67	105.64	98.44	135.39	121.52	173.19
规模以上工业企业单位数	Number of Industrial Enterprises Above Designated Size(unit)	136	121	78	85	87	93
固定资产投资	**Investment in Fixed Assets**						
全社会固定资产投资总额(亿元)	Total Investment in Fixed Assets (100 million yuan)	79.67	107.17	169.65	257.05	374.45	508.54
# 房地产开发	# Investment in Real Estate Development	20.01	30.09	53.63	96.87	138.62	198.60
国内商业	**Domestic Trade**						
社会消费品零售总额(亿元)	Total Retail Sales of Consumer Goods(100 million yuan)	16.71	18.97	22.02	26.92	33.81	39.15
财政	**Government Finance**						
地方一般预算收入(亿元)	Local Financial Revenue (100 million yuan)	12.39	15.54	68.37	104.22	148.15	70.31
地方一般预算支出(亿元)	Local Financial Expenditures (100 million yuan)	33.09	40.06	56.99	89.86	133.65	163.90
人民生活	**Pepople's Living Conditions**						
城镇居民可支配收入(元)	Per Capita Disposable Income of Urban Households(yuan)	6942	7883	9458	10993	12497	14473

注：1.我省民族地区包括三亚市、东方市、五指山市、乐东县、琼中县、保亭县、陵水县、白沙县和昌江县九市县;2.民族地区数不含农垦。
Note:1.Ethnic Minority Autonomous Regions in Hainan include Sanya City, Dongfang City, Wuzhishan City, Ledong County, Qiongzhong County, Baoting County, Lingshui County, Baisha County and Changjiang County.2.Data of Ethnic Minority Autonomous Regions not includes the data of Nongken.

2. 国民经济核算
ECONOMIC ACCOUNTS

编辑人员: 陈灿宇　李乐　陈敏
Compiled by Chen Canyu Li Le Chen Min
英文翻译: 李兴之
Translated by Li Xingzhi

国内生产总值(亿元)
Gross Domestic Product (100 million yuan)

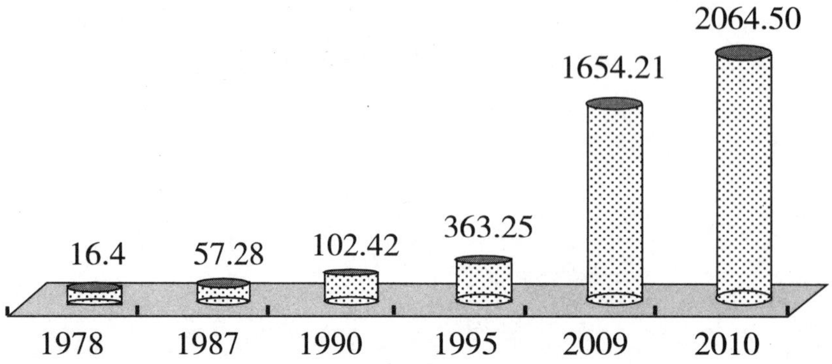

国内生产总值增长率(%)(以上年为 100)
Growth Rate of Gross Domestic Product(%) (Preceding year=100)

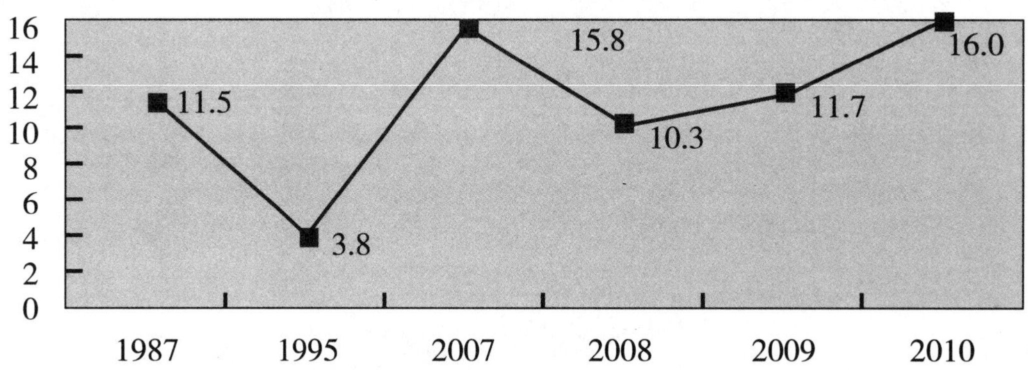

国内生产总值构成(%)
Composition of Gross Domestic Product(%)

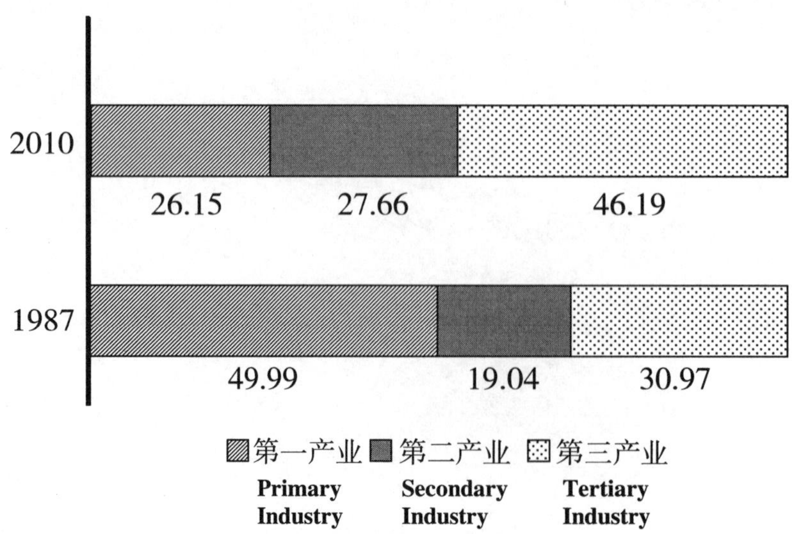

2-1 历年生产总值
Gross Domestic Product in Various Years

年份 Year	生产总值 Gross Domestic Product	第一产业 Primary Industry	第二产业 Secondary Industry	第三产业 Tertiary Industry	人均生产总值(元) Per Capita GDP(yuan)
绝对数(亿元) Absolute Amount(100 million yuan)					
1982	28.86	17.25	4.04	7.57	510
1983	31.12	18.45	4.47	8.20	540
1984	37.18	20.48	6.68	10.02	636
1985	43.26	21.80	9.30	12.16	729
1986	48.03	24.05	9.92	14.06	798
1987	57.28	28.63	10.91	17.74	925
1988	77.00	38.46	14.19	24.35	1220
1989	91.32	42.64	18.29	30.39	1420
1990	102.42	45.71	20.19	36.52	1562
1991	120.52	49.80	24.71	46.01	1804
1992	184.92	53.59	38.27	93.06	2719
1993	260.41	76.82	66.08	117.50	3755
1994	331.98	106.12	83.32	142.54	4702
1995	363.25	128.90	78.48	155.87	5063
1996	389.68	141.15	81.52	167.01	5346
1997	411.16	148.52	83.13	179.51	5567
1998	442.13	156.05	91.41	194.66	5912
1999	476.67	172.62	96.02	208.04	6294
2000	526.82	192.00	103.97	230.85	6798
2001	579.17	196.78	133.84	248.56	7315
2002	642.73	222.89	148.88	270.96	8041
2003	713.96	244.29	175.82	293.85	8849
2004	819.66	278.76	205.60	335.30	10067
2005	918.75	300.75	240.83	377.17	11165
2006	1065.67	323.48	308.62	433.57	12810
2007	1254.17	361.07	364.26	528.84	14923
2008	1503.06	436.04	423.55	643.47	17691
2009	1654.21	462.19	443.43	748.59	19254
2010	2064.50	539.83	571.00	953.67	23831

注:本表按当年价格计算;2004 年经济普查后,对 1987-2004 年生产总值和第二产业、第三产业数据进行了修订;2006 年农业普查后,对 2006 年、2007 年第一产业数据进行了修订;2008 年经济普查后,对 2005-2008 年生产总值和第二、三产业数据进行了修订。(以下至 2-6 表均同)

Note:Data in this table are calculated at current prices;Data of Gross Domestic Product, Secondary Industry and Tertiary Industry from 1987 to 2004 were revised according to the Economic Census in 2004;Data of Primary Industry in 2006 and 2007 were revised according to the Agricultural Census in 2006;Data of Gross Domestic Product, Secondary Industry and Tertiary Industry from 2005 to 2008 were revised according to the Economic Census in 2008.(The same applies to the tables from this table to table 2-6)

2-2 历年生产总值构成
Composition of Gross Domestic Product in Various Years

年份 Year	生产总值 Gross Domestic Product	第一产业 Primary Industry	第二产业 Secondary Industry	第三产业 Tertiary Industry
构成(%)Composition				
1982	100	59.77	14.00	26.23
1983	100	59.29	14.36	26.35
1984	100	55.08	17.97	26.95
1985	100	50.39	21.50	28.11
1986	100	50.07	20.65	29.28
1987	100	49.99	19.04	30.97
1988	100	49.95	18.43	31.62
1989	100	46.69	20.03	33.28
1990	100	44.63	19.72	35.65
1991	100	41.32	20.50	38.18
1992	100	28.98	20.69	50.33
1993	100	29.50	25.38	45.12
1994	100	31.96	25.10	42.94
1995	100	35.48	21.61	42.91
1996	100	36.22	20.92	42.86
1997	100	36.12	20.22	43.66
1998	100	35.29	20.68	44.03
1999	100	36.21	20.14	43.65
2000	100	36.44	19.74	43.82
2001	100	33.97	23.11	42.92
2002	100	34.68	23.16	42.16
2003	100	34.21	24.63	41.16
2004	100	34.01	25.08	40.91
2005	100	32.74	26.21	41.05
2006	100	30.35	28.96	40.69
2007	100	28.79	29.04	42.17
2008	100	29.01	28.18	42.81
2009	100	27.94	26.81	45.25
2010	100	26.15	27.66	46.19

注:本表按当年价格计算。
Note:Data in this table are calculated at current prices.

2-3 历年生产总值指数
Indices of Gross Domestic Product in Various Years

年份 Year	生产总值 Gross Domestic Product	第一产业 Primary Industry	第二产业 Secondary Industry	第三产业 Tertiary Industry	人均生产总值 Per Capita GDP
指数(以上年为100) Indices(preceding year=100)					
1982	123.6	125.4	110.4	127.5	123.7
1983	105.8	104.8	108.4	106.7	109.3
1984	116.9	109.2	143.6	119.5	117.4
1985	112.0	102.4	133.8	117.0	112.9
1986	108.7	111.2	101.8	109.6	107.3
1987	111.5	109.2	109.8	116.7	109.5
1988	109.7	103.8	119.6	112.5	107.6
1989	105.7	103.1	113.1	104.4	103.8
1990	110.6	109.2	110.5	112.7	108.5
1991	114.9	108.7	120.1	119.7	112.7
1992	141.5	110.0	137.5	179.4	139.0
1993	120.6	110.5	150.1	115.1	118.2
1994	111.3	112.9	117.1	106.9	109.3
1995	103.8	111.5	94.3	104.0	102.1
1996	104.7	105.4	102.2	105.5	103.0
1997	106.8	107.6	105.6	106.9	105.4
1998	108.5	108.3	109.0	108.3	107.1
1999	108.5	110.8	108.0	107.0	107.1
2000	109.0	110.2	107.7	108.8	106.6
2001	109.1	109.7	108.8	108.7	106.8
2002	109.6	109.1	112.9	108.5	108.5
2003	110.6	109.0	119.5	107.8	109.6
2004	110.7	108.0	115.9	110.3	109.7
2005	110.5	106.0	116.9	110.8	109.4
2006	113.2	109.1	119.8	112.6	112.0
2007	115.8	108.0	124.4	116.4	114.7
2008	110.3	107.7	105.3	115.5	109.2
2009	111.7	107.2	112.6	114.1	110.4
2010	116.0	106.3	119.2	120.1	115.0

注:本表按不变价格计算。
Note:Data in this table are calculated at constant prices.

表 2-3 续(continued)

年　份 Year	生产总值 Gross Domestic Product	第一产业 Primary Industry	第二产业 Secondary Industry	第三产业 Tertiary Industry	人均生产总值 Per Capita GDP
指数(1978=100) Indices(1978=100)					
1982	146.6	159.9	91.9	167.4	154.3
1983	155.1	167.6	99.7	178.6	168.6
1984	181.3	183.0	143.1	213.4	198.0
1985	203.1	187.4	191.5	249.7	223.5
1986	220.7	208.4	194.9	273.7	239.8
1987	246.1	227.6	214.1	319.3	262.6
1988	269.9	236.2	256.0	359.2	282.6
1989	285.4	243.5	289.7	375.0	293.3
1990	315.6	265.9	320.0	422.5	318.2
1991	362.6	289.1	384.2	506.0	358.6
1992	513.0	318.0	528.4	907.9	498.5
1993	618.5	351.4	792.9	1044.7	589.2
1994	688.1	396.7	928.4	1116.9	644.0
1995	714.0	442.3	875.7	1162.0	657.5
1996	747.5	466.2	895.2	1226.0	677.2
1997	798.5	501.7	945.7	1310.2	713.8
1998	866.0	543.3	1030.8	1418.7	764.5
1999	939.4	602.0	1112.8	1517.8	818.8
2000	1024.2	663.4	1198.7	1651.5	872.8
2001	1117.2	727.7	1304.7	1794.6	932.2
2002	1224.2	793.9	1472.6	1946.8	1011.4
2003	1354.0	865.4	1759.5	2098.6	1108.5
2004	1498.7	934.6	2039.4	2314.1	1216.0
2005	1656.1	990.7	2384.1	2564.0	1330.3
2006	1874.7	1080.9	2856.2	2887.1	1489.9
2007	2170.9	1167.4	3553.1	3360.6	1708.9
2008	2394.5	1257.3	3741.4	3881.5	1866.1
2009	2674.7	1347.8	4212.8	4428.8	2060.2
2010	3102.7	1432.7	5021.6	5319.0	2369.2

注:本表按不变价格计算。
Note:Data in this table are calculated at constant prices.

2-4 历年主要行业增加值
Value-added of the Main Sectors in Various Years

年 份 Year	生产总值 Gross Domestic Product	农业 Agriculture	工业 Industry	建筑业 Construction	交通运输、仓储和邮政业 Transport, Storage and Post Services	批发和零售业 Wholesale and Retail Trades	住宿和餐饮业 Hotels and Catering Services	金融保险业 Finance and Insurance	房地产业 Real Estate	其他服务业 Other Services
绝对数(亿元) Absolute Amount (100 million yuan)										
2004	819.66	278.76	151.56	54.04	57.63	82.52	24.39	11.56	30.64	128.56
2005	918.75	300.75	176.92	63.91	61.87	91.27	28.40	13.16	38.20	144.27
2006	1065.67	323.48	238.31	70.31	70.38	103.19	35.10	16.37	44.45	164.08
2007	1254.17	361.07	278.37	85.89	76.83	119.53	43.63	34.43	67.19	187.23
2008	1503.06	436.04	308.89	114.66	82.59	144.68	55.02	47.33	95.60	218.24
2009	1654.21	462.19	300.63	142.80	88.68	168.75	60.22	65.73	121.76	243.45
2010	2064.50	539.83	385.21	185.79	101.90	220.65	69.45	78.12	188.33	295.22

注:本表按当年价格计算。
Note:Data in this table are calculated at current prices.

2-5 历年主要行业增加值构成
Composition of Value-added of the Main Sectors in Various Years

年 份 Year	生产总值 Gross Domestic Product	农业 Agriculture	工业 Industry	建筑业 Construction	交通运输、仓储和邮政业 Transport, Storage and Post Services	批发和零售业 Wholesale and Retail Trades	住宿和餐饮业 Hotels and Catering Services	金融保险业 Finance and Insurance	房地产业 Real Estate	其他服务业 Other Services
构成(%) Composition										
2004	100	34.01	18.49	6.59	7.03	10.09	2.96	1.41	3.74	15.68
2005	100	32.73	19.26	6.96	6.73	9.94	3.09	1.43	4.16	15.70
2006	100	30.35	22.36	6.60	6.60	9.69	3.29	1.54	4.17	15.40
2007	100	28.79	22.20	6.85	6.13	9.53	3.48	2.74	5.36	14.92
2008	100	29.01	20.55	7.63	5.49	9.63	3.66	3.15	6.36	14.52
2009	100	27.94	18.18	8.63	5.36	10.20	3.64	3.97	7.36	14.72
2010	100	26.15	18.66	9.00	4.94	10.69	3.36	3.78	9.12	14.30

注:本表按当年价格计算。
Note:Data in this table are calculated at current prices.

2-6 历年主要行业增加值指数
Indices of Value-added of the Main Sectors in Various Years

年 份 Year	生产总值 Gross Domestic Product	农业 Agriculture	工业 Industry	建筑业 Construction	交通运输、仓储和邮政业 Transport, Storage and Post Services	批发和零售业 Wholesale and Retail Trades	住宿和餐饮业 Hotels and Catering Services	金融保险业 Finance and Insurance	房地产业 Real Estate	其他服务业 Other Services
指数 (以上年为100) Indices (preceding year=100)										
2004	110.7	108.0	116.7	113.8				103.1	108.1	
2005	110.5	106.0	117.0	116.4	106.3	109.6	115.3	111.3	122.7	110.6
2006	113.2	109.1	124.1	109.3	107.3	111.4	117.7	123.2	115.0	118.2
2007	115.8	108.0	129.4	110.6	110.2	110.9	130.8	161.4	131.6	110.7
2008	110.3	107.7	103.2	112.4	105.3	113.5	125.9	125.3	119.6	115.6
2009	111.7	107.2	107.4	128.1	105.9	117.8	107.2	138.0	124.5	109.4
2010	116.0	106.3	117.6	123.3	113.9	123.6	110.5	113.9	127.1	121.0

注:本表按不变价格计算。
Note:Data in this table are calculated at constant prices.

2-7 分行业增加值
Value-added by Sector

行 业	Item	总量(亿元) Total (100 million yuan)		构 成(%) Composition(%)		比上年同期增长(%) Increase over the previous year(%)	
		2009 年	2010 年	2009 年	2010 年	2009 年	2010 年
合 计	Gross Domestic Product	1654.21	2064.50	100.00	100.00	11.7	16.0
第一产业	Primary Industry	462.19	539.83	27.94	26.15	7.2	6.3
第二产业	Secondary Industry	443.43	571.00	26.81	27.66	4.9	19.2
工业	Industry	300.63	385.21	18.18	18.66	12.6	17.6
建筑业	Construction	142.80	185.79	8.63	9.00	28.1	23.3
第三产业	Tertiary Industry	748.59	953.67	45.25	46.19	14.1	20.1
交通运输、仓储和邮政业	Transport,Storage and Post	88.68	101.90	5.36	4.94	5.9	13.9
信息传输、计算机服务和软件业	Information Transmission,Computer Servises and Software	44.27	50.32	2.68	2.44	8.2	13.8
批发和零售业	Wholesale and Retail Trades	168.75	220.65	10.20	10.69	17.8	23.6
住宿和餐饮业	Hotels and Catering Services	60.22	69.45	3.64	3.36	7.2	10.5
金融业	Financial Intermediation	65.73	78.12	3.97	3.78	38.0	13.9
房地产业	Real Estate	121.76	188.33	7.36	9.12	24.5	27.1
租赁和商务服务业	Leasing and Business Servises	13.72	16.66	0.83	0.81	13.6	20.3
科学研究、技术服务和地质勘查业	Scientific Research, Technical Servises and Geologic Prospecting	12.49	14.73	0.75	0.71	4.2	16.7
水利、环境和公共设施管理业	Management of Water Conservancy, Environment and Public Facilities	7.58	8.93	0.46	0.43	10.5	18.3
居民服务和其他服务业	Servises to Households and Other Servise	21.43	26.67	1.30	1.29	16.6	23.3
教育	Education	52.04	59.58	3.14	2.89	13.3	15.5
卫生、社会保障和社会福利业	Health,Social Security and Social Welfare	22.10	27.72	1.34	1.34	9.6	23.1
文化、体育和娱乐业	Culture,Sports and Entertainment	11.61	14.76	0.70	0.72	12.0	28.3
公共管理和社会组织	Public Management and Social Organization	58.21	75.85	3.52	3.67	3.6	31.3

注:总量、构成按当年价格计算,增长速度按不变价格计算。
Note:Total data and composition in this table are calculated at current prices while increase Rates at constant prices.

2-8 行业增加值收入法构成要素
Income Approach Components of Value-added by Sectors

单位:亿元　　100 million yuan

行　业	Sector	增加值 Value-Added		劳动者报酬 Compensation of Employees		生产税净额 Net Taxes on Production	
		2009 年	2010 年	2009 年	2010 年	2009 年	2010 年
合　计	Gross Domestic Product	1654.21	2064.50	867.64	1039.62	251.15	341.65
第一产业	Primary Industry	462.19	539.83	374.92	430.87		
第二产业	Secondary Industry	443.43	571.00	149.32	184.89	121.22	156.36
工业	Industury	300.63	385.21	75.16	89.30	96.20	122.85
建筑业	Construction	142.80	185.79	74.16	95.59	25.02	33.51
第三产业	Tertiary Industry	748.59	953.67	343.40	423.86	129.93	185.29
交通运输、仓储和邮政业	Transport,Storage and Post	88.68	101.90	40.17	46.05	15.84	17.22
信息传输、计算机服务和软件业	Information Transmission,Computer Servises and Software	44.27	50.32	6.56	7.90	2.66	3.52
批发和零售业	Wholesale and Retail Trades	168.75	220.65	68.03	77.06	45.35	77.06
住宿和餐饮业	Hotels and Catering Services	60.22	69.45	36.52	39.55	6.10	6.82
金融业	Financial Intermediation	65.73	78.12	20.17	23.86	17.58	16.09
房地产业	Real Estate	121.76	188.33	14.41	37.28	33.49	51.80
租赁和商务服务业	Leasing and Business Servises	13.72	16.66	6.93	7.93	3.29	3.80
科学研究、技术服务和地质勘查业	Scientific Research, Technical Servises and Geologic Prospecting	12.49	14.73	7.33	8.68	0.95	1.08
水利、环境和公共设施管理业	Management of Water Conservancy, Environment and Public Facilities	7.58	8.93	3.82	4.56	0.40	0.48
居民服务和其他服务业	Servises to Households and Other Servise	21.43	26.67	16.26	18.52	3.20	5.70
教育	Education	52.04	59.58	46.63	53.39		
卫生、社会保障和社会福利业	Health,Social Security and Social Welfare	22.10	27.72	17.75	22.26		
文化、体育和娱乐业	Culture,Sports and Entertainment	11.61	14.76	5.56	6.10	1.07	1.72
公共管理和社会组织	Public Management and Social Organization	58.21	75.85	53.26	70.72		

注:本表按当年价格计算。
Note:Data in this table are calculated at current prices.

表 2-8 续(continued)

行　　业	Sector	固定资产折旧 Depreciation of Fixed Assets		营业盈余 Operating Surplus	
		2009 年	2010 年	2009 年	2010 年
合　计	**Gross Domestic Product**	**278.16**	**331.81**	**257.26**	**351.42**
第一产业	Primary Industry	87.27	108.96		
第二产业	Secondary Industry	57.64	66.05	115.25	163.70
工业	Industury	48.60	52.99	80.67	120.07
建筑业	Construction	9.04	13.06	34.58	43.63
第三产业	Tertiary Industry	133.25	156.80	142.01	187.72
交通运输、仓储和邮政业	Transport,Storage and Post	33.97	39.71	-1.30	-1.08
信息传输、计算机服务和软件业	Information Transmission,Computer Servises and Software	18.19	21.84	16.86	17.06
批发和零售业	Wholesale and Retail Trades	9.56	13.67	45.81	52.86
住宿和餐饮业	Hotels and Catering Services	9.39	9.12	8.21	13.96
金融业	Financial Intermediation	2.13	1.60	25.85	36.57
房地产业	Real Estate	36.46	43.70	37.40	55.55
租赁和商务服务业	Leasing and Business Servises	3.18	3.69	0.32	1.24
科学研究、技术服务和地质勘查业	Scientific Research,Technical Servises and Geologic Prospecting	2.00	2.34	2.21	2.63
水利、环境和公共设施管理业	Management of Water Conservancy, Environment and Public Facilities	1.95	2.34	1.41	1.55
居民服务和其他服务业	Servises to Households and Other Servise	1.09	1.36	0.88	1.09
教育	Education	5.41	6.19		
卫生、社会保障和社会福利业	Health,Social Security and Social Welfare	2.44	3.06	1.91	2.40
文化、体育和娱乐业	Culture,Sports and Entertainment	2.53	3.05	2.45	3.89
公共管理和社会组织	Public Management and Social Organization	4.95	5.13		

注:本表按当年价格计算。
Note:Data in this table are calculated at current prices.

2-9 历年三次产业贡献率

Share of the Three Industries to the Increment of GDP in Various Years

年 份 Year	生产总值 Gross Domestic Product	第一产业 Primary Industry	第二产业 Secondary Industry	# 工业 Industry	第三产业 Tertiary Industry
贡献率(%) Contribution rate(%)					
1988	100	19.26	41.19	34.47	39.55
1989	100	25.09	50.85	14.64	24.06
1990	100	39.34	23.52	15.18	37.14
1991	100	26.10	26.59	17.28	47.31
1992	100	10.18	18.64	10.30	71.18
1993	100	16.76	48.73	23.41	34.52
1994	100	34.50	37.87	17.88	27.63
1995	100	93.29	−39.59	−23.08	46.30
1996	100	37.76	11.32	17.36	50.91
1997	100	36.80	19.25	18.25	43.95
1998	100	32.67	24.52	15.71	42.81
1999	100	42.33	21.72	15.67	35.95
2000	100	38.34	19.68	15.63	41.98
2001	100	38.94	19.24	15.17	41.83
2002	100	34.85	26.46	22.47	38.69
2003	100	30.97	37.27	31.29	31.76
2004	100	26.91	32.61	24.89	40.47
2005	100	20.09	36.81	27.24	43.11
2006	100	23.01	36.77	31.77	40.22
2007	100	16.39	40.20	35.56	43.41
2008	100	22.30	14.46	6.55	63.24
2009	100	18.23	28.71	12.62	53.06
2010	100	11.11	32.34	21.14	56.55

注:本表按不变价格计算。三次产业贡献率指各产业增加值增量与 GDP 增量之比。

Note:Data in this table are calculated at constant prices.Share of the three industries refers to the proportion of the increment of every industrial value added to the increment of GDP.

2-10 历年三次产业对全省生产总值增长的拉动力
Contribution of the Three Industries to the Growth of GDP in Various Years

年份 Year	生产总值 Gross Domestic Product	第一产业 Primary Industry	第二产业 Secondary Industry	#工业 Industry	第三产业 Tertiary Industry
拉动力(百分点) Contribution(Percenatge points)					
1988	9.67	1.86	3.98	3.33	3.83
1989	5.73	1.44	2.92	0.84	1.38
1990	10.58	4.16	2.49	1.61	3.93
1991	14.88	3.88	3.96	2.57	7.04
1992	41.48	4.22	7.73	4.27	29.52
1993	20.58	3.45	10.03	4.82	7.10
1994	11.25	3.88	4.26	2.01	3.11
1995	3.76	3.51	-1.49	-0.87	1.74
1996	4.69	1.77	0.53	0.81	2.39
1997	6.82	2.51	1.31	1.25	3.00
1998	8.45	2.76	2.07	1.33	3.62
1999	8.48	3.59	1.84	1.33	3.05
2000	9.03	3.46	1.78	1.41	3.79
2001	9.08	3.54	1.75	1.38	3.80
2002	9.57	3.34	2.53	2.15	3.70
2003	10.61	3.28	3.95	3.32	3.37
2004	10.69	2.88	3.49	2.66	4.33
2005	10.50	2.11	3.86	2.86	4.53
2006	13.20	3.04	4.85	4.19	5.31
2007	15.80	2.59	6.35	5.62	6.86
2008	10.30	2.30	1.49	0.67	6.51
2009	11.70	2.13	3.36	1.48	6.21
2010	16.00	1.77	5.18	3.38	9.05

注:本表按不变价格计算。三次产业拉动力指 GDP 增长速度与各产业贡献率之乘积。

Note:Data in this table are calculated at constant prices.Contribution of the three industries refers to the product of the growth of GDP and the share of the three industries to the increase of GDP.

2-11 各市县生产总值
Gross Domestic Product by Region

单位:万元 (2010) (10 000 yuan)

地 区	Region	生产总值 Gross Domestic Product	第一产业 Primary Industry	第二产业 Secondary Industry	第三产业 Tertiary Industry	人均生产总值(元) Per Capita GDP(yuan)
全辖区	**Total Region**					
海口市	HaiKou	6171948	459936	1488138	4223874	38731
三亚市	SanYa	2422143	383811	502189	1536143	42977
五指山市	WuZhiShan	141631	36383	24296	80952	12394
文昌市	WenChang	1187277	497846	262419	427012	20446
琼海市	QiongHai	1129861	483254	167134	479473	22948
万宁市	WanNing	980701	307672	241491	431538	16158
定安县	DingAn	388922	159677	62931	166314	11585
屯昌县	TunChang	326364	176353	37060	112951	10923
澄迈县	ChengMai	1100773	345339	483240	272194	20084
临高县	LinGao	717538	484835	84965	147738	14714
儋州市	DanZhou	3117712	751808	1495753	870151	29365
#洋浦	YangPu	1800449	16734	1329323	454392	380275
东方市	DongFang	735827	230977	323838	181012	16765
乐东县	LeDong	553763	349253	48264	156246	10413
琼中县	QiongZhong	237226	160664	20811	55751	10610
保亭县	BaoTing	196503	100754	21038	74712	11587
陵水县	LingShui	521845	229392	99893	192560	14216
白沙县	BaiSha	232357	154980	25713	51664	11556
昌江县	ChangJiang	608369	147804	355651	104914	23163
不含农垦	**Excluding Nongken**					
海口市	HaiKou	5951444	381901	1428286	4141257	38911
三亚市	SanYa	2308509	310078	492234	1506197	46596
五指山市	WuZhiShan	135086	31347	23870	79869	12578
文昌市	WenChang	1164977	481280	261301	422396	21107
琼海市	QiongHai	1072677	438615	163876	470186	24426
万宁市	WanNing	924340	262965	239094	422281	18610
定安县	DingAn	367955	141890	62780	163285	12600
屯昌县	TunChang	274227	130958	35060	108209	11657
澄迈县	ChengMai	1049014	301092	481275	266647	23538
临高县	LinGao	684589	460650	81601	142338	15780
儋州市	DanZhou	2950155	634924	1476360	838871	32270
#洋浦	YangPu	1800449	16734	1329323	454392	380275
东方市	DongFang	712672	209708	323668	179296	17486
乐东县	LeDong	488935	292507	47235	149193	10208
琼中县	QiongZhong	128373	64934	18099	45340	8613
保亭县	BaoTing	137470	53573	17661	66236	11884
陵水县	LingShui	501304	220582	99529	181193	14997
白沙县	BaiSha	149349	80657	23693	44999	10558
昌江县	ChangJiang	590231	134376	352759	103096	23265
农 垦	Nongken	1175268	828700	116959	229609	11098

注:本表按当年价格计算。全辖区为包含农垦系统数据。
Note:Data in this table are calculated at current prices.Data of total region includes the data of Nongken.

2-12 各市县生产总值构成
Composition of Gross Domestic Product by Region

单位:% (2010) (%)

地 区	Region	生产总值 Gross Domestic Product	第一产业 Primary Industry	第二产业 Secondary Industry	第三产业 Tertiary Industry
全辖区	**Total Region**				
海口市	HaiKou	100	7.5	24.1	68.4
三亚市	SanYa	100	15.9	20.7	63.4
五指山市	WuZhiShan	100	25.7	17.1	57.2
文昌市	WenChang	100	41.9	22.1	36.0
琼海市	QiongHai	100	42.8	14.8	42.4
万宁市	WanNing	100	31.4	24.6	44.0
定安县	DingAn	100	41.0	16.2	42.8
屯昌县	TunChang	100	54.0	11.4	34.6
澄迈县	ChengMai	100	31.4	43.9	24.7
临高县	LinGao	100	67.6	11.8	20.6
儋州市	DanZhou	100	24.1	48.0	27.9
#洋浦	YangPu	100	0.9	73.9	25.2
东方市	DongFang	100	31.4	44.0	24.6
乐东县	LeDong	100	63.1	8.7	28.2
琼中县	QiongZhong	100	67.7	8.8	23.5
保亭县	BaoTing	100	51.3	10.7	38.0
陵水县	LingShui	100	44.0	19.1	36.9
白沙县	BaiSha	100	66.7	11.1	22.2
昌江县	ChangJiang	100	24.3	58.5	17.2
不含农垦	**Excluding Nongken**				
海口市	HaiKou	100	6.4	24.0	69.6
三亚市	SanYa	100	13.4	21.3	65.3
五指山市	WuZhiShan	100	23.2	17.7	59.1
文昌市	WenChang	100	41.3	22.4	36.3
琼海市	QiongHai	100	40.9	15.3	43.8
万宁市	WanNing	100	28.4	25.9	45.7
定安县	DingAn	100	38.5	17.1	44.4
屯昌县	TunChang	100	47.7	12.8	39.5
澄迈县	ChengMai	100	28.7	45.9	25.4
临高县	LinGao	100	67.3	11.9	20.8
儋州市	DanZhou	100	21.5	50.0	28.5
#洋浦	YangPu	100	0.9	73.9	25.2
东方市	DongFang	100	29.4	45.4	25.2
乐东县	LeDong	100	59.8	9.7	30.5
琼中县	QiongZhong	100	50.6	14.1	35.3
保亭县	BaoTing	100	39.0	12.8	48.2
陵水县	LingShui	100	44.0	19.9	36.1
白沙县	BaiSha	100	54.0	15.9	30.1
昌江县	ChangJiang	100	22.8	59.7	17.5
农 垦	Nongken	100	70.5	10.0	19.5

注:本表按当年价格计算。全辖区为包含农垦系统数据。
Note:Data in this table are calculated at current prices.Data of total region includes the data of Nongken.

2-13 各市县生产总值指数
Indices of Gross Domestic Product by Region

单位:% （以上年为 100 Preceding year=100） (%)

地 区	Region	生产总值 Gross Domestic Product	第一产业 Primary Industry	第二产业 Secondary Industry	第三产业 Tertiary Industry	人均生产总值 Per Capita GDP
全辖区	**Total Region**					
海口市	HaiKou	118.2	105.1	121.2	118.8	116.5
三亚市	SanYa	119.9	105.3	122.4	123.5	117.3
五指山市	WuZhiShan	117.2	107.5	118.8	121.1	116.9
文昌市	WenChang	116.0	104.2	131.4	122.8	114.6
琼海市	QiongHai	116.2	104.5	118.7	129.7	114.5
万宁市	WanNing	117.9	107.0	121.6	124.7	115.8
定安县	DingAn	116.7	107.8	122.9	123.8	114.8
屯昌县	TunChang	112.3	106.5	121.4	118.7	109.9
澄迈县	ChengMai	124.0	111.5	125.8	138.1	120.6
临高县	LinGao	116.6	111.0	199.0	109.3	114.5
儋州市	DanZhou	115.0	109.1	113.4	123.3	112.9
#洋浦	YangPu	117.0	104.6	113.0	130.7	113.3
东方市	DongFang	117.4	107.1	129.0	110.3	115.3
乐东县	LeDong	108.7	104.3	129.7	113.1	106.5
琼中县	QiongZhong	108.1	108.2	109.7	107.2	105.2
保亭县	BaoTing	115.7	115.5	116.4	115.7	114.5
陵水县	LingShui	117.6	107.4	125.7	129.3	115.6
白沙县	BaiSha	106.2	104.1	107.7	111.4	104.3
昌江县	ChangJiang	116.3	104.1	124.6	114.3	114.0
不含农垦	**Excluding Nongken**					
海口市	HaiKou	117.5	105.2	119.3	118.1	115.8
三亚市	SanYa	120.3	106.3	122.5	123.2	117.8
五指山市	WuZhiShan	118.9	109.1	118.6	122.9	118.6
文昌市	WenChang	116.2	104.2	131.7	122.9	114.8
琼海市	QiongHai	116.8	105.0	118.7	129.9	116.2
万宁市	WanNing	118.8	106.1	121.9	126.3	119.6
定安县	DingAn	118.3	109.0	125.2	124.7	116.3
屯昌县	TunChang	116.0	109.0	129.3	121.2	113.3
澄迈县	ChengMai	125.6	112.3	126.4	141.0	121.4
临高县	LinGao	117.4	111.6	201.0	110.5	113.5
儋州市	DanZhou	115.1	108.1	113.2	124.4	112.8
#洋浦	YangPu	117.0	104.6	113.0	130.7	113.3
东方市	DongFang	117.8	107.3	129.0	110.5	115.6
乐东县	LeDong	112.6	108.1	134.0	115.6	110.2
琼中县	QiongZhong	111.1	109.0	113.7	112.6	106.6
保亭县	BaoTing	113.9	109.5	116.0	117.1	112.5
陵水县	LingShui	118.4	107.6	126.6	131.0	116.4
白沙县	BaiSha	111.6	108.9	114.7	114.5	109.2
昌江县	ChangJiang	118.0	107.8	124.6	115.3	115.6
农 垦	Nongken	109.0	103.9	134.0	116.6	107.3

注:本表按可比价格计算。全辖区为包含农垦系统数据。
Note:Data in this table are calculated at comparable prices.Data of total region includes the data of Nongken.

2-14 历年支出法生产总值
Gross Domestic Product by Expenditure Approach in Various Years

单位:亿元 100 million yuan

年份 Year	支出法生产总值 Gross Domestic Product by Expenditure Approach	最终消费 Final Consumpion Expenditure	居民消费 Household Consumption Expenditure	农村居民 Rural Households	城镇居民 Urban Households	政府消费 Government Consumption Expenditure
1984	42.15	26.13	23.37	17.18	6.19	2.76
1985	54.19	31.58	28.05	20.59	7.46	3.53
1986	63.06	36.81	32.70	24.06	8.64	4.11
1987	57.30	39.80	35.60	25.50	10.10	4.20
1988	77.00	50.20	44.60	31.30	13.30	5.60
1989	91.30	57.70	49.30	33.50	15.80	8.40
1990	102.40	62.30	51.70	33.50	18.20	10.60
1991	120.50	70.10	55.60	31.90	23.70	14.50
1992	184.90	90.20	69.30	35.00	34.30	20.90
1993	260.40	125.20	94.50	49.40	45.10	30.70
1994	332.00	150.30	118.10	54.40	63.70	32.20
1995	363.30	178.90	143.00	66.80	76.20	35.90
1996	389.70	212.60	170.40	79.50	90.90	42.20
1997	411.20	228.40	179.60	82.20	97.40	48.80
1998	442.10	245.60	190.80	85.40	105.40	54.80
1999	476.70	258.70	197.10	86.60	110.50	61.60
2000	526.80	290.70	220.80	97.80	123.00	69.90
2001	558.40	310.50	235.20	99.80	135.40	75.30
2002	622.00	347.60	258.40	106.80	151.70	89.10
2003	693.20	378.60	281.10	108.50	172.60	97.50
2004	798.90	428.30	313.21	116.73	196.48	115.04
2005	897.99	470.46	342.81	121.14	221.67	127.65
2006	1044.91	554.22	400.91	132.71	268.20	153.31
2007	1254.17	660.23	473.19	144.5	328.69	187.04
2008	1503.06	737.49	521.18	146.25	374.93	216.31
2009	1654.21	808.72	575.22	153.98	421.24	233.5
2010	2064.50	953.19	654.31	168.92	485.39	298.88

注:本表按当年价格计算。资本形成率指资本形成总额占支出法地区生产总值的的比重;最终消费率指最终消费支出法地区生产总值的比重。
Note:Data in this table are calculated at current prices. Capital formation rate refers to the gross capital formation as percentage of GDP by expenditure approach; Final consumption rate refers to the final consumption expenditure as percentage of GDP by expenditure approach.

表 2-14 续(continued)

年 份 Year	资本形成总额 Gross Capital Formation	固定资本形成总额 Gross Fixed Capital Formation	存货增加 Change in Inventories	资本形成率(%) Capital Formation Rate(%)	最终消费率(%) Final Consumption Rate(%)
1984	16.02	10.43	5.59	38.01	61.99
1985	22.61	16.37	6.24	41.72	58.28
1986	26.25	18.63	7.62	41.63	58.37
1987	26.50	20.90	5.57	46.25	69.46
1988	36.80	22.90	13.90	47.79	65.19
1989	44.70	29.10	15.60	48.96	63.20
1990	58.70	42.10	16.50	57.32	60.84
1991	67.20	50.90	16.26	55.77	58.17
1992	125.20	105.10	20.06	67.71	48.78
1993	172.20	145.40	26.83	66.13	48.08
1994	225.10	199.30	25.82	67.80	45.27
1995	220.20	193.60	26.57	60.61	49.24
1996	188.90	168.30	20.61	48.47	54.55
1997	188.90	163.40	25.56	45.94	55.54
1998	203.90	174.70	29.23	46.12	55.55
1999	225.20	189.30	35.92	47.24	54.27
2000	242.20	198.00	44.26	45.98	55.80
2001	255.60	208.20	47.37	45.77	55.61
2002	279.80	227.50	52.31	44.98	55.88
2003	317.60	265.60	52.10	45.82	54.62
2004	369.36	311.05	58.31	46.23	53.61
2005	434.22	375.58	58.64	48.35	52.39
2006	513.5	445.51	67.99	49.14	53.04
2007	608.38	552.37	56.01	48.51	52.64
2008	805.46	772	33.56	53.59	49.07
2009	914.2	871.91	42.29	55.27	48.89
2010	1185.40	1179.36	6.04	57.42	46.17

主要统计指标解释

国内生产总值(GDP) 指按市场价格计算的一个国家(或地区)所有常住单位在一定时期内生产活动的最终成果。国内生产总值有三种表现形态,即价值形态、收入形态和产品形态。从价值形态看,它是所有常住单位在一定时期内生产的全部货物和服务价值超过同期投入的全部非固定资产货物和服务价值的差额,即所有常住单位的增加值之和;从收入形态看,它是所有常住单位在一定时期内创造并分配给常住单位和非常住单位的初次收入之和;从产品形态看,它是所有常住单位在一定时期内最终使用的货物和服务价值减去货物和服务进口价值。在实际核算中,国内生产总值有三种计算方法,即生产法、收入法和支出法。三种方法分别从不同的方面反映国内生产总值及其构成。

三次产业 是根据社会生产活动历史发展的顺序对产业结构的划分,产品直接取自自然界的部门称为第一产业,对初级产品进行再加工的部门称为第二产业,为生产和消费提供各种服务的部门称为第三产业。它是世界上较为通用的产业结构分类,但各国的划分不尽一致。

我国的三次产业划分是:

第一产业:农业(包括种植业、林业、牧业、渔业和农、林、牧、渔服务业)。

第二产业:工业(包括采掘业,制造业,电力、煤气及水的生产和供应业)和建筑业。

第三产业:除第一、第二产业以外的其他各业。由于第三产业包括的行业多、范围广,根据我国的实际情况,第三产业可分为两大部分;一是流通部门,二是服务部门。具体又可分为四个层次:

第一层次:流通部门,包括交通运输、仓储及邮电通信业,批发和零售贸易、餐饮业。

第二层次:为生产和生活服务的部门,包括金融、保险业,地质勘查业、水利管理业,房地产业,社会服务业,交通运输辅助业,综合技术服务业等。

第三层次:为提高科学文化水平和居民素质服务的部门,包括教育、文化艺术及广播电影电视业,卫生、体育和社会福利业,科学研究业等。

第四层次:为社会公共需要服务的部门,包括国家机关、政党机关和社会团体以及军队、警察等。

当年价格 是指报告期的实际价格,如工业品的出厂价格,农产品的收购价格,商业的零售价格等。按当年价格计算,是指一些以货币表现的物量指标,如社会总产值、工农业总产值、国民收入、国内生产总值等,按照当年的实际价格计算总量。用当年价格计算的数字,反映当年的实际情况,使国民经济各项指标互相衔接,便于考察当年社会经济效益,便于对生产、流通、分配、消费之间进行综合平衡。

按当年价格计算的价值指标,因包括不同年份的价格变动因素,不同年份之间不能直接对比,在对比时应该使用按可比价格计算的数字。

可比价格 指计算各种总量指标所采用的扣除了价格变动因素的价格,可进行不同时期总量指标的对比。按可比价格计算总量指标有两种方法:一种是直接用产品产量乘某一年的不变价格计算;另一种是用价格指数进行缩减。

不变价格 指以同类产品某年的平均价格作为固定价格,用于计算各年的产品价值。按不变价格计算的产品价值消除了价格变动因素,不同时期对比可以反映生产的发展速度。新中国成立后,随着工农业产品价格水平的变化,国家统计局先后七次制定了全国统一的工业产品不变价格和农业产品不变价格。从1952年到1957年使用1952年工(农)业产品不变价格,从1957年到1970年使用1957年不变价格,从1971年到1980年使用1970年不变价格,从1981年到1990年使用1980年不变价格,从1991年到2000年使用1990年不变价格,从2001年到2005年使用2000年不变价格,从2006年到2010年使用2005年不变价格。

支出法国内生产总值 是从最终使用的角度反映一个国家(或地区)一定时期内生产活动最终成果的一种方法,包括最终消费支出、资本形成总额及货物和服务净出口三部分。计算公式为:

支出法国内生产总值 = 最终消费支出 + 资本形成总额 + 货物和服务净出口

最终消费 指常住单位在一定时期内对于货物和服务的全部最终消费支出,也就是常住单位为满足物质、文化和精神生活的需要,从本国经济领土和国外购买的货物和服务的支出;不包括非常住单位在本国经济领土内的消费支出。最终消费分为居民消费和政府消费。

居民消费 指常住住户对货物和服务的全部最终消费支出。居民消费按市场价格计算,即按居民支付的购买者价格计算。购买者价格是购买者取得货物所支付的价格,包括购买者支付的运输和商业费用。居民消费除了直接以货币形式购买货物和服务的消费之外,还包括以其他方式获得的货物和服务的消费支出,即所谓的虚拟消费支出。居民虚拟消费支出包括以下几种类型:单位以实物报酬及实物转移的形式提供给劳动者的货物和服务;住户生产并由本住户消费了的货物和服务,其中的服务仅指住户的自有住房服务；金融机构提供的金融媒介服务；保险公司提供的保险服务。

政府消费 指政府部门为全社会提供公共服务的消费支出和免费或以较低价格向住户提供的货物和服务的净支出。前者等于政府服务的产出价值减去政府单位所获得的经营收入的价值，政府服务的产出价值等于它的经常性业务支出加上固定资产折旧；后者等于政府部门免费或以较低价格向住户提供的货物和服务的市场价值减去向住户收取的价值。

资本形成总额 指常住单位在一定时期内获得的减去处置的固定资产加存货的变动，包括固定资本形成总额和存货增加。

固定资本形成总额 指常住单位购置、转入和自产自用的固定资产，扣除固定资产的销售和转出后的价值，分有形固定资产形成总额和无形固定资产形成总额。有形固定资产形成总额包括一定时期内完成的建筑工程、安装工程和设备工器具购置(减处置)价值，以及土地改良、新增役、种、奶、毛、娱乐用牲畜和新增经济林木价值。无形固定资产形成总额包括矿藏的勘探、计算机软件、娱乐和文学艺术品原件等获得减处置。

存货增加 指常住单位存货实物量变动的市场价值，即期末价值减期初价值的差额。存货增加可以是正值，也可以是负值；正值表示存货上升，负值表示存货下降。它包括生产单位购进的原材料、燃料和储备物资等存货，以及生产单位生产的产成品、在制品等存货等。

货物和服务净出口 指货物和服务出口减货物和服务进口的差额。出口包括常住单位向非常住单位出售或无偿转让的各种货物和服务的价值；进口包括常住单位从非常住单位购买或无偿得到的各种货物和服务的价值。由于服务活动的提供与使用同时发生，因此服务的进出口业务并不发生出入境现象，一般把常住单位从国外得到的服务作为进口，非常住单位从本国得到的服务作为出口。货物的出口和进口都按离岸价格计算。

劳动者报酬 指劳动者因从事生产活动所获得的全部报酬。包括劳动者获得的各种形式的工资、奖金和津贴，既包括货币形式的，也包括实物形式的；还包括劳动者所享受的公费医疗和医药卫生费、上下班交通补贴和单位支付的社会保险费等。对于个体经济来说，其所有者所获得的劳动报酬和经营利润不易区分，这两部分统一作为劳动者报酬处理。

生产税净额 指生产税减生产补贴后的余额。生产税指政府对生产单位生产、销售和从事经营活动以及因从事生产活动使用某些生产要素(如固定资产、土地、劳动力)所征收的各种税、附加费和规费。生产补贴与生产税相反，指政府对生产单位的单方面收入转移，因此视为负生产税，包括政策亏损补贴、粮食系统价格补贴、外贸企业出口退税收入等。

固定资产折旧 指一定时期内为弥补固定资产损耗按照核定的固定资产折旧率提取的固定资产折旧，或按国民经济核算统一规定的折旧率虚拟计算的固定资产折旧。它反映了固定资产在当期生产中的转移价值。各类企业和企业化管理的事业单位的固定资产折旧是指实际计提并计入成本费中的折旧费；不计提折旧的政府机关、非企业化管理的事业单位和居民住房的固定资产折旧是按照统一规定的折旧率和固定资产原值计算的虚拟折旧。原则上，固定资产折旧应按固定资产的重置价值计算，但是目前我国尚不具备对全社会固定资产进行重估价的基础，所以暂时只能采用上述办法。

营业盈余 指常住单位创造的增加值扣除劳动者报酬、生产税净额和固定资产折旧后的余额。它相当于企业的营业利润加上生产补贴，但要扣除从利润中开支的工资和福利等。

Explanatory Notes on Main Statistical Indicators

Gross Domestic Product (GDP) refers to the final products at market prices produced by all resident units in a country (or a region) during a certain period of time. Gross domestic product is expressed in three different perspectives, namely value, income, and products respectively. GDP in its value perspective refers to the total value of all goods and services produced by all resident units during a certain period of time, minus the total value of input of goods and services of the nature of non-fixed assets; in other words, it is the sum of the value-added of all resident units. GDP from the perspective of income includes the primary income created by all resident units and distributed to resident and non-resident units. GDP from the perspective of products refers to the value of all goods and services for final demand by all resident units minus the imports of goods and services during a given period of time. In the practice of national accounting, gross domestic product is calculated from three approaches, namely production approach, income approach and expenditure approach, which reflect gross domestic product and its composition from different angles.

Three Strata of Industry Industry structure has been classified according to the historical sequence of development. Primary industry refers to extraction of natural resources; secondary industry involves processing of primary products; and tertiary industry provides services of various kinds for production and consumption. The above classification is a common practice in the world, although the grouping varies to some extent from country to country. In China economic activities are categorized into the following three strata of industry:

Primary industry: agriculture (including farming, forestry, animal husbandry, fishery and services in support of these industries).

Secondary industry: industry (including mining and quarrying, manufacturing, production and supply of electricity, water and gas) and construction.

Tertiary industry: all other industries not included in primary or secondary industry.

Due to the fact that tertiary industry involves in a large variety of industries in China, it is divided into two sectors: circulation sector and service sector and further into four levels:

The first level: circulation sector, including transportation, storage, postal and telecommunications, wholesale and retail trade, and catering trade.

The second level: service sector providing services for production and consumption, including banking, insurance, geological survey, water conservancy management, real estates, service for residents, service for agriculture, forestry, animal husbandry, fishery, subsidiary services for transportation and communications, comprehensive technical services, etc.

The third level: service sector for upgrading scientific, educational and cultural level of the people, including education, culture and arts, broadcasting, movies, television, public health, sports, social welfare and scientific research, etc.

The fourth level: sector providing services for public needs, including government agencies, political parties, social organizations, military and police service.

Current prices is the actual price of the reporting period, such as the ex–factory price of industrial products ,the price of agricultural products, , commercial retail prices. Calculating at current prices , which refers to the volume indicators measured by currency, such as social output value, industrial and agricultural output value, national income, GDP, etc., are Calculated the total in accordance with the actual prices that year. Figures calculated with current prices, reflect the actual situation of the year, Interface between the national economy indicators, are easy to study social and economic benefits that year and facilitate , overall balance between the production, circulation, distribution, consumption.

The valuable indicators calculated at current prices, including the price changing of different years, can't compare directly but by the number of comparable prices between different years.

Comparable Prices refer to prices that are used to remove the factors of price change in calculating economic aggregates, so as to facilitate comparison of aggregates over time. Two methods are used for calculating economic aggregates at comparable prices: 1. Multiplying the output of products by their constant prices of certain year; 2. Deflation of data at current prices by relevant price index.

Constant Price refers to the average price of a given product in certain year, which is used for comparison of output value over time. As the output value at constant prices removes the factor of price changes, it reflects the trend of production development over time. Since 1949, with the changes in general price level, National Bureau of Statistics has issued nationally unified constant prices seven times: the 1952 constant prices for 1952–1957; the 1957 constant prices for 1957–1970; the 1970 constant prices for 1971–1980; the 1980 constant prices for 1981–1990; the 1990 constant prices for 1991–2000; the 2000 constant prices for 2001–2005; and the 2005 constant prices for 2006–2010.

GDP by Expenditure Approach refers to the method of measuring the final results of production activities of a country (region) during a given period from the perspective of final uses. It includes final consumption expenditure, gross capital formation and net export of goods and services. The formula for computation is.:

GDP by expenditure approach = final consumption expenditure + gross capital formation + net export of goods and services

Final Consumption refers to the total expenditure of resident units for purchases of goods and services from both the domestic economic territory and abroad to meet the needs of material, cultural and spiritual life. It does not include the expenditure of non–resident units on consumption in the economic territory of the country. The final consumption expenditure is broken down into household consumption expenditure and government consumption expenditure.

Household Consumption refers to the total expenditure of resident households on the final consumption of goods and services. In addition to the consumption of goods and services bought by the households directly with money, the household consumption expenditure also includes expenditure on goods and services obtained by the households in other ways, i.e. the so–called imputed consumption expenditure, which includes the following: (a) the goods and services provided to households by employers in the form of payment in kind and transfer in kind; (b) goods and services produced and consumed by the households themselves, in which the services refer to the owner–occupied housing and services offered by paid family employees; (c) financial intermediate services provided by financial institution.

Government Consumption refers to the consumption expenditure spent for the provision of public services provided by the government to the whole country and the net expenditure on the goods and services provided by the government to households free of charge or at reduced prices. The former equals to the output value of the government services minus the value of operating income obtained by the government departments. The latter equals to the market value of the goods and services provided by the government free of charge or at reduced prices to the households minus the value received by the government from the households.

Gross Capital Formation refers to the fixed assets acquired less disposals and the net value of inventory, thus including gross fixed capital formation and changes in inventories.

Gross Fixed Capital Formation refers to the value of acquisitions less those disposals of fixed assets during a given period. Fixed assets are the assets produced through production activities with unit value above a specified amount and which could be used for over one year. Natural assets are not included.Gross fixed capital formation can be categorized into total tangible fixed capital formation and total intangible fixed capital formation. Total tangible fixed capital formation includes the value of the construction projects and installation projects completed and the equipment, apparatus and instruments purchased (less those disposed) as well as the value of land improved, the value of draught animals, breeding stock and animals for milk, for wool and for recreational purposes and the newly increased forest with economic value. Total intangible fixed capital formation includes the prospecting of minerals and the acquisition of computer software minus the disposal of them.

Changes in Inventories refers to the market value of the change in the physical volume of inventory of resident units during a given period, i.e. the difference between the values at the beginning and at the end of the period minus the gains due to the change in prices. The changes in inventories can have a positive or a negative value. A positive value indicates an increase in inventory while a negative value indicates a decrease in inventory. The inventory includes raw materials, fuels and reserve materials purchased by the production units as well as the inventory of finished products, semi–finished products and work–in–progress.

Net Export of Goods and Services refers to the exports of goods and services subtracting the imports of goods and services. Exports include the value of various goods and services sold or gratuitously transferred by resident units to non–resident units. Imports include the value of various goods and services purchased or gratuitously acquired resident units from non–resident units. Because the provision of services and the use of them happen simultaneously, the acquisition of services by resident units from abroad is usually treated as import while the acquisition of services by non–resident units in this country is usually treated as export. The exports and imports of goods are calculated at FOB.

Compensation of Employees refers to the total payment of various forms to employees for the productive activities they are engaged in. It includes wages, bonuses and allowances, which the employees earn in cash or in kind. It also includes the free medical services provided to the employees and the medicine expenses, transport subsidies and social insurance, and housing fund paid by the employers. As regards the individual economy, since compensation of employees is not easily distinguishable from the operating surplus, both parts are treated as compensation of employees.

Net Taxes on Production refers to taxes on production less subsidies on production. The taxes on production refers to the various taxes, extra charges and fees levied on the production units on their production, sale and business activities as well as on the use of some factors of production, such as fixed assets, land and labour in the production activities they are engaged in. In contrast to taxes on production, subsidies on production refer to the unilateral government transfer to the production units and are therefore regarded as negative taxes on production. They include subsidies on the loss due to implementation of government policies, price subsidies, etc.

Depreciation of Fixed Assets refers to the depreciation of fixed assets in a given period, drawn in accordance with the stipulated depreciation rate for the purpose of compensating the wear–and–tear loss of the fixed assets or the depreciation of fixed assets imputed in accordance with the stipulated unified depreciation rate in the national economic accounting system. It reflects the value of transfer of the fixed assets in the production of the current period. The depreciation of fixed assets in various enterprises and institutions managed as enterprises refers to the depreciation expenses actually drawn. In government agencies and institutions not managed as enterprises which do not draw the depreciation expenses, as well as for the houses of residents, the depreciation of fixed assets is the imputed depreciation, which is calculated in accordance with the stipulated unified depreciation rate. In principle, the depreciation of fixed assets should be calculated on the basis of the re–purchased value of the fixed assets. However, currently the conditions in China do not facilitate the revaluation of all the fixed assets. Therefore, only the above–mentioned methods can be adopted at present.

Operating Surplus refers to the balance of the value added created by the resident units after deducting the labourers remuneration, net taxes on production and the depreciation of fixed assets. It is equivalent to the business profit of the enterprises plus subsidies to production, but the wages and welfare expenses paid from the profits should be deducted.

3. 人口和就业
POPULATION AND EMPLOYMENT

编辑人员：柯景华　陈翠青　黄丹慧
Compiled by Ke Jinghua　Chen Cuiqing　Huang Danhui
英文翻译：马圆筠
Translated by Ma Yuanyun

全省总人口(万人)(户籍人口)
Total Population(10000 persons) (Registered Population)

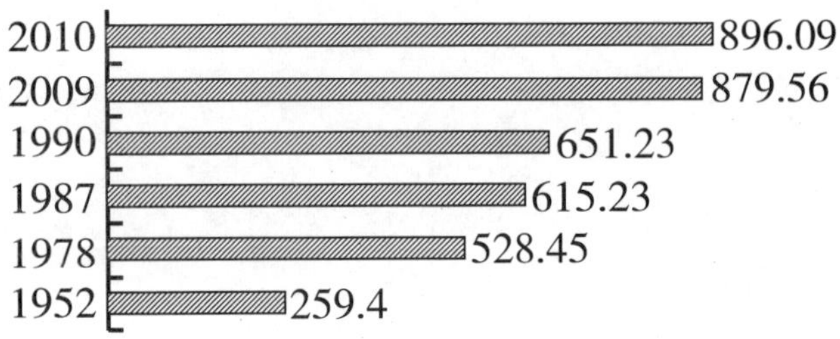

人口自然增长率(‰)
Natural Growth Rate of Population(‰)

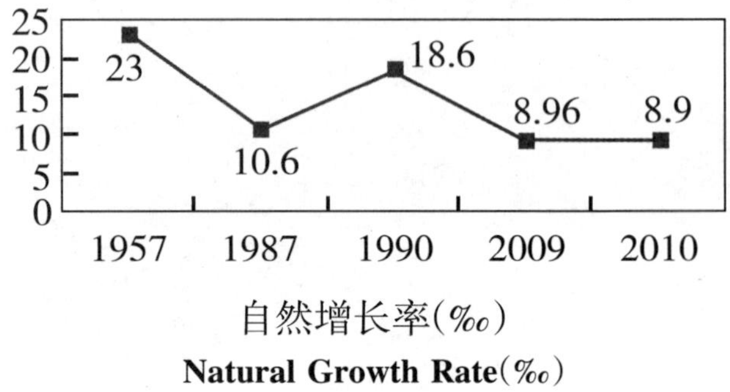

从业人员(按三次产业分)(万人)
Employed Persons (by Three Strata of Industry) (10000 persons)

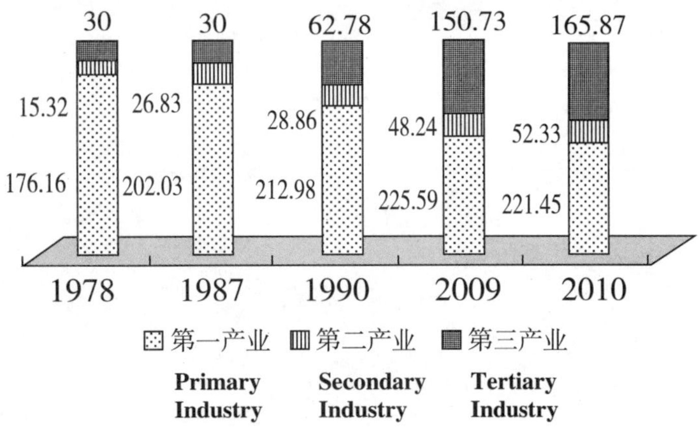

职工平均工资(元)
Average Wage of Fully Staff and Workers(yuan)

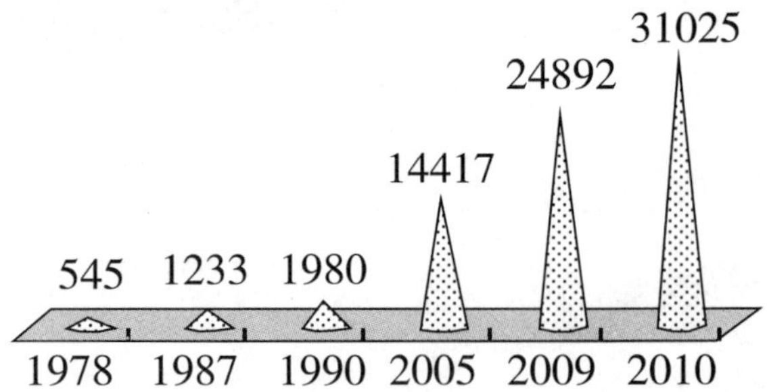

3-1 历年全省人口数及构成
Population and Its Composition in Various Years

单位:万人　　　　(户籍人口 Registered population)　　　　(10 000 persons)

年份 Year	总户数(万户) Number of Households (10 000 households)	总人口 Total Population	按性别分 By Sex		按农业、非农业分 By Agriculture and Non-agriculture	
			男 Male	女 Female	农业人口 Agriculture Population	非农人口 Non-agriculture Population
1952	66.06	259.40	126.84	132.56	239.28	20.12
1957	69.51	290.81	145.39	145.42	253.99	36.82
1962	76.20	335.18	184.21	150.97	287.91	47.27
1965	83.65	365.79	186.21	179.58	313.57	52.22
1970	98.81	428.89	218.11	210.78	374.84	54.05
1971	108.14	454.50	323.38	131.12	393.92	60.58
1973	100.96	479.49	245.30	234.19	414.69	64.80
1974	101.83	487.77	249.40	238.37	420.88	66.89
1975	103.34	496.82	253.73	243.09	427.36	69.46
1976	106.75	505.15	259.14	246.01	433.91	71.24
1977	110.33	516.36	264.32	252.04	442.38	73.98
1978	114.13	528.45	270.42	258.03	451.08	77.37
1979	115.76	540.30	276.53	263.77	458.86	81.44
1980	117.81	552.53	280.36	272.17	466.24	86.29
1981	117.68	560.77	287.09	273.68	469.76	91.01
1982	116.90	571.38	293.26	278.12	477.11	94.27
1983	120.09	580.66	298.83	281.83	482.79	97.87
1984	124.98	589.31	303.58	285.73	485.35	103.96
1985	127.26	597.51	313.08	284.43	485.50	112.01
1986	132.33	605.63	313.08	292.55	489.30	116.33
1987	136.87	615.08	318.23	296.85	493.49	121.59
1988	143.95	627.49	325.03	302.46	500.82	126.67
1989	147.73	638.79	331.63	307.16	506.20	132.59
1990	150.39	651.23	338.40	312.83	514.62	136.61
1991	155.39	661.50	344.38	317.12	520.68	140.82
1992	158.22	671.32	350.05	321.27	524.83	146.49
1993	161.01	681.78	355.70	326.08	530.36	151.42
1994	163.27	691.39	360.66	330.73	533.26	158.13
1995	166.62	702.42	367.78	334.64	537.36	165.06
1996	170.76	714.06	373.20	340.86	540.25	173.81
1997	174.84	724.53	379.36	345.17	543.07	181.46
1998	178.21	733.31	384.91	348.40	547.19	186.12
1999	181.39	743.21	390.07	353.14	554.09	189.12
2000	182.61	760.94	399.54	361.40	564.07	196.87
2001	185.67	769.50	403.71	365.79	567.19	202.31
2002	188.52	778.89	409.16	369.73	570.43	208.46
2003	191.29	790.26	415.21	375.05	574.90	215.36
2004	197.70	805.88	422.70	383.18	501.15	304.53
2005	202.79	819.03	428.67	390.37	505.30	313.73
2006	215.57	833.44	435.59	397.85	512.07	321.36
2007	222.77	849.26	443.20	406.05	521.39	327.87
2008	233.49	864.73	451.80	412.93	529.76	334.96
2009	241.38	879.56	458.44	421.12	539.31	340.01
2010	253.55	896.09	467.72	428.37	552.47	343.46

3-2 各市县总人口
Total Population by Region

单位:人　（2010年年末户籍人口 Registered population at year-end）　(person)

地区	Region	总户数(户) Number of Households (households)	总人口 Total Population	按性别分 By Sex 男 Male	女 Female	按农业、非农业分 By Agriculture and Non-agriculture 农业人口 Agriculture Population	非农人口 Non-agriculture Population
全省总计	**Total**	**2535518**	**8960873**	**4677180**	**4283693**	**5524746**	**3434596**
海口市	Haikou	497067	1604369	824686	779683	637033	967336
三亚市	Sanya	142422	570130	291453	278677	282021	287914
五指山市	Wuzhishan	37345	114472	59523	54949	60108	54364
文昌市	Wenchang	173844	584605	296682	287923	458932	125673
琼海市	Qionghai	147807	496392	260155	236237	343260	153132
万宁市	Wanning	191659	612904	323231	289673	427590	185314
定安县	Ding'an	106595	338720	179159	159561	239971	98749
屯昌县	Tunchang	85075	302434	159560	142874	197506	104913
澄迈县	Chengmai	154743	558682	301878	256804	369689	188830
临高县	Lingao	136748	491240	257146	234094	347343	143897
儋州市	Danzhou	240573	1068606	561990	506616	666333	402273
#洋浦	#Yangpu	35973	48177	24802	23375		48177
东方市	Dongfang	130548	442936	231620	211316	332472	110464
乐东县	Ledong	147381	537773	280197	257576	387983	149790
琼中县	Qiongzhong	72301	228984	122278	106706	121507	107477
保亭县	Baoting	51735	170398	87572	82826	89910	79624
陵水县	Lingshui	89497	370169	193847	176322	272857	97018
白沙县	Baisha	58618	202792	106955	95837	118165	84627
昌江县	Changjiang	71386	265025	139053	125972	172066	92959
西沙群岛	Xisha	174	242	195	47		242

3-3 各市县民族人口
Population for Ethnicity by Region

单位:人　　(2010年末户籍人口)(Registered population at year-end)　　(person)

地区	Region	汉族 Han	少数民族 Ethnic Minorities	黎族 Li	苗族 Miao	壮族 Zhuang	回族 Hui	其他 Others	占总人口的比重(%) Percentage to Total Population (%)
全省总计	**Total**	**7370914**	**1589959**	**1444942**	**75555**	**38104**	**11845**	**19513**	**17.74**
海口市	Haikou	1576025	28344	14542	1347	2991	1684	7780	1.77
三亚市	Sanya	331361	238769	222145	3841	1940	8700	2143	41.88
五指山市	Wuzhishan	37140	77332	70514	5826	389	114	489	67.56
文昌市	Wenchang	581000	3605	2811	142	407	33	212	0.62
琼海市	Qionghai	478239	18153	4972	11001	1777	29	374	3.66
万宁市	Wanning	505976	106928	95264	7589	2840	91	1144	17.45
定安县	Ding'an	331928	6792	2598	2752	1044	8	390	2.01
屯昌县	Tunchang	268615	33819	19410	10392	3418	27	572	11.18
澄迈县	Chengmai	552745	5937	4262	543	898	5	229	1.06
临高县	Lingao	490613	627	412	24	93	5	93	0.13
儋州市	Danzhou	931983	88446	79763	2992	4165	196	1330	8.28
#洋浦	#Yangpu	47867	310	114	15	30	16	135	0.64
东方市	Dongfang	351748	91188	89319	1120	437	26	286	20.59
乐东县	Ledong	330266	207507	202257	2991	1858	24	377	38.59
琼中县	Qiongzhong	92050	136934	113100	14987	7453	86	1308	59.80
保亭县	Baoting	56892	113506	102074	6985	3632	87	728	66.61
陵水县	Lingshui	165535	204634	202891	751	641	37	314	55.28
白沙县	Baisha	75632	127160	120720	1985	3195	23	1237	62.70
昌江县	Changjiang	165057	99968	97774	272	896	654	372	37.72
西沙群岛	Xisha	242							

3-4 人口变动抽样调查主要指标
Main Indicators of Sample Survey on Population Change

指　　标	Indicators	2005	2006	2007	2008	2009	2010
一、年末常住人口(万人)	Total Resident Population(year-end)(10 000 persons)	828.00	835.88	845.03	854.18	864.07	868.55
二、自然增长情况	Natural Growth						
出生率(‰)	Birth Rate(‰)	14.65	14.59	14.62	14.71	14.66	14.71
死亡率(‰)	Death Rate(‰)	5.72	5.73	5.71	5.72	5.7	5.73
自然增长率(‰)	Natural Growth Rate(‰)	8.93	8.86	8.91	8.99	8.96	8.98
三、各年龄段占的比率(%)	Population by Age Group(%)						
0—14 岁	0-14	23.69	22.35	21.46	21.56	20.93	-
15—64 岁	15-64	67.77	68.96	69.66	69.49	70.13	-
65 岁及以上	65 and Over	8.54	8.69	8.88	8.96	8.94	-
四、性别比(%)	Sex Ratio(%)(Female=100)	110.46	110.22	110.09	109.87	114.03	-
五、文盲率(15 岁及以上)(%)	Percentage of Illiterate Population to Total Aged 15 and Over(%)	9.76	9.68	8.65	8.7	7.66	-
六、人均受教育年限 (6 岁及以上)(年)	Mean Years of Schooling to Total Aged 6 and Over	8.1	8.1	8.3	8.3	8.5	-
七、家庭户平均每户人数(人)	Average Family Household Size (person/household)	3.83	3.94	3.85	3.75	3.75	-
八、人口负担系数(%)	Age Composition Ratio(%)						-
总负担系数	Gross Dependency Ratio	47.56	45.01	43.56	43.91	42.59	-
少儿负担系数	Children Dependency Ratio	34.96	32.42	30.81	31.02	29.84	-
老年负担系数	Old Dependency Ratio	12.60	12.59	12.75	12.89	12.75	-
九、孩次构成情况	Composition of Birth Order						-
一孩率(%)	1st Birth Rate(%)	53.70	50.41	54.34	52.61	50.59	-
二孩率(%)	2nd Birth Rate(%)	36.84	41.56	34.95	38.62	38.88	-
三孩率(%)	3rd Birth Rate(%)	9.45	8.02	10.71	8.77	10.54	-
十、育龄妇女生育情况	Fertility of Women on Childbearing Age						-
一般生育率(‰)	General Fertility Rate(‰)	46.80	48.89	49.96	48.62	44.21	-
总和生育率	Total Fertility Rate	1.61	1.69	1.80	1.73	1.57	-

3-5 海南省五次人口普查基本情况
Basic Statistics on Hainan Population Census

指标	Indicators	1953	1964	1982	1990	2000
总人口(万人)	**Total Population**	**265.69**	**347.04**	**566.77**	**655.81**	**755.90**
男	Male	131.86	175.67	290.67	341.89	400.24
女	Female	133.83	171.37	276.10	313.92	355.66
性别比(以女性为100)	Sex Ratio (female=100)	98.52	102.51	105.28	108.91	112.54
家庭户规模(人/户)	Average Family Household Size (person/household)			4.89	4.57	4.11
各年龄组人口(%)	Population by Age Group					
0-14岁	0-14			36.73	33.08	27.43
15-64岁	15-64			57.11	61.51	65.83
65岁及以上	65 and over			6.16	5.41	6.74
民族人口	**Population by Ethnicity**					
汉族(万人)	Han (10 000 persons)		300.08	479.18	544.15	624.53
占总人口比重(%)	Percentage to Total Population(%)		86.50	84.50	83.00	82.60
少数民族(万人)	Ethnic Minorities (10 000 persons)		46.96	87.59	111.66	131.37
占总人口比重(%)	Percentage to Total Population(%)		13.50	15.50	17.00	17.40
每十万人拥有的各种受教育程度人口(人)	**Population with Various Education Attainments Per 100 000 Persons (person)**					
大专及以上	Junior College and Above			382	1247	3180
高中和中专	Senior Secondary School and Technical Secondary School			9415	10355	12512
初中	Junior Secondary School			16624	22498	32485
小学	Primary School			33331	34603	34378
文盲人口及文盲率	**Illiterate Population and Illiterate Rate**					
文盲人口(万人)	Illiterate Population (10 000 persons)			108.87	92.87	53.30
文盲率(%)	Illiterate Rate (%)			30.36	21.16	9.72
城乡人口(万人)	**Population by Residence (10 000 persons)**					
城镇人口	Urban Population	21.48	44.83	73.31	157.04	307.46
乡村人口	Rural Population	244.21	302.21	493.46	498.77	448.44
平均预期寿命(岁)	**Life Expectancy (year old)**			**72.86**	**70.01**	**72.92**
男	Male			69.97	66.93	70.66
女	Female			75.29	73.28	75.26

3-6 历年按经济类型分从业人员年末人数

Total Number of Employed Persons at the Year-end by Economic Type in Various Years

单位:万人 (10 000 persons)

年份 Year	从业人员 Total Employed Persons	国有单位 State-owned Units	城镇集体单位 Urban Collective-owned Units	其他经济类型单位 Units of Other Types of Ownership	城镇私营单位 Urban Private Enterprises	城镇个体 Urban Self-employed Individuals	农村劳动者 Rural Workers
1962	149.59	26.42	3.98			0.66	118.53
1965	156.81	33.02	4.33				119.46
1970	184.54	52.24	4.99				127.31
1971	192.81	57.28	5.14				130.39
1972	196.63	58.58	5.29				132.76
1973	199.89	58.57	5.44				135.88
1974	202.48	59.10	5.08				138.30
1975	202.02	60.42	5.39				136.21
1976	204.02	62.59	5.28			0.10	136.05
1977	218.00	70.56	9.59			0.09	137.76
1978	221.48	75.08	6.27			0.40	139.73
1979	226.23	77.41	6.60			0.71	141.51
1980	231.45	78.52	6.69			1.32	144.92
1981	242.46	85.05	6.69			2.18	148.54
1982	247.06	87.73	6.93			1.56	150.84
1983	253.09	89.34	6.72			2.06	154.97
1984	259.17	87.31	6.56	0.08		2.92	159.30
1985	268.40	89.93	9.27	0.41		4.54	164.25
1986	275.65	91.91	9.33	0.49		4.75	169.17
1987	280.75	91.66	9.11	0.57		5.56	173.85
1988	292.15	93.67	9.08	0.73		7.73	180.94
1989	298.53	94.80	8.83	1.13		7.82	185.95
1990	304.32	96.06	8.94	1.54		7.68	190.10
1991	316.99	98.00	8.54	2.34	3.24	9.76	195.11
1992	322.50	100.26	8.96	3.39	4.19	9.51	196.19
1993	333.33	98.84	9.41	4.19	9.95	12.40	198.54
1994	335.56	96.86	8.53	5.55	11.24	11.98	201.40
1995	334.49	94.08	8.43	5.82	11.96	11.35	202.85
1996	333.30	88.91	8.49	6.81	10.52	12.50	206.07
1997	341.65	87.71	8.35	8.06	11.05	16.75	209.73
1998	326.70	71.65	4.97	7.87	12.08	18.36	211.77
1999	326.77	68.83	4.63	8.23	13.68	16.27	215.13
2000	334.55	66.86	4.38	8.24	11.39	19.70	223.98
2001	338.39	63.58	4.42	8.48	9.91	22.47	229.53
2002	349.89	60.23	4.18	10.46	18.48	23.01	233.53
2003	360.34	58.66	4.05	10.83	23.87	22.66	240.27
2004	367.74	58.11	3.87	12.61	23.31	19.80	250.04
2005	379.55	57.93	4.07	12.72	28.30	20.52	256.01
2006	389.03	56.89	3.84	14.81	31.17	19.67	262.65
2007	397.46	56.52	3.78	16.85	30.74	20.29	269.28
2008	408.36	54.88	3.13	18.78	32.39	24.58	274.60
2009	424.56	54.47	3.51	21.35	35.38	28.26	281.59
2010	439.65	53.07	3.94	24.30	41.59	32.17	284.58

3-7 历年按三次产业分从业人员及构成
Number of Employed Persons and Composition by Three Strata of Industry in Various Years

年份 Year	从业人员（万人）Total Employed Persons (10 000 persons)	第一产业 Primary Industry	第二产业 Secondary Industry	第三产业 Tertiary Industry	构成(%) Composition in Percentage 第一产业 Primary Industry	第二产业 Secondary Industry	第三产业 Tertiary Industry
1978	221.48	176.16	15.32	30.00	79.54	6.92	13.54
1979	226.23	179.79	15.83	30.61	79.47	7.00	13.53
1980	231.45	183.93	16.71	30.81	79.47	7.22	13.31
1985	267.80	197.04	24.18	46.58	73.58	9.03	17.39
1986	274.85	200.06	25.77	49.02	72.79	9.38	17.83
1987	280.47	201.80	26.44	52.23	71.95	9.43	18.62
1988	292.15	207.51	27.85	56.79	71.03	9.53	19.44
1989	298.53	211.13	28.12	59.28	70.72	9.42	19.86
1990	304.32	213.28	28.84	62.20	70.08	9.48	20.44
1991	316.99	217.66	31.55	67.78	68.66	9.96	21.38
1992	322.50	215.29	34.24	72.97	66.76	10.61	22.63
1993	333.33	208.86	38.49	85.98	62.65	11.55	25.80
1994	335.56	204.52	40.09	90.95	60.95	11.95	27.10
1995	334.49	203.92	39.06	91.51	60.96	11.68	27.36
1996	333.30	201.53	39.22	92.56	60.46	11.77	27.77
1997	341.64	202.56	38.89	100.19	59.29	11.38	29.33
1998	326.70	198.05	32.85	95.80	60.62	10.06	29.32
1999	326.77	198.40	31.65	96.72	60.71	9.69	29.60
2000	334.55	203.60	31.15	99.80	60.86	9.31	29.83
2001	338.39	203.73	31.74	102.92	60.21	9.38	30.42
2002	349.89	205.59	33.24	111.06	58.76	9.50	31.74
2003	360.34	210.71	35.41	114.21	58.47	9.83	31.70
2004	367.74	212.47	37.11	118.16	57.78	10.09	32.13
2005	379.55	215.10	39.34	125.11	56.67	10.37	32.96
2006	389.03	218.76	41.04	129.23	56.23	10.55	33.22
2007	397.46	221.43	43.11	132.92	55.71	10.85	33.44
2008	408.36	221.24	45.82	141.30	54.18	11.22	34.60
2009	424.56	225.59	48.24	150.73	53.14	11.36	35.50
2010	439.65	221.45	52.33	165.87	50.37	11.90	37.73

3-8 各市县按三次产业分从业人员及构成
Number of Employed Persons and Composition by Three Strata of Industry and Region

（2010）

地区	Region	从业人员（人） Total Employed Persons (persons)	第一产业 Primary Industry	第二产业 Secondary Industry	第三产业 Tertiary Industry	构成(%) Composition(%) 第一产业 Primary Industry	第二产业 Secondary Industry	第三产业 Tertiary Industry
全省总计	**Total**	**4396549**	**2214506**	**523341**	**1658702**	**50.37**	**11.90**	**37.73**
海口市	Haikou	1112148	228174	218541	665433	20.52	19.65	59.83
三亚市	Sanya	300599	118238	18375	163986	39.33	6.11	54.56
五指山市	Wuzhishan	52287	26411	4093	21783	50.51	7.83	41.66
文昌市	Wenchang	261462	154551	30646	76265	59.11	11.72	29.17
琼海市	Qionghai	241049	136905	26412	77732	56.80	10.96	32.24
万宁市	Wanning	224116	128958	27447	67711	57.54	12.25	30.21
定安县	Ding'an	152761	92239	15111	45411	60.38	9.89	29.73
屯昌县	Tunchang	102109	64906	6593	30610	63.57	6.46	29.97
澄迈县	Chengmai	264825	150704	40707	73414	56.91	15.37	27.72
临高县	Lingao	212563	139721	16981	55861	65.73	7.99	26.28
儋州市	Danzhou	396015	235362	52296	108357	59.43	13.21	27.36
#洋浦	#Yangpu	15509		8500	7009		54.81	45.19
东方市	Dongfang	204741	141914	12624	50203	69.31	6.17	24.52
乐东县	Ledong	264562	162869	18773	82920	61.56	7.10	31.34
琼中县	Qiongzhong	73980	40503	4331	29146	54.75	5.85	39.40
保亭县	Baoting	63428	41656	4069	17703	65.67	6.42	27.91
陵水县	Lingshui	153815	107171	8608	38036	69.68	5.60	24.72
白沙县	Baisha	79996	62431	3366	14199	78.04	4.21	17.75
昌江县	Changjiang	116003	76447	11924	27632	65.90	10.28	23.82
西沙	Xisha	277			277			100.00
农垦	Nongken	119813	105346	2444	12023	87.93	2.04	10.03

3-9 各市县按经济类型分从业人员年末人数

Total Number of Employed Persons at the Year-end by Regin and Economic Type

单位:人　　　　（2010）　　　　(person)

地区	Region	从业人员 Total Employed Persons	国有单位 State-owned Units	城镇集体单位 Urban Collective-owned Units	其他经济类型单位 Units of Other Types of Ownership	城镇私营单位 Urban Private Enterprises	城镇个体 Urban Self-employed Individuals	农村劳动者 Rural Workers
全省总计	**Total**	**4396550**	**530712**	**39405**	**243012**	**415925**	**321724**	**2845772**
海口市	Haikou	1112148	158757	16741	156593	316068	123366	340623
三亚市	Sanya	300599	35332	2224	31749	33751	40921	156622
五指山市	Wuzhishan	52287	8614	272	780	5231	4801	32589
文昌市	Wenchang	261462	15925	4310	6151	9748	12438	212890
琼海市	Qionghai	241049	17425	1313	7251	10998	13912	190150
万宁市	Wanning	224116	19061	2743	2227	2724	15640	181721
定安县	Ding'an	152761	8760	927	3921	3947	14218	120988
屯昌县	Tunchang	102109	8520	1865	295	1960	9235	80234
澄迈县	Chengmai	264825	15736	1220	6956	2584	7797	230532
临高县	Lingao	212563	11137	1629	1992	2197	4356	191252
儋州市	Danzhou	396015	29140	2695	13272	7670	25848	317390
#洋浦	#Yangpu	15509	3927		11582			
东方市	Dongfang	204742	15599	564	5494	3701	7715	171669
乐东县	Ledong	264562	15791	876	263	2344	10335	234953
琼中县	Qiongzhong	73980	9615	829	641	3512	5432	53951
保亭县	Baoting	63428	7021	243	826	2263	4382	48693
陵水县	Lingshui	153815	10476	554	1780	2570	6029	132406
白沙县	Baisha	79996	7252	179	626	1799	6027	64113
昌江县	Changjiang	116003	16461	221	2195	2858	9272	84996
西沙	Xisha	277	277					
农垦	Nongken	119813	119813					

3-10 各市县按行业分从业人员年末人数
Number of Employed Persons at the Year-end by Sector and Region

单位：人　　　　(2010)　　　　(person)

地区	Region	从业人员 Total Employed Persons	农、林、牧、渔业 Farming, Forestry, Animal Husbandry and Fishery	采矿业 Mining and Quarrying	制造业 Manufacturing	电力、煤气及水的生产和供应业 Production and Supply of Electricity power, Gas and Water	建筑业 Construction	交通运输仓储及邮电通信业 Transport, Storage, Postal & Telecommunication Services	信息传输、计算机服务和软件业 Information Transmission, Computer Services and Software	批发和零售业 Wholesale & Retail Trades	住宿和餐饮业 Hotels and Catering Trade
全省总计	**Total**	**4396550**	**2214506**	**23568**	**215838**	**44991**	**238944**	**161621**	**40216**	**454932**	**215445**
海口市	Haikou	1112148	228174	4445	86222	10404	117470	59811	23450	192306	56185
三亚市	Sanya	300599	118238	820	5221	2380	9954	13478	1965	49192	38763
五指山市	Wuzhishan	52287	26411	122	1514	1052	1405	921	374	4013	1816
文昌市	Wenchang	261462	154551	2082	11784	2662	14118	7650	2073	19368	10520
琼海市	Qionghai	241049	136905	620	10108	2312	13372	7462	1489	18550	14364
万宁市	Wanning	224116	128958	1543	11104	2460	12340	6180	3890	18159	14578
定安县	Ding'an	152761	92239	519	7089	1251	6252	7295	775	10410	6803
屯昌县	Tunchang	102109	64906	242	2570	860	2921	2793	133	8369	3322
澄迈县	Chengmai	264825	150704	1558	19966	5985	13198	7099	1416	20291	17558
临高县	Lingao	212563	139721	731	7543	1701	7006	6587	226	13842	695
儋州市	Danzhou	396015	235362	1734	25492	5342	19728	15250	1074	32484	15384
#洋浦	#Yangpu	15509			8115	346	39	1122	17	2801	243
东方市	Dongfang	204742	141914	978	6431	1480	3735	8388	528	13208	6359
乐东县	Ledong	264562	162869	1943	6839	2434	7557	9853	1821	22573	11810
琼中县	Qiongzhong	73980	40503	196	1718	1299	1118	408	208	3632	2645
保亭县	Baoting	63428	41656	207	1478	895	1489	1177	107	3543	2551
陵水县	Lingshui	153815	107171	217	2704	1204	4483	3916	324	12100	6266
白沙县	Baisha	79996	62431	80	2090	615	581	767	96	4263	1994
昌江县	Changjiang	116003	76447	5531	3707	655	2031	2583	196	8321	3462
西沙	Xisha	277									
农垦	Nongken	119813	105346		2258		186	3	71	308	370

表 3-10 续 (continued)

地 区	Region	金融业 Financial Intermediation	房地产业 Real Estate	租赁和商务服务业 Leasing and Business Services	科学研究、技术服务和地质勘查业 Scientific Research, Technical Services and Geological Prospecting	水利、环境和公共设施管理业 Management of Water Conservancy, Environment and Public Facilities	居民服务和其他服务业 Services to Households and Other Services	教育 Education	卫生、社会保障和社会福利业 Health, Social Security and Social Welfare	文化、体育和娱乐业 Culture, Sports and Entertainment	公共管理和社会组织 Public Management and Social Organizations
全省总计	**Total**	**22347**	**77408**	**76149**	**25034**	**24798**	**277393**	**118734**	**44586**	**22890**	**97150**
海口市	Haikou	13495	55850	55936	17221	10449	73063	40398	16637	15271	35361
三亚市	Sanya	1538	6102	5066	705	5142	22150	6382	3916	2065	7522
五指山市	Wuzhishan	204	1242	330	300	452	4980	3071	1011	376	2693
文昌市	Wenchang	815	2307	504	332	487	18315	6326	2193	493	4882
琼海市	Qionghai	787	3287	1161	257	859	18163	6311	1572	455	3015
万宁市	Wanning	554	603	1139	989	708	9067	5847	1823	474	3700
定安县	Ding'an	360	1001	456	427	706	10080	3609	1185	401	1903
屯昌县	Tunchang	328	303	134	94	181	7746	2764	900	266	3277
澄迈县	Chengmai	510	682	177	421	726	13452	5478	1383	249	3972
临高县	Lingao	419	163	405	116	408	23963	4072	1252	141	3572
儋州市	Danzhou	932	1365	917	2517	1755	18815	8841	2454	865	5704
#洋浦	#Yangpu	207	352	16	14	180		758	223		1076
东方市	Dongfang	442	450	450	245	1077	8540	5218	1540	409	3350
乐东县	Ledong	492	697	865	87	128	23463	5470	1354	359	3948
琼中县	Qiongzhong	399	572	351	145	110	13530	3285	655	209	2997
保亭县	Baoting	181	743	177	56	429	3610	2374	458	138	2159
陵水县	Lingshui	367	1655	860	230	709	4377	3666	871	186	2509
白沙县	Baisha	189	24	438	100	196	1310	1821	577	207	2217
昌江县	Changjiang	335	130	1200	116	276	2769	3234	1156	291	3563
西沙	Xisha										277
农垦	Nongken		232	5583	676			567	3649	35	529

3-11 各市县按行业分单位从业人员年末人数
Number of Employed Persons by Sector and Region

单位:人　　　　(2010)　　　　(person)

地 区	Region	从业人员 Total Employed Persons	农、林、牧、渔业 Farming, Forestry, Animal Husbandry and Fishery	采矿业 Mining and Quarrying	制造业 Manufacturing	电力、煤气及水的生产和供应业 Production and Supply of Electricity Power, Gas and Water	建筑业 Construction	交通运输仓储及邮电通信业 Transport, Storage, Postal & Telecommunication Services	信息传输、计算机服务和软件业 Information Transmission, Computer Services and Software	批发和零售业 Wholesale & Retail Trades	住宿和餐饮业 Hotels and Catering Trade
全省总计	**Total**	**813129**	**122717**	**8993**	**80444**	**19513**	**67549**	**43013**	**7274**	**35177**	**43658**
海 口 市	Haikou	332091	1309	286	42097	4145	54512	25970	5179	22406	14633
三 亚 市	Sanya	69305	827	392	2331	1859	3431	5093	635	2495	20955
五指山市	Wuzhishan	9666	56		87	689	27	244	122	263	399
文 昌 市	Wenchang	26386	662	939	3093	1013	2019	647	5	1127	671
琼 海 市	Qionghai	25989	2332		2987	1088	1268	1058	89	728	2360
万 宁 市	Wanning	24031	2803	53	373	6	1879	550	306	992	2065
定 安 县	Ding'an	13608	242		2257	527	510	634	77	134	402
屯 昌 县	Tunchang	10680	699	48	258	501	556	463		445	23
澄 迈 县	Chengmai	23912	614	32	5328	2696	147	831	162	515	440
临 高 县	Lingao	14758	378	198	2317	518	710	118	85	222	25
儋 州 市	Danzhou	45107	2778	60	10000	1972	710	2051	156	3586	461
#洋 浦	#Yangpu	15509			8115	346	39	1122	17	2801	243
东 方 市	Dongfang	21657	1203	573	2937	693	269	2714	81	378	361
乐 东 县	Ledong	16930	223	1230	410	1005	504	558	56	492	
琼 中 县	Qiongzhong	11085	965	10	391	782	484	120	107	202	104
保 亭 县	Baoting	8090	497		161	526		530	27	183	178
陵 水 县	Lingshui	12810	98	6	656	699	83	864	46	286	21
白 沙 县	Baisha	8057	992		599	355	94	394	70	100	5
昌 江 县	Changjiang	18877	693	5166	1904	439	160	171		315	185
西 沙	Xisha	277									
农 垦	Nongken	119813	105346		2258		186	3	71	308	370

表 3-11 续 (continued)

地 区	Region	金融业 Finance Interme-diation	房地产业 Real Estate	租赁和商务服务业 Leasing and Business Services	科学研究、技术服务和地质勘查业 Scientific Research, Technical Services and Geological Prospecting	水利、环境和公共设施管理业 Management of Water Conservancy, Environment and Public Facilities	居民服务和其他服务业 Services to Households and Other Services	教育 Education	卫生、社会保障和社会福利业 Health, Social Security and Social Welfare	文化、体育和娱乐业 Culture, Sports and Entertain-ment	公共管理和社会组织 Public Management and Social Organization
全省总计	**Total**	**21078**	**31805**	**21798**	**16727**	**22252**	**3127**	**117600**	**41365**	**11889**	**97150**
海口市	Haikou	12492	20781	8928	9761	8397	2954	39622	15381	7877	35361
三亚市	Sanya	1490	4209	873	688	5124	109	6298	3489	1485	7522
五指山市	Wuzhishan	196	189	41	148	323	9	3055	948	177	2693
文昌市	Wenchang	779	1110	196	278	427	5	6307	1997	229	4882
琼海市	Qionghai	759	1027	391	184	788	7	6290	1429	189	3015
万宁市	Wanning	544	300	991	966	689	6	5847	1655	306	3700
定安县	Ding'an	344	528	341	347	660		3609	1000	93	1903
屯昌县	Tunchang	324	168	58	85	177		2745	782	71	3277
澄迈县	Chengmai	510	626	87	405	708		5379	1287	173	3972
临高县	Lingao	411	35	343	88	390		4026	1239	83	3572
儋州市	Danzhou	914	810	347	2379	1717		8826	2364	272	5704
#洋浦	#Yangpu	207	352	16	14	180		758	223		1076
东方市	Dongfang	442	102	277	202	1067	18	5204	1468	318	3350
乐东县	Ledong	460	139	803	82	127		5453	1262	178	3948
琼中县	Qiongzhong	341	74	306	122	79	8	3285	597	111	2997
保亭县	Baoting	181	211	113	56	429		2374	431	34	2159
陵水县	Lingshui	367	1245	624	107	709		3666	775	49	2509
白沙县	Baisha	189		388	64	173	3	1821	524	69	2217
昌江县	Changjiang	335	19	1108	89	268	8	3226	1088	140	3563
西沙	Xisha										277
农垦	Nongken		232	5583	676			567	3649	35	529

3-12 单位从业人员变动情况
Changes of Units Employed Persons

单位:人 (2010) (person)

项 目	Item	本年增加人数 Number of Persons in Increaed	农村招收 Recruited from Rural Area	从城镇招收 Recruited from Urban Area	录用的退伍军人 Employment of Demobilized Soldiers	录用的大、中专、技工学校毕业生 Employment of Graduates from Universties Specialized Secondary Schools and Technical Training Schools	调入人数 Number of Persons Transferred into	#由外省调入 From Outside Hainan	其他 Others
合 计	**Total**	**73976**	**12313**	**14946**	**1272**	**23415**	**10110**	**1513**	**11920**
按类型分	**Grouped by Category**								
国有单位	State-owned Units	29057	1600	4701	394	7781	5734	912	8847
城镇集体单位	Urban Collective-owned Units	4393	470	311	14	269	3052	12	277
其他单位	Units of Others	40526	10243	9934	864	15365	1324	589	2796
按行业分	**By Sector**								
农、林、牧、渔业	Farming, Forestry, Animal Husbandry and Fishery	2841	344	352	18	264	518	13	1345
采矿业	Mining	362	11	118	7	39	3		184
制造业	Manufacturing	13867	3496	1936	108	7275	241	39	811
电力、燃气及水的生产和供应业	Production and Supply of Electric Power, Gas and Water	642	46	70	2	322	67	1	135
建筑业	Construction	7674	403	298	3	270	3782	599	2918
交通运输、仓储和邮政业	Transport, Storage, Postal & Telecommunication Services	4500	393	1436	257	1739	505	383	170
信息传输、计算机服务和软件业	Information Transmission, Computer Services and Software	475	3	164	1	152	67	5	88
批发和零售业	Wholesale & Retail Trades	3372	358	1223	60	1303	144	43	284
住宿和餐饮业	Hotels and Catering Services	13520	5228	4199	275	2998	111	47	709
金融业	Financial Intermediation	2124	9	695	4	1078	213	32	125
房地产业	Real Estate	3045	716	1015	161	738	111	18	304
租赁和商务服务业	Leasing and Business Services	1270	136	405	57	255	93	17	324
科学研究、技术服务和地质勘查业	Scientific Research, Technical Services and Geological Prospecting	1047	64	174	9	542	110	17	148
水利、环境和公共设施管理业	Management of Water Conservancy, Environment and Public Facilities	1632	323	617	66	175	25		426
居民服务和其他服务业	Services to Households and Other Services	166	51	56		44	11	1	4
教育	Education	6119	157	849	42	2209	1463	132	1399
卫生、社会保障和社会福利业	Health, Social Security and Social Welfare	2787	22	156	14	1808	256	61	531
文化、体育和娱乐业	Culture, Sports and Entertainment	1119	298	326	17	348	85	6	45
公共管理和社会组织	Public Management and Social Organizations	7414	255	857	171	1856	2305	99	1970

表 3-12 续 (continued)

项 目	Item	本年减少人数 Number of Persons in Decreased	离休退休退职 Retire and Resigned	开除除名辞退 Expelled and Discharge	终止解除合同 Contract Terminated	离开本单位仍保留劳动关系的职工 Left and Kept the Ralationship	死亡 Death	调出人数 Number of Persons Transferred out	# 调到外省 To Outside Hainan	其他 Others
合 计	**Total**	**80940**	**15854**	**5964**	**23983**	**10128**	**769**	**18716**	**842**	**5526**
按类型分	**Grouped by Category**									
国有单位	State-owned Units	46277	8723	2975	6965	9934	669	15247	309	1764
城镇集体单位	Urban Collective-owned Units	1836	766	61	686	51	47	100	14	125
其他单位	Units of Others	32827	6365	2928	16332	143	53	3369	519	3637
按行业分	**By Sector**									
农、林、牧、渔业	Farming, Forestry, Animal Husbandry and Fishery	27557	3168	303	2693	9326	304	11031		732
采矿业	Mining	437	165	20	82	13	10	5		142
制造业	Manufacturing	10712	2550	789	5910	47	28	587	263	801
电力、燃气及水的生产和供应业	Production and Supply of Electric Power,Gas and Water	756	317	39	169	51	27	151		2
建筑业	Construction	3704	292	2205	544	127	16	381	226	139
交通运输、仓储和邮政业	Transport, Storage, Postal & Telecommunication Services	4876	744	63	1230	9	41	2286	127	503
信息传输、计算机服务和软件业	Information Transmission, Computer Services and Software	275	32	8	128		3	96	46	8
批发和零售业	Wholesale & Retail Trades	2899	1055	254	1242	23	13	130	30	182
住宿和餐饮业	Hotels and Catering Services	12894	2736	1807	6391	23	8	81	16	1848
金融业	Financial Intermediation	1172	213	24	635	5	9	227	30	59
房地产业	Real Estate	2534	319	123	1656	59	10	155	14	212
租赁和商务服务业	Leasing and Business Services	1275	376	46	648	12	22	130	5	41
科学研究、技术服务和地质勘查业	Scientific Research, Technical Services and Geological Prospecting	862	233	13	220	166	12	90	3	128
水利、环境和公共设施管理业	Management of Water Conservancy, Environment and Public Facilities	1121	296	21	457	43	18	128		158
居民服务和其他服务业	Services to Households and Other Services	73	9		43			2		19
教育	Education	3534	1282	87	787	41	96	986	50	255
卫生、社会保障和社会福利业	Health,Social Security and Social Welfare	1105	505	80	196	54	34	149	4	87
文化、体育和娱乐业	Culture,Sports and Entertainment	1153	256	18	666	61	9	113	4	30
公共管理和社会组织	Public Management and Social Organizations	4001	1306	64	286	68	109	1988	24	180

3-13 历年按经济类型分单位职工年末人数
Number of Staff and Workers in Different Units by Economic Type in Various Years

单位:万人 (10 000 persons)

年份 地区 Year Region	全部职工年末人数 Total Number of Staff and Workers at the Year-end	国有单位 State-owned Units	城镇集体单位 Urban Collective-owned Units	其他经济类型单位 Units of Other Types of Ownership
1957	13.06	13.06		
1962	31.15	26.42	4.73	
1965	37.48	33.02	4.46	
1970	57.23	52.24	4.99	
1971	62.42	57.28	5.14	
1972	63.87	58.58	5.29	
1973	64.01	58.57	5.44	
1974	64.18	59.10	5.08	
1975	65.81	60.42	5.39	
1976	67.87	62.59	5.28	
1977	80.15	70.58	9.59	
1978	79.84	73.62	6.22	
1979	82.53	76.15	6.38	
1980	84.13	77.53	6.60	
1981	91.13	84.50	6.63	
1982	94.05	87.16	6.89	
1983	94.63	87.96	6.67	
1984	95.45	85.87	9.50	0.08
1985	97.99	88.35	9.23	0.41
1990	105.64	95.19	8.91	1.54
1991	108.06	97.22	8.50	2.34
1992	111.85	99.64	8.94	3.27
1993	111.06	97.74	9.14	4.18
1994	109.10	95.14	8.46	5.50
1995	106.92	92.78	8.36	5.78
1996	102.82	87.68	8.37	6.77
1997	102.65	86.48	8.25	7.92
1998	83.27	70.66	4.93	7.68
1999	80.39	67.83	4.55	8.01
2000	77.79	65.45	4.28	8.06
2001	74.69	62.01	4.32	8.36
2002	73.11	58.84	4.08	10.19
2003	71.64	57.26	3.89	10.49
2004	72.53	56.67	3.71	12.15
2005	72.63	56.61	3.80	12.22
2006	73.91	55.78	3.68	14.45
2007	74.79	54.83	3.53	16.43
2008	75.26	53.79	2.99	18.48
2009	77.71	53.23	3.38	21.10
2010	79.21	51.46	3.77	23.98

3-14 各市县按执行会计制度分组单位职工

Number of Employed Persons in Different Units According to Accounting System by Region

单位:人　　　　(2010)　　　　(person)

地区	Region	单位职工年末人数 Number of Employed Persons(Year-end)	企业 Enterprises	事业 Institutions	机关 Agencies & Organizations	民间非营利组织 Non-profit Organizations	其他单位 Others
全省总计	**Total**	**792121**	**503710**	**199571**	**81924**	**4939**	**1977**
海口市	Haikou	330707	226910	68509	30272	3895	1121
三亚市	Sanya	65268	46252	12760	6081	115	60
五指山市	Wuzhishan	8551	2335	4725	1479		12
文昌市	Wenchang	24997	11204	9401	3858	534	
琼海市	Qionghai	24654	12627	9388	2469		170
万宁市	Wanning	22843	9892	9554	3397		
定安县	Ding'an	12894	5371	5797	1641	85	
屯昌县	Tunchang	10621	3321	4066	3173		61
澄迈县	Chengmai	23736	11261	8637	3831		7
临高县	Lingao	13599	4178	5919	3502		
儋州市	Danzhou	43061	20929	16875	4770	298	189
#洋浦	#Yangpu	15316	13077	1025	1039		175
东方市	Dongfang	19480	7941	8598	2854		87
乐东县	Ledong	16278	5134	8170	2835		139
琼中县	Qiongzhong	9534	3519	4285	1609		121
保亭县	Baoting	7555	2030	3647	1856	12	10
陵水县	Lingshui	11542	4409	4571	2562		
白沙县	Baisha	8015	2037	3889	2089		
昌江县	Changjiang	18830	10290	5158	3382		
西沙	Xisha	264			264		
农垦	Nongken	119692	114070	5622			

注:单位从业人员不包括私营企业和个体从业人员。(下同)。

Note:Number of Employed Persons in this year do not include Urban Private Enterprises and Self-employed Individuals .(the same below)

3-15 各市县按经济类型分单位在岗职工年末人数
Number of Fully Staff and Workers at Year-end in Different Units by Region and Economic Type

单位:人　　　　　　　　　　　　　　（2010）　　　　　　　　　　　　　　（person）

地 区	Region	在岗职工年末人数 Total Number of Fully Staff and Workers at the year-end	#女 性 Female	国有单位 State-owned Units	城镇集体单位 Urban Collective-owned Units	其他经济类型单位 Units of Other Types of Ownership
全省总计	**Total**	**792121**	**299643**	**514629**	**37681**	**239811**
海口市	Haikou	330707	119801	158169	16581	155957
三亚市	Sanya	65268	28053	31882	2107	31279
五指山市	Wuzhishan	8551	3650	7576	209	766
文昌市	Wenchang	24997	9696	15068	3786	6143
琼海市	Qionghai	24654	10292	16133	1303	7218
万宁市	Wanning	22843	7845	17880	2743	2220
定安县	Ding'an	12894	4991	8524	902	3468
屯昌县	Tunchang	10621	3641	8466	1860	295
澄迈县	Chengmai	23736	7943	15600	1209	6927
临高县	Lingao	13599	3827	10673	1404	1522
儋州市	Danzhou	43061	14901	27654	2325	13082
#洋浦	#Yangpu	15316	5159	3885		11431
东方市	Dongfang	19480	6760	14271	514	4695
乐东县	Ledong	16278	5489	15139	876	263
琼中县	Qiongzhong	9534	3661	8129	764	641
保亭县	Baoting	7555	3103	6517	243	795
陵水县	Lingshui	11542	4242	9335	455	1752
白沙县	Baisha	8015	2995	7210	179	626
昌江县	Changjiang	18830	6769	16447	221	2162
西沙	Xisha	264	52	264		
农垦	Nongken	119692	51932	119692		

3-16 各市县按行业分单位在岗职工年末人数
Number of Fully Staff and Workers at Year-end in Different Units by Region and Sector

单位:人　　　　(2010)　　　　(person)

地区	Region	在岗职工年末人数 Total Number of Fully Staff and Workers	农、林、牧、渔业 Farming, Forestry, Animal Husbandry and Fishery	采矿业 Mining and Quarrying	制造业 Manufacturing	电力、煤气及水的生产和供应业 Production and Supply of Electricity Power, Gas and Water	建筑业 Construction	交通运输仓储及邮电通信业 Transport, Storage, Postal & Telecommunication Services	信息传输、计算机服务和软件业 Information Transmission, Computer Services and Software	批发和零售业 Wholesale & Retail Trades	住宿和餐饮业 Hotels and Catering Trade
全省总计	**Total**	**792121**	**120789**	**8950**	**78687**	**19334**	**65948**	**42038**	**7219**	**34900**	**43231**
海口市	Haikou	330707	1287	282	41937	4138	54469	25830	5170	22272	14599
三亚市	Sanya	65268	757	381	2265	1845	3299	4830	606	2476	20639
五指山市	Wuzhishan	8551	56		87	669	27	190	122	203	399
文昌市	Wenchang	24997	662	939	3084	986	1522	647	5	1119	671
琼海市	Qionghai	24654	1338		2966	1088	1268	978	89	727	2358
万宁市	Wanning	22843	2800	53	371	6	1879	546	296	992	2058
定安县	Ding'an	12894	242		2257	527	173	576	75	134	401
屯昌县	Tunchang	10621	693	48	258	492	556	462		445	23
澄迈县	Chengmai	23736	614	32	5311	2653	147	831	162	511	440
临高县	Lingao	13599	367	198	1847	518	510	118	85	222	25
儋州市	Danzhou	43061	2182	60	9812	1972	368	1966	153	3586	422
#洋浦	#Yangpu	15316			7966	346	39	1122	17	2801	243
东方市	Dongfang	19480	1184	568	2143	678	219	2636	81	365	333
乐东县	Ledong	16278	185	1207	410	1002	504	558	54	490	
琼中县	Qiongzhong	9534	812	10	390	782	484	117	107	170	104
保亭县	Baoting	7555	497		161	495		530	27	183	178
陵水县	Lingshui	11542	98	6	628	689	83	697	46	282	21
白沙县	Baisha	8015	992		599	355	94	352	70	100	5
昌江县	Changjiang	18830	693	5166	1904	439	160	171		315	185
西沙	Xisha	264									
农垦	Nongken	119692	105330		2257		186	3	71	308	370

表 3-16 续 (continued)

地 区	Region	金融业 Financial Interme-diation	房地产业 Real Estate	租赁和商务服务业 Leasing and Business Services	科学研究、技术服务和地质勘查业 Scientific Research, Technical Services and Geological Prospecting	水利、环境和公共设施管理业 Management of Water Conservancy, Environment and Public Facilities	居民服务和其他服务业 Services to Households and Other Services	教育 Education	卫生、社会保障和社会福利业 Health, Social Security and Social Welfare	文化、体育和娱乐业 Culture, Sports and Entertain-ment	公共管理和社会组织 Public Management and Social Organization
全省总计	**Total**	**20742**	**31376**	**20813**	**16154**	**20800**	**3112**	**114677**	**39605**	**11694**	**92052**
海口市	Haikou	12473	20652	8860	9664	8391	2946	39481	15170	7824	35262
三亚市	Sanya	1332	4172	815	560	4004	104	6270	3369	1465	6079
五指山市	Wuzhishan	196	167	40	139	323	9	2685	913	166	2160
文昌市	Wenchang	773	1110	193	275	423	5	5835	1728	225	4795
琼海市	Qionghai	744	1006	391	178	788	7	6177	1391	189	2971
万宁市	Wanning	544	300	505	723	689	4	5823	1534	298	3422
定安县	Ding'an	332	449	304	347	660		3549	967	93	1808
屯昌县	Tunchang	324	168	58	85	175		2745	757	71	3261
澄迈县	Chengmai	510	626	85	400	665		5374	1260	173	3942
临高县	Lingao	408	26	328	88	385		3937	1117	76	3344
儋州市	Danzhou	894	684	338	2343	1686		8362	2310	272	5651
#洋浦	#Yangpu	207	314	16	12	180		756	223		1074
东方市	Dongfang	410	97	266	195	1042	18	4894	1323	318	2710
乐东县	Ledong	412	138	666	61	113		5344	1262	128	3744
琼中县	Qiongzhong	326	74	290	114	46	8	3005	424	88	2183
保亭县	Baoting	180	211	97	46	408		2276	326	20	1920
陵水县	Lingshui	360	1245	555	107	561		3313	567	45	2239
白沙县	Baisha	189		388	64	173	3	1821	524	69	2217
昌江县	Changjiang	335	19	1061	89	268	8	3226	1088	140	3563
西沙	Xisha										264
农垦	Nongken		232	5573	676			560	3575	34	517

3-17 按经济类型和行业分单位从业人员劳动报酬
Earning of Employed Persons by Sector and Economic Type

(2010)

行业	Sector	劳动报酬（万元）Earning of Employed Persons (10 000 yuan)	国有单位 State-owned Units	城镇集体单位 Urban Collective-owned Units	其他各种经济单位 Units Of Other Types of Ownership	平均劳动报酬（元）Average Earning (yuan)	国有单位 State-owned Units	城镇集体单位 Urban Collective-owned Units	其他各种经济单位 Units of Other Types of Ownership
合　计	Total	2500291	1696003	75450	728839	30775	31582	20434	30560
农、林、牧、渔业	Farming,Forestry,Animal Husbandry and Fishery	236017	233763	624	1630	18042	18132	7126	16127
采矿业	Mining	27362	24412	20	2930	30151	31548	9900	22248
制造业	Manufacturing	211319	17471	3121	190727	26772	22401	14921	27625
电力、燃气及水的生产和供应业	Production and Supply of Electric Power,Gas and Water	79399	60268	339	18791	40553	40667	11238	42161
建筑业	Construction	165636	107755	34696	23185	25237	26956	21155	25049
交通运输、仓储和邮政业	Transport, Storage, Postal & Telecommunication Services	179811	64720	2129	112961	42036	36026	20108	47559
信息传输、计算机服务和软件业	Information Transmission,Computer Services and Software	44800	7128	100	37573	60215	37493	23140	68364
批发和零售业	Wholesale & Retail Trades	82563	20557	2803	59203	23955	32996	8301	23816
住宿和餐饮业	Hotels and Catering Services	81667	15511	2534	63622	18875	18267	21657	18932
金融业	Financial Intermediation	130546	46805	8277	75465	62984	53997	27981	82920
房地产业	Real Estate	82432	10662	1336	70434	26157	20898	14376	27640
租赁和商务服务业	Leasing and Business Services	45092	28142	1271	15678	20703	21110	15045	20618
科学研究、技术服务和地质勘查业	Scientific Research, Technical Services and Geological Prospecting	51034	41067	1107	8859	30680	32362	23560	25502
水利、环境和公共设施管理业	Management of Water Conservancy, Environment and Public Facilities	45440	37521	140	7779	20652	19823	11258	26360
居民服务和其他服务业	Services to Households and Other Services	6285	2737	46	3502	20526	33582	14500	15810
教育	Education	475814	446849	1024	27942	40791	42416	30293	25492
卫生、社会保障和社会福利业	Health,Social Security and Social Welfare	143577	128268	14416	893	35308	36694	27319	20722
文化、体育和娱乐业	Culture,Sports and Entertainment	34323	27315	1405	5603	29492	33161	24431	19827
公共管理和社会组织	Public Management and Social Organizations	377175	375054	61	2061	39376	39440	17343	31370

3-18 各市县按经济类型分单位从业人员劳动报酬
Earning of Employed Persons by Region and Economic Type

(2010)

地区	Region	劳动报酬(万元) Earning of Employed Persons (10 000 yuan)	国有单位 State-owned Units	城镇集体单位 Urban Collective-owned Units	其他各种经济单位 Units Of Other Types of Ownership	平均劳动报酬(元) Average Earning (yuan)	国有单位 State-owned Units	城镇集体单位 Urban Collective-owned Units	其他各种经济单位 Units of Other Types of Ownership
全省总计	**Total**	**2500291**	**1696003**	**75450**	**728839**	**30775**	**31582**	**20434**	**30560**
海口市	Haikou	1119304	584784	31611	502909	34187	36844	21879	32607
三亚市	Sanya	221309	136273	5207	79829	32607	39025	24480	25897
五指山市	Wuzhishan	27250	25910	393	948	28504	30482	14430	12025
文昌市	Wenchang	87560	67311	8952	11297	33237	42326	20779	18420
琼海市	Qionghai	86669	64093	3392	19184	33309	36646	25837	26581
万宁市	Wanning	72982	62836	5709	4437	30331	32847	20873	20196
定安县	Ding'an	39753	30811	1761	7181	29166	35124	19000	18268
屯昌县	Tunchang	28607	26291	1849	467	26876	31011	9880	15831
澄迈县	Chengmai	79657	60341	2293	17023	33006	38029	18168	24301
临高县	Lingao	37991	32745	2739	2506	26399	29532	16786	14999
儋州市	Danzhou	143916	96761	5455	41700	32704	33522	20789	33317
#洋浦	#Yangpu	51547	13233		38314	34995	33784		35433
东方市	Dongfang	77260	48485	742	28033	36111	31348	13834	51990
乐东县	Ledong	50592	48489	1545	558	29878	30724	17441	21038
琼中县	Qiongzhong	30973	29106	971	896	28387	30676	12276	14182
保亭县	Baoting	22376	19467	309	2601	28023	28030	13021	32387
陵水县	Lingshui	38559	33246	1521	3792	30727	32479	27449	21559
白沙县	Baisha	21439	20007	294	1138	27069	27927	16397	19730
昌江县	Changjiang	64183	59135	708	4340	34343	36479	32041	19228
西沙	Xisha	827	827			29652	29652		
农垦	Nongken	249085	249085			19504	19504		

3-19 历年按经济类型分单位职工工资总额
Total Wages Bill of Staff and Workers in Different Units by Economic Type in Various Years

年 份 Year	工资总额(万元) Total Wages Bill (10 000 yuan)	国有单位 State-owned Units	城镇集体单位 Urban Collective-owned Units	其他各种经济单位 Units of Other Types of Ownership
1957	7160	7160		
1962	14477	14477		
1965	17282	17282		
1970	22872	22872		
1971	25387	25387		
1972	28438	28438		
1973	30658	30658		
1974	37105	34316	2789	
1975	35580	32731	2849	
1976	37833	34870	2963	
1977	42660	37915	4745	
1978	43576	39960	3616	
1979	50023	46324	3699	
1980	56888	52804	4084	
1981	62308	58337	3971	
1982	72132	67670	4462	
1983	75423	71043	4380	
1984	86963	79240	7658	65
1985	97401	88621	8324	456
1986	114203	105001	8516	686
1987	122089	112713	8524	852
1988	140367	129129	10069	1169
1989	168152	153969	11341	2842
1990	205121	186893	13497	4731
1991	232123	209803	14682	7638
1992	301790	269183	19763	12844
1993	385512	329098	29387	27027
1994	485782	414329	33265	38188
1995	569860	485955	38116	45789
1996	561205	471766	34286	55153
1997	580859	474729	34165	71965
1998	522554	425762	24742	72050
1999	552774	448027	25545	79202
2000	574995	467433	25159	82403
2001	623576	505589	26764	91223
2002	699965	555859	27157	116949
2003	754498	596934	27650	129914
2004	913157	717529	29891	165737
2005	1041882	814634	32618	194630
2006	1168412	861472	34956	271984
2007	1440066	1040650	42039	357377
2008	1661370	1165113	45433	450824
2009	1939493	1304860	58075	576558
2010	2459671	1670654	73105	715912

说明:从 1999 年起,职工资料为在岗职工的资料。
Note: the data of Staff and Workers are the on-job ones since 1999.

3-20 各市县按会计制度分组单位职工工资总额
Earning of Employed Persons in Different Units According to Implement the Accounting by Region

单位:万元 (2010) (10 000 yuan)

地区	Region	合计 Total	企业 Enterprises	事业 Institutions	机关 Agencies & Organizations	民间非营利组织 non-profit organizations	其他 Others
全省总计	**Total**	**2459671**	**1365631**	**744560**	**335460**	**10429**	**3592**
海口市	Haikou	1114645	708726	260969	134912	7723	2313
三亚市	Sanya	214728	129786	53145	31481	253	63
五指山市	Wuzhishan	25818	4103	16512	5164		39
文昌市	Wenchang	82936	25731	39852	16091	1261	
琼海市	Qionghai	84237	36690	36370	10954		223
万宁市	Wanning	70922	19714	36738	14470		
定安县	Ding'an	38901	11231	20866	6667	136	
屯昌县	Tunchang	28531	5724	13920	8771		116
澄迈县	Chengmai	79366	33523	28320	17507		17
临高县	Lingao	37151	7353	19905	9894		
儋州市	Danzhou	138618	59385	60651	17343	1033	205
#洋浦	#Yangpu	47828	41651	3118	2917		142
东方市	Dongfang	71169	29542	30344	11212		71
乐东县	Ledong	50041	11077	27831	10806		328
琼中县	Qiongzhong	29252	6657	16497	5895		202
保亭县	Baoting	21651	4971	10568	6077	21	14
陵水县	Lingshui	36554	11146	15477	9931		
白沙县	Baisha	21358	4572	10320	6466		
昌江县	Changjiang	64115	32884	20211	11020		
西沙	Xisha	798			798		
农垦	Nongken	248880	222817	26062			

3-21 历年按经济类型分单位职工平均工资及指数

Average Wage of Staff and Workers and Related Indices in Different Units by Economic Type in Various Years

年 份 Year	职工年平均工资（元） Average Wage (yuan)	国有单位 State-owned Units	城镇集体单位 Urban Collective-owned Units	其他各种经济单位 Units of Others Types of Ownership	职工实际工资指数(%)（1978=100） Average Real Wage Indices of Staff and Workers	国有单位 State-owned Units	城镇集体单位 Urban Collective-owned Units	其他各种经济单位 Units of Other Types of Ownership
1978	545	554	457		100.0	100.0	100.0	
1979	616	618	587		111.8	110.3	127.0	
1980	692	697	629		117.6	116.6	127.5	
1981	728	736	623		116.3	115.6	118.6	
1982	790	799	671		121.6	120.9	123.2	
1983	812	823	673		123.9	123.6	122.5	
1984	929	940	830	1155	138.1	137.5	147.2	100.0
1985	1020	1029	925	1329	134.1	133.1	145.0	101.7
1986	1168	1190	943	1401	147.5	147.8	142.0	103.1
1987	1233	1259	959	1417	141.8	142.5	131.5	94.9
1988	1399	1421	1141	1740	125.6	125.5	122.2	91.0
1989	1640	1658	1321	2655	114.7	114.1	110.2	108.1
1990	1980	2002	1549	3232	135.7	134.9	126.5	128.9
1991	2194	2198	1793	3530	144.6	142.6	141.0	135.5
1992	2720	2715	2282	4093	165.0	162.1	165.1	144.5
1993	3501	3387	3308	6658	172.3	163.9	194.1	190.7
1994	4485	4359	4086	7460	174.2	166.5	189.2	168.6
1995	5340	5230	4632	8214	182.7	176.0	189.0	163.6
1996	5476	5365	4222	8579	179.6	173.1	165.2	163.8
1997	5664	5468	4208	9462	190.7	181.1	163.3	186.9
1998	6248	5970	5020	9750	221.4	215.2	200.2	190.5
1999	6865	6586	5672	9913	242.7	229.1	230.1	204.1
2000	7408	7146	5919	10352	257.6	244.5	237.5	230.2
2001	8321	8102	6207	11091	292.7	280.6	252.9	223.7
2002	9480	9368	6615	11247	325.4	316.4	270.9	228.1
2003	10397	10305	7029	12130	356.6	347.7	287.5	243.5
2004	12652	12664	8121	14005	415.7	409.3	318.2	269.3
2005	14417	14427	8640	16185	475.1	467.7	333.6	298.5
2006	15890	15398	9580	19518	506.9	483.1	364.4	354.8
2007	19357	18937	12069	22393	587.9	565.8	437.2	387.6
2008	21864	21330	15300	24510	621.2	596.2	518.4	396.9
2009	24892	24369	17695	27338	712.2	685.9	603.8	445.8
2010	31025	32028	20733	30346	846.9	860.2	675.0	470.9

注:从 1999 年起,工资资料为在岗职工(下同)。职工实际工资指数包含物价指数变动的影响。
Note: the data of Staff and Workers are the on-job ones since 1999. The real wage indices included the impact of the price index changes.

3-22 各市县按会计制度分组单位在岗职工平均工资
Average Wage of Staff and Workers in Different Units According to Implement the Accounting by Region

单位:元 (2010) (yuan)

地区	Region	在岗职工平均工资 Average Wage	企业 Enterprises	事业 Institutions	机关 Agencies & Organizations	民间非营利组织 non-profit organizations	其他 Others
全省总计	**Total**	**31025**	**26940**	**37548**	**41447**	**21840**	**19207**
海口市	Haikou	34192	31730	38520	44863	20535	21886
三亚市	Sanya	33437	28609	41797	52582	26653	11382
五指山市	Wuzhishan	30453	17526	35380	35420		32750
文昌市	Wenchang	33213	22997	42418	41763	23622	
琼海市	Qionghai	34117	28890	38803	44655		13527
万宁市	Wanning	30977	19994	38106	42633		
定安县	Ding'an	30142	20882	35983	40556	16047	
屯昌县	Tunchang	26954	17164	34420	27890		19016
澄迈县	Chengmai	33127	29411	32571	45366		27833
临高县	Lingao	27392	17590	33799	28318		
儋州市	Danzhou	32777	29258	35986	37194	35875	10847
#洋浦	#Yangpu	32901	33854	30483	28155		8091
东方市	Dongfang	36619	36521	35615	40460		12909
乐东县	Ledong	30804	21634	34153	38088		23583
琼中县	Qiongzhong	31082	19235	38889	37148		16727
保亭县	Baoting	29039	24881	29041	33815	17417	14400
陵水县	Lingshui	32309	25499	34992	39410		
白沙县	Baisha	27111	22996	26468	32478		
昌江县	Changjiang	34396	31567	39809	35030		
西沙	Xisha	29989			29989		
农垦	Nongken	19506	18254	47155			

3-23 各市县按经济类型分单位在岗职工工资总额和平均工资
Total Wages Bill and Average Wage of Staff and Workers by Region and Economic Type

（2010）

地 区	Region	工资总额（万元）Total (10 000 yuan)	国有单位 State-owned Units	城镇集体单位 Urban Collective-owned Units	其他各种经济单位 Units of Other Types of Ownership	年平均工资（元）Average Wage (yuan)	国有单位 State-owned Units	城镇集体单位 Urban Collective-owned Units	其他各种经济单位 Units of Other Types of Ownership
全省总计	**Total**	**2459671**	**1670653**	**73105**	**715912**	**31025**	**32028**	**20733**	**30346**
海口市	Haikou	1114645	583442	31409	499794	34192	36904	21998	32534
三亚市	Sanya	214728	130800	5053	78875	33437	41203	25090	25895
五指山市	Wuzhishan	25818	24507	381	930	30453	32698	18225	12018
文昌市	Wenchang	82936	63346	8299	11291	33213	42060	21926	18434
琼海市	Qionghai	84237	61811	3381	19046	34117	38145	25947	26511
万宁市	Wanning	70922	60796	5709	4417	30977	33832	20873	20171
定安县	Ding'an	38901	30386	1734	6781	30142	35639	19226	19496
屯昌县	Tunchang	28531	26226	1838	467	26954	31133	9849	15831
澄迈县	Chengmai	79366	60148	2267	16952	33127	38233	18134	24301
临高县	Lingao	37151	32340	2460	2351	27392	30404	17484	15477
儋州市	Danzhou	138618	95562	5019	38037	32777	34561	21680	30859
#洋浦	#Yangpu	47828	13144		34684	32901	33921		32530
东方市	Dongfang	71169	46671	672	23826	36619	32929	13659	49950
乐东县	Ledong	50041	47938	1545	558	30804	31760	17441	21038
琼中县	Qiongzhong	29252	27429	926	896	31082	34061	12753	14182
保亭县	Baoting	21651	18838	309	2504	29039	29220	13021	32440
陵水县	Lingshui	36554	31698	1102	3754	32309	34711	24224	21735
白沙县	Baisha	21358	19926	294	1138	27111	27978	16397	19730
昌江县	Changjiang	64115	59110	708	4297	34396	36495	32041	19336
西沙	Xisha	798	798			29989	29989		
农垦	Nongken	248880	248880			19506	19506		

3-24 各市县按行业分单位在岗职工工资总额
Total Wages Bill of Staff and Workers at the Year-end by Sector and Region

单位:万元　　　　(2010)　　　　(10 000 yuan)

地 区	Region	合计 Total	农、林、牧、渔业 Farming, Forestry, Animal Husbandry and Fishery	采矿业 Mining and Quarrying	制造业 Manufacturing	电力、煤气及水的生产和供应业 Production and Supply of Electricity Power, Gas and Water	建筑业 Construction	交通运输仓储及邮电通信业 Transport, Storage, Postal & Telecommunication Services	信息传输、计算机服务和软件业 Information Transmission, Computer Services and Software	批发和零售业 Wholesale & Retail Trade	住宿和餐饮业 Hotels and Catering Trade
全省总计	**Total**	**2459671**	**233618**	**27279**	**201811**	**79026**	**163714**	**177554**	**44685**	**81914**	**80792**
海口市	Haikou	1114645	1961	423	110508	22279	138720	121532	36566	55337	22740
三亚市	Sanya	214728	1545	1120	3973	8331	7654	20140	2817	6860	44725
五指山市	Wuzhishan	25818	50		58	1632	57	441	372	252	452
文昌市	Wenchang	82936	949	2157	4618	5556	2881	1615	6	1311	856
琼海市	Qionghai	84237	2194		5666	5074	3518	2574	236	1987	4953
万宁市	Wanning	70922	4396	85	554	14	4186	1136	1131	1168	3771
定安县	Ding'an	38901	162		4100	1783	312	1351	255	238	512
屯昌县	Tunchang	28531	525	50	151	1817	595	1058		646	12
澄迈县	Chengmai	79366	727	208	12587	12812	168	2163	720	1318	825
临高县	Lingao	37151	500	210	2637	1644	949	281	223	174	25
儋州市	Danzhou	138618	2649	22	28512	5760	1718	10233	413	9810	589
#洋浦	#Yangpu	47828			25740	1770	44	3766	41	7264	408
东方市	Dongfang	71169	1302	574	15354	2254	282	8586	358	392	307
乐东县	Ledong	50041	344	2333	401	2313	1088	1631	280	645	
琼中县	Qiongzhong	29252	1077	12	371	2023	638	363	402	149	116
保亭县	Baoting	21651	1217		263	1782		976	132	187	245
陵水县	Lingshui	36554	95	7	1007	2027	171	2050	252	579	25
白沙县	Baisha	21358	1904		928	1160	209	949	238	118	5
昌江县	Changjiang	64115	1487	20078	6015	768	291	468		277	233
西沙	Xisha	798									
农垦	Nongken	248880	210536		4109		278	7	285	469	402

表 3-24 续 (continued)

地区	Region	金融业 Financial Interme-diation	房地产业 Real Estate	租赁和商务服务业 Leasing and Business Services	科学研究、技术服务和地质勘查业 Scientific Research, Technical Services and Geological Prospecting	水利、环境和公共设施管理业 Management of Water Conservancy, Environment and Public Facilities	居民服务和其他服务业 Services to Households and Other Services	教育 Education	卫生、社会保障和社会福利业 Health, Social Security and Social Welfare	文化、体育和娱乐业 Culture, Sports and Entertain-ment	公共管理和社会组织 Public Management and Social Organization
全省总计	**Total**	**129518**	**81655**	**43818**	**49926**	**43672**	**6237**	**470462**	**139347**	**34059**	**370584**
海口市	Haikou	92343	44838	22307	32208	18230	5793	153270	57149	24184	154259
三亚市	Sanya	7433	16287	2426	2096	12832	317	31848	10118	3037	31171
五指山市	Wuzhishan	751	132	63	262	415	42	10943	2557	458	6883
文昌市	Wenchang	3704	2900	341	1145	600	15	28455	7078	472	18278
琼海市	Qionghai	3745	6233	738	821	1404	11	26437	5199	599	12850
万宁市	Wanning	2234	1243	1209	1712	2035	13	25162	5433	889	14551
定安县	Ding'an	1064	1637	389	1247	782		14764	2726	251	7329
屯昌县	Tunchang	1013	360	57	215	152		10477	2149	262	8991
澄迈县	Chengmai	2333	1485	115	798	639		20072	3988	381	18029
临高县	Lingao	1041	82	550	255	306		15718	2839	126	9593
儋州市	Danzhou	5236	1398	777	6149	2110		36191	6168	665	20220
#洋浦	#Yangpu	1823	735	60	21	138		2715	252		3051
东方市	Dongfang	1901	139	738	295	1198	23	20391	4569	1365	11142
乐东县	Ledong	1187	423	1473	214	166		20398	3284	268	13594
琼中县	Qiongzhong	1079	153	542	281	105	8	12411	1721	336	7465
保亭县	Baoting	515	481	183	130	660		7899	628	86	6268
陵水县	Lingshui	1614	2878	1200	259	1304		13201	1462	97	8329
白沙县	Baisha	772		400	187	265	7	5547	1634	171	6865
昌江县	Changjiang	1554	21	2264	238	468	10	15124	2978	313	11530
西沙	Xisha										798
农垦	Nongken		966	8045	1416			2156	17669	102	2439

3-25 各市县按行业分单位在岗职工平均工资

Average Wage of Fully Staff and Workers at the Year-end by Sector and Region

单位:元　　(2010)　　(yuan)

地区	Region	合计 Total	农、林、牧、渔业 Farming, Forestry, Animal Husbandry and Fishery	采矿业 Mining and Quarrying	制造业 Manufacturing	电力、煤气及水的生产和供应业 Production and Supply of Electricity Power, Gas and Water	建筑业 Construction	交通运输仓储及邮电通信业 Transport, Storage, Postal & Telecommunication Services	信息传输、计算机服务和软件业 Information Transmission, Computer Services and Software	批发和零售业 Wholesale & Retail Trade	住宿和餐饮业 Hotels and Catering Trade
全省总计	**Total**	**31025**	**18093**	**30273**	**25988**	**40737**	**25564**	**42442**	**60500**	**23961**	**18804**
海口市	Haikou	34192	15376	12083	26522	54022	26315	47188	68411	25495	15603
三亚市	Sanya	33437	19806	29624	18714	45598	23949	42588	47419	28474	21875
五指山市	Wuzhishan	30453	9018		6667	24393	21846	23105	30508	12409	11123
文昌市	Wenchang	33213	14495	22967	14935	56009	18927	25003	11000	11801	12947
琼海市	Qionghai	34117	15480		19066	46420	27741	26374	26773	27407	20968
万宁市	Wanning	30977	15587	16038	14850	23333	22280	20956	38220	11817	18442
定安县	Ding'an	30142	6707		18172	34021	18012	23458	34000	17746	12427
屯昌县	Tunchang	26954	7554	10375	5860	36346	10529	23094		14649	5391
澄迈县	Chengmai	33127	11834	65094	23607	47717	10579	25744	43878	25243	16594
临高县	Lingao	27392	13616	10606	14300	31669	18606	23814	26224	7807	10040
儋州市	Danzhou	32777	11811	3600	31164	29252	42310	51268	27007	27494	13826
#洋浦	#Yangpu	32901			35695	51445	11919	33533	24235	26101	16386
东方市	Dongfang	36619	11045	9990	68207	30787	14294	33074	44198	12165	9712
乐东县	Ledong	30804	18589	19959	9783	23079	21167	29492	50927	13141	
琼中县	Qiongzhong	31082	13295	12000	9709	26004	14309	31043	37598	8811	11272
保亭县	Baoting	29039	24632		16528	35927		18594	47143	10191	14933
陵水县	Lingshui	32309	9643	12333	15777	29422	22447	29704	53638	20813	11667
白沙县	Baisha	27111	18520		16875	32676	22255	26972	33957	11830	10200
昌江县	Changjiang	34396	21427	38664	29672	17487	18087	27339		8800	12732
西沙	Xisha	29989									
农垦	Nongken	19506	18554		19699		20769	24000	40197	15617	13535

表 3-25 续 (continued)

地区	Region	金融业 Financial Interme-diation	房地产业 Real Estate	租赁和商务服务业 Leasing and Business Services	科学研究、技术服务和地质勘查业 Scientific Research, Technical Services and Geological Prospecting	水利、环境和公共设施管理业 Management of Water Conservancy, Environment and Public Facilities	居民服务和其他服务业 Services to Households and Other Services	教育 Education	卫生、社会保障和社会福利业 Health, Social Security and Social Welfare	文化、体育和娱乐业 Culture, Sports and Entertain-ment	公共管理和社会组织 Public Management and Social Organization
全省总计	**Total**	**63483**	**26265**	**21076**	**31064**	**21195**	**20470**	**41333**	**35765**	**29740**	**40747**
海口市	Haikou	76058	21889	25269	34206	21972	20099	39429	38458	31335	44085
三亚市	Sanya	56267	39360	30868	37163	32355	30452	51235	30439	22765	52099
五指山市	Wuzhishan	38337	7934	15625	18842	12796	46111	41342	28479	27927	32223
文昌市	Wenchang	47857	26221	17684	41644	14080	30000	48883	40887	20960	38144
琼海市	Qionghai	50204	63219	18913	46631	17773	15000	42876	37512	31840	43486
万宁市	Wanning	41367	43014	24188	24208	29538	33500	42567	35328	30024	42559
定安县	Ding'an	32057	36448	12796	35928	11848		41577	28191	27022	40467
屯昌县	Tunchang	31259	21446	10053	23380	8467		38071	29518	37371	27871
澄迈县	Chengmai	44946	24707	13494	19893	9572		36959	31801	20803	45402
临高县	Lingao	25398	31346	16720	29000	7982		40198	25345	16605	28791
儋州市	Danzhou	59427	20091	23197	25555	12706		43619	27473	24341	36585
#洋浦	#Yangpu	89818	23414	37500	17333	7661		36005	11291		28488
东方市	Dongfang	46366	14674	27737	14985	12128	12500	41683	35118	43617	41173
乐东县	Ledong	27859	30000	22286	35000	14699		38149	26442	20906	36279
琼中县	Qiongzhong	33512	20689	18690	24409	22783	10250	42084	39102	38159	34609
保亭县	Baoting	29085	23325	19457	28956	16186		34661	19455	47778	33752
陵水县	Lingshui	44964	23644	21629	24187	23074		40332	25792	21511	39984
白沙县	Baisha	40831		10312	29266	15289	21667	30866	31419	24056	32397
昌江县	Changjiang	46382	10789	21666	26411	17470	14857	47981	27673	23163	34625
西沙	Xisha										29989
农垦	Nongken		42373	14252	18107			38493	51332	29941	45174

3-26 按经济类型、行业分的单位在岗职工工资总额和平均工资
Total Wages Bill and Average Wage of Fully Staff and Workers by Sector and Economic Type

(2010)

行业	Sector	合计 Total	国有单位 State-owned Units	城镇集体单位 Urban Collective-owned Units	其他经济类型单位 Units of Others
工资总额(万元)	**Total Wages Bill(10 000 yuan)**	**2459671**	**1670653**	**73105**	**715912**
农、林、牧、渔业	Farming, Forestry, Animal Husbandry and Fishery	233618	231539	581	1497
采矿业	Mining	27279	24364	20	2896
制造业	Manufacturing	201811	17385	3086	181339
电力、燃气及水的生产和供应业	Production and Supply of Electric Power,Gas and Water	79026	60087	339	18600
建筑业	Construction	163714	107533	33243	22938
交通运输、仓储和邮政业	Transport, Storage, Postal &Telecommunication Services	177554	63125	1675	112754
信息传输、计算机服务和软件业	Information Transmission,Computer Services and Software	44685	7058	100	37528
批发和零售业	Wholesale & Retail Trades	81914	20502	2726	58686
住宿和餐饮业	Hotels and Catering Services	80792	15284	2533	62975
金融业	Financial Intermediation	129518	46166	8248	75103
房地产业	Real Estate	81655	10435	1314	69906
租赁和商务服务业	Leasing and Business Services	43818	27148	1264	15406
科学研究、技术服务和地质勘查业	Scientific Research, Technical Services and Geological Prospecting	49926	40090	1091	8745
水利、环境和公共设施管理业	Management of Water Conservancy, Environment and Public Facilities	43672	35797	140	7735
居民服务和其他服务业	Services to Households and Other Services	6237	2707	46	3484
教育	Education	470462	441574	1023	27865
卫生、社会保障和社会福利业	Health,Social Security and Social Welfare	139347	124224	14239	884
文化、体育和娱乐业	Culture,Sports and Entertainment	34059	27124	1384	5551
公共管理和社会组织	Public Management and Social Organizations	370584	368512	53	2019
平均工资(元)	**Average Wage(yuan)**	**31025**	**32028**	**20733**	**30346**
农、林、牧、渔业	Farming,Forestry,Animal Husbandry and Fishery	18093	18180	7055	16013
采矿业	Mining	30273	31687	9900	22239
制造业	Manufacturing	25988	22599	15019	26704
电力、燃气及水的生产和供应业	Production and Supply of Electric Power,Gas and Water	40737	40889	11238	42254
建筑业	Construction	25564	26985	21743	25761
交通运输、仓储和邮政业	Transport, Storage, Postal & Telecommunication Services	42442	36615	18286	47620
信息传输、计算机服务和软件业	Information Transmission, Computer Services and Software	60500	38026	23140	68395
批发和零售业	Wholesale & Retail Trades	23961	33292	8378	23688
住宿和餐饮业	Hotels and Catering Services	18804	18152	21669	18868
金融业	Financial Intermediation	63483	54557	28113	83393
房地产业	Real Estate	26265	21283	14361	27662
租赁和商务服务业	Leasing and Business Services	21076	21771	15066	20591
科学研究、技术服务和地质勘查业	Scientific Research, Technical Services and Geological Prospecting	31064	32925	23613	25467
水利、环境和公共设施管理业	Management of Water Conservancy, Environment and Public Facilities	21195	20404	11258	26336
居民服务和其他服务业	Services to Households and Other Services	20470	33632	14500	15762
教育	Education	41333	43052	30528	25515
卫生、社会保障和社会福利业	Health,Social Security and Social Welfare	35765	37224	27568	20802
文化、体育和娱乐业	Culture,Sports and Entertainment	29740	33577	25031	19677
公共管理和社会组织	Public Management and Social Organizations	40747	40820	18172	31504

3-27 工业、建筑企业职工人数和工资总额
Number and Wages Bill of Staff and Workers in Industry and Construction

(2010)

项　目	Item	在岗职工人数(人) Number of Fully Staff and Workers (person)	工资总额(万元) Total Wages Bill (10000 yuan)
合　计	Total	106971	308116
工　业	Industry		
1、按经济类型分	Grouped by Economic Type		
国有单位	State-owned Units	30041	101836
城镇集体单位	Urban Collective-owned Units	2370	3445
其他经济类型单位	Units of Others	74560	202835
2、按行业分	Grouped by sector		
采矿业	Mining	8950	27279
煤炭开采和洗选业	Mining and Washing of Coal	163	180
石油和天然气开采业	Extraction of Petroleum and Natural Gas	32	208
黑色金属矿采选业	Mining of Ferrous Metal Ores	5281	20323
有色金属矿采选业	Mining of Non-ferrous Metal Ores	528	1144
非金属矿采选业	Mining and Processing of Non-metal Ores	2920	5384
其他采矿业	Mining of Other Ores	26	40
制造业	Manufacturing	78687	201811
农副食品加工业	Processing of Food from Agricultural Products	14343	24583
食品制造业	Manufacture of Foods	5361	18944
饮料制造业	Manufacture of Beverage	2269	6800
烟草制品业	Manufacture of Tobacco	596	5955
纺织业	Manufacture of Textile	888	2168
纺织服装、鞋、帽制造业	Manufacture of Textile Wearing Apparel, Footware and Caps	3913	6731
皮革、毛皮、羽毛(绒)及其制品业	Manufacture of Leather, Fur, Feather & Its Products	35	54
木材加工及木、竹、藤、棕、草制品业	Processing of Timbers, Manufacture of Wood,Bamboo, Rattan, Palm, and Straw Products	917	1311
家具制造业	Manufacture of Furniture	539	730
造纸及纸制品业	Manufacture of Paper and Paper Products	8446	24388
印刷业和记录媒介的复制	Printing, Reproduction of Recording Media	1437	3007
文教体育用品制造业	Manufacture of Articles for Culture, Education and Sport Activities		

表 3-27 续(continued)

项　　目	Item	在岗职工人数(人) Number of Fully Staff and Workers (person)	工资总额(万元) Total Wages Bill (10000 yuan)
石油加工、炼焦及核燃料加工业	Processing of Petroleum, Coking, Processing of Nuclear Fuel	576	2827
化学原料及化学制品制造业	Manufacture of Chemical Raw Material and Chemical Products	3797	19683
医药制造业	Manufacture of Medicines	8517	20747
化学纤维制造业	Manufacture of Chemical Fiber	669	1442
橡胶制品业	Manufacture of Rubber	1054	2419
塑料制品业	Manufacture of Plastic	1065	1749
非金属矿物制品业	Manufacture of Non-metallic Mineral Products	5094	12045
黑色金属冶炼及压延加工业	Manufacture and Processing of Ferrous Metals	1119	2908
有色金属冶炼及压延加工业	Manufacture & Processing of Non-ferrous Metals	95	182
金属制品业	Manufacture of Metal Products	1024	3121
通用设备制造业	Manufacture of General Purpose Machinery	952	2314
专用设备制造业	Manufacture of Special Purpose Machinery	962	1625
交通运输设备制造业	Manufacture of Transport Equipment	7504	18755
电气机械及器材制造业	Manufacture of Electrical Machinery & Equipment	4097	7328
通信设备、计算机及其他电子设备制造业	Manufacture of Communication Equipment, Computer and Other Electronic Equipment	2231	7964
仪器仪表及文化、办公用机械制造业	Manufacture of Measuring Instrument and Machinery for Cultural Activity & Office Work	583	1034
工艺品及其他制造业	Manufacture of Artwork, Other Manufacture	604	997
废弃资源和废旧材料回收加工业	Recycling and Disposal of Waste		
电力、煤气及水的生产和供应业	**Production and Distribution of Electricity, Gas and Water**	**19334**	**79026**
电力、蒸汽、热水的生产和供应业	Production and Supply of Electric Power and Heat Power	13307	63145
煤气生产和供应业	Production and Distribution of Gas	1201	4914
自来水的生产和供应业	Production and Distribution of Water	4826	10967
建筑业	**Construction**	**65948**	**163714**
按经济类型分	**Grouped by Economic Type**		
国有单位	State-owned Units	39061	107533
城镇集体单位	Urban Collective-owned Units	17803	33243
其他经济类型单位	Units of Others	9084	22938

主要统计指标解释

户籍人口：指公民在其经常居住地的公安户籍管理机关登记了常住户口的人，这类人口不管其是否外出，也不管外出时间长短，只要在某地注册有常住户口，则为该地区的户籍人口。

常住人口：一般指实际经常居住在某地区一定时间（半年以上）的人口。

非农业人口：指从事非农业生产活动的劳动人口及其家庭被抚养人口。

农业人口： 是居住在农村或集镇，从事农业生产，以农业收入为主要生活来源的人口。

城镇人口：指居住于城市、集镇的人口，主要依据人群的居住地和所从事的产业进行归类。“城镇人口”的特点：所从事的产业为非农业生产性产业（自然经济）为主的人群及其家庭；一般认为城镇人口占有率的高低反应出一个地区的工业化、城镇化或城市化水平。

出生率(又称粗出生率) 指在一定时期内(通常为一年)平均每千人所出生的人数的比率，一般用千分率表示。计算公式为：

出生率＝年出生人数／年平均人数×1000‰

式中：出生人数指活产婴儿，即胎儿脱离母体时(不管怀孕月数)，有过呼吸或其他生命现象。年平均人数指年初、年底人口数的平均数，也可用年中人口数代替。

死亡率(又称粗死亡率) 指在一定时期内(通常为一年)一定地区的死亡人数与同期平均人数(或期中人数)之比，一般用千分率表示。计算公式为：

死亡率＝年死亡人数／年平均人数×1000‰

人口自然增长率 指在一定时期内(通常为一年)人口自然增加数(出生人数减死亡人数)与该时期内平均人数(或期中人数)之比，一般用千分率表示。计算公式为：

人口自然增长率＝（本年出生人数－本年死亡人数）／年平均人数×1000‰＝人口出生率－人口死亡率

性别比 人口中男性人数与女性人数之比。通常用每100名女性人口相对应的男性人口数来表示。

一孩率 指当年出生人数中第一个孩子所占的比例。

二孩率 指当年出生人数中第二个孩子所占的比例。

三孩率 指当年出生人数中第三及以上孩子所占的比例。

一般生育率 指当年每千名15-49岁育龄妇女生育的活产婴儿总数。

总和生育率 指当年各年龄别妇女生育率的合计数,说明每名妇女按某年的年龄别生育率度过育龄期,平均每个妇女在育龄期生育的子女数。

人口负担系数也称抚养系数，抚养比。是指人口总体中非劳动年龄人口数与劳动年龄人口数之比，用百分比表示。它表明，从整个社会来看，每100名劳动年龄人口负担多少非劳动年龄人口。负担系数可分为总负担系数、少儿负担系数和老年负担系数。

总负担系数 指被抚养人口（0-14岁和65岁及以上人口）与15-64岁人口的比例。计算公式为：

总负担系数＝被抚养人口/15-64岁人口×100%

少儿负担系数 指少年儿童与15-64岁人口的比例。计算公式为：

少儿负担系数＝少年儿童人口/15-64岁人口×100%

老年负担系数 指老年人口（65岁及以上人口）与15-64岁人口的比例。计算公式为：

老年负担系数＝老年人口/15-64岁人口×100%

文盲率：超过学龄期(15岁以上)年龄既不会读又不会写字的人在相应的人口中所占的比例。文盲率反映一个国家人们受教育的程度。

人均受教育年限：是指某一人口群体（6岁以上）人均接受学历教育（包括成人学历教育，不包括各种非学历培训）的年数。

从业人员 指从事一定社会劳动并取得劳动报酬或经营收入的人员，包括在岗职工、再就业的离退休人员、私营业主、个体户主、私营和个体就业人员、乡镇企业就业人员、农村就业人员、其他就业人员（包括民办教师、宗教职业者、现役军人等）。这一指标反映了一定时期内全部劳动力资源的实际利用情况，是研究我国基本国情国力的重要指标。

单位从业人员 指在各级国家机关、政党机关、社会团体及企业、事业单位中工作，取得工资或其他形式的劳动报酬的全部人员。包括在岗职工、再就业的离退休人员、民办教师以及在各单位中工作的外方人员和港澳台方人员、兼职人员、借用的外单位人员和第二职业者。不包括离开本单位仍保留劳动关系的职工。各单位的从业人员反映了各单位实际参加生产或工作的全部劳动力。

城镇私营和个体就业人员 城镇私营就业人员指在工商管理部门注册登记，其经营地址设在县城关镇（含城关镇）以上的私营企业就业人员；包括私营企业投资者和雇工。城镇个体就业人员指在工商管理部门注册登记，并持有城镇户口或在城镇长期居住，经批准从事个体工商经营的就业人员；包括个体经营者和在个体工商户劳动的家庭帮工和雇工。

职工 指在国有经济、城镇集体经济、联营经济、股份制经济、外商和港、澳、台投资经济、其他经济单位及其附属机构工作，并由其支付工资的各类人员，不包括返聘的离退休人员、民办教师、在国有经济单位工作的外方人员和港、澳、台人员（1998 年以后的数据均为在岗职工数据，其他相关指标如职工工资总额，职工平均工资等指标也从 1998 年按此口径进行了相应调整）。

国有单位职工 指在国有经济单位及其附属机构工作，并由其支付工资的各类人员。

城镇集体单位职工 指在城镇集体经济单位及其管理部门工作，并由其支付工资的各类人员。

其他单位职工 指在联营经济、股份制经济、外商投资经济、港、澳、台投资经济单位工作，并由其支付工资的各类人员。

在岗职工 指在本单位工作并由单位支付工资的人员，以及有工作岗位，但由于学习、病伤产假等原因暂未工作，仍由单位支付工资的人员。

职工工资总额 指各单位在一定时期内直接支付给本单位全部职工的劳动报酬总额。工资总额的计算原则应以直接支付给职工的全部劳动报酬为根据。各单位支付给职工的劳动报酬以及其他根据有关规定支付的工资，不论是计入成本的还是不计入成本的，不论是按国家规定列入计征奖金税项目的，还是未列入计征奖金税项目的，不论是以货币形式支付的还是以实物形式支付的，均包括在工资总额内。

职工平均工资 指企业、事业、机关单位的职工在一定时期内平均每人所得的货币工资额。它表明一定时期职工工资收入的高低程度，是反映职工工资水平的主要指标。计算公式为：

职工平均工资 = 报告期实际支付的全部职工工资总额 / 报告期全部职工平均人数

Explanatory Notes on Main Statistical Indicators

Registered population refers to the citizens who have registered in public security organs of household register management, regardless of whether or not to go out and no matter the length of time.

Total Resident Population refers to the total number of people alive at a certain point of time (above half year) within a given area.

Non-agriculture Population refers to total population under the jurisdiction of city and the population of towns under the jurisdiction of counties.

Agriculture Population refers to total population of townships under the jurisdiction of counties.

Urban Population refers to all people residing in cities and towns with classified mainly on population live and their engaging industries of non - agricultural production industry (natural economy). This indicator is used to show the level of industrialization and urbanization.

Birth Rate (or Crude Birth Rate) refers to the ratio of the number of births to the average population (or mid-period population) during a certain period of time (usually a year) which is often expressed in ‰. Birth rate in the chapter refers to annual birth rate. The following formula is used:

Birth Rate = Number of Births/Average Population × 1000‰

Number of births refers to live births, i.e. when a baby has breathed or showed any vital phenomena regardless of the length of pregnancy.

Annual Average Population is the average of the number of population at the beginning of the year and that at the end of the year. Sometimes it is substituted by the mid-year population.

Death Rate (or Crude Death Rate) refers to the ratio of the number of deaths to the average population (or mid-period population) during a certain period of time (usually a year) which is often expressed in ‰. Death rate in the chapter refers to annual death rate. The following formula is used:

Death Rate= Number of Deaths/Annual Average Population × 1000‰

Natural Growth Rate of Population refers to the ratio of natural increase in population (number of births minus number of deaths) in a certain period of time (usually a year) to the average population (or mid-period population) of the same period which is often expressed in ‰. The following formulas are applied:

Natural Growth of Population = (Number of Births–Number of Deaths)/Annual Average Number of Population × 1000‰

Natural Growth Rate of Population = Birth Rate–Death Rate

Sex Ratio refers to the ratio of the number of men to each 100 female.

1st Birth Rate refers to the ratio of the number of 1st birth baby to baby birth this year,

2nd Birth Rate refers to the ratio of the number of 2nd birth baby to baby birth this year.

3rd Birth Rate refers to the ratio of the number of 3th or above birth baby to baby birth this year.

General Fertility Rate refers to the total number of live birth infants were delivered by per thousand women of child-bearing age (aged 15–49) in that year.

Total Fertility Rate refers to the total number of birth rate above all age-specific women in that year.

Age Composition Ratio (dependency ratio) refers to the ratio of non-working-age population to the working-age population, express in %.Describing in general the number of non-working-age population that every 100 people at working ages will take care of. This indicator reflects the basic relation between population and economic development from the demographic perspective.

Gross Dependency Ratio refers to the ratio of number of dependents to the total population aged 15–64, the number of dependents being population aged 0–14 and population aged 65 and over. The total dependency ratio is calculated as follows:

Gross Dependency Coefficient = Number of Dependents/The Working-age Population Aged 15–64 × 100%

Children Dependency Ratio refers to the ratio of the children population to the working-age population. The children dependency coefficient is calculated with the following formula:

CDC=the children population aged 0–14/the working-age population aged 15–64 × 100%

Old Dependency Ratio refers to the ratio of the elderly population to the working-age population. The old dependency coefficient is calculated with the following formula:

ODC=the elderly population age 65 and over/the working-age population aged 15–64 × 100%

Illiterate Rate refers to the rate of people which aged above 15 but cannot read and write to total aged 15 and above. It reflects the level of education in a country.

Mean Years of Schooling refers to the total years education for diploma of a group of people(Aged 6and Over), including adult education and excluding non-diploma training.

Employed Persons refers to the persons who are engaged in social working and receive remuneration payment or earn business income, including total staff and workers, re-employed retirees, employers of private enterprises, self-employed workers, employees in private enterprises and individual economy, employees in township enterprises, employed persons in the rural areas, and other employed persons (including teachers in the schools run by the local people, people engaged in religious profession and the servicemen, etc.). This indicator reflects the actual utilization of total labour force during a certain period of time and is often used for the research on China's economic situation and national power.

Persons Employed in Various Units refer to all the persons working in government agencies of various levels, political and party organizations, social organizations, enterprises and institutions, and receiving wages or other forms of payment. They include fully-employed persons, re-employed retirees, teachers in the schools run by the local people, foreigners and Chinese compatriots from Hong Kong, Macao, and Taiwan working in various units, part-time employees, employees of other units working temporarily at current posts, and employees holding the second job, but exclude staff and workers who have left their working units while keeping their labor contract (employment relation) unchanged. This indicator reflects the total number of laborers actually engaged in production or other operations in various units.

Persons Employed in Private Enterprises and Self-Employed Individuals in Urban Areas refer to the persons employed in the private enterprises which have been registered at the departments of industrial and commercial administration for which the business operation are situated at a county town (i.e. a town where the county government is located), or at urban areas with administrative hierarchy higher than a county town. The self-employed individuals in urban areas refer to persons who hold the certificates of residence in urban areas or have resided in the urban areas for a long time and have been registered at the departments of industrial and commercial administration and approved to be engaged in individual industrial or commercial business, including self-employed persons as well as helpers and hired laborers who work in individual households.

Staff and Workers refer to persons working in, and receive payment from units of state ownership, collective ownership, joint ownership, share holding ownership, foreign ownership, and ownership by entrepreneurs from Hong Kong, Macao, and Taiwan, and other types of ownership and their affiliated units. They do not include : retirees, teachers in the schools run by the local people, foreigners and persons from Hong Kong, Macao and Taiwan who work in state-owned economic units. (Data since 1998 refer to fully employed staff and workers. Other related statistics indicators, such as total wage bill and average wage are adjusted since 1998 accordingly).

Staff and Workers in State-owned Economic Units refer to the persons who work in the state-owned economic units or their attached units and are listed in their payrolls.

Staff and Workers of Collective Owned Units in Urban Areas refer to the persons who work in collective owned units in urban areas and their administration departments and receive payment therefrom.

Staff and Workers in Units of Other types of Ownership refer to those who work in (and receive payment therefrom) enterprises and institutions of joint ownership, share holding, foreign ownership, and ownership by entrepreneurs from Hong Kong, Macao, and Taiwan.

Employed Staff and Workers refer to persons who work in, and receive wages from their working units, including persons who have their work posts but are temporarily absent from work for reasons of study or on sick, injury or maternal leave and still receive wages from their working units.

Total Wage Bill refers to the total remuneration payment to staff and workers in various units during a certain period of time. The calculation of total wage bill is based on the total remuneration payment to the staff and workers. Therefore, all the wages and salaries and other payments to staff and workers are included in the total wage bill regardless of sources, reckoning the cost of production or not, category, listing as items of premium taxation or not, and forms, paying in cash or in kind.

Average Wage refers to the average wage in money terms per person during a certain period of time for staff and workers in enterprises, institutions, and government agencies, which reflects the general level of wage income during a certain period of time and is calculated as follows:

Average Wage=Total Wage Bill of Staff and Workers at Reference Time/Average Number of Staff and Workers at Reference Time

4. 固定资产投资和房地产开发

INVESTMENT IN FIXED ASSETS AND REAL ESTATE DEVELOPMENT

编辑人员：李巧军　吴　璟
Compiled by Li Qiaojun　Wu Jing
英文翻译：吴　璟
Translated by Wu Jing

全社会固定资产投资总额(亿元)
Total Investment in Fixed Assets(100 million yuan)

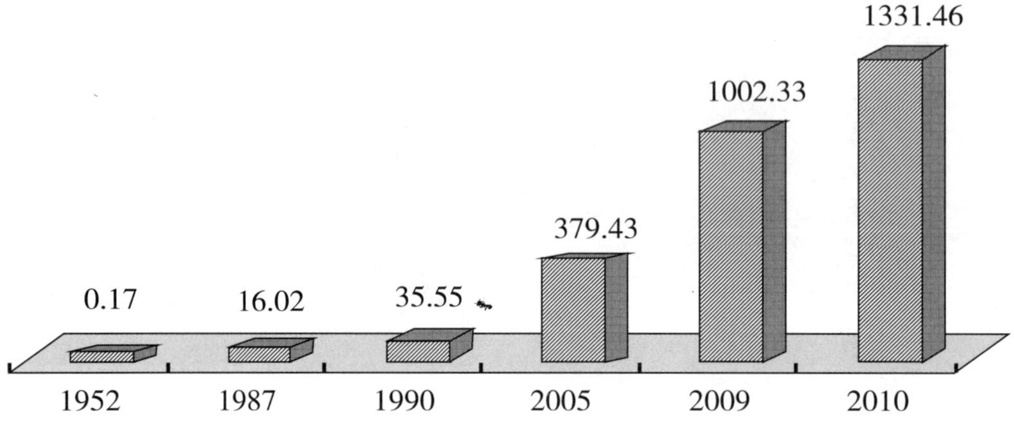

全社会固定资产投资构成(%)
Composition of Total Investment in Fixed Assets(%)

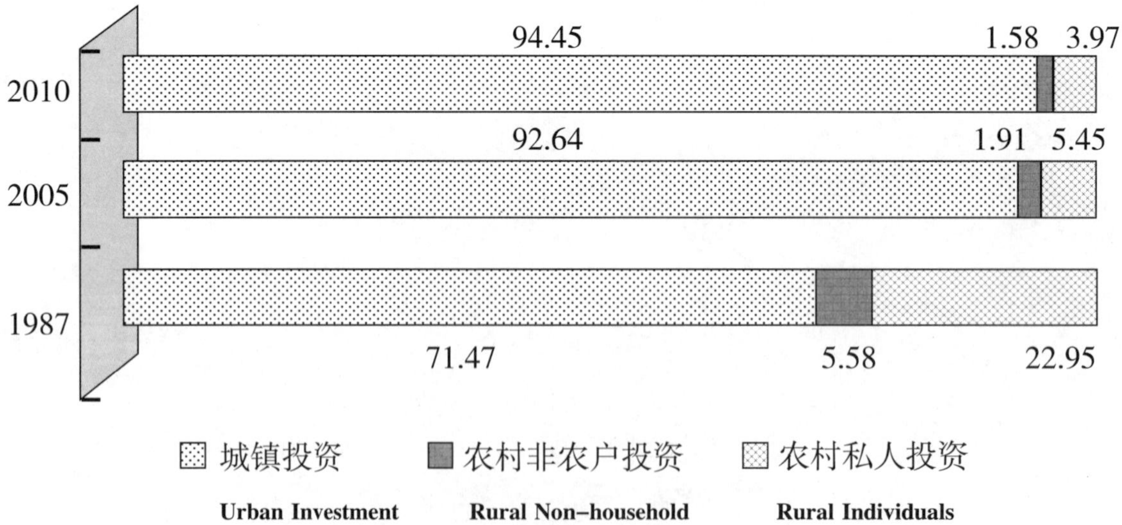

4-1 历年全社会固定资产投资
Total Investment in Fixed Assets in Major Years

单位:万元 (10 000 yuan)

年份 Year	固定资产投资总额 Total Investment in Fixed Assets	城镇投资 urban investment	房地产 Real state Development	农村非农户 Rural non-farmers Households	农户 Rural Individuals
1952	1674	1674			
1980	34725	34725			
1981	47716	35830			11886
1982	58257	45289			12968
1983	63150	49575		1709	11866
1984	98274	79591		3522	15161
1985	153082	127284		7356	18442
1986	160028	132095		6283	21650
1987	160187	117247		8938	34002
1988	201399	158560		10942	31897
1989	288080	248677		8808	30595
1990	355508	315460	41380	9711	30337
1991	456303	413972	108645	13269	29062
1992	870451	803815	302192	17123	49513
1993	1882492	1785760	573317	32175	64557
1994	2202491	2075348	572504	44805	82338
1995	1980665	1864603	389024	19849	96213
1996	1859322	1736562	169837	18267	104493
1997	1678308	1511759	79926	45858	120691
1998	1833360	1650119	102398	36379	146862
1999	1901322	1687644	61994	51532	162146
2000	1934508	1695626	103372	62194	176688
2001	2064328	1821681	171111	59811	182836
2002	2257707	2019264	201112	60440	178003
2003	2763400	2488423	366131	78618	196359
2004	3252811	2997412	559917	51620	203779
2005	3794284	3515116	708494	72222	206946
2006	4260137	3970009	892554	81027	209101
2007	5092568	4727670	1275741	103450	261448
2008	7090144	6676300	1994474	118646	295198
2009	10023333	9426794	2879573	189770	406769
2010	13314557	12574997	4678659	211190	528370
"一五时期" The "First Five-year Plan" Period	30357	30357			
"二五时期" The "Second Five-year Plan" Period	63797	63797			
"三年调整时期" Three-Year Adjustment Period	32311	32311			
"三五时期" The "Third Five-year Plan" Period	54328	54328			
"四五时期" The "Fourth Five-year Plan" Period	100998	100998			
"五五时期" The "Fifth Five-year Plan" Period	152668	152668			
"六五时期" The "Sixth Five-year Plan" Period	420479	337569		12587	70323
"七五时期" The "Seventh Five-year Plan" Period	1165202	972039	41380	44682	148481
"八五时期" The "Eighth Five-year Plan" Period	7392402	6943498	1945682	127221	321683
"九五时期" The "Ninth Five-year Plan" Period	9206820	8272741	517527	214230	710880
"十五时期" The "Tenth Five-year Plan" Period	14132530	12841896	2006765	322711	967923
"十一五时期" The "Eleventh Five-year Plan" Period	39780739	37375770	11721001	704083	1700886

4-2 历年全社会新增固定资产
Total Newly Increased Fixed Assets in Various Year

年 份 Year	新增固定资产(万元) Newly Increased Fixed Assets (10 000 yuan)	# 房地产 Real Estate Development	固定资产交付使用率(%) Rate of Projects of Fixed Assets Completed and Put into Use(%)
1980	27949		80.5
1981	38060		79.8
1982	48498		83.2
1983	44947		71.2
1984	73165		74.5
1985	114797		75.0
1986	130697		81.7
1987	146045		91.5
1988	143292		71.1
1989	203489		70.6
1990	296653	22953	83.4
1991	355971	52632	78.0
1992	558056	132255	64.1
1993	699207	77023	37.1
1994	1490207	192254	67.7
1995	1347016	119457	68.0
1996	1572488	149719	84.6
1997	1272129	83190	92.2
1998	1222709	30471	66.7
1999	1471814	45470	77.4
2000	1417062	72792	73.3
2001	1465555	111757	71.0
2002	1633425	108510	73.3
2003	1826577	213079	66.1
2004	2137048	215998	65.7
2005	1738236	368676	45.8
2006	2194602	224680	51.5
2007	2774810	651864	54.5
2008	2906001	782680	41.0
2009	3927116	1150023	39.2
2010	5315872	1919456	39.9

4-3 按各种分组分固定资产投资额(不含农户投资)

Investment in Fixed Assets in the Whole Society by Different Categories (Except Rural Individual Investment)

单位:万元 (2010) (10 000 yuan)

指 标	Indicators	合 计 Total	城镇投资 Urban Investment	# 房地产 Real Estate Development	农村非农户 rural Non-Farmers
固定资产投资额	**Total Investment in Fixed Assets**	**12786187**	**12574997**	**4678659**	**211190**
按构成分	**Grouped by Use of Funds**				
建筑工程	Construction	7770776	7625683	3150343	145093
安装工程	Installation	1207976	1195414	585046	12562
设备工器具购置	Purchase of Equipment and Instruments	1933903	1906606	195336	27297
其 他	Others	1873532	1847294	747934	26238
按隶属关系分	**Grouped by Jurisdiction of Management**				
中央项目	Central Investment	902360	886900	114838	15460
省属项目	Provincial Investment	1693977	1672975	395374	21002
地(市)属项目	Municipal Investment	2907811	2888361	695645	19450
县(市)属项目	Counties' Investment	2020993	1909280	600724	111713
其他项目	Others	5261046	5217481	2872078	43565
按建设性质分	**Grouped by Type of Construction**				
新 建	New Construction	5966977	5849000		117977
扩 建	Expansion	766944	705221		61723
改 建	Reconstruction	538640	511180		27460
其 他	Others	5513626	5509596		4030
按注册类型分	**Grouped by Status of Registration**				
内资	**Domestic Funded**	**11044230**	**10850889**	**3916078**	**193341**
国有	State-owned Enterprises	3458645	3305287	262016	153358
集体	Collective-owned Enterprises	19941	18849		1092
股份合作	Cooperative Enterprises	169409	168975	163386	434
国有联营	State Joint Ownership	10971	10971	1380	
集体联营	Joint Ownership Enterprises	2565	2395		170
其他联营	Other Joint Ownership	7860	7860	2700	
国有独资	State Sole Funded	452628	452628	9015	
其他有限公司	Other Limited Liability	4059328	4042028	1957044	17300
股份有限公司	Share-holding Corporations Limited	1647501	1636326	499696	11175
私营	Private Enterprises	1095900	1089218	943199	6682
其他	Other Enterprises	119482	116352	77642	3130
港澳台商投资	**Enterprises with Funds from Hongkong, Macao and Taiwan**	**1086804**	**1086794**	**587938**	**10**
合资经营	Joint-venture Enterprises	589718	589718	253411	
合作经营	Cooperative Enterprises	2100	2100		
独资	Enterprises with Sole Investment	142501	142491	83659	10
股份有限公司	Share-holding Corporations Ltd.	352485	352485	250868	
外商投资	**Foreign Funded Enterprises**	**592980**	**592880**	**174643**	**100**
合资经营	Joint-venture Enterprises	55275	55275	47714	
合作经营	Cooperation Enterprises				
独资	Enterprises with Sole Funds	430198	430198	29322	
股份有限公司	Share-holding Corporations Ltd.	107507	107407	97607	100
个体经营	**Individual Investment**	**62173**	**62173**		

4-4 各市县按城乡分固定资产投资额
Total Investment in Fixed Assets by Region

单位:万元 （2010） (10 000 yuan)

地区	Region	合计 Total	城镇投资 Urban Investment	#房地产 Real Estate Development	农村投资 Rural Investment	农村非农户 Rural Non-Households	农户 Rural Individuals
全省总计	**Total**	**13314557**	**12574997**	**4678659**	**739560**	**211190**	**528370.4**
海口市	Haikou	3498185	3416037	1037915	82148	1232	80916
三亚市	Sanya	3052395	3003043	1328367	49352	26550	22802
五指山市	Wuzhishan	126044	109749	71668	16295	1621	14674
文昌市	Wenchang	950196	821922	303683	128274	27170	101104
琼海市	Qionghai	735804	698869	561425	36935	10313	26622
万宁市	Wanning	750659	679323	202596	71336		71336
定安县	Ding'an	219065	190832	128747	28233	6798	21435
屯昌县	Tunchang	113512	108448	28308	5064		5064
澄迈县	Chengmai	837328	779608	360234	57720	35069	22651.4
临高县	Lingao	216405	173903	3276	42502	17130	25372
儋州市	Danzhou	908005	832601	66464	75404	49439	25965
#洋浦	Yangpu	517739	517739	7462			
东方市	Dongfang	309538	287495		22043	10000	12043
乐东县	Ledong	193402	151394	75509	42008		42008
琼中县	Qiongzhong	75989	68424	5166	7565	3042	4523
保亭县	Baoting	151260	123800	42011	27460	22460	5000
陵水县	Lingshui	687738	663000	462023	24738	366	24372
白沙县	Baisha	51662	42682	1267	8980		8980
昌江县	Changjiang	437370	423867		13503		13503

4-5 各市县固定资产投资资金来源
Sources of Funds of Investment in Fixed Assets by Region

单位:万元　　（2010）　　(10 000 yuan)

地区 Region	本年资金来源合计 Total Sourses of Funds This Year	上年末节余资金 Surplus Funds at the end of Last Year	本年资金来源小计 Total Sourses of Funds This Year	国家预算内资金 State Budget	国内贷款 Domestic Loans	债券 Bond	利用外资 Foreign Investment	自筹资金 Self-raising Funds	其他资金来源 Others
全省总计 Total	**22838680**	**3430377**	**19408303**	**1143178**	**4882688**	**65941**	**231710**	**5822809**	**7261977**
海口市 Haikou	5890971	793468	5090438	179512	1625876	58501	3904	1209989	2012656
三亚市 Sanya	7574976	1644056	5930920	123117	1341420		86935	1581613	2797835
五指山市 Wuzhishan	250277	37653	212624	17676	22748			48278	123922
文昌市 Wenchang	1240079	193872	1046207	140478	243615	227	16210	328464	317213
琼海市 Qionghai	1735746	267615	1468131	71480	219701			322547	854403
万宁市 Wanning	749358	37071	712287	13618	40900		76829	342542	238398
定安县 Dingan	307342	38971	264168	27930	39161			71784	125293
屯昌县 Tunchang	111523		103027	28422	22726		100	47407	4372
澄迈县 Chengmai	1269184	143354	1109822	104990	143885	2800	5409	632193	220545
临高县 Lingao	218408	226	218182	67193	76616	718		32088	41567
儋州市 Danzhou	1177836	30268	1147568	27431	626403		42323	359530	91881
#洋浦 Yangpu	796569	29268	767301	101	536147		42323	143463	45267
东方市 Dongfang	297357		297357	55318	108164			127304	6571
乐东县 Ledong	167791	7632	160159	15856	31254	960		106481	5608
琼中县 Qiongzhong	100670	5950	94720	51716	19176	1500		6525	15803
保亭县 Baoting	201964	31507	170457	19741	6132			82746	61838
陵水县 Lingshui	767910	141155	626755	55628				235731	335396
白沙县 Baisha	42683		42683	21324	2616			10067	8676
昌江县 Changjiang	734605	57579	677026	107439	290832	1235		277520	

4-6 各市县新增固定资产
Newly Increased Fixed Assets by Region

单位:万元　　(2010)　　(10 000 yuan)

地　区	Region	新增固定资产 Newly Increased Fixed Assets	城镇投资 urban investment	#房地产开发 Real Estate Development	农村非农户 Rural Non-farm Households	农户 Rural Individuals
全省总计	**Total**	**5174178**	**5032484**	**1919456**	**141694**	**528370**
海口市	Haikou	1231177	1229945	518596	1232	80916
三亚市	Sanya	814817	807267	562025	7550	22802
五指山市	Wuzhishan	65828	65704	17363	124	14674
文昌市	Wenchang	182636	171599	83162	11037	101104
琼海市	Qionghai	450192	442192	379465	8000	26622
万宁市	Wanning	335974	335974			71336
定安县	Ding'an	85550	82758	31706	2792	21435
屯昌县	Tunchang	57001	57001	1200		5064
澄迈县	Chengmai	164737	143121	65047	21616	22651
临高县	Lingao	33273	17930		15343	25372
儋州市	Danzhou	273917	216806	39530	57111	25965
#洋浦	Yangpu	6000	6000	6000		
东方市	Dongfang	730044	720904		9140	12043
乐东县	Ledong	49124	49124	16110		42008
琼中县	Qiongzhong	27790	25368		2422	4523
保亭县	Baoting	45264	39937	33906	5327	5000
陵水县	Lingshui	522971	522971	170425		24372
白沙县	Baisha	28209	28209	921		8980
昌江县	Changjiang	75674	75674			13503

4-7 按行业分城镇固定资产投资额
Urban Investment in Fixed Assets by Sector

单位:万元 （2010） (10 000 yuan)

行 业	Sector	2005	2006	2007	2008	2009	2010
合 计	Total	3392444	3970009	4727670	6676300	9426794	12574997
农、林、牧、渔业	Agriculture, Forestry, AnimaHusbandry and Fishery	138680	145985	172603	141176	147127	71694
农 业	Agriculture	9335	17809	16447	15790	7613	11158
林 业	Forestry	95145	88800	123725	61525	68299	18716
畜 牧 业	Animal Husbandry	1227	2949	910	1460	5518	12499
渔 业	Fishery	17971	18321	17912	16091	13330	2224
农、林、牧、渔服务业	Service in Support of Agriculture	15002	18106	13609	46310	52367	27097
采矿业	Mining	9133	32042	34999	31696	85116	44990
石油和天然气开采业	Extraction of Petroleum and Natural Gas		7542	7299	2676	44032	2701
黑色金属矿采选业	Mining and Processing of Ferrous Metal Ores	9077	14102	11536	6755	8718	37363
有色金属矿采选业	Mining and Processing of Non-Ferrous Metal Ores		6140	10364	13932	1050	4926
非金属矿采选业	Mining and Processing of Nonmetal Ores	56	4258	5800	8333	31316	
制造业	Manufacturing	1036198	826713	491704	706331	542628	878188
农副食品加工业	Processing of Agricultural and Related Products	19255	27643	64601	44437	24880	35158
食品制造业	Manufacture of Foods	6319	606	1641	3607	6233	2564
饮料制造业	Manufacture of Beverages	412	977	4378	4212	1000	15403
纺织业	Manufacture of Tobacco	16967	307	328	612	857	319
纺织服装、鞋、帽制造业	Manufacture of Textile Wearing Apparel,Footware and Caps			355			
皮革、毛皮、羽毛(绒)及其制品业	Manufacture of Leather, Fur, Feather and Related Products			970			
木材加工及木、竹、藤、棕、草制品业	Processing of Timber, Manufacture of Wood, Bamboo,Rattan,Palm and Straw Products	10043	7585	2287	9730	4891	6500
家具制造业	Manufacture of Furniture	493	1808				
造纸及纸制品业	Manufacture of Paper and Paper Products	133277	73975	233048	478845	186680	236185
印刷业和记录媒介的复制	Printing, Reproduction of Recording Media	1577	589	77	74	6171	13180
石油加工、炼焦及核燃料加工业	Processing of Petroleum, Coking and Nuclear Fuel Manufacture of Chemical Fibers	626503	383294	32912	3464	41906	20777
化学原料及化学制品制造业	Manufacture of Chemical Raw Materials and Chemical Products	50993	125839	28173	10032	74811	111533
医药制造业	Manufacture of Medicines	70922	19832	10060	12325	18154	21932
化学纤维制造业	Manufacture of Chemical Fibers	145	145		672		
橡胶制品业	Manufacture of Rubber Products	2049	2647	488	2189	9817	29848
塑料制品业	Manufacture of Plastics Products	200		1100	100	11462	3570
非金属矿物制品业	Manufacture of Non-metallic Mineral Products	51893	51543	66083	94529	86400	202291
黑色金属冶炼及压延加工业	Smelting and Pressing of Ferrous Metals	10908	28000	13282	7500	3102	
有色金属冶炼及压延加工业	Smelting and Pressing of Non-ferrous Metals	4093	4513	5471	1494	436	2713
金属制品业	Manufacture of Metal Products	3360	3727	2296	9542	12235	4796
通用设备制造业	Manufacture of General-purpose Machinery		340			324	
专用设备制造业	Manufacture of Special-purpose Machinery	1610	3600	5263	1598	470	

4-7 续 1(Continued1)

行　　业	Sector	2005	2006	2007	2008	2009	2010
交通运输设备制造业	Manufacture of Transport Equipment	16144	77236	15309	18316	13167	31745
电气机械及器材制造业	Manufacture of Electrical Machinery and Equipment	6200	6604	848	213	1717	72998
通信设备、计算机及	Manufacture of Communication Equipment, Computers and Other Electronic Equipment	2339	4770	1997	392	31841	57361
仪器仪表及文化、办公用机械制造业	Manufacture of Measuring Instruments and Machinery for Cultural Activities and Office Work	75				726	
其他电子设备制造业	Computer and Other Electronic Equipment	421	1133	737			
工艺品及其他制造业	Manufacture of Artwork and Other Manufacturing				2448	5348	1700
废弃资源和废旧材料回收加工业	Recycling and Disposal of Waste	220949	218684	264535	390334	711707	818043
电力、煤气及水的生产和供应业	**Production and Supply of Electric Power and Heat Power Gas and Water**	**171603**	**185767**	**210790**	**349747**	**471263**	**544190**
电力、蒸汽、热水的生产和供应业产	Production and Supply of Electric Power, Steam and Heat Water						42570
煤气生产和供应业	Production and Supply of Gas	26990	5421	22483	1532	36650	231283
水的生产和供应业	Production and Supply of Water	22356	27496	31262	39055	203794	
建筑业	**Construction**	**22765**	**12303**	**21111**	**57313**	**62850**	**135810**
房屋和土木工程建筑业	Construction of Building and Civil Engineering	19114	10163	21016	55013	62751	133321
建筑装饰业							2489
建筑安装业	Building Installation	545	1200		2300		
其他建筑业	Others	3106	940	95		99	
交通运输、仓储和邮政业	**Transport, Storage, Postal**	**311864**	**725557**	**880991**	**1271750**	**1845546**	**1617713**
铁路运输业	Transport Via Railway	74	27300	120475	663000	645942	430007
道路运输业	Transport Via Road	85979	209603	146811	129711	332009	258224
城市公共交通业	Urban Public Traffic	789	705	5891	1479	2133	12249
水上运输业	Water Transport	22582	80527	131031	109162	237472	230384
航空运输业	Air Transport	191418	402354	458908	355190	617135	676498
管道运输业	Pipeline Transport			5475			1405
装卸搬运和其他运输服务业	Loading,Unloading and Other Transport Services	10397				3919	
仓储业	Storage		741	6955	8283	1200	3000
邮政业	Postal	625	4327	5445	4925	5736	5946
信息传输、计算机服务和软件业	**Information Transmission, Computer Services and Software**	**139800**	**151911**	**132733**	**161172**	**196320**	**175960**
电信和其他信息传输服务业	Telecommunications and Other Information Transmission Services	139800	151911	131773	161172	196320	175960
计算机服务业	Computer Services			960			
批发和零售业	**Wholesale & Retail Trade**	**40615**	**28829**	**27938**	**22026**	**25238**	**53265**
批发业	Wholesale Trade	18493	11142	17429	10774	9718	35944
零售业	Retail Trade	22122	17687	10509	11252	15520	17321
住宿和餐饮业	**Hotels and Catering Services**	**181838**	**206183**	**404939**	**350325**	**346077**	**1088367**
住宿业	Hotels	179563	204687	401969	347925	345637	1088247
餐饮业	Catering Services	2275	1496	2970	2400	440	120
金融业	**FinancialIntermediation**	**21631**	**15759**	**8460**	**29936**	**25657**	**54314**
银行业	Bank	10655	15696	8200	29936	25657	54314
保险业	Insurance	9631					
其他金融活动	Other Financial Activities	1345	63	260			

4-7 续 2(Continued2)

行　　业	Sector	2005	2006	2007	2008	2009	2010
房地产业	**Real Estate**	**724894**	**907089**	**1344431**	**2091138**	**3161582**	**5033059**
房地产业	Real Estate	724894	907089	1344431	2091138	3161582	5033059
租赁和商务服务业	**Leasing and Business Services**	**10845**	**15346**	**20701**	**25200**	**11365**	**141036**
商务服务业	Business Services	10845	15346	20701	25200	11365	141036
科学研究、技术服务和地质勘查业	**Scientific Research, Polytechnic Services and Geological Prospecting**	**13610**	**12584**	**14888**	**6532**	**20731**	**11024**
研究与试验发展	R&D	2496	10624	7355	1011	6947	5190
专业技术服务业	Profesional Technology Services	9913	1501	6687	5312	11413	4538
科技交流和推广服务业	Scientific of Science and Technology	1201	459	381		2088	1296
地质勘查业	Geological Prospecting			465	209	283	
水利、环境和公共设施管理业	**Management of Water Conservancy, Environmentl and Public Facilities**	**194276**	**236737**	**449302**	**712954**	**679121**	**1116067**
水利管理业	Management of Water Conservancy	51502	72339	91925	110385	127910	130099
环境管理业	Environmental Management	6672	9157	10881	33752	63569	46665
公共设施管理业	Management of Public Facilities	136102	155241	346496	568817	487642	939303
居民服务和其他服务业	**Services to Households and Other Services**	**3014**	**4263**	**996**	**4850**	**180**	**4753**
居民服务业	Services to Households	900	1065	996	4850	180	4753
其他服务业	Other Services	2114	3198				
教育	**Education**	**122186**	**189577**	**129146**	**153456**	**159503**	**250925**
教　育	Education	122186	189577	129146	153456	159503	250925
卫生、社会保障和社会福利业	**Health Care,Social Security and Social Welfare**	**45996**	**46146**	**67793**	**69808**	**123750**	**187170**
卫　生	Health Care,Social Security and	45352	46146	67589	44043	87924	171885
社会保障业	Social Security	148			25637	34316	11792
社会福利业	Social Welfare	496		204	128	1510	3493
文化、体育和娱乐业	**Culture, Sports and Entertainment**	**55141**	**79591**	**75996**	**322484**	**663008**	**414625**
新闻出版业	Journalism and Publishing Activities				178	730	3001
广播、电视、电影和音像业	Broadcasting, Movies, Televisions and Audiovisual Activities	9356	5918	4885	4751	1717	3321
文化艺术业	Culture and Arts Activities	11905	6944	14210	9996	18493	44859
体 育	Sports	400	5596	1800	14000	19205	39015
娱乐业	Entertainment	33480	61133	55101	293559	622863	324429
公共管理和社会组织	**Public Management and Social Organizations**	**99009**	**115464**	**184240**	**241300**	**619288**	**477994**
中国共产党机关	Organs of Communist Party of China	260	3847	5427	7104	7778	5203
国家机构	Government Agencies	98104	110578	178668	233193	610430	469754
群众团体、社会团体和宗教组织	Non-Governmental Organizations, Social Organization and Religion Organizations	370	1039	145		660	500
基层群众自治组织	Grass Roots Self-governing Organizations	275			1003	420	2537

4-8 各市县按三次产业分城镇固定资产投资额
Investment in Fixed Assets in Urban Area by Industry and Region

单位:万元　　　　(2010)　　　　(10 000 yuan)

地　区　Region	合　计 Total	第一产业 Primary Industry	第二产业 Secondary Industry	第三产业 Tertiary Industry
全省总计　Total	**12574997**	**71694**	**1877031**	**10626272**
海 口 市　Haikou	3416037	5700	214338	3195999
三 亚 市　Sanya	3003043	6571	84623	2911849
五指山市　Wuzhishan	109749	488	5598	103663
文 昌 市　Wenchang	821922	1281	66645	753996
琼 海 市　Qionghai	698869	1520	16353	680996
万 宁 市　Wanning	679323		19264	660059
定 安 县　Ding'an	190832	1031	19194	170607
屯 昌 县　Tunchang	108448	2278	29655	76515
澄 迈 县　Chengmai	779608	7830	298874	472904
临 高 县　Lingao	173903	6799	72027	95077
儋 州 市　Danzhou	832601	11415	460316	360870
#洋　浦　#Yangpu	517739		344584	173155
东 方 市　Dongfang	287495	2500	232793	52202
乐 东 县　Ledong	151394	9946	3967	137481
琼 中 县　Qiongzhong	68424		7842	60582
保 亭 县　Baoting	123800		4690	119110
陵 水 县　Lingshui	663000		5338	657662
白 沙 县　Baisha	42682	3185	14063	25434
昌 江 县　Changjiang	423867	11150	321451	91266

4-9 各市县按行业分城镇固定资产投资额
Urban Investment in Fixed Assets by Sector and Region

单位:万元 (2010) (10 000 yuan)

地 区	Region	合 计 Total	农、林、牧、渔业 Agricalture Forestry, Animal Husbandry and Fishery	采矿业 Mining	制造业 Manufac-turing	电力、煤气及水的生产和供应业 Production and Supply of Electricity Gas and Water	建筑业 Construction	交通运输仓储及邮政业 Transport, Storage and Post
全省总计	**Total**	**12574997**	**71694**	**44990**	**878188**	**818043**	**135810**	**1617713**
海口市	Haikou	3416037	5700		152417	57178	4743	741550
三亚市	Sanya	3003043	6571		5847	73419	5357	348625
五指山市	Wuzhishan	109749	488			4723	875	2205
文昌市	Wenchang	821922	1281		8542	58103		97322
琼海市	Qionghai	698869	1520		4000	4129	8224	36567
万宁市	Wanning	679323			9630	9634		89755
定安县	Ding'an	190832	1031		10710	4933	3551	2339
屯昌县	Tunchang	108448	2278	650	8901	7198	12906	6775
澄迈县	Chengmai	779608	7830	2701	229191	56039	10943	37342
临高县	Lingao	173903	6799		10793	12007	49227	8098
儋州市	Danzhou	832601	11415		276364	153352	30600	141559
#洋浦	#Yangpu	517739			252244	92340		141559
东方市	Dongfang	287495	2500		110235	122558		
乐东县	Ledong	151394	9946			3967		24862
琼中县	Qiongzhong	68424				3615	4227	7475
保亭县	Baoting	123800			2990	1000	700	6272
陵水县	Lingshui	663000				5338		58715
白沙县	Baisha	42682	3185		4869	4737	4457	
昌江县	Changjiang	423867	11150	41639	43699	236113		8252

4-9 续 1(continued 1)

地 区	Region	信息传输、计算机服务和软件业 Information Transmission, Computer Services and Software	批发和零售业 Wholesale and Retail Trade	住宿和餐饮业 Hotels and Catering Services	金融 Financial Intermedia-tion	房地产业 Real Estate	租赁和商务服务业 Leasing and Business Services	科学研究、技术服务和地质勘查业 Scientific Research, Technical Services and Geological Prospecting
全省总计	**Total**	175960	53265	1088367	54314	5033059	141036	11024
海口市	Haikou	169591	20555	155658	37106	1150304	136669	2631
三亚市	Sanya	2437	3719	652316	17208	1360791		
五指山市	Wuzhishan					91684	115	285
文昌市	Wenchang		841	12746		348775		2611
琼海市	Qionghai		2000	29052		577634		1400
万宁市	Wanning			94740		214334		
定安县	Ding'an	738	1966	3345		131357	280	752
屯昌县	Tunchang					43913		
澄迈县	Chengmai			175		368465		192
临高县	Lingao		3120			25766		
儋州市	Danzhou	2650	18682			76036	2043	2338
#洋浦	#Yangpu		11615			13444		
东方市	Dongfang			1000		12867		
乐东县	Ledong			30190		78577		
琼中县	Qiongzhong	544		2724		5166	1119	
保亭县	Baoting			25103		53957		
陵水县	Lingshui		382	55918		476055		
白沙县	Baisha			2630		7727	400	
昌江县	Changjiang		2000	22770		9651	410	815

4-9 续 2(continued 2)

地 区	Region	水利、环境和公共设施管理业 Management of Water Conservancy, Environment and Public Facilities	居民服务和其他服务业 Services to Households and Other Services	教育 Education	卫生、社会保障和社会福利业 Health,Social Security and Social Welfare	文化、体育和娱乐业 Culture,Sports and Entertainment	公共管理和社会组织 Public Management and Social Organization	国际组织 International Organization
全省总计	**Total**	**1116067**	**4753**	**250925**	**187170**	**414625**	**477994**	
海口市	Haikou	370745		119034	35608	111736	144812	
三亚市	Sanya	310868	2956	68575	106172	33989	4193	
五指山市	Wuzhishan	2270		506	4846	127	1625	
文昌市	Wenchang	169801		10683	4289	28885	78043	
琼海市	Qionghai	2500					31843	
万宁市	Wanning	720		11912	12202	205661	30735	
定安县	Ding'an	16301		1874	549	2037	9069	
屯昌县	Tunchang	21196		1845	100	1883	803	
澄迈县	Chengmai	53453	1797	7911	866	1700	1003	
临高县	Lingao	9331		15410	6000		27352	
儋州市	Danzhou	18706		6537	11054		81265	
#洋浦	#Yangpu			6537				
东方市	Dongfang	25352		886		6314	5783	
乐东县	Ledong	2748		376	658		70	
琼中县	Qiongzhong	37461			30	2118	3945	
保亭县	Baoting	27248		3580	2350	600		
陵水县	Lingshui	6839				19119	40634	
白沙县	Baisha	7286		1796	1590	456	3549	
昌江县	Changjiang	33242			856		13270	

4-10 各市县按构成分城镇固定资产投资额
Urban Investment by Structure and Region

单位:万元 （2010） (10 000 yuan)

地　区	Region	城镇投资额 Urban Investment	建筑工程 Construction	安装工程 Installation	设备工器具购置 Purchase of Equipment and Instruments	其他费用 Others
全省总计	**Total**	**12574997**	**7625683**	**1195414**	**1906606**	**1847294**
海口市	Haikou	3416037	2119295	239826	813130	243786
三亚市	Sanya	3003043	1937679	321413	235746	508205
五指山市	Wuzhishan	109749	83520	12162	2654	11413
文昌市	Wenchang	821922	488342	47294	44760	241526
琼海市	Qionghai	698869	439742	96650	56120	106357
万宁市	Wanning	679323	586688			92635
定安县	Ding'an	190832	141821	5301	5908	37802
屯昌县	Tunchang	108448	60509	9705	5935	32299
澄迈县	Chengmai	779608	424893	142487	91191	121037
临高县	Lingao	173903	91661	6111	13202	62929
儋州市	Danzhou	832601	301692	95909	337778	97222
#洋浦	#Yangpu	517739	155334	56380	267247	38778
东方市	Dongfang	287495	134453	32581	78335	42126
乐东县	Ledong	151394	135163	1695	740	13796
琼中县	Qiongzhong	68424	51476	2891	891	13166
保亭县	Baoting	123800	91551	11083	3179	17987
陵水县	Lingshui	663000	277100	160324	99980	125596
白沙县	Baisha	42682	37412		3830	1440
昌江县	Changjiang	423867	222686	9982	113227	77972

4-11 各市县城镇投资资金来源
Sources of Funds for Urban Investment by Region

单位:万元 (2010) (10 000 yuan)

地 区 Region	本年资金来源合计 Total Sourses of Funds This Year	上年末节余资金 Surplus Funds Last Year	本年资金来源小计 Total Sourses of Funds This Year	国家预算内资金 State Budget	国内贷款 Domestic Loans	债券 Bonds	利用外资 Foreign Investment	自筹资金 Self-raising Funds	其他资金来源 Others
全省总计 Total	**22593349**	**3417714**	**19175635**	**1084657**	**4874179**	**65941**	**231301**	**5685529**	**7234028**
海口市 Haikou	5889728	793468	5089206	179512	1625046	58501	3904	1209587	2012656
三亚市 Sanya	7540230	1634522	5905708	123117	1341420		86935	1556901	2797335
五指山市 Wuzhishan	244808	37591	207217	12269	22748			48278	123922
文昌市 Wenchang	1206289	193168	1013121	134245	243615	227	16210	304377	314447
琼海市 Qionghai	1725232	267432	1457800	64649	219701			319047	854403
万宁市 Wanning	749358	37071	712287	13618	40900		76829	342542	238398
定安县 Ding'an	296388	38321	253871	22766	39161			71684	120260
屯昌县 Tunchang	111511		103027	28422	22726		100	47407	4372
澄迈县 Chengmai	1233942	143339	1074605	86698	142689	2800	5000	620596	216822
临高县 Lingao	201032	266	200766	65033	76616	718		31385	27014
儋州市 Danzhou	1128397	30268	1098129	27431	626403		42323	310602	91370
#洋浦 #Yangpu	796569	29268	767301	101	536147		42323	143463	45267
东方市 Dongfang	287356		287356	50318	103163			127304	6571
乐东县 Ledong	167791	7632	160159	15856	31254	960		106481	5608
琼中县 Qiongzhong	95675	5950	89725	47823	19176	1500		6286	14940
保亭县 Baoting	171214	29992	141222	14200	4650			60534	61838
陵水县 Lingshui	767110	141155	625955	55628				234931	335396
白沙县 Baisha	42683		42683	21324	2616			10067	8676
昌江县 Changjiang	734605	57579	677026	107439	290832	1235		277520	

4-12 各市县固定资产投资施工及投产项目个数(不含房地产项目)
Number of Urban Investment Projects under Construction and Put into Use by Region

(2010)

地 区	Region	施工项目(个) Number of Projects Under Construction (Unit)	城镇项目 Urban Investment Projects	农村非农户 Rural Non-farmers	新开工项目(个) Number of Projects Started This Year (Unit)	城镇项目 Urban Investment Projects	农村非农户 Rural Non-farmers
全省总计	**Total**	**1640**	**1451**	**189**	**964**	**835**	**129**
海口市	Haikou	222	219	3	77	77	
三亚市	Sanya	203	176	27	73	64	9
五指山市	Wuzhishan	63	52	11	31	21	10
文昌市	Wenchang	178	145	33	118	95	23
琼海市	Qionghai	116	111	5	101	98	3
万宁市	Wanning	34	34		14	14	
定安县	Ding'an	68	59	9	46	40	6
屯昌县	Tunchang	112	112		74	74	
澄迈县	Chengmai	115	87	28	81	57	24
临高县	Lingao	86	76	10	79	71	8
儋州市	Danzhou	117	74	43	79	48	31
#洋浦	#Yangpu	15	15		7	7	
东方市	Dongfang	39	37	2	20	20	
乐东县	Ledong	25	25		13	13	
琼中县	Qiongzhong	31	24	7	20	13	7
保亭县	Baoting	34	24	10	16	9	7
陵水县	Lingshui	54	53	1	23	22	1
白沙县	Baisha	58	58		34	34	
昌江县	Changjiang	84	84		64	64	

4-12 续(continued)

地 区	Region	全部建成投产项目(个) Number of Projects Completed and Put into Use (Unit)	城镇项目 Urban Investment Projects	农村非农户 Rural Non-farmers	项目建成投产率(%) Rate of Projects Completed and Put into Use(%)	城镇项目 Urban Investment Projects	农村非农户 Rural Non-farmers
全省总计	**Total**	**759**	**646**	**113**	**46.3**	**44.5**	**60.3**
海口市	Haikou	52	49	3	23.4	22.4	100.0
三亚市	Sanya	45	37	8	22.2	21.0	29.6
五指山市	Wuzhishan	49	48	1	77.8	92.3	9.1
文昌市	Wenchang	101	80	21	56.7	55.2	63.6
琼海市	Qionghai	104	101	3	89.7	91.0	60.0
万宁市	Wanning	15	15		44.1	44.1	
定安县	Ding'an	41	36	5	60.3	61.0	55.6
屯昌县	Tunchang	59	59		52.7	52.7	
澄迈县	Chengmai	49	34	15	42.6	39.1	53.6
临高县	Lingao	16	10	6	18.6	13.2	60.0
儋州市	Danzhou	83	40	43	70.9	54.1	100.0
#洋浦	#Yangpu						
东方市	Dongfang	23	22	1	59.0	59.5	50.0
乐东县	Ledong	11	11		44.0	44.0	
琼中县	Qiongzhong	20	14	6	64.5	58.3	85.7
保亭县	Baoting	3	2	1	8.8	8.3	10.0
陵水县	Lingshui	29	29		53.7	54.7	
白沙县	Baisha	14	14		24.1	24.1	
昌江县	Changjiang	45	45		53.6	53.6	

4-13 各市县农户固定资产投资
Individual Investment in Fixed Assets in Rural Areas by Region

(2010)

地 区	Region	投资额(万元) Individual Investment in Fixed Assets (10 000 yuan)	生产性器具购置及其他投资(万元) Purchase of Productive Equipment and Other Inverstment (10 000 yuan)	全年竣工房屋间数(间) Number of Buildings Completed This Year (unit)	住宅 Residential Buildings	竣工房屋建筑面积(平方米) Floor Space of Buildings Completed (sq.m)	住宅 Residential Buildings	竣工房屋价值(万元) Value of Buildings Completed (10 000 yuan)	住宅 Residential Buildings
全省总计	**Total**	**528370**	**87795**	**92136**	**82169**	**4396516**	**4348311**	**442306**	**407110**
海口市	Haikou	80916	5555	6967	6687	558731	799675	56476	53839
三亚市	Sanya	22802	5732	17824	13966	253279	223626	17070	15072
五指山市	Wuzhishan	14674	218	2606	2591	153632	153332	14430	14430
文昌市	Wenchang	101104	30260	29049	25563	726248	639096	90781	79887
琼海市	Qionghai	26622	4169	4520	4057	220164	176758	22453	17584
万宁市	Wanning	71336	5860	2716	2684	423680	391416	65476	60278
定安县	Ding'an	21435	1343	1581	1532	211100	205380	20092	19582
屯昌县	Tunchang	5064	250	615	580	56350	52200	4814	3886
澄迈县	Chengmai	22651	849	2307	2228	256124	245902	21802	21521
临高县	Lingao	25372	9686	3798	3717	176072	173273	15686	15359
儋州市	Danzhou	25965	10829	5424	5217	244144	235093	15136	14569
#洋浦	#Yangpu								
东方市	Dongfang	12043		501	501	102312	102312	12043	12043
乐东县	Ledong	42008	2016	4576	4520	466755	461715	39992	39588
琼中县	Qiongzhong	4523	665	894	813	85830	80147	3858	3626
保亭县	Baoting	5000	84	950	950	71250	71250	4916	4916
陵水县	Lingshui	24372	8125	3972	3165	149652	130236	16248	12854
白沙县	Baisha	8980	704	885	852	84900	82000	8980	8276
昌江县	Changjiang	13503	1450	2951	2546	156293	124900	12053	9800

4-14 房地产开发企业(单位)主要指标
Main Indicators of Enterprises for Real Estate Development

指　标	Item	2005	2006	2007	2008	2009	2010
企业个数(个)	Number of Enterprises	306	310	405	1564	405	545
内资	Domestic Funded	263	270	354	1438	369	504
#国有	State-owed Enterprises	22	13	18	68	13	23
港、澳、台投资	Enterprises with funded from Hongkong, Macao and Taiwan	26	27	29	86	23	27
外商投资	Foreign Funded	17	13	22	40	13	14
平均从业人数(万人)	Average Number of Employed Persons (10 000 persons)	9021	9342	11123	23078	11528	17754
内资	Domestic Funded	7760	7221	8852	18857	9706	15228
#国有	State-owed Enterprises	431	232	283	1513	669	1407
港、澳、台投资	Enterprises with unded from Hongkong, Macao and Taiwan	623	1527	1588	3667	1292	2002
外商投资	Foreign Funded	638	594	683	554	530	515
计划总投资(亿元)	Total Planned Investment(100 million yuan)	284.86	388.62	669.58	1027.46	1113.97	1968.15
累计完成投资(亿元)	Accumulative Investment Completed(100 million yuan)	167.50	240.46	305.00	453.77	654.03	1132.38
本年完成投资额(亿元)	Investment Completed This Year (100 million yuan)	70.85	89.26	127.57	199.45	287.96	467.87
按用途分(万元)	By Use (10 000 yuan)						
住宅	Residential Buildings	566217	632158	1043830	1723627	2618750	4171143
#经济适用房屋	Economically Affordable Housing	28350	52848	36954	21657	4801	40266
办公楼	Office Buildings	4335	10135	28478	29435	15038	70346
商业营业用房	Houses for Business Use	83257	76618	79558	94844	115693	205420
其他	Others	54685	173643	123875	146568	130092	231750
按构成分	Grouped by Use of Funds						
建筑工程	Construction	505931	626835	913317	1306030	2096971	3150343
安装工程	Installation	45506	37227	59241	210009	304195	585046
设备工器具购置	Purchase of Equipment and Instruments	16386	9782	20301	42995	55755	195336
其他费用	Other Expenses	140671	218710	282882	435440	422652	747934

注:2008年数据为经济普查数据,房地产统计范围包含无工作量的企业。
Note:The data in 2008 includes no-workload enterprises.

4-14 续(continued)

指 标	Item	2005	2006	2007	2008	2009	2010
本年新增固定资产(万元)	Newly Increased Fixed Assets This Year (10 000 yuan)	368676	224680	651864	782680	1150023	1919456
本年资金来源小计 (亿元)	Sources of Funds (100 million yuan)	89.51	112.75	183.20	271.86	431.30	807.28
国内贷款	Domestic Loans	8.24	9.82	25.86	31.50	91.29	136.35
利用外资	Foreign Investment	1.49	22.01	0.97	14.60	30.20	0.71
自筹资金	Self-raising Fund	34.21	35.10	84.41	84.36	108.06	163.58
其他资金来源	Others	45.57	45.81	71.96	141.41	201.76	506.65
本年完成开发土地面积(万平方米)	Land Space Developed This Year	66.80	100.27	134.32	215.48	306.12	–
待开发土地面积(万平方米)	Land Space Pending Development	101.40	185.04	409.18	519.87	192.50	116.29
本年购置土地面积(万平方米)	Land Space Purchased This Year	205.20	408.41	274.76	946.84	286.72	280.21
房屋施工面积 (万平方米)	Floor Space under Construction	921.10	995.20	1185.93	1490.93	1989.91	2699.46
# 本年新开工面积	Floor Space Started This Year	253.40	294.93	339.95	594.69	807.26	1136.12
房屋竣工面积	Floor Space of Buildings	187.10	125.90	233.14	308.84	431.63	609.13
# 住宅	Residential Buildings	172.10	93.80	211.30	268.31	401.36	515.07
# 经济适用房屋	Economically Affordable Housing	17.30	20.70	18.80	2.39	0.87	
商品房屋销售面积 (万平方米)	Floor space of Commercialized Buildings Sold (10 000 sqm)	249.40	203.43	312.52	373.24	561.36	854.73
# 住宅	Residential Buildings	233.10	193.73	299.59	358.72	545.91	834.19
# 经济适用房屋	Economically Affordable Housing	18.30	7.17	12.18	8.23	6.18	41.85
商品房屋销售额	Total Sale of Commercialized Buildings (10 000 yuan)	729458	770477	1300580	2027094	3514587	7466120
# 住宅	Residential Buildings	665496	723505	1226707	1951875	3434396	7340966
# 经济适用房屋	Economically Affordable Housing		11681	30786	13877	9585	145013
实收资本合计(亿元)	Total Capital Held (100 million yuan)	81.51	93.24	120.38	423.54	178.52	286.84
# 国家资本金	State Capital	13.08	11.10	26.34	43.26	53.51	1.79
资产负债率 (%)	Ratio of Liabilities ot Assets	92.30	73.98	75.04	86.95	76.93	80.64
经营总收入 (亿元)	Total Revenue (100 million yuan)	44.03	70.03	237.65	190.33	268.41	403.70
# 土地转让收入	Land Transferred	2.38	6.42	2.14	31.38	0.05	4.01

4-15 各市县房地产开发房屋建筑面积及造价
Floor Space and Cost of Buildings for Real Estate Development

年份 市县 Year Region	施工房屋面积(万平方米) Floor Space of Buildings under Construction (10 000 sq.m)	竣工房屋面积(万平方米) Floor Space of Buildings Completed (10 000 sq.m)	房屋建筑面积竣工率(%) Rate of Floor Space of Buildings Completed (%)	竣工房屋价值(万元) Value of Building Completed (10 000 yuan)	竣工房屋造价(元/平方米) Cost of Building Completed (yuan sq.m)
1990	86.68	29.00	33.46		
1995	696.20	68.65	9.86	92334	1349.00
2000	138.70	36.00	25.96	54601	1517.00
2005	921.10	187.10	20.31	345378	1846.00
2006	995.17	125.92	12.65	187806	1491.47
2007	1185.93	233.10	19.66	420849	1805.00
2008	1500.10	308.90	20.59	728264	2357.60
2009	1989.90	431.60	21.69	1121956	2599.53
2010	2699.46	609.13	22.56	1802580	2959.28
海口市 Haikou	874.24	128.85	14.74	502991	3903.75
三亚市 Sanya	584.95	242.16	41.40	562025	2320.90
五指山市 Wuzhishan	54.19	3.76	6.94	10114	2688.54
文昌市 Wenchang	223.40	38.95	17.43	76166	1955.73
琼海市 Qionghai	318.38	98.68	31.00	304075	3081.32
万宁市 Wanning	117.80				
定安县 Ding'an	96.93	15.36	15.84	31560	2054.93
屯昌县 Tunchang	33.02				
澄迈县 Chengmai	195.21	13.61	6.97	61795	4541.11
临高县 Lingao	4.37				
儋州市 Danzhou	33.89	17.57	51.84	32430	1845.69
#洋浦 #Yangpu	9.69	3.20	33.02	6000	1875.00
东方市 Dongfang					
乐东县 Ledong	32.76	9.11	27.83	16110	1767.44
琼中县 Qiongzhong	5.84				
保亭县 Baoting	41.54	10.89	26.20	32796	3012.57
陵水县 Lingshui	72.33	26.28	36.33	165657	6303.87
白沙县 Baisha	0.91	0.71	78.29	861	1205.88
昌江县 Changjiang					
农垦 Nongken					

4-16 各市县按构成分房地产开发投资额
Investment in Real Estate Development by Structure and Region

单位:万元 (2010) (10 000 yuan)

市县	Region	投资额 Total Investment	建筑工程 Construction	安装工程 Installation	设备工器具购置 Purchase of Equipment and Instruments	其他费用 Others
全省总计	**Total**	**4678659**	**3150343**	**585046**	**195336**	**747934**
海口市	Haikou	1037915	838416	70967	14662	113870
三亚市	Sanya	1328367	847505	227262	38410	215190
五指山市	Wuzhishan	71668	55134	5721	607	10206
文昌市	Wenchang	303683	245726	8107	1930	47920
琼海市	Qionghai	561425	339682	78173	44320	99250
万宁市	Wanning	202596	179639			22957
定安县	Ding'an	128747	92758	2341	659	32989
屯昌县	Tunchang	28308	17337	1857	210	8904
澄迈县	Chengmai	360234	225068	61031	12775	61360
临高县	Lingao	3276	1936			1340
儋州市	Danzhou	59002	36318	3252	759	18673
#洋浦	#Yangpu	7462	5054	775	1064	569
东方市	Dongfang					
乐东县	Ledong	75509	67168			8341
琼中县	Qiongzhong	5166	4739	63		364
保亭县	Baoting	42011	31924	5475	911	3701
陵水县	Lingshui	462023	160732	120022	79029	102240
白沙县	Baisha	1267	1207			60
昌江县	Changjiang					
农垦	Nongken					

4-17 各市县房地产开发投资资金来源
Sources of Funds of Real Estate Development by Region

单位:万元 （2010） (10 000 yuan)

市 县	Region	本年资金来源合计 Total Sourses of Funds This Year	上年末节余资金 Surplus Funds at the End of Last Year	本年资金来源小计 Total Sourses of Funds This Year	国内贷款 Domestic Loans	利用外资 Foreign Investment	自筹资金 Self-raising Funds	其他资金来源 Others
全省总计	**Total**	**9805265**	**1732444**	**8072821**	**1363482**	**7100**	**1635756**	**5066483**
海口市	Haikou	2767874	516440	2251434	408736		303783	1538915
三亚市	Sanya	3143246	646753	2496493	538576		339185	1618732
五指山市	Wuzhishan	148649	10987	137662	12000		25348	100314
文昌市	Wenchang	436680	78527	358153	26700	7100	89210	235143
琼海市	Qionghai	1427447	242421	1185026	218167		232155	734704
万宁市	Wanning	252647	17257	235390	2500		89057	143833
定安县	Ding'an	208193	13696	194497	29700		61224	103573
屯昌县	Tunchang	28698		28698			24326	4372
澄迈县	Chengmai	565586	53321	512265	73910		276147	162208
临高县	Lingao	5455	226	5229			5229	
儋州市	Danzhou	74659	1000	73659	43350		16562	13747
#洋浦	#Yangpu	9006	285	8721	500			8221
东方市	Dongfang							
乐东县	Ledong	86185		86185	9097		77088	
琼中县	Qiongzhong	11480	3467	8013			2470	5543
保亭县	Baoting	83682	11074	72608			11420	61188
陵水县	Lingshui	554511	136990	417521			82125	335396
白沙县	Baisha	1267		1267	246		427	594
昌江县	Changjiang							
农垦	Nongken							

4-18 各市县按用途分新开工房屋面积
Floor Space Started by Use and Region

单位:万元　　　　(2010)　　　　(10 000 yuan)

市 县	Region	合计 Total	住宅 Residential Buidings	#别墅、高档公寓 Villas, High-grade Apartments	办公楼 Office Buidings	商业营业用房 Houses for Business Use	其他房屋 Others
全省总计	**Total**	**1136.12**	**980.63**	**188.29**	**14.08**	**66.63**	**74.78**
海口市	Haikou	240.68	167.43	42.83	10.21	10.39	52.64
三亚市	Sanya	189.04	171.73	58.27	0.47	9.33	7.52
五指山市	Wuzhishan	24.65	23.28			0.40	0.97
文昌市	Wenchang	124.62	117.90	18.62	1.24	5.06	0.42
琼海市	Qionghai	169.22	160.76	3.46	0.05	3.19	5.21
万宁市	Wanning	41.43	37.55		0.27	3.60	
定安县	Ding'an	67.75	60.99	0.75	0.27	4.26	2.23
屯昌县	Tunchang	31.79	26.21	3.04	0.00	4.66	0.92
澄迈县	Chengmai	150.96	123.87	26.13	0.85	21.66	4.58
临高县	Lingao	4.37	4.13	1.33		0.14	0.11
儋州市	Danzhou	23.29	20.18	1.86	0.52	2.60	
#洋浦	#Yangpu						
东方市	Dongfang						
乐东县	Ledong						
琼中县	Qiongzhong	5.11	4.68			0.43	
保亭县	Baoting	30.24	29.14		0.20	0.72	0.18
陵水县	Lingshui	32.24	32.24	32.01			
白沙县	Baisha	0.73	0.54			0.19	
昌江县	Changjiang						
农垦	Nongken						

4-19 各市县按用途分商品房销售面积和空置面积
Sold Floor Space and Vacant Floor Space by Use and Region

单位:万元 （2010） (10 000 yuan)

市 县	Region	商品房销售面积 Floor space of Commercialized Buildings Sold	住宅 Residential Buidings	#别墅、高档公寓 Villas, High-grade Apartments	#经济适用房 Economically Affordable Housing	办公楼 Office Buidings	商业营业用房 Houses for Business Use	其他房屋 Others	空置面积（万平方米） Empty Space of Commercia Houses
全省总计	**Total**	**854.73**	**834.19**	**217.29**	**41.85**	**5.47**	**13.92**	**1.15**	**68.16**
海口市	Haikou	209.76	199.70	72.78	9.25	5.44	3.93	0.69	34.72
三亚市	Sanya	140.83	140.80	48.84	32.60		0.03		6.92
五指山市	Wuzhishan	32.00	31.56	1.35			0.44		2.80
文昌市	Wenchang	74.58	72.00	9.90			2.49	0.08	4.49
琼海市	Qionghai	134.82	133.01	13.98			1.81		12.92
万宁市	Wanning	38.20	38.20	4.61					
定安县	Ding'an	36.46	35.42	0.70			1.04		4.63
屯昌县	Tunchang	7.08	6.06				1.01	0.01	0.13
澄迈县	Chengmai	67.40	66.79	5.91			0.26	0.35	
临高县	Lingao								
儋州市	Danzhou	14.60	12.33	1.86			2.26		0.12
#洋浦	#Yangpu	2.21	1.79			0.03	0.38	0.02	
东方市	Dongfang								
乐东县	Ledong	20.55	20.55						0.19
琼中县	Qiongzhong	1.96	1.92				0.04		
保亭县	Baoting	16.36	16.30				0.07		0.83
陵水县	Lingshui	57.35	57.35	57.35					0.29
白沙县	Baisha	0.56	0.41				0.15		0.12
昌江县	Changjiang								
农 垦	Nongken								

4-20 各市县按用途分商品房销售额
Total Sale of Commercialized Building by Use and Region

单位:万元 (2010) (10 000 yuan)

市　县	Region	商品房销售额 Total Sale of Commercialized Buildings	住宅 Residential Buidings	#别墅、高档公寓 Villas, High-grade Apartments	#经济适用房 Economically Affordable Housing	办公楼 Office Buidings	商业营业用房 Houses for Business Use	其他房屋 Others
全省总计	Total	7466120	7340966	3919843	145013	35281	85223	4650
海口市	Haikou	1681226	1611380	738798	30921	35168	32045	2633
三亚市	Sanya	2438844	2438209	1506945	114092		635	
五指山市	Wuzhishan	114081	111813	6381			2268	
文昌市	Wenchang	321123	306376	76280			14493	254
琼海市	Qionghai	779637	769520	195759			10117	
万宁市	Wanning	174163	174163	36093				
定安县	Ding'an	126502	120424	1266			6078	
屯昌县	Tunchang	20656	15613				5013	30
澄迈县	Chengmai	266146	262740	50034			1708	1698
临高县	Lingao							
儋州市	Danzhou	49206	39439	6700			9767	
#洋浦	#Yangpu	7971	5413			113	2410	35
东方市	Dongfang							
乐东县	Ledong	110787	110787					
琼中县	Qiongzhong	4746	4531				215	
保亭县	Baoting	68811	68516				295	
陵水县	Lingshui	1301587	1301587	1301587				
白沙县	Baisha	634	455				179	
昌江县	Changjiang							
农　垦	Nongken							

4-21 主要年份房地产开发经济效益
Economic Benefits of Real Estate Development in Major Year

单位:万元 (10 000 yuan)

指　　标	Item	2005	2006	2007	2008	2009	2010
资本金合计	**Total Capital**	**815064**	**932358**	**1203794**	**4235357**	**1785179**	**2868394**
年末资产负债情况	**Assets and Liabilities at The Year-end**						
资产总计	Total Assets	3511069	5366981	6516456	10412658	11864826	20174758
固定资产累计折旧	Total Depreciation of Fixed Assets	67317	80656	123199	262438	118643	105995
# 本年折旧	Total Depreciation of This Year	9285	14186	13483	48371	14816	23210
负债总计	Total Liabilities	3240784	3970588	4890195	9054227	9127225	16269851
所有者权益	Owners'Equuity	270285	1396393	1626261	4958431	2737601	3904907
损益情况	**Profit and Loss**						
经营收入总计	Total Revenue	440257	700268	2376464	1903310	2684113	4037038
土地转让收入	Land Transferred	23820	64236	21392	313788	479	40062
商品房屋销售收入	Commercialized Buildings Sold	391083	608309	1104830	1477981	2651589	3957353
房屋出租收入	Houses Leased	773	392	1290	13167	2564	5985
经营成本	Business Coat	361376	518422	853074	1115807	1854367	2467990
销售费用	Sales Expenses	20321	40719	42458	76342	97940	181322
经营税金及附加	Operating Tax and Extra Charges	2520	40577	89867	119872	220222	346886
管理费用及财务费用	Management Expenses and Financial Expenses	83569	92319	104191	182193	118706	218549
投资收益及营业外收入	Investment Profit and Non-business Revenue	10827	19009	37140	6516	6894	11329
利润总额	Total Profits	-43961	22760	127091	370842	383982	767235

4-22 按隶属及登记注册类型分的房地产开发经济效益
Economic Returns of Real Estate Development by Administrative Relationship and Ownership

单位:万元 (2010) (10 000 yuan)

指 标	Item	合 计 Total	按隶属关系分 By Administrative Relationship: 中央 Central Government	按隶属关系分 By Administrative Relationship: 地方 Local	按登记注册类型分 By Status of Registration: 内资 Domestic	按登记注册类型分 By Status of Registration: 港澳台商投资 Funds from Hong Kong, Macao and TaiWan	按登记注册类型分 By Status of Registration: 外商投资 Foreign Funded
资本金合计	**Total Capital**	**2868394**	**74000**	**2794394**	**2232055**	**546222**	**90117**
年末资产负债情况	**Assets and Liabilities at The Year-end**						
资产总计	Total Assets	20174758	563249	19611509	15703376	3933950	537432
固定资产累计折旧	Total Depreciation of Fixed Assets	105995	5209	100786	82319	22223	1453
#本年折旧	Total Depreciation of This Year	23210	418	22792	18501	4336	373
负债总计	Total Liabilities	16269851	468026	15801825	12792378	3035524	441949
所有者权益	Owners'Equity	390491	9523	380968	291100	89843	9548
损益情况	**Profit and Loss**						
经营收入总计	Total Revenue	4037038	142888	3894150	3238524	597166	201348
土地转让收入	Land Transferred	40062		40062	41253	-1191	
商品房屋销售收入	Commercialized Buildings Sold	3957353	142609	3814744	3168036	588016	201301
房屋出租收入	Houses Leased	5985		5985	3700	2285	
经营成本	Business Coat	2467990	84054	2383936	1956226	379838	131926
销售费用	Sales Expenses	181322	7431	173892	141125	36003	4195
经营税金及附加	Operating Tax and Extra Charges	346886	17092	329794	286134	42561	18191
管理费用及财务费用	Management Expenses and Financial Expenses	218549	4676	213873	186067	27724	4758
投资收益及营业外收入	Investment Profit and Non-business Revenue	12439	1080	11359	9018	3376	45
营业外支出	Expenditure Non-business	46481	299	46182	38797	6656	1028
利润总额	Total Profits	767235	30010	737225	618908	107509	40818

4-23 各市县全社会施工房屋建筑面积
Total Floor Space of Building under Construction by Region

单位:万平方米 (2010) (10 000 sq.m)

地 区	Region	施工面积 Floor Space of under Construction	城镇投资 Urban Investment	房地产开发 Real Estate Development	农村非农户 Rural Non-farm Households	农户 Rural Individuals
全省总计	**Total**	**4586.51**	**4121.58**	**2699.46**	**25.27**	**439.65**
海口市	Haikou	1354.94	1299.07	874.24		55.87
三亚市	Sanya	909.12	881.82	584.95	1.97	25.33
五指山市	Wuzhishan	86.85	71.49	54.19		15.36
文昌市	Wenchang	505.01	415.50	223.40	16.89	72.62
琼海市	Qionghai	362.04	338.44	318.38	1.58	22.02
万宁市	Wanning	259.51	217.14	117.80		42.37
定安县	Ding'an	148.18	126.51	96.93	0.56	21.11
屯昌县	Tunchang	71.60	65.97	33.02		5.64
澄迈县	Chengmai	267.66	239.88	195.21	2.17	25.61
临高县	Lingao	58.88	40.76	4.37	0.51	17.61
儋州市	Danzhou	110.67	86.25	43.58		24.41
#洋浦	#Yangpu	35.64	35.64	9.69		
东方市	Dongfang	30.23	20.00			10.23
乐东县	Ledong	120.04	73.37	32.76		46.68
琼中县	Qiongzhong	37.95	28.18	5.84	1.19	8.58
保亭县	Baoting	73.82	66.30	41.54	0.40	7.13
陵水县	Lingshui	117.28	102.32	72.33		14.97
白沙县	Baisha	30.54	22.05	0.91		8.49
昌江县	Changjiang	42.17	26.54			15.63

4-23 续(continued)

地　区	Region	住 宅 Residential Buildings	城镇投资 Urban Investment	房地产开发 Real Estate Development	农村非农户 Rural Non-farm Households	农户 Rural Individuals
全省总计	**Total**	**3290.87**	**2875.72**	**2323.40**	**5.70**	**409.46**
海 口 市	Haikou	837.62	783.03	674.91		54.59
三 亚 市	Sanya	606.08	582.81	513.87	0.90	22.36
五指山市	Wuzhishan	79.67	64.34	51.17		15.33
文 昌 市	Wenchang	371.84	306.51	213.93	1.42	63.91
琼 海 市	Qionghai	338.83	319.69	303.69	1.46	17.68
万 宁 市	Wanning	171.45	132.31	104.49		39.14
定 安 县	Ding'an	122.13	101.56	85.09	0.03	20.54
屯 昌 县	Tunchang	59.77	54.55	27.44		5.22
澄 迈 县	Chengmai	207.44	182.16	165.87	0.69	24.59
临 高 县	Lingao	53.82	36.49	4.13		17.33
儋 州 市	Danzhou	85.70	62.19	32.55		23.51
#洋 浦	#Yangpu	25.51	25.51	3.68		
东 方 市	Dongfang	21.26	11.03			10.23
乐 东 县	Ledong	97.73	51.56	31.85		46.17
琼 中 县	Qiongzhong	35.76	26.55	5.41	1.19	8.01
保 亭 县	Baoting	44.09	36.96	36.96		7.13
陵 水 县	Lingshui	109.65	96.63	71.31		13.02
白 沙 县	Baisha	19.87	11.67	0.73		8.20
昌 江 县	Changjiang	28.17	15.68			12.49

4-24 各市县全社会竣工房屋建筑面积
Total Floor Space of Building Completed by Region

单位:万平方米 (2010) (10 000 sq.m)

地　区	Region	竣工面积 Floor Space Completed	城镇投资 Urban Investment	房地产开发 Real Estate Development	农村非农户 Rural Non-farm Households	农户 Rural Individuals
全省总计	**Total**	**1197.74**	**746.06**	**609.13**	**12.03**	**439.65**
海 口 市	Haikou	253.93	198.06	128.85		55.87
三 亚 市	Sanya	273.03	246.63	242.16	1.07	25.33
五指山市	Wuzhishan	19.13	3.76	3.76		15.36
文 昌 市	Wenchang	139.73	56.75	38.95	10.35	72.62
琼 海 市	Qionghai	122.75	100.73	98.68		22.02
万 宁 市	Wanning	42.68	0.31			42.37
定 安 县	Ding'an	50.97	29.76	15.36	0.10	21.11
屯 昌 县	Tunchang	13.40	7.76			5.64
澄 迈 县	Chengmai	42.86	16.78	13.61	0.47	25.61
临 高 县	Lingao	17.66			0.05	17.61
儋 州 市	Danzhou	51.08	26.67	20.77		24.41
#洋 浦	#Yangpu	3.20	3.20	3.20		
东 方 市	Dongfang	11.46	1.23			10.23
乐 东 县	Ledong	55.79	9.11	9.11		46.68
琼 中 县	Qiongzhong	8.58				8.58
保 亭 县	Baoting	18.29	11.17	10.89		7.13
陵 水 县	Lingshui	47.65	32.68	26.28		14.97
白 沙 县	Baisha	13.13	4.64	0.71		8.49
昌 江 县	Changjiang	15.63				15.63

4-24 续(continued)

地 区	Region	住 宅 Residential Buildings	城镇投资 Urban Investment	房地产开发 Real Estate Development	农村非农户 Rural Non-farm Households	农户 Rural Individuals
全省总计	**Total**	**1011.59**	**601.19**	**515.07**	**0.94**	**409.46**
海 口 市	Haikou	190.00	135.41	83.94		54.59
三 亚 市	Sanya	231.01	208.22	207.79	0.43	22.36
五指山市	Wuzhishan	18.42	3.09	3.09		15.33
文 昌 市	Wenchang	104.28	40.35	38.04	0.02	63.91
琼 海 市	Qionghai	113.82	96.14	94.24		17.68
万 宁 市	Wanning	39.45	0.31			39.14
定 安 县	Ding'an	45.76	25.19	14.39	0.03	20.54
屯 昌 县	Tunchang	11.46	6.24			5.22
澄 迈 县	Chengmai	40.94	15.89	13.41	0.47	24.59
临 高 县	Lingao	17.33				17.33
儋 州 市	Danzhou	42.17	18.66	16.66		23.51
#洋 浦	#Yangpu	2.79	2.79	2.79		
东 方 市	Dongfang	11.46	1.23			10.23
乐 东 县	Ledong	55.10	8.92	8.92		46.17
琼 中 县	Qiongzhong	8.01				8.01
保 亭 县	Baoting	15.94	8.82	8.82		7.13
陵 水 县	Lingshui	42.48	29.45	25.26		13.02
白 沙 县	Baisha	11.46	3.26	0.53		8.20
昌 江 县	Changjiang	12.49				12.49

主要统计指标解释

全社会固定资产投资 是以货币形式表现的在一定时期内全社会建造和购置固定资产的工作量以及与此有关的费用的总称。该指标是反映固定资产投资规模、结构和发展速度的综合性指标，又是观察工程进度和考核投资效果的重要依据。全社会固定资产投资按登记注册类型可分为国有、集体、个体、联营、股份制、外商、港澳台商、其他等。

固定资产投资额 是以货币表现的建造和购置固定资产活动的工作量，它是反映固定资产投资规模、速度、比例关系和使用方向的综合性指标。

城镇固定资产投资 指城镇各种登记注册类型的企业、事业、行政单位及个体户进行的计划总投资50万元及50万元以上的建设项目投资。县城及以上区域内发生的投资，县及县以上各级政府及主管部门直接领导、管理的建设项目和企事业单位的投资均为城镇固定资产投资。

农村非农户固定资产投资 指发生在农村区域范围内的非农户固定资产投资项目完成的投资。不包括县及县以上各级政府及主管部门直接领导、管理的建设项目和企事业单位的投资。

房地产开发投资 指房地产开发公司、商品房建设公司及其他房地产开发法人单位和附属于其他法人单位实际从事房地产开发或经营的活动单位统一开发的包括统代建、拆迁还建的住宅、厂房、仓库、饭店、宾馆、度假村、写字楼、办公楼等房屋建筑物和配套的服务设施，土地开发工程（如道路、给水、排水、供电、供热、通讯、平整场地等基础设施工程）的投资；不包括单纯的土地交易活动。

固定资产投资的资金来源 根据固定资产投资的资金来源不同，分为国家预算内资金、国内贷款、利用外资、自筹资金和其他资金来源。

（1）国家预算内资金：指中央财政和地方财政中由国家统筹安排的基本建设拨款和更新改造拨款，以及中央财政安排的专项拨款中用于基本建设的资金和基本建设拨款改贷款的资金等。

（2）国内贷款：指报告期内企、事业单位向银行及非银行金融机构借入的用于固定资产投资的各种国内借款。包括银行利用自有资金及吸收的存款发放的贷款、上级主管部门拨入的国内贷款、国家专项贷款（包括煤代油贷款、劳改煤矿专项贷款等）、地方财政专项资金安排的贷款、国内储备贷款、周转贷款等。

（3）利用外资：指报告期内收到的用于固定资产投资的国外资金，包括统借统还、自借自还的国外贷款，中外合资项目中的外资，以及对外发行债券和股票等。国家统借统还的外资指由我国政府出面同外国政府、团体或金融组织签订贷款协议、并负责偿还本息的国外贷款。

（4）自筹资金：指建设单位报告期内收到的，用于进行固定资产投资的上级主管部门、地方和企、事业单位自筹资金。

（5）其他资金来源：指报告期内收到的除以上各种拨款、借款、自筹资金以外其他用于固定资产投资的资金。

固定资产投资按国民经济行业分 建设项目归哪个行业，按其建成投产后的主要产品或主要用途及社会经济活动性质来确定。基本建设按建设项目划分国民经济行业，更新改造、国有单位其他固定资产投资及城镇集体投资根据整个企业、事业单位所属的行业来划分。一般情况下，一个建设项目或一个企业、事业单位只能属于一种国民经济行业。为了更准确地反映国民经济各行业之间的比例关系，联合企业（总厂）所属分厂属于不同行业的，原则上按分厂划分行业。

固定资产投资按建设性质分 建设项目的性质一般分为新建、扩建、改建、迁建、恢复。基本建设按建设项目划分建设性质，更新改造、国有单位其他固定资产投资及城镇集体投资等按整个企业、事业单位的建设情况确定建设性质，房地产开发单位、农村投资、城镇工矿区私人建房等投资不划分建设性质。

（1）新建：一般是指从无到有、“平地起家”新开始建设的单位。有的单位原有的基础很小，经过建设后其新增加的固定资产价值超过原有固定资产价值(原值)三倍以上的也算新建。

（2）扩建：一般是指为扩大原有产品的生产能力，在厂内或其他地点增建主要生产车间(或主要工程)、独立的生产线或分厂的企业；事业单位和行政单位在原单位增建业务用房(如学校增建教学用房、医院增建门诊部或病床用房、行政机关增建办公楼等)也作为扩建。

（3）改建：一般是指现有企业、事业单位为了技术进步，提高产品质量，增加花色品种，促进产品升级换代，降低消耗和成本，加强资源综合利用和三废治理、劳保安全等，采用新技术、新工艺、新设备、新材料等对现有设施、工艺条件进行技术改造或更新(包括相应配套的辅助性生产、生活福利设施)。有的企业为充分发挥现有生产能力，进行填平补齐而增建不增加本单位主要产品生产能力的车间等，也属于改建。

固定资产投资按构成分 固定资产投资活动按其工作内容和实现方式分为建筑安装工程、设备、工具、器具购置、其他费用三个部分。

（1）建筑工程(建筑工作量)：指各种房屋、建筑物的建造工程和各种设备、装置的安装工程。包括各种房屋建造工程；各种用途设备基础和各种工业窑炉的砌筑工程及金属结构工程；为施工而进行的各种准备工作和临时工程以及完工后的清理工作等；铁路、道路的铺设，矿井的开凿及石油管道的架设等；水利工程；防空地下建筑等特殊工程；列入房屋工程预算内的暖气、卫生、通风、照明、煤气灯设备的价值及装设油饰工程；列入建筑工程预算内的各种管道(蒸汽、压缩空气、石油、给排水等管道)、电力、电讯电缆、导线的敷设工程；以及各种机械设备的安装工程；为测定安装工程质量，对设备进行的试运工作；房地产开发单位进行的商品房屋开发建设工程、土地开发工程。

在安装工程中，不包括被安装设备本身的价值。

(2)设备、工具、器具购置：指建设单位或企业、事业单位购置或自制的，达到固定资产标准的设备、工具、器具的价值。新建单位及扩建单位的新建车间，按照设计或计划要求购置或自制的全部设备、工具、器具，不论是否达到固定资产标准均计入"设备工具器具购置"中。

(3)其他费用：指在固定资产建造和购置过程中发生的，上述几项内容以外的各种应分摊计入固定资产的费用。

施工项目 指报告期内曾进行建筑或安装工程施工活动的建设项目，包括报告期内新开工项目、报告期以前开工跨入报告期继续施工的项目以及报告期施过工并在报告期内全部建成投产或停缓建的项目。

全部建成投产项目 工业项目是指设计文件规定形成生产能力的主体工程及其相应配套的辅助设施全部建成，经负荷试运转，证明具备生产设计规定合格产品的条件，并经过验收鉴定合格或达到竣工验收标准，与生产性工程配套的生活福利设施可以满足近期正常生产的需要，正式移交生产的建设项目。非工业项目是指设计文件规定的主体工程和相应的配套工程全部建成，能够发挥设计规定的全部效益，经验收鉴定合格或达到竣工验收标准，正式移交使用的建设项目。

新增固定资产 指通过投资活动所形成的新的固定资产价值，包括已经建成投入生产或交付使用的工程价值和达到固定资产标准的设备、工具、器具的价值及有关应摊入的费用。它是以价值形式表示的固定资产投资成果的综合性指标，可以综合反映不同时期、不同部门、不同地区的固定资产投资成果。

固定资产交付使用率 指一定时期新增固定资产与同期完成投资额的比率。它是反映各个时期固定资产动用速度，衡量建设过程中投资效果的一个综合性指标。

施工面积 指报告期内施工的全部房屋建筑面积。包括本期新开工的面积、上期跨入本期继续施工的房屋面积、上期停缓建在本期恢复施工的房屋面积、本期竣工的房屋面积及本期施工后又停缓建的房屋面积。

竣工面积 指在报告期内房屋建筑按照设计要求已全部完工，达到住人和使用条件，经验收鉴定合格，正式移交使用单位的建筑面积。

Explanatory Notes on Main Statistical Indicators

Total Investment in Fixed Assets refers to the volume of activities in construction and purchases of fixed assets of the whole country and related fees ,expressed in monetary terms during the reference period. It is a comprehensive indicator which shows the size, structure and growth of the investment in fixed assets. It's an important indicator monitoring the process of project and evaluating results of investment. By status of registration, total investment in fixed assets is grouped by state-owned, collective-owned, individuals, joint ownership, share-holding, foreign funded, funds from Hong Kong, Macau and Taiwan, others and so on.

Urban Investment in Fixed Assets refers to construction projects involving a total planned investment of RMB 500 thousand and over from various status of registration of enterprises, institutions, administrative units and individuals in urban areas. In another words, all investments that take place in county town and above levels, investment in construction projects under the direct leadership and management of government agencies at and above county levels and investment by enterprises and institutions at and above county levels are covered in urban investments in fixed assets.

Rural Non-farmers Households Investment in Fixed Assets refers to investment in fix assets by non-farmers households in rural areas. investment in construction projects under the direct leadership and management of government agencies at and above county levels and investment by enterprises and institutions at and above county levels are not covered in it.

Investment in Real Estate Development refers to investment by real estate development companies, commercial buildings construction companies and other real estate development units of various types of ownership in the construction of house buildings, such as residential buildings, factory buildings, warehouses, hotels, guesthouses, holiday villages, office buildings, and the complementary service facilities and land development projects, such as roads, water supply, water drainage, power supply, heating, telecommunications, land leveling and other projects of infrastructure. It excludes the activities in simple land transactions.

Sources of Funds for Investment in Fixed Assets state budgetary appropriation, domestic loans, foreign investment, self-raised funds, and others.

(1)State budgetary appropriation refers to appropriation in the budget of the central and local governments earmarked for capital construction and for innovation projects, and the special appropriation from the budget of the central government for capital construction and for the transfer fund to banks to be issued as loans for capital construction projects.

(2)Domestic loans refer to various funds borrowed by enterprises and institutions from banks and non-bank financial institutions during the reference period for the purpose of investment in fixed assets, including loans issued by banks from their self-owned funds and deposit, loans appropriated by higher responsible authorities, special loans by government (including loan for replacing petroleum with coal, special loan for reform-through-labour coal mines), loans arranged by local government from special funds, domestic reserve loan, and working loan, etc..

(3)Foreign Investment refers to foreign funds received during the reference period for the purpose of investment in fixed assets, including foreign funds borrowed and managed by the government, by individual units, foreign fund in joint venture program, and issue of bonds and stocks at the international financial markets. The foreign funds borrowed and managed by the government refer to foreign loans borrowed by the government from foreign governments, organizations, or financial institutions under official agreements signed by both parties, under which government is responsible for the repayment of both the principal and interests of the foreign loans.

(4)Self-raised funds refer to funds received by construction enterprises from their higher responsible authorities, local governments, or raised by enterprises or institutions themselves for the purpose of investment in fixed assets during the reference period.

(5)Others refer to funds received during the reference period which are not included in the above-mentioned sources.

Investment in Fixed Assets by Sector The classification of construction projects by sector is determined by the major products or the purpose of the projects when they are put into production or use, and by the nature of their social economic activities. The investment in capital construction is classified by construction projects, while investment in innovation, other investment by state-owned units and urban collective units are classified according to the sector which the whole enterprise or institution belongs to. In general, one project or one enterprise or institution can only belong to one sector. In order to reflect more accurately the proportions among various sectors, the branch factories of integrated complex are classified into different sectors according to their economic activities.

Investment in Fixed Assets by Type of Construction The construction projects in general can be classified by the type of construction into new construction, expansion, reconstruction and moving away. In capital construction, the type of construction is determined by the condition of the project. In investment in innovation, in other investment by state-owned units and investment by collective-owned units, the type of construction is determined by the condition of the whole enterprise or institutions. Investment by type of construction is not applied to investment by real-estate development units, investment in rural areas and investment in housing by urban individuals.

(1)New construction in general refers to newly constructed units. In the case in which the value of the original fixed assets is quite small, and the value of newly added fixed assets exceeds the original ones by three times, the expansion construction is considered as new construction.

(2)Expansion refers to construction of new major production workshop or independent production line within a factory or in other locations, or construction of a branch factory so as to increase the production capacity of the original products. Newly constructed business houses in institutions and administrative organizations (such as the newly constructed teaching buildings in schools, clinics or bed building in hospitals, and office buildings in administrative agencies, etc.) are also classified as expansion.

(3)Reconstruction refers to technical innovation and transformation of the existing equipment and technical conditions undertaken by enterprises and institutions for the purposes of technological advancement, improvement in product quality, enlarging variety of products, promoting new generation of products, reducing production consumption and cost, promoting comprehensive utilization of resources, strengthening treatment of waste gas, waste water and solid wastes, and safety in production, etc. through application of new technologies and techniques, use of new equipment and new materials (including accessory facilities for production or for living and welfare purposes).Construction of new workshops for improving existing production capacity rather than increasing production capacity is also considered as reconstruction.

Investment in Fixed Assets by Structure By their contents and the mode of implementation, investment activities are classified into 3 categories, i.e. construction and installation, purchase of equipment and instrument ,and other expenses.

(1)Construction and installation (work volume of construction and installation) refers to the construction of houses and buildings and the installation of various kinds of equipment and instruments. They include construction of houses; equipment foundations, industrial kilns and stoves, and metal structure work; preparation works and temporary works for project construction, and clearing up works post project construction, pavement of railways and roads, drilling of mines and putting up of oil pipes, construction of projects of water conservancy, construction of underground air-raid shelters and construction of other special projects, value of equipment for heating, sanitation, ventilation, lighting, gas, painting, etc. that are covered by the budget of housing projects; laying out of various pipelines (for steam, compressed air, petroleum, tap water and sewage)and wiring and cabling for electric power equipment; testing operation for pre-testing the quality of installation projects, and land and other development work conducted by real estate developers for commercialized housing, The value of equipment installed is itself not included in the value of installation projects.

(2)Purchase of equipment and instruments refers to the total value of equipment, tools, and instruments purchased or self-produced which come up to the cut-off point for fixed assets by the construction units or investing enterprises or institutions. Equipment, tools and vessels purchased or self-produced for new workshops by newly established or expanded units are categorized as "purchase of equipment and instruments" no matter whether they come up to the standards for fixed assets.

(3)Other expenses refer to expenses occurring during the construction or purchase of fixed assets other than those mentioned above.

Projects under Construction refer to projects having construction and installation activities undertaken in the reference period, including projects started in the reference period, or continued from the previous period, or completed and put into production or suspended in the reference period.

Projects Completed and Put into Use Industrial projects refer to the major projects and accessory facilities completed which result in forming production capacity and have been checked and accepted while the living and welfare facilities have been completed and can ensure normal production and formally put into production. Non-industrial projects refer to the major projects and accessory facilities completed which possess the designed capacity and have been checked, accepted and formally put into production.

Newly Increased Fixed Assets refers to the newly increased value of fixed assets ,constructed or purchased, that have been transferred to the investors. This is an indicator that demonstrates the results of investment in fixed assets in monetary terms, and an important indicator to reflect the speed of construction and to calculate the efficiency of investment.

Rate of Construction Projects Completed and Put into Use refers to the ratio of the number of construction projects completed and put into use in a certain period of time to the number of projects under construction in the same period.This reflects the investment efficiency from the perspective of the speed of projects construction.

Floor Space under Construction refers to total floor space of all buildings under construction during the reference period, including floor space of newly started buildings during the reference period, floor space of construction extended from the previous period to the current period, floor space of construction suspended during the previous period and resumed in the current period, floor space of construction completed in the current period, and floor space of construction started and then suspended in the current period.

Floor Space of Buildings Completed refers to the floor space of buildings completed in the reference period, which have come up to the designed standards and have been put into use.

5. 能源和环境
ENERGY AND ENVIRONMENT

编辑人员：林静云　陈崇辉
Compiled by Lin Jingyun　Chen Chonghui
英文翻译：林静云
Translated by Lin Jingyun

能源消费总量(万吨标准煤)
Total Consumption of Energy(10000 tce)

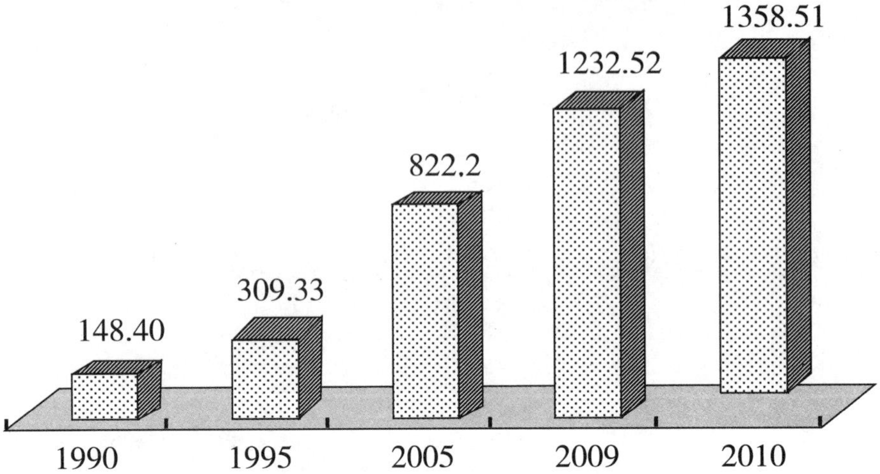

能源消费弹性系数
Elasticity Ratio of Energy Consumption

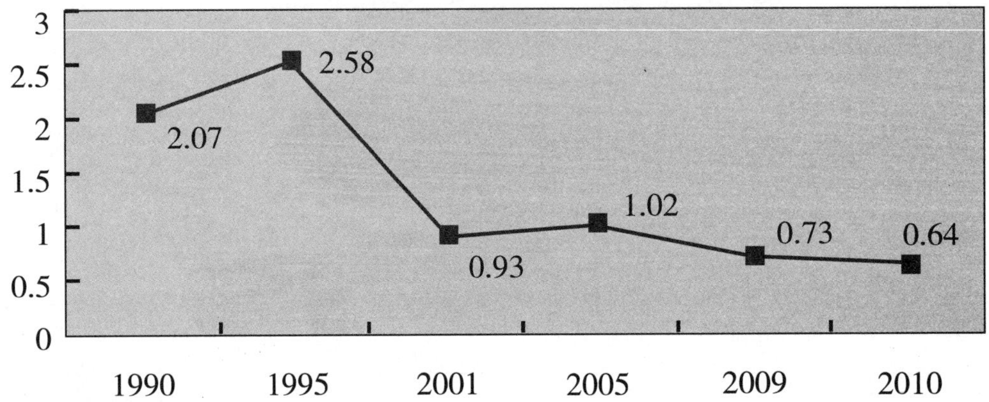

平均每人生活消费能源(千克标准煤)
Annual Per Capita Consumption for Households (kgsce)

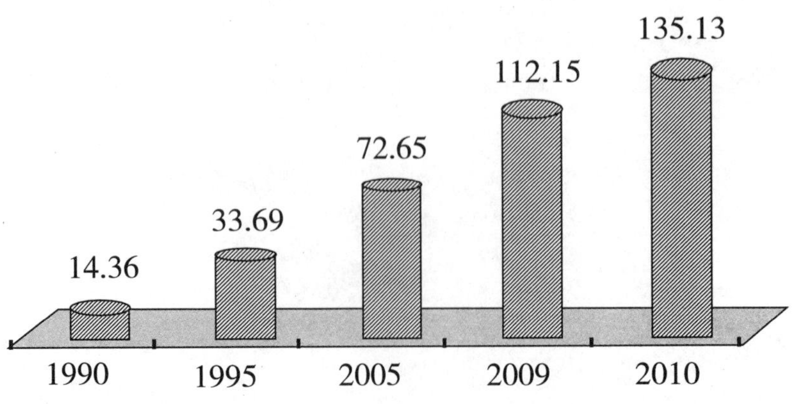

5-1 综合能源平衡表
Overall Energy Balance Sheet

单位:万吨标准煤 (10⁴ tce)

项目	Item	2005	2006	2007	2008	2009	2010
可供消费的能源总量	**Total Energy Available for Consumption**	172.13	372.87	535.75	620.79	796.77	1354.30
一次能源生产量	Primary Energy Output	59.19	68.27	78.68	108.45	116.03	116.58
回收能	Recovery of Energy	29.12	54.00		25.78	20.20	
外省调入量	Transferred from Other Provinces	362.45	382.12	433.65	393.56	394.84	900.87
进口量	Imports	110.79	438.90	1289.66	1169.88	1350.36	1367.77
本省调出量(-)	Sending out to Other Provinces(-)		-182.34	-946.11	-799.38	-696.46	-658.10
出口量(-)	Exports (-)	-394.74	-330.01	-317.35	-263.23	-356.08	-375.69
年初年末库存差额	Stock Changes in the Year	5.32	-58.07	-2.78	-14.27	-32.12	2.86
能源消费总量	**Total Energy Consumption**	822.20	920.45	1057.00	1135.33	1232.52	1358.51
第一产业	Primary Industry	54.57	63.58	69.48	75.94	86.22	108.69
第二产业	Secondary Industry	474.99	521.77	605.20	604.64	629.71	676.45
工业	Industry	465.09	510.99	593.19	590.98	611.71	653.34
轻工业	Light Industry	117.00	77.84	70.50	80.38	78.15	109.31
重工业	Heavy Industry	348.10	433.15	522.69	510.60	533.56	544.03
建筑业	Construction	9.90	10.78	12.01	13.66	18.00	23.11
第三产业	Tertiary Industry	233.14	269.94	309.89	369.21	417.95	456.19
交通运输、仓储和邮政业	Transport, Storage and Post	151.91	178.75	206.01	241.81	273.64	295.28
批发零售业和住宿餐饮业	Wholesale, Retail Trade, Hotels and Catering Services	30.06	35.19	39.68	49.45	56.01	51.25
其他	Others	51.17	56.00	64.20	77.95	88.30	109.66
生活消费	Household Consumption	59.50	65.16	72.43	85.54	98.64	117.18
平衡差	**Balance**	-650.07	-534.21	-521.25	-514.54	-435.75	-4.21

注:1、村办工业包括在工业中(下同)。
2、电力按等价热值折算。
3、根据2008年经济普查能源消费调查结果,对历年能源平衡表数据进行了调整。下同。

Note:1、Data on industry include the data of village-run industry. (The sane as in the following tables).
2、Electric power are converted on the basic of equal caloric value. Therefore, losses in conversion exclude losses in power generation.
3、The data from 2005 to 2008 have been adjusted according to that of national economic census in 2008.(the following as the same).

5-2 历年能源消费总量及主要能源品种消费量
Total Consumption of Energy and Major Energy in Various Years

单位:万吨标准煤 (10⁴ tce)

年 份 Year	能源消费总量 Total Energy Consumption	煤 炭 Coal	石 油 Petroleum	天然气 Natural Gas	水、风电 Hydro-power
1991	178.87	64.75	52.59		28.26
1992	214.58	83.90	58.58		30.90
1993	241.75	95.25	85.10		26.11
1994	278.71	99.78	106.47		40.97
1995	309.33	120.02	125.59		46.71
1996	352.08	106.68	167.24	28.87	49.29
1997	390.26	99.13	172.49	62.05	56.59
1998	409.26	121.96	181.71	67.94	37.65
1999	430.60	127.46	198.51	62.01	42.63
2000	479.95	136.79	224.62	64.31	54.23
2001	520.44	142.08	237.32	79.63	61.41
2003	683.74	197.60	322.04	124.44	39.66
2004	742.48	216.80	339.31	144.78	41.58
2005	822.20	251.43	241.84	278.90	37.07
2006	920.45	254.97	356.28	263.67	29.87
2007	1057.00	324.75	414.56	270.69	41.12
2008	1135.33	340.80	461.84	251.59	65.71
2009	1232.52	395.90	513.75	233.42	69.34
2010	1358.51	429.70	548.00	277.46	65.68

注:电力折算标准煤的系数用当年平均发电煤耗计算。下表同。
Note:The coefficient for conversion of electric power into SCE (standard coal equivalent) is calculated on the basic of the data on the average coal consumption in generating electric power in the same year. The following as the same.

5-3 历年主要能源品种消费量构成
Composition of Major Energy in Various Years

年 份 Year	能源消费总量构成(%) Composition	煤 炭 Coal	石 油 Petroleum	天然气 Natural Gas	水、风电 Hydro-power
1991	100	36.20	29.40		15.80
1992	100	39.10	27.30		14.40
1993	100	39.40	35.20		10.80
1994	100	35.80	38.20		14.70
1995	100	38.80	40.60		15.10
1996	100	30.30	47.50	8.20	14.00
1997	100	25.40	44.20	15.90	14.50
1998	100	29.80	44.40	16.60	9.20
1999	100	29.60	46.10	14.40	9.90
2000	100	28.50	46.80	13.40	11.30
2001	100	27.30	45.60	15.30	11.80
2003	100	28.90	47.10	18.20	5.80
2004	100	29.20	45.70	19.50	5.60
2005	100	30.58	29.41	33.92	4.51
2006	100	27.70	38.71	28.65	3.25
2007	100	30.72	39.22	25.61	3.89
2008	100	30.02	40.68	22.16	5.79
2009	100	32.12	41.68	18.94	5.63
2010	100	31.63	40.34	20.42	4.83

5-4 历年能源生产量
Total Production of Energy in Various Years

项 目	Item	2005	2006	2007	2008	2009	2010
一次能源(万吨标准煤)	Primary Energy Output (10^4 tce)	59.19	68.27	78.68	108.45	116.03	116.58
原油(万吨)	Crude Oil(10^4tn)	0.03	11.09	10.66	12.05	18.36	19.96
天然气(亿立方米)	Natural Gas (10^8 cu.m)	1.66	2.05	2.03	2.32	1.86	1.84
水电、风电(亿千瓦时)	Hydro-power (10^8 kW·h)	10.5	9.46	13.09	20.89	22.28	21.65
二次能源(万吨标准煤)	Secondary Energy output (10^4 tce)	267.64	587.78	1463.02	1462.39	1548.38	1635.71
汽 油(万吨)	Gasoline(10^4tn)		65.68	238.66	244.05	264.31	263.23
煤 油(万吨)	Kerosene(10^4tn)		3.43	32.78	31.06	35.43	44.58
柴 油(万吨)	Diesel Oil(10^4tn)		94.70	359.06	344.87	341.38	345.98
燃料油(万吨)	Fuel Oil (10^4tn)	4.36	15.42	29.06	24.74	23.71	27.04
液化石油气(万吨)	Liquefied Petroleum Gas (10^4tn)		14.85	52.57	49.14	52.34	55.04
炼厂干气(万吨)	Refinery Gas (10^4tn)		6.14	22.57	23.91	29.53	33.28
其他石油制品(万吨)	Other Petroleum Products(10^4tn)	6.96	15.92	64.59	65.40	85.23	68.92
热 力(万百万千焦)	Heat (10^{10}kJ)				154.64	117.99	330.83
电 力(亿千瓦时)	Electricity(10^8kW·h)	71.54	85.08	98.28	105.71	112.68	136.21

5-5 历年能源生产弹性系数
Elasticity Ratio of Energy Production in Various Years

年 份 Year	能源生产比上年增长(%) Growth Rate of Energy Production over Preceding Year (%)	电力生产比上年增长(%) Growth Rate of Electricity Production over Preceding Year(%)	国内生产总值比上年增长(%) Growth Rate of Gross Domestic Product(GDP) over Preceding Year(%)	能源生产弹性系数 Elasticity Ratio of Energy Production	电力生产弹性系数 Elasticity Ratio of Electricity Production
1991	-9.50	17.90	14.90		1.20
1992	8.80	20.20	41.50	0.21	0.49
1993	-18.00	24.80	20.60		1.20
1994	62.10	17.40	11.30	5.50	1.54
1995	9.40	8.80	3.80	2.47	2.32
1996	6.60	4.10	4.70	1.40	0.87
1997	16.00	5.50	6.80	2.35	0.81
1998	-33.10	6.00	8.50		0.71
1999	-6.40	5.30	8.50		0.62
2000	49.99	38.67	9.00	5.55	4.30
2001	13.64	6.20	9.10	1.50	0.68
2004	-18.40	14.90	10.70		1.39
2005	43.63	19.49	10.50	4.16	1.86
2006	37.95	16.94	13.20	2.88	1.28
2007	-3.64	16.00	15.80		1.01
2008	37.84	9.39	10.30	3.67	0.91
2009	7.70	9.80	11.70	0.66	0.84
2010	-1.40	18.40	16.00		1.15

注:国内生产总值增长速度按可比价格计算。(下同)
Note: The growth rates of GDP are calculated at comparable prices. The same applies to the following tables.

5-6 历年能源消费弹性系数
Elasticity Ratio of Energy Consumption in Various Years

年 份 Year	能源消费比上年增长(%) Growth Rate of Energy Consumption over Preceding Year(%)	电力消费比上年增长(%) Growth Rate of Electricity Consumption over Preceding Year(%)	国内生产总值比上年增长(%) Growth Rate of Gross Domestic Product(GDP) over Preceding Year(%)	能源消费弹性系数 Elasticity Ratio of Energy Consumption	电力消费弹性系数 Elasticity Ratio of Electricity Consumption
1991	12.70	17.90	14.90	0.85	1.20
1992	20.00	20.20	41.50	0.48	0.49
1993	15.00	24.80	20.60	0.73	1.20
1994	14.20	17.40	11.30	1.26	1.54
1995	9.80	10.40	3.80	2.58	2.74
1996	13.80	4.10	4.70	2.94	0.87
1997	10.80	5.50	6.80	1.59	0.81
1998	4.87	6.00	8.50	0.57	0.71
1999	5.21	5.30	8.50	0.61	0.62
2000	11.46	9.25	9.00	1.27	1.03
2001	8.43	6.20	9.10	0.93	0.68
2004	8.60	14.90	10.70	0.80	1.39
2005	10.74	19.49	10.50	1.02	1.86
2006	11.95	20.06	13.20	0.91	1.52
2007	14.84	15.95	15.80	0.94	1.01
2008	7.41	8.58	10.30	0.72	0.83
2009	8.56	8.78	11.70	0.73	0.75
2010	10.22	16.46	16.00	0.64	1.03

5-7 历年能源加工转换效率
Efficiency of Energy Conversion in Various Years

年 份 Year	总 效 率(%) Total Efficiency(%)	#发 电(%) Electricity Generation(%)	#炼 油(%) Petroleum Refineries(%)
1991	31.82	31.82	
1992	28.67	28.67	
1993	32.01	32.01	
1994	29.91	29.91	
1995	30.00	30.00	
1996	31.06	30.87	
1997	32.84	32.31	
1998	34.14	33.45	
1999	38.15	36.03	
2000	38.85	33.30	
2001	35.28	32.39	
2003	41.87	35.29	
2004	40.43	35.10	
2005	38.29	34.81	69.30
2006	70.92	38.92	98.73
2007	86.80	39.12	99.61
2008	85.76	39.07	99.62
2009	84.37	39.43	97.45
2010	84.31	40.50	99.19

5-8 历年人均生活能源消费量
Annual Per Capita Energy Consumption of Households in Various Years

年 份 Year	平均每人生活消费能源（千克标准煤） Annual Per Capita Energy Consumption of Households(kgsce)	# 电力（千瓦小时） Electricity (kwh)	# 液化石油气（千克） Liquefied Petroleum Gas (kg)
1990	14.36	12.40	1.13
1991	14.84	13.41	1.95
1992	17.65	15.91	2.04
1993	27.11	23.21	5.91
1994	27.44	22.87	5.42
1995	33.69	30.71	9.83
1996	42.01	49.94	9.88
1997	53.36	72.15	11.90
1998	53.51	73.37	12.59
1999	54.00	75.62	13.28
2000	54.39	76.62	12.29
2001	61.70	89.92	12.98
2003	56.10	98.07	7.91
2004	59.66	126.07	5.30
2005	72.65	141.63	6.43
2006	78.18	152.26	6.54
2007	85.29	166.97	6.98
2008	98.92	192.31	8.35
2009	112.15	219.54	9.52
2010	135.13	271.09	11.37

5-9 主要单位产品能源消耗
Unit Energy Consumption for Main Products

指 标	Item	2008	2009	2010
铁矿采矿工序单位能耗（千克标准煤 / 吨）	Fully Energy Consumption for Mining of Iron Ore (kgce/tn)	0.48	0.57	0.56
铁矿选矿工序单位能耗（千克标准煤 / 吨）	Fully Energy Consumption for Mill Run(kgce/tn)	1.80	1.63	1.54
原油加工单位电耗(千瓦时 / 吨)	Electricity Consumption for Processing of Crude Oil(kwh/tn)	64.43	61.08	55.90
原油加工单位综合能耗（千克标准油 / 吨）	Fully Energy Consumption for Processing of Crude Oil(kgsoe/tn)	74.11	69.25	64.57
单位合成氨生产综合能耗（千克标准煤 / 吨）	Fully Energy Consumption for Sythetic Ammonia (kgce/tn)	1363.73	1409.70	1282.65
单位合成氨耗电(千瓦时 / 吨)	Electricity Consumption for Sythetic Ammonia (kwh/tn)	39.73	38.37	38.62
单位合成氨耗天然气（标立方米 / 吨）	Natural Gas Consumption for Sythetic Ammonia (normal cubic metre/tn)	1528.95	1578.43	1537.08
吨水泥熟料综合能耗（千克标准煤 / 吨）	Fully Energy Consumption for Clinker(kgce/tn)	116.63	118.18	113.87
吨水泥熟料综合电耗(千瓦时 / 吨)	Electricity Consumption for Clinker (kwh/tn)	73.67	63.31	63.57
吨水泥熟料烧成标准煤耗（千克标准煤 / 吨）	Coal Consumption for Clinker (kgce/tn)	108.45	110.51	106.08
吨水泥综合能耗(千克标准煤 / 吨)	Fully Energy Consumption for Cement(kgce/tn)	111.28	104.26	89.23
吨水泥综合电耗(千瓦时 / 吨)	Electricity Consumption for Cement(kwh/tn)	98.42	91.54	88.62
吨水泥标准煤耗(千克标准煤 / 吨)	Coal Consumption for Cement (kgce/tn)	99.82	93.69	98.12
电厂火力发电标准煤耗（克标准煤 / 千瓦时）	Gross Coal Consumption Rate for Fossil-fired Power Plant (gce/kwh)	314.48	309.56	302.89
电厂火力供电标准煤耗（克标准煤 / 千瓦时）	Net Coal Consumption Rate for Fossil-fired Power Plant(gce/kwh)	339.55	334.37	323.66
发电厂用电率(%)	Power Consumption Rate For Plant Use(%)	7.38	7.42	6.42

5-10 规模以上工业分行业综合能源消费量
Comprehensive Energy Consumption in Industrial Enterprises above Designated Size by Sector

单位：吨标准煤 （2010） (tce)

项　目	Item	综合能源消费量 Comprehensive Energy Consumption in Industrial Enterprises	比上年增长% Growth over Previous Year(%)
规模以上工业	Enterprises above Designated Size	6945584	5.14
(一)轻工业	Light Industry	573920	7.82
(二)重工业	Heavy Industry	6371664	4.91
(三)采矿业	Mining	51216	17.24
06.煤炭开采和洗选业	Mining and Washing of Coal		
07.石油和天然气开采业	Extraction of Petroleum and Natural Gas	1326	1.17
08.黑色金属矿采选业	Mining and Processing of Ferrous Metal Ores	29348	19.82
09.有色金属矿采选业	Mining and Processing of Non-Ferrous Metal Ores	8629	-4.44
10.非金属矿采选业	Mining and Processing of Nonmetal Ores	11912	34.59
11.其他采矿业	Mining of Other Ores		
(四)制造业	Manufacturing	4549607	0.65
13.农副食品加工业	Processing of Food from Agricultural Products	44833	8.36
14.食品制造业	Manufacture of Foods	27615	9.76
15.饮料制造业	Manufacture of Beverages	14643	-6.56
16.烟草制品业	Manufacture of Tobacco	3175	-14.94
17.纺织业	Manufacture of Textile	6820	6.13
18.纺织服装、鞋、帽制造业	Manufacture of Textile Wearing Apparel, Footware and Caps	685	4.66
19.皮革、毛皮、羽毛(绒)等	Manufacture of Leather, Fur, Feather and Related Products	114	10.75
20.木材加工及木、竹、藤等	Processing of Timber, Manufacture of Wood, Bamboo, Rattan, Palm and Straw Products	8372	7.91
21.家具制造业	Manufacture of Furniture	2167	44.27
22.造纸及纸制品业	Manufacture of Paper and Paper Products	414660	6.94
23.印刷业和记录媒介的复制	Printing, Reproduction of Recording Media	1414	-1.53
24.文教体育用品制造业	Manufacture of Articles For Culture, Education and Sport Activities		
25. 石油加工炼焦及核燃料加工业	Processing of Petroleum, Coking, Processing of Nuclear Fuel	905922	1.02

说明：电力折算标准煤的系数用当量系数 1.229。
Note:The coefficient for conversion of electric power into SCE is 1.229.

5-10 续(continued)

项　目	Item	综合能源消费量 Comprehensive Energy Consumption in Industrial Enterprises	比上年增长% Growth over Previous Year(%)
26.化学原料及化学制品制造业	Manufacture of Raw Chemical Materials and Chemical Products	1926011	2.10
27.医药制造业	Manufacture of Medicines	29858	39.25
28.化学纤维制造业	Manufacture of Chemical Fibers	7387	-20.43
29.橡胶制品业	Manufacture of Rubber	2696	13.58
30.塑料制品业	Manufacture of Plastics	8075	7.83
31.非金属矿物制品业	Manufacture of Non-metallic Mineral Products	1071632	14.65
32.黑色金属冶炼及压延加工业	Smelting and Pressing of Ferrous Metals	22587	-90.19
33.有色金属冶炼及压延加工业	Smelting and Pressing of Non-ferrous Metals	485	83.58
34.金属制品业	Manufacture of Metal Products	12403	5.71
35.通用设备制造业	Manufacture of General Purpose Machinery	4267	32.17
36.专用设备制造业	Manufacture of Special Purpose Machinery	282	-15.73
37.交通运输设备制造业	Manufacture of Transport Equipment	18296	23.52
39.电气机械及器材制造业	Manufacture of Electrical Machinery and Equipment	8768	78.38
40.通信设备、计算机及其他	Manufacture of Communication Equipment, Computers and Other Electronic Equipment	6262	36.11
41.仪器仪表及文化、办公用	Manufacture of Measuring Instruments and Machinery for Cultural Activity and Office Work	93	322.24
42.工艺品及其他制造业	Manufacture of Artwork and Other Manufacturing	86	-9.37
43.废弃资源和废旧材料回收	Recycling and Disposal of Waste		
(五)电力、燃气及水的生产和供应业	**Production and Supply of Electricity, Gas and Water**	**2344762**	**14.81**
44.电力、热力的生产和供应业	Production and Supply of Electric Power and Heat Power	2326182	14.87
45.燃气生产和供应业	Production and Supply of Gas	6361	4.49
46.水的生产和供应业	Production and Supply of Water	12219	9.95

说明：电力折算标准煤的系数用当量系数 1.229。
Note:The coefficient for conversion of electric power into SCE is 1.229.

5-11 各市县单位GDP能耗
Energy Consumption per Unit of GDP by Region

单位:吨标准煤/万元 (tce/10^4yuan)

地 区	Region	2005	2006	2007	2008	2009	2010
全省总计	**Total**	**0.916**	**0.905**	**0.898**	**0.875**	**0.850**	**0.808**
海口市	Haikou	0.832	0.820	0.799	0.779	0.753	0.724
三亚市	Sanya	0.916	0.903	0.860	0.801	0.780	0.773
五指山市	Wuzhishan	0.651	0.643	0.657	0.650	0.638	0.592
文昌市	Wenchang	0.587	0.573	0.572	0.516	0.490	0.476
琼海市	Qionghai	0.420	0.415	0.405	0.399	0.384	0.378
万宁市	Wanning	0.879	0.860	0.837	0.812	0.786	0.757
定安县	Ding'an	0.820	0.810	0.782	0.760	0.743	0.733
屯昌县	Tunchang	0.675	0.662	0.672	0.656	0.613	0.593
澄迈县	Chengmai	1.016	0.983	1.006	0.936	0.814	0.755
临高县	Lingao	0.747	0.740	0.712	0.745	0.704	0.668
儋州市	Danzhou	0.655	0.679	0.673	0.655	0.638	0.543
东方市	Dongfang	4.181	4.125	3.786	3.604	3.720	3.481
乐东县	Ledong	0.510	0.501	0.487	0.472	0.467	0.458
琼中县	Qiongzhong	0.528	0.520	0.511	0.502	0.494	0.485
保亭县	Baoting	0.456	0.451	0.438	0.423	0.419	0.412
陵水县	Lingshui	0.428	0.421	0.413	0.405	0.396	0.390
白沙县	Baisha	0.533	0.514	0.528	0.510	0.498	0.487
昌江县	Changjiang	1.576	1.628	1.575	1.491	1.811	1.851
洋 浦	Yangpu	2.009	1.986	1.716	1.679	1.600	1.591

5-12 能源平衡表(实物量)
Energy Balance (Physical Quantity)

单位:万吨 (2010) (10^4 tn)

项目	Item	煤合计 Coal Total	原煤 Raw Coal	煤制品 Bri-quettes	焦炭 Coke	石油合计 Petroleum Products Total	原油 Rude Oil	汽油 Gaso-line	煤油 Kerosene	柴油 Diesel Oil
可供本地区消费的能源量	Total Energy Available for Consumption	647.50	643.67	3.83	0.05	393.40	861.63	-209.35	42.30	-208.23
年初库存量	The Storage at the Beginning of the Year	22.90	22.90		2.40	75.30	60.80	4.50	2.80	6.20
一次能源生产量	Primary Energy Output					19.96	19.96			
外省调入量	Transferred from Other Provinces	353.34	349.51	3.83	0.05	92.71	31.71		56.00	
进口量	Import	297.90	297.90			817.38	815.78			0.50
境内轮船和飞机在境外加油量	Chinese Airplanes & Ships in Re-fueling Abroad									
本省调出量(-)	Sending out to Other Provinces(-)					-448.87		-175.12		-177.00
出口量(-)	Export(-)					-91.60		-36.10	-16.50	-35.70
境外轮船和飞机在境内加油量(-)	Foreign Airplanes & Ships in Re-fueling in China									
年末库存量	The Storage at Year-end	-26.64	-26.64		-2.40	-71.48	-66.62	-2.63		-2.23
加工转换投入(-)产出(+)量	Input (-) & Output (+) of Process-ing and Conversion	-471.84	-471.84			-21.93	-856.89	263.23	44.58	345.90
火力发电	Thermal Power	-471.84	-471.84			-0.55				-0.08
供热	Heating Supply					-2.71				
煤炭洗选	Coal Washing									
炼焦	Coking									
炼油	Petroleum Refineries					-0.07	-856.89	263.23	44.58	345.98
#油品再投入量(-)	Petroleum Reinput(-)					-18.60				
制气	Gas Works									
#焦炭再投入量(-)	Coke Reinput(-)									
天然气液化	Natural Gas liquefaction									
煤制品加工	Coal Products Processing									
回收能	Recovered of Energy									
损失量	**Losses**									
#运输和输配损失	Losess in Transportation									
终端消费量	**End-use Consumption**	175.36	171.53	3.83	0.05	369.37	2.28	52.63	87.43	139.90
第一产业	Primary Industry					58.08		2.88		55.20
农林牧渔业	Agriculture, Forestry, Animal Husbandry, Fishery					58.08		2.88		55.20
第二产业	Secondary Industry	171.68	171.53	0.15	0.05	62.18	2.28	3.93		9.98
工业	Industry	171.68	171.53	0.15	0.05	53.51	2.28	0.68		4.56
#用作原料、材料	Use for Raw Material									
建筑业	Construction					8.67		3.25		5.42
第三产业	Tertiary Industry	3.68		3.68		220.90		27.47	87.43	74.72
交通运输仓储邮政业	Transport, Storage and Post					194.79		7.20	87.43	71.44
批发零售住宿餐饮业	wholesale and Retail Trade and Catering Services	3.68		3.68		5.63		2.25		1.18
其他	Others					20.48		18.02		2.10
生活消费	Household Consumption					28.21		18.35		
城镇	Urban					23.31		14.60		
乡村	Rural					4.90		3.75		
平衡差(+、-)	**Balance**	0.30	0.30			2.10	2.46	1.25	-0.55	-2.23
消费量合计	Total Energy Consumption	647.20	643.37	3.83	0.05	391.30	859.17	52.63	87.43	139.98

5-12 续(continued)

项　目	Item	燃料油 Fuel Oil	石脑油 naphtha	液化石油气 Liquefied Petroleum Gas	炼厂干气 Refinery Gas	其它石油制品 Other Petroleum Products	天然气 Natural Gas (亿立方米) (10^8 cu.m)	热力 Heat (万百万千焦) (10^{10} kJ)	电力 Electricity (亿千瓦时) (10^8kW·h)	其它能源 Other Energy (万吨标煤) (10^4tce)
可供本地区消费的能源量	Total Energy Available for Consumption	3.30	-18.75	-42.00		-35.50	29.44		19.60	39.20
年初库存量	The Storage at the Beginning of the Year	0.50				0.50				0.20
一次能源生产量	Primary Energy Output						1.84		21.65	
外省调入量	Transferred from Other Provinces	5.00					54.00		0.06	39.00
进口量	Import	1.10								
境内轮船和飞机在境外加油量	Chinese Airplanes & Ships in Refueling Abroad									
本省调出量(-)	Sending out to Other Provinces(-)		-18.75	-42.00		-36.00			-2.11	
出口量(-)	Export(-)	-3.30					-26.40			
境外轮船和飞机在境内加油量(-)	Foreign Airplanes & Ships in Refueling in China(-)									
年末库存量	The Storage at Year-end									
加工转换投入(-)产出(+)量	Input (-) & Output (+) of Processing and Conversion	27.04	18.75	55.04	18.66	61.76	-7.62	330.83	136.21	-38.19
火力发电	Thermal Power					-0.47	-7.62		136.21	-23.47
供　热	Heating Supply				-2.71			330.83		-14.72
煤炭洗选	Coal Washing									
炼　焦	Coking									
炼　油	Petroleum Refineries	27.04	18.75	55.04	33.28	68.92				
#油品再投入量(-)	Petroleum Reinput(-)				-11.91	-6.69				
制　气	Gas Works									
#焦炭再投入量(-)	Coke Reinput(-)									
天然气液化	Natural Gas liquefaction									
煤制品加工	Coal Products Processing									
回收能	Recovered of Energy									
损失量	**Losses**								10.01	
#运输和输配损失	Losess in Transportation								10.01	
终端消费量	**End-use Consumption**	30.49		12.48	18.66	25.50	22.10	232.74	148.16	1.88
第一产业	Primary Industry								7.92	
农林牧渔业	Agriculture,Forestry,Animal Husbandry,Fishery								7.92	
第二产业	Secondary Industry	1.77		0.06	18.66	25.50	20.69	232.74	77.14	1.88
工　业	Industry	1.77		0.06	18.66	25.50	20.69	232.74	73.70	1.88
#用作原料、材料	Use for Raw Material						16.08			
建筑业	Construction								3.44	
第三产业	Tertiary Industry	28.72		2.56			1.19		39.60	
交通运输仓储邮政业	Transport, Storage and Post	28.72					0.59		1.84	
批发零售住宿餐饮业	Wholesale and Retail Trade and Catering Services			2.20			0.33		12.37	
其他	Others			0.36			0.27		25.39	
生活消费	Household Consumption			9.86			0.22		23.50	
城　镇	Urban			8.71			0.22		13.35	
乡　村	Rural			1.15					10.15	
平衡差(+、-)	Balance	-0.15		0.56		0.76	-0.28	98.09	-2.36	-0.87
消费量合计	Total Energy Consumption	30.49		12.48	33.28	32.66	29.72	232.74	158.17	40.07

5-13 能源平衡表(标准量)
Energy Balance (Standard Quantity)

单位:万吨标准煤 (2010) (10^4 tce)

项　目	Item	煤合计 Coal Total	原煤 Raw Coal	煤制品 Briquettes	焦炭 Coke	石油合计 Petroleu Products Total	原油 Rude Oil	汽油 Gasoline	煤油 Kerosene
可供本地区消费的能源量	Total Energy Available for Consumption	429.86	427.83	2.02	0.05	550.80	1230.92	-308.04	62.24
年初库存量	The Storage at the Beginning of the Year	15.11	15.11		2.33	107.85	86.86	6.62	4.12
一次能源生产量	Primary Energy Output					28.51	28.51		
外省调入量	Transferred from Other Provinces	232.70	230.68	2.02	0.05	134.84	45.30		82.40
进口量	Import	200.05	200.05			1167.72	1165.42		
境内轮船和飞机在境外加油量	Chinese Airplanes & Ships in Refueling Abroad								
本省调出量(-)	Sending out to Other Provinces(-)					-651.70		-257.67	
出口量(-)	Export(-)					-134.13		-53.12	-24.28
境外轮船和飞机在境内加油量(-)	Foreign Airplanes & Ships in Refueling in China								
年末库存量	The Storage at Year-end	-18.01	-18.01		-2.33	-102.29	-95.17	-3.87	
加工转换投入(-)产出(+)量	Input (-) & Output (+) of Processing and Conversion	-311.41	-311.41			-15.04	-1224.15	387.32	65.60
火力发电	Thermal Power	-311.41	-311.41			-0.59			
供　热	Heating Supply					-4.26			
煤炭洗选	Coal Washing								
炼　焦	Coking								
炼　油	Petroleum Refineries					15.21	-1224.15	387.32	65.60
#油品再投入量(-)	Petroleum Reinput(-)					-25.41			
制　气	Gas Works								
#焦炭再投入量(-)	Coke Reinput(-)								
天然气液化	Natural Gas liquefaction								
煤制品加工	Coal Products Processing								
回收能	Recovered of Energy								
损失量	**Losses**								
#运输和输配损失	Losess in Transportation								
终端消费量	**End-use Consumption**	118.24	116.21	2.02	0.05	532.96	3.26	77.44	128.64
第一产业	Primary Industry					84.67		4.24	
农林牧渔业	Agriculture, Forestry, Animal Husbandry, Fishery					84.67		4.24	
第二产业	Secondary Industry	116.29	116.21	0.08	0.05	81.04	3.26	5.78	
工　业	Industry	116.29	116.21	0.08	0.05	68.36	3.26	1.00	
#用作原料、材料	Use for Raw Material								
建筑业	Construction					12.68		4.78	
第三产业	Tertiary Industry	1.95		1.95		323.36		40.42	128.64
交通运输仓储邮政业	Transport, Storage and Post					284.36		10.59	128.64
批发零售住宿餐饮业	Wholesale and Retail Trade and Catering Services	1.95		1.95		8.80		3.31	
其他	Others					30.19		26.51	
生活消费	Household Consumption					43.90		27.00	
城　镇	Urban					36.41		21.48	
乡　村	Rural					7.49		5.52	
平衡差(+、-)	Balance	0.21	0.21			2.80	3.51	1.84	-0.81
消费量合计	Total Energy Consumption								

5-13 续 1(continued 1)

项　　目	Item	柴油 Diesel Oil	燃料油 Fuel Oil	石脑油 naphtha	液化石油气 Liquefied Petroleum Gas	炼厂干气 Refinery Gas	其它石油制品 Other Petroleum Products	天然气 Natural Gas
可供本地区消费的能源量	Total Energy Available for Consumption	-303.41	4.71	-28.13	-72.00		-35.50	274.93
年初库存量	The Storage at the Beginning of the Year	9.03	0.71				0.50	
一次能源生产量	Primary Energy Output							22.39
外省调入量	Transferred from Other Provinces		7.14					494.10
进口量	Import	0.73	1.57					
境内轮船和飞机在境外加油量	Chinese Airplanes & Ships in Refueling Abroad							
本省调出量(-)	Sending out to Other Provinces(-)	-257.91		-28.13	-72.00		-36.00	
出口量(-)	Export(-)	-52.02	-4.71					-241.56
境外轮船和飞机在境内加油量(-)	Foreign Airplanes & Ships in Refueling in China							
年末库存量	The Storage at Year-end	-3.25						
加工转换投入(-)产出(+)量	Input (-) & Output (+) of Processing and Conversion	504.01	38.63	28.13	94.36	29.32	61.76	-77.72
火力发电	Thermal Power	-0.12					-0.47	-77.72
供　热	Heating Supply					-4.26		
煤炭洗选	Coal Washing							
炼　焦	Coking							
炼　油	Petroleum Refineries	504.13	38.63	28.13	94.36	52.30	68.92	
#油品再投入量(-)	Petroleum Reinput(-)					-18.72	-6.69	
制　气	Gas Works							
#焦炭再投入量(-)	Coke Reinput(-)							
天然气液化	Natural Gas liquefaction							
煤制品加工	Coal Products Processing							
回收能	Recovered of Energy							
损失量	**Losses**							
#运输和输配损失	Losess in Transportation							
终端消费量	**End-use Consumption**	**203.85**	**43.56**		**21.39**	**29.32**	**25.50**	**199.74**
第一产业	Primary Industry	80.43						
农林牧渔业	Agriculture,Forestry,Animal Husbandry,Fishery	80.43						
第二产业	Secondary Industry	14.54	2.53		0.10	29.32	25.50	187.00
工　业	Industry	6.64	2.53		0.10	29.32	25.50	187.00
#用作原料、材料	Use for Raw Material							145.33
建筑业	Construction	7.90						
第三产业	Tertiary Industry	108.87	41.03		4.39			10.76
交通运输仓储邮政业	Transport, Storage and Post	104.10	41.03					5.33
批发零售住宿餐饮业	Wholesale and Retail Trade and Catering Services	1.72			3.77			2.98
其他	Others	3.06			0.62			2.44
生活消费	Household Consumption				16.90			1.99
城　镇	Urban				14.93			1.99
乡　村	Rural				1.97			
平衡差(+、-)	Balance	-3.25	-0.21		0.96		0.76	-2.53
消费量合计	Total Energy Consumption							

5-13 续 2(continued 2)

项　目	Item	热力 Heat	电力 Electric Power		其它能源 Other Energy	合计 Total	
			当量值 Calorific Value Calculation	等价值 Coal Equivalent Calculation		当量值 Calorific Value Calculation	等价值 Coal Equivalent Calculation
可供本地区消费的能源量	Total Energy Available for Consumption		24.09	59.46	39.20	1318.93	1354.30
年初库存量	The Storage at the Beginning of the Year				0.20	125.49	125.49
一次能源生产量	Primary Energy Output		26.61	65.68		77.52	116.58
外省调入量	Transferred from Other Provinces		0.07	0.18	39.00	900.77	900.87
进口量	Import					1367.77	1367.77
境内轮船和飞机在境外加油量	Chinese Airplanes & Ships in Refueling Abroad						
本省调出量(-)	Sending out to Other Provinces(-)		-2.59	-6.40		-654.30	-658.10
出口量(-)	Export(-)					-375.69	-375.69
境外轮船和飞机在境内加油量(-)	Foreign Airplanes & Ships in Refueling in China (-)						
年末库存量	The Storage at Year-end					-122.63	-122.63
加工转换投入(-)产出(+)量	Input (-) & Output (+) of Processing and Conversion	11.28	167.40	413.19	-38.19	-263.68	-17.89
火力发电	Thermal Power		167.40	413.19	-23.47	-245.79	
供　热	Heating Supply	11.28			-14.72	-7.70	-7.70
煤炭洗选	Coal Washing						
炼　焦	Coking						
炼　油	Petroleum Refineries					15.21	15.21
#油品再投入量(-)	Petroleum Reinput(-)					-25.41	-25.41
制　气	Gas Works						
#焦炭再投入量(-)	Coke Reinput(-)						
天然气液化	Natural Gas liquefaction						
煤制品加工	Coal Products Processing						
回收能	Recovered of Energy						
损失量	**Losses**		**12.30**	**30.37**		**12.30**	**30.37**
#运输和输配损失	Losess in Transportation		12.30	30.37		12.30	30.37
终端消费量	**End-use Consumption**	**7.94**	**182.09**	**449.45**	**1.88**	**1042.89**	**1310.25**
第一产业	Primary Industry		9.73	24.03		94.40	108.69
农林牧渔业	Agriculture,Forestry,Animal Husbandry,Fishery		9.73	24.03		94.40	108.69
第二产业	Secondary Industry	7.94	94.81	234.01	1.88	488.99	628.19
工　业	Industry	7.94	90.58	223.57	1.88	472.08	605.08
#用作原料、材料	Use for Raw Material					145.33	145.33
建筑业	Construction		4.23	10.44		16.91	23.11
第三产业	Tertiary Industry		48.67	120.13		384.73	456.18
交通运输仓储邮政业	Transport, Storage and Post		2.26	5.58		291.96	295.28
批发零售住宿餐饮业	Wholesale and Retail Trade and Catering Services		15.20	37.52		28.93	51.25
其他	Others		31.20	77.02		63.84	109.65
生活消费	Household Consumption		28.88	71.29		74.77	117.18
城　镇	Urban		16.41	40.50		54.81	78.90
乡　村	Rural		12.47	30.79		19.96	38.28
平衡差(+、-)	Balance	3.34	-2.90	-7.16	-0.87	0.05	-4.21
消费量合计	Total Energy Consumption					1318.88	1358.51

5-14 电力收支情况表
Electricity Generation and Consumption

(2010)

项　目	Item	用户个数（个）Number of User (unit)	用户用电装接容量（千瓦）Consumption and Installed Capacity (kW)	用电量（万千瓦时）Electricity Consumption (10^4 kw·h)	
				本年累计 Accumulation This Year	去年同期累计 Accumulation for the Same Period of Last Year
收入电量总计	**Total Electricity Generation**			**1612792.67**	**1367310.75**
本地区发电量(6000千瓦及以上)	Local Electricity Generation (6000 kW and above)			1552655.33	1292976.55
6000以下电厂上网电量	Electricity Transmitted by Power Plants Below 6000 kW			59567.45	74334.20
由外省及国外(外电力系统)输入电量	Electricity Transmitted from Other Provinces and Foreign Countries (Other Electric Systems)				
全社会用电量总计	**Total Electricity Consumption of Whole Society**	**1488850**	**5035482.03**	**1582173.89**	**1358598.48**
农、林、牧、渔业	Agriculture, Forestry, Livestock and Fishing Industry	18740	302077.48	79169.17	63303.11
工业	Industry	13725	1592049.42	837568.30	734129.56
建筑业	Construction	2715	302344.73	34354.99	25349.57
交通运输、仓储、邮政业	Traffic, Transport, Storage and Post	874	182387.55	18386.44	17406.19
信息传输、计算机服务和软件业	Information Transmission, Computer Service and Software	3429	72487.36	24650.86	21847.62
商业、住宿和餐饮业	Commerce, Hotels and Catering Services	57788	496946.05	123676.30	106289.59
金融、房地产、商务及居民服务业	Finance, Real Estate, Business and Household Service	9560		132670.46	112880.72
公共事业及管理组织	Public Undertaking and Administrative Organization	5888	243422.37	96625.38	84047.73
城乡居民生活用电	Urban and Rural Household Electricity Consumption	1376131	1632329.72	235071.99	193344.39
城镇	Urban	284377	606186.62	133543.76	108272.77
乡村	Rural	1091754	1026143.10	101528.24	85071.62

注：此表数据来源于海南电网公司，下表同。
Note: The data in this table were derived from Hainan Grid, the following as the same.

5-15 全社会用电分类表
Classification Table of Electricity Consumption of Whole Society

(2010)

项　目	Item	用电量(万千瓦时) Electricity Consumption (10^4kw·h) 本年累计 Accumulation This Year	去年同期累计 Accumulation for the Same Period of Last Year	年增长(%) Annual Growth (%)
全社会用电量总计	**Total Electricity Consumption of Whole Society**	**1582173.89**	**1358598.48**	**16.46**
全行业用电	Electricity Consumption of Three Industries	1347101.90	1165254.09	15.61
第一产业	Primary Industry	79169.17	63303.11	25.06
第二产业	Secondary Industry	871923.29	759479.13	14.81
第三产业	Tertiary Industry	396009.44	342471.84	15.63
城乡居民生活用电	Household Electricity Consumption of Urban and Rural Residents	235071.99	193344.39	21.58
城镇居民	Urban Residents	133543.76	108272.77	23.34
乡村居民	Rural Residents	101528.24	85071.62	19.34
各行业用电分类	**Electricity Consumption of All Sectors**			
农、林、牧、渔业	**Agriculture, Forestry, Animal Husbandry and Fishery**	**79169.17**	**63303.11**	**25.06**
农业	Agriculture	8291.56	4603.49	80.11
林业	Forestry	1057.58	1338.67	-21.00
畜牧业	Animal Husbandry	3998.39	3515.88	13.72
渔业	Fishery	43198.45	38546.48	12.07
农、林、牧、渔服务业	Service in Support of Agriculture	22623.18	15298.59	47.88
工业	**Industry**	**837568.30**	**734129.56**	**14.09**
轻工业	Light Industry	260040.57	207502.01	25.32
重工业	Heavy Industry	577527.73	526627.55	9.67

5-15 续 1(continued 1)

项 目	Item	用电量(万千瓦时) Electricity Consumption (10^4kw·h) 本年累计 Accumulation This Year	去年同期累计 Accumulation for the Same Period of Last Year	年增长(%) Annual Growth (%)
采矿业	**Mining**	**57112.74**	**46078.15**	**23.95**
煤炭开采和洗选业	Mining and Washing of Coal	406.07	33.75	1103.18
石油和天然气开采业	Extraction of Petrolium and Natural Gas	1103.23	238.28	363.00
黑色金属矿采选业	Mining and Processing of Ferrous Metal Ores	17231.47	14017.50	22.93
有色金属矿采选业	Mining and Processing of Non-Ferrous Metal Ores	23375.30	21403.92	9.21
非金属矿采选业	Mining and Processing of Nonmetal Ores	12328.44	8814.95	39.86
其他采矿业	Mining of Other Ores	2668.22	1569.76	69.98
制造业	**Manufacturing**	**543333.84**	**483967.34**	**12.27**
食品、饮料和烟草制造业	Manufacture of Foods, Beverage and Tobacco	45718.18	44191.08	3.46
纺织业	Manufacture of Textile	2862.70	3192.70	-10.34
服装鞋帽、皮革羽绒及其制品业	Manufacture of Textile Wearing Apparel Footware, and Caps	741.12	938.35	-21.02
木材加工及制品和家具制造业	Manufacture of Wood, Bamboo, Rattan, Palm, Furniture &Its Products	14371.52	12109.77	18.68
造纸及纸制品业	Manufacture of Paper and Paper Products	158827.17	112907.40	40.67
印刷业和记录媒介的复制	Printing, Reproduction of Recording Media	1158.19	1618.95	-28.46
文教体育用品制造业	Cultural, Educational and Sports Goods	44.16	221.04	-80.02
石油加工、炼焦及核燃料加工业	Processing of Petroleum, Coking Processing of Nuclear Fuel	52386.43	55707.17	-5.96
化学原料及化学制品制造业	Manufacture of Chemical Raww Materialsand Chemical Products	32087.37	27490.20	16.72
医药制造业	Manufacture of Medicines	8836.41	7880.93	12.12
化学纤维制造业	Manufacturing of Chemical Fiber	13318.70	13569.85	-1.85
橡胶和塑料制品业	Manufacturing of Rubber and Plastic Products	13316.39	10339.35	28.79
非金属矿物制品业	Manufacturing of Nonmetal Mineral Products	134891.62	108689.78	24.11
黑色金属冶炼及压延加工业	Smelting and Pressing of Ferrous Metals	18260.49	48815.11	-62.59
有色金属冶炼及压延加工业	Smelting and Pressing of Non-ferrous Metals	2756.73	2196.05	25.53
金属制品业	Manufacture of Metal Products	8335.27	7492.47	11.25
通用及专用设备制造业	Manufacture of General Purpose and Special Purpose Machinery	5865.82	4612.91	27.16
交通运输、电气、电子设备制造业	Manufacturing of Transport, Electrical Machinery Equip-ments	17671.68	11845.84	49.18
工艺品及其他制造业	Manufacture of Artwork, Other Manufacturing	7859.99	6984.75	12.53
废弃资源和废旧材料回收加工业	Recycling and Disposal of Waste	4023.90	3163.68	27.19

5-15 续 2(continued 2)

项　目	Item	用电量(万千瓦时) Electricity Consumption (10^4kw·h) 本年累计 Accumulation This Year	去年同期累计 Accumulation for the Same Period of Last Year	年增长(%) Annual Growth (%)
电力、燃气及水的生产和供应业	**Production and Supply of Electricity, Gas and Water**	**237121.71**	**204084.07**	**16.19**
电力、热力的生产和供应业	Production and Supply of Electric Power and Heat Power	216017.19	190487.01	13.40
燃气生产和供应业	Production and Supply of Gas	5785.56	1021.81	466.21
水的生产和供应业	Production and Supply of Water	15318.97	12575.25	21.82
建筑业	**Construction**	**34354.99**	**25349.57**	**35.52**
交通运输、仓储、邮政业	**Transport, Storage, Postal Services**	**18386.44**	**17406.19**	**5.63**
交通运输业	Transport	13552.24	13428.88	0.92
仓储业	Storage	2688.11	1811.67	48.38
邮政业	Post	2146.09	2165.64	-0.90
信息传输、计算机服务和软件业	**Information Transmission, Computer Services and Software**	**24650.86**	**21847.62**	**12.83**
电信和其他信息传输服务业	Telecom & Other Information Transmission Services	23292.60	20383.68	14.27
计算机服务和软件业	Computer Services and Software	1358.26	1463.93	-7.22
商业、住宿和餐饮业	**Hotels and Catering Trade**	**123676.30**	**106289.59**	**16.36**
批发和零售业	Wholesale and Retail Trades	51710.72	31815.56	62.53
住宿和餐饮业	Hotels and Catering Services	71965.58	74474.03	-3.37
金融、房地产、商务及居民服务业	**Financial, Real Estate, Business Affair and Household Services**	**132670.46**	**112880.72**	**17.53**
金融业	Financial Intermediation	9434.28	6702.17	40.76
房地产业	Real Estate	94335.89	71198.23	32.50
租赁和商务服务、居民服务和其它服务业	Leasing and Business Services、Residents Services and Other Social Services	28900.28	34980.33	-17.38
公共事业及管理组织	**Public Management and Social Organization**	**96625.38**	**84047.73**	**14.96**
科学研究、技术服务和地质勘查业	Scientific Research, Technical Services and Geological Prospecting	3638.73	2327.55	56.33
水利、环境和公共设施管理业	Management of Water Conservancy,Environment and Public Facilities	12267.77	11513.89	6.55
教育、文化、体育和娱乐业	Education、Culture,Sports and Entertainment	27973.07	23725.59	17.90
卫生、社会保障和社会福利业	Health ,Social Security and Social Welfare	12529.50	11489.10	9.06
公共管理和社会组织、国际组织	Public Management, Social Organization and International Organization	40216.32	34991.60	14.93

5-16 工业企业污染治理情况
Treatment of Pollution by Industry Enterprises

项 目	Item	2005	2006	2007	2008	2009	2010
污染治理项目本年完成投资(万元)	Investements of Pollution Treated(10 000 yuan)	27866.4	54012.2	3889.0	3774.4	3562.5	4353.5
# 治理废水	#Treatment of Industrial Waste Water	11527.6	30040.6	2678.6	2466.9	3215.6	3923.3
治理废气	Treatment of Industrial Waste Gas	6608.0	4971.4	465.0	957.5	142.3	140.0
治理固体废物	Treatment of Industrial Solid Waste	2351.1	7744.5				52.0
治理噪声	Noise Abatement		10.0	9.9			
其 他	Others		925.0	666.0	350.0	204.0	238.2
本年竣工项目数(个)	Number of Projects Completed(unit)	27	43	28	28	14	14
# 治理废水	#Treatment of Industrial Waste Water	15	32	17	15	7	10
治理废气	Treatment of Industrial Waste Gas	8	6	8	12	5	1
治理固体废物	Treatment of Industrial Solid Waste	2	1	1			1
治理噪声	Noise Abatement						
本年竣工项目新增处理能力	Newly Added Processing Capacity of Projects Completed						
治理废水(吨/日)	IndustrialWasteWater(ton/day)	9731	34513	19410	36	4680	7490
治理废气(万标立米/时)	Industrial Waste Gas (10000cu·m/h)	12.17	55.0	45.9	49.0	1.8	1.8
治理固体废物(吨/年)	Industrial Waste Residue (ton/year)	40					1

5-17 工业"三废"排放及处理情况

Discharge and Disposal of Waste Water,Waste Gas and Waste Redidue by Industrial Enterprises

项　目	Item	2005	2006	2007	2008	2009	2010
废水(万吨)	Industrial Waste Water(10 000tons)						
工业废水排放总量	Total Volume of Industrial Waste Water Discharged	7188.84	7350.70	5960.10	5991.07	7031.30	5782.20
直接排入海的	Discharged Directly to Sea	3717.56	4100.50	3349.17	2615.62	2263.39	2188.10
工业废水排放达标量	Volume of Treated Industrial Waste Water Up to Discharge Standards	6814.57	6956.17	5590.30	5680.25	6789.49	5656.40
废气	Industrial Waste Gas						
工业废气排放总量(万立方米)	Total Volume of Industrial Waste Gas Emission(10 000cu.m)	9101908	8597485	11145677	13450540	13532064	13596895
燃料燃烧过程废气排放量(万立方米)	Volume of Waste Gas in the Process of Fuel Burning (10 000cu.m)	5522068	5654788	8458220	11044896	10230279	10097955
生产工艺过程中废气排放量 (万立方米)	Volume of Waste Gas from the Process of Production(10 000cu.m)	3579840	2943297	2687457	2405644	3301785	3498940
工业二氧化硫排放量(吨)	Volume of Industrial Sulphur Dioxide Emission(ton)	21825	23286	24944	21204	21433	28167
工业二氧化硫去除量(吨)	Volume of Industrial Sulphur Dioxide Removed(ton)	1261	9640	16713	39906	60167	87811
工业烟尘排放量(吨)	Volume of Industrial Soot Emission(ton)	10225	10229	9181	7661	7589	6520
工业烟尘去除量(吨)	Volume of Industrial Soot Removed(ton)	510416	611869	662664	666364	558606	781546
工业粉尘排放量(吨)	Volume of Industrial Dust Emission(ton)	10643	10219	10847	9314	9005	6580
废物(万吨)	Industrial Waste Residue(10 000tons)						
工业固体废物产生量	Volume of Industrial Solid Wastes Produced	127	147	158	220	201	212
工业固体废物综合利用量	Volume of Industrial Solid Wastes Utilized in a Comprehensive Way	87	113	141	204	168	178
工业固体废物贮存量	Volume of Industrial Solid Wastes in Stocks	38	34	17	15	12	33
工业固体废物处置量	Volume of Industrial Solid Wastes Treated	1			6	21	
汇总工业企业单位数(个)	Number of Industrial Enterprises(unit)	281	246	286	342	362	332
工业总产值(按 90 年不变价计)(万元)	Gross Output Value of Industry (according to constant price in 1990) (10 000 yuan)	3337390	5580563	7650869	8544313	8474087	10155075
三废综合利用产品产值(万元)	Output Value of Products Made from Comprehensive Utilization of Waste Water,Waste Gas and Waste Residue(10 000 yuan)	14738.30	12714.20	24550.50	41309.10	24439.80	31623.20
工业锅炉(台)	Industrial Boiler (set)	188	177	105	325	173	184
蒸吨	Steam tons	5341	8439	1621	6658	9298	3730
# 烟尘排放达标的	Soot Discharge Standardized	172	161	96	148	164	180
蒸吨	Steam tons	5283	8351	1565	6329	9290	3730
工业炉窑数(座)	Industrial Stove(set)	255	209	174	198	192	190
# 烟尘排放达标的	Soot Discharge Standardized	230	179	158	161	156	185

主要统计指标解释

能源生产总量 指一定时期内全省一次能源生产量的总和,是观察全省能源生产水平、规模、构成和发展速度的总量指标。一次能源生产量包括原煤,原油,天然气,水电、核能及其他动力能(如风能、地热能等)发电量,不包括低热值燃料生产量、生物质能、太阳能等的利用和由一次能源加工转换而成的二次能源产量。

能源消费总量 指一定时期内,全省各行业和居民生活消费的各种能源的总和,是观察能源消费水平、构成和增长速度的总量指标。能源消费总量包括原煤和原油及其制品、天然气、电力,不包括低热值燃料、生物质能和太阳能等的利用。能源消费总量分为终端能源消费量、能源加工转换损失量和损失量三部分。

(1)终端能源消费量:指一定时期内全省生产和生活消费的各种能源在扣除了用于加工转换二次能源消费量和损失量以后的数量。

(2)能源加工转换损失量:指一定时期内全省投入加工转换的各种能源数量之和与产出各种能源产品之和的差额,是观察能源在加工转换过程中损失量变化的指标。

(3)能源损失量:指一定时期内能源在输送、分配、储存过程中发生的损失和由客观原因造成的各种损失量,不包括各种气体能源放空、放散量。

能源生产弹性系数 是研究能源生产增长速度与国民经济增长速度之间关系的指标。计算公式为:

能源生产弹性系数 = 能源生产总量年平均增长速度 / 国民经济年平均增长速度

国民经济年平均增长速度,可根据不同的目的或需要,用国民生产总值、国内生产总值等指标来计算,本年鉴是采用国内生产总值指标计算的。

电力生产弹性系数 是研究电力生产增长速度与国民经济增长速度之间关系的指标。一般来说,电力的发展应当快于国民经济的发展,也就是说电力应超前发展。计算公式为:

电力生产弹性系数 = 电力生产总量年平均增长速度 / 国民经济年平均增长速度

能源消费弹性系数 是反映能源消费增长速度与国民经济增长速度之间比例关系的指标。计算公式为:

能源消费弹性系数 = 能源消费量年平均增长速度 / 国民经济年平均增长速度

电力消费弹性系数 反映电力消费增长速度与国民经济增长速度之间比例关系的指标。计算公式为:

电力消费弹性系数 = 电力消费年平均增长速度 / 国民经济年平均增长速度

能源加工转换效率 指一定时期内能源经过加工、转换后,产出的各种能源产品的数量与同期内投入加工转换的各种能源数量的比率。它是观察能源加工转换装置和生产工艺先进与落后、管理水平高低等的重要指标。计算公式为:

能源加工转换效率 = 能源加工、转换产出量 / 能源加工、转换投入量 × 100%

单位国内生产总值能耗 指一定时期内,一个国家或地区每生产一个单位的国内生产总值所消耗的能源。计算公式为:

单位国内生产总值能耗 = 能源消费总量 / 国内生产总值

工业废水排放量 指经过企业厂区所有排放口排到企业外部的工业废水量。包括生产废水 、外排的直接冷却水、超标排放的矿井地下水和与工业废水混排的厂区生活污水,不包括外排的间接冷却水(清污不分流的间接冷却水应计算在内)。

工业废水排放达标量 指各项指标都达到国家或地方排放标准的外排工业废水量,包括未经处理外排达标和经过处理后外排达标两部分(国家排放标准见 GB8978-88)。

工业废气排放量 指企业厂区内燃料燃烧和生产工艺过程中产生的各种排入空气的含有污染物的气体总量,按标准状态[273K,101325Pa]计算。

工业二氧化硫排放量 指企业在燃料燃烧和生产工艺过程中排入大气的二氧化硫数量。

工业烟尘排放量 指企业厂区内燃料燃烧过程中产生的烟气中夹带的颗粒物排放量。

工业粉尘排放量 指企业在生产工艺过程中排放的颗粒物重量,如钢铁企业的耐火材料粉尘、焦化企业的筛焦系统粉尘、烧结机的粉尘、石灰窑的粉尘、建材企业的水泥粉尘等。不包括电厂排入大气的烟尘。

工业固体废物产生量 指企业在生产过程中产生的固体状、半固体状和高浓度液体状废弃物的总量、包括危险废物、冶炼废渣、粉煤灰、炉渣、煤矸石、尾矿、放射性废物和其他废物等;不包括矿山开采的剥离废石和掘进废石(煤矸石和呈酸性或碱性的废石除外)。酸性或 碱性废石指采掘的废石其流经水、雨淋水的PH值小于4或PH值大于10.5者。

工业固体废物综合利用量 指通过回收、加工、循环、交换等方式,从固体废物中提取或 者使其转化为可以利用的资源、能源和其他原材料的固体废物量(包括当年利用往年的工业 固体废物累计贮存量),如用作农业肥料、生产建筑材料、筑路等。综合利用量由原产生固体废物的单位统计。

工业固体废物贮存量 指以综合利用或处置为目的,将固体废物暂时贮存或堆存在专设的贮存设施或专设的集中堆存场所内的数量。专设的固体废物贮存场所或贮存设施必须有防扩散、防流失、防渗漏、防止污染大气、水体的措施。

工业固体废物处置量 指将固体废物焚烧或者最终置于符合环境保护规定要求的场所,并不再回取的工业固体废物量(包括当年处置往年的工业固体废物累计贮存量)。处置方法有填 埋(其中危险废物应安全填埋)、焚烧、专业贮存场(库)封场处理、深层灌注、回填矿井等。

工业固体废物排放量 指将所产生的固体废物排到固体废物污染 防治设施、场所以外的数量、不包括矿山开采的剥离废石和掘进废石(煤矸石和呈酸性或碱性的废石除外)。

Explanatory Notes on Main Statistical Indicators

Total Energy Production refers to the total production of primary energy by all energy producing enterprises in the country in a given period of time. It is a comprehensive indicator to show the level, scale, composition and pace of development of energy production of the country. The production of primary energy includes that of coal, crude oil, natural gas, hydro-power and electricity generated by nuclear energy and other means such as wind power and geothermal power. However, it does not include the production of fuels of low calorific value, bio-energy, solar energy and secondary energy converted from primary energy.

Total Energy Consumption refers to the total consumption of energy of various kinds by the production sectors and the households in the country in a given period of time. It is a comprehensive indicator to show the scale, composition and pace of increase of energy consumption. Total energy consumption includes that of coal, crude oil and their products, natural gas and electricity. However, it does not include the consumption of fuel of low calorific value, bio-energy and solar energy. Total energy consumption can be divided into three parts: end-use energy consumption; loss during the process of energy conversion; and energy loss.

(1)End-use Energy Consumption: It refers to the total energy consumption by the production sectors and the households in the country (region) in a given period of time. It does not include the consumption during the conversion of primary energy into secondary energy and the loss in the process of energy conversion.

(2)Loss During the Process of Energy Conversion: It refers to the total input of various kinds of energy for conversion, minus the total output of various kinds of energy in the country in a given period of time. It is an indicator to show the loss that occurs during the process of energy conversion.

(3)Energy Loss: It refers to the total of the loss of energy during the course of energy transport, distribution and storage and the loss caused by any objective reason in a given period of time. The loss of various kinds of gas due to gas discharges and stocktaking is not included.

Elasticity Ratio of Energy Production is an indicator to show the relationship between the growth rate of energy production and the growth rate of the national economy. The formula is:

$$\text{Elasticity Ratio of Energy Production} = \frac{\text{Average Annual Growth Rate of Energy Production}}{\text{Average Annual Growth Rate of National Economy}}$$

The average annual growth rate of the national economy can be measured by indicators such as the Gross National Product and the Gross Domestic Product, depending on the purposes or needs. The Gross Domestic Product has been used in the calculation of the ratio in this Yearbook.

Elasticity Ratio of Electricity Production is an indicator to show the relationship between the growth rate of electricity production and the growth rate of the national economy. Generally speaking, the growth rate of electricity production should be higher than that of the national economy.

Its formula is:

$$\text{Elasticity Ratio of Electricity Production} = \frac{\text{Average Annual Growth Rate of Electricity Production}}{\text{Average Annual Growth Rate of National Economy}}$$

Elasticity Ratio of Energy Consumption is an indicator to show the relationship between the growth rate of energy consumption and the growth rate of the national economy. The formula is:

$$\text{Elasticity Ratio of Energy Consumption} = \frac{\text{Average Annual Growth Rate of Energy Consumption}}{\text{Average Annual Growth Rate of National Economy}}$$

Elasticity Ratio of Electricity Consumption is an indicator to show the relationship between the growth rate of electricity consumption and the growth rate of the national economy. The formula is:

$$\text{Elasticity Ratio of Electricity Consumption} = \frac{\text{Average Annual Growth Rate of Electricity Consumption}}{\text{Average Annual Growth Rate of National Economy}}$$

Efficiency of Energy Processing and Conversion refers to the ratio of the total output of energy products of various kinds after processing and conversion to the total input of energy of various kinds for processing and conversion in the same reference period. It is an important indicator to show the current conditions of energy processing and conversion equipment, production technique and management. The formula is:

$$\text{Efficiency of Energy Processing \& Conversion} = \frac{\text{Output of Energy After Processing \& Conversion}}{\text{Input of Energy for Processing \& Conversion}} \times 100\%$$

Energy Consumption per Unit of GDP refers to the energy consumption per unit of Gross Domestic Product in a country or the Gross Regional Product in a region in the same reference period. The formula is:

$$\text{Energy Consumption per Unit of GDP} = \frac{\text{Total Energy Consumption}}{\text{Gross Domestic Product}}$$

Volume of Industrial Waste Water Discharged refers to the volume of waste water discharged by industrial enterprises through all their outlets, including waste water from production process, directly cooled water, groundwater from mining wells which does not meet discharge standards and sewage from households mixed with waste water produced by industrial activities, but excluding indirectly cooled water discharged (It should be included if the discharge is not separated from waste water).

Volume of Treated Industrial Waste Water Up to Discharge Standards refers to volume of industrial waste water discharge which, with or without treatment, reaches national or local standards with regard to all pollutants.

Volume of Industrial Waste Gas Emission refers to the discharge into atmosphere of waste air containing pollutants generated from fuel burning and production processes in enterprises within a given period of time. It is calculated at standard status (273K, 101325Pa) .

Volume of Industrial Sulphur Dioxide Emission refers to volume of sulphur dioxide emission from fuel burning and production process by enterprises during a given period of time.

Volume of Industrial Soot Emission refers to the volume of soot in smoke emitted in the process of fuel burning in the premises of enterprises.

Volume of Industrial Dust Emission refers to volume of dust emitted by production process of enterprises and suspended in the air for a given period of time, including dust from refractory material of iron and steel works, dust from coke-screening systems and sintering machines of coke plants, dust from lime kilns and dust from cement production in building material enterprises, but excluding soot and dust emitted from power plants.

Volume of Industrial Solid Wastes Produced refers to total volume of solid, semi-solid and high concentration liquid residues produced by industrial enterprises from production process in a given period of time, including hazardous wastes, slag, coal ash, gangue, tailings, radioactive residues and other wastes, but excluding stones stripped or dug out in mining – gangue and acid or alkaline stones not included (a stone is acid or alkaline according to the pH value of the water being below 4 or above 10.5 when the stone is in, or soaked by water).

Volume of Industrial Solid Wastes Utilized in a Comprehensive Way refers to volume of solid wastes from which useful materials can be extracted or which can be converted into usable resources, energy or other materials by means of reclamation, processing, recycling and exchange (including utilizing in the year the stocks of industrial solid wastes of the previous year). Examples of such utilizations include fertilizers, building materials and road materials. The information shall be collected by the producing units of the wastes.

Volume of Industrial Solid Wastes Accumulated refers to the volume of solid wastes placed in special facilities or special sites for purposes of utilization or disposal. The sites or facilities should take measures against dispersion, loss, seepage, and air and water contamination.

Volume of Industrial Solid Wastes Treated refers to the quantity of industrial solid wastes which are burnt or placed ultimately in the sites meeting the requirements for environmental protection and not salvaged or recycled (including disposition in the year of those wastes of previous years). The disposition includes landfill (Safe landfills should be conducted for hazardous wastes), incineration, containment spaces, deep underground disposal, backfill in mining pits and disposal at sea.

Industrial Solid Wastes Discharged refers to the volume of industrial solid wastes discharged by producing enterprises to disposal facilities or to other sites. The wastes exclude stones stripped or dug from mining (gangue and acid or alkaline waste stones not included).

6. 财　政
GOVERNMENT FINANCE

编辑人员: 陈灿宇　王　哲
Compiled by Chen Canyu　Wang Zhe
英文翻译: 李兴之
Translated by Li Xingzhi

地方财政收入(亿元)
Local Financial Revenue (100 million yuan)

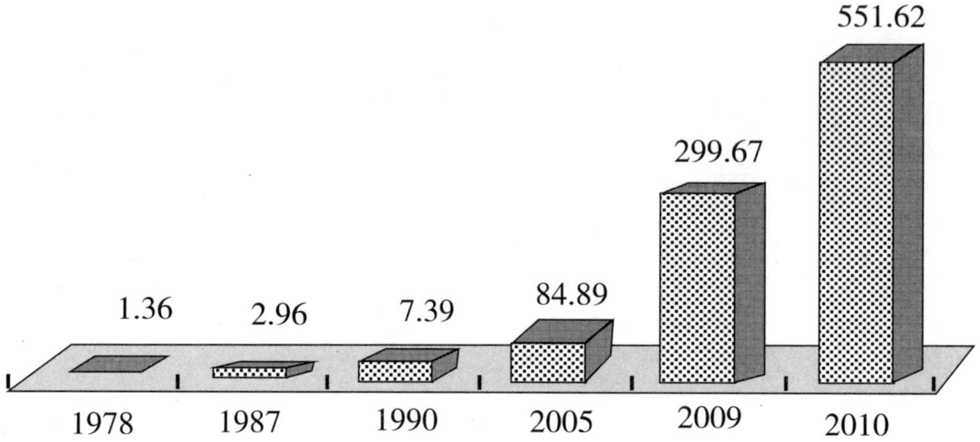

地方财政支出(亿元)
Local Financial Expenditures (100 million yuan)

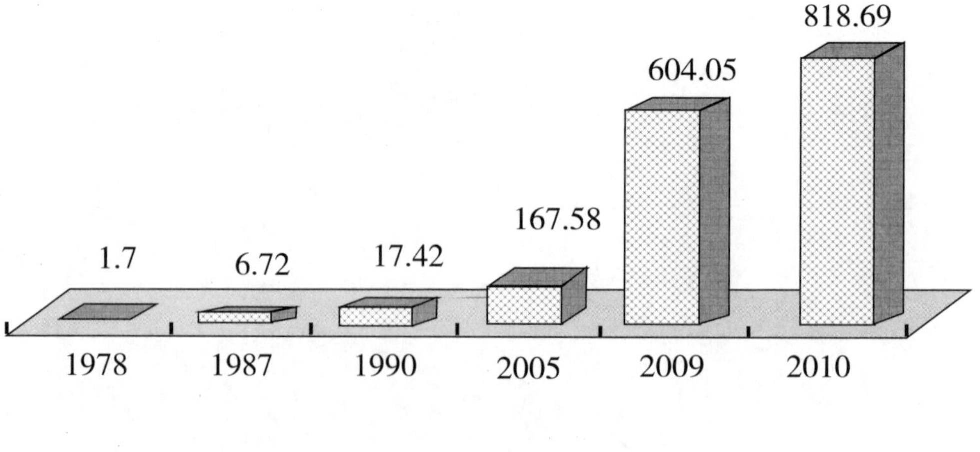

6-1 历年地方财政收入和支出
Revenue and Expenditure of Local Government in Various Years

单位:万元 (10 000yuan)

年份 Year	地方财政收入 Local Financial Revenue	地方一般预算收入 General Budgetary Revenue	各项税收 Various Taxes	工商税收 Industrial and Commercial Tax	企业所得税 Corporate Income Tax	国有资产经营收益 Operational Income of State-owned Assets	基金收入 Fund Revenue	地方财政支出 Local Financial Expenditures	地方一般预算支出 General Budgetary Expenditure
1982	12770	12770	13620	12053		-1034		25874	25874
1983	16177	16177	16479	14424		-499		31847	31847
1984	30548	30548	30012	27914		-357		45283	45283
1985	31613	31613	40817	36443		201		58994	58994
1986	21894	21894	31872	25237		91		66305	66305
1987	29588	29588	35068	29239		137		67221	67221
1988	48236	48236	51059	37573	6097	1853		92475	92475
1989	62481	62481	61479	50448	5522	3434		138090	138090
1990	73894	73894	64378	52373	4898	5858		174247	174247
1991	93064	93064	84409	67077	7457	5323		193876	193876
1992	149728	149728	136335	109218	11591	5192		253642	253642
1993	291219	291219	260568	211989	29920	3553		385215	385215
1993*	230260	230260	189609	151030	29920	3553			
1994	275316	275316	242430	173889	33643	1902		400117	400117
1995	285339	285339	248086	184895	21400	877		423860	423860
1996	307034	307034	259198	197651	22451	1635		451649	451649
1997	316485	308698	250504	198604	17388	1356	7787	484809	478408
1998	364870	336719	272409	214350	18098	3862	28151	575132	549066
1999	420666	361441	291712	218787	27836	7739	59225	625993	567831
2000	449084	391995	315156	240048	24774	9035	57089	705387	641193
2001	495924	437656	350854	263775	43037	13727	58268	845763	784583
2002	518324	462385	363797	282405	32958	12887	55939	984520	922574
2003	615971	513205	405425	324585	26044	14978	102766	1151756	1053984
2004	692965	570358	446747	382886	33856	21785	122607	1407414	1272006
2005	848930	686802	545149	476585	45265	24816	162128	1675759	1512421
2006	1023508	818139	657533	561843	57109	37109	205369	1961130	1745365
2007	1524579	1082935	879935	733857	82455	39504	441644	2871034	2451967
2008	2297559	1448584	1205390	967068	152931	46945	848975	4387304	3579708
2009	2996659	1782420	1512437	1200880	192007	60839	1214239	6040543	4860624
2010	5516154	2709915	2370999		280377	77329	2806239	8186880	5813379

注:1.工商税收 1985 年以前仅包括产品税、增值税和营业税,1985 年起包括城市维护建设税等其他税种。2.从 1994 年起按税制改革新口径统计,1993 年有 * 符号数为按 1994 年新起按税制改革口径调整数。3.从 2008 年起,地方财政收支仅指地方一般预算收入和支出,本表为便于历年数的对比,地方财政收支中仍然包括基金收支。

Note:1. Industrial and commercial tax included only product tax, value-added tax and business tax before 1985. Since 1985, city maintenance and construction tax and others were added in it. 2. Since 1994, tax revenue by reference to tax reform is according to the new calibre. With"*" signs in 1993, it is based on the new caliber adjustment in 1994. 3. Since 2008, local fiscal revenue includes only the local general budget revenue and expenditure. For better comparison with the data of previous years, the local fiscal revenue and expenditure in this table still include the fund balance.

6-2 国税税收收入
Revenue of National Tax Bureau

单位：万元 (10 000yuan)

指　标	Item	2005	2006	2007	2008	2009	2010
收入合计	**Total Revenue**	647871	844366	1362009	1805796	2119704	2707546
其中：中央收入	Central Revenue	523441	702205	1171804	1565556	1845866	2321986
地方收入	Local Revenue	124430	142161	190205	240240	273781	385560
国内计划税收收入	Tax Revenue of Domestic Tax Plan	544309	622716	880983	1038188	1636658	2073275
国内增值税	Domestic Value-added Tax	390821	421089	527443	542640	622090	823235
国内消费税	Domestic Consumption Tax	59247	77078	159713	175112	654882	678719
中央营业税	Central Business Tax	-8	-3	237		32	
企业所得税	Corporate Income Tax	50419	72994	126017	252673	295420	456455
利息个人所得税	Individrual Income Tax	18052	21194	23111	14168	5936	1564
车辆购置税	Vehicle Purchase Tax	25778	30364	44462	53595	58298	113302
海关代征	Customs Taxation	103562	221650	481026	767608	483046	634271
其中：增值税	Value-added Tax	103497	221611	480953	767390	482542	633165
消费税	Consumption Tax	65	39	73	218	504	1106
出口退税	**Tax of Export Rebate**	-57900	-57734	-73365	-75194	-119832	-75996
其中：退增值税	Value-added Tax Back	-46127	-47876	-53183	-55078	-104999	-60987
退消费税	Consumption Tax Back	-73	-124	-16	-22		-13

6-3 地方财政用于文教、卫生、科学的支出

Expenditure of Local Government for Education、Health Care and Sciences

单位:万元 (10 000yuan)

指 标	Item	2007	2008	2009	2010
总 计	Total	601392	855865	1204508	1522349
教育	Education	403268	556331	744989	983344
# 教育管理事务	Education Management Sevices	8847	16272	15758	21168
普通教育	General Education	320102	417924	595984	779046
职业教育	Vocational Eucation	39008	69731	85120	109587
教师进修及干部继续教育	Teacher Education and Continuing Education of Cadres	5320	7615	7127	10433
医疗卫生	Medical and Health	124560	186377	301348	348205
# 医疗保障	Medical Insurance	61396	96725	128654	145411
公立医院	Public hospital	–	–	–	70460
基层医疗卫生机构	Primary Health Care Institutions	–	–	–	34934
公共卫生	Public Health	–	–	–	63036
文化体育与传媒	Culture,Sport and Media	45660	68176	97459	116126
# 文化	Culture	16188	29970	53367	57131
体育	Sport	5374	9698	7085	16697
广播影视	Broadcasting, Moives and Television	5374	19675	15989	20248
新闻出版	Press and Publication	15158	1443	1732	3736
科学技术	Science and Technology	27904	44981	60712	74674
# 应用研究	Applied Research	4036	3786	5841	6097
技术研究与开发	Technology Research and Development	14130	30822	41305	52737
科学技术普及	Popularization of Science and Technology	1454	1398	1830	2537
文教卫科支出占地方一般预算支出的比重(%)	Percentage to Local General Budgetary Expenditure(%)	24.5	23.9	24.8	26.3

注:2010 年医疗卫生执行新的科目。

Note:New subjects of Medcial and Health have been executed since 2010.

6-4 地方财政用于社会保障和就业的支出
Expenditure of Local Government for Social Security and Employment Effort

单位：万元 (10 000yuan)

指 标	Item	2007	2008	2009	2010
总 计	**Total**	**358840**	**494349**	**791964**	**738033**
人力资源和社会保障	Management of Human resources and Social Security	12172	16935	16064	23028
民政管理事务	Management of the Civil Affairs	9971	12315	16389	21246
财政对社会保险基金的补助	Financial subsidy for social security foundation	146259	199225	297652	278606
行政事业单位离退休	Retirement Pension for Retires Administrative and Institutional Units	110052	136396	145889	191325
企业改革补助	Subsidy for Enterprise Reform	2855	6657	11153	6086
就业补助	Employment Subsidies	12763	18006	17348	23367
抚恤	Pension	12478	18027	21656	22577
退役安置	Retired Resettlement	10043	9326	14543	14210
社会福利	Social Welfare	1396	2779	3503	4449
残疾人事业	Person with Disabilities	2017	3094	3729	5713
城镇居民最低生活保障	Minimum Living Guarantee of Urban Residents	14555	30255	45546	46637
其他城镇社会救济	Social Relief of other Orban	2139	2945	2940	3719
自然灾害生活补助	Subsidy for Natural Disasters	5722	6600	11107	40996
红十字事业	Red Cross Undertakings	185	393	400	733
农村最低生活保障	Minimum Living Guarantee of Rural Residents	1787	15566	30094	35936
其他农村社会救济	Other Social Relief of Rural	11727	8272	10446	10395
补充道路通交通事故社会救助基金	Complementary social Assistance Fund for Road Traffic Accidents				1000
其他社会保障和就业支出	Other Expenditure for Social Security and Employment Effort	2719	7558	7869	8010
社会保障和就业支出占地方一般预算支出的比重(%)	**Percentage to Local General Budgetary Expenditure(%)**	**14.6**	**13.8**	**16.3**	**12.8**

6-5 一般预算收支决算总表
General Budgetary Revenue and Expenditure Accounts Sheet

单位:万元 (10 000yuan)

指标	Item	2007	2008	2009	2010
一般预算收入总计	**Total general budgetary revenue**	2958829	4132476	5373678	6703749
地方一般预算收入	Local general budgetary revenue	1082935	1448584	1782420	2709915
税收收入	Tax revenue	879935	1205390	1512437	2370999
增值税	Value-added Tax	131349	135712	134212	185304
营业税	Business Tax	387380	523234	678359	1123538
企业所得税	Corporate Income Tax	82455	152931	192007	280377
企业所得税退税	Corporate Income Tax Refund	-2	-33	-41	-8
个人所得税	Individual Income Tax	51239	55738	61369	80474
资源税	Resource Tax	7705	12776	10341	12417
城市维护建设税	City Maintenance and Construction Tax	46902	55240	66637	94247
房产税	House Property Tax	37223	37347	50660	53915
印花税	Stamp Tax	10666	16443	18004	28261
城镇土地使用税	Urban Land Use Tax	11299	62358	69279	79506
土地增值税	Land Appreciation Tax	47421	62087	101656	212291
车船税	Vehicle and Vessel Tax	2673	6166	10363	10409
耕地占用税	Farm Land Occupation Tax	8647	14369	28934	42487
契税	Deed Tax	54973	71022	90657	167781
其他税收收入	Other Tax Revevue	5			
非税收入	Total Non-tax Revenue	203000	243194	269983	338916
专项收入	Special Program Receipts	48649	72327	61939	79312
行政事业性收费收入	Charge of Administrative and Institutional Units	62424	64017	59260	85802
罚没收入	Penalty Receipts	27066	33123	40890	47431
国有资本经营收入	Operating Income of State-owned Capital	39504	46945	60839	77329
国有资源(资产)有偿使用收入	State-owned Resources (Assets) Paid Income	22473	23561	39707	39475
其他收入	Other Non-Tax Receipts	2884	3221	7348	9567
上级补助收入	**Subsidy from Central Government**	1404722	2140127	2695637	3157807
财政部代理发行地方政府债券收入	**Revenue from Local Government Bonds Issued by Ministry of Finance**			290000	250000
国债转贷资金上年结余	**Balance of National Debt for Lending of Last Year**	9925	7250	5419	
国债转贷转补助	**Subsidy From National Debt for Lending**			-1500	
上年结余	**Balance of Last Year**	404726	514846	451789	442677
调入预算稳定调节基金	**Transferred Budget Stability and Regulation Fund**			64537	68200
调入资金	**Transferred Funds**	56521	21669	85376	75150

6-5续 (continued) 单位:万元 (10 000 yuan)

指　标	Item	2007	2008	2009	2010
一般预算支出总计	Total General Budgetary Expenditure	2958829	4132476	5373678	6703749
地方一般预算支出	Local General Budgetary Expenditure	2451967	3579708	4860624	5813379
#一般公共服务	General Public Services	451484	533225	556517	624432
外交	Foreign Affairs	720	4615	4083	3721
公共安全	National Defence	188237	242533	328768	439381
教育	Education	403268	556331	744989	983344
科学技术	Science and Technology	27904	44981	60712	74674
文化体育与传媒	Culture,Sport and Media	45660	68176	97459	116126
社会保障和就业	Social Security and Employment Effort	358840	494349	791964	738033
医疗卫生	Medical and Health Care	124560	186377	301348	348205
环境保护	Environment Protection	51874	68058	185107	148874
城乡社区事务	Urban and Rural Community Affairs	126756	225139	28891	368053
农林水事务	Agriculture,Forestry and Water Conservancy	229619	554118	830834	876807
交通运输	Transportation	91013	114304	285022	262315
资源勘探电力信息等事务	Exploration, Electric power and Information	-	-	-	145976
商业金融等事务	Commerce and Banking	-	-	-	78261
国土资源气象等事务	Territorial resources and weather	-	-	-	91034
住房保障支出	Expenditure for housing security	-	-	-	238264
粮油物资储备管理事务	Cerals and oils material reserves management	-	-	52121	16398
其他支出	Other Expenditure	212126	239588	644930	215104
上解上级支出	Expenditure for Cental Government	24503	9289	15147	6909
一般性转移支付	General Transfer Payments	2330	2465	5815	2527
专项转移支付	Special Transfer Payments	22173	6824	9332	4382
增设预算周转金	Additional Working Capital Budget	416	560		
拨付国债转贷资金数	Allocated National Debt for Lending	2675	1831	3919	
国债转贷资金结余	Balance of National Debt for Lending	7250	5419		
安排预算稳定调节基金	Budget Stability and Regulation Fund Expenditure		84437	67728	199611
调出资金	Capital Transferred	5943	4317	5982	7212
年终结余	Balance at Year-end	466075	446915	420278	676638

注:2010年一般预算支出科目有变动。
Note:New subjects of General Budgetary Expenditure have been excuted since 2010.

6-6 政府性基金收支决算总表
Revenue and Expenditure Accounts Sheet of Government Funds

单位:万元 (10 000yuan)

指　标	Item	2007	2008	2009	2010
本年收入总计	**Total Current Year Revenue**	**505646**	**967560**	**1415165**	**3090392**
本年收入合计	Current Year Revenue	441644	848975	1214239	2806239
上级补助收入	Subsidy from Central Government	19414	28798	35232	54748
上年结余	Balance of Last Year	37966	73312	159216	215132
调入资金	Transferred Funds	6622	16475	6478	14273
一般预算调入	General Budgetary Transferred	5943	4317	5982	7212
预算外调入	Extra-budgetary Transferred	679	12158	484	
其他调入	Other Transferred			12	7061
本年支出总计	**Total Current Year Expenditure**	**505646**	**967560**	**1415165**	**3090392**
本年支出合计	Current Year Expenditure	419067	807596	1179919	2373501
#一般公共服务	General Public Services		9404	19068	
教育	Education	12			
文化体育与传媒	Culture,Sport and Media	1263	8266	4984	5329
社会保障和就业	Social Security and Employment Effort	878	1556	2099	9127
城乡社区事务	Urban and Rural Community Affairs	276505	635014	1039534	2222931
农林水事务	Agriculture, Forestry and Water Conservancy	21554	22782	19101	10033
交通运输	Transportation	113309	125568	90394	110544
资源勘探电力信息等事务	Exploration, Electric power and Information	–	–	–	315
商业服务业等事务	Business and services	–	–	–	1190
其他支出	Other Expenditure	798	1222	4739	14032
调出资金	Capital Transferred	13267	145	20114	33396
年终结余	Balance at the Year-end	73312	159819	215132	683495
其中:本级	Provincial	41184	63982	82574	166655

6-7 预算外财政专户资金收支决算总表
Revenue and Expenditure Accounts Sheet of Extra-budgetary Finance

单位:万元 (10 000 yuan)

指 标	Item	2007	2008	2009	2010
预算外资金收入总计	**Total Extra-budgetary Revenue**	**274680**	**303555**	**340256**	**387277**
本年收入合计	Total Current Year Revenue	190756	212385	251937	264345
行政事业性收费收入	Charge of Administrative and Institutional Units	151519	177936	192198	168972
国有资源(资产)有偿使用收入	State-owned Resources (Assets) Paid Income	2578	5423	18304	16905
其他收入	Other Revenue	24796	26106	41435	78468
上级补助收入	Subsidy from Central Government	3396			
上年结余	Balance of Last Year	80528	91170	88319	122932
预算外资金支出总计	**Total Extra-budgetary Expenditure**	**274680**	**303555**	**340256**	**387277**
本年预算外资金支出	Current Year Extra-budgetary Expenditure	177212	200751	216570	223624
#一般公共服务	General Public Services	13528	14377	18652	22425
公共安全	National Defence	4889	4106	13402	5507
教育	Education	108266	120461	117568	114854
科学技术	Science and Technology	95	8	37	39
文化体育与传媒	Culture,Sport and Media	4309	5116	8681	4363
社会保障和就业	Social Security and Employment Effort	1142	2431	1888	8007
医疗卫生	Medical and Health Care	603	2350	2502	8740
环境保护	Environment Protection	229	257	915	762
城乡社区事务	Urban and Rural Community Affairs	20036	22664	31099	16491
农林水事务	Agriculture,Forestry and Water Conservancy	4457	3706	6513	14104
交通运输	Transportation	6134	8537	6097	6590
商业金融等事务	Commerce and Banking	-	-	-	2019
住房保障支出	Expenditure for housing security	-	-	-	1439
其他支出	Other Expenditure	11160	13212	9216	17911
上解上级支出	Expenditure for Cental Government	5059			
政府调剂资金	Funds Relieved by Government	930	12162	486	677
调入一般预算	General Budgetary Transferred	251	4	2	677
调入政府性基金	Government funds Transferred	679	12158	484	
年终结余	Balance at the Year-end	91479	90642	123200	162976
其中:本级	Provincial	32299	26558	27977	43362

注:从 2010 年起执行新的支出科目。
Note:Perform new espenditures subject since 2010.

6-8 各市县地方一般预算收支
Revenue and Expenditure of Local Government by Region

单位:万元 (2010) (10 000 yuan)

地 区 Region	一般预算收入 General Bugetary Revenue	税收收入 Tax Revenue	非税收入 Non-tax Revenue	一般预算支出 General Bugetary Expenditure	一般公共服务 Public Service	文体、教育、科技卫生经费 Expenditure for Culture, Education、Science and Health	社会保障和就业 Social Security and Employment Effort
全省总计 Total	**1778260**	**1523440**	**254820**	**4106208**	**470516**	**1195420**	**458666**
海口市 Haikou	503661	441092	62569	798398	105034	219974	92734
三亚市 Sanya	422231	382998	39233	535048	58454	150320	36126
五指山市 Wuzhishan	20131	17625	2506	92357	10981	24442	8722
文昌市 Wenchang	68138	59942	8196	226403	23078	72470	39749
琼海市 Qionghai	103190	97032	6158	210494	24697	55101	30466
万宁市 Wanning	62711	49161	13550	206676	23100	68325	33865
定安县 Ding'an	30090	21638	8452	115679	12904	43875	15911
屯昌县 Tunchang	20754	11933	8821	105780	13672	30922	12970
澄迈县 Chengmai	100584	56454	44130	199821	22497	65561	30859
临高县 Lingao	21809	13867	7942	139637	15641	55076	18744
儋州市 Danzhou	164176	148847	15329	464349	32661	119424	33182
#洋浦 Yangpu	112814	109472	3342	188224	9110	14601	3767
东方市 Dongfang	33358	28658	4700	174992	19840	48608	15629
乐东县 Ledong	36603	24913	11690	181919	24356	60041	21688
琼中县 Qiongzhong	10293	5959	4334	114964	13189	36617	13153
保亭县 Baoting	15633	13706	1927	92259	11795	26677	10969
陵水县 Lingshui	100944	94920	6024	182738	26401	44734	19641
白沙县 Baisha	8595	6255	2340	110801	17390	29029	10185
昌江县 Changjiang	55359	48440	6919	153893	14826	44224	14073

6-9 各市县地方财政收支
Revenue and Expenditure of Local Government by Region

单位:万元 (10 000yuan)

地 区	Region	2005	2006	2007	2008	2009	2010
收入合计	**Total Revenue**	499336	617050	894623	1532888	2104020	4151741
海口市	Haikou	216777	262984	312888	431973	596078	1015104
三亚市	Sanya	73120	100947	220934	446377	580159	1167606
五指山市	Wuzhishan	2953	3490	6054	10210	15559	41056
文昌市	Wenchang	17305	22724	37554	53912	91645	184813
琼海市	Qionghai	20332	23348	32272	44353	77964	185743
万宁市	Wanning	13470	16598	21967	99825	153585	286854
定安县	Ding'an	5704	7131	10420	15899	29311	100765
屯昌县	Tunchang	4134	4562	8016	12087	16695	68110
澄迈县	Chengmai	19308	27285	35648	53237	83348	214718
临高县	Lingao	4936	5931	11044	9040	12402	61292
儋州市	Danzhou	67646	79915	113483	128303	132839	267467
#洋浦	Yangpu	50088	59214	86143	88484	78721	113460
东方市	Dongfang	17173	17890	22013	33525	33604	53909
乐东县	Ledong	4078	5339	8019	15585	25113	82421
琼中县	Qiongzhong	3273	3679	4627	5731	7050	20138
保亭县	Baoting	3050	3579	5211	10836	23386	68936
陵水县	Lingshui	4721	6188	13085	106826	139023	242048
白沙县	Baisha	3110	3556	4412	5483	8302	10833
昌江县	Changjiang	18246	21904	26976	49686	77957	79928
支出合计	**Total Expenditure**	1055755	1267406	1871834	2875419	4362492	6209731
海口市	Haikou	324721	377159	489903	598160	890885	1284966
三亚市	Sanya	96974	125427	254884	489698	703048	1188719
五指山市	Wuzhishan	19308	25261	33500	47853	83269	114319
文昌市	Wenchang	53746	65767	99534	152759	226461	343012
琼海市	Qionghai	48753	53722	73424	110678	199524	260977
万宁市	Wanning	45138	53793	69766	193385	279202	390235
定安县	Ding'an	30795	33360	42619	71856	111587	160176
屯昌县	Tunchang	25174	27324	37178	67911	92659	141419
澄迈县	Chengmai	50382	63512	81822	122845	215047	312161
临高县	Lingao	33272	42741	55169	85500	121670	170506
儋州市	Danzhou	106876	76077	279444	316615	415967	574974
#洋浦	Yangpu	52789	63218	178621	155412	155412	189307
东方市	Dongfang	42324	53801	64357	100923	159259	203984
乐东县	Ledong	40616	49440	68063	99401	160925	229794
琼中县	Qiongzhong	25257	29792	41587	61781	88455	126797
保亭县	Baoting	20951	26108	34439	47151	83706	135109
陵水县	Lingshui	29133	36116	47613	144620	266847	283648
白沙县	Baisha	24451	28386	36665	61121	90858	115431
昌江县	Changjiang	37884	42494	61867	103162	157401	173504

注:从2008年起,地方财政收支仅指地方一般预算收支,本表为便于历年数对比,地方财政收支中仍包括基金收入。
Note:Since 2008, local fiscal revenue include only the local general budget revinue and expenditure. For better comparison with the data of previous years, the local fiscal revenue and expenditure in this table still include the fund balance.

6-10 各市县财政一般预算收支平衡表
Balance Sheet of General Budgetary Revenue and Expenditure of Government by Region

单位:万元 (2010) (10 000 yuan)

地　区	Region	收入总计 Total Revenue	本年收入 Current Year Revenue	返还性收入 Subsidy of Tax Returned	财力性转移支付收入 Financial Transter Payments	专项转移支付 Special Transfer Payments	上年结余 Balance of Last Year	其　他 Others
全省总计	**Total**	**4739913**	**1778260**	**108428**	**1277257**	**1112527**	**264366**	**199075**
海口市	Haikou	874127	503661	46483	98416	137860	28369	59338
三亚市	Sanya	648571	422231	7210	92258	61444	63947	1481
五指山市	Wuzhishan	105061	20131	762	46601	31371	2462	3734
文昌市	Wenchang	259793	68138	4734	80819	84017	13263	8822
琼海市	Qionghai	266394	103190	5822	61012	71166	21844	3360
万宁市	Wanning	231469	62711	1670	81866	68318	7614	9290
定安县	Ding'an	126169	30090	1897	47751	37332	2823	6276
屯昌县	Tunchang	129695	20754	933	50474	39458	8490	9586
澄迈县	Chengmai	237905	100584	8062	56841	57268	9301	5849
临高县	Lingao	176477	21809	2521	67127	53849	24635	6536
儋州市	Danzhou	500021	164176	10013	166539	140114	3003	16176
#洋浦	Yangpu	195082	112814	3569	45292	30304	603	2500
东方市	Dongfang	181563	33358	6349	64166	64479	3619	9592
乐东县	Ledong	223303	36603	1784	97502	63962	17876	5576
琼中县	Qiongzhong	129624	10293	753	65319	39385	4198	9676
保亭县	Baoting	121328	15633	680	48949	31935	20442	3689
陵水县	Lingshui	233401	100944	1220	57989	48477	12070	12701
白沙县	Baisha	132076	8595	1541	61405	38681	3357	18497
昌江县	Changjiang	162936	55359	5994	32223	43411	17053	8896

6-10 续 (continued)

地　区	Region	支出总计 Total Expenditure	本年支出 Current Year Expenditure	财力性转移支出 Expenditure on Financial Transfer	专项上解 Special Expenditure	其　他 Others	年终结余 Balance at Year-end	净结余 Net Balance
全省总计	**Total**	**4310551**	**4106208**	**14493**	**38027**	**151823**	**429362**	**177203**
海口市	Haikou	827430	798398	8790	9713	10529	46697	1868
三亚市	Sanya	591763	535048	73	6642	50000	56808	37750
五指山市	Wuzhishan	99121	92357	12	602	6150	5940	225
文昌市	Wenchang	229278	226403	54	2821		30515	13106
琼海市	Qionghai	218694	210494	47	2153	6000	47700	30042
万宁市	Wanning	209566	206676	16	2874		21903	11344
定安县	Ding'an	121401	115679	22	700	5000	4768	4768
屯昌县	Tunchang	106266	105780		486		23429	3998
澄迈县	Chengmai	219225	199821	23	2266	17115	18680	5824
临高县	Lingao	150213	139637	11	565	10000	26264	1002
儋州市	Danzhou	471151	464349	5071	1731		28870	21847
#洋浦	Yangpu	193735	188224	5029	482		1347	1347
东方市	Dongfang	177421	174992	355	2074		4142	1534
乐东县	Ledong	183061	181919	5	1137		40242	12772
琼中县	Qiongzhong	115783	114964		819		13841	6634
保亭县	Baoting	92744	92259		472	13	28584	13178
陵水县	Lingshui	214537	182738	14	1785	30000	18864	5927
白沙县	Baisha	128436	110801		635	17000	3640	
昌江县	Changjiang	154461	153893		552	16	8475	5384

6-11 各市县财政基金预算收支平衡表

Balance Sheet of Fund Budgetary Revenue and Expenditure of Local Government by Region

单位：万元　　(2010)　　(10 000 yuan)

地　区	Region	收入合计 Total Revenue	本年收入 Current Year Revenue	国有土地使用权出让金收入 Leasing Revenue for Use Right of State-owned Land	新增建设用地有偿使用费收入 Leasing Revenue for Use Right of New Construction Land	地方水利建设基金收入 Revenue of the Local Water Conservancy Construction Fund	其他 Others
全省总计	**Total**	**2653399**	**2373481**	**2196948**	**295**	**493**	**175745**
海口市	Haikou	539924	511443	496686	40	18	14699
三亚市	Sanya	829147	745375	695946		49	49380
五指山市	Wuzhishan	23781	20925	18267			2658
文昌市	Wenchang	141156	116675	105395			11280
琼海市	Qionghai	95226	82553	57539		422	24592
万宁市	Wanning	243754	224143	192077			32066
定安县	Ding'an	78630	70675	63900			6775
屯昌县	Tunchang	52430	47356	43998			3358
澄迈县	Chengmai	119799	114134	109680			4454
临高县	Lingao	56603	39483	37128			2355
儋州市	Danzhou	114946	103291	96212			7079
#洋浦	Yangpu	1887	646				646
东方市	Dongfang	33341	20551	18192			2359
乐东县	Ledong	62675	45818	42516			3302
琼中县	Qiongzhong	13881	9845	9079			766
保亭县	Baoting	59460	53303	52802			501
陵水县	Lingshui	154206	141104	131829			9275
白沙县	Baisha	5225	2238	2087		4	147
昌江县	Changjiang	29215	24569	23615	255		699

6-11 续 (continued)

地　区	Region	支出合计 Total Expenditure	本年支出 Current Year Expenditure	国有土地使用权出让金支出 Leasing Revenue for Use Right of State-owned Land	新增建设用地有偿使用费支出 Leasing Revenue for Use Right of New Construction Land	地方水利建设基金支出 Revenue of the Local Water Conservancy Construction Fund	其他 Others
全省总计	**Total**	**2136559**	**2103523**	**1948418**	**40234**	**1875**	**112996**
海口市	Haikou	519575	486568	463844	3821	43	18860
三亚市	Sanya	653671	653671	623689	329	301	29352
五指山市	Wuzhishan	21962	21962	18462	289	50	3161
文昌市	Wenchang	116609	116609	102442	5962	19	8186
琼海市	Qionghai	50483	50483	35393	4899	299	9892
万宁市	Wanning	183559	183559	170248	6020	22	7269
定安县	Ding'an	44497	44497	38469	3196	300	2532
屯昌县	Tunchang	35639	35639	31587	427	53	3572
澄迈县	Chengmai	112340	112340	109029	731		2580
临高县	Lingao	30869	30869	25292	3814	10	1753
儋州市	Danzhou	110625	110625	97247	3277	47	10054
#洋浦	Yangpu	1083	1083	185			898
东方市	Dongfang	28992	28992	23722	474	67	4729
乐东县	Ledong	47875	47875	42534	921	28	4392
琼中县	Qiongzhong	11833	11833	8732	1881	21	1199
保亭县	Baoting	42863	42850	41123	619	253	855
陵水县	Lingshui	100910	100910	96897	2017	56	1940
白沙县	Baisha	4630	4630	2073	1053	15	1489
昌江县	Changjiang	19627	19611	17635	504	291	1181

主要统计指标解释

公共财政　指在市场经济条件下，主要为满足社会公共需求而进行的政府收支活动模式或财政运行机制模式；是国家以社会和经济管理者的身份从市场上取得收入，并将这些收入用于政府的公共活动支出，为社会提供公共产品和公共服务，以充分保证国家机器正常运转，保障国家安全，维护社会秩序，实现经济社会的协调发展。

财政一般预算总收入　是计算当年可供安排支出的财政收入总量。全省一般预算财政总收入主要包括：地方一般预算财政收入，中央一般预算补助收入，一般预算调入资金，调入预算稳定调节基金，一般预算上年结余结转。

地方一般预算收入　指当年依据财政体制和税收、非税收入征收法规征收缴入地方国库的各项税收收入，行政性收费收入、罚没收入，专项收入，国有资源有偿使用收入，其他收入等。

税收收入　税收是政府实现其职能的重要形式，是财政收入的主要来源，具有组织财政收入，调节经济和调节收入分配的基本职能。

增值税　是对在我国境内销售货物或提供加工、修理修配劳务以及进口货物的单位和个人征收的一种税。

营业税　是对有偿提供应税劳务（包括交通运输业、建筑业、金融保险业等七个税目）、转让无形资产和销售不动产的单位和个人征收的一种税。

企业所得税　是对在我国境内的企业和其他取得收入的组织，对其生产、经营所得和其他所得依法征收的一种税。

个人所得税　是对个人（自然人）取得的各项应税所得（包括个人的工资、薪金所得，个体工商户的生产、经营所得等11个项目）征收的一种税。

一般预算支出　一般指用一般预算安排的支出。

一般公共服务　反映政府提供一般公共服务的支出，包括人大，政协，政府办公厅（室）及相关机构的行政运行，一般行政管理事务、专项业务活动等支出。

教育　反映政府教育支出情况，具体包括教育行政管理，学前教育，小学教育等方面支出。

科学技术　反映政府用于科学技术方面的支出，具体包括基础研究，应用研究、技术研究与开发等方面的支出。

文化体育与传媒　反映政府在文化、文物、体育、广播影视、新闻出版等方面的支出。

社会保障与就业　反映政府在社会保障与就业方面的支出，具体包括社会保障和就业管理事务、民政管理事务等方面的支出。

医疗卫生　反映政府在医疗卫生方面的支出，包括医疗卫生管理事务支出，医疗服务支出，医疗保障支出等。

财政转移支付　指一个国家鉴于各级政府的财政收入能力与支出需求差异以实现各地公共服务水平的均等化为目标，而实行的一种财政资金转移或财政均衡制度。它是在政府间第一次财政分配（即分税）的基础上，按照政府间纵向和横向的财政经济能力差异与均等化目标的要求所进行的第二次分配。具体包括财力性转移支付和专项补助两大类。

调入资金和调出资金　调入资金分为一般预算调入资金和基金调入资金两种。一般预算调入资金是指各级财政部门因平衡一般预算收支从预算外资金结余以及其他渠道调入的资金。

预算稳定调节基金　是指由省政府设立，从规定范围筹集的，用于调节我省省本级预算平衡运行的预算储备资金。

Explanatory Notes on Main Statistical Indicators

Public finance　is fiscal revenue and expenditure activity mode or financial operation mechanism model under the conditions of market economy, mainly to meet the social public demand. The country receipt from the market as social and economic management, for the government's public expenditure and providing public products and public service, to guarantee the normal operation of state machine, national security, to safeguard the social order, and realize the coordinated development of the economic society.

Total general budgetary revenue　is the total fiscal revenue for expenditure arrangement. Total general budgetary revenue mainly include: the local general budget revenues, the central general budget subsidiary revenue, and general budgetary funds transferred, transferred budget stability and regulation fund, the general budget balance of last year.

Local general budget revenue　refers to the income tax being taken in treasury according to the financial system and laws of tax revenue and non-tax revenue, the state treasury of tax revenue, charge of administrative and institutional units, penalty receipts, special program receipts, state-owned resources paid income and other receipts.

Tax revenue is the important form that the government realizes its function; is the main source of finance revenue; has the basic functions of organizing finance revenue, adjusting the economic and distribution of income.

Value added tax is a kind of tax levied from the domestic unit or personal which sells goods or provides processing, repairs and replacement services and imports goods.

Business tax is a kind of tax of levied from the unit and personal which provides taxable paid services (including transportation, construction, finance insurance, and other seven items), transfers the intangible assets and sells real estate.

Enterprise income tax is a kind of tax levied from the domestic unit and other organization which gains income from production, operation and other income according to law.

Individual income tax is a kind of tax levied from personal (natural person) for the all kinds of taxable income (including personal income from wages and salaries, individual income from production and business operations and other 11 projects).

General budgetary expenditures generally refer to the expenditure arranged by general budget.

General public services reflect the expenditure of the general public services provided by government, including the administrative operation of the National People's Congress, Chinese People's Political Consultative Conference, the government office and related institutions, general administrative affairs, business activities, etc.

Education reflects the expenditure of the government spending on education, including education administration, pre-school education, primary education etc.

Science and technology reflect the expenditure of government spending on science and technology, including basic research, applied research, technology research and development spending.

Cultural sports and media reflect the expenditure of government spending on culture, cultural relics, sports, radio, film, television, news publishing, etc.

Social security and employment reflect the expenditure of government spending on social security and employment, including social security and employment management affairs, civil affairs in management, etc.

Medical and health reflect the expenditure of government spending on health care, including health management affairs expenses, medical service, health-care spending, etc.

Financial transfer payments refers a fiscal funds transfer or financial balance system implemented by a country for the goals that various regions have the equal public service level due to the difference of the financial revenue and expenditure demands. It is the second assignment in accordance with the demand of the longitudinal and transverse intergovernmental financial and economic differences and the goal of equalization, on the basis of finance distribution the first time (tax distribution). Specifically includes two kinds, financial transfer payment and special transfer payment.

Transferred capital has two kinds which are the general budget capital transferred and the fund transferred. The general budget capital transferred is the capital transferred by financial departments by means of balancing from non-budgetary funds and other ways.

Budget stability and Regulation fund refers to budget reserve funds for regulating the provincial level in a balanced budget, which is established by provincial government and raised from the prescribed scope.

7. 物价指数
PRICE INDICES

编辑人员：辜武陆
Compiled by Gu Wulu
英文翻译：卓富香
Translated by Zhuo Fuxiang

商品零售价格指数(%)(以上年为 100)

Retail Price Index(%) (preceding year=100)

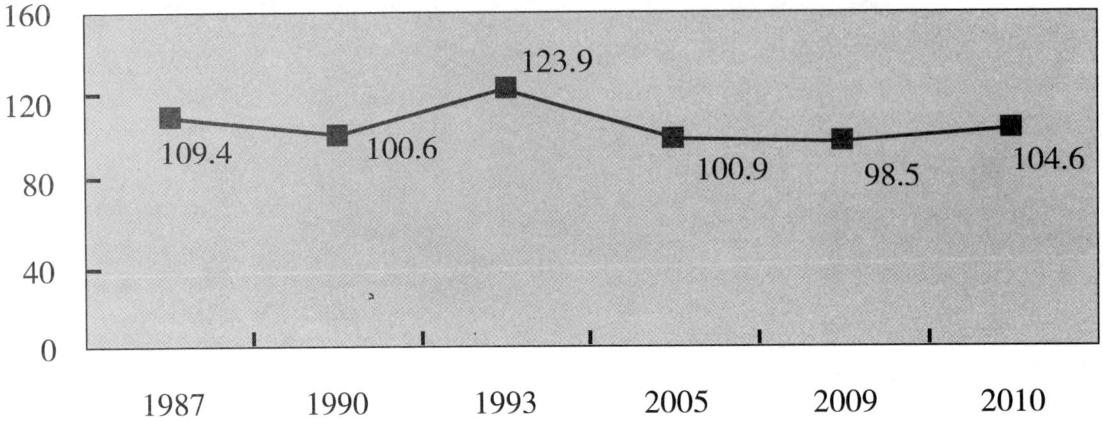

居民消费价格指数(%)(以上年为 100)

Consumer Price Index(%) (preceding year=100)

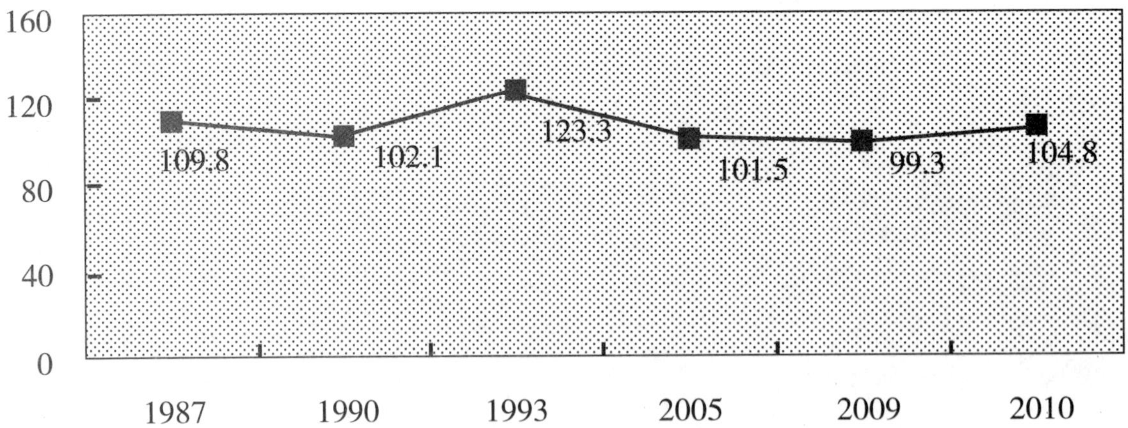

7-1 历年全省各种物价总指数
General Price Indices in Various Years

(上年=100) (preceding year=100)

年 份 Year	商品零售价格指数 Retail Price Index	城市 Urban Indices	农 村 Rural Indices	农业生产资料价格总指数 General Price Indices for Means of Agricultural Production
1979	102.0	100.9	103.0	103.6
1980	107.2	108.3	103.1	108.9
1981	107.5	106.4	108.6	109.2
1982	104.5	105.5	103.4	106.1
1983	100.9	99.9	101.9	102.5
1984	99.3	98.3	100.3	97.6
1985	112.8	113.9	111.6	105.4
1986	103.8	102.7	104.8	105.0
1987	109.4	109.5	109.3	105.4
1988	127.8	129.8	124.9	118.9
1989	126.8	127.5	124.9	124.6
1990	100.6	97.7	106.4	109.1
1991	103.1	103.6	102.9	100.6
1992	108.7	109.1	102.5	100.7
1993	123.9	124.2	119.1	130.4
1994	121.6	121.2	122.9	138.2
1995	111.3	108.7	115.5	115.7
1996	102.3	102.7	101.4	106.8
1997	99.3	99.6	99.1	100.3
1998	96.5	96.3	96.8	98.4
1999	96.6	98.0	95.2	97.1
2000	99.9	101.0	99.0	98.0
2001	97.7	97.6	97.8	99.5
2002	98.4	99.0	97.7	101.7
2003	100.4	100.2	100.8	104.8
2004	103.4	103.0	103.8	111.3
2005	100.9	100.4	101.5	108.9
2006	101.3	100.6	102.3	100.7
2007	103.8	102.8	105.2	107.1
2008	106.7	105.7	108.3	114.8
2009	98.5	99.0	97.2	94.0
2010	104.6	104.0	106.0	107.3

(1978=100)

年 份 Year	商品零售价格指数 Retail Price Index	城市 Urban Indices	农 村 Rural Indices	农业生产资料价格总指数 General Price Indices for Means of Agricultural Production
1978	100.0	100.0	100.0	100.0
1979	102.0	100.9	103.0	103.6
1980	109.3	109.3	109.3	112.8
1981	117.3	116.3	118.7	123.2
1982	122.8	122.7	122.7	130.7
1983	123.9	122.5	125.0	134.0
1984	123.1	120.5	125.4	130.8
1985	138.9	137.2	140.0	137.8
1986	144.2	140.9	146.7	144.7
1987	157.8	154.3	160.3	152.5
1988	201.7	200.3	200.3	181.4
1989	255.8	255.3	250.1	226.0
1990	257.3	249.5	266.1	246.5
1991	265.3	258.5	273.8	248.0
1992	288.4	282.0	280.7	249.8
1993	357.3	350.2	334.3	325.7
1994	434.5	424.4	410.9	450.1
1995	483.6	461.4	474.5	520.8
1996	494.7	473.8	481.2	556.2
1997	491.2	471.9	476.9	557.9
1998	474.0	454.4	461.6	549.0
1999	457.9	445.3	439.4	533.1
2000	457.4	449.8	435.0	522.4
2001	446.9	439.0	425.4	519.8
2002	439.7	434.6	415.6	528.6
2003	441.5	435.5	418.9	554.0
2004	456.5	448.6	434.8	616.6
2005	460.6	450.4	441.3	671.5
2006	466.6	453.1	451.5	676.2
2007	484.3	465.8	475.0	724.2
2008	516.7	492.4	514.4	831.4
2009	508.9	487.5	500.0	781.5
2010	532.3	507.0	530.0	838.5

7-1 续 (continued)　（上年 =100）(preceding year=100)

年 份 Year	居民消费价格指数 Consumer Price Index	城 市 Urban Area	农 村 Rural Area	消费品指数 Index of Consumer Goods	服务项目指数 Index of Services
1979	101.0	100.3	101.7	100.8	102.8
1980	106.8	107.5	106.1	106.6	108.7
1981	106.5	105.8	107.2	106.3	108.4
1982	103.8	104.5	103.1	103.6	105.7
1983	100.8	100.1	101.5	100.6	102.6
1984	102.7	102.0	103.4	104.5	104.5
1985	113.1	116.1	106.2	112.9	115.2
1986	104.1	103.7	105.1	103.7	108.9
1987	109.8	109.8	109.8	110.0	107.9
1988	128.1	129.3	126.4	128.6	122.6
1989	128.4	126.3	127.5	126.9	141.0
1990	102.1	99.6	108.1	100.0	122.2
1991	103.9	104.0	103.6	103.3	108.2
1992	108.7	109.0	103.4	108.8	107.9
1993	123.3	123.7	116.5	123.8	119.7
1994	126.7	125.6	128.2	125.6	137.4
1995	113.5	110.6	118.4	111.9	120.4
1996	104.3	104.8	103.7	103.6	107.6
1997	100.8	101.5	100.3	99.8	112.1
1998	97.3	97.6	96.6	96.8	102.1
1999	98.3	99.1	97.3	97.2	108.4
2000	101.1	101.5	100.2	93.6	113.4
2001	98.5	98.8	98.3	98.1	99.8
2002	99.5	99.0	100.2	98.1	104.5
2003	100.1	99.4	100.9	100.9	97.2
2004	104.4	103.2	106.4	105.5	100.4
2005	101.5	101.3	101.7	101.1	103.0
2006	101.5	101.2	102.3	101.8	100.8
2007	105.0	104.6	106.2	106.3	100.9
2008	106.9	106.1	108.8	108.6	101.0
2009	99.3	99.5	99.0	98.9	100.8
2010	104.8	104.5	105.8	106.0	100.9
(1978=100)					
1978	100.0	100.0	100.0	100.0	100.0
1979	101.1	100.3	101.7	100.8	102.8
1980	107.9	107.8	107.9	107.5	111.7
1981	114.9	114.1	115.7	114.2	121.1
1982	119.2	119.2	119.3	118.2	128.0
1983	120.2	119.3	121.1	119.0	131.4
1984	123.4	121.7	125.2	124.4	137.3
1985	139.6	141.3	132.9	140.4	158.1
1986	145.3	146.5	139.8	145.6	172.2
1987	159.5	160.9	153.5	160.2	185.8
1988	204.3	208.0	194.0	206.0	227.8
1989	262.3	262.8	247.4	261.5	321.2
1990	267.8	261.7	267.4	261.5	392.5
1991	278.3	272.2	277.0	270.1	424.7
1992	302.4	296.7	286.5	293.8	458.3
1993	372.9	367.0	333.7	363.8	548.5
1994	472.5	460.9	427.8	456.9	753.7
1995	536.3	507.0	506.6	507.2	907.5
1996	559.4	531.4	525.3	525.4	976.4
1997	563.9	539.4	526.9	524.3	1094.5
1998	548.7	526.5	509.0	507.5	1117.5
1999	539.4	521.8	495.3	493.3	1211.4
2000	545.3	529.6	496.3	461.7	1373.7
2001	537.1	523.2	487.9	452.9	1371.0
2002	534.4	518.0	488.9	444.3	1432.7
2003	534.9	514.9	493.3	448.3	1392.6
2004	558.4	531.4	524.9	473.0	1398.2
2005	566.8	538.3	533.8	478.2	1440.1
2006	575.3	544.8	546.1	486.8	1451.6
2007	604.1	569.9	580.0	517.5	1464.7
2008	645.8	604.7	631.0	562.0	1479.3
2009	641.3	601.7	624.7	555.8	1491.1
2010	672.1	628.8	660.9	589.1	1504.5

7-2 商品零售价格分类指数
Retail Price Indices by Category

（上年=100） （preceding year=100）

项 目	Item	2005	2006	2007	2008	2009	2010
商品零售价格指数	**Retail Price Index**	100.9	101.3	103.8	106.7	98.5	104.6
食品	**Food**	102.4	102.6	110.4	113.7	100.2	108.4
粮食	Grain	100.1	103.7	102.2	109.7	103.7	110.5
油脂	Oil or Fat	98.7	99.7	117.7	124.1	91.1	105.1
肉禽及其制品	Meal, Poultry and Processed Products	100.9	98.7	124.3	119.0	94.8	103.6
蛋	Eggs	105.6	98.4	117.3	106.7	102.3	104.5
水产品	Aquatic Products	104.6	104.7	109.3	116.3	103.3	107.8
鲜菜	Fresh Vegetables	112.2	101.3	109.2	116.2	104.2	118.0
干菜及菜制品	Dried Vegetables	96.5	103.7	115.4	115.1	100.7	109.4
调味品	Flavoring	101.7	104.4	114.6	105.1	104.0	104.5
食糖	Sugar	116.8	133.0	88.0	96.9	105.3	135.0
鲜瓜果	Fresh Melons and Fruits	95.1	124.6	97.0	112.9	107.5	120.0
干(坚)果	Dried Fruits and Nuts	100.5	98.1	105.5	120.0	96.3	111.4
液体乳及乳制品	Liquid Milk and Its Products	99.5	100.9	101.1	111.8	100.8	102.2
其他食品	Other Food	102.6	102.0	100.6	109.7	101.7	104.1
饮料、烟酒	**Beverages,Tobacco and Liquor**	100.9	100.9	102.0	102.6	102.0	100.9
饮料	Beverages	99.5	100.7	102.8	105.2	103.3	100.7
烟草	Tobacco	101.3	100.1	100.9	99.5	99.6	100.5
酒	Liquor	101.0	101.0	101.6	105.7	104.1	101.6
服装、鞋帽	**Garments,Shoes and Hats**	96.6	96.1	97.7	97.4	98.6	101.1
服装	Garments	95.5	95.5	97.0	97.7	98.0	100.9
鞋	Shoes	100.1	94.9	98.5	98.3	100.3	102.1
纺织品	**Textiles**	98.0	99.4	101.8	99.7	101.3	101.8
棉布	Cotton Cloth	101.0	100.0	100.5	102.5	100.4	102.5
棉混纺布	Blend Cloth	99.0	100.0	100.0	100.0	100.1	102.6
化纤布	Chemical Fiber Cloth	100.0	99.8	99.0	101.3	100.1	104.1
家用电器及音像器材	**Household Appliances, Music and Video Equipment**	97.0	95.3	99.2	99.7	99.3	99.0
文化办公用品	**Culture and Office Appliances**	97.0	97.3	98.9	98.5	96.4	98.5
日用品	**Articles for Daily Use**	100.7	102.3	101.8	104.0	101.7	100.0
体育娱乐用品	**Sports and Recreation Articles**	99.8	98.9	99.3	101.6	100.0	100.2
交通、通信用品	**Transportation and Communica-tions Appliances**	92.8	92.2	90.8	95.4	94.2	93.4
家具	**Furniture**	100.5	103.5	102.5	102.2	100.4	103.5
化妆品	**Cosmetics**	100.9	100.0	100.8	100.0	100.6	98.3
金银珠宝	**Gold, Silver and Jewelry**	105.0	116.5	108.1	114.4	100.2	113.7
中西药品及医疗保健用品	**Traditional Chinese and Western Medicines and Health Care Articles**	97.4	99.2	100.6	100.1	101.6	106.1
医疗器具及用品	Medical Apparatus and Articles	98.8	97.4	99.9	100.0	102.8	112.8
中药材及中成药	Traditional Chinese Medicine Materials and Medicines	95.9	99.1	102.9	102.4	103.1	112.1
西药	Western Medicine	98.5	99.6	99.0	98.5	100.2	102.0
书报杂志及电子出版物	**Book, Newspapers, Magazines and Electronic Publications**	99.4	99.2	96.6	100.1	104.2	101.5
燃料	**Fuels**	113.4	114.6	103.6	113.7	89.9	114.5
建筑材料及五金电料	**Building Materials and Hardware**	106.6	106.7	109.3	113.2	93.6	111.9

7-3 分城乡商品零售价格指数
Retail Price Indices by Urban and Rural

(上年=100)　　(2010)　　(preceding year=100)

项　目	Item	全省 Total	城市 Urban Indices	农村 Rural Indices	海口市 Haikou	文昌市 Wenchang	琼中县 Qiongzhong
商品零售价格指数	Retail Price Index	104.6	104.0	106.0	103.7	106.2	106.8
食品	Food	108.4	108.0	109.1	108.0	108.8	112.0
粮食	Grain	110.5	110.7	110.0	110.8	110.4	106.5
油脂	Oil or Fat	105.1	103.7	106.7	104.4	107.5	93.5
肉禽及其制品	Meal, Poultry and Processed Products	103.6	102.1	106.1	102.0	106.3	104.6
蛋	Eggs	104.5	105.2	102.8	105.2	102.3	109.1
水产品	Aquatic Products	107.8	110.9	101.7	111.1	101.4	111.6
鲜菜	Fresh Vegetables	118.0	116.3	121.8	116.3	119.7	140.6
干菜及菜制品	Dried Vegetables	109.4	110.1	108.5	110.1	112.9	100.0
调味品	Flavoring	104.5	105.2	103.3	105.3	103.9	99.2
糖	Carbohydrate	119.9	118.5	121.3	116.8	123.4	101.8
鲜瓜果	Fresh Melons and Fruits	120.0	115.5	129.2	115.5	129.1	130.2
干(坚)果	Dried Fruits and Nuts	111.4	101.7	125.1	101.7	127.0	100.0
液体乳及乳制品	Liquid Milk and Its Products	102.2	101.8	103.2	101.8	103.3	102.2
其他食品类	Other Food	104.1	100.0	112.4	100.0	113.4	100.0
饮料烟酒	Beverages, Tobacco and Liquor	100.9	100.8	101.5	100.8	101.6	99.8
饮料	Beverages	100.7	100.3	101.5	100.4	101.7	98.5
烟草	Tobacco	100.5	100.6	100.2	100.6	100.2	100.0
酒	Liquor	101.6	101.1	103.0	101.3	103.3	100.0
服装、鞋帽	Garments, Shoes and Hats	101.1	99.8	105.3	99.8	105.6	100.0
服装	Garments	100.9	99.7	104.7	99.7	104.8	100.0
鞋	Shoes	102.1	100.0	111.4	100.0	112.2	100.0
纺织品	Textiles	101.8	100.6	104.9	100.6	105.0	110.5
衣着材料	Cloth	102.9	101.8	107.0	101.8	105.9	118.5
床上用品	Bedding	101.3	100.0	104.1	100.0	104.6	107.7
家用电器及音像器材	Household Appliances, Music and Video Equipment	99.0	99.9	97.0	100.0	96.7	99.0
文化办公用品	Culture and Office Appliances	98.5	99.5	95.9	99.4	95.8	99.1
日用品类	Articles for Daily Use	100.0	98.9	103.4	98.8	103.6	102.6
体育娱乐用品	Sports and Recreation Articles	100.2	99.9	101.4	99.9	101.0	106.0
交通、通信用品	Transportation and Communications Appliances	93.4	93.6	93.0	93.4	93.8	99.7
家具	Furniture	103.5	103.1	104.8	103.1	105.2	101.7
化妆品	Cosmetics	98.3	97.2	104.6	97.2	105.0	100.0
金银珠宝	Gold, Silver and Jewelry	113.7	111.3	120.6	111.9	121.1	118.1
中、西药品及医疗保健	Traditional Chinese and Western Medicines and Health Care Articles	106.1	106.7	104.8	107.0	104.2	108.1
医疗器具及用品	Medical Apparatus and Articles	112.8	115.3	99.9	115.3	100.0	97.3
中药材及中成药	Traditional Chinese Medicine Materials and Medicines	112.1	113.5	108.7	113.7	107.3	119.7
西药	Western Medicine	102.0	101.5	103.0	101.7	103.0	100.9
书报杂志及电子出版物	Book, Newspapers,Magazines and Electronic Publications	101.5	102.2	100.6	102.1	100.7	100.4
燃料	Fuels	114.5	113.6	115.7	112.6	115.7	114.3
建筑材料及五金电料	Building Materials and Hardware	111.9	108.5	116.5	108.5	120.9	103.9

7-4 居民消费价格分类指数
Consumer Price Indices by Category

(上年 =100) (preceding year=100)

项 目	Item	2005	2006	2007	2008	2009	2010
居民消费价格指数	**Consumer Price Index**	101.5	101.5	105.0	106.9	99.3	104.8
食品	**Food**	101.7	102.3	110.9	113.7	99.9	107.6
粮食	Grain	100.7	102.1	102.4	109.4	103.5	110.3
油脂	Oil or Fat	95.3	100.1	118.5	123.9	91.1	103.8
肉禽及其制品	Meal, Poultry and Processed Products	100.8	98.6	124.7	118.9	94.4	103.3
水产品	Aquatic Products	104.0	105.2	109.5	115.7	103.4	108.3
菜	Vegetables	108.6	103.0	108.6	115.2	104.9	117.9
糖	Carbohydrate	107.3	118.7	95.2	102.1	104.9	120.7
鲜瓜果	Fresh Melons and Fruits	95.5	124.9	94.5	112.2	107.8	117.7
干(坚)果	Dried Fruits and Nuts	101.2	98.7	105.5	122.6	96.2	107.1
糕点	Cake	101.4	100.8	100.3	103.0	100.3	110.8
液体乳及乳制品	Liquid Milk and Its Products	100.1	100.7	101.7	115.9	101.7	102.5
烟酒及用品	**Tobacco,Liquor and Articles**	101.2	100.5	101.1	101.3	100.9	100.6
衣着	**Clothing**	97.0	95.8	97.2	98.3	98.6	101.2
服装	Garments	96.0	95.7	96.6	98.0	98.0	100.7
衣着材料	Cloth	99.8	99.9	99.8	101.0	100.2	103.2
棉布	Cotton Cloth	101.8	100.0	100.4	102.6	100.5	102.8
棉混纺布	Blend Cloth	98.3	100.0	100.0	100.0	100.1	103.0
化纤布	Chemical Fiber Cloth	100.0	99.8	99.2	100.9	100.1	104.4
鞋	Shoes	99.6	94.9	98.4	98.6	100.1	102.0
家庭设备用品及维修服务	**Household Facilities Articles and Services**	100.7	101.1	103.0	101.9	101.9	104.6
家具	Furniture	100.8	103.0	102.4	102.3	100.0	104.7
家庭设备	Household Appliances	100.0	99.6	102.1	101.4	100.2	99.7
家庭日用杂品	Daily Use Household Articles	101.2	100.8	102.1	102.9	100.9	103.9
医疗保健和个人用品	**Health Cares & Personal Articles**	99.7	98.8	99.7	101.6	104.3	102.0
医疗保健	Health Cares	99.0	97.2	98.6	100.4	105.7	101.9
中药材及中成药	Traditional Chinese Medicine Materials and Medicines	95.0	98.8	103.9	103.0	103.5	113.5
西药	Western Medicine	99.0	99.4	98.8	98.3	100.2	101.5
交通和通信	**Transportation and Communication**	100.5	101.2	99.9	101.3	98.1	100.6
交通	Transportation	102.0	104.8	101.0	103.9	98.8	103.7
通信	Communication	98.3	96.8	98.5	98.1	97.3	96.9
娱乐教育文化用品及服务	**Recreation,Education and Culture Articles and Services**	101.1	99.0	98.9	100.4	99.6	99.4
文娱用耐用消费品及服务	Durable Consumer Goods for Culture and Recreational Use and Services	93.8	91.9	97.7	98.4	96.4	99.0
教育	Education	104.2	101.3	99.3	101.5	100.5	98.6
居住	**Residence**	105.9	107.7	105.4	106.6	94.0	109.7
建房及装修材料	Building and Building Decoration Materials	105.2	110.6	109.0	112.5	97.5	116.6
租房	Renting	100.9	100.1	101.4	102.4	101.0	111.2
自有住房	Private Housing	105.1	107.0	107.4	103.1	91.2	104.7
水、电、燃料	Water, Electricity and Fuels	106.7	107.0	103.0	105.4	92.6	108.5

7-5 城乡居民消费价格指数
Consumer Price Indices of Residents by Urban and Rural Area

(2010)

项目	Item	以1985年价格为100 (1985=100)			以1987年价格为100 (1987=100)			以1993年价格为100 (1993=100)		
		全省 Total	城镇 Urban	农村 Rural	全省 Total	城镇 Urban	农村 Rural	全省 Total	城镇 Urban	农村 Rural
居民消费价格指数	**Consumer Price Index**	474.8	442.6	489.6	415.2	389.8	431.0	182.9	174.3	201.4
食品	**Food**	652.1	606.2	655.7	559.8	520.4	563.0	219.4	206.7	242.8
粮食	Grain	1040.1	911.6	1238.5	901.6	852.7	1039.9	231.4	233.7	253.8
油脂	Oil or Fat	777.4	856.8	729.9	726.9	801.2	682.4	194.0	198.9	189.0
肉禽及其制品	Meal, Poultry and Processed Products	445.8	451.4		375.8	380.6		216.7	190.5	246.3
水产品类	Aquatic Products	648.8	579.9	809.4	503.1	449.8	545.7	212.9	211.6	206.1
鲜菜	Fresh Vegetables	770.6	754.6		750.8	735.1		313.3	306.8	313.1
其他食品	Other Food	359.3	292.6	472.8	312.9	254.8	411.9	165.2	141.5	208.1
烟草	Tobacco	241.8	219.0	270.0	227.9	213.7	243.0	93.9	85.2	103.1
衣着	**Clothing**	197.2	179.8	250.6	182.4	166.3	235.4	112.1	102.6	140.4
棉布	Cotton Cloth	314.5	310.1	416.2	293.7	291.8	376.4	147.1	146.8	182.5
化纤布	Chemical Fiber Cloth	246.7	344.1	205.4	244.1	340.3	203.1	187.0	269.7	147.7
家庭设备用品及维修服务	**Household Facilities Articles and Services**	238.1	218.3	315.4	220.7	209.3	248.8	146.8	143.5	152.6
耐用消费品	Durable Consumer Goods	220.7	210.8	247.3	197.4	188.6	221.3	112.1	108.1	124.5
家庭日用杂品	Daily Use Household Articles	424.0	415.0	400.7	349.5	341.5	308.8	188.8	188.0	185.1
医疗保健和个人用品	**Health Cares & Personal Articles**	311.0	280.2	369.1	290.9	260.0	342.6	157.2	138.4	192.8
中药材及中成药	Traditional Chinese Medicine Materials and Medicines	358.6	311.1	413.1	343.2	297.8	395.2	166.1	141.8	202.3
西药	Western Medicine	210.5	203.1	242.3	190.6	184.0	219.5	121.3	118.5	139.6
交通和通信	**Transportation and Communication**	254.8	237.0	218.8	182.3	172.8	115.1	76.9	71.3	67.3
娱乐教育文化用品及服务	**Recreation,Education and Culture Articles and Services**	162.3	196.2	181.6	148.8	158.6	157.7	117.0	122.3	121.1
文娱用耐用消费品及服务	Durable Consumer Goods for Recreational Use and Services	57.7	69.5	52.5	54.3	65.7	49.7	47.6	54.5	43.5
居住	**Residence**	447.9	435.3	556.2	419.0	407.6	520.0	251.5	239.1	270.3
自有住房	Private Housing	356.9	272.3	546.3	340.2	259.7	521.0	248.6	201.2	283.8
水、电、燃料	Water,Electricityand Fuels	447.5	517.2	375.1	415.0	481.1	347.2	224.2	250.7	174.3

7-5 续 1 (continued1)　　(上年 =100)　　(preceding year=100)

项　目	Item	全省 Total	城市 Urban	农村 Rural	海口市 Haikou	文昌市 Wenchang	琼中县 Qiongzhong
居民消费价格指数	Consumer Price Index	104.8	104.5	105.8	104.2	106.0	105.4
食品	Food	107.6	107.5	107.8	107.6	107.6	109.8
粮食	Grain	110.3	110.6	109.5	110.4	110.4	106.2
淀粉	Starches and Tubers	105.7	104.7	109.3	104.7	111.2	100.0
干豆类及豆制品	Bean and Its Products	112.4	108.5	117.3	107.3	116.2	113.7
油脂	Oil or Fat	103.8	103.6	104.3	103.0	107.1	94.7
肉禽及其制品	Meal, Poultry and Processed Products	103.3	102.0	106.1	102.2	106.5	104.8
蛋	Eggs	104.7	105.1	103.9	105.1	102.3	108.3
水产品	Aquatic Products	108.3	111.3	101.8	111.4	101.3	111.6
菜	Vegetables	117.9	116.3	123.7	116.1	120.4	137.5
鲜菜	Fresh Vegetables	117.8	116.3	123.7	116.3	119.7	140.6
干菜及菜制品	Dried Vegetables and Its Products	109.4	110.1	107.5	110.1	112.9	100.0
调味品	Flavoring	104.0	105.0	102.0	105.0	103.1	98.7
糖	Carbohydrate	120.7	120.0	121.8	121.0	125.1	101.8
食糖	Sugar	135.0	137.5	131.2	137.5	135.4	100.0
糖果	Candy	107.5	101.9	116.2	101.9	117.9	105.4
茶及饮料	Tea and Beverages	100.3	99.9	101.0	100.3	101.3	98.9
干鲜瓜果	Dried and Fresh Melons and Fruits	116.6	114.3	128.6	113.9	128.6	127.1
鲜瓜果	Fresh Melons and Fruits	117.7	115.5	129.3	115.5	129.1	130.2
干(坚)果	Dried Fruits and Nuts	107.1	101.7	123.7	101.7	127.0	100.0
糕点饼干	Cake and Biscuit	106.9	108.8	101.5	108.7	101.7	100.2
液体乳及乳制品	Liquid Milk and Its Products	102.5	101.9	103.2	101.6	103.6	102.2
在外用膳食品	Outward Dinner	107.9	107.8	108.7	107.2	106.8	117.7
其他食品类	Other Food	105.6	100.0	111.8	100.0	113.4	100.0
烟酒及用品	Tobacco,Liquor and Article	100.6	100.2	101.1	100.2	101.2	100.0
烟草	Tobacco	100.4	100.6	100.2	100.6	100.2	100.0
酒	Liquor	101.6	101.0	102.4	100.9	102.8	100.0
衣着	Clothing	101.2	99.9	105.2	100.0	107.1	100.4
服装	Garments	100.7	99.7	103.8	99.7	105.4	100.0
衣着材料	Cloth Material	103.2	101.8	107.4	101.8	105.7	118.5
棉布	Cotton Cloth	102.8	101.4	107.9	101.4	106.2	122.1

7-5 续 2(continued 2) (上年 =100) (preceding year=100)

项 目	Item	全省 Total	城市 Urban	农村 Rural	海口市 Haikou	文昌市 Wenchang	琼中县 Qiongzhong
棉混纺布	Blend Cloth	103.0	101.9	105.5	101.9	103.7	119.9
化纤布	Chemical Fiber Cloth	104.4	102.5	110.1	102.5	108.6	118.4
鞋袜帽	Shoes, Socks, Hats	101.8	100.0	107.8	100.0	110.8	100.0
鞋	Shoes	102.0	100.0	109.8	100.0	113.4	100.0
袜子	Socks	100.0	100.0	100.0	100.0	100.0	100.0
帽子	Hats	101.9	100.0	102.8	100.0	105.5	100.0
家庭设备用品及维修服务	**Household Facilities Articles and Services**	**104.6**	**105.1**	**103.3**	**105.3**	**103.8**	**101.5**
耐用消费品	Durable Consumer Goods	102.2	101.9	102.8	101.4	103.2	100.8
家具	Furniture	104.7	105.0	104.2	105.0	104.8	101.7
家庭设备	Household Appliances	99.7	99.5	100.3	99.5	100.6	99.0
室内装饰品	Interior Decorations	96.6	95.6	100.4	95.6	100.5	100.0
床上用品	Bed Articles	101.9	100.0	104.9	100.0	103.7	107.7
家庭日用杂品	Daily Use Household Articles	103.9	104.3	102.8	104.3	103.5	100.1
医疗保健和个人用品	**Health Cares & Personal Articles**	**102.0**	**101.3**	**104.0**	**101.3**	**104.2**	**104.4**
医疗器具及用品	Medical Instrument and Articles	105.8	115.3	99.6	115.3	100.0	97.3
中药材及中成药	Traditional Chinese Medicine Materials and Medicines	113.5	114.0	110.7	114.7	108.7	120.6
西药	Western Medicine	101.5	101.2	102.7	101.2	103.1	100.9
交通和通信	**Transportation and Communication**	**100.6**	**100.7**	**100.4**	**100.7**	**100.3**	**101.8**
交通	Transportation	103.7	103.7	103.8	104.0	103.9	103.1
通信	Communication	96.9	97.7	94.7	97.9	93.3	99.8
娱乐教育文化用品及服务	**Recreation,Education and Culture Articles and Services**	**99.4**	**99.5**	**98.9**	**99.8**	**98.5**	**100.6**
文娱用耐用消费品及服务	Durable Consumer Goods for Recreational Use and Services	99.0	100.3	92.1	100.3	90.5	99.5
教育	Education	98.6	98.0	100.4	98.1	100.3	101.1
文化娱乐类	Cultural and Recreational Articles	99.9	100.0	99.8	100.3	99.8	99.4
书报杂志	Newspapers and Magazines	101.7	102.2	100.2	102.2	100.3	100.0
居住	**Residence**	**109.7**	**108.0**	**114.3**	**106.6**	**116.0**	**104.4**
建房及装修材料	Building and Building Decoration Materials	116.6	110.4	120.4	109.6	122.8	104.6
租房	Renting	111.2	111.3	110.9	110.7	113.8	100.0
自有住房	Private Housing	104.7	105.1	100.1	103.7	100.2	100.1
水、电、燃料	Water, Electricity and Fuels	108.5	108.7	107.6	106.9	108.1	105.6

7-6 农业生产资料价格指数
Price Indices for Means of Agricultural Production

(上年 =100) (2010) (preceding year=100)

项　目	Item	全省 Total	农村 Rural	文昌市 Wenchang	琼中县 Qiongzhong
农业生产资料价格指数	Price Indices for Means of Agricultural Production	107.3	107.3	108.4	101.5
农用手工工具	Farm Handtools	104.1	104.1	104.8	100.0
饲料	Forage	107.9	107.9	108.4	104.9
幼禽家畜	Young Livestock and Fowls	103.4	103.4	102.5	95.1
半机械化农具	Semi-mechanized Farm Tools	105.6	105.6	106.3	102.8
机械化农具	Mechanized Farm Machinery	106.5	106.5	107.1	103.0
化学肥料	Chemical Fertilizer	109.3	109.3	111.4	98.7
农药及农药械	Chemical Pesticide and Its Appliances	100.3	100.3	100.7	98.1
化学农药	Chemical Pesticide	100.5	100.5	100.7	98.5
农药器械	Chemical Pesticide Appliances	99.1	99.1	100.0	95.2
农用机油	Oil for Farm Machinery	114.8	114.8	115.0	113.8
其他农业生产资料	Others Means of Agricultural Production	114.6	114.6	116.7	100.1

7-7 主要消费品零售价格指数
Retail Price Indice of Main Consumer Goods

(上年 =100) (preceding year=100)

项　目	Item	2005	2006	2007	2008	2009	2010
植物油制品	Vegetable Oil Products	98.6	97.6	128.3	127.2	80.8	101.2
肉禽及其制品	Meal,Poultry and Processed Products	100.9	98.7	124.3	119.0	94.8	103.6
蛋	Eggs	105.6	98.4	117.3	106.7	102.3	104.5
水产品	Aquatic Products	104.6	104.7	109.3	116.3	103.3	107.8
鲜菜	Fresh Vegetables	112.2	101.3	109.2	116.2	104.2	118.0
干菜及菜制品	Dried Vegetables and Its Products	96.5	103.7	115.4	115.1	100.7	109.4
调味品	Flavoring	101.7	104.4	114.6	105.1	104.0	104.5
食糖	Sugar	116.8	133.0	88.0	96.9	105.3	135.0
糖果	Candy	99.1	104.1	101.1	104.5	108.6	108.4
鲜瓜果	Fresh Melons and Fruits	95.1	124.6	97.0	112.9	107.5	120.0
干(坚)果	Dried Fruits and Nuts	100.5	98.1	105.5	120.0	96.3	111.4
糕点	Cake	99.5	101.8	100.5	103.8	100.2	109.5
液体乳及乳制品	Liquid Milk and Its Products	99.5	100.9	101.1	111.8	100.8	102.2
茶叶	Tea	101.6	107.6	110.5	99.2	104.6	101.0
烟草	Tobacco	101.3	100.1	100.9	99.5	99.6	100.5
酒	Liquor	101.0	101.0	101.6	105.7	104.1	101.6
服装	Garments	95.5	95.5	97.0	97.7	98.0	100.9
鞋	Shoes	100.1	94.9	98.5	98.3	100.3	102.1
棉布	Cotton Cloth	101.0	100.0	100.5	102.5	100.4	102.5
棉混纺布	Blend Cloth	99.0	100.0	100.0	100.0	100.1	102.6
化纤布	Chemical Fiber Cloth	100.0	99.8	99.0	101.3	100.1	104.1
日用杂品	Daily Use Articles	99.6	102.1	104.0	100.7	98.5	102.1
家具	Furniture	100.5	103.5	102.5	102.2	100.4	103.5
中药材及中成药	Traditional Chinese Medicine Materials and Medicines	95.9	99.1	102.9	102.4	103.1	112.1
西药	Western Medicines	98.5	99.6	99.0	98.5	100.2	102.0

7-7 续(continued)

项　目	Item	以 1987 年价格为 100 (1987=100)			以 1998 年价格为 100 (1998=100)		
		全省 Total	城镇 Urban	农村 Rural	全省 Total	城镇 Urban	农村 Rural
植物油制品	Vegetable Oil Products	631.9	743.7	530.3	127.4	135.7	108.3
肉禽及其制品	Meal, Poultry and Processed Products	341.7	349.9		164.6	153.5	177.2
水产品	Aquatic Products	499.4	490.5	622.6	170.1	164.7	171.6
鲜菜	Fresh Vegetables	733.0	683.8		199.0	194.8	195.4
干菜及菜制品	Dried Vegetables	412.0	367.0	452.9	149.0	155.9	139.7
调味品	Flavoring	312.3	272.4	409.7	127.8	123.8	134.0
食糖	Sugar	388.4	383.5	473.6	149.2	159.6	143.4
糖果	Candy	467.7	376.4	566.7	126.2	103.8	169.8
鲜瓜果	Fresh Melons and Fruits	381.8	364.1		177.5	173.6	190.3
干(坚)果	Dried Fruits and Nuts	345.7	316.2	375.6	114.8	110.0	124.1
糕点	Cake	486.1	495.8		111.8	113.3	110.4
液体乳及乳制品	Liquid Milk and Its Products	283.3	237.4	384.1	100.0	92.2	126.3
茶叶	Tea	245.9	155.0	367.2	114.6	105.1	123.1
烟草	Tobacco	297.0	268.9	293.0	89.0	91.9	82.8
酒	Liquor	265.0	202.7	293.0	120.1	99.9	132.1
服装	Garments	140.7	132.8	193.2	80.3	74.3	98.6
鞋	Shoes	337.5	273.7	467.6	102.8	102.1	120.8
棉布	Cotton Cloth	297.6	273.2	364.7	95.0	86.7	115.7
棉混纺布	Blend Cloth	374.6	431.8	366.3	107.3	111.2	102.5
化纤布	Chemical Fiber Cloth	287.2	335.3	212.5	124.3	141.3	115.5
日用杂品	Daily Use Articles	328.5	289.8	404.4	111.1	106.8	122.0
家具	Furniture	191.5	151.2	272.3	97.9	92.2	111.6
中药材及中成药	Traditional Chinese Medicine Materials and Medicines	352.4	280.3	360.4	137.1	117.7	137.9
西药	Western Medicines	235.6	209.0	254.7	101.6	90.6	114.4

主要统计指标解释

商品零售价格指数 是反映城乡商品零售价格变动趋势的一种经济指数。零售物价的调整变动直接影响到城乡居民的生活支出和国家的财政收入,影响居民购买力和市场供需平衡,影响消费与积累的比例。因此,计算零售价格指数,可以从一个侧面对上述经济活动进行观察和分析。

居民消费价格指数 是反映一定时期内城乡居民所购买的生活消费品价格和服务项目价格变动趋势和程度的相对数,是对城市居民消费价格指数和农村居民消费价格指数进行综合汇总计算的结果。利用居民消费价格指数,可以观察和分析消费品的零售价格和服务价格变动对城乡居民实际生活费支出的影响程度。

城市居民消费价格指数 是反映城市居民家庭所购买的生活消费品价格和服务项目价格变动趋势和程度的相对数。城市居民消费价格指数可以观察和分析消费品的零售价格和服务项目价格变动对职工货币工资的影响,作为研究职工生活和确定工资政策的依据。

农村居民消费价格指数 是反映农村居民家庭所购买的生活消费品价格和服务项目价格变动趋势和程度的相对数。农村居民消费价格指数可以观察农村消费品的零售价格和服务项目价格变动对农村居民生活消费支出的影响,直接反映农民生活水平的实际变化情况,为分析和研究农村居民生活问题提供依据。

农业生产资料价格 是农业生产资料在流通领域最后一个环节的价格,是工业、商业及其他单位和个人向农民出售农业生产资料(包括主要生产性服务,下同)的价格。农业生产资料价格调查的任务是系统地调查、搜集和整理市场农业生产资料价格资料,编制农业生产资料价格指数,据此测定全国市场农业生产资料价格变动趋势和变动程度。其目的在于掌握农业生产资料的平均价格水平,为国家制定经济政策提供依据;同时,为研究城乡市场流通和国民经济核算提供参考依据。

Explanatory Notes on Main Statistical Indicators

Retail Price Index reflects the general change in retail prices of commodities. The change and adjustment in retail prices directly affect the living expenditure of urban and rural residents, government revenue, purchasing power of residents and equilibrium of market supply and demand, and the ratio of consumption to accumulation. Therefore, the calculation of retail price index is useful to analyze the changes of the above economic activities.

Consumer Price Index reflects the trend and degree of changes in prices of consumer goods and services purchased by urban and rural residents, and is a composite index derived from the urban consumer price index and the rural consumer price index. Consumer price index can be used to analyze the impact of consumer price change on actual expenditure for living cost of urban and rural residents.

Urban Consumer Price Index reflects the trend and degree of changes in prices of consumer goods and services purchased by urban households. It can be used to observe and analyze the impact of price changes in consumer goods and services on money wages of staff and workers, and provide basis for policy making concerning the living cost and wages of staff and workers.

Rural Consumer Price Index reflects the trend and degree of changes in prices of consumer goods and services purchased by rural households. It can be used to observe the impact of change in retail prices of consumer goods and service prices in rural areas on living expenditure of rural households, and to show the changes in the living standard of peasants. It provides basis for analysis and research on condition of life in rural areas.

Price of Agricultural Means of Production is the last link of price in the circulation of price that industrial, commercial and other units and individuals sale agricultural production material (including main productive service, similarly hereinafter) to farmers .And the task of investigating is surveying, collecting and collating data on market, and compiling the price index for agricultural means of production, thus determine the trend and degree of change in price of agricultural means of production for the nation market. Objective to offer evidence to constitute national economic policy by controlling the average level of agricultural means of production price, meanwhile to provide reference for studying urban and rural market circulation and national economic account.

海南省高级人民法院

海南省高级人民法院于1988年9月正式挂牌成立。现有行政编制人员267人，事业编制人员28人，内设处级机构29个，事业编制机构2个。

近年来，省高院认真贯彻落实中央、省委工作部署和省人大工作要求，深入贯彻落实科学发展观，坚持“三个至上”指导思想,全面推进政法四项重点工作，为海南国际旅游岛建设提供有力司法保障。今年1至10月，全省法院审、执结各类案件34851件，同比上升2.96%；办理非诉案件5804件，结案4918件，结案率84.73%，结案率同比上升5.22个百分点。处理来信来访15292件人次，同比下降11.59%，实现收结案全面提升，案件改判率、发回重审率和申诉、申请再审案件数量逐年下降。

始终坚持以审判、执行工作为中心，加强业务管理，坚持改革创新，不断提高审判质量和效率。强化审判流程管理，严格审限跟踪监督；强化审委会对案件的监督制约职能，提高审委会工作质量和效率；建立案件质量评查制度和审判绩效考评制度，试行违法审判责任追究；加强业务指导，建立审判业务交流和审判信息沟通机制；落实公开审判制度，做到依法应当公开审判的案件公开审判率达到100%，实行生效裁判文书网上公示和判后释疑制度；积极推进量刑规范化试点工作，各试点法院试点案件抗诉率降低为零，超期羁押、超审限问题基本杜绝；加强执行规范化建设，执行权优化配置试点工作取得积极进展。

始终坚持“为大局服务，为人民司法”工作主题，切实落实司法为民措施，服务党委政府中心工作。深入贯彻落实《海南法院司法为民30条措施》，满足人民群众日益增长的司法需求；强化诉讼指导，进一步完善立案大厅建设，普遍开展“一站式”服务；在基层法院大力推行案件繁简分流，速立速裁速调速执，快速化解纠纷；加强司法救助，体现司法人文关怀，今年上半年，省高院已发放司法救助金360多万元，全省法院依法减免缓交诉讼费234.63万元；推广深受群众欢迎的旅游法庭、交通法庭、鱼排法庭、蔬菜法庭、假日法庭等便民法庭品牌；深入开展“法律六进”活动，有效延伸审判职能效应。

出台《服务海南国际旅游岛建设工作意见》，提出设立旅游服务中心、设立环保法庭、贴身服务大项目建设等十六条举措；妥善审理重大诉讼案件，促进海南经济健康发展；加强司法调研，提出的多项司法建议得到了省委、省政府主要领导的高度重视和有关单位的积极回应。

▲董治良院长在省人大会上作法院工作报告

▲省委领导和高院领导带案下访

▲服务国际旅游岛建设专家法治讲座

▲升旗仪式

海南省

▲ "建设国际旅游岛，公安怎么办"大讨论活动动员部署大会

▲ 7月12-16日，由公安部、外交部和国家旅游局组成的国家检查验收团莅临我省对免签团服务管理工作进行检查验收

▲ 12月7日，全省执法规范化建设工作会议在海口召开

刚刚过去的一年，是非同寻常的一年，也是我省公安工作亮点最多、公安民警贡献最大、工作最辛苦的一年。一年来，面对国际旅游岛建设的良好机遇和严峻挑战，面对改革开放和对敌斗争"两个前沿"更加错综复杂的维稳形势，面对异常繁重艰巨的安全保卫工作任务，面对历史罕见的特大洪灾，全省公安机关在省委、省政府和公安部的正确领导下，主动服务第一要务，忠实履行第一责任，全力维护国家安全和社会稳定，取得了"两升三降、两个确保、一个整体提高"的良好成绩。两升：刑事案件破案绝对数同比上升11.48%,百名民警破案数同比上升11.72%。三降：杀人、强奸、抢劫等8类严重影响人民群众安全感的案件同比下降2.9%，道路交通事故万车死亡率同比下降26.1%，火灾事故主要指标（死亡、受伤人数）同比分别下降40%和80%。两个确保：确保了全省社会政治和治安大局持续稳定，确保了重大活动和警卫对象的绝对安全。一个整体提高：全省各项公安业务工作在全国公安系统的排名整体提高，禁毒、出入境管理、警卫、消防、公安立法、侦破积压命案、信访、维护妇女儿童合法权益等工作继续保持全国先进，安全生产、制定公共交通行业反恐安全防范标准、廉政窗口建设等工作走在全国前列，打击假发票、信息报送等工作接近全国先进水平，连续17年没有发生抢劫金融单位等恶性案件，成为全国恶性案件较少、社会治安持续平稳的省份之一。

维护社会政治稳定工作进一步加强。深化"大走访"活动，排查矛盾纠纷1838起，成功调处1598起；深入开展大接访活动和清理信访积案工作，信访工作在全国公安系统排名从倒数第二跃升到第19名，并被省委、省政府评为2007至2010年度全省信访工作先进单位；成功处置477起群体性事件，没有发生因处置不当引发矛盾升级的问题；完善了"四位一体"反恐工作实战体系，在全国率先制定实施了公共交通5个行业反恐防范标准。全省没有发生危害国家安全和社会政治稳定的重大案（事）件，没有发生暴力恐怖袭击事件。

社会治安打防管控战果显著。及时侦破了一大批重特大刑事案件，破获现行命案173起，破案率为91.53%。破获"两抢一盗"案件5729起、诈骗案件1193起，有效遏制了多发性侵财犯罪高发的势头。破获经济犯罪案件318起，同比上升56.65%，涉案金额875亿元，挽回直接经济损失3.294亿元，避免国家、集体、个人经济流失26.294亿元。破获毒品刑事案件、抓获犯罪嫌疑人分别排在全国第14名和第16名。抓获网上在逃犯4476名，同比上升17.57%。摧毁涉恶团伙49个，抓获团伙犯罪嫌疑人360人。指导督办东方市卓有成效地整治了突出治安问题，该市社会治安实现了由乱到治的转变。大力构筑环粤"安保圈"，公安部为我厅亚运安保工作记集体二等功。公安监管场所在羁押量上升

▲ 全省公安机关2010年首期民警初任培训班结业典礼暨警务实战训练汇报表演在省警校举行

▲ 全省公安机关网络安全保卫工作获奖单位颁奖

公 安 厅

4.3%的情况下，发生责任事故、因病死亡事件，同比分别下降50%和12.5%。

保障服务国际旅游岛建设的能力不断提升。扎实推进“三项重点工作”和“三项建设”，深入开展“建设国际旅游岛，公安怎么办”大讨论和“效能建设年”活动；推动省人大、省政府制定修订和出台了《海南经济特区禁毒条例》、《海南经济特区消防条例》和全国第一部《外国人免签证来琼旅游团服务和管理办法》；积极争取26国免签证新政策顺利落地我省；提出了构建“海岛型立体化治安防控体系”和“海南警务信息智能岛”等社会管理创新工作思路，完成了公安信息化“九大工程”建设；全年全省公安机关无诉讼败诉案件，公安执法水平和公信力进一步提高；推出《全省公安机关2010年服务保障国际旅游岛建设十五项措施》等一批便民服务措施，受到人民群众的好评。

行政能力建设和“创先争优”取得新进步。全面推进科学民主行政、依法行政、高效行政、廉洁行政等各项行政能力建设，深入开展“创先争优”活动，涌现出一批先进典型。全省公安机关共有49个集体分别荣立一、二、三等功；209名民警分别荣立个人一、二、三等功；12名民警被评为全省优秀人民警察；定安县公安局民警杜代聪被评为全国先进工作者；屯昌县公安局民警许用开被省委省政府授予“优秀共产党员”称号，省委还专门作出向许用开学习的决定；消防总队党委被部消防局评为全国“先进总队党委”。

在充满希望和挑战的“十二五”期间，全省公安机关将以科学发展观为指导，围绕服务和保障海南国际旅游岛建设发展这一主线，紧紧抓住影响社会和谐稳定的源头性、根本性、基础性问题，大力加强社会矛盾化解、社会管理创新、公正廉洁执法和警务信息化、执法规范化、警民关系和谐化建设，着力创建“海南警务信息智能岛”和“海岛型立体化治安防控体系”，全面落实社会治安综合治理各项措施，持续推进“平安和谐海岛”建设，进一步建立健全公共安全和重大突发事件应急管理体系，不断提高社会治安管理水平。力争通过5年的努力，在全省建立起以“海南警务信息智能岛”为依托的结构完备、机制健全、管理有效、保障有力的具有海南特色的海岛型立体化社会治安防控体系，提高维护国家安全、驾驭社会治安局势、处置突发事件、为经济社会发展服务的能力，各项公安工作主要指标达到全国中上游水平，“毒赌色”等社会丑恶现象得到基本遏制，刑事犯罪案件上升势头得到有效遏制，重大道路交通事故和火灾事故得到基本遏制，旅游景区周边和国道、省道多发性、可防性刑事和治安案件明显减少，人民群众和中外游客的安全感和满意度进一步提升，努力把海南建设成为社会政治稳定、经济发展环境良好、人民群众安居乐业的安全岛、和谐岛。

▲ 苏琼合作素质强警行动启动仪式暨对口合作单位见面会上双方领导互赠礼物（海南赠江苏黎锦）

▲ 开展“文明出行争当文明有礼海南人”签名活动

▲ 博鳌亚洲论坛会场现场查验安检

▲ 海警一支队海上宣传打击违法犯罪活动

▲ 5.15全国打击经济犯罪宣传活动

加快海南国际旅游岛建设 推动海南“十二五”建设事业

海南省住房

▲ 党组书记、厅长：李建飞

▲《海南经济特区物业管理条例》实施新闻发布会

▲“海南国际旅游岛城乡风貌规划（导则）”评审会

▲ 奉献爱心，赈灾动员大会

“十一五”期间,全省住房和城乡建设系统在省委省政府的坚强领导下,紧紧围绕“十一五”规划各项目标任务，锐意改革，大胆创新，扎实工作，高标准、高质量、全面完成了海南建设事业各项目标任务。这五年，是城乡基础设施投入最多、城乡面貌变化最显著、惠及人民群众切身利益最多的五年。

城镇化进程明显加快。全省城镇人口达到415（含农场职工）万人，城镇化率达50%，比“十五”期末增长5个百分点，超过全国“十一五”指标3个百分点。城镇建成区面积301平方公里，比“十五”期末增加31平方公里，转移30多万农村富余劳动力进城就业。

城镇基础设施和公用事业取得巨大成就。全省城镇基础建设完成投资180.35亿元，比“十五”增长109%。新增道路513公里，城市人均道路面积14.5平米，超过全国“十一五”指标3个百分点。21个垃圾无害化处理项目全部完工并投入使用，全省垃圾无害化处理设施实现全覆盖，城镇生活垃圾无害化处理率达到86%以上，超过全国“十一五”指标16个百分点。县城以上城镇绿地率达33.29%，绿化覆盖率达39%，人均公共绿地达11.5平方米／人。全省新增城镇公园24座，海口、三亚获建设行业最高奖——中国人居环境奖，海口、三亚、保亭等多个市县被评为“国家园林城市（县城）”等。

城镇居民住房条件明显改善。从2008年开始到去年底，全省开工建设城镇保障性住房22.06万套，建成9.1万套，完成投资129亿元，发放廉租住房租赁补贴1.7万户，实施住房保障10.24万户，按同口径比较，我省建设强度达到全国平均水平2倍以上。城镇居民的人均住房面积达到30平方米，超过小康标准3平方米。

全省住房公积金归集、使用率逐年提高。截止2010年12月，全省累计缴存137.28亿元，缴存职工人数50.81万人；累计提取51.2亿元，个人贷款总额35.8亿元；缴存覆盖率达到65.41%。住房公积金对住房保障作用进一步增强。

建设科技和建筑节能加速推进。新建建筑全部执行建筑节能强制性标准，新型墙体材料应用比例达到65%以上。海口既有建筑25%完成节能改造，三亚既有建筑15%完成节能改造，琼海等5个城市既有建筑10%完成节能改造。

2010年是全省住房城乡建设事业取得成绩最为辉煌的一年，也是为国际旅游岛建设打下良好基础的重要一年。

一是保障性住房和危房改造全面超额完成任务。全省保障性住房建设完成投资62.98亿元，实际开工12.63万套、1057.09万平方米，占全年计划的125%，竣工7.4万套、561.72万平方米，超额完成国家下达任务。危房改造（含农村危房、水库移民、茅草房）已完成改造12889户，开工建设19466户，也超额完成改造1万户年度计划的任务；二是引导调控房地产业保持平稳健康发展。2010年全省房地产开发投资实际完成467.87亿元，占城镇固定资产投资的42.23%，同比增长62.5%；商品住房销售面积571万平方米，商品住房销售金额746.61亿元，同比增长112.4%；房地产业实现税收104.05亿元，占全省地税总额的43.9%，同比增长108%；三是环境综合整治和公厕建设成效明显。全省公共厕所项目竣工702座，提前超额完成648座的任务；四是超额完成太阳能建筑应用任务。全省太阳能热水系统建筑应用示范项目36个，完成新增太阳能热水系统建筑应用面积约610万平方米。

扎实开展抗洪救灾和恢复重建工作。面对2010年10月份发生的特大洪涝灾害，全省住房和城乡建设主管部门，全力投入抗洪救灾和恢复重建工作。组成近15个专家组，分赴各市县对校舍安全、水浸区域房屋安全隐患、市政防洪排涝设施等开展一系列排查和督导工作。全省建设系统共捐款8000多万元，充分体现了我省建设系统各企事业单位和广大干部职工的社会责任感和对海南人民的爱心。

“十二五”时期，我们要紧紧围绕海南国际旅游岛建设这条主线，积极作为、努力拼搏，通过5年的不懈努力，力争在“十二五”末全面实现以下主要目标：

初步建成具有国际旅游岛特色的城乡风貌和充满魅力的一流人居环境。加强城市雕塑建设，构建城乡绿化廊道和生态网络，大量种植热带植物和花卉，营造多层次的热带生态园林绿化景观。城市人均公共绿地面积达到15平方米，城市建成区绿化覆盖率达到43%，城市建成区绿地率达到38%，建成一批富有地方特色的生态园林城镇。

城乡居民居住条件得到根本改善。“十二五”期间，累计完成投资377.44亿元，建成各类城镇保障性住房28.8万套，建筑面积2306.74万平方米，实现城镇中低收入住房困难家庭住有所居。完成15万户农村危房和水库移民危房改造，改造面积900万平方米，提高和改善农村居民住房水平。

建设科技与建筑节能快速发展。到2015年，70%的城镇新建建筑应用太阳能等清洁能源，30%的农村新建建筑应用可再生能源，新建建筑全部达到建筑节能目标，应用太阳能热水系统的建筑面积达到4500万平方米，30%的新建建筑达到绿色建筑标准，民用建筑能耗占全省的总能耗控制在19.5%左右。

▲ 海南建筑业中长期规划会议

▲ 海南省建设厅为临高扶贫点发放慰问物资

▲ 为加快农村危房改造，组织举办信息员培训班

▲ 建设绿色建筑示范省合作备忘录签字仪式

海南省国

▲ 充分发挥税收职能作用，服务海南国际旅游岛建设。图为国家税务总局领导（右二）在海南省政府领导（右三）的陪同下到省局就境外旅客购物离境退税政策进行调研

▲ 党风廉政建设成效显著。图为国家税务总局领导听取省局惩治和预防腐败体系建设情况汇报，并给予了充分肯定

▲ 文明创建硕果累累，海南国税形象和社会公信力大大提升。图为林明鹊局长在2010年中直机关文明创建培训班上作经验介绍

2010年，在国家税务总局和省委、省政府的正确领导下，全省国税系统进一步优化服务、规范执法，坚持不懈地推进“三大工程”建设，努力推进税收管理科学化规范化现代化，各项税收工作都取得了较好成绩。

——税收职能作用充分发挥。圆满完成了总局和省政府下达的税收收入任务，共组织收入270.8亿元，共减免退税款37.6亿元，有力促进了海南经济发展和民生改善。积极为总局和省委、省政府出谋划策，为境外旅客购物离境退税和离岛旅客免税购物等重大税收政策获得国务院批准做了大量卓有成效的具体工作。设计开发了境外旅客购物离境退税管理信息系统，确保了离境退税政策在海南顺利实施。

——纳税服务水平持续提高。与海南日报联合推出《国税专刊》，创立“办税我帮您”税法系列宣传品牌，提升了税法宣传的针对性和实效性。与省地税局合作共建总局12366纳税服务热线系统，为该系统在全国的全面推广实施积累了宝贵经验。完善网上办税系统的业务功能和办税服务厅标准化建设，大大提高了服务水平。积极致力于纳税服务标准化建设，初步构建起了服务流程化、操作规范化、模版标准化的纳税服务标准化体系。

——税收执法力度明显加大。对普通发票管理等5个方面开展了税收执法督察，进一步提高了税收征管的质量和效率，获得了总局检查组的充分肯定。强化纳税评估补税6881万元。开展汇算清缴补缴所得税额8.6亿元。加大稽查力度查补税款3.4亿元。实施反避税调查调整应税所得2050万元。破获发票违法犯罪案件28起，抓获违法犯罪人员239人，缴获各类假发票396万余份，大力整顿了税收环境。

——符合海南实际的税收管理体制机制基本建立。建立“省局、市县局一体化，职能部门综合化，执行部门专业化，管理机构和管理层级扁平化”的组织体系，大大优化了组织结构，提升了管理效能。建立全省统一的岗责体系，对各项

家税务局

税收业务“干什么、怎么干、谁来干”都进行了统一、明确的界定，保障了服务和执法行为规范。构建了科学设权、依能授权、完善制度、深化教育、强化监督、科技防腐、从严惩处七位一体的惩治和预防腐败体系，确保了队伍不出问题，受到了总局肖捷局长的表扬。

——税收管理现代化雏形进一步显现。建立税收会计统计应用系统，全面实现了税收会计核算、统计的自动化。所有156项税务审批事项全部实现网上办理，促进了执法更加公开、透明、规范和高效。推行普通发票网络开票系统，真正实现了以票控税。建立机动车网上开票系统，实现了申报、缴税、完税证开具“一站办结”，提高了效率，强化了管理。开发了税务违法违章管理信息系统，实现了处理处罚的标准化、自动化，有效减少了税收执法自由裁量权，规范了税收执法。开发了纳税服务标准化管理信息系统，推行标准化的服务，初步实现了在管理中体现服务、在服务中实施管理的目标。

——干部队伍素质显著增强。全面推行能级管理，组织开展全员能级考试，并把能级作为干部选拔任用的重要条件，有效增强了广大干部的学习动力。大规模开展能级、岗位、技能培训，提升了干部的综合素质和业务能力。大力倡导正确的选人用人导向，按照“德才兼备、以德为先”的原则和“想干事、能干事、干成事、不出事”的标准，公平、公正地选拔任用干部，大大激发了队伍的激情和活力。

——海南国税形象和社会公信力大大提升。省局和14个市县局被省纪委、省文明办授予第一批“廉政文化进机关示范点”称号。3个市县局在参加当地政府组织的行风评议活动中均获得了第一名。省局机关被省直工委评为2008-2010年度省直机关文明单位，省局及12个市县局被省文明办评为全省精神文明单位，省局还先后在中直机关、省直机关创建文明高效机关现场经验交流会等多个会议上作了经验介绍。

▲ 全力推进税收执法标准化建设，有效规范了税收执法自由裁量权。图为林明鹊局长听取税务违法违章处理处罚管理信息系统运行情况汇报

▲ 全面推行能级管理，努力构建选人育人新机制。图为全省国税系统能级考试

▲ 连续15年开展慰问红色娘子军老战士活动。图为林明鹊局长看望健在的红色娘子军老战士，并祝她们健康长寿

海南省海洋

▲赵中社厅长陪同省领导到我省水产流通与加工企业调研

▲2010年11月10日，我厅与海南北斗星通公司在海南迎宾馆举行“海南省海洋渔业安全生产北斗卫星导航通信系统工程项目合同签约仪式”

海南省是中国海洋面积最大的省份，海域面积200万平方公里，海南岛海岸线长1823公里。省海洋渔业厅在省委省政府的领导下，按照“陆海统筹，依海兴琼，建设海洋经济强省”的发展战略，转变发展方式，调整产业结构，大力发展海洋与渔业经济，为推进国际旅游岛建设和我省经济社会又好又快发展做出了积极的贡献。

一、2010年全省海洋与渔业发展的主要成效

（一）海洋与渔业经济总量不同程度增长。初步预计，全省海洋生产总值（GOP）可达523亿元，较上年增长12%，约占全省GDP的25%，其中：主要海洋产业增加值330亿元，较上年增长10%。全省水产品总产量达160万吨，较上年增0.6%。全省渔业经济总产值、增加值分别达235亿元和145亿元，均较上年增长3%。

（二）海洋与渔业经济结构趋于优化。初步测算，全省海洋经济一、二、三产业比重为22：22.5：55.5，第一产业比重较上年下降3个百分点，第二、三产业比重分别较上年上升1个和2个百分点。全省渔业经济一、二、三产业比重为67：27：6，第一产业比重较上年下降4.5个百分点，第二、三产业比重较上年上升2.8个和1.7个百分点。

（三）水产品质量安全保持良好水平。2010年农业部对我省产地水产品质量安全进行2次监督抽查，共抽取130个样品，合格率为100%；2次供沪水产品抽样，抽取35个水产品样品，合格率为100%；2010年省内进行2次水产品药物残留抽样，抽取样品100个，合格率为100%。

（四）水产品出口逆势增长。据海口海关统计，2010年全省水产品出口量11.3万吨、出口额4.033亿美元，分别较上年增长2.1%和12.6%，出口的国家和地区从2006年的31个，发展到2010年的63个国家和地区，在我省遭受特大洪灾冲击下水产品出口仍然逆势增长实属不易。

二、完成的主要工作

（一）争取投资资金，推进项目建设。渔港项目推进情况：潭门中心渔港项目主体工程基本完成，码头、护岸及航道疏浚工程已全部完成并投入使用；八所中心渔港完成全部工程量；白马井中心渔港建设完成项目总投资的31.4%；岭头一级渔港完成项目总投资的35.9%；海尾一级渔港防波堤工程基本完成，建成码头200米。

（二）扶持引导，不断转变渔业发展方式。一是实施“大船工程”，扶持渔民造大船。安排造船补助资金280万元，扶持渔民建造大中型渔船28艘。二是继续探索“民间远洋”渔业，扶持三亚江海远洋渔业有限公司与马来西亚国家渔业财团开展民间远洋合作，聘用临高县渔民、组织4艘渔船在吉兰丹州、关丹州一带海域从事远洋捕捞作业，取得较好效果。三是推进水产养殖业向规模化、集约化、标准化发展。继续扶持罗非鱼精养和深水抗风浪网箱养殖，全省罗非鱼精养面积达15万亩，深水抗风浪网箱养殖达1476口，临高已成为全国最大的深水网箱养殖基地。

（三）实施水产品质量安全管理，扶持服务加工企业。一是全面开展质量安全监管。二是推进无公害水产品产地认定和产品认证一体化和渔业标准化工作，全省6家企业的10个水产品获得无公害产品认证，建立了国家级和省级渔业标准化示范区2个，制订了4项省级与地市级渔业标准。三是做好质量安全宣传和培

▲南沙投碑仪式

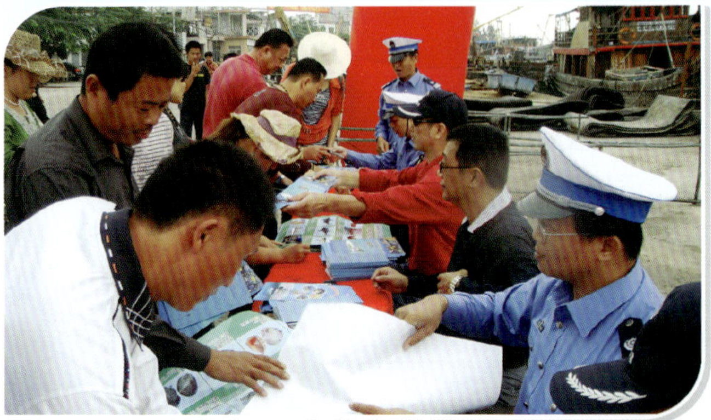

▲“关爱水生动物，从我做起”。图为保护水生野生动物宣传活动现场

与渔业厅

▲第15届中国国际渔业博览会2010年11月2日至4日在大连举行。海南省18家参展企业满载而归，现场签订318份订单，成交合同2.3万吨，金额1.53亿美元，其中出口成交1.54万吨，金额1.13亿美元

▲全面推行ISO9000质量管理体系，“海南省海洋与渔业厅行政管理和服务”通过了中国质量认证中心和国际认证联盟的认证

训。开展了“2010年放心渔资下乡进村宣传周”活动，印制了《水产品质量安全手册》、《禁用药物清单》下发各市县渔业主管部门与养殖基地。开展水产品质量安全培训，举办了3期水产品质量安全培训班，培训200多人次。四是做好调研，落实省政府对出口企业扶持政策。帮助企业开发国内外市场，组织参加美国波斯顿国际水产品博览会和大连国际渔博会，获得出口订单320多份、总量4万吨，金额2亿美元。

（四）保护海洋生态环境，恢复和增殖渔业资源。一是积极开展海洋环境监测。二是研究编制海洋环境保护规划和海洋公园选划。根据国际旅游岛建设实施纲要和我省海洋环境保护需求，编制了《海南省海洋环境保护规划》，并通过了专家评审。三是按时完成了《降低污染物对海洋保护区的威胁及制定显著降低污染水平的行动计划》、《三亚示范区可持续财政机制》等南海生物多样性项目，编写了南海生物多样性项目成果报告和珊瑚礁科普画册。四是加大维权护渔。组织巡航护渔11次，保护了我省管辖海域渔业资源和生态环境。中国渔政46013船获得了农业部渔政指挥中心、农业部南海区渔政局授予的“西沙卫士”称号。五是大力实施渔业增殖放流。经论证选择在海口市、临高县、东方市、陵水县、琼海市、儋州市、琼中县实施渔业资源增殖放流，共投放各类苗种等8900多万尾，有效维护了水生生物多样性。

（五）加强公共安全建设，做好海洋与渔业预报减灾。一是加快构建海洋与渔业公共安全支撑体系。编制了《海南省海洋观测网建设发展总体规划（2011—2020年）》，编制并发布我省第一个海洋灾害应急预案---《海南省风暴潮、海浪和海啸灾害应急预案》，投入500万元建设了涵盖气象及海洋基础资料实时接收、风暴潮及海浪数值预报、会商的省级风暴潮、海浪灾害应急管理技术支持系统。二是增强渔业安全保障能力。投入350万元为渔船配备3500个救生筏。启动《海南省海洋渔业安全生产北斗卫星导航通信系统工程》项目，从2010年开始，为我省6000艘大中型海洋捕捞渔船安装北斗卫星导航终端，从根本上提高渔民出海安全保障。三是实施海洋应急管理。根据海洋预警报级别及时启动海洋灾害应急预案，协调指挥各方做好海洋灾害防范工作，并及时总结，向国家海洋局报告海洋应急管理情况。四是加强海上救助工作。与交通运输部南海救助局签署了《海上搜救应急联动合作协议》。遇到渔船海上事故，立即启动海上救助联动机制，使渔业自身救助力量和专业救助力量同时发挥作用，迅速投入救助。

（六）坚持依法行政，树立海洋与渔业队伍良好形象。一是积极做好执法督察工作。制定了《海南省海洋与渔业行政执法督察暂行规定》等一系列行政执法督察制度，建立了省、市县层级的渔业执法督察机构，明确了渔业执法督察员，认真开展渔业执法督察。二是开展海洋与渔业执法社会评议活动。召集了用海企业、养殖户、渔村干部、渔民代表，对海洋与渔业行政执法进行了社会评议。

（七）强抓管理和服务创新，不断提高管理和服务水平。2010年，我厅在强化内控过程中导入ISO9000质量管理体系和开展绩效评估工作，逐项确定工作流程，建立了配套的表证单书，高质量完成了体系文件的编制工作。对现有的岗位职责和操作规程进行改进，规范办事程序，加强过程控制，提高管理和服务水平。

▲蓝丝带海洋环保组织发起“蓝丝带”海洋环保行动，图为海南岛的宣传活动，受到各界人士的认可和踊跃参加

▲鼓励造大船。凡通过审批，在海南建造80吨以上的，每艘补助10万元

海南省人民政府政务服务中心

深化行政审批制度改革

▲2011年1月12日下午，中央机构编制委员会办公室副主任吴知论到省政务中心调研

▲2010年9月8日，中国社会科学院周汉华教授、国家行政学院顾平安教授到海南省政务服务中心调研

▲审批窗口工作人员认真为企业办事

2010年，省政务服务中心（以下简称“中心”）在省委、省政府的正确领导下，以科学发展观为指导，深入学习贯彻党的十七届四中、五中全会精神，坚持依法行政，科学配置审批权，高标准落实“三集中、一站式服务”要求，实现了“阳光审批、高效便民”目标。

目前，有33个省直和中央驻琼单位审批办进驻中心，设服务窗口107个，工作人员254名，有1104项行政审批事项集中在中心办理。今年截止到10月底，共受理行政许可审批事项115736件，办结114304件，较去年同比增长7.7%；提前办结率达99.4%；单件办结时间平均提速15.9天，同比增长25%。招投标平台为1421个总额计204.29亿元的政府投资项目提供招投标服务，未发生一例违规违纪。中心“便民、规范、高效、廉洁”的服务得到了监察部领导的表扬，赢得了省委、省政府的充分肯定和社会各界广泛赞誉。

一、坚持依法行政，将审批制度改革纳入法制化、规范化轨道。

建设法治政府，严格依法行政，以政务中心为平台和窗口推进审批制度改革，实现制度化、规范化、程序化，这不仅是政府自身建设的重要目标，也是反腐倡廉的重要保障。《行政许可法》是推进和深化行政审批制度改革的根本法。本着有利于企业、群众，有利于海南国际旅游岛建设的原则，共调整许可审批事项172项，取消27项，下放145项，对630个事项的审批流程进行了优化，占总项目的62%。即办件比例提高到43%，办件平均提速9.1%。

二、坚持机制创新，科学配置审批权，高标准落实“三集中”要求。

为把全省行政管理体制改革推向深入，中心牵头，各厅局和其驻中心审批办密切配合，科学配置审批权，建立科学的决策、审批、执行和监管机制，优化审批流程，压缩审批时限，完善并联审批和重大项目审批服务“绿色通道”，建立审管分离、权责并重、公开透明、廉洁高效的行政审批运行机制，高标准落实“三集中、一站式服务”要求，做到各部门内部许可审批事项向其审批办集中；各层级的许可审批权力向审批办“首席代表”集中授权，即审即办；审批办及其“首席代表”统一在政务大厅办公，集中管理。以此达到“一个中心对外、一个窗口受理、一次性收费、限时办结”的“一站式服务”模式。

三、坚持以党建为抓手，以党务促政务，实现和谐发展。

中心体制特殊，为明确各厅局审批办与中心的关系，省政府专门出台《海南省人民政府政务服务中心行政审批办公

加快推进服务型政府建设

室及工作人员管理暂行办法》，规定了“三变、三不变”，即分散的审批事项、审批人员和审批地点改变，集中到中心，而以上审批事项、人员和权力仍属原厅局不变。审批办日常由中心管理，审批业务既受其所在单位领导，也受中心的监督协调。

四、坚持规范招投标活动，打造公开透明的招投标管理服务平台。

中心按照“政府规范平台、平台公开操作、操作有序运行、运行全程监管、监管严格依法、依法优质服务”的要求，提升招投标管理水平，努力打造科学、规范、公开、透明的招投标管理服务平台。开发了“一库六系统”的信息化招投标平台，含招投标管理系统、评标专家抽取系统、自动语音通知系统、评标区门禁系统、手机信号屏蔽系统、开评标全程电子监控系统和综合评标专家数据库。坚持信息全公开、评标全封闭、过程全监控，切实做到“六规范、六把关”：规范招标项目登记和文件复核，严把入口关；规范招投标操作流程，严把监管关；规范招标信息管理，严把审核关；规范评标专家，严把建库关；规范专家库抽取程序，严把评标关；规范招标代理机构，严把代理关。

2011年工作要点

一、筑牢依法行政理念，加大行政审批制度改革力度。一要将“三集中”搞扎实、抓落实。二要努力实现创新机制的制度化、法制化。三要加强审批业务的规范化、标准化建设。

二、加强市县政务中心建设，完善全省政务服务体系。在省委、省政府的坚强领导下，协调各级各部门齐心协力，认真落实《海南省人民政府办公厅关于加强市县政务服务中心建设管理的指导意见》，扎实推进省和市县两级政务服务中心实体化建设，特别是要加大市县政务服务中心建设力度。

三、注重信息化成果转化，建设全省行政审批及电子监察系统统一平台。建设省和市县两级行政许可审批及电子监察系统统一平台，是推进行政审批制度改革，提高审批效率和服务水平，实现省对市县行政审批工作实时管理和督查的有效手段。

四、继续以党建为抓手，推进中心创新发展。一是以服务海南国际旅游岛建设为中心，凝聚党员的力量，在建设学习型政务服务中心和“五型”机关中创先争优。二是以加强党风廉政建设为契机，促进党员干部廉洁自律。严格执行《中国共产党党员领导干部廉洁从政若干准则》，加强处级以上干部廉政档案动态管理。

▲2011年节后上班第一天，省委常委、省纪委书记率慰问团到中心慰问

▲深化行政审批制度改革专家课题组组长宋世明教授于2010年11月12日至15日来我中心调研

▲2011年春节前夕，省政务中心组织慰问小组到仙鹤村慰问困难户

共青团

2010年，共青团海南省委立足党政工作大局，围绕国际旅游岛建设目标要求，深入开展创先争优活动，扎实推进“一工程三行动”，引领广大团员青年在海南国际旅游岛建设中充分发挥生力军和突击队作用，团的各项建设、工作和事业稳步推进、蓬勃发展。

一、深入实施基层团组织建设“强活力”工程，下大力气加强团的基层组织建设和基层工作。一是推进党建带团建工作。落实全国会议精神，率先召开全省党建带团建工作推进会。完成2259个村级团组织的换届选举工作，新建非公企业和新社会组织团组织各676家、17家，驻外团组织15家，完成团中央下达任务量的169%，省属及中央驻琼企业团建实现全覆盖。二是加大基层支持力度。在全国率先实施大学生志愿服务基层专项行动，选派100名志愿者担任乡镇（街道）团委副书记；选拔100名小额信贷员兼任乡镇团委副书记；选拔20名高校团干部挂职县级团委副书记1年。协调团中央及社会资源，全年拨给基层各种支持和奖励经费达406万元。三是加强团干部队伍建设。实施团干部“321”培训计划，全年培训团干部2246人次，实现乡镇（街道）团干部全员培训。

二、扎实开展青春建功国际旅游岛行动，组织动员团员青年为国际旅游岛建设作贡献。实施文明礼仪导航、青少年读书活动、青年文明号服务国际旅游岛、国际旅游岛志愿者、旅游行业团建创新、青年企业家经贸交流、旅游知识网络大赛和环境整治8项行动，引领青年投身国际旅游岛建设。成立省旅游团工委，新建旅游饭店、旅行社、景区等旅游行业团组织256家。组建国际旅游岛志愿者总队，开展志愿者协会与旅游景区结对服务。1000多家青年文明号集体创建了百个微笑窗口和百名微笑使者。全省100多万青少年参与百名书香青少年评选、旅游外语100句推广、大中学生旅游英语口语比赛、“六进六十场”文明礼仪知识大巡讲、大学生礼仪形象大赛等活动。旅游知识网络大赛网页点击量达500多万。应对10月特大洪灾，成立团员青年突击队、抢险队、志愿者服务队272支，参与抗洪救灾1万多人次，救助和转移灾民4000余人，筹集救灾物质和款项316.8万元，帮扶受灾群众2万多人。

三、深入推进促进青年就业创业行动，不断提升服务青年的实效性和针对性。抓住资金扶持、技能培训、基地

▲ 省领导带头注册成为国际旅游岛志愿者

▲ 青春建功国际旅游岛行动誓师大会

▲ 全省党建带团建工作推进会

▲ 2010“海矿杯”海南国际旅游岛青年职业技能大赛

▲ 海南省青年联合会第五届委员会全体会议、海南省学生联合会第五次代表大会

海南省委

建设、信息服务、观念引导和项目孵化6个关键环节，服务青年就业创业。推进农村青年创业小额贷款工作，向4442名农村青年发放小额贷款7733.41万元，贷款总额达16816.01万元，受益青年达10983人。成立省青年创业就业基金会，募集资金233万元。全省共建培训机构35个，落实培训资金916.7万元，培训青年18884人次；共建青年就业创业见习基地274家，提供见习岗位11072个。青年就业创业信息12580移动平台共接收咨询10800多人次，网络平台共收录求职简历550610份，每天发布招聘岗位5000多个。省青年创业就业服务中心成立，海南青年创业平台建成（13个青年创业项目入驻）。

四、大力实施青少年成长导航行动，切实服务广大青少年健康成长、全面发展。开展分类引导青年工作，举行主题教育实践活动，举办第二期大学生骨干培训班，表彰海南省五四红旗团委等120个先进集体、海南青年五四奖章等172名优秀个人。邀请20名玉树青少年到海南开展心灵呵护之旅，分别募集捐款6452664.20元和80多万元现金、120多吨饮用水支援玉树震区和西南旱区。实施关爱农民工子女志愿服务行动，建设农民工子女学校爱心图书室28所、志愿服务基地3个，捐款捐物总价值120余万元，1万多名志愿者与98所学校的2.6万多农民工子女结对。大学生志愿服务中西部计划新招募志愿者190人，在岗人数达417人。推进青少年维权工作，开展重点青少年群体、辍学儿童及中小学校园安全排查摸底专项行动，举办禁毒志愿者培训班，12355青少年服务台接待来电来访7389人次。希望工程募集捐款1791.5万元，资助大中小学生2798名，9所希望小学竣工，3所希望小学完成立项，1所希望卫生室落成。

五、团的各项事业蓬勃发展。省青年联合会五届委员会全体会议、省学生联合会第五次代表大会召开，团省委学少部分设为学校部和少年部；省青年志愿服务指导中心成立，全省共建志愿者协会42个，注册志愿者人数达17万；省青少年活动中心和海口、琼海青少年宫建设获全国青少年活动阵地建设专项经费240万元支持。省市共建青少年活动中心获省财政5000万元专项资金支持，即将开工建设。

▲ 海南省大学生志愿服务基层青年工作专项行动志愿者出征仪式

▲ 中国（海南）青年志愿者海外服务计划贝宁项目总结表彰大会，授予该服务队“海南青年五四集体奖章”

▲ 海南关爱农民工子女统一行动日活动

▲ 温暖玉树，阳光行动。邀请20名在青海玉树地震灾害中失去亲人的青少年来琼开展心灵呵护之旅

▲ 第二期大学生骨干培训班

中共海南省西南中沙工委

海南省西南中沙群岛办事处

▲ 工委书记张耕同志

西南中沙群岛自古以来就是我国的神圣领土。西沙群岛、南沙群岛、中沙群岛分布在辽阔浩瀚的南海海洋上，是我国南海诸岛的主要组成部分，习惯上合并称为西南中沙群岛。

中共海南省西沙群岛、南沙群岛、中沙群岛工作委员会和海南省西沙群岛、南沙群岛、中沙群岛办事处（以下简称工委、办事处）是中共海南省委、海南省人民政府的派出机构，驻西沙群岛永兴岛，实行两块牌子、一套人马、合署办公。工委、办事处代表国家和海南省对三大群岛及其海域行使主权和管辖权，并参照市县设立相关机构，行使一定县级行政管理权，履行政治、经济、文化和社会管理的基本职能。2010年，工委、办事处批准新设立晋卿、鸭公、羚羊3个渔民村，将西沙基层政权建设从宣德群岛扩展到永乐群岛，实现了西沙群岛的全覆盖。

2010年，工委、办事处在省委、省政府的领导下，坚持以科学发展观为指导，深入贯彻落实省委五届六次全会精神，以维护国家主权和海洋权益为中心，全面谋划西沙经济社会发展，推动西沙旅游开放开发，加快西沙群岛的基础设施建设，大力推进机构体制改革，强化基层行政管辖职能，加强渔民村建设，着力改善工作和生活条件，着手夯实西沙经济社会发展基础，圆满完成了年初确定的各项工作任务。特别是开放开发西沙旅游和西沙经济社会发

▲ 2010年5月，召开西沙海域渔业联合监管前方指挥部第一次会议

▲ 2010年参加省中老年健美操大赛

▲ 2010年中国红歌会走进西沙

▲ 农业部领导视察西沙

▲ 工委书记张耕同志慰问驻岛部队

展五年规划的启动，标志着工委、办事处的工作由过去的单纯守岛向“巧做经济文章”和法理维权的战略转轨。

为确保战略转轨和发展建设科学有序进行，按照“科学发展，规划先行”的原则，工委、办事处在完成西沙海域岛礁资源调查、形成《西沙群岛资源考察报告》的基础上，结合西沙经济社会发展的需求，编制了《西南中沙群岛经济社会发展总体规划》（海南省“十二五”专项规划）。工委、办事处在西沙的各项工作中进一步强化了规划意识，完成了《七连屿生态保护和旅游发展概念性规划》、《西沙群岛（南海）经济社会发展总体规划》，并围绕总体规划，启动了《西沙群岛建设总体规划》、《西沙群岛旅游总体规划》、《西沙群岛旅游文化建设总体方案》的编制工作，为西沙经济社会长远发展提供科学的依据。

经过几代西沙人的艰苦奋斗和努力，西南中沙群岛基础设施建设得到了逐步完善，交通、供水供电、通信等基本满足需要，诸多产业都得到迅速发展，一批重点项目和民生工程得到有效推动，个别重点项目已经或准备动工。今日的永兴岛环境优美，居民生活幸福，随着西沙海、陆、空交通的不断发展，人们游览南海诸岛风光的愿望不久将会得到实现。

▲ 纪念海南解放60周年——五千年金戈铁马军事科普暨琼崖丰碑巡展西沙首展仪式

▲ 2011年度工作会议

海南省法

▲ 全省依法行政工作会议

▲ 屈建民主任主持全省下放事权工作交流会

2010年，省法制办公室坚持以邓小平理论和“三个代表”重要思想为指导，努力践行科学发展观，深入贯彻落实国务院《全面推进依法行政实施纲要》和全国依法行政工作会议精神，紧紧围绕省委、省政府的中心工作，以推进依法行政为主线，努力推进和创新政府法制各项工作，为推动、促进和保障海南经济社会又好又快发展提供了坚实的法制保障。

一、大力推进依法行政，进一步加快我省法治政府建设进程

一是召开全省依法行政工作会议，学习传达温家宝总理的讲话精神，并组织对《国务院关于加快推进法治政府建设的意见(讨论稿)》进行讨论。二是进一步完善市县政府依法行政考核指标体系，对考核指标的分值进行了调整，并积极抓好2009年度考核工作，共对600余个市县政府所属部门进行了考核，查阅相关材料9000余份、行政执法卷宗5800余卷。

二、服务大局、突出重点，保质保量完成立法计划任务

一是准确把握立法工作重点，科学编制2010年度立法项目。省法制办按照省委、省政府的工作部署和要求，紧密围绕推进海南国际旅游岛建设发展确定立法重点，在贯彻落实国务院《关于推进海南国际旅游岛建设发展的若干意见》和促进旅游产业发展、提升旅游管理服务水平方面，在节约能源资源、加强生态文明建设方面，在增强国际旅游岛建设服务保障能力方面，以及在完善财政管理体制等方面提出立法项目安排建议。

二是精心组织实施立法计划，超额完成2010年立法任务。2010年实际完成审查《海南省审计监督条例》、《海南省旅游景区景点管理规定》、《海南省导游人员管理规定》、《海南省住宅区物业管理条例（修改）》等17件拟提请省人大常委会审议的法规项目，超过计划数量2件。实际完成审查《海南省外国人免签证旅游团管理办法》、《海南省价格鉴定管理规定》、《海南省建设工程造价管理办法》等7件省政府规章项目。在完成任务总量上，超过2009年。

三是组织开展规章和规范性文件清理工作，切实维护法制统一和政令畅通。省法制办起草了《海南省规章和规范性文件清理工作方案》，并对各市县政府和省直部门法制机构的清理工作骨干110余人进行了培训。省法制办还对省政府和省政府办公厅制发的26000多件文件进行了甄别和筛选，做到应清尽清。此次清理工作共清理省政府规章132件，其中废止18件，修改38件，保留76件；清理省政府、省政府办公厅规范性文件1189件，其中废止458件，保留729件，修改2件。

三、认真办理规范性文件法核、法律顾问和征求意见件，充分发挥参谋助手和法律顾问作用

一是办理完成法核件148件。办件内容涉及产业发展引导资金管理、促进服务业发展专项资金管理、外贸发展

制办公室

专项资金管理、支持金融业发展、农户小额贷款贴息资金管理、加快保障性住房建设、稳定消费价格总水平保障群众基本生活等许多重大事项和问题。

二是办理完成征求意见件171件。对《2010年海南生态省建设工作意见》、《集中规范开展招投标活动实施细则（草案）》、《招投标厅际协调机制暂行办法》、《道路交通安全工作委员会工作职责》、《对外劳务合作管理条例（草案）》等一批法律法规草案、法律文书以及涉法事项提出意见。

三是办理完成法律顾问件49件。对省政府与商务部、国家测绘局、福建省政府、天津市政府、中旅集团公司、汉能控股集团有限公司分别签订的有关合作协议，以及《省国资委关于海虹控股等16只股票转让问题》、《罗斯洛克有限公司与海南省发展控股有限公司共同发起组建海南发展基金问题》等一批法律文书和涉法事项提出法律意见。

四、进一步提高行政复议案件办理的质量和效率，推动行政复议体制、机制创新

一是畅通行政复议渠道，依法受理、按时审结行政复议案件。全年共受理审理行政复议案件185宗，保护了公民、法人和其他组织的合法权益，保障了社会和谐稳定。全年接待群众上访计82人次，绝大多数上访群众都能高兴而来，满意而去。

二是强化复议制度建设，创新行政复议审理方式，努力做到“定纷止争、案结事了”。省法制办坚持行政复议案件现场查看制度，在审理过程中积极引入行政复议听证程序，共有超过40%的复议案件通过听证方式进行了审理。同时，省法制办加大调解和解力度，全年共有8件案件通过调解（和解）结案，取得了良好的社会效果。

五、进一步规范行政执法行为，推进行政执法体制改革

一是积极开展规范行政处罚自由裁量权基准制度工作。省法制办积极督促全省政府系统开展规范行政执法自由裁量权工作，制定了全省行政处罚自由裁量权的原则、格式、模式、细划标准等一整套方案。

二是抓好行政执法人员培训和执法资格认证工作。共对海口、文昌、省档案局、省住房公积金管理中心等单位共计1500余名行政执法人员进行了培训、考试和执法资格认证。2010年，全省共申报1988人，经审查，共有1972人符合条件办理执法证，有16人不符合行政执法资格条件退回。

三是稳步推进相对集中行政处罚权试点改革。在抓好已有海口、三亚两个试点的基础上，已选择东方市作为城市管理综合行政执法的下一个试点单位。

六、进一步加强规范性文件备案登记工作，强化行政行为监督

2010年，省法制办进一步加强了对市县政府和省直各部门规范性文件备案登记工作的指导和监督检查，对于报送备案过程中存在的规范性文件界定不清、备案格式不规范等问题，及时予以指导和纠正，全年共完成规范性文件备案登记561件，其中省本级规范性文件备案登记223件，各市县政府规范性文件备案登记338件。

▲ 全省下放事权工作交流会

解忧济困 为民服务

海南省民政厅

2010年，是“十一五”规划的收官之年，海南省民政厅在省委、省政府的正确领导和民政部的有力指导下，着眼海南国际旅游岛建设和着力保障民生，解放思想，创新思路，扎实工作，全面完成了各项民政工作任务。

▲2010年9月2日，省政府领导和苗建中厅长共同为海南省救灾物资储备仓库揭牌，新落成的省救灾物资储备仓库占地10亩，建筑面积达2500平方米，总投资810万元

▲2010年5月31日，苗建中厅长代表民政厅为海口市琼山区社会福利院送上5000元慰问金，并给孩子们送去了许多玩具

灾民生活得到有效保障。2010年10月，我省遭受了历史上罕见的特大洪涝灾害，造成482.29万人受灾。各级民政部门，舍小家为大家，先后转移安置受灾群众60.57万人，下拨救灾资金3.6亿元，调拨救灾帐篷2760顶、棉被6.63万床、衣服2.34万套、矿泉水6.77万箱、大米3400吨，确保受灾群众有水喝、有饭吃、有衣穿、有病能及时得到诊治，实现了省委、省政府提出的“三个确保”目标。灾后，全省各级民政部门共接受捐款3.09亿元，先后投入灾后重建资金1.1亿元，重建工作有条不紊。

社会救助水平全面提升。截止2010年12月，我省城乡低保和农村五保户对象共有43.94万人，全年发放低保金6.5亿元，城乡低保月平均保障标准分别为248元/人和168元/人,月平均补助水平分别为190元/人和110元/人,均高出全国平均水平。2010年共给城乡低保、农村五保户对象和受灾困难群众发放物价补贴7700多万元。出台《海南省城乡医疗救助实施暂行办法》，扩大医疗救助范围，取消救助病种限制，调整封顶线及救助比例；联合省卫生厅，省慈善总会在五指山市建立海南省慈善惠民医院，已成功救助困难病人3129人次，投入医疗救助经费1618万元，取得了良好的社会效应，受到省委书记卫留成的充分肯定。截止2010年底，全省享受城乡医疗救助54.9万人次，资助金额1.28亿元。

▲民政部领导在与民政厅干部座谈会上强调，要把民政公务服务设施建设尤其是老年福利服务设施建设，作为今后一段时期海南民政工作的首要任务。2010年9月16日，民政部领导一行到海口市福利院视察工作

基层民主政治建设健康发展。2010年是我省第六届村（居）民委员会选举年。为更好地保障人民群众的民主政治权利，修订了《海南省村民委员会选举办法》，首次将每个村（居）委会成员中必须有一名妇女成员的规定纳入《海南省村民委员会选举办法》。据统计，全省3019个村（居）委会共选举产生村（居）委会干部17845名，其中妇女干部3588名，占24%，比上届提高了4.6个百分点。结合换届选举对全省96个“难点村”进行治理，共投入治理经费5923.1余万元。截止2010年底，已有65个“难点村” 经过治理得到根本好转。

普惠型养老服务制度探索建立。2010年11月，省政府出台了《关于加快推进养老服务体系建设的意见》，并在海口市开展居家养老服务试点。同时，在民政部的大力支持下，投资6000万、占地60亩的省托老院建设项目顺利实施。

福利彩票销售再创新高。2010年全省完成销售福利彩票8.4亿元，年增长率121%，增幅列全国第一，筹集公益金2.05亿元，提供就业岗位2000个。

殡葬改革积极推进。2010年，经罗保铭省长批示，省财政厅安排4000万元专项资金在东方、万宁两市开展殡葬改革试点，省民政厅起草了《关于加强殡葬管理推进殡葬改革工作的实施意见》，拟在全省建立基本殡葬服务财政补贴制度，基本解决乱埋乱葬问题。

▲2010年10月，海南持续出现大范围强降雨，造成了全岛16个市县、202个乡镇（街道）受灾，受灾面积超过90%。海南福彩及时送粮下乡。2010年10月11日，省福彩中心购买的救灾物资送到万宁溪口村

海南省国土环境资源厅

2010年海南省国土环境资源厅主要工作：

一、国土环境资源保障能力和服务水平明显提升。2010年全省批准新增建设用地310宗、5517公顷，全省建设用地供应828宗、2646公顷，供地面积比2009年同期增长30.9%，土地出让收入首次突破200亿元。确保了昌江核电、海口至屯昌公路、西环铁路、航天发射场等重点建设项目顺利落地。完成环评审批项目187个，推进了重点项目建设。完成了全省污染源调查，建立了污染源在线监控系统，环境应急能力显著提高。投入2.87亿元用于地质找矿，铁矿、铅锌矿、钼矿等一批找矿项目有新进展。目前玻璃用砂、锆英石砂矿、钛铁矿砂矿保有储量位列全国第一。建立了地质灾害气象预报预警和群防群测体系。

二、国土环境资源保护和监管秩序持续向好。坚守1084万亩耕地红线，基本农田面积稳定在935万亩以上，超额完成国家下达我省2010年的任务目标，连续十一年实现耕地总量动态平衡。制定和实施15项土地调控措施，确保省委省政府“两个暂停”及“两个暂停”之后恢复供地工作落实到位，有效抑制了房价过快上涨趋势。完成矿山地质环境治理面积1709亩。执法力度不断加大，积极开展“双保”工程、土地卫片执法检查等专项行动，全年立案586宗，结案512宗，处罚款1.92亿元，拆除构筑物面积55.89万平方米，没收构筑物15.8万平方米，收回土地面积89.81公顷，国土环境资源违法趋势逐步好转。全力抓好节能减排，努力争取环保部将我省“十一五”SO2排放总量由2.2万吨调整为4.4万吨，确保了我省圆满完成国家下达的“十一五”污染减排任务。强化环境质量监控，环境质量继续保持全国领先水平。全省89%的城镇环境空气质量达到国家一级水平，82.8%的监测河段和88.9%的监测湖库水质达到或优于地表水Ⅲ类标准，近岸海域水质总体优良，生态环境质量指数位居全国第三位。

三、国土环境资源维护民生力度不断加大。落实保障性住房用地864.7公顷，超额完成年初下达总用地计划683.15公顷的指标。全力以赴应对暴雨洪涝和地质灾害，及时调整项目支出预算资金1.44亿元用于灾毁农田整治和地质灾害治理，并向国土资源部、环境保护部申请救灾资金3.33亿元，保障了人民群众的生命财产安全。全面推进农村宅基地确权登记发证，完成村庄确权面积136.06万亩，占总面积的83.2%，颁发宅基地使用证61.4万农户，占应发证总户数的72%，保障了农民的合法权益。完成了185个典型乡镇农村饮用水水源地基础环境调查评估及60个保护区划定工作，确保居民饮用水源安全。建成城镇污水处理设施25个，无害化垃圾处理场从原先的仅海口1家增加到17家。对我省18个村庄实施了环境综合整治。

四、国土环境资源发展后劲日益增强。依法行政步伐明显加快，确定了47项立法计划，完成了14项法规、规章及规范性文件草案的起草，逐步建立健全符合海南实际的国土环境资源法律法规体系。干部队伍建设进一步加强，服务效率有了显著提升，全年各类审批项目按时办结率达100%。基础工作不断夯实，完成了省和市县级新一轮土地利用总体规划修编和我省土地、矿产、环保“十二五”规划编制工作，用好土地“二调”成果，争取国家认定我省“批而未用”土地32.29万亩，启动了城乡建设用地增减挂钩和农村土地产权制度改革试点工作，完成了国土环境资源遥感监测“一张图”项目设计和立项等工作。

▲ 厅党组班子研究“两个暂停”期满后建设用地供应工作

▲ 陈健春厅长（左三）在基层检查调研

▲王业侨副厅长（左三）在基层检查工作

▲ 毛东利副厅长（左二）在基层检查工作

▲ 吴开成副厅长（左一）在基层检查工作

海南省教育厅

推进海南教育事业科学发展
服务海南国际旅游岛建设

▲2010年9月8日上午，省领导深入海南大学，认真听取了海南大学近年来的发展情况，并值第26个教师节来临之际，向全省各级各类教师致以节日的问候

一、促进教育公平，推动基础教育科学发展

重点推进学前教育发展，草拟了《海南省学前教育改革和发展三年行动计划（2011-2013年）》（讨论稿）。规范中小学办学行为，提请省政府办公厅出台《关于规范中小学办学行为的意见》。基本完成海南实验中学、海南华侨中学初中部、海口九小滨海分校收归公有办学工作。积极推动普通高中教育发展，抓好教育法制工作，推进依法治教，审议公布了《海南省实施<中华人民共和国义务教育法>办法》。继续抓好中小学布局调整，进一步加强教材管理、民族教育等有关工作，积极鼓励和扶持民办学校建设，重视并做好特殊教育工作。

二、加大教育投入，改善中小学办学条件

全省教育经费共投入143.79亿元，比上年增加了28.89亿元，增长25.14%。进一步做好义务教育阶段经费保障政策实施工作，免费提供教科书、英语磁带、练习册资金。实施中西部农村初中改造工程，进一步完善校舍维修改造长效机制，投资2500万元，安排项目学校6所，总土建面积13980平方米。继续抓好教育扶贫（移民）工程，一期教育扶贫移民工程10所思源实验学校已投入使用，二期教育扶贫工程正在儋州、澄迈、万宁3个市县建设4所思源实验学校，积极谋划三期教育扶贫移民暨思源实验学校建设。投入3.2亿元继续实施中小学校舍安全工程，改造校舍24.2万平方米。县级中学改扩建项目进展顺利，省财政投入专项资金1920万元，分别在白沙、乐东、屯昌、澄迈、临高等5个项目县新建校舍38587平方米。推进教育信息化建设有新突破，教育技术装备工作有新进展。

▲2010年12月25日，省领导视察琼州学院，听取该校负责人介绍学校图书信息中心建设情况，并出席省市共建设琼州学院协议签约仪式

三、坚持改革创新，大力发展职业教育

我省中等职业学校基础能力建设得到进一步提升，省级示范性中等职业学校建设总投入6000万元，已启动建设省机电工程学校、省商业学校等12所中等职业学校。加强中等职业学校教师队伍建设工作，创新教师引进机制，赴天津招聘62名中等职业学校紧缺专业教师，与天津职业技术师范大学签署了培养协议书，培养30名免费师范生。举办全省中等职业学校学生技能大赛，组团参加全国职业院校技能大赛，获全国一等奖1个。举办中等职业学校招生宣传活动月活动，招生达6.2万人，其中村官班招生3200人，涉农专业招生4245人。目前中职在校生达17万人，比去年增加了19%。进一步推动我省中等职业学校教育教学工作。

▲2010年11月29日，省领导深入儋州调研思源实验学校建设情况、督促检查中小学校舍安全工程，图为胡光辉厅长深入儋州市二中校园，了解学校教育教学情况

四、加强教师队伍建设，提升教师素质

中小学教师队伍管理制度建设取得显著成效，积极探索中小学教师补充新机制，严把教师入口关，科学谋划教师队伍建设的中长期发展规划。全面落实中小学校绩效工资和绩效考核，教师激励机制初步形成，投入6.8亿元，提高中小学教育阶段教师的平均工资水平，实现教师工资水平不低于当地公务员平均工资水平。加强师资培训工作，提高教师队伍整体质量。组织开展特级教师评选和教师系列专业技术资格评审工作，大力选拔和表彰优秀教师，评选出46名特级教师。

海南省考试局

“十一五”期间，海南省考试局在省委、省政府的领导下，紧扣“办好人民满意的招生考试事业”和为海南国际旅游岛建设建功立业的工作目标，以“创先争优”活动为动力，以考试安全、阳光招生、优化服务为抓手，全面贯彻党的教育方针和各项招生考试政策、法规，深入实施高校招生“阳光工程”，坚持公平公正的招生原则，依法治考、治招，锐意进取，改革创新，圆满地完成了历年各项工作任务。普通高等学校招生录取工作连续三年实现了“零投诉”，为维护海南社会的稳定，构建和谐海南做出了重要贡献。

2011年，在该局的不懈努力下，我省的招生考试项目不断增加，考试规模不断扩大，考试质量不断提高。备受社会广泛关注的普通高校的招生录取工作，平稳、阳光、公平、公正，又一次实现了招生录取“零投诉”；高等教育自学考试工作平稳科学发展，全年4次考试报考人数83687人次，200465科次，开考专业85个，新开专业22个，开考课程共678门；成人高等学校招生考试工作平稳发展，稳中求进，大学英语四、六级考试规模不断扩大，全年报名参加考试的考生达116976人；社会考试的项目和人数不断增加，全年除了组织实施各类社会考试项目20多次、应考人数约5万多人次的非学历教育考试外，还负责我省各有关单位委托的各类招聘、竞岗等考试的命题及考务管理等工作。基础会考的考试组织和管理水平不断提高，顺利组织了全省共有56273名考生参加的，7个学科，23万科/次的普通高中基础会考工作。此外，该局还组织实施了全国硕士研究生入学统一考试、在职攻读硕士学位全国联考、同等学力人员申请硕士学位全国统一考试、全国中小学教师教育技术水平考试、全国计算机等级考试、全国剑桥少儿英语考试、全国外语翻译证书考试、普通高校专科升本科的招生考试等30多项考试工作。

“十二五”期间，该局将紧紧围绕“办人民满意的招生”考试这一主题，落实国家中长期教育规划发展纲要精神，不断增强服务意识，努力健全组织机构，进一步加强科学管理，大胆改革，锐意创新，将在考试组织管理中发挥考试评价的积极作用，提出走“内涵化”发展的道路，不断引进考试新项目，扩宽考试新门类，改革考试旧做法，创新选材新模式，实施评价新举措，增强服务理念，创新体制机制，改革影响考试科学发展、不适应社会需求的旧做法，努力将我省招生考试队伍建设成为一支求真务实、技艺优良、服务到位、团结务实、廉洁自律的考试服务队伍。

▲ 省领导到考试局视察

▲ 教育厅厅长胡光辉到考试局视察

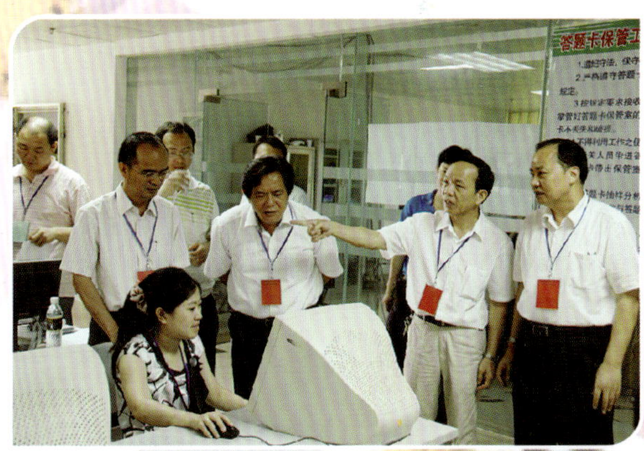

▲ 2011年我省高招工作部署

▲ 网上评卷工作现场

▲ 局长郑万发就高招工作接受记者采访

海南省社会治安综合治理委员会办公室

▲ 海南省综治委2010年第一次全体会议

2010年，海南省各级综治部门在省委、省政府的直接领导下，在中央综治委（办）的具体指导下，深入学习实践科学发展观，紧紧围绕贯彻落实社会矛盾化解，社会管理创新，公正廉洁执法，全力推进海南国际旅游岛建设，全省社会治安综合治理工作和平安建设深入发展，地位和作用不断提高，创造了一批具有海南特色的典型经验，有力地维护了全省社会治安的稳定。

【社会治安环境综合整治】2010年为全省的“社会治安环境整治年”，政法综治工作要全力保障我省的国际旅游岛建设。一是提高认识、统一思想。认真学习《国务院关于推进海南国际旅游岛建设发展的若干意见》，制定了各自整治方案，组织本单位干部职工及时传达贯彻国务院、省委省政府及领导小组的指示精神，并做了部署动员。二是成立机构、制定方案。成立了由林捷主任担任组长的省治安环境综合整治组,组织相关人员起草下发了《国际旅游岛建设治安环境综合整治方案》、制定了实施《细则》。成员单位按照整治组总体部署，结合本部门实际制定了本单位的实施方案，各市县综治委也结合本地区实际制定了详细的工作方案。

【治安重点地区和突出治安问题排查整治】（一）制定计划，严密措施，广泛宣传。省综治委成立了专门排查整治工作领导小组，制定下发了《关于加强全省社会治安重点地区排查整治工作方案》，明确指导思想，整治目标任务，并将排查整治活动分为宣传发动、排查摸底、打击整治、检查验收四个阶段，分步实施，扎实推进。各市县也相应成立了治安重点地区排查整治工作领导小组，制定了具体的实施工作方案，明确了整治重点和突出治安问题。省、市、县各级综治委成员单位也按照各自的职责分工，制定了排查整治专项工作方案，各有关成员单位落实工作联系点制度，指导参与联系点的排查整治工作。（二）深入排查，落实责任，明确治安整治重点目标。通过全面排查、分析研究，确定东方市为全省县（市）社会治安重点地区，下达整改通知书，由省综治委、省委政法委组织力量，成立四个专项整治领导小组，进行为期一年全面整治。确定另外180个治安重点地区由市县（区）具体负责整治，对于重大治安问题，实施挂牌整治，做到不解决问题不撤手，不改变面貌不消号。（三）加大对治安重点地区中突出治安问题的全面整治。（1）开展全省铁路护路专项整治工作。排查涉路突出矛盾纠纷134宗，下发了督办通知书30余份。肖若海同志提出了打造两个100%（确保安全100%，矛盾化解100%），落实两个第一（安全第一、稳定第一）的要求，通过整治，大量的涉路矛盾纠纷得到化解，沿线群众切身利益及合法权益得到应有的保障，沿线铁路治安问题明显下降。2010年12月30日，我省东环高速铁路提前开通，西环高速铁路奠基开工；（2）开展学校和幼儿园的安全防范工作。出台《关于进一步加强学校、幼儿园及周边安全防范工作的意见》，对加强校园及周边矛盾纠纷排查，加强校园及周边治安防控、加强校园内部安全管理、加强硬件防范措施、强化校园保卫措施、强化法制副校长选聘工作、建立校园安全防范长效机制等方面作了明确的规定。

▲ 全省矛盾纠纷排查调处会议

海南省海防与口岸办公室

▲省海防与口岸办主任符元壮就海南游艇管理接受香港凤凰卫视、亚洲卫视记者采访

▲2010海口首届游艇论坛期间，省海防与口岸办领导到口岸查验现场了解境外游艇通关情况

▲省口岸办领导到美兰机场口岸查验现场调研，了解博鳌亚洲论坛年会口岸通关情况

海南省海防与口岸办公室，于2005年8月由原省口岸管理办公室、省打击走私领导小组办公室与省海防委员会办公室合并成立，内设海防（反走私）处、海港口岸处和空港口岸处等3个处级机构。

主要职能：组织实施辖区口岸开放（含临时开放）规划与计划，组织验收和审查上报口岸的开放与关闭；配合协调有关部门开辟国际航线和临时航班（含包机），并组织口岸部门提供口岸服务保障；组织实施口岸查验基础设施的新建、扩建及技术改造的规划与计划。负责制订本省海防管理与基础设施建设发展规划及方案预案、联防训练等制度并组织实施；组织开展军警民联防，提高沿海地区有关部门和单位联合防卫与管理能力；负责全省海防基础设施规划、立项、审核、审批和建设等工作。负责组织、指导、协调、监督、检查全省打私工作；负责组织跨部门、跨地区反走私联合行动和专项斗争。

2010年以来，我省口岸工作要围绕《国务院关于推进海南国际旅游岛建设发展的若干意见》和省委、省政府关于国际旅游岛建设的实施方案来展开。

（一）研究制定出台《海南省游艇管理试行办法》。在林方略副省长、冯鸣副秘书长直接领导和具体指导下，我办牵头负责研究制定了《海南省游艇管理试行办法》。从年初开始,先后10多次召开专题会议，10多次研究修改文稿；2010年11月1日，省政府第57次常务会议审议通过，11月22日正式公布实施。11月23日，省政府召开了新闻发布会，29家境内外知名媒体进行了宣传报道。

（二）认真做好口岸发展规划。主要抓好博鳌机场口岸、临高金牌港口岸、昌江昌化港的开放规划；指导洋浦口岸作好洋浦港口岸扩大开放前期的各项准备工作；做好海口港和三亚港南山港区口岸的扩大开放规划；做好游艇非开放水域靠泊点和活动范围的设置规划。

（三）努力改善口岸通关服务。一是完善现有的口岸管理措施。完善海、空港口岸各项工作制度，为国内外航空公司多开航线、多飞航班和旅客通关，提供安全、便捷和优质服务的保障。二是制订完善境外游艇进入海南水域管理办法。积极配合有关部门开发海洋旅游，推进邮轮和游艇经济发展，争取实现私人游艇便捷进入海南水域游览、休闲度假。三是创新口岸查验模式和机制。简化通关手续，提高通关效率，优化通关服务环境。

（四）继续完善口岸基础设施。积极推进三亚凤凰机场、海口美兰机场、海口港口岸基础设施改造建设。指导督促口岸新建码头和游艇码头的查验配套设施建设。跟踪掌握海口美兰机场扩建工程和琼海博鳌机场的规划、建设。继续配合有关部门推进边贸工作，推进八所、白马井边贸城口岸基础设施建设。按照统筹规划、分步实施、有序推进的要求，加快电子口岸建设。

单位电话（传真）：0898-65313969

单位地址及邮编：海南省海口市国兴大道省政府办公大楼9楼；570204

单位网址：http://hkd.hainan.gov.cn/index.asp

电子邮箱：zhc@hainan.gov.cn

▲华能海口电厂3.5万吨煤码头于2010年10月29日通过口岸验收正式对外启用

▲海南省游艇管理试行办法新闻发布会于2010年11月23日在海口召开

强作风　促公开　创一流
在改革与创新中续写辉煌

海南省第一中级人民法院

▲ 省高院党组成员、海南一中院党组书记、院长陈启明接待来访当事人

▲ 参观反腐倡廉展览

2008年12月3日，经最高人民法院批准，海南省第一中级人民法院在海南省中级人民法院的基础上正式挂牌成立。该院地处海口市美兰区白龙南路美舍河畔，下辖10个基层人民法院和19个人民法庭，是海南省成立最早的法院之一。多年的历史积淀，造就了海南一中院“厚德尚法、勤学勤政、廉正为民”的深厚法院文化底蕴。

近年来，海南一中院在省委、省人大、省高院的领导、监督和支持下，按照“三个至上”的要求，紧紧围绕“为大局服务，为人民司法”的工作主题，积极开展各项审判工作。2006年以来，辖区两级法院共审结各类案件66887宗，为海南社会稳定和经济发展作出了积极贡献。在争先创优活动中，海南一中院及辖区法院以优异的成绩不断涌现出一批又一批先进集体和先进个人，中院立案庭被最高法院和共青团中央连续两年认定“全国青年文明号”；中院刑一庭被最高法院评为“严打”整治斗争先进集体；琼海市法院塔洋法庭先后被最高法院、司法部授予“人民调解工作模范人民法庭”、“全国优秀人民法庭”称号；中院立案庭庭长栾和丽、文昌市人民法院符雪妮被最高人民法院授予“全国优秀女法官”荣誉称号；中院民一庭庭长武雪丽被授予“全国三八红旗手”荣誉称号；陵水黎族自治县人民法院新村人民法庭庭长纪明杰被授予全国法院系统“办案标兵”荣誉称号。

当前，海南国际旅游岛建设已上升为国家战略，海南再一次迎来大发展的机遇。面对新形势新任务，海南一中院及辖区各市县法院将进一步发挥审判工作职能，采取有力措施，积极为海南国际旅游岛建设提供有力司法保障。进一步加强队伍建设，建设一支让党放心、让群众满意的高素质人民法院队伍；进一步加强司法能力建设，努力将海南一中院及辖区法院建设成学习型法院，全面提升法官各项素质；进一步加强制度建设，通过完善的制度确保司法的公平公正；进一步加强廉政建设，努力提升法院公信力，树立特区法院公正、廉洁、为民的良好形象。

▲ 举办国庆歌咏比赛

▲ 海南一中院外景

海南公安边防总队

▲陈天平总队长、刘元峰政委向省委领导汇报工作并合影

▲三亚边检站为外籍游客提供热情优质的边检服务

2010年，海南公安边防总队紧紧围绕地方经济发展大局和海南国际旅游岛建设大局，大力加强各级领导班子和队伍建设，深入开展执法规范化建设，积极推进边防管理服务创新，全面加强基层派出所建设，开展辖区社会治安整治行动，努力提高边检服务水平，维护海上治安稳定，加强部队管理教育工作，出色地完成了博鳌亚洲论坛2010年年会、上海世博会、广州亚运会、亚残会、环海南岛国际公路自行车赛、海南岛国际大帆船赛、海南博鳌国际旅游论坛、海南岛欢乐节等重大活动的安全保卫工作和北部湾巡逻监管、维稳处突等重大工作，确保了边防辖区、海上、口岸治安稳定和部队内部的安全稳定。特别是今年国庆期间，海南遭遇了60年不遇的特大暴雨，广大官兵积极投入抗洪救灾，安全转移被困群众39920人，救助遇险群众5948人，运送救援物资230吨，义诊群众8060人，得到了省委书记卫留成、省长罗保铭等领导的高度赞誉。

---巩固、拓展143个爱民固边模范村创建成果,将257名困难儿童纳入政府或社会救助体系，充分发挥477名民警村官的作用，走访群众30万户次、119万人次，排查化解矛盾纠纷1562起，帮助群众解决各类困难4532件次，为灾区群众捐款245万元，参加防台抗洪等重大抢险救灾任务12次，挽回经济损失1亿多元。

---加强边防辖区治安整治，共立刑事案件1278宗，破获690宗，破案率53.9%，抓获各类违法犯罪嫌疑人员644人（网上在逃人员195人），缴获海洛因、K粉等各类毒品26.9千克，收缴各类黑枪86支，子弹、手榴弹、炮弹、炸药一批。

---紧紧围绕海南国际旅游岛建设，升级了“免签团快速验放系统”，完善了“大型邮轮快速通关法”，简化了游艇办理边防检查手续，共检查入出境交通运输工具5561架（艘）次，人员363105人次，不断提高边检服务水平。

---开展海上执法执勤，在清澜、洋浦和八所设置了海警执勤待机点，调整优化了海口、三亚、清澜、洋浦和八所等警力布点驻防；全力做好广州亚运会“环粤安保圈”海上巡逻管控工作，加强北部湾巡逻监管，共派出舰艇147艘次，航时2067.4小时，航程18360.6海里，实施海上救助26起，检查作业渔船248艘次，驱赶外籍违规作业渔船65艘，查扣违规作业船只5艘，有力地维护了北部湾的渔业和治安秩序，有效维护国家海洋权益和海上安全。

2010年，总队涌现出了一大批先进典型和个人：昌化边防派出所被省委省政府、省委政法委分别授予“拥政爱民模范单位”、“爱民固边模范边防派出所”，陵水边防支队赤岭边防派出所、海警二支队被评为“全省民族团结进步模范集体”；维和英雄王健荣获“联合国蓝色维和勋章”、“中国维和警察荣誉章”、“海南青年五四奖章”等称号，钱世恒作为全国公安机关唯一代表荣获“全国防汛抗旱先进个人”，有18名同志荣立二等功，9个集体、589名同志荣立三等功，是总队建队以来官兵立功人数最多的一年。

▲凤凰边检站举行口岸反恐演练

▲海警一支队查获走私油船

▲昌化边防派出所“民警爸爸”为辖区的困难儿童李元劲辅导功课

橙色闪耀，生命希望

海南公安消防总队抗洪事迹

▲省领导视察消防队伍

▲总队政委朱新华在抗洪第一线现场指挥

▲10月2日，吊罗山发生山体滑坡，消防官兵全力以赴为被困群众打开生命通道

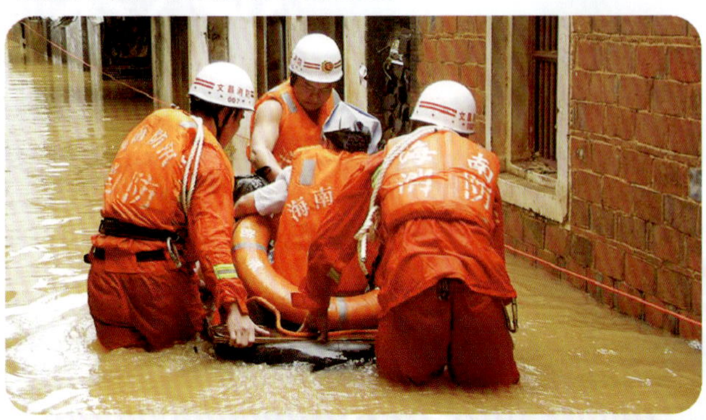

▲10月9日上午9时，文昌市一居民区一被困在家的孕妇马上面临生产，由于水深流急，该孕妇无法行动,消防官兵想方设法把医务人员送到产妇家

救火当尖兵，抗洪争先锋。2010年国庆期间，在全省遭受罕见特大洪水灾害，人民群众生命和财产受到严重威胁的关键时刻，海南公安消防总队根据省委、省政府和省公安厅的统一部署，迅速投入抗洪抢险救援战斗，共接警出动396起，出动车辆414辆次，冲锋舟160艘次，警力4086人次，解救被困人员4075人，疏散转移群众34705人，抢救财产价值4.42亿元，为抢救和保卫人民群众生命财产安全做出了突出贡献，受到了各级党委、政府和人民群众的高度赞誉。

灾情就是命令。在这场特大洪灾面前，全省消防官兵严阵以待，连续作战，解救和转移疏散了受灾群众，有力地践行了胡锦涛总书记“忠诚可靠，服务人民，竭诚奉献”三句话总要求。10月2日，陵水吊罗山景区发生山体滑坡灾情，145人被困，陵水消防冒着二次山体滑坡危险，全力搜寻，冒雨作战，与有关部门密切配合，将所有被困人员疏散到安全地带；10月5日，博鳌镇千舟湾在建工地民工宿舍被水淹没，琼海消防官兵携带抗洪救援器材赶赴现场，将390名被困人员全部转移到安全地点；10月5日，万宁消防大队赶赴龙滚农场救助被困群众，先后救出22人，其中包括一名身患疾病的92岁高龄老人；10月9日，文昌消防在抢险救援中发现一名被洪水围困的临产孕妇，参战官兵利用救援工具一次次将多名医护人员运送到现场，经过4个多小时奋战和抢救，成功保住了母女俩的生命；10月5日晚，潭门镇官塘村整个村子被水淹没，280余名群众急需转移！博鳌消防官兵鏖战至6日凌晨3点多，成功救出了15名危急群众，成功疏散被困人员260余人……

因为连续作战，体力透支，官兵有的感冒了，手皮破了，腿拉伤了，皮肤因污水浸泡长满疹痘，但他们坚持不下一线，出色地完成了各项抗洪抢险救援任务，向全省人民交上了合格答卷。10日上午，生活刚刚得到安顿的官塘村群众就敲锣打鼓将一面“爱民模范、抗洪英雄”锦旗送到消防子弟营区；7日至10日，卫留成书记、罗保铭省长、符桂花副省长等领导冒着倾盆大雨，来到洪灾灾情严重的文昌慰问抗洪一线的消防官兵，并给予了高度评价。

▲10月17日，海口市龙华区龙泉镇曹东村被洪水淹没，海口消防成功救出被困小男孩

综合整治　创新管理　为海南国际旅游岛建设创造良好的道路交通安全环境

海南省公安厅交警总队

▲全省开展农村摩托车集中办牌办证，图为交警总队总队长陈鸿飞陪同省委政法委副书记施文到现场检查指导

2010年，海南省公安厅交通警察总队在省委、省政府和省公安厅的领导下，带领全省各级公安交警部门围绕服务海南国际旅游岛建设，进一步深化道路交通安全综合整治，强化机动车和驾驶人源头管理，落实便民服务措施，推进社会管理创新，全力预防道路交通事故，确保了全省道路交通安全形势保持总体平稳，为海南国际旅游岛建设创造了安全、畅通、有序的道路交通安全环境。

一、全省道路交通安全形势保持总体平稳。通过开展高速公路交通安全整治、公路客运交通安全隐患排查和公路客运交通安全教育整治、机动车涉牌涉证违法行为专项整治、农村无牌无证摩托车专项整治、校园幼儿园及周边道路交通安全等多项整治，提高了事故预防工作的针对性、有效性。2010年，全省道路交通事故死亡 471人，与上年同比下降了5.61%，比国务院安委会下达我省的控制指标减少了29人，交通事故万车死亡率为 2.77 人，比上年3.75人/万车下降了26.13%，确保了全省道路交通安全形势保持总体平稳。尤其是国庆节期间，我省出现50年一遇的洪灾，总队党委果断决策，全省交警不放假，领导靠前指挥，既当指挥员又当战斗员，与民警一道日夜奋战在抗洪一线，加强对险情道路的交通管制和交通指挥疏导，科学组织交通分流，救助被困车辆和群众，确保了全省道路通行有序和交通安全，没有发生一起因洪灾造成人员伤亡的交通事故，受到了上级领导的充分肯定和社会各界的好评。

二、推进了交通安全宣传社会化。积极争取省文明委支持，实施文明交通行动计划，夯实了交通安全宣传基础建设，在全省迅速形成了“政府主导，部门联动，综合治理，全民参与”宣传工作格局。我省文明交通宣传原创作品在全国文明交通宣传作品有奖征集评选活动中荣获一、二、三等奖，受到了公安部交管局的表扬。

三、加强机动车和驾驶人管理源头管理。强化驾驶人考试工作，有效杜绝了各类考试舞弊行为；推进机动车和驾驶人规范化管理。争取省委政法委大力支持，组织开展了全省无牌无证摩托车专项整治行动，全省完成了30.67万辆农村无牌无证摩托车注册登记，组织22.61万摩托车驾驶人考试，相当于往年6年全省摩托车办牌量和10年摩托车驾驶证考试办证量。有力推动全省车管部门正规化建设，文昌市、琼海市车辆管理所被公安部评定为全国优秀县级车辆管理所，各市县交警大队全部建立了县级车管所。

四、落实便民服务措施，推进了社会管理创新。推行摩托车带购置税和带牌销售登记业务，受到了群众的普遍欢迎，有效地遏制了新购置的摩托车不上牌的问题。实施酒后驾驶与机动车交强险费率联系浮动制度，有效提高对酒后驾驶等交通违法行为的惩戒力度。深化交通管理服务群众措施，促进了车管窗口前移，受到了社会各界的广泛认同和支持。深入调研三亚、海口规范城市交通管理，缓解市区道路交通拥堵问题，分别下发指导性意见，推进城市交通管理创新工作。

五、加强后勤保障和科技应用，推进了交管信息化建设。推进了高速公路全程监控系统、省交警指挥中心大楼主体工程建设。进一步提高了交通安全保障工作能力，强化了交通安全警卫经费、后勤、通信保障。积极协调省财政部门筹措910万元为总队及各市县购置了42辆交通巡逻车，改善和缓解交通巡逻车匮乏和落后状况。积极主动协调省财政、省保监局等部门，报省政府批准成立了道路交通事故社会救助基金。加大了交警信息化建设力度，提高了车管信息化应用和信息系统的安全管理。

▲交通民警在洪水中救助被困车辆

▲大力推进交通管理创新，我省第一个汽车登记服务站在琼海挂牌成立

▲交通安全宣传教育

海南省交通规费征稽局

▲ 2010年3月3日，杨浩强局长在做全省征稽工作报告

▲ 2010年11月11日，杨浩强局长陪同交通厅董宪曾厅长在省征稽局调研

海南省交通规费征稽局为省交通运输厅下属一个正处级事业单位。内设机构有办公室、征收科、技术科、监察审计科、法制科、稽查科、党委办、组织人事科、计财科、自动化管理中心。主要职责是负责宣传、执行国家有关法律法规和本省有关地方性法规、规章；实施全省机动车辆通行附加费的征收稽查工作；负责燃油销售、运输的监督管理；核验通行附加费的征收情况；依法查处偷漏通行附加费的行为。现届党政领导班子成员有局党委书记、局长杨浩强，副局长熊志洲、谢玉亮，纪检书记刘延镇，党委委员林建军。

2010年，海南省交通规费征稽局从一切服务于海南国际旅游岛建设的大局出发，根据省交通运输厅的部署，紧紧围绕规费征收的中心工作，按照“带队伍，抓管理，求突破，促征收，增效益”的要求开展工作，创新工作思路和征管模式，使得规费征收、依法行政、科技攻关、立法工作等各项工作取得了可喜的成绩。

一是围绕“征费”这一中心展开工作，有效地促进机动车辆通行附加费快速增长。11月20日,全省通行附加费突破10亿元大关，19个市县21个垂直征稽单位全面完成全年征收任务。绿色通道减免达到228707台次，共计减免金额0.65亿元。

二是依法行政，以查促缴，有效地促进通行附加费的征收。4月12日，全省开展查处柴油车辆逃漏通行附加费专项整治工作启动,共查扣欠费车辆455台，主动缴费的欠费车辆765车次，追缴规费322万元。

三是科技攻关，积极推进高科技课题的研究和应用，不断提升征稽管理水平。2010年是海南省交通运输厅科技公关年, 11月5日，海南省工业和信息化厅组织省内外专家对《海南省RFID车辆管理系统可行性研究报告》进行审核，并通过评审。专家建议将此项目列为射频识别技术在海南涉车管理和服务的应用示范。

四是加快立法工作和宣传《条例》工作，使机动车辆通行附加费依法征管的理念深入人心、家喻户晓。省交通规费征稽局，经过近二年对征费管理工作立法的调研和探索，终于2010年9月20日，由海南省人大常委会第十七次常委会议审议通过《海南经济特区机动车辆通行附加费征收管理条例》，并定于2011年1月1日正式实施。新《条例》的出台，既服从和服务于国际旅游岛建设的大局，又延续了“一脚油门踩到底”的改革成果，对促进海南省机动车辆通行附加费的稳步增长，保障缴费义务人的合法权益起着重要作用。

▲ 2010年11月27日，省交通运输厅副巡视员符惠琴在全省联动宣传《条例》启动仪式上致词

▲2010年12月13日,熊志洲副局长在计财科调研工作

▲2010年5月20日，省征稽局副局长谢玉亮在全省开展为期三个月查处偷漏通行附加费专项治理行动中一线指挥

海口出入境边防检查总站

▲ 2010海口游艇经济主题论坛期间省委领导看望执勤民警，感谢边检一直以来主动服务海南经济发展所作的努力

▲ 省政府领导亲切看望慰问一线执勤民警

2010年，海口出入境边防检查总站共检查出入境人员39.8万人次，同比增长15%；检查出入境交通运输工具4102艘（架）次，同比增长4%。办理行政案件165件次，查获涉嫌偷渡案件3起3人、网上追逃人员4人次，依法查处违法违规交通运输工具5起5艘（架）次。圆满完成博鳌亚洲论坛2010年会、海南国际游艇论坛、海南国际游艇展览会、上海世博会、广州亚运会、环岛国际公路自行车赛等重大边检执勤任务，维护了口岸正常出入境秩序，边检职能作用有效发挥。海口总站所属美兰边检站被公安部授予集体一等功，秀英边检站被评为省直机关“文明单位”，马村站被省直机关评为“精神文明建设工作先进单位”，3名同志荣立个人二等功，27名同志荣立个人三等功；美兰国际机场在世界最佳机场评选活动中，护照检查和检查人员礼貌助人项目国内排名分列第三、四位。

2010年是海南国际旅游岛建设上升为国家战略的开局之年，为确保一系列重大外事活动顺利进行，展现文明国家窗口形象，海口总站通过设置专用通道、开设贵宾验证室、开通流动检查车、规范礼遇服务范围、启用免签团快速通关系统、印发《游艇（帆船）出入境边防检查服务指南》、积极推动了海南扩大来琼免签团政策和游艇管理办法出台等多项工作措施，积极促进国际旅游岛建设。总站努力打造边检服务品牌，把成熟的服务举措进一步精细化，进行固化推广，如“流动检查模式”、“边检一站式通关服务”、“果菜绿色通道”、“紧急救助通道”已经产生一定的品牌效应，有效推动了边检服务向社会化转型；对“免签证旅游团快速通关系统”进行了升级研发，将服务范围由外国免签团扩大到出国游、港澳游、台湾游等旅游团，取消了团队通道限制，加快了通关速度。采取提前到锚地等待、实行旅客电子名单查验模式等措施，保证了大型邮轮旅客下船“零等待”。边检服务水平受到省委书记卫留成、省委常委、市委书记陈辞等省、市领导的充分肯定，赢得社会广泛关注、旅客普遍认可，旅客电子评价满意度达到了99.8%。

▲ 美兰边检站“全国文明单位”挂牌

▲ 用我们真诚的微笑赢得旅客满意的赞誉

▲ 严格把关，对登离轮人员进行严格检查

海南省供销合作联社

▲ 中华供销总社和省领导视察“冬交会”海南供销馆

▲ 省领导高度肯定供销社工作

▲ 加快推进“新网工程”，服务国际旅游岛建设

▲ 海南省供销社为灾区捐赠救灾物资发车现场

▲ 农村日用品连锁超市建设扎实推进，逐步形成了省、市县有配送中心、乡有超市、村有便利店的全省日用品三级连锁配送网络体系

海南省供销合作联社承担着为“三农”服务和全省供销社系统经营监管职责，是我省为“三农”提供服务的最大合作经济组织。目前，省供销社现有直属(控股、参股)企业14个、中专学校1个、培训中心1个。全省共有18个市县供销社及287个基层社，独立核算单位412个，年商品购销总额30多亿元。

2010年，在省委省政府和全国供销总社的正确领导下，全系统坚持“抓改革，上项目，建网络，搞联合，促发展”的思路，以“新网工程”建设为主线，加快推动农业标准化基地建设，大力发展农民专业合作社，积极拓展社有企业业务，在国际旅游岛建设战略中的地位显著上升，在海南新农村建设中功能明显增强。

——农村日用品连锁超市建设扎实推进。共投入资金1000多万元，全系统经营日用品的超市和便民店达到350家。逐步形成了省、市县有配送中心、乡有超市、村有便利店的全省日用品三级连锁配送网络体系。

——农资现代经营服务网络不断建设完善。承担省级8万吨化肥储备任务，对调控好农资市场价格发挥了积极作用；建设完善省级农资配送中心，发展农资连锁加盟店500多家，形成了以省为中心、市县为骨干、乡村为终端的全省三级农资连锁配送体系，为农民提供优质、安全、价廉的农资商品。

——农产品现代购销网络不断巩固和拓展。充分利用全国供销社网络优势，与全国15个省（区、市）供销社签订农产品运销合作协议，2010年“冬交会”全系统共与全国供销社系统签订农产品订单60万吨，金额人民币18亿元。通过加强联合合作，共与全国40多个大中城市建立了稳定的合作关系。

——争取“新网工程”和“农综”项目资金不断加大。2010年共争取“新网工程”和“农综”项目资金1191万元，有力推动了“新网工程”建设步伐。

——农民专业合作社发展步伐加快推进。全系统带动发展的农民专业合作社443家，比一年前增长了近一倍。入社社员19333户，带动农户170406户，年助农增收10.45亿元。省供销社控股企业海南新海农业发展有限公司采用“公司+合作社+农户”的模式在全省范围发展冬季瓜菜标准化基地10万亩，为农民垫付种子、种苗和化肥农药，免费为农民提供技术服务，并实行保利价收购，在提高农业标准化、规模化、组织化水平的同时，确保了农民利益，有效促进了农民增收。

海南省林业局

【简况】 2010年，海南省林业局以建设生态文明示范省和国际旅游岛为目标，全力做好各项工作。全省共完成人工造林面积1.53万公顷，义务植树1406万株，参加人数220万人，完成育苗面积321.5公顷，分床育苗5000万株，森林面积达204.13万公顷，森林蓄积量达1.24亿立方米，森林覆盖率达60.2%。

【造林绿化】 2010年，全年共完成造林1.53万公顷，是计划造林任务1公顷的153%；完成育苗5000万株；完成中幼林抚育1.93万公顷，是"十一五"期间中幼林抚育面积最多的一年；完成义务植树1130万株，为计划任务的113%。全省森林面积已达204.13万公顷，活立木蓄积量达1.24亿立方米，森林覆盖率达到60.2%。

【森林资源管护】 一是加强天然林管护工作。严格按照目标、责任、任务、资金"四到省"的规定，把全省45.9万公顷的天保工程管护面积落实到1456名管护人员，做到责任明确，制度管人。二是严格规范林木管理。认真执行林木采伐限额制度，依法审批林木采伐申请，核发林木采伐面积2.34万公顷，批准采伐林木蓄积量14.5万m^3，出材量9.9万m^3，收取育林基金300万元。三是严格控制林地征占用。2010年共办理征占用林地78宗（其中临时征占用林地29宗），面积3190.9公顷（临时征占用林地217公顷），共收取森林植被恢复费1.87亿元（其中收取临时征占用林地植被恢复费521.1万元）。四是严厉打击破坏森林资源的专项行动。查处各类森林和野生动植物案件667起，打击和处理各类违法犯罪人员570人次，收缴林木树木（木材）2108m^3，查获陆生野生动物16591只（头），挽回直接经济损失204.61万元，各类毁林违法行为得到基本遏制。

【森林防火】 严格落实"预防为主，积极消灭"的森林防火工作方针，落实森林防火行政首长负责制，加强野外用火和火源管理。2010年，举办2期培训班，拨发各类扑火机具及配套设备700件（套），切实抓好专业扑火队伍建设，完善防火设施设备。全年共发生森林火灾121次，没有发生重特大森林火灾和人员伤亡事故。

【森林病虫害防治】 一是有效控制椰心叶甲疫情。二是抓好薇甘菊防治工作。三是加强桉树枝瘿姬小蜂和抗风桐虫防治工作。

【林业产业】 一是全年森林旅游接待游客14万人次，旅游收入达1亿元；二是做大做强花卉产业。全省花卉种植面积5400公顷，花卉企业达540家，花农3579户，年销售额7亿多元，从业人员1.3万人。三是发展林产品加工业。投资241亿元的金光集团洋浦纸浆厂和年产15万m^3的屯昌高密度纤维板厂相继投产，推动了海南省林产品加工业再上新台阶。2010年完成产值85亿元，出口额2000万美元，从业人员3.8万人。四是继续推动野生动植物产业发展。2010年全省陆生野生动物养殖企业（含个体）72家，从事养殖工作人员有1万多人。

【林业民生】 一是开工建设全省林区林场危旧房改造工程4800户,极大改善了林区住房条件。二是完成林业系统通畅工程道路161.8公里，解决了林区出行难问题。三是争取资金1599万元，全面完成26个林区林场及保护区建设饮水工程70处，解决了2.132万林区人民的安全饮水问题。

▲ 全国林改现场会

▲ 全省林业局长会议

▲ 2010年3月26日植树节植树活动

▲ 霸王岭危旧房改造工程

NCI 新华保险

海南分公司

▲2010年11月6日举办的“战略研讨会”，开启了海南新华发展的新篇章

▲新华保险海南分公司第五届高峰会暨2010年开门红启动大会

新华人寿保险股份有限公司海南分公司是新华人寿保险股份有限公司设立在海南的省级分公司。自2002年9月开业运营以来，海南新华内强素质、外树形象、稳健经营，用诚信服务、专业经营赢得了社会各界以及广大民众的认同。公司成立8年来，一直坚持“小市场，大作为”的经营方针，在市场竞争中不断壮大，目前新华保险海南分公司有内外勤员工逾2000人，下辖海口、万宁、儋州、琼海四家支公司和三亚、琼山、澄迈、文昌、定安五家营销服务部，已将业务范围覆盖全省。2010年，公司在合规经营的前提下，核心业务取得跨越式发展，海南新华总保费收入达51093.98万元，与上年同比增长56.18%，同时公司以优质、快捷的理赔服务得到了广大客户的一致好评，2009年7月，新华保险海南分公司荣获“海南省优质服务创品牌示范单位”，2010年2月和5月分别荣获“海南省最具社会责任感企业”和“海南省文明诚信十佳企业”的殊荣。

新华保险成立至今,已逐步搭建起覆盖全国的包括柜面中心、电话中心以及网络服务的多渠道、立体化的服务。为了更好地服务客户、回馈社会，公司正在规划下一步的服务支持体系建设，将特别突出“简单”和“高效”，即在风险可控的前提下，公司内部将不断简化、改善客户服务和理赔业务流程，体现在对外的客户服务和理赔工作上将更为便捷、高效。在公司经营方面，坚持高起点、高标准的运营方式，以经济效益为中心，以价值为导向，以客户需求为目标，面对新的市场要求，紧紧结合“围绕一线、围绕客户、围绕市场”的要求，充分发扬“团结、敬业、奉献”的新华精神，发挥新华人寿的机制优势，根据客户的需要，不断变革管理，提高服务水平，创新营销模式，以满足客户多样化需求。对内，严格管理，注重人力资源培训和员工专业知识和服务技能的提高；对外，诚信经营，快速理赔，一切以客户的利益为出发点，小额简易快速理赔等理赔新举措使公司的理赔服务更为透明和完善。

新华保险海南分公司始终秉承“以客户为中心”的服务价值观，坚持以“客户满意”为唯一评价标准，追求“客户价值增长”的服务目标，致力于为客户提供诚实守信、尽心尽责、方便快捷的服务体验。

▲2002年成立的国贸营销服务部，已升级为支公司，是个险顶梁柱机构

▲ 2010年4月1日，“跨越2010卓越经理人计划”启动大会

中国平安财产保险股份有限公司海南分公司

▲ 总经理：陈青松

中国平安保险(集团)股份有限公司是国内第一家以保险为核心的，融证券、信托、银行、资产管理、企业年金等多元金融业务为一体的紧密、高效、多元的综合金融服务集团，成立于1988年，总部在深圳。

中国平安财产保险股份有限公司海南分公司是中国平安在国内设立的第一家省级分支机构，成立于1988年，业务范围覆盖车险、财产险、短期意外险和健康险等保监会批准经营的各类险种，同时代理平安集团旗下养老金公司和信托公司的产品，为海南地区广大人民群众和企事业单位提供全面的风险保障和专业理财服务。经过20多年的稳步发展，已在海南财产险市场拥有稳定的市场地位，目前拥有3家市级支公司、11家县级支公司和营销服务部，近400人的员工队伍，服务网点遍布全省各市、县。

▲ 为客户介绍理财产品

平安产险海南分公司秉承“海纳百川，中西合璧，价值驱动，追求领先”的平安企业文化脉动和“诚信第一、效率第一、客户至上、服务至上”的服务宗旨，倾力为海南地区的经济发展和社会全面进步提供各种优质的保险服务保障。一直以来，海南平安人以稳健夯实根基，以创新推动发展，以创业者的豪迈气魄迎接挑战，以现代经营者的宽阔视野洞悉市场，凭借中外融合及双剑合璧的先进管理理念，追求卓越永不止步的韧性，创造出了属于自己的奇迹！

“发展才是硬道理”这是平安人不变的信念，也是企业赖以生存的根基。近年来，平安产险海南分公司领导班子着力打造领先的组织建设平台、提升领先的理念文化建设平台、完善领先的内控管理平台、拓展领先的业务发展平台，注重在管理上下功夫，大力倡导向管理要效益的理念，并结合市场变化，适时变革销售组织架构和营销模式，现已按直销渠道、综合开拓渠道、车行渠道、重点客户渠道、电话销售渠道分类，保证为客户提供更加专业的保险服务。

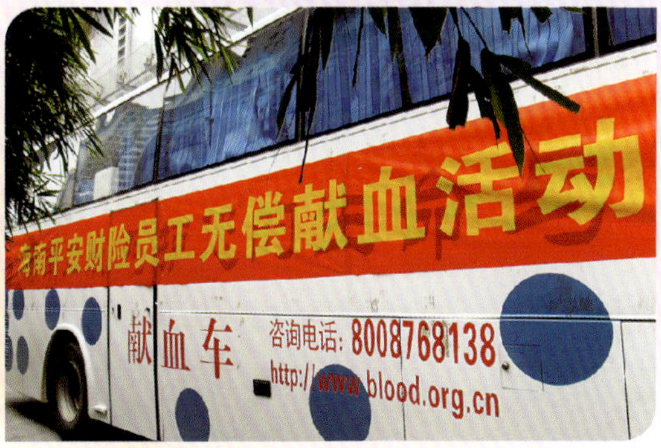

▲ 海南平安财险员工无偿献血活动

平安产险海南分公司在集团强大的综合金融服务平台的支持下，拥有国际化、专业化的管理团队，可以为个人客户和企业客户提供系列的个性化产品和服务。公司以电话中心和互联网为核心，依托门店服务中心和专业直销队伍的3A（Anytime、Anywhere、Anyway）服务模式，为客户提供全国通赔、定点医院、灾害预警、VIP专人专柜受理等差异化的服务。还在业内率先推出了海内外急难救助服务、客户服务节等许多增值服务。在全省同业中，首家推出车险客户万元以下案件1天赔款承诺和更为方便快捷的电话车牌批改服务项目。率先建立了GPS车险理赔调度中心，全力打造“到达出险现场最快、服务质量最佳、理赔时效最短”的最佳产险公司。近三年来，平安产险海南分公司向社会提供总保险金额达8000多亿元的保险保障，赔付金额达到2.3亿元。

▲ 抗水灾现场查勘

2009年以来，先后获得“跨越辉煌60年—最受消费者喜爱的海南标志性品牌企业行业10强（金融保险行业）”、“优质服务创品牌示范单位”、“五星级消费者满意单位”和“海南百强企业”等荣誉，为海南地区的社会稳定和经济发展做出了应有的贡献。

海南省环境科学研究院

▲ 中英海南赤潮与海岸带污染防控研讨会

▲ 第五届海南省科技论坛颁发荣誉证书

▲ 第五届海南省科技论坛专题论坛

2010年，我院紧紧围绕国际旅游岛建设，积极开展环境科研、环境监测和技术服务工作，各项工作均取得显著成效。

一、积极开展科研、规划、调查、示范工程项目，为我省环境管理提供技术支持。

1、积极推进环境科研工作。目前，已完成了海南生态补偿中部生态功能区核心区划分、海南城镇垃圾混合堆肥应用技术示范等8个科研、规划、调查、示范工程项目。其中，省厅今年重点项目之一《海南省环境保护“十二五”规划》前期专题研究、《海南省“十二五”主要污染物总量控制规划》等项目通过省厅初审；海南省生物多样性评价项目通过环保部验收;海南省土壤污染状况调查项目历经3年已完成，并向环保部上报全部项目成果；参与制订了《海南省生态保护与建设评价暂行办法》并已经省政府批准实施，把生态环境保护纳入经济社会发展综合评价体系和领导干部综合考核评价体系。

2、加强策划包装项目。从生态环境保护制度、生态建设与生态安全、污染物减排与环境污染防治、产业环境政策以及产业发展战略等方面策划了18个“国际旅游岛建设战略研究” 研究课题，开展了6个子课题的研究；包装17个环境监测站标准化建设项目，争取中央财政资金共1621万元；完成全省92个农村环境综合整治项目的策划、包装，获1200万元中央农村环保专项资金支持。

二、加强环境质量监测和污染源监督性监测，为我省总量减排和污染源管理提供技术支持。

1、完成了全省城市集中式饮用水水源地、主要河流、湖库、近岸海域，以及主要城市（镇）环境空气、噪声等环境质量的监测，共获得监测数据近28万个。组织完成全省36家国控重点污染源监督性监测工作和27家省控重点污染源监督性监测工作，共获得污染源监测数据约3万个，并按季度完成26家国控重点污染源自动监测系统的比对监测工作，共获得监测数据约1600个。

2、建立环境质量例行监测公报制度，加大环境质量信息发布力度。编制80多期各类环境质量报告，并通过新闻媒体定期发布各类环境质量信息。

三、进一步做好环境技术服务工作，促进经济和环境协调发展。

完成国家海岸·神州第一泉三亚南田温泉国际热带风情旅游城控制性详细规划等各类规划、建设项目、环境影响评价共55个，积极配合做好北部湾经济区沿海重点产业发展战略环境影响评价的阶段性评估工作；对同三国道主干线三亚绕城高速公路等工程开展环境监理，积极推进第二批重点企业清洁审核工作。

四、为民办实事。

1、惠民工程：编制了《海南省农村及乡镇水源地区划技术指引》。承担了13个市县42个农村及乡镇水源地区划工作，截止10月20日，42个水源地区划工作和区划报告（送审稿）已全部完成。

2、生态文明建设工程：积极开展农村环境综合整治项目的包装策划，完成了91个农村环境综合整治项目包装策划，向国家申报40个项目。18个村庄整治项目获批，获得国家支持资金1200万元。

海南省环境监测中心站

▲ 饮用水源地基础环境调查及评估技术验收会

机构与队伍建设

海南省环境监测中心站组建于1974年，1988年建省成立省环境监测中心站，2002年成立海南省环境科学研究院，同时挂牌海南省环境监测中心站。现有事业编制92人，其中财政45人，自筹47人，内设13个科室。主要负责组织实施环境监测和基础性、战略性、公益性环境科学研究。现有干部职工150人，其中专业技术人员136人，硕士以上学历人员41人（其中6名博士），高级技术职称22人，中级职称33人。专业涵盖环境科学、环境经济学、土壤学、地理信息系统、遥感、生态学、地质学、环境工程等多学科。现仪器设备总值2500万元，大中型仪器设备约300台（套），拥有气-质联用仪、等离子体发射光谱仪等一批先进仪器设备，通过国家级实验室资质认定，可开展8大类394个项目、1335项次环境监测工作。具有较强的科研能力，先后承担多项国家软科学、国家及省自然科学基金项目、省重点科技项目、省科技项目和国际合作项目。

▲ 环境日宣传

工作业绩

定期组织开展本省环境空气、大气降水、地表水、近岸海域、地下水、环境噪声、土壤、生物、生态等环境要素监测和重点污染源监督性监测工作等例行监测工作，开拓性的开展了南海海域环境、重点旅游景区空气负离子、重点旅游区海域环境等监测工作，每年环境监测数据20多万个。定期编制环境质量年报、季报、月报、周报，并在海南日报、海南电视台和省国土环境资源厅网站、省环境监测中心站网站发布。

先后承担各类科研、调查、规划项目300余项，其中国家软课题项目2项、省重点科技项目5项、省科技项目20余项。获得省科技进步一等奖1项（合作）、三等奖5项，国家环境保护总局质量报告书评比二、三等奖各1项，获国家专利2项，在省级以上学术期刊发表科技论文百余篇，其中核心期刊40余篇。

▲ 第一届全国环境监测专业技术人员大比武决赛

荣誉

先后被原国家环境保护总局和人事部授予“全国环保系统先进集体”，被原国家环境保护总局授予“‘九五’期间全国环境保护系统先进监测站”、先后5次被中共海南省委、省直机关工委和省国土环境资源厅党委授予“先进基层党组织”，被海南省直属机关工委授予“2004年合格职工之家”、“2006年合格职工之家”、“2008--2010年度省直机关文明单位”。

海南金鹿投资集团有限公司

海南金鹿投资集团有限公司是由创建于1958年的海口八一手扶拖拉机制造厂，先后合并和兼并了原海口实验厂、海口通用厂、海口标准件厂、海南机械厂、海口市砖二厂、澄迈县红峰农场的基础上建立起来的。公司下辖多家分厂、分公司和1个农场。是集农机生产销售、低速汽车生产销售、钢网架、压力容器设计、制造、安装、房地产、电梯安装维保、机械智能停车设备销售维保、游艇制造销售、商业物业、物业管理、氟塑制品、玻璃钢制品、农业种养等多个行业并举的股份制企业，2009年，公司工业总产值达2.88亿元，营业额达3.8亿元。公司于2003年11月通过ISO9000国际质量管理体系认证。

由金鹿集团控股的海南金鹿农机发展股份有限公司，主要以拖拉机、农机、低速汽车生产及销售为主的规范化股份制企业，目前公司分别在贵州、广东、云南、湖北、江西及四川设有七个制造基地和印度尼西亚分公司，已在华南地区各市、县、乡建立起具有竞争力的营销及服务网点。金鹿集团下辖的有商业物业包括位于新华南路的金鹿商业城，总面积达2万m^2，是海南最大规模家用电器和摩托车批发、零售中心；位于海口汽车东站相邻的金鹿装饰大世界，是市政府规划的海口市重点项目，市场总规划面积近6万m^2，经营所有家装建材商品，充分满足市民一站式家装购齐的便利。其中灯饰经营面积近4万m^2，是目前海南最大的灯具城。目前在建设的还有大同路的金鹿古玩文化广场（目前正在火爆招商中）以及文明中路的金鹿文明商城，面积近1万m^2。海南金鹿物业管理有限公司，具有全国物业管理二级资质证书，公司管理包括“金鹿花园”、海口市政府、海南华侨中学近45个大中型物业，面积逾155万m^2,曾荣获了《泛珠区域物业管理品牌企业》的称号；海南德森电梯有限公司，经营德国蒂森、进口三菱电梯的安装维保，至今已完成了1000多台电梯安装维保。海南金鹿楼宇设备有限公司，经营机械智能立体停车场、南亚电梯销售及维保,是海南第一家公司生产经营机械智能立体停车设备，有效缓了停车难问题，能够最大限度消化车位需求，直接提升了商业区的吸引力和提高城市的综合竞争力。金鹿氟塑制品有限公司，生产的聚四氟乙烯制品，品种繁多，产品行销全国各地。海南金鹿游艇发展有限公司（海口水星玻璃钢实业公司），是海南省最大、实力最强的玻璃钢制造企业，引进美国维纳斯公司的RTM设备，同时购置大批质量检测设备以保证产品质量。生产各种游艇、水箱、果皮箱浮雕等玻璃钢产品等。红峰农场，位于海南省澄迈县加乐镇，地处南渡江畔力龙电力站上游，总面积2000多亩，现有橡胶、槟榔、椰子等经济作物。

公司曾荣获了全国双爱双评先进企业、全国就业和社会保障工作先进民营企业、全国民营企业文化建设先进企业、海口市守合同重信用单位、海南省诚信纳税企业、海南省安置就业工作先进民营企业等荣誉称号。

▲ 金鹿集团办公楼

▲ 金鹿装饰大世界

▲ 游艇

▲ 智能停车场

扎实进取　开拓创新
开启海南住房公积金事业新篇章

▲ 省领导到中心视察

▲ 李建飞厅长、宋友春主任、闫经武、黎富才副主任等领导为承办住房公积金业务先进单位颁发奖牌

▲ 宋主任主持研究业务工作

▲ 中心领导听取各分支机构意见建议

2010年，海南住房公积金管理中心在省委、省政府的正确领导下，在管委会的指导下，扎实进取，开拓创新，紧紧围绕海南国际旅游岛建设目标，大力支持保障性住房建设，整章建制、规范管理，超额完成各项业务工作指标，实现我省住房公积金安全快速增长。

2010年，全省住房公积金缴存额32.38亿元，完成全年计划任务的124%；缴存人数508139人，完成全年计划任务的112%。当年发放贷款14.24亿元（含儋州试点项目贷款8000万元），完成全年计划任务的106%；贷款余额28.57亿元，完成全年计划任务的105%，均超额完成年初任务目标。

一、“十一五”取得的主要成绩

“十一五”期间，海南住房公积金管理工作实现从无到有，从小到大的快速发展。先后成立海南住房公积金管理中心，市县分中心、管理所、省直分中心，初步构建“省直管市县”和“管运分离”的管理模式。

归集量快速增长，其中：缴存人数，从2005年的28.37万人，增加到2010年的50.81万人，年均增长12.4%；覆盖率从2005年的39.1%，提高到2010年的65.4%，年均增加5.26个百分点；累计缴存额，从2005年的34.05亿元，增加到2010年的137.28亿元，年均增长32.2%。使用率不断提高，其中：累计提取额，从2005年的12.07亿元，增加到2010年的51.19亿元，年均增长33.5%；累计贷款额，从2005年的3.85亿元，增加到2010年的36.59亿元，年均增长56.9%。风险控制良好，贷款逾期率从2005年的0.18%降低到2010年的0.04%。贷款率从2005年的14.3%增长到2010年的33.2%，年均增长3.78个百分点；使用率从2005年的52%增长到2010年的58.4%，年均增长1.28个百分点。累计增值收益达到2.81亿元，上缴城市廉租住房建设补充资金合计7277.84万元。

在业务取得大幅度发展的同时，注重加强内部管理，建立完善各项规章制度，加强对市县分支机构的监管；加强业务培训和引进高素质人才，干部队伍不断壮大；充分利用住房公积金支持保障性住房建设，放宽提取贷款条件，缩短业务审批时间，为职工提供一站式服务，公积金使用率逐步提高。

二、“十二五”的发展规划

“十二五”期间，我们必须把握机遇，以住房公积金高效归集使用、科学管理运作、内控机制完善为目标，紧紧围绕海南国际旅游岛建设，大力支持保障性住房建设和消费，力争住房公积金各项运行指标达到全国先进水平。

——覆盖率大幅增长。全省住房公积金缴存人数不少于70.78万人，缴存覆盖率不低于85%，当年缴存额年均增长不低于10.4%，2015年当年归集额达到53亿元以上，累计缴存总额达到360亿元以上。

——使用率大幅提高。当年提取额占当年缴存额的42%，累计提取总额达到144亿元以上。当年贷款发放额年均增长率不低于25.9%，累计贷款总额达到199亿元以上。贷款率达到70%以上。使用率达到82%以上。

——贷款风险控制良好。逾期贷款率控制在0.07%以下。

——增值收益与运营资产规模实现同步增长。累计增值收益总额达到11亿元以上，累计上缴城市廉租住房建设补充资金达到5.48亿元以上。

中国长城资产管理公司海口办事处

▲ 2010年1月16日，省政府领导与长城资产管理公司赵东平总裁、长城资产管理公司海口办事处班子成员亲切合影

▲ 总经理：黄虎

中国长城资产管理公司海口办事处2000年3月6日经人民银行批准挂牌成立，法定营业地址为：海南省海口市龙华区国贸路40号长城大厦5-7层（邮编：570125）。根据《金融资产管理公司条例》和中国银监会核准，中国长城资产管理公司是以收购和管理、处置不良资产为主业，兼营融资租赁、保险兼业代理、担保业务、投资银行业务等中间业务的综合金融服务商。为企业提供包括财务顾问、综合融资服务；债务重组、资产重组、企业重组；债权转股权（含自主债转股）；管理对收购资产形成的抵债实物资产进行投资；财务及法律咨询与顾问；资产及项目评估以及经公司授权经营的其他业务。

海口办事处高级管理层由党委书记、总经理黄虎，党委委员、副总经理刘承进和党委委员、总经理助理郑继荣组成。内设机构6个：综合管理部（监察审计部）、资产经营部（法律事务部）、业务拓展部、项目审核部、业务拓展二部、资金财务部。

截止2010年12月31日，我办全年实现账面利润317.15万元，利润完成率317%，人均利润7.2万元。账面利润同比增长22.6%。我办全年累计实现各项业务收入1642.92万元，其中商业性中间业务收入1641.88万元，存款利息收入0.66万元，营业外收入0.38万元。

▲ 2010年3月15日，长城资产管理公司海口办事处与海南联合资产管理公司签订战略合作暨资产处置委托代理协议后，办事处总经理黄虎与海南联合资产管理公司总裁曾国华合影

▲ 2010年12月30日，长城资产管理公司海口办事处全体员工合影

▲ 2010年7月，长城资产管理公司海口办事处全体党员合影

海口美兰国际机场

▲ 省政府领导慰问美兰机场一线员工

▲ 省政府领导在美兰机场召开现场办公会议

▲ 美兰机场荣获ACI最佳贡献奖

▲ 美兰机场新年慰问各航空公司机组

海口美兰国际机场于1999年5月25日正式通航，是我国重要的国内干线机场之一。现已开通航线111条，其中国内航线97条、地区航线5条、国际航线9条，与62个城市通航。

美兰国际机场占地面积583公顷，飞行区等级按国际民航组织制定的4E级标准建设，可满足波音747-400等大型飞机的起降要求。跑道配备世界先进水平的二类助航灯光系统，通讯导航设备二类仪表着陆系统，其他航管及机场服务设施也达到国际先进水平。机场跑道长3600米，宽45米；平行滑行道长3600米，宽34米，能够满足波音747-400型等大型飞机全重起降的技术要求设计。

“十一五”期间，在国民经济持续健康快速发展和中国民航运输生产保持高速增长的带动下，美兰机场运输生产取得良好业绩，近五年的旅客吞吐量年均增长率为5.2%。2010年上半年，受国内经济企稳回升、海南国际旅游岛建设等影响，美兰机场共完成旅客吞吐量475.5万人次，起降架次40136架次，货邮行吞吐量86168.2吨。预计今年全年将完成旅客吞吐量906.7万人次，比“十一五”第一年2006年增长35.9%。

“十二五”发展规划展望

到2015年，美兰机场预计旅客吞吐量将达到1633万人，“十二五”期间年均增幅为12.5%。起降架次将达到121208架次，“十二五”期间年均增幅为9.6%。货邮行吞吐量达到18.4万吨，“十二五”期间年均增幅为17.0%。

美兰机场一直努力成为中国第一、国际一流的机场管理公司，致力于持续为客户提供满意服务、为投资者（股东）增加财富，使美兰机场品牌成为公众认可的最佳品牌。

“十二五”期间，美兰机场将定位为区域性航空运输中心来发展建设。美兰机场将不仅是出入海南岛的主要口岸、大特区对外开放的主要窗口，也是联系中国和东盟贸易区的主要门户。

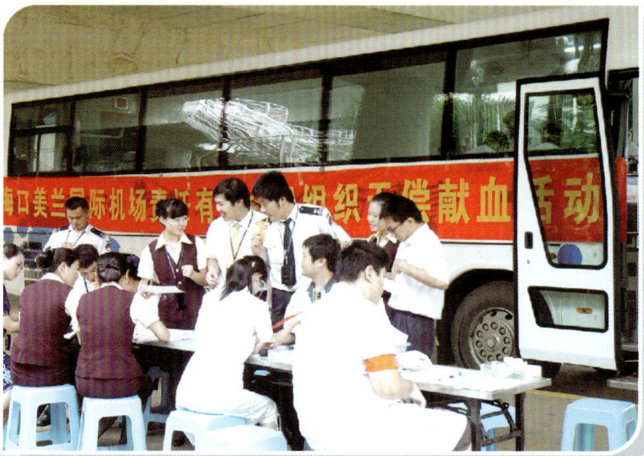

▲ 工作人员参与献血活动

8. 居民生活
PEOPLE´S LIVING CONDITION

编辑人员: 叶 薇 黄 怡
Compiled by Ye Wei Huang Yi
英文翻译: 卓富香
Translated by Zhuo Fuxiang

城乡居民储蓄存款余额(亿元)
Balance of Saving Deposit of Urban and Rural Households(100 million yuan)

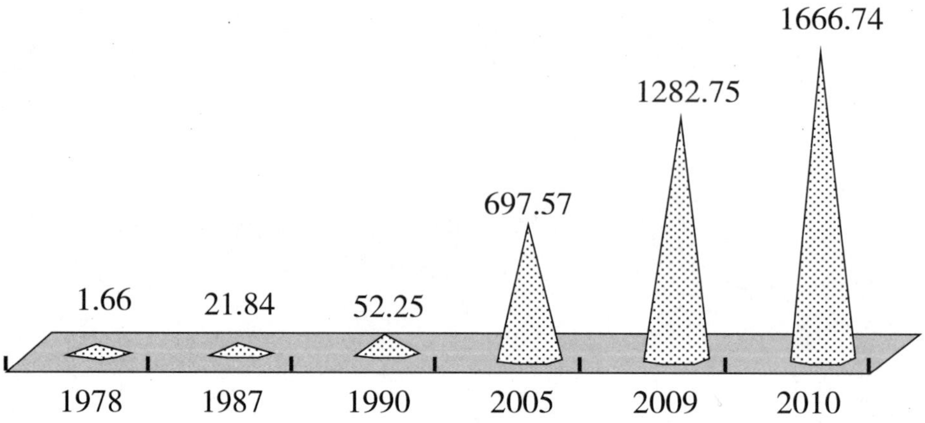

城镇居民人均可支配收入(元)
Per Capita Annual Disposable Income of Urban Households(yuan)

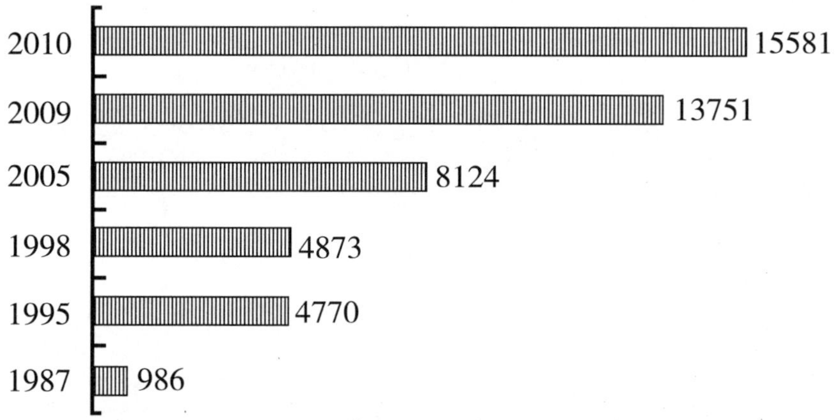

农民人均纯收入(元)
Per Capita Annual Net Income of Rural Households(yuan)

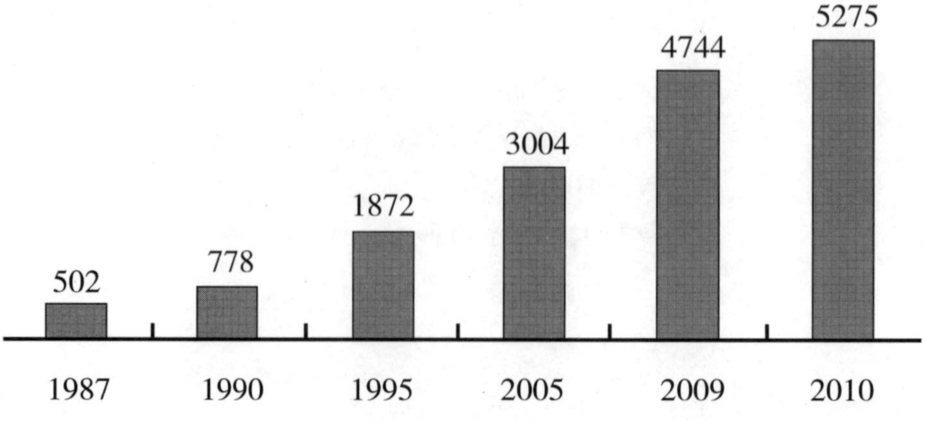

8-1 人民物质文化生活情况 People's Material and Cultural Life

项　目	Item	2005	2006	2007	2008	2009	2010
就　　业	**Employment**						
每一农村劳动力负担人口(人)	Number of Dependents per Rural Laborer (person)	1.57	1.55	1.54	1.53	1.55	1.53
每一城镇就业者负担人口(人)	Number of Dependents per Urban Employee (person)	2.31	2.24	2.18	2.16	2.14	2.15
收　　入	**Income**						
农村居民家庭人均纯收入(元)	Per Capita Net Income of Rural Households(yuan)	3004	3256	3791	4390	4744	5275
城镇居民家庭人均可支配收入(元)	Per Capita Disposable Income of Urban Households(yuan)	8124	9395	10997	12608	13751	15581
职工年平均工资(元)	Average Wages of Staff and Workers (yuan)	14417	15890	19357	21864	24934	31025
消费水平	**Consumption level**						
城镇居民人均消费性支出(元)	Per Capita Consumption Expenditure of Urban Households	5928	7128	8293	9408	10087	10927
农村居民人均生活消费支出(元)	Per Capita Living Expenditure of Rural Households	1969	2232	2557	2883	3089	3446
储　　蓄	**Savings**						
城乡居民年底储蓄存款余额(亿元)	Balance of Savings Deposit of Rural and Urban Households at the Year-end (100 million yuan)	697.57	790.56	863.12	1061.12	1282.75	1666.74
平均每人储蓄存款余额(元)	Per Capita Balance of Saving Deposit (yuan)	8517	9486	10163	12271	14584	19190
住　　房(平方米)	**Per Capita living Space (sq.m)**						
农村人均住房面积	per capita living Space in Rural Areas	21.82	22.05	22.64	22.84	24.00	24.74
城镇人均现住房总建筑面积	per capita living building area in Urban Areas	27.03	28.11	27.75	28.57	28.87	28.88
文化教育卫生	**Culture,Education and Public Health**						
城镇每百户有彩色电视机(台)	Number of Color TV Sets per 100 Households in Urban Areas (set)	118.69	124.22	123.24	117.99	118.22	119.79
农村每百户有电视机(台)	Number of TV Sets per 100 Households in Rural Areas (set)	80.8	87.5	91.67	91.53	99.59	102.36
学龄儿童入学率(%)	Enrollment Ratio of School-Age Children (%)	99.79	99.81	99.75	99.74	81.64	98.84
每万人口中在校大学生(人)	Number of University Students per 10 000 Persons(person)	85	108	128	149	197	203
每万人口中在校中学生(人)	Number of Secondary School Students per 10 000 Persons(person)	706	734	735	726	696	671
每万人口中在校小学生(人)	Number of Primary School Students per 10 000 Persons(person)	1276	1253	1164	1064	965	900
每万人中有医生人数(人)	Number of Doctors per 10 000 Persons (person)	14	15	15	15	15	16
每万人中有医院病床位(张)	Number of Hospital Beds per 10 000 Persons (bed)	23	24	25	26	26	28

注:从2008年起,"城镇人均住房面积"变更为"城镇人均现住房总建筑面积"
Note:Since 2008,"Per Capita Living Space in Rural Areas"" change to" per capita living building area in Urban Areas "

8-2 城乡居民家庭人均收入及指数
Per Capita Annual Income of Urban and Rural Households and Related Indices

年份 Year	农村居民家庭人均纯收入（元） Annual Per Capita Net Income of Rural Residents (yuan)	指数（上年为100） Index	城镇居民家庭人均可支配收入（元） Annual Per Capita Disposable Income of Urban Households (yuan)	指数（上年为100） Index	城镇居民家庭恩格尔系数(%) Engle Coefficient of Urban Households (%)	农村居民家庭恩格尔系数(%) Engle Coefficient of Rural Households (%)	职工平均工资(元) Average Wages of Staff for Workers (yuan)	指数（上年为100） Index
1987	502	–	986	–		61.0	1233	–
1988	609	21.3	1196	121.3	64.0	57.8	1399	113.5
1989	696	14.3	1367	114.3	62.9	57.6	1640	117.2
1990	778	11.8	1650	120.7	60.7	63.5	1980	120.7
1991	916	17.7	1799	109.0	62.1	60.6	2194	110.8
1992	1026	12.0	2318	128.8	60.9	62.9	2720	124.0
1993	1320	28.7	3072	132.5	61.8	52.6	3501	128.7
1994	1620	22.7	3920	127.6	60.5	56.6	4058	115.9
1995	1872	15.6	4770	121.7	59.3	59.7	5340	131.6
1996	2156	15.2	4926	103.3	58.6	57.1	5476	102.5
1997	1820	-15.6	4850	98.5	57.0	53.8	5664	103.4
1998	1966	8.0	4853	100.1	55.0	61.6	6248	110.3
1999	2119	7.8	5338	110.0	51.2	54.1	6865	109.9
2000	2231	5.3	5358	100.4	49.3	56.9	7408	107.9
2001	2285	2.4	5839	109.0	46.3	59.0	8321	112.3
2002	2423	6.0	6823	112.1	45.4	59.1	9480	113.9
2003	2588	6.8	7259	106.4	44.8	57.6	10397	109.7
2004	2818	8.9	7736	106.6	46.9	58.9	12652	121.7
2005	3004	6.6	8124	108.7	47.6	57.6	14417	114.0
2006	3256	8.4	9395	111.2	43.5	53.4	15890	110.2
2007	3791	16.4	10997	117	42.8	56.0	19357	121.8
2008	4390	15.8	12608	114.6	44.9	53.4	21864	113.0
2009	4744	8.1	13751	109.1	44.7	53.1	24934	114.0
2010	5275	11.2	15581	113.3	44.8	50.0	31025	124.4

8-3 城乡居民储蓄存款余额
Balance of Savings Deposit of Urban and Rural Households

年 份 Year	城乡居民储蓄存款余额(万元) Balance of Savings Deposit of Rural and Urban Households (10 000 yuan)	城镇 Urban	农村 Rural	城乡居民储蓄存款人均余额(元) Per Capita Balance of Saving Deposit of Rural and Urban Households(yuan)	城镇 Urban	农村 Rural
1987	218371	160171	58200	355.0	1570.9	113.4
1988	299822	230862	68960	367.9	2165.5	132.4
1989	375937	302913	73024	474.2	2694.2	138.7
1990	522494	428434	94060	802.3	3620.7	176.5
1991	687361	570831	116530	1039.1	4672.8	216.1
1992	1127517	961425	166092	1679.6	7597.2	304.9
1993	1840167	1559101	281066	2699.1	11240.0	517.6
1994	2329142	1990673	338469	3368.8	14137.3	614.7
1995	2794077	2429174	364903	3977.8	16587.1	656.3
1996	3271283	2863752	407531	4581.2	18333.9	738.1
1997	3626146	3175942	450204	5004.8	18660.1	819.9
1998	3855237	3377784	477453	5257.3	19105.1	864.8
1999	3983884	3485812	498072	5360.4	19089.9	896.5
2000	4047376	3550268	497108	5138.9	18904.5	881.1
2001	4273277	3780777	492500	5584.4	19650.6	859.5
2002	4840769	4279136	561633	6252.6	21215.3	980.7
2003	546872	4829281	639431	6970.2	23869.5	1098.2
2004	6159162	5461655	697507	7642.8	17934.7	1391.8
2005	6975744	6219155	756589	8517.1	19823.3	1497.3
2006	7905634	7034669	870965	9485.6	21890.3	1700.87
2007	8631183	7434175	1197008	10163.2	22674.2	2295.8
2008	10611237	9413509	1197728	12271.1	28103.4	2260.9
2009	12827514	11343401	1484113	14845.5	33362.0	2751.9
2010	16667357	13599647	3067710	19189.9	39596.0	5552.7

8-4 城镇居民家庭基本情况
Basic Conditions of Urban Households

项　目	Item	2005	2006	2007	2008	2009	2010
调查户数(户)	Number of Households Surveyed (household)	600	600	600	600	600	600
平均每户家庭人口数(人)	Average Household Size (person)	3.60	3.51	3.44	3.32	3.32	3.31
平均每户就业人口数(人)	Average Number of Employed Persons per Household (persons)	1.56	1.57	1.58	1.54	1.55	1.54
平均每户就业面(%)	Proportion of Employment per Household (%)	43.33	44.70	45.93	46.39	46.69	46.53
平均每一就业者负担人数(人)	Number of Dependents per Employee (person)	2.31	2.24	2.18	2.16	2.14	2.15
平均每人全年家庭总收入(元)	Per Capita Annual Total Income of Household(yuan)	8670	10082	11792	13599	14909	16930
# 可支配收入	Disposable Income	8124	9395	10997	12608	13751	15581
平均每一就业者全年实际收入(元)	Per Employee Annual Real Income (yuan)	15648	17340	19160	22229	24012	27242
平均每人全年总支出(元)	Per Capita Annual Total Expenditures(yuan)	7932	9066	10854	11702	12820	14362
# 消费性支出	Consumption Expenditure(yuan)	5928	7128	8293	9408	10087	10927
平均每户年末手存现金(元)	Holding Cash per Household at the Year-end(yuan)	1723	1476	1892	2182	2189	1321
城镇人均现住房总建筑面积(平方米)	per capita living building area in Urban Areas(sq.m)	27.03	28.11	27.75	28.57	28.87	28.88

注：从 2008 年起"平均每人居住面积"改为"城镇人均现住房总建筑面积"。
Note:Since 2008,"Per Capita Floor Space of Residential Buildings" has changed to "per capita living building area in Urban Areas".

8-4 续 (continued)

(2010)

项　目	Item	最低收入户 Lowest Income Households (first decile)	困难户 Poor Households (first five percent)	低收入户 Low Income Households (second decile)	中等偏下户 Lower Middle Income Households (second quintile)	中等收入户 Middle Income Households (third quintile)	中等偏上户 Upper Middle Income Households (fourth quintile)	高收入户 High Income Households (ninth decile)	最高收入户 Highest Income Households (tenth decile)
调查户数(户)	Number of Households Surveyed (household)	61	31	60	120	119	120	60	60
比重(%)	Proportion(%)	10.17	5.17	10.00	20.00	19.89	19.95	10.00	10.00
平均每户家庭人口数(人)	Average Household Size (person)	4.16	4.40	3.60	3.67	3.23	3.06	2.84	2.57
平均每户就业人口数(人)	Average Number of Employed Persons per Household(persons)	1.36	1.56	1.47	1.60	1.59	1.58	1.45	1.62
平均每户就业面(%)	Proportion of Employment per Household (%)	32.69	35.45	40.83	43.60	49.23	51.63	51.06	63.04
平均每一就业者负担人数(人)	Number of Dependents per Employee (person)	3.06	2.82	2.45	2.29	2.03	1.94	1.96	1.59
平均每人全年家庭总收入(元)	Per Capita Annual Total Income of Household (yuan)	5366.38	4530.74	8129.40	11258.13	15831.99	21690.51	29320.25	44003.27
#可支配收入	Disposable Income	5042.17	4269.40	7658.30	10482.25	14653.57	19862.10	26808.29	39924.11
平均每人每月可支配收入(元)	Per Capita monthly Disposable Income (yuan)	420.18	355.78	638.19	873.52	1221.13	1655.18	2234.02	3327.01
平均每人年家庭总支出(元)	Per Capita Annual Total Expenditures of Household (yuan)	4814.23	4075.22	6739.24	10046.43	14315.85	17606.03	25612.93	34357.06
#消费性支出	Consumption Expenditure (yuan)	4347.84	3684.56	5954.90	8182.11	11311.94	13005.22	18060.59	23555.97
平均每人每月消费性支出(元)	Per Capita monthly Consumption Expenditures(yuan)	362.32	307.05	496.24	681.84	942.66	1083.77	1505.05	1963.00
平均每一就业者全年实际收入(元)	Per Employee Annual Real Income (yuan)	12540.93	10488.75	13508.20	18307.77	23976.27	31907.76	41748.00	55831.87
平均每户年末手存现金(元)	Holding Cash per Household at the Year-end(yuan)	899.60	885.02	1027.51	1226.26	1448.53	1311.88	1610.68	1740.66

8-5 城镇居民家庭年人均收入来源及构成
Per Capital Annual Income of Urban Residents by Source and Its Composition

项 目	Item	2005	2006	2007	2008	2009	2010
家庭总收入(元)	Total Income of Household (yuan)	8670.05	10081.70	11792.05	13598.6	14909.28	16929.63
工资性收入	Income from Wages and Salaries	6071.04	6954.45	8113.01	8999.75	9678.65	10957.92
工资及补贴收入	Income from Wages and Subsidies	5693.38	6531.75	7585.10	8409.22	9100.05	10222.81
其他劳动收入	Others	377.66	422.7	527.91	590.53	578.61	735.11
经营净收入	Net Business Income	661.65	727.12	695.84	1311.38	1531.7	1716.74
财产性收入	Income from Properties	198.16	231.24	282.99	396.89	424.46	559.76
利息收入	Income from Interest	5.12	17.64	15.18	23.95	21.25	23.23
股息与红利收入	Income from Dividend and Bonus	17.66	39.93	93.14	59.41	50.37	111.35
其他投资收入	Income from Other Inventment	99.88	68.96	61.35	32.4	12.56	23.99
出租房屋收入	Income from Lending Houses	68.84	95.44	89.97	274.86	321.83	351.2
其他财产性收入	Others	6.3	5.76	23.35	5.87	18.29	48.78
转移性收入	Income frome Transfers	1739.2	2168.9	2700.21	2890.59	3274.46	3695.21
养老金或离退休金	Pensions ,Retirement Pensions	1217.93	1451.99	2010.75	2084.48	2374.1	2902.88
社会救济收入	Income from Social Relief	6.4	8.31	10.76	27.93	39.24	33.62
保险收入	Income from Insurance	20.39	16.72	14.11	16.38	40.9	18.5
赡养收入	Income from Maintenance	132.13	164.86	125.19	239.14	193.47	177.29
捐赠收入	Income from Donation	180.11	266.99	248.22	252.45	274.47	249.36
提取住房公积金	Accumulation Fund of Housing	8.46	16.25	18.54	23.67	53.59	17.42
记帐补贴	keep Accounts Subsidy	60.77	66.1	71.11	103.21	122.8	128.05
其他转移性收入	Others	61.17	58.5	201.55	142.73	165.67	159.23
收入构成(%)	composition fo Income(%)	100	100	100	100	100	100
工资性收入	Income from Wages and Salaries	70.02	68.98	68.80	66.18	64.92	64.73
经营净收入	Net Business Income	7.63	7.21	5.90	9.64	10.27	10.14
财产性收入	Income from Properties	2.29	2.29	2.40	2.92	2.85	3.31
转移性收入	Income from Transfers	20.06	21.51	22.90	21.26	21.96	21.83

注:城市住户调查从 2007 年起,国家采用新的指标体系,本表数据用新的指标体系计算得到。
Note:Since 2007,the stat has used a new index system for urban household survey and the data in this table is calculated from it.

8-5 续1 (continued1)

项 目	Item	最低收入户 Lowest Income Households (first decile)	困难户 Poor Households (first five percent)	低收入户 Low Income Households (second decile)	中等偏下户 Lower Middle Income Households (second quintile)	中等收入户 Middle Income Households (third quintile)	中等偏上户 Upper Middle Income Households (fourth quintile)	高收入户 High Income Households (ninth decile)	最高收入户 Highest Income Households (tenth decile)
家庭总收入(元)	**Total Income of Household(yuan)**	**5366**	**4531**	**8129**	**11258**	**15832**	**21691**	**29320**	**44003**
工资性收入	**Income from Wages and Salaries**	**3419**	**2958**	**4442**	**6986**	**10274**	**14771**	**17123**	**30789**
工资及补贴收入	Income from Wages and Subsidies	2741	2406	3624	6502	9369	14315	16449	29035
其他劳动收入	Others	678	552	818	484	905	455	674	1754
经营净收入	**Net Business Income**	**681**	**761**	**1074**	**996**	**1528**	**1704**	**4192**	**4405**
财产性收入	**Income from Properties**	**33**	**2**	**260**	**213**	**399**	**828**	**1101**	**2116**
利息收入	Income From Interests	2	2	4	10	9	19	67	125
股息与红利收入	Income from Dividend and Bonus			62	50	79	122	142	579
其他投资收入	Income from Other Inventment					7	118		17
出租房屋收入	Income from Lending Houses	31		194	152	304	506	879	898
其他财产性收入	Others						62		495
转移性收入	**Income from Transfers**	**1233**	**810**	**2354**	**3064**	**3630**	**4387**	**6905**	**6694**
养老金或离退休金	Pensions,Retirement Pensions	758	577	1556	2588	2986	3379	5667	5017
社会救济收入	Income from Social Relief	119		84	16	17	7	15	
保险收入	Income from Incurance	5		17	11	40	19	16	11
赡养收入	Income from Maintenance	105	17	227	89	143	179	490	247
捐赠收入	Income from Donation	113	110	181	157	192	426	433	387
提取住房公积金	Accumulation Fund of Housing								230
记帐补贴	Keep Accounts Subsidy	107	101	117	116	131	138	147	160
其他转移性收入	Others	27	4	92	84	121	238	138	642
收入构成(%)	**Composition of Income(%)**	**100**	**100**	**100**	**100**	**100**	**100**	**100**	**100**
工资性收入	Income from Wages and Salaries	63.72	65.29	54.64	62.05	64.90	68.10	58.40	69.97
经营净收	Net Business Income	12.68	16.79	13.21	8.85	9.65	7.86	14.30	10.01
财产性收入	Income from Propeties	0.61	0.05	3.20	1.89	2.52	3.82	3.75	4.81
转移性收入	Income from Transfers	22.99	17.87	28.95	27.21	22.93	20.22	23.55	15.21

8-5 续2 (continued 2)

项 目	Item	海口市 Haikou	三亚市 Sanya	文昌市 Wenchang	东方市 Dongfang	乐东县 Ledong	琼中县 Qiongzhong
家庭总收入(元)	**Total Incomeof Household(yuan)**	18075.68	19376.42	16377.29	15273.23	13320.95	13449.71
工资性收入	Income from Wages and Salaries	11006.47	12148.64	10579.83	11310.96	10724.92	9786.25
工资及补贴收入	Income from Wages and Subsidies	9985.56	12104.03	10154.32	10134.09	10078.5	9519.13
其他劳动收入	Others	1020.91	44.6	425.5	1176.87	646.41	267.12
经营净收入	**Net Business Income**	1966.34	2378.07	2216.99	1139.2	693.39	382.1
财产性收入	**Income from Properties**	826.12	584.98	417.24	312.9	52.36	39.35
利息收入	Income From Interests	22.87	41.74	7.2	45.1	30.51	2.25
股息与红利收入	Income from Dividend and Bonus	143.6	140.26	17.37	237.79	12.82	1.09
其他投资收入	Income from Other Inventment	44.33	22.73				
出租房屋收入	Income from Lending Houses	514.03	371.16	392.66	30	6.45	36.02
其他财产性收入	Others	101.29					
转移性收入	**Income from Transfers**	4276.75	4264.74	3163.24	2510.17	1850.29	3242
养老金或离退休金	Pensions,Retirement Pensions	3441.73	3355.41	2607.52	1469.55	1338.84	2528.89
社会救济收入	Income from Social Relief	23.87	39.84	18.56			134.67
保险收入	Income from Incurance	13.25		9.67		179.32	
赡养收入	Income from Maintenance	195.5	137.22	225.87	194.42	45.16	138.12
捐赠收入	Income from Donation	238.99	395.28	180.12	480.61	118.28	99.13
提取住房公积金	Accumulation Fund of Housing	36.16					
记帐补贴	Keep Accounts Subsidy	132.18	112.22	120.35	125.46	96.29	155.53
其他转移性收入	Others	194.01	224.77	1.16	240.12	72.4	110.48
收入构成(%)	**Composition of Income (%)**	100	100	100	100	100	100
工资性收入	Income from Wages and Salaries	60.89	62.70	64.60	74.06	80.51	72.76
经营净收	Net Business Income	10.88	12.27	13.54	7.46	5.21	2.84
财产性收入	Income from Propeties	4.57	3.02	2.55	2.05	0.39	0.29
转移性收入	Income from Transfers	23.66	22.01	19.31	16.44	13.89	24.10

8-6 城镇居民家庭人均年可支配收入和消费性支出

Per Capita Annual Disposable Income and Consumption Expenditures in Urban Households

单位:元 (yuan)

项　目	Item	2005	2006	2007	2008	2009	2010
人均可支配收入	**Per Capita Annual Disposable Income**	**8124**	**9395**	**10997**	**12608**	**13751**	**15581**
最低收入户	Lowest Income Households (first decile)	2636	2776	3045	3860	4209	5042
# 困难户	Poor Households (first five percent)	2119	2340	2374	3265	3470	4269
低收入户	Low Income Households (second decile)	3816	4389	4862	6146	6694	7658
中等偏下户	Lower Middle Income Households (second quintile)	5355	6065	6912	8401	9364	10482
中等收入户	Middle Income Households (third quintile)	7875	8655	10116	11737	12842	14654
中等偏上户	Upper Middle Income Households (fourth quintile)	11012	12172	14515	16122	17086	19862
高收入户	High Income Households (ninth decile)	15576	16835	19494	21395	23689	26808
最高收入户	Highest Income Households (tenth decile)	23636	25870	30678	34881	38937	39924
人均消费性支出	**Per Capita Annual Consumption Expenditures**	**5928**	**7128**	**8293**	**9408**	**10087**	**10927**
最低收入户	Lowest Income Households (first decile)	2397	2414	3025	3449	3853	4348
# 困难户	Poor Households (first five percent)	2040	2150	2665	2979	3681	3685
低收入户	Low Income Households (second decile)	3150	3715	4162	5287	5255	5955
中等偏下户	Lower Middle Income Households (second quintile)	4055	4650	5441	6248	7203	8182
中等收入户	Middle Income Households (third quintile)	6183	6477	7314	8714	9667	11312
中等偏上户	Upper Middle Income Households (fourth quintile)	7631	8913	10941	12056	11556	13005
高收入户	High Income Households (ninth decile)	10606	10799	13892	16805	17556	18061
最高收入户	Highest Income Households (tenth decile)	15464	21740	22232	23206	27234	23556

注：城市住户调查从 2007 年起,国家采用新的指标体系,本表数据用新的指标体系计算得到。
Note:Since 2007,the stat has used a new index system for urban household survey and the data in this table is calculated from it.

8-7 各市县城镇居民人均可支配收入
Per Capita Annual Disposable Income of Urban Households by Region

单位:元 (yuan)

地 区	Region	2005	2006	2007	2008	2009	2010
全 省	Total	8449	9395	10997	12608	13751	15581
海口市	Haikou	9740	10712	12289	14150	15237	16720
三亚市	Sanya	8325	9416	11642	13471	15233	17758
五指山市	Wuzhishan	4980	5565	6349	7750	9429	11436
文昌市	Wenchang	7560	8496	9115	12012	12869	15306
琼海市	Qionghai	7073	7579	9303	10985	12666	14836
万宁市	Wanning	6899	7866	9303	10941	12566	14830
定安县	Ding'an	6197	7215	8835	10565	11935	14101
屯昌县	Tunchang	6112	6955	8355	9207	10648	12447
澄迈县	Chengmai	7005	7694	9148	10621	12001	14808
临高县	Lingao	5604	6489	8206	9277	10393	12887
儋州市	Danzhou	8109	8550	9529	11053	12643	14245
东方市	Dongfang	7289	8013	9300	10940	12210	14362
乐东县	Ledong	5759	6672	7992	8562	10103	12393
琼中县	Qiongzhong	6735	7171	8366	9223	10008	11903
保亭县	Baoting	5690	6466	7378	8755	10423	12977
陵水县	Lingshui	5610	6367	7534	9039	10483	12390
白沙县	Baisha	5938	6781	8027	9240	10461	12983
昌江县	Changjiang	6718	8034	9756	11393	12777	14723

8-8 城镇居民家庭人均消费性支出及构成

Per Capita Annual Consumption Expenditure of Urban Residents and Composition

单位:元 (yuan)

项 目	Item	2005	2006	2007	2008	2009	2010
消费性支出(元)	Total Consumption Expenditures (yuan)	5928.0	7127.6	8292.9	9408.5	10086.7	10926.7
食 品	Food	2819.6	3098.5	3546.7	4226.9	4507.8	4896.0
#粮 食	Grain	193.9	193.0	212.8	229.6	241.5	307.6
油 脂	Oil and Fats	88.5	87.7	105.1	136.2	119.7	117.7
肉禽及其制品	Meat, Poultry and Processed Products	810.0	823.9	1015.7	1230.0	1202.2	1285.5
蛋 类	Eggs	35.1	35.6	38.1	45.3	42.5	51.2
水 产 品	Aquatic Products	399.0	434.2	477.2	567.3	619.2	669.8
菜 类	Vegetables	268.9	291.6	342.2	394.5	449.4	528.0
烟 草	Tobacco	94.0	104.3	106.3	121.6	132.8	155.4
酒和饮料	Liquor and Beverages	61.8	66.2	72.3	77.6	113.8	111.5
干鲜瓜果	Dried and Fresh Melons and Fruits	145.1	176.1	203.5	233.2	272.9	297.0
奶及奶制品	Milk and Processed Products	69.5	83.9	104.1	113.2	144.4	160.8
衣 着	Clothing	309.5	375.4	452.9	491.8	581.7	636.1
#服 装	Garments	242.4	288.5	345.2	379.9	451.6	504.8
衣着材料	Clothing Materials	0.5	0.7	0.8	0.7	0.8	0.6
家庭设备用品及服务	Household Facilities, Articles and Services	304.1	405.4	520.0	565.5	585.7	616.3
#日用耐用消费品	Durable Consumer Goods	118.5	168.1	241.4	255.8	235.4	211.9
医疗保健	Health Care and Medical Services	351.1	369.3	503.8	536.4	604.2	579.9
交通与通讯	Transport and Communications	728.1	1154.8	1401.9	1303.5	1548.8	1805.1
娱乐教育文化服务	Recreation, Education and Cultural Services	651.8	791.2	837.8	930.9	962.0	1004.6
文娱耐用消费品	Durable Consumer Goods for Recreational Use	162.7	206.6	216.6	241.8	257.8	226.2
文化娱乐	Recreation	142.2	145.4	188.4	229.4	245.7	296.8
教 育	Education	346.9	439.3	432.9	459.7	458.5	481.7
居 住	Residence	585.3	744.0	819.0	1106.4	1000.3	1103.8
杂项商品与服务	Miscellaneous Commodities and Services	178.5	189.1	210.9	247.1	296.3	284.9
消费性支出构成(%)	Composition of Consumption Expenditures(%)	100	100	100	100	100	100
食 品	Food	47.6	43.5	42.8	44.9	44.7	44.8
衣 着	Clothing	5.2	5.3	5.5	5.2	5.8	5.8
家庭设备用品及服务	Household Facilities, Articles and Services	5.1	5.7	6.3	6.0	5.8	5.6
医疗保健	Health Care and Medical Services	5.9	5.2	6.1	5.7	6.0	5.3
交通与通讯	Transport and Communications	12.3	16.2	16.9	13.9	15.4	16.5
娱乐教育文化服务	Recreation, Education and Cultural Services	11.0	11.1	10.1	9.9	9.5	9.2
居 住	Residence	9.9	10.4	9.9	11.8	9.9	10.1
杂项商品与服务	Miscellaneous Commodities and Services	3.0	2.7	2.5	2.6	2.9	2.6

8-8 续 1(continued1)

项目	Item	最低收入户 Lowest Income Households (first decile)	困难户 Poor House-holds (first five percent)	低收入户 Low Income House-holds (second decile)	中等偏下户 Lower Middle Income House-holds (second quintile)	中等收入户 Middle Income House-holds (third quintile)	中等偏上户 Upper Middle Income House-holds (fourth quintile)	高收入户 High Income House-holds (ninth decile)	最高收入户 Highest Income House-holds (tenth decile)
消费性支出(元)	Total Consumption Expenditures (yuan)	4347.8	3684.6	5954.9	8182.1	11311.9	13005.2	18060.6	23556.0
食品	Food	2635.0	2383.9	3489.2	4185.0	5119.5	5875.8	7055.2	7555.4
#粮食	Grain	201.5	183.2	260.1	279.3	310.2	353.3	414.1	407.2
油脂	Oil and Fats	63.7	62.7	99.6	108.8	124.4	138.0	160.6	148.3
肉禽及其制品	Meat, Poultry and Processed Products	853.4	796.3	1034.9	1159.7	1318.9	1538.1	1696.8	1608.7
蛋类	Eggs	31.1	28.3	41.6	43.9	48.7	62.5	75.9	73.5
水产品	Aquatic Products	361.3	351.8	542.8	593.9	687.2	831.8	901.8	913.8
菜类	Vegetables	314.4	299.9	452.8	470.7	549.2	623.0	700.0	698.1
烟草	Tobacco	66.1	55.1	100.1	155.4	163.2	162.5	229.6	265.7
酒和饮料	Liquor and Beverages	57.8	51.9	71.7	86.3	122.7	131.1	150.5	214.4
干鲜瓜果	Dried and Fresh Melons and Fruits	154.5	135.4	193.9	249.5	317.1	369.5	440.6	443.5
奶及奶制品	Milk and Processed Products	81.0	56.8	103.1	122.0	158.2	173.6	229.5	394.6
衣着	Clothing	192.9	145.0	315.0	389.4	558.3	910.4	1172.8	1549.8
#服装	Garments	143.7	110.9	240.3	311.0	429.1	735.1	936.0	1254.0
衣着材料	Clothing Materials	0.3			0.2	1.3	0.6	1.0	1.6
家庭设备用品及服务	Household Facilities, Articles and Services	193.3	169.4	269.0	361.6	579.0	793.8	1139.6	1693.9
#日用耐用消费品	Durable Consumer Goods	20.1	20.6	69.8	92.8	207.5	286.6	507.6	607.5
医疗保健	Health Care and Medical Services	148.4	82.8	203.0	499.3	628.2	698.2	1007.9	1203.8
交通与通讯	Transport and Communication	311.3	236.3	509.1	936.2	1981.5	2045.9	3309.3	6084.2
娱乐教育文化服务	Recreation, Education and Cultural Services	247.8	197.6	377.9	537.0	1022.0	1305.5	2250.2	2459.3
文娱耐用消费品	Durable Consumer Goods for Recreational Use	37.5	37.3	84.4	163.6	258.8	325.9	309.0	516.5
文化娱乐	Recreation	36.2	29.6	72.7	105.9	263.5	376.3	698.6	1089.5
教育	Education	174.0	130.7	220.7	267.5	499.7	603.3	1242.6	853.4
居住	Residence	535.4	412.7	682.3	1107.7	1184.2	1006.5	1662.4	2055.3
杂项商品与服务	Miscellaneous Commodities and Services	83.7	56.8	109.5	166.1	239.3	369.2	463.3	954.4
消费性支出构成(%)	Composition of Consumption Expenditures(%)	100	100	100	100	100	100	100	100
食品	Food	60.6	64.7	58.6	51.2	45.3	45.2	39.1	32.1
衣着	Clothing	4.4	3.9	5.3	4.8	4.9	7.0	6.5	6.6
家庭设备用品及服务	Household Facilities, Articles and Services	4.4	4.6	4.5	4.4	5.1	6.1	6.3	7.2
医疗保健	Health Care and Medical Services	3.4	2.2	3.4	6.1	5.6	5.4	5.6	5.1
交通与通讯	Transport and Communication	7.2	6.4	8.5	11.4	17.5	15.7	18.3	25.8
娱乐教育文化服务	Recreation, Education and Cultural Services	5.7	5.4	6.3	6.6	9.0	10.0	12.5	10.4
居住	Residence	12.3	11.2	11.5	13.5	10.5	7.7	9.2	8.7
杂项商品与服务	Miscellaneous Commodities and Services	1.9	1.5	1.8	2.0	2.1	2.8	2.6	4.1

8-8 续 2(continued 2)

项　目	Item	海口市 Haikou	三亚市 Sanya	文昌市 Wenchang	东方市 Dongfang	乐东县 Ledong	琼中县 Qiongzhong
消费性支出(元)	**Total Consumption Expenditures (yuan)**	**12401.04**	**13080.92**	**9903.29**	**8597.16**	**7472.27**	**7397.42**
食　品	**Food**	**5219**	**5606.41**	**4768.23**	**4446.31**	**4173.11**	**3684.96**
#粮　食	Grain	293.95	367.81	264.88	406.46	253.3	300.23
油　脂	Oil and Fats	116.31	141.18	110.67	172.85	60.72	91.17
肉禽及其制品	Meat, Poultry and Processed Products	1213.62	1492.43	1191.1	1328.69	1646.44	1263.13
蛋　类	Eggs	51.02	84.97	21.36	58.8	46.2	49.35
水产品	Aquatic Products	600.54	1099.69	794.9	705.45	750.62	293.33
菜　类	Vegetables	519.9	655.13	535.8	590.61	536.59	362.36
烟　草	Tobacco	164.21	109.41	298.54	34.47	37.3	158.33
酒和饮料	Liquor and Beverages	125.23	136.2	106.72	46.3	90.19	98.95
干鲜瓜果	Dried and Fresh Melons and Fruits	354.87	290.57	257.62	189.95	197.96	246.43
奶及奶制品	Milk and Processed Products	197.71	255.09	97.35	37.68	32.59	153.96
衣　着	**Clothing**	**670.49**	**847.4**	**633.6**	**525.65**	**420.17**	**480.9**
#服　装	Garments	518.89	694.32	519.95	419.99	360.21	377.58
衣着材料	Clothing Materials	1.26	0.05				0.3
家庭设备用品及服务	**Household Facilities, Articles and Services**	**725.3**	**793.5**	**398.93**	**429.61**	**397.64**	**502.06**
#日用耐用消费品	Durable Consumer Goods	280.95	255.27	72.08	171.67	93.74	136.07
医疗保健	**Health Care and Medical Services**	**634.28**	**715.89**	**674.35**	**314.58**	**372.11**	**426.38**
交通与通讯	**Transport and Communication**	**2320.71**	**2017.24**	**1556.53**	**1175.89**	**740.34**	**767.73**
娱乐教育文化服务	**Recreation, Education and Cultural Services**	**1135.95**	**1495.78**	**777.18**	**633.23**	**607.39**	**731.86**
文娱耐用消费品	Durable Consumer Goods for Recreational Use	233.98	266.91	203.24	185.04	134.89	262.57
文化娱乐	Recreation	278.13	546.74	275.59	305.34	130.39	224.37
教　育	Education	623.84	682.13	298.35	142.85	342.11	244.92
居　住	**Residence**	**1393.73**	**1174.75**	**823.48**	**788.08**	**592.15**	**662.22**
杂项商品与服务	**Miscellaneous Commodities and Services**	**301.58**	**429.95**	**270.98**	**283.81**	**169.37**	**141.29**
消费性支出构成(%)	**Composition of Consumption Expenditures(%)**	**100**	**100**	**100**	**100**	**100**	**100**
食　品	Food	42.1	42.9	48.1	51.7	55.8	49.8
衣　着	Clothing	5.4	6.5	6.4	6.1	5.6	6.5
家庭设备用品及服务	Household Facilities, Articles and Services	5.8	6.1	4.0	5.0	5.3	6.8
医疗保健	Health Care and Medical Services	5.1	5.5	6.8	3.7	5.0	5.8
交通与通讯	Transport and Communication	18.7	15.4	15.7	13.7	9.9	10.4
娱乐教育文化服务	Recreation, Education and Cultural Services	9.2	11.4	7.8	7.4	8.1	9.9
居　住	Residence	11.2	9.0	8.3	9.2	7.9	9.0
杂项商品与服务	Miscellaneous Commodities and Services	2.4	3.3	2.7	3.3	2.3	1.9

8-9 城镇居民家庭人均年购买主要消费品
Per Capita Annual Purchases of Major Consumer Goods of Urban Households

项目	Item	2005	2006	2007	2008	2009	2010
粮食(公斤)	Grain (kg)	61.97	60.16	55.13	51.03	53.46	65.55
食用植物油(公斤)	Edible Vegetable Oil (kg)	8.13	8.19	8.24	8.82	8.74	8.57
鲜菜(公斤)	Fresh Vegetables (kg)	100.43	101.68	106.31	101.41	105.67	105.48
猪肉(公斤)	Pork (kg)	25.92	26.68	24.71	25.35	25.55	26.30
牛羊肉(公斤)	Beef and Mutton (kg)	2.87	2.87	3.40	2.99	3.05	3.24
家禽(公斤)	Poultry (kg)	16.49	16.94	15.55	16.04	15.66	17.86
鲜蛋(公斤)	Fresh Eggs (kg)	3.89	3.62	3.45	3.70	3.51	3.82
鱼(公斤)	Fish (kg)	26.69	26.12	25.82	26.93	27.05	25.35
白酒(公斤)	Liquor (kg)	0.78	0.67	0.83	0.86	0.76	0.73
啤酒(公斤)	Beer (kg)	0.87	0.92	0.84	0.82	1.08	1.05
茶叶(公斤)	Tea(kg)	0.09	0.10	0.08	0.09	0.09	0.09
鲜瓜(公斤)	Fresh Melons (kg)	5.45	5.94	5.62	5.31	5.45	6.89
鲜果(公斤)	Fresh Fruits (kg)	26.92	28.50	32.10	31.45	34.70	31.19
糕点(公斤)	Cake (kg)	2.7	2.70	3.17	2.91	2.87	3.25
鲜奶(公斤)	Fresh Milk(kg)	2.83	3.96	5.53	3.86	3.24	4.00
各种服装(件)	Clothing(piece)	4.83	5.16	6.39	5.49	6.09	6.25
各种鞋类(双)	Shoes(pair)	1.59	1.81	2.50	2.10	2.44	1.86
液化石油气(公斤)	Liquefied Petroleum Gas(kg)	28.31	25.70	24.80	24.46	24.60	24.88

8-9 续(continued)

项　目	Item	最低收入户 Lowest Income Households (first decile)	困难户 Poor House-holds (first five percent)	低收入户 Low Income House-holds (second decile)	中等偏下户 Lower Middle Income House-holds (second quintile)	中等收入户 Middle Income House-holds (third quintile)	中等偏上户 Upper Middle Income House-holds (fourth quintile)	高收入户 High Income House-holds (ninth decile)	最高收入户 Highest Income House-holds (tenth decile)
粮　　食(公斤)	Grain (kg)	45.02	41.92	56.21	61.13	66.73	73.83	85.24	82.41
食用植物油(公斤)	Edible Vegetable Oil (kg)	4.47	4.24	7.32	7.95	9.2	9.94	11.52	10.97
鲜　　菜(公斤)	Fresh Vegetables (kg)	65.31	63.35	91.2	96.53	110.7	122.76	134.87	133.4
猪　　肉(公斤)	Pork (kg)	18.73	17.2	21.43	24.52	26.63	30.21	34.29	32.43
牛 羊 肉(公斤)	Beef and Mutton (kg)	2.04	2.24	2.48	2.7	3.18	4.41	4.29	4.14
家　　禽(公斤)	Poultry (kg)	13.36	12.62	15.15	15.93	18.11	21.35	22.97	20.52
鲜　　蛋(公斤)	Fresh Eggs (kg)	2.28	2.03	3.14	3.25	3.67	4.45	6.04	5.61
鱼(公斤)	Fish (kg)	16.78	16.38	22.36	22.71	25.12	30.58	33.3	31.51
白　　酒(公斤)	Liquor (kg)	0.5	0.43	0.55	0.58	0.77	0.76	1.06	1.27
啤　　酒(公斤)	Beer (kg)	0.55	0.28	0.65	0.9	1.46	0.99	1.34	1.58
茶　　叶(公斤)	Tea(kg)	0.05	0.03	0.06	0.07	0.12	0.1	0.1	0.15
鲜　　瓜(公斤)	Fresh Melons (kg)	2.86	2.25	4.49	5.33	7.61	9.12	11.27	9.81
鲜　　果(公斤)	Fresh Fruits (kg)	17.49	15.25	20.41	27.11	33.35	38.41	45.93	42.72
糕　　点(公斤)	Cake (kg)	2.18	2.15	2.07	2.88	3.35	3.41	4.55	5.79
鲜　　奶(公斤)	Fresh Milk(kg)	1.7	1.58	2.92	3.31	3.62	4.62	6.77	8
各种鞋类(双)	Shoes(pair)	1.13	0.87	1.3	1.26	1.75	2.61	2.82	3.09
液化石油气(公斤)	Liquefied Petroleum Gas(kg)	22.36	20.34	25.82	25.23	27.19	21.81	29.73	22.78

8-10 城镇居民家庭每百户主要耐用消费品年购买量和拥有量
Purchases and Ownership of Major Durable Consumer Goods Per 100 Urban Households

项 目	Item	2005	2006	2007	2008	2009	2010
每百户年购买量	Number of Purchases Per 100 Households						
摩 托 车(辆)	Motorcycle (unit)	1.56	0.84	0.17	0.54		
家用汽车(辆)	Automobile (unit)	0.12	1.44	1.53	1.02	1.00	0.53
洗 衣 机(台)	Washing Machine (unit)	1.80	2.76	2.87	6.70	3.73	3.69
电 冰 箱(台)	Refrigerator (unit)	2.16	2.40	2.44	4.98	3.22	1.30
彩色电视机(台)	Color Television Set(set)	4.32	4.32	4.28	4.15	3.18	1.08
家用电脑(台)	Computer (set)	3.00	4.56	3.46	3.56	2.26	1.72
微 波 炉(台)	Microwave Oven(unit)	0.84	1.80	1.70	1.35	2.13	5.01
空 调 器(台)	Air Conditioner(unit)	3.24	3.60	4.78	2.89	1.11	6.14
普通电话(部)	Telephone (unit)	4.56	6.36	7.11	8.64	7.64	7.17
移动电话(部)	Mobile Telephone (unit)	15.60	17.16	14.84	17.29	18.14	22.28
每百户年拥有量	Ownership of Per 100 Households						
摩 托 车(辆)	Motorcycle (unit)	55.43	54.11	52.85	43.73	44.93	45.27
家用汽车(辆)	Automobile(unit)	3.52	5.01	5.78	9.57	10.72	11.76
洗 衣 机(台)	Washing Machine (unit)	56.33	61.81	66.89	67.47	68.31	69.69
电 冰 箱(台)	Refrigerator(unit)	67.00	71.63	73.43	76.29	76.6	77.93
彩色电视机(台)	Color Television Set (set)	118.69	124.22	123.24	117.99	118.22	119.79
家用电脑(台)	Computer (set)	26.21	33.45	38.60	47.52	49.73	52.88
组合音响(套)	Hi-Fi Stereo Component System(set)	23.89	26.24	24.69	26.61	26.91	26.3
照 相 机(架)	Camera (set)	21.93	24.64	22.06	20.78	21.08	21.85
微 波 炉(台)	Microwave Oven(unit)	20.74	24.70	28.11	29.85	30.58	31.26
空 调 器(台)	Air Conditioner(unit)	45.80	55.54	53.45	65.26	66.52	72.26
淋浴热水器(台)	Water Heater for Shower (unit)	69.48	75.27	81.45	82.90	85.91	86.19
消毒碗柜(台)	Disinfection Cupboard (unit)	52.19	53.95	55.18	56.16	57.3	58.21
普通电话(部)	Telephone (unit)	97.32	98.28	98.45	91.11	91.27	91.53
移动电话(部)	Mobile Telephone (unit)	128.37	141.13	147.65	165.36	168.8	174.02

8-11 按收入等级分的城镇居民家庭每百户耐用消费品拥有量
Ownership of Durable Consumer Goods Per 100 Urban Households at Year-end by Level of Income

（2010）

项目	Item	最低收入户 Lowest Income Households (first decile)	困难户 Poor Households (first five percent)	低收入户 Low Income Households (second decile)	中等偏下户 Lower Middle Income Households (second quintile)	中等收入户 Middle Income Households (third quintile)	中等偏上户 Upper Middle Income Households (fourth quintile)	高收入户 High Income Households (ninth decile)	最高收入户 Highest Income Households (tenth decile)
摩托车(辆)	Motorcycle (unit)	36.44	38.49	44.14	54.64	39.01	53.2	43.2	34.8
家用汽车(辆)	Automobile(unit)				2.88	9.39	12.62	32.25	38.05
洗衣机(台)	Washing Machine (unit)	26.65	20.78	56.39	66.5	75.29	76.08	87.14	92.7
电冰箱(台)	Refrigerator(unit)	37.8	26.64	60.67	73.45	81.31	87.13	90.9	107.88
彩色电视机(台)	Color Television Set (set)	102.72	105.34	112.17	110.21	121.95	121.41	136.02	141.94
家用电脑(台)	Computer(set)	11.2	7.15	26.47	35.58	48.8	72.32	82.2	100.07
组合音响(套)	Hi-Fi Stereo Component System(set)	9.47	14.9	14.44	22.87	29.02	31.38	38.04	35.4
照相机(架)	Camera(set)	1.05		6.39	6.51	24.36	25.38	34.43	66.85
微波炉(台)	Microwave Oven (unit)	5.3	3.27	16.61	23.07	28.32	34.89	52.09	68.97
空调器(台)	Air Conditioner (unit)	4.99	3.27	36.8	41.56	63.37	88.64	145.83	157.24
淋浴热水器(台)	Water Heater for Shower (unit)	56.84	52.47	73.24	84.19	88.74	90.6	106.44	99.8
消毒碗柜(台)	Disinfection Cupboard (unit)	29.64	27.39	49.76	58.58	53.4	66.84	70.45	76.36
普通电话(部)	Telephone(unit)	77.35	69.41	81.93	85.64	95.16	95.45	100.95	103.5
移动电话(部)	Mobile Telephone(unit)	103.86	101.56	151.99	168.63	169.21	195.34	209.08	213.35

8-12 农村居民家庭基本情况
Basic Conditions of Rural Households

项　　目	Item	2005	2006	2007	2008	2009	2010
调查户数(户)	Number of Households Surveyed(household)	720	720	720	720	720	720
调查户常住人口(人)	Number of Usual Residents in the Households Surveyed (person)	3641	3626	3618	3620	3498	3448
6 岁以下儿童(人)	Children under Six (person)	264	240	231	219	253	222
7—15 岁人口(人)	Age 7-15 (person)	701	622	582	540	442	400
16—60 岁人口(人)	Age 16-60 (person)	2449	2524	2559	2598	2513	2517
61 岁以上人口(人)	Age 61 and Above (person)	227	240	246	263	290	309
# 在校人口(人)	Population Enrollment (person)	940	918	889	883	801	786
15—17 岁人口(人)	Age 15-17 (person)	288	306	307	285	266	227
平均每户常住人口(人)	Average Number of Permanent Residents per Household (person)	5.06	5.04	5.03	5.03	4.86	4.79
调查户整半劳动力(人)	Number of Full/Semi Labour Force per Household (person)	2313	2338	2357	2365	2263	2247
文盲、半文盲(人)	Illiteracy and Semiliterate (person)	158	169	132	109	110	128
小学程度(人)	Primary School degree (person)	535	471	476	495	411	323
初中程度(人)	Junior middle School degree (person)	1187	1272	1306	1287	1283	1310
高中程度(人)	high School degree (person)	362	360	372	399	367	388
中专程度(人)	secondary technical school degree (person)	53	48	56	56	60	59
大专程度(人)	Junior College and Above degree (person)	18	18	15	19	32	39
平均每户整半劳动力(人)	Average Number of Full/Semi Labour Force Per Household (person)	3.21	3.25	3.27	3.28	3.14	3.12
平均每个劳动力负担人口(人)	Average Number of Dependents per Labour Force (person)	1.57	1.55	1.54	1.53	1.55	1.53

8-13 各市县农村居民家庭人均纯收入
Per Capita Annual Net Income of Rural Households by Region

单位:元 (yuan)

地 区	Region	2005	2006	2007	2008	2009	2010
全省人均纯收入	**Per Capital Annual Net Income**	**3004**	**3256**	**3791**	**4390**	**4744**	**5275**
海口市	Haikou	3829	4154	4582	5215	5643	6173
三亚市	Sanya	3377	3723	4376	5189	5620	6502
五指山市	Wuzhishan	2071	2220	2488	2848	3201	3779
文昌市	Wenchang	3799	4133	4588	5220	5643	6124
琼海市	Qionghai	3205	3490	4087	4891	5292	5924
万宁市	Wanning	3331	3635	4206	4869	5268	5813
定安县	Ding'an	2617	2862	3336	3846	4204	4748
屯昌县	Tunchang	2639	2865	3232	3702	3998	4670
澄迈县	Chengmai	3368	3678	4138	4793	5244	5920
临高县	Lin'gao	2823	2950	3416	3898	4253	4767
儋州市	Danzhou	3381	3674	4021	4584	4914	5481
#洋浦	Yangpu	-	-	-	-	-	-
东方市	Dongfang	3076	3291	3705	4250	4586	5108
乐东县	Ledong	2590	2813	3254	3802	4156	4691
琼中县	Qiongzhong	1739	1871	2071	2376	2709	3341
保亭县	Baoting	1783	1942	2190	2517	2872	3453
陵水县	Lingshui	2291	2498	2896	3428	3785	4214
白沙县	Baisha	1760	1982	2313	2742	3079	3656
昌江县	Changjiang	2437	2663	3089	3638	3976	4423

8-14 农村居民家庭人均总收入及构成
Per Capita Total Income and Composition of Rural Households

项　　目	Item	2005	2006	2007	2008	2009	2010
全年人均总收入(元)	Per Capital Total Income (yuan)	4129.93	4507.13	5136.93	5870.77	6195.75	6904.92
家庭经营收入	Income from Household Business	3434.22	3688.14	4180.36	4685.71	4830.97	5147.93
第一产业收入	Primary Industry Income	3017.34	3234.80	3702.69	4169.76	4267.72	4414.19
第二产业收入	Secondary Industry Income	85.26	127.21	145.60	176.75	178.96	236.79
第三产业收入	Tertiary Industry Income	331.62	326.13	332.07	339.19	384.29	496.95
务工及工资性收入	Labour servies and Wages Income	473.06	555.72	665.16	808.63	972.68	1261.86
转移性收入	Income from Transfer	167.08	213.83	225.29	322.85	336.03	387.37
财产性收入	Income from Property	55.58	49.44	66.11	53.58	56.08	107.77
全年人均总收入构成(%)	Composition of Per Capital Total Income(%)	100	100	100	100	100	100
家庭经营收入	Income from Household Business	83.2	81.8	81.4	79.8	78.0	74.50
第一产业收入	Primary Industry Income	73.1	71.8	72.1	71.0	68.9	63.90
第二产业收入	Secondary Industry Income	2.1	2.8	2.8	3.0	2.9	3.40
第三产业收入	Tertiary Industry Income	8.0	7.2	6.5	5.8	6.2	7.20
务工及工资性收入	Labour servies and Wages Income	11.5	12.3	12.9	13.8	15.7	18.30
转移性收入	Income from Transfer	4.0	4.7	4.4	5.5	5.4	5.60
财产性收入	Income from Property	1.3	1.1	1.3	0.9	0.9	1.60

8-15 农村居民家庭人均总支出及构成
Per Capita Total Expenditure and Its Composition of Rural Households

项 目	Item	2005	2006	2007	2008	2009	2010
全年人均总支出（元）	**Per Capital Total Expenditure(yuan)**	**3127.20**	**3495.24**	**3924.29**	**4438.9**	**4569.05**	**5067.51**
#家庭经营费用	#Expenditure for Household Business	984.90	1100.78	1208.87	1349.47	1279.94	1423.39
税 金	Expenditure for Tax	4.61	1.55	1.43	0.83	0.99	4.46
生活消费支出	Expenditure for Consumption	1969.09	2232.19	2556.56	2883.1	3088.56	3446.24
食 品	Food	1134.75	1191.09	1430.31	1537.55	1639.34	1724.47
衣 着	Clothing	66.35	75.15	86.26	89.89	108.03	117.36
居 住	Residence	146.00	252.34	305.90	391.04	348.5	609.77
医疗保健	Health Care and Medical Services	93.00	110.92	95.55	123.82	129.26	138.35
家庭设备用品及服务	Household Facilities,Articles and Services	92.28	87.86	93.26	104.07	132.19	135.22
文教娱乐用品及服务	Cultural,Educational and Recreational Articles and Services	198.70	238.47	223.98	288.49	287.85	318.04
交通通信	Transport and Communications	178.00	205.68	248.08	261.57	357.29	312.53
其他商品及服务	Others	60.01	70.68	73.23	86.67	86.1	90.49
全年人均总支出构成(%)	**Composition of Per Capital Total Expenditure(%)**	**100**	**100**	**100**	**100**	**100**	**100**
#家庭经营费用	#Expenditure for Household Business	31.49	31.49	30.80	30.40	28.01	28.09
税 金	Expenditure for Tax	0.15	0.04	0.04	0.02	0.02	0.09
生活消费支出	Expenditure for Consumption	62.97	63.86	65.15	64.95	67.60	68.01
食 品	Food	36.29	34.08	36.45	34.64	35.88	34.03
衣 着	Clothing	2.12	2.15	2.20	2.03	2.36	2.32
居 住	Residence	4.67	7.22	7.80	8.81	7.63	12.03
医疗保健	Health Care and Medical Services	2.97	3.17	2.43	2.79	2.83	2.73
家庭设备用品及服务	Household Facilities,Articles and Services	2.95	2.51	2.38	2.34	2.89	2.67
文教娱乐用品及服务	Cultural,Educational and Recreational Articles and Services	6.35	6.82	5.71	6.50	6.30	6.28
交通通信及其它	Transport and Communications	5.69	5.88	6.32	5.89	7.82	6.17
其他商品及服务	Others	1.92	2.02	1.87	1.95	1.88	1.78

8-16 农村居民家庭人均现金收入及构成
Per Capita Cash Income and Its Composition of Rural Households

项　目	Item	2005	2006	2007	2008	2009	2010
全年人均现金收入(元)	Per Capital Cash Income(yuan)	3603.35	3912.51	4451.80	4962.46	5411.72	6118.29
家庭经营收入	Income from Household Business	2908.37	3095.95	3497.10	3780.54	4048.89	4366.35
第一产业收入	Primary Industry Income	2491.49	2645.48	3020.71	3264.87	3491.65	3637.50
第二产业收入	Secondary Industry Income	85.26	127.21	145.60	176.75	178.96	236.79
第三产业收入	Tertiary Industry Income	331.62	323.27	330.80	338.92	378.28	492.06
务工及工资性收入	Labour servies and Wages Income	473.01	555.12	663.98	808.05	972.68	1261.53
转移性收入	Income from Transfer	166.40	212.01	224.61	320.29	334.09	382.64
财产性收入	Income from Property	55.58	49.44	66.11	53.58	56.06	107.77
全年人均现金收入构成(%)	Composition of Per Capital Cash Income(%)	100	100	100	100	100	100
家庭经营收入	Income from Household Business	80.71	79.13	78.55	76.18	74.82	71.36
第一产业收入	Primary Industry Income	69.14	67.62	67.85	65.79	64.52	59.45
第二产业收入	Secondary Industry Income	2.37	3.25	3.27	3.56	3.31	3.87
第三产业收入	Tertiary Industry Income	9.20	8.26	7.43	6.83	6.99	8.04
务工及工资性收入	Labour servies and Wages Income	13.13	14.19	14.91	16.28	17.97	20.62
转移性收入	Income from Transfer	4.62	5.42	5.05	6.45	6.17	6.26
财产性收入	Income from Property	1.54	1.26	1.49	1.08	1.04	1.76

8-17 农村居民家庭人均现金支出及构成
Per Capita Cash Expenditure and Its Composition of Rural Households

项　目	Item	2005	2006	2007	2008	2009	2010
全年人均现金支出(元)	Per Capital Cash Expenditure (yuan)	2609.90	2953.40	3255.25	3764.29	3879.03	4368.97
#家庭经营费用	#Expenditure for Household Business	913.03	1032.14	1141.98	1234.92	1222.38	1367.87
税　金	Expenditure for Tax	4.60	1.55	1.43	0.83	0.99	4.46
生活消费支出	Expenditure for Consumption	1523.85	1759.26	1954.86	2323.39	2456.24	2803.35
#食　品	Food	719.64	768.24	901.27	1004.35	1044.09	1151.30
衣　着	Clothing	66.35	75.15	86.26	89.89	108.03	117.36
居　住	Residence	115.88	202.27	233.24	364.53	311.43	540.06
医疗保健	Health Care and Medical Services	93.00	110.92	95.55	123.82	129.26	138.35
家庭设备用品及服务	Household Facilities, Articles and Services	92.28	87.85	93.26	104.07	132.19	135.22
文教娱乐用品及服务	Cultural,Educational and Recreational Articles and Services	198.70	238.47	223.98	288.49	287.85	318.04
交通通信及其它	Transport, Communications and Others	178.00	205.68	248.08	261.57	357.29	312.53
全年人均现金支出构成(%)	Composition of Per Capital Cash Expenditure(%)	100	100	100	100	100	100
#家庭经营费用	#Expenditure for Household Business	34.98	34.95	35.08	32.81	31.51	31.31
税　金	Expenditure for Tax	0.18	0.05	0.04	0.02	0.03	0.10
生活消费支出	Expenditure for Consumption	58.39	59.57	60.05	61.72	63.32	64.17
#食　品	Food	27.57	26.01	27.69	26.68	26.92	26.35
衣　着	Clothing	2.54	2.54	2.65	2.39	2.78	2.69
居　住	Residence	4.44	6.85	7.16	9.68	8.03	12.36
医疗保健	Health Care and Medical Services	3.56	3.76	2.94	3.29	3.33	3.17
家庭设备用品及服务	Household Facilities,Articles and Services	3.54	2.97	2.86	2.76	3.41	3.10
文教娱乐用品及服务	Cultural, Educational and Recreational Articles and Services	7.61	8.07	6.88	7.66	7.42	7.28
交通通信及其它	Transport, Communications and Others	6.82	6.96	7.62	6.95	9.21	7.15
附:其他借贷性现金支出(元)	Other Credit Cash Expenditure(yuan)	230.48	297.56	354.47	308.48	356.28	385.95

8-18 农村居民家庭人均主要消费品生产、出售和消费量 Per Capita Output, Sales and Consumption of Major Consumer Goods in Rural Households

项目	Item	2005	2006	2007	2008	2009	2010
人均生产量	**Per Capita Output**						
粮食(公斤)	Grain(kg)	302.54	338.38	342.46	401.47	376.92	302.76
油料(公斤)	Oilseed(kg)	13.13	15.83	16.25	17.53	17.64	13.18
水果(公斤)	Fruits(kg)	159.56	187.99	248.17	146.44	146.44	143.99
瓜菜(公斤)	Melons and Vegetables(kg)	445.18	450.1	447.45	329.73	389.79	434.32
猪肉(公斤)	Pork(kg)	35.04	33.84	31.80	30.64	31.23	32.44
牛肉(公斤)	Beef(kg)	2.30	2.54	2.04	3.49	2.50	1.56
羊肉(公斤)	Mutton(kg)	0.68	1.01	0.52	0.40	0.43	0.36
家禽(公斤)	Poultry(kg)	9.31	9.37	9.55	9.39	8.95	12.72
蛋类(公斤)	Eggs(kg)	0.33	0.41	0.56	0.70	0.45	0.62
人均出售量	**Per Capita Sales**						
粮食(公斤)	Grain(kg)	60.05	77.94	78.66	54.54	93.36	59.79
油料(公斤)	Oilseed(kg)	7.61	11.17	10.75	11.48	11.44	7.64
水果(公斤)	Fruits(kg)	153.23	173.46	227.13	136.72	155.79	130.02
瓜菜(公斤)	Melons and Vegetables(kg)	405.03	406.75	380.57	296.46	345.00	377.28
猪肉(公斤)	Pork(kg)	33.05	30.37	30.94	29.21	30.29	31.92
牛肉(公斤)	Beef(kg)	2.26	2.42	2.02	3.45	2.41	1.47
羊肉(公斤)	Mutton(kg)	0.63	0.81	0.46	0.37	0.39	0.31
家禽(公斤)	Poultry(kg)	4.47	4.40	4.54	4.06	4.37	5.48
蛋类(公斤)	Eggs(kg)	0.03	0.04	0.11	0.26	0.05	0.21
水产品(公斤)	Aquatic Products(kg)	72.76	50.89	56.69	73.25	63.69	58.77
人均消费量	**Per Capita Consumption**						
粮食(公斤)	Grain (kg)	189.72	209.03	211.67	187.00	192.15	191.36
蔬菜(公斤)	Vegetables (kg)	71.19	63.68	98.86	63.44	82.16	80.69
动物油(公斤)	Animal Oil(kg)	2.94	2.55	1.76	2.00	2.09	2.30
植物油(公斤)	Edible Vegetable Oil (kg)	1.40	1.45	2.42	2.10	2.05	2.44
猪肉(公斤)	Pork (kg)	17.84	17.5	14.04	13.15	14.79	13.89
牛羊肉(公斤)	Beef and Mutton (kg)	0.65	1.09	1.03	0.78	2.83	1.86
家禽肉(公斤)	Poultry (kg)	10.02	10.05	9.99	12.17	12.64	14.11
蛋品(公斤)	Eggs and Processed Products(kg)	1.23	1.47	1.50	2.61	1.91	2.11
水产品(公斤)	Aquatic Products(kg)	15.07	15.16	15.16	17.59	15.66	15.74
食糖(公斤)	Sugar(kg)	1.10	1.07	1.03	1.12	1.15	0.86
香烟(盒)	Cigarettes (packs)	14.1	14.5	14.20	14.70	16.20	16.10
酒类(公斤)	Liquor(kg)	4.82	5.01	4.26	4.37	4.34	4.79
水果(公斤)	Fruits(kg)	6.54	6.75	10.59	8.62	10.80	11.67
茶叶(公斤)	Tea(kg)	0.11	0.07	0.09	0.08	0.11	0.13

8-19 农村居民家庭住房情况
Housing Conditions of Rural Households

项 目	Item	2005	2006	2007	2008	2009	2010
平均每人新建房屋面积(平方米)	Per Capita Floor Space of Newly-Built Houses (sq.m)	0.76	0.65	0.75	0.83	1.05	0.41
# 砖木结构面积	#Brick and Wood Structure	0.34	0.31	0.23	0.38	0.23	0.36
钢筋结构面积	Reinforced Concrete Structure	0.42	0.34	0.52	0.45	0.82	0.05
平均每人新建房屋价值(元)	Per CapitaValue of Newly-Built Houses (yuan)	350	260.91	607.33	531.74	678.9	915.0
平均每人新建生活用房面积(平方米)	Per Capita Floor Space of Newly-Built Living Houses (sq.m)	0.76	0.65	0.75	0.83	1.03	0.41
年末人均生活用房面积(平方米)	Per Capita Living Floor Space at Year-end(sq.m)	21.82	22.05	22.64	22.84	24.00	24.74
# 砖木结构面积	Brick and Wood Structure	16.18	16.13	15.44	17.33	16.25	16.61
钢筋结构面积	Reinforced Concrete Structure	5.48	5.85	6.48	5.32	7.36	7.81
年末人均使用房屋价值(元)	Per Capita Value of Houses at Year-end(yuan)	5884.19	6149.06	7114.09	8024.33	9313.05	10824.1

8-20 农村居民家庭每百户耐用消费品、生产性固定资产拥有量
Ownership of Durable Consumer Goods and Productive Fixed Assets Per 100 Rural Households

项　　目	Item	2005	2006	2007	2008	2009	2010
年末耐用品拥有量	Ownership of Durable Consumer Goods at Year-end						
洗衣机(台)	Washing Machine (set)	3.89	5.83	6.39	6.67	6.39	8.47
电冰箱(台)	Refrigerator(set)	7.36	7.92	8.47	8.61	11.25	15.00
空调机(台)	Air Conditioner (unit)	0.42	0.83	0.42	0.83	1.25	3.06
抽油烟机(台)	Exhaust Fan(unit)	0.97	0.56	0.28	0.83	0.56	1.53
吸尘器(台)	Dust Catcher(unit)	0.14	0.14	0.14	0.14	0.14	0.14
微波炉(台)	Microwave Oven(unit)	4.03	7.22	9.86	10.97	12.50	12.78
热水器(台)	Water Heater for Shower (unit)	13.33	14.44	18.61	20.14	22.36	24.44
自行车(辆)	Bicycle(unit)	48.06	43.61	40.97	39.03	39.31	37.78
摩托车(辆)	Motorcycle(unit)	77.22	85.28	84.31	85.97	96.81	100.56
汽车(生活用)(辆)	Automobile(unit)	1.39	0.83	0.14	0.42	0.42	1.11
电话机(部)	Telephone Set(unit)	43.75	51.53	52.36	50.14	45.14	45.14
移动电话(部)	Mobile Telephone(unit)	49.31	58.19	80.83	94.44	110.97	125.14
彩色电视机(台)	Color Television Set(set)	77.36	85.14	89.86	90.00	99.03	102.08
黑白电视机(台)	Black and White TV Set(set)	3.47	2.36	1.81	1.53	0.56	0.28
摄像机(台)	Pickup Camera(set)	0.28	0.83	0.28	0.69	0.28	0.14
影碟机(台)	Video Disc Player (set)	28.47	31.67	26.67	26.67	26.81	23.06
照相机(架)	Camera(set)	1.53	0.56	0.56	0.28	1.53	0.83
家用计算机(台)	Computer(set)	1.53	1.11	1.53	1.53	1.81	1.94
中高档乐器(件)	Medium and High Grade Musical Instrument(unit)			1.67	0.69	1.39	0.69
年末生产性固定资产	Productive Fixed Assets at Year-end						
汽车(部)	Automobile(unit)	0.49	0.63	0.49	0.63	1.25	1.39
小型和手扶拖拉机(部)	Mini and Walking Tractor(unit)	9.03	9.31	2.78	0.83	0.83	0.97
机动脱粒机(台)	Motor-driven Thresher(unit)	13.69	13.61	14.00	14.83	14.38	15.76
农用动力机械(台)	Agricultural Power Machinery (unit)	18.61	18.75	20.00	20.28	19.72	24.86
胶轮大车(辆)	Cars with Rubber Tyres(unit)	1.39	1.25	1.67	1.39	2.08	1.81
水泵(台)	Pumps(unit)	24.35	22.40	21.85	22.13	24.17	26.11
役畜(头)	Draught Animals(head)	59.15	57.69	53.42	51.90	56.00	55.35
产品畜(头)	Commodity Animals(head)	49.86	50.28	57.64	62.22	80.00	75.14
年末生产性固定资产原值(元)	Original Value of Productive Fixed Assets at Year-end(yuan)	749218	746941	751219	756611	901722	1126165

主要统计指标解释

城镇居民家庭就业人口 指从事社会劳动并取得劳动报酬或经营收入的人口。不论在国有经济单位、集体经济单位工作或从事城镇个体或私营企业，不论有固定性职业或临时性职业都是就业人口。“就业人口”包括“国有经济单位职工”、“城镇集体经济单位职工”、“其他各种经济类型单位职工”、“城镇个体或私营企业主”、“个体或私营被雇者”、“离退休再就业人员”、“其他就业人口”七类。

城镇居民家庭可支配收入 指调查户可用于最终消费支出和其他非义务性支出以及储蓄的总和，即居民家庭可以用来自由支配的收入。它是家庭总收入扣除交纳的个人所得税、个人交纳的社会保障支出以及调查户的记账补贴后的收入。计算公式为：

可支配收入 = 家庭总收入 - 交纳个人所得税 - 个人交纳的社会保障支出 - 记账补贴

城镇居民家庭消费性支出 指调查户用于满足家庭日常生活消费需要的全部支出，包括食品、衣着、居住、家庭设备用品及服务、医疗保健、交通和通信、娱乐教育文化服务、其他商品和服务等八大类。包括用于赠送的商品或服务。

农村住户整半劳动力 整劳动力指男子 18—50 周岁，女子 18—45 周岁，半劳动力指男子 16—17 周岁和 51—60 周岁，女子 16—17 周岁和 46—50 周岁的同时具有劳动能力的人，在劳动年龄之内，但丧失劳动能力的人，不算劳动力；在劳动年龄之外，但能经常参加劳动，能顶上一个整或半劳动力的，也算作劳动力。

农村居民家庭纯收入 指农村住户当年从各个来源得到的总收入相应地扣除所发生的费用后的收入总和。纯收入主要用于再生产投入和当年生活消费支出，也可用于储蓄和各种非义务性支出。“农民人均纯收入”按人口平均的纯收入水平，反映的是一个地区或一个农户农村居民的平均收入水平。计算方法：

纯收入 = 总收入 - 家庭经营费用支出 - 税费支出 - 生产性固定资产折旧 - 赠送农村外部亲友支出

农村居民家庭生活消费支出 指农村住户用于物质生活和精神生活方面的支出。生活消费支出包括食品支出、衣着支出、居住支出、家庭设备用品及服务支出、医疗保健支出、交通和通讯支出、文化教育娱乐用品及服务支出、其他商品和服务支出。

恩格尔系数 指食物消费支出在生活消费总支出中所占的比例。计算公式为：

恩格尔系数 = 食品消费支出 / 生活消费总支出 *100%

Explanatory Notes on Main Statistical Indicators

Employed Population in Urban Households refers to urban residents engaged in certain work and receiving payment for their labor or income from their business operation, including those who work in state-owned or collective units, joint ventures, foreign—owned units and private units with permanent or temporary jobs. The self — employed individuals and reemployed retirees are also basic data for calculating employment rate and dependency ratio.

Disposable Income of Urban Households refers to the actual income of the sample households which can be used for daily expenses, i.e., total income minus persona] income tax, sample household subsidy and expenditure on household sideline production.

Expenditure for Consumption of Urban Households refers to total expenditure of the sample households for consumption in daily life, including expenditure for various commodities and expenses for non-commodity items such as culture and service, etc., but excluding fines and confiscation, loss, tax payments (such as income lax, license tax, real estates tax, etc.) and various expenses by individual laborers for business purposes.

Able-bodied and Semi-able-bodied Laborers of Rural Households refers to permanent residents of rural households who are able to work and actually engaged in social labor, which are one factor of production and sources of rural household income. According to the relevant regulations, male aged 18—50. female aged 18—45 is considered as able-bodied laborers; male aged 16-17 and 51-60, female aged 16-17 and 46-55 are considered as semi - able-bodied laborers. Those who are nor in the above age range but able to work and actually engaged in social labor are also considered as able -bodied or semi -able-bodied laborers, while those who are within the above age range hut unable to work are not counted as able - bodied or semi - able-bodied laborers.

Net Income of Rural Households refers to the total income of the permanent residents of the rural households during a year after the deduction of the expenses for productive and non-productive business operation, the payment for taxes and the payment for collective units for their contracted tasks, which can then be spent for investments in productive and non-productive construction, for consumption in daily life and for savings deposit. It is a comprehensive indicator to show the actual level of the income of the peasants household. The net income of the rural households includes not only the income from the productive and non-productive business operation, but also the income, from the non-business operation, such as the money remitted or brought hack by the members of the household who are in other places, the government relief payment and various subsidies. It includes not only the money income, but also the income in kind. But the income from borrowing from banks, friends and relatives is excluded.

Expenditure for Consumption of Rural Households refers to total expenses of rural households on daily life, including expenses on food, clothing, housing, fuel, articles for daily use, and expenses on cultural life and services. This indicator is used to show the actual consumption level of peasants.

Engel Coefficient refers to the percentage of expenditure on food in the total consumption expenditure, using the following formula:

Engel Coefficient= (expenditure on food/ total consumption expenditure)*100%

9. 农业和农村经济
AGRICULTURE AND RURAL ECONOMY

编辑人员: 吴声波 周文喜 朱珊 张春梅 吴鉴新

Compiled by Wu Shengbo Zhou Wenxi Zhu Shan Zhang Chunmei Wu Jianxin

英文翻译: 张春梅

Translated by Zhang Chunmei

农业总产值（亿元）(当年价)

Gross Output Value of Agriculture(100 million yuan) (current price)

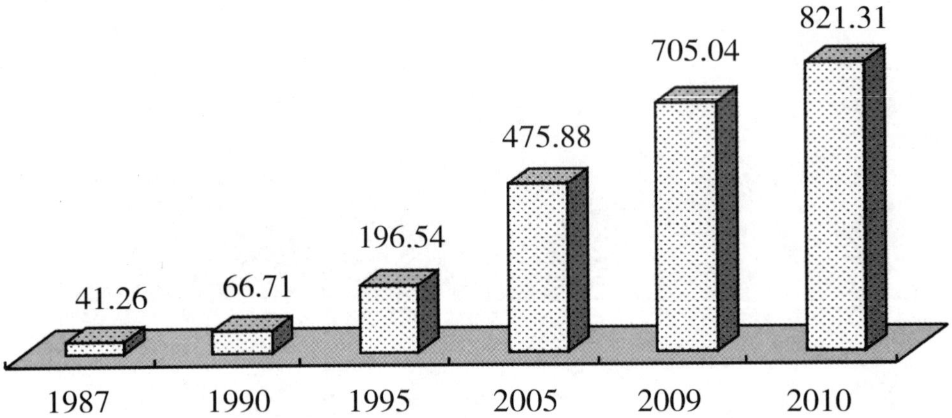

农业总产值构成(%)

Composition of Gross Output Value of Agriculture(%)

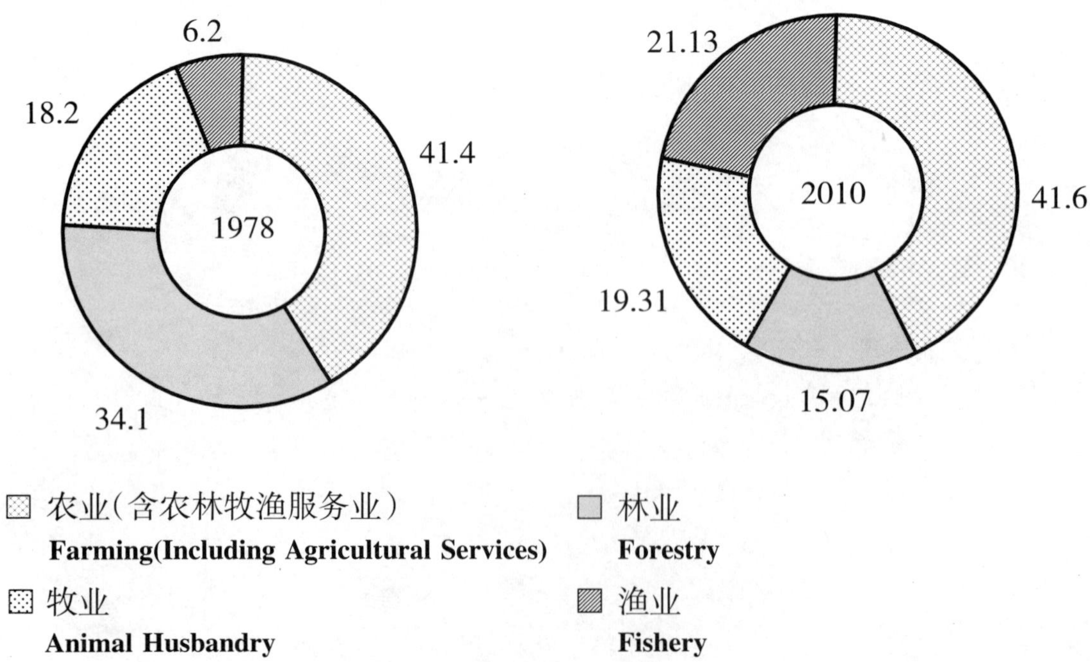

9-1 农村基层组织情况
Basic Conditions of Rural Grassroots Organizations

项 目	Item	2005	2007	2008	2009	2010
农村基层组织情况	**Basic Conditions of Rural Grassroots Organizations**					
1、乡镇政府个数(个)	Numbe r of Governments on Township and Town Level(unit)	200	203	204	204	204
乡政府	Number of Township Governments	20	21	21	21	21
#民族乡	Number of Ethnic Minority Township	20	21	21	21	21
镇政府	Number of Town Governments	180	182	183	183	183
#民族镇	Number of Ethnic Minority Town	49	49	49	49	49
2、村民委员会(个)	Number of Villagers Committees(unit)	2615	2620	2656	2656	2656
#民族村委会	Number of Ethnic Minority Villagers Committees	705	713	712	711	714
3、村民小组(个)	Number of Villagers Groups(unit)	25907	25936	26099	25948	25997
4、自然村(个)	Villages(unit)	18605	18719	18818	18712	18719
#民族自然村	Ethnic Minority Villages	3621	3676	3708	3711	3633
乡镇户数(万户)	**Numbe r of Rural Households (10 000 Households)**	**112.58**	**116.23**	**119.02**	**122.30**	**125.27**
#农业户	Agricultural Households	102.01	105.32	107.36	111.23	114.44
#民族户	Ethnic Minority Households	21.09	21.93	22.81	23.47	24.17
#黎族户	Households of Li	19.77	20.72	21.70	22.27	22.77
苗族户	Households of Miao	0.89	0.96	0.97	1.00	1.04
乡镇人口(万人)	**Population(10 000 persons)**	**525.60**	**538.81**	**549.28**	**556.87**	**564.71**
#农业人口	Agricultural Population	484.19	492.60	498.48	508.19	514.57
#民族人口	Ethnic Minority Population	107.80	112.91	111.05	112.17	113.90
#黎族人口	Population of Li	102.09	100.17	104.99	106.10	107.84
苗族人口	Population of Miao	4.89	4.88	5.16	5.19	5.19

注:2006年为农业普查年份,《海南省第二次农业普查资料汇编》收录该年份的普查数据,本年鉴不单独列示。

Note: Because of The Second Agriculture Census,data in 2006 are included in 《Data Collection of The Second Agriculture Census of Hainan》, and this yearbook doesn't list separately.

9-2 各市县农村基层组织情况
Basic Conditions of Rural Grassroots Organizations by Region

（2010）

地区	Region	乡镇政府(个) Number of Township and Town Governments (unit)	镇政府 Town Govern-ments	村民委员会(个) Villagers Committees (unit)	村民小组(个) Villagers Groups (unit)	乡(镇)总户数(户) Number of Households (Household)	农业户 Agricultural Households	乡(镇)总人口(人) Total Population (person)	农业人口 Agricultural Population	农村家庭从业人员(人) Number of Rural Households Laborers (person)	女 Female
全省总计	Total	204	183	2656	25997	1252739	1144386	5647102	5145678	2845832	1356562
海口市	Haikou	23	23	249	2754	161366	142798	694129	618734	340623	169040
三亚市	Sanya	6	6	106	972	61857	54368	288521	251522	156632	73481
五指山市	Wuzhishan	7	4	59	331	15230	15086	60838	59811	32589	16565
文昌市	Wenchang	17	17	255	3972	114560	108360	456816	428598	212890	102187
琼海市	Qionghai	12	12	189	2676	89503	84443	356531	336992	190150	95750
万宁市	Wanning	12	12	207	2121	94321	89639	427626	406286	181721	88296
定安县	Ding'an	10	10	109	1670	58375	53089	255136	225248	121138	60849
屯昌县	Tunchang	8	8	119	1176	44063	37219	195481	160727	80234	38976
澄迈县	Chengmai	11	11	176	957	88180	73125	402111	336176	230232	104348
临高县	Lingao	11	11	153	878	78015	69035	359984	323427	191252	85315
儋州市	Danzhou	17	17	240	2102	133446	116709	653616	584663	317390	151355
东方市	Dongfang	10	8	185	1579	74115	71123	337572	322654	171669	82125
乐东县	Ledong	11	11	188	1595	87730	84875	413079	369083	234953	109464
琼中县	Qiongzhong	10	7	100	629	21360	21248	102596	100218	54151	27002
保亭县	Baoting	9	6	60	467	16638	16586	84508	84347	48693	22987
陵水县	Lingshui	11	9	114	1104	56243	51327	282135	273651	132406	60404
白沙县	Baisha	11	4	74	489	22341	22097	105409	104602	64113	28444
昌江县	Changjiang	8	7	73	525	35396	33259	171014	158939	84996	39974

9-2 续(continued)

地区	Region	民族乡镇(个) Number of Ethnic Minority Township and Town Govern-ments(unit)	民族村委会(个) Number of Ethnic Minority Villagers Committees (unit)	民族自然村(个) Number of Ethnic Minority Villages (unit)	乡镇民族户数(户) Number of Ethnic Minority Households (household)	黎族 Li	苗族 Miao	乡镇民族人口(人) Ethnic Minority Population (person)	黎族 Li	苗族 Miao
全省总计	Total	70	714	3633	241749	227688	10364	1138970	1078380	51934
海口市	Haikou							107	61	
三亚市	Sanya	3	61	447	35828	33911	528	172033	162333	2713
五指山市	Wuzhishan	7	59	284	14726	13454	1230	58502	53554	4898
文昌市	Wenchang				3			159	143	2
琼海市	Qionghai	1	6	34	1797	57	1740	12395	2869	9294
万宁市	Wanning	3	39	280	12907	9563	1442	53728	47305	6398
定安县	Ding'an									
屯昌县	Tunchang	1	4	20	1445	976	439	9668	7034	2632
澄迈县	Chengmai			1	48		48	358	107	251
临高县	Lingao									
儋州市	Danzhou	3	28	85	12395	11824	515	56945	54450	2347
东方市	Dongfang	5	77	122	18808	18577	221	82945	81979	959
乐东县	Ledong	6	102	462	36219	35784	435	174751	171940	2622
琼中县	Qiongzhong	10	100	499	19945	17697	2206	96168	83853	11466
保亭县	Baoting	9	60	433	16049	14887	1161	81272	75046	6224
陵水县	Lingshui	6	63	470	32897	32758	101	158268	157542	621
白沙县	Baisha	11	74	385	20529	20247	282	97372	95966	1406
昌江县	Changjiang	5	41	111	18153	17953	16	84299	84198	101

9-3 各市县乡镇劳动力
Rural Labor Force by Region

单位：人　　　　(2010)　　　　(person)

地　区	Region	乡镇劳动力总数 Total Number of Rural Labor Force	劳动年龄内的人口数 Population in Working Age	劳动年龄内上学的学生数 Students in School in Working Age	不足劳动年龄而参加劳动的人口数 Pupulation of Taking Part in Working but Younger than Working Age	超过劳动年龄而参加劳动的人口数 Pupulation of Taking Part in Working beyond the Working Age	劳动年龄内丧失劳动能力的人口数 Population in Working Age Losing Working Ability
全省总计	**Total**	**3130257**	**2871700**	**157540**	**103355**	**210755**	**55553**
海口市	Haikou	373417	340719	19627	10472	28803	6577
三亚市	Sanya	169692	162992	6207	4335	3710	1345
五指山市	Wuzhishan	38202	35252	1676	2012	2238	1300
文昌市	Wenchang	244448	222274	6731	5723	20390	3939
琼海市	Qionghai	203778	183069	6180	5855	18336	3482
万宁市	Wanning	209535	196977	8292	5168	11809	4419
定安县	Ding'an	126271	114884	4772	3925	10163	2701
屯昌县	Tunchang	87445	80106	2948	2679	6112	1452
澄迈县	Chengmai	248967	230835	18428	5942	16393	4203
临高县	Lingao	202766	177142	11514	12853	17444	4673
儋州市	Danzhou	357208	332590	23075	7866	21286	4534
东方市	Dongfang	195389	174805	12494	10440	13613	3469
乐东县	Ledong	256793	235940	13494	10505	14378	4030
琼中县	Qiongzhong	57690	53175	2139	2171	3890	1546
保亭县	Baoting	50967	47974	2274	1062	2455	524
陵水县	Lingshui	144979	133206	5640	5002	9402	2631
白沙县	Baisha	67751	59773	3638	4473	5060	1555
昌江县	Changjiang	94959	89987	8411	2872	5273	3173

9-4 农村家庭从业人员
Number of Employed Persons in Rural Households

单位:万人 (10 000 persons)

指 标	Item	2005	2007	2008	2009	2010
农村家庭从业人员	**Number of Employed Persons in Rural Households**	**256.01**	**269.28**	**274.60**	**281.59**	**284.58**
按性别分	**By Sex**					
男	Male	132.56	138.75	141.63	146.34	148.93
女	Female	123.45	130.53	132.96	135.25	135.66
按产业分	**By Industry**					
第一产业	Primary Industry	193.39	199.89	201.04	207.47	205.29
第二产业	Secondary Industry	17.89	20.82	22.83	22.96	24.51
第三产业	Tertiary Industry	44.73	48.57	50.73	51.16	54.78
按行业分	**By Sector**					
农 业	Agriculture	193.39	199.89	201.04	207.47	205.29
工 业	Industry	9.24	11.09	12.48	11.90	12.48
建筑业	Construction	8.65	9.73	10.35	11.06	12.03
交通运输业和邮电业	Transportation and Post	6.75	7.47	7.52	7.39	7.72
信息传输、计算机服务和软件业	Information Transmission,Computer Service and Software	0.59	0.66	0.79	1.12	1.15
商业、饮食、物资供销仓储业	Business,Catering,Retail and Storage	17.99	18.82	21.64	22.39	24.76
其 它	Others	19.40	21.62	20.78	20.26	21.15

注:2006年为农业普查年份,《海南省第二次农业普查资料汇编》收录该年份的普查数据,本年鉴不单独列示。

Note: Because of The Second Agriculture Census,data in 2006 are included in 《Data Collection of The Second Agriculture Census of Hainan》, and this yearbook doesn't list separately.

9-5 各市县农村家庭从业人员
Number of Employed Persons in Rural Households by Region

单位:人 （2010） (person)

地 区	Region	农村家庭从业人员 Number of Employed Persons in Rural Households	农 业 Agriculture	工 业 Industry	建 筑 业 Construction	交通运输邮电业 Transportation and Post	信息传输、计算机服务和软件业 Information Transmission, Computer Service and Software	商业、饮食、物资供销仓储业 Business Catering Retail and Storage	其他 Others
全 省 总 计	**Total**	**2845832**	**2052908**	**124795**	**120308**	**77212**	**11541**	**247589**	**211479**
海 口 市	Haikou	340623	205455	28470	23329	11079	2234	32718	37338
三 亚 市	Sanya	156632	114472	2051	1460	3522	312	20972	13843
五 指 山 市	Wuzhishan	32589	25370	508	620	150	37	1040	4864
文 昌 市	Wenchang	212890	152644	8870	11545	6388	1481	15699	16263
琼 海 市	Qionghai	190150	133555	6603	10483	5508	749	17256	15996
万 宁 市	Wanning	181721	125209	13432	10188	5407	3124	17494	6867
定 安 县	Ding'an	121138	90121	3934	5690	3103	762	10797	6731
屯 昌 县	Tunchang	80234	63676	1865	2061	1611	31	4393	6597
澄 迈 县	Chengmai	230232	145604	16975	12628	5974	672	28409	19970
临 高 县	Lingao	191252	138580	6500	6135	6289		10423	23325
儋 州 市	Danzhou	317390	236584	17708	18456	9814	496	23743	10589
东 方 市	Dongfang	171669	139781	3999	3285	5063	236	11773	7532
乐 东 县	Ledong	234953	161020	7754	6892	8048	1300	27074	22865
琼 中 县	Qiongzhong	54151	38130	705	343	43	8	2271	12651
保 亭 县	Baoting	48693	40353	1503	983	295	2	2650	2907
陵 水 县	Lingshui	132406	106354	2389	4012	2791	63	15283	1514
白 沙 县	Baisha	64113	60765	670	465	85	1	1747	380
昌 江 县	Changjiang	84996	75235	859	1733	2042	33	3847	1247

9-6 各市县耕地面积
Cultivated Land by Region

单位:公顷 (hectare)

年份 地区	Year Region	耕地面积 Cultivated Land	水旱田 Paddy Fields and Dry land	水田 Paddy Fields	旱田 Dry land	旱地 Dry Fields
	2005	416178	221556	166725	54830	194623
	2006	727500	400000	387500	12500	327500
	2007	409995	215489	168786	46703	194506
	2008	438422	231698	181030	50668	206724
	2009	435538	229353	181732	47621	206185
	2010	419123	222904	176897	46007	196219
海口市	Haikou	47037	22531	16129	6402	24506
三亚市	Sanya	10964	7727	5878	1849	3236
五指山市	Wuzhishan	2725	1846	1744	102	879
文昌市	Wenchang	36161	29245	21872	7372	6917
琼海市	Qionghai	22517	16609	13898	2711	5909
万宁市	Wanning	17966	11204	9492	1712	6762
定安县	Ding'an	20753	10104	9692	412	10650
屯昌县	Tunchang	12521	7585	6194	1391	4936
澄迈县	Chengmai	26580	13858	11881	1977	12721
临高县	Lingao	24679	10029	8588	1441	14649
儋州市	Danzhou	48570	17965	13359	4606	30605
东方市	Dongfang	26771	10588	7484	3104	16183
乐东县	Ledong	31095	17307	11364	5943	13788
琼中县	Qiongzhong	7688	4597	4209	388	3091
保亭县	Baoting	5410	4376	3301	1075	1034
陵水县	Lingshui	15039	10675	7985	2690	4364
白沙县	Baisha	9422	4092	3106	986	5331
昌江县	Changjiang	15251	6046	4201	1845	9205
农垦	Nongken	37972	16521	16521		21452

9-7 主要农业机械拥有量
Possession of Major Agricultural Machinery

指　　标	Item	2005	2007	2008	2009	2010
农业机械总动力(万千瓦)	Total Power of Agricultural Machinery(10 000 kw)	268.21	328.54	338.21	396.07	421.52
耕作机械(台)	Machinery for Plough(unit)					
#大中型拖拉机	Large and Medium-sized Agricultural Tractors	3931	5841	7854	12113	13203
小型拖拉机	Small Tractors	34419	40403	54227	49557	52163
农用排灌机械(台)	Machinery for Agricultural Drainage and Irrigation(unit)					
#柴 油 机	Diesel Engines	93649	132964	131201	140156	147085
电 动 机	Electric Motors	4472	10726	22122	28477	29302
农用水泵	Pumps	62661	81823	110257	119483	131697
农用排灌机械动力(万千瓦)	Power of Machinery for Agricultural Drainage and Irrigation(10 000 kw)	52.57	75.9	82.73	87.38	90.52
#柴 油 机	Diesel Engines	44.02	58.39	61.87	64.82	67.36
电 动 机	Electric Motors	8.55	17.51	20.86	22.56	23.16
收获机械	Machinery for Harvest					
# 机动脱粒机(台)	Motorized Thresher(unit)	38543	41606	41903	45082	47131
渔业机械	Machinery for Fishery					
#渔用机动船(艘)	Motorized Fishing Boats(unit)	25581	20871	22737	22984	24799
渔用机动船(万千瓦)	Motorized Fishing Boats (10 000 kw)	65.4	71.38	73.09	82.02	84.56
农用运输车(辆)	Transport Trucks for Agricultural Use(unit)	25581	6336	25618	25911	27642

9-8 农业现代化情况
Basic Conditions of Agricultural Modernization

指　标	Item	2005	2007	2008	2009	2010
农村电气化	**Electrification of Rural Areas**					
乡村办水电站(个)	Number of Hydropower Stations in Rural Areas(unit)	38	35	42	53	52
发电能力(千瓦)	Generating Capacity (kw)	83993	292924	323185	303182	301183
农村用电量(万千瓦时)	Electricity Consumed in Rural Area(10 000 kwh)	38452	46949	51044	56404	59480
化肥施用量(实物量)(万吨)	**Consumption of Chemical Fertilizers(10 000tons)**	93.60	106.73	115.27	117.42	117.50
氮　肥	Nitrogenous Fertilizer	20.35	29.42	32.93	32.83	32.70
磷　肥	Phosphate Fertilizer	10.18	22.63	24.92	25.99	25.62
钾　肥	Potash Fertilizer	35.19	12.47	13.70	13.92	14.36
复合肥	Compound Fertilizer	0.96	42.21	43.72	44.68	44.82
化学农药使用量(万吨)	**Consumption of Pesticide (10 000tons)**	1.81	2.49	3.24	4.68	4.55
农田水利有效灌溉面积(公顷)	**Effective Irrigated Area (hectare)**	168266	169915	175937	178922	179880
旱涝保收面积(公顷)	**Area With Stable Yieds Despite of Drought or waterlogging (hectare)**	92271	91198	93596	96902	98350

注：2006年为农业普查年份，《海南省第二次农业普查资料汇编》收录该年份的普查数据，本年鉴不单独列示。

Note: Because of The Second Agriculture Census,data in 2006 are included in 《Data Collection of The Second Agriculture Census of Hainan》, and this yearbook doesn't list separately.

9-9 各市县农业机械总动力
Total Power of Agricultural Machinery by Region

单位:千瓦 (2010) (kw)

地区	Region	农业机械总动力 Total Power of Agricultural Machinery	柴油发动机动力 Power of Diesel Engines	汽油发动机动力 Power of Gasoline Engines	电动机动力 Power of Electric Motors	其他机械动力 Power of other Machinery
全省总计	**Total**	**4215151**	**3493464**	**239581**	**376163**	**105943**
海口市	Haikou	425714	257988	46639	98329	22758
三亚市	Sanya	258478	192607	60	3022	62789
五指山市	Wuzhishan	57030	51301	2994	1662	1073
文昌市	Wenchang	351989	286597	27286	38106	
琼海市	Qionghai	245208	217521	13531	12139	2017
万宁市	Wanning	282445	208281	14799	55065	4300
定安县	Ding'an	75552	71802	1143	2505	103
屯昌县	Tunchang	44647	39686	4088	873	
澄迈县	Chengmai	246378	221753	11278	11156	2191
临高县	Lingao	435415	375905	5467	54023	20
儋州市	Danzhou	423278	396685	17917	8676	
东方市	Dongfang	176515	165954	4985	5576	
乐东县	Ledong	490076	422063	19997	46580	1436
琼中县	Qiongzhong	66827	54513	4182	8132	
保亭县	Baoting	33272	32012	407	605	248
陵水县	Lingshui	83454	73231	6565	3658	
白沙县	Baisha	72102	68801	121	3180	
昌江县	Changjiang	120666	119269	385	177	835
农垦	Nongken	326104	237495	57737	22699	8173

9-10 各市县农业机械拥有量
Possession of Agricultural Machinery by Region

(2010)

地 区	Region	排灌机械 Machinery for Agricultural Drainage and Irrigation			收获机械 Machinery for Harvest
		柴油机(台) Diesel Engines (unit)	电动机(台) Electric Motors (unit)	农用水泵(台) Pumps(unit)	联合收割机(台) Combine Harvester (unit)
全省总计	Total	147085	29302	131697	2371
海口市	Haikou	9229	1147	8624	381
三亚市	Sanya	8812	166	9569	251
五指山市	Wuzhishan	314	74	443	27
文昌市	Wenchang	14682	2545	17275	248
琼海市	Qionghai	7770	1255	6476	85
万宁市	Wanning	10113	7501	11276	270
定安县	Ding'an	3500	168	1308	71
屯昌县	Tunchang	925	24	339	48
澄迈县	Chengmai	12726	374	3925	173
临高县	Lingao	4531	688	3815	122
儋州市	Danzhou	11691	81	11645	210
东方市	Dongfang	15398	50	12637	90
乐东县	Ledong	27784	13504	26292	150
琼中县	Qiongzhong	770	34	804	20
保亭县	Baoting	1450	27		30
陵水县	Lingshui	2120	33	2345	105
白沙县	Baisha	1008	102	120	40
昌江县	Changjiang	5716	2	868	50
农垦	Nongken	8546	1527	13936	

9-10 续(continued)

地 区	Region	渔用机动船 Machinery for Fishery		运输机械 Machinery for Transport	
		艘 unit	千瓦 kw	农用载重汽车(辆) Trucks for Agricultural Use(unit)	农用运输车(辆) Transport Trucks for Agricultural Use(unit)
全省总计	Total	24799	845582	4948	27642
海口市	Haikou	1874	14895	1678	3958
三亚市	Sanya	1482	85323	145	2094
五指山市	Wuzhishan			49	232
文昌市	Wenchang	2517	63215		1860
琼海市	Qionghai	1355	39964	382	2493
万宁市	Wanning	1457	20546	2	1807
定安县	Ding'an	1	56	55	1563
屯昌县	Tunchang				1293
澄迈县	Chengmai	1244	15976	916	2510
临高县	Lingao	5669	297009		2091
儋州市	Danzhou	4060	181310		1294
东方市	Dongfang	643	27208	151	1284
乐东县	Ledong	1062	23678	121	2754
琼中县	Qiongzhong	68		17	407
保亭县	Baoting				352
陵水县	Lingshui	2400	39451	10	910
白沙县	Baisha				293
昌江县	Changjiang	492	32872	15	447
农垦	Nongken	475	4080	1407	

9-11 各市县农业现代化情况
Agricultural Modernization by Region

(2010)

地区	Region	化肥施用实物量(吨) Consumption of Chemical Fertillzer(ton) 合计 Total	氮肥 Nitrogenous Fertilizer	磷肥 Phosphate Fertilizer	钾肥 Potash Fertilizer	复合肥 Compound Fertilizer
全省总计	Total	1175029	326992	256171	143633	448233
海口市	Haikou	83026	22127	23781	13479	23639
三亚市	Sanya	45810	13742	9758	6124	16187
五指山市	Wuzhishan	5656	1530	1821	503	1802
文昌市	Wenchang	94013	21710	25375	13341	33587
琼海市	Qionghai	127373	33793	29212	21502	42867
万宁市	Wanning	38450	12711	6092	7098	12549
定安县	Ding'an	39746	9325	12350	5155	12918
屯昌县	Tunchang	23178	8703	7986	1912	4577
澄迈县	Chengmai	105742	30712	30171	14440	30418
临高县	Lingao	81980	29099	18688	11323	22870
儋州市	Danzhou	65309	21450	20655	6207	16997
东方市	Dongfang	64889	15830	8653	5763	34643
乐东县	Ledong	76864	26351	15386	11334	23793
琼中县	Qiongzhong	7414	2411	1906	719	2378
保亭县	Baoting	10423	2753	2236	1252	4182
陵水县	Lingshui	31376	10997	7365	4689	8325
白沙县	Baisha	19969	7048	4107	882	7932
昌江县	Changjiang	44363	18027	7019	4455	14862
农垦	Nongken	209447	38674	23610	13456	133707

9-11 续(continued)

地区	Region	农药使用量(吨) Consumption of Pesticide (ton)	农田有效灌溉面积(公顷) Effective Irrigated Area (hectare)	#机电灌溉面积 Mechanical and Electrical Irrigation	旱涝保收面积(公顷) Area With Stable Yieds Despite of Drought or waterlogging (hectare)	农村用电量(万千瓦时) Electricity Consurned in Rural Area(10 000 kwh)
全省总计	Total	45502	179880	28590	98350	59480
海口市	Haikou	1026	17196	5342	8415	13183
三亚市	Sanya	1072	6754	378	4944	2291
五指山市	Wuzhishan	152	1664	20	976	175
文昌市	Wenchang	2203	17748	2065	5925	16753
琼海市	Qionghai	1378	12251	2036	8295	5504
万宁市	Wanning	1622	9040	1429	5580	2166
定安县	Ding'an	146	8313	976	6483	2219
屯昌县	Tunchang	200	3787	115	2475	668
澄迈县	Chengmai	1102	13960	2900	6741	1924
临高县	Lingao	532	8329	734	6622	1959
儋州市	Danzhou	546	16436	2874	9798	4370
东方市	Dongfang	394	10693	2559	7987	928
乐东县	Ledong	2528	13441	776	9410	3872
琼中县	Qiongzhong	20058	2330	55	1196	279
保亭县	Baoting	359	3510	104	2466	492
陵水县	Lingshui	666	8612	511	533	1003
白沙县	Baisha	766	2727		1864	295
昌江县	Changjiang	160	7001	946	5215	1400
农垦	Nongken	10591	16087	4771	3426	

9-12 农林牧渔业总产值
Gross Output Value of Farming, Forestry, Animal Husbandry and Fishery

单位：万元 (10 000 yuan)

指标	Item	2005	2006	2007	2008	2009	2010
农林牧渔业总产值	**Total**	4758847	4921171	5483244	6649837	7050451	8213089
农业产值	**Gross Output Value of Farming**	1796344	2137145	2241708	2740318	3075670	3416726
谷物及其他作物	Cereal and Other Plants	471935	520023	560608	690146	710229	755160
#谷物	Cereal	194671	254169	261820	301161	298595	320699
豆类	Beans	7371	1784	1591	5170	5779	7625
油料	Oil-bearing Crops	29784	24245	27096	34065	32299	39034
糖蔗	Sugarcane	67198	71107	102271	135200	144224	132041
蔬菜园艺作物	Vegetables and Horticultue Plant	673367	789853	837675	1048138	1139739	1173500
# 蔬菜类	Vegetables	626168	749865	795164	962711	1066010	1092008
水果、坚果、饮料和香料作物	Fruits,Nut,Beverage and Perfume Plants	643007	809700	822500	995431	1221903	1481456
#水果	Fruits		625774	651708	771930	950619	1201901
坚果	Nut		180879	167449	215177	266861	275433
中药材	Chinese Medicinal Materials	8036	17569	20925	6603	3799	6610
林业产值	**Gross Output Value of Forestry**	589276	705016	804945	916205	796182	1237950
林木的培育和种植	Lumbering and Transportation of Timber and Bamboo	71114	97650	85973	147450	120171	212185
竹木采运	Cultivating and Planting of Forest Tree	101773	58606	72790	81879	70918	77384
林产品	Forestry Products	416388	548760	646182	686875	605092	948381
牧业产值	**Gross Output Value of Animal Husbandry**	952114	849163	1061297	1403898	1428267	1585632
牲畜饲养	Rearing of Livestock	87467	69863	84054	110230	112675	124756
猪的饲养	Rearing of Pigs	477278	470963	593776	818071	753211	831245
#肉猪	Hogs	458266	449397	562351	784287	729388	803976
家禽饲养	Rearing of Poultry	361266	279698	351850	430723	533396	590335
#肉禽	Poultry for Meat	339126	257728	326880	400037	445728	523562
渔业产值	**Gross Output Value of Fishery**	1321824	1071974	1213405	1397639	1545108	1735299
海水产品	Seawater Aquatic Products	1167580	910043	1010013	1145770	1274445	1436300
#养殖	Cultured	122187	127224	230827	247415	224096	277420
淡水产品	Freshwater Aquatic Products	154244	161932	203392	251869	270663	299000
#养殖	Cultured	60021	123632	155888	192769	157013	70075
农林牧渔服务业	**Agricultural Services**	99288.0	157873.0	161889.0	191778.5	205223.4	237480.9

注：绝对数按当年价格计算，指数按可比价格计算；2007年数据依据2006年农业普查结果计算并衔接。

Note:Data in value terms in this table are calculated at current prices,and the indices are calculated at comparable Prices.The data of 2007 are calculated and combined on the basis of Agricultural Census data in 2006.

9-13 农林牧渔业总产值指数
Gross Output Value Indices of Farming, Forestry, Animal Husbandry and Fishery

单位:% (%)

指 标	Item	2005	2006	2007	2008	2009	2010
农林牧渔业总产值	Total	106.7	109.4	108.3	107.8	107.2	106.1
农业产值	Gross Output Value of Farming	105.8	111.1	108.7	106.5	105.0	105.3
谷物及其他作物	Cereal and Other Plants	86.7	112.5	1002.2	108.2	105.6	97.4
#谷 物	Cereal					104.3	99.0
豆类	Beans					109.1	123.1
油 料	Oil-bearing Crops					103.2	105.1
糖 蔗	Sugarcane					108.1	87.2
蔬菜园艺作物	Vegetables and Horticultue Plant	108.6	106.4	104.7	107.7	103.1	107.8
# 蔬菜类	Vegetables					104.6	107.6
水果、坚果、饮料和香料作物	Fruits,Nut,Beverage and Perfume Plants	120.9	115.8	115.1	106.0	107.1	107.3
#水果	Fruits						111.9
坚果	Nut						99.5
中药材	Chinese Medicinal Materials	141.2	48.0	189.8	31.6	50.2	139.9
林业产值	Gross Output Value of Forestry	91.6	104.7	109.7	107.9	109.8	113.6
林木的培育和种植	Lumbering and Transportation of Timber and Bamboo	102.9	137.3	83.4	171.5	103.0	129.3
竹木采运	Cultivating and Planting of Forest Tree	108.9	56.4	114.6	103.0	118.9	104.2
林产品	Forestry Products	78.4	110.9	113.9	99.9	110.2	111.6
牧业产值	Gross Output Value of Animal Husbandry	115.0	107.1	105.7	112.0	109.2	104.5
牲畜饲养	Rearing of Livestock	129.6	98.7	108.4	110.6	100.4	101.7
猪的饲养	Rearing of Pigs	106.8	107.0	102.1	111.6	107.6	103.8
#肉猪	Hogs					108.7	106.0
家禽饲养	Rearing of Poultry	122.8	108.9	111.3	110.3	118.1	104.5
#肉禽	Poultry for Meat					106.3	110.4
渔业产值	Gross Output Value of Fishery	108.6	110.8	110.1	106.2	107.3	104.8
海水产品	Seawater Aquatic Products	108.3	108.4	108.6	103.8	108.8	106.5
#养 殖	Cultured						
淡水产品	Freshwater Aquatic Products	110.3	129.0	118.6	118.6	100.5	96.7
#养 殖	Cultured						
农林牧渔服务业	Agricultural Services	128.2	110.9	97.7	110.8	108.4	109.4

注:绝对数按当年价格计算,指数按可比价格计算;2007 年数据依据 2006 年农业普查结果计算并衔接。

Note:Data in value terms in this table are calculated at current prices,and the indices are calculated at comparable Prices.The data of 2007 are calculated and combined on the basis of Agricultural Census data in 2006.

9-14 农林牧渔业总产值及构成

Gross Output Value of Farming, Forestry, Animal Husbandry and Fishery and Related Composition

单位:万元 (10000yuan)

指　标	Item	2005	2006	2007	2008	2009	2010
农林牧渔业总产值	Total	4758847	4921171	5483244	6649837	7050451	8213089
农 业	Farming	1796344	2137145	2241708	2740318	3075670	3416726
林 业	Forestry	589276	705016	804945	916205	796182	1237950
牧 业	Animal Husbandry	952114	849163	1061297	1403898	1428267	1585632
渔 业	Fishery	1321824	1071974	1213405	1397639	1545108	1735299
海水产品	Seawater Aquatic Products	1167580	910043	1010013	1145770	1274445	1436300
淡水产品	Freshwater Aquatic Products	154244	161931	203392	251868	270663	299000
农林牧渔业服务业	Agricultural Services	99288	157873	161889	191778	205223	237481
比　重(%)	Proportion (%)						
农 业	Farming	37.75	43.43	40.88	41.21	43.62	41.60
林 业	Forestry	12.38	14.33	14.68	13.78	11.29	15.07
牧 业	Animal Husbandry	20.01	17.26	19.36	21.11	20.26	19.31
渔 业	Fishery	27.78	21.78	22.13	21.02	21.92	21.13
海水产品	Seawater Aquatic Products	24.53	18.49	18.42	17.23	18.08	17.49
淡水产品	Freshwater Aquatic Products	3.24	3.29	3.71	3.79	3.84	3.64
农林牧渔服务业	Agricultural Services	2.09	3.21	2.95	2.88	2.91	2.89

注:本表按当年价格计算。
Note:Data in this table are calculated at current prices。

9-15 各市县农林牧渔业总产值

Gross Output Value of Farming, Forestry, Animal Husbandry and Fishery by Region

单位:万元 (2010) (10000 yuan)

地区	Region	农林牧渔业总产值 Total	农业 Farming	林业 Forestry	牧业 Animal	渔业 Fishery	服务业 Services
海口市	Haikou	611037	259522	44126	217903	56495	32989
三亚市	Sanya	465014	273368	12900	44289	116158	18300
五指山市	Wuzhishan	49760	23632	14538	10301	1157	132
文昌市	Wenchang	739923	257882	66060	194304	203682	17996
琼海市	Qionghai	684600	318125	95381	137980	91757	41357
万宁市	Wanning	395695	168721	45763	85437	86137	9636
定安县	Ding'an	235452	106318	23971	83581	4527	17054
屯昌县	Tunchang	210605	104834	30640	52509	6840	15783
澄迈县	Chengmai	463945	212880	51416	94994	90627	14027
临高县	Lingao	659451	176220	25222	58331	389408	10270
儋州市	Danzhou	894197	242118	78792	130443	430045	12799
#洋浦	#Yangpu	24026				24026	
东方市	Dongfang	329807	240076	9444	40601	32539	7148
乐东县	Ledong	462122	356350	17471	52067	31709	4525
琼中县	Qiongzhong	103512	55802	22506	19935	2696	2573
保亭县	Baoting	85558	43062	15634	16687	2028	8147
陵水县	Lingshui	350810	175064	11524	31717	112568	19937
白沙县	Baisha	127285	57627	35751	26561	5068	2277
昌江县	Changjiang	211569	117125	4527	23065	61585	5266
农垦	Nongken	1277315	420926	620676	166163	47000	22550

注:本表按当年价格计算。

Note:Data in this table are calculated at current prices.

9-16 农林牧渔业增加值及指数

Added Value of Farming, Forestry, Animal Husbandry and Fishery and Related Indices

单位:万元 (10000yuan)

指 标	Item	2005	2006	2007	2008	2009	2010
增加值	**Total**						
农林牧渔业增加值	**Added Value of Farming, Forestry,Animal Husbandry and Fishery**	**3007523**	**3444859**	**3610730**	**4360401**	**4621935**	**5398256**
农业增加值	Added Value of Farming	1156730	1381247	1442763	1763668	1978441	2197824
林业增加值	Added Value of Forestry	407479	487490	556298	633148	550358	855671
牧业增加值	Added Value of Animal Husbandry	549478	573136	612474	810189	823420	914161
渔业增加值	Added Value of Fishery	844947	947969	910214	1047994	1160570	1301181
农林牧渔服务业	Agricultural Services	48889	55017	88981	105401	109146	129418
指数(以上年为100)(%)	**Indices (preceeding year=100)**						
农林牧渔业增加值	**Added Value of Farming, Forestry,Animal Husbandry and Fishery**	**106.1**	**109.6**	**109.1**	**107.7**	**107.2**	**106.3**
农业增加值	Added Value of Farming	105.6	111.2	111.2	106.5	105.5	105.5
林业增加值	Added Value of Forestry	91.4	102.3	102.3	107.9	109.8	113.9
牧业增加值	Added Value of Animal Husbandry	114.8	106.9	106.9	112.0	108.5	104.3
渔业增加值	Added Value of Fishery	108.5	110.7	110.7	106.2	107.8	105.0
农林牧渔服务业	Agricultural Services	124.9	110.9	110.9	110.8	104.9	112.1

注:1. 增加值按当年价格计算,指数按可比价格计算。
2. 2007 年数据依据 2006 年农业普查结果计算。

Note: 1. The added value are calculated at current prices,and the indices are calculated at comparable prices.
2. Data in 2007 are calculated according to the result of Agriculture Census in 2006.

9-17 各市县农林牧渔业增加值

Added Value of Farming, Forestry, Animal Husbandry and Fishery by Region

单位:万元 (10000 yuan)

地区	Region	农林牧渔业增加值 Total	农业 Farming	林业 Forestry	牧业 Animal	渔业 Fishery	服务业 Services
海口市	Haikou	381901	167548	29318	127430	42919	14687
三亚市	Sanya	310078	176405	8853	24563	88791	11467
五指山市	Wuzhishan	31347	14945	9757	5813	771	62
文昌市	Wenchang	481280	165044	41631	113065	153087	8453
琼海市	Qionghai	438615	202490	65813	80553	69597	20162
万宁市	Wanning	262965	114157	31037	49212	64078	4482
定安县	Ding'an	141890	65046	15116	47867	2784	11076
屯昌县	Tunchang	130958	67991	19965	29996	5017	7990
澄迈县	Chengmai	301092	136205	33138	55391	69520	6838
临高县	Lingao	460650	111169	15484	34369	295210	4418
儋州市	Danzhou	634924	158647	56313	75370	337571	7024
#洋浦	#Yangpu	16734				16734	
东方市	Dongfang	209708	151102	6562	23427	25279	3338
乐东县	Ledong	292507	228627	9141	31214	21296	2229
琼中县	Qiongzhong	64934	35925	14793	11195	1767	1254
保亭县	Baoting	53573	28447	10278	9328	1294	4226
陵水县	Lingshui	220582	114270	7232	17191	70389	11500
白沙县	Baisha	80657	37570	23072	15476	3474	1064
昌江县	Changjiang	134374	68411	3495	13590	46343	2535
农垦	Nongken	831055	285651	420508	93782	30940	174

注:本表按当年价格计算。
Note:Data in this table are calculated at current prices.

9-18 各市县人均主要农产品产量
Per Capita Output of Major Farm Products by Region

单位:公斤/人 (kg/person)

年份 地区 Year Region	粮食 Grain	稻谷 Rice	油料 Oil-bearing Grops	糖蔗 Sugarcane	猪牛羊肉 Pork,Beef and Mutton	猪肉 Pork	水产品 Aquatic Products
2005	185	134	10	306	37	34	181
2006	224	174	11	437	39	36	144
2007	209	168	8	478	39	36	156
2008	214	168	7	582	47	43	163
2009	217	169	11	530	50	46	168
2010	208	160	11	419	51	48	172
海口市 Haikou	66	52	3	74	44	42	28
三亚市 Sanya	90	70	1		32	30	126
五指山市 Wuzhishan	239	177	6	2	24	22	11
文昌市 Wenchang	245	159	17	1	29	26	283
琼海市 Qionghai	282	231	6		66	62	153
万宁市 Wanning	154	117	6	1	46	44	83
定安县 Ding'an	245	194	22	471	74	68	17
屯昌县 Tunchang	282	225	15	10	55	51	27
澄迈县 Chengmai	268	221	7	424	42	38	138
临高县 Lingao	243	188	5	1687	36	32	750
儋州市 Danzhou	203	146	18	995	46	44	316
#洋浦 #Yangpu							
东方市 Dongfang	255	169	23	301	34	30	72
乐东县 Ledong	291	236	22		31	26	59
琼中县 Qiongzhong	224	159	11	50	29	27	16
保亭县 Baoting	187	171	5		27	23	17
陵水县 Lingshui	271	209	15		29	26	229
白沙县 Baisha	198	107	2	2742	45	41	29
昌江县 Changjiang	197	161	8	1865	37	33	200
农垦 Nongken	132	112	6	283	59	53	41

9-19 各市县农作物播种面积
Sown Area of Farm Crops by Region

（2010）

地区 Region	农作物总播种面积（公顷）Sown Area of Farm Crops (hectare)	粮食 Grain	豆类 Soybeans	甘蔗 Sugarcane	蔬菜 Vegetables	占总播种面积(%) Percentage to Total Sown Area(%) 粮食 Grain	豆类 Soybeans	甘蔗 Sugarcane	蔬菜 Vegetables
全省总计 Total	**833733**	**437213**	**7982**	**60052**	**214596**	**52.44**	**0.96**	**7.20**	**25.74**
海口市 Haikou	77418	39779	160	3251	22927	51.38	0.21	4.20	29.62
三亚市 Sanya	29792	12976	309	14	12072	43.56	1.04	0.05	40.52
五指山市 Wuzhishan	8651	5035	72	119	1862	58.20	0.84	1.37	21.53
文昌市 Wenchang	73539	39972	47	239	20213	54.35	0.06	0.33	27.49
琼海市 Qionghai	46498	29714	420	527	13277	63.90	0.90	1.13	28.55
万宁市 Wanning	34523	20732	449	389	7911	60.05	1.30	1.13	22.91
定安县 Ding'an	36964	22345	359	2702	6951	60.45	0.97	7.31	18.80
屯昌县 Tunchang	37535	19446	338	518	8797	51.81	0.90	1.38	23.44
澄迈县 Chengmai	52330	27700	219	3648	14721	52.93	0.42	6.97	28.13
临高县 Lingao	45870	23777	92	9732	10027	51.84	0.20	21.22	21.86
儋州市 Danzhou	86147	42890	1734	16092	16877	49.79	2.01	18.68	19.59
#洋浦 #Yangpu									
东方市 Dongfang	50246	28115	467	1803	11860	55.95	0.93	3.59	23.60
乐东县 Ledong	65699	33991	1924	160	18581	51.74	2.93	0.24	28.28
琼中县 Qiongzhong	20231	11140	761	365	2547	55.06	3.76	1.80	12.59
保亭县 Baoting	10655	6592	20	33	3064	61.87	0.19	0.31	28.76
陵水县 Lingshui	38701	22508	32	53	10500	58.16	0.08	0.14	27.13
白沙县 Baisha	21849	8118	73	7022	2924	37.15	0.34	32.14	13.38
昌江县 Changjiang	28880	10278	80	8481	8099	35.59	0.28	29.37	28.05
农垦 Nongken	68207	32105	428	4906	21384	47.07	0.63	7.19	31.35

9–20 历年农作物播种面积、比重及复种指数
Sown Area of Farm Crops,Proportion and Multiple Cropping Indices in Various Years

年份 Year	总播种面积（公顷） Total Sown Area(hectare)	粮食作物 Grain Crops		经济作物 Economic Crops		复种指数(%) Multiple Gropping Indices(%)
		播种面积（公顷） Sown Area(hectare)	占总播种面积(%) Percentage to Total Sown Area(%)	播种面积（公顷） Sown Area (hectare)	占总播种面积(%) Percentage to Total Sown	
1952	553640	522547	94.40	17300	3.10	190.60
1957	752647	684560	94.10	49660	6.60	189.60
1962	704993	641727	91.00	59460	8.40	176.50
1965	690527	569780	82.50	81480	11.80	175.40
1970	728187	616893	87.40	89633	12.30	175.00
1975	909007	690033	75.90	129253	14.20	205.40
1978	796433	642093	80.60	120833	15.00	175.00
1980	696313	575440	82.60	91233	13.10	156.00
1981	678647	551393	81.00	96693	14.00	155.00
1982	706760	549293	77.70	122160	17.00	160.00
1983	710560	542146	76.00	133113	19.00	164.00
1984	715880	532320	74.40	141600	20.20	163.00
1985	739887	507900	68.60	188267	25.40	170.00
1986	754607	516726	68.50	186393	24.70	174.00
1987	760193	509520	67.00	190493	25.10	175.80
1988	740380	496940	67.10	177000	23.90	171.60
1989	789587	529887	68.40	175093	22.20	182.10
1990	721253	560573	68.30	176580	21.50	188.80
1991	829467	561747	67.70	179280	21.60	189.70
1992	868307	577700	66.50	186260	21.50	198.90
1993	846160	550173	65.00	175200	20.70	195.20
1994	844108	549420	65.09	167197	19.81	196.28
1995	870064	559376	64.29	170575	19.60	202.72
1996	890779	559314	62.79	166821	18.73	207.48
1997	914513	577197	63.11	177992	19.46	214.55
1998	937573	576954	61.54	177109	18.89	219.13
1999	931756	567702	60.93	180008	19.32	216.89
2000	909539	545634	59.99	168862	18.57	209.97
2001	893928	526872	58.94	164471	18.40	209.90
2002	900987	522287	57.97	164454	18.25	212.83
2003	876170	495229	56.52	160355	18.30	209.05
2004	862309	482303	55.93	16116	18.68	206.41
2005	782095	423751	66.97	137798	17.62	187.92
2006	821150	444547	54.14	153226	18.66	192.68
2007	824497	424442	51.48	349900	42.44	201.10
2008	810606	421275	51.97	341937	42.18	184.89
2009	829409	430434	51.90	352224	42.47	190.43
2010	833733	437213	52.44	350887	42.09	198.92

9-21 各市县主要农作物面积和产量
Area and Output of Main Crops by Region

（2010）

地区 Region	粮食作物 Grain Crops 播种面积(公顷) Sown Area (hectare)	粮食作物 Grain Crops 总产量(吨) Total Output (ton)	谷物 Cereal 播种面积(公顷) Sown Area (hectare)	谷物 Cereal 总产量(吨) Total Output (ton)	水稻 Rice 播种面积(公顷) Sown Area (hectare)	水稻 Rice 总产量(吨) Total Output (ton)
全省总计 Total	**437213**	**1803848**	**345514**	**1475962**	**324308**	**1384697**
海口市 Haikou	39779	119257	31532	96027	31238	94809
三亚市 Sanya	12976	55837	10638	46999	9734	43598
五指山市 Wuzhishan	5035	26023	4351	22574	3484	19314
文昌市 Wenchang	39972	136763	30055	91338	29797	88839
琼海市 Qionghai	29714	136754	25442	117648	24388	112256
万宁市 Wanning	20732	88111	16463	69066	16207	67240
定安县 Ding'an	22345	75671	18215	64385	17747	60014
屯昌县 Tunchang	19446	77830	14347	64101	13856	62144
澄迈县 Chengmai	27700	134855	23405	114905	23018	111245
临高县 Lingao	23777	110804	16930	86269	16840	85866
儋州市 Danzhou	42890	196900	29587	151742	27688	141725
#洋浦 #Yangpu						
东方市 Dongfang	28115	107638	23792	90628	18650	71326
乐东县 Ledong	33991	143429	28064	128889	24370	116405
琼中县 Qiongzhong	11140	43973	8905	35520	7751	31166
保亭县 Baoting	6592	29535	6134	27744	5923	26900
陵水县 Lingshui	22508	92889	15982	76440	15022	71573
白沙县 Baisha	8118	36435	5741	26711	3702	19710
昌江县 Changjiang	10278	47644	8313	40530	7904	38957
农垦 Nongken	32105	143501	27617	124446	26987	121611

9-21 续1(continued 1)

地区 Region	早造水稻 Early Season Rice 播种面积(公顷) Sown Area (hectare)	早造水稻 Early Season Rice 总产量(吨) Total Output (ton)	晚造水稻 Late Season Rice 播种面积(公顷) Sown Area (hectare)	晚造水稻 Late Season Rice 总产量(吨) Total Output (ton)	薯 Tubers 播种面积(公顷) Sown Area (hectare)	薯 Tubers 总产量(吨) Total Output (ton)
全省总计 Total	**140402**	**713734**	**182165**	**665559**	**83265**	**303607**
海口市 Haikou	14670	67779	16508	26853	8087	23019
三亚市 Sanya	4517	22427	5209	21145	2029	7632
五指山市 Wuzhishan	1615	10529	1763	8457	611	3275
文昌市 Wenchang	12573	48664	17224	40175	9870	45402
琼海市 Qionghai	10693	52386	13696	59870	3853	17964
万宁市 Wanning	6619	33410	9588	33830	3820	17807
定安县 Ding'an	7689	36059	9795	23238	3772	10473
屯昌县 Tunchang	6378	30180	7457	31886	4761	13031
澄迈县 Chengmai	10782	59885	12037	50583	4076	19088
临高县 Lingao	8278	53412	8490	32143	6755	24284
儋州市 Danzhou	11846	67343	15733	73837	11570	41305
#洋浦 #Yangpu						
东方市 Dongfang	7336	39749	11127	31451	3536	11232
乐东县 Ledong	7923	40443	16112	74633	4003	10226
琼中县 Qiongzhong	3546	17117	3959	13435	1457	6779
保亭县 Baoting	2386	11298	3470	15385	438	1751
陵水县 Lingshui	5387	25373	9635	46200	6494	16394
白沙县 Baisha	1807	10291	1842	9289	2303	9593
昌江县 Changjiang	3428	18747	4469	20190	1769	6326
农垦 Nongken	12931	68642	14052	52959	4060	18025

9-21 续 2(continued 2)

地 区 Region	大 豆 Beans		油 料 Oil-bearing Crops		花 生 Peanuts		芝 麻 Sesames	
	播种面积(公顷) Sown Area (hectare)	总产量(吨) Total Output (ton)	播种面积(公顷) Sown Area (hectare)	总产量(吨) Total Output (ton)	播种面积(公顷) Sown Area (hectare)	总产量(吨) Total Output (ton)	播种面积(公顷) Sown Area (hectare)	总产量(吨) Total Output (ton)
全省总计 Total	**3111**	**7587**	**40697**	**94864**	**38157**	**92334**	**2528**	**2519**
海口市 Haikou	144	194	4301	5410	2539	3757	1762	1653
三亚市 Sanya	12	37	366	901	366	901		
五指山市 Wuzhishan			259	705	259	705		
文昌市 Wenchang	47	23	6589	9576	6589	9576		
琼海市 Qionghai	274	771	1497	3076	1497	3076		
万宁市 Wanning	158	443	946	3576	946	3576		
定安县 Ding'an	228	419	2938	6816	2861	6753	77	63
屯昌县 Tunchang	301	465	2829	4190	2829	4190		
澄迈县 Chengmai	163	710	1760	3695	1453	3241	307	452
临高县 Lingao	60	212	958	2314	761	2191	197	123
儋州市 Danzhou	818	2371	5502	17659	5318	17432	183	227
# 洋浦 #Yangpu								
东方市 Dongfang			3083	9819	3083	9819		
乐东县 Ledong	388	785	3640	10806	3640	10806		
琼中县 Qiongzhong	304	662	959	2150	959	2150		
保亭县 Baoting	7	16	299	789	299	789		
陵水县 Lingshui			1539	5034	1539	5034		
白沙县 Baisha			128	332	128	332		
昌江县 Changjiang	16	46	463	1966	463	1966		
农垦 Nongken	192	433	2641	6050	2628	6039	1	1

9-21 续 3(continued 3)

地 区 Region	甘 蔗 Sugarcane		糖 蔗 Sugar crops		蔬 菜 Vegetables		瓜 类 Melons	
	播种面积(公顷) Sown Area (hectare)	总产量(吨) Total Output (ton)	播种面积(公顷) Sown Area (hectare)	总产量(吨) Total Output (ton)	播种面积(公顷) Sown Area (hectare)	总产量(吨) Total Output (ton)	播种面积(公顷) Sown Area (hectare)	总产量(吨) Total Output (ton)
全省总计 Total	**60052**	**3853656**	**56607**	**3631215**	**214596**	**4424128**	**31718**	**897162**
海口市 Haikou	3251	144909	3044	135097	22927	458965	469	12427
三亚市 Sanya	14	309			12072	360552	3413	115823
五指山市 Wuzhishan	119	1860	18	183	1862	16117		
文昌市 Wenchang	239	9212	27	307	20213	397194	6020	200131
琼海市 Qionghai	527	40320			13277	444712	615	28241
万宁市 Wanning	389	27283	15	358	7911	183191	3434	70805
定安县 Ding'an	2702	153348	2580	145303	6951	152925	289	14549
屯昌县 Tunchang	518	32835	53	2820	8797	138115	307	6846
澄迈县 Chengmai	3648	257852	3163	212974	14721	372141	1310	29420
临高县 Lingao	9732	773705	9677	769281	10027	202254	728	28906
儋州市 Danzhou	16092	969226	16044	965021	16877	384341	393	13052
# 洋浦 #Yangpu								
东方市 Dongfang	1803	132970	1753	126970	11860	160587	3765	71978
乐东县 Ledong	160	8535			18581	372776	4826	136062
琼中县 Qiongzhong	365	16323	119	9721	2547	17281	67	558
保亭县 Baoting	33	768			3064	65978		
陵水县 Lingshui	53	5958			10500	182709	3993	122809
白沙县 Baisha	7022	506702	6985	503627	2924	28791	62	1536
昌江县 Changjiang	8481	452151	8465	451335	8099	142755	824	20588
农垦 Nongken	4906	319390	4664	308218	21384	342743	1201	23431

9-22 瓜菜生产情况
Production of Melons and Vegetables

(2010)

项　目	Item	播种面积(公顷) Sown Area(hectare)	单产(公斤/公顷) Per Unit Area Yield (kg/hectare)	总产量(吨) Total Output(ton)
一、蔬菜、瓜菜	**Vegetables,Melons**	**246314**	**21604**	**5321291**
蔬　菜	Vegetables	214596	20616	4424128
瓜　类	Melons	31718	28286	897162
二、分品种瓜菜	**Sorts**			
椒　类	Chili	37031	27045	1001486
苦　瓜	Bitter Gourd	14150	27228	385266
丝　瓜	Towel Gourd	5867	23945	140487
长豆角	Fresh Kidney Beans	15729	25875	406981
四季豆	Kidney Beans	7587	23583	178925
长　茄	Eggplant	9136	33043	301880
冬　瓜	White Gourd	9751	52224	509238
青　瓜	Cucumber	12478	35703	445500
其它蔬菜	Others	102867	10250	1054365
西　瓜	Watermelon	22479	28434	639162
甜　瓜	Muskmelon	2566	22226	57022
蜜　瓜	Mi Melon	3574	39373	140711
其它果用瓜	Others	3100	19441	60267

9-23 各市县园林水果、茶叶面积和产量
Area and Output of Garden Fruit and Tea by Region

(2010)

年份 Year 地区 Region	茶叶 Tea			园林水果 Garden Fruits			
	年末面积（公顷）Area at the Year-end (hectare)	收获面积（公顷）Harvest Area (hectare)	总产量（吨）Total Output (ton)	年末面积（公顷）Area at the Year-end (hectare)	当年新种 Newly Grown Area in the Current Year	收获面积（公顷）Harvest Area (hectare)	总产量（吨）Total Output (ton)
2005	1489	1349	950	163401	23397	103660	1525256
2006	1428	1330	1150	169743	26557	114543	1878502
2007	1239	1024	975	171759	26023	128044	2333142
2008	1055	983	1011	171162	22521	127673	2478678
2009	984	949	1084	170630	28350	136426	2679486
2010	1175	1131	1227	174536	27264	138922	2853557
海口市 Haikou				18460	871	11772	243516
三亚市 Sanya				12565	1451	10257	169486
五指山市 Wuzhishan	131	92	20	3606	165	2026	17647
文昌市 Wenchang				6073	804	4651	85896
琼海市 Qionghai				9557	1392	7364	203961
万宁市 Wanning				6035	997	4269	111881
定安县 Ding'an				2916	117	2346	41831
屯昌县 Tunchang				2822	251	1880	24876
澄迈县 Chengmai	36	36	26	9571	4390	7211	205343
临高县 Lingao				7446	1507	6731	236583
儋州市 Danzhou				3724	304	2969	58857
#洋浦 #Yangpu							
东方市 Dongfang				19860	7748	14928	336311
乐东县 Ledong				16600	3531	14265	362936
琼中县 Qiongzhong				3055	96	2273	31521
保亭县 Baoting				1880	137	1263	8349
陵水县 Lingshui				6137	3	5210	75104
白沙县 Baisha				1411	217	1275	21597
昌江县 Changjiang				7874	1883	6390	128828
农垦 Nongken	1009	1003	1181	34943	1399	31841	489036

9-23 续 1(continued 1)

年 份 Year 地 区 Region	菠萝 Pineapples				荔枝 Litchis			
	年末面积（公顷）Area at the Year-end (hectare)	当年新种 Newly Grown Area in the Current Year	收获面积（公顷）Harvest Area (hectare)	总产量（吨）Total Output (ton)	年末面积（公顷）Area at the Year-end (hectare)	当年新种 Newly Grown Area in the Current Year	收获面积（公顷）Harvest Area (hectare)	总产量（吨）Total Output (ton)
2005	11815	4361	7240	202648	31523	542	16664	70338
2006	12833	4351	7501	211386	30328	384	19354	88532
2007	14284	4994	8049	233599	29691	387	19726	104530
2008	15235	4665	9593	281078	28101	193	18239	90784
2009	14557	3814	9956	296554	25686	504	18689	110822
2010	14157	2803	9869	297352	24549	221	18328	134969
海口市 Haikou	1658	222	1109	30151	4328	4	1687	10283
三亚市 Sanya			1	40	141		111	829
五指山市 Wuzhishan	7		4	71	491	…	190	536
文昌市 Wenchang	1072	338	766	21519	1808	141	1481	13432
琼海市 Qionghai	4170	706	2545	91168	1651	4	1407	12676
万宁市 Wanning	4006	923	2760	97388	914	2	812	5376
定安县 Ding'an	518	44	397	13644	1225	3	1121	10187
屯昌县 Tunchang	332	127	258	8012	658	2	490	1165
澄迈县 Chengmai	219	26	202	2369	1001	18	731	4076
临高县 Lingao	11	8	11	292	844		748	3984
儋州市 Danzhou	26	6	25	773	1170	33	893	10832
#洋浦 #Yangpu								
东方市 Dongfang	87	33	53	480	19		19	84
乐东县 Ledong	164	140	53	560	179	11	157	745
琼中县 Qiongzhong	153	51	86	697	220		120	1229
保亭县 Baoting	3		3	7	487		244	932
陵水县 Lingshui	105		105	1970	1644		1304	9723
白沙县 Baisha	12		12	105	192	5	182	1973
昌江县 Changjiang	417	114	358	7434	18		18	63
农垦 Nongken	1197	65	1119	20673	7561		6611	46844

9-23 续 2(continued 2)

年 份 Year 地 区 Region	柑桔橙柚 Citrus , Oranges and Grapefruits				香蕉 Bananas			
	年末面积（公顷）Area at the Year-end (hectare)	当年新种 Newly Grown Area in the Current Year	收获面积（公顷）Harvest Area (hectare)	总产量（吨）Total Output (ton)	年末面积（公顷）Area at the Year-end (hectare)	当年新种 Newly Grown Area in the Current Year	收获面积（公顷）Harvest Area (hectare)	总产量（吨）Total Output (ton)
2005	3673	581	1607	19748	37331	15733	28056	913257
2006	3614	127	1820	26640	46036	20341	32994	1086296
2007	3720	163	2108	30146	48013	18590	41790	1422134
2008	3826	117	2481	39362	47879	15032	39402	1516223
2009	4357	730	2616	44461	50248	19493	45131	1595792
2010	5124	1093	2703	48477	58336	21500	47824	1722931
海口市 Haikou	579	42	403	5326	6259	541	5079	152302
三亚市 Sanya					1581	1437	1561	61187
五指山市 Wuzhishan	1		…	2	1361	165	970	14617
文昌市 Wenchang	120	14	79	812	1775	147	1270	33919
琼海市 Qionghai	115	3	104	1431	1216	638	1164	39365
万宁市 Wanning	9		7	18	286	56	227	3398
定安县 Ding'an	54		30	559	434	70	323	9672
屯昌县 Tunchang	281	23	104	953	537	53	402	6729
澄迈县 Chengmai	1644	991	241	4836	5845	3329	5241	183394
临高县 Lingao	49	7	17	965	5570	1492	5153	211434
儋州市 Danzhou	41		11	254	739	100	636	25818
#洋浦 #Yangpu								
东方市 Dongfang					12906	7067	8443	286739
乐东县 Ledong					7784	3239	7230	320067
琼中县 Qiongzhong	1241	4	930	18693	395	35	347	4752
保亭县 Baoting					226	137	220	4006
陵水县 Lingshui	31		8	60	924		928	25129
白沙县 Baisha	8		8	16	637	204	531	14953
昌江县 Changjiang					3915	1700	2645	101287
农垦 Nongken	953	10	761	14552	5948	1091	5454	224162

9-23 续 3(continued 3)

年 份 Year 地 区 Region	龙眼 Longans				芒果 Mangoes			
	年末面积（公顷）Area at the Year-end (hectare)	当年新种 Newly Grown Area in the Current Year	收获面积（公顷）Harvest Area (hectare)	总产量（吨）Total Output (ton)	年末面积（公顷）Area at the Year-end (hectare)	当年新种 Newly Grown Area in the Current Year	收获面积（公顷）Harvest Area (hectare)	总产量（吨）Total Output (ton)
2005	12314	420	4521	15654	47105	785	32682	222685
2006	11795	194	4981	20250	46169	441	35227	262400
2007	10979	304	5825	26633	46898	610	36938	309857
2008	11122	148	6140	29697	46563	1323	38116	305461
2009	10836	254	6454	34387	46299	1847	38784	359202
2010	10347	128	6611	35155	44278	565	39442	370172
海口市 Haikou	852		324	867	201	37	154	1599
三亚市 Sanya	163		118	1517	10099	14	7921	92894
五指山市 Wuzhishan	795		215	592	826		545	1124
文昌市 Wenchang	217	55	178	2213	16		9	163
琼海市 Qionghai	94		37	345	20		11	94
万宁市 Wanning	422		143	1157	98	5	62	393
定安县 Ding'an	195		125	466	24		22	188
屯昌县 Tunchang	124	3	34	283	117		64	788
澄迈县 Chengmai	330	16	297	1645	52		52	663
临高县 Lingao	426		271	1915	41		26	32
儋州市 Danzhou	382	28	299	3548	591	67	586	9815
#洋浦 #Yangpu								
东方市 Dongfang	427	1	141	929	5871	196	5483	30179
乐东县 Ledong	1003	20	675	2739	6543	103	5612	33804
琼中县 Qiongzhong	739		519	3170	29	1	9	608
保亭县 Baoting	434		216	1215	315		256	1475
陵水县 Lingshui	91		99	1816	2528	3	2028	21490
白沙县 Baisha	395	5	356	1510	63		88	1619
昌江县 Changjiang	64		44	183	3059	27	2892	17114
农垦 Nongken	3194		2522	9047	13785	112	13623	156130

9-24 各市县热带作物年末面积
Area of Tropical Crops at the Year-end by Region

单位:公顷 (hectare)

地 区	Region	2005	2006	2007	2008	2009	2010
全省总计	**Total**	**511470**	**526155**	**567558**	**584366**	**595741**	**623327**
海口市	Haikou	13408	14463	14741	15840	16250	16635
三亚市	Sanya	8761	8895	9753	9512	9084	9069
五指山市	Wuzhishan	7822	8411	11896	11908	13266	13585
文昌市	Wenchang	25835	26533	26974	26754	27125	26164
琼海市	Qionghai	31910	35631	40248	41238	42254	43127
万宁市	Wanning	14157	14750	16239	17316	17376	18020
定安县	Ding'an	12146	12887	14637	15234	16029	16954
屯昌县	Tunchang	12238	13596	14300	14511	15229	15840
澄迈县	Chengmai	10007	11857	16509	17927	23655	24618
临高县	Lingao	6146	7517	8423	9379	9749	11968
儋州市	Danzhou	21722	24174	26634	31592	37300	46646
#洋浦	#Yangpu						
东方市	Dongfang	3244	3610	3607	4292	4462	5364
乐东县	Ledong	12961	13754	14196	15111	15494	16896
琼中县	Qiongzhong	18616	20272	21847	22929	24792	28526
保亭县	Baoting	9818	10021	10135	10175	11217	11434
陵水县	Lingshui	10565	10718	10658	10572	10572	10876
白沙县	Baisha	15137	16219	17305	18648	20881	22857
昌江县	Changjiang	5292	5503	5546	5447	5567	7012
农垦	Nongken	271684	267344	283910	285981	275439	277734

9-25 各市县主要热带作物面积和产量
Area and Output of Main Tropical Crops by Region

年份 Year 地区 Region	橡胶 Rubber				椰子 Coconut			
	年末面积（公顷）Area at the Year-end (hectare)	当年新种 Newly Grown Area in the Current Year	收获面积（公顷）Harvest Area (hectare)	总产量（吨）Total Output (ton)	年末面积（公顷）Area at Year-end (hectare)	当年新种 Newly Grown Area in the Current Year	收获面积（公顷）Harvest Area (hectare)	总产量（万个）Total Output (10,000 units)
2005	393011	16992	292541	247775	42875	275	24896	24007
2006	402156	21395	291414	247505	43073	521	24866	21360
2007	437657	23303	304945	280590	42386	252	25736	22705
2008	454600	19005	315329	277429	40846	183	26133	22576
2009	464292	24762	323238	307062	40177	113	27259	23697
2010	490392	29571	343133	346366	39160	160	27443	23125
海口市 Haikou	11529	343	9366	10209	2139		1212	1310
三亚市 Sanya	3145	19	2177	3939	2177	1	1777	2659
五指山市 Wuzhishan	12077	275	4382	5698	285		154	145
文昌市 Wenchang	5942	47	4528	6266	14168	38	10655	5874
琼海市 Qionghai	18782	343	11914	18894	6294	98	4949	4832
万宁市 Wanning	8249	141	6444	6712	1919	10	1660	921
定安县 Ding'an	10188	286	5916	7471	1141	2	550	584
屯昌县 Tunchang	10413	657	7548	11218	404	2	186	279
澄迈县 Chengmai	21658	937	13776	17763	240		166	129
临高县 Lingao	11833	2304	5682	7676	41		12	7
儋州市 Danzhou	45605	9434	30471	40075	718		285	310
#洋浦 #Yangpu								
东方市 Dongfang	3814	995	522	383	304		116	277
乐东县 Ledong	12546	926	9051	7270	958		831	1393
琼中县 Qiongzhong	20027	2921	8780	10139	548	2	134	65
保亭县 Baoting	7409	74	5710	5675	761	5	600	812
陵水县 Lingshui	1797		1115	1129	5400		2738	2179
白沙县 Baisha	22157	2064	14302	15824	48	1	35	28
昌江县 Changjiang	5976	1009	622	770	82		76	34
农垦 Nongken	257245	6797	200829	169255	1533	1	1305	1288

9-25 续 1(continued 1)

年 份 Year 地 区 Region	咖 啡 Coffee				槟 榔 Betel nut			
	年末面积（公顷）Area at the Year-end (hectare)	当年新种 Newly Grown Area in the Current Year	收获面积（公顷）Harvest Area (hectare)	总产量（吨）Total Output (ton)	年末面积（公顷）Area at the Year-end (hectare)	当年新种 Newly Grown Area in the Current Year	收获面积（公顷）Harvest Area (hectare)	总产量（吨）Total Output (ton)
2005	237	14	198	283	47714	3649	20785	64338
2006	193		165	256	53065	5108	23285	74808
2007	209	6	181	461	59814	6139	26901	95413
2008	138	7	128	390	62754	3165	31313	116511
2009	171	33	86	202	65823	3223	36087	143557
2010	220	32	99	157	69227	3372	39401	152105
海 口 市 Haikou					1194	26	464	1596
三 亚 市 Sanya					3748	20	2854	20395
五指山市 Wuzhishan					1117	15	332	1326
文 昌 市 Wenchang	16		14	20	1116	60	544	4048
琼 海 市 Qionghai					11333	251	6783	25343
万 宁 市 Wanning	67	2	38	39	6148	323	3919	12221
定 安 县 Ding'an					4761	216	2578	8751
屯 昌 县 Tunchang					4866	321	2744	8425
澄 迈 县 Chengmai	115	30	36	62	2319	152	916	4849
临 高 县 Lingao					8		7	48
儋 州 市 Danzhou	1				280		57	228
# 洋 浦 #Yangpu								
东 方 市 Dongfang					70		15	80
乐 东 县 Ledong					3213	76	2559	10103
琼 中 县 Qiongzhong					7940	848	3478	10919
保 亭 县 Baoting					3264	86	1995	9106
陵 水 县 Lingshui					3475		2484	7100
白 沙 县 Baisha					653	63	255	1198
昌 江 县 Changjiang					45	8	4	7
农 垦 Nongken	21		11	36	13676	905	7411	26362

9-25 续 2(continued 2)

年 份 Year 地 区 Region	胡 椒 Pepper				香 茅 Lemongrass			
	年末面积（公顷）Area at the Year-end (hectare)	当年新种 Newly Grown Area in the Current Year	收获面积（公顷）Harvest Area (hectare)	总产量（吨）Total Output (ton)	年末面积（公顷）Area at the Year-end (hectare)	当年新种 Newly Grown Area in the Current Year	收获面积（公顷）Harvest Area (hectare)	总产量（吨）Total Output (ton)
2005	22971	400	17735	31119	25		25	71
2006	22924	473	16747	31404	19			
2007	22736	504	18001	35548	19		19	9
2008	22246	447	18205	37033	19		19	9
2009	22457	445	18823	37437				
2010	21589	225	18265	35992				
海 口 市 Haikou	1773	7	1336	2296				
三 亚 市 Sanya								
五指山市 Wuzhishan	105		89	209				
文 昌 市 Wenchang	4922	26	4328	8263				
琼 海 市 Qionghai	6718	47	5586	10472				
万 宁 市 Wanning	1638	62	1502	3824				
定 安 县 Ding'an	864	60	717	1612				
屯 昌 县 Tunchang	158		108	237				
澄 迈 县 Chengmai	206		192	715				
临 高 县 Lingao	87	1	79	87				
儋 州 市 Danzhou	33		32	71				
# 洋 浦 #Yangpu								
东 方 市 Dongfang								
乐 东 县 Ledong								
琼 中 县 Qiongzhong	9	2	7	22				
保 亭 县 Baoting								
陵 水 县 Lingshui	203							
白 沙 县 Baisha								
昌 江 县 Changjiang								
农 垦 Nongken	4874	20	4290	8185				

9-25 续 3(continued 3)

年 份 Year 地 区 Region	腰果 Cashew nut				剑麻 Sisal Hemp			
	年末面积（公顷）Area at the Year-end (hectare)	当年新种 Newly Grown Area in the Current Year	收获面积（公顷）Harvest Area (hectare)	总产量（吨）Total Output (ton)	年末面积（公顷）Area at the Year-end (hectare)	当年新种 Newly Grown Area in the Current Year	收获面积（公顷）Harvest Area (hectare)	总产量（吨）Total Output (ton)
2005	1780		1538	388	2849	80	1675	5640
2006	1740		1622	417	2978	116	1714	6471
2007	1722		1601	490	2701	229	1576	6724
2008	869	7	743	286	2731	1	1675	8567
2009	379		276	369	2432	1	1489	6052
2010	360	13	238	269	2369		1820	6625
海口市 Haikou								
三亚市 Sanya								
五指山市 Wuzhishan								
文昌市 Wenchang								
琼海市 Qionghai								
万宁市 Wanning								
定安县 Ding'an								
屯昌县 Tunchang								
澄迈县 Chengmai					80		80	1560
临高县 Lingao								
儋州市 Danzhou								
#洋浦 #Yangpu								
东方市 Dongfang	80	13	13	37	1097		842	2648
乐东县 Ledong	179		125	213				
琼中县 Qiongzhong								
保亭县 Baoting								
陵水县 Lingshui								
白沙县 Baisha								
昌江县 Changjiang	101		100	19	808		682	2076
农垦 Nongken					385		216	341

9-26 各市县主要南药面积和产量
Area and Output of Main South-drugs by Region

年份 Year 地区 Region	槟榔 Betel Nut		益智 Yizhi		砂仁 Sharen		巴戟 Baji	
	年末面积（公顷）Area at Year-end (hectare)	总产量（吨）Total Output (ton)	年末面积（公顷）Area at Year-end (hectare)	总产量（吨）Total Output (ton)	年末面积（公顷）Area at Year-end (hectare)	总产量（吨）Total Output (ton)	年末面积（公顷）Area at Year-end (hectare)	总产量（吨）Total Output (ton)
2005	47714	64338	3668	5223	311	246		
2006	53065	74808	2995	2906	223	217		
2007	59814	95413	2754	2223	256	266	50	146
2008	62754	116511	3379	3191	219	277	52	178
2009	65823	143557	3251	3582	129	179	56	152
2010	69227	152105	3505	3724	122	215		
海口市 Haikou	1194	1596						
三亚市 Sanya	3748	20395						
五指山市 Wuzhishan	1117	1326	488	861	8	8		
文昌市 Wenchang	1116	4048						
琼海市 Qionghai	11333	25343						
万宁市 Wanning	6148	12221	105	58				
定安县 Ding'an	4761	8751						
屯昌县 Tunchang	4866	8425	101	165				
澄迈县 Chengmai	2319	4849						
临高县 Lingao	8	48						
儋州市 Danzhou	280	228						
#洋浦 #Yangpu								
东方市 Dongfang	70	80						
乐东县 Ledong	3213	10103						
琼中县 Qiongzhong	7940	10919	2206	1378				
保亭县 Baoting	3264	9106	237	619				
陵水县 Lingshui	3475	7100						
白沙县 Baisha	653	1198	226	393	114	207		
昌江县 Changjiang	45	7						
农垦 Nongken	13676	26362	141	250				

9-27 造林面积
Afforestation Area

单位:公顷 （2010） (hectare)

地区 Region		造林总面积 Total Afforestation Area	用材林 Timber Forest	经济林 Economic Forest	防护林 Shelter-forest	其它林 Other Forest
2005		32377	23118	3243	5754	262
2006		23762	15771	1304	6531	156
2007		13283	6988	2673	3587	35
2008		17292	6377	5484	5297	134
2009		19376	1219	1721	16436	
2010		16169	1485	2502	11957	225
海口市	Haikou	394	140	208	46	
三亚市	Sanya	73			73	
五指山市	Wuzhishan	348	101		247	
文昌市	Wenchang	2339	57		2282	
琼海市	Qionghai	81		73	8	
万宁市	Wanning	1144	111	590	443	
定安县	Ding'an	381	72	209	100	
屯昌县	Tunchang	547	59	141	347	
澄迈县	Chengmai	1231	42	489	700	
临高县	Lingao	204	204			
儋州市	Danzhou	1966			1966	
#洋浦	Yangpu					
东方市	Dongfang	4015		100	3915	
乐东县	Ledong	1056	10	405	456	185
琼中县	Qiongzhong	578	152		386	40
保亭县	Baoting	300	142	125	33	
陵水县	Lingshui	67		67		
白沙县	Baisha	930	395	95	440	
昌江县	Changjiang	515			515	

注:各市县数据含农垦数据
Note:Data of the cities and counties include Nongken.

9-28 各市县牲畜、家禽饲养头数
Number of livestock and Poultry by Region

单位:万头 (10,000 heads)

年份 Year 地区 Region	牛年末存栏量 Number of Cattle in Stock (Year-end)	黄牛 Oxes	水牛 Buffaloes	奶牛 Dairy Cattle	牛年内出栏量 Number of Slaughtered Cattle in the Current Year	山羊年底存栏量 Number of Goat in stock (Year-end)	山羊年内出栏量 Number of Slaughtered Goat in the Current Year
2005	84.86	36.33	48.43	0.10	20.50	56.04	65.41
2006	82.26	35.35	46.84	0.07	21.39	58.61	67.07
2007	78.14	32.68	45.29	0.17	21.99	55.21	69.82
2008	86.72	37.31	49.32	0.09	24.20	70.79	78.25
2009	92.65	39.15	53.41	0.09	25.34	71.79	83.32
2010	92.58	40.57	51.91	0.11	25.31	69.92	83.28
海口市 Haikou	7.18	3.14	3.96	0.08	2.27	6.89	11.25
三亚市 Sanya	2.87	0.58	2.26	0.02	0.93	3.77	4.20
五指山市 Wuzhishan	1.58	0.99	0.59		0.28	0.05	0.07
文昌市 Wenchang	5.73	2.61	3.12		1.45	3.58	3.48
琼海市 Qionghai	2.44	0.74	1.70		1.32	2.04	3.72
万宁市 Wanning	4.98	2.02	2.97		1.39	3.04	3.63
定安县 Ding'an	6.99	3.05	3.94		2.36	2.23	3.27
屯昌县 Tunchang	2.93	0.30	2.63		0.97	0.84	0.97
澄迈县 Chengmai	3.97	1.56	2.41		2.10	1.92	2.68
临高县 Lingao	5.78	3.12	2.66		1.37	2.94	4.09
儋州市 Danzhou	11.55	6.15	5.40		1.54	8.99	8.02
#洋浦 #Yangpu							
东方市 Dongfang	6.64	4.19	2.46		1.70	2.74	2.01
乐东县 Ledong	7.00	3.32	3.68		1.73	7.99	7.70
琼中县 Qiongzhong	1.84	0.56	1.28		0.44	0.33	0.30
保亭县 Baoting	1.78	0.27	1.51		0.51	1.55	1.26
陵水县 Lingshui	5.19	2.05	3.14		0.67	2.97	2.55
白沙县 Baisha	2.09	0.33	1.76		0.80	0.56	0.62
昌江县 Changjiang	3.04	1.80	1.24		0.89	2.63	2.21
农垦 Nongken	9.01	3.80	5.20	…	2.59	14.87	21.26

注:全省数包含洋浦的数据,2007年数据为经过调整的与2006年农业普查衔接数。
Note: The total data includes Yangpu.Data in 2007 has been adjusted and linked with the data of Agricultural Census in 2006 .

9-28 续(continued) 单位:万头(10,000 heads)

年份 Year 地区 Region	猪年末存栏量 Number of Pigs in Stock (Year-end)	能繁殖母猪 Breeding Sow	猪全年饲养量 Number of Pigs Raised in the Whole Year	年内出栏肥猪 Number of Slaughtered Fattened Pigs in the Current Year	家禽年内出栏量 Number of Slaughtered Poultry in the Current Year	鸡 Chicken	鸭 Duck	鹅 Goose
2005	296.52	37.98	638.87	342.35	9134.50	6082.94	2690.43	361.13
2006	305.42	39.13	675.29	369.87	9477.41	6358.00	2759.61	359.80
2007	323.44	53.47	725.12	401.68	10029.39	6859.21	2790.22	379.96
2008	416.25	61.00	861.49	445.24	11259.21	7979.24	2892.35	387.62
2009	411.53	61.50	893.98	482.45	12295.27	8382.31	3415.41	497.56
2010	413.21	60.52	918.87	505.66	12602.65	8160.51	3942.99	499.16
海口市 Haikou	50.79	6.36	132.72	81.93	1000.99	640.59	335.69	24.70
三亚市 Sanya	8.01	1.30	29.12	21.11	242.32	163.49	68.82	10.01
五指山市 Wuzhishan	2.37	0.76	6.65	4.28	28.62	21.07	5.58	1.97
文昌市 Wenchang	10.80	1.66	29.28	18.49	3494.30	3001.53	470.73	22.03
琼海市 Qionghai	21.05	2.70	53.72	32.67	1680.98	1420.69	219.18	41.12
万宁市 Wanning	14.87	2.35	49.17	34.30	512.24	151.30	345.53	15.41
定安县 Ding'an	25.29	4.29	53.85	28.55	662.19	250.41	328.66	83.12
屯昌县 Tunchang	13.92	2.53	32.20	18.29	279.17	110.52	161.41	7.24
澄迈县 Chengmai	35.68	3.98	66.17	30.49	1503.49	205.21	1109.51	188.78
临高县 Lingao	38.26	5.35	56.41	18.15	387.00	231.00	140.00	16.00
儋州市 Danzhou	55.56	6.83	122.74	67.18	1273.05	1026.87	230.06	16.12
#洋浦 #Yangpu								
东方市 Dongfang	28.39	5.32	46.68	18.29	207.03	81.60	120.33	5.10
乐东县 Ledong	19.88	3.86	39.93	20.04	204.78	101.25	84.32	19.21
琼中县 Qiongzhong	5.56	0.65	14.30	8.74	71.38	48.88	15.32	7.18
保亭县 Baoting	9.67	1.61	17.54	7.88	59.81	47.15	10.98	1.68
陵水县 Lingshui	13.38	1.87	30.15	16.76	100.56	53.99	46.00	0.57
白沙县 Baisha	7.31	0.56	19.43	12.12	102.93	73.80	26.10	3.04
昌江县 Changjiang	8.88	1.97	21.02	12.14	100.37	76.16	20.08	4.14
农垦 Nongken	43.55	7.07	97.78	54.23	996.00	655.00	304.70	36.30

注:全省数包含洋浦的数据,2007 年数据为经过调整的与 2006 年农业普查衔接数。
Note: The total data includes Yangpu.Data in 2007 has been adjusted and linked with the data of Agricultural Census in 2006 .

9-29 各市县畜产品产量
Output of Livestock Products by Region

单位:吨 (ton)

年份 Year 地区 Region	肉类总产量 Total output of Meat	猪牛羊肉 Pork,beef and mutton output	猪肉 Pork	牛肉 Beef	羊肉 mutton	禽肉 Meat of Poultry	牛奶产量 Output of Cow Milk	禽蛋产量 output of Poultry eggs	蜂蜜产量 output of Honey
2005	475678	304202	276379	18975	8697	156755	1140	21796	718
2006	507026	328223	299593	19569	9061	163959	940	21484	829
2007	546553	355318	325747	20168	9403	174797	1428	21677	781
2008	611457	401236	368900	21940	10396	192063	2363	31095	678
2009	660515	430518	396616	22800	11101	210702	1800	31901	596
2010	684948	445841	412342	22498	11001	216844	1949	35034	717
海口市 Haikou	93036	72800	69251	2024	1525	17791	1942	6703	206
三亚市 Sanya	20828	16480	15049	774	657	4008		1097	4
五指山市 Wuzhishan	4449	3499	3255	235	10	513		75	19
文昌市 Wenchang	70220	17223	15398	1305	520	52738		2450	5
琼海市 Qionghai	61642	32395	30637	1236	522	28944		3393	16
万宁市 Wanning	37558	27916	26249	1270	397	9398		2954	
定安县 Ding'an	42235	29147	26848	1962	337	12892		1867	6
屯昌县 Tunchang	24410	18436	17364	951	121	5008		1448	46
澄迈县 Chengmai	57868	26357	24014	1968	375	28701	7	3468	11
临高县 Lingao	29598	19295	17481	1237	577	6072		325	6
儋州市 Danzhou	74824	53003	50456	1390	1157	19388		2780	76
东方市 Dongfang	19973	14488	12867	1380	241	4213		1626	
乐东县 Ledong	21773	17547	14963	1511	1073	3382		1579	14
琼中县 Qiongzhong	9572	7645	7173	414	58	1475		287	185
保亭县 Baoting	7600	6178	5513	484	180	1022		311	
陵水县 Lingshui	14540	11860	11036	555	270	1695		463	
白沙县 Baisha	11680	10005	9117	798	90	1675		69	
昌江县 Changjiang	11917	9899	8939	774	187	1513		769	51
农垦 Nongken	71225	51667	46732	2230	2705	16416		3368	72

9-30 水产养殖面积
Aquaculture Area

单位:公顷 (hectare)

年份 Year 地区 Region	海水养殖面积 Area of Seawater Aquatic	鱼类 Fish	虾蟹类 Shrimps, Prawns and Crabs	贝类 Shellfish	藻类 Seaweed	其它类 Others	淡水养殖面积 Area of Freshwater Aquatic
2005	8291	–	–	–	–	–	16109
2006	8781	–	–	–	–	–	17742
2007	9120	720	6164	1185	1000	51	18330
2008	12983	1941	8328	1534	1027	153	29103
2009	15247	2645	9801	1375	1272	154	38217
2010	14529	2817	9080	1218	1290	124	39678
海口市 Haikou	1260	38	915	102	205		3261
三亚市 Sanya	292	7	180	105			621
五指山市 Wuzhishan							157
文昌市 Wenchang	3004	702	2058	87	86	71	7409
琼海市 Qionghai	772	210	294	1	267		2971
万宁市 Wanning	1175	56	1119				1542
定安县 Ding'an							1564
屯昌县 Tunchang							1241
澄迈县 Chengmai	706	87	433	49	137		2665
临高县 Lingao	1348	455	462	422	9		1306
儋州市 Danzhou	2324	20	1872	276	110	47	4462
#洋浦 #Yangpu							
东方市 Dongfang	607		306	111	190		615
乐东县 Ledong	597	15	582				2020
琼中县 Qiongzhong							833
保亭县 Baoting							463
陵水县 Lingshui	450	191	247		6	6	588
白沙县 Baisha							386
昌江县 Changjiang	704	31	393		280		588
农垦 Nongken	1290	1005	220	65			5276

注:全省数包含洋浦的数据,2007年数据为经过调整的与2006年农业普查衔接数。
Note: Data in 2007 has been adjusted and Linked with the data of Agricultural Census in 2006 .The total data includes Yangpu.

9-31 水产品总产量
Gross Output of Aquatic Products

单位:吨 (Ton)

地 区 Region	水产品总产量 Total Aquatic Products	按海、淡水分 By Seawater and Freshwater					
		海水产品 Seawater Aquatic Products	海水捕捞 Seawater Aquatic Products Caught	海水养殖 Seawater Aquatic Products Cultured	淡水产品 Freshwater Aquatic Products	淡水捕捞 Seawater Aquatic Products Caught	淡水养殖 Freshwater Aquatic Products Cultured
2005	1084129	918404	780479	137925	165725	17361	148364
2006	1200131	997717	842137	155580	202414	17873	184541
2007	1322724	1080586	907114	173472	242138	18070	224068
2008	1394000	1108844	938789	170055	285156	19874	265282
2009	1454900	1143000	962000	181000	311900	20400	291500
2010	1494800	1178877	994715	184162	315923	19510	296413
海口市 Haikou	44822	29915	18094	11821	14907	1042	13865
三亚市 Sanya	71852	69262	64062	5200	2590	351	2239
五指山市 Wuzhishan	1214				1214	228	986
文昌市 Wenchang	165500	52545	27998	24547	112956	785	112170
琼海市 Qionghai	75755	44342	38389	5953	31413	2374	29039
万宁市 Wanning	50868	39016	22448	16567	11852	1100	10753
定安县 Ding'an	5625				5625	228	5397
屯昌县 Tunchang	8174				8174	273	7902
澄迈县 Chengmai	77279	57549	45339	12209	19730	1166	18564
临高县 Lingao	368434	361740	329708	32032	6694	844	5850
儋州市 Danzhou	337302	304449	264272	40177	32853	3955	28898
#洋浦 #Yangpu	29426	29426	29404	22			
东方市 Dongfang	31745	27982	22333	5649	3763		3763
乐东县 Ledong	31797	23622	18260	5362	8175	1901	6274
琼中县 Qiongzhong	3743				3743	337	3406
保亭县 Baoting	2946				2946	107	2839
陵水县 Lingshui	84800	81536	73015	8521	3264	9	3255
白沙县 Baisha	5838				5838	995	4844
昌江县 Changjiang	52974	46791	41013	5778	6183	2616	3567
农垦 Nongken	44705	10703	380	10323	34002	1199	32803

9-31 续(continued)

地 区 Region	按品种分类 By Category						
	鱼类 Fresh	虾蟹类 Shrimps, Prawns and Crabs	海养对虾 Prawn by Seawater Cultured	贝类 Shellfish	藻类 Seaweed	江蓠 Gracilaria Confervoides	其它 Others
2007	999984	166168	98086	47079	34206	13497	75287
2008	1117987	135970	83665	38093	32194	11825	9861
2009	1165087	144044	97654	40132	32900	13257	72737
2010	1214897	194270	94925	51164	24376	9630	10093
海口市 Haikou	30366	8330	5949	1007	5119	4509	
三亚市 Sanya	64645	5441	2425	1766			
五指山市 Wuzhishan	1044	8		49			113
文昌市 Wenchang	143145	18957	16031	2338	1060		
琼海市 Qionghai	57265	5580	3838	8860	4050		
万宁市 Wanning	36309	14404	12935	113	42		
定安县 Ding'an	5588	26		11			
屯昌县 Tunchang	8087	26		61			
澄迈县 Chengmai	48039	17095	6348	4547	5714	3073	1884
临高县 Lingao	319926	36097	8938	10585	541	120	1285
儋州市 Danzhou	257353	53547	18475	18703	2922	501	4777
#洋浦 #Yangpu	28056	1335		35			
东方市 Dongfang	23164	6568	3641	586	1427	1427	
乐东县 Ledong	21058	10482	5311	257			
琼中县 Qiongzhong	3643	61		39			
保亭县 Baoting	2936			10			
陵水县 Lingshui	80669	3712	1621	13	406		
白沙县 Baisha	5131						707
昌江县 Changjiang	42693	5110	3190	750	3095		1326
农垦 Nongken	35780	7491	6223	1434			

9-32 乡镇企业主要指标
Main Indicators of Township Enterprises

指 标	Item	2008	2009	2010
企业个数(个)	**Number of Enterprises(unit)**	**47682**	**49743**	**53911**
按登记注册类型分	By Status of Registration			
内资企业	Domestic Funded	47514	49579	53817
港澳台资企业	Enterprises with Funds from Hong Kong, Macao and Taiwan	118	113	63
外资企业	Enterprises with Sole Funds	50	51	31
按行业分	By Sector			
农业	Agriculture	1668	1624	1900
工业	Industry	4371	4385	4082
建筑业	Construction	594	593	676
交通运输业	Transportation	875	850	791
商业、饮食及其他	Commerce,Catering and Others	8268	8511	8383
从业人数(人)	**Employment(person)**	**362347**	**366165**	**394445**
按登记注册类型分	By Status of Registration			
内资企业	Domestic Funded	358225	362305	390763
港澳台资企业	Enterprises with Funds from Hong Kong,Macao and Taiwan	2510	2393	2508
外资企业	Enterprises with Sole Funds	1612	1467	1174
按行业分	By Sector			
农业	Agriculture	26575	28393	28500
工业	Industry	86178	80996	79622
建筑业	Construction	14024	15064	18638
交通运输业	Transportation	7568	8039	7085
商业、饮食及其他	Commerce,Catering and Others	70317	73014	78961
总产值(万元)	Value(10 000yuan)	2582727	2767957	2913143
按登记注册类型分	By Status of Registration			
内资企业	Domestic Funded	2527803	2707880	2813675
港澳台资企业	Enterprises with Funds from Hong Kong,Macao and Taiwan	47769	52397	90311
外资企业	Enterprises with Sole Funds	7155	7680	9157
按行业分	By Sector			
农业	Agriculture	170185	175423	250769
工业	Industry	1058948	1181867	1182519
建筑业	Construction	153976	160110	211738
交通运输业	Transportation	57441	57209	73697
商业、饮食及其他	Commerce,Catering and Others	343308	388270	462507
营业收入(万元)	**Business Income(10 000yuan)**	**2638202**	**2817347**	**2989795**
上规模企业主要财务指标	The Major Financial Indicators of Scale Enterprises			
# 营业收入	Operating Revenue	496307	588487	576698
利润总额	Total After-tax Profits	41116	48026	52900
上交税金	Tax	22403	28736	22232
劳动者报酬	Payment for Laboar	30056	32576	28472
年末流动资金	Circulating Fund at the Year-end	86609	79698	
固定资定净值	Net Value of Fixed Asset (10 000 yuan)	278058	444747	

说明:1. 1997年农业部统计制度规定, 个体工商户、运输户不再列入统计范围, 类型改为"集体"和"私有"企业两个。1998年又重新规定, 符合条件的个体工商户、运输户也计入统计范围,类型分为"集体"、"私营"和"个体"企业三个。
2. 本表资料是省乡镇企业局提供。由于某些年份的统计口径不同,资料不可比,仅供参考。后同。
3. 2008年按行业分不含工商户,其他均含工商户。

Note: 1. According to the statistic rules issued by the Ministry of Agriculture in 1997, individual industrial and commercial households were no longer listed in statistic scope,and the types are changed to "collective"and"private".However, according to the new rules issued in 1998, the qualified individual industrial and commercial households can be listed in statistic scope and the enterprise type is changed as "collective" "private" and "individual".
2. These data are provided by township enterprises bureaus. It can't be compared but only for reference because of different statistics path in some years. The following is the same.
3. In 2008,the indicators by sector are not including industrial and commercial business ,and others include.

9-33 各市县乡镇企业主要指标
Main Indicators of Township Enterprises by Region

(2010)

地 区 Region	企业单位数（个）Number of Enterprises (unit)	企业人数（人）Number of Employees (person)	企业总收入（万元）Total Income of Enterprises (10 000 yuan)	总产值（当年价格）（万元）Gross Output Value (At Current Prices) (10 000 yuan)
全省总计 Total	**53911**	**394445**	**2989795**	**2913143**
海口市 Haikou	9568	68221	345978	338011
三亚市 Sanya	5718	39945	282271	207074
五指山市 Wuzhishan	288	2811	15343	26017
文昌市 Wenchang	6914	58901	449340	436194
琼海市 Qionghai	4981	44867	525036	522625
万宁市 Wanning	4311	39281	384768	370219
定安县 Ding'an	1038	6711	50813	45706
屯昌县 Tunchang	1054	5956	22299	24241
澄迈县 Chengmai	6186	37337	406213	434287
临高县 Lingao	2882	19350	61145	56715
儋州市 Danzhou	4384	33833	292848	302102
# 洋浦 #Yangpu				
东方市 Dongfang	1431	8013	47809	47880
乐东县 Ledong	684	3882	13786	13817
琼中县 Qiongzhong	778	4255	8691	6404
保亭县 Baoting	528	3332	10140	9077
陵水县 Lingshui	766	8860	42216	41078
白沙县 Baisha	1505	5713	14857	15164
昌江县 Changjiang	895	3177	16242	16532

主要统计指标解释

农林牧渔业总产值 指以货币表现的农、林、牧、渔业全部产品和对农林牧渔业生产活动进行的各种支持性服务活动的价值总量，它反映一定时期内农林牧渔业生产总规模和总成果。农业总产值的计算方法通常是按农林牧渔业产品及其副产品的产量分别乘以各自单位产品价格求得；少数生产周期较长，当年没有产品或产品产量不易统计的，则采用间接方法匡算其产值；然后将四业产品产值及农林牧渔服务业产值相加即为农林牧渔业总产值。1957 年以前的农业总产值中包括了厩肥和农民自给性手工业(如农民自制衣服、鞋、袜，自己从事粮食初步加工等)。1958 年及以后，林业中增加了村及村以下竹木采伐产值；牧业中取消了厩肥产值；副业中取消了农民自给性手工业产值，增加了村及村以下办的工业产值；渔业中增加了海洋捕捞水产品产值。1980 年及以后，在副业中增加了农民家庭兼营工业商品部分的产值。从 1984 年起村及村以下工业产值划归工业。从 1993 年起取消副业，将野生动物的捕猎划入牧业、野生植物采集和农民家庭兼营商品性工业划归农业。从 2003 年起，执行新的国民经济行业分类标准，农林牧渔业总产值中包括了农林牧渔业服务业产值，林业中增加了森林采运业产值，农业中取消了家庭兼营商品性工业产值，将野生林产品的采集划归林业。第一次农业普查以后，由于畜牧业产品年报数据与普查数据之间存在一定的差距，国家统计局农调总队对畜牧业年报数据与普查数据进行衔接，对畜牧业产值进行相应调整。

粮食产量 指全社会的产量。包括国有经济经营的、集体统一经营的和农民家庭经营的粮食产量，还包括工矿企业办的农场和其他生产单位的产量。粮食除包括稻谷、小麦、玉米、高粱、谷子及其他杂粮外，还包括薯类和豆类。其产量计算方法，豆类按去豆荚后的干豆计算；薯类(包括甘薯和马铃薯，不包括芋头和木薯)1963 年以前按每 4 公斤鲜薯折 1 公斤粮食计算，从 1964 年开始改为按 5 公斤鲜薯折 1 公斤粮食计算。城市郊区作为蔬菜的薯类(如马铃薯等)按鲜品计算，并且不作粮食统计。其他粮食一律按脱粒后的原粮计算。

油料产量 指全部油料作物的生产量。包括花生、油菜籽、芝麻、向日葵籽、胡麻籽（亚麻籽）和其他油料。不包括大豆、木本油料和野生油料。花生以带壳干花生计算。

水产品产量 指人工养殖的水产品和天然生长的水产品的捕捞量。包括海水的鱼类、虾蟹类、贝类和藻类以及内陆水域的鱼类、虾蟹类和贝类，不包括淡水生植物。

猪、牛、羊肉产量 指当年出栏并已屠宰、除去头蹄下水后带骨肉(即胴体重)的重量。包括全社会范围内的产量。

期初（末）畜禽存栏头（只）数 指报告期初（末）农村各种合作经济组织和国营农场、农民个人、机关、团体、学校、工矿企业、部队等单位以及城镇居民饲养的大牲畜、猪、羊、家禽等畜禽的存栏数。

耕地面积 指可以用来种植农作物、经常进行耕锄的田地，包括熟地、当年新开荒地、连续撂荒未满三年的耕地和当年的休闲地(轮歇地)，还包括以种植农作物为主并附带种植桑树、茶树、果树和其他林木的土地，以及沿海、沿湖地区已围垦利用的“海涂”、“湖田”等面积。不包括属于专业性的桑园、茶园、果园、果木苗圃、林地、芦苇地、天然或人工草地面积。

农作物播种面积 指实际播种或移植有农作物的面积。凡是实际种植有农作物的面积，不论种植在耕地上还是种植在非耕地上，均包括在农作物播种面积中。在播种季节基本结束后，因遭灾而重新改种和补种的农作物面积，也包括在内。

有效灌溉面积 指具有一定的水源，地块比较平整，灌溉工程或设备已经配套，在一般年景下当年能够进行正常灌溉的耕地面积。

农用化肥施用量 指本年内实际用于农业生产的化肥数量，包括氮肥、磷肥、钾肥和复合肥。化肥施用量要求按折纯量计算数量。折纯量是指把氮肥、磷肥、钾肥分别按含氮、含五氧化二磷、含氧化钾的百分之百成份进行折算后的数量。复合肥按其所含主要成分折算。

农业机械总动力 指主要用于农、林、牧、渔业的各种动力机械的动力总和。包括耕作机械、排灌机械、收获机械、农用运输机械、植物保护机械、牧业机械、林业机械、渔业机械和其他农业机械〔内燃机按引擎马力折成瓦(特)计算、电动机按功率折成瓦(特)计算〕。不包括专门用于乡、镇、村、组办工业、基本建设、非农业运输、科学试验和教学等非农业生产方面用的动力机械与作业机械。

农村家庭从业人员 指乡村人口中 16 岁以上实际参加生产经营活动并取得实物或货币收入的人员，既包括劳动年龄内实际参加劳动人员，也包括超过劳动年龄但实际参加劳动的人员，但不包括户口在家的在外学生、现役军人和丧失劳动能力的人，也不包括待业人员和家务劳动者。劳动者年龄为 16 岁以上。

Explanatory Notes on Main Statistical Indicators

Gross Output Value of Farming, Forestry, Animal Husbandry and Fishery refers to the total value of products of farming, forestry, animal husbandry and fishery, and total value of services in support of farming, forestry, animal husbandry and fishery activities. It reflects the total scale and result of agricultural production during a given period. Gross output value of agriculture is obtained by multiplying the output of each product or by-product by its price, resulting in the output value of each single item. For a small number of products, annual output of which is not available or difficult to get due to the long production (growing) process involved, the output value is estimated through an indirect approach. The sum of output value of all products of farming, forestry, animal husbandry, and fishery and services in support to those industries is then equal to the gross output value of agriculture. Prior to 1957, China's gross agricultural output value included barnyard manure and handicraft products for self –consumption (clothes, shoes, stockings, and initial grain processing undertaken by peasants). Since 1958, cutting and felling of bamboo and trees by villages and other cooperative organizations under villages have been included in forestry; value of barnyard manure has been excluded from animal husbandry; self consumed handicrafts has been excluded from sideline occupations, while the output value of industries run by villages and cooperative organizations under village had been included in sideline occupations and the output value of fish catches by motor fishing boats has been added to fishery. Since 1980, the value of handicraft products made for sale by individuals in households has been added to sideline occupations. Since 1984, industries run by villages and under villages have been included in the sector of industry. Since 1993, the subdivision of sideline occupations has been canceled, and the hunting of wild animals has been classified into animal husbandry, and the gathering of wild plants and commodity industry run by rural household have been included in farming. A new industrial classification of economic activities was introduced in 2003, Under the new classification, value of services to farming, forestry, animal husbandry and fishery is included in the gross output value of agriculture, value of wood felling and transport is included in forestry, value of industrial output by rural households is not included in farming, and the collection of wild forest products is taken from farming and included in forestry. The First Agriculture Census of China revealed some discrepancy between the production of animal products from the annual reports and that from the census. Efforts were made by the Rural Survey of NBS to adjust the output value of animal husbandry to make the figures from the annual reports consistent with the census data.

Grain Output refers to the total output in the whole country including grains produced by State farms, collective units, rural households, as well as by farms affiliated to industrial and mining enterprises and other production units. Grain includes rice, wheat, corn, sorghum, millet and other miscellaneous grains as well as tubers and beans. Output of beans refers to dry beans without pods. The output of tubers (sweet potatoes and potatoes, not including taros and cassava) are converted into that of grain at the ratio 4:1, i.e. 4 kilograms of fresh tubers were equivalent to 1 kilogram of grain up to 1963. Since 1964 the ratio for conversion has been 5:1. Tubers supplied as vegetables (such as potatoes) in cities and suburbs are calculated as fresh vegetables and their output is not included in the output of grain. Output of all other grains refers to husked grain.

Output of Oil–bearing Crops refers to the total production of oil–bearing crops of various kinds, including peanuts, (dry, in shell) rapeseeds, sesame, sunflower seeds, flax seeds, and other oil–bearing crops. Soybeans, oil–bearing woody plants, and wild oil–bearing crops are not included.

Output of Aquatic Products refers to catches of both artificially cultured and naturally grown aquatic products, including fish, shrimps, crabs and shellfish in sea and inland water as well as seaweed. Freshwater plants are not included.

Output of Pork, Beef, and Mutton refers to the meat of slaughtered hogs, cattle, sheep and goats with head, feet, and offal taken away. Data refers to the production of the whole country.

Number of Livestock or Poultry in Stock at Beginning (or End) of Period refers to the total number of large animals, pigs, sheep, fowls, etc. raised by rural cooperative organizations, State farms, rural individuals, government agencies, schools, industrial and mining enterprises, army, and urban residents at the beginning (or end) of the reference period.

Cultivated Area refers to farmland which is plowed constantly for growing crops, including cultivated land, newly cultivated land in the current year, farmland left without cultivation for less than three years and fallow land in the current year, rotation land of grass and crops, farmland with some fruit trees, mulberry trees and other trees and cultivated seashore land, lake land and etc. the land of mulberry fields, tea plantations, orchards, nurseries of young plants, forestland, reed land, natural and man–made grassland and other land are not included in cultivated land.

Sown Area of Crops refers to area of land sown or transplanted with crops regardless of being in cultivated area or non–cultivated area. Area of land re–sown due to natural disasters is also included.

Irrigated Area refers to area of land that are effectively irrigated, i.e. relatively level land, where there are water sources and complete sets of irrigation facilities to lift and move adequate water for irrigation purpose under normal conditions. Under normal situations, irrigated area is the sum of watered fields and irrigated fields where irrigation systems or equipment have been installed for regular irrigation purpose.

Consumption of Chemical Fertilizers in Agriculture refers to the quantity of chemical fertilizers applied in agriculture in the year, including nitrogenous fertilizer, phosphate fertilizer, potash fertilizer, and compound fertilizer. The consumption of chemical fertilizers is calculated in terms of volume of effective component by means of converting the gross weight of the respective fertilizers into weight containing effective component (e.g. nitrogen content in nitrogenous fertilizer, phosphorous pentoxide contents in phosphate fertilizer, and potassium oxide contents in potash fertilizer). Compound fertilizer is converted in regard to its major component.

Total Power of Farm Machinery refers to total mechanical power of machinery used in farming, forestry, animal husbandry, and fishery, including machinery for ploughing, irrigation and drainage, harvesting, transport, plant protection, animal husbandry, forestry and fishery and other agricultural machineries (For the power of internal combustion engines, it is converted from its horsepower into watts and for electric motors the output power is converted into watts). Machinery employed for non-agricultural purposes, such as the machines used in township-run and village-run industry, construction, non-agricultural transport, scientific experiments and teaching, are not included.

Laborers in Rural Households refers to people in rural areas who are older than 16 years and engaged in production and business activities that generate incomes in cash or in practicality. It includes all working laborers, no matter whether they are within the working age or not, whereas students studying outside but with their registered residence at home, active serviceman, people who lost their ability to work, unemployed people, and those engaged in housework are not included. The working age is defined as older than 16 years.

10. 工 业
INDUSTRY

编辑人员：林明学　夏姗姗
Compiled by Lin Mingxue　Xia Shanshan
英文翻译：夏姗姗
Translated by Xia Shanshan

工业总产值(亿元)(规模以上工业)

Gross Output Value of Industry (100 million yuan) (Above the Designated Size)

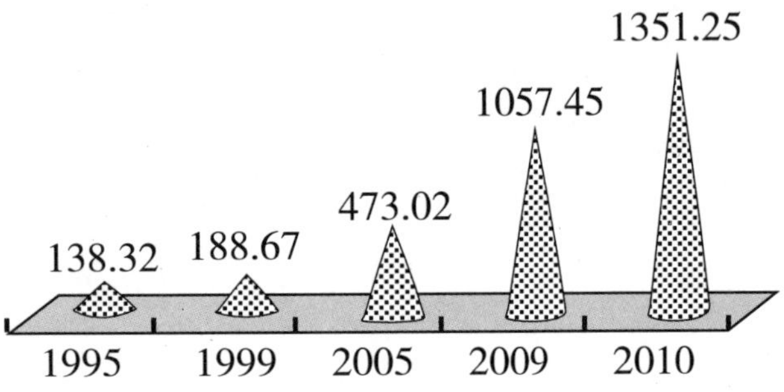

铁矿石(万吨)

Crude Iron Ores (10000 tons)

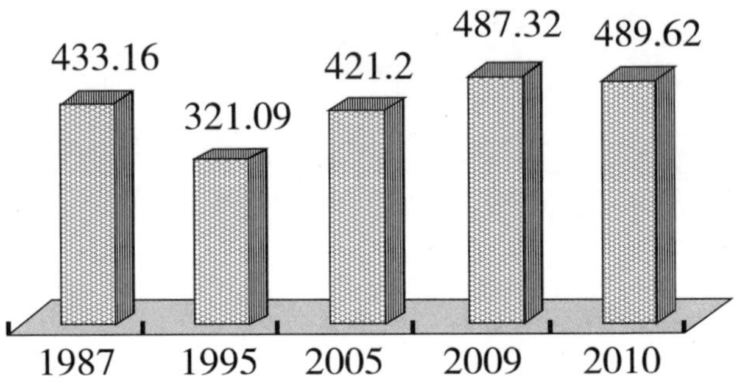

汽车(辆)

Automobiles (Unit)

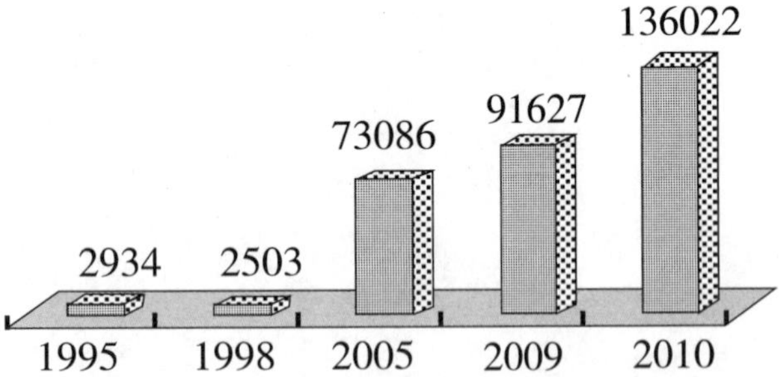

化肥(万吨)

Chemical Fertilizers(10000 tons)

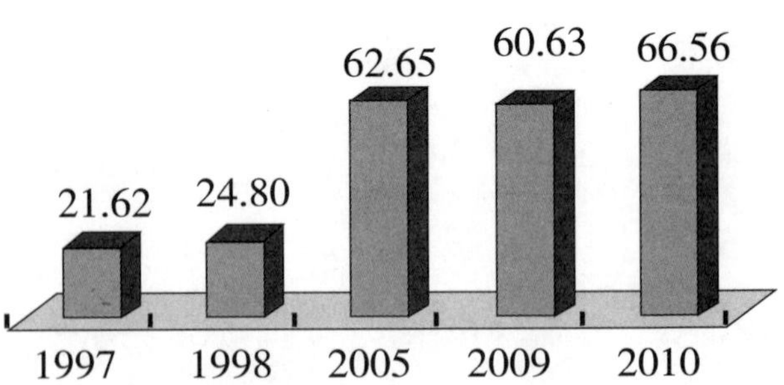

10-1 历年全部工业企业单位数
Number of All Industrial Enterprises in Various Years

单位:个 (unit)

年份 Year	总计 Total	按规模分 Grouped by Designated Size of Industrial Enterprises	
		规模以上工业 Above Designated Size	规模以下工业 Below Designated Size
1991	14431	1572	12859
1992	13858	1634	12224
1993	18745	1810	16935
1994	20851	1803	19048
1995	17880	1895	15985
1996	20323	1793	18530
1997	15718	1805	13913
1998	19888	640	19248
1999	21109	579	20530
2000	20771	597	20174
2001	21365	589	20776
2002	21408	601	20807
2003	21427	620	20807
2004	19202	596	18606
2005	19252	646	18606
2006	19236	630	18606
2007	19108	502	18606
2008	20062	548	19514
2009	20007	494	19513
2010	20010	497	19513

注:"规模以上"与"规模以下"工业之分:"规模以上工业"在1997年以前统计口径为乡及乡以上企业,"规模以下工业"在1997年以前为农村村办、城乡合作及个体工业。1998年至2006年,全部国有及年销售收入500万元以上(包括500万元)的非国有工业企业列入规模以上工业统计,其余列入规模以下(含个体)工业统计;而从2007年开始,规模以上工业统计范围改为年销售收入500万元以上(包括500万元)的工业企业,规模以下工业统计范围包括年销售收入500万元以下的工业企业和个体工业。个体工业是指独立经营,自负盈亏的个体工业经营户。

Note: Before 1997,industrial enterprises above designated size referred to township level and higher levels, while below designated size referred to village-run industry,urban and rural cooperative industry and self-employed industry.From 1998 to 2006,all state-owned and non-state-owned industrial enterprises with annual sales more than 5 million yuan(inc. 5 million yuan) were considered as above designated size industry and the others(inc. self-employed industry) were below designated size industry. Since 2007,above designated size industry has been those with annua sales more than 5 million yuan (inc.5 million yuan) while those with annual sales less than 5 million yuan and self-employed industry have been below designated size industry.The self-employed industry refers to those individuals who are engaged in industrial business,operating independently and responsibile for their own profits and losses.

10-2 各市县全部工业企业单位数
Number of All Industrial Enterprises by Region

单位:个　　(2010)　　(unit)

地区 Region		总计 Total	按规模分 Grouped by Designated Size of Industrial Enterprises	
			规模以上工业 Above Designated Size	规模以下工业 Below Designated Size
全省总计	**Total**	**20010**	**497**	**19513**
海口市	Haikou	7341	186	7155
三亚市	Sanya	679	27	652
五指山市	Wuzhishan	124	5	119
文昌市	Wenchang	1216	34	1182
琼海市	Qionghai	1073	16	1057
万宁市	Wanning	1734	26	1708
定安县	Ding'an	682	23	659
屯昌县	Tunchang	729	6	723
澄迈县	Chengmai	1107	51	1056
临高县	Lingao	1187	7	1180
儋州市	Danzhou	1287	44	1243
#洋浦	#Yangpu	38	20	18
东方市	Dongfang	583	14	569
乐东县	Ledong	450	6	444
琼中县	Qiongzhong	132	4	128
保亭县	Baoting	186	2	184
陵水县	Lingshui	300	2	298
白沙县	Baisha	295	6	289
昌江县	Changjiang	502	17	485
农垦	Nongken	403	21	382

注:"规模以上"与"规模以下"工业之分:"规模以上工业"在1997年以前统计口径为乡及乡以上企业,"规模以下工业"在1997年以前为农村村办、城乡合作及个体工业。1998年至2006年,全部国有及年销售收入500万元以上(包括500万元)的非国有工业企业列入规模以上工业统计,其余列入规模以下(含个体)工业统计;而从2007年开始,规模以上工业统计范围改为年销售收入500万元以上(包括500万元)的工业企业,规模以下工业统计范围包括年销售收入500万元以下的工业企业和个体工业。个体工业是指独立经营,自负盈亏的个体工业经营户。

Note: Before 1997,industrial enterprises above designated size referred to township level and higher levels, while below designated size referred to village-run industry,urban and rural cooperative industry and self-employed industry.From 1998 to 2006,all state-owned and non-state-owned industrial enterprises with annual sales more than 5 million yuan(inc. 5 million yuan) were considered as above designated size industry and the others(inc. self-employed industry) were below designated size industry. Since 2007,above designated size industry has been those with annua sales more than 5 million yuan (inc.5 million yuan) while those with annual sales less than 5 million yuan and self-employed industry have been below designated size industry. The self-employed industry refers to those individuals who are engaged in industrial business,operating independently and responsibile for their own profits and losses.

10-3 历年规模以上工业企业单位数

Number of Industrial Enterprises Above Designated Size in Various Years

单位:个 (unit)

年份 Year	合计 Total	#大中型企业 #Large & Medium-sized Industrial Enterprises	#国有控股企业 #State-holding Enterprises	按轻重工业分 Grouped by Light & Heavy Industry		按经济类型分 Grouped by Ownership					
				轻工业 Light Industry	重工业 Heavy Industry	国有企业 State-owned Enterprises	集体企业 Collective-owned Industry	股份合作企业 Cooperative Enterprises	股份制企业 Share-holding Enterpreses	外商及港澳台投资 Enterprises With Funds from Foreign, Hong Kong Macao and Taiwan	其他经济 Other Enterprises
1998	640	124	486	341	299	409	29	8	53	101	40
1999	579	120	428	316	263	343	25	10	64	92	45
2000	597	118	402	319	278	320	24	11	80	98	64
2001	589	129	372	325	264	295	23	8	110	94	59
2002	601	129	354	347	254	275	25	9	135	94	63
2003	620	56	346	323	297	270	22	7	160	97	64
2004	596	71	255	310	286	196	9	1	257	90	43
2005	646	73	299	333	313	230	16	7	224	102	67
2006	630	67	272	322	308	209	11	2	237	107	64
2007	502	66	175	260	242	92	10	3	250	97	50
2008	548	78	187	284	264	92	11	3	296	99	47
2009	494	104	102	252	242	58	5	1	310	93	27
2010	497	117	101	258	239	55	4	3	321	87	27

10-4 各市县规模以上工业企业单位数
Number of Industrial Enterprises Above Designated Size by Region

单位:个 (2010) (unit)

地区 Region	合计 Total	#大中型企业 #Large & Medium-sized Industrial Enterprises	#国有控股企业 #State-holding Enterprises	按轻重工业分 Grouped by Light & Heavy Industry		按经济类型分 Grouped by Ownership					
				轻工业 Light Industry	重工业 Heavy Industry	国有企业 State-owned Enterprises	集体企业 Collective-owned Industry	股份合作企业 Cooperative Enterprises	股份制企业 Shareholding Enterpreses	外商及港澳台投资 Enterprises With Funds from Foreign, Hong Kong Macao and Taiwan	其他经济 Other Enterprises
全省总计 Total	497	117	101	258	239	55	4	3	321	87	27
海口市 Haikou	186	45	27	120	66	12			113	50	11
三亚市 Sanya	27	7	7	10	17	4			18	5	
五指山市 Wuzhishan	5		2	1	4	2		1	2		
文昌市 Wenchang	34	2	7	13	21	4	2		21	6	1
琼海市 Qionghai	16	4	3	10	6	2		1	10	2	1
万宁市 Wanning	26	1	2	8	18	2			18	4	2
定安县 Ding'an	23	3	3	21	2	2			15	4	2
屯昌县 Tunchang	6	1	1	1	5	1			5		
澄迈县 Chengmai	51	13	9	21	30	2			42	4	3
临高县 Lingao	7	5	1	4	3	1			6		
儋州市 Danzhou	44	13	5	22	22	2			32	8	2
#洋浦 #Yangpu	20	5	3	11	9	1			14	5	
东方市 Dongfang	14	5	12	4	10	4		1	8	1	
乐东县 Ledong	6	2	5	1	5	4			2		
琼中县 Qiongzhong	4		1	2	2	1			2		1
保亭县 Baoting	2		2		2	2					
陵水县 Lingshui	2	2	2	1	1	1			1		
白沙县 Baisha	6	2	1	4	2	1			4		1
昌江县 Changjiang	17	6	2	4	13	1	1		15		
农垦 Nongken	21	6	9	11	10	7	1		7	3	3

10-5 历年全部工业总产值
Gross Industrial Output Value in Various Years

单位:万元 (10 000 yuan)

年份 Year	工业总产值 Gross Industrial Output Value	按经济类型分 Grouped by Ownership		
		国有经济 State-owned Economy	集体经济 Collective-owned Economy	其他类型经济 Other Economy
1985	165067	136119	15150	13798
1986	177186	144820	16484	15882
1987	215463	163565	15891	36007
1988	312461	233559	19691	59211
1989	389642	288862	22553	78227
1990	443189	335585	21988	85616
1991	566876	402864	29714	134298
1992	762529	541931	38982	181616
1993	1282709	742095	64200	476414
1994	1647525	824301	102043	721181
1995	1978805	787572	85438	1105795
(按新规定计算) In Accordance with Updated National Statistics Regulations				
1995	1768092	705211	78046	984835
1996	2159908	712517	103498	1343893
1997	2310449	814768	115079	1380602
1998	2485801	612844	131102	1741855
1999	2547041	541609	45742	1959690
2000	2656097	622347	38539	1995211
2001	2831193	715401	47319	2068473
2002	3320361	959553	53430	2307378
2003	3997050	1340071	47916	2609063
2004	4778935	566076	22440	4190419
2005	5485227	836570	25178	4623479
2006	7437765	858700	18348	6560717
2007	10843033	885097	22433	9935503
2008	11895472	962402	19640	10913430
2009	11404026	981030	6164	10416832
2010	14703530	1068782	11089	13623659

注：1、本表工业总产值按现价计算。
2、2004 年和 2008 年数据采用经济普查数据进行修订。

Notes:1、Figures in this table are calculated at current prices.
2、Data of 2004 and 2008 have been adjusted according to that of national economic census.

10-6 历年全部工业总产值构成
Percentage of Gross Industrial Output Value in Various Years

单位：%　　(%)

年 份 Year	工业总产值 Gross Industrial Output Value	按经济类型分 Grouped by Ownership		
		国有经济 State-owned Economy	集体经济 Collective-owned Economy	其他类型经济 Other Economy
1952	100	19.0		81.0
1957	100	76.5	23.1	0.4
1962	100	77.0	22.6	0.4
1965	100	83.8	16.2	
1970	100	84.0	16.0	
1975	100	84.1	15.9	
1978	100	82.6	17.4	
1980	100	82.3	17.7	
1981	100	83.0	16.9	0.1
1985	100	82.5	9.1	8.4
1986	100	81.7	9.3	9.0
1987	100	75.9	7.4	16.7
1988	100	74.7	6.4	18.9
1989	100	74.1	5.8	20.1
1990	100	75.7	5.0	19.3
1991	100	71.1	5.2	23.7
1992	100	71.1	5.1	23.8
1993	100	57.9	5.0	37.1
1994	100	50.0	6.2	43.8
1995	100	39.9	4.4	55.7
1996	100	33.0	4.8	62.2
1997	100	35.3	4.9	59.8
1998	100	24.7	5.2	70.1
1999	100	21.3	1.8	76.9
2000	100	23.4	1.5	75.1
2001	100	25.3	1.7	73.0
2002	100	28.9	1.6	69.5
2003	100	33.5	1.2	65.3
2004	100	11.8	0.5	87.7
2005	100	15.3	0.5	84.2
2006	100	11.5	0.3	88.2
2007	100	8.2	0.2	91.6
2008	100	8.1	0.2	91.7
2009	100	8.6	0.1	91.3
2010	100	7.3	0.1	92.6

注：从 1985 年开始，工业总产值构成按当年价计算；而 1985 年以前的工业总产值构成按不变价格计算。
Note: The percentage of gross industrial output value,which was at constant prices before 1985,has been calculated at current prices since 1985.

10-7 历年全部工业总产值指数
Indices of Gross Industrial Output Value in Various Years

单位:%　　（以上年为 100 Preceding Year=100）　　(%)

年 份 Year	工业总产值 Gross Industrial Output Value	按经济类型分 Grouped by Ownership		
		国有经济 State-owned Economy	集体经济 Collective-owned Economy	其他类型经济 Other Economy
1952	124.4			
1957	110.4	109.5	119.1	
1962	79.2	77.6	85.2	
1965	109.9	107.7	129.6	
1970	116.7	116.5	117.6	
1975	118.1	117.3	122.8	
1980	93.0	91.8	99.1	
1981	97.6	98.2	94.5	
1985	131.2	119.6	116.7	3383.3
1987	124.2	111.7	88.9	258.2
1988	125.1	125.7	115.2	126.7
1989	104.9	98.8	107.0	124.2
1990	114.5	116.4	97.6	114.2
1991	122.5	114.7	127.6	150.8
1992	134.2	138.3	130.9	138.5
1993	143.2	112.4	149.3	227.7
1994	113.7	95.8	146.9	133.9
1995	114.9	87.0	80.5	147.6
1996	116.8	99.6	116.7	126.8
1997	110.6	124.8	102.1	104.7
1998	108.8	76.5	131.1	124.8
1999	107.7	98.9	81.3	112.7
2000	106.1	101.8	75.2	109.1
2001	110.9	119.3	104.3	108.9
2002	119.7	138.8	114.7	114.1
2003	118.1	149.4	94.5	107.5
2004	114.8	42.9	26.3	154.2
2005	120.1	151.8	187.1	115.3
2006	134.5	101.8	72.3	140.8
2007	141.9	100.3	119.0	147.4
2008	104.9	104.0	83.7	105.1
2009	105.8	112.5	34.6	105.3
2010	119.7	101.2	167.0	121.4

注：工业总产值指数按可比价格计算。
Note: The indices are calculated at comparable prices.

10-8 各市县规模以上工业增加值
Value Added of Industrial Enterprises Above Designated Size by Region

单位:万元 (10 000 yuan)

地区	Region	2005	2006	2007	2008	2009	2010	2010年比2009年增长(%) Growth Rate in 2010 over 2009(%)
全省总计	**Total**	**1484686**	**1976585**	**2563587**	**2837900**	**2771699**	**3548002**	**18.5**
海口市	Haikou	570429	743830	804849	682243	681334	919547	22.5
三亚市	Sanya	181426	260088	268883	82308	97202	119546	22.6
五指山市	Wuzhishan	3682	3660	3466	6139	6839	7604	2.0
文昌市	Wenchang	25456	34895	42095	39781	45827	57389	29.0
琼海市	Qionghai	25268	24492	25722	31064	35227	39401	8.4
万宁市	Wanning	18084	17511	18618	20476	25785	29595	4.1
定安县	Ding'an	10927	14182	15890	25668	20153	21091	5.0
屯昌县	Tunchang	3324	3152	4721	3184	3817	7989	48.6
澄迈县	Chengmai	136975	198571	241389	301564	298333	367859	18.6
临高县	Lingao	12341	14221	14848	18206	16418	23241	184.9
儋州市	Danzhou	180276	288017	632661	978213	1087519	1326255	12.7
#洋浦	#Yangpu	137802	247760	550419	912230	1036530	1260366	12.8
东方市	Dongfang	147477	169747	261457	340581	206856	249059	37.5
乐东县	Ledong	3874	7400	8326	10205	12476	14821	29.5
琼中县	Qiongzhong	1780	2168	2876	3923	4390	4388	0.2
保亭县	Baoting	1224	1769	2911	3094	3171	4344	3.0
陵水县	Lingshui	3418	3833	3891	6681	6532	7449	15.2
白沙县	Baisha	2601	2650	4226	6632	9353	9135	-4.8
昌江县	Changjiang	119756	136614	165852	252582	181366	310044	25.1
农垦	Nongken	36368	49785	40906	25356	29101	29245	-2.7

注：1、本表绝对数按现价计算，增长速度按可比价格计算。2008年为第二次经济普查数据。
2、从2008年开始，三亚市工业增加值不再包含13-1油气田部分。

Notes: 1. In this table, absolute figures are calculated at current prices while growth rates are calculated at comparable prices. The data of 2008 has been adjusted according to that of the 2nd national economic census.
2. The industrial value added of Sanya hasn't covered data of No.13-1 oil field since 2008.

10-9 规模以上工业企业主要财务指标
Main Financial Indicators of Industrial Enterprises Above Designated Size

单位:万元　　(2010)　　(10 000 yuan)

类别	Item	企业单位数(个) Number of Enterprises (unit)	亏损企业 Loss-suffering Enterprises	工业总产值 Gross Industrial Output Value	工业销售产值 Industrial Sales Value	出口交货值 Export Delivery Value
合　计	**Total**	**497**	**87**	**13812530**	**13540935**	**969903**
一、按登记注册类型分组	By Status of Registration					
内资企业	Domestic Funded	410	70	7125046	6943716	287625
国有企业	State-owned Enterprises	55	13	1068782	1061573	25
中央企业	Central Enterprises	13	1	386300	380215	
地方企业	Local Enterprises	42	12	682482	681357	25
集体企业	Collective-owned Enterprises	4		11089	10590	
股份合作企业	Cooperative Enterprises	3	1	12577	11703	276
联营企业	Joint Ownership Enterprises	5		63773	62715	
国有联营企业	State Joint Ownership	3		57299	56250	
集体联营企业	Collective Joint Ownership					
国有与集体联营企业	Joint State-collective	1		4656	4640	
其他联营企业	Other Joint Ownership	1		1817	1825	
有限责任公司	Limited Liability Corporations	217	41	4488541	4382749	234385
国有独资公司	State Sole Funded	2	1	325468	290681	
其他有限责任公司	Other Limited Liability	215	40	4163073	4092068	234385
股份有限公司	Share-holding Corporations Limited	26		876571	825756	9759
私营企业	Private Enterprises	94	15	517230	502224	43181
私营独资企业	Private-funded	15	2	63734	63328	
私营合作企业	Private Partnership	1		3680	3469	
私营有限责任公司	Private Limited Liability	72	12	433904	419032	43181
私营股份有限公司	Private Share-holding Corporations Ltd.	6	1	15912	16396	
其他企业	Other Enterprises	6		86485	86406	
港、澳、台商投资企业	Enterprises with Funds from Hongkong,Macao and Taiwan	30	6	173844	173877	33745
合资经营企业(港或澳、台资)	Joint-venture Enterprises	10		54802	55378	1610
合作经营企业(港或澳、台资)	Cooperative Enterprises	2	1	11292	10984	
港澳台商独资经营企业	Enterprises with Sole Investment	18	5	107751	107515	32135
港澳台商投资股份有限公司	Share-holding Corporations Ltd.					
外商投资企业	Foreign Funded Enterprises	57	11	6513640	6423342	648533
中外合资经营企业	Joint-venture Enterprises	23	4	5221845	5187343	558053
中外合作经营企业	Cooperation Enterprises	3		113861	116263	6866
外资企业	Enterprises with Sole Funds	29	7	1156348	1098721	83614
外商投资股份有限公司	Share-holding Corporations Ltd.	2		21587	21016	
二、在总计中:国有控股企业	Of the Total:State-holding Enterprises	101	17	3568433	3508153	37499
按轻重工业分:轻工业	By Light & Heavy:Light Industry	258	58	3566002	3414596	358684
重工业	Heavy Industry	239	29	10246528	10126339	611219
按企业规模分:大型企业	By Size of Enterprises:Large	3		1702081	1672894	8431
中型企业	Medium	114	11	9180876	8965806	891432
小型企业	Small	380	76	2929574	2902235	70040

注:工业总产值和工业销售产值按当年价计算
Note: Gross industrial output value & industrial sales value are calculated at current prices.

10-9 续 1 (continued 1)

项 目	Item	资产总计 Total Assets	流动资产合计 Total Current Assets	应收帐款 Accounts Receivable	存货 Inventory	产成品 Finished Products	固定资产合计 Total Fixed Assets
合 计	Total	16213815	6223195	1022477	1663455	479516	6495347
一、按登记注册类型分组	By Status of Registration						
内资企业	Domestic Funded	10119048	3776610	509542	747839	283378	4023055
国有企业	State-owned Enterprises	2280943	228271	37075	63301	15303	1518316
中央企业	Central Enterprises	728936	119041	8874	49772	8463	602633
地方企业	Local Enterprises	1552007	109230	28201	13529	6840	915682
集体企业	Collective-owned Enterprises	8611	5184	1690	917	421	3409
股份合作企业	Cooperative Enterprises	44293	2716	84	1001	955	37721
联营企业	Joint Ownership Enterprises	25883	15692	1214	6949	2543	9052
国有联营企业	State Joint Ownership	22184	12825	300	5980	2424	8254
集体联营企业	Collective Joint Ownership						
国有与集体联营企业	Joint State-collective	1847	1744	914	431	77	69
其他联营企业	Other Joint Ownership	1852	1123		539	42	729
有限责任公司	Limited Liability Corporations	5937131	2520561	315133	475634	172917	2007270
国有独资公司	State Sole Funded	1367576	133765	4287	22350	1150	588555
其他有限责任公司	Other Limited Liability	4569555	2386796	310846	453284	171766	1418715
股份有限公司	Share-holding Corporations Limited	1162666	624682	67309	91154	39286	242931
私营企业	Private Enterprises	523091	313133	81627	94944	48624	150303
私营独资企业	Private-funded	77495	39166	5197	7025	3455	27963
私营合作企业	Private Partnership	2698	2027	302	265	232	567
私营有限责任公司	Private Limited Liability	406502	248989	73293	79954	38540	114945
私营股份有限公司	Private Share-holding Corporations Ltd.	36396	22951	2835	7700	6397	6829
其他企业	Other Enterprises	136429	66373	5412	13939	3331	54054
港、澳、台商投资企业	Enterprises with Funds from Hongkong,Macao and Taiwan	251912	135958	38545	29094	5899	92068
合资经营企业(港或澳、台资)	Joint-venture Enterprises	67448	38568	7179	4195	1038	21252
合作经营企业(港或澳、台资)	Cooperative Enterprises	30323	15701	3642	3240	974	10665
港澳台商独资经营企业	Enterprises with Sole Investment	154140	81689	27725	21659	3886	60151
港澳台商投资股份有限公司	Share-holding Corporations Ltd.						
外商投资企业	Foreign Funded Enterprises	5842856	2310627	474390	886522	190239	2380224
中外合资经营企业	Joint-venture Enterprises	2083159	841063	152135	557425	111430	1205475
中外合作经营企业	Cooperation Enterprises	174297	122088	70297	17443	5422	39049
外资企业	Enterprises with Sole Funds	3529892	1333265	251342	311179	72937	1108887
外商投资股份有限公司	Share-holding Corporations Ltd.	55509	14211	616	476	449	26814
二、在总计中:国有控股企业	Of the Total:State-holding Enterprises	5995674	1254029	112334	265534	95170	3068900
按轻重工业分:轻工业	By Light & Heavy:Light Industry	6517732	3051458	538154	667687	214869	2068162
重工业	Heavy Industry	9696083	3171737	484322	995768	264647	4427185
按企业规模分:大型企业	By Size of Enterprises:Large	3752978	1440356	76182	300662	96701	1146802
中型企业	Medium	9135464	3278969	627484	1030841	261875	3934595
小型企业	Small	3325373	1503870	318811	331952	120939	1413950

10-9 续 2 (continued 2)

项 目	Item	固定资产原价 Original Value of Fixed Assets	累计折旧 Accumulated Depreciation	固定资产净值 Net Value Of Fixed Assets	负债合计 Total Liabilities	流动负债合计 Total Current Liabilities	应付账款 Accounts Payable
合 计	**Total**	8820989	2785913	6035077	8619174	6277085	1546446
一、按登记注册类型分组	By Status of Registration						
内资企业	Domestic Funded	5687678	1992929	3694749	5012692	3756646	721432
国有企业	State-owned Enterprises	1977697	688761	1288936	1462069	789088	66495
中央企业	Central Enterprises	851730	308045	543685	604542	471025	27878
地方企业	Local Enterprises	1125967	380717	745251	857527	318063	38618
集体企业	Collective-owned Enterprises	4383	1351	3032	6047	5892	1936
股份合作企业	Cooperative Enterprises	41996	4275	37721	38947	35699	79
联营企业	Joint Ownership Enterprises	20289	15419	4870	11545	10825	5632
国有联营企业	State Joint Ownership	14543	10471	4072	9602	9602	4937
集体联营企业	Collective Joint Ownership						
国有与集体联营企业	Joint State-collective	2112	2043	69	472	472	260
其他联营企业	Other Joint Ownership	3634	2906	729	1471	752	435
有限责任公司	Limited Liability Corporations	2829262	876626	1952636	2714145	2285011	526493
国有独资公司	State Sole Funded	732845	144290	588555	426165	426165	18869
其他有限责任公司	Other Limited Liability	2096417	732336	1364082	2287980	1858846	507625
股份有限公司	Share-holding Corporations Limited	531738	306886	224852	433156	300518	48736
私营企业	Private Enterprises	210324	71402	138922	292096	274958	62118
私营独资企业	Private-funded	32857	6887	25971	56564	54336	10022
私营合作企业	Private Partnership	811	244	567	689	689	222
私营有限责任公司	Private Limited Liability	167524	61891	105633	213902	198992	47723
私营股份有限公司	Private Share-holding Corporations Ltd.	9132	2380	6752	20941	20941	4151
其他企业	Other Enterprises	71989	28209	43780	54688	54655	9944
港、澳、台商投资企业	Enterprises with Funds from Hongkong,Macao and Taiwan	152995	61670	91325	112256	98282	28420
合资经营企业(港或澳、台资)	Joint-venture Enterprises	40834	19670	21165	31119	30886	8594
合作经营企业(港或澳、台资)	Cooperative Enterprises	13841	3176	10665	11587	8842	893
港澳台商独资经营企业	Enterprises with Sole Investment	98320	38825	59495	69550	58553	18934
港澳台商投资股份有限公司	Share-holding Corporations Ltd.						
外商投资企业	Foreign Funded Enterprises	2980317	731314	2249003	3494227	2422157	796594
中外合资经营企业	Joint-venture Enterprises	1476414	392292	1084122	1296823	1172319	578258
中外合作经营企业	Cooperation Enterprises	51790	17578	34212	93866	80541	26041
外资企业	Enterprises with Sole Funds	1419751	314382	1105369	2076821	1153579	191588
外商投资股份有限公司	Share-holding Corporations Ltd.	32361	7062	25300	26717	15717	707
二、在总计中:国有控股企业	Of the Total:State-holding Enterprises	4297103	1522484	2774619	2898050	2025644	390635
按轻重工业分:轻工业	By Light & Heavy:Light Industry	2680182	695240	1984942	3594264	2415222	428806
重工业	Heavy Industry	6140807	2090673	4050134	5024911	3861862	1117640
按企业规模分:大型企业	By Size of Enterprises:Large	1479756	332955	1146802	2354349	1369292	314242
中型企业	Medium	5383409	1774608	3608801	4605258	3570165	910544
小型企业	Small	1957824	678351	1279473	1659567	1337628	321661

10-9 续 3(continued 3)

项 目	Item	长期负债合计 Total Long-term Liabilities	所有者权益合计 Total Owner's Equity	实收资本 Paid-up Capital	国家资本 State-owned Capital	集体资本 Collective-owned Capital	法人资本 Legal Person's Capital
合 计	**Total**	**2183927**	**7577899**	**4311612**	**961871**	**41488**	**2173739**
一、按登记注册类型分组	By Status of Registration						
内资企业	Domestic Funded	1098076	5093098	2460206	613118	38773	1520339
国有企业	State-owned Enterprises	671815	817664	319008	62556	505	245290
中央企业	Central Enterprises	133514	123597	184372	20252		159090
地方企业	Local Enterprises	538302	694067	134636	42304	505	86200
集体企业	Collective-owned Enterprises	155	2525	942		742	
股份合作企业	Cooperative Enterprises	3248	5346	3459	1706	1240	100
联营企业	Joint Ownership Enterprises	719	14338	8300	4000	1800	2500
国有联营企业	State Joint Ownership		12582	6000	4000		2000
集体联营企业	Collective Joint Ownership						
国有与集体联营企业	Joint State-collective		1376	500			500
其他联营企业	Other Joint Ownership	719	381	1800		1800	
有限责任公司	Limited Liability Corporations	286371	3217125	1636880	483534	13386	959667
国有独资公司	State Sole Funded		941411	462200	454700		7500
其他有限责任公司	Other Limited Liability	286371	2275714	1174680	28834	13386	952167
股份有限公司	Share-holding Corporations Limited	120602	727589	391018	61323	17254	246861
私营企业	Private Enterprises	15166	226769	89803		3000	57071
私营独资企业	Private-funded	2228	20931	10146		2000	4538
私营合作企业	Private Partnership		2009	2200			2200
私营有限责任公司	Private Limited Liability	12938	189700	68320		1000	43612
私营股份有限公司	Private Share-holding Corporations Ltd.		14129	9136			6721
其他企业	Other Enterprises		81742	10796		846	8850
港、澳、台商投资企业	Enterprises with Funds from Hongkong,Macao and Taiwan	13791	138631	84572			11884
合资经营企业(港或澳、台资)	Joint-venture Enterprises	50	35328	27158			11837
合作经营企业(港或澳、台资)	Cooperative Enterprises	2745	18737	7073			47
港澳台商独资经营企业	Enterprises with Sole Investment	10996	84566	50341			
港澳台商投资股份有限公司	Share-holding Corporations Ltd.						
外商投资企业	Foreign Funded Enterprises	1072061	2346171	1766834	348752	2715	641517
中外合资经营企业	Joint-venture Enterprises	124503	784948	668906	348752	2715	93957
中外合作经营企业	Cooperation Enterprises	13325	80431	29887			22456
外资企业	Enterprises with Sole Funds	923233	1452000	1054081			524587
外商投资股份有限公司	Share-holding Corporations Ltd.	11000	28792	13960			518
二、在总计中:国有控股企业	Of the Total:State-holding Enterprises	750575	3095772	1529455	632299	505	821956
按轻重工业分:轻工业	By Light & Heavy:Light Industry	1171231	2910973	1824322	83726	31309	914238
重工业	Heavy Industry	1012696	4666926	2487290	878144	10179	1259502
按企业规模分:大型企业	By Size of Enterprises:Large	981408	1398629	1084310			802314
中型企业	Medium	915294	4528489	2373273	884073	19771	894916
小型企业	Small	287225	1650781	854029	77797	21717	476510

10-9 续 4(continued 4)

项 目	Item	个人资本 Individual Capital	港澳台资本 Capital from Hongkong Macau & Taiwan	外商资本 Foreign Capital	主营业务收入 Main Business Income	主营业务成本 Main Business Costs	主营业务税金及附加 Taxes & Surcharges of Main Business
合 计	**Total**	**278172**	**246949**	**609392**	**13228318**	**10081293**	**785979**
一、按登记注册类型分组	By Status of Registration						
内资企业	Domestic Funded	265544	19345	3086	6978160	5395221	146818
国有企业	State-owned Enterprises	10361		297	1080247	911933	5485
中央企业	Central Enterprises	5031			382074	303194	2264
地方企业	Local Enterprises	5330		297	698173	608740	3222
集体企业	Collective-owned Enterprises	200			10567	8756	190
股份合作企业	Cooperative Enterprises		413		10367	4686	380
联营企业	Joint Ownership Enterprises				67514	56881	4260
国有联营企业	State Joint Ownership				58699	48341	4255
集体联营企业	Collective Joint Ownership						
国有与集体联营企业	Joint State-collective				6990	6850	
其他联营企业	Other Joint Ownership				1825	1690	6
有限责任公司	Limited Liability Corporations	177503		2789	4368460	3452715	115387
国有独资公司	State Sole Funded				321081	232821	5050
其他有限责任公司	Other Limited Liability	177503		2789	4047378	3219894	110337
股份有限公司	Share-holding Corporations Limited	46749	18832		860715	509529	16766
私营企业	Private Enterprises	29632	100		493375	385195	3783
私营独资企业	Private-funded	3608			63390	49173	290
私营合作企业	Private Partnership				3469	2920	143
私营有限责任公司	Private Limited Liability	23609	100		410247	319044	3301
私营股份有限公司	Private Share-holding Corporations Ltd.	2416			16269	14059	50
其他企业	Other Enterprises	1100			86918	65527	566
港、澳、台商投资企业	Enterprises with Funds from Hongkong,Macao and Taiwan	9081	62847	760	173238	130341	719
合资经营企业(港或澳、台资)	Joint-venture Enterprises	6075	9216	30	44811	27912	513
合作经营企业(港或澳、台资)	Cooperative Enterprises	6	7020		10987	6021	2
港澳台商独资经营企业	Enterprises with Sole Investment	3000	46611	730	117440	96408	205
港澳台商投资股份有限公司	Share-holding Corporations Ltd.						
外商投资企业	Foreign Funded Enterprises	3547	164757	605546	6076920	4555730	638443
中外合资经营企业	Joint-venture Enterprises	3547	138898	81037	4844083	3735184	634062
中外合作经营企业	Cooperation Enterprises			7431	115866	82348	97
外资企业	Enterprises with Sole Funds		16376	513118	1095950	726558	4253
外商投资股份有限公司	Share-holding Corporations Ltd.		9483	3960	21022	11640	31
二、在总计中:国有控股企业	Of the Total:State-holding Enterprises	11098	20180	43416	3493434	2748502	118927
按轻重工业分:轻工业	By Light & Heavy:Light Industry	164442	86570	544037	3396067	2410581	76745
重工业	Heavy Industry	113730	160379	65356	9832252	7670712	709235
按企业规模分:大型企业	By Size of Enterprises:Large			281996	1595289	1160495	47220
中型企业	Medium	172105	147619	254789	8681864	6645149	721002
小型企业	Small	106067	99330	72607	2951165	2275648	17758

10-9 续 5(continued 5)

项 目	Item	其他业务收入 Other Operating Income	其他业务利润 Other Operating Profits	营业费用 Operating Expenses	管理费用 Administrative Expenses	税金 Taxes	财务费用 Financial Expenses
合 计	Total	102942	16258	408817	479286	14169	170750
一、按登记注册类型分组	By Status of Registration						
内资企业	Domestic Funded	52185	14646	263888	327021	10997	98322
国有企业	State-owned Enterprises	16289	2580	23570	66647	1599	45005
中央企业	Central Enterprises	12096	1473	10819	27140	128	18893
地方企业	Local Enterprises	4193	1106	12751	39507	1471	26113
集体企业	Collective-owned Enterprises			331	798	11	12
股份合作企业	Cooperative Enterprises	39		29	1077	8	466
联营企业	Joint Ownership Enterprises	52	29	556	1453	84	111
国有联营企业	State Joint Ownership	52	29	516	1206	63	93
集体联营企业	Collective Joint Ownership						
国有与集体联营企业	Joint State-collective			18	157		18
其他联营企业	Other Joint Ownership			22	90	20	
有限责任公司	Limited Liability Corporations	25482	6909	141779	170207	6538	39129
国有独资公司	State Sole Funded	5611		3780	11561	696	14691
其他有限责任公司	Other Limited Liability	19871	6909	137999	158647	5842	24438
股份有限公司	Share-holding Corporations Limited	6211	3422	62983	54060	1257	7532
私营企业	Private Enterprises	3634	1227	25502	28235	1201	5384
私营独资企业	Private-funded	353	37	1920	4551	124	407
私营合作企业	Private Partnership			77	197	81	17
私营有限责任公司	Private Limited Liability	3041	1187	23257	22567	975	4885
私营股份有限公司	Private Share-holding Corporations Ltd.	240	3	249	921	21	74
其他企业	Other Enterprises	480	480	9137	4544	299	684
港、澳、台商投资企业	Enterprises with Funds from Hongkong,Macao and Taiwan	7033	3306	10125	16088	402	1971
合资经营企业(港或澳、台资)	Joint-venture Enterprises	2061	2037	5404	5400	120	206
合作经营企业(港或澳、台资)	Cooperative Enterprises	165	99	395	2508	65	349
港澳台商独资经营企业	Enterprises with Sole Investment	4807	1171	4326	8180	218	1415
港澳台商投资股份有限公司	Share-holding Corporations Ltd.						
外商投资企业	Foreign Funded Enterprises	43723	-1695	134803	136177	2769	70456
中外合资经营企业	Joint-venture Enterprises	14590	2254	29997	60216	792	28530
中外合作经营企业	Cooperation Enterprises	88	84	16873	8357		779
外资企业	Enterprises with Sole Funds	29045	-4033	86458	64564	1883	40588
外商投资股份有限公司	Share-holding Corporations Ltd.			1475	3040	95	559
二、在总计中:国有控股企业	Of the Total:State-holding Enterprises	30457	5813	61054	154112	4594	64289
按轻重工业分:轻工业	By Light & Heavy:Light Industry	53226	6832	271735	194580	5956	65408
重工业	Heavy Industry	49716	9427	137081	284706	8212	105341
按企业规模分:大型企业	By Size of Enterprises:Large	19852	-7292	30816	64249	2544	40932
中型企业	Medium	57136	12901	252754	269486	6597	107903
小型企业	Small	25953	10649	125246	145551	5028	21915

10-9 续 6(continued 6)

项 目	Item	利息支出 Interest Expenditure	营业利润 Operating Profits	投资收益 Investment Income	补贴收入 Subsidy Income	营业外收入 Non-operating Income	营业外支出 Non-operating Expenses
合 计	**Total**	**172969**	**1355281**	**65764**	**4328**	**67025**	**30603**
一、按登记注册类型分组	By Status of Registration						
内资企业	Domestic Funded	93231	803341	62106	3021	39944	20511
国有企业	State-owned Enterprises	45076	22707	610	81	3398	1672
中央企业	Central Enterprises	19063	14926	30		670	549
地方企业	Local Enterprises	26013	7781	580	81	2728	1122
集体企业	Collective-owned Enterprises	2	482			2	34
股份合作企业	Cooperative Enterprises	238	4268			9	35
联营企业	Joint Ownership Enterprises	130	4439			370	44
国有联营企业	State Joint Ownership	112	4300			369	44
集体联营企业	Collective Joint Ownership						
国有与集体联营企业	Joint State-collective	18	121				
其他联营企业	Other Joint Ownership		18			1	
有限责任公司	Limited Liability Corporations	35455	478254	31385	2115	28170	9828
国有独资公司	State Sole Funded	13767	78901	25848		164	949
其他有限责任公司	Other Limited Liability	21688	399353	5537	2115	28007	8879
股份有限公司	Share-holding Corporations Limited	6924	239409	30111	25	4363	7703
私营企业	Private Enterprises	4675	46154		698	3362	984
私营独资企业	Private-funded	375	7142		31	1043	92
私营合作企业	Private Partnership		116				
私营有限责任公司	Private Limited Liability	4254	37981		643	2287	829
私营股份有限公司	Private Share-holding Corporations Ltd.	46	915		25	31	63
其他企业	Other Enterprises	732	7628		102	269	211
港、澳、台商投资企业	Enterprises with Funds from Hongkong,Macao and Taiwan	2019	17025	-124	49	2860	835
合资经营企业(港或澳、台资)	Joint-venture Enterprises	323	7345	-166	1	274	149
合作经营企业(港或澳、台资)	Cooperative Enterprises	336	1810		3	59	188
港澳台商独资经营企业	Enterprises with Sole Investment	1360	7869	42	45	2526	497
港澳台商投资股份有限公司	Share-holding Corporations Ltd.						
外商投资企业	Foreign Funded Enterprises	77719	534915	3781	1258	24222	9257
中外合资经营企业	Joint-venture Enterprises	28689	354645	-347	775	5339	6401
中外合作经营企业	Cooperation Enterprises	780	6464			1156	130
外资企业	Enterprises with Sole Funds	47697	169513	4128	484	17727	2606
外商投资股份有限公司	Share-holding Corporations Ltd.	553	4293				121
二、在总计中:国有控股企业	Of the Total:State-holding Enterprises	62957	367604	28258	294	15955	5156
按轻重工业分:轻工业	By Light & Heavy:Light Industry	71417	409148	31879	3515	28650	13035
重工业	Heavy Industry	101552	946133	33885	813	38375	17568
按企业规模分:大型企业	By Size of Enterprises:Large	46101	238084	433		15605	2762
中型企业	Medium	106300	733803	59813	925	30746	20636
小型企业	Small	20568	383394	5518	3403	20674	7204

10-9 续 7(continued 7)

项 目	Item	利润总额 Total Profits	应交所得税 Income Tax Payable	亏损企业亏损总额 Total Losses of Loss-suffering Enterprises	利税总额 Total Profits and Taxes	本年应付工资总额 Total Wages Payable of Current Year	本年应付福利费总额 Total Welfare Payable of Current Year
合 计	Total	1400416	191249	30207	2790969	452790	24898
一、按登记注册类型分组	By Status of Registration						
内资企业	Domestic Funded	826466	122099	27036	1253339	326701	15985
国有企业	State-owned Enterprises	24515	3665	5362	72677	95811	3149
中央企业	Central Enterprises	15047	2412	1896	32508	34772	594
地方企业	Local Enterprises	9468	1253	3465	40169	61039	2555
集体企业	Collective-owned Enterprises	451			975	850	8
股份合作企业	Cooperative Enterprises	4242		564	5759	1213	15
联营企业	Joint Ownership Enterprises	4766	263		12244	2349	123
国有联营企业	State Joint Ownership	4626	258		11945	1909	116
集体联营企业	Collective Joint Ownership						
国有与集体联营企业	Joint State-collective	121			205	120	
其他联营企业	Other Joint Ownership	19	4		94	320	7
有限责任公司	Limited Liability Corporations	499382	64626	19372	756533	149504	6438
国有独资公司	State Sole Funded	78116	15971	10033	83166	8441	449
其他有限责任公司	Other Limited Liability	421266	48655	9339	673367	141063	5989
股份有限公司	Share-holding Corporations Limited	236094	44877		315581	44664	4912
私营企业	Private Enterprises	49230	7114	1739	74575	27940	866
私营独资企业	Private-funded	8123	945	260	11594	3660	37
私营合作企业	Private Partnership	116			458	220	19
私营有限责任公司	Private Limited Liability	40083	6095	1469	61158	22857	731
私营股份有限公司	Private Share-holding Corporations Ltd.	909	74	10	1366	1203	80
其他企业	Other Enterprises	7787	1555		14995	4370	474
港、澳、台商投资企业	Enterprises with Funds from Hongkong,Macao and Taiwan	19099	2743	489	29291	15463	619
合资经营企业(港或澳、台资)	Joint-venture Enterprises	7471	703		11197	5398	238
合作经营企业(港或澳、台资)	Cooperative Enterprises	1684	254	6	2523	777	51
港澳台商独资经营企业	Enterprises with Sole Investment	9944	1787	483	15571	9288	330
港澳台商投资股份有限公司	Share-holding Corporations Ltd.						
外商投资企业	Foreign Funded Enterprises	554850	66407	2683	1508339	110626	8294
中外合资经营企业	Joint-venture Enterprises	354078	43704	1097	1244011	43790	2330
中外合作经营企业	Cooperation Enterprises	7491	731		13486	5540	394
外资企业	Enterprises with Sole Funds	189109	21434	1585	244930	59310	5527
外商投资股份有限公司	Share-holding Corporations Ltd.	4173	538		5912	1986	43
二、在总计中:国有控股企业	Of the Total:State-holding Enterprises	378737	45907	15688	624572	173762	6266
按轻重工业分:轻工业	By Light & Heavy:Light Industry	432270	54700	12719	665739	193922	11189
重工业	Heavy Industry	968145	136549	17488	2125230	258868	13709
按企业规模分:大型企业	By Size of Enterprises:Large	250928	44093		373840	52623	7198
中型企业	Medium	748829	100688	16562	1873204	266917	11620
小型企业	Small	400659	46469	13646	543925	133250	6080

10-9 续 8(continued 8)

项 目	Item	本年应交增值税 Value Added Tax Payable of Current Year	本年进项税额 Input VAT of Current Year	本年销项税额 Output VAT of Current Year	全部从业人员年平均人数(人) Annual Average Employees (person)
合 计	**Total**	**604574**	**1284487**	**1872126**	**124380**
一、按登记注册类型分组	By Status of Registration				
内资企业	Domestic Funded	280055	588431	856774	91951
国有企业	State-owned Enterprises	42676	75941	118510	18954
中央企业	Central Enterprises	15198	35780	50870	6122
地方企业	Local Enterprises	27479	40161	67639	12832
集体企业	Collective-owned Enterprises	334	616	951	468
股份合作企业	Cooperative Enterprises	1137	290	1308	389
联营企业	Joint Ownership Enterprises	3218	1257	4475	674
国有联营企业	State Joint Ownership	3065	296	3361	507
集体联营企业	Collective Joint Ownership				
国有与集体联营企业	Joint State-collective	84	720	804	57
其他联营企业	Other Joint Ownership	69	241	310	110
有限责任公司	Limited Liability Corporations	141764	419210	549589	44942
国有独资公司	State Sole Funded				948
其他有限责任公司	Other Limited Liability	141764	419210	549589	43994
股份有限公司	Share-holding Corporations Limited	62721	44145	106870	11699
私营企业	Private Enterprises	21562	39102	60559	13027
私营独资企业	Private-funded	3181	6318	9498	2083
私营合作企业	Private Partnership	200	87	286	57
私营有限责任公司	Private Limited Liability	17775	30470	48141	10329
私营股份有限公司	Private Share-holding Corporations Ltd.	407	2228	2635	558
其他企业	Other Enterprises	6642	7870	14512	1798
港、澳、台商投资企业	Enterprises with Funds from Hongkong,Macao and Taiwan	9473	12621	22074	5998
合资经营企业(港或澳、台资)	Joint-venture Enterprises	3213	1766	4978	1625
合作经营企业(港或澳、台资)	Cooperative Enterprises	837	1030	1868	341
港澳台商独资经营企业	Enterprises with Sole Investment	5423	9824	15228	4032
港澳台商投资股份有限公司	Share-holding Corporations Ltd.				
外商投资企业	Foreign Funded Enterprises	315046	683436	993278	26431
中外合资经营企业	Joint-venture Enterprises	255872	538258	791484	7402
中外合作经营企业	Cooperation Enterprises	5899	11350	17249	1695
外资企业	Enterprises with Sole Funds	51568	132911	181920	16958
外商投资股份有限公司	Share-holding Corporations Ltd.	1708	917	2625	376
二、在总计中:国有控股企业	Of the Total:State-holding Enterprises	126908	298926	423823	33678
按轻重工业分:轻工业	By Light & Heavy:Light Industry	156724	299421	449020	66209
重工业	Heavy Industry	447850	985067	1423107	58171
按企业规模分:大型企业	By Size of Enterprises:Large	75693	210915	285991	13125
中型企业	Medium	403373	834458	1231671	67298
小型企业	Small	125508	239114	354464	43957

10-10 规模以上工业企业主要经济效益指标

Main Economic Benefit Indicators of Industrial Enterprises Above Designated Size

(2010)

项目	Item	工业综合指数(%) Weighted Aggregate Index of Industrial Economic Benefits(%)	总资产贡献率(%) Contribution Rate of Total Assets	资产负债率(%) Asset-Liability Ratio	流动资产周转率(次/年) Current Asset Turnover (times/year)
合　计	Total	329.23	18.28	53.16	2.13
一、按登记注册类型分组	By Status of Registration				
内资企业	Domestic Funded	263.73	13.31	49.54	1.85
国有企业	State-owned Enterprises	230.71	5.16	64.10	4.73
中央企业	Central Enterprises	249.52	7.07	82.93	3.21
地方企业	Local Enterprises	233.15	4.26	55.25	6.39
集体企业	Collective-owned Enterprises	125.34	11.34	70.22	2.04
股份合作企业	Cooperative Enterprises	502.50	13.54	87.93	3.82
联营企业	Joint Ownership Enterprises	353.25	47.81	44.60	4.30
国有联营企业	State Joint Ownership	414.92	54.35	43.28	4.58
集体联营企业	Collective Joint Ownership				
国有与集体联营企业	Joint State-collective	147.12	12.06	25.52	4.01
其他联营企业	Other Joint Ownership	97.32	5.06	79.43	1.62
有限责任公司	Limited Liability Corporations	274.95	13.34	45.71	1.73
国有独资公司	State Sole Funded	795.04	7.09	31.16	2.40
其他有限责任公司	Other Limited Liability	265.99	15.21	50.07	1.70
股份有限公司	Share-holding Corporations Limited	445.77	27.74	37.26	1.38
私营企业	Private Enterprises	174.15	15.15	55.84	1.58
私营独资企业	Private-funded	197.03	15.44	72.99	1.62
私营合作企业	Private Partnership	192.50	16.97	25.54	1.71
私营有限责任公司	Private Limited Liability	176.95	16.09	52.62	1.65
私营股份有限公司	Private Share-holding Corporations Ltd.	109.34	3.88	57.54	0.71
其他企业	Other Enterprises	190.73	11.53	40.09	1.31
港、澳、台商投资企业	Enterprises with Funds from Hongkong,Macao and Taiwan	173.58	12.43	44.56	1.27
合资经营企业(港或澳、台资)	Joint-venture Enterprises	226.55	17.08	46.14	1.16
合作经营企业(港或澳、台资)	Cooperative Enterprises	209.58	9.43	38.21	0.70
港澳台商独资经营企业	Enterprises with Sole Investment	151.78	10.98	45.12	1.44
港澳台商投资股份有限公司	Share-holding Corporations Ltd.				
外商投资企业	Foreign Funded Enterprises	574.44	27.15	59.80	2.63
中外合资经营企业	Joint-venture Enterprises	1377.31	61.09	62.25	5.76
中外合作经营企业	Cooperation Enterprises	176.41	8.18	53.85	0.95
外资企业	Enterprises with Sole Funds	303.30	8.29	58.84	0.82
外商投资股份有限公司	Share-holding Corporations Ltd.	339.39	11.65	48.13	1.48
二、在总计中:国有控股企业	Of the Total:State-holding Enterprises	327.53	11.47	48.34	2.79
按轻重工业分:轻工业	By Light & Heavy:Light Industry	220.15	11.31	55.15	1.11
重工业	Heavy Industry	451.23	22.97	51.82	3.10
按企业规模分:大型企业	By Size of Enterprises:Large	381.58	11.19	62.73	1.11
中型企业	Medium	371.52	21.67	50.41	2.65
小型企业	Small	260.65	16.98	49.91	1.96

10-10 续(continued)

项目	Item	成本费用利润率(%) Ratio of Profits to Industrial Costs(%)	全员劳动生产率(元/人·年) Overall Labour Productivity (yuan/person.year)	产品销售率(%) Product Sales Rate(%)	资本保值增值率(%) Capital Maintenance & Increment Ratio(%)
合　计	**Total**	**12.57**	**304494**	**98.03**	**136.52**
一、按登记注册类型分组	By Status of Registration				
内资企业	Domestic Funded	13.58	209982	97.46	142.48
国有企业	State-owned Enterprises	2.34	170380	99.33	269.96
中央企业	Central Enterprises	4.18	238113	98.42	109.67
地方企业	Local Enterprises	1.38	138065	99.84	364.93
集体企业	Collective-owned Enterprises	4.56	53141	95.50	57.42
股份合作企业	Cooperative Enterprises	67.78	233805	93.05	88.95
联营企业	Joint Ownership Enterprises	8.08	243487	98.34	158.64
国有联营企业	State Joint Ownership	9.22	302761	98.17	209.41
集体联营企业	Collective Joint Ownership				
国有与集体联营企业	Joint State-collective	1.72	77719	99.65	96.20
其他联营企业	Other Joint Ownership	1.06	56273	100.44	31.74
有限责任公司	Limited Liability Corporations	13.13	236261	97.64	133.64
国有独资公司	State Sole Funded	29.72	1011361	89.31	110.17
其他有限责任公司	Other Limited Liability	11.90	219559	98.29	146.55
股份有限公司	Share-holding Corporations Limited	37.23	317136	94.20	205.58
私营企业	Private Enterprises	11.08	93806	97.10	54.77
私营独资企业	Private-funded	14.49	79626	99.36	158.93
私营合作企业	Private Partnership	3.60	164912	94.28	93.44
私营有限责任公司	Private Limited Liability	10.84	98152	96.57	49.63
私营股份有限公司	Private Share-holding Corporations Ltd.	5.94	59032	103.04	85.88
其他企业	Other Enterprises	9.75	138215	99.91	106.23
港、澳、台商投资企业	Enterprises with Funds from Hongkong,Macao and Taiwan	12.05	96395	100.02	85.74
合资经营企业(港或澳、台资)	Joint-venture Enterprises	19.20	124775	101.05	91.47
合作经营企业(港或澳、台资)	Cooperative Enterprises	18.16	134956	97.28	104.29
港澳台商独资经营企业	Enterprises with Sole Investment	9.01	81694	99.78	82.56
港澳台商投资股份有限公司	Share-holding Corporations Ltd.				
外商投资企业	Foreign Funded Enterprises	11.33	680518	98.61	129.29
中外合资经营企业	Joint-venture Enterprises	9.19	1876772	99.34	61.97
中外合作经营企业	Cooperation Enterprises	6.91	143510	102.11	105.61
外资企业	Enterprises with Sole Funds	20.60	220849	95.02	326.18
外商投资股份有限公司	Share-holding Corporations Ltd.	24.96	283191	97.36	107.88
二、在总计中:国有控股企业	Of the Total:State-holding Enterprises	12.51	312779	98.31	141.46
按轻重工业分:轻工业	By Light & Heavy:Light Industry	14.69	151063	95.75	127.76
重工业	Heavy Industry	11.81	479126	98.83	142.62
按企业规模分:大型企业	By Size of Enterprises:Large	19.35	387775	98.29	118.72
中型企业	Medium	10.29	365386	97.66	159.71
小型企业	Small	15.60	186401	99.07	107.37

10-11 分行业规模以上工业企业主要财务指标

Main Financial Indicators of Industrial Enterprises Above Designated Size by Sector

单位:万元 (2010) (10 000 yuan)

项目	Item	企业单位数(个) Number of Enterprises (unit)	亏损企业 Loss-suffering Enterprises	工业总产值 Gross Industrial Output Value	工业销售产值 Industrial Sales Value	出口交货值 Export Delivery Value
合 计	**Total**	**497**	**87**	**13812530**	**13540935**	**969903**
石油和天然气开采业	Extraction of Petroleum and Natural Gas	1		90893	92514	
黑色金属矿采选业	Mining and Processing of Ferrous Metal Ores	6		288437	288089	
有色金属矿采选业	Mining and Processing of Non-Ferrous Metal Ores	24		96585	94536	
非金属矿采选业	Mining and Processing of Nonmetal Ores	6		27438	24832	25
农副食品加工业	Processing of Agricultural and Related Products	85	29	944623	918897	229758
食品制造业	Manufacture of Foods	26	4	396796	379152	3256
饮料制造业	Manufacture of Beverages	18	4	169571	163089	244
烟草制品业	Manufacture of Tobacco	1		136346	134343	
纺织业	Manufacture of Textiles	6		34245	32909	15287
纺织服装、鞋、帽制造业	Manufacture of Textile Wearing Apparel,Footware and Caps	3	1	59863	59598	26055
皮革、毛皮、羽毛(绒)及其制品业	Manufacture of Leather, Fur, Feather and Related Products	3		5617	5390	
木材加工及木、竹、藤、棕、草制品业	Processing of Timber, Manufacture of Wood,Bamboo,Rattan,Palm and Straw Products	15	4	70900	71447	
家具制造业	Manufacture of Furniture	5	1	16452	15763	10653
造纸及纸制品业	Manufacture of Paper and Paper Products	14	3	833271	800512	5441
印刷业和记录媒介的复制	Printing, Reproduction of Recording Media	12	5	34729	34208	
石油加工、炼焦及核燃料加工业	Processing of Petroleum, Coking and Nuclear Fuel	3		4755969	4725281	489501
化学原料及化学制品制造业	Manufacture of Chemical Raw Materials and Chemical Products	35	3	870503	817989	22209
医药制造业	Manufacture of Medicines	52	4	663042	608075	
化学纤维制造业	Manufacture of Chemical Fibers	2	1	50292	52341	
橡胶制品业	Manufacture of Rubber Products	2	1	14061	14448	
塑料制品业	Manufacture of Plastics Products	11	5	56795	49234	7376
非金属矿物制品业	Manufacture of Non-metallic Mineral Products	49	6	831622	826867	444
黑色金属冶炼及压延加工业	Smelting and Pressing of Ferrous Metals	2		55368	53498	
有色金属冶炼及压延加工业	Smelting and Pressing of Non-ferrous Metals	4	1	10624	10269	
金属制品业	Manufacture of Metal Products	5	1	232340	225526	17671
通用设备制造业	Manufacture of General-purpose Machinery	3		76147	76395	
专用设备制造业	Manufacture of Special-purpose Machinery	4		18887	18962	338
交通运输设备制造业	Manufacture of Transport Equipment	33	3	1127570	1130173	10181
电气机械及器材制造业	Manufacture of Electrical Machinery and Equipment	6		315566	300110	106240
通信设备、计算机及其他电子设备制造业	Manufacture of Communication Equipment, Computers and Other Electronic Equipment	5		194412	188025	23101
仪器仪表及文化、办公用机械制造业	Manufacture of Measuring Instruments and Machinery for Cultural Activities and Office Work	1		6386	6071	2123
工艺品及其他制造业	Manufacture of Artwork and Other Manufacturing	3		16649	16583	
电力、热力的生产和供应业	Production and Supply of Electric Power and Heat Power	33	6	1158525	1156860	
燃气生产和供应业	Production and Supply of Gas	7	1	93494	91429	
水的生产和供应业	Production and Supply of Water	12	4	58512	57520	

注:工业总产值和工业销售产值按当年价计算。

Notes: Gross industrial output value & industrial sales value are calculated at current prices.

10-11 续 1 (continued 1)

项目	Item	资产总计 Total Assets	流动资产合计 Total Current Assets	应收帐款 Accounts Receivable	存货 Inventory	产成品 Finished Products	固定资产合计 Total Fixed Assets
合 计	Total	16213815	6223195	1022477	1663455	479516	6495347
石油和天然气开采业	Extraction of Petroleum and Natural Gas	256516	9984	315	2295	243	136990
黑色金属矿采选业	Mining and Processing of Ferrous Metal Ores	428296	242851	4546	27227	16812	84590
有色金属矿采选业	Mining and Processing of Non-Ferrous Metal Ores	90082	41483	5592	8527	4856	16855
非金属矿采选业	Mining and Processing of Nonmetal Ores	519257	20477	3219	1832	1300	10186
农副食品加工业	Processing of Agricultural and Related Products	818459	475532	131899	140012	72913	250179
食品制造业	Manufacture of Foods	322943	229100	26949	39470	22119	71319
饮料制造业	Manufacture of Beverages	328098	166131	16508	24116	5823	72057
烟草制品业	Manufacture of Tobacco	145088	113645	3201	22282	2692	20020
纺织业	Manufacture of Textiles	78838	34861	5117	4628	2215	30083
纺织服装、鞋、帽制造业	Manufacture of Textile Wearing Apparel,Footware and Caps	37002	34152	9297	17341	15283	2736
皮革、毛皮、羽毛(绒)及其制品业	Manufacture of Leather, Fur, Feather and Related Products	4858	4198	1553	1145	712	133
木材加工及木、竹、藤、棕、草制品业	Processing of Timber, Manufacture of Wood,Bamboo,Rattan,Palm and Straw Products	41384	25454	3819	12325	5003	11507
家具制造业	Manufacture of Furniture	23344	15419	1985	8933	949	5032
造纸及纸制品业	Manufacture of Paper and Paper Products	3027184	934815	88639	229610	39322	1131450
印刷业和记录媒介的复制	Printing, Reproduction of Recording Media	39548	20234	6242	3645	1094	17117
石油加工、炼焦及核燃料加工业	Processing of Petroleum, Coking and Nuclear Fuel	1383246	611677	83270	497501	89498	769223
化学原料及化学制品制造业	Manufacture of Chemical Raw Materials and Chemical Products	1587661	408758	41067	73224	15360	511346
医药制造业	Manufacture of Medicines	1120276	744068	208996	133269	36827	210808
化学纤维制造业	Manufacture of Chemical Fibers	33808	7641	6818	542	455	23182
橡胶制品业	Manufacture of Rubber Products	28579	17313	1269	15185	9133	6367
塑料制品业	Manufacture of Plastics Products	55117	35742	9522	7487	3270	8956
非金属矿物制品业	Manufacture of Non-metallic Mineral Products	1120032	526535	80506	68207	13021	422052
黑色金属冶炼及压延加工业	Smelting and Pressing of Ferrous Metals	54363	40029	988	18461	10992	11117
有色金属冶炼及压延加工业	Smelting and Pressing of Non-ferrous Metals	12715	8568	640	1998	961	2678
金属制品业	Manufacture of Metal Products	162081	112485	24642	42164	11096	45104
通用设备制造业	Manufacture of General-purpose Machinery	136845	75507	1711	11963	4429	55047
专用设备制造业	Manufacture of Special-purpose Machinery	32879	18725	4571	6240	1691	3083
交通运输设备制造业	Manufacture of Transport Equipment	937672	573775	65565	125891	65380	190108
电气机械及器材制造业	Manufacture of Electrical Machinery and Equipment	448322	294158	112407	47698	11919	98135
通信设备、计算机及其他电子设备制造业	Manufacture of Communication Equipment, Computers and Other Electronic Equipment	186652	143492	29691	40872	7763	25961
仪器仪表及文化、办公用机械制造业	Manufacture of Measuring Instruments and Machinery for Cultural Activities and Office Work	16538	11933	1896	1850	21	1986
工艺品及其他制造业	Manufacture of Artwork and Other Manufacturing	24198	21533	1511	6605	6231	387
电力、热力的生产和供应业	Production and Supply of Electric Power and Heat Power	2183738	104471	21385	11023		1960019
燃气生产和供应业	Production and Supply of Gas	305897	46536	9420	3063	128	132037
水的生产和供应业	Production and Supply of Water	222301	51914	7724	6828	8	157497

10-11 续 2 (continued 2)

项目	Item	固定资产原价 Original Value Of Fixed Assets	累计折旧 Accmulated Depre-ciation	固定资产净值 Net Value Of Fixed Assets	负债合计 Total Lia-bilities	流动负债合计 Total Current Lia-bilities	应付账款 Accounts Payable
合 计	Total	8820989	2785913	6035077	8619174	6277085	1546446
石油和天然气开采业	Extraction of Petroleum and Natural Gas	200837	63847	136990	16001	14147	7963
黑色金属矿采选业	Mining and Processing of Ferrous Metal Ores	122310	40777	81533	170480	94926	10723
有色金属矿采选业	Mining and Processing of Non-Ferrous Metal Ores	27554	10879	16676	53742	51222	9510
非金属矿采选业	Mining and Processing of Nonmetal Ores	18922	8999	9922	9219	8598	872
农副食品加工业	Processing of Agricultural and Related Products	340108	110248	229860	522528	437343	59039
食品制造业	Manufacture of Foods	110834	51889	58945	130120	124343	20830
饮料制造业	Manufacture of Beverages	123618	52302	71316	145798	139010	27247
烟草制品业	Manufacture of Tobacco	42896	23873	19023	26570	26115	12852
纺织业	Manufacture of Textiles	50133	24693	25440	41987	16099	2164
纺织服装、鞋、帽制造业	Manufacture of Textile Wearing Apparel,Footware and Caps	11677	8941	2736	15391	15391	4619
皮革、毛皮、羽毛(绒)及其制品业	Manufacture of Leather, Fur, Feather and Related Products	744	614	130	2402	2372	730
木材加工及木、竹、藤、棕、草制品业	Processing of Timber, Manufacture of Wood,Bamboo,Rattan,Palm and Straw Products	17400	5936	11465	21427	21218	7243
家具制造业	Manufacture of Furniture	10024	5020	5003	7786	6886	1322
造纸及纸制品业	Manufacture of Paper and Paper Products	1355683	227745	1127939	2031057	1104888	184737
印刷业和记录媒介的复制	Printing, Reproduction of Recording Media	31770	17500	14270	14249	13419	4451
石油加工、炼焦及核燃料加工业	Processing of Petroleum, Coking and Nuclear Fuel	976248	280477	695771	968792	896147	455749
化学原料及化学制品制造业	Manufacture of Chemical Raw Materials and Chemical Products	877006	367187	509819	212844	206611	43178
医药制造业	Manufacture of Medicines	268534	89353	179181	334823	313018	69408
化学纤维制造业	Manufacture of Chemical Fibers	56737	16596	40142	43963	43963	12412
橡胶制品业	Manufacture of Rubber Products	7626	2838	4788	20313	20313	14632
塑料制品业	Manufacture of Plastics Products	15254	6312	8942	30111	30108	9157
非金属矿物制品业	Manufacture of Non-metallic Mineral Products	544162	150213	393949	646828	442956	100955
黑色金属冶炼及压延加工业	Smelting and Pressing of Ferrous Metals	34510	23403	11107	79332	79332	7415
有色金属冶炼及压延加工业	Smelting and Pressing of Non-ferrous Metals	3857	1237	2621	9484	8697	1161
金属制品业	Manufacture of Metal Products	90770	45666	45104	85185	71555	42909
通用设备制造业	Manufacture of General-purpose Machinery	79661	24626	55034	55145	52474	23904
专用设备制造业	Manufacture of Special-purpose Machinery	5144	2407	2737	11163	9108	1850
交通运输设备制造业	Manufacture of Transport Equipment	319869	134848	185021	541143	518800	239953
电气机械及器材制造业	Manufacture of Electrical Machinery and Equipment	122404	25327	97078	218971	174907	46180
通信设备、计算机及其他电子设备制造业	Manufacture of Communication Equipment, Computers and Other Electronic Equipment	48397	22800	25597	110550	100700	39887
仪器仪表及文化、办公用机械制造业	Manufacture of Measuring Instruments and Machinery for Cultural Activities and Office Work	2922	1986	937	5020	1816	453
工艺品及其他制造业	Manufacture of Artwork and Other Manufacturing	918	531	387	11810	8310	301
电力、热力的生产和供应业	Production and Supply of Electric Power and Heat Power	2556771	848117	1708654	1784283	1093638	68213
燃气生产和供应业	Production and Supply of Gas	155294	33803	121491	123671	67863	8184
水的生产和供应业	Production and Supply of Water	190397	54927	135470	116989	60796	6245

工业 INDUSTRY

10-11 续 3(continued 3)

项目	Item	长期负债合计 Total Long-term Liabilities	所有者权益合计 Total Owner's Equity	实收资本 Paid-up Capital	国家资本 State-owned Capital	集体资本 Collective-owned Capital	法人资本 Legal Person's Capital
合 计	**Total**	**2183927**	**7577899**	**4311612**	**961871**	**41488**	**2173739**
石油和天然气开采业	Extraction of Petroleum and Natural Gas		240515	5000	5000		
黑色金属矿采选业	Mining and Processing of Ferrous Metal Ores	75554	257817	170903		800	170103
有色金属矿采选业	Mining and Processing of Non-Ferrous Metal Ores	2520	35988	16358			7836
非金属矿采选业	Mining and Processing of Nonmetal Ores	620	510038	22416	8029		718
农副食品加工业	Processing of Agricultural and Related Products	81213	290404	162680	2200	7169	71899
食品制造业	Manufacture of Foods	5609	191930	38893		8996	11338
饮料制造业	Manufacture of Beverages	6289	181429	161446	7452	500	24632
烟草制品业	Manufacture of Tobacco	455	118518	47116			47116
纺织业	Manufacture of Textiles	25145	36851	31815	2000		29615
纺织服装、鞋、帽制造业	Manufacture of Textile Wearing Apparel,Footware and Caps		21611	7563			500
皮革、毛皮、羽毛(绒)及其制品业	Manufacture of Leather, Fur, Feather and Related Products	30	2457	1165			
木材加工及木、竹、藤、棕、草制品业	Processing of Timber, Manufacture of Wood,Bamboo,Rattan,Palm and Straw Products	209	19806	14392	4500	50	6573
家具制造业	Manufacture of Furniture	900	15558	14253			70
造纸及纸制品业	Manufacture of Paper and Paper Products	926169	994628	869451	1038		562421
印刷业和记录媒介的复制	Printing, Reproduction of Recording Media	831	25299	13246	1036		11040
石油加工、炼焦及核燃料加工业	Processing of Petroleum, Coking and Nuclear Fuel	72645	414454	411600	299950		8700
化学原料及化学制品制造业	Manufacture of Chemical Raw Materials and Chemical Products	6233	1374754	664740	499800	6205	124929
医药制造业	Manufacture of Medicines	20374	781748	244246	11390	9685	99454
化学纤维制造业	Manufacture of Chemical Fibers		-10155	31344			31344
橡胶制品业	Manufacture of Rubber Products		8266	6307		307	2790
塑料制品业	Manufacture of Plastics Products		25005	9327		436	6607
非金属矿物制品业	Manufacture of Non-metallic Mineral Products	97935	471100	264435	1680	3800	200833
黑色金属冶炼及压延加工业	Smelting and Pressing of Ferrous Metals		-24969	12109			7800
有色金属冶炼及压延加工业	Smelting and Pressing of Non-ferrous Metals	89	3231	4310			2745
金属制品业	Manufacture of Metal Products	13631	76896	24480	648	3536	9328
通用设备制造业	Manufacture of General-purpose Machinery	150	81700	65638			65570
专用设备制造业	Manufacture of Special-purpose Machinery	56	21716	9098	678		8320
交通运输设备制造业	Manufacture of Transport Equipment	4323	396242	183091	6715		128079
电气机械及器材制造业	Manufacture of Electrical Machinery and Equipment	40666	229351	107017			32817
通信设备、计算机及其他电子设备制造业	Manufacture of Communication Equipment, Computers and Other Electronic Equipment	895	75102	45361	16927		13418
仪器仪表及文化、办公用机械制造业	Manufacture of Measuring Instruments and Machinery for Cultural Activities and Office Work	3204	11518	4450			850
工艺品及其他制造业	Manufacture of Artwork and Other Manufacturing	3500	12389	7768		5	3976
电力、热力的生产和供应业	Production and Supply of Electric Power and Heat Power	690641	399253	396032	21831		365620
燃气生产和供应业	Production and Supply of Gas	48190	182141	119615	12387		103268
水的生产和供应业	Production and Supply of Water	55853	105312	123949	58611		13433

10-11 续 4(continued 4)

项目	Item	个人资本 Individual Capital	港澳台资本 Capital from Hongkong Macau & Taiwan	外商资本 Foreign Capital	主营业务收入 Main Business Income	主营业务成本 Main Business Costs	主营业务税金及附加 Taxes & Surcharges of Main Business
合　计	**Total**	**278172**	**246949**	**609392**	**13228318**	**10081293**	**785979**
石油和天然气开采业	Extraction of Petroleum and Natural Gas				92545	21502	503
黑色金属矿采选业	Mining and Processing of Ferrous Metal Ores				303630	107819	10364
有色金属矿采选业	Mining and Processing of Non-Ferrous Metal Ores	7400	100	1022	93549	75708	1381
非金属矿采选业	Mining and Processing of Nonmetal Ores	3187	10483		27374	17123	417
农副食品加工业	Processing of Agricultural and Related Products	39213	19201	22998	942676	829687	2073
食品制造业	Manufacture of Foods	7489	2625	8445	383283	240463	3834
饮料制造业	Manufacture of Beverages	18914	1313	108634	196195	128314	7577
烟草制品业	Manufacture of Tobacco				134343	56733	58907
纺织业	Manufacture of Textiles	200			31683	24423	79
纺织服装、鞋、帽制造业	Manufacture of Textile Wearing Apparel,Footware and Caps	100		6963	59327	36594	145
皮革、毛皮、羽毛(绒)及其制品业	Manufacture of Leather, Fur, Feather and Related Products	600		565	6098	4412	24
木材加工及木、竹、藤、棕、草制品业	Processing of Timber, Manufacture of Wood,Bamboo,Rattan,Palm and Straw Products	3269			67363	59813	766
家具制造业	Manufacture of Furniture	45	14138		15834	13767	102
造纸及纸制品业	Manufacture of Paper and Paper Products	2755	27	303211	752033	555380	233
印刷业和记录媒介的复制	Printing, Reproduction of Recording Media	990	180		25013	17453	124
石油加工、炼焦及核燃料加工业	Processing of Petroleum, Coking and Nuclear Fuel	3300	99650		4264705	3256890	636917
化学原料及化学制品制造业	Manufacture of Chemical Raw Materials and Chemical Products	12733	21073		853071	621192	7960
医药制造业	Manufacture of Medicines	34994	33131	55592	586657	324887	2631
化学纤维制造业	Manufacture of Chemical Fibers				52649	46850	168
橡胶制品业	Manufacture of Rubber Products	240		2970	131454	124341	29
塑料制品业	Manufacture of Plastics Products	1857	310	118	64098	56355	101
非金属矿物制品业	Manufacture of Non-metallic Mineral Products	52924	314	4885	807219	629088	3565
黑色金属冶炼及压延加工业	Smelting and Pressing of Ferrous Metals	4309			57738	47916	91
有色金属冶炼及压延加工业	Smelting and Pressing of Non-ferrous Metals	1566			9936	8271	21
金属制品业	Manufacture of Metal Products	90	200	10678	224461	201597	290
通用设备制造业	Manufacture of General-purpose Machinery	68			78815	73432	60
专用设备制造业	Manufacture of Special-purpose Machinery	100			20384	15010	50
交通运输设备制造业	Manufacture of Transport Equipment	15700	15117	17480	1101482	968255	38059
电气机械及器材制造业	Manufacture of Electrical Machinery and Equipment	53509		20691	301214	225796	156
通信设备、计算机及其他电子设备制造业	Manufacture of Communication Equipment, Computers and Other Electronic Equipment	500	14517		180465	143081	2527
仪器仪表及文化、办公用机械制造业	Manufacture of Measuring Instruments and Machinery for Cultural Activities and Office Work	3600			6082	2877	45
工艺品及其他制造业	Manufacture of Artwork and Other Manufacturing	3490		297	16659	14440	43
电力、热力的生产和供应业	Production and Supply of Electric Power and Heat Power	5031		3552	1155042	1008892	5316
燃气生产和供应业	Production and Supply of Gas			3960	127499	88213	1086
水的生产和供应业	Production and Supply of Water		14572	37332	57745	34718	341

10-11 续 5(continued 5)

项目	Item	其他业务收入 Other Operating Income	其他业务利润 Other Operating Profits	营业费用 Operating Expenses	管理费用 Administrative Expenses	税金 Taxes	财务费用 Financial Expenses
合 计	Total	102942	16258	408817	479286	14169	170750
石油和天然气开采业	Extraction of Petroleum and Natural Gas			2635	4439		-2548
黑色金属矿采选业	Mining and Processing of Ferrous Metal Ores	1	1	5185	25924	1106	3326
有色金属矿采选业	Mining and Processing of Non-Ferrous Metal Ores	6		3618	6715	1004	487
非金属矿采选业	Mining and Processing of Nonmetal Ores	629	211	2279	2914	472	65
农副食品加工业	Processing of Agricultural and Related Products	10528	4093	16272	35027	1553	13129
食品制造业	Manufacture of Foods	5632	5553	82609	16826	517	-386
饮料制造业	Manufacture of Beverages	3079	883	24341	26125	298	673
烟草制品业	Manufacture of Tobacco	293	192	733	8205	226	-494
纺织业	Manufacture of Textiles	1267	463	2146	4469	118	662
纺织服装、鞋、帽制造业	Manufacture of Textile Wearing Apparel,Footware and Caps	28	28	12517	4903	19	401
皮革、毛皮、羽毛(绒)及其制品业	Manufacture of Leather, Fur, Feather and Related Products			1026	303	1	12
木材加工及木、竹、藤、棕、草制品业	Processing of Timber, Manufacture of Wood,Bamboo,Rattan,Palm and Straw Products	122	20	1696	2427	162	105
家具制造业	Manufacture of Furniture	50	31	445	1122	49	276
造纸及纸制品业	Manufacture of Paper and Paper Products	27417	-7254	42843	19099	1551	43729
印刷业和记录媒介的复制	Printing, Reproduction of Recording Media	23	21	510	3447	27	196
石油加工、炼焦及核燃料加工业	Processing of Petroleum, Coking and Nuclear Fuel			3197	46353	73	25143
化学原料及化学制品制造业	Manufacture of Chemical Raw Materials and Chemical Products	11283	1416	19592	25766	1440	5078
医药制造业	Manufacture of Medicines	1874	1693	79049	55433	1080	1208
化学纤维制造业	Manufacture of Chemical Fibers				447	59	
橡胶制品业	Manufacture of Rubber Products	3925	41	685	2247	119	164
塑料制品业	Manufacture of Plastics Products	3238	292	1505	3212	12	328
非金属矿物制品业	Manufacture of Non-metallic Mineral Products	485	160	30807	29612	1012	9256
黑色金属冶炼及压延加工业	Smelting and Pressing of Ferrous Metals	1144	1143	859	3287	163	77
有色金属冶炼及压延加工业	Smelting and Pressing of Non-ferrous Metals	225	10	203	398	20	122
金属制品业	Manufacture of Metal Products	2835	1033	8360	3945	65	249
通用设备制造业	Manufacture of General-purpose Machinery	1407	356	312	3343	95	-349
专用设备制造业	Manufacture of Special-purpose Machinery	396	373	1915	2337	44	-15
交通运输设备制造业	Manufacture of Transport Equipment	7732	2101	4498	42432	1209	-396
电气机械及器材制造业	Manufacture of Electrical Machinery and Equipment	1954	137	21913	16391	200	3829
通信设备、计算机及其他电子设备制造业	Manufacture of Communication Equipment, Computers and Other Electronic Equipment	10613	368	11588	12786	23	-26
仪器仪表及文化、办公用机械制造业	Manufacture of Measuring Instruments and Machinery for Cultural Activities and Office Work			117	777	9	69
工艺品及其他制造业	Manufacture of Artwork and Other Manufacturing	437	417	1049	755		206
电力、热力的生产和供应业	Production and Supply of Electric Power and Heat Power	2793	819	13597	47823	1151	61116
燃气生产和供应业	Production and Supply of Gas	1110	1006	6347	10353	91	2938
水的生产和供应业	Production and Supply of Water	2416	653	4372	9646	205	2117

10-11 续 6(continued 6)

项目	Item	利息支出 Interest Expen-diture	营业利润 Operating Profits	投资收益 Investment Income	补贴收入 Subsidy Income	营业外收入 Non-operating Income	营业外支出 Non-operating Expenses
合 计	Total	172969	1355281	65764	4328	67025	30603
石油和天然气开采业	Extraction of Petroleum and Natural Gas	-2548	66055	40		8	149
黑色金属矿采选业	Mining and Processing of Ferrous Metal Ores	2436	148925	423		1186	1282
有色金属矿采选业	Mining and Processing of Non-Ferrous Metal Ores	187	6310	613		1691	722
非金属矿采选业	Mining and Processing of Nonmetal Ores	55	4379	8		608	160
农副食品加工业	Processing of Agricultural and Related Products	10511	55574	1515	2096	6563	838
食品制造业	Manufacture of Foods	494	46922		38	1232	1085
饮料制造业	Manufacture of Beverages	1557	35017	26347	9	1567	5238
烟草制品业	Manufacture of Tobacco	-498	10450			80	239
纺织业	Manufacture of Textiles	520	301		81	498	62
纺织服装、鞋、帽制造业	Manufacture of Textile Wearing Apparel,Footware and Caps	43	4796			131	81
皮革、毛皮、羽毛(绒)及其制品业	Manufacture of Leather, Fur, Feather and Related Products	8	320				
木材加工及木、竹、藤、棕、草制品业	Processing of Timber, Manufacture of Wood,Bamboo,Rattan,Palm and Straw Products	74	2567		146	346	178
家具制造业	Manufacture of Furniture	192	260		1	16	10
造纸及纸制品业	Manufacture of Paper and Paper Products	49660	83483		328	12296	1623
印刷业和记录媒介的复制	Printing, Reproduction of Recording Media	178	3397		7	9	63
石油加工、炼焦及核燃料加工业	Processing of Petroleum, Coking and Nuclear Fuel	24245	292867	1135		3808	5650
化学原料及化学制品制造业	Manufacture of Chemical Raw Materials and Chemical Products	3796	201482	27533	368	2135	2849
医药制造业	Manufacture of Medicines	3497	123656	4001	937	5423	3226
化学纤维制造业	Manufacture of Chemical Fibers		378	16			
橡胶制品业	Manufacture of Rubber Products	10	2267	-1630		75	10
塑料制品业	Manufacture of Plastics Products	221	2890			340	11
非金属矿物制品业	Manufacture of Non-metallic Mineral Products	8566	103379	374		10898	2797
黑色金属冶炼及压延加工业	Smelting and Pressing of Ferrous Metals	58	6652			1	308
有色金属冶炼及压延加工业	Smelting and Pressing of Non-ferrous Metals	116	925		20	108	1
金属制品业	Manufacture of Metal Products	1316	10939	-151	31	6	74
通用设备制造业	Manufacture of General-purpose Machinery	-502	2351	-4		1100	
专用设备制造业	Manufacture of Special-purpose Machinery	60	1477		141	286	49
交通运输设备制造业	Manufacture of Transport Equipment	-175	48225	298	100	6586	739
电气机械及器材制造业	Manufacture of Electrical Machinery and Equipment	2728	33232			1703	867
通信设备、计算机及其他电子设备制造业	Manufacture of Communication Equipment, Computers and Other Electronic Equipment	152	10815		20	4021	458
仪器仪表及文化、办公用机械制造业	Manufacture of Measuring Instruments and Machinery for Cultural Activities and Office Work	51	2134			99	1
工艺品及其他制造业	Manufacture of Artwork and Other Manufacturing	197	583		5		61
电力、热力的生产和供应业	Production and Supply of Electric Power and Heat Power	60632	12311	86		3785	1357
燃气生产和供应业	Production and Supply of Gas	2819	22822	5160		142	245
水的生产和供应业	Production and Supply of Water	2312	7142			279	172

10-11 续 7(continued 7)

项目	Item	利润总额 Total Profits	应交所得税 Income Tax Payable	亏损企业亏损总额 Total Losses of Loss-suffering Enterprises	利税总额 Total Profits and Taxes	本年应付工资总额 Total Wages Payable of Current Year	本年应付福利费总额 Total Welfare Payable of Current Year
合 计	Total	1400416	191249	30207	2790969	452790	24898
石油和天然气开采业	Extraction of Petroleum and Natural Gas	65954	5936		69374	306	40
黑色金属矿采选业	Mining and Processing of Ferrous Metal Ores	148829	36958		203097	19659	4020
有色金属矿采选业	Mining and Processing of Non-Ferrous Metal Ores	7891	551		11651	5232	234
非金属矿采选业	Mining and Processing of Nonmetal Ores	4827	299		6652	4752	33
农副食品加工业	Processing of Agricultural and Related Products	63396	6086	7367	87776	48595	1180
食品制造业	Manufacture of Foods	47107	8325	316	81051	18912	818
饮料制造业	Manufacture of Beverages	31355	2269	614	49741	16349	1281
烟草制品业	Manufacture of Tobacco	10291	2483		82315	9179	433
纺织业	Manufacture of Textiles	818	18		1701	3250	73
纺织服装、鞋、帽制造业	Manufacture of Textile Wearing Apparel,Footware and Caps	4845	1098	8	5084	11684	569
皮革、毛皮、羽毛(绒)及其制品业	Manufacture of Leather, Fur, Feather and Related Products	320			546	854	17
木材加工及木、竹、藤、棕、草制品业	Processing of Timber, Manufacture of Wood,Bamboo,Rattan,Palm and Straw Products	2880	422	194	6329	5529	71
家具制造业	Manufacture of Furniture	267	42	83	616	1998	21
造纸及纸制品业	Manufacture of Paper and Paper Products	94484	10517	551	123226	26698	3310
印刷业和记录媒介的复制	Printing, Reproduction of Recording Media	3350	900	608	4834	4198	179
石油加工、炼焦及核燃料加工业	Processing of Petroleum, Coking and Nuclear Fuel	291025	35099		1156392	18191	1253
化学原料及化学制品制造业	Manufacture of Chemical Raw Materials and Chemical Products	201136	30011	61	237110	24135	997
医药制造业	Manufacture of Medicines	130782	15901	1091	174880	31917	1936
化学纤维制造业	Manufacture of Chemical Fibers	378		624	2252	1095	42
橡胶制品业	Manufacture of Rubber Products	2333	620	289	2627	1991	122
塑料制品业	Manufacture of Plastics Products	3218	604	1025	3827	3174	183
非金属矿物制品业	Manufacture of Non-metallic Mineral Products	111480	13109	1276	158906	29162	1062
黑色金属冶炼及压延加工业	Smelting and Pressing of Ferrous Metals	6346	28		7280	1754	126
有色金属冶炼及压延加工业	Smelting and Pressing of Non-ferrous Metals	1052	77	90	1501	442	19
金属制品业	Manufacture of Metal Products	10902	1907	854	13642	5648	386
通用设备制造业	Manufacture of General-purpose Machinery	3451	211		5355	2992	84
专用设备制造业	Manufacture of Special-purpose Machinery	1855	373		2566	1725	77
交通运输设备制造业	Manufacture of Transport Equipment	53911	5495	1148	116999	37231	1140
电气机械及器材制造业	Manufacture of Electrical Machinery and Equipment	34069	6098		41251	7323	819
通信设备、计算机及其他电子设备制造业	Manufacture of Communication Equipment, Computers and Other Electronic Equipment	14398	215		20022	7316	321
仪器仪表及文化、办公用机械制造业	Manufacture of Measuring Instruments and Machinery for Cultural Activities and Office Work	2232	256		2277	1754	220
工艺品及其他制造业	Manufacture of Artwork and Other Manufacturing	527	57		810	1113	122
电力、热力的生产和供应业	Production and Supply of Electric Power and Heat Power	14739	26	12364	71218	82795	2607
燃气生产和供应业	Production and Supply of Gas	22719	4288	214	27229	3863	494
水的生产和供应业	Production and Supply of Water	7249	972	1434	10833	11973	611

10-11 续 8(continued 8)

项目	Item	本年应交增值税 Value Added Tax Payable of Current Year	本年进项税额 Input VAT of Current Year	本年销项税额 Output VAT of Current Year	全部从业人员年平均人数(人) Annual Average Employees (person)
合 计	Total	604574	1284487	1872126	124380
石油和天然气开采业	Extraction of Petroleum and Natural Gas	2918	11598	14515	48
黑色金属矿采选业	Mining and Processing of Ferrous Metal Ores	43904	11813	55717	5736
有色金属矿采选业	Mining and Processing of Non-Ferrous Metal Ores	2379	7223	9602	1743
非金属矿采选业	Mining and Processing of Nonmetal Ores	1408	1248	2656	2250
农副食品加工业	Processing of Agricultural and Related Products	22307	40739	59672	22190
食品制造业	Manufacture of Foods	30110	35681	65736	5611
饮料制造业	Manufacture of Beverages	10809	15981	26703	3253
烟草制品业	Manufacture of Tobacco	13117	10147	22856	738
纺织业	Manufacture of Textiles	805	2972	3086	1056
纺织服装、鞋、帽制造业	Manufacture of Textile Wearing Apparel,Footware and Caps	94	10924	8926	5127
皮革、毛皮、羽毛(绒)及其制品业	Manufacture of Leather, Fur, Feather and Related Products	201	764	966	220
木材加工及木、竹、藤、棕、草制品业	Processing of Timber, Manufacture of Wood,Bamboo,Rattan,Palm and Straw Products	2683	6624	9307	2327
家具制造业	Manufacture of Furniture	247	602	829	1428
造纸及纸制品业	Manufacture of Paper and Paper Products	28509	110754	139041	7848
印刷业和记录媒介的复制	Printing, Reproduction of Recording Media	1361	1681	3041	1033
石油加工、炼焦及核燃料加工业	Processing of Petroleum, Coking and Nuclear Fuel	228450	476737	705126	722
化学原料及化学制品制造业	Manufacture of Chemical Raw Materials and Chemical Products	28014	58172	85816	4232
医药制造业	Manufacture of Medicines	41467	53010	94300	10283
化学纤维制造业	Manufacture of Chemical Fibers	1706	7245	8950	470
橡胶制品业	Manufacture of Rubber Products	265	17477	17742	673
塑料制品业	Manufacture of Plastics Products	509	8531	9039	1113
非金属矿物制品业	Manufacture of Non-metallic Mineral Products	43861	43435	87296	9508
黑色金属冶炼及压延加工业	Smelting and Pressing of Ferrous Metals	844	8033	8877	725
有色金属冶炼及压延加工业	Smelting and Pressing of Non-ferrous Metals	428	1182	1611	219
金属制品业	Manufacture of Metal Products	2451	32757	35208	1315
通用设备制造业	Manufacture of General-purpose Machinery	1845	11581	13426	999
专用设备制造业	Manufacture of Special-purpose Machinery	662	2194	2867	711
交通运输设备制造业	Manufacture of Transport Equipment	25028	164263	180010	9630
电气机械及器材制造业	Manufacture of Electrical Machinery and Equipment	7027	25125	32152	3082
通信设备、计算机及其他电子设备制造业	Manufacture of Communication Equipment, Computers and Other Electronic Equipment	3097	19889	22987	2351
仪器仪表及文化、办公用机械制造业	Manufacture of Measuring Instruments and Machinery for Cultural Activities and Office Work				580
工艺品及其他制造业	Manufacture of Artwork and Other Manufacturing	240	2542	2782	345
电力、热力的生产和供应业	Production and Supply of Electric Power and Heat Power	51162	72949	124111	12145
燃气生产和供应业	Production and Supply of Gas	3424	10515	13831	966
水的生产和供应业	Production and Supply of Water	3243	103	3346	3703

10-12 分行业规模以上工业企业主要经济效益指标
Main Economic Benefit Indicators of Industrial Enterprises Above Designated Size by Sector

(2010)

项目	Item	工业综合指数(%) Weighted Aggregate Index of Industrial Economic Benefits(%)	总资产贡献率(%) Contribution Rate of Total Assets	资产负债率(%) Asset-Liability Ratio	流动资产周转率(次/年) Current Asset Turnover (times/year)
合 计	Total	329.23	18.28	53.16	2.13
石油和天然气开采业	Extraction of Petroleum and Natural Gas	10752.95	26.05	6.24	9.27
黑色金属矿采选业	Mining and Processing of Ferrous Metal Ores	786.76	47.99	39.80	1.25
有色金属矿采选业	Mining and Processing of Non-Ferrous Metal Ores	193.11	13.14	59.66	2.26
非金属矿采选业	Mining and Processing of Nonmetal Ores	397.23	1.29	1.78	1.34
农副食品加工业	Processing of Agricultural and Related Products	152.33	12.01	63.84	1.98
食品制造业	Manufacture of Foods	276.09	25.25	40.29	1.67
饮料制造业	Manufacture of Beverages	245.08	15.63	44.44	1.18
烟草制品业	Manufacture of Tobacco	1022.68	56.39	18.31	1.18
纺织业	Manufacture of Textiles	109.70	2.82	53.26	0.91
纺织服装、鞋、帽制造业	Manufacture of Textile Wearing Apparel,Footware and Caps	135.70	13.86	41.60	1.74
皮革、毛皮、羽毛(绒)及其制品业	Manufacture of Leather, Fur, Feather and Related Products	149.31	11.40	49.44	1.45
木材加工及木、竹、藤、棕、草制品业	Processing of Timber, Manufacture of Wood,Bamboo,Rattan,Palm and Straw Products	148.61	15.47	51.78	2.65
家具制造业	Manufacture of Furniture	72.43	3.46	33.35	1.03
造纸及纸制品业	Manufacture of Paper and Paper Products	274.08	5.71	67.09	0.80
印刷业和记录媒介的复制	Printing, Reproduction of Recording Media	193.88	12.67	36.03	1.24
石油加工、炼焦及核燃料加工业	Processing of Petroleum, Coking and Nuclear Fuel	10780.40	85.35	70.04	6.97
化学原料及化学制品制造业	Manufacture of Chemical Raw Materials and Chemical Products	575.16	15.17	13.41	2.09
医药制造业	Manufacture of Medicines	317.30	15.92	29.89	0.79
化学纤维制造业	Manufacture of Chemical Fibers	204.11	6.66	130.04	6.89
橡胶制品业	Manufacture of Rubber Products	206.59	9.23	71.08	7.59
塑料制品业	Manufacture of Plastics Products	136.36	7.35	54.63	1.79
非金属矿物制品业	Manufacture of Non-metallic Mineral Products	295.18	14.95	57.75	1.53
黑色金属冶炼及压延加工业	Smelting and Pressing of Ferrous Metals	261.82	13.50	145.93	1.44
有色金属冶炼及压延加工业	Smelting and Pressing of Non-ferrous Metals	179.71	12.72	74.59	1.16
金属制品业	Manufacture of Metal Products	218.92	9.23	52.56	2.00
通用设备制造业	Manufacture of General-purpose Machinery	160.62	3.55	40.30	1.04
专用设备制造业	Manufacture of Special-purpose Machinery	137.46	7.99	33.95	1.09
交通运输设备制造业	Manufacture of Transport Equipment	220.29	12.46	57.71	1.92
电气机械及器材制造业	Manufacture of Electrical Machinery and Equipment	231.84	9.81	48.84	1.02
通信设备、计算机及其他电子设备制造业	Manufacture of Communication Equipment, Computers and Other Electronic Equipment	192.47	10.81	59.23	1.26
仪器仪表及文化、办公用机械制造业	Manufacture of Measuring Instruments and Machinery for Cultural Activities and Office Work	348.33	14.08	30.35	0.51
工艺品及其他制造业	Manufacture of Artwork and Other Manufacturing	107.53	4.16	48.80	0.77
电力、热力的生产和供应业	Production and Supply of Electric Power and Heat Power	341.15	6.04	81.71	11.06
燃气生产和供应业	Production and Supply of Gas	386.55	9.82	40.43	2.74
水的生产和供应业	Production and Supply of Water	175.16	5.91	52.63	1.11

10-12 续(continued)

项目	Item	成本费用利润率(%) Ratio of Profits to Industrial Costs(%)	全员劳动生产率(元/人·年) Overall Labour Productivity (yuan/person. year)	产品销售率(%) Product Sales Rate(%)	资本保值增值率(%) Capital Maintenance & Increment Ratio(%)
合 计	**Total**	**12.57**	**304494**	**98.03**	**136.52**
石油和天然气开采业	Extraction of Petroleum and Natural Gas	253.40	15881458	101.78	123.08
黑色金属矿采选业	Mining and Processing of Ferrous Metal Ores	104.62	415497	99.88	124.69
有色金属矿采选业	Mining and Processing of Non-Ferrous Metal Ores	9.12	120057	97.88	104.47
非金属矿采选业	Mining and Processing of Nonmetal Ores	21.57	56302	90.50	1901.35
农副食品加工业	Processing of Agricultural and Related Products	7.09	72152	97.28	104.22
食品制造业	Manufacture of Foods	13.87	201843	95.55	125.26
饮料制造业	Manufacture of Beverages	17.47	168199	96.18	108.13
烟草制品业	Manufacture of Tobacco	15.79	1322846	98.53	204.69
纺织业	Manufacture of Textiles	2.58	79148	96.10	105.67
纺织服装、鞋、帽制造业	Manufacture of Textile Wearing Apparel,Footware and Caps	8.90	40466	99.56	95.51
皮革、毛皮、羽毛(绒)及其制品业	Manufacture of Leather, Fur, Feather and Related Products	5.57	67909	95.96	214.54
木材加工及木、竹、藤、棕、草制品业	Processing of Timber, Manufacture of Wood,Bamboo,Rattan,Palm and Straw Products	4.50	59703	100.77	123.11
家具制造业	Manufacture of Furniture	1.71	27731	95.82	96.80
造纸及纸制品业	Manufacture of Paper and Paper Products	14.29	262881	96.07	118.39
印刷业和记录媒介的复制	Printing, Reproduction of Recording Media	15.50	113195	98.50	77.48
石油加工、炼焦及核燃料加工业	Processing of Petroleum, Coking and Nuclear Fuel	8.74	17249654	99.35	279.70
化学原料及化学制品制造业	Manufacture of Chemical Raw Materials and Chemical Products	29.95	631061	93.97	114.91
医药制造业	Manufacture of Medicines	28.40	220452	91.71	154.48
化学纤维制造业	Manufacture of Chemical Fibers	0.80	112277	104.07	93.76
橡胶制品业	Manufacture of Rubber Products	1.83	106746	102.75	110.14
塑料制品业	Manufacture of Plastics Products	5.24	80386	86.69	103.24
非金属矿物制品业	Manufacture of Non-metallic Mineral Products	15.95	239343	99.43	163.72
黑色金属冶炼及压延加工业	Smelting and Pressing of Ferrous Metals	12.17	192731	96.62	130.19
有色金属冶炼及压延加工业	Smelting and Pressing of Non-ferrous Metals	11.70	99543	96.65	90.10
金属制品业	Manufacture of Metal Products	5.09	205848	97.07	107.68
通用设备制造业	Manufacture of General-purpose Machinery	4.50	150881	100.33	102.26
专用设备制造业	Manufacture of Special-purpose Machinery	9.64	67046	100.40	108.04
交通运输设备制造业	Manufacture of Transport Equipment	5.31	193782	100.23	115.88
电气机械及器材制造业	Manufacture of Electrical Machinery and Equipment	12.72	185837	95.10	151.07
通信设备、计算机及其他电子设备制造业	Manufacture of Communication Equipment, Computers and Other Electronic Equipment	8.60	137163	96.71	145.02
仪器仪表及文化、办公用机械制造业	Manufacture of Measuring Instruments and Machinery for Cultural Activities and Office Work	58.13	76362	95.06	242.95
工艺品及其他制造业	Manufacture of Artwork and Other Manufacturing	3.20	67739	99.60	117.90
电力、热力的生产和供应业	Production and Supply of Electric Power and Heat Power	1.30	279281	99.86	125.39
燃气生产和供应业	Production and Supply of Gas	21.06	373116	97.79	106.52
水的生产和供应业	Production and Supply of Water	14.25	101655	98.30	104.21

10-13 分市县规模以上工业企业主要财务指标
Main Financial Indicators of Industrial Enterprises Above Designated Size by Region

单位:万元 （2010） (10 000 yuan)

地 区	Region	企业单位数（个）Number of Enterprises (unit)	亏损企业 Loss-suffering Enterprises	工业总产值 Gross Industrial Output Value	工业销售产值 Industrial Sales Value	出口交货值 Export Delivery Value
全省总计	**Total**	**497**	**87**	**13812530**	**13540935**	**969903**
海口市	Haikou	186	33	4179653	4067362	263895
三亚市	Sanya	27	7	400196	395652	26494
五指山市	Wuzhishan	5		16741	15951	
文昌市	Wenchang	34	6	177614	176334	9822
琼海市	Qionghai	16	4	106610	104929	15704
万宁市	Wanning	26	1	86763	81619	3120
定安县	Ding'an	23	7	79910	80005	27881
屯昌县	Tunchang	6		27960	27114	
澄迈县	Chengmai	51	6	1184108	1184761	88074
临高县	Lingao	7	2	127034	113996	3466
儋州市	Danzhou	44	8	5984889	5916245	504984
#洋浦	#Yangpu	20	2	5719039	5654459	494355
东方市	Dongfang	14	4	641703	587982	294
乐东县	Ledong	6	2	43349	41916	7
琼中县	Qiongzhong	4		12936	12180	
保亭县	Baoting	2	1	6364	6265	
陵水县	Lingshui	2		20745	20693	5794
白沙县	Baisha	6	2	36463	30158	
昌江县	Changjiang	17	1	553361	550845	
农垦	Nongken	21	3	126130	126929	20370

注:工业总产值和工业销售产值按当年价格计算

Note: Gross industrial output value & industrial sales value are calculated at current prices.

10-13 续 1 (continued 1)

地区	Region	资产总计 Total Assets	流动资产合计 Total Current Assets	应收帐款 Accounts Receivable	存货 Inventory	产成品 Finished Products	固定资产合计 Total Fixed Assets
全省总计	**Total**	**16213815**	**6223195**	**1022477**	**1663455**	**479516**	**6495347**
海口市	Haikou	4516988	2644176	529682	528091	184859	1209215
三亚市	Sanya	570609	207757	39403	41495	16633	337324
五指山市	Wuzhishan	40034	6613	1355	1594	32	30221
文昌市	Wenchang	251577	84708	18239	20799	9553	143474
琼海市	Qionghai	209869	46132	9114	15524	7862	140393
万宁市	Wanning	105388	39357	6208	6728	3869	61232
定安县	Ding'an	84898	35272	9234	10474	3416	48618
屯昌县	Tunchang	33503	5944	651	4465	934	26157
澄迈县	Chengmai	1496303	536004	80125	113783	46566	672833
临高县	Lingao	129933	84773	7349	23715	9762	35803
儋州市	Danzhou	5122632	1734361	229894	774003	152492	2397774
#洋浦	#Yangpu	4680455	1609222	195064	737363	131436	2094520
东方市	Dongfang	1847254	265804	19573	41000	5093	834894
乐东县	Ledong	560585	7602	2024	1060	599	43671
琼中县	Qiongzhong	31616	4175	1014	674	403	27180
保亭县	Baoting	34805	1563	132	10		33153
陵水县	Lingshui	35667	5503	924	719	219	30016
白沙县	Baisha	72104	22908	10022	6166	4595	34883
昌江县	Changjiang	930396	417683	40694	46775	20666	346690
农垦	Nongken	139655	72860	16841	26380	11964	41818

10-13 续 2 (continued 2)

地 区	Region	固定资产原价 Original Value Of Fixed Assets	累计折旧 Accumulated Depreciation	固定资产净值 Net Value Of Fixed Assets	负债合计 Total Liabilities	流动负债合计 Total Current Liabilities	应付账款 Accounts Payable
全省总计	**Total**	**8820989**	**2785913**	**6035077**	**8619174**	**6277085**	**1546446**
海 口 市	Haikou	1800362	698817	1101545	2095039	1751375	561245
三 亚 市	Sanya	406279	134045	272234	375265	253610	47986
五指山市	Wuzhishan	47609	17388	30221	21286	11966	735
文 昌 市	Wenchang	210858	90777	120081	145695	84129	23498
琼 海 市	Qionghai	157742	42852	114890	154712	99125	9814
万 宁 市	Wanning	81907	20944	60963	71358	30600	6400
定 安 县	Ding'an	57847	15671	42177	47218	32680	3673
屯 昌 县	Tunchang	28648	5396	23252	20219	11064	342
澄 迈 县	Chengmai	1029615	386496	643119	863178	660701	101694
临 高 县	Lingao	51039	17337	33702	91843	62500	7125
儋 州 市	Danzhou	2923928	685038	2238890	3406751	2275560	697071
# 洋 浦	#Yangpu	2613659	600736	2012923	3104163	2088988	654576
东 方 市	Dongfang	1275992	442427	833565	554458	507230	28162
乐 东 县	Ledong	63418	20604	42814	58568	37666	4496
琼 中 县	Qiongzhong	30685	6062	24623	23650	9767	1020
保 亭 县	Baoting	40481	10100	30381	32388	20440	132
陵 水 县	Lingshui	28048	6693	21355	28405	13623	1371
白 沙 县	Baisha	46433	12720	33714	57178	29352	4847
昌 江 县	Changjiang	461756	132833	328923	500543	325925	30994
农 垦	Nongken	78344	39715	38629	71422	59772	15843

10-13 续 3(continued 3)

地 区	Region	长期负债合计 Total Long-term Liabilities	所有者权益合计 Total Owner's Equity	实收资本 Paid-up Capital	国家资本 State-owned Capital	集体资本 Collective-owned Capital	法人资本 Legal Person's Capital
全省总计	**Total**	**2183927**	**7577899**	**4311612**	**961871**	**41488**	**2173739**
海口市	Haikou	324536	2415624	1163106	70541	27942	607463
三亚市	Sanya	119547	193244	86145	6480	2805	36742
五指山市	Wuzhishan	9320	18748	6984			5704
文昌市	Wenchang	58460	103501	68344	3197	3881	22829
琼海市	Qionghai	54558	55157	32295	2581		19756
万宁市	Wanning	40757	33255	24363	3683	50	11108
定安县	Ding'an	13807	35853	22252	2953		15345
屯昌县	Tunchang	9155	11958	5908			1980
澄迈县	Chengmai	85629	633122	418636	12400		360671
临高县	Lingao	14971	38090	22583		1959	4465
儋州市	Danzhou	1131191	1714175	1455328	323749		684620
#洋浦	#Yangpu	1015176	1576237	1393676	313095		659377
东方市	Dongfang	46888	1292773	664614	504870	1240	137791
乐东县	Ledong	20903	501815	18819	9567		8704
琼中县	Qiongzhong	13883	7966	3778			3148
保亭县	Baoting	11948	2417	2365	868		1497
陵水县	Lingshui	14781	7262	3173			3173
白沙县	Baisha	27825	14855	7856		1000	5856
昌江县	Changjiang	174619	429853	255812	629	307	233739
农垦	Nongken	11150	68233	49250	20353	2305	9150

10-13 续 4（continued 4）

地区	Region	个人资本 Individual Capital	港澳台资本 Capital from Hongkong Macau & Taiwan	外商资本 Foreign Capital	主营业务收入 Main Business Income	主营业务成本 Main Business Costs	主营业务税金及附加 Taxes and Surcharges of Main Business
全省总计	Total	278172	246949	609392	13228318	10081293	785979
海口市	Haikou	126293	72113	258755	4110163	3225513	113964
三亚市	Sanya	27497		12621	413420	335284	1661
五指山市	Wuzhishan	1280			16031	10260	82
文昌市	Wenchang	14900	11856	11683	176275	139595	1768
琼海市	Qionghai	2253	2401	5305	102455	79067	667
万宁市	Wanning	502	1064	7957	82248	66500	1716
定安县	Ding'an	3369	585		83215	71244	143
屯昌县	Tunchang	3929			27114	23591	105
澄迈县	Chengmai	26429	13132	6004	1187780	884410	9838
临高县	Lingao	16159			107738	94916	238
儋州市	Danzhou	25669	114222	307068	5523050	4240645	636071
#洋浦	#Yangpu	9225	111434	300546	5141172	3901669	634522
东方市	Dongfang	300	20413		618481	420212	7116
乐东县	Ledong	548			41891	32909	218
琼中县	Qiongzhong	631			12461	11593	42
保亭县	Baoting				6241	5654	27
陵水县	Lingshui				20694	14056	61
白沙县	Baisha	1000			38839	34788	295
昌江县	Changjiang	21137			539380	294053	11408
农垦	Nongken	6278	11164		120843	97001	562

10-13 续 5 (continued 5)

地 区	Region	其他业务收入 Other Operating Income	其他业务利润 Other Operating Profits	营业费用 Operating Expenses	管理费用 Administrative Expenses	税金 Taxes	财务费用 Financial Expenses
全省总计	Total	102942	16258	408817	479286	14169	170750
海 口 市	Haikou	42337	14052	241813	206123	4908	22105
三 亚 市	Sanya	1123	754	16237	24121	359	4653
五指山市	Wuzhishan	96	21	404	3599	74	396
文 昌 市	Wenchang	2495	616	7999	11342	453	2967
琼 海 市	Qionghai	1891	359	3125	7110	212	2507
万 宁 市	Wanning	11	6	3464	6892	864	1098
定 安 县	Ding'an	763	41	1447	4803	129	1368
屯 昌 县	Tunchang	11	9	550	1977	51	390
澄 迈 县	Chengmai	5422	3383	50549	43918	1210	18754
临 高 县	Lingao	1044	1041	1639	3956	190	1130
儋 州 市	Danzhou	34467	-6231	49838	82283	2180	82818
# 洋 浦	#Yangpu	29793	-6452	47587	70129	1758	73198
东 方 市	Dongfang	9748	626	11228	23304	911	17422
乐 东 县	Ledong	562	126	884	4267	380	999
琼 中 县	Qiongzhong	11	1	43	437	23	310
保 亭 县	Baoting	7		11	506		205
陵 水 县	Lingshui	211	62	401	5365		709
白 沙 县	Baisha	538	54	220	2403	217	482
昌 江 县	Changjiang	839	737	10451	37527	1731	11557
农 垦	Nongken	1367	603	8517	9355	278	883

工 业 INDUSTRY

10-13 续 6(continued 6)

地 区	Region	利息支出 Interest Expenditure	营业利润 Operating Profits	投资收益 Investment Income	补贴收入 Subsidy Income	营业外收入 Non-operating Income	营业外支出 Non-operating Expenses
全省总计	**Total**	**172969**	**1355281**	**65764**	**4328**	**67025**	**30603**
海口市	Haikou	24761	335934	35456	2481	19133	12047
三亚市	Sanya	4449	32068	33		5729	540
五指山市	Wuzhishan	401	1309			10	93
文昌市	Wenchang	2654	13656	461	696	506	547
琼海市	Qionghai	2197	10810	-13	45	665	182
万宁市	Wanning	1222	2448		106	56	178
定安县	Ding'an	971	5867		31	352	629
屯昌县	Tunchang	389	509		146	47	117
澄迈县	Chengmai	17340	179452	2055	33	11903	1387
临高县	Lingao	1095	8070			658	523
儋州市	Danzhou	87402	418951	-182	374	19420	7720
#洋浦	#Yangpu	78068	402851	1135	372	16852	7379
东方市	Dongfang	16337	167006	27429	78	739	1759
乐东县	Ledong	842	2365	74		1392	180
琼中县	Qiongzhong	308	270			9	8
保亭县	Baoting	205	-161			29	24
陵水县	Lingshui	643	192			32	11
白沙县	Baisha	479	704			545	59
昌江县	Changjiang	10534	171198	451		3917	3171
农垦	Nongken	743	4635		338	1885	1431

10-13 续 7(continued 7)

地 区	Region	利润总额 Total Profits	应交所得税 Income Tax Payable	亏损企业亏损总额 Total Losses of Loss-suffering Enterprises	利税总额 Total Profits and Taxes	本年应付工资总额 Total Wages Payable of Current Year	本年应付福利费总额 Total Welfare Payable of Current Year
全省总计	**Total**	**1400416**	**191249**	**30207**	**2790969**	**452790**	**24898**
海口市	Haikou	349233	48403	7748	616106	177208	10045
三亚市	Sanya	37256	7396	2080	61128	26052	707
五指山市	Wuzhishan	1226	65		1954	2646	87
文昌市	Wenchang	14925	553	697	24032	16914	333
琼海市	Qionghai	11337	1476	634	17048	11444	221
万宁市	Wanning	2432	115	37	7747	10322	726
定安县	Ding'an	5620	279	1034	7528	8098	190
屯昌县	Tunchang	586	9		1510	4118	36
澄迈县	Chengmai	190041	12327	2282	240720	40017	1058
临高县	Lingao	8205	849	350	11383	5447	176
儋州市	Danzhou	431025	52017	1476	1342213	64670	5052
#洋浦	#Yangpu	412697	48721	634	1311240	48244	4890
东方市	Dongfang	166064	27532	11726	196411	24803	1088
乐东县	Ledong	3577	332	193	4579	6518	362
琼中县	Qiongzhong	271	9		751	1999	105
保亭县	Baoting	-156		198	143	1835	
陵水县	Lingshui	213	18		834	4444	108
白沙县	Baisha	1191	86	16	3233	3145	9
昌江县	Changjiang	171944	38850	289	242065	31448	4424
农垦	Nongken	5427	936	1449	11585	11662	171

10-13 续 8(continued 8)

地 区	Region	本年应交增值税 Value Added Tax Payable of Current Year	本年进项税额 Input VAT of Current Year	本年销项税额 Output VAT of Current Year	全部从业人员年平均人数(人) Annual Average Employees (person)
全省总计	**Total**	**604574**	**1284487**	**1872126**	**124380**
海口市	Haikou	152910	407426	556253	49632
三亚市	Sanya	22211	14949	37160	7042
五指山市	Wuzhishan	646	863	1509	699
文昌市	Wenchang	7340	15074	22414	4462
琼海市	Qionghai	5044	6793	11818	3450
万宁市	Wanning	3599	5588	9187	2670
定安县	Ding'an	1765	6762	5795	3159
屯昌县	Tunchang	819	2882	3700	931
澄迈县	Chengmai	40841	90185	131026	12116
临高县	Lingao	2941	23163	17438	1949
儋州市	Danzhou	275117	646566	921172	14119
#洋浦	#Yangpu	264021	601969	865469	8357
东方市	Dongfang	23231	7464	30577	3570
乐东县	Ledong	785	2262	3047	1950
琼中县	Qiongzhong	438	1664	2072	562
保亭县	Baoting	272	575	847	384
陵水县	Lingshui	560	2523	2393	832
白沙县	Baisha	1747	3345	5005	1168
昌江县	Changjiang	58713	36044	94758	9362
农垦	Nongken	5596	10359	15954	6323

10-14 分市县规模以上工业企业主要经济效益指标
Main Economic Benefit Indicators of Industrial Enterprises Above Designated Size by Region

(2010)

地 区	Region	工业综合指数(%) Weighted Aggregate Index of Industrial Economic Benefits(%)	总资产贡献率(%) Contribution Rate of Total Assets	资产负债率(%) Asset-Liability Ratio	流动资产周转率(次/年) Current Asset Turnover (times/year)
全省总计	**Total**	**329.23**	**18.28**	**53.16**	**2.13**
海口市	Haikou	229.85	14.19	46.38	1.55
三亚市	Sanya	220.98	11.49	65.77	1.99
五指山市	Wuzhishan	170.34	5.88	53.17	2.42
文昌市	Wenchang	195.34	10.61	57.91	2.08
琼海市	Qionghai	197.28	9.17	73.72	2.22
万宁市	Wanning	162.11	8.51	67.71	2.09
定安县	Ding'an	151.35	10.01	55.62	2.36
屯昌县	Tunchang	162.38	5.67	60.35	4.56
澄迈县	Chengmai	356.55	17.25	57.69	2.22
临高县	Lingao	177.13	9.60	70.68	1.27
儋州市	Danzhou	836.94	27.91	66.50	3.18
#洋浦	#Yangpu	1257.72	29.68	66.32	3.19
东方市	Dongfang	633.00	11.52	30.02	2.33
乐东县	Ledong	811.71	0.97	10.45	5.51
琼中县	Qiongzhong	165.47	3.35	74.80	2.98
保亭县	Baoting	72.67	1.00	93.06	3.99
陵水县	Lingshui	153.61	4.14	79.64	3.76
白沙县	Baisha	127.03	5.15	79.30	1.70
昌江县	Changjiang	487.68	27.15	53.80	1.29
农垦	Nongken	116.83	8.83	51.14	1.66

10-14 续(continued)

地 区	Region	成本费用利润率(%) Ratio of Profits to Industrial Costs(%)	全员劳动生产率 (元/人·年) Overall Labour Productivity (yuan/person.year)	产品销售率(%) Product Sales Rate(%)	资本保值增值率(%) Capital Maintenance and Increment Ratio (%)
全省总计	**Total**	12.57	304494	98.03	136.52
海口市	Haikou	9.45	185273	97.31	131.92
三亚市	Sanya	9.80	169761	98.86	101.01
五指山市	Wuzhishan	8.36	108784	95.28	107.93
文昌市	Wenchang	9.22	128617	99.28	129.12
琼海市	Qionghai	12.35	114206	98.42	107.50
万宁市	Wanning	3.12	110843	94.07	152.62
定安县	Ding'an	7.13	66765	100.12	129.88
屯昌县	Tunchang	2.21	85811	96.97	159.19
澄迈县	Chengmai	19.05	303614	100.06	160.96
临高县	Lingao	8.07	119246	89.74	132.17
儋州市	Danzhou	9.67	1108824	98.85	136.07
#洋浦	#Yangpu	10.08	1794496	98.87	138.24
东方市	Dongfang	35.17	697644	91.63	109.27
乐东县	Ledong	9.16	76005	96.69	4947.89
琼中县	Qiongzhong	2.19	78078	94.15	348.47
保亭县	Baoting	-2.44	113125	98.45	-449.24
陵水县	Lingshui	1.04	89531	99.75	158.59
白沙县	Baisha	3.14	78211	82.71	107.70
昌江县	Changjiang	48.63	331173	99.55	118.03
农垦	Nongken	4.69	46252	100.63	107.86

10-15 主要工业产品产量
Output of Major Industrial Products

产品名称	Item	2005	2006	2007	2008	2009	2010
天然原油(吨)	Crude Petroleum(ton)	100677	110909	106557	120500	183648	199556
天然气(万立方米)	Natural Gas(10000 cu.m.)	16567	20501	20335	23186	18584	18404
铁矿石原矿(吨)	Crude Iron Ores(ton)	4212035	4022192	4412836	4578253	4873152	4896217
钼精矿折合量(折纯钼45%)	Molybdenum Concentrates (converted into 45% molybdenum content)(ton)						616
原盐(吨)	Salt(ton)	166888	182492	172346	112649	121997	143956
小麦粉(吨)	Wheat Flour(ton)	1933				11685	9744
大米(吨)	Rice(ton)					35762	40448
饲料(吨)	Feeds(ton)	737591	790070	938271	923295	1105393	1313070
#配合饲料(吨)	#Formula Feeds(ton)					933746	925482
混合饲料(吨)	Mixed Feeds(ton)					169224	387588
成品糖(吨)	Refined Sugar(ton)	275123	202928	381272	474640	423580	301033
冷冻水产品(吨)	Frozen Aquatic Products(ton)				5168	89895	122990
糕点(吨)	Pastry(ton)	113	133	161	190	1671	4972
饼干(吨)	Biscuits(ton)	24		37	566	125	
糖果(吨)	Candy(ton)	1360	698	1500	3891	3112	5772
乳制品(吨)	Dairy Products(ton)	4382	2963	2789	2743	4217	4558
#液体乳(吨)	#Liquid Milk(ton)	3179	2963	2789	2743	4217	4558
罐头(吨)	Canned Food(ton)	138362	136725	166658	153589	179764	203409
发酵酒精(折96度,商品量)(千升)	Undenatured Ethyl Alcohol (converted into alcohol content of 96%(v/v),commodity quantities)(kiloliter)	6978	6857	5540	4559	3677	2087
饮料酒(千升)	Alcoholic Beverages(kiloliter)	151922	168997	176263	182390	200964	188973
#白酒(折65度,商品 千升)	#White Spirits(converted into alcohol content of 65%(v/v),commodity quantities)(kiloliter)	12944	7238	5062	7364	9874	6248
啤酒(千升)	Beer(kiloliter)	119870	140546	152089	153745	170529	161109
黄酒(千升)	Yellow Wine(kiloliter)					56	21616
软饮料(吨)	Soft Beverages(ton)	276183	276961	295304	313413	381065	421301
#碳酸饮料类(汽水)(吨)	#Carbonated Beverages(sodas)(ton)	57689	54808	53211	53616	58566	77175
包装饮用水类(吨)	Packaged Drinking Water	169166	171222	182696	164757	190279	248991
果汁和蔬菜汁饮料类(吨)	Fruit & Vegetable Juice(ton)		36460	39972	53848	67765	73780
精制茶(吨)	Refined Tea(ton)	751	982	218	257	265	1316

10-15 续 1(continued 1)

产品名称	Item	2005	2006	2007	2008	2009	2010
卷烟(万支)	Cigarettes(10000 pieces)	590000	655146	715000	771622	824999	875000
无纺布(无纺织物)(吨)	Nonwoven Fabrics(nonwovens)(ton)					6658.04	6704.67
服装(万件)	Wearing Apparel(10000 pieces)	1351	22.79			1370.27	1167.63
#针织服装(万件)	#Kitchen Clothing(10000 pieces)		0.1				97.73
梭织服装(万件)	Woven Clothing(10000 pieces)		22.69			1370.27	1069.9
#西服套装(万件)	#Business Suits(10000 sets)					9.27	8.9
天然皮革制手提包(袋)、背包(万个)	Natural Leather Handbags (Bags) and Backpacks(10000 pieces)	6.92	12.09	10.51	9.96	6.75	8.91
人造板(立方米)	Man-made Board(cu.m.)	185490	178062	187933	159949	196991	239840
#胶合板(立方米)	#Plywood(cu.m.)	93635	110925	117327	126108	20596	25565
纤维板(立方米)	Fibre Board(cu.m.)	65337	36669	32268	5265	157561	180723
刨花板(立方米)	Particle Board(cu.m.)	26518	30468	38338	28576	18834	33552
家具(件)	Furniture(pieces)	1104342	887837	454614	287199	190126	576530
#木质家具(件)	#Wooden Furniture(pieces)	872112	887837	454614	287199	190126	576530
纸浆(原生浆及废纸浆)(吨)	Paper Pulp(virgin pulp & recycled pulp)(ton)	780831	1036548	1181675	1231866	1120737	1216670
机制纸及纸板(外购原纸加工除外)(吨)	Machine-made Paper & Paperboard (ex. processing of base paper purchased)(ton)	12722	13610	15668	177177	236742	514316
#涂布类印刷用纸(吨)	#Coated Paper for Printing(ton)						265202
卫生用纸原纸(吨)	Base Paper for hygienic tissue paper(ton)				53518	217857	224269
纸制品(吨)	Paper Products(ton)	19034	21196	26916	24431	23068	24498
#瓦楞纸箱(吨)	#Corrugated Cases(ton)	17349	19213	24855	22715	19800	21587
单色印刷品(令)	Single-color Printed Matter(ream)						30400
多色印刷品(对开色令)	Multi-color Printed Matter(color ream)						7183900
原油加工量(吨)	Processing Volume of Crude Oil(ton)	127093	1798647	6612647	6515182	8310564	8567921
汽油(吨)	Gasoline(ton)		656795	2386577	2440494	2643060	2632285
煤油(吨)	Kerosene(ton)		34339	327778	310637	354310	445832
柴油(吨)	Diesel Oil(ton)		946968	3590639	3448717	3413760	3459805
燃料油(吨)	Fuel Oil(ton)	43631	90925	183432	247443	238344	270438
石脑油(吨)	Naphtha(ton)					140004	187471
液化石油气(吨)	Liquefied Petroleum Gas(ton)		146640	523955	490018	521914	548881
纯苯(吨)	Benzene(ton)		9359	52651	55474	49787	52571

10-15 续 2(continued 2)

产品名称	Item	2005	2006	2007	2008	2009	2010
精甲醇(吨)	Refined Methanol(ton)		149534	527481	600527	606336	633578
合成氨(无水氨)(吨)	Synthetic Ammonia(anhydrous ammonia)(ton)	784239	792253	768199	821032	736174	830122
农用氮、磷、钾化学肥料总计(折纯)(吨)	Chemical Fertilizers(ton)	626458	642705	616694	651389	606280	665600
# 氮肥(折含 N100%)(吨)	#Nitrogen Fertilizers (converted into 100% nitrogen content)(ton)	622060	639056	615134	651057	606280	665600
# 尿素(折含 N100%)(吨)	#Carbamide (converted into 100% nitrogen content)(ton)	622060	639056	615134	651057	606280	665600
涂料(吨)	Coatings(ton)	3818	4627	4479	3703	2895	3734
# 建筑涂料(吨)	#Architectural Coatings(ton)					2895	3734
初级形态的塑料(吨)	Primary-form Plastic(ton)		58978	224322	214226	228122	207773
# 聚丙烯树脂(吨)	#Polypropylene Resin(ton)		58978	224322	214226	228122	207773
合成纤维聚合物(吨)	Synthetic Fibre Polymers(ton)	42697	237877	273748	220965	255532	277231
# 聚脂(吨)	#Polyester(ton)	42697	237877	273748	220965	255532	277231
中成药(吨)	Traditional Chinese Medicine(ton)	388	363	387	398	445	444
化学纤维(吨)	Chemical Fiber(ton)	46136	55859	58736	46734	51428	39991
# 合成纤维(吨)	#Synthetic Fiber(ton)	46136	55859	58736	46734	51428	39991
# 涤纶纤维(吨)	#Polyster Fiber(ton)	46136	55859	58736	46734	51428	39991
塑料制品(吨)	Plastic Products(ton)	24943	21182	22472	28059	18517	32787
# 塑料薄膜(吨)	#Plastic Film(ton)	7623	8904	10286	10032	5752	19851
塑料丝、绳及编织品(吨)	Plastic Thread, Rope and Plaited Articles(ton)					4130	4883
泡沫塑料(吨)	Cellular Plastics(ton)	1008	1220	1301	1571	1953	1596
塑料包装箱及容器(吨)	Plastic Packing Cases and Containers(ton)	613	2209	2416	5904	3793	4553
水泥熟料(吨)	Cement Clinker(ton)	3419549	4430451	4454114	4738612	7077370	7780821
# 窑外分解窑水泥熟料(吨)	#NSP Clinker(ton)	1393710	3027395	2941677	3288352	5107045	6962369
水泥(吨)	Cement(ton)	4425454	5775364	6253095	6132896	9256869	12640513
# 强度等级 42.5 水泥(含 R 型)(吨)	#Strength Grade of 42.5N/R(ton)					3165446	5087606
商品混凝土(立方米)	Ready-mixed Concrete(cu.m.)	215500	367168	659783	1641025	2391481	3687378
水泥混凝土排水管(千米)	Concrete Drain Pipes(km)					714	73.45
水泥混凝土压力管(千米)	Concrete Pressure Pipes(km)					39	21.37
预应力混凝土桩(米)	Prestressed Concrete Props(m)					1241803	1064521
砖(万块)	Bricks(10000 pieces)	10368	5636			10932	10350

10–15 续 3(continued 3)

产品名称	Item	2005	2006	2007	2008	2009	2010
天然花岗石建筑板材(平方米)	Natural Granite Construction Plate(m^2)						160000
玻璃包装容器(吨)	Glass Packing Containers(ton)					8715	
生铁(吨)	Pig Iron(ton)	45032	133366	188018	150947	21218	
粗钢(吨)	Crude Steel(ton)	2183	2178	45358	37131	232444	
钢材(吨)	Rolled Steel(ton)	148569	141486	115394	92499	106776	145455
# 钢筋(吨)	#Corrugated Steel Bar(ton)	51363	72007	65356	42410	55927	86338
冷轧薄板(吨)	Cold-rolled Thin Steel Plate(ton)	88901	62367	43308	44589	48810	59117
黄金(千克)	Gold(kg)	135.7	85	293	280	559	787.16
发动机(千瓦)	Engine(kw)					3750000	7367775
# 汽车用发动机(千瓦)	#Automotive Engine(kw)					3750000	7367775
小型拖拉机(台)	Mini-tractors(set)	7341	7924	7570	4150	7481	5055
汽车(辆)	Automobiles	73086	83636	122562	85086	91627	136022
# 基本型乘用车(轿车)(辆)	#Basic Passenger Cars(sedans)	58815	67910	114533	82771	86672	92869
#1 升 < 排量≤1.6 升(辆)	#1 L < displacement ≤1.6 L	54236	67910	102495	78831	85500	92855
1.6 升 < 排量≤2.0 升(辆)	1.6 L < displacement ≤2.0 L					1172	14
多功能乘用车(MPV)(辆)	Multi-purpose Vehicles					4955	27465
变压器(千伏安)	Transformers(kva)	4175632	4666961	5704813	5913853	5614457	5455787
高压开关板(面)	High Tension Switchboard(pieces)	605	747	623	905	1211	860
低压开关板(面)	Low Tension Switchboard(pieces)	1942	753	628	362	907	1343
电力电缆(千米)	Electric Cable(km)	33380	12263	13407	11251	12336	13749
光缆(芯千米)	Optical Cable(fiber-km)	4379	503772	977603	2034285	2334170	2845428
太阳能电池(千瓦)	Solar Cells(kw)						60841
印制电路板(平方米)	Printed Circuit Board(m2)					456500	357100
发电量(万千瓦小时)	Electricity(10000 kwh)	816395	948488	1080238	1176096	1250694	1492183
# 火力发电量(万千瓦小时)	Thermal Power(10000 kwh)	724638	850766	1016110	1062029	1124943	1373938
水力发电量(万千瓦小时)	Hydropower(10000 kwh)	89868	94557	62895	106198	124618	109160
风力发电量(万千瓦小时)	Windpower(10000 kwh)						9085
自来水生产量(万立方米)	Tap-water Production(cu.m.)				6818	10644	14375

10-16 各市县主要工业产品产量
Output of Major Industrial Products by Region

(2010)

地 区	Region	天然原油(吨) Crude Petroleum (ton)	天然气(万立方米) Natural Gas (10000 cu.m.)	铁矿石原矿(吨) Crude Iron Ores(ton)	原盐(吨) Salt(ton)	成品糖(吨) Refined Sugar(ton)	罐头(吨) Canned Food(ton)
全省总计	Total	199556	18404	4896217	143956	301033	203409
海口市	Haikou					2574	203409
三亚市	Sanya			117525			
五指山市	Wuzhishan						
文昌市	Wenchang						
琼海市	Qionghai						
万宁市	Wanning						
定安县	Ding'an					9277	
屯昌县	Tunchang						
澄迈县	Chengmai	199556	18404			19249	
临高县	Lingao					43061	
儋州市	Danzhou					91007	
#洋浦	#Yangpu						
东方市	Dongfang				33573	16923	
乐东县	Ledong				110383		
琼中县	Qiongzhong						
保亭县	Baoting						
陵水县	Lingshui						
白沙县	Baisha					49010	
昌江县	Changjiang			4778692		46205	
农垦	Nongken					23727	

10-16 续 1(continued 1)

地 区	Region	饮料酒（千升）Alcoholic Beverages (kiloliter)	# 啤酒（千升）#Beer (kiloliter)	软饮料（吨）Soft Beverages (ton)	卷烟（万支）Cigarettes (10000 pieces)	服装（万件）Wearing Apparel (10000 pieces)	人造板（立方米）Man-made Board(cu.m.)	纸浆（原生浆及废纸浆）（吨）Paper Pulp (virgin pulp & recycled pulp) (ton)
全省总计	**Total**	**188973**	**161109**	**421301**	**875000**	**1168**	**239840**	**1216670**
海 口 市	Haikou	185743	161109	416218	875000	1070		
三 亚 市	Sanya							
五指山市	Wuzhishan							
文 昌 市	Wenchang						20654	
琼 海 市	Qionghai			4990				
万 宁 市	Wanning			94				
定 安 县	Ding'an							
屯 昌 县	Tunchang						90530	
澄 迈 县	Chengmai	3230				98	90193	
临 高 县	Lingao							
儋 州 市	Danzhou						33552	1216670
# 洋 浦	#Yangpu							1216670
东 方 市	Dongfang							
乐 东 县	Ledong							
琼 中 县	Qiongzhong							
保 亭 县	Baoting							
陵 水 县	Lingshui							
白 沙 县	Baisha							
昌 江 县	Changjiang							
农 垦	Nongken						4911	

10-16 续 2(continued 2)

地 区	Region	机制纸及纸板(外购原纸加工除外)(吨) Machine-made Paper & Paperboard (ex.processing of base paper purchased)(ton)	原油加工量(吨) Processing Volume of Crude Oil (ton)	精甲醇(吨) Refined Methanol (ton)	农用氮、磷、钾化学肥料总计(折纯)(吨) Chemical Fertilizers(ton)	# 氮肥(折合N100%)(吨) #Nitrogen Fertilizers (converted into 100% nitrogen content)	合成纤维聚合物(吨) Synthetic Fibre Polymers(ton)	化学纤维(吨) Chemical Fiber(ton)
全省总计	**Total**	514316	8567921	633578	665600	665600	277231	39991
海口市	Haikou						277231	39991
三亚市	Sanya							
五指山市	Wuzhishan							
文昌市	Wenchang							
琼海市	Qionghai							
万宁市	Wanning							
定安县	Ding'an							
屯昌县	Tunchang							
澄迈县	Chengmai		93028					
临高县	Lingao							
儋州市	Danzhou	514316	8474893					
# 洋浦	#Yangpu	496659	8474893					
东方市	Dongfang			633578	665600	665600		
乐东县	Ledong							
琼中县	Qiongzhong							
保亭县	Baoting							
陵水县	Lingshui							
白沙县	Baisha							
昌江县	Changjiang							
农垦	Nongken							

料加工，允许按加工费计算工业总产值。原规定则视生产加工的繁简程度不同，规定哪些行业按全价，哪些行业按加工费计算工业总产值。

自制半成品、在产品期末期初差额价值的计算原则不同：新规定要求，凡会计产品成本核算时计算了成本的差额价值，总产值中就应包括，否则可不包括；原规定则按生产周期六个月的界限区分，凡生产周期六个月以上的企业，总产值计算中应包括这部分差额价值，否则可不包括。

计算价格不同：新规定按不含增值税(销项税额)的价格计算；原规定则按含增值税(销项税额)的价格计算。

工业增加值 指工业企业在报告期内以货币表现的工业生产活动的最终成果。工业增加值有两种计算方法：一是生产法，即工业总产出减去工业中间投入加上应交增值税；二是收入法，即从收入的角度出发，根据生产要素在生产过程中应得到的收入份额计算，具体构成项目有固定资产折旧、劳动者报酬、生产税净额、营业盈余，这种方法也称要素分配法。

资产总计 指企业拥有或控制的能以货币计量的经济资源，包括各种财产、债权和其他权利。资产按流动性分为流动资产、长期投资、固定资产、无形资产、递延资产和其他资产。该指标根据企业会计“资产负债表”中“资产总计”项目的期末数增列。

流动资产 指企业可以在一年内或者超过一年的一个生产周期内变现或者耗用的资产，包括现金及各种存款、短期投资，应收及预付款项、存货等。

固定资产原价 指企业在建造、购置、安装、改建、扩建、技术改造某项固定资产时所支出的全部货币总额。它一般包括买价、包装费、运杂费和安装费等。

固定资产净值 指固定资产原价减去历年已提折旧额后的净额。计算公式为：

固定资产净值 = 固定资产原价 - 累计折旧

负债合计 指企业所承担的能以货币计量，将以资产或劳务偿付的债务，偿还形式包括货币、资产或提供劳务。负债一般按偿还期长短分为流动负债和长期负债。根据会计“资产负债表”中“负债合计”的年末数填列。

所有者权益 指企业投资人对企业净资产的所有权。企业净资产等于企业全部资产减去全部负债后的余额，包括企业投资人对企业的最初投入的实际到位的资产及资本公积金、盈余公积金和未分配利润。所有者权益合计数小于零，表示企业资不抵债。

主营业务收入 指会计“利润表”中对应指标的本年累计数。未执行2001年《企业会计制度》的企业，用“产品销售收入”的本期累计数代替。

主营业务成本 指会计“利润表”中对应指标的本年累计数。未执行2001年《企业会计制度》的企业，用“产品销售成本”的本期累计数代替。

主营业务税金及附加 指会计“利润表”中对应指标的本年累计数。未执行2001年《企业会计制度》的企业，用“产品销售税金及附加”的本期累计数代替。

利润总额 指企业生产经营活动的最终成果，是企业在一定时期内实现的盈亏相抵后的利润总额(亏损以“-”号表示)，它等于营业利润加上补贴收入加上投资收益加上营业外净收入再加上以前年度损益调整。

本年应交增值税 指企业在报告期内应交纳的增值税额。它等于本年销项税额加上出口退税加上进项税额转出数减去本年进项税额。小规模纳税企业直接按全年计税销售额乘以征收率计算取得。

从业人员年平均人数 是指报告期内平均每月拥有的从业人员人数。其计算公式为：

$$年平均人数=\frac{年内各月平均人数之和}{12}$$

工业(经济效益)综合指数 指现行综合评价工业经济效益总体水平及工业经济运行质量的指数。它是以若干项代表性经济效益指标，分别除以各项指标的标准值，再乘以各自的权数，加总后除以总权数求得。其计算公式为：

工业经济效益综合指数 = $\sum$(某项经济效益指标报告期数值 / 该项指标标准值 × 权数)/ 总权数

上式总权数为100。

总资产贡献率 反映企业全部资产的获利能力，是企业经营业绩和管理水平的集中体现，是评价和考核企业盈利能力的核心指标。计算公式为：

$$总资产贡献率(\%)=\frac{利润总额+税金总额+利息支出}{平均资金总额}\times 100\%$$

公式中：税金总额为产品销售税金及附加与应交增值税之和；平均资产总额为期初期末资产之和的算术平均值。

资产负债率 该指标既反映企业经营风险的大小，也反映企业利用债权人提供的资金从事经营活动的能力。

流动资产周转次数 指一定时期内流动资产完成的周转次数，反映投入工业企业流动资金的周转速度。

成本费用利润率 反映企业投入的生产成本及费用的经济效益，同时也反映企业降低成本所取得的经济效益。计算公式为：

$$成本费用利润率(\%)=\frac{利润总额}{成本费用总额}\times 100\%$$

公式中：成本费用总额为产品销售成本、销售费用、管理费用、财务费用之和。

全员劳动生产率 指根据产品的价值量指标计算的平均每一个就业人员在单位时间内的产品生产量。是考核企业经济活动的重要指标，是企业生产技术水平、经营管理水平、职工技术熟练程度和劳动积极性的综合表现。目前我国的全员劳动生产率是将工业企业的工业增加值除以同一时期全部就业人员的平均人数来计算的。计算公式为:

全员劳动生产率(%)= 工业增加值 / 全部就业人员平均人数 × 100

产品销售率 该指标反映工业产品已实现销售的程度，是分析工业产销衔接情况，研究工业产品满足社会需求的指标。

Explanatory Notes on Main Statistical Indicators

Industry refers to the material production sector which is engaged in the extraction of natural resources and processing and reprocessing of minerals and agricultural products, including (1) extraction of natural resources, such as mining, salt production (but not including hunting and fishing); (2) processing and reprocessing of farm and sideline produces, such as rice husking, flour milling, wine making, oil pressing, silk reeling, spinning and weaving, and leather making; (3) manufacture of industrial products, such as steel making, iron smelting, chemicals manufacturing, petroleum processing, machine building, timber processing; water and gas production and electricity generation and supply; (4)repairing of industrial products such as the repairing of machinery and means of transport (including cars).

In industrial statistics surveys, the units of enquiry are corporate industrial enterprises with independent accounting systems.

Corporate industrial enterprises with independent accounting systems refer to enterprises engaging in industrial production activities, which meet the following requirements: (1) They are established legally, having their own names, organizations, location and able to take civil liability; (2) They possess and use their assets independently, assume liabilities and are entitled to sign contracts with other units; (3) They are financially independent and compile their own balance sheets.

Enterprises covered in the industrial statistics in the Yearbook include the following categories by their registration:

State-owned and State-holding Enterprises refer to state-owned enterprises plus State-holding enterprises. State-owned enterprises (originally known as State-run enterprises with ownership by the whole society) are non-corporate economic entities registered in accordance with the Regulation of the People's Republic of China on the Management of Registration of Legal Enterprises, where all assets are owned by the State. Included in this category are State-owned enterprises, State-funded corporations and State-owned joint-operation enterprises. Joint State-private industries and private industries, which existed before 1957, were transformed into state-run industries since 1957, and into State-owned industries after 1992. Statistics on those enterprises are included in the State-owned industries instead of being grouped them separately. State-holding enterprises are a sub-classification of enterprises with mixed ownership, referring to enterprises where the percentage of State assets (or shares by the State) is larger than any other single share holder of the same enterprise. This sub-classification illustrates the control of the State over a particular industry.

Collective-owned Enterprises refer to economic entities registered in accordance with the Regulation of the People's Republic of China on the Management of Registration of Legal Enterprises, where assets are owned collectively. Collective enterprises constitute an integral part of the socialist economy with public ownership. They include urban and rural enterprises invested collectively, and some enterprises registered in industrial and commercial administration agency as collective units where funds are pooled together by individuals who voluntarily give up their right of ownership.

Cooperative Enterprises refer to economic units set up on a cooperative basis, with funding partly from employees of the enterprise and partly from outside investment, where the operation and management is decided by all the members who also participate in the production, and the distribution of income is based both on work (labour input) and on shares (capital input).

Joint Ownership Enterprises refer to economic units that are established by joint investment by two or more corporate enterprises or institutions of the same or different types of ownership on voluntary, equal and mutual-beneficial basis. They include:

a) State-owned joint-operation enterprises (joint operation between State-owned enterprises);

b) Collective joint-operation enterprises (joint operation between collective enterprises);

c) State-collective joint-operation enterprises (joint operation between state and collective enterprises).

Limited Liability Corporations refer to economic units registered in accordance with the Regulation of the People's Republic of China on the Management of Registration of Corporations, with capital from 2 to 49 investors, each investor bears limited liability to the corporation depending on his/her holding of shares, and the corporation bears liability to its debt to the maximum of its total assets.

Limited liability corporations include state sole funded corporations and other limited liability corporations.

Share-holding Corporations Ltd. refer to economic units registered in accordance with the Regulation of the People's Republic of China on the Management of Registration of Corporate Enterprises, with total registered capital divided into equal shares and raised through issuing stocks. Each investor bears limited liability to the corporation depending on the holding of shares, and the corporation bears liability to its debt to the maximum of its total assets.

Private Enterprises refer to economic units invested or controlled (by holding the majority of the shares) by natural persons who hire labours for profit-making activities. Included in this category are private limited liability corporations, private share-holding corporations Ltd., private partnership enterprises and private sole investment enterprises registered in accordance with the Corporation Law, Partnership Enterprise Law and Tentative Regulation on Private Enterprises.

Enterprises with Funds from Hong Kong, Macao and Taiwan refers to all industrial enterprises registered as the joint-venture, cooperative, sole (exclusive) investment industrial enterprises and limited liability corporations with funds from Hong Kong, Macao and Taiwan.

Foreign Funded Enterprises refer to all industrial enterprises registered as the joint-venture, cooperative, sole (exclusive) investment industrial enterprises and limited liability corporations with foreign funds.

Light Industry refers to the industry that produces consumer goods and hand tools. It consists of two categories, depending on the materials used:

(1) Industries using farm products as raw materials. These are the branches of light industry which directly or indirectly use farm products as basic raw materials, including the manufacture of food and beverages, tobacco processing, textile, clothing, fur and leather manufacturing, paper making, printing, etc.

(2) Industries using non-farm products as raw materials. These are the branches of light industry which use manufactured goods as raw materials, including the manufacture of cultural, educational articles and sports goods, chemicals, synthetic fibre, chemical products for daily use, glass products for daily use, metal products for daily use, hand tools, medical apparatus and instruments, and the manufacture of cultural and office machinery.

Heavy Industry refers to the industry which produces capital goods, and provides various sectors of the national economy with necessary material and technical basis for production. It consists of the following three branches according to the purpose of production or the use of products:

(1) Mining, quarrying and logging industry, which refers to the industry that extracts natural resources, including extraction of petroleum, coal, metal and non-metal ores.

(2) Raw materials industry refers to the industry that provides various sectors of the national economy with raw materials, fuels and power. It includes smelting and processing of metals, coking and coke chemistry, chemical materials and building materials such as cement, plywood, and power, petroleum refining and coal dressing.

(3) Manufacturing industry which refers to the industry that processes raw materials. It includes machine-building industries which equip sectors of the national economy; industries producing metal structure and cement products; and industries producing means of agricultural production, such as chemical fertilizers and pesticides.

In accordance with the above principles of classification, the repairing trades, which are engaged primarily in repairing products of heavy industry, are classified as heavy industry while those which are engaged in repairing products of light industry are classified as light industry.

Gross Industrial Output Value is the total volume of final industrial products produced and industrial services provided during a given period. It reflects the total achievements and overall scale of industrial production during a given period. Prior to 1984, the value of rural industry run by villages was classified into agriculture instead of industry. Since 1984, it has been included in the gross industrial output value. Method of calculation for the gross industrial output value was modified in the industrial census in 1995. The revised (new) definition of gross industrial output value consists of 3 components: value of the finished products during the reference period, income from processing for external parties, and value of change in semi-finished products between the end and the beginning of the reference period. The difference in the new method as compared with the old one is outlined below:

Principle in using full value vs. processing fee: The new method stipulates that all products produced using own materials are to be calculated with full value in reporting the gross industrial output value irrespective of the complexity of production, and for external processing, it allows calculation using processing fee. In the old method, however, the use of full value or processing fee was determined by the degree of complexity of production in different branches of industries.

Principle in determining the value of change in semi-finished products: The new method requires that value of change in semi-finished products should be included in the gross industrial output value if it is included in the accounting record of the enterprise, otherwise it should not be included. In the old method, it is determined by the type of enterprises in terms of production cycle. If the production cycle is over 6 months, the value of change in semi-finished products is included in the gross industrial output value, otherwise it is not.

Difference in prices: The new method uses prices excluding value-added tax in the calculation of gross industrial output value, while the old method used prices including value-added tax.

Value-added of Industry refers to the final results of industrial production of industrial enterprises in money terms during the reference period. Industrial value-added can be calculated by two approaches: the production approach, i.e. gross industrial output value minus intermediate input plus value-added tax, and the income approach, i.e. income for various factors used in the course of production, including depreciation of fixed assets, remuneration of labourers, net of production tax, and operating surplus.

Total Assets refer to all economic resources, in monetary term, these are owned or controlled by enterprises, including properties, creditor's equity and other economic rights of all forms. Classified by the degree of liquidity, total assets include working capitals, long-term investment, fixed assets, intangible assets, deferred assets and other assets. Data on this indicator can be obtained by the year-end figures of total assets in the Assets and Liability Table of accounting records of enterprises.

Current Assets refers to capital that an enterprise can cash or use during one year or one production cycle that may exceed one year, including cash and savings deposits of various forms, short-term investment, money receivable and prepaid money, inventories, etc.

Original Value of Fixed Assets refers to the total value, in monetary terms, that an enterprise spent on fixed assets, through construction, purchase, installation, transformation, expansion or technical upgrading. Generally, it covers cost of purchase, packing, transportation and installation, etc.

Net Value of Fixed Assets refers to the original value of fixed assets minus depreciation over the years.

Net value of fixed assets = original value of fixed assets − cumulative depreciation

Total Liabilities refer to payable liabilities of enterprises that have to be repaid in terms of money, assets or labour services. In terms of payment, it can be divided into liquid liabilities and long-term liabilities. Data on this item are obtained from the ending figures on total liabilities from the Assets and Liability Table from the enterprises.

Owner's Equity refers to the ownership of net assets of enterprise by its investors. Net assets equal total assets minus total liabilities of the enterprise, including the actual assets invested into the enterprise by investors, accumulation of capital and operating surplus and non-distributed profits. The enterprise's assets are less than its liabilities if the sum of owner's equity is smaller than zero.

Main Business Income refers to the annual accumulation of the corresponding item in the "profit table" of the accountant. For enterprises that do not follow the 2001 Enterprise Accounting Standards, the year-end accumulation of revenue from the sales of products is used as a substitute.

Main Business Costs refers to the annual accumulation of the corresponding item in the "profit table" of the accountant. For enterprises that do not follow the 2001 Enterprise Accounting Standards, the year-end accumulation of cost for the sales of products is used as a substitute.

Taxes & Surcharges of Main Business refer to the annual accumulation of the corresponding item in the "profit table" of the accountant. For enterprises that do not follow the 2001 Enterprise Accounting Standards, the year-end accumulation of tax and extra charges from the sales of products is used as a substitute.

Total Profits refer to the final achievement of production and operation activities of the enterprises, represented by total profits after deducting losses (loss is expressed by the negative figure). It is the sum of profits from operation, income from subsidies, investment earnings, net income from activities other than operation, and adjustment of profits and losses of previous years.

Value Added Tax Payable of Current Year refers to the amount of the value-added tax which should be paid by the enterprises during the reference period. It is the sum of tax on sales, export rebate, and transferred tax on purchases of the current year, minus the tax on purchases of the current year. Value-added tax payable of small-size enterprises is determined by the taxable sales of the year multiplied by the tax rate.

Annual Average Employees refers to the number of employee every month during the reference period, calculated with the following formula:

$$\text{Annualaver age number} = \frac{\text{sum of monthly average number in reference year}}{12}$$

Weighted Aggregate Index of Industrial Economic Benefits refers to the current comprehensive index to evaluate the general level of economic results of industry and the performance quality of industrial economy. It is calculated as follows:

Aggregate Index of Industrial Economic Benefits $= \sum$ (Value of an Indicator of Economic Benefit Evaluation System in Reference Period/Standard Value of the Indicator × Weight) ÷ Total Weight

10-16 续 3(continued 3)

地 区	Region	塑料制品(吨) Plastic Products(ton)	水泥(吨) Cement (ton)	钢材(吨) Rolled Steel (ton)	发动机(千瓦) Engine(kw)	汽车(辆) Automobiles	发电量(万千瓦小时) Electricity (10000 kwh)	#火力发电量(万千瓦小时) #Thermal Power (10000 kwh)
全省总计	**Total**	**32787**	**12640513**	**145455**	**7367775**	**136022**	**1492183**	**1373938**
海口市	Haikou	26139			7367775	136022	2144	
三亚市	Sanya		2294500				46989	43570
五指山市	Wuzhishan		115190				10723	
文昌市	Wenchang						28617	28617
琼海市	Qionghai						30896	
万宁市	Wanning							
定安县	Ding'an		237399					
屯昌县	Tunchang		105070					
澄迈县	Chengmai		6186332	59117			540553	540553
临高县	Lingao			86338				
儋州市	Danzhou		873135				383546	375753
#洋浦	#Yangpu						373369	373369
东方市	Dongfang	4883	135492				437428	384113
乐东县	Ledong	1765					4036	
琼中县	Qiongzhong							
保亭县	Baoting		38400				5919	
陵水县	Lingshui							
白沙县	Baisha		4758					
昌江县	Changjiang		1873560				1332	1332
农垦	Nongken		776677					

主要统计指标解释

工业 指从事自然资源的开采，对采掘品和农产品进行加工和再加工的物质生产部门。具体包括：(1)对自然资源的开采，如采矿、晒盐等(但不包括禽兽捕猎和水产捕捞)；(2)对农副产品的加工、再加工，如粮油加工、食品加工、缫丝、纺织、制革等；(3)对采掘品的加工、再加工，如炼铁、炼钢、化工生产、石油加工、机器制造、木材加工等，以及电力、自来水、煤气的生产和供应等；(4)对工业品的修理、翻新，如机器设备的修理、交通运输工具(如汽车)的修理等。

工业统计调查单位为独立核算法人工业企业。

独立核算法人工业企业指从事工业生产经营活动的单位。独立核算法人工业企业应同时具备以下条件：①依法成立，有自己的名称、组织机构和场所，能够承担民事责任；②独立拥有和使用资产，承担负债，有权与其他单位签订合同；③独立核算盈亏，并能够编制资产负债表。

本年鉴中涉及的企业登记注册类型：

国有及国有控股企业 指国有企业加上国有控股企业。国有企业(即原全民所有制工业或国营工业)指企业全部资产归国家所有，并按《中华人民共和国企业法人登记管理条例》规定登记注册的非公司制的经济组织。包括国有企业、国有独资公司和国有联营企业。1957年以前的公私合营和私营工业，后均改造为国营工业，1992年改为国有工业，这部分工业的资料不单独分列时，均包括在国有企业内。国有控股企业是对混合所有制经济的企业进行的“国有控股”分类。它是指这些企业的全部资产中国有资产(股份)相对其他所有者中的任何一个所有者占资(股)最多的企业。该分组反映了国有经济控股情况。

集体企业 指企业资产归集体所有，并按《中华人民共和国企业法人登记管理条例》规定登记注册的经济组织。是社会主义公有制经济的组成部分。包括城乡所有使用集体投资举办的企业，以及部分个人通过集资自愿放弃所有权并依法经工商行政管理机关认定为集体所有制的企业。

股份合作企业 指以合作制为基础，由企业职工共同出资入股，吸收一定比例的社会资产投资组建，实行自主经营，自负盈亏，共同劳动，民主管理，按劳分配与按股分红相结合的一种集体经济组织。

联营企业 指两个及两个以上相同或不同所有制性质的企业法人或事业单位法人，按自愿、平等、互利的原则，共同投资组成的经济组织。联营企业包括：

国有联营企业指国有企业与国有企业间的联营；

集体联营企业指集体企业与集体企业间的联营；

国有与集体联营企业指国有企业与集体企业间的联营。

有限责任公司 指根据《中华人民共和国公司登记管理条例》规定登记注册，由两个以上，五十个以下的股东共同出资，每个股东以其所认缴的出资额对公司承担有限责任，公司以其全部资产对其债务承担责任的经济组织。

有限责任公司包括国有独资公司以及其他有限责任公司。

股份有限公司 指根据《中华人民共和国企业法人登记管理条例》规定登记注册，其全部注册资本由等额股份构成并通过发行股票筹集资本，股东以其认购的股份对公司承担有限责任，公司以其全部资产对其债务承担责任的经济组织。

私营企业 指由自然人投资设立或由自然人控股，以雇佣劳动为基础的营利性经济组织。包括按照《公司法》、《合伙企业法》、《私营企业暂行条例》规定登记注册的私营有限责任公司、私营股份有限公司、私营合伙企业和私营独资企业。

港、澳、台商投资企业 指企业注册登记类型中的港、澳、台资合资、合作、独资经营企业和股份有限公司之和。

外商投资企业 指企业注册登记类型中的中外合资、合作经营企业、外资企业和外商投资股份有限公司之和。

轻工业 指主要提供生活消费品和制作手工工具的工业。按其所使用的原料不同，可分为两大类：(1)以农产品为原料的轻工业，是指直接或间接以农产品为基本原料的轻工业。主要包括食品制造、饮料制造、烟草加工、纺织、缝纫、皮革和毛皮制作、造纸以及印刷等工业；(2)以非农产品为原料的轻工业，是指以工业品为原料的轻工业。主要包括文教体育用品、化学药品制造、合成纤维制造、日用化学制品、日用玻璃制品、日用金属制品、手工工具制造、医疗器械制造、文化和办公用机械制造等工业。

重工业 指为国民经济各部门提供物质技术基础的主要生产资料的工业。按其生产性质和产品用途，可以分为下列三类：(1)采掘(伐)工业，是指对自然资源的开采，包括石油开采、煤炭开采、金属矿开采、非金属矿开采等工业；(2)原材料工业，指向国民经济各部门提供基本材料、动力和燃料的工业。包括金属冶炼及加工、炼焦及焦炭、化学、化工原料、水泥、人造板以及电力、石油和煤炭加工等工业；(3)加工工业，是指对工业原材料进行再加工制造的工业。包括装备国民经济各部门的机械设备制造工业、金属结构、水泥制品等工业，以及为农业提供的生产资料如化肥、农药等工业。

根据上述划分原则，修理业中以重工业产品为修理作业对象的划为重工业，反之划为轻工业。

工业总产值 是以货币形式表现的，工业企业在一定时期内生产的工业最终产品或提供工业性劳务活动的总价值量。它反映一定时间内工业生产的总规模和总水平。1984年以前工业总产值不包括村办工业，村办工业总产值划归农业。1984年以后工业总产值包括村办工业。1995年工业普查对工业总产值计算方法做了修订，修订后的工业总产值(新规定)包括三项内容：即本期生产成品价值、对外加工费收入、在制品半成品期末期初差额价值三部分。新规定与原规定的区别如下：

全价与加工费的计算原则不同：新规定为凡自备原材料，不论其生产繁简程度如何，一律按全价计算工业总产值；凡来

Total Weight=100

Contribution Rate of Total Assets reflects the profit-making capability of all assets of the enterprise and is a key indicator manifesting the performance and management and evaluating the profit-making potential of the enterprise. It is calculated as follows:

$$\text{Contribution Rate of Total Assets}(\%) = \frac{\text{total profits+total taxes+interest payment}}{\text{average assets}} \times 100\%$$

In the above formula, total taxes is the sum of tax and extra charges on the sales of products and value-added tax payable; and average assets is the arithmetic mean of the sum of beginning assets and ending assets.

Asset-Liability Ratio reflects both the operation risk and the capability of the enterprise in making use of the capital from the creditors.

Current Asset Turnover refers to the number of times of turnover of working capital in a given period of time, which reflects the speed of the turnover of working capital of industrial enterprises.

Ratio of Profits to Industrial Costs refers to the ratio of profits realized in a given period to the total costs in the same period, which reflects the economic efficiency of input cost and is calculated as follows:

$$\text{Ratio of Profits to Industrial Costs}(\%) = \frac{\text{total profits}}{\text{total costs}} \times 100\%$$

Total costs in the above formula are the sum of cost of products sold, marketing cost, management cost and financial cost.

Overall Labour Productivity refers to the average output per employed person in industrial enterprises in value terms. At present, the value added and the average number of staff and workers of industrial enterprises in a given period are used to calculate the overall labour productivity. The formula used is:

Overall Labour Productivity = (Value Added of Industry) / (Average Number of Staff and Workers)

Product Sales Rate is an indicator reflecting the actual sale of industrial products, analyzing the production-selling and supply-demand relations.

11. 建筑业
CONSTRUCTION

编辑人员: 邱育任

Compiled by Qiu Yuren

英文翻译: 吴　璟

Translated by Wu Jing

建筑业总产值（亿元）(具有资质建筑业企业)

Gross Output Value of Contruction (100 million yuan) (Enterprises with Qualification Criteria)

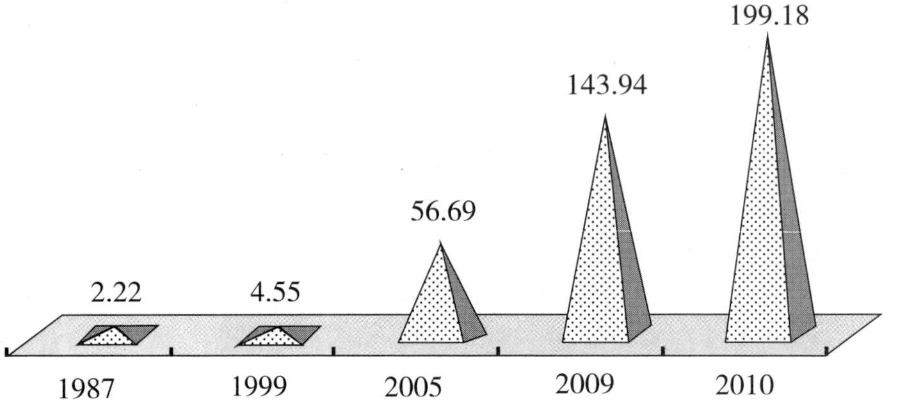

建筑业增加值（亿元）(具有资质建筑业企业)

Value-added of Constrution (100 million yuan) (Enterprises with Qualification Criteria)

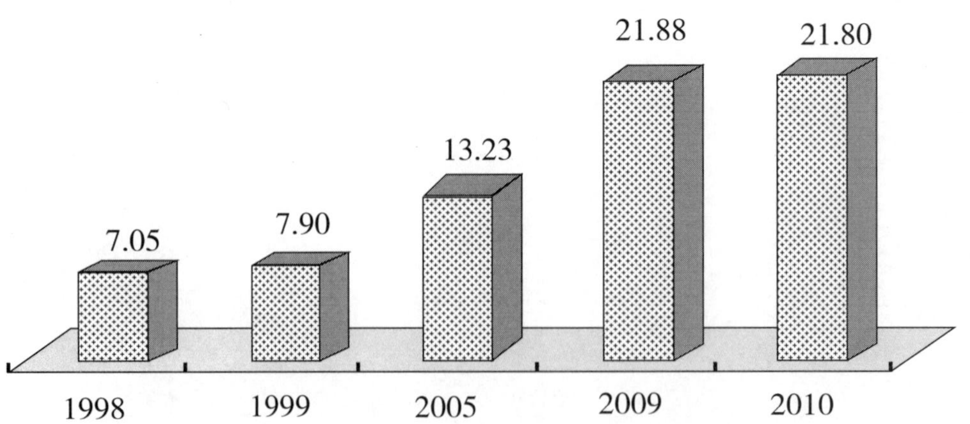

11-1 建筑业企业主要经济指标
Major Economic Indicators of Construction

项　目	Item	2005	2006	2007	2008	2009	2010
企业单位数(个)	Number of Enterprises(unit)	154	148	145	151	151	149
企业从业人员(万人)	Number of Staff and Workers(10 000 persons)	6.68	7.25	7.18	8.17	10.34	11.00
建筑业总产值(万元)	Gross output Value of Contruction(10,000 yuan)	596925	649436	821834	1111837	1439442	1994842
竣工产值(万元)	Output Value of Building Completed(10,000 yuan)	314656	484717	442293	603420	744807	1044224
增加值(万元)	Value-added of Construction(10,000 yuan)	132325	121596	115813	264502	218797	218007
房屋建筑施工面积(万平方米)	Floor Space of Buildings Under Contruction(10 000 sq.m)	692.38	780.43	911.83	962.79	1221.00	1429.70
房屋建筑竣工面积(万平方米)	Floor Space of Buildings Completed(10 000 sq.m)	205.56	314.97	281.45	340.71	390.50	508.70
# 住宅	Residence	114.41	185.10	182.08	205.42	276.45	348.55
房屋建筑面积竣工率(%)	Rate of Floor Space of Buildings Completed(%)	29.6	40.4	30.9	35.4	32.0	35.6
年末固定资产原值(万元)	Original Value of Fixed Assets at the Year-end(10,000 yuan)	179881	183306	94147	128545	123465	102390
年末固定资产净值(万元)	Year-end Fixed Assets Net Worth(10,000 yuan)	154421	155557	72880	89471	86197	71799
年末流动资产(万元)	Year-end Current Assets(10,000 yuan)	405580	437958	329334	696443	819230	729455
利润总额(万元)	Total Profits(10,000 yuan)	25871	14976	14616	56660	55232	47796
利税总额(万元)	Total Pre-tax Profits(10,000 yuan)	44171	34915	36649	101682	113973	104315
产值利润率(%)	Ratio of Profit to Gross Output Value(%)	4.3	2.3	1.8	5.1	3.8	2.4

注: 本表统计范围是全省所有具有资质等级独立核算的总承包和专业承包企业.(下同)
Note: The scope of statistics in this table includes all construction enterprises of general and professional contractors with qualificaion criteria and independent acounting system.

11-2 各市县建筑业企业单位数及从业人员

Number of Construction Enterprises by Registration Status and Region

单位:个　　　　(2010)　　　　(unit)

市　县 Region	企业单位数 Total	内资企业 Domestic Funded	# 国有 State-owned	# 集体 Collective-owned	从业人员 Number of Employed Persons (person)	内资企业 Domestic Funded	# 国有 State-owned	# 集体 Collective-owned
全省总计 Total	**149**	**148**	**32**	**27**	**109993**	**109993**	**74418**	**17074**
海口市 Haikou	93	92	22	6	81608	81608	63694	4400
三亚市 Sanya	20	20	4	4	7050	7050	5290	911
五指山市 Wuzhishan								
文昌市 Wenchang	2	2		2	6395	6395		6395
琼海市 Qionghai	7	7	1	4	3969	3969	475	2163
万宁市 Wanning	5	5		4	2281	2281		1688
定安县 Dingan	1	1			540	540		
屯昌县 Tunchang	2	2		1	630	630		325
澄迈县 Chengmai	1	1		1	147	147		147
临高县 Lingao	3	3			821	821		
儋州市 Danzhou	5	5	1	1	633	633	162	170
# 洋浦 #Yangpu	2	2			121	121		
东方市 Dongfang	4	4		2	553	553		306
乐东县 Ledong	1	1		1	514	514		514
琼中县 Qiongzhong								
保亭县 Baoting								
陵水县 Lingshui								
白沙县 Baisha	1	1		1	55	55		55
昌江县 Changjiang								
农垦 Nongken	4	4	4		4797	4797	4797	

11-3 各市县建筑业企业总产值
Output Value of Construction Enterprises by Region

单位:万元 （2010） (10 000 yuan)

市县	Region	建筑业总产值 Total Output Value	建筑工程产值 Output Value of Construction	安装工程产值 Output Value of Installation	其它产值 Others	竣工产值 Output Value of Completed Construction
全省总计	**Total**	**1994842**	**1926787**	**40396**	**27659**	**1044224**
海口市	Haikou	1430600	1397003	27488	6109	743720
三亚市	Sanya	235004	207540	10388	17075	115625
五指山市	Wuzhishan					
文昌市	Wenchang	84392	84001	392		27622
琼海市	Qionghai	49955	49955			29767
万宁市	Wanning	36432	36432			30490
定安县	Dingan	10606	10606			5615
屯昌县	Tunchang	11979	11979			11479
澄迈县	Chengmai	8968	8968			8968
临高县	Lingao	8511	4898	2128	1485	7460
儋州市	Danzhou	14534	12417		2117	10732
#洋浦	#Yangpu	2117			2117	2117
东方市	Dongfang	3818	2944		874	3818
乐东县	Ledong	13241	13241			13219
琼中县	Qiongzhong					
保亭县	Baoting					
陵水县	Lingshui					
白沙县	Baisha	297	297			297
昌江县	Changjiang					
农垦	Nongken	86506	86506			35415

11-4 各市县建筑业企业增加值
Value-Added of Construction Enterprises by Region

单位:万元 (2010) (10 000 yuan)

市　县　Region	建筑业增加值 Value added of onstruction	营业利润 Operating Profits	工程结算税金及附加 Taxes and Extra Charges on Project Settle ccounts	管理费用中的税金 Taxes in Management Expenses	本年应付工资总额 Wages ayable from rincipal Business	本年应付福利费总额 Welfare Expenses Payable from Principal Business	本年提取固定资产折旧 Depreciation of Fixed Assets	其他 Others
全省总计 Total	**218007**	**47057**	**52198**	**777**	**100701**	**5613**	**4239**	**7422**
海口市 Haikou	126600	17216	33716	350	65851	2996	2485	3987
三亚市 Sanya	49145	22526	7968	197	14697	1874	1042	840
五指山市 Wuzhishan								
文昌市 Wenchang	7725	1941	1990	10	3228	345	24	188
琼海市 Qionghai	10099	2206	2141	7	4430		17	1297
万宁市 Wanning	8398	1923	2151	120	3889		136	178
定安县 Dingan	2980	98	598	16	1909	210	12	137
屯昌县 Tunchang	1191	29	474	4	555	31	17	82
澄迈县 Chengmai	575	2	…	1	336	47	25	165
临高县 Lingao	730	78	323	5	245	33	25	21
儋州市 Danzhou	3245	177	724	25	1807	41	350	122
#洋浦 #Yangpu	1466	25	105	5	1093		210	
东方市 Dongfang	858	306	49	19	379	35	53	18
乐东县 Ledong	2078	397	728	2	818		5	128
琼中县 Qiongzhong								
保亭县 Baoting								
陵水县 Lingshui								
白沙县 Baisha	126	41	16	13	45		4	6
昌江县 Changjiang								
农　垦 Nongken	4259	116	1321	9	2513	2	45	254

11-5 建筑业企业财务状况
Financial situation of Construction Enterprises

单位：万元 （2010） (10 000yuan)

项目	Item	总计 Total	# 国有及国有控股 State-owned and State-holding	内资企业 Domestic Funded	外商投资企业 Foreign Funded
年初存货	Inventory(Year-beginning)	156256	82471	156256	
流动资产合计	Total Circulating Funds	729455	375728	729455	
存货	Inventory	163208	81280	163208	
长期投资	Total Long-term Investment	16996	6763	16996	
固定资产合计	Total fixed assets	83259	37317	83259	
固定资产原价合计	Total Original Value of Fixed Assets	102390	47967	102390	
累计折旧	Accumulated Depreciation	30591	15256	30591	
在建工程	Under Construction	7334	3832	7334	
无形及递延资产合计	Total Intangible and Deferred Assets	6880	2926	6880	
资产总计	Total Assets	840328	425881	840328	
流动负债合计	Current Liabilities	441663	235108	441663	
长期负债合计	Long-term Liabilities	4045	2002	4045	
负债合计	Total Liabilities	445708	237110	445708	
所有者权益合计	Total Owner's Equities	394620	188771	394620	
工程结算收入	Revenue of Project Settlement Accounts	1752008	1310754	1752008	
工程结算成本	Costs of Project Settlement Accounts	1615780	1232847	1615780	
工程结算税金及附加	Taxes and Extra Charges on Project Settlement Accounts	52198	35300	52198	
工程结算利润	Profits of Project Settlement Accounts	78475	41743	78475	
其他业务收入	Income of Other Business	1844	965	1844	
其他业务利润	Profits of Other Business	1466	764	1466	
经营费用	Business Expenses	8735	870	8735	
管理费用	Management Expenses	28325	14673	28325	
财务费用	Financial Expenses	144		144	
营业利润	Profits of Operating	47057	28004	47057	
利润总额	Total Profits	47796	27775	47796	
应交所得税	Income Taxes Payable	3544	1336	3544	
应付利润	Profits Payable	2858	646	2858	
本年应付工资	Wages Payable This Year	102533	64408	102533	
本年应付福利费	Welfare Expenses Payable This Year	5732	3919	5732	

11-6 各市县建筑业企业主要财务指标
Main Finance Indicators of Construction Enterprises by Region

单位:万元　　　　(2010)　　　　(10 000 yuan)

市 县	Region	资产总计 Total Assets	流动资产 Current Assets	长期投资 Long-term Investment	固定资产 Fixed Assets	无形及递延资产年末合计 Total Intangible and Deferred Assets	其他 Others	负债合计 Total Liabilities
全省总计	**Total**	**840328**	**729455**	**16996**	**83259**	**6880**	**3738**	**445708**
海口市	Haikou	441596	386220	10268	41766	2977	365	296277
三亚市	Sanya	259215	236148	1727	18740	2174	426	85968
五指山市	Wuzhishan							
文昌市	Wenchang	42923	40747		2130	47		5655
琼海市	Qionghai	17789	13731		3967	40	51	11169
万宁市	Wanning	5414	1582		3019	813		1655
定安县	Dingan	1261	286		932	43		393
屯昌县	Tunchang	1977	1399		578			739
澄迈县	Chengmai	898			898			298
临高县	Lingao	6063	4555		1508			1124
儋州市	Danzhou	24559	16989	5000	1886	685		12458
# 洋浦	#Yangpu	14470	8696	5000	775			6033
东方市	Dongfang	8673	5607		3066			5118
乐东县	Ledong	439	196		243			415
琼中县	Qiongzhong							
保亭县	Baoting							
陵水县	Lingshui							
白沙县	Baisha	725	4		620	101		
昌江县	Changjiang							
农垦	Nongken	28796	21993		3907		2896	24442

11-6 续 1(continued 1)

市 县	Region	所有者权益 Total Owners' Equities	企业总收入 Total Income of Enterprises	工程结算收入 Revenue of Project Settlement Accounts	工程结算成本 Costs of Project Settlement Accounts	工程结算税金及附加 Taxes and Extra Charges on Project Settlement Accounts	工程结算利润 Profits of Project Settlement Accounts	其他业务收入 Income of Other Businesses
全省总计	**Total**	**394620**	**1753852**	**1752008**	**1615780**	**52198**	**78475**	**1844**
海口市	Haikou	145320	1278703	1277843	1209130	33716	33618	860
三亚市	Sanya	173247	235669	235515	199337	7968	26994	155
五指山市	Wuzhishan							
文昌市	Wenchang	37269	61450	61431	51901	1990	6451	19
琼海市	Qionghai	6620	39898	39898	35101	2141	2556	
万宁市	Wanning	3758	36522	36465	30523	2151	3790	57
定安县	Dingan	868	10606	10606	8485	598	1311	
屯昌县	Tunchang	1238	11479	11479	10399	474	553	
澄迈县	Chengmai	600	671	527	…	…	710	144
临高县	Lingao	4939	6188	6067	5611	323	85	121
儋州市	Danzhou	12101	17187	17159	15417	724	1018	28
# 洋浦	#Yangpu	8438	3228	3228	2595	105	528	
东方市	Dongfang	3555	3818	3818	3250	49	428	
乐东县	Ledong	24	13241	13241	10523	728	478	
琼中县	Qiongzhong							
保亭县	Baoting							
陵水县	Lingshui							
白沙县	Baisha	725	297	297	183	16	65	
昌江县	Changjiang							
农垦	Nongken	4355	38124	37663	35921	1321	419	461

11-6 续 2(continued 2)

市 县	Region	经营费用 Business Expenses	管理费用 Management Expenses	财务费用 Financing Expenses	营业利润 Profits of Business	利润总额 Total Profits	利税总额 Total Pre-tax Profits	产值利润率(%) Ratio of Profits to Gross Output Value(%)
全省总计	**Total**	**8735**	**28325**	**144**	**47057**	**47796**	**104314**	**2.4**
海 口 市	Haikou	1379	17346	-281	17216	16753	52820	1.2
三 亚 市	Sanya	1238	4654	-31	22526	22496	31591	9.6
五指山市	Wuzhishan							
文 昌 市	Wenchang	1090	25	89	1941	1941	4082	2.3
琼 海 市	Qionghai	133	177	172	2206	2206	4619	4.4
万 宁 市	Wanning	1732	1868	37	1923	1582	3949	4.3
定 安 县	Dingan	212	1107	106	98	98	734	0.9
屯 昌 县	Tunchang	54	524	…	29	29	514	0.2
澄 迈 县	Chengmai	1209	688	20	2	1538	1539	17.2
临 高 县	Lingao	49	127	…	78	109	443	1.3
儋 州 市	Danzhou	1	844	7	177	177	960	1.2
# 洋 浦	#Yangpu		502	1	25	25	139	1.2
东 方 市	Dongfang	92	97	25	306	306	377	8.0
乐 东 县	Ledong	1512	81		397	397	1147	3.0
琼 中 县	Qiongzhong							
保 亭 县	Baoting							
陵 水 县	Lingshui							
白 沙 县	Baisha	32	24		41	41	77	13.9
昌 江 县	Changjiang							
农 垦	Nongken	2	765	-1	116	122	1464	0.1

11-7 各市县建筑业企业房屋建筑面积
Floor Space of Buildings by Region

单位:平方米 (2010) (Sq·m)

市县	Region	房屋建筑面积 Floor Space of Building Construction(sq.m) 施工面积 Floor Space of Buildings under Contruction	本年新开工 Floor Space of Started This Year	竣工面积 Floor Space of Buildings Completed	房屋建筑面积竣工率(%) Percentage of Floor Space of Buildings Completed	房屋竣工价值(万元) Value of Building Completed (10 000 yuan)
全省总计	**Total**	**14297012**	**7223291**	**5087045**	**35.6**	**686201**
海 口 市	Haikou	11226522	5157483	3660497	32.6	481242
三 亚 市	Sanya	569165	225078	406235	71.4	85743
五指山市	Wuzhishan					
文 昌 市	Wenchang	665285	444665	210730	31.7	27622
琼 海 市	Qionghai	408184	166969	271955	66.6	28229
万 宁 市	Wanning	302166	279544	108007	35.7	14394
定 安 县	Dingan	123631	106516	40127	32.5	5561
屯 昌 县	Tunchang	62726	30902	40837	65.1	4915
澄 迈 县	Chengmai	117540	105540	48915	41.6	4029
临 高 县	Lingao	73143	28540	69045	94.4	7460
儋 州 市	Danzhou	22568	18952	17668	78.3	2371
# 洋 浦	#Yangpu					
东 方 市	Dongfang	25223	19070	25223	100.0	2032
乐 东 县	Ledong	151370	125240	110333	72.9	13129
琼 中 县	Qiongzhong					
保 亭 县	Baoting					
陵 水 县	Lingshui					
白 沙 县	Baisha	2907		2907	100.0	297
昌 江 县	Changjiang					
农 垦	Nongken	546582	514792	74566	13.6	9178

11-7 续 1(continued 1)

市县	Region	竣工面积按用途分 Floor Space of Buildings Completed by Use					
		厂房、仓库 Factory Buildings	住　宅 Residential Buildings	办公用房 Official Buildings	批发和零售用房 Wholesale and Retail Buildings	住宿和餐饮用房 Hotels and Catering Buildings	居民服务业用房 Commercial and Residential ServiceBuildings
全省总计	**Total**	**144893**	**3485465**	**462220**	**238845**	**133454**	**18930**
海 口 市	Haikou	64377	2693875	354791	74979	65167	10949
三 亚 市	Sanya	4533	126070	42659	142706	39326	
五指山市	Wuzhishan						
文 昌 市	Wenchang	13494	130259	21561			
琼 海 市	Qionghai	19150	236666	448		1825	
万 宁 市	Wanning		45624		12862	26421	
定 安 县	Dingan	3385	35863				
屯 昌 县	Tunchang	1069	21180	1610		121	
澄 迈 县	Chengmai		19256	1349			700
临 高 县	Lingao	38520	4105	11660			
儋 州 市	Danzhou		569	11028			
#洋浦	#Yangpu						
东 方 市	Dongfang		25223				
乐 东 县	Ledong		83271	4878	8298		7281
琼 中 县	Qiongzhong						
保 亭 县	Baoting						
陵 水 县	Lingshui						
白 沙 县	Baisha		2173			594	
昌 江 县	Changjiang						
农　垦	Nongken	365	61331	12236			

11-7 续 2(continued 2)

市县	Region	教育用房 Culture and Education Buildings	文化、体育娱乐用房 Culture,Sports and Recreational Services Buildings	卫生医疗用房 Medical Treatment Buildings	科研用房 Scientific Research Buildings	其他用房 Other Buildings
全省总计	**Total**	**310113**	**73766**	**96512**	**2554**	**120293**
海口市	Haikou	192897	68908	55406	300	78848
三亚市	Sanya	43606		7335		
五指山市	Wuzhishan					
文昌市	Wenchang	22944		16545		5927
琼海市	Qionghai	10007		880	2204	775
万宁市	Wanning	15253	3602			4245
定安县	Dingan	879				
屯昌县	Tunchang	5204	1116	2341		8196
澄迈县	Chengmai	2043		10645	50	14872
临高县	Lingao	7910				6850
儋州市	Danzhou	5521		550		
# 洋浦	#Yangpu					
东方市	Dongfang					
乐东县	Ledong	3849		2756		
琼中县	Qiongzhong					
保亭县	Baoting					
陵水县	Lingshui					
白沙县	Baisha		140			
昌江县	Changjiang					
农垦	Nongken			54		580

11-8 各市县建筑业企业技术装备情况

Number and Power of Machinery and Equipment of Construction Enterprises by Region

(2010)

市 县	Region	总台数(台) Total number of Machines and Equipment (set)	净 值 (万元) Net Value (10 000yuan)	总功率 (千瓦) Total Power(kw)	技术装备率 (元/人) Value of Machines per Laborer (yuan/person)	动力装备率 (千瓦/人) Power of Machines per Laborer (kw/person)
全省总计	**Total**	**9190**	**33756**	**231890**	**3069**	**2.1**
海口市	Haikou	5961	17731	164497	2173	2.0
三亚市	Sanya	1288	8035	41136	11397	5.8
五指山市	Wuzhishan					
文昌市	Wenchang	621	731	1534	1143	0.2
琼海市	Qionghai	202	1564	2496	3939	0.6
万宁市	Wanning	183	2963	7556	12989	3.3
定安县	Dingan	128	472	336	8741	0.6
屯昌县	Tunchang	109	546	5120	8671	8.1
澄迈县	Chengmai					
临高县	Lingao	466	333	4787	4050	5.8
儋州市	Danzhou	48	775	800	12237	1.3
#洋浦	#Yangpu	48	775	800	64017	6.6
东方市	Dongfang					
乐东县	Ledong					
琼中县	Qiongzhong					
保亭县	Baoting					
陵水县	Lingshui					
白沙县	Baisha	84	126	1802	22909	32.8
昌江县	Changjiang					
农 垦	Nongken	100	481	1826	1003	0.4

主要统计指标解释

建筑业总产值(即自行完成施工产值) 是以货币表现的建筑安装企业在一定时期内生产的建筑业产品的总和。建筑业总产值包括:

(1)建筑工程产值:指列入建筑工程预算内的各种工程价值。

(2)设备安装工程产值:指设备安装工程价值,不包括被安装设备本身价值。

(3)房屋、构筑物修理产值:指房屋、构筑物修理所完成的价值,但不包括被修理房屋、构筑物本身的价值和生产设备的修理价值。

(4)非标准设备制造产值:指加工制造没有定型的、非标准的生产设备的加工费和原材料价值,以及附属加工厂为本企业承建工程制作的非标准设备的价值。

建筑业增加值 指建筑业企业在报告期内以货币表现的建筑业生产经营活动的最终成果。目前建筑业增加值采用分配法(收入法)计算,即从收入的角度出发,根据生产要素在生产过程中应得的收入份额计算。具体计算公式为:

建筑业增加值 = 本年提取的固定资产折旧 + 应付工资 + 应付福利费 + 管理费用中的劳动待业保险金、税金 + 工程结算税金及附加 + 工程结算利润

房屋建筑施工面积 指在报告期内施工的全部房屋建筑面积,包括本期新开工的房屋面积、上期施工跨入本期继续施工的房屋面积、上期停缓建在本期恢复施工的房屋面积、本期竣工的房屋面积及本期施工后又停缓建的房屋面积。

房屋建筑竣工面积 指在报告期内房屋建筑按照设计要求全部完工,达到了住人和使用条件,经验收鉴定合格,正式移交使用单位的房屋建筑面积。

自有机械设备年末总台数 指归本企业所有,属于本企业固定资产的生产性机械设备年末总台数。包括施工机械、生产设备、运输设备以及其他设备。

自有机械设备年末总功率 指本企业自有施工机械、生产设备、运输设备以及其他设备等列为在册固定资产的生产性机械设备年末总功率,按设定能力或查定能力计算。包括机械本身的动力和为该机械服务的单独动力设备,如电动机等。计算单位用千瓦,动力换算可按 1 马力 = 0.735 千瓦折合成千瓦数。电焊机、变压器、锅炉不计算动力。

工程结算收入 指企业承包工程实现的工程价款结算收入,以及向发包单位收取的除工程价款以外的按规定列作营业收入的各种款项,如临时设施费、劳动保险费、施工机械调迁费等以及向发包单位收取的各种索赔款。

工程结算利润 指已结算工程实现的利润,如亏损以"-"号表示。计算公式为:

工程结算利润 = 工程结算收入 - 工程结算成本 - 工程结算税金及附加

企业总收入 指与企业生产经营直接有关的各项收入,包括工程结算收入和其他业务收入。计算公式为:

企业总收入 = 工程结算收入 + 其他业务收入

Explanatory Notes on Main Statistical Indicators

Gross Output Value of Construction (Output Value of Projects under Construction) refers to total of construction products, expressed in money terms, completed by construction and installation enterprises during a given period of time. It includes:

(1)Output value of construction projects, that is the value of projects covered by the project budgets;

(2)Output value of installation projects, that is the value of the installation of equipment, excluding the value of the equipment to be installed;

(3)Output value of repair of buildings and structures, that is the value created through the repairs of buildings or structures, but does not include the value of buildings or structures being repaired and the value of the repair of production equipment;

(4)Output value of manufactured non-standard equipment that is the value of non-standard production equipment ,including raw materials and manufacturing cost, made for the construction project, and the equipment manufactured by subsidiary workshops.

Value-added of Construction refers to the final result of the activities of production and management of construction in monetary terms in the reference period. At present, the value-added of construction is calculated with the income approach. In other words, it is the sum of income of various production factors in the production process. The formula is as follows:

Value-added of construction=depreciation of fixed assets in the year+ wages payable +welfare expenses payable+ insurance premium and tax for waiting for employment in the administrative+ expenses taxes and surcharges on project settlement+ profit gained from project settlement.

Floor Space of Buildings under Construction refers to floor space of buildings under construction during the reference period, including newly started buildings, buildings started earlier and continued during the reference period, and buildings suspended earlier but restarted during the reference period, buildings completed during the reference period, and buildings under construction and then suspended during the reference period.

Floor Space of Buildings Completed refers to the floor space of buildings that are completed in the reference period in accordance with the requirements of the design, up to the standard for putting them into use, and have been checked and accepted by concerned departments as qualified ones.

Total Number of Machinery and Equipment Owned by the End of Year refers to the number of machines and equipment owned by the enterprises, and listed as the fixed assets of the enterprises by the end of the year, including machinery and equipment for construction, production and transportation.

Total Power of Machinery and Equipment Owned by the End of Year refers to the total power of machinery and equipment owned by the enterprises, and listed as the fixed assets of the enterprises by the end of the year, including machinery and equipment for construction, production and transportation. The power of the machinery is calculated on basis of the designed or verified capacity, covering the power of the machinery/equipment and the separate power equipment serving the machinery/equipment, such as electric motors, but excluding welders, transformers and boilers. The unit used for the calculation of power is kilowatt, with horsepower converted to kilowatt by 1 horsepower=0.735 kilowatt.

Income from Settlement of Projects refers to the income received by the construction enterprise from the contracted project through settlement procedures, and other charges to the contractors as operational costs in addition to the value of the project, such as temporary facility fee, labor insurance premium, moving cost of construction equipment, as well as various types of claims to the contractors.

Profit from Settlement of Projects refers to profit realized through settled projects. It is calculated with the following formula:

Profit from Settlement of Projects=Income from Settlement of Projects–Settled Cost–Settled Taxes and Other Cost

Total Revenue of Enterprises refers to the sum of income from production and operation of enterprises, including income from settlement of projects and other operational income, namely:

Total Revenue of Enterprises=Income from Settlement of Projects+ Other Operational Income

12. 交通运输邮电通讯业
TRANSPORT, POSTAL AND TELECOMMUNICATION SERVICES

编辑人员: 李秀芳
Compiled by Li Xiufang
英文翻译: 夏姗姗
Translated by Xia Shanshan

港口货物吞吐量(万吨)
Volume of Freight Handled in Coastal Ports(10000 tons)

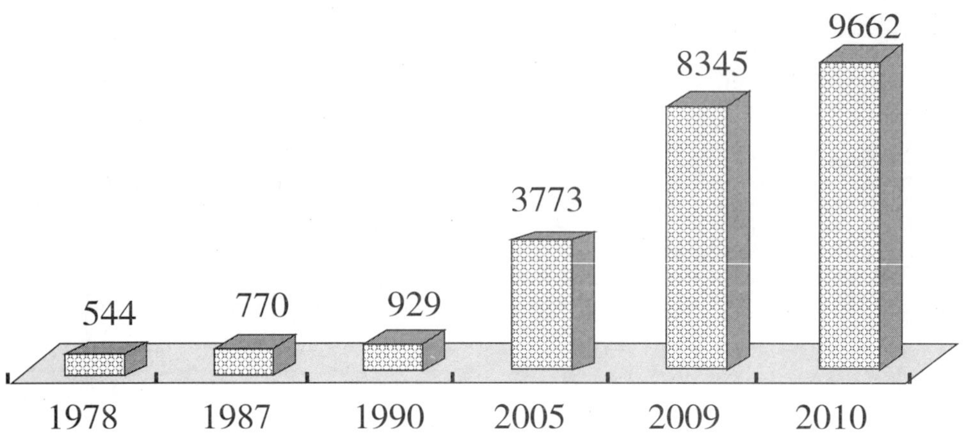

社会货物、旅客周转量
Freight Ton-kilometers and Passenger-kilometers

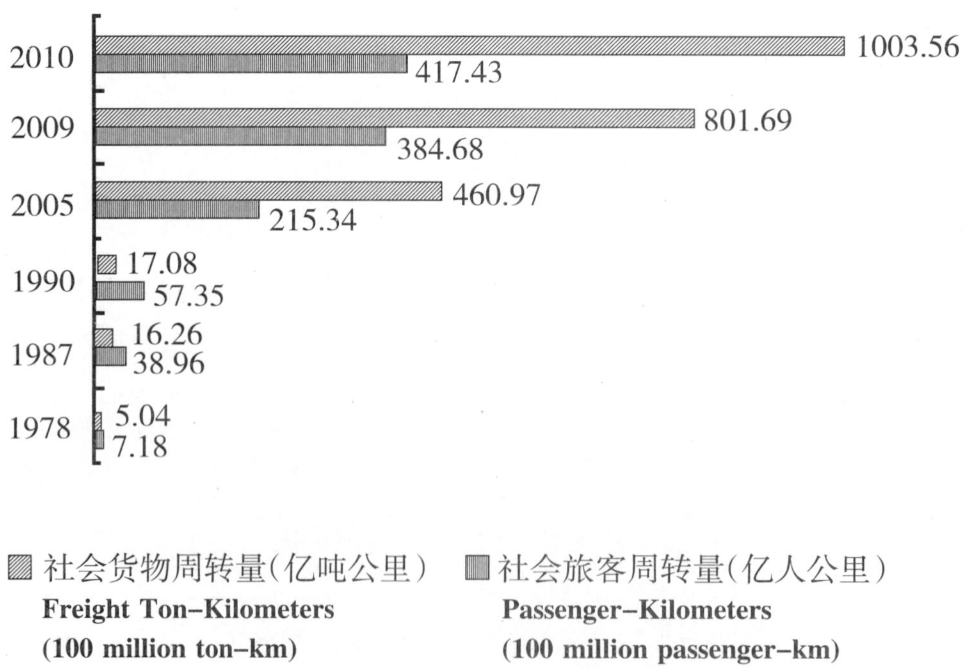

12-1 交通运输线路长度
Length of Transportation Routes

单位:公里 (km)

年 份 Year	公路通车里程 Length of Highways (open to traffic)	铁路营运里程 Length of Railways in Operation	内河航道里程 Length of Navigable Inland Waterways	民航航线里程 Length of Civil Aviation Routes	国际航线 International Routes
1952	1412				
1957	3667				
1962	5113				
1965	5274	144	612		
1970	9409	144	612		
1975	10119	144	612		
1978	12641	144	556		
1979	14064	144	556		
1980	14110	214	338		
1985	12784	214	338		
1987	12794	214	338	5431	1647
1990	12902	214	338	19652	6536
1991	12922	214	338	24131	6536
1992	12937	214	338	48622	6536
1993	12937	214	338	62319	6536
1994	13014	214	338	82703	6536
1995	14808	214	338	127248	15444
1996	15165	214	403	154508	18702
1997	15246	214	414	152068	13269
1998	16920	214	414	201553	26006
1999	17317	214	414	316417	23171
2000	17401	214	414	399155	42503
2001	20667	214	414	240551	12144
2002	20876	214	414	477317	43299
2003	20877	214	434	306747	9082
2004	20873	705	343	540749	40673
2005	21162	361	343	770782	33757
2006	17577	364	343	1090212	87794
2007	17789	528	343	1072735	148081
2008	18563	526	343	871631	205503
2009	20041	526	343	958840	223644
2010	21236	922	343	1069914	282296

注:1、铁路营运里程含过海轮渡里程。
2、从2006年起公路通车里程以交通部最新标准的口径计算。
Note:1、The length of railways in operation includes that of ferrying across the Qiongzhou Strait.
2、The length of highways(open to traffic)has been calculated on the basis of newest coverage updated by the Ministry of Transport since 2006.

12-2 公路线路里程
Total Length of Highways

(2010)

项 目	Item	总计 Total	干线公路 Trunk Highways			县道 County Highways	乡道 Township Highways	专用公路 Special-purpose Highways	村道 Village Highways
			合计 Total	国道 National Highways	省道 Provincial Highways				
公路通车里程(公里)	Length of Highways((open to traffic)(km)	21236	3316	1621	1695	2789	5215	25	9890
# 晴雨通车	#open in all-weather	19343	3316	1621	1695	2719	3705	4	9599
等级路(公里)	Expressways and Class I to IV Highways(km)	21012	3231	1621	1610	2704	5197	25	9855
高速公路	Expressway	660	660	582	77				
一级	First Class	278	249	80	169	13	3		13
二级	Second Class	1382	1221	704	517	92	61		8
三级	Third Class	1457	793	245	548	461	90		113
四级	Fourth Class	17235	308	10	299	2139	5043	25	9721
等外路(公里)	Highways Below Class IV(km)	223	85		85	85	18		35
有铺装路面里程(公里)	Length of Paved Roads(km)	20429	3245	1621	1624	2059	5215	25	9885
高级	High Grade	19694	2687	1273	1414	1919	5199	25	9865
次高级	Sub-high Grade	735	558	348	210	140	16		21
未铺装路面里程(公里)	Length of Unpaved Roads(km)	807	72		72	731			5
绿化里程(公里)	Length of Road Greening(km)	19585	3133	1553	1579	2722	1585	18	12127
养护里程(公里)	Length of Road Maintenance(km)	19613	3302	1621	1681	2789	4615	25	8882
桥 梁(座)	Bridges(unit)	4456	1951	1415	536	527	833	5	1140
# 永久性	#Permanent	4406	1951	1415	536	527	813	5	1110
桥梁长度(米)	Length of Bridges(m)	140644	79330	51588	27742	15022	19573	113	26606
# 永久性	#Permanent	139527	79330	51588	27742	15022	19035	113	26027

12-3 全社会民用汽车拥有量
Possession of Civil Vehicles

年 份 Year	民用汽车总计(辆) Total (unit)	载客汽车 Passenger Vehicles		普通载货汽车 Ordinary Trucks		特种汽车 Special-purpose Vehicles
		辆(unit)	客位 Number of Seats	辆(unit)	吨位 Capacity	(辆)(unit)
1987	23896	8429	90483	14862	52610	605
1990	32121	15387	165202	16305	57721	420
1991	36600	18239	195825	17710	62694	651
1992	49201	26947	289354	21719	76887	535
1993	66659	35812	384546	29697	105129	1150
1994	86335	46861	411885	36940	137635	2534
1995	91269	52527	564998	36715	128801	2027
1996	98712	56065	602309	40215	169638	2432
1997	95074	54964	461965	38444	146310	634
1998	90620	50325	477454	38068	141193	504
1999	95934	53643	509064	33670	123357	596
2000	90069	52180	473628	36541	104389	1132
2001	82750	49449	418440	22123	78952	1429
2002	109777	62506	632170	30392	108462	1813
2003	125770	74664	840443	49147	123345	1959
2004	145548	88887	961757	54397	135993	2264
2005	173430	105433	1138676	56084	140210	1914
2006	202004	125627	1356772	58584	146460	2563
2007	239049	155240	1676592	62411	156028	2883
2008	275370	190737	2059960	63163	157908	3217
2009	321700	232732	2513506	69962	174905	3585
2010	406215	302289	3264721	85750	214375	4144

注:民用汽车总计包括其它专用载货汽车。
Note:The number of civil vehicles includes other special-purpose trucks.

12-4 历年社会货物运输量和周转量
Freight Traffic & Ton-kilometers in Various Years

年份 Year	总计 Total	铁路 Railways	公路 Highways	水运 Waterways	民航 Civil Aviation
(货物运输量:万吨)(Freight Traffic:10 000 tons)					
1975	709	370	232	107	0.07
1978	714	386	222	106	0.04
1979	644	356	201	87	0.04
1980	1992	298	1611	83	0.04
1985	3486	405	3022	59	0.07
1986	3601	415	3128	58	0.07
1987	3722	438	3216	68	0.11
1988	4224	420	3661	143	0.29
1989	4530	422	3941	167	0.20
1990	4765	423	4115	227	0.40
1991	5711	356	4929	425	0.55
1992	6253	387	5393	472	0.78
1993	8613	390	6968	1254	0.90
1994	8735	346	6997	1390	2.00
1995	10505	279	8256	1967	3.00
1996	10975	252	8842	1877	4.00
1997	11415	283	9116	2012	4.22
1998	11630	286	9186	2153	4.67
1999	11533	348	9049	2129	6.93
2000	11304	331	8962	2002	9.00
2001	10502	287	8190	2018	7.26
2002	10498	288	8177	2025	7.94
2003	11249	341	8797	2104	6.94
2004	11823	455	9166	2195	7.48
2005	13558	629	9652	3264	13.19
2006	16377	1338	10314	4709	16.08
2007	17344	692	12018	4617	16.65
2008	16847	573	10950	5302	22.04
2009	18417	625	10839	6933	20.37
2010	22481	546	13947	7966	22.46
(货物周转量:万吨公里)(Freight Ton-Kilometers:10 000 ton-km)					
1975	49809	18330	9380	22062	37
1978	50390	18550	9798	22021	21
1979	46333	17100	8938	20276	19
1980	87953	15436	50049	22449	19
1985	131979	20808	90979	20160	32
1986	128616	22048	88931	17600	37
1987	162541	23651	118752	20071	67
1988	155894	22839	104336	28515	204
1989	165224	23085	108778	33220	141
1990	170802	22297	112175	36094	236
1991	212497	19025	149373	43729	370
1992	1152027	20728	200921	929400	978
1993	1793404	22731	277160	1492385	1128
1994	2331985	20697	342859	1965433	2996
1995	2509302	17509	348344	2140099	3350
1996	2697179	14662	381856	2296117	4544
1997	2892786	15964	391614	2479846	5362
1998	3067272	16222	421853	2623165	6032
1999	3244281	20045	438097	2776990	9149
2000	3189774	19730	461477	2695903	12664
2001	2317396	17816	452542	1836134	10904
2002	2263521	18315	471396	1761616	12194
2003	2359930	21725	506391	1821294	10520
2004	2322216	53973	569888	1684877	13478
2005	4609661	70610	604535	3911304	23212
2006	6001081	109628	660653	5202102	28698
2007	6198900	101588	769411	5298192	29709
2008	6326873	99193	936284	5250407	40989
2009	8000838	103069	793925	7058964	44880
2010	10035600	95933	908213	8975635	55819

12-5 历年社会旅客运输量和周转量
Passenger Traffic & Passenger-kilometers in Various Years

年份 Year	总计 Total	铁路 Railways	公路 Highways	水运 Waterways	民航 Civil Aviation
(旅客运输量:万人)(Passenger Traffic:10 000 persons)					
1975	1145	80	1002	60	3
1978	1504	119	1296	85	4
1979	1717	126	1484	103	4
1980	2570	117	2320	128	5
1985	6057	75	5686	289	7
1986	6091	98	5732	249	12
1987	8952	100	8496	340	16
1988	13183	91	12528	537	27
1989	13680	75	13215	360	30
1990	15914	46	15371	455	42
1991	17133	44	16497	542	50
1992	17708	44	16838	758	68
1993	19010	55	18067	797	91
1994	18829	65	17781	830	153
1995	19667	54	18727	653	233
1996	19688	29	18754	637	268
1997	21296	27	20292	682	295
1998	21549	22	20633	544	350
1999	22085	17	21196	457	415
2000	23013	14	21930	537	532
2001	26711	12	25484	633	582
2002	27992	13	26766	613	600
2003	28083	13	26876	648	546
2004	31276	13	29966	555	742
2005	32933	33	31377	632	891
2006	36326	70	34126	1029	1101
2007	39451	57	36996	1124	1274
2008	44186	80	40786	1484	1836
2009	42232	88	39461	1206	1477
2010	45718	104	42785	1340	1489
(旅客周转量:万人公里)(Passenger-kilometers :10 000 passenger-km)					
1975	53444	2973	47215	1471	1785
1978	71818	4533	63262	1978	2045
1979	82516	4820	73116	2460	2120
1980	104292	4368	94290	3204	2430
1985	236378	2678	222264	7986	3450
1986	239912	6066	222018	5770	6058
1987	389556	6695	369031	6785	7045
1988	429069	6501	391708	10675	20185
1989	442014	5410	408143	8337	20124
1990	573483	3541	536132	10888	22922
1991	633143	3514	574397	11400	43832
1992	684129	3627	594667	12907	72928
1993	758342	4777	632798	22487	98280
1994	849304	5642	629735	47453	166474
1995	937212	4794	665591	24266	242561
1996	1021380	2959	719396	17507	281518
1997	1111744	2963	783422	18574	306785
1998	1189441	2391	802417	17756	366877
1999	1256557	1801	782395	23112	449249
2000	1468769	1296	811786	25882	629805
2001	1600212	997	834657	23833	740725
2002	1730002	1103	921622	21943	785334
2003	1629661	1080	894204	18378	715999
2004	2064499	1992	1054801	15930	991776
2005	2153365	12230	1087647	14465	1039023
2006	2835220	18379	1175911	22517	1618413
2007	3201834	23468	1301250	24842	1852274
2008	3885675	36419	1088455	24581	2736220
2009	3846819	40002	1351036	23979	2431802
2010	4174331	47133	1500274	27249	2599675

12-6 各市县公路、水运运输量
Traffic of Highways &Waterways by Region

单位:万吨、万人 (10 000 tons、10 000 persons)
单位:万吨公里、万人公里 (10 000 ton-km、10 000 person-km)

(2010)

地 区	Region	运输量 Traffic			周转量 Ton-km/Passenger-km		
		合计 Total	公路 Highways	水运 Waterways	合计 Total	公路 Highways	水运 Waterways
货物运输	**Freight Transport**	**21913**	**13947**	**7966**	**9883848**	**908213**	**8975635**
海口市	Haikou	6669	1728	4941	5503046	116642	5386404
三亚市	Sanya	1385	1370	15	123786	122813	973
五指山市	Wuzhishan	67	67		3156	3156	
文昌市	Wenchang	282	225	57	22200	22139	61
琼海市	Qionghai	595	595		79605	79605	
万宁市	Wanning	2916	2916		224936	224936	
定安县	Ding'an	574	574		19271	19271	
屯昌县	Tunchang	161	161		9912	9912	
澄迈县	Chengmai	2093	1445	648	202411	58482	143929
临高县	Lingao	550	429	121	59054	29001	30053
儋州市	Danzhou	4085	1901	2184	3511412	97197	3414215
#洋浦	#Yangpu	2530	355	2175	3444224	30060	3414164
东方市	Dongfang	1190	1190		16634	16634	
乐东县	Ledong	624	624		51830	51830	
琼中县	Qiongzhong	195	195		14004	14004	
保亭县	Baoting	59	59		8904	8904	
陵水县	Lingshui	79	79		7978	7978	
白沙县	Baisha	291	291		19012	19012	
昌江县	Changjiang	98	98		6697	6697	
旅客运输	**Passenger Transport**	**44125**	**42785**	**1340**	**1527523**	**1500274**	**27249**
海口市	Haikou	25650	25032	618	662269	643004	19265
三亚市	Sanya	2820	2596	224	178249	176454	1795
五指山市	Wuzhishan	147	147		14420	14420	
文昌市	Wenchang	966	892	74	30234	30157	77
琼海市	Qionghai	1467	1203	264	74645	69792	4853
万宁市	Wanning	1945	1945		121352	121352	
定安县	Ding'an	902	902		27912	27912	
屯昌县	Tunchang	328	328		20037	20037	
澄迈县	Chengmai	1938	1938		90248	90248	
临高县	Lingao	588	588		34198	34198	
儋州市	Danzhou	1815	1750	65	71269	71066	203
#洋浦	#Yangpu	111	90	21	4977	4958	19
东方市	Dongfang	1106	1106		41525	41525	
乐东县	Ledong	700	700		56336	56336	
琼中县	Qiongzhong	464	464		26105	26105	
保亭县	Baoting	108	108		7581	7581	
陵水县	Lingshui	2356	2261	95	40996	39940	1056
白沙县	Baisha	513	513		22854	22854	
昌江县	Changjiang	312	312		7293	7293	

12-7 旅客运输平均运距
Average Transport Distance of Passengers

单位:公里 (km)

年份 Year	合 计 Total	铁 路 Railways	公 路 Highways	水 运 Waterways	民 航 Civil Aviation
1975	47	37	47	25	595
1980	41	37	47	26	486
1983	38	35	40	23	–
1985	39	38	39	27	493
1987	44	70	39	20	440
1988	33	71	43	23	748
1990	36	77	31	24	546
1991	40	80	35	21	877
1992	39	82	35	17	1072
1993	40	87	35	28	1080
1994	45	87	39	57	685
1995	50	88	37	41	1041
1996	52	102	38	27	1050
1997	54	110	38	27	1040
1998	55	109	39	33	1048
1999	57	106	37	51	1083
2000	63	93	37	48	1184
2001	60	83	33	38	1273
2002	62	85	34	36	1309
2003	58	83	33	28	1311
2004	66	153	35	29	1336
2005	65	370	34	22	1166
2006	78	262	34	22	1470
2007	81	412	35	22	1454
2008	88	455	26	16	1490
2009	92	455	34	20	1646
2010	91	453	35	20	1747

12-8 货物运输平均运距
Average Transport Distance of Freight

单位:公里 (km)

年份 Year	合 计 Total	铁 路 Railways	公 路 Highways	水 运 Waterways	民 航 Civil Aviation
1975	70	50	40	206	529
1980	44	52	31	270	475
1983	40	51	27	315	–
1985	38	51	30	342	457
1987	44	54	37	295	609
1988	37	55	28	199	703
1990	36	53	27	159	590
1991	37	53	30	103	673
1992	184	54	37	1969	1254
1993	208	58	40	1190	1253
1994	267	59	49	1414	1498
1995	239	63	42	1220	1117
1996	246	58	43	1223	1292
1997	253	56	43	1233	1271
1998	264	57	46	1218	1293
1999	281	58	48	1304	1319
2000	282	60	51	1347	1407
2001	221	62	55	910	1504
2002	216	64	58	870	1536
2003	210	64	57	865	1516
2004	196	119	62	768	1802
2005	340	112	62	1198	1759
2006	373	82	64	1105	1785
2007	358	147	64	1148	1785
2008	376	173	85	990	1859
2009	434	165	73	1018	2203
2010	446	176	65	1127	2486

12-9 民用航空航线及飞机架数
Number of Civil Aviation Routes and Civil Aircrafts

指　标	Item	2005	2006	2007	2008	2009	2010
民用航空航线(条)	Number of Civil Aviation Routes (line)	391	422	476	540	545	543
国际航线	International Routes	12	19	24	48	48	54
国内航线	Domestic Routes	379	403	452	492	497	489
#地区航线	#Regional Routes	4	4	4	11	11	15
民用航空航线里程(公里)	Length of Civil Aviation Routes(km)	804539	1079246	1072735	871631	905584	1069914
国际航线	International Routes	33757	87794	148081	205503	205503	282296
国内航线	Domestic Routes	770782	991452	924654	666128	700081	787618
#地区航线	#Regional Routes	9660	13885	17571	21497	22286	23412
民用航班飞行机场(个)	Number of Civil Airports(unit)	2	2	2	2	2	2
#可降波音737以上机型	#Number of Civil Airports Accommodating Boeing 737 and Models of Higher Class	2	2	2	2	2	
民用飞机架数(架)	Number of Civil Aircrafts(unit)	47	56	64	68	80	74
#波音757	Boeing 757	4	4	3	4		
波音737	Boeing 737	24	35	41	49	59	49
波音767	Boeing 767	5	5	3	3	3	1
MD-82	MD-82	14	12	12	12		
空客A319	Airbus A319			3		1	
空客A330	Airbus A330			2		5	8
空客A340	Airbus A340					3	3
空客A321	Airbus A321					4	5
空客A320	Airbus A320					5	8

12-10 民用航空运输量及通用飞行时间
Civil Aviation Traffic and Flying Time of General Aviation

(2010)

指标	Item	总计 Total	按航线 by Aviation Routes 国际航线 International Routes	国内航线 Domestic Routes	#地区航线 Regional Routes	按机型分 by Aero Transport 波音737Boeing 737	波音767Boeing '767	A320	A321	A319	A330	A340
客运量(万人)	Passenger Traffic (10 000 persons)	1488.34	54.21	1434.13	12.74	1077.35	34.22	140.83	89.37	6.09	87.16	53.32
旅客周转量(万人公里)	Passenger-kilometers (10 000 person-km)	2599675	400308	2199367	22109	1589867	107402	209883	178837	8291	321807	183589
货邮运量(吨)	Freight and Mail Traffic(ton)	224573	28597	195975	518	124212	11842	14274	8105	696	43626	21818
邮件	Mail	6690	199	6491		5122	138	817	193	35	316	69
货物	Freight	217883	28399	189484	518	119090	11704	13457	7912	660	43310	21749
货邮周转量(万吨公里)	Freight and Mail Ton-kilometers (10 000 ton-km)	55819	22202	33617	125	20289	3907	2313	1728	98	20598	6887
邮件	Mail	1090	164	926		669	50	139	43	4	166	19
货物	Freight	54729	22038	32691	95	19620	3857	2174	1685	93	20432	6868
飞行班次(班次)	Flying Frequency	116863	3770	113093	1041	87714	1964	12076	7214	536	4813	2546
飞行公里(万公里)	Flying kilometre (10 000 km)	18264	2368	15897	177	11963	618	1655	1223	69	1887	849
飞行时间(小时)	Flying Time(hr)	281650	30114	251536	2554	191659	8781	25490	17629	1125	25589	11377

12-11 历年港口货物吞吐量
Volume of Freight Handled in Coastal Ports in Various Years

单位:万吨 (10 000 tons)

年份 Year	总计 Total	海口港 Haikou	三亚港 Sanya	八所港 Basuo	洋浦港 Yangpu	其他沿海小港 Other Coastal Ports
1971	509	67	44	328		70
1972	408	60	29	252		67
1973	473	67	37	306		63
1974	471	57	37	303		74
1975	514	76	31	302		105
1976	496	57	35	284		120
1977	539	76	42	285		136
1978	544	76	45	307		116
1979	533	83	41	305		104
1980	483	72	38	278		95
1981	483	79	33	284		87
1982	557	88	36	343		90
1983	628	109	39	372		108
1984	686	131	53	411		91
1985	624	171	77	288		88
1986	722	174	64	391		93
1987	770	198	64	405		103
1988	826	241	59	392		134
1989	895	256	63	410		166
1990	929	288	37	431		173
1991	886	321	37	350		178
1992	1040	413	39	376		212
1993	1307	580	65	384		278
1994	1459	699	79	355		326
1995	1252	469	43	275		465
1996	1407	537	31	265		574
1997	1424	486	30	336		572
1998	1474	470	33	358	44	569
1999	1682	674	27	380	42	559
2000	1976	808	48	378	46	696
2001	1982	888	71	342	60	621
2002	2309	1073	49	343	91	753
2003	2757	1329	61	425	114	828
2004	3602	1439	75	548	220	1320
2005	3773	2118	49	489	431	686
2006	4333	2173	76	479	1016	589
2007	7331	4309	85	547	2351	39
2008	7692	4624	117	554	2352	45
2009	8345	4856	150	652	2649	38
2010	9662	5700	200	893	2825	44

12-12 主要港口(水港)货物、旅客吞吐量
Throughput of Freight & Passengers in Major Coastal Ports

单位:万吨 (2010) (10 000 tons)

港口(货物)	Ports (Freight)	货物吞吐量 Volume of Freight	出港 Out-port	进港 In-port
总 计	**Total**	**9617.31**	**4027.64**	**5589.67**
按主要港口分	**By Major Coastal Ports**			
海口港	Haikou	5699.73	2376.76	3322.97
三亚港	Sanya	200.00	14.15	185.85
八所港	Basuo	892.54	531.72	360.82
洋浦港	Yangpu	2825.04	1105.01	1720.03
按货物分类	**By Type of Freight**			
煤炭	Coal	750.47	4.19	746.28
石油、天然气及制品	Petroleum, Natural Gas and Their Products	1843.43	792.07	1051.36
金属矿石	Metal Ores	472.67	450.86	21.81
钢铁	Steel and Iron	239.46	24.98	214.48
矿建材料	Mineral Building Materials	242.92	50.81	192.11
水泥	Cement	272.64	0.27	272.37
木材	Timber	561.64	34.53	527.11
非金属矿石	Nonmetal Ores	105.22	41.58	63.64
化肥及农药	Chemical Fertilizers and Pesticides	213.57	130.67	82.90
盐	Salt	12.40	6.82	5.58
粮食	Grain	179.06	15.90	163.16
机械设备及电器	Mechanical Equipment & Electrical Equipment	1457.96	710.38	747.58
化工原料及制品	Chemical Raw Materials and Products	272.50	171.91	100.59
有色金属	Nonferrous Metals	0.88	0.48	0.40
轻工医药产品	Light Industrial and Medical Products	277.68	178.12	99.56
农副产品	Agricultural and Non-staple Products	1395.83	730.84	664.99
其他	Others	1318.99	683.24	635.75

12-12 续(continued)

港口	Ports	旅客吞吐量(万人) Volume of Passengers (10 000 persons)	出港 Out-port	进港 In-port
总 计	**Total**	**1122**	**564**	**558**
海口港	Haikou	1118	562	556
三亚港	Sanya	4	2	2

12-13 港口码头泊位基本情况
Number of Berths in Coastal Ports

(2010)

港口	Port	合计 Total			生产用 for Productive Use			综合吞吐能力(万吨/年) Capacity of Freight Handling (10000 tons/year)
		码头长度(米) Length of Quay Line (m)	泊位个数(个) Number of Berths (unit)	万吨级 10 000 Ton Class	码头长度(米) Length of Quay Line (m)	泊位个数(个) Number of Berths (unit)	万吨级 10 000 Ton Class	
总 计	Total	14880	137	34	14880	137	34	7128
海口港	Haikou	5647	52	10	5647	52	10	1239
八所港	Basuo	1754	10	8	1754	10	8	1569
三亚港	Sanya	1900	40	2	1900	40	2	161
洋浦港	Yangpu	5197	29	14	5197	29	14	4084
清澜港	Qinglan	310	4		310	4		70
金牌港	Jinpai	52	1		52	1		
铺前港	Puqian	20	1		20	1		5

12-14 邮政局所数及邮递线路
Post Offices and Postal Delivery Routes in Various Years

年份 Year	邮政局(所)(处) Number of Post offices (unit)	设在农村 In Rural Areas	邮路总长度(公里) Length of Postal Routes (km)	航空邮路 Airline Routes	农村投递路线总长(公里) Length of Rural Delivery Routes (km)
1952	22		540		
1957		140	8100		
1962	222	196	6700		10801
1965	228	204	8200		
1970	312	288	11200		18155
1975	377	355	15200		27343
1978	385	359	16700		28076
1979	389	361	16300		28681
1980	393	365	14000		18750
1985	389	359	14400		23001
1986	351	356	13700		23845
1987	408	372	13143		23503
1988	406	344	14051	460	22685
1989	410	341	30342	20653	22429
1990	406	361	51381	42061	21014
1991	412	336	50937	41154	20990
1992	426	340	60698	51644	21394
1993	440	364	88752	82498	20800
1994	474	368	97955	87798	20312
1995	506	386	87007	78135	19701
1996	524	369	55107	46477	19291
1997	575	385	88656	79497	20474
1998	621	384	50198	39740	21745
1999	525	343	51028	40909	19838
2000	503	352	58029	46079	19732
2001	504	352	33942	22194	20353
2002	494	437	35873	23148	20296
2003	487	336	41939	25311	22858
2004	468	322	34831	20710	23108
2005	458	315	36498	22012	23172
2006	463	311	32414	20383	23645
2007	458	313	39422	27421	23281
2008	445	304	61917	50307	19589
2009	443	314	63250	50650	22084
2010	412	301	93211	80385	22155

注：由于邮政系统改革，原省邮政局分为省邮政公司、省邮政银行、省邮政速递物流公司。2010年起邮政公司的邮路不含航空邮路，航空邮路划归邮政速递物流公司统计。2010年邮政业务总量不含省邮政银行、速递物流公司的数据。

Note: Because of the reform of postal system, former provincial post bureau is divided into post corporation, postal savings bank and post express & logistics corporation. From 2010 postal delivery routes of provincial post corparation have no longer included airline routes that is calculated by post express & logistics corporation. The business volume of postal services in 2010 doesn't contain that of provincial postal savings bank and post express & logistics corporation.

12-15 各市县邮电局所和邮政车辆
Number of Post Offices and Postal Vehicles by Region

(2010)

地 区 Region	邮政局所 (处) Number of Post Offices (unit)	汽车(辆) Number of Automobiles (unit)	摩托车(辆) Number of Motorcycles (unit)
全省总计 Total	411	393	193
海口市 Haikou	56	168	38
三亚市 Sanya	33	38	9
五指山市 Wuzhishan	13	6	7
文昌市 Wenchang	30	18	17
琼海市 Qionghai	30	14	25
万宁市 Wanning	19	13	1
定安县 Ding'an	15	14	8
屯昌县 Tunchang	19	11	8
澄迈县 Chengmai	25	14	8
临高县 Lingao	15	6	9
儋州市 Danzhou	38	24	13
# 洋浦 Yangpu	2	6	7
东方市 Dongfang	22	12	13
乐东县 Ledong	23	7	3
琼中县 Qiongzhong	20	6	9
保亭县 Baoting	13	11	6
陵水县 Lingshui	13	12	6
白沙县 Baisha	12	11	4
昌江县 Changjiang	15	8	9

12-16 邮电业务总量和电话总户数
Business Volume of Postal and Telecommunication Services and Telephone Subscribers

年份 Year	通信业务总量(万元) Business Volume of Telecommunication Services (10 000 yuan)	邮政业务总量(万元) Business Volume of Postal Services (10 000 yuan)	固定电话总户数(户) Numbe of Fixed Telephone Subscribers (Subscribers)	城市 Urban	农村 Rural
1976	630	394	10093	4547	5546
1977	787	376	10446	4742	5704
1978	779	367	10370	4814	5556
1979	780	367	10386	4996	5390
1980	791	380	9568	5088	4480
1981	1074	525	9053	5344	3709
1982	1077	535	9091	5528	3563
1983	1097	517	9276	5931	3345
1984	1222	556	10778	7236	3542
1985	1370	581	12298	8649	3649
1986	1449	597	13662	9901	3761
1987	1758	651	16685	12736	3949
1988	2746	879	22243	18053	4190
1989	3676	1050	30340	25900	4440
1990	5073	2814	40611	35924	4687
1991	15810	3538	57256	52278	4978
1992	27662	4558	84936	78849	6087
1993	54019	6549	135848	127838	8010
1994	86698	8579	237386	216558	20828
1995	104931	9377	280401	248770	31631
1996	125872	10895	341327	292629	48698
1997	161307	12399	386895	326007	60888
1998	185239	14257	434038	361181	72857
1999	229481	17470	527000	422000	105000
2000	310559	18957	690059	523601	166458
2001	322833	32848	1055097	726277	328820
2002	397037	32347	1373520	968516	405004
2003	430530	34509	1628063	1153666	474397
2004	586339	37181	1972932	1420975	551957
2005	709812	40929	2300167	1710769	589398
2006	930423	47218	2490114	1797233	692881
2007	1191545	53605	2399458	1707464	691994
2008	1526300	62851	2246843	1595407	651436
2009	1697361	74898	1828280	1254661	573619
2010	705310	62104	1798350	1249128	549222

注：邮政和通信业务总量 1971-1980 年按 1970 年不变价计算，1981-1990 年按 1980 年不变价计算，1991-1999 年按 1990 年不变价计算，2000-2009 年按 2000 年不变价计算，2010 年按 2010 年不变价格计算，2010 年与 2009 年不变价换算系数为 2.98。

Note: The business volume of postal and telecommunication services was calcalated at constant prices, The conversion factor between 2009 and 2010 was 2.98.

12-17 邮政主要业务量
Business Volume of Postal Services

年份 地区	函件 (万件) Number of Letters (10 000 pcs)	包裹 (万件) Packages (10 000 pcs)	汇票 (万张) Postal Orders (10 000 pieces)	邮政储蓄 平均余额(万元) Average Balance of Postal Savings (10 000 yuan)	特快传递(万件) Pieces of Express Mail Services (10 000 pcs)	报纸累计份数(万份) Number of Newpapers Subscription (10 000 copies)	杂志累计份数(万份) Number of Magazine Subscription (10 000 copies)
1987	2969	38	207			12683	1208
1988	3345	39	205	1117			
1989	3473	39	196	1700			
1990	3438	41	192	3116	5.4	8295	686
1991	3659	41	200	13648	8.4	9134	811
1992	4257	46	235	19762	12.1	10842	926
1993	5384	58	341	50348	23.7	11231	949
1994	5689	58	435	91110	31.5	12905	924
1995	4998	68	353	141049	33	14322	1019
1996	4353	72	302	193611	39.2	16450	825
1997	3789	61	272	214021	39.9	14999	744
1998	3313	62	238	286248	42.3	14109	667
1999	3178	63	214	373788	50.1	13072	345
2000	2547	60	204	418177	47.1	12539	686
2001	3010	64	184	457930	62.9	12800	548
2002	2441	68	161	511013	70	12290	505
2003	2304	76	137	608736	64.8	12072	467
2004	1959	85	103	730994	95.7	9185	474
2005	2012	59	85	889905	108.1	9692	474
2006	1735	46	84	1082517	124	9772	471
2007	1368	46	161	1281283	142	10919	482
2008	1423	20	210	1513000	160.3	11766	583
2009	1373	39	236	1846040	198	12535	640
2010	1225	41	174	1600618	141	13151	615

12-18 各市县邮政主要业务量
Business Volume of Postal Services by Region

地区 Region	函件(万件) Number of Letters (10 000 pcs)	包裹(万件) Packages (10 000 pcs)	汇票(万张) Postal Orders (10 000 pieces)	邮政储蓄平均余额(万元) Average Balance of Postal Savings (10 000 yuan)	特快传递(万件) Pieces of Express Mail Services (10 000 pcs)	报纸累计份数(万份) Number of Newpapers Subscription (10 000 copies)	杂志累计份数(万份) Number of Magazine Subscription (10 000 copies)
全省总计 Total	**1224.54**	**40.64**	**173.57**	**1600618.39**	**140.74**	**13151.48**	**614.58**
海口市 Haikou	987.25	19.81	52.77	424527.74	48.99	4178.74	360.31
三亚市 Sanya	76.26	8.78	33.47	133308.78	24.96	1273.02	38.05
五指山市 Wuzhishan	8.44	0.92	3.22	22233.56	3.33	296.74	15.88
文昌市 Wenchang	21.02	1.38	9.75	121204.00	5.78	1064.39	16.87
琼海市 Qionghai	20.66	1.38	10.27	92368.00	8.44	897.73	19.34
万宁市 Wanning	15.35	0.98	5.55	101589.07	6.15	588.10	13.33
定安县 Ding'an	17.17	0.37	3.16	46446.42	1.74	403.65	7.72
屯昌县 Tunchang	10.87	0.51	2.07	48399.88	1.73	301.14	6.06
澄迈县 Chengmai	14.17	0.62	3.99	69297.21	3.84	643.37	15.18
临高县 Lingao	6.96	0.54	3.41	58730.82	2.02	393.82	11.21
儋州市 Danzhou	12.75	1.59	14.13	116631.68	13.03	946.92	32.46
#洋浦 #Yangpu	1.22	0.60	3.47	14476.12	5.78	115.94	5.64
东方市 Dongfang	8.53	0.62	5.83	67652.35	3.85	445.40	13.42
乐东县 Ledong	10.48	0.91	5.34	73973.24	3.60	360.80	10.19
琼中县 Qiongzhong	1.84	0.41	5.60	39861.80	1.94	215.11	7.04
保亭县 Baoting	3.50	0.31	4.28	38290.79	2.20	237.35	8.53
陵水县 Lingshui	1.50	0.83	4.07	51411.26	3.78	345.23	16.57
白沙县 Baisha	2.36	0.30	3.65	43087.97	1.77	217.10	7.16
昌江县 Changjiang	5.41	0.39	3.02	51603.83	3.58	342.86	15.26

12-19 历年电信主要业务量
Business Volume of Telecommunication Services in Various Years

年份 Year	移动电话用户 Number of Mobile Telephone Subscribers (户) (subscriber)	城市固定电话用户 Number of Urban Fixed Telephone Subscribers (户) (subscriber)	住宅固定电话 Household Fixed Telephone Subscribers (户) (subscriber)	公用固定电话 Public Telephone (部) (subscriber)	农村固定电话用户 Rural Fixed Telephone Subscribers (户) (subscriber)	长途电话通话时长 Length of Long-distance Telephone Calls of Fixed Telephone (万分钟) (10 000 minutes)
1987		12736	360	32	3949	236
1990		35924	4605	62	4687	643
1991		52278	13393	298	4978	1482
1992	1013	78849	24988	1063	6087	3117
1993	10385	127838	54720	3290	8010	7417
1994	19467	216558	129673	5387	20828	13033
1995	31090	248770	166384	10182	31631	11520
1996	52907	292629	181351	14159	48698	11732
1997	131029	326007	208618	18667	60888	12661
1998	194874	361181	230593	19206	72857	11722
1999	284828	422000	286000	33000	105000	9724
2000	478182	523601	468557	39479	166458	16009
2001	853822	726277	694297	31980	328820	7711
2002	1100672	968516	455648	32460	405004	6561
2003	1363023	1153666	899320	144047	474397	13290
2004	1660355	1420975	983326	177701	551957	20598
2005	2038712	1710769	553596	236593	589398	138882
2006	2398888	1797233	1107585	220335	692881	173353
2007	3248360	1707464	1067186	226016	691994	187486
2008	3977800	1595407	986456	217588	651436	148735
2009	4964383	1254661	640182	201092	573619	233481
2010	5943251	1249128	664641	165190	549222	296123

12-20 历年电信主要通信能力
Main Communication Capacity of Telecommunications in Various Years

年份 Year	长途电话交换机容量(路端) Capacity of Long-distance Telephone Exchanges (circuit)	移动交换机总容量(万户) Capacity of Mobile Telephone Exchanges (10 000 subscribers)	城市固定电话(户) Number of Urban Fixed Telephone Subscribers (subscriber)	农村固定电话(户) Number of Rural Fixed Telephone Subscribers (subscriber)
1987			18433	10693
1988			25063	11636
1989			36075	12065
1990			47900	12360
1991			72634	12939
1992			103619	13647
1993			175643	16377
1994	13494		265022	25910
1995	27860		355116	35375
1996	38730		382938	52617
1997	42420		396713	66261
1998	42420		430600	82538
1999	38572	55.5	580676	117495
2000	69930	112.5	781255	166458
2001	55000	121	726277	328820
2002	66102	139	968516	405004
2003	75296	158	1153666	474397
2004	66196	194	1420975	551957
2005	66516	245	1710769	589398
2006	72634	319	1797233	692881
2007	79444	478	1707464	691994
2008	66244	620	1595407	651436
2009	86674	864.4	1254661	573619
2010	91576	1099.4	1249128	549222

12-21 邮电通信质量及服务水平
Quality and Services of Postal and Telecommunication

指 标	Item	2005	2006	2007	2008	2009	2010
平均每一邮局所服务人口数(人)	Average People Served by Every Post Office(person)	17670	17775	18187	19016	18665	21391
平均每人每年发函件份数(件)	Annual Average Number of Letters Mailed per Capita(piece)	3	2	2	2	2	1.39
平均每百人订有报刊数(份)	Annual Average Number of Newspaper and Magazine Subscribed per 100 Persons(piece)	1256	1245	1368	1459	1082	1145
设有邮电局所的乡镇比重(%)	Percentage of Townships with Post Offices(%)	98	99	99	100	99	96
邮件处理不合格率(%)	Non-conforming Rate of Mail Handling(%)	1.2	1.9	1.53	1.76	1.97	2.27
邮件时限逾限率(%)	Rate of Delayed Mail Delivery (%)	0.2					
当天看到省报的县市比重(%)	Percentage of Counties where Provincial Newspaper is available on the day of publication(%)	100	100	100	100	100	100
按固定班期投递邮件的乡镇比重(%)	Percentage of Townships where Mail is Delivered in Fixed Shift(%)	100	100	100	100	100	100
平均每百人拥有电话(户)	Number of Telephone Owned per 100 Persons(set)	53.06	59.04	67.57	73.64	77.22	86.39
已通电话的行政乡比重(%)	Percentage of Administrative Townships with Fixed Telephone(%)	98.9	100	100	100	100	100

主要统计指标解释

公路(通车)里程 指在一定时期内实际达到《公路工程[WTBZ]技术标准 JTJ01-88》规定的等级公路，并经公路主管部门正式验收交付使用的公路里程数。包括大中城市的郊区公路以及通过小城镇街道部分的公路里程和桥梁、渡口的长度，不包括大中城市的街道、厂矿、林区生产用道和农业生产用道的里程。两条或多条公路共同经由同一路段，只计算一次，不得重复计算里程长度。它是反映公路建设发展规模的重要指标，也是计算运输网密度等指标的基础资料。

铁路营运里程 又称营业长度(包括正式营业和临时营业里程)，指办理客货运输业务的铁路正线总长度。凡是全线或部分建成双线及以上的线路，以第一线的实际长度计算；复线、站线、段管线、岔线和特殊用途线以及不计算运费的联络线都不计算营业里程。该指标可以反映铁路运输业基础设施的发展水平，也是计算客货周转量、运输密度和机车车辆运用效率等指标的基础资料。

内河航道里程 也称内河通航里程，指在一定时期内，能通航运输船舶及排筏的天然河流、湖泊水库、运河及通航渠道的长度。包括全年季节性通航累计三个月以上的航道，不包括仅供零散流放竹、木排的河道。该指标可以反映内河水运网的规模、水平和发展情况。

民用航空航线里程 指统计期间内全部民用航空航线的航线总长度。航线长度指民用航空航线的计费距离。计算航线里程可按重复和不重复两种方法，前者是指各航线长度相加的总和；后者则要扣除各航线之间相同航段重复计算的部分。

货(客)运量 指在一定时期内，各种运输工具实际运送的货物(旅客)数量。它是反映运输业为国民经济和人民生活服务的数量指标，也是制定和检查运输生产计划、研究运输发展规模和速度的重要指标。货运按吨计算，客运按人计算。货物不论运输距离长短、货物类别，均按实际重量统计。旅客不论行程远近或票价多少，均按一人一次客运量统计；半价票、小孩票也按一人统计。

货物(旅客)周转量 指在一定时期内，由各种运输工具运送的货物(旅客)数量与其相应运输距离的乘积之总和。它是反映运输业生产总成果的重要指标，也是编制和检查运输生产计划，计算运输效率、劳动生产率以及核算运输单位成本的主要基础资料。计算货物周转量通常按发出站与到达站之间的最短距离，也就是计费距离计算。计算公式为：

货物(旅客)周转量 = ∑(货物(旅客)运输量 × 运输距离)

港口货物吞吐量 指经由水路进、出港区范围，并经过装卸的货物数量。按货物流向分为进港吞吐量和出港吞吐量，按货物的贸易性质分为内贸和外贸吞吐量。按货物的类别分，可根据现行的交通行业标准《运输货物分类和代码》分类。沿海港口是指位于海沿岸，具有一定设施和条件，供船舶停靠、旅客上下、货物装卸、生活物料供应等作业的港口。

民用汽车拥有量 指报告期末，在公安交通管理部门按照《机动车注册登记工作规范》，已注册登记领有民用车辆牌照的全部汽车数量。汽车拥有量统计的主要分类：根据汽车结构分为载客汽车、载货汽车、其他汽车；根据汽车所有者不同分为个人(私人)汽车、单位汽车；根据汽车的使用性质分为营运汽车、非营运汽车；根据汽车大小规格不同，载客汽车分为大型、中型、小型和微型，载货汽车分为重型、中型、轻型和微型。

邮电业务总量(又称通信业务总量) 指以价值量形式表现的邮电通信企业为社会提供各类邮电通信服务的总数量。分别按邮政业务总量和电信业务总量统计。邮电业务总量是以各类业务的实物量分别乘以相应的不变单价，得出各类业务的货币量再加总求得。该指标综合反映了一定时期邮电业务发展的总成果，是研究邮电业务量构成和发展趋势的重要指标。

Explanatory Notes on Main Statistical Indicators

Length of Highways (open to traffic) refers to the length of highways which are built in conformity with the grades specified by the highway engineering standard [Highways WTBZ-Technical Standard JTJ01-88] formulated by the Ministry of Transport, and have been formally checked and accepted by the departments of highways and put into use. The length of highways includes that of the suburb highways at large and medium-sized cities, highways passing through streets at small cities and towns, and also the length of bridges and ferry piers. It does not include the length of streets in large and medium-sized cities and highways built for the production purpose at factories, mines, forest areas and agricultural areas. If two or more highways go through the same section of the way, the length of the section is only calculated for once and no duplication is allowed. The length of highways is an indicator to show the development of the scale of highway construction and to provide essential information to calculate the transport network density.

Length of Railways in Operation refers to the total length of the trunk lines for passengers and freight transportation (including that of full operation and temporary operation). The calculation is based on the actual length of the first line if this line has a full or partial double (or more). Not included are double tracks, station sidings, tracks under the charge of stations, branch lines, special-purpose lines and non-payable connecting lines. The length of railways in operation is an important indicator to show the development of the infrastructure of railway transport. It is also essential data to calculate volume of passenger-kilometers, freight ton-kilometers, traffic density and utilization efficiency of locomotives and carriages.

Length of Navigable Inland Waterways refers to the length of the natural rivers, lakes, reservoirs, canals, and ditches open to navigation during a given period, which enables transportation by ships and rafts. It includes the channels open to navigation for over an accumulated period of 3 months in a year, yet this does not include the river courses which are only used to float odd logs and bamboo rafts. This indicator can reflect the scale, level and development situation of the inland waterway network.

Length of Civil Aviation Routes refers to the length of all routes for civil aviation flights, which is used to account the freight, during the period of statistics. There are usually two ways to calculate the route length: duplicated calculation and non–duplicated calculation, the former is the sum of length of all civil aviation routes, and the latter should deduct the duplication length of the same routes among all routes.

Freight (Passenger) Traffic refers to the volume of freight (passenger) transported actually by various modes within a specific period of time. This indicator reflects the service of the transport industry towards the national economy and the people's living conditions, as well as an important indicator used in formulating and monitoring transport production plans and researching into the scale and pace of transport development. Freight transport is calculated in tons and passenger traffic is calculated in terms of number of persons. Freight transport is calculated in terms of the actual weight of goods and takes no account of the type of freight and distance of travel. Passenger traffic is calculated by the principle that one person can be counted only once in one trip and takes no account of the travelling distance and ticket price. The passengers who travel with a half–price ticket or a child ticket are also calculated as one person.

Freight Ton–kilometres (Passenger–kilometres) refers to the sum of the volume of transported goods(passengers) multiplied by the transport distance. It is an important indicator to reflect achievements of the transportation industry. This is an important indicator to show the total results of the transport industry; to prepare and examine the transport plan; and to serve as the main basic data for calculating the efficiency, labour productivity and unit cost of transport. Normally, the shortest distance between the departure station and the destination station (i.e., the payable distance) is the basis in calculating the freight ton–kilometres. The formula is as follows:

$$\begin{matrix}\text{Freight to n-kilometres}\\ \text{(passenger-kilometres)}\end{matrix} = \sum \begin{matrix}\text{freight}\\ \text{(passenger)traffic}\end{matrix} \times \begin{matrix}\text{distance of}\\ \text{transport ation}\end{matrix}$$

Volume of Freight Handled in Coastal Ports (Freight Throughput) refers to the volume of incoming and outgoing goods handled in the major coastal ports. The volume of freight handled may be classified into two categories by direction of flow: in–port and out–port, and by nature of cargo it can be classified into two kinds: freight for domestic trade and for foreign trade. The classification of cargo can also refer to the current transport standard of The Classification and Code of Cargo Type. Coastal ports refer to the ports which are located at the edge of an ocean or sea, and with some facilities for vessel callings, passenger embarking/debarking, cargo loading/unloading, living material supply, etc.

Possession of Civil Vehicles refers to the total number of vehicles that are registered and received vehicle license tags according to the Motor Vehicle Registration Specifications formulated by the Transport Management Office under the department of public security at the end of report period. According to the structure of motor vehicles, they are divided into passenger vehicles, trucks and others; according to ownership into private vehicles and vehicles for the unit's use; according to kind of usage into operating vehicles and non–operating vehicles; and according to size of vehicles into large passenger vehicles, medium–sized passenger vehicles, small passenger vehicles and mini passenger vehicles, heavy trucks, light–heavy trucks, light trucks and mini–trucks.

Business Volume of Post and Telecommunications（Business Volume of Communications） refers to the total amount of postal and telecommunication services for the whole society in terms of value, provided by the postal and telecommunication enterprises. It's an aggregative indicator that reflects the trend of development and changes of postal and telecommunication services. Its statistical data includes two parts: postal services and telecommunication services. Business volume of post and telecommunications is the sum of physical quantities of all services respectively multiplied by their corresponding unit price (constant price).

13. 批发零售贸易和住宿餐饮业
WHOLESALE AND RETAIL TRADES,HOTELS AND CATERING SERVICES

编辑人员：黄丹慧　蒙绪政　姚姣姣
Compiled by Huang Danhui Meng Xuzheng　Yao Jiaojiao
英文翻译：苏绮凌
Translated by Su Qiling

社会消费品零售总额(亿元)
Total Retail Sales of Consumer Goods(100 million yuan)

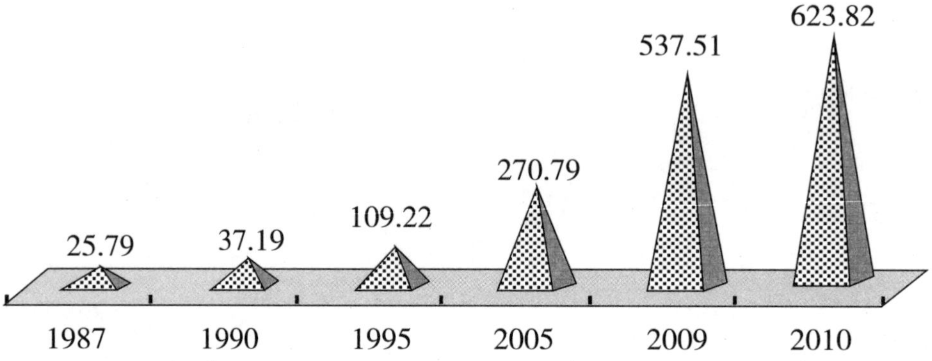

社会消费品零售总额构成(%)
Composition of Total Retail Sales of Consumer Goods(%)

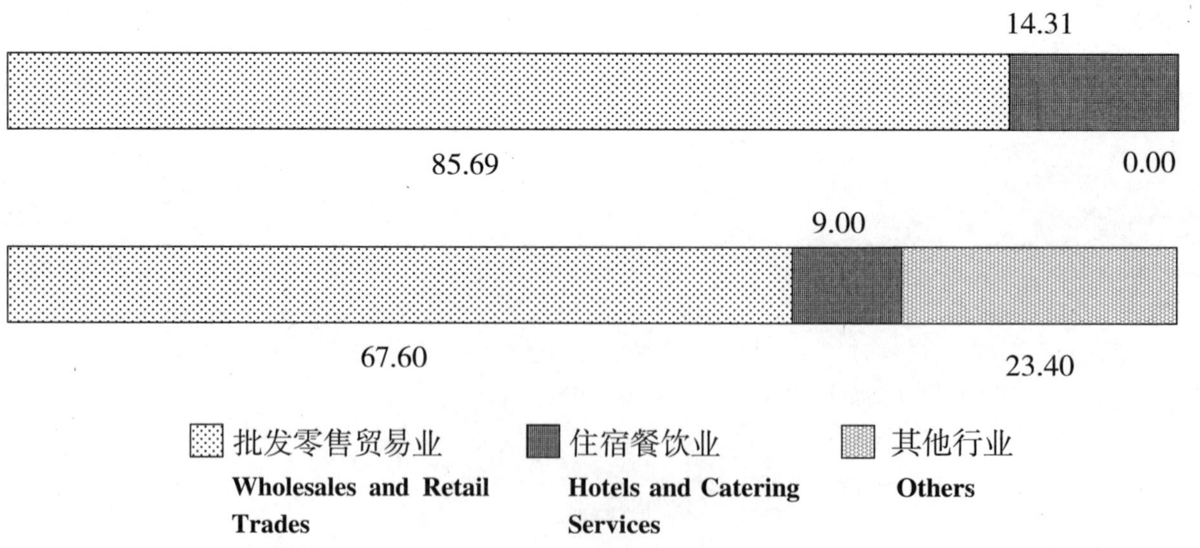

13-1 历年社会消费品零售总额
Total Retail Sales of Consumer Goods in Various Years

单位:万元 (10 000 yuan)

年份 Year	社会消费品零售总额 Total Retail Sales of Consumer Goods	#批发零售贸易业 Wholesale and Retail Trades	住宿餐饮业 Hotels and Catering Services	按城乡分 By Urban and Rural 城镇 Urban	农村 Rural
1952	14292	13222	1050	6227	8065
1957	24370	22121	2067	10412	13958
1962	36792	32673	3697	15867	20925
1965	40692	37168	2827	17981	22711
1970	47710	44052	2886	21711	25999
1975	69206	63533	4421	32280	36926
1980	99323	91973	5980	44703	54620
1981	110224	101286	6149	49710	60514
1982	133610	119204	9640	68788	64822
1983	146678	130301	10949	82174	64504
1984	181578	161158	13208	101767	79811
1985	215775	192222	16980	129660	86115
1986	231599	203763	18032	136931	94668
1987	257922	224952	23332	151751	106171
1988	343223	291059	38156	224456	118767
1989	376428	312738	39261	261334	115094
1990	371865	319134	39737	253578	118287
1991	419728	357092	46479	294820	124908
1992	550179	449917	62862	394343	155836
1993	727186	638347	85167	567836	159350
1994	947393	756358	96466	708232	239161
1995	1092190	865471	134928	838195	253995
1996	1215705	954639	159872	924903	290802
1997	1334090	1093824	157665	1019049	315041
1998	1447280	1199534	179722	1091508	355772
1999	1576565	1306682	202062	1182889	393676
2000	1724762	1435881	228847	1283423	441339
2001	1874593	1544925	260497	1400482	474111
2002	2043952	1674076	287498	1522784	521168
2003	1916353	1505313	309937	1447428	468925
2004	2367741	1858334	416918	1855126	512615
2005	2707895	2108266	492980	2127143	580752
2006	3133466	2450874	562395	2475672	657794
2007	3709247	2916380	661493	2941812	767435
2008	4632408	3914974	578434	3682764	949644
2009	5375055	4260731	967480	4273980	1101075
2010	6238177	5345665	892512	5553415	684762

13-2 各市县社会消费品零售总额
Total Retail Sales of Consumer Goods by Region

单位:万元 (2010) (10 000 yuan)

地 区	Region	社会消费品零售总额 Total Retail Sales of Consumer Goods	批发零售贸易业 Wholesale and Retail Trades	住宿餐饮业 Hotels and Catering Services	按城乡分 By Location 城镇 Urban	农村 Rural
全省总计	**Total**	**6238176.90**	**5345664.60**	**892512.30**	**5553414.70**	**684762.20**
海口市	Haikou	3269417.40	3014033.30	255384.10	3071513.70	197903.70
三亚市	Sanya	636977.20	434925.00	202052.20	542542.80	94434.40
五指山市	Wuzhishan	40144.20	28284.10	11860.10	36751.20	3393.00
文昌市	Wenchang	308372.20	257218.30	51153.90	248590.90	59781.30
琼海市	Qionghai	316923.20	263225.90	53697.30	290525.70	26397.50
万宁市	Wanning	296006.00	226795.70	69210.30	221847.00	74159.00
定安县	Ding'an	99466.80	81845.20	17621.60	68307.60	31159.20
屯昌县	Tunchang	91454.90	75999.00	15455.90	75176.20	16278.70
澄迈县	Chengmai	142735.30	115923.20	26812.10	115060.60	27674.70
临高县	Lingao	120808.00	101321.00	19487.00	93784.00	27024.00
儋州市	Danzhou	337321.1	266112.2	71208.9	300011.4	37309.70
#洋浦	#Yangpu	27213.60	22748.70	4464.90	27213.60	
东方市	Dongfang	135921.60	113558.20	22363.40	126021.00	9900.60
乐东县	Ledong	120492.80	101524.00	18968.80	107334.20	13158.60
琼中县	Qiongzhong	26213.90	21319.40	4894.50	25187.90	1026.00
保亭县	Baoting	39310.70	27532.50	11778.20	22158.40	17152.30
陵水县	Lingshui	72128.70	59579.40	12549.30	64893.70	7235.00
白沙县	Baisha	31723.50	26847.50	4876.00	20744.50	10979.00
昌江县	Changjiang	61479.50	52607.90	8871.60	54667.50	6812.00
农垦	Nongken	91279.90	77012.80	14267.10	68296.40	22983.50

13-3 限额以上批发零售贸易业企业基本情况
Statistics on Enterprises above Designated Size in Wholesale and Retail Trades

单位:万元 (2010) (10 000 yuan)

项 目	Item	法人企业(个) Number of Corporation Enterprises (unit)	年末从业人数(人) Engaged Persons at Year-end (person)	购进总额 Total Purchases Value	进口 Imports
总 计	Total	626	39117	12019893.7	583303.9
批发业	Wholesale Trade	335	15841	9032956.6	509593.7
按登记注册类型分组	By Status of Registration				
内资企业	Domestic Funded Enterprises	315	13761	8377346.4	206093.1
国有企业	State-owned Enterprises	22	2038	1405391.8	105.1
集体企业	Collective-owned Enterprises	1	37	3541.5	
股份合作企业	Cooperative Enterprises	2	194	32012.0	
有限责任公司	Limited-liability Companies	206	8321	5897487.8	156406.7
#其他有限责任公司	Other Limited-liability Companies	205	8294	5895346.0	156406.7
股份有限公司	Share Holding Ltd. Companies	9	649	250072.0	39530.0
私营企业	Private Enterprises	68	2225	758277.5	10051.3
私营独资企业	Private-funded Enterprises	1	13	7388.0	
私营合伙企业	Private Partnership Enterprises	2	47	5246.7	
私营有限责任公司	Private Limited-liability Companies	61	1946	482217.1	10051.3
私营股份有限公司	Private Share Holding Ltd. Companies	4	219	263425.7	
其他企业	Other Enterprises	7	297	30563.8	
港澳台商投资企业	Enterprises with Funds from HongKong,Macao and Taiwan	12	1203	494469.7	260291.2
#合资经营企业(港或澳、台资)	Joint Ventures(Hongkong or Macao, Taiwan)	1	258	17091.5	
港澳台商独资经营企业	Enterprises with Sole Investment	11	945	477378.2	260291.2
外商投资企业	Foreign Investment Enterprises	8	877	161140.5	43209.4
#中外合资经营企业	Cooperative Enterprises	4	125	43632.6	
外资企业	Enterprises with Sole Foreign Investment	4	752	117507.9	43209.4
按批发行业小类分组	By Wholesales Industries				
农畜产品批发	Wholesale of Farm produce and Livestock products	4	50	37856.6	
食品、饮料及烟草制品批发	Wholesale of Food ,Beverages and Tobaccos	36	2978	1398275.1	12390.2
#米、面制品及食用油批发	Wholesale of Rice ,Flour and Edible Oil	12	401	126956.4	
烟草制品批发	Wholesale of Tobaccos	5	1368	1119624.9	
纺织、服装及日用品批发	Wholesale of Textiles, Garments and Daily Consumer Articles	19	818	216003.2	600.6
#服装批发	Wholesale of Garments	5	92	29753.1	571.1
文化、体育用品及器材批发	Wholesale of Culture, Sports Appliances and Equipments	7	570	112264.0	
医药及医疗器材批发	Wholesale of Medicines and Medical Appliances	118	6295	1008709.0	151018.3
矿产品、建材及化工产品批发	Wholesale of Mineral Products, Building Materials and Chemical Products	79	2356	4620335.2	341632.7
#煤炭及制品批发	Wholesale of Coal and Related Products	6	225	323047.0	18130.5
石油及制品批发	Wholesale of Petroleum and Related Products	16	511	987224.5	314898.4
金属及金属矿批发	Wholesale of Metal and Metal Ores	13	275	366323.7	
建材批发	Wholesale of Building Materials	6	147	59647.5	
化肥批发	Wholesale of Chemical Fertilizer	9	354	108259.4	2713.0
机械设备、五金交电及电子产品批发	Wholesale of Machinery , Hardware and Electronic Equipment	47	2249	1275542.5	2642.3
#汽车、摩托车及零配件批发	Wholesale of Motor Vehicles,Motorcycles and parts	8	358	914815.1	
家用电器批发	Wholesale of Household Electrical Appliances	8	889	142356.6	
计算机、软件及辅助设备批发	Wholesale of Computers, Software and Assistant Appliances	6	262	38399.9	
其他批发	Others Wholesale not Classified Elsewhere	25	525	363971.0	1309.6

13-3 续(continued)

项　　目	Item	法人企业（个）Number of Corporation Enterprises (unit)	年末从业人数（人）Engaged Persons at Year-end (person)	购进总额 Total Purchases-Value	进口 Imports
零售业	**Retail Trade**	291	23276	2986937.1	73710.2
按登记注册类型分组	**By Types of Registration**				
内资企业	Domestic Funded Enterprises	282	20764	2695630.0	22974.8
国有企业	State-owned Enterprises	7	785	8285.1	
集体企业	Collective-owned Enterprises	1	26	3368.6	
股份合作企业	Cooperative Enterprises				
联营企业	Joint Ownership Enterprises	1	13	1679.6	
#集体联营企业	Collective Joint Venture Enterprises	1	13	1679.6	
有限责任公司	Limited-liability Companies	197	12075	1341078.0	22974.8
国有独资公司	State Sole Funded Corporations	1	68	2655.4	
其他有限责任公司	Other Limited-liability Companies	196	12007	1338422.6	22974.8
股份有限公司	Share Holding Ltd. Companies	7	3963	1070969.5	
私营企业	Private Enterprises	65	3829	264012.9	
私营独资企业	Private-funded Enterprises	13	298	16025.2	
私营合伙企业	Private Partnership Enterprises	1	12	890.0	
私营有限责任公司	Private Limited-liability Companies	41	2911	231937.2	
私营股份有限公司	Private Share Holding Ltd. Companies	10	608	15160.5	
其他企业	Other Enterprises	4	73	6236.3	
港澳台商投资企业	Enterprises with Funds from HongKong, Macao and Taiwan	3	256	101222.2	50735.4
#港澳台商独资经营企业	Enterprises with Sole Investment	3	256	101222.2	50735.4
外商投资企业	Foreign Investment Enterprises	6	2256	190084.9	
#外资企业	Enterprises with Sole Foreign Investment	6	2256	190084.9	
按零售行业小类分组	**By Retail Industries**				
综合零售	Integrated Retail	46	6839	374318.6	2450.4
#百货零售	Retail of General Merchandise	28	3390	164324.6	
超级市场零售	Retail of Supermarkets	17	3336	205107.6	403.5
食品、饮料及烟草制品专门零售	Retail of Food ,Beverages and Tobaccos	11	949	22358.4	627.5
纺织、服装及日用品专门零售	Special Retail of Textiles, Garments and Daily Consumer Articles	9	700	19944.2	4373.2
#服装零售	Retail of Garment	3	188	5845.7	
文化、体育用品及器材专门零售	Retail of Culture, Sports Appliances and Equipments	20	904	30420.2	
#图书零售	Retail of Books	13	554	16096.2	
医药及医疗器材专门零售	Retail of Medicines and Medical Appliances	4	1104	23954.3	
#药品零售	Retail of Medicines	4	1104	23954.3	
汽车、摩托车、燃料及零配件专门零售	Retail of Motor Vehicles,Motorcycles,Fuel and parts	129	9120	2272514.0	61609.4
#汽车零售	Retail of Motor Vehicles	83	4303	967581.5	61609.4
机动车燃料零售	Retail of Fuel of Motor Vehicles	27	4399	1276359.8	
家用电器及电子产品专门零售	Special Retail of Household Electric Appliances and Electronic Products	48	2933	209092.7	4649.7
#家用电器零售	Retail of Household Electric Appliances	21	1693	139084.0	
计算机、软件及辅助设备零售	Retail of Computers ,Software and Assistant Appliances	18	805	43051.9	
通讯设备零售	Retail of Communication Equipments	2	288	12320.6	4649.7
五金、家具及室内装修材料专门零售	Special Retail of Hardware,Furniture and Decoration Materials	10	393	11635.9	
无店铺及其他零售	Non-Shop and Other Retails	14	334	22698.8	

13-4 限额以上批发和零售业商品销售类值

Sale Values of Enterprises above Designated Size in Wholesale and Retail Trades by Category of Commodities

（2010）

项目	Item	商品销售类值(万元)Total Sales Value of Commodities (10000 yuan)			比上年增长(%)Growth compared with last year(%)		
		合计 Total	批发额 Wholesale Value	零售额 Retail Value	合计 Total	批发额 Wholesale Value	零售额 Retail Value
食品、饮料、烟酒类	Food,Beverages , Tobacco and Liquor	1767230.1	1587351.6	179878.5	20.4	19.3	31.4
服装、鞋帽、针纺织品类	Clothing, Shoes ,Hats and Textiles	233597.4	114261.3	119336.1	37.0	41.7	32.8
化妆品类	Cosmetics	39301.0	7739.8	31561.2	13.1	0.7	16.6
金银珠宝类	Gold,Silver and Jewellery	50050.2	19171.8	30878.4	42.0	30.6	50.1
日用品类	Articles for Daily Use	124532.4	71516.3	53016.1	24.2	13.1	43.1
五金、电料类	Hardware and Electrical Materials	38708.1	27582.4	11125.7	42.5	33.3	71.8
体育、娱乐用品类	Sports and Recreation Articles	6493.1	1.0	6492.1	19.7	-97.3	20.5
书报杂志类	Newspapers and Magazines	101464.3	70724.8	30739.5	32.7	33.7	30.4
电子出版物及音像制品类	E-jiournals and Video Product	3402.4		3402.4	37		37.4
家用电器和音像器材类	Household Appliances and Video Appliances	322112.5	141420.8	180691.7	41	39.9	42.6
中西药品类	Traditional Chinese and Western Medicines	1019233.4	993856.4	25377.0	10	9.6	42.2
文化办公用品类	Cultural Offices Appliances	91714.9	43570.4	48144.5	22	30.6	15.8
家具类	Furniture	6288.5	235.9	6052.6	22.1	-58.8	32.3
通讯器材类	Communication Appliances	76637.7	51077.8	25559.9	57.9	68.1	40.8
煤炭及制品类	Coal and Related Products	91425.2	90803.1	622.1	-14.8	-14.6	-33.0
木材及制品类	Wood and Wooden Products	4123.2	4123.2		63.2	63.2	
石油及制品类	Petroleum and Related Products	2349661.2	1351474.9	998186.3	74.7	114.7	39.4
化工材料及制品类	Chemical Materials and Related Products	2778014.3	2778014.3		186.4	186.4	
金属材料类	Metal Materials	419429.9	419429.9		94.5	94.5	
建筑及装潢材料类	Building and Decoration Materials	38238.8	34917.5	3321.3	26.2	22.6	82.7
机电产品及设备类	Mechanical and Electronic Products	108558.7	69051.1	39507.6	26.5	35.9	12.7
汽车类	Automobiles	1943079.7	975525.6	967554.1	59.6	69.3	50.8
种子饲料类	Seeds and Feedstuff	26586.7	26586.7		9.7	9.7	
棉麻类	Cotton,Hemp						
其他类	Others	165373.8	131276.8	34097.0	28	39	-3

13-5 限额以上批发零售贸易业商品购进、销售、库存总额

Total Purchases,Sales and Stock of Enterprises above Designated Size of Wholesale and Retail Trades by Status of Registration

单位:万元 （2010） (10 000 yuan)

项目	Item	销售总额 Total Sales Value	批发 Wholesale Value	出口 Exports	零售 Retail Value	年末库存总额 Stock (year-end)
总 计	Total	14066137.00	11118786.50	392316.60	2947350.50	698657.50
批发业	Wholesale Trade	10704541.60	10649859.10	392010.70	54682.50	423076.00
按登记注册类型分组	By Status of Registration					
内资企业	Domestic Funded Enterprises	9895730.50	9848170.10	156215.90	47560.40	392279.50
国有企业	State-owned Enterprises	1586593.70	1573323.30	16222.20	13270.40	76311.20
集体企业	Collective-owned Enterprises	3723.40	3514.40		209.00	145.00
股份合作企业	Cooperative Enterprises	43164.00	43164.00	432.90		4588.70
有限责任公司	Limited-liability Companies	7078657.20	7054830.70	109804.60	23826.50	226723.00
#其他有限责任公司	Other Limited-liability Companies	7075153.40	7051326.90	109804.60	23826.50	226660.70
股份有限公司	Share Holding Ltd. Companies	299804.80	294219.40	8601.40	5585.40	28046.30
私营企业	Private Enterprises	827676.80	825370.20	14463.60	2306.60	51157.50
私营独资企业	Private-funded Enterprises	11135.70	11135.70			149.10
私营合伙企业	Private Partnership Enterprises	6052.20	6052.20			941.70
私营有限责任公司	Private Limited-liability Companies	535076.50	532769.90	14463.60	2306.60	42485.70
私营股份有限公司	Private Share Holding Ltd. Companies	275412.40	275412.40			7581.00
其他企业	Other Enterprises	56110.60	53748.10	6691.20	2362.50	5307.80
港澳台商投资企业	Enterprises with Funds from HongKong,Macao and Taiwan	546759.30	541240.70	235794.80	5518.60	20847.40
#合资经营企业(港或澳、台资)	Joint Ventures(Hongkong or Macao, Taiwan)	18734.70	18734.70			75.50
港澳台商独资经营企业	Enterprises with Sole Investment	528024.60	522506.00	235794.80	5518.60	20771.90
外商投资企业	Foreign Investment Enterprises	262051.80	260448.30		1603.50	9949.10
#中外合资经营企业	Cooperative Enterprises	50258.80	48655.30		1603.50	839.10
外资企业	Enterprises with Sole Foreign Investment	211793.00	211793.00			9110.00
按批发行业小类分组	By Wholesales Industries					
农畜产品批发	Wholesale of Farm produce and Livestock products	39524.40	39524.40	1596.20		5265.20
食品、饮料及烟草制品批发	Wholesale of Food ,Beverages and Tobaccos	1601903.60	1583533.10	432.90	18370.50	72158.80
#米、面制品及食用油批发	Wholesale of Rice ,Flour and Edible Oil	131852.10	131852.10			22501.30
烟草制品批发	Wholesale of Tobaccos	1297307.70	1284478.80		12828.90	44507.00
纺织、服装及日用品批发	Wholesale of Textiles, Garments and Daily Consumer Articles	233138.50	230876.10	40513.50	2262.40	5608.60
#服装批发	Wholesale of Garments	34331.30	34331.30	13818.60		1409.20
文化、体育用品及器材批发	Wholesale of Culture, Sports Appliances and Equipments	109493.20	100748.10	4118.90	8745.10	17106.60
医药及医疗器材批发	Wholesale of Medicines and Medical Appliances	1337662.30	1333633.80	862.30	4028.50	101876.30
矿产品、建材及化工产品批发	Wholesale of Mineral Products, Building Materials and Chemical Products	4817441.30	4815132.00	284401.00	2309.30	131429.50
#煤炭及制品批发	Wholesale of Coal and Related Products	334812.00	334812.00			12916.80
石油及制品批发	Wholesale of Petroleum and Related Products	1039476.40	1039476.40	242986.00		28935.50
金属及金属矿批发	Wholesale of Metal and Metal Ores	373765.40	373765.40	3899.90		13490.70
建材批发	Wholesale of Building Materials	52789.20	51932.80		856.40	8255.50
化肥批发	Wholesale of Chemical Fertilizer	116516.40	115063.50		1452.90	16851.10
机械设备、五金交电及电子产品批发	Wholesale of Machinery , Hardware and Electronic Equipment	1364444.10	1345677.40	51627.80	18766.70	54966.50
#汽车、摩托车及零配件批发	Wholesale of Motor Vehicles,Motorcycles and parts	978718.70	978664.30	10253.50	54.40	19249.10
家用电器批发	Wholesale of Household Electrical Appliances	136018.20	133811.00		2207.20	15512.30
计算机、软件及辅助设备批发	Wholesale of Computers, Software and Assistant Appliances	50571.70	39523.90	8604.20	11047.80	2412.20
其他批发	Others Wholesale not Classified Elsewhere	1200934.20	1200734.20	8458.10	200.00	34664.50

13-5 续(continued)

项目	Item	销售总额 Total Sales	批发 Wholesale Trade	出口 Exports	零售 Retail Trade	年末库存总额 Inventory (year-end)
零售业	Retail Trade	3361595.40	468927.40	305.90	2892668.00	275581.50
按登记注册类型分组	By Status of Registration					
内资企业	Domestic Funded Enterprises	3069749.60	468927.40	305.90	2600822.20	245333.70
国有企业	State-owned Enterprises	7338.40	258.20		7080.20	349.20
集体企业	Collective-owned Enterprises	3430.80			3430.80	38.70
股份合作企业	Cooperative Enterprises					
联营企业	Joint Ownership Enterpnises	1838.80			1838.80	321.10
#集体联营企业	Collective Joint Venture Enterprises	1838.80			1838.80	321.10
有限责任公司	Limited-liability Companies	1564159.40	107465.60	305.90	1456693.80	161021.10
国有独资公司	State Sole Funded Corporations	2663.90	1041.50		1622.40	20.90
其他有限责任公司	Other Limited-liability Companies	1561495.50	106424.10	305.90	1455071.40	161000.20
股份有限公司	Share Holding Ltd. Companies	1189888.20	349425.30		840462.90	43950.30
私营企业	Private Enterprises	295632.40	10342.20		285290.20	37697.30
私营独资企业	Private-funded Enterprises	16282.80			16282.80	1556.50
私营合伙企业	Private Partnership Enterprises	882.30			882.30	50.60
私营有限责任公司	Private Limited-liability Companies	263404.30	10342.20		253062.10	29582.90
私营股份有限公司	Private Share Holding Ltd. Companies	15063.00			15063.00	6507.30
其他企业	Other Enterprises	7461.60	1436.10		6025.50	1956.00
港澳台商投资企业	Enterprises with Funds from HongKong, Macao and Taiwan	106792.40			106792.40	13710.00
港澳台商独资经营企业	Enterprises with Sole Investment	106792.40			106792.40	13710.00
外商投资企业	Foreign Investment Enterprises	185053.40			185053.40	16537.80
外资企业	Enterprises with Sole Foreign Investment	185053.40			185053.40	16537.80
按零售行业小类分组	By Sector					
综合零售	Integrated Retail	416478.30	43.10		416435.20	59754.00
#百货零售	Retail of General Merchandise	211536.30	43.10		211493.20	35351.50
超级市场零售	Retail of Supermarkets	200551.50			200551.50	23198.50
食品、饮料及烟草制品专门零售	Retail of Food ,Beverages and Tobaccos	21439.60	837.40		20602.20	3487.10
纺织、服装及日用品专门零售	Special Retail of Textiles, Garments and Daily Consumer Articles	19732.20	188.60		19543.60	8730.80
#服装零售	Retail of Garment	7227.50			7227.50	1548.40
文化、体育用品及器材专门零售	Retail of Culture, Sports Appliances and Equipments	36033.30	8648.70		27384.60	7290.10
#图书零售	Retail of Books	18810.40	4709.80		14100.60	2271.60
医药及医疗器材专门零售	Retail of Medicines and Medical Appliances	20387.90	629.40		19758.50	8529.80
#药品零售	Retail of Medicines	20387.90	629.40		19758.50	8529.80
汽车、摩托车、燃料及零配件专门零售	Retail of Motor Vehicles,Motorcycles,Fuel and parts	2546310.60	404045.00		2142265.60	143982.30
#汽车零售	Retail of Motor Vehicles	1105071.90	12585.40		1092486.50	77958.10
机动车燃料零售	Retail of Fuel of Motor Vehicles	1403688.10	390735.70		1012952.40	61898.10
家用电器及电子产品专门零售	Special Retail of Household Electric Appliances and Electronic Products	259570.90	49460.80		210110.10	33946.10
#家用电器零售	Retail of Household Electric Appliances	176579.90	28314.50		148265.40	22835.20
计算机、软件及辅助设备零售	Retail of Computers ,Software and Assistant Appliances	52297.00	14553.80		37743.20	5473.20
通讯设备零售	Retail of Communication Equipments	16367.60	5014.60		11353.00	2352.50
五金、家具及室内装修材料专门零售	Special Retail of Hardware,Furniture and Decoration Materials	16236.00	2862.70	305.90	13373.30	3412.80
无店铺及其他零售	Non-Shop and Other Retails	25406.60	2211.70		23194.90	6448.50

13-6 限额以上住宿业和限额以上餐饮业企业基本情况

Statistics on Enterprises above Designated Size in Hotels and Catering

(2010)

项目	Item	法人企业(个) Number of Corporation Enterprises (unit)	年末从业人数(人) Engaged Persons at Year-end (person)	年末餐饮营业面积(平方米) Business area of catering at year-end (sq.m)	年末住宿和餐饮企业拥有床位数(个) Number of Beds in Catering Services and Hotel Services Enterprises at Year-end (unit)	年末住宿和餐饮企业拥有餐位数(位) Number of Seats in Catering Services Enterprises at Year-end (unit)
总计	Total	412	65532	508316	119855	162592
住宿业	Hotel Services	311	56088	324590	118640	114960
按登记注册类型分组	By Status of Registration					
内资企业	Domestic Funded Enterprises	276	44498	255667	102520	92080
国有企业	State-owned Enterprises	39	5308	28120	11008	12379
集体企业	Collective-owned Enterprises	5	281	1550	866	1235
股份合作企业	Cooperative Enterprises	3	422	3352	7696	1200
联营企业	Joint Ownership Enterprises	3	153	1010	686	770
国有联营企业	State Joint Ownership Enterprises	2	85	730	596	570
其他联营企业	Other Joint Ownership Enterprises	1	68	280	90	200
有限责任公司	Limited-liability Companies	142	28164	168271	54928	53101
国有独资公司	State Sole Funded Corporations	2	134	1220	526	450
其他有限责任公司	Other Limited-liability Companies	140	28030	167051	54402	52651
股份有限公司	Share Holding Ltd. Companies	18	2522	12062	6459	6220
私营企业	Private Enterprises	55	6328	31759	16654	13618
私营独资企业	Private-funded Enterprises	16	1952	11125	4647	4422
私营合伙企业	Private Partnership Enterprises	1	37	320	380	250
私营有限责任公司	Private Limited-liability Companies	33	3513	17733	9711	7998
私营股份有限公司	Private Share Holding Ltd. Companies	5	826	2581	1916	948
其他企业	Other Enterprises	11	1320	9543	4223	3557
港澳台商投资企业	Enterprises with Funds from HongKong, Macao and Taiwan	11	3129	18384	4167	9193
合资经营企业(港或澳、台资)	Joint-venture Enterprises	5	1882	12694	2776	6988
合作经营企业(港或澳、台资)	Cooperative Enterprises					
港澳台商独资经营企业	Enterprises with Sole Investment	6	1247	5690	1391	2205
外商投资企业	Foreign Investment Enterprises	24	8461	50539	11953	13687
中外合资经营企业	Joint-venture Enterprises	13	5353	26648	8192	8663
外资企业	Enterprises with Sole Foreign Investment	10	3011	22891	3560	4224
外商投资股份有限公司	Foreign Businessman Investing Shareholding companies					
按住宿行业小类分组	By Hotel Sector					
旅游饭店	Tourism Hotel	290	54622	318894	115483	111652
一般旅馆	General Hotel	21	1466	5696	3157	3308

13-6 续(continued)

项目	Item	法人企业（个）Number of Corporation Enterprises (unit)	年末从业人数(人) Engaged Persons at Year-end (person)	年末餐饮营业面积(平方米) Business area of catering at year-end (sq.m)	年末住宿和餐饮企业拥有床位数(个) Number of Beds in Catering Services and Hotel Services Enterprises at Year-end (unit)	年末住宿和餐饮企业拥有餐位数(位) Number of Seats in Catering Services Enterprises at Year-end (unit)
餐饮业	**Catering Services**	101	9444	183726	1215	47632
按登记注册类型分组	**By Status of Registration**					
内资企业	Domestic Funded Enterprises	94	8575	176408	1215	45371
国有企业	State-owned Enterprises	2	135	2713	163	650
集体企业	Collective-owned Enterprises					
有限责任公司	Limited-liability Companies	43	3991	84642	190	19648
#其他有限责任公司	Other Limited-liability Companies	43	3991	84642	190	19648
股份有限公司	Share Holding Ltd. Companies	5	467	5771	164	2190
私营企业	Private Enterprises	38	3577	77202	698	21087
私营独资企业	Private-funded Enterprises	11	887	16250	226	5310
私营合伙企业	Private Partnership Enterprises	3	782	10800	117	3805
私营有限责任公司	Private Limited-liability Companies	22	1677	47452	325	10986
私营股份有限公司	Private Share Holding Ltd. Companies	2	231	2700	30	986
其他企业	Other Enterprises	5	266	5080		1196
港澳台商投资企业	Enterprises with Funds from HongKong Macao and Taiwan	4	656	3650		1449
#合资经营企业(港或澳、台资)	Joint-venture Enterprises					
港澳台商独资经营企业	Enterprises with Sole Investment	3	356	3450		1309
外商投资企业	Foreign Investment Enterprises	3	213	3668		812
#外资企业	Enterprises with Sole Foreign Investment	2	118	2668		528
按餐饮行业小类分组	**By Food and Beverage Industries**					
正餐服务	Dinner	99	9176	181646	1215	47023
快餐服务	Fast Food	1	218	1480		489
饮料及冷饮服务	Soft Drink and Beverage Services	1	50	600		120
其他餐饮服务	Other Catering Services					

13-7 限额以上住宿和餐饮业经营情况
Operating Condition of Hotels and Catering Enterprises above Desingnated Size

单位:万元　　　　（2010）　　　　(10 000 yuan)

项目	Item	营业额 Business Revenuer	客房收入 Rooms Income	餐费收入 Meals Income	商品销售收入 Sales Revenue of Commodities	其他收入 Other Revenue
总　计	**Total**	**886351.00**	**478534.30**	**338763.80**	**7741.40**	**61311.50**
住宿业	**Hotel Services**	**766626.30**	**476528.60**	**229239.70**	**5975.20**	**54882.80**
按登记注册类型分组	**By Status of Registration**					
内资企业	Domestic Funded Enterprises	537770.40	330909.90	164051.60	4836.30	37972.60
国有企业	State-owned Enterprises	50796.10	29641.00	13763.80	1050.70	6340.60
集体企业	Collective-owned Enterprises	4271.60	1975.40	1763.30		532.90
股份合作企业	Cooperative Enterprises	3749.90	2396.70	1022.60	117.10	213.50
联营企业	Joint Ownership Enterprises	1899.70	902.50	613.20	13.50	370.50
国有联营企业	State Joint Ownership Enterprises	736.20	401.40	234.70	13.50	86.60
其他联营企业	Collective Joint Ownership Enterprises	1163.50	501.10	378.50		283.90
有限责任公司	Limited-liability Companies	370997.70	230413.70	115105.80	2986.20	22492.00
国有独资公司	State Sole Funded Corporations	1133.20	655.20	410.70	19.60	47.70
其他有限责任公司	Other Limited-liability Companies	369864.50	229758.50	114695.10	2966.60	22444.30
股份有限公司	Share Holding Ltd. Companies	25507.00	14174.10	9296.70	179.20	1857.00
私营企业	Private Enterprises	67591.60	44166.10	18537.30	449.40	4438.80
私营独资企业	Private-funded Enterprises	22773.20	14802.50	5869.80	120.70	1980.20
私营合伙企业	Private Partnership Enterprises	737.00	362.20	309.70	47.20	17.90
私营有限责任公司	Private Limited-liability Companies	35594.90	23334.80	9829.60	249.50	2181.00
私营股份有限公司	Private Share Holding Ltd. Companies	8486.50	5666.60	2528.20	32.00	259.70
其他企业	Other Enterprises	12956.80	7240.40	3948.90	40.20	1727.30
港澳台商投资企业	Enterprises with Funds from HongKong, Macao and Taiwan	60593.90	36932.50	17140.00	567.30	5954.10
合资经营企业(港或澳、台资)	Joint-venture Enterprises	36290.60	21972.40	12140.40	94.20	2083.60
合作经营企业(港或澳、台资)	Cooperative Enterprises					
港澳台商独资经营企业	Enterprises with Sole Investment	24303.30	14960.10	4999.60	473.10	3870.50
外商投资企业	Foreign Investment Enterprises	168262.00	108686.20	48048.10	571.60	10956.10
中外合资经营企业	Joint-venture Enterprises	130717.90	91223.60	34731.90	386.90	4375.50
外资企业	Enterprises with Sole Foreign Investment	36673.50	16978.40	12952.40	180.80	6561.90
外商投资股份有限公司	Foreign Businessman Investing Shareholding companies					
按住宿行业小类分组	**By Hotel Sector**					
旅游饭店	Tourism Hotel	752510.30	469521.90	223227.30	5896.40	53864.70
一般旅馆	General Hotel	14116.00	7006.70	6012.40	78.80	1018.10

13-7 续(continued)

项目	Item	营业额 Turnover	客房收入 Rooms Income	餐费收入 Meals Income	商品销售收入 Sales Revenue of Commodities	其他收入 Other Revenue
餐饮业	**Catering Services**	119724.70	2005.70	109524.10	1766.20	6428.70
按登记注册类型分组	**By Status of Registration**					
内资企业	Domestic Funded Enterprises	106777.10	2005.70	99637.70	1567.40	3566.30
国有企业	State-owned Enterprises	1083.30	268.70	770.10		44.50
集体企业	Collective-owned Enterprises					
有限责任公司	Limited-liability Companies	49408.10	210.30	45939.40	490.30	2768.10
#其他有限责任公司	Other Limited-liability Companies	49408.10	210.30	45939.40	490.30	2768.10
股份有限公司	Share Holding Ltd. Companies	5544.30	186.90	5329.70	18.80	8.90
私营企业	Private Enterprises	45721.30	1339.80	42644.00	1058.30	679.20
私营独资企业	Private-funded Enterprises	11955.60	420.80	11002.00	324.40	208.40
私营合伙企业	Private Partnership Enterprises	11763.50	595.90	10302.70	468.00	396.90
私营有限责任公司	Private Limited-liability Companies	20011.80	239.10	19509.60	207.60	55.50
私营股份有限公司	Private Share Holding Ltd. Companies	1990.40	84.00	1829.70	58.30	18.40
其他企业	Other Enterprises	2536.80		2536.80		
#港澳台商投资企业	Enterprises with Funds from HongKong, Macao and Taiwan	9594.00		7012.20	198.80	2383.00
合资经营企业(港或澳、台资)						
港澳台商独资经营企业	Enterprises with Sole Investment	6725.40		6725.40		
外商投资企业	Foreign Investment Enterprises	3353.60		2874.20		479.40
#外资企业	Enterprises with Sole Foreign Investment	1090.60		1090.60		
按餐饮行业小类分组	**By Food and Beverage Industries**					
正餐服务	Dinner	114901.50	2005.70	104700.90	1766.20	6428.70
快餐服务	Fast Food	4474.50		4474.50		
饮料及冷饮服务	Soft Drink and Beverage Services	348.70		348.70		
其他餐饮服务	Other Catering Services					

13-8 限额以上批发和零售业企业财务状况

Finacial Indicator of Enterprises above Desingnated Size in Wholesale and Retail Trades

单位:万元　　（2010）　　(10 000 yuan)

项　目	Item	企业数(个) Number of Enterprises (unit)	流动资产合计 Total Current Assets	存货 Inventory	固定资产原价 Original Value of Fixed Assets
总　计	Total	626	3071410.1	586057.9	729177.0
批发业	Wholesale Trade	335	2319534.0	362231.1	334737.6
按登记注册类型分组	By Status of Registration				
内资企业	Domestic Funded Enterprises	315	2002035.5	338035.0	321161.1
国有企业	State-owned Enterprises	22	324963.4	69335.1	112349.5
集体企业	Collective-owned Enterprises	1	621.1	107.5	106.9
股份合作企业	Cooperative Enterprises	2	3505.1	860.1	1268.1
有限责任公司	Limited-liability Companies	206	1229102.7	179132.8	158935.1
#其他有限责任公司	Other Limited-liability Companies	205	1227103.5	179070.5	158729.5
股份有限公司	Share Holding Ltd. Companies	9	166285.7	27550.4	34428.1
私营企业	Private Enterprises	68	252071.8	56614.6	12954.5
私营独资企业	Private-funded Enterprises	1	16782.0	149.1	42.0
私营合伙企业	Private Partnership Enterprises	2	1875.9	785.5	183.5
私营有限责任公司	Private Limited-liability Companies	61	158616.2	41933.2	7539.5
私营股份有限公司	Private Share Holding Ltd. Companies	4	74797.7	13746.8	5189.5
其他企业	Other Enterprises	7	25485.7	4434.5	1118.9
港澳台商投资企业	Enterprises with Funds from HongKong, Macao and Taiwan	12	159274.6	14394.9	2096.4
#合资经营企业(港或澳、台资)	Joint Ventures (Hongkong or Macao, Taiwan)	1	1983.7	122.6	109.0
港澳台商独资经营企业	Enterprises with Sole Investment	11	157290.9	14272.3	1987.4
外商投资企业	Foreign Investment Enterprises	8	158223.9	9801.2	11480.1
#中外合资经营企业	Cooperative Enterprises	4	3713.4	839.0	3121.4
外资企业	Enterprises with Sole Foreign Investment	4	154510.5	8962.2	8358.7
按批发行业小类分组	By Wholesales Industries				
农畜产品批发	Wholesale of Farm produce and Livestock products	4	24698.4	5791.1	2410.6
食品、饮料及烟草制品批发	Wholesale of Food ,Beverages and Tobaccos	36	457282.7	67783.1	98408.6
#米、面制品及食用油批发	Wholesale of Rice ,Flour and Edible Oil	12	57351.9	22380.0	11952.6
烟草制品批发	Wholesale of Tobaccos	5	246419.9	38040.7	82138.6
纺织、服装及日用品批发	Wholesale of Textiles, Garments and Daily Consumer Articles	19	53574.6	4619.8	4720.8
#服装批发	Wholesale of Garments	5	7349.7	990.4	1593.8
文化、体育用品及器材批发	Wholesale of Culture, Sports Appliances and Equipments	7	31588.6	6721.7	12744.2
医药及医疗器材批发	Wholesale of Medicines and Medical Appliances	118	716570.0	91363.0	25210.9
矿产品、建材及化工产品批发	Wholesale of Mineral Products, Building Materials and Chemical Products	79	620653.0	106724.0	178537.7
#煤炭及制品批发	Wholesale of Coal and Related Products	6	93751.6	18680.3	5859.8
石油及制品批发	Wholesale of Petroleum and Related Products	16	161136.6	19140.7	99739.8
金属及金属矿批发	Wholesale of Metal and Metal Ores	13	77653.6	11913.1	2609.6
建材批发	Wholesale of Building Materials	6	23958.9	7056.6	999.6
化肥批发	Wholesale of Chemical Fertilizer	9	21171.3	12313.8	1584.0
机械设备、五金交电及电子产品批发	Wholesale of Machinery , Hardware and Electronic Equipment	47	331735.9	47732.5	7464.2
#汽车、摩托车及零配件批发	Wholesale of Motor Vehicles,Motorcycles and parts	8	164688.5	18175.6	2389.2
家用电器批发	Wholesale of Household Electrical Appliances	8	80890.9	14911.5	519.7
计算机、软件及辅助设备批发	Wholesale of Computers, Software and Assistant Appliances	6	8045.0	2105.5	316.5
其他批发	Others Wholesale not Classified Elsewhere	25	83430.8	31495.9	5240.6

13-8 续 1(continued 1)

单位:万元(10 000 yuan)

项目	Item	企业数(个) Number of Enterprises (unit)	流动资产合计 Total Current Assets	存货 Inventory	固定资产原价 Original Value of Fixed Assets
零售业	**Retail Trade**	291	751876.1	223826.8	394439.4
按登记注册类型分组	**By Status of Registration**				
内资企业	Domestic Funded Enterprises	282	664749.1	193547.5	355539.8
国有企业	State-owned Enterprises	7	1984.9	226.4	3561.7
集体企业	Collective-owned Enterprises	1	222.5	32.5	153.4
股份合作企业	Cooperative Enterprises				
联营企业	Joint Ownership Enterprises	1	1401.6	321.1	190.8
#集体联营企业	Collective Joint Venture Enterprises	1	1401.6	321.1	190.8
有限责任公司	Limited-liability Companies	197	476575.8	123593.5	156674.4
国有独资公司	State Sole Funded Corporations	1	726.7	31.1	595.1
其他有限责任公司	Other Limited-liability Companies	196	475849.1	123562.4	156079.3
股份有限公司	Share Holding Ltd. Companies	7	116786.1	44008.7	181877.3
私营企业	Private Enterprises	65	63377.3	23436.1	12938.1
私营独资企业	Private-funded Enterprises	13	1470.8	807.5	626.9
私营合伙企业	Private Partnership Enterprises	1	70.8	43.3	10.3
私营有限责任公司	Private Limited-liability Companies	41	53796.4	19136.2	6580.5
私营股份有限公司	Private Share Holding Ltd. Companies	10	8039.3	3449.1	5720.4
其他企业	Other Enterprises	4	4400.9	1929.2	144.1
港澳台商投资企业	Enterprises with Funds from HongKong, Macao and Taiwan	3	22722.5	10847.7	2250.9
#港澳台商独资经营企业	Enterprises with Sole Investment	3	22722.5	10847.7	2250.9
外商投资企业	Foreign Investment Enterprises	6	64404.5	19431.6	36648.7
#外资企业	Enterprises with Sole Foreign Investment	6	64404.5	19431.6	36648.7
按零售行业小类分组	**By Retail Industries**				
综合零售	Integrated Retail	46	171448.3	40497.8	123025.6
#百货零售	Retail of General Merchandise	28	106390.0	16346.2	99164.2
超级市场零售	Retail of Supermarkets	17	61100.2	23122.5	23654.3
食品、饮料及烟草制品专门零售	Retail of Food ,Beverages and Tobaccos	11	8661.9	2623.1	3173.9
纺织、服装及日用品专门零售	Special Retail of Textiles, Garments and Daily Consumer Articles	9	35557.5	8093.4	3831.7
#服装零售	Retail of Garment	3	4072.9	1003.2	3218.8
文化、体育用品及器材专门零售	Retail of Culture, Sports Appliances and Equipments	20	25911.7	4703.0	20387.7
#图书零售	Retail of Books	13	9838.5	254.8	17198.8
医药及医疗器材专门零售	Retail of Medicines and Medical Appliances	4	5299.0	3326.9	819.6
#药品零售	Retail of Medicines	4	5299.0	3326.9	819.6
汽车、摩托车、燃料及零配件专门零售	Retail of Motor Vehicles,Motorcycles,Fuel and parts	129	389903.2	128946.1	233167.2
#汽车零售	Retail of Motor Vehicles	83	231148.5	65874.9	27699.3
机动车燃料零售	Retail of Fuel of Motor Vehicles	27	140316.3	59066.5	204092.7
家用电器及电子产品专门零售	Special Retail of Household Electric Appliances and Electronic Products	48	88020.0	28112.1	6820.5
#家用电器零售	Retail of Household Electric Appliances	21	57920.9	21225.8	4560.5
计算机、软件及辅助设备零售	Retail of Computers ,Software and Assistant Appliances	18	19109.3	4209.8	1349.0
通讯设备零售	Retail of Communication Equipments	2	2255.4	1131.0	611.1
五金、家具及室内装修材料专门零售	Special Retail of Hardware,Furniture and Decoration Materials	10	8737.9	3133.0	540.0
无店铺及其他零售	Non-Shop and Other Retails	14	18336.6	4391.4	2673.2

13-8 续 2(continued 2)

单位:万元(10 000 yuan)

项目	Item	累计折旧 Accumulated Depreciation	本年折旧 Depreciation This Year	资产合计 Total Assets	负债合计 Total Liabilities	所有者权益合计 Total Greditors Equity
总计	**Total**	279292.6	44291.6	4101884.0	2343624.6	1758259.4
批发业	**Wholesale Trade**	151490.0	18568.7	2934082.7	1647525.2	1286557.5
按登记注册类型分组	**By Status of Registration**					
内资企业	Domestic Funded Enterprises	147753.6	17783.8	2515583.9	1546030.1	969553.8
国有企业	State-owned Enterprises	43789.7	5621.7	439211.7	116130.1	323081.6
集体企业	Collective-owned Enterprises	28.9		849.4	705.9	143.5
股份合作企业	Cooperative Enterprises	154.8	79.9	7426.0	3529.5	3896.5
有限责任公司	Limited-liability Companies	87153.2	9914.8	1477798.7	1094925.2	382873.5
其他有限责任公司	Other Limited-liability Companies	87006.3	9891.7	1475740.8	1094166.2	381574.6
股份有限公司	Share Holding Ltd. Companies	12686.3	1315.3	277674.7	127527.1	150147.6
私营企业	Private Enterprises	3391.1	760.9	282942.6	185238.2	97704.4
私营独资企业	Private-funded Enterprises	18.0	10.3	17022.1	10374.3	6647.8
私营合伙企业	Private Partnership Enterprises	59.9	6.2	2821.0	1971.5	849.5
私营有限责任公司	Private Limited-liability Companies	3239.7	720.3	172008.6	130071.1	41937.5
私营股份有限公司	Private Share Holding Ltd. Companies	73.5	24.1	91090.9	42821.3	48269.6
其他企业	Other Enterprises	549.6	91.2	29680.8	17974.1	11706.7
港澳台商投资企业	Enterprises with Funds from HongKong Macao and Taiwan	1126.1	209.6	185780.0	77413.5	108366.5
合资经营企业(港或澳、台资)	Joint Ventures (Hongkong or Macao, Taiwan)	52.9	52.9	2039.9	2039.9	
港澳台商独资经营企业	Enterprises with Sole Investment	1073.2	156.7	183740.1	75373.6	108366.5
外商投资企业	Foreign Investment Enterprises	2610.3	575.3	232718.8	24081.6	208637.2
中外合资经营企业	Cooperative Enterprises	1199.3	217.0	9607.8	3139.8	6468.0
外资企业	Enterprises with Sole Foreign Investment	1411.0	358.3	223111.0	20941.8	202169.2
按批发行业小类分组	**By Wholesales Industries**					
农畜产品批发	Wholesale of Farm produce and Livestock products	816.6	165.2	38778.1	10159.5	28618.6
食品、饮料及烟草制品批发	Wholesale of Food ,Beverages and Tobaccos	36199.3	5615.0	566642.6	230982.7	335659.9
#米、面制品及食用油批发	Wholesale of Rice ,Flour and Edible Oil	4616.0	377.1	66003.8	59713.9	6289.9
烟草制品批发	Wholesale of Tobaccos	30510.5	4938.1	339953.6	38366.8	301586.8
纺织、服装及日用品批发	Wholesale of Textiles, Garments and Daily Consumer Articles	2418.8	282.6	59206.0	53505.4	5700.6
#服装批发	Wholesale of Garments	919.1	87.6	8291.6	6364.6	1927.0
文化、体育用品及器材批发	Wholesale of Culture, Sports Appliances and Equipments	1993.3	817.8	93706.3	46355.8	47350.5
医药及医疗器材批发	Wholesale of Medicines and Medical Appliances	8491.4	1546.2	882790.8	438190.6	444600.2
矿产品、建材及化工产品批发	Wholesale of Mineral Products, Building Materials and Chemical Products	97192.9	9027.3	842901.1	511942.3	330958.8
#煤炭及制品批发	Wholesale of Coal and Related Products	292.8	67.8	115418.3	58849.0	56569.3
石油及制品批发	Wholesale of Petroleum and Related Products	35899.8	3305.8	268033.3	82265.2	185768.1
金属及金属矿批发	Wholesale of Metal and Metal Ores	521.7	128.5	86907.1	60543.0	26364.1
建材批发	Wholesale of Building Materials	309.9	108.3	24864.8	20943.8	3921.0
化肥批发	Wholesale of Chemical Fertilizer	698.9	99.4	25140.3	19618.0	5522.3
机械设备、五金交电及电子产品批发	Wholesale of Machinery , Hardware and Electronic Equipment	2274.3	578.0	359152.8	293850.0	65302.8
#汽车、摩托车及零配件批发	Wholesale of Motor Vehicles,Motorcycles and parts	690.9	37.3	172338.5	144928.7	27409.8
家用电器批发	Wholesale of Household Electrical Appliances	227.4	111.4	81423.4	79681.0	1742.4
计算机、软件及辅助设备批发	Wholesale of Computers, Software and Assistant Appliances	151.0	53.2	9970.0	6309.9	3660.1
其他批发	Others Wholesale not Classified Elsewhere	2103.4	536.6	90905.0	62538.9	28366.1

13-8 续 3(continued 3)　　单位:万元(10 000 yuan)

项　目	Item	累计折旧 Accumulated Depreciation	本年折旧 Depreciation This Year	资产合计 Total Assets	负债合计 Total Liabilities	所有者权益合计 Total Greditors Equity
零售业	**Retail Trade**	1278026.0	257229.0	11678013.0	6960994.0	4717019.0
按登记注册类型分组	**By Status of Registration**					
内资企业	Domestic Funded Enterprises	1158297.0	176491.0	10495318.0	6205029.0	4290289.0
国有企业	State-owned Enterprises	4078.0	614.0	69546.0	28511.0	41035.0
集体企业	Collective-owned Enterprises	1186.0	56.0	3181.0	2936.0	245.0
股份合作企业	Cooperative Enterprises					
联营企业	Joint Ownership Enterprises	1442.0	59.0	15982.0	11899.0	4083.0
集体联营企业	Collective Joint Venture Enterprises	1442.0	59.0	15982.0	11899.0	4083.0
有限责任公司	Limited-liability Companies	498292.0	87732.0	6562631.0	4462239.0	2100392.0
国有独资公司	State Sole Funded Corporations	4147.0	357.0	9071.0	6850.0	2221.0
其他有限责任公司	Other Limited-liability Companies	494145.0	87375.0	6553560.0	4455389.0	2098171.0
股份有限公司	Share Holding Ltd. Companies	618282.0	76974.0	2992825.0	1117596.0	1875229.0
私营企业	Private Enterprises	34346.0	10927.0	806352.0	547969.0	258383.0
私营独资企业	Private-funded Enterprises	2767.0	725.0	19871.0	9940.0	9931.0
私营合伙企业	Private Partnership Enterprises	61.0	61.0	750.0	530.0	220.0
私营有限责任公司	Private Limited-liability Companies	23524.0	7732.0	647011.0	389297.0	257714.0
私营股份有限公司	Private Share Holding Ltd. Companies	7994.0	2409.0	138720.0	148202.0	-9482.0
其他企业	Other Enterprises	671.0	129.0	44801.0	33879.0	10922.0
港澳台商投资企业	Enterprises with Funds from HongKong, Macao and Taiwan	9885.0	1975.0	269383.0	161936.0	107447.0
港澳台商独资经营企业	Enterprises with Sole Investment	9885.0	1975.0	269383.0	161936.0	107447.0
外商投资企业	Foreign Investment Enterprises	109844.0	78763.0	913312.0	594029.0	319283.0
外资企业	Enterprises with Sole Foreign Investment	109844.0	78763.0	913312.0	594029.0	319283.0
按零售行业小类分组	**By Retail Industries**					
综合零售	Integrated Retail	324921.0	115194.0	2776092.0	2180585.0	595507.0
#百货零售	Retail of General Merchandise	229509.0	44469.0	1961106.0	1563167.0	397939.0
超级市场零售	Retail of Supermarkets	93696.0	70573.0	771952.0	604907.0	167045.0
食品、饮料及烟草制品专门零售	Retail of Food ,Beverages and Tobaccos	3087.0	1243.0	141278.0	59511.0	81767.0
纺织、服装及日用品专门零售	Special Retail of Textiles, Garments and Daily Consumer Articles	7226.0	1748.0	456903.0	121054.0	335849.0
#服装零售业	Retail of Garment	5489.0	1247.0	76980.0	55837.0	21143.0
文化、体育用品及器材专门零售	Retail of Culture, Sports Appliances and Equipments	52568.0	12099.0	527941.0	311115.0	216826.0
#图书零售	Retail of Books	41934.0	11001.0	341541.0	197235.0	144306.0
医药及医疗器材专门零售	Retail of Medicines and Medical Appliances	2232.0	1548.0	63524.0	20270.0	43254.0
#药品零售	Retail of Medicines	2232.0	1548.0	63524.0	20270.0	43254.0
汽车、摩托车、燃料及零配件专门零售	Retail of Motor Vehicles,Motorcycles,Fuel and parts	857210.0	116343.0	6408910.0	3289424.0	3119486.0
#汽车零售	Retail of Motor Vehicles	88393.0	25917.0	2712277.0	1945932.0	766345.0
机动车燃料零售	Retail of Fuel of Motor Vehicles	764881.0	88307.0	3334443.0	1240605.0	2093838.0
家用电器及电子产品专门零售	Special Retail of Household Electric Appliances and Electronic Products	18119.0	5849.0	977184.0	754089.0	223095.0
#家用电器零售	Retail of Household Electric Appliances	8434.0	4054.0	631147.0	527750.0	103397.0
计算机、软件及辅助设备零售	Retail of Computers ,Software and Assistant Appliances	6404.0	1072.0	213429.0	155248.0	58181.0
通讯设备零售	Retail of Communication Equipments	1864.0	517.0	43182.0	27180.0	16002.0
五金、家具及室内装修材料专门零售	Special Retail of Hardware,Furniture and Decoration Materials	1095.0	565.0	91953.0	77073.0	14880.0
无店铺及其他零售	Non-Shop and Other Retails	11568.0	2640.0	234228.0	147873.0	86355.0

13-8 续 4(continued 4)　　　　单位:万元(10 000 yuan)

项　目	Item	实收资本 Capital Hold	国家资本 State owned Capital	集体资本 collective owned capital	法人资本 institu-tional capital	个人资本 indi-vidual capital	港澳台资本 Hong Kong Macao and Taiwan capital	外商资本 Foreign capital
总　计	**Total**	805934.2	104967.6	3544.1	325110.1	217298.1	62412.6	92601.7
批发业	**Wholesale Trade**	591338.9	54373.5	2588.0	244270.6	158051.5	57918.4	74136.9
按登记注册类型分组	**By Status of Registration**							
内资企业	Domestic Funded Enterprises	441239.1	47973.5	2588.0	232571.1	158051.5		55.0
国有企业	State-owned Enterprises	41727.1	41335.9	300.0	91.2			
集体企业	Collective-owned Enterprises	155.6	155.6					
股份合作企业	Cooperative Enterprises	5040.0	2250.0		2790.0			
有限责任公司	Limited-liability Companies	222088.5	4232.0	1288.0	137500.6	79067.9		
其他有限责任公司	Other Limited-liability Companies	221588.5	4232.0	1288.0	137000.6	79067.9		
股份有限公司	Share Holding Ltd. Companies	90454.4			79849.3	10605.1		
私营企业	Private Enterprises	75273.5			7040.0	68178.5		55.0
私营独资企业	Private-funded Enterprises	200.0			200.0			
私营合伙企业	Private Partnership Enterprises	200.0			60.0	140.0		
私营有限责任公司	Private Limited-liability Companies	26720.0			6280.0	20385.0		55.0
私营股份有限公司	Private Share Holding Ltd. Companies	48153.5			500.0	47653.5		
其他企业	Other Enterprises	6500.0		1000.0	5300.0	200.0		
港澳台商投资企业	Enterprises with Funds from HongKong Macao and Taiwan	73918.4	6400.0		9600.0		57918.4	
港澳台商独资经营企业	Enterprises with Sole Investment	73918.4	6400.0		9600.0		57918.4	
外商投资企业	Foreign Investment Enterprises	76181.4			2099.5			74081.9
中外合资经营企业	Cooperative Enterprises	3817.3			2099.5			1717.8
外资企业	Enterprises with Sole Foreign Investment	72364.1						72364.1
按批发行业小类分组	**By Wholesales Industries**							
农畜产品批发	Wholesale of Farm produce and Livestock products	13100.0			4186.0	8914.0		
食品、饮料及烟草制品批发	Wholesale of Food ,Beverages and Tobaccos	38975.7	30760.2	332.5	2684.1	4245.9	953.0	
#米、面制品及食用油批发	Wholesale of Rice ,Flour and Edible Oil	3452.6	2352.6		480.0	620.0		
烟草制品批发	Wholesale of Tobaccos	26057.6	26057.6					
纺织、服装及日用品批发	Wholesale of Textiles, Garments and Daily Consumer Articles	8726.0	1088.0		5885.0	1753.0		
#服装批发	Wholesale of Garments	1450.0	270.0		600.0	580.0		
文化、体育用品及器材批发	Wholesale of Culture, Sports Appliances and Equipments	40332.0	150.0		39376.0	700.0	106.0	
医药及医疗器材批发	Wholesale of Medicines and Medical Appliances	153879.2	320.0	300.0	45961.9	22761.0	14536.3	70000.0
矿产品、建材及化工产品批发	Wholesale of Mineral Products, Building Materials and Chemical Products	269622.9	15267.6	1805.1	102117.6	103972.6	42323.1	4136.9
#煤炭及制品批发	Wholesale of Coal and Related Products	51853.5	500.0		1000.0	50353.5		
石油及制品批发	Wholesale of Petroleum and Related Products	137210.4	12050.0		76728.4	4391.1	42323.1	1717.8
金属及金属矿批发	Wholesale of Metal and Metal Ores	16804.2	62.0	100.0	15724.2	918.0		
建材批发	Wholesale of Building Materials	4020.0			1300.0	2720.0		
化肥批发	Wholesale of Chemical Fertilizer	4540.7	155.6	1705.1	2680.0			
机械设备、五金交电及电子产品批发	Wholesale of Machinery , Hardware and Electronic Equipment	32043.1	6787.7	68.4	16910.0	8277.0		
#汽车、摩托车及零配件批发	Wholesale of Motor Vehicles,Motorcycles and parts	4031.0			3050.0	981.0		
家用电器批发	Wholesale of Household Electrical Appliances	1900.0			1390.0	510.0		
计算机、软件及辅助设备批发	Wholesale of Computers, Software and Assistant Appliances	2550.0			435.0	2115.0		
其他批发	Others Wholesale not Classified Elsewhere	34660.0		82.0	27150.0	7428.0		

13-8 续 5(continued 5) 单位:万元(10 000 yuan)

项　目	Item	实收资本 Capital Hold	国家资本 State owned Capital	集体资本 collective owned capital	法人资本 institutional capital	个人资本 individual capital	港澳台资本 Hong Kong Macao and Taiwan capital	外商资本 Foreign capital
零售业	Retail Trade	214595.3	50594.1	956.1	80839.5	59246.6	4494.2	18464.8
按登记注册类型分组	By Status of Registration							
内资企业	Domestic Funded Enterprises	191666.3	50594.1	956.1	80839.5	59246.6	30.0	
国有企业	State-owned Enterprises	1596.4	1596.4					
集体企业	Collective-owned Enterprises	38.0				38.0		
联营企业	Joint Ownership Enterprises	350.0		350.0				
集体联营企业	Collective Joint Venture Enterprises	350.0		350.0				
股份合作企业	Cooperative Enterprises							
有限责任公司	Limited-liability Companies	161150.7	48042.0	600.0	71185.5	41293.2	30.0	
国有独资公司	State Sole Funded Corporations	347.0	347.0					
其他有限责任公司	Other Limited-liability Companies	160803.7	47695.0	600.0	71185.5	41293.2	30.0	
股份有限公司	Share Holding Ltd. Companies	7030.0	840.0		1700.0	4490.0		
私营企业	Private Enterprises	20871.2	115.7	6.1	7854.0	12895.4		
私营独资企业	Private-funded Enterprises	1608.7			256.0	1352.7		
私营合伙企业	Private Partnership Enterprises	23.0				23.0		
私营有限责任公司	Private Limited-liability Companies	17089.5	115.7	6.1	7348.0	9619.7		
私营股份有限公司	Private Share Holding Ltd. Companies	2150.0			250.0	1900.0		
其他企业	Other Enterprises	630.0			100.0	530.0		
港澳台商投资企业	Enterprises with Funds from HongKong, Macao and Taiwan	4464.2					4464.2	
港澳台商独资经营企业	Enterprises with Sole Investment	4464.2					4464.2	
外商投资企业	Foreign Investment Enterprises	18464.8						18464.8
外资企业	Enterprises with Sole Foreign Investment	18464.8						18464.8
按零售行业小类分组	By Retail Industries							
综合零售	Integrated Retail	49580.2	850.0		16215.0	12324.0	1776.4	18414.8
#百货零售	Retail of General Merchandise	38271.3	750.0		15625.0	10571.4		11324.9
超级市场零售	Retail of Supermarkets	9532.5	100.0		590.0	1752.6		7089.9
食品、饮料及烟草制品专门零售	Retail of Food ,Beverages and Tobaccos	1746.9	666.9		180.0	850.0		50.0
纺织、服装及日用品专门零售	Special Retail of Textiles, Garments and Daily Consumer Articles	33693.0	30055.0		2888.0	750.0		
#服装零售业	Retail of Garment	2008.0			1800.0	208.0		
文化、体育用品及器材专门零售	Retail of Culture, Sports Appliances and Equipments	14065.0	2937.0	200.0	6701.3	4226.7		
#图书零售	Retail of Books	7478.0	2490.0	200.0	4788.0			
医药及医疗器材专门零售	Retail of Medicines and Medical Appliances	4580.0			900.0	3680.0		
#药品零售	Retail of Medicines	4580.0			900.0	3680.0		
汽车、摩托车、燃料及零配件专门零售	Retail of Motor Vehicles,Motorcycles,Fuel and parts	81048.3	15245.2	406.1	34924.2	27755.0	2717.8	
#汽车零售	Retail of Motor Vehicles	49179.9		400.0	20552.2	25539.9	2687.8	
机动车燃料零售	Retail of Fuel of Motor Vehicles	14706.7	245.2	6.1	12860.0	1565.4	30.0	
家用电器及电子产品专门零售	Special Retail of Household Electric Appliances and Electronic Products	21543.0			15751.0	5792.0		
#家用电器零售	Retail of Household Electric Appliances	9311.0			6870.0	2441.0		
计算机、软件及辅助设备零售	Retail of Computers ,Software and Assistant Appliances	6144.0			2955.0	3189.0		
通讯设备零售	Retail of Communication Equipments	1550.0			1550.0			
五金、家具及室内装修材料专门零售	Special Retail of Hardware,Furniture and Decoration Materials	1688.9			700.0	988.9		
无店铺及其他零售	Non-Shop and Other Retails	6650.0	840.0	350.0	2580.0	2880.0		

13-8 续 6(continued 6)

单位：万元(10 000 yuan)

项　　目	Item	主营业务收入 Main Business Income	主营业务成本 Main Business Costs	主营业务税金及附加 Main Business Tax and Extra Charges	主营业务利润 Profits of Main Business
总　计	**Total**	12554361.6	11675833.2	52845.9	756071.6
批发业	**Wholesale Trade**	9529077.1	8919591.7	46989.3	496225.2
按登记注册类型分组	**By Status of Registration**				
内资企业	Domestic Funded Enterprises	8802516.1	8273617.7	46779.3	418041.2
国有企业	State-owned Enterprises	1420678.3	1233760.7	34951.5	122889.5
集体企业	Collective-owned Enterprises	3531.3	3400.5	2.0	135.5
股份合作企业	Cooperative Enterprises	42296.8	40385.2	23.4	1888.2
有限责任公司	Limited-liability Companies	6365457.9	6124140.1	3954.7	227051.4
其他有限责任公司	Other Limited-liability Companies	6362463.2	6122248.9	3934.9	225967.7
股份有限公司	Share Holding Ltd. Companies	268740.0	226677.8	585.0	19438.8
私营企业	Private Enterprises	649953.8	597656.1	7213.2	42426.6
私营独资企业	Private-funded Enterprises	11135.7	7388.0	58.2	3689.4
私营合伙企业	Private Partnership Enterprises	5172.9	4220.2	7.4	945.1
私营有限责任公司	Private Limited-liability Companies	491755.7	456246.9	1749.6	31225.4
私营股份有限公司	Private Share Holding Ltd. Companies	141889.5	129801.0	5398.0	6566.7
其他企业	Other Enterprises	51858.0	47597.3	49.5	4211.2
港澳台商投资企业	Enterprises with Funds from HongKong Macao and Taiwan	510344.6	471514.1	134.9	38542.4
合资经营企业(港或澳、台资)	Joint Ventures (Hongkong or Macao, Taiwan)	18734.7	17091.5		1643.2
港澳台商独资经营企业	Enterprises with Sole Investment	491609.9	454422.6	134.9	36899.2
外商投资企业	Foreign Investment Enterprises	216216.4	174459.9	75.1	39641.6
中外合资经营企业	Cooperative Enterprises	48611.9	44363.8	72.1	2136.4
外资企业	Enterprises with Sole Foreign Investment	167604.5	130096.1	3.0	37505.2
按批发行业小类分组	**By Wholesales Industries**				
农畜产品批发	Wholesale of Farm produce and Livestock products	37015.7	31784.6	8.3	5222.8
食品、饮料及烟草制品批发	Wholesale of Food ,Beverages and Tobaccos	1428805.2	1231683.4	34840.0	132995.1
#米、面制品及食用油批发	Wholesale of Rice ,Flour and Edible Oil	126461.1	121803.2	35.4	3867.8
烟草制品批发	Wholesale of Tobaccos	1140756.3	964512.1	34642.4	113070.5
纺织、服装及日用品批发	Wholesale of Textiles, Garments and Daily Consumer Articles	204689.3	194925.2	174.1	9589.9
#服装批发	Wholesale of Garments	32457.7	30660.7	6.8	1790.1
文化、体育用品及器材批发	Wholesale of Culture, Sports Appliances and Equipments	88874.5	82419.9	118.0	6336.6
医药及医疗器材批发	Wholesale of Medicines and Medical Appliances	1173143.1	989720.2	2951.4	162100.9
矿产品、建材及化工产品批发	Wholesale of Mineral Products, Building Materials and Chemical Products	4222705.2	4123846.0	7146.8	81467.8
#煤炭及制品批发	Wholesale of Coal and Related Products	198691.2	181577.9	5478.0	11635.3
石油及制品批发	Wholesale of Petroleum and Related Products	944203.4	921292.0	484.1	14645.3
金属及金属矿批发	Wholesale of Metal and Metal Ores	329153.6	321514.6	666.7	4937.4
建材批发	Wholesale of Building Materials	45736.4	43952.5	35.8	1748.1
化肥批发	Wholesale of Chemical Fertilizer	116256.5	110868.7	2.4	5392.1
机械设备、五金交电及电子产品批发	Wholesale of Machinery , Hardware and Electronic Equipment	1184716.6	1092085.8	1419.5	91087.2
#汽车、摩托车及零配件批发	Wholesale of Motor Vehicles,Motorcycles and parts	835223.8	770998.0	1108.0	62993.9
家用电器批发	Wholesale of Household Electrical Appliances	122013.8	111614.9	98.1	10300.8
计算机、软件及辅助设备批发	Wholesale of Computers, Software and Assistant Appliances	45752.2	42994.8	41.8	2715.5
其他批发	Others Wholesale not Classified Elsewhere	1189127.5	1173126.6	331.2	7424.9

13-8 续 7(continued 7)

单位:万元(10 000 yuan)

项　目	Item	主营业务收入 Main Business Income	主营业务成本 Main Business Costs	主营业务税金及附加 Main Business Tax and Extra Charges	主营业务利润 Profits of Main Business
零售业	**Retail Trade**	3025284.5	2756241.5	5856.6	259846.4
按登记注册类型分组	**By Status of Registration**				
内资企业	Domestic Funded Enterprises	2771074.6	2540954.5	5692.1	221368.0
国有企业	State-owned Enterprises	7473.1	7636.4	56.0	-586.2
集体企业	Collective-owned Enterprises	3200.1	3063.4	2.1	134.6
股份合作企业	Cooperative Enterprises				
联营企业	Joint Ownership Enterprises	1577.7	1486.1	2.9	88.7
集体联营企业	Collective Joint Venture Enterprises	1577.7	1486.1	2.9	88.7
有限责任公司	Limited-liability Companies	1357672.6	1224339.6	3592.3	130036.3
国有独资公司	State Sole Funded Corporations	380.7	541.1	3.8	-164.2
其他有限责任公司	Other Limited-liability Companies	1357291.9	1223798.5	3588.5	130200.5
股份有限公司	Share Holding Ltd. Companies	1132698.4	1064353.2	881.0	67464.2
私营企业	Private Enterprises	260998.3	233616.5	1156.4	23236.8
私营独资企业	Private-funded Enterprises	15647.8	12545.6	50.3	1980.8
私营合伙企业	Private Partnership Enterprises	821.5	752.3	2.3	66.9
私营有限责任公司	Private Limited-liability Companies	230917.1	208969.1	1009.6	18880.8
私营股份有限公司	Private Share Holding Ltd. Companies	13611.9	11349.5	94.2	2308.3
其他企业	Other Enterprises	7454.4	6459.3	1.4	993.6
港澳台商投资企业	Enterprises with Funds from HongKong, Macao and Taiwan	90963.9	79566.7	22.5	11374.7
港澳台商独资经营企业	Enterprises with Sole Investment	90963.9	79566.7	22.5	11374.7
外商投资企业	Foreign Investment Enterprises	163246.0	135720.3	142.0	27103.7
外资企业	Enterprises with Sole Foreign Investment	163246.0	135720.3	142.0	27103.7
按零售行业小类分组	**By Retail Industries**				
综合零售	Integrated Retail	360947.2	292386.4	2396.0	62248.9
#百货零售	Retail of General Merchandise	172232.0	136115.4	2090.3	34154.7
超级市场零售	Retail of Supermarkets	181039.6	152518.4	296.4	24180.5
食品、饮料及烟草制品专门零售	Retail of Food ,Beverages and Tobaccos	19276.5	17715.7	64.4	1216.3
纺织、服装及日用品专门零售	Special Retail of Textiles, Garments and Daily Consumer Articles	16120.9	10981.3	53.1	5086.4
#服装零售业	Retail of Garment	5664.4	4646.3	25.8	992.2
文化、体育用品及器材专门零售	Retail of Culture, Sports Appliances and Equipments	30137.5	23806.7	190.7	10290.6
#图书零售	Retail of Books	17677.6	13985.1	54.1	7899.8
医药及医疗器材专门零售	Retail of Medicines and Medical Appliances	17641.8	12950.0	66.2	4625.6
#药品零售	Retail of Medicines	17641.8	12950.0	66.2	4625.6
汽车、摩托车、燃料及零配件专门零售	Retail of Motor Vehicles,Motorcycles,Fuel and parts	2319357.1	2162406.8	2410.7	151726.0
#汽车零售	Retail of Motor Vehicles	964936.3	896838.6	1146.6	66493.7
机动车燃料零售	Retail of Fuel of Motor Vehicles	1317569.3	1235837.7	1031.2	79219.3
家用电器及电子产品专门零售	Special Retail of Household Electric Appliances and Electronic Products	222551.9	203165.6	579.8	18431.1
#家用电器零售	Retail of Household Electric Appliances	149834.6	137326.0	261.0	11328.4
计算机、软件及辅助设备零售	Retail of Computers ,Software and Assistant Appliances	45567.2	41526.6	211.3	4373.3
通讯设备零售	Retail of Communication Equipments	14905.5	12932.7	39.8	1933.0
五金、家具及室内装修材料专门零售	Special Retail of Hardware,Furniture and Decoration Materials	14335.4	12127.1	23.2	2185.1
无店铺及其他零售	Non-Shop and Other Retails	24916.2	20701.9	72.5	4036.4

13-8 续 8(continued 8)

单位:万元(10 000 yuan)

项目	Item	其他业务利润 Profits of Other Business	营业费用 Business Cost	管理费用 Management Cost	税金 Tax	差旅费 Travel Cost	工会经费 Labor Union Funds
总计	**Total**	72871.4	366007.9	195190.9	6998.0	13247.3	1841.6
批发业	**Wholesale Trade**	43532.8	227767.6	122269.1	3334.4	7789.6	1282.2
按登记注册类型分组	**By Status of Registration**						
内资企业	Domestic Funded Enterprises	4070.4	191162.5	109471.6	3021.8	6812.7	1209.2
国有企业	State-owned Enterprises	899.3	17300.0	40294.1	1355.0	505.0	405.9
集体企业	Collective-owned Enterprises		49.3	82.8		1.2	0.3
股份合作企业	Cooperative Enterprises	132.4	762.3	940.1	0.4	27.8	8.7
有限责任公司	Limited-liability Companies	1992.0	139775.2	50092.3	1133.1	4417.1	535.2
其他有限责任公司	Other Limited-liability Companies	1992.0	139239.7	49587.9	1115.7	4402.0	534.8
股份有限公司	Share Holding Ltd. Companies	821.3	12694.0	5081.0	141.1	425.9	23.9
私营企业	Private Enterprises	211.1	18910.7	11991.9	386.3	1319.2	230.5
私营独资企业	Private-funded Enterprises		282.8	119.4			
私营合伙企业	Private Partnership Enterprises		620.2	136.5		7.7	0.5
私营有限责任公司	Private Limited-liability Companies	211.1	15967.6	9960.7	214.8	1179.1	228.7
私营股份有限公司	Private Share Holding Ltd. Companies		2040.1	1775.3	171.5	132.4	1.3
其他企业	Other Enterprises	14.3	1671.0	989.4	5.9	116.5	4.7
港澳台商投资企业	Enterprises with Funds from HongKong Macao and Taiwan	98.0	22882.8	4092.2	114.6	571.6	16.5
合资经营企业(港或澳、台资)	Joint Ventures (Hongkong or Macao, Taiwan)	31.4	1613.6				
港澳台商独资经营企业	Enterprises with Sole Investment	66.6	21269.2	4092.2	114.6	571.6	16.5
外商投资企业	Foreign Investment Enterprises	39364.4	13722.3	8705.3	198.0	405.3	56.5
中外合资经营企业	Cooperative Enterprises	0.3	2190.6	998.9	84.4	68.1	2.4
外资企业	Enterprises with Sole Foreign Investment	39364.1	11531.7	7706.4	113.6	337.2	54.1
按批发行业小类分组	**By Wholesales Industries**						
农畜产品批发	Wholesale of Farm produce and Livestock products		1421.0	1287.5	33.0	71.4	9.4
食品、饮料及烟草制品批发	Wholesale of Food ,Beverages and Tobaccos	1415.1	23301.1	42787.6	1390.8	819.3	411.6
#米、面制品及食用油批发	Wholesale of Rice ,Flour and Edible Oil	360.4	3984.9	2291.8	40.5	138.6	20.3
烟草制品批发	Wholesale of Tobaccos	318.5	9822.4	36861.4	1277.5	330.5	368.7
纺织、服装及日用品批发	Wholesale of Textiles, Garments and Daily Consumer Articles	501.9	6899.5	2696.2	68.9	214.8	7.4
#服装批发	Wholesale of Garments	20.3	1147.9	599.9	13.3	49.8	1.3
文化、体育用品及器材批发	Wholesale of Culture, Sports Appliances and Equipments	374.0	2888.3	2179.1	82.3	79.7	211.9
医药及医疗器材批发	Wholesale of Medicines and Medical Appliances	39817.4	78934.2	36446.7	600.0	3859.2	234.6
矿产品、建材及化工产品批发	Wholesale of Mineral Products, Building Materials and Chemical Products	660.6	34912.0	24198.0	905.1	1455.3	310.7
#煤炭及制品批发	Wholesale of Coal and Related Products	15.3	4939.0	2478.1	189.0	171.5	0.6
石油及制品批发	Wholesale of Petroleum and Related Products	1639.0	9607.8	4436.2	321.3	231.7	35.2
金属及金属矿批发	Wholesale of Metal and Metal Ores	1001.7	3592.8	2342.7	32.6	168.0	185.3
建材批发	Wholesale of Building Materials	5.8	1113.0	547.2	43.5	110.3	27.2
化肥批发	Wholesale of Chemical Fertilizer	151.4	3990.8	932.8	9.6	49.8	1.3
机械设备、五金交电及电子产品批发	Wholesale of Machinery , Hardware and Electronic Equipment	704.2	76473.2	10211.6	232.7	1153.7	91.0
#汽车、摩托车及零配件批发	Wholesale of Motor Vehicles,Motorcycles and parts	39.8	57326.9	3676.2	150.9	631.4	23.5
家用电器批发	Wholesale of Household Electrical Appliances	147.4	9498.2	778.0	12.4	83.1	30.5
计算机、软件及辅助设备批发	Wholesale of Computers, Software and Assistant Appliances	134.1	969.0	1290.0	10.3	53.8	8.0
其他批发	Others Wholesale not Classified Elsewhere	59.6	2938.3	2462.4	21.6	136.2	5.6

13-8 续 9(continued 9)

单位:万元(10 000 yuan)

项目	Item	其他业务利润 Profits of Other Business	营业费用 Business Cost	管理费用 Management Cost	税金 Tax	差旅费 Travel Cost	工会经费 Labor Union Funds
零售业	**Retail Trade**	29338.6	138240.3	72921.8	3663.6	5457.7	559.4
按登记注册类型分组	**By Status of Registration**						
内资企业	Domestic Funded Enterprises	21189.7	109197.9	68256.2	2562.8	5335.6	459.7
国有企业	State-owned Enterprises	3.3	586.0	582.9	0.6	48.6	21.7
集体企业	Collective-owned Enterprises		20.2	107.4	1.2	1.0	1.1
股份合作企业	Cooperative Enterprises						
联营企业	Joint Ownership Enterprises	13.3	25.8	53.8	1.2	2.8	0.6
集体联营企业	Collective Joint Venture Enterprises	13.3	25.8	53.8	1.2	2.8	0.6
有限责任公司	Limited-liability Companies	17396.8	58434.3	47901.6	1431.7	2155.2	284.4
国有独资公司	State Sole Funded Corporations			127.2	4.2	5.5	5.0
其他有限责任公司	Other Limited-liability Companies	17396.8	58434.3	47774.4	1427.5	2149.7	279.4
股份有限公司	Share Holding Ltd. Companies	539.7	33835.1	11386.3	833.1	468.2	78.0
私营企业	Private Enterprises	3236.6	15925.8	7869.5	276.2	2634.5	72.7
私营独资企业	Private-funded Enterprises	32.2	962.3	398.0	16.0	17.1	1.1
私营合伙企业	Private Partnership Enterprises		51.0	13.6			
私营有限责任公司	Private Limited-liability Companies	2322.2	13380.4	5213.2	217.7	2524.2	55.8
私营股份有限公司	Private Share Holding Ltd. Companies	882.2	1532.1	2244.7	42.5	93.2	15.8
其他企业	Other Enterprises		370.7	354.7	18.8	25.3	1.2
港澳台商投资企业	Enterprises with Funds from HongKong, Macao and Taiwan	208.7	5023.4	2465.7	1081.0	43.1	24.0
港澳台商独资经营企业	Enterprises with Sole Investment	208.7	5023.4	2465.7	1081.0	43.1	24.0
外商投资企业	Foreign Investment Enterprises	7940.2	24019.0	2199.9	19.8	79.0	75.7
外资企业	Enterprises with Sole Foreign Investment	7940.2	24019.0	2199.9	19.8	79.0	75.7
按零售行业小类分组	**By Retail Industries**						
综合零售	Integrated Retail	17327.3	42898.7	19572.4	700.1	606.2	143.7
# 百货零售	Retail of General Merchandise	7864.3	17847.5	15890.1	693.2	532.8	64.2
超级市场零售	Retail of Supermarkets	9456.4	22880.6	3371.0	6.9	66.5	72.9
食品、饮料及烟草制品专门零售	Retail of Food ,Beverages and Tobaccos	20.8	986.6	1132.0	2.3	98.9	27.2
纺织、服装及日用品专门零售	Special Retail of Textiles, Garments and Daily Consumer Articles	825.8	6679.7	2605.2	47.7	123.3	9.0
# 服装零售业	Retail of Garment	626.0	768.2	1305.9	10.2	72.2	4.8
文化、体育用品及器材专门零售	Retail of Culture, Sports Appliances and Equipments	493.2	3601.5	2833.5	116.9	167.6	15.4
# 图书零售	Retail of Books	440.3	2331.2	1882.4	30.4	63.4	7.0
医药及医疗器材专门零售	Retail of Medicines and Medical Appliances	66.7	3060.5	601.9		19.1	18.2
# 药品零售	Retail of Medicines	66.7	3060.5	601.9		19.1	18.2
汽车、摩托车、燃料及零配件专门零售	Retail of Motor Vehicles,Motorcycles,Fuel and parts	4955.4	65868.9	35989.9	2594.4	3639.1	273.7
# 汽车零售	Retail of Motor Vehicles	4445.8	25482.7	21373.2	1616.3	3146.0	164.6
机动车燃料零售	Retail of Fuel of Motor Vehicles	463.2	39299.2	13073.3	922.5	435.3	94.5
家用电器及电子产品专门零售	Special Retail of Household Electric Appliances and Electronic Products	4918.2	11981.0	8031.1	174.5	678.7	63.3
# 家用电器零售	Retail of Household Electric Appliances	2991.8	8135.0	4601.5	97.8	138.2	36.0
计算机、软件及辅助设备零售	Retail of Computers ,Software and Assistant Appliances	1236.2	2805.6	2186.2	4.6	249.2	19.5
通讯设备零售	Retail of Communication Equipments	451.0	918.5	481.7	60.4	75.8	4.9
五金、家具及室内装修材料专门零售	Special Retail of Hardware,Furniture and Decoration Materials	4.1	1333.0	589.5	6.7	14.3	2.8
无店铺及其他零售	Non-Shop and Other Retails	727.1	1830.4	1566.3	21.0	110.5	6.1

13-8 续 10(continued 10)

单位:万元(10 000 yuan)

项目	Item	财务费用 Financial Cost	利息支出 Expenses of Interest	营业利润 Business Profits	利润总额 Total After-tax Profits	应交所得税 Income Tax Payable
总计	Total	16375.5	13504.7	271565.1	316703.2	62606.1
批发业	Wholesale Trade	6849.8	7307.3	205074.0	240531.6	47290.0
按登记注册类型分组	By Status of Registration					
内资企业	Domestic Funded Enterprises	6079.9	6600.2	134431.2	159216.1	34899.0
国有企业	State-owned Enterprises	-2340.6	865.4	78269.5	89060.2	17706.9
集体企业	Collective-owned Enterprises	5.3		5.0	5.0	1.1
股份合作企业	Cooperative Enterprises	30.3	33.8	287.9	447.7	141.0
有限责任公司	Limited-liability Companies	4150.1	3159.6	25548.3	33228.8	9280.5
其他有限责任公司	Other Limited-liability Companies	4149.3	3158.8	25505.2	33185.8	9270.5
股份有限公司	Share Holding Ltd. Companies	2098.4	2028.2	18808.3	20638.4	3821.9
私营企业	Private Enterprises	1841.0	326.3	10241.1	14516.3	3653.7
私营独资企业	Private-funded Enterprises	-2.1	-2.1	3289.2	3587.6	789.2
私营合伙企业	Private Partnership Enterprises	119.9		68.5	65.4	15.1
私营有限责任公司	Private Limited-liability Companies	845.4	328.4	4886.3	5449.1	1234.2
私营股份有限公司	Private Share Holding Ltd. Companies	877.8		1997.1	5414.2	1615.2
其他企业	Other Enterprises	295.4	186.9	1271.1	1319.7	293.9
港澳台商投资企业	Enterprises with Funds from HongKong Macao and Taiwan	1182.9	635.7	10635.8	10606.0	2710.1
合资经营企业(港或澳、台资)	Joint Ventures (Hongkong or Macao, Taiwan)	16.9		44.1	-200.6	37.9
港澳台商独资经营企业	Enterprises with Sole Investment	1166.0	635.7	10591.7	10806.6	2672.2
外商投资企业	Foreign Investment Enterprises	-413.0	71.4	60007.0	70709.5	9680.9
中外合资经营企业	Cooperative Enterprises	74.8	71.4	911.8	910.7	172.5
外资企业	Enterprises with Sole Foreign Investment	-487.8		59095.2	69798.8	9508.4
按批发行业小类分组	By Wholesales Industries					
农畜产品批发	Wholesale of Farm produce and Livestock products	217.1	277.9	2392.5	2367.8	263.8
食品、饮料及烟草制品批发	Wholesale of Food ,Beverages and Tobaccos	-2149.2	966.8	76500.4	86728.2	17925.7
#米、面制品及食用油批发	Wholesale of Rice ,Flour and Edible Oil	1062.7	846.9	-2871.3	-211.2	17.5
烟草制品批发	Wholesale of Tobaccos	-3345.0	-14.0	79817.1	87762.2	17538.8
纺织、服装及日用品批发	Wholesale of Textiles, Garments and Daily Consumer Articles	335.3	275.8	155.9	376.1	106.6
#服装批发	Wholesale of Garments	50.6	16.8	7.1	117.9	23.1
文化、体育用品及器材批发	Wholesale of Culture, Sports Appliances and Equipments	-2.0	-11.8	1645.5	1508.1	399.2
医药及医疗器材批发	Wholesale of Medicines and Medical Appliances	2474.1	2305.9	102501.9	121574.3	20777.0
矿产品、建材及化工产品批发	Wholesale of Mineral Products, Building Materials and Chemical Products	4822.9	2694.5	27912.3	32916.1	6776.5
#煤炭及制品批发	Wholesale of Coal and Related Products	1083.2	131.9	3065.8	6732.4	1911.5
石油及制品批发	Wholesale of Petroleum and Related Products	815.0	471.2	9174.0	9710.6	2070.8
金属及金属矿批发	Wholesale of Metal and Metal Ores	6.8	828.5	2031.2	2507.1	486.8
建材批发	Wholesale of Building Materials	294.4	149.7	-200.5	-92.6	15.7
化肥批发	Wholesale of Chemical Fertilizer	179.6	140.9	447.2	534.2	114.3
机械设备、五金交电及电子产品批发	Wholesale of Machinery , Hardware and Electronic Equipment	779.4	592.0	3844.5	3561.3	883.7
#汽车、摩托车及零配件批发	Wholesale of Motor Vehicles,Motorcycles and parts	539.9	504.0	1010.0	1055.0	138.0
家用电器批发	Wholesale of Household Electrical Appliances	-23.7	49.8	195.7	-16.1	147.6
计算机、软件及辅助设备批发	Wholesale of Computers, Software and Assistant Appliances	157.2	8.7	433.5	461.7	103.6
其他批发	Others Wholesale not Classified Elsewhere	372.2	206.2	-9879.0	-8500.3	157.5

13-8 续 11(continued 11)

单位:万元(10 000 yuan)

项　目	Item	财务费用 Financial Cost	利息支出 Expenses of Interest	营业利润 Business Profits	利润总额 Total After-tax Profits	应交所得税 Income Tax Payable
零售业	**Retail Trade**	9525.7	6197.4	66491.1	76171.6	15316.1
按登记注册类型分组	**By Status of Registration**					
内资企业	Domestic Funded Enterprises	9053.5	6151.8	54044.3	61134.9	12683.8
国有企业	State-owned Enterprises	29.1	-1.9	-13.2	-271.9	19.5
集体企业	Collective-owned Enterprises	-0.1		7.1	7.1	1.6
股份合作企业	Cooperative Enterprises					
联营企业	Joint Ownership Enterprises	1.2		21.1	21.1	
集体联营企业	Collective Joint Venture Enterprises	1.2		21.1	21.1	
有限责任公司	Limited-liability Companies	7929.4	5690.7	28545.9	37632.9	7623.7
国有独资公司	State Sole Funded Corporations	1.1		-292.5	-292.5	
其他有限责任公司	Other Limited-liability Companies	7928.3	5690.7	28838.4	37925.4	7623.7
股份有限公司	Share Holding Ltd. Companies	611.1	366.3	22836.1	21332.5	4302.4
私营企业	Private Enterprises	361.5	33.2	2500.5	2261.4	708.6
私营独资企业	Private-funded Enterprises	13.6	0.9	639.1	429.4	71.5
私营合伙企业	Private Partnership Enterprises	1.4		0.9	0.9	
私营有限责任公司	Private Limited-liability Companies	284.4	29.8	2623.6	2653.1	599.2
私营股份有限公司	Private Share Holding Ltd. Companies	62.1	2.5	-763.1	-822.0	37.9
其他企业	Other Enterprises	121.3	63.5	146.8	151.8	28.0
港澳台商投资企业	Enterprises with Funds from HongKong, Macao and Taiwan	195.6	62.0	3898.7	6489.1	1394.6
港澳台商独资经营企业	Enterprises with Sole Investment	195.6	62.0	3898.7	6489.1	1394.6
外商投资企业	Foreign Investment Enterprises	276.6	-16.4	8548.1	8547.6	1237.7
外资企业	Enterprises with Sole Foreign Investment	276.6	-16.4	8548.1	8547.6	1237.7
按零售行业小类分组	**By Retail Industries**					
综合零售	Integrated Retail	4434.7	2955.5	13385.2	21463.7	3305.9
#百货零售	Retail of General Merchandise	4194.5	2995.2	4737.0	12761.3	1766.0
超级市场零售	Retail of Supermarkets	234.3	-39.7	7215.7	7269.9	1227.3
食品、饮料及烟草制品专门零售	Retail of Food ,Beverages and Tobaccos	154.8	83.8	364.1	144.5	78.2
纺织、服装及日用品专门零售	Special Retail of Textiles, Garments and Daily Consumer Articles	23.1	-1.9	-3395.8	-3418.5	35.2
#服装零售业	Retail of Garment	3.9	-1.9	-459.8	-468.5	
文化、体育用品及器材专门零售	Retail of Culture, Sports Appliances and Equipments	1244.9	1195.0	-860.2	-1324.4	100.8
#图书零售	Retail of Books	1016.9	1002.2	-919.2	-1434.5	9.4
医药及医疗器材专门零售	Retail of Medicines and Medical Appliances	129.2		900.7	633.1	3.3
#药品零售	Retail of Medicines	129.2		900.7	633.1	3.3
汽车、摩托车、燃料及零配件专门零售	Retail of Motor Vehicles,Motorcycles,Fuel and parts	2740.8	1690.3	51873.2	54274.6	11262.8
#汽车零售	Retail of Motor Vehicles	2510.7	1412.7	20549.3	24539.0	5209.2
机动车燃料零售	Retail of Fuel of Motor Vehicles	181.6	232.6	27854.3	26219.2	5306.0
家用电器及电子产品专门零售	Special Retail of Household Electric Appliances and Electronic Products	548.9	142.7	2680.7	2861.8	350.3
#家用电器零售	Retail of Household Electric Appliances	466.7	123.5	1576.5	1733.7	281.4
计算机、软件及辅助设备零售	Retail of Computers ,Software and Assistant Appliances	38.5	17.1	22.6	26.4	26.1
通讯设备零售	Retail of Communication Equipments	36.1	2.1	947.7	947.9	15.5
五金、家具及室内装修材料专门零售	Special Retail of Hardware,Furniture and Decoration Materials	86.0	28.9	178.7	179.5	19.8
无店铺及其他零售	Non-Shop and Other Retails	163.3	103.1	1364.5	1357.3	159.8

13-8 续 12(continued 12)

单位:万元(10 000 yuan)

项目	Item	劳动、失业保险费 Labor、Unem-ployment Insurance	住房公积金和住房补贴 Accumula-tion Fund of Housing and Housing Subsidy	本年应付工资总额 Current Year Accrued Wages	本年应付福利费总额 Ought Pay for Welfare	本年应交增值税 Value Added Tax Payable This Year
总　计	**Total**	2928.3	4459.0	118824.4	6690.8	176555.9
批发业	**Wholesale Trade**	2153.4	3049.2	69449.5	3889.4	112712.1
按登记注册类型分组	**By Status of Registration**					
内资企业	Domestic Funded Enterprises	2085.7	2744.4	59507.2	3543.9	93296.9
国有企业	State-owned Enterprises	1220.0	1970.7	20618.4	1355.6	26828.9
集体企业	Collective-owned Enterprises	1.2		66.9		
股份合作企业	Cooperative Enterprises	9.2	7.2	390.4	43.8	266.1
有限责任公司	Limited-liability Companies	656.1	691.6	30865.3	1792.4	53270.8
其他有限责任公司	Other Limited-liability Companies	655.8	691.6	30828.6	1790.9	53076.1
股份有限公司	Share Holding Ltd. Companies	57.6	69.6	2237.9	129.4	4211.6
私营企业	Private Enterprises	139.0	5.3	4706.5	197.7	8321.5
私营独资企业	Private-funded Enterprises	0.1	0.5	23.4		669.3
私营合伙企业	Private Partnership Enterprises	1.3		128.2	4.2	10.8
私营有限责任公司	Private Limited-liability Companies	135.9	4.8	4031.1	153.2	5715.1
私营股份有限公司	Private Share Holding Ltd. Companies	1.7		523.8	40.3	1926.3
其他企业	Other Enterprises	2.6		621.8	25.0	398.0
港澳台商投资企业	Enterprises with Funds from HongKong Macao and Taiwan	21.9	110.0	5286.5	315.1	6621.7
合资经营企业(港或澳、台资)	Joint Ventures (Hongkong or Macao, Taiwan)			890.2	45.3	139.7
港澳台商独资经营企业	Enterprises with Sole Investment	15.6	110.0	4396.3	269.8	6482.0
外商投资企业	Foreign Investment Enterprises	45.8	194.8	4655.8	30.4	12793.5
中外合资经营企业	Cooperative Enterprises	3.2	8.9	314.1	14.7	435.1
外资企业	Enterprises with Sole Foreign Investment	42.6	185.9	4341.7	15.7	12358.4
按批发行业小类分组	**By Wholesales Industries**					
农畜产品批发	Wholesale of Farm produce and Livestock products	28.2	21.3	125.6	34.9	82.1
食品、饮料及烟草制品批发	Wholesale of Food ,Beverages and Tobaccos	1271.1	2068.5	22718.2	1533.9	28948.2
#米、面制品及食用油批发	Wholesale of Rice ,Flour and Edible Oil	19.4	34.7	1012.6	28.5	219.4
烟草制品批发	Wholesale of Tobaccos	1194.0	1916.2	18372.7	1227.0	25799.9
纺织、服装及日用品批发	Wholesale of Textiles, Garments and Daily Consumer Articles	19.4	36.7	1743.2	476.7	1235.5
#服装批发	Wholesale of Garments	2.8	7.5	223.2	15.0	67.6
文化、体育用品及器材批发	Wholesale of Culture, Sports Appliances and Equipments	265.7	65.0	1532.0	118.7	1660.9
医药及医疗器材批发	Wholesale of Medicines and Medical Appliances	320.7	261.5	18868.6	678.3	49133.7
矿产品、建材及化工产品批发	Wholesale of Mineral Products, Building Materials and Chemical Products	81.4	509.2	15747.3	705.6	8702.4
#煤炭及制品批发	Wholesale of Coal and Related Products	4.1	27.1	765.7	53.4	2747.8
石油及制品批发	Wholesale of Petroleum and Related Products	6.9	114.5	2260.4	232.9	2504.3
金属及金属矿批发	Wholesale of Metal and Metal Ores	6.5	14.0	1012.2	44.7	802.1
建材批发	Wholesale of Building Materials	0.3		388.9	24.9	357.0
化肥批发	Wholesale of Chemical Fertilizer	5.7	6.9	779.9	14.8	
机械设备、五金交电及电子产品批发	Wholesale of Machinery , Hardware and Electronic Equipment	153.4	84.7	7864.1	291.8	18988.8
#汽车、摩托车及零配件批发	Wholesale of Motor Vehicles,Motorcycles and parts	16.9	23.7	1299.2	12.2	15703.4
家用电器批发	Wholesale of Household Electrical Appliances	79.1	9.8	3555.0	87.8	1423.3
计算机、软件及辅助设备批发	Wholesale of Computers, Software and Assistant Appliances	31.9	3.8	723.3	6.8	387.4
其他批发	Others Wholesale not Classified Elsewhere	13.5	2.3	850.5	49.5	3960.5

13-8 续 13(continued 13)

单位:万元(10 000 yuan)

项　目	Item	劳动、失业保险费 Labor、Unem-ployment Insurance	住房公积金和住房补贴 Accumula-tion Fund of Housing and Housing Subsidy	本年应付工资总额 Current Year Accrued Wages	本年应付福利费总额 Ought Pay for Welfare	本年应交增值税 Value Added Tax Payable This Year
零售业	Retail Trade	774.9	1409.8	49374.9	2801.4	63843.8
按登记注册类型分组	By Status of Registration					
内资企业	Domestic Funded Enterprises	735.4	1263.2	44597.6	2558.2	58855.2
国有企业	State-owned Enterprises	9.7	14.5	1242.3	137.2	322.9
集体企业	Collective-owned Enterprises	1.9		60.2	2.1	21.4
股份合作企业	Cooperative Enterprises					
联营企业	Joint Ownership Enterprises	0.5		34.0	2.5	54.3
集体联营企业	Collective Joint Venture Enterprises	0.5		34.0	2.5	54.3
有限责任公司	Limited-liability Companies	511.4	326.2	29036.4	1462.8	46007.0
国有独资公司	State Sole Funded Corporations	1.5	22.3	384.0	43.7	4.0
其他有限责任公司	Other Limited-liability Companies	509.9	303.9	28652.4	1419.1	46003.0
股份有限公司	Share Holding Ltd. Companies	164.7	887.7	6940.3	619.7	7686.1
私营企业	Private Enterprises	46.6	34.8	7166.3	325.1	4733.9
私营独资企业	Private-funded Enterprises	0.2		420.1	3.5	231.0
私营合伙企业	Private Partnership Enterprises			16.0		11.0
私营有限责任公司	Private Limited-liability Companies	34.3	1.1	5623.5	294.9	4191.4
私营股份有限公司	Private Share Holding Ltd. Companies	12.1	33.7	1106.7	26.7	300.5
其他企业	Other Enterprises	0.6		118.1	8.8	29.6
港澳台商投资企业	Enterprises with Funds from HongKong, Macao and Taiwan	0.9	28.3	881.5	71.7	1358.7
港澳台商独资经营企业	Enterprises with Sole Investment	0.9	28.3	881.5	71.7	1358.7
外商投资企业	Foreign Investment Enterprises	38.6	118.3	3895.8	171.5	3629.9
外资企业	Enterprises with Sole Foreign Investment	38.6	118.3	3895.8	171.5	3629.9
按零售行业小类分组	By Retail Industries					
综合零售	Integrated Retail	141.3	203.1	13024.9	561.3	9065.1
#百货零售	Retail of General Merchandise	83.4	62.1	7978.1	404.9	5143.7
超级市场零售	Retail of Supermarkets	57.9	117.8	4644.1	108.1	3297.4
食品、饮料及烟草制品专门零售	Retail of Food ,Beverages and Tobaccos	13.2	8.9	1527.4	23.3	517.5
纺织、服装及日用品专门零售	Special Retail of Textiles, Garments and Daily Consumer Articles	47.7	19.2	1235.0	129.4	774.9
#服装零售业	Retail of Garment	2.0	11.4	341.9	64.6	231.6
文化、体育用品及器材专门零售	Retail of Culture, Sports Appliances and Equipments	19.4	95.8	2030.8	323.6	2237.6
#图书零售	Retail of Books	14.8	69.9	1315.8	274.8	790.3
医药及医疗器材专门零售	Retail of Medicines and Medical Appliances	59.4		1345.9	102.7	1041.2
#药品零售	Retail of Medicines	59.4		1345.9	102.7	1041.2
汽车、摩托车、燃料及零配件专门零售	Retail of Motor Vehicles,Motorcycles,Fuel and parts	346.0	1028.6	22445.3	1429.1	46970.1
#汽车零售	Retail of Motor Vehicles	165.4	59.3	12682.8	500.1	37752.0
机动车燃料零售	Retail of Fuel of Motor Vehicles	172.8	953.4	8627.0	895.5	8352.0
家用电器及电子产品专门零售	Special Retail of Household Electric Appliances and Electronic Products	114.5	43.9	6412.7	178.7	2533.1
#家用电器零售	Retail of Household Electric Appliances	76.1	11.7	3445.9	31.0	1591.1
计算机、软件及辅助设备零售	Retail of Computers ,Software and Assistant Appliances	30.0	32.2	2164.3	137.9	674.0
通讯设备零售	Retail of Communication Equipments	6.9		501.4		121.0
五金、家具及室内装修材料专门零售	Special Retail of Hardware,Furniture and Decoration Materials	11.4		471.3	15.1	166.1
无店铺及其他零售	Non-Shop and Other Retails	22.0	10.3	881.6	38.2	538.2

13-9 限额以上餐饮企业财务状况
Finacial Indicator of Catering Enterprises above Desingnated Size

单位:万元 （2010） (10 000 yuan)

项　目	Item	企业数(个) Number of Enterprises (unit)	流动资产合计 Total Current Assets	存货 Inventory	固定资产原价 Original Value of Fixed Assets
总　计	Total	101	44986.6	4539.2	50663.9
按登记注册类型分组	By Status of Registration				
内资企业	Domestic Funded Enterprises	94	39834.2	3943.6	33695.1
国有企业	State-owned Enterprises	2	569.5	69.2	1856.9
集体企业	Collective-owned Enterprises				
有限责任公司	Limited-liability Companies	43	19391.4	2446.2	10579.8
#其他有限责任公司	Other Limited-liability Companies	43	19391.4	2446.2	10579.8
股份有限公司	Share Holding Ltd. Companies	5	2745.7	82.9	5211.0
私营企业	Private Enterprises	38	15335.1	1171.9	13468.8
私营独资企业	Private-funded Enterprises	11	3183.2	475.1	5284.4
私营合伙企业	Private Partnership Enterprises	3	3918.3	147.9	3186.1
私营有限责任公司	Private Limited-liability Companies	22	5766.8	495.0	4978.8
私营股份有限公司	Private Share Holding Ltd. Companies	2	2466.8	53.9	19.5
其他企业	Other Enterprises	5	492.6	160.5	739.6
港澳台商投资企业	Enterprises with Funds from Hong Kong Macao and Taiwan	4	3340.4	462.2	16493.8
#合资经营企业(港或澳、台资)	Joint Ventures(Hongkong or Macao, Taiwan)				
港澳台商独资经营企业	Enterprises with Sole Investment	3	2504.4	98.1	1204.6
外商投资企业	Foreign Investment Enterprises	3	1812.0	133.4	475.0
#外资企业	Enterprises with Sole Foreign Investment	2	160.4	35.0	260.6
按餐饮行业小类分组	By Food and Beverage Industries				
正餐服务业	Dinner	99	42945.4	4458.6	50620.0
快餐服务业	Fast Food	1	2023.6	74.9	
饮料及冷饮服务业	Soft Drink and Beverage Services	1	17.6	5.7	43.9
其他餐饮服务业	Other Catering Services				

13-9 续 1(continued 1)

单位:万元(10 000 yuan)

项　目	Item	累计折旧 Accumulated Depreciation	本年折旧 Depreciation This Year	资产合计 Total Assets	负债合计 Total Liabilities	所有者权益合计 Total Greditors Equity
总　计	**Total**	**17821.6**	**2638.8**	**95899.4**	**68678.8**	**27220.6**
按登记注册类型分组	**By Status of Registration**					
内资企业	Domestic Funded Enterprises	13138.4	1869.1	74417.5	50675.9	23741.6
国有企业	State-owned Enterprises	215.2	24.9	2231.3	1480.2	751.1
集体企业	Collective-owned Enterprises					
有限责任公司	Limited-liability Companies	3826.8	815.4	33217.0	28755.0	4462.0
#其他有限责任公司	Other Limited-liability Companies	3826.8	815.4	33217.0	28755.0	4462.0
股份有限公司	Share Holding Ltd. Companies	2002.9	261.3	8034.1	3920.8	4113.3
私营企业	Private Enterprises	5467.3	657.3	28187.8	16100.2	12087.6
私营独资企业	Private-funded Enterprises	1368.2	388.8	8168.6	6138.7	2029.9
私营合伙企业	Private Partnership Enterprises	1377.0	100.0	6453.1	1850.0	4603.1
私营有限责任公司	Private Limited-liability Companies	2711.5	164.4	10701.5	6305.2	4396.3
私营股份有限公司	Private Share Holding Ltd. Companies	10.6	4.1	2864.6	1806.3	1058.3
其他企业	Other Enterprises	214.2	23.2	1020.4	308.2	712.2
港澳台商投资企业	Enterprises with Funds from Hong Kong Macao and Taiwan	4407.8	728.3	19470.3	16615.5	2854.8
#合资经营企业(港或澳、台资)	Joint Ventures(Hongkong or Macao, Taiwan)					
港澳台商独资经营企业	Enterprises with Sole Investment	963.4	115.5	3169.7	1673.7	1496.0
外商投资企业	Foreign Investment Enterprises	275.4	41.4	2011.6	1387.4	624.2
#外资企业	Enterprises with Sole Foreign Investment	84.3	20.0	336.7	68.4	268.3
按餐饮行业小类分组	**By Food and Beverage Industries**					
正餐服务业	Dinner	17814.8	2632.0	93341.2	67337.9	26003.3
快餐服务业	Fast Food			2445.6	1276.9	1168.7
饮料及冷饮服务业	Soft Drink and Beverage Services	6.8	6.8	112.6	64.0	48.6
其他餐饮服务业	Other Catering Services					

13-9 续 2(continued 2)

单位:万元(10 000 yuan)

项　目	Item	实收资本 Capital Hold	国家资本 State owned Capital	集体资本 collective owned capital	法人资本 institutional capital	个人资本 individual capital	港澳台资本 Hong Kong Macao and Taiwan capital	外商资本 Foreign capital
总　计	Total	33004.0	1741.7	2146.0	9228.3	15288.7	4446.8	152.5
按登记注册类型分组	**By Status of Registration**							
内资企业	Domestic Funded Enterprises	27256.6	1741.7	2146.0	8090.8	15278.1		
国有企业	State-owned Enterprises	1741.7	1741.7					
集体企业	Collective-owned Enterprises							
股份合作企业	Cooperative Enterprises	538.0		538.0				
有限责任公司	Limited-liability Companies	11206.9		1500.0	3795.8	5911.1		
#其他有限责任公司	Other Limited-liability Companies	11206.9		1500.0	3795.8	5911.1		
股份有限公司	Share Holding Ltd. Companies	3797.0			1000.0	2797.0		
私营企业	Private Enterprises	9289.9		108.0	3295.0	5886.9		
私营独资企业	Private-funded Enterprises	1765.0		108.0	1014.0	643.0		
私营合伙企业	Private Partnership Enterprises	2408.5			500.0	1908.5		
私营有限责任公司	Private Limited-liability Companies	3978.4			781.0	3197.4		
私营股份有限公司	Private Share Holding Ltd. Companies	1138.0			1000.0	138.0		
其他企业	Other Enterprises	683.1				683.1		
港澳台商投资企业	Enterprises with Funds from Hong Kong Macao and Taiwan	5157.4			700.0	10.6	4446.8	
#合资经营企业(港或澳、台资)	Joint Ventures(Hongkong or Macao, Taiwan)							
港澳台商独资经营企业	Enterprises with Sole Investment	1657.4				10.6	1646.8	
外商投资企业	Foreign Investment Enterprises	590.0			437.5			152.5
#外资企业	Enterprises with Sole Foreign Investment	340.0			300.0			40.0
按餐饮行业小类分组	**By Food and Beverage Industries**							
正餐服务业	Dinner	32532.1	1741.7	2146.0	9228.3	15154.2	4109.4	152.5
快餐服务业	Fast Food	337.4					337.4	
饮料及冷饮服务业	Soft Drink and Beverage Services	134.5				134.5		
其他餐饮服务业	Other Catering Services							

13-9 续 3(continued 3) 单位:万元(10 000 yuan)

项目	Item	主营业务收入 Main Business Income	主营业务成本 Main Business Costs	主营业务税金及附加 Main Business Tax and Extra Charges	主营业务利润 Profits of Main Business
总计	Total	119446.9	62182.1	7395.4	48347.0
按登记注册类型分组	By Status of Registration				
内资企业	Domestic Funded Enterprises	106499.3	57759.3	6612.1	40605.5
国有企业	State-owned Enterprises	1083.3	723.0	36.0	324.3
集体企业	Collective-owned Enterprises				
有限责任公司	Limited-liability Companies	49282.2	26161.8	3150.6	20585.5
#其他有限责任公司	Other Limited-liability Companies	49282.2	26161.8	3150.6	20585.5
股份有限公司	Share Holding Ltd. Companies	5535.4	2841.0	274.1	2420.4
私营企业	Private Enterprises	45642.9	25900.4	2765.5	14838.9
私营独资企业	Private-funded Enterprises	11895.7	7099.1	745.9	2515.2
私营合伙企业	Private Partnership Enterprises	11763.5	6589.7	759.0	4019.1
私营有限责任公司	Private Limited-liability Companies	20011.7	10958.9	1235.8	7616.1
私营股份有限公司	Private Share Holding Ltd. Companies	1972.0	1252.7	24.8	688.5
其他企业	Other Enterprises	2537.8	1146.0	172.7	1219.0
港澳台商投资企业	Enterprises with Funds from Hong Kong Macao and Taiwan	9594.0	2500.3	615.6	6478.1
#合资经营企业(港或澳、台资)	Joint Ventures(Hongkong or Macao, Taiwan)				
港澳台商独资经营企业	Enterprises with Sole Investment	6725.4	2246.3	339.6	4139.5
外商投资企业	Foreign Investment Enterprises	3353.6	1922.5	167.7	1263.4
#外资企业	Enterprises with Sole Foreign Investment	1090.6	551.8	54.5	484.3
按餐饮行业小类分组	By Food and Beverage Industries				
正餐服务业	Dinner	114623.7	60353.6	7150.8	45596.9
快餐服务业	Fast Food	4474.5	1596.1	225.5	2652.9
饮料及冷饮服务业	Soft Drink and Beverage Services	348.7	232.4	19.1	97.2
其他餐饮服务业	Other Catering Services				

13-9 续 4(continued 4)

单位:万元(10 000 yuan)

项　　目	Item	营业费用 Business Cost	管理费用 Manage-ment Cost			
				税金 Tax	差旅费 Travel Cost	工会经费 Labor Union Funds
总　计	**Total**	33221.1	13766.8	338.1	517.8	66.1
按登记注册类型分组	**By Status of Registration**					
内资企业	Domestic Funded Enterprises	29348.3	10147.6	228.2	474.6	46.6
国有企业	State-owned Enterprises	188.1	184.3	34.8	4.7	1.2
集体企业	Collective-owned Enterprises					
有限责任公司	Limited-liability Companies	15059.8	4813.7	45.0	134.1	25.1
#其他有限责任公司	Other Limited-liability Companies	15059.8	4813.7	45.0	134.1	25.1
股份有限公司	Share Holding Ltd. Companies	1536.3	722.0	23.4	1.0	5.2
私营企业	Private Enterprises	10872.9	4264.5	119.0	326.1	12.7
私营独资企业	Private-funded Enterprises	1746.5	1584.8	55.2	34.2	1.5
私营合伙企业	Private Partnership Enterprises	3418.1	617.5		56.0	
私营有限责任公司	Private Limited-liability Companies	5167.3	1850.0	60.0	221.8	11.2
私营股份有限公司	Private Share Holding Ltd. Companies	541.0	212.2	3.8	14.1	
其他企业	Other Enterprises	911.2	112.1	2.1	4.7	2.4
港澳台商投资企业	Enterprises with Funds from Hong Kong Macao and Taiwan	2948.6	3275.7	105.9	26.3	14.6
#合资经营企业(港或澳、台资)	Joint Ventures(Hongkong or Macao, Taiwan)					
港澳台商独资经营企业	Enterprises with Sole Investment	1906.8	1522.1	0.6	19.0	11.2
外商投资企业	Foreign Investment Enterprises	924.2	343.5	4.0	16.9	4.9
#外资企业	Enterprises with Sole Foreign Investment	240.3	191.9	4.0	4.8	1.6
按餐饮行业小类分组	**By Food and Beverage Industries**					
正餐服务业	Dinner	32360.9	12498.8	338.1	508.3	57.0
快餐服务业	Fast Food	784.8	1232.0		9.5	8.4
饮料及冷饮服务业	Soft Drink and Beverage Services	75.4	36.0			0.7
其他餐饮服务业	Other Catering Services					

13-9 续 5(continued 5)　　　　单位:万元(10 000 yuan)

项　目	Item	财务费用 Financial Cost	利息支出 Expenses of Interest	营业利润 Business Profits	利润总额 Total After-tax Profits	应交所得税 Income Tax Payable
总　计	Total	1151.8	312.9	3233.8	2481.5	1750.5
按登记注册类型分组	By Status of Registration					
内资企业	Domestic Funded Enterprises	969.1	146.0	3167.0	2394.1	1597.6
国有企业	State-owned Enterprises	0.8		-48.9	-48.3	
集体企业	Collective-owned Enterprises					
有限责任公司	Limited-liability Companies	525.6	65.4	291.3	232.7	1001.7
#其他有限责任公司	Other Limited-liability Companies	525.6	65.4	291.3	232.7	1001.7
股份有限公司	Share Holding Ltd. Companies	32.1	-2.6	127.5	20.6	134.8
私营企业	Private Enterprises	370.4	70.5	2182.8	1574.8	415.3
私营独资企业	Private-funded Enterprises	131.9	34.7	608.6	610.5	193.3
私营合伙企业	Private Partnership Enterprises	108.3	18.4	480.8	133.2	10.2
私营有限责任公司	Private Limited-liability Companies	130.2	17.4	1152.5	890.2	211.8
私营股份有限公司	Private Share Holding Ltd. Companies			-59.1	-59.1	
其他企业	Other Enterprises	27.5		220.6	220.6	45.8
港澳台商投资企业	Enterprises with Funds from Hong Kong Macao and Taiwan	153.6	166.9	100.2	132.6	141.1
#合资经营企业(港或澳、台资)	Joint Ventures(Hongkong or Macao, Taiwan)					
港澳台商独资经营企业	Enterprises with Sole Investment	-26.0	10.2	736.6	738.7	141.1
外商投资企业	Foreign Investment Enterprises	29.1		-33.4	-45.2	11.8
#外资企业	Enterprises with Sole Foreign Investment	6.5		45.6	33.8	11.8
按餐饮行业小类分组	By Food and Beverage Industries					
正餐服务业	Dinner	1136.6	304.4	2627.1	1873.3	1613.5
快餐服务业	Fast Food	14.9	8.5	621.2	622.7	137.0
饮料及冷饮服务业	Soft Drink and Beverage Services	0.3		-14.5	-14.5	
其他餐饮服务业	Other Catering Services					

13-9 续 6(continued 6)

单位:万元(10 000 yuan)

项　目	Item	其他业务利润 Profits of Other Business	劳动、失业保险费 Labor, Unemploy-ment Insurance	本年应付工资总额 Current Year Accrued Wages	本年应付福利费总额 Ought Pay for Welfare
总　计	Total	692.8	198.0	15073.0	1148.3
按登记注册类型分组	By Status of Registration				
内资企业	Domestic Funded Enterprises	692.8	177.1	13308.1	1062.4
国有企业	State-owned Enterprises		0.4	243.8	11.0
集体企业	Collective-owned Enterprises				
有限责任公司	Limited-liability Companies	325.0	80.0	6649.2	210.0
#其他有限责任公司	Other Limited-liability Companies	325.0	80.0	6649.2	210.0
股份有限公司	Share Holding Ltd. Companies	8.9	12.8	698.7	54.9
私营企业	Private Enterprises	293.3	76.0	5147.6	780.3
私营独资企业	Private-funded Enterprises	269.3	34.1	1123.8	15.8
私营合伙企业	Private Partnership Enterprises	5.6	0.7	1424.7	701.0
私营有限责任公司	Private Limited-liability Companies		38.7	2426.6	61.4
私营股份有限公司	Private Share Holding Ltd. Companies	18.4	2.5	172.5	2.1
其他企业	Other Enterprises		3.8	406.5	
港澳台商投资企业	Enterprises with Funds from Hong Kong Macao and Taiwan		16.7	1298.6	21.2
#合资经营企业(港或澳、台资)	Joint Ventures(Hongkong or Macao, Taiwan)				
港澳台商独资经营企业	Enterprises with Sole Investment		7.6	721.6	21.2
外商投资企业	Foreign Investment Enterprises		4.2	466.3	64.7
#外资企业	Enterprises with Sole Foreign Investment		1.2	190.0	33.5
按餐饮行业小类分组	By Food and Beverage Industries				
正餐服务业	Dinner	692.8	192.9	14581.5	1127.1
快餐服务业	Fast Food		5.1	422.1	21.2
饮料及冷饮服务业	Soft Drink and Beverage Services			69.4	
其他餐饮服务业	Other Catering Services				

13-10 限额以上住宿企业财务状况

Finacial Indicator of Hotels Enterprises above Desingnated Size

单位:万元 (2010) (10 000 yuan)

项 目	Item	企业数(个) Number of Enterprises (unit)	流动资产合计 Total Current Assets	存货 Inventory	固定资产原价 Original Value of Fixed Assets
总 计	Total	31	928118.4	70342.1	1350924.2
按登记注册类型分组	By Status of Registration				
内资企业	Domestic Funded Enterprises	28	699028.9	43752.9	955493.8
国有企业	State-owned Enterprises	4	31520.0	2632.9	131009.6
集体企业	Collective-owned Enterprises	1	1289.5	98.1	9948.8
股份合作企业	Cooperative Enterprises		2097.6	197.9	22404.2
联营企业	Joint Ownership Enterprises		143.5	29.6	1684.0
#国有联营企业	Joint State-State Enterprises		108.1	21.4	1263.0
其他联营企业	Other Joint Ownership Enterprises		35.4	8.2	421.0
有限责任公司	Limited-liability Companies	14	564758.4	37450.3	558118.1
国有独资公司	State Sole Funded Corporations		1259.4	4.3	1133.1
其他有限责任公司	Other Limited-liability Companies	14	563499.0	37446.0	556985.0
股份有限公司	Share Holding Ltd. Companies	2	42104.1	716.0	90483.5
私营企业	Private Enterprises	6	52250.4	2356.2	135624.9
私营独资企业	Private-funded Enterprises	2	23455.9	354.5	32071.7
私营合伙企业	Private Partnership Enterprises		45.6	11.3	302.1
私营有限责任公司	Private Limited-liability Companies	3	23276.8	1356.1	63342.4
私营股份有限公司	Private Share Holding Ltd. Companies	1	5472.1	634.3	39908.7
其他企业	Other Enterprises	1	4865.4	271.9	6220.7
港澳台商投资企业	Enterprises with Funds from Hong Kong Macao and Taiwan	1	57701.0	1523.3	119596.3
合资经营企业(港或澳、台资)	Joint Ventures(Hongkong or Macao, Taiwan)	1	50231.6	989.5	94950.2
合作经营企业(港或澳、台资)	Co-operative Ventures (Hongkong or Macao, Taiwan)				
港澳台商独资经营企业	Enterprises with Sole Investment	1	7469.4	533.8	24646.1
外商投资企业	Foreign Investment Enterprises	2	171388.5	25065.9	275834.1
#中外合资经营企业	Cooperative Enterprises	1	122238.5	2575.3	93791.0
外资企业	Enterprises with Sole Foreign Investment	1	48428.1	22468.8	180208.2
外商投资股份有限公司	Foreign Businessman Investing Shareholding Companies				
按住宿行业小类分组	By Hotels				
旅游饭店	Turism Hotel	29	921115.4	70061.6	1331960.0
一般旅馆	General Hotel	2	7003.0	280.5	18964.2

13-10 续 1(continued 1)

单位:万元(10 000 yuan)

项目	Item	累计折旧 Accumulated Depreciation	本年折旧 Depreciation This Year	资产合计 Total Assets	负债合计 Total Liabilities	所有者权益合计 Total Greditors Equity
总计	**Total**	554757.3	77528.1	2246358.8	1673662.6	572696.2
按登记注册类型分组	**By Status of Registration**					
内资企业	Domestic Funded Enterprises	327956.2	43595.7	1786146.5	1349877.7	436268.8
国有企业	State-owned Enterprises	50925.8	3789.0	125907.5	82243.8	43663.7
集体企业	Collective-owned Enterprises	1961.3	156.6	9745.3	5457.4	4287.9
股份合作企业	Cooperative Enterprises	6704.9	1046.3	20280.3	12756.6	7523.7
联营企业	Joint Ownership Enterprises	347.4	48.0	2320.9	1460.0	860.9
#国有联营企业	Joint State-State Enterprises	227.4	26.0	1885.7	1401.4	484.3
其他联营企业	Other Joint Ownership Enterprises	120.0	22.0	435.2	58.6	376.6
有限责任公司	Limited-liability Companies	199252.3	26120.5	1275699.0	1020115.5	255583.5
国有独资公司	State Sole Funded Corporations	741.7	115.2	1822.4	57.5	1764.9
其他有限责任公司	Other Limited-liability Companies	198510.6	26005.3	1273876.6	1020058.0	253818.6
股份有限公司	Share Holding Ltd. Companies	48583.0	3674.2	133275.5	76513.2	56762.3
私营企业	Private Enterprises	17950.4	8106.6	204713.0	139005.0	65708.0
私营独资企业	Private-funded Enterprises	2072.4	768.9	64209.2	43279.9	20929.3
私营合伙企业	Private Partnership Enterprises	68.2	17.3	341.7	92.4	249.3
私营有限责任公司	Private Limited-liability Companies	11279.0	5660.1	89625.3	62348.6	27276.7
私营股份有限公司	Private Share Holding Ltd. Companies	4530.8	1660.3	50536.8	33284.1	17252.7
其他企业	Other Enterprises	2231.1	654.5	14205.0	12326.2	1878.8
港澳台商投资企业	Enterprises with Funds from Hong Kong Macao and Taiwan	66316.3	9624.2	156648.1	121649.1	34999.0
合资经营企业(港或澳、台资)	Joint Ventures(Hongkong or Macao, Taiwan)	54615.7	8038.0	119836.3	87908.9	31927.4
合作经营企业(港或澳、台资)	Co-operative Ventures (Hongkong or Macao, Taiwan)					
港澳台商独资经营企业	Enterprises with Sole Investment	11700.6	1586.2	36811.8	33740.2	3071.6
外商投资企业	Foreign Investment Enterprises	160484.8	24308.2	303564.2	202135.8	101428.4
#中外合资经营企业	Cooperative Enterprises	54011.2	19839.0	176658.9	50502.7	126156.2
外资企业	Enterprises with Sole Foreign Investment	104709.5	4469.2	126026.3	149328.8	-23302.5
外商投资股份有限公司	Foreign Businessman Investing Shareholding Companies					
按住宿行业小类分组	**By Hotels**					
旅游饭店	Turism Hotel	548323.0	76693.7	2224324.1	1664796.2	559527.9
一般旅馆	General Hotel	6434.3	834.4	22034.7	8866.4	13168.3

13-10 续 2(continued 2)

单位：万元(10 000 yuan)

项 目	Item	实收资本 Capital Hold	国家资本 State owned Capital	集体资本 collective owned capital	法人资本 institu-tional capital	个人资本 indi-vidual capital	港澳台资本 Hong Kong Macao and Taiwan capital	外商资本 Foreign capital
总 计	**Total**	901270.6	245695.8	64794.2	424228.9	75478.5	40618.8	50454.4
按登记注册类型分组	**By Status of Registration**							
内资企业	Domestic Funded Enterprises	753921.5	198271.1	64794.2	416185.6	64538.5	132.1	10000.0
国有企业	State-owned Enterprises	89615.0	89612.6		2.4			
集体企业	Collective-owned Enterprises	6186.9		2439.7	110.0	3637.2		
股份合作企业	Cooperative Enterprises	11000.0			11000.0			
联营企业	Joint Ownership Enterprises	1341.0	1221.0		120.0			
# 国有联营企业	Joint State-State Enterprises	1221.0	1221.0					
其他联营企业	Other Joint Ownership Enterprises	120.0			120.0			
有限责任公司	Limited-liability Companies	327932.6	85305.5	60924.5	130869.0	40701.5	132.1	10000.0
国有独资公司	State Sole Funded Corporations	3271.4	1200.0		2071.4			
其他有限责任公司	Other Limited-liability Companies	324661.2	84105.5	60924.5	128797.6	40701.5	132.1	10000.0
股份有限公司	Share Holding Ltd. Companies	62344.2	5082.0	1180.0	54160.2	1922.0		
私营企业	Private Enterprises	254420.8	17050.0	150.0	219309.0	17911.8		
私营独资企业	Private-funded Enterprises	212154.6		50.0	206009.0	6095.6		
私营合伙企业	Private Partnership Enterprises	120.0			120.0			
私营有限责任公司	Private Limited-liability Companies	21656.2	50.0	100.0	12090.0	9416.2		
私营股份有限公司	Private Share Holding Ltd. Companies	20490.0	17000.0		1090.0	2400.0		
其他企业	Other Enterprises	1081.0		100.0	615.0	366.0		
港澳台商投资企业	Enterprises with Funds from Hong Kong Macao and Taiwan	44164.6			560.0	9440.0	29230.5	4934.1
合资经营企业(港或澳、台资)	Joint Ventures(Hongkong or Macao, Taiwan)	32230.1			560.0	9440.0	17296.0	4934.1
合作经营企业(港或澳、台资)	Co-operative Ventures (Hongkong or Macao, Taiwan)							
港澳台商独资经营企业	Enterprises with Sole Investment	11934.5					11934.5	
外商投资企业	Foreign Investment Enterprises	103184.5	47424.7		7483.3	1500.0	11256.2	35520.3
# 中外合资经营企业	Cooperative Enterprises	65816.5	46844.2		7483.3	1500.0	9276.0	713.0
外资企业	Enterprises with Sole Foreign Investment	36727.3	100.0				1820.0	34807.3
外商投资股份有限公司	Foreign Businessman Investing Shareholding Companies							
按住宿行业小类分组	**By Hotels**							
旅游饭店	Turism Hotel	887616.8	239975.8	64794.2	422548.7	69224.9	40618.8	50454.4
一般旅馆	General Hotel	13653.8	5720.0		1680.2	6253.6		

13-10 续 3(continued 3)

单位:万元(10 000 yuan)

项　目	Item	主营业务收入 Main Business Income	主营业务成本 Main Business Costs	主营业务税金及附加 Main Business Tax and Extra Charges	主营业务利润 Profits of Main Business
总　计	**Total**	**768379.9**	**173113.8**	**41077.4**	**491157.8**
按登记注册类型分组	**By Status of Registration**				
内资企业	Domestic Funded Enterprises	535551.4	141417.5	28979.8	320060.2
国有企业	State-owned Enterprises	50317.3	13287.1	2616.5	28966.8
集体企业	Collective-owned Enterprises	4271.6	1518.1	287.3	2466.1
股份合作企业	Cooperative Enterprises	3774.5	1072.3	155.9	2546.3
联营企业	Joint Ownership Enterprises	1899.7	865.0	131.7	903.0
# 国有联营企业	Joint State-State Enterprises	736.2	260.0	38.7	437.5
其他联营企业	Other Joint Ownership Enterprises	1163.5	605.0	93.0	465.5
有限责任公司	Limited-liability Companies	369230.4	92927.0	19719.4	220399.6
国有独资公司	State Sole Funded Corporations	1133.2	546.2	59.4	527.6
其他有限责任公司	Other Limited-liability Companies	368097.2	92380.8	19660.0	219872.0
股份有限公司	Share Holding Ltd. Companies	25432.8	7487.6	1364.7	15957.8
私营企业	Private Enterprises	67684.5	20801.8	3992.3	40038.8
私营独资企业	Private-funded Enterprises	22577.2	6359.0	1695.2	16270.2
私营合伙企业	Private Partnership Enterprises	737.0	309.5	38.2	389.3
私营有限责任公司	Private Limited-liability Companies	35892.4	9434.8	1806.2	19731.3
私营股份有限公司	Private Share Holding Ltd. Companies	8477.9	4698.5	452.7	3648.0
其他企业	Other Enterprises	12940.6	3458.6	712.0	8781.8
港澳台商投资企业	Enterprises with Funds from Hong Kong Macao and Taiwan	60523.6	7295.3	3144.6	44430.5
合资经营企业(港或澳、台资)	Joint Ventures(Hongkong or Macao, Taiwan)	36290.6	4381.9	1840.1	27672.9
合作经营企业(港或澳、台资)	Co-operative Ventures (Hongkong or Macao, Taiwan)				
港澳台商独资经营企业	Enterprises with Sole Investment	24233.0	2913.4	1304.5	16757.6
外商投资企业	Foreign Investment Enterprises	172304.9	24401.0	8953.0	126667.1
# 中外合资经营企业	Cooperative Enterprises	130674.6	15717.3	6562.6	95694.2
外资企业	Enterprises with Sole Foreign Investment	40759.7	8417.6	2345.7	30413.3
外商投资股份有限公司	Foreign Businessman Investing Shareholding Companies				
按住宿行业小类分组	**By Hotels**				
旅游饭店	Turism Hotel	753941.6	165887.5	40171.4	486011.0
一般旅馆	General Hotel	14438.3	7226.3	906.0	5146.8

13-10 续 4(continued 4)

单位:万元(10 000 yuan)

项目	Item	营业费用 Business Cost	管理费用 Management Cost	税金 Tax	差旅费 Travel Cost	工会经费 Labor Union Funds
总计	Total	211078.0	235578.0	11700.2	2171.4	871.5
按登记注册类型分组	By Status of Registration					
内资企业	Domestic Funded Enterprises	159713.1	166081.6	6259.6	1588.9	657.5
国有企业	State-owned Enterprises	17307.7	15638.2	1280.6	129.6	75.4
集体企业	Collective-owned Enterprises	1101.2	1118.3	6.0	11.8	1.9
股份合作企业	Cooperative Enterprises	1582.2	921.6	69.2	4.9	2.8
联营企业	Joint Ownership Enterprises	445.8	398.6	3.7	5.7	1.2
#国有联营企业	Joint State-State Enterprises	230.8	196.3	3.7	1.5	0.8
其他联营企业	Other Joint Ownership Enterprises	215.0	202.3		4.2	0.4
有限责任公司	Limited-liability Companies	102464.1	115099.8	3062.3	1080.6	401.6
国有独资公司	State Sole Funded Corporations	331.2	173.2	21.6	7.8	0.5
其他有限责任公司	Other Limited-liability Companies	102132.9	114926.6	3040.7	1072.8	401.1
股份有限公司	Share Holding Ltd. Companies	9875.6	8206.1	880.6	78.8	47.8
私营企业	Private Enterprises	22334.8	18732.1	732.9	237.2	109.0
私营独资企业	Private-funded Enterprises	10837.3	6776.5	72.4	39.7	14.9
私营合伙企业	Private Partnership Enterprises	192.8	169.5		2.8	0.4
私营有限责任公司	Private Limited-liability Companies	9816.9	9019.2	368.7	154.4	83.2
私营股份有限公司	Private Share Holding Ltd. Companies	1487.8	2766.9	291.8	40.3	10.5
其他企业	Other Enterprises	4601.7	5966.9	224.3	40.3	17.8
港澳台商投资企业	Enterprises with Funds from Hong Kong Macao and Taiwan	12492.8	19570.5	694.8	153.3	51.3
合资经营企业(港或澳、台资)	Joint Ventures(Hongkong or Macao, Taiwan)	4889.8	8163.9	321.1	60.7	27.3
合作经营企业(港或澳、台资)	Co-operative Ventures (Hongkong or Macao, Taiwan)					
港澳台商独资经营企业	Enterprises with Sole Investment	7603.0	11406.6	373.7	92.6	24.0
外商投资企业	Foreign Investment Enterprises	38872.1	49925.9	4745.8	429.2	162.7
#中外合资经营企业	Cooperative Enterprises	24945.3	33609.5	2223.5	318.4	143.9
外资企业	Enterprises with Sole Foreign Investment	13586.9	16056.9	2522.3	110.8	18.8
外商投资股份有限公司	Foreign Businessman Investing Shareholding Companies					
按住宿行业小类分组	By Hotels					
旅游饭店	Turism Hotel	207940.4	233135.0	11604.9	2129.2	864.0
一般旅馆	General Hotel	3137.6	2443.0	95.3	42.2	7.5

13-10 续 5(continued 5)

单位：万元(10 000 yuan)

项目	Item	财务费用 Financial Cost	利息支出 Expenses of Interest	营业利润 Business Profits	利润总额 Total After-tax Profits	应交所得税 Income Tax Payable
总计	Total	17379.2	9734.1	96515.5	92882.8	3842.4
按登记注册类型分组	By Status of Registration					
内资企业	Domestic Funded Enterprises	13356.9	8910.5	34129.5	31097.2	3823.7
国有企业	State-owned Enterprises	691.7	492.2	1359.3	1271.5	311.1
集体企业	Collective-owned Enterprises	199.1	142.1	47.5	48.7	6.9
股份合作企业	Cooperative Enterprises	280.0	238.6	-194.7	-327.0	
联营企业	Joint Ownership Enterprises	13.7	0.5	44.9	49.3	
#国有联营企业	Joint State-State Enterprises	11.9	0.5	-1.5	2.9	
其他联营企业	Other Joint Ownership Enterprises	1.8		46.4	46.4	
有限责任公司	Limited-liability Companies	9856.3	7177.6	34020.3	33766.8	3016.2
国有独资公司	State Sole Funded Corporations	-0.2		23.4	23.0	
其他有限责任公司	Other Limited-liability Companies	9856.5	7177.6	33996.9	33743.8	3016.2
股份有限公司	Share Holding Ltd. Companies	336.1	165.3	-306.4	-3131.1	122.4
私营企业	Private Enterprises	1910.0	694.2	-57.0	63.6	202.1
私营独资企业	Private-funded Enterprises	89.8	0.2	-1345.5	-1434.2	28.7
私营合伙企业	Private Partnership Enterprises	3.2		23.8	23.8	
私营有限责任公司	Private Limited-liability Companies	1524.5	638.2	1785.5	1861.9	165.9
私营股份有限公司	Private Share Holding Ltd. Companies	292.5	55.8	-520.8	-387.9	7.5
其他企业	Other Enterprises	70.0		-784.4	-644.6	165.0
港澳台商投资企业	Enterprises with Funds from Hong Kong Macao and Taiwan	397.8	281.2	15273.6	14757.1	3.6
合资经营企业(港或澳、台资)	Joint Ventures(Hongkong or Macao, Taiwan)	92.2	39.3	14536.9	13783.8	3.6
合作经营企业(港或澳、台资)	Co-operative Ventures (Hongkong or Macao, Taiwan)					
港澳台商独资经营企业	Enterprises with Sole Investment	305.6	241.9	736.7	973.3	
外商投资企业	Foreign Investment Enterprises	3624.5	542.4	47112.4	47028.5	15.1
#中外合资经营企业	Cooperative Enterprises	1067.1	512.3	48789.6	49040.7	9.7
外资企业	Enterprises with Sole Foreign Investment	2477.2	30.1	-1557.4	-1904.1	5.4
外商投资股份有限公司	Foreign Businessman Investing Shareholding Companies					
按住宿行业小类分组	By Hotels					
旅游饭店	Turism Hotel	17254.0	9732.5	96620.7	92972.0	3813.2
一般旅馆	General Hotel	125.2	1.6	-105.2	-89.2	29.2

13-10 续 6(continued 6)

单位:万元(10 000 yuan)

项　目	Item	其他业务利润 Profits of Other Business	劳动、失业保险费 Labor, Unemployment Insurance	本年应付工资总额 Current Year Accrued Wages	本年应付福利费总额 Ought Pay for Welfare
总　计	Total	5067.4	3606.7	118763.6	15192.4
按登记注册类型分组	By Status of Registration				
内资企业	Domestic Funded Enterprises	4708.3	3268.9	89564.5	9067.7
国有企业	State-owned Enterprises	578.0	344.9	9604.0	788.4
集体企业	Collective-owned Enterprises		4.9	372.2	8.2
股份合作企业	Cooperative Enterprises	124.0	6.9	537.6	43.0
联营企业	Joint Ownership Enterprises		0.6	176.2	
#国有联营企业	Joint State-State Enterprises		0.6	104.1	
其他联营企业	Other Joint Ownership Enterprises			72.1	
有限责任公司	Limited-liability Companies	3278.8	2458.4	62158.8	6966.5
国有独资公司	State Sole Funded Corporations		2.5	185.8	
其他有限责任公司	Other Limited-liability Companies	3278.8	2455.9	61973.0	6966.5
股份有限公司	Share Holding Ltd. Companies	364.2	210.3	4635.1	309.1
私营企业	Private Enterprises	353.7	199.2	9512.5	857.7
私营独资企业	Private-funded Enterprises	286.1	51.7	2592.3	245.8
私营合伙企业	Private Partnership Enterprises			41.0	
私营有限责任公司	Private Limited-liability Companies	3.6	124.0	5230.8	382.9
私营股份有限公司	Private Share Holding Ltd. Companies	64.0	23.5	1648.4	229.0
其他企业	Other Enterprises	9.6	43.7	2568.1	94.8
港澳台商投资企业	Enterprises with Funds from Hong Kong Macao and Taiwan	70.3	35.3	8383.3	2218.3
合资经营企业(港或澳、台资)	Joint Ventures(Hongkong or Macao, Taiwan)		21.6	3796.4	501.5
合作经营企业(港或澳、台资)	Co-operative Ventures (Hongkong or Macao, Taiwan)				
港澳台商独资经营企业	Enterprises with Sole Investment	70.3	13.7	4586.9	1716.8
外商投资企业	Foreign Investment Enterprises	288.8	302.5	20815.8	3906.4
#中外合资经营企业	Cooperative Enterprises	139.9	278.2	14533.8	2821.9
外资企业	Enterprises with Sole Foreign Investment	148.7	24.3	6067.9	1068.8
外商投资股份有限公司	Foreign Businessman Investing Shareholding Companies				
按住宿行业小类分组	By Hotels				
旅游饭店	Turism Hotel	5015.6	3591.8	116481.3	15181.2
一般旅馆	General Hotel	51.8	14.9	2282.3	11.2

13-11 各市县限额以上批发和零售业、住宿和餐饮业法人企业数

Number of Corporation Enterprises above Designted Size of Wholesale and Retail Trades,Hotels and Catering Services by Region

单位:个　　　　(2010)　　　　(Unit)

地　区	Region	合 计 Total	批发业 Wholesale Trade	零售业 Retail Trade	住宿业 Hotels	餐饮业 Catering Services
全省总计	**Total**	**1038**	**335**	**291**	**311**	**101**
海口市	Haikou	616	269	188	97	62
三亚市	Sanya	166	8	36	106	16
五指山市	Wuzhishan	5		2	3	
文昌市	Wenchang	18	1	9	7	1
琼海市	Qionghai	68	25	20	17	6
万宁市	Wanning	46		1	41	4
定安县	Ding'an	4		2	2	
屯昌县	Tunchang	3		1		2
澄迈县	Chengmai	12	5	2	1	4
临高县	Lingao	4		1		3
儋州市	Danzhou	23	1	11	9	2
#洋浦	#Yangpu	26	24	1	1	
东方市	Dongfang	14	2	2	9	1
乐东县	Ledong	3		1	2	
琼中县	Qiongzhong	4		2	2	
保亭县	Baoting	8		3	5	
陵水县	Lingshui	9		3	6	
白沙县	Baisha	2		2		
昌江县	Changjiang	7		4	3	

主要统计指标解释

社会消费品零售总额 指批发和零售业、住宿和餐饮业以及其他行业直接售给城乡居民和社会集团的消费品零售额。其中，对居民的消费品零售额，是指售予城乡居民用于生活消费的商品金额；对社会集团的消费品零售额，是指售给机关、社会团体、部队、学校、企事业单位、居委会或村委会等，公款购买的用作非生产、非经营使用与公共消费的商品金额。社会消费品零售总额包括：售给城乡居民作为生活消费用的商品和修建房屋用的建筑材料的金额，以及售给来华的外国人、华侨、港澳台同胞的消费品金额；售给社会集团用作非生产、非经营使用与公共消费的商品金额。不包括：城市居民间或居民委托信托商店卖出的商品；售给农业、工业、建筑业等行业用于生产的商品。

商品购进额 指从本企业以外的单位和个人购进（包括从国外直接进口）作为转卖或加工后转卖的商品金额（含增值税）。本指标反映批发和零售业从国内外市场上购进商品的总价。商品购进包括：(1)从工农业生产者、批发和零售业企业、住宿和餐饮业企业、出版社或报社的出版发行部门和其他服务业企业购进的商品；(2)从机关团体、事业单位购进的商品；(3)从海关、市场管理部门购进的缉私和没收的商品；(4)从居民收购的废旧商品等。不包括：(1)企业为本单位自身经营用，不是作为转卖而购进的商品，如材料物资、包装物、低值易耗品、办公用品等；(2)未通过买卖行为而收入的商品，如接受其他部门移交的商品、借入的商品、收入代其他单位保管的商品、其他单位赠送的样品、加工回收的成品等；(3)经本单位介绍，由买卖双方直接结算，本单位只收取手续费的业务；(4)销售退回和买方拒付货款的商品；(5)商品溢余。

商品销售额 指对本单位以外的单位和个人出售的商品金额（包括售给本单位消费用的商品，含增值税），本指标反映批发和零售业在国内市场上销售商品以及出口商品的总量。商品销售包括：(1) 售给城乡居民和社会集团消费用的商品；(2)售给农业、工业、建筑业、运输邮电业、服务业、公用事业等国民经济各行业用于生产、经营用的商品，包括售予批发和零售业作为转卖或加工后转卖的商品；(3)对国（境）外直接出口的商品。商品销售不包括：(1)未通过买卖行为付出的商品，如随机构变动移交给其他企业单位的商品、借出的商品、归还受其他单位委托代保管的商品、付出的加工原料和赠送给其他单位的样品等；(2)经本单位介绍，由买卖双方直接结算，本单位只收取手续费的业务；(3)购货退回的商品；(4)商品损耗和损失；(5)出售本单位自用的废旧物资。

批发额 指售给国民经济各行业用于生产、经营用的商品金额。

零售额 指售给城乡居民用于生活消费和社会集团用于公共消费的商品金额。

进口 指直接从国外进口或委托外贸企业代理进口的商品金额，不包括从国内有关单位购进的进口商品。对外贸易企业只统计自主经营进口的商品，不统计受托代理进口的商品。

出口 指直接向国（境）外出口商品和委托外贸企业代理出口的商品金额，商品出口不包括售给外贸企业出口或加工后出口的商品，以及在国内市场以外币销售的商品。外贸企业只统计自主经营出口的商品，不包括受托代理出口的商品。

期末商品库存额 对于批发和零售业法人企业和个体经营户，是指取得所有权的全部商品金额（含增值税）；对于批发和零售业产业活动单位，是指期末实际在库且归属法人具有所有权的全部商品金额（含增值税）。这个指标反映批发和零售业的商品库存情况，以及对市场商品供应的保证程度。

营业额 指住宿和餐饮业单位在经营活动中因提供服务或销售商品等取得的全部收入，包括：客房收入、餐费收入、商品销售额（含增值税）和其他收入。不包括法人企业附营的其他行业产业活动单位的餐费收入、商品销售收入等各项收入。

客房收入 指住宿和餐饮业单位在经营活动中因提供住宿服务取得的收入。不包括法人企业附营的其他行业产业活动单位的客房收入。

餐费收入 指住宿和餐饮业单位因为顾客提供就餐服务取得的收入。包括：经烹饪、调制加工后出售的各种食品，如主食、炒菜、凉拌菜等的收入。不包括法人企业附营的其他行业产业活动单位的餐费收入。

商品销售额 指住宿和餐饮业单位出售商品的销售总额（含增值税）。不包括法人企业附营的其他行业产业活动单位的商品销售额。

其他收入 指营业额中除客房收入、餐费收入、商品销售额（含增值税）以外的其他收入。

年末餐饮营业面积 指住宿和餐饮业连锁门店对外提供就餐服务的门店建筑面积和从事食品加工、烹饪、调制的厨房面积，不包括办公用房和仓库等面积。该指标按年末实有面积统计。

客房数 指住宿和餐饮业连锁门店提供住宿服务的房间数，该指标按年内正常情况下的实有数统计。

床位数 指住宿和餐饮业连锁门店供应旅客使用的床位数，不包括临时加床和门店内部工作人员使用的床位。该指标按年内正常情况下的实有数统计。

餐位数 指住宿和餐饮业连锁门店为顾客提供就餐服务时，正常可同时容纳就餐人员的餐位数量，不包括临时加的餐位。该指标按年内正常情况下的实有数统计。

附：批发和零售业、住宿和餐饮业统计限额标准为：批发业年主营业务收入 2000 万元，零售业年主营业务收入 500 万元，住宿业、餐饮业年主营业务收入 200 万元。

Explanatory Notes on Main Statistical Indicators

Total Retail Sales of Consumer Goods refer to the sum of retail sales of consumer goods sold by industries of wholesale, retail trades, hotels, catering and others to urban and rural residents and social groups. Of which, retail sale to residents is the sale of commodities sold to urban and rural residents for living consum. Retail sale to social groups is the sale of commodities sold to government departments, groups, military units, schools, enterprises, institutions, residents' committee, villiagers' committes and so on, sold for non-productive, non-operative use and public consum paid by public funds. Total retail sales of consumer goods include: sales of commodities sold to urban and rural residents for their daily use and building materials sold to them for the construction or repair of houses; sales of consumer goods sold to foreigners, overseas Chinese, and Chinese compatriots fromHong Kong, Macao and Taiwan during their stay in the mainland of China; sales of consumer goods sold to social groups for non-productive, non-operative use and public consum. Excluded are: sales of commodities between urban residents, sales of commodities entrusted by residents in trust shop, sales of commodities for production purpose to industries of agriculture, industry, construction and others.

Total Purchases of Commodities refer to the total value of purchases of commodities by the enterprises from other establishments or individuals (including direct import from abroad) for the purpose of re-selling, either with or without further processing of the commodities purchased. This indicator is used to show the total value of purchases of commodities by wholesale and retail establishments from domestic and overseas markets. The total purchases include: (1) commodities purchased from agricultural and industrial producers, wholesale and retail enterprises, hotels and catering services enterprises, distribution departments of the publishers and other service enterprises; (2) commodities purchased from government agencies and institutions; (3) confiscated goods purchased from customs authorities or market management agencies; (4) second-hand goods and wastes purchased from residents. Excluded are (1) enterprises for use in their own business operation not to re-sell, such as materials, packing materials, low consumable goods and office supplies, etc; (2) commodities obtained without buying or selling procedures, such as transferred goods from other departments, borrowing goods, keeping goods for other establishments, donated samples from other establishments, processed recovery products of finished, etc; (3) commission income from brokerage in transactions for which settlement is directly handled by buyers and sellers; (4) rejected commodities in the purchase and the refusal of payment; (5) goods overflow.

Total Sales of Commodities refer to value of commodities sold by the establishments to other establishments and individuals (including commodities sold to establishments for their consumption, with value-add tax). This indicator is used to show the total value of sales of commodities at domestic markets and export. The total sales include: (1) commodities sold to urban and rural residents and social groups for their consumption; (2) commodities sold to national economic sectors in industry, agriculture, construction, transportation, post and telecommunications, service sectors and public utilities for their production and operation; (3) commodities sold to wholesale and retail establishments for re selling, with or without further processing; (4) commodities for direct export to other countries. Excluded are (1) commodities transferred without buying or selling procedures, such as goods transfer to other enterprises because of the changes in institutes, lending out goods, commodities have returned which were at request of keeping for other establishments, raw material of expending and samples presented to other establishments, etc; (2) commission income from brokerage in transactions whose settlement is directly handled by buyers and sellers; (3) rejected commodities in the purchase; (4) loss in commodities; (5) selling of waste packaging materials used by the establishments (units) themselves, etc.

Total Wholesale refers to the commodities amount sold in different national economic sectors for their production and operation.

Total Retail sale refers to the commodities amount sold to urban and rural households for household consumption and to social institutions for public consumption.

Import refers to the commodities amount directly imported from abroad or entrust foreign trade enterprises but not include imported commodities bought from national establishments. Foreign trade enterprises statistic only imported commodities which operated on their own but not include imported commodities which trusted to sale.

Export refers to the commodities amount directly exported to abroad or entrusted foreign trade enterprises to export. Exported commodities are not include which sold to foreign trade enterprises for exporting or processing exporting, as well as commodities sold in foreign currency in domestic markets. Foreign trade enterprises statistic only exported commodities which operated on their own but not include exported commodities which trusted to sale.

The inventory of commodities at the end of reference period refer to commodities amount with ownership for corporations and individuals operating in the wholesale and retail trades (including value-added tax), or commodities amount with ownership which are belong to corporative representatives in the warehouse by the end of a period for Industrial Activity Units of wholesale and retail trades (including value-added tax). This indicator is used to show the commodity stock level of wholesale and retail industries and the potential for market supply.

Business revenue refers to revenue received from providing services or selling commodities by establishments engaged in hotels and catering services, including income from hotels, from catering services, from selling of commodities (including value-added tax) and from other services. It is not include revenue received from corporation enterprises have business activities in other industries, such as income from catering services, from selling of commodities, etc.

Rooms income refers to income of establishments engaged in hotels and catering services by providing lodging services. It is not include income from corporation enterprises have business activities for providing lodging services in other industries.

Meals income refers to income of corporate enterprises and establishments engaged in hotels and catering services by providing catering services, including selling of cooked or prepared foods such as staple food, cooked dishes or cold dishes. It is not include income from corporation enterprises have business activities for providing catering services in other industries.

Sales revenue of commodities refer to income of corporate enterprises and establishments engaged in hotels and catering services by selling commodities (including value-added tax) that accompany the services they provide. It is not include income from corporation enterprises have business activities for selling goods in other industries.

Other revenue refers to income received other than income from hotels, catering services or selling of commodities (including value-added tax).

Business area of catering at year-end refers to chain enterprises' area engaged in hotels and catering services by providing catering services and their kitchens' area engaged in food processing, cooking and curing. It is not include offices and warehouse. This indicator used to show all area by the end of the year-end.

Number of rooms refers to chain enterprises engaged in hotels and catering services have rooms by providing room services. Normally this indicator was counted by the actual statistical data in a year.

Number of beds refers to chain enterprises engaged in hotels and catering services have beds by providing beds services for travelers, It is not include extra beds and beds for chain enterprises' employees. Normally this indicator was counted by the actual statistical data in a year.

Number of seats in catering services refers to chain enterprises engaged in hotels and catering services have seats by providing catering services, normally can served number of meals. It is not include extra seats. Normally this indicator was counted by the actual statistical data in a year.

Note: Statistics standard of enterprises above designated size in wholesale, retail trades, hotels and catering is: yearly main business revenue of RMB 20 million in wholesale, of RMB 5 million in retail trades and of RMB 2 million in hotels and catering.

14. 旅游业
TOURISM

编辑人员：李芙蓉　孟莉

Compiled by Li Furong　Meng Li

英文翻译：苏绮凌

Translated by Su Qiling

接待过夜旅游人数(万人 次)
Total Number of Overnight Tourists(10000 persons-times)

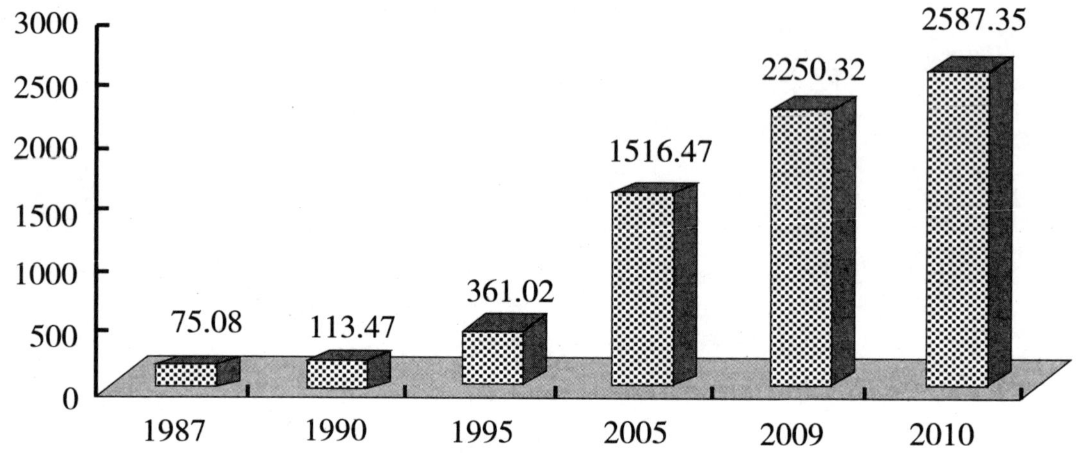

旅游收入(亿元)
Tourism Earning (100 million yuan)

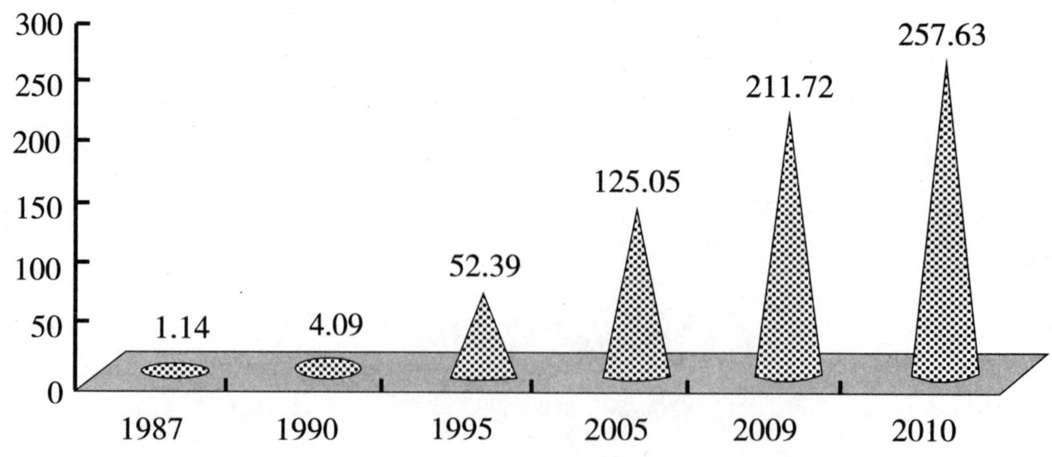

14-1 旅游饭店设施和旅行社情况
Tourist Hotel Facilities and Travel Agencies

项　目	Item	2005	2006	2007	2008	2009	2010
旅游饭店总数(个)	Total Number of Tourist Hotels(unit)	364	387	414	440	459	464
客房总数(间)	Total Number of Rooms(unit)	48388	53977	56812	61499	67391	68142
床位总数(张)	Total Number of Beds(unit)	89396	98623	105002	116973	124689	124740
客房开房率(%)	Room Occupancy Rate (%)	53.6	52.5	57.31	59.18	58.86	60.37
旅行社总数(个)	Total Number of Travel Agencies(unit)	158	158	155	196	236	301
# 出境社	#Travel Agencies with Outbound Services	–	–	–	–	11	14

14-2 口岸出入境人数
Persons of Entry and Outbound Through Ports

单位：人次 (person-times)

项　目	Item	2005	2006	2007	2008	2009	2010
入境人数	**Number of Entry Through Ports**	**194277**	**242067**	**429010**	**433215**	**282475**	**343920**
境外游客	Total Number of oversea visitor Arrivals	180807	224370	394997	394001	249230	291865
# 外国人	Foreigners	87986	136606	274548	258089	135928	175580
港澳同胞	Compatriots from Hong Kong and Macao	61873	58007	89064	98766	83229	73770
台湾同胞	Compatriots from Taiwan	30445	29390	31042	37146	30073	40515
境内游客	Total Number of Domestic Tourists	13470	17697	34013	39214	33245	52055
出境人数	**Total Number of Outbound Tourists**	**191774**	**248423**	**430409**	**440938**	**288040**	**349052**
境外游客	Total Number of oversea visitor Arrivals	177534	228694	398124	398300	253044	295845
# 外国人	Foreigners	90659	141470	277454	264427	139850	179979
港澳同胞	Compatriots from Hong Kong and Macao	55868	57222	90281	97867	84375	76305
台湾同胞	Compatriots from Taiwan	29842	29414	30291	36006	28819	39561
境内游客	Total Number of Domestic Tourists	14240	19729	32285	42638	34996	54996

14-3 旅游人数及旅游收入
Total Number of Tourists and Earnings of Tourism

(2010)

项 目	Item	2005	2006	2007	2008	2009	2010
接待过夜旅游人数合计(万人次)	**Total Number of Overnight Tourists(10000 person-time)**	**151.64**	**160.50**	**184.55**	**206.00**	**225.03**	**258.73**
入境过夜游客	Number of Oversea Visitor Arrivals	4.32	6.17	7.53	9.79	5.51	6.63
#外国人	Foreigners	2.69	4.66	5.93	7.31	3.72	4.74
港澳同胞	Compatriots from Hong Kong and Macao	1.07	0.99	1.07	1.68	1.27	1.21
台湾同胞	Compatriots from Taiwan	5.58	0.52	0.53	0.80	0.52	0.68
国内过夜游客	Number of Domestic Tourists	147.33	154.33	177.02	196.21	219.52	252.10
旅游饭店接待人数	Number of Tourists Received by Tourist Hotels	114.13	119.68	139.70	156.02	170.66	185.73
其他住宿设施接待人数	Number of Tourists Received by General Hotels	33.20	34.65	37.32	40.19	48.85	66.37
旅游收入(亿元)	**Tourism Earnings (100 million yuan)**	**125.05**	**141.43**	**171.37**	**192.33**	**211.72**	**257.63**
国内旅游收入(亿元)	Earnings from Domestic Tourism (100 million yuan)	114.56	123.57	149.63	165.01	192.82	235.61
国际旅游收入(万美元)	Earnings from International Tourism (10 000 USD)	12845.77	22912.28	30160.04	39031.89	27666.01	32227.65

14-4 按主要国家分旅游饭店接待外国人情况
Number of Oversea Visitor Arrivals Received by Tourist Hotels by Country

单位：人次　　(2010)　　(person-times)

国别	Country	人次 Person-times
俄罗斯	Russia	148411
新加坡	Singapore	47555
韩国	Korea	31737
马来西亚	Malaysia	27544
日本	Japan	24786
美国	United States	22375
德国	Germany	17127
法国	France	8138
加拿大	Canada	7930
澳大利亚	Australia	7327
英国	United Kingdom	6397
泰国	Thailand	5051
印度尼西亚	Indonesia	3902
意大利	Italy	3193
瑞士	Switzerland	3100
菲律宾	Philippines	3025
瑞典	Sweden	2632
印度	Indian	2417
西班牙	Spain	1549
越南	Vietnam	1434

14-5 各市县旅游饭店设施
Facilities of Tourist Hotels by Region

(2010)

地 区	Region	饭店数(家) Total Number of Hotels(unit)	客房数(间) Rooms(unit)	床位数(张) Beds(unit)	客房开房率(%) Room Occupancy Rate(%)
全省总计	**Total**	464	68142	124740	60.37
海口市	Haikou	126	20373	34813	60.64
三亚市	Sanya	156	28443	54266	63.12
五指山市	Wuzhishan	7	597	1021	67.74
文昌市	Wenchang	18	2011	3679	58.21
琼海市	Qionghai	32	2313	3686	58.25
万宁市	Wanning	44	7535	14673	52.87
定安县	Ding'an	7	794	1498	33.77
屯昌县	Tunchang	6	173	340	97.58
澄迈县	Chengmai	10	732	1338	59.19
临高县	Lingao	4	143	271	81.08
儋州市	Danzhou	16	1481	2566	58.59
东方市	Dongfang	7	402	697	67.02
乐东县	Ledong	6	250	463	37.11
琼中县	Qiongzhong	3	195	368	58.00
保亭县	Baoting	6	466	752	50.73
陵水县	Lingshui	11	1796	3502	59.68
昌江县	Changjiang	5	438	807	69.26

14-6 各市县按等级分星级饭店数
Number of Star-rated Hotels by Region

(2010)

地 区	Region	星级饭店数(家) Total Number of Star-rated Hotels(unit)	五星级 5-Stars	四星级 4-Stars	三星级 3-Stars	二星级 2-Stars	一星级 1-Star
全省总计	**Total**	**238**	**21**	**55**	**112**	**39**	**11**
海口市	Haikou	71	7	16	33	15	
三亚市	Sanya	77	11	22	25	14	5
五指山市	Wuzhishan	6			4		2
文昌市	Wenchang	5			4	1	
琼海市	Qionghai	19	2	4	12		1
万宁市	Wanning	42	1	11	25	5	
临高县	Lingao	1			1		
儋州市	Danzhou	5			3	1	1
东方市	Dongfang	5		1	3	1	
琼中县	Qiongzhong	1			1		
保亭县	Baoting	1				1	
陵水县	Lingshui	4		1	1	1	1
昌江县	Changjiang	1					1

14-7 各市县按规模分星级饭店数
Number of Star-rated Hotels by Capacity and Region

(2010)

地 区	Region	星级饭店数(家) Total Number of Star-rated Hotels(unit)	客房 300 间以上 With 300 Rooms and More	客房 200 ~299 间 with 200-299 Rooms	客房 100 ~199 间 with 100-199 Rooms	客房 99 间以下 with Less than 100 Rooms
全省总计	**Total**	**238**	**25**	**33**	**80**	**100**
海口市	Haikou	71	6	12	30	23
三亚市	Sanya	77	11	15	24	27
五指山市	Wuzhishan	6			1	5
文昌市	Wenchang	5			1	4
琼海市	Qionghai	19	2	1	4	12
万宁市	Wanning	42	6	5	16	15
临高县	Lingao	1				1
儋州市	Danzhou	5			2	3
东方市	Dongfang	5				5
琼中县	Qiongzhong	1				1
保亭县	Baoting	1				1
陵水县	Lingshui	4			2	2
昌江县	Changjiang	1				1

14-8 各市县旅游饭店接待过夜游客人数
Number of Overnight Tourists Received by Tourist Hotel by Region

单位:人次 （2010） (person-times)

地 区	Region	接待过夜游客人数 Total Number of Overnight Tourists	入境过夜游客 Total Number of Oversea Tourists	外国人 Foreigners	港澳同胞 Compatriots from Hong Kong and Macao	台湾同胞 Compatriots from Taiwan	国内过夜游客 Total Number of Domestic Tourists
全省总计	**Total**	**19185655**	**612566**	**435954**	**110460**	**66152**	**18573089**
海口市	Haikou	4929497	132873	74457	24100	34316	4796624
三亚市	Sanya	7511567	415143	324054	71785	19304	7096424
五指山市	Wuzhishan	225854	1158	1060	27	71	224696
文昌市	Wenchang	485341	5839	4921	697	221	479502
琼海市	Qionghai	906000	13797	9164	1573	3060	892203
万宁市	Wanning	2650825	36853	18120	9930	8803	2613972
定安县	Ding'an	257477	479	180	222	77	256998
屯昌县	Tunchang	62962					62962
澄迈县	Chengmai	203242	846	546	215	85	202396
临高县	lingao	65072					65072
儋州市	Danzhou	501357	1320	99	1207	14	500037
东方市	Dongfang	116921	133	130		3	116788
乐东县	Ledong	63065	137	112	4	21	62928
琼中县	Qiongzhong	75578	2	2			75576
保亭县	Baoting	135942	3927	3057	694	176	132015
陵水县	Lingshui	819890	59	52	6	1	819831
昌江县	Changjiang	175065					175065

注:全省总计包括国际游轮游客人数在内。
Note: The total number includes international cruise tourists.

14-9 各市县旅游景区基本情况
Basic Statistics on Scenics by Region

(2010)

地 区	Region	接待旅游人数 Total Number of Tourists	营业收入 (万元) Operating Revenue (10 000 yuan)	门票收入 Ticket Sales	全部从业人员年平均人数(人) The Average Number of Employees (person)	固定资产原价 (万元) The Original Price of Fixed Assets (10 000 yuan)
全省总计	Total	18969160	115210.58	82116.65	7940	249262.83
海口市	Haikou	4471001	3086.15	1414.40	486	12250.70
三亚市	Sanya	9178643	88327.62	64886.43	3636	125904.18
五指山市	Wuzhishan	38464	222.39	93.85	61	457.64
文昌市	Wenchang	37980	54.50	24.84	20	600
琼海市	Qionghai	1229553	3177.87	1321.54	350	4606.44
万宁市	Wanning	1775785	4957.03	2565.28	1150	84492.44
定安县	Ding'an	367758	212.63	154.02	123	4375.20
儋州市	Danzhou	86598	549.09	549.09	128	1145.03
保亭县	Baoting	528693	5615.90	2753.50	1306	3704.10
陵水县	Lingshui	1254685	9007.40	8353.70	680	11727.10

注:本表统计范围为 A 级以上旅游区(点)。
Note:The data cover tourist scenics(spots) with above grade A and main tourist scenics(spots).

14-10 各市县按等级分旅游景区
Scenics by Grade and Region

单位:家 (2010) (Unit)

地 区	Region	合计 Total	5A 级 5A-Grade	4A 级 4A-Grade	3A 级 3A-Grade	2A 级 2A-Grade	A 级 A-Grade	其他 Others
全省总计	**Total**	57	2	13	14	6		22
海口市	Haikou	5		3	1	1		
三亚市	Sanya	14	2	4	1	2		5
五指山市	Wuzhishan	5			1			4
文昌市	Wenchang	1			1			
琼海市	Qionghai	8		1	2	2		3
万宁市	Wanning	7		1	5			1
定安县	Ding'an	3			1	1		1
临高县	Lingao	1						1
儋州市	Danzhou	4			2			2
乐东县	Ledong	2						2
保亭县	Baoting	3		2				1
陵水	Lingshui	3		2				1
昌江县	Changjiang	1						1

注: 1. 统计范围为A级以上和重点旅游区(景点)。
2. 其他为旅游部门待评级的旅游区(景点)。

Note: 1. The data cover tourist scenics(spots) with above grade A and main tourist scenics(spots).
2. Other main scenics(spots) are within the tourism sector statistical scope.

主要统计指标解释

旅游者人数

(1)入境过夜游客人数：指来中国参观、访问、旅行、探亲、访友、休养、考察、参加会议和从事经济、科技、文化、教育、宗教等活动的外国人、华侨、港澳同胞和台湾同胞的人数。不包括外国在我国的常驻机构，如使领馆、通讯社、企业办事处的工作人员；来我国常住的外国专家、留学生以及在岸逗留不过夜人员。

(2)国内过夜游客人数：指我国大陆居民和在我国常住 1 年以上的外国人、华侨、港澳台同胞离开常住地在境内其他地方的旅游设施内至少停留一夜，最长不超过 6 个月的人数。

国际旅游(外汇)收入　指入境旅游的外国人、华侨、港澳同胞和台湾同胞在中国大陆旅游过程中发生的一切旅游支出，对于国家来说就是国际旅游(外汇)收入。

旅游饭店　指按照国家有关规定评定的星级饭店或具有同等质量、同等规模的住宿设施。具体包括星级饭店和未评星但纳入旅游部门统计范围的宾馆、酒店、旅馆等住宿单位。

Explanatory Notes on Main Statistical Indicators

Number of Tourists

(1) Number of Oversea Tourists refers to foreigners, overseas Chinese, Chinese compatriots from Hong Kong, Macao and Taiwan coming to China for sight-seeing, visits, tours, visiting relatives, medical treatment, study tours, attending conferences or to engage in economic, scientific & technological, cultural and religious activities. It does not include representatives and employees of foreign resident offices in China such as embassies, consulates, news agencies and offices of foreign companies and organizations, nor does it include long-term foreign experts or students residing in China, or persons in transition without spending a night in China.

(2) Number of Domestic Tourists refers to Chinese (mainland) residents and foreigners, overseas Chinese, Chinese compatriots from Hong Kong, Macao and Taiwan which live in China more than 1year, who traveled in China, stayed in hotels at least one night but less than 6 months.

Earnings (Foreign Exchange Earnings) from International Tourism refer to the total expenditures of foreigners, overseas Chinese, Chinese compatriots from Hong Kong, Macao and Taiwan during their stay in the mainland of China on travelling, which are foreign exchange earnings from international tourism from the point of view of China.

Tourists Hotels refer to evaluation of star - rated hotels in accordance with the relevant State regulations or have the same quality, accommodation facilities of the same scale, including star-rated hotels and non-star hotels within the tourism sector statistical scope.

中国银行业监督管理委员会海南监管局

2010年，海南银监局在银监会党委的领导下，立足实际、抓好落实，认真把握宏观形势复杂性和不确定性,在海南省建设国际旅游岛的重要战略中，着力保持信贷合理充裕、同时优化调整信贷结构和投放节奏,坚持有保有控,实现社会发展与银行业稳健运行的和谐发展。

一、关注热点问题，落实监管责任

2010年，海南银监局多次召开审慎监管会议，会议主题是贯彻落实，研究当前金融运行中存在的问题及对策；银监会重要工作要点部署和监管政策、研究房地产市场及房地产贷款风险及管理；政府融资平台项目贷款风险及管理等十个方面的问题。海南银监局以房地产贷款、地方政府融资平台贷款为监管重点，敦促银行业机构落实“三个办法一个指引”要求，全面做好房地产贷款和政府融资平台贷款的风险防范，规范管理，细致排查，加强对投资投机行为的遏制和打击，切实防范贷款过度集中风险，大力推进银团贷款和行业信贷风险监控体系建设，及时开展窗口指导和风险预警。

二、圆满完成各项监管任务

（一）严控规模，科学把握信贷投放节奏。根据刘明康主席的“工作中要做到未雨绸缪，监管要做到逆周期”要求，海南银监局提出了切合海南实际的监管思路，密切关注2010年海南银行信贷投入的节奏和结构。在海南银监局的监管下，辖内主要银行机构季度信贷投放均实现均衡投放,增幅逐渐有所回落。

（二）完善管理，防范地方融资平台风险。海南银监局根据银监会相关文件精神，开展了地方政府融资平台贷款清理规范工作，部署辖内银行机构开展自查，建立海南辖区平台贷款台账，摸清海南辖内政府融资平台贷款情况，牵头组织银行与政府部门会谈，督促指导银行机构完善贷款手续，落实担保条件，实现资产保全。

（三）关注和控制房地产信贷风险。2010年海南银监局加大了房地产贷款风险的关注度，对房地产信贷在宏观和微观上实行有效监管，维护海南房地产市场稳定有序发展。截至2010年底，海南房地产贷款质量进一步趋好，不良率比同期海南银行业整体贷款不良率低。海南银监局在房地产信贷专项检查中，未发现银行有重大违规问题，各行均能严格执行二套房的有关政策。

（四）措施到位、效果明显，做好案件防控工作。2010年以来，海南银监局认真贯彻落实银监会案件防控工作总体思路，以建立严密的内部防范和外部监控的体系为抓手，构建案件防控长效机制。截至2010年末，海南辖内全年无一案件发生。

（五）督促引导“三个办法一个指引”的执行。海南银监局实行“服务与监管并进、指导与问责并举”的工作思路，要求所有银行业机构“齐步走”；加强引导、辅导、督导，推进各行正确处理短期利益和长期发展的关系，以落实新规为契机，转变银行发展方式。目前海南辖区各机构执行进度正常。

（六）加快推进新型农村金融机构的设立。截至2010年末全省已有5家村镇银行、3家农村资金互助社正式挂牌开业，对进一步完善海南省农村金融体系，解决农村地区金融服务不足的问题发挥了积极的作用。

（七）抓好落实、加大服务“三农”及中小企业的力度。2010年，海南银监局多次召开“三农”和小企业工作会议，对银行机构开展“三农”及小企业金融服务进行督促指导。2010年以来，海南各银行业金融机构陆续组建了中小企业经营管理机构，配置了各岗位专职人员，完善了小企业和“三农”贷款的体制和机制。

（八）目标清晰、进一步推动农信社改革。一是继续推进县级统一法人社改革工作，进一步完善法人治理结构和机构。二是多次参与省政府促进农村信用社改革发展政策研讨，推动省政府出台支持农村信用社改革发展的“十项政策”；三是协同人民银行组织对海口城郊、琼中等联社央行专项票据兑付的审核申报工作。

（九）处置历史遗留问题，加强对处置非法集资的打击力度。2010年，海南银监局在银监会领导下，继续稳妥地开展预防和打击非法集资工作，在做好基础性组织协调工作的同时，结合海南省案发特点，着重强化案件处置和宣传教育工作，取得了良好的成效，得到了省政府领导的肯定。

（十）系统研究地方社会发展情况，促进地方政府支持。2010年，海南银监局主动适应国际旅游岛开发建设的工作要求，由局领导具体指导，组织专人完成了国际旅游岛建设等相关课题的调研，并汇编成册。这些调研成果上报海南省委省政府，为海南国际旅游岛建设的纵深发展提供了思想和知识上的储备。

永远的热带天堂

FOREVER TROPICAL PARADISE

三亚

▲ 世界小姐总决赛

▲ 三亚城区

▲ 亚龙湾

▲ 凤凰机场

2010年是国际旅游岛建设开局之年，也是“十一五”规划收官之年。一年来，市政府坚持以科学发展观为指导，在市委的正确领导下，在市人大、市政协的监督支持下，紧紧围绕国际旅游岛建设，科学开展规划部署，扎实推进各项工作，克服了强降雨灾害等不利因素的影响，努力打造中外游客的度假天堂和三亚人民的幸福家园，取得了较好的发展成绩。

——经济实力进一步增强。初步核算，2010年全市实现生产总值230.8亿元（不含农垦，下同），同比增长20.2%（按可比价格计算，下同）。全社会固定资产投资305.2亿元，增长44.4%；其中，全市107个重点项目共完成投资187.3亿元。全市社会消费品零售总额63.7亿元，增长25%。全年累计实现进出口总额5297万美元，增长12%；其中，出口5147万美元，增长10.7%。

——旅游产业龙头作用进一步凸显。全市游客接待量特别是入境游客接待量实现了较大幅度的增长。2010年全市接待过夜游客人数882.7万人次，其中旅游饭店接待过夜游客751.1万人次，同比增长12.3%；全市接待过夜入境游客41.5万人次，增长30.6%。全市实现旅游总收入139.6亿元，按旅游饭店统计口径同比增长22.3%；其中，旅游外汇收入2.45亿美元，增长25.5%。

——发展方式转变进一步加快。产业结构优化取得新成效，2010年我市第一、二、三产业分别完成增加值31亿元、49.4亿元、150.4亿元，分别拉动GDP增长 1个、5个、14.2个百分点。节能减排、生态环保工作取得新进步，顺利完成了省下达的单位生产总值能耗指标以及化学需氧量、二氧化硫排放量指标，生态环境质量继续保持全国一流，可持续发展能力持续增强。

——发展质量进一步提升。按户籍人口计算，2010年全市人均生产总值46624元，同比增长17.7%。全市地方财政一般预算收入42.2亿元，增长58%；其中，税收收入38.3亿元，增长62.6%。截至去年12月底，全市金融机构本外币各项存款余额616.4亿元，贷款余额228.7亿元，分别比去年初增长28.9%、56.7%，不良贷款率仅为0.75%。金融机构整体盈利比上年同期增长64.7%。

——人民生活进一步改善。加快发展民生事业，全年拨付重点民生项目资金29.5亿元，同比增长39.2%。其中，住房保障、教育、医疗卫生、农林水事务支出分别增长78.6%、42.5%、35.2%、35.3%。全市城镇居民人均可支配收入17758元，增长16.6%；农民人均纯收入6502元，增长15.7%。全市城镇从业人员基本养老保险参保率达到98.99%，新型农村社会养老保险参保率达到95.6%，城乡居民基本医疗保险参保率达到99.98%。

一、积极推进国际旅游城建设，打造旅游度假天堂。海棠湾、鹿回头半岛等片区开发进展顺利，其中海棠湾全年完成投资68.2亿元，规划区域内已有12条市政主干道通车，万达康莱德、希尔顿逸林和中港万丽3家酒店已建成试营业，解放军总医院海南分院主体结构工程已全部封顶。积极开展三亚河游艇基地建设和邮轮母港前期工作，基本完成了三亚湾旅游商业街改建工程，市内免税店三期营业区域已全部对外营业，境外旅客购物离境退税政策试点已在夏日百货有序实施。保持了旅游接待工作平稳有序，得到了国家旅游局、省委、省政府和社会各界的充分肯定。

▲ 凤凰岛丽星邮轮首航仪式

▲ 108米南山海上观音

二、积极推进产业结构优化调整，加快转变经济发展方式。在国家宏观调控政策的指导下，努力保持房地产业健康发展，2010年全市房地产开发投资132.8亿元，商品房销售面积140.8万平方米。创意产业园等园区基础设施建设稳步推进，项目招商顺利开展，目前创意产业园已签约24个项目，海南动漫产业基地已引入16家企业。大力推进“万村千乡市场”工程，建成了三亚国际购物中心、天成超市新风路店并投入营业，消费品市场保持活跃。积极培育文化体育产业，奥林匹克湾、沃尔沃帆船赛经停港基地、崖城历史文化名镇保护与整治等项目稳步推进，成功举办了第60届世界小姐总决赛等文化体育赛事。大力发展冬季瓜菜、热带水果、花卉、南繁育种等热带特色产业，建设了近20个农业示范基地，稳妥处理豇豆事件，努力克服强降雨灾害的影响，全年实现农业总产值46.6亿元，同比增长6.1%。积极壮大海洋产业，基本建成了南山港区一期工程，在继续发展外海远洋捕捞的同时，推动近海海洋牧场规划建设，推广优质品种养殖，加快了水产品加工业和休闲渔业发展。

三、积极推进节能减排和生态环保工作，不断增强可持续发展能力。荔枝沟落笔洞区污水处理厂建设接近尾声，海棠湾污水一厂、二厂、创新创意产业基地南区污水处理厂一期、市区污水管网改造、城市中水回用工程以及亚龙湾冰蓄冷区域供冷站示范项目总体进展顺利。积极推广使用太阳能产品，在全省率先拆除了全部粘土实心砖生产线，推广应用新型墙体材料，鼓励使用建筑节能技术，节能减排工作取得新成效。

四、积极推进农村建设发展，加快农村改革步伐。大隆水库灌渠工程、三亚西河槟榔河段治理工程进展顺利，福万、抱古等16宗病险水库除险加固、8宗病险水库应急加固以及三亚东河防潮(洪)堤等工程已完工，水毁工程修复、渠道建设和清淤维护、田洋整治等农田水利建设扎实推进。投入1亿元新建129个文明生态村，农村道路建设、饮水安全、扶贫攻坚等工作取得新成效。

五、积极推进民生事业发展，不断改善人民生活。2010年，“同心家园”三到六期等7个保障性住房项目已分期分批开工，共建设住房9966套，全市完成保障性住房审核分配四批次4238户，发放住房租赁补贴822万元。全市新增城镇就业岗位36850个，农村富余劳动力实现转移就业18781人，城镇登记失业率为1.55%。认真实施事业单位绩效工资改革，进一步提高了教师等事业单位人员工资水平和离退休人员生活补贴。积极推进新型农村社会养老保险试点、城镇老年居民基本养老保险等工作，扩大了社保覆盖面，提高了城乡低保标准，在全省率先启用价格调节基金对全体城乡居民发放临时物价补贴。积极推进新一轮中小学布局调整和规划建设，中小学校舍安全等工程进展顺利，中等职业教育、高等教育发展进一步加快。市中医院二期工程等医疗卫生项目顺利推进，在市级5家医院和11个农村卫生院之间建立了对口帮扶关系。有效应对强降雨灾害的影响，努力将损失降到最低限度，灾后迅速拨付特大暴雨防汛救灾资金8377万元，救灾安置和恢复重建工作顺利推进。严厉打击毒品犯罪、“两抢一盗”犯罪，大力开展扫黄禁赌专项行动，切实加强公共场所、特种行业和流动人口管理，建立起各警种联合社会面防控体系，社会治安环境明显改善。食品药品安全和产品质量保障工作进一步强化，安全生产形势平稳趋好。

三亚市人大常委会

▲ 2010年12月2日，省人大领导一行来我市开展《道路交通安全法》执法检查

▲ 2011年4月8日，周玉华主任、符党秘书长、代建华副秘书长一行在机场路社区指导部署社区为迎接金砖国家领导人在三亚会晤期间的准备工作

【人大监督工作】

2010年，市人大常委会始终把关注民生，维护群众的根本利益作为各项工作的出发点和落脚点，针对事关群众切身利益和群众关心、热议的社会问题认真开展各项法律监督和工作监督，为化解社会矛盾，推进司法公正，维护社会公平正义，促进社会和谐稳定起到了积极的作用。

▲ 2010年12月14日，周玉华主任带领驻市省人大代表视察我市保障性住房建设

开展专项执法检查。2010年9月由常委会四名领导带队，对我市贯彻实施《消防法》情况进行了执法检查。检查组重点检查了全市12个职能部门以及码头、机场、粮库、油站、商场、学校、社区、林场等30多个消防重点单位，肯定了我市消防工作取得的成绩，提出了加大宣传教育工作力度，加大消防基础设施投入，加强消防工作领导，明确消防工作责任，加强检查监督，促进消防隐患整改等意见和措施。随着全省"利剑行动"开展，全市公安、消防等职能部门联合行动，共检查单位758家，发现火灾隐患885处，督促整改681处，行政处罚36家，消除了一大批火灾隐患。

开展工作检查和跟踪督查。常委会深入垃圾处理场、红沙污水处理厂、国光豪生酒店等多家企业进行检查，召开了市政府及相关职能部门参加的反馈会，提出了整改意见。市政府高度重视人大建议，提前完成了省政府分配的"十一五"节能减排目标。

【人大信访工作】

2010年，共收到群众来信来访2330件次，对每一案件，都努力做到"事事有回音，件件有着落"，及时交办、转办，督促有关部门尽力解决群众反映的实际困难和问题，对社会的和谐稳定起到了积极的促进作用。

【人大代表工作】

加强代表培训工作，提高代表履职能力。为每位代表订阅了《中国人大》、《海南人大》等刊物并赠阅内部刊物《三亚人大》，使每位代表都能及时掌握人大工作最新动态。

加大对代表议案的督办力度，强化代表主体意识。市五届人大五次会议期间，共收到代表建议76件。为更好地做好代表建议的办理工作，常委会组织专人对建议分门别类，加以整理。

【人事任免工作】

规范任命程序。对拟任人员组织开展法律知识考试，对其德才表现、廉政建设情况进行调查了解，每次干部任免都采取听取提请单位说明、被任命人员做拟任职报告和审议表决等方式，较好地行使了人事任免权。一年来，共任命干部49人，免职26人，接受辞职7人。

▲ 2011年4月27日，环北部湾城市人大研讨会第十三次会议在三亚召开，市委常委刘诚出席

▲ 2010年4月29日，三亚市人大常委会干部职工到三亚启园参观学习

三亚政协

CPPC Sanya Committee

在市委的领导和省政协的指导下，市政协坚持以邓小平理论和“三个代表”重要思想为指导，深入贯彻落实科学发展观，牢牢把握团结和民主两大主题，紧紧围绕市委、市政府的中心工作，积极履行政治协商、民主监督、参政议政职能，为三亚国际旅游城的建设做出了不懈的努力，各项工作取得了新的成绩。

市政协主席苏庆兴，市委常委、副市长吴岩峻，市政协副主席王永敏，秘书长蒋明清等到“中国衣食父母园”项目地点调研。

市委副书记、市长王勇，市委常委、市纪委书记赵普选，市政协副主席方中里等到市保障房建设工地检查工作。

市委副书记刘诚和市政协副主席刘丽玲等到崖城镇慰问“三老”人员。

市政协副主席周阳、黄志强带领委员视察打击违章建房工作。

市政协社会法制委召开旅游景区和高尔夫球会专题调研会，副主席林国辉出席会议。

市政协副主席邢孔祥带领文史委委员前往边远山区育才镇那会村委会，开展视察活动并为村民义诊。

五指山

▲ 省领导到五指山市考察花卉基地

▲ 省领导视察五指山市农村民房改造工作

▲ 五指山市委书记宋少华陪同省领导下村检查指导茅草房改造工作

▲ 冲山镇什保村茅草房改造农户新建的二层楼房

五指山市地处海南省最高峰——五指山主峰西南麓，原为海南黎族、苗族自治州首府，是海南中部少数民族地区文化教育中心，是黎族苗族歌舞表演和工艺品制作的主要发源地。全市土地总面积1128.98平方公里，户籍人口11.4万人，其中少数民族人口占66.7%。辖7个乡镇、63个村（居）委会。全市年降雨量1800—2200毫米，年平均气温22.4℃，市区每立方厘米空气负氧离子含量4000—6000个，五指山脚下高达1.2万个,森林覆盖率达83%，是海南省森林生物多样性保护的核心区和重要的水源涵养区，素有“绿色宝藏”、“海南肺叶”、“天然氧吧”、“翡翠山城”和“南国夏宫”之美誉。

“十一五”时期，是五指山承前启后、继往开来、创新发展的时期，也是建市以来经济社会发展最好最快的时期。五年来，我们紧紧抓住科学发展不放，以投资拉动和城市东扩为主要手段，着力提升综合经济实力，着力增创发展新优势，着力提高人民群众生活水平，全力抢抓发展机遇，有效应对各种挑战，“十一五”规划确定的各项目标任务全面完成，经济社会发展取得重大成就，五指山进入持续、健康、快速发展的上升期。

过去的五年，是综合经济实力显著增强的五年。2010年全市生产总值是2005年的2.03倍，年均增长15.2%；全市社会固定资产投资总额是2005年的9.19倍，年均增长55.8%；全市星级饭店旅游过夜人数是2005年的1.63倍，年均增长10.3%；地方财政一般预算收入是2005年的7.56倍，年均增长49.9%；城镇居民人均可支配收入是2005年的2.26倍，年均增长17.7%；农民人均纯收入是2005年的1.84倍，年均增长12.9%。正因为我市近年来经济发展指标较好，社会进步指标和可持续发展指标也不弱，所以，在2008年度全省市县经济和社会发展指标考核中，我市综合得分为第10名，获得三等奖。在2009年度的考核中，我市综合得分排名晋升了4位，再夺三等奖。我市成为中部地区唯一连续两年受到省委、省政府表彰奖励的市县。

过去的五年，是旅游业取得长足发展的五年。我们把旅游产业作为主导产业加以培育。目前，有的旅游项目已完成规划和立项选址工作，有的旅游项目已开建，有的旅游项目已建成营业，全市上下齐心协力推动旅游业发展的大环境已经形成。五年来，全市累计接待国内外游客230.1万人次，年均增长13.9%，比前5年增长30.81万人次；旅游总收入23416.3万元，年均增长16.7 %，比前5年增长139.24亿元。旅游业发展已从1997年来的持续下滑转向逐步回升的新阶段。

过去的五年，是城市建设变化较大的五年。完成城市总规和土地利用规划修编，主城区面积从6.35平方公里拓展到9.21平方公里。五年来，累计投入4.13亿元用于重点市政设施建设。是“十五”的9.91倍，年均增长17.98%。投资1.05亿元建设垃圾处理场、污水处理厂已投入使用。投入专项资金1300万元，完成南圣河排污管道建设。投资740万元完成南圣河夜景灯光亮化工程。投资1.3亿元建成河南东路、河北东路、环市西路、三月三大道和翡翠新区（南片）的怡景路、翡翠大道等市政道路。五年来，旅游房地产开发完成投资19.2亿元，商品房施工面积232.4万平方米，销售面积87.5万平方米。此外，大力实施城市美化、绿化、亮化工程，省级园林城市通过验收。

过去的五年，是进一步夯实“三农”基础的五年。改建农村公路63条233公里，全市行政村水泥公路通畅率100%；完成除险加固水库4宗、维修水库6宗、农村安全饮水工程37宗、田洋7宗；完成“一池三改”5840户，完成大中型沼气池、养殖小区沼气池、生态校园沼气池等共23个、健全完善农村沼气服务网点42个；完成乡镇农业科技110服务站建设工作，覆盖率达100%；累计建成文明生态村187个，占全市自然村的60%。

过去的五年，是各项社会事业全面发展的五年。五年民生投入共17.63亿元。我们把保障性住房建设当作头号民生工程抓紧抓好，共开工建设廉租房841套、经济适用住房2873套、城市棚户区改造268套，竣工1131套。完成农村危房、茅草房改造3981户，2010年底全面消灭了全市农村茅草房。实施九年义务教育“五免一补”，高中、职中免学杂费。进一步完善中小学、职业学校的基础设施条件。实现村村都有卫生室的目标。新增城镇就业5019人，农村富余劳动力转移就业15381人次。五年来，累计发放五保户供养金、城乡低保金、城乡医疗救助、抚恤补助金8665万元。全市60岁以上农村老人领到养老金。

过去的五年，是生态保护实现双赢的五年。全市无重大破坏生态环境、毁林烧山事件，森林病虫害普查率95%以上、防治率90%以上，森林覆盖率从2005年的78.5%提高到现在的83%。全市巩固退耕还林面积10.65万亩，重点公益林面积68.2万亩，共投入退耕还林工程资金3135.4万元,森林生态效益补偿金2746.6万元。集体林权制度改革工作通过了国家有关部门的验收，实现了“生态受保护，农民得实惠”的目标。坚决取缔了2个污染严重、影响城市环境的养猪场和4家破坏生态环境的采石场。不断加强生态环境的监测和监管力度，使空气质量继续保持国家一级标准，河流水质达二类标准。节能减排工作取得明显成效，全面完成“十一五”期间单位GDP能耗下降8%的任务。

过去的五年，是政府自身建设不断加强的五年。按照建设务实政府、服务政府、高效政府、廉洁政府的目标要求，自觉接受市人大依法监督、市政协民主监督和社会各界监督，五年来，市政府及各部门共办理人大代表建议637件，政协委员提案412件，办复率100%，满意率98%以上。顺利完成“十二五”规划编制工作。招投标管理进一步规范，“小金库”专项治理工作取得新成效，工程建设领域突出问题专项治理扎实推进，全面完成“五五”普法工作任务，公民法律意识明显增强。深入开展食品、药品、消防等专项整治，确保人民群众生命财产安全。高度重视群众来信来访，认真解决了一批群众反映的热点、难点问题。安全生产工作五年来无重大事故发生。社会治安形势总体趋好。积极开展科学发展观活动和“执行力建设年”活动，认真落实党风廉政建设责任制，政风行风明显好转。

▲ 中共五指山市委书记宋少华同志在全市人口与计划生育工作会议上作重要讲话

▲ 五指山市委副书记、市政府市长陈振聪同志在民房改造工作会议上作重要讲话

▲ 原五指山市委副书记、市政府市长黄坚到什保村检查指导文明村建设

▲ 新建的毛阳镇初保新村全景

卫生城市 美丽家园

琼海

▲ 美丽书斋，和谐书斋。图为省领导（中）在市委书记祝春荣（左一）、书斋村党支部书记村委会主任梁民（右一）等市、镇领导陪同下参观书斋村

▲ 市长符宣朝、副市长梁振功在琼海兴业槟榔收购站调研

2010年是我市实施“十一五”规划的收官之年。我们紧紧抓住发展机遇，创新工作，经济建设取得了“四个突破”。全市GDP突破100亿元，地方财政一般预算收入突破10亿元，全市社会消费品零售总额突破30亿元，固定资产投资突破70亿元。

经济发展实现历史性跨越。2005年与2010年统计数据比较，全市生产总值由48.6亿元增加到102.3亿元，年均增长16.1%；人均生产总值由11693元增加到21000元，年均增长12.4%；全社会固定资产投资累计完成187.6亿元，年均增长46.8%；社会消费品零售总额由14.3亿元增加到32.5亿元，年均增长17.8%；地方财政一般预算收入由2.03亿元增加到10.3亿元，年均增长38.4%；城镇居民人均可支配收入由7073元增加到14312元，年均增长15.1%；农民人均纯收入由3205元增加到5700元，年均增长12.2%；各项存款余额由55.1亿元增加到178.1亿元，年均递增26.5%；各项贷款余额由18.0亿元增加到40.5亿元，年均递增17.6%。

城市建设水平明显提升。我们始终坚持做精做美城市的理念，准确把握城市定位，把城市建设作为推动琼海经济社会发展的重要突破口，按照唯美主义的要求，抓住规划、建设、管理三个关键环节，努力寻求差异化发展。邀请美国、加拿大、澳大利亚等国家和中国城市规划设计院、北林地景园林设计院等国内外知名规划设计机构进行规划设计。先后完成了琼海市近期城市建设规划、博鳌亚洲论坛核心区控制性详细规划、博鳌滨海旅游区总体规划、万泉河流域总体规划、官塘分区控制性详细规划等重点规划。五年来，城市基础设施建设累计投入23亿元。在“十一五”的后三年，完成了万泉河路中、南、北段及万泉河带状景观公园、银河路等重大项目，突出了万泉河在城市建设中的纽带作用。完成了滨海大道、官塘大道、嘉积大桥、东环铁路琼海站、博鳌站、嘉积城区污水处理厂、垃圾处理厂等一批重大新建、改造项目，城市配套设施进一步完善。

产业特色更加鲜明。三次产业比重由2005年的55.7：11.6：32.7转变为2010年的39.1：15.4：45.5，第三产业正在走向经济发展的主导地位。畜牧业、热作业、瓜菜业以及海洋渔业等四大特色产业全面增长。以旅游为龙头的现代服务业成为带动经济增长的主要因素。接待旅游人数由2005年的216.4万人次增加到2010年的332.8万人次。旅游收入由2005年的6.5亿元增加到2010年的11.8亿元，年均增长12.9%。房地产业发展迅猛，五年间房屋规划报建面积累计1048.8万平方米，房屋施工面积累计692.8万平方米，房屋竣工面积累计271.2万平方米，房屋销售面积累计269.4万平方米，呈现产销两旺。

“三农”工作进一步加强。五年间，财政安排农林水

▲ 万泉河路新貌

▲银河路

▲兆南万泉绿舟楼盘

务支出累计7.5亿元，年均增长47.1%，高于地方财政预算支出年均水平的12.5个百分点。不断加强农业基础设施建设,潭门中心渔港、大路洋农业设施项目等加快推进，五年投入5.8亿元，全面整治了33个田洋，对7宗中型、8宗小(一)型水库进行了除险加固，修建硬板化185条465公里长水利渠道。我市冬修水利连续两年全省评比获一等奖。大力实施“通畅”工程，投入2.2亿元修建镇道、村路119条558公里，全市190个行政村全部完成了村村通公路硬板化。大力改善农村生活环境，五年来共建设文明生态村500个，沼气池1.5万户，农村安全饮水工程普及率达81%。加强农业综合服务，在全省率先实现农业科技服务“110”全覆盖。

民生问题得到较大改善。“十一五”期间，我市每年新增财力的55%以上用于改善和保障民生，其中2010年达到97%。五年间，财政安排教育事务支出累计11.4亿元，年均增长38.6%。投入资金3000万元，建成新实验小学。偿还农村义务教育债务1234万元。大力推进教育资源整合，全市撤并了5所中学、41所小学。2010年启动了每个镇建一所公办优质幼儿园、一所优质中心学校、一所优质中学“三个优”工程。2009年，我市被评为“全国推进义务教育均衡发展工作先进地区”。高中办学能力逐年增强，教育教学质量继续保持全省前列。嘉积中学男子舞蹈《士兵与枪》获得第三届全国艺术展演第一名，并受邀参加2011年央视春节联欢晚会演出。加大职业教育投入，多渠道投资近2500万元，率先在全省整合就业培训和职业教育资源，职业教育创出新路，得到省委、省政府的充分肯定。积极发展卫生事业。五年间，财政安排卫生医疗事务支出累计4.1亿元，年均增长41%。市人民医院外科综合大楼建成投入使用，市中医院新院区加紧施工，博鳌、中原、大路、阳江等一批镇中心卫生院完成改造，一大批村委会卫生室医疗业务用房建设全面动工。疾病预防控制和应急处置能力明显增强。全市农村合作医疗参加农民31.3万人，参合率95%。扎实推进科技事业。五年间，财政安排科技文化事业支出累计1.3亿元。全面实施“科技兴市”战略，切实加快科技成果引进、转化和推广应用。我市获得“全国科技进步先进市”荣誉称号。文化体育事业繁荣发展。建起广播电视大楼，完成城市数字电视网改造工程，广播人口覆盖率100%，电视人口覆盖率99.5%。五年间，财政安排社会保障和就业事务支出累计1.8亿元。城乡居民最低生活保障实现应保尽保。加快社会福利事业发展，投入资金900万元，新建和扩建了博鳌、潭门、龙江、长坡、塔洋、大路、万泉、会山等镇敬老院。认真落实孤儿福利政策。五年来共培训下岗失业人员和农村劳动力22262人，组织推荐农村劳动力转移就业52732人，安排大中专毕业生就业近5500人。保障性安居工程全力推进，完成投资6810万元，建成廉租住房688套3.5万平方米；财政供养人员住宅小区计划投资2.3亿元。

项目建设取得显著成效。争取新增中央投资项目28个。目前，已完成项目20个，总投资7.4亿元。“十一五”期间，东环铁路、万泉河路、银河路、善集路、官塘大道、滨海大道、万泉河路景观带、嘉积大桥、十万吨自来水厂、生活垃圾焚烧厂、污水处理厂、市人民医院外科综合大楼以及电网改造工程、供水管网建设工程等一大批重点项目相续建成，博鳌机场、博鳌亚洲论坛核心区沙美内海旅游道路工程、官塘区白石岭大道、新海路、潭门中心渔港等一大批重点项目加快推进。与此同时，博鳌组团的博鳌国宾馆、博鳌宝莲城、博鳌千舟湾、博鳌亚洲湾，嘉积组团的兆南万泉绿洲、伊比亚河畔、万泉水郡以及官塘组团的温泉小镇、天来泉等项目相继完成。持续升温的大规模投资，有力地拉动了全市经济的发展。

▲ 市人民医院外科大楼

▲万泉河竹筏漂流

▲蔬菜

▲瓜果

儋

【简况】儋州市位于海南岛西北部，西和北濒临北部湾，东邻临高和澄迈，南至东南靠琼中和白沙，西南与昌江接壤。陆地面积3343平方公里,居全省首位；人口106.84万人,居全省第二位。辖有17个镇、283个村（居）委会，境内有洋浦经济开发区、洋浦保税港区、中国热带农业科学院、国营农场等18个厅处级单位。市政府驻那大镇。儋州历来是海南西部地区的经济、交通、通信和文化中心，被省委省政府确定为海南西部中心城市。城市基础设施良好，市区有日供水10万吨和3.5万吨自来水厂各1个，开通了城市供气管网。交通便利，洋浦港和白马井港是对越边贸口岸，西线高速公路、粤海铁路西环线和海榆西线贯穿境内。通信网络遍及各镇，并已开通网络宽带。自然资源丰富，已探明可供开采的矿藏有石英砂、花岗岩、玄武岩、铁矿、石灰岩、褐煤、油页岩、红柱石、重晶石、钛铁矿等10多种，地下水储量约3.5亿立方米。有中小型水库33宗，总容量35.5亿立方米，其中全国十大水库之一的松涛水库库容量达33.4亿立方米。海岸线长267.27公里，可开发海滩涂14930公顷，管辖海域5870平方公里，有白马井港等14个渔港。文化底蕴深厚，是全国唯一同时荣获“全国诗词之乡”、“中国楹联之乡”、“中国民间艺术之乡”三个称号的市县。主要景点有东坡书院、蓝洋温泉、石花水洞地质公园、热带植物园、松涛天湖等20多处。气候较佳，是海南受台风影响最小的区域，年平均气温23.3℃,不潮不燥，适宜长期居住。

【经济发展】2010年，包含洋浦，全市生产总值295.02亿元，增长15.1%，人均生产总值32270元；不包含洋浦，全市生产总值114.97亿元，增长12.3%，人均生产总值13263元。

年末常用耕地72.86万亩。农业总产值87.02亿元（现行价，不含农垦），增长8.4%。渔船4020艘，总功率200113千瓦，全年水产品产量36.4万吨，增长7.1%；肉类产量7.48万吨，增长7.6%；粮食总产量19.69万吨，增长3.9%；油料总产量1.77万吨，增长3.1%；蔬菜总产量38.43万吨，增长6.7%；水果总产量5.89万吨，增长3.6%；干胶总产量4万吨，增长55.1%；造林2.95万亩，森林覆盖率50%。

工业总产值32.54亿元，减少27%，其中规模以上工业产值25.72亿元，减少32.4%。在列入统计范围的规模以上工业企业生产的主要工业产品中，机制纸、水泥、售电量等工业产品分别增长31.8%、15.8%和5%。

全年接待过夜游客50.14万人次，增长5.3%；旅游营业收入3.56亿元，增长21.6%。全市有五星级水准酒店1家、四星级水准酒店1家、三星级酒店2家、二星级宾馆1家、一星级宾馆1家。

社会消费品零售总额31.01亿元，增长18.8%；其中城镇零售额27.75亿元，农村零售额3.26亿元，分别增长19.4%和13.9%。

社会固定资产投资39.03亿元，增长61.2%。其中，城镇

▲市委书记、市人大常委会主任张琦在光村镇雪茄烟草种植基地调研

▲市委书记、市人大常委会主任张琦在那大新区调研

▲打造儋州旅游文化，成功举办东坡旅游文化节

▲云月湖旅游风景区

州

固定资产投资31.49亿元，增长95.9%；农村非农户投资4.94亿元，增长7.5%；农村私人投资2.6亿元，增长2.4%。保障性住房、白马井至洋浦跨海大桥及南连接线、雨润200万头生猪屠宰加工厂、东成休闲小站、水岸名都、西部中心医院、思源学校等项目建设速度加快，落实了西部机场和石油储备项目选址儋州。

地方财政收入15.4亿元，增长184.6%。其中一般预算收入5.14亿元，增长52%。地方财政支出38.57亿元,增长48%,其中一般预算支出27.61亿元,增长17.1%。

金融机构人民币各项存款余额134.56亿元,增长37.7%；城乡居民储蓄存款余额77.69亿元,增长29%。金融机构人民币各项贷款余额26.96亿元,增长67.8%。其中：短期贷款15.62亿元，增长43.2%;中长期贷款12.55亿元,增长112%。

【社会发展】在岗职工年平均工资32713元，增长52.2%；农民人均纯收入5481元，增长11.5%;城镇居民可支配收入14245元,增长12.7%。参加基本养老保险职工人数62175人；参加城镇从业人员基本医疗保险职工人数61003人；参加工伤保险职工人数56128人；参加生育保险职工人数55047人；参加城镇居民基本医疗保险人数137317人,参保率100%；参加新型农村合作医疗农民579113人，参合率97.81%；参加新型农村养老保险人数192930人，参保率69.5%，符合领取养老金条件人数50068人，基础养老金发放率100%。

全市有职校5所，其中：中等职业技术学校2所、职业高中3所；中小学390所，在校学生16.4万人。全年投入资金11295万元，改造中小学C、D级危房面积489894平方米。

文化事业蓬勃发展，人民文化生活质量不断提高。配套建设镇综合文化站17个，新建农村宣传文化室7间，建设农家书屋80家、基层文化服务点219个、村级组织活动场所80个，完成“电视入户”543户，放映农村电影3200多场次，开展书画展19次，组织举办大型群众性文化活动11次。成功举办首届东坡节、国际马拉松邀请赛和国际象棋大师超霸赛，提升了儋州的知名度、美誉度、开放度和影响力。全市标准文明生态村455个，年度新增95个。

全市共有各类医疗机构437家，医院14家，卫生院26家，病床1845张，各类卫生技术人员2454人。积极组织实施“亮睛”工程，完成白内障免费复明手术8971例。全面开展医疗设施建设、疾病防控、卫生监督、医药卫生市场整顿。

【儋州建设海南西部中心城市引来大企业】2010年，儋州建设海南西部中心城市的效应，吸引200多家企业先后来儋考察洽谈，成功引进了恒大、中南、福安等一批国内外知名企业。全市审批立项登记项目186个，协议投资156亿元，过5000万元项目32个、过1亿元项目20个、过10亿元项目4个；新建、扩建、续建项目51个，实际投资35.1亿元，比上年增长50.9%，全市掀起了投资开发热潮，为新一轮大开发、大发展积蓄了强有力的后劲。

▲ 市委副书记、市长李江华在白马井新地自来水厂调研

▲ 市委副书记、市长李江华在兰洋镇调研

▲ 重点建设项目西部中学

▲ 重点项目高深橡胶加工产业有限公司厂房

海南西岸明珠

▲ 省领导视察报白村库区移民危房改造

▲ 省领导视察报白村危房改造工作

▲ 书记市长视察新看守所

▲ 市领导检查殡葬改革工作

2010年，东方市人民政府以科学发展观统揽经济社会发展全局，努力克服各种困难，扎实工作，超额完成了经济社会发展的各项目标任务。

全市经济加快恢复性增长。全市GDP达75.8亿元，比上年增长17.8%，增速比上年同期提升了19.1个百分点，成为全省提升增幅最大的市县；全市全口径税收收入11.5亿元，其中地方一般预算收入3.3亿元，增长28.8%，净增7467万元，首次突破3亿元大关；社会消费品零售总额13.6亿元，增长14.8%，净增1.2亿元。

发展的质量效益得到提升。我市规模以上工业企业利润15.57亿元，比上年增加2.65亿元。地方一般预算收入的增幅比GDP高出11个百分点，税收收入占地方一般预算收入比重85.9%。国有土地使用权出让金成倍增长，达1.8亿元，增长146.9%。金融机构人民币存款余额75.9亿元，增长38.9%；贷款余额为9.7亿元，增长90%。

城乡居民生活得到明显的改善。预计城镇居民人均可支配收入13666元，增长11.9%；农民人均纯收入4992元，增长8.8%。城镇新增就业岗位2231个，城镇登记失业率控制在1.62%。

一、全力推动重点项目建设，发展后劲不断增强。成立了工业园区管理委员会筹委会，采取一系列富有成效的举措，抓好重点项目建设和服务工作，使我市的各个项目建设顺利推进。其中，新增中央扩大内需项目方面：我市新增中央投资的42个项目都已开工建设，24个项目已完成建设任务，完工率为57%；完成投资2.65亿元，占总投资的70%。在省重点项目建设方面：东方石化DCC项目正在开展场地平整及原油罐区桩基施工；华能东方电厂二期工程正在进行主厂房建设；大广坝二期灌区工程完成投资9.8亿元，占总投资的72.3%；高排风电场累计完成投资1.32亿元，占总投资的27.5%。80万吨甲醇、四更风电场（一期）、感城风电场（一期）等项目已建成投产。

二、大力发展商贸旅游业，经济新增长点初显端倪。利用东方的区位优势、资源优势和边贸政策优势，突出商贸旅游的新兴地位和后发优势，把东方打造成为“中国（东方)东盟商贸旅游度假区”。全年投入各项资金5000多万元，开展征地和联检楼、主干道、交易区、互市区等工程建设。投入7000万元，建设八所港进境水果指定口岸，并已获国家质检总局批准。积极向国务院争取对越互市贸易和客货混装船非国际船舶直航等政策。制定出台《东方边贸城优惠政策》，加大招商引资力度。全年累计进出口贸易总额达3.9亿美元，同比增长77.3%；边贸进口额达1.1亿美元，增长60%，关税收入达3.8亿元，增长100%，经济新增长点初显端倪。

三、合力实施民生工程，社会事业全面发展。全年开工建设2000套保障性住房，超额完成省下达1500套的任务；全面完成2387户茅草房、333户报白村库区移民危房改造任务。市财政配套1051万元，完成三班牙、陀烈、俄查等3宗小型水库除险加固工程。市财政投入2766万元，解决了20个村庄、3.46万农民饮水安全问题。及时足额发放各项农业补贴资金7200万元，比上年增长39%。完成植树造林8.7万亩。市财政投入5000多万元用于教育教学基础设施建设；教育教学质量不断提升，高考本科升学率比上年提高了2.6个百分点；全市九年义务教育升学率考核连续三年上台

▲ 东方风力发电

东方

阶，名列全省第五名。参加医疗保险居民达4.7万人，完成达标任务的94.5%，位居全省各市县前列。共有2.43万年满60周岁以上的农民领取了基础养老金，发放率达100%；农村16至59周岁人员参保人数10.4万人，参保率为82%。新型农村合作医疗参合率达91.77%。

“十一五”成就

“十一五”是东方发展史上极不平凡的五年，全面实施“大企业进入、大项目带动、高科技支撑”的战略，抢抓机遇，真抓实干，有效应对各种挑战，使“十一五”规划确定的各项任务圆满完成。

——过去的五年，是东方经济实力全面提升的五年。2010年，全市生产总值达到75.8亿元，比2005年增加36.8亿元，年均增长14.5%。三次产业之比由2005年31：47：22调整为27：49：24；地方财政一般预算收入3.3亿元，比2005年增加1.84亿元，年均增长17.3%；全市固定资产投资累计完成144亿元，是“十五”时期累计投资65亿元的2.2倍。

——过去的五年，是东方建成重点项目最多的五年。80万吨甲醇、60万吨甲醇、国家级生物柴油示范项目、大广坝二期戈枕枢纽工程、华能东方电厂一期等项目相继建成投产；华能东方电厂5万吨级码头开港通航；3000吨可降解塑料项目竣工试产；感城、四更一期风电并网发电；八所中心渔港二期工程基本完成。高排风电已全面铺开作业；东方石化DCC项目已动工；华能东方电厂二期工程已开工建设。

——过去的五年，是东方城乡面貌大为改观的五年。市区二环路、工业大道一期、滨海大道一期、永安东路、东风路、人民北路、新火车站出口路等市政道路竣工通车，粤海铁路开通；完成53条小街小巷改造工程；基本完成污水处理厂、垃圾处理场建设。225国道（东方段）、砖牧线、解放东路等道路开工建设。累计投资2.5亿元，完成626公里的“通畅”改造工程任务，行政村通车率100%。投资7665万元，解决10个乡镇112个行政村19万人的农村安全饮水问题。实现了村村通电的目标。

——过去的五年，是城乡居民生活水平明显改善的五年。从保障和改善民生作为出发点，加大投入，积极解决群众迫切需要解决的热点、难点问题，城乡居民居住条件、生活保障得到明显改善。2010年，城镇居民人均可支配收入达到13666元，比2005年增加4922元，年均增长13.4%。农民人均纯收入4992元，比2005年增加1914元，年均增长10.16%。农村劳动力转移就业5258人，城镇登记失业率2.3%，大大低于省下达的控制线。

——过去的五年，是东方社会事业全面进步的五年。教育、文化、科技、卫生等各项事业明显进步，“两基”工作成果得到较好的巩固提高，农村免费义务教育全面实施，教育教学质量稳步提高，适龄儿童入学率达99.8%、初中入学率达96.2%。全市广播、电视人口覆盖率分别达98%和90%，电视实际入户率达76%。基本实现了“村村有卫生室”的目标。新型农村合作医疗工作稳步推进，全市参合群众27.5万人，参合率达到91.77%。计划生育工作取得一定成效，各项人口计划指标均控制在省下达的指标范围内。

▲ 八所港

▲ 东方新型工业区

▲ 大田坡鹿

▲ 富岛二期工程

昌

▲县委书记何西庆、县长符礼伟等领导深入基层调研

▲ 党政班子成员到保障性住房建设工地调研

2010年，在中共昌江黎族自治县委的正确领导下，昌江县人民政府坚持以科学发展观统领全局，带领全县人民解放思想，拼搏实干，克服种种困难和不利因素，促进了全县经济平稳较快发展，顺利完成了经济社会发展的各项目标任务。

县域经济快速增长。初步核算，全年全县地区生产总值完成54.3亿元，同比增长18%；地方一般预算收入完成5.54亿元，同比增长13%；全社会固定资产投资完成43.7亿元，同比增长37.5%；全社会消费品零售总额完成6.3亿元，同比增长15.6%。

三次产业中以工业为主导的第二产业优势更加凸显。一、二、三次产业的增加值分别为13.4亿元、30.6亿元、10.3亿元，同比分别增长7.8%、24.6%、15.3%。第二产业继续引领全县经济增长，拉动经济增长12.5个百分点，其中工业增加值达26.6亿元，同比增长24.8%，占全县地区生产总值的比重达49%，拉动经济增长10.9个百分点。

群众生活显著改善。民生总支出9.84亿元，同比增长10.7%，占地方一般预算支出的63.9%，投入力度之大前所未有。城镇居民人均可支配收入14723元，同比增长15.2%；农村居民人均纯收入4337元，同比增长9.1%。城镇新增就业1962人，下岗失业人员再就业634人，援助“4050”人员再就业207人，开发公益岗273个，城镇登记失业控制率1%，农村劳动力转移就业4999人，农村贫困人口减少1500人。

一、积极协调，主动服务，一批工业重点项目相继建成和实施。昌江核电1、2号机组先后顺利开工建设。昌城110千伏输变电工程竣工投产。华盛水泥三期、华盛100万吨水泥粉磨站和鸿启水泥二期建成投产，全县水泥（熟料）产能达1200万吨。华盛水泥四期项目完成主机设备订购。北一地采项目建设完成年度计划的78%。昌江雪古丽热带畜牧养殖加工场项目已动工建设。200万吨贫矿选矿厂项目具备开工条件。240万吨球团项目前期工作进展顺利。

二、强化规划，大力推动，旅游开发建设取得新进展。《昌江黎族自治县旅游产业发展规划》编制工作获重大进展。棋子湾旅游公路已开工建设，棋子湾3万吨/日供水工程、污水处理工程等棋子湾旅游度假区基础设施项目前期工作进展顺利。去年全县宾馆酒店接待过夜人数18.9万人次，同比增长17.7%；实现旅游收入8491.7万元，同比增长10%；旅游饭店客房开房率76.9%，同比提高4.77个百分点。

三、汇聚力量，普惠民生，办成九个方面实事。一是建成和在建保障性住房3216套，完成省政府下达的年度考核目标任务。完成农村危房、茅草房改造666户。二是全面启动新型农村社会养老保险工作，参保农民67118人，参保率达90.8%，累计参保金564.61万元，其中13981名老人享受到基础养老金。三是实行事业单位绩效工资，提高了包括机关事业单位在职和离退休干部职工、工勤人员在内的财政供养人员的津补贴；提高五保孤儿救助金、农村义务兵优待金、城镇退伍兵和转业复员士官安置补助金标准；全县2655户8932人享受农村低保，2543户8836人享受城市低保；发放廉租房租赁补贴816户285.63万元。四是落实城乡医疗保障，142182人参加2011年度新型农村合作医疗，31110人参加2011年度城镇居民医疗保险。五是将长寿保健金发放范围从100岁以上高龄老年人扩大到90岁以上。建成海尾镇白沙村敬老院和王下乡敬老院。六是继续落实各类教育减免和补贴政策，推进4个乡镇中心幼儿园“两免一奖”试点工作。投资1104万元，建设校安工程7907平方米。建成30所中小学校学生厕

▲ 国家第一批非物质文化遗产——黎陶制品

▲ 国际性度假养生胜地——美丽的棋子湾

江

所，配置850套教师办公桌。把乌烈等5个乡镇的边远贫困家庭的学生转移到镇的中心学校或中学实行寄宿制就读。全县高考专科以上录取人数1475人，录取率达90.3%，创造了我县有史以来高考最好成绩。七是建成县人民医院内儿科住院大楼。招录100名卫生技术人员充实城乡医疗机构。实施“亮睛工程”成效显著，荣获省政府的表彰。八是继续稳定低生育水平，全县人口出生率控制在15‰以内，农村纯女结扎贫困户100%得到帮扶。九是完成46个行政村文化信息资源共享工程，新的县广播电视大楼建成投入使用。县音协4人分获全国词曲、歌手、论文的一、二、三等奖。组织队伍参加省级各类体育比赛，获得4个第一名、4个第二名、8个第三名的优异成绩。

▲ 素有中国芒果之乡美誉的昌江芒果香天下

“十一五”成就

——过去的五年，是县域综合实力显著增强、特色产业发展最快的五年。2010年全县地区生产总值比2005年净增28.3亿元，年均增长16.2 %；地方财政一般预算收入比2005年净增3.78亿元，年均增长25.8%。三次产业比重由2005年的29.3：52.4：18.3调整为2010年的24.7:56.3:19。新型钢铁、生态建材、清洁能源、农产品加工等新型工业发展势头强劲。农业产业化发展初见成效，设施农业、冬种瓜菜、热带水果、海水养殖成为产业发展新亮点。霸王岭旅游区雅加度假村、海尾湿地公园一期工程等一批项目建成投入使用，旅游收入增幅居全省前列。

▲ 国家级森林公园内的霸王岭温泉小镇

——过去的五年，是投资力度最大、城乡面貌发生重大变化的五年。五年来，累计完成全社会固定资产投资107.4亿元，是“十五”的1.4倍，净增28.4亿元。新增城镇绿地21.52万平方米，新建和扩建城镇道路42公里。完成县城人民北路和东风路改造。县城人口从2005年的6.8万人增加到2010年的8.6万人，城市化率达33%。城镇总面积由2005年的10平方公里增加到2010年的20平方公里。新建农村公路346公里、沼气池12032个。完成农村饮水工程90宗。建成一批重要水利、农田综合整治、农村通畅等农业农村基础设施工程。落实耕地保护制度，全县耕地保有量超额完成省政府下达的指标，达到56.7万亩。投入7279.97万元，实施土地整理项目，改造农田基础设施4394万亩。通信信号实现全县覆盖。

——过去的五年，是人民群众得到实惠最多、社会事业发展最快的五年。五年民生投入31.35亿元，比“十五”增加4.2倍。2010年与2005年相比，城镇居民人均可支配收入净增8004元，农民人均可支配收入净增2247元,分别增长119.1%、92%。建成县职教中心和思源实验学校，在全省率先实施教育扶贫移民工程和职业教育“四免一补”政策、推行普通高中免费教育和农村适龄儿童学前免费教育，全面实施中小学教师绩效工资。新型农村合作医疗和城镇医疗保险基本实现全县覆盖。城乡社会救助体系日臻完善。群众住房困难开始得到改善。县人民医院、县中医院门诊大楼等一批医疗基础设施建成并投入使用。先后有2个项目和5个项目分别入选国家级和省级非物质文化遗产名录。农业科技110实现全县覆盖。“平安昌江”创建活动深入开展。农村贫困人口五年减少9310人。

▲ 国家级循环经济示范区中的生态水泥工业

生态定安 人居福地

▲ 省领导在定安做县域经济调研

▲ 县委书记孙颖在“百里百村”调研

▲ 县长符立东在黄竹镇进行林下经济调研

2010年，在中共定安县委的正确领导下，我们坚持以科学发展观统领全局，开拓进取，创新实干，积极实施“两区一城一调整”战略，全力推进经济社会事业发展，全县各项工作呈现出追赶跨越的强劲态势。

全县经济快速增长。全县生产总值完成36.9亿元，增长18.3%。全县地方一般预算收入30090万元，比上年同期增收13258万元，增长78.8%。全社会固定资产投资完成22亿元，增长77.8%。社会消费品零售额9.95亿元，同比增长16.2%。2010年是我县近几年来经济发展速度最快、总量提升幅度最大的年份。

群众生活明显改善。城镇居民人均可支配收入达到14100元，同比增长18.1%，增加量为2165元；农民人均纯收入达4748元，同比增长12.9%，农民现金收入增加量为515元，增量和增长率均为历年来最高。城镇登记失业率0.7%，控制在4%以内。城镇居民医保覆盖率达100%。

一、科学规划，狠抓项目，积极营造发展新态势

围绕国际旅游岛建设编制完善各项规划。组织好“十二五”规划的编制工作，“百里百村”、南丽湖、海博园、龙门火山冷泉5A级景区、定海大桥等一批重点项目已纳入省“十二五”规划。

招商引资工作取得历史性突破。县主要领导及班子成员多次带队到北京、广东、上海等地招商，一年来共洽谈企业112家，意向投资约307亿元。中国建材、东方光通、雅居乐等一批大企业落户定安。2010年，30个总投资3.73亿元的中央新增投资项目已竣工26个；塔岭见龙片区道路、官娘脊片区基础设施建设以及中润温泉水城、长信美庐.半岛等30个重点项目进展顺利。

二、优化结构，提升水平，产业基础更加扎实

积极推动旅游及房地产业发展。举办了海南定安端午美食文化节、国际生态人居论坛、国际养生论坛研讨会、第二届南天情慈善晚会等活动；大力促销“定安八景”、“十大名菜”、“十大小吃”及“十大农副产品”，推进百里百村建设和“农家乐”生态游等一批旅游项目。2010年，全县接待旅游过夜人数24.6万人次，旅游景点接待人数103万人次,收入达1.59亿元。动工建设中润温泉五星级酒店和春阳大酒店等四家星级酒店。在南丽湖规划建设5家星级酒店。正改造1家高尔夫球场。

着力发展热带特色现代农业。全力推进 “五个一万”工程。2010年，改造和新挖鱼塘5665亩，全县水产品总产量1.3万吨，总产值1.2亿元，分别比去年增长8%和11%。新建2个花卉基地，花卉种植面积达到2500亩。推进富硒香米基地建设，富硒香米走进超市。新增设施瓜菜4000亩；全年生猪出栏29.6万头，同比增长12.6%。克服特大洪涝灾害的影响，抢种扩种冬季瓜菜11万亩；初步建立起市场监管、质量检测的农产品质量保障体系。着力打造定安黑猪、定安鹅、定安黑猪肉粽、定安槟榔花茶、定安花生油、定安圣女果等

▲ 定安县人民政府与中国建筑材料集团有限公司战略合作框架协议签订仪式

▲ 生态人居新闻发布会

品牌，定安猪、定安鹅被评为国家级遗传资源。

三、深化改革，普惠民生

努力做好2010年为民承诺办的10件好事实事。动工建设经济适用房1551套，廉租房408套，棚户区改造356套，农村危房改造360套；投资2043.6万元建设52.4公里农村通畅工程；全面铺开农村养老保险工作，为60岁以上的老人办理养老保险；投入6000万元建设17379平方米中小学校舍安全工程建设；新建文明生态村43个，建设农村沼气池一批、沼气服务站35个；投资2030万元建设23个农村安全饮水项目，新建农村户厕1250个、县城标准化公厕5个；投资1914万元完成8000亩基本农田整治及定城防洪堤维修加固；投资2000万元建设塔岭农贸市场；启动大底湿地公园、兴安公园、老县衙大众公园建设；城镇新增就业岗位2331个，下岗失业人员再就业574人，农村劳动力转移7108人。

“十一五”成就

“十一五”期间，我们紧紧围绕构建具有定安特色的经济结构，抢抓机遇，应对各种挑战，全面完成了“十一五”规划确定的各项目标任务。

——过去的五年，是经济结构加速调整，经济总量提升最快、发展质量最好的五年。2010年全县生产总值是2005年的2.3倍；全口径财政收入是2005年的11倍；地方一般预算收入是2005年的5.6倍；全社会固定资产完成投资是2005年的6.1倍；城镇居民收入是2005年的2.3倍；农民人均收入是2005年的1.8倍。

——过去的五年，是固定资产投资力度最大、基础设施完善最为显著的五年。五年来，全社会固定资产投资累计完成55亿元，较“十五”期间增长了3.6倍。扩大了县城规模，提高了城市化水平，实施第一、第二行政办公区、新人武部办公区、法院和检察院新办公区东移，完成塔岭新区五纵五横10条道路、污水处理厂、垃圾处理厂、环城北路、滨河路和支路建设以及老城区十条道路改造。一批大项目相继立项、开工和投产，落户塔岭园区企业63家，合同总投资达17亿元，一批省级龙头企业集聚园区。

——过去的五年，是民生投入最大、人民群众得到实惠最多、生活水平提高最快的五年。“十一五”期间，我们每年拿出新增财力的55%以上用于民生项目，总计投入25.75亿元用于民生，是“十五”时期6.71亿元的3.9倍。新定安中学一期、二期、思源学校、省工业学校建设、新县人民医院一期、新中医院、乡镇卫生院改造等工作顺利完成；社保医疗覆盖面继续扩大，困难企业职工、农民工、城镇居民相继纳入参保范围；每年为民办十件好事实事，建成保障性住房、水库除险加固、通畅工程、文明生态村、农村安全饮水等一批民生工程，惠及广大百姓。

▲ 丽湖风情小镇动工仪式

▲ 中国（定安·南丽湖）端午龙舟精英邀请赛

▲ 第三届定安美食文化节

▲ 长信美庐半岛

▲ 定安县第三届“南天情”关爱孤寡大型文艺演出活动

中国长寿之乡 澄迈

▲省委领导在省委常委、宣传部长、副省长谭力(左三)等领导的陪同下，在第十一届中国海南岛欢乐节主会场—福山咖啡文化风情镇中心区展馆参观指导

▲全国人大常委会原副委员长(前左一)为县委杨思涛书记（前右一）授长寿之乡匾牌

▲福山咖啡指定为全国桥牌比赛唯一指定咖啡饮品暨系列产品推介新闻发布会在北京人民大会堂召开

2010年以来，乘借海南国际旅游岛建设和海南西部地区开发建设的东风，在省委、省政府的坚强领导下，澄迈县委、县政府坚持生态立县、产业兴县、产业强县，大力实施省委省政府提出的“两大一高”战略和澄迈县提出的“三县一地”（生态现代化建设县、新型工业县、休闲旅游县和热带高效农业示范基地）经济社会发展战略，澄迈经济保持了良好发展势头。

2010年，澄迈各项主要经济指标创历史新高，提前超额完成“十一五”规划目标。全县完成生产总值（GDP）106.00亿元，首次突破百亿元大关，比上年增长25.6%，比2005年的37.68亿元增长129.3%，年均增长18.1%，去年增速在全省18个市县排名第一。经济总量在全省18个市县中赶超琼海排第5位。其中一产30.03亿元，比上年增长12.3%；二产49.31亿元，比上年增长26.4%；三产26.66亿元，比上年增长41.0%。人均生产总值23785元（3591美元），突破3000美元关口，比上年增长21.4%，比2005年增长105.2%，年均增长15.5%。

全口径财政收入28.17亿元，比上年增长105.6%，比2005年的4.91亿元增长474.1%，年均增长41.8%。其中县级各项收入21.47亿元，突破20亿元，比上年增长157.6%，比2005年增长1012.0%，年均增长61.9%；地方财政一般预算收入10.06亿元，突破10亿元，比上年增长88.6%，比2005年增长503.8%，年均增长43.3%。全社会固定资产投资83.73亿元，比上年增长100.2%，比2005年的16.54亿元增长406.2%，年均增长38.3%。社会消费品零售总额14.27亿元，比上年增长18.0%，比2005年的6.67亿元增长113.9%，年均增长16.4%。城镇居民人均可支配收入14808元,比上年增长23.4%，比2005年的7006元增长111.4%，年均增长16.1%。农村居民人均纯收入5885元,比上年增长12.2%，比2005年的3368元增长74.7%，年均增长11.8%。在2006年至2009年全省市县经济和社会发展主要指标考核中分别荣获二等奖、三等奖、三等奖、二等奖。

一、积极推进重点项目建设，用产业支撑国际旅游岛建设

工业方面，全省第一家供港澳瓜菜加工厂惠民农产品出口配送中心、全省技术最先进的水产品加工厂通威水产、全省规模最大的包装印刷厂永凯包装材料厂、中国最大的高端玻璃制造基地海南中航特玻、填补国内空白的海胶集团乳胶丝等项目相继建成投产。作为我省“一岛一区两园”发展战略项目的海南生态软件园已正式开园，吸引了东软集团等155家知名IT企业入驻，于今年4月8日正式开园，2010年实现产值15亿元。“三港合一”马村中心港区一期扩建工程主体工程完成，计划于2011年下半年全面竣工投入使用。中海油接受转让的马村港原有3.5万吨码头和新建扩建一期1至5号泊位，并将建立南海西部油田海

▲澄迈有标识可追溯农产品

▲福山咖啡树

南码头。作为全国第四个综合保税区的海口综合保税区近4000亩地顺利征用和孟乐村实现“和谐搬迁”，项目已正式封关运行。中海石油湛江分公司海上平台制作基地和后勤支持基地、年产5万吨钛白粉、椰树集团饮料生产基地、年产1万吨厚型水刺非织造布生产线项目等环保新型项目建设加快建设。

第三产业方面，作为2010（第十一届）海南岛欢乐节主会场的“福山咖啡文化风情镇”中心区项目，80多天建成20多万平方米的街馆、广场、道路和绿地等，创造了“澄迈速度”。把欢乐节与发展咖啡产业紧密结合起来，取得了“办好一个活动，留下一个产业，带动地方发展”的效果，福山咖啡文化风情镇正成为海南西部旅游的新热点。鲁能地产盈滨岛置业项目和填补海南海上娱乐项目空白的梦幻岛海上竞技运动项目开工建设。海南第一个生态旅游房地产项目富力红树湾一期建设顺利完成，已开始售房。县城第一个星级酒店家乐福项目加快推进。金江休闲娱乐之都、永庆生态旅游区、中国国际书画创作交易中心、加笼坪生态旅游区等第三产业项目建设步伐加快。

二、着力关注和改善民生，使发展成果更多惠及群众

教育方面，在落实国家九年义务教育“两免一补”的基础上，推行高中阶段免费教育，率先全省实行从小学到高中、职中、中技、中专教育的“三免四补”（即免除学杂费、课本费、住宿费，补助作业本费、贫困寄宿制学生生活费、职中助学金、中小学寄宿生住宿费），并给骨干教师发放津贴。完成县中等职业技术学校（职教中心）、澄迈中学改造等项目，启动思源学校、聋哑学校、孤儿学校等特殊学校建设，教育条件明显改善。2010年澄迈高考取得历史性突破，1名考生摘得全省理科桂冠，2名考生被清华大学录取。

医疗卫生方面，全面完成卫生体制改革和全县三级公共卫生服务网络建设，投入近1亿元完成县医院迁建工程，建设农村卫生室226个，并配备了乡村医生和乡村护士，率先全省实现村村有卫生室目标，经验做法得到全国推广。

文化和农村电信金融服务方面，县城图书馆、文化馆、展览馆、广播电视演播中心、金江影剧院等重大文化设施投付使用。完成全国文化信息资源共享工程建设。基本实现了每个村委会都建有“一站两场一室”（广播站、篮球场、排球场、农村文化室）的目标。率先在全省实现了所有行政村通宽带（有线、无线宽带全覆盖）和安装POS机及自动取款机，成为全国第一个把金融便民服务延伸到所有行政村的市县。

社保等方面，建立完善社会救助、医保、社保和城乡低保制度等四大保障体系，城乡基本医疗保障体系覆盖全县。把保障性住房建设作为一号民生工程，2003年率先全省实施保障性住房建设，累计建设经济适用房4899套、廉租房1460套和农村危房改造842间，解决了一大批公职人员和困难家庭住房难问题。去年11月在全面调研的基础上，启动1.92万间农村土坯房改造工程，计划投入10亿元用5年时间全面完成改造任务。大力实施橡胶槟榔富民、特色农业富民、商标富民、打工经济富民等四个富民工程。通过老城经济开发区增加就业岗位和向广州、东莞组织劳力输出，树立澄迈清洁工、澄迈保安、澄迈服务员等劳务品牌，促进社会就业和再就业。大力推行新农保，60周岁以上人口基础养老金发放率达100%。城市4539户11154人和农村6590户10426人纳入低保，做到了应保尽保。给80岁以上老人按100元、200元、500元等标准发放长寿补贴，被评为中国第十个、海南第一个“中国长寿之乡”。

▲2010年11月21日，澄迈县委、县政府在北京人民大会堂主办“澄迈福山咖啡杯”首都各界桥牌邀请赛暨澄迈福山咖啡指定为全国桥牌比赛唯一指定咖啡饮品授牌仪式，图为县委书记杨思涛接受牌匾

▲县委副书记、县长陈笑波接受“澄迈福山咖啡指定为全国桥牌比赛唯一指定咖啡饮品”奖杯

珍珠海岸 休闲度假之洲

▲县委书记王雄陪同省领导视察小妹水库

▲省领导到陵水调研

▲国土部领导到陵水调研

2010年是海南国际旅游岛的开局之年，是陵水发展迈上新台阶的一年。陵水县委、县政府带领全县人民战胜了持续强降雨灾害，保持了经济平稳较快发展，较好地完成了经济社会发展的各项目标任务。

综合经济实力明显增强。全县生产总值实现50.2亿元，比上年增长18.4%，全社会固定资产投资68.7亿元，增长24.5%，地方财政一般预算收入10.09亿元，突破10亿元大关，再创历史新高，增长163.2%，增幅位居全省第一。

经济结构进一步优化。三次产业比重为44:19.9:36.1，第三产业增加值18.1亿元，增长30.6%，对经济增长贡献率为50.2%，拉动经济增长9.2个百分点，以旅游业为龙头的现代服务业逐步壮大。税收占收入总量的94.03%，增长2.8个百分点。

群众生活水平较快提高。地方财政支出重点向民生倾斜，民生投入占地方一般预算支出46.53%、占新增财力的60%以上。城镇居民可支配收入12390元，同比增长18.2%；农村居民人均纯收入4214元，增长11.3%。城镇新增就业岗位3215个，农村劳动力转移6478人。社会消费品零售总额7.2亿元，增长15.3%。

“十一五”是陵水经济实现跨越式发展的五年，也是“小康陵水、和谐陵水、生态陵水”建设取得显著成效的五年。

过去的五年，是综合经济实力显著提升、经济实现跨越式发展的五年。2010年与2005年相比，全县生产总值增长113.6%，年均递增16.4%，递增速度比“十一五”规划高出3个百分点；地方财政一般预算收入增加21.2倍，年均递增85.9%，高出“十一五”计划的67.1个百分点，2007年至2010年连续四年增幅位居全省第一；三次产业结构由2005年的62.8：6.6：30.5调整为44:19.9:36.1，第三产业比重上升5.6个百分点，产业结构不断优化。

过去的五年，是招商引资和项目建设成果丰硕、改革深入推进、发展后劲明显增强的五年。五年来，我县全社会固定资产投资完成177亿元，是“十五”期间的12倍，年均递增80.8%。完成省、县重点项目累计39项。建成日产3万吨自来水厂、陵河下游防洪堤、桃源大桥、椰林大桥、椰林南北主干道、文化体育广场、县人民医院新院、新村渔港一期工程等项目。雅居乐、富力、绿城、惠普等国内外知名企业项目落户陵水，以“三湾”为代表的沿海开发项目掀起了

▲清水湾现场会

新一轮的开发热潮。

过去的五年，是农产品品牌影响力增加，现代农业生产规模不断扩大，发展水平大幅提高的五年。我们着力调整农业产业结构，在“做精农业”上下功夫，设施农业由2005年的5000亩发展到2.6万亩，有机农业异军突起，有机木瓜等产品在上海等大城市成为畅销产品。五年来，我县的无公害生产基地达到8个，成为全国无公害瓜菜10强县之一。“山区橡胶、槟榔经济带，平原区冬季瓜菜特色经济带，沿海渔业经济带”三大农业经济带形成规模。

过去的五年，是基础设施不断加强、民生事业快速推进、城乡居民得到更多实惠的五年。五年来，民生事业共投入25.97亿元，年均递增63.5%。道路、文体、卫生、教育、农业基础设施得到很大改善。县城面积由7.8平方公里拓展至16.3平方公里。累计新建和硬化农村道路529.3公里，建设饮水工程181个，农村电网实现全覆盖；完成101个文明生态村建设，对246个自然贫困村实施“三集中”的扶贫政策。五年来，人民生活水平不断提高。2010年与2005年相比，城镇居民人均可支配收入增加6780元，农村居民人均纯收入增加1923元，分别增长120.8%和83.9%；社会消费品零售总额增加4.7亿元，增长197.4%；城镇登记失业率控制在3%以内。完成3537套保障性住房，在全省率先全部消除茅草房，群众住房难得到较大改善。新型农村合作医疗、城镇居民医保、城乡低保和新型农村养老保险的城乡社会救助体系实现全覆盖。

过去的五年是各项事业全面进步、和谐社会建设取得显著成效的五年。教育得到优先发展，全县适龄儿童入学率、适龄少年接受初中教育完成率均达到省的要求。全面消除中小学校危房，扩建县民族中学和职业中专学校，建成思源实验学校、中山小学新校。全部完成乡镇卫生院改造，建成县人民医院新院、县中医院，改善了医疗卫生条件。计生工作管理水平不断提高，形成了以利益导向推动计生工作的新局面。文体事业不断取得进步。电视覆盖率和广播覆盖率分别由2005年的93.21%、95.82%提升到2010年的96.15%和98.9%。文化体育广场、体育馆、体育场、游泳馆等一批文体设施的建成，提升了我们举办大型文体赛事活动承办能力。民政事业稳步发展，荣获“全国双拥模范县”称号。关系群众生命财产安全的社会治安、安全生产、食品药品安全工作成效明显。

▲县委书记王雄陪同省领导视察陵水县扶贫工作

▲海南省黎族苗族三月三活动主会场

▲陵水县市政重点项目奠基

▲椰林大桥

▲ 省领导一行在金牌威隆造船厂听取汇报

▲ 1月11日，我县举行9个项目开工典礼

▲ 5月11日上午，县委书记和政法系统领导大接访活动在县公安局办公大楼前举行

▲ 县委副书记、县长郑柏安深入基层检查指导计生工作

2010年，在省委、省政府和县委的正确领导下，县政府带领全县人民围绕年初既定目标，齐心协力，扎实工作，较好地完成了全年各项工作任务。

——综合经济实力有了新增长。生产总值69.6亿元，增长17.4%；全社会固定资产投资21.6亿元，增长119.3%；地方财政一般预算收入2.18亿元，增长133.9%，增幅排名全省第三位；城镇居民人均可支配收入12887元，增长24%，增幅排在全省前三名，农民人均纯收入5047元，增长18.7%；万元GDP能耗同比下降5.12%。

——“三农”工作呈现新局面。农业结构得到优化。农业总产值67.68亿元，增长11.6%。粮食总产量11.1万吨，增长3.8%；投入2527万元创建5000亩瓜菜生产示范基地，带动瓜菜种植15万亩，增长7.14%；水稻制种3.05万亩，增长71.3%，成为全省水稻制种大县；橡胶种植14万亩，增长10%；香蕉种植6万亩，总产量16.5万吨，增长10%；糖蔗种植14.4万亩，总产量75.8万吨；畜牧业产值4.9亿元，增长20%，肉类总产量3.9万吨，增长8.3%。

渔业发展势头强劲。渔业总产量44.9万吨，占全省渔业产量的1/3强，连续13年稳居全省第一，其中海洋捕捞产量达40.9万吨，增长12.2%。深海网箱养殖1200口，增长50%，成为亚洲最大的深海网箱养殖基地；底播养殖2万亩，增长33.3%；罗非鱼养殖1.5万亩，增长50%。

农村面貌显著改观。新建乡村公路248.3公里；新修水利渠道40.7公里；完成中低产田改造3.9万亩；整合各类涉农资金3000万元，创建文明生态村80个、示范村20个，文明生态村建设已占全县自然村的一半；完成农村宅基地确权登记工作任务的72%；建成农村沼气2000个，改厕2700户，农村饮水安全工程11宗；植树造林3000亩，森林覆盖率达到44%。

——第二产业发展有了新成果。千方百计保工业发展。一是大力引进新型工业项目。总投资4.6亿元的太阳能光伏发电项目已动工建设，环保砖和水泥搅拌厂、游艇制造、第二个船舶制造项目正在积极洽谈中；二是积极支持企业扩大生产。威隆造船厂承建的一艘1.38万吨轮船已建成下水，创造了在海南本土建造万吨级轮船的纪录，2艘8千吨级客滚船以及20艘1500吨泰式驳船即将建成；投资1亿元的思远水产品加工厂冷库扩建工程已完成工程量的20%；三是做好农产品加工园区招商工作。与4家企业签订了投资意向书，意向投资总额3.5亿元；总投资2亿元的渔业饲料厂已完成工程量的20%。四是发展传统制糖产业。鼓励和支持蔗区种植糖蔗，确保了糖厂生产原料供应。全年工业增加值完成5.9亿元，增长140%。

——第三产业发展有了新突破。抓好临高角旅游度假区、高山岭、文庙等旅游景点的建设和管理，全年接待游客6.51万人次，旅游收入1560万元，增长11.6%。

——各项社会事业有了新发展。教育工作上，投入2940.3万元，加固中小学校舍面积4566平方米，重建、新增校舍面积18985平方米；投入3800万元扩建临高中学、临高二中和新盈中学；投入3311万元，建设县党校和县职业学校；助学贷款931多万元，圆了1566个贫困家庭学生的入学梦；化解“普九”欠债395万元。

医疗卫生工作上，投入1.2亿元建设新县人民医院；投入352万元建设80个村卫生室；招聘130名医务人员充实医疗卫生队伍；实施“亮睛工程”，成功治疗1921个白内障患者；投入238万元新建16座公厕、12个城市垃圾屋和购置一批新型果皮箱；投入200万元购置一批垃圾清运车安排给各镇；组织全县机关干部每周两次参加卫生清洁活动。基层卫生院环境卫生建设荣获全省第一名。

社会保障工作上，新农合参合率96.9%，新农保参保率80.6%，城镇医保参保率60.9%。发放低保金3789.34万元、医疗救助金477.53万元，完成残疾人、特困户、五保户危房改造596户。新增城镇就业岗位1963个，开发公益性岗位250个，实现下岗失业人员再就业613人，转移农村富余劳动力5700人。动工建设保障性住房3380套，完成省下达任务的100%，有效地缓解干部职工“住房难”问题。积极应对防汛抗灾工作，投入1323万元开展洪灾后疾病防控、灾民安置、恢复生产工作，使灾害损失减少到最低限度。

——过去的五年，是综合实力显著提升的五年。2010年全县生产总值是2005年的1.9倍，年均增长13.7%；地方财政一般预算收入是2005年的4.6倍，年均增长35.7%；社会消费品零售总额是2005年的2.1倍，年均增长16.3%；城镇居民人均可支配收入是2005年的2.3倍，年均增长18.1%；农民人均纯收入是2005年的1.8倍，年均增长13.9%。

——过去的五年，是社会事业全面进步、人民群众得到实惠较多的五年。“十一五”期间，共投入2.28亿元，新增中小学校舍面积7.2万平方米，维修校舍面积1.5万平方米；化解“普九”债务2213.8万元；创建海南临高思源实验学校；公开招聘1097名师范毕业生充实教师队伍。投入6217万元，新建和改造医务用房面积3.42万平方米，建成100个村卫生室。有2个文化项目被列入国家级非物质文化遗产保护名录。人口出生率比“十五”期末下降1.39个千分点。新增城镇就业岗位9008个，转移农村劳动力就业2.83万人。6.2万农村人口饮水安全问题得到解决。

▲ 临城二环路建成，路灯、绿化亦完成

▲ 首批572套廉租房开始入住

▲ 党校小区项目工程建设提速

▲ 十大惠农政策，促农民增收

构筑生态文明健康县 打造黎苗文化品质城

▲非物质文化遗产槟榔谷陈列馆揭牌

▲旅游房地产

过去的五年，在县委的正确领导下，在县人大、县政协的全面监督和大力支持下，县政府团结带领全县各族人民，深入贯彻落实科学发展观，抢抓机遇，开拓创新，扎实苦干，圆满完成了“十一五”各项工作目标任务。

一、紧扣发展第一要务，经济综合实力大幅提升。坚持“构筑生态文明健康县，打造黎苗文化品质城”发展方向和“三抓二保一加强”重点工作要求，一心一意抓经济、谋发展。2010年全县生产总值13.63亿元，同比增长13.9%，是2005年5.93亿元的2.3倍，年均增长18.1%。全社会固定资产投资完成14.6亿元，同比增长48.5%，五年累计达33.1亿元，比“十一五”预期目标13亿元翻了一番多，年均增长55%。地方财政一般预算收入首破亿元，完成1.56亿元，同比增长93%，增速全省排名第4，是2005年2089万元的7.48倍，年均增长49.6%。全社会消费品零售总额3.93亿元，同比增长18.6%，是2005年1.67亿元的2.4倍，年均增长17.9%。

二、坚定不移走特色差异化高端发展路子，以旅游为龙头的第三产业发展势头强劲。坚持“打造海南低碳生态发展示范县，争创国际雨林温泉旅游区”定位，以主动姿态融入三亚，参与南部产业分工，走差异特色化高端发展路子，第三产业的比重由2005年的42.8%提高到2010年的48.6%，首次超越第一产业9.4个百分点，旅游龙头地位确立。建成了呀诺达景区一期并开业迎宾；全面改建提升甘什岭民俗文化生态旅游景区，游客大幅增加；建成七仙岭两个康体休闲项目；按五星级标准建成了君澜酒店、南美温泉山庄、七仙湖温泉度假酒店、荔苑泉庄及保亭迎宾馆等一批星级酒店；投入400万元扶持建设12家符合标准的农乐乐并开业迎宾。在继续保持“三城一乡”称号的基础上，先后荣获中国“最佳文化生态旅游目的地、最佳绿色旅游名县、最具民俗文化特色旅游目的地”三项荣誉，呀诺达景区和甘什岭民俗文化生态旅游区荣膺国家4A级景区称号。2010年，全县接待旅游人数200万人次，旅游综合收入2.3亿元，分别是2005年31万人次和0.32亿元的6.5倍和7.2倍。

三、大力调整农业产业结构，新农村建设扎实推进。按照“旅游+新农村”理念走“新三农”建设路子，农业产业化进程明显加快。引进扶持了中海高科有限公司、永基公司、皓然公司、泓缘集团、正大集团等涉农龙头企业，建立了中海高科什玲有机瓜菜基地、永基什玲鸡养殖基地、万头供港生猪生产基地等种养产业标准化示范点13个，培育养鸡专业户1050个，成立养鸡农民专业合作社125个，累计新增种植各类经济作物1.12万亩，冬季瓜菜发展稳定在3.85万亩，出口优质农产品600吨、创汇209万美元，禽出栏近200万只，生猪外销12.5万头。投入4680万元基本建成新政农副产品冷藏加工储运中心。投入3722.1万元除险加固水库10宗。投入2950多万元完成水利渠道硬化节水工程92条、108.2公里。完成重点田洋整治19个3.33万亩。完成农村安全饮水工程 41宗、惠及2.79万人。投入1亿多元新建农村通畅公路55条、242.94公里，行政村全部实现通水泥公路。投入3533万元新建文明生态村102个。新建农村户用沼气池5000个。五年累计完成造林

▲旺蛙

▲三月三大型民族歌舞演出

保亭黎族苗族自治县

▲嬉水节歌舞晚会

▲琼台文化交流中心和坊

面积3.2万亩、退耕还林1.8万亩，森林覆盖率继续保持全省前列。

四、加大政府投资力度，基础设施建设步伐加快。完成了县域旅游发展总体规划和全县土地利用编修规划，县城面积从2.5平方公里拓展至9平方公里。投资7500多万元建成了日供水2万吨的县城供水项目和投入4230多万元改造扩建县城供水管网，解决了县城及景区周边近4万人的饮水不安全问题。投资4391万元建成日处理5000吨的污水处理厂。投资2400万元建成库容14万立方米的生活垃圾填埋厂。投资800多万元完成保城东西河防洪堤续建工程。投资2800多万元完成了县城夜景灯光等亮化工程。

五、坚持以人为本，人民生活水平不断提高。城镇从业人员基本养老、医疗、失业保险和城镇最低生活保障制度不断完善，城镇居民基本医疗保险参保率达99.6%。新农保试点工作扎实推进，农民参保率达92.7%，基础养老金发放率达100%。累计开发公益性岗位640个,安置失地农民250人；新增城镇就业岗位3750个，下岗失业人员实现再就业1667人；农村劳动力转移7500人。累计清欠农民工工资1500多万元。城镇和农村低保标准分别提高到220元/月和160元/月，五年累计发放城乡低保金6451万元。2010年农民人均纯收入3453元，同比增长20.2%；城镇居民可支配收入12977元，同比增长24.5%。

六、高度关注民生，基本公共服务均等化进一步落实。教育方面，“两基”成果稳步提高，全县适龄儿童入学率99.9%，初中阶段毛入学率98.2%，高中阶段毛入学率71.5%；“两免一补”政策全面落实，累计减免义务教育阶段学生学杂费5336万元；投资3200多万元完成了思源实验学校建设，累计完成教育移民2988人；2008年被评为“全国职业教育先进县”。计划生育和医疗卫生方面，全县人口出生率控制在15.2‰以下，符合法定生育率控制在92%以上，出生人口性别比控制在114以下，2008年被授予“全国计划生育优质服务县”。投资5614万元新建县人民医院；投入464万元新建改造村级卫生室58间，村级卫生室覆盖率达100%；全力推行新型农村合作医疗制度改革，农民参合率达98.3%。广电文化体育方面，基本完成文化体制改革试点工作，全县广播电视综合覆盖率达到98%；投资3821万元新建县城文化中心；引资启动县七仙文化广场改造提升工程；成功举办“七仙温泉嬉水节”等大型节庆活动，七仙温泉嬉水节荣获“2010年中国十大著名节庆品牌”，2009年我县被国家文化部授予“中国民间文化艺术之乡”。住房保障方面，开工建设凤凰等五个保障性住房小区共4720套，目前已建成732套、5.5万平方米，其中廉租房232套、1.05万平方米，经济适用房500套、4.15万平方米；全面完成农村茅草房改造工作任务，五年累计完成农村茅草房改造2210户、危房改造769户，受益农民14272人。

▲体育旅游博览会保亭展区民族歌舞表演

▲热带雨林温泉特色旅游度假区

琼中黎族苗

2010年，县政府领导班子坚持以邓小平理论和“三个代表”重要思想为指导，深入落实科学发展观，突出抓好“农民增收、项目推进、加快改革、谋划旅游、改善民生、民主法制、环境保护、自身建设”八项重点工作，全力推进经济社会健康、协调、可持续发展。

2010年，全县生产总值达13.06亿元，人均GDP达9130元，分别是2005年的2.07和1.9倍；全县地方财政一般预算收入10292万元，首次突破亿元大关，是2005年的3.14倍；城镇居民人均可支配收入11200元；农民人均纯收入3390元，增幅全省排名第一；全社会固定资产投资7.3亿元，是2005年的3.25倍；社会商品零售总额2.62亿元，同比增长14%。

一、围绕富民目标，多举措促进农民增收。

实行县领导包乡镇、机关包村的联手增收责任制，重点扶持农民发展种桑养蚕、养蜂等新兴特色农业，全县种桑面积达2.3万亩，养蜂4.1万箱，创建了种桑养蚕、养蜂等“一村一品”特色专业村30多个；我县有民营橡胶25万亩，槟榔10万多亩，绿橙4万多亩，通过对这些产业的科技培训，提升传统产业效益来增加农民收入。

二、围绕强县目标，推进一批重点项目建设。

一是抓好新增中央投资项目建设，目前已完成36个，进度为97%；二是抓好红岭水库工程项目建设，项目的征地、拆迁、青苗清点、补偿、移民安置等工作进展顺利，为项目开工奠定了坚实的基础；三是投资近30亿元的省重点项目抽水蓄能电站项目落户琼中；四是有序开发房地产项目，“珉华·百花苑”小区、“绿橙花园”小区和“富豪城”商业区等商住小区已在建设当中，南京中豪威尔集团投资6亿元打造的氧立方高端房产项目已奠基。今年全年征地任务达29宗，总面积46869.16亩（其中含红岭水库征地42681.15亩）。成功出让了150多亩建设用地，土地出让金达1.5亿元，土地出让金总额及单价均创历史新高。

2010年，县政府紧紧围绕农产品加工、水能发电、生态旅游、房地产等项目抓好招商工作，招商引资成效显著。2010年我县新注册企业104家，同比增长46%；注册资金5.1585亿元，同比增长300%。其中，今年注册资金在2000万元以上的企业有6家。

▲ 省领导到琼中保障性住房建设工地视察

▲ 省财经领导小组领导到琼中视察种桑养蚕情况

▲ 海口市委书记陈辞率考察组到琼中进行学术交流

▲ 2010年琼中三月三招商推介会

▲ 思源学校建设完成，新生入学典礼

族自治县

三、围绕改善人民生活目标，加快推进民生建设。

一是抓好保障性住房建设。保障性住房建设是今年全省“一号民生”工程。积极启动建设保障性住房2705套，总建筑面积23.4万平方米，比省下达的任务多出905套。已开工建设1863套，占省下达任务的103.5 %。目前已竣工358套，完成省下达任务的20%；在建1205套。预计年底前可竣工600套，占年省下达任务的33%。

二是做好就业和社会保障工作。多方创造就业岗位，截止11月底，全县城镇新增就业人员1192人，完成全年任务的132.4%；下岗失业人员实现再就业365人，完成全年任务的121.6%；农村富余劳动力转移就业4115人，完成全年任务的158%；全县城镇登记失业率为2.57%。我县是全省第二批新型农村养老保险制度七个试点县之一，截止12月11日，全县新农保16-59周岁参保49723人，完成88%；信息录入16-59周岁58181人，完成91%；60周岁以上9048人，已全部完成基础养老金发放，发放率100%。

四、围绕构建和谐琼中目标，加快发展各项社会事业。

高度重视职业技术教育和学前教育，职业学校首先执行全免费上学，加大学前教育投资，建设了一批中心幼儿园。2010年，高考本科录取184人，录取人数创历史新高。琼中思源学校中考成绩在全省10所思源学校中名列第一。

一是加快发展卫生事业。不断完善县、乡、村三级卫生医疗网络建设。再投资2100万元新建县人民医院门诊大楼业务用房，新建成村卫生室48间，全县行政村卫生室普及率达100%；投入1200多万元为县乡村三级医疗机构购置了一批先进的医疗设备和器械。

二是加快发展文化体育事业。办好黎族苗族传统节庆活动“三月三”；圆满完成了2010年环岛国际自行车赛琼中赛段的各项服务工作；琼中女足获得了U18全国女足锦标赛第四名，两名队员入选国家U19集训队。

五、围绕生态保护核心区，加大环境保护力度。

开展“创建绿色家园，推进生态文明示范县建设”活动。坚持做到不以牺牲生态环境为代价发展经济这一原则，严格实施退耕还林、天然林保护等生态工程，森林覆盖率逐年递增，生态环境质量继续保持在全省前茅。

▲ 兰花种殖基地

▲ 琼中绿橙深加工车间

▲ 黎族苗族织锦技能比赛及文化下基层活动

▲ 琼中新开发的房地产项目

▲ 歌舞三月三晚会

走向明天的自由港、新型临海工业基地、现代仓储物流中心

洋浦经济

▲ 成品油码头

▲ 洋浦港码头

2010年，是“十一五”的最后一年，也是为洋浦“十二五”发展夯实基础的重要一年。在省委省政府的正确领导下，开发区认真贯彻落实中央和省委省政府的各项决策部署，抢抓机遇、创新实干，超额完成“十一五”期间经济社会发展任务。

一、洋浦“十一五”期间经济快速发展

全年实现地区生产总值178.2亿元，可比增长17.0%，是2005年的5.7倍；规模以上工业总产值572.8亿元，同比增长30.1%，是2005年的13.2倍；工业增加值124.1亿元，可比增长12.8%，是2005年的8.9倍；税收总额147.1亿元，同比增长19.2%，是2005年的9.8倍；地方财政一般预算收入11.3亿元，同比增长44.1%，是2005年的2.3倍；港口吞吐量2816.7万吨，同比增长6.2%，是2005年的6.5倍，其中集装箱完成吞吐量21万标准箱（TEU），同比增长40.2%；进出口总值61.7亿美元，同比增长27.7%，是2005年的6.5倍；省政府下达我区的“十一五”节能减排任务提前完成。

二、“一港三基地”产业基础进一步夯实

开发区紧紧围绕省委、省政府根据洋浦实际提出的“一港三基地”产业定位，全力以赴做好招商引资和项目建设推进工作，一批重点项目进展顺利，进一步夯实了“一港三基地”产业基础。

港航产业发展加快。

开发区充分利用优越的建港条件，抓紧港口基础设施建设，已形成具有14个1至30万吨级泊位的多功能港口群，2015年前规划建成货运码头泊位50个以上，2020年前规划建成货运码头泊位102个。2009年在省委省政府的大力支持下，海南泛洋航运公司在一年多时间里，已拥有和控制集装箱船18艘，总吨位超过51万吨，新开通美西、澳洲等内外贸航线15条（其中挂靠洋浦航线9条），取得了可喜成绩，为构建洋浦区域航运枢纽、物流中心打下了坚实基础。

▲ 多拉快跑

▲ 30万吨级原油巨轮正在卸油

开发区

海南炼化全景

石油化工、石油储备和浆纸一体化基地建设进程加快。

800万吨炼油项目已于2006年9月投产，8万吨苯乙烯项目已于2006年11月投产；60万吨聚酯原料、210万吨精对苯二甲酸（PTA）和100万吨聚对苯二甲酸乙二醇酯（PET）等项目业主已经进场施工；300万吨液化天然气（LNG）项目陆域形成工程已经完成；省“1号工程”150万吨乙烯项目，已申报列入国家“十二五”规划，项目前期工作已经启动；海南炼化2000万吨炼油改扩建工程已申报列入国家“十二五”规划并积极推进中。

205万立方米成品油保税库项目、30万吨级原油码头及配套储运设施工程项目业主已经进场施工；此外，国家石油储备、中石化商业石油储备、华信能源商业石油储备、中汇控股油品保税库、海航集团成品油商业储备等项目前期工作推进顺利。

100万吨木浆已于2005年3月投产，30万吨卫生纸项目已于2008年3月全部投产，160万吨造纸项目（一期）已试投产；“十二五”期间规划建成120万吨化学浆、20万吨机械浆、36万吨卫生纸。

洋浦一港三基地的基本框架初步形成。

三、洋浦“十二五”发展的指导思想

以邓小平理论为指导，以科学发展观为统领，深入贯彻胡锦涛总书记视察洋浦时的指示精神和省委省政府的战略部署。抓住海南建设国际旅游岛和西部开发的历史机遇，进一步解放思想，深化改革，坚持“一港三基地”发展定位和“大企业进入、大项目带动、高科技支撑”的发展战略，突出主导产业发展、基础设施建设和民生事业发展三个重点，将洋浦建成国家级石油化工一体化产业基地、亚洲最大的制浆造纸产业基地、国家级油气储备基地，打造面向东南亚的航运枢纽和物流中心，培育修造船与旅游装备制造基地，成为带动海南经济发展和现代化的主要引擎和战略支撑。

▲ 8万吨苯乙烯

▲ 100万吨木浆

▲ 30万吨卫生纸

▲ 160万吨造纸

海南老城

▲ 省领导到开发区调研

▲ 省领导在开发区视察工作

▲ 中国海南生态软件园开园庆典

海南老城经济开发区创建于1988年5月，属海口市城市总体规划三大组团之一的马村工业组团，是《海南省城镇体系规划》确定的琼岛北部综合工业区的重要组成部分，2006年3月，通过国家发改委审核公告升格为省级开发区，目前正在申报国家级开发区。开发区支撑澄迈经济半壁江山，是海南经济发展的新增亮点。

开发区远景规划面积300平方公里，近期规划面积56.72平方公里（工业区规划建设用地面积36.88平方公里），已开发建设面积20平方公里。

文化底蕴深厚。澄迈县是海南三大历史名邑之一，原名苟中，西汉元封元年（公元前110年）置县，隋大业三年（607年）建县城于今老城镇的老城墟。因城墟西南边有一溪叫澄江，澄江“激石成滩，欲雨声怒”，东边有一山叫迈岭，迈岭“形势高朗，气脉厚聚”，故各取澄江、迈山之首字易名澄迈县。老城这个拥有1400多年历史的文化古城，是当年苏东坡流放海南时登陆的地方，不仅保存苏东坡流放海南离琼时留有《澄迈驿通潮阁》诗篇的宋朝驿站——通潮阁，还存有因树立“大成至圣先师孔夫子”的丰功伟绩而得名的老城大成殿。为海南的解放事业立下不可磨灭功勋的著名琼崖抗日英雄马白山将军之纪念园也在区内。

区位优势明显。开发区北依琼州海峡，西临北部湾；与海口相邻，距市中心20公里，离机场32公里；区内有粤海铁路海口南站、铁路物流配送中心；外海岸线16.5公里，6个深水码头，年吞吐能力800万吨，全国25个中心枢纽港之一，国家一类对外开放口岸——马村口岸，已开通达日本、韩国、新加坡等十多个国家和地区的国际航线；区里公路四通八达、纵横交错，海南环岛西线高速公路、海口南海大道、海口西海岸景观大道西延线以及海口绕城高速公路均在区内交汇。

基础设施完善。区内基础设施已累计投入50多亿元，区内10万吨/日供水工程和5万吨/日污水处理厂已建成并投入使用。已被规划为未来海口港综合性中心港区和海南省港口综合物流中心的马村港区扩建工程正加快推进，已完成总投资20亿元的一期主体工程已竣工并投入使用，二期、三期工程已启动。此外，开发区内商贸、银行、文化、教育、娱乐、医院、酒店等配套设施比较齐全。

投资环境良好。开发区始终紧紧围绕“提供高效优质服务，优化经济发展环境”服务理念，全省率先成立项目投资服务中心，实施“一条红地毯铺路、一个窗口对外、一条龙服务、一支笔审批”的办事制度，审批服务流程便捷高效。制订《服务承诺制》、《项目跟踪责任制》、《服务限时制》、《首问负责制》和《社会治安保障制》，让投资者“入区有决心、回报有信心、发展有雄心”。老城开发区是海南省唯一一个“中国50家投资环境诚信安全区”；唯一一个“改善金融服务优化投资环境示范区”；“中国最具投资价值20强开发区”，“全国精神文明建设工作先进单位”和“中国最佳生态经济园区”，获“中国最具投资潜力十强开发区（省级）”、“海南省人民满意的公务员集体”荣誉称号。

产业初具规模。开发区是海南省唯一有较齐全产业体系的开发

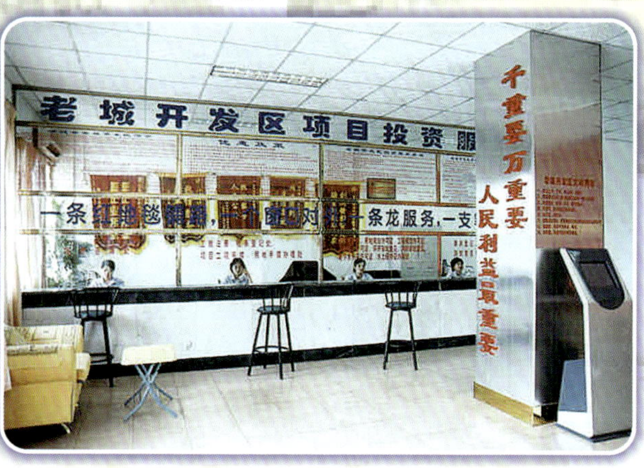

▲ 开发区管委会项目投资服务中心

▲ 开发区政务中心鸟瞰图

经济开发区

区，区内投资和产值达亿元以上的企业有中石油、中海油、中石化、中国华能、中国国家电网、南方电网、中电集团等33家。截至2011年6月，入驻企业636家项目858个，项目累计投资330多亿元。

工业和高新制造业，形成以石油、天然气、煤电技术、太阳能、生物质能等清洁能源为代表的能源和石油化工工业集群；区内的中航特玻材料有限公司引进美国PPG——当今世界最先进的玻璃制造工艺技术，建设四条高端玻璃生产线，其中，第一条线生产电子玻璃，第二条线生产非晶硅太阳能TCO镀膜玻璃，第三条全氧燃烧生产在线Low-E镀膜节能玻璃，第四条线生产航空玻璃、高速列车玻璃、高强度耐高温防火玻璃原片；并建立具有国际水平的高端特种玻璃材料研发中心；该基地的落户建设，使海南省成为世界级的高端玻璃最大生产基地。区内的欣龙无纺现有6个国家级火炬计划项目，30多项国家专利，其拥有“全国非织造技术中心”、“国家非织造材料工程技术研究中心”、“国家非织造行业博士后科研工作站”，在国际无纺业界已具备了相当高的企业核心竞争力。武钢集团海南有限责任公司生产具有高技术含量、高产品附加值的精密极薄带钢产品已形成系列化，性能已达国际同类产品的技术要求。形成以特种玻璃、特种钢材和无纺工业为代表的新型材料产业集群；区内有海南省规模最大、技术水平最先进的专业水产饲料厂和水产品加工厂，水产品出口美国、欧盟、日本、东南亚等地。形成以椰树集团、统一公司、通威股份和翔泰渔业为代表的食品加工产业集群；利用海南得天独厚的橡胶资源，研发高端橡胶制品，变资源优势为新的经济增长优势，形成橡胶深加工产业集群。软件产业，海南生态软件园作为“一岛一区两园”省级发展战略重要组成部分，项目首期规划用地3000亩。园区于2009年5月正式启动，目前有东软集团、惠普海南、海南微软技术中心等入园企业170多家。目标是打造成为国家软件产业基地。港口和临港物流，区内有全国25个中心枢纽港之一、国家一类对外开放口岸——马村口岸，全国第四个国家综合保税区，规划建设总面积为10平方公里的金马物流园区，形成临港工业及现代物流服务业集群，打造海南北部重要的现代临港加工和物流体系。旅游产业，老城地区山水布局独特。山、海、江、河相互烘托，古澄迈八景中的四大自然景观就在老城。充分发挥地处海口城市圈的区位优势，形成城郊型观光、文体娱乐的旅游度假区。利用独特的自然和人文历史资源优势，突出打造“城郊假日游”、“康体娱乐游”等品牌。同时，创造盈滨半岛国家4A级景区。

发展定位科学：发挥港口、区位和资源三大优势，按照“高科技、大港口、大物流、大工业”的战略构想，以“大企业进入、大项目带动、高科技支持”战略举措，规划做大新型工业；做优软件产业；做活港口与港口物流业；做强盈滨半岛旅游业；做精古镇文化产业等五大主导产业。

2010年开发区企业总产值211亿元；生产总值 64.71亿元，占全县的60.3%；全口径财政收入18.32亿元，占全县的65.0%；税收收入8.67亿元；固定资产投资54.37亿元，占全县的61.1%。

▲ 位于开发区内的中国海南生态软件园

▲ 扩建中的海口港马村中心港区

▲ 落户开发区的华能海南发电股份有限公司海口电厂

▲ 位于开发区的海南省重要能源加工基地海南中海油气有限公司

▲ 中航特玻有限公司的高端玻璃生产线

扎实推进国际旅游岛建设　着力提升城市品位

海口市

▲ 重点项目调研

▲ 演丰绿色慢行绿道调研

2010年是“十一五”的最后一年，美兰区紧紧围绕海南国际旅游岛建设总体目标，大力实施“2233444”工程，奋力抗洪救灾，全力抓好灾后重建，各项工作取得良好成效。

一、经济保持快速健康发展

主要经济指标好于预期。实现地区生产总值157.2亿元，增长15.1%。财政收入23.2亿元，增长24%。固定资产投资完成120亿元，增长14.5%。社会消费品零售总额81.4亿元，增长21.3%。城镇居民人均可支配收入14772.4元，增长11.4%。农民人均纯收入6154元，增长8.8%。

现代服务业蓬勃发展。新埠岛起步区、鸿洲江山、大英山中央商务区等一批旅游地产项目和龙窝湖、南洋河、游艇俱乐部等运动休闲项目顺利推进。以海秀东路、海府路为核心的商业区辐射功能进一步增强，蓝天路、白龙路等特色商业街和大型超市、连锁店、专卖店建设品质得到提升,中心商业区、特色商业街、社区商业网点进一步完善。新增规模以上商贸企业23家。

现代高效农业加快发展。突出抓好设施农业和生态休闲农业，建成灵山群绿和三江道美2个现代设施农业示范基地。新增花卉种植2324亩，新增水果种植2806亩，复种瓜菜3.35万亩。全年出栏生猪40.07万头、禽类340.78万只。罗非鱼养殖6005亩、对虾养殖0.92万亩、贝类养殖1.7万亩。完成275个沼气池建设和2000户改厕任务。投入936万元加强农田水利基本建设，恢复灌溉1.1万亩，改善灌溉1.56万亩，改造低产田0.53万亩。新增造林3712亩。加快推进农业产业化，农民专业合作社达135家。

招商引资成效显著。引进广物集团、浙江国都、北京嘉华控股、中城建集团、北京博泰集团等一批实力企业，投资海甸溪旧改滨江新城、海南国际汽车产业园、演丰风情小镇、世界石油论坛、江东旧村改造等11个项目，总投资300亿元，去年完成投资25亿元。广物滨江海岸风情街建成、地产项目开盘销售，鸿洲江山埃德瑞五星级皇家园林酒店对外开业。雷克萨斯等5家4S店竣工营业。

二、国际旅游岛建设开局良好

旅游化改造初见成效。积极推进绿色慢行休闲系统建设，在演丰、三江、大致坡镇建设50公里慢行通道，以“藤结瓜”方式将沿线文明生态村有效连接，积极培育乡村观光旅游产业，努力将“绿道”变为游客观光消费之道、农民增

▲面对突如其来的洪灾，李杰书记率领工作组第一时间赶赴灾区现场指挥救灾工作

▲书记李杰做客椰城纠风热线现场倾听市民心声

美兰区

收致富之道。积极开展水环境综合整治，面源污染整治通过验收。组建区环卫大队、执法中队、“环卫110”，在全市“椰城环卫杯”评比中获得第一名，被市评为“先进模范区”。成立数字城管信息中心，强力推进打违拆违、户外广告和“三车”专项整治，拆除违法建筑453宗、16.75万平方米，违章违建势头得到有效遏制，城乡面貌发生了可喜变化。

三、抗洪救灾取得决定性胜利

2010年10月,面对突如其来的洪灾，各级领导干部靠前指挥，基层组织和广大党员干部充分发挥战斗堡垒与先锋模范作用，实现了“零死亡、零疫情、零上访”目标。投入4294万元妥善安排受灾群众生活，开展医疗救灾和卫生防疫，恢复农业渔业生产，修复水毁水利、市政设施和农村道路，修复11所受灾学校，启动大致坡皇桐园和流坑两村搬迁。发挥设施农业优势，免费向农民提供种苗，抢种瓜菜3.42万亩。投放鱼虾苗9000多亩、4.6亿尾。

四、重点项目建设加快推进

2010年确定的52个重点项目完成投资52亿元。海甸溪北岸旧改东段安置区、海甸五东路贯通工程、水环境综合整治、环岛路二三标等6个项目顺利完成。“078工程”、海经院、司马坡岛、东环铁路配套道路、大致坡园林东路及配套设施等项目完成征地工作。旅游医疗保障中心、廉租房等建设项目基本完成。

五、民生进一步改善

2010年投入1719万元用于改善民生，完成为民办实事20项，人民群众得到更多实惠。

就业和社会保障工作力度加大。新增就业岗位8254个、下岗失业人员再就业3125人、转移农村劳动力3057人。发放城乡低保金1492万多元。完成城镇居民医保征缴12.98万人，参保人数居全市首位，农民参合12.03万人，参合率达99%。新型农村社会养老保险制度在我区试点成功，发放基础养老金1.54万人、1070万元。

保障性住房建设扎实推进。完成190套廉租房的配租，772套廉租房即将竣工，500套经济适用房动工兴建，435套市政道路安置房顺利开工。投入80万元建成2个社区居委会办公场所。完成114间、1.09万平方米危房安全检查和改造计划的编制。

教育均衡发展取得新成效。投入350万元创建20所省市级规范化学校，投入4116.6万元改造灵山中心小学等32所薄弱学校，投入300万元建设区青少年活动中心，投入290万元建设区职业教育中心。安排3729万元解决教师岗位绩效工资。选派28名城区优秀教师赴乡镇支教，乡镇学校教学质量明显提高。

卫生计生工作水平进一步提高。投入84万元完成10家农村卫生室标准化建设，超额完成年度任务，全区卫生室标准化率达65.11%。投入17.64万元增加乡村医生劳务补助。完成12.21万村民的健康建档，建档率达78.2%。

文化体育事业进一步发展。新建3个社区文体活动广场。创建区文化信息资源共享中心并对外开放。出色完成中国铁人赛、环海南岛国际公路自行车赛美兰赛段的各项工作。演丰镇被评为“中国生态文化名镇”。

▲部署抗洪抢险

▲下乡调研

▲下乡调研

▲ 省领导到秀英区调研

▲ 区三套班子深入基层调研

海口市秀英区

秀英区位于海口市西部，东接龙华区、西邻澄迈县，南与定安县接壤，北临琼州海峡，总面积511.5平方公里。下辖海秀、长流、西秀、石山、永兴、东山6个镇和秀英、海秀2个街道办事处，2010年常住人口34.95万人。秀英南靠全市最高点马鞍岭，北依20公里长的海岸线、区内资源丰富、生态优美、交通发达，发展优势得天独厚。海榆西线、中线、绕城高速三条公路纵横贯穿城区，海口火车站、海口港，是海南省、海口市连接内陆的重要海运及铁路交通枢纽和对外门户。区内聚集了高新技术开发区、海口“药谷”核心区、港澳工业开发区等工业园区。拥有历史悠久、风景优美的旅游景点，如雷琼火山群世界地质公园、丘濬墓、海南热带野生动植物园、假日海滩公园、热带植物博览园。

“十一五”时期，是秀英综合实力发展最快、城乡面貌变化最大、人民得实惠最多的五年。2010年，全区实现生产总值94.66亿元，财政总收入10.68亿元,农业总产值16.74亿元，工业总产值133亿元，全社会固定资产投资总额完成87.8亿元，全社会消费品零售总额达117.88亿元，分别是“十五”期末的2.2倍、2.7倍、1.8倍、2.5倍、5.4倍和3.8倍。产业结构优化升级，工业园区加快推进，初步建立起以医药、食品、饮料、电子、化学纤维、电气机械、服装等七大行业为主的工业行业结构体系，产业集群初具雏形。实施农村饮水“村村通”建设项目，农村自来水普及率达100%。增加农田基本建设投入，完成了北征田洋等农田基本工程建设。城乡面貌明显改善。“十一五”期间，共建成农村公路144条，基本实现农村公路“村村通”；建成农村饮水安全工程84宗，有效解决羊山地区人畜饮水难问题，使7.22万人受益；2010年止，已创建文明生态村178个，占自然村总数的55.5%；全面完成“广播电视村村通”工程。2010年海口港社区获“全国妇联基层组织建设示范社区”，秀英区获得“第八届海南省双拥模范区”、“海口市电子农务体系建设先进单位”“海口市人口和计划生育工作目标管理工作先进区”、“海口市防汛救灾先进单位”等荣誉称号。还有区纪委等10家单位荣获4项国家级、6项省级表彰。

社会事业协调发展。“十一五”期间，全区地方财政新增财力用于民生支出3878万元，比十五期间增长107.2%；学校教育水平和质量得到提高，城乡均衡教育呈现良好发展态势；“一镇一品一特色”文化品牌建设取得实效；农村卫生室和社区卫生服务站实现全面覆盖；五年新增就业岗位2.8万个；人民生活水平和生活质量进一步提高。2010年城镇居民人均可支配收入17553元，农民人均纯收入6218元，分别是“十五”期末的1.8倍和1.7倍。

“十二五”时期，秀英区将以国际旅游岛建设统领经济社会发展全局，围绕打造“宜居、宜业、宜学、宜游”品位之城的目标，发挥秀英的优势，加快打造城市建设样板区、现代产业聚集区、体制机制创新区、度假旅游示范区；加快社会主义新农村建设，切实保障和改善民生，全力推动社会事业健康发展，为全面实现建设小康社会的目标奋勇前进。

▲ 镇海村旧城改造安置房项目开工仪式

▲ 美丽的西海岸

海口市龙华区

“十一五”是我区发展进程中不平凡的五年。五年来，全区人民在市委、市政府和区委的正确领导下，始终坚持以科学发展观为指导，紧紧围绕“中心驱动、产业联动、项目推动、争先保位”的发展思路，全力抢抓发展机遇，有效应对各种挑战，全面完成了“十一五”规划确定的各项目标任务。

——过去的五年，是经济持续快速发展，综合实力显著提升的五年。全区实现生产总值1050亿元，是“十五”时期的2倍，年均增长13%；财政总收入达192.6亿元，是“十五”时期的2.3倍，年均增长17.5%；一般预算收入达33亿元，是“十五”时期的3.6倍，年均增长29.3%；全社会固定资产投资累计完成418亿元,是“十五”时期的1.8倍；社会消费品零售总额累计实现366.32亿元，是“十五”时期的1.9倍；城市居民人均可支配收入和农民人均纯收入年均分别增长12.8%和11.2%。经济结构进一步优化，现代产业体系初步建立，一、二、三次产业均有突破性增长。特色农业加快发展。治坡改种取得显著成效，成功创建儒林坡、咸谅坡等一批瓜菜、香蕉生产示范基地和黑山羊、新坡鹅等禽畜标准化生态养殖小区，畜牧业、瓜菜、水果等特色产业产值全面增长。农业总产值年均增长8.7%，2010年达到7.51亿元，是2005年的1.7倍。

——过去的五年，是各项社会事业全面进步，人民生活明显改善的五年。每年新增财力70%以上都用于改善民生，五年累计投入12亿元，解决了一批事关群众切身利益的突出问题。着力解决就业再就业问题，五年累计新增城镇就业36450人次，组织农村劳动力转移就业17286人次，被评为“全国农村劳动力转移先进单位”。坚持教育优先发展，扎实推进科教兴区和人才强区战略，五年共投入教育经费5.87亿元，全面落实“两免一补”政策，义务教育阶段入学率100%，推进安全文明生态学校建设，全区85%以上学校达到文明示范学校标准。卫生工作成效显著，社区卫生服务进一步完善，初步实现“小病在社区、大病进医院、康复回社区”的工作目标，被评为“全国社区卫生服务示范区”；投入1600万元扩建镇卫生院5个和建设村卫生室40个；人口和计生工作再上新台阶，低生育水平保持稳定。社会保障体系不断完善，实施新型农村合作医疗、城镇居民医疗保险制度，参合（保）率保持在98%以上；加强保障性住房建设，启动经济适用房建设，分配廉租房471套，发放廉租房补贴281万元；加大解困救济力度，投入民政救灾救济资金3100万元、城乡低保资金5400万元。扎实推进“平安龙华”建设，设立打击“两抢”、侦破“积压命案”奖励基金，完善社会治安防控网络，加强刑释解教和社区矫正工作，被评为“全国平安建设先进区”，实现全国综治先进“二连冠”。

▲ 区领导宁虹雯、梁锦武、符革在工业企业调研

▲ 区领导视察沙坡水库

▲ 区领导到二十六小学调研

海南省疾病预防控制中心

海南省疾病预防控制中心于2002年6月由原海南省卫生防疫站、海南省热带病防治研究所、海南省结核病防治研究所、海南省健康教育研究所合并组建成立。2010年7月获批升格为副厅级卫生事业单位。

中心现有办公和实验场所面积16398m^2，其中实验室面积6500 m^2。共有职工235人，其中专业技术人员占总在职职工的84.2%；本科以上占70.3%，硕士研究生以上占9.3%，中高级职称占48%，中心成立后培养了一批中青年科学带头人，先后涌现了全国劳模、五一劳动奖章、卫生部有突出贡献优秀中青年专家、海南省“515”人才、海南省“十大优秀青年”等有为之才。

在全省疾控工作者的努力下，我省疾病预防控制工作取得显著成效。全省传染病发病率连续下降，无重大传染病疫情发生，霍乱、登革热、疟疾等重点传染病得到了有效控制，疟疾发病率显著下降，实现消除丝虫病目标。全省计划免疫“四苗”接种率由建省前的10.8%提高到95%以上，继续维持无脊髓灰质炎状态，公共卫生保障得力，应急处置能力不断提高。

2006年中心获得中国国家认证认可监督管理委员会授予的计量认证证书和中国合格评定国家认可委员会授予的实验室认可证书，并通过两次监督评审和一次复评审，技术水平和能力达到了国内先进水平，检验检测资质能力范围覆盖了工作场所、放射防护等14类共437项。2009年获卫生部职业卫生技术服务机构(甲级)资质。

2010年10月，海南遭遇60年一遇的洪涝灾害，我省大部分市县受灾严重，灾后防病形势严峻。关键时刻，中心在省卫生厅领导下，行动迅速，科学应对，有条不紊地开展救灾防病工作，取得大灾之后无大疫的重大胜利。在中心指导下，我省各洪涝灾区累计消毒水井49023个，消毒面积约4349万平方米。全省累计对洪涝灾区开展外环境和腹泻病人监测采集的1731份标本进行检测，未监测到霍乱流行株。在省卫生厅领导下，我中心广大疾病控制者迎难而上，指导基层疾控中心严防死守，截止目前，灾区无重大传染病疫情和重大突发公共卫生事件报告。

海南省疾病预防控制中心将以国际旅游岛建设为契机，在新起点上重新起步，按照省委“重塑特区意识、重振特区精神、再创特区辉煌”的要求，不断提高疾控机构服务社会经济发展的能力，维护好全省无疫区和健康岛的品牌，为海南实现“一省两地”的发展目标和全面建设小康社会战略目标做好服务和保障工作。

▲ 中心党委书记、主任杜建伟紧急部署救灾防病工作

▲ 中心党委书记、主任杜建伟带队现场指导灾后防病工作

▲ 中心党委副书记王善青带队检查灾区积水容器中蚊虫孳生情况

▲ 我中心应急防疫队在陵水现场指导受淹水井消毒

▲ 我中心应急防疫队在定安县检测住户末梢水余氯

▲ 职业卫生工作人员在中海石油文昌油田13-1海上平台进行放射防护检测

海口市市政市容管理委员会
海口市城市管理行政执法局

“十一五”以来，在市委市政府的正确领导下，海口市市政市容管理委员会在城市管理工作中以依法行政为重点，以加强干部队伍建设为基础，以治理违法建筑、占道经营、市容市貌等方面的城市环境综合整治工程为突破口，努力提高执法水平，优化城市环境，提升城市形象，为促进海口平稳较快发展做出应有贡献。

一、抓业务工作质量，规范“一盘棋”格局的好服务

1、科学划分市、区、街道、居委会的事权界限，加强区、街道、居委会的管理能力建设，充分发挥区、街在城市管理中的主体作用。2006年推行城市相对集中行政处罚权，按照“属地管理、以区为主”和“一支队伍、统一领导、双重管理、重心下移”原则进行管理。2007年通过实施强区扩权，进一步明确各区在城市管理中的主导地位。2008年出台《关于建立加强城市管理长效机制的意见》，确立了“两级政府、三级管理、四级网络”建设框架。2010年开展机构改革，进一步整合城市管理各项资源，成立了海口市市政市容管理委员会。

2、积极开展与城市管理相关的立法、规章制度的制定工作。编辑了《海口市城市管理行政执法手册》和《海口市城市管理行政执法法规汇编》，印发了《海口市违法建筑查处与问责若干规定》、《协调查处违法建筑工作方案》、《违法建筑查处考评细则》等规范性文件，为执法工作的法律工具奠定了良好的基础。

二、抓数字城管建设，推进一系列精细化、智能化城市管理

海口市数字化城市管理信息系统（简称：数字城管）将“公共设施、道路交通、市容环境、园林绿化、房屋土地及其他”等六大类81种市政设施部件和“市容环境、宣传广告、施工管理、突发事件、街面秩序”等五大类51种城市管理事件列入数字化管理巡查范围，同时组建了数字化城市管理巡查队伍和指挥监督中心，建立了“巡查——派发——处置——结案——考评”的协同管理机制，搭起了数字化城市管理的运行框架。自2009年8月1日正式投入使用以来，立案派发办件总数160033件，已结案151937件，结案率94.9%。

三、抓“五大工程”环境综合整治，创建一个整治优美的城市

2009年6月23日，正式启动了环境综合整治“五大工程”。经过一年的努力，“整洁、优美、有序”的省会城市逐步建立。城市主次干道垃圾乱扔丢和小街小巷脏乱差问题明显改善，城市一、二类道路，重点部位占道经营问题明显改善，主次干道、重要部位违章停车问题明显改善，建筑施工、社会生活噪音污染扰民问题明显改善，主要道路、新建道路、重点项目周边及城中村的违法建筑问题明显改善。“三个提升”即：市民对城市管理的支持度提升，媒体对城市管理的关注度提升，市政市容管理队伍在人民群众心目中的满意度提升。

▲ 市政市容委召开第一次党代会

▲ 市政市容委开展新法规专题辅导

▲ 市政市容委系统召开廉政报告会

▲ 第一届“城管杯”篮球赛获奖队员合影

▲ 市政市容委召开依法行政专题报告会

大棚苦瓜硕果累累

冬种辣椒喜获丰收

规模养猪场

规模养鸡场

海口市农业局

▲ 2月12日，组织全体党员参加反腐倡廉教育

▲ 海口市农业局领导与区农业局领导深入东山镇了解雨灾后叶菜抢种情况

▲ 1月6日农业局到流坑村帮扶，为村民送鸡苗

“十一五”期间，我市认真贯彻落实中央、国务院和省委、省政府一系列的方针政策，紧紧围绕发展低碳农业主题，着眼农业增效、农民增收目标，不断调整产业结构，优化特色农业资源布局，加快发展现代都市农业，推进了农业和农村经济快速发展。

	农业总产值（亿元）			农民人均纯收入（元）
	合计	畜牧业	种植业	
2005年	38.46	14.96	15.54	3829
“十一五”目标	56	28.09	25.05	5700
2010年	60.95	21.92	25.72	6151
目标完成率（%）	105.8	78	102.7	107.9
对比2005年增幅（%）	58.5	46.5	65.5	60.6

自“十一五”以来，我局不断调整产业结构，优化特色农业资源布局，发展农业产业化经营组织，扶持龙头企业，建立和扩大生态循环（低碳）农业示范基地，发展设施农业，带动农业产业发展，壮大打工经济，增加农民收入，实现了我市农业农村经济平稳发展。我市农业发展主要特点如下：

一是畜牧业成为我市农业经济增长主体，畜产品实现“入岛自给出岛出口”的“三级跳”跨越式发展，连续6年实现2位数增长；二是“猪沼作物”生态循环（低碳）农业成为我市农业的亮点产业，全市沼气建设和生态循环农业水平列居全省首位；三是农产品加工发展较快，农业产业链正在延伸，形成了果菜产业链、文昌鸡产业链、生猪产业链等三大产业链；四是农村打工经济成了农民增收的新支点；五是科技增收成效显著。开展课堂、示范实训基地、田间地头等多种形式的农业技术培训，特别是对农民中专生的培养，农业、农村发展的科技支撑力量增强；六是具有热带特色观光农业初具规模，丰富了都市农业内容；七是强农惠农政策，夯实了我市农业农村经济发展基础。2006—2010年，中共中央、国务院又连续发出了五个高含金量的“一号文件”，加大了财政投入、农业补贴、金融支农等优惠政策，吸引社会资源投向农业农村，给农业更多的反哺，为农民增收创造了更加优惠的政策环境。

▲ 大中型沼气池建设成为循环农业发展的引擎

海口市公安局交警支队

▲ 2010年2月11日，省领导慰问在万绿园执勤交警

▲ 市长冀文林在市委常委宋顺勇陪同下视察海口道路交通情况

2010年，支队以“保秩序、保畅通、防拥堵、防事故”为总体目标，认真抓好各项工作，促进交通管理有新的发展。

一、创新勤务模式，提高见警率与管事率，增强道路通行能力。一类岗从5个增至19个，高峰岗从22个增至39个，晚高峰时段实施机关、窗口单位民警高峰站岗，招聘200名交通协管员，协助交警执勤，充实一线警力。去年共查处交通违法行为74万人次，较2009年增长21%，查扣违法车辆6万辆次，拘留489人，其中无证驾驶、醉酒驾驶共429人。报废机动车1万辆，完成交通警保任务332个。

二、完善交通组织，排查治理交通设施，提高道路硬件服务水平。渠化改造龙昆北路、公安局路口，提高路口路段畅通能力；相继推出“爱心”斑马线、仿真警察、“文明出行”遮阳蓬，增强警示效果；排查路段1200条次，护栏100公里次，标志牌4300块，标线18万平方米，完成全市247所学校周边路段交通设施排查统计工作；维修、安装护栏39公里，维修、安装标志牌877块，施划交通标线1.6万平方米。

三、依托交警指挥监控中心，加强科技强警工作。建成5个布控卡口，实现与省交通厅联网，目前已能监控出入南港和秀英港的车辆；开展“车联网”试点工程建设工作；在5个重点路口安装应急电源，减轻红绿灯停电对交通畅通的影响；建成移动警务平台应用系统，实现无线执法终端查询、现场执法等功能，去年非现场执法系统共查处交通违法41万次。

四、抓好机动车、驾驶人管理，加强源头管控工作。对全市8万名学员进行考试，通过全部科目考试并取得机动车驾驶证的有6万人，合格率75%，较2009年下降3个百分点，共对周期内记满12分的776名驾驶人进行“回炉”学习；办理新车入户8万辆，较2009年增长121%，截止2010年12月31日，海口机动车保有量38万辆，驾驶人46万人。

五、多形式开展交通宣传活动，提高交通参与者安全意识。利用新闻媒体开展交通安全宣传工作，与省市六家报纸及电视电台联合开办5个交通宣传专栏，在各大报纸发表新闻稿件865篇，省市电视台播发电视新闻309条；组织警力进入行政村250个、社区102个、单位310个、学校394个，讲授交通安全课700余场次，放映交通普法电影1000场次，发放宣传资料近260万份，受教育人数达百万余人次。

六、提高交通事故快处能力，加强交通事故预防工作。改革事故处理岗位，成立事故快处滨海、白龙服务站，发布“轻微事故快速撤离通告”，全年快处快赔共受理3179起，出具认定书939起，刑事立案起诉40人；全市适用普通程序处理交通事故312起，死亡92人，受伤383人，经济损失124万元。死亡人数未超过市里下达的控制指标。交通肇事逃逸案7起，侦破6起，成功抓获19年、10年交通肇事在逃人员各1人，全年交通事故结案率99.91%。

七、抓好群众交通信访，拓宽警民沟通渠道。全年共受理信访406宗（其中上级机关转办26宗），办结342宗，办结率85%。争取市政法委涉访涉诉补贴资金解决历年遗留交通事故信访2起，调解平息历年信访案9起,实现本年度交通事故重案的零信访和零投诉。

八、抓好“三基”建设工作，推进队伍正规划建设。加快推进交警综合服务中心建设工作，新购警用汽车、摩托车共43辆，贯彻落实公安部警用车辆和涉案车辆专项治理工作部署，办理灭失车辆30辆，报废151辆，补办年检422辆。组织民警培训3080人次，检查岗位16566个次，加强队伍纪律作风教育整顿工作，受到市局的好评。

▲12月23日海口市城市道路交通协调联席会第一次会议召开

▲ 11月份军警联勤行动

海口市琼山区人民法院

▲2010年9月8日，省高院董治良院长、张光琼副院长，海口中院张韵声院长，区委书记吴川祝等领导在郭朝阳院长的陪同下视察立案信访大厅

▲2011年3月3日，郭朝阳院长参加琼山区第十三届人民代表大会第六次会议，大会全票通过法院工作报告

▲2010年，琼山法院组织开展“12.4法制宣传日”活动

▲琼山法院科技法庭

琼山区人民法院现有干警99人，除部分事业编制人员外，全部具有法律专业大专以上学历，其中本科53人，硕士10人。根据审判工作的需要，现有立案庭、刑事审判庭、民事审判第一庭、民事审判第二庭、行政审判庭、审判监督庭、执行局、政工科、办公室、监察室、研究室、司法警察大队共12个内设机构，另设有2个派出法庭：三门坡人民法庭和云龙人民法庭。

琼山区人民法院是一个充满现代化气息的城区法院。审判、办公大楼建筑面积7300平方米，有7个法庭，其中有1个设施先进的科技大法庭。新改建的520m^2立案信访大厅宽敞明亮，推行一站式立案服务模式。新建面积为433m^2的执行服务大厅，实行分段集约化执行模式。大楼内安装有2块电子显示屏，配有电脑120台（含笔记本电脑）、打印机53台，复印机4台，并通过服务器建立了内部局域网络系统，着力打造科技化法院。

琼山区人民法院自建院以来，始终坚持以审判工作为中心，为维护辖区社会稳定，促进经济发展做出了贡献。特别是近几年来，在区委的正确领导、区政府大力支持和区人大及上级法院的监督、指导下，紧紧围绕“公正与效率”主题，狠抓审判工作、队伍建设、法院改革，有力促进了法院工作的全面发展，涌现出了许多先进集体和先进个人。2010年，被最高法院确定为全国首批“司法公开示范法院”；被海口市综治委表彰为综治先进单位；被区委、区政府表彰为2010年禁毒工作先进集体。2010年，副院长曾小凡获评为海南省三八红旗手；优秀法官岑选川同志被省高院追记个人二等功；办公室主任杨世育被省高院记个人三等功一次。

15. 对外经济贸易
FOREIGN ECONOMY AND TRADE

编辑人员: 明方清
Compiled by Ming Fangqing
英文翻译: 苏绮凌
Translated by Su Qiling

进出口总额(亿美元)
Total Value of Imports and Exports(USD 100 million)

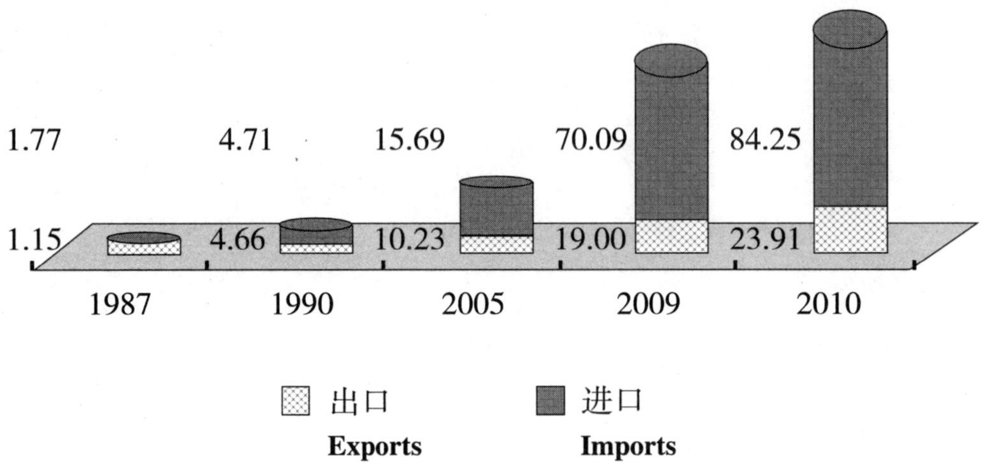

实际利用外资(亿美元)
Total Amount of Foreign Investment Actually Utilized(USD 100 million)

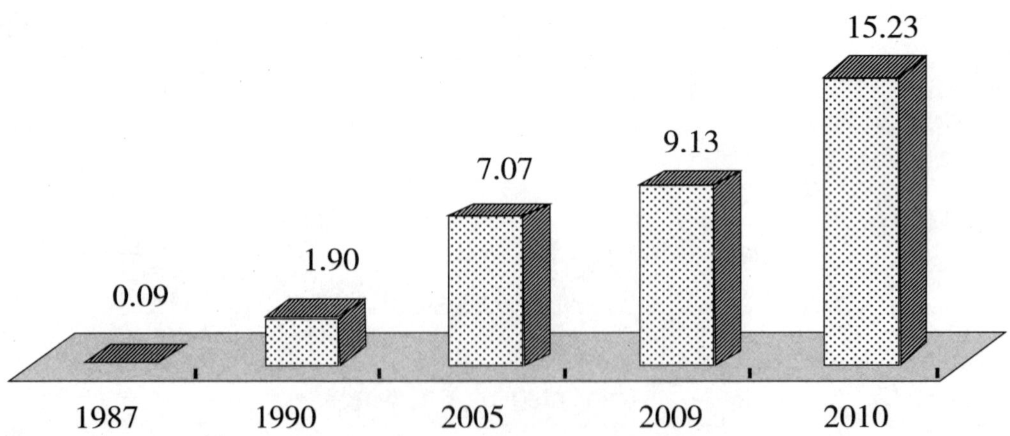

15-1 对外经济贸易基本情况
Foreign Trade and Economic Cooperation

指　标	Item	2005	2006	2007	2008	2009	2010
进出口总额(万美元)	Total Vaule of Imports and Exports(USD 10 000)	259175	284607	735749	1052418	890996	1081650
出口总额	Total Exports	102254	137562	183697	186329	190036	239114
进口总额	Total Imports	156921	147045	552052	866089	700960	842536
进出口差额	Balance	-54667	-9483	-368355	-679760	-510925	-603422
对外签订利用外资合同项目(个)	Number of Projects for Utilization of Foreign Capital in the Signed Agreements & Contracts (unit)	174	193	172	122	88	72
对外借款	Foreign Borrowings		2	2	2	3	2
外商直接投资	Foreign Direct Investments	174	191	170	120	85	70
对外签订利用外资合同金额(万美元)	Total Amount of Foreign Capital to Be Utilized in the Signed Agreements & Contracts (USD 10 000)	34211	108602	185724	151821	41786	40228
对外借款	Foreign Borrowing		3490	929	3645	5309	1063
外商直接投资	Foreign Direct Investments	34211	105112	184795	148176	36477	39165
外商其他投资	Other Foreign Investments						
实际利用外资(万美元)	Total Amount of Foreign Investments Actually Utilized(USD 10 000)	70711	79259	112499	128468	94304	152276
对外借款	Foreign Borrowing	2310	4381	498	131	498	1063
外商直接投资	Foreign Direct Investments	68401	74878	112001	128337	93806	151213
外商其他投资	Other Foreign Investments						

15-2 对外贸易进出口总额
Total Value of Imports and Exports

单位:万美元 (USD 10 000)

年份 Year	进出口总额 Total Value of Imports and Exports	出口总额 Total Value of Exports	进口总额 Total Value of Imports	差　额 Balance
1987	29241	11545	17696	-6151
1988	66462	29496	36966	-7470
1989	109620	36082	73538	-37456
1990	93697	47138	46559	579
1991	134876	66964	67912	-948
1992	169450	88120	81330	6790
1993	256866	90157	166709	-76552
1994	269719	98698	171021	-72323
1995	226744	83000	143744	-60744
1996	228667	84132	144535	-60403
1997	194901	88966	105935	-16969
1998	190913	88463	102450	-13987
1999	121867	74860	47007	27853
2000	128784	80289	48495	31794
2001	176238	80094	96144	-16050
2002	186686	81930	104756	-22826
2003	227855	86916	140939	-54023
2004	340168	109252	230916	-121664
2005	259175	102254	156921	-54667
2006	397358	145456	251902	-106446
2007	735749	183697	552052	-368355
2008	1052418	186329	866089	-679760
2009	890996	190036	700960	-510924
2010	1081650	239114	842535	-603422

15-3 对外贸易出口总额
Total Value of Exports

单位:万美元 (2010) (USD 10 000)

项　目	Item	金额 Value
出口总额	**Total Value of Exports**	239114
按贸易方式分	**By Customs Regime**	
一般贸易	Ordinary Trade	153147
来料加工装配贸易	Processing and Assembling with Customer's Materials	69339
进料加工贸易	Processing and Assembling with Import Materials	16500
其　他	Others	129
按贸易国别(地区)分	**By Country(Region)**	
香　港	Hong Kong,China	58406
台　湾	Taiwan,China	5659
日　本	Japan	12362
韩　国	Korea Rep.	6712
新加坡	Singapore	38264
越　南	Vietnam	5776
印　度	India	3610
马来西亚	Malaysia	6264
印度尼西亚	Indonesia	9444
菲律宾	Philippines	2205
泰　国	Thailand	3467
孟加拉国	Bangladesh	3974
斯里兰卡	Sri Lanka	2366
以色列	Israel	1914
南　非	South Africa	1346
比利时	Belgium	1722
俄罗斯	Russia	4018
德　国	Germany	8708
荷　兰	Netherlands	3635
意大利	Italy	1246
英　国	United Kingdom	1371
法　国	France	1058
西班牙	Spain	2461
波　兰	Poland	1211
美　国	United States	21983
加拿大	Canada	1998
墨西哥	Mexico	4429
巴　西	Brazil	1431
智　利	Chile	1905
澳大利亚	Australia	2995
其　他	Others	17172

15-4 对外贸易进口总额 Total Value of Imports

单位:万美元 (2010) (USD 10 000)

项　目	Item	金额 Value
进口总额	**Total Value of Imports**	842536
按贸易方式分	**By Customs Regime**	
一般贸易	Ordinary Trade	644043
来料加工装配贸易	Processing and Assembling with Customer's Materials	98964
进料加工贸易	Processing and Assembling with Import Materials	9541
租赁贸易	Lease	73742
边境小额贸易	Commodities Trading in Border Areas	14021
其 他	Others	2225
按贸易国别(地区)分	**By Country (Region)**	
台 湾	Taiwan,China	4778
日 本	Japan	21555
韩 国	Korea Rep.	5158
新加坡	Singapore	1235
越 南	Vietnam	34752
马来西亚	Malaysia	24207
印度尼西亚	Indonesia	9983
泰 国	Thailand	6464
阿联酋	United Arab Emirates	3786
也门共和国	Republic of Yemen	7472
沙特阿拉伯	Saudi Arabia	37693
阿 曼	Oman	197608
安哥拉	Angola	96460
利比亚	Libya	146694
德 国	Germany	9188
法 国	France	47118
比利时	Belgium	3431
英 国	United Kingdom	6446
意大利	Italy	5202
荷 兰	Netherlands	1294
奥地利	Austria	1292
芬 兰	Finland	2036
瑞 士	Switzerland	1915
加拿大	Canada	7631
美 国	United States	106424
巴 西	Brazil	37090
澳大利亚	Australia	5820
新西兰	New Zealand	1433
其 他	Others	8370

15-5 对外贸易出口商品分类金额
Value of Exports by Category of Commodities

单位:万美元 (2010) (USD 10 000)

商品类别	Categories of Commodities	金额 Value
总 额	Total Value	239114
活动物;动物产品	Live Animals;Animal Products	34649
植物产品	Plant Products	4733
动植物油脂及分解产品;精制食用油脂;动植物蜡	Animal or Plant Fats and Oils and their Cleavage Products;Prepared Edible Fats; Animal or Plant Waxes	13
食品;饮料、酒及醋;烟草及代用品的制品	Food; Beverages, Liquor and Vinegar; Tobacco and Manufactured Tobacco Substitutes	6982
矿产品	Mineral Products	108353
化学工业及其相关工业产品	Products of Chemicals and Related Industries	22381
塑料及其制品;橡胶及其制品	Plastics and Articles thereof;Rubber and Articles thereof	1835
革、毛皮及其制品;旅行用品、手提包	Leather, Furs and Articles thereof;Travel Goods and Handbags	1667
木及制品;木炭;软木	Wood and Articles thereof; Wood Charcoal;Cork	1217
木浆等;废纸;纸、纸板及其制品	Pulp of Wood;Waste of Paper;Paper,Paperboard and Articles thereof	352
纺织原料及纺织制品	Textile Materials and Articles	16150
鞋帽伞等;羽毛品;人造花	Shoes,Hats and Umbrellas;Articles of Feather; Artificial Flowers	937
矿物材料制品;陶瓷品;玻璃及其制品	Articles of Mineral;Ceramic Products;Glass and Glassware	2032
珠宝、贵金属及制品等	Jewelry,Precious Metals and Articles thereof	374
贱金属及其制品	Base Metals and Articles thereof	7063
机电、音像设备及其零件	Mechanical and Electrical Equipment; Recorders Video and Accessories	20959
车辆、航空器、船舶及有关运输设备	Locomotives, Vehicles, Aircraft, Ship and Associated Transportation Equipment	3381
光学、医疗等仪器;钟表、乐器	Optical, Medical and Other Instruments; Clocks and Musical Instruments	422
其他	Others	5615

15-6 对外贸易进口商品分类金额
Value of Imports by Category of Commodities

单位:万美元　　(2010)　　(USD 10 000)

商品类别	Categories of Commodities	金额 Value
总　额	Total Value	842536
动物产品	Animal Products	2592
植物产品	Plant Products	3779
动植物油脂及分解产品、精制食用油脂	Animal and Plant Fats and Oils and Their Cleavage Products;Prepared Edible Fats	24
食品;饮料、酒及醋;烟草及代用品的制品	Food; Beverages, Liquor and Vinegar; Tobacco and Manufactured Tobacco Substitutes	1005
矿产品	Mineral Products	534739
化学工业及其相关工业品	Products of Chemicals and Related Industries	15709
塑料及其制品;橡胶及其制品	Plastics and Articles thereof;Rubber and Articles thereof	3450
革、毛皮及制品;箱包	Leather, Furs and Articles thereof;Cases,Bags and Handgags	487
木及制品;木炭;软木	Wood and Articles thereof; Wood Charcoal;Cork	29181
木浆等;废纸;纸、纸板及其制品	Pulp of Wood;Waste of Paper;Paper,Paperboard and Articles thereof	13194
纺织原料及纺织制品	Textile Materials and Articles	4621
鞋帽伞等;羽毛品;人造花	Shoes,Hats and Umbrellas;Articles of Feather;Artificial Flowers	1
矿物材料制品;陶瓷品	Articles of Mineral;Ceramic Products	1928
珠宝、贵金属及制品等	Jewelry,Precious Metals and Articles thereof	147
贱金属及其制品	Base Metals and Articles thereof	18854
机电、音像设备及其零件	Mechanical and Electrical Equipment;Recorders Video and Accessories	34365
车辆、航空器、船舶及有关运输设备	Locomotives, Vehicles, Aircraft, Ship and Associated Transportation Equipment	173285
光学、医疗等仪器;钟表、乐器	Optical, Medical and Other Instruments;Clocks and Musical Instruments	4678
其他	Others	497

15-7 对外贸易出口主要商品金额
Main Export Commodities in Value

单位:万美元　　(2010)　　(USD 10 000)

商品类别	Categories of Commodities	金额 Value
活猪(种猪除外)	Live Pigs (except Breeding Pigs)	4
活家禽	Live Poultry	21
水海产品	Aquatic and Seawater Products	40352
#活鱼	#Live Fish	2035
冻鱼、冻鱼片	Frozen Fishes and Frozen Fish Fillets	28096
鲜、冻对虾	Fresch and Frozen Prawns	1263
冻虾仁	Frozen Peeled Prawns	2474
稻谷和大米	Paddy and Rice	155
豆类	Bean	632
蔬菜	Vegetables	860
#鲜或冷藏蔬菜	#Fresh and Refrigerated Vegetables	278
鲜、干水果及坚果	Fresh and Dried Fruits and Nuts	194
#橘、橙	Mandarins and Oranges	3
果蔬汁	Fruit and Vegetable Juice	46
#苹果汁	Apple Juice	40
茶叶	Tea	123
啤酒	Beer	19
填充用羽毛;羽绒	Feathers and Down for Stuffing	67
药材	Medical Materials	1
肥料	Fertilizers	14908
#尿素	Urea	14882
胶合板及类似多层板	Plywood and Similar Boards	2
印刷品	Presswork	18
生丝	Raw Silk	49
黏土及其他耐火矿物	Saggars and other Fire-resistant Mineral	5
成品油	Refined Oil Products	67203
#汽油	Petroleum Products Refined	26810
煤油	Coal Oil	12133
柴油	Diesel Oil	26422
天然气	Natural Gas	40714
氧化铝	Aluminum Oxide	3

15-7 续 1(continued 1)

单位:万美元(USD 10 000)

商品类别	Categories of Commodities	金额 Value
氧化锌及过氧化锌	Zinc Oxide and Zinc Peroxide	1
柠檬酸	Citric Acid	74
合成有机染料	Synthetic Organic Dyestuffs	226
医药品	Medicine	853
# 抗菌素(制剂除外)	#Antibiotics(except Preparation)	473
中式成药	Traditional Chinese Medicine	282
洗衣粉	Washing Powder	19
松香及树脂酸	Rosin and Resinic Acid	1
农药	Pesticides	3
新的充气橡胶轮胎	Rubber Tyres	6
家用或装饰用木制品	Wood Products for household Use or Decoration	645
纸及纸板(未切成形的)	Paper and unformed Paperboard	100
牛皮纸	Kraft Paper	1
纺织纱线、织物及制品	Spinning Yarn,Fabric and Articles thereof	5627
棉机织物	Cotton Woven Fabrics	25
合成短纤与棉混纺机织物	Synthetic Staple Fiber and Cotton Blended Fabric	7
地毯	Carpets	57
塑料编织袋(周转袋除外)	Plastic Knitted Sacks(not for Turnover)	4
花岗岩石材及制品	Granite and Articles thereof	1
平板玻璃	Plain Glass	32
玻璃制品	Glassware	522
家用陶瓷器皿	Porcelain and Pottery Ware for Household Use	577
珍珠、钻石、宝石及半宝石	Pearls,Diamonds,Jewels and Semi-precious Stones	22
铁合金	Ferroalloys	2270
钢材	Steel Products	1405
# 钢铁棒材	#Steel Bar	4
角钢及型钢	and Rolled-steel	8
钢铁板材	Steel Plate	849
钢铁线材	Steel Wire Rod	49
钢铁管配件	Steel Pipe Accessories	14
未锻造的铜及铜材	Unwrought Copper and Copper Products	20
# 铜材	#Copper Products	20
未锻造的铝及铝材	Unwrought Aluminium and Aluminium Products	196

15-7 续 2(continued 2)

单位:万美元(USD 10 000)

商品类别	Categories of Commodities	金额 Value
#铝材	#Aluminium Products	196
钢铁或铜制标准紧固件	Standard Infrangible Articles Made of Steel or Copper	209
不锈钢厨具、餐具等家用器具	Household Stainless Steel Cookware and Tableware	227
餐桌、厨房及其他家用搪瓷器	Household Enamelware	8
手用或机用工具	Hand Tools and Tools for Machines	90
纺织机械及零件	Textile machinery and parts	14
金属加工机床	Metal Processing Machine Tools	423
#车床	#Lathes	58
铣床	Milling Machines	50
电子计算器	Electronic Calculators	96
自动数据处理设备及其部件	Automatic Data Processing Equipments and Components	23
#便携式电脑	Portable Computer	1
微型电脑	Microcomputer	1
中央处理部件	Central processing unit	2
液晶显示器	LCD	19
自动数据处理设备的零件	Parts of Automatic Data Processing Equipments	388
轴承	Bearings	99
电动机及发电机	Electric Motors and Generators	2
变压器	Transformers	881
静止式变流器	Static Converters	11
蓄电池	Electric Accumulators	15
电话机	Telephones	114
扬声器	Loudspeakers	26
电视、收音机及无线电讯设备的零附件	Parts of Television, Radio and Wireless Telecommunication Equipments	402
印刷电路	Printed Circuits	1843
通断保护电路装置及零件	Electric Apparatus for Switching or Protecting Electrical Circuits	339
节能灯	Energy-efficient Lamps	21
二极管及类似半导体器件	Diode and Semi Conductors	9207
集成电路	Integrated Circuits	10
#处理器及控制器	Processor and controller	1
电线和电缆	Insulated Wires and Cables	4487
汽车(包括整套散件)	Automobiles(including a Complete Set of Spare Parts)	2203
#小轿车(包括整套散件)	Cars(including a Complete Set of Spare Parts)	1968

15-7 续 3(continued 3)

单位:万美元(USD 10 000)

商品类别	Categories of Commodities	金额 Value
小客车(九座及以下的)(包括整套散件)	Small passenger cars (nine and below) (including a Complete Set of Spare Parts)	219
汽车零件	Parts of Automobiles	895
摩托车	Motorcycles	68
摩托车及自行车的零件	Parts of Motorcycle and Bicycle	83
船舶	Ships	24
医疗仪器及器械	Medical Instruments and Appliances	16
手表	Wrist Waches	2
日用钟	Clocks	4
家具及其零件	Furnitures and Parts	4663
床垫、寝具及类似品	Mattess, Bedclothing and Analogs	93
灯具、照明装置及类似品	Lamps and Lanterns,Illuminating Equipment and Analogs	178
箱包及类似容器	Chests,Bags and Analogs	1367
体育用具及设备	Sports Products and Equipments	92
服装及衣着附件	Clothing and Accessories	10844
#非针织钩编织物服装	#Non-knitted or crocheted Fabrics Clothing	2405
针织或钩编的服装	Knitted or Crocheted Fabrics Clothing	4928
皮革服装	Leather Clothing	1
皮革手套	Leather Gloves	250
织物制手套	Gloves with Textile	136
织物制袜子	Socks with Textile	12
帽类	Headwear	21
鞋类	Footwear	658
#外底及鞋面均以橡胶或塑料制的鞋	#Outer Soles and Uppers of Footwear with Rubber or Plastic	267
皮面鞋	Uppers of Footwear with Leather	374
橡胶或塑料底纺织材料为面的鞋	Outer Soles with Rubber or Plastic and Uppers with Textile	14
塑料制品	Plastic Products	272
玩具	Toys	52
圣诞用品	Articles for Christmas	7
打火机	Lighters	5
贵金属或包贵金属的首饰	Noble Metals or Jewelry with Noble Metal Plating	137
伞	Umbrellas	16
机电产品(含以上列名的机电产品)	Mechanical and Electrical Products(including listed above)	28347
高新技术产品	Hi-tech Products	17760

15-8 对外贸易进口主要商品金额
Main Import Commodities in Value

单位:万美元 (2010) (USD 10 000)

品　名	Item	金额 Value
冻鱼	Frozen Fishes	847
鲜、干水果及坚果	Fresh and Dried Fruits and Nuts	3282
稻谷和大米	Paddy and Rice	3
啤酒	Beer	15
葡萄酒	Wine	145
天然橡胶(包括胶乳)	Natural Rubber(including Rubber Latex)	314
合成橡胶(包括胶乳)	Synthetic Rubber(including Rubber Latex)	1
原木	Log	29
锯材	Saw Timber	195
纸浆	Pulp	12997
棉花	Cotton	15
纺织用合成纤维	Synthetic Fiber for Spinning	20
人造纤维短纤	Artificial Staple Fibre	58
锰矿砂及其精矿	Manganese Ore and Refined Ore	71
煤	Coal	9652
原油	Crude Petroleum	494657
成品油	Refined Oil Products	20197
医药品	Medicine	11121
#抗菌素(制剂除外)	Antibiotics (other than a preparation)	2170
抗菌素制剂	Antibiotic agents	2748
美容化妆品及护肤品	Cosmetic	339
合成有机染料	Synthetic organic dyes	51
聚合物油漆及清漆	Polymer Varnish	296
初级形状的塑料	Plastics of Primary Pattern	1572
非泡沫塑料的板、片、膜、箔	Sheet, Film and Foil Made of Foam Plastic	637
农药	Pesticides	2
牛皮革及马皮革	Cow Leather and Horse Leather	405
纸及纸板(未切成形的)	Paper and unformed Paperboard	114
纺织纱线、织物及制品	Spinning Yarn,Fabric and Articles thereof	2060
服装及衣着附件	Clothing and Accessories	525
玻璃纤维及其制品	Glass Fibers and Articles thereof	13
废钢	Scrap steel	14
钢材	Rolled Steel	16274

15-8 续 1(continued 1)　　单位:万美元(USD 10 000)

品　名	Item	金 额 Value
#角钢及型钢	Angle iron and steel	88
钢铁板材	Steel plate	16080
钢铁管材及空心异形材	Steel pipe and hollow-shaped material	37
钢铁制标准紧固件	Standard Infrangible Articles Made of Steel or Copper	91
未锻造的铜及铜材	Unwrought Copper and Copper Products	387
#未锻造的铜(包括铜合金)	#Unwrought Copper(including Copper Alloy)	173
铜材	Copper Products	214
未锻造的铝及铝材	Unwrought Aluminium and Aluminium Products	613
#铝材	Aluminium Products	613
钢铁或铝制结构体及其部件	Steelenor Aluminium Products and Parts	125
蒸汽锅炉及过热水锅炉	Steam boiler and Hot water boiler	272
活塞式内燃机的零件	Parts of Piston Combustion Engines	47
涡轮喷气发动机	Turbojet Engines	9511
液泵及液体提升机	Liquid Pumps and Liquid Lifting Machines	249
制冷设备用压缩机	Compressors for Refrigerating Equipments	1
冷冻机和制冷设备及零件	Refrigerator and Refrigerating Equipments and Parts	27
非家用型水的过滤、净化机器	Non-family machinery for filtering and Purifing	27
机械提升搬运装卸设备及零件	Mechanical Elevators for Transport and Relative Parts	591
建筑及采矿用机械及零件	Machines for Construction and Mining	322
食品、饮料工业用加工机械及零件	Processing Machines and Parts for Food and Beverage Industries	4
制造纸及纸制品用机械及零件	Machines and Parts for Paper and Paper Products	874
印刷、装订机械及零件	Printing and Binding Machines and Parts	24
纺织机械及零件	Textile Machines and Parts	41
#纱线织物等后整理机器	#Finishing Machines for Yarn and Fabric	31
工业用缝纫机	Industrial Sewing Machines	5
金属加工机床	Metal Processing Machine Tools	1085
#加工中心	Machining Center	372
数控机床	CNC machine tools	359
金属轧机及零件	Metal Mills and Parts	2
橡胶或塑料加工机械及零件	Rubber or Plastic Processing Machine and Parts	174
型模及金属铸造用型箱	Boxes for Models and Metal Foundry	17
阀门	Valves	892
自动数据处理设备及其部件	Automatic Data Processing Equipments and Components	694
#数字式自动数据处理设备	Digital Automatic Data Processing Equipments	642
数字式中央处理部件	Digital Central Processing Unit	1

15-8 续 2(continued 2)　　单位:万美元(USD 10 000)

品　名	Item	金额 Value
自动数据处理设备的零件	Automatic Data Processing Equipments	45
制造单晶柱或晶圆用的机器及装置	Manufacture of boules or wafers of a single plant and equipment	195
制造半导体器件或集成电路用的机器及装置	Manufacture of semiconductor devices or integrated circuits used in machinery and equipment	5616
电动机及发电机	Electric Motors and Generators	235
发电机组及旋转式变流机	Electrical Generators and Circles Converters	82
变压、整流、电感器及零件	Transformers, Rectifiers, Inductances and Parts	380
蓄电池	Electric Accumulators	44
激光视盘放像机	Laser Disc Player	6
电视摄像机、数字照相机及视频摄录一体机	3 in 1 Sets with Tv Camera, Digital Camera and Video Camcorder	13
电视、收音机及无线电讯设备的零附件	Parts of Television, Radio and Wireless Telecommunication Equipments	233
电容器	Capacitors	3
电阻器	Resistors	2
印刷电路	Printed Circuits	3
通断保护电路装置及零件	Electric Apparatus for Switching or Protecting Electrical Circuits	833
二极管及类似半导体器件	Diodes and Similar Semiconductor Apparatus	8
集成电路	Integrated Circuits	18
电线和电缆	Insulated Wires and Cables	39
汽车(包括整套散件)	Automobiles(including Complete Set of Spare Parts)	97
#小轿车(包括整套散件)	Cars(including a Complete Set of Spare Parts)	7
四轮驱动轻型越野车(包括整套散件)	Four-wheel drive light-duty off-road Vehicles (including a Complete Set of Spare Parts)	6
专用汽车	Special Purpose Vehicle	84
汽车零件	Parts of Automobiles	1832
飞机	Aircrafts	164430
航空器零件	Aircraft parts	2393
船舶	Ships	4386
液晶显示板	LCD Board	5
医疗仪器及器械	Medical Instruments and Appliances	753
计量检测分析自控仪器及器具	Automatic Measuring, Inspecting and Analyzing Instruments and Apparatus	3609
手表	Wrist Waches	193
#机械手表	Mechanical watches	91
电动手表	Electric watch	102
印刷品	Presswork	31
塑料制品	Plastic Products	253
机电产品(含以上列名的机电产品)	Mechanical and Electrical Products(including listed above)	213925
高新技术产品	Hi-tech Products	195151

15-9 历年利用外资合同项目
Number of New Signed Agreements and Contracts in Various Years

单位:个 (unit)

年份 Year	合计 Total	对外借款 Foreign Borrowings	外商直接投资 Foreign Direct Investments	合资企业 Joint Venture Enterprises	合作企业 Cooperative Operation Enterprises	独资企业 Sole-Foreign Fund Enterprises	外商投资股份制企业 FDI Shareholding Inc	外商其他投资 Others
1980	35		4		4			31
1981	5		5		5			
1982	12		9	2	7			3
1983	27	1	22	6	16			4
1984	126	4	120	25	95			2
1985	96	5	85	35	47	3		6
1986	27	1	24	10	14			2
1987	55		25	11	13	1		30
1988	489	2	463	204	121	138		24
1989	383	5	378	151	62	165		
1990	261	9	252	98	30	124		
1991	476	6	470	205	35	230		
1992	1844	14	1830	530	79	1221		
1993	3106	15	3091	654	23	2414		
1994	810	8	802	232	18	552		
1995	410	21	389	133	15	241		
1996	268	29	239	87	9	143		
1997	241	14	227	66	6	155		
1998	187	13	174	52	7	115		
1999	170	12	158	52	5	101		
2000	187	3	184	132	50	2		
2001	182	1	181	58	7	116		
2002	238	5	233	44	6	183		
2003	171	7	164	40	5	118	1	
2004	171	2	169	51	6	112		
2005	174		174	66	3	105		
2006	193	2	191	75	6	109	1	
2007	172	2	170	50	2	118		
2008	122	2	120	37	6	77		
2009	88	3	85	26	2	56	1	
2010	72	2	70	21		49		

15-10 历年利用外资合同金额
Amount of Foreign Investments in Various Years

单位:万美元 （USD 10 000 ）

年份 Year	合计 Total	对外借款 Foreign Borrowings	外商直接投资 Foreign Direct Investments	合资企业 Joint Venture Enterprises	合作企业 Cooperative Operation Enterprises	独资企业 Sole-Foreign Fund Enterprises	外商投资股份制企业 FDI Shareholding Inc	外商其他投资 Others
1980	186		50		50			136
1981	3087		3087		3087			
1982	378		310	149	161			68
1983	1433	200	930	211	719			303
1984	12300	313	11803	2862	8941			184
1985	6132	244	5560	2411	2413	736		328
1986	777		713	251	462			64
1987	1438		1361	335	1023	3		77
1988	39868	526	38189	7119	9911	21159		1153
1989	33213	5153	28060	8128	4072	15860		
1990	16204	3322	12882	3853	1188	7841		
1991	53339	13972	39367	17473	6829	15065		
1992	259337	33223	226114	72117	17168	136829		
1993	449519	30042	419477	69965	15627	333885		
1994	156530	34058	122472	34851	13621	74000		
1995	306968	28891	278077	32978	8284	236815		
1996	112558	85164	27394	14952	4532	7910		
1997	67421	39235	28186	17249	4108	6829		
1998	73343	59022	14321	7629	826	5866		
1999	142644	63468	79176	6697	5397	66708	374	
2000	15940	2235	13705	8242	4946	517		
2001	15373	180	15193	7905	1565	5723		
2002	25063	1990	23073	4064	3881	15128		
2003	34575	5390	29185	5070	7662	13711	2742	
2004	74335	4050	70285	10885	2366	57034		
2005	34211		34211	10483	788	22940		
2006	108602	3490	105112	24512	9747	70543	310	
2007	185724	929	184795	48637	2901	110264	22993	
2008	151821	3645	148176	28660	30053	89298	165	
2009	41786	5309	36477	10279	1616	24422	160	
2010	40228	1063	39165	14445		24276	444	

15-11 历年实际利用外资金额
Amount of Foreign Investments Actually Utilized in Various Years

单位:万美元 (USD 10 000)

年份 Year	合计 Total	对外借款 Foreign Borrowings	外商直接投资 Foreign Direct Investments	合资企业 Joint Venture Enterprises	合作企业 Cooperative Operation Enterprises	独资企业 Sole-Foreign Fund Enterprises	外商投资股份制企业 FDI Shareholding Inc	外商其他投资 Others
1980	28		10		10			18
1981	109		109		109			
1982	83		83	83				
1983	438	200	192	25	167			46
1984	1784	313	1162	96	1066			309
1985	2643	244	2095	606	1489			304
1986	3259		3073	462	2611			186
1987	911		893	165	728			18
1988	12771	526	11421	2283	2314	6824		824
1989	16097	5153	10707	5436	784	4487		237
1990	18982	8911	10055	4816	1412	3827		16
1991	22232	4570	17606	4051	2538	11017		56
1992	53160	8000	45160	18908	5361	20891		
1993	128584	23800	104784	48194	2315	54275		
1994	126441	39000	87441	24482	2196	60763		
1995	145501	40000	105501	32090	6620	66791		
1996	118960	40000	78960	33853	7585	37522		
1997	112134	41000	71134	27642	2014	37023	4455	
1998	109715	38000	71715	27136	1472	38379	4728	
1999	84149	35700	48449	15753	411	29848	2437	
2000	61280	18200	43080	22910	17287	2762	121	
2001	57291	10600	46691	17015	3118	26038	520	
2002	99878	48700	51178	14843	6339	29626	370	
2003	61782	3720	58062	10820	2206	44998	38	
2004	66998	2655	64343	11292	10878	35811	6362	
2005	70711	2310	68401	10239	2700	50192	5270	
2006	79259	4381	74878	28277	4109	42021	471	
2007	112499	498	112001	26990	1454	60822	22735	
2008	128468	131	128337	32062	17	96258		
2009	94304	498	93806	22949	16297	54560		
2010	152276	1063	151213	26208	6116	110786	8103	

15-12 对外借款情况
Foreign Borrowings

指　标	Item	2005	2006	2007	2008	2009	2010
对外借款合同数(宗)	**Number of Contracts(Unit)**		2	2	2	3	2
国外政府贷款	Foreign Government Loans		2	2	2	3	2
国际金融组织贷款	Loans from International Financial Organnizations						
出口信贷	Export Loans						
国际商业贷款	International Commercial Loans						
对外借款合同金额(万美元)	**Value of Contracts(USD 10 000)**		3490	929	3645	5309	1063
国外政府贷款	Foreign Government Loans		3490	929	3645	5309	1063
国际金融组织贷款	Loans from International Financial Organizations						
出口信贷	Export Loans						
国际商业贷款	International Commercial Loans						
实际对外借款(万美元)	Used Value(USD 10 000)	2310	4381	498	131	498	1063
国外政府贷款	Foreign Government Loans	1940	3988	498	131	498	1063
国际金融组织贷款	Loans from International Financial Organizations	370	393				
出口信贷	Export Loans						
国际商业贷款	International Commercial Loans						

主要统计指标解释

进出口总额 指实际进出我国国境的货物总金额。包括对外贸易实际进出口货物，来料加工装配进出口货物，国家间、联合国及国际组织无偿援助物资和赠送品，华侨、港澳台同胞和外籍华人捐赠品，租赁期满归承租人所有的租赁货物，进料加工进出口货物，边境地方贸易及边境地区小额贸易进出口货物(边民互市贸易除外)，中外合资企业、中外合作经营企业、外商独资经营企业进出口货物和公用物品，到、离岸价格在规定限额以上的进出口货样和广告品(无商业价值、无使用价值和免费提供出口的除外)，从保税仓库提取在中国境内销售的进口货物，以及其他进出口货物。进出口总额用以观察一个国家在对外贸易方面的总规模。我国规定出口货物按离岸价格统计，进口货物按到岸价格统计。

利用外资 指我国各级政府、部门、企业和其他经济组织通过对外借款、吸收外商直接投资以及用其他方式筹措的境外现汇、设备、技术等。

对外借款 是我国利用外资的重要部分。指通过对外正式签订借款协议，从境外筹措的资金，包括外国政府贷款、国际金融组织贷款、外国银行商业贷款、出口信贷以及对外发行债券等。1996 年及以前还包括对外发行股票。

外商直接投资 指外国企业和经济组织或个人(包括华侨、港澳台胞以及我国在境外注册的企业)按我国有关政策、法规，用现汇、实物、技术等在我国境内开办外商独资企业、与我国境内的企业或经济组织共同举办中外合资经营企业、合作经营企业或合作开发资源的投资(包括外商投资收益的再投资)，以及经政府有关部门批准的项目投资总额内企业从境外借入的资金。

外商其他投资 指除对外借款和外商直接投资以外的各种利用外资的形式。包括企业在境内外股票市场公开发行的以外币计价的股票(目前主要是在香港证券市场发行的 H 股和在境内证券市场发行的 B 股)发行价总额，国际租赁进口设备的应付款，补偿贸易中外商提供的进口设备、技术、物料的价款，加工装配贸易中外商提供的进口设备、物料的价款。

Explanatory Notes on Main Statistical Indicators

Total Imports and Exports at Customs refer to the real value of commodities imported and exported across the border of China. They include the actual imports and exports through foreign trade, imported and exported goods under the processing and assembling trades and materials, supplies and gifts as aid given gratis between governments and by the United Nations and other international organizations, and contributions donated by overseas Chinese, compatriots in Hong Kong and Macao and Chinese with foreign citizenship, leasing commodities owned by tenant at the expiration of leasing period, the imported and exported commodities processed with imported materials, commodities trading in border areas (excluding mutual exchange goods), the imported and exported commodities and articles for public use of the Sino-foreign joint ventures, cooperative enterprises and ventures with sole foreign investment. Also included is import or export of samples and advertising goods for which CIF or FOB value are beyond the permitted ceiling (excluding goods of no trading or use value and free commodities for export), imported goods sold in China from bonded warehouses and other imported or exported goods. The indicator of the total imports and exports at customs can be used to observe the total size of external trade in a country. In accordance with the stipulation of the Chinese government, imports are calculated at CIF, while exports are calculated at FOB

Foreign Investments refer to remittance, equipment and technology financed from abroad, by loans, foreign direct investments and other forms undertaken by the Chinese governments at all levels, by various departments, enterprises and other economic units.

Foreign Borrowings are an important part of China's utilization of foreign capitals. It refers to funds borrowed from abroad through formal signing of borrowing agreements with foreign institutions, including loans of foreign governments, loans of international financial institutions, commercial loans of foreign banks, export credit, and funds raised by Chinese bonds (and shares before 1996) issued abroad.

Foreign Direct Investments refer to the investments inside China by foreign enterprises and economic organizations or individuals (including overseas Chinese, compatriots from Hong Kong, Macao and Taiwan, and Chinese enterprises registered abroad), following the relevant policies and laws of China, for the establishment of ventures exclusively with foreign own investment, Sino-foreign joint ventures and cooperative enterprises or for co-operative exploration of resources with enterprises or economic organizations in China. It includes the re-investment of the foreign entrepreneurs with the profits gained from the investment and the funds that enterprises borrow from abroad in the total investment of projects which are approved by the relevant department of the government.

Other Foreign Investments refer to all forms of utilization of foreign capitals other than foreign borrowings and foreign direct investment. It includes the total value of stock shares in foreign currencies issued by enterprises at domestic or foreign stock exchanges (now mainly consisting of H shares issued at Hong Kong Security Market and B shares issued at domestic security markets), rent payable for the imported equipment through international leasing arrangement, cost of imported equipment, technology and materials provided by foreign counterparts in compensation trade and processing and assembly trade.

16. 金融和保险

FINANCIAL INTERMEDIATION AND INSURANCE

编辑人员：陈灿宇　王哲
Compiled by Chen Canyu　Wang Zhe
英文翻译：李兴之
Translated by Li Xingzhi

全社会金融机构存款余额(亿元)

Deposit Balance at Year-end of Financial Institutions (100 million yuan)

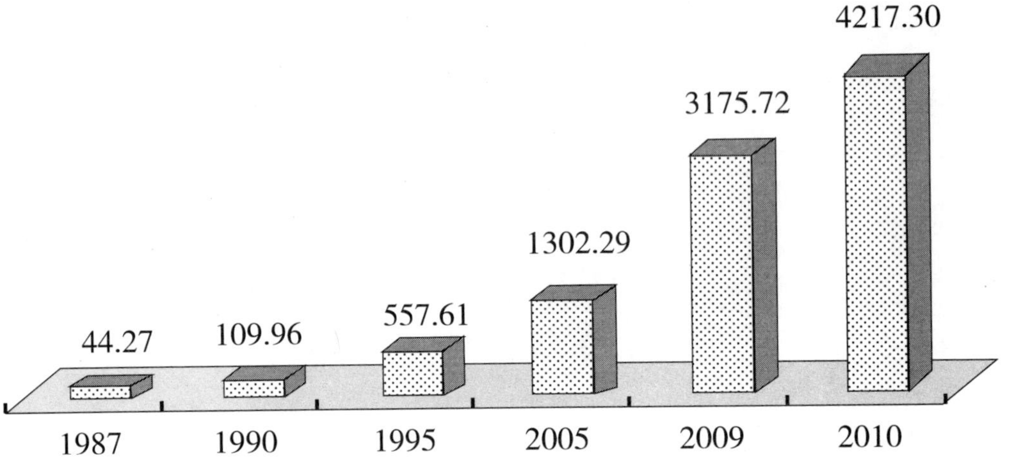

全社会金融机构贷款余额(亿元)

Loans Balance at Year-end of Financial Institutions (100 million yuan)

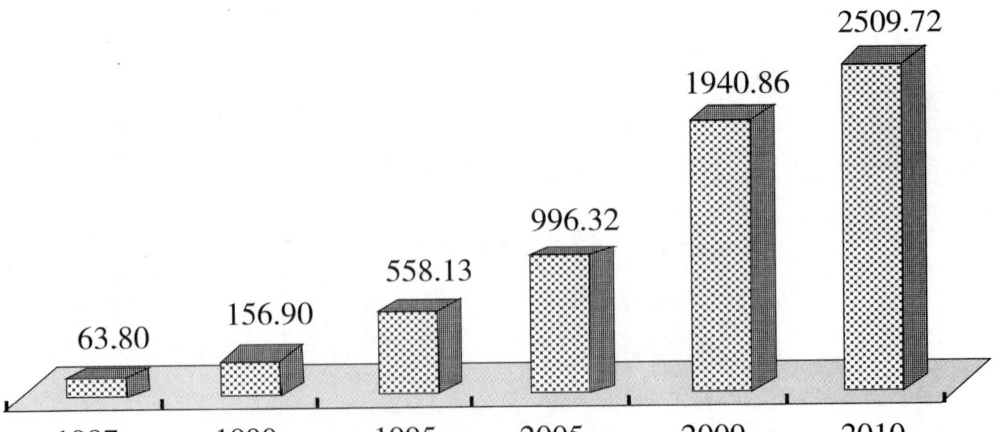

16-1 银行系统机构、人员数
Number of Institutions and Employed Persons in Bank System

(2010)

指　标	Item	合　计 Total	省　级 Provincial Branches	地市级 Prefecture/ City Branches	县(市)级 County Branches
机构数(个)	**Number of Institutions(Unit)**	1272	17	439	816
中国人民银行	The People's Bank of China	19	1	1	17
政策性银行	Policy Banks	19	2	3	14
国家开发银行	China Development Bank	1	1		
农业发展银行	Agricultural Development Bank of China	18	1	3	14
大型商业银行	Large Commercial Banks	476	5	257	214
工商银行	Industrial and Commercial Bank of China	108	1	66	41
农业银行	Agricultural Bank of China	192	1	78	113
中国银行	Bank of China	83	1	51	31
建设银行	Construction Bank of China	77	1	47	29
交通银行	Bank of Communications	16	1	15	
股份制商业银行	Sharpholding Commercial Banks	18	2	16	
光大银行	China Everbright Bank	12	1	11	
深圳发展银行	Shenzhen Development Bank Co.Ltd	6	1	5	
农村信用社	Rural Credit Coopertives	379		79	300
农村合作银行	Rural Cooperative banks	9			9
农村资金互助社	Rural Funds Mutual Cooperatives	3		2	1
村镇银行	Village and Town Banks	5		2	3
邮政储蓄	Postal Savings	338	1	79	258
南洋商业银行	Nanyang Commercial Banks	1	1		
海马财务	Haima Finance Co.Ltd.	1	1		
资产管理公司	Asset Management Corporation	4	4		
职工人数(人)	**Number of Employees (person)**	19261	5734	4953	8574
中国人民银行	The People's Bank of China	934	377	93	464
政策性银行	Policy Banks	541	229	71	241
国家开发银行	China Development Bank	148	148		
农业发展银行	Agricultural Development Bank of China	393	81	71	241
大型商业银行	Large Commercial Banks	11238	4495	2779	3964
工商银行	Industrial and Commercial Bank of China	2497	604	1143	750
农业银行	Agricultural Bank of China	3789	1626	252	1911
中国银行	Bank of China	2206	1344	255	607
建设银行	Construction Bank of China	2253	695	862	696
交通银行	Bank of Communications	493	226	267	
股份制商业银行	Sharpholding Commercial Banks	607	325	282	
光大银行	China Everbright Bank	366	157	209	
深圳发展银行	Shenzhen Development Bank Co.Ltd	241	168	73	
农村信用社	Rural Credit Coopertives	3006		698	2308
农村合作银行	Rural Cooperative Banks	63			63
农村资金互助社	Rural Fund Mutual Cooperatives	22		17	5
村镇银行	Village and Town Banks	48		21	27
邮政储蓄	Postal Savings	2597	103	992	1502
南洋商业银行	Nanyang Commercial Banks	38	38		
海马财务	Haima Finance Co.Ltd.	29	29		
资产管理公司	Asset Management Corporation	138	138		

16-2 保险系统机构、人员数
Number of Institutions and Employed Persons in Insurance System

指 标	Item	2008	2009	2010
机构数(个)	**Number of Institutions(Unit)**	**270**	**300**	**313**
省级公司	Provincial Company	15	15	17
中心支公司	Center Branch	42	43	27
支公司	Branches	43	63	89
营销服务部	Marketing Services	165	174	176
营业部(新增)	Sales Department	5	5	4
人员数(人)	**Number of Employees(person)**	**10510**	**12593**	**13634**
职工	Staff	2254	2362	3244
营销员	Salesman	8256	10231	10390
省级公司	Provincial Company	3585	2180	2922
职工	Staff	1346	1308	2124
营销员	Salesman	2239	872	798
中心支公司	Center Branch	1316	890	1417
职工	Staff	557	537	319
营销员	Salesman	759	353	1098
支公司	Branches	2307	4419	4290
职工	Staff	195	332	563
营销员	Salesman	2112	4087	3727
营销服务部	Marketing Services	3237	5018	4879
职工	Staff	111	125	197
营销员	Salesman	3126	4893	4682
营业部(新增)	Sales Department	65	86	126
职工	Staff	45	60	41
营销员	Salesman	20	26	85

注：机构数以中国保监会海南监管局批准开业时间为准。
Note: Institutions approves by Hainan Branch of China Insurance Regulatory Commission, based on the time to opening.

16-3 农村信用社机构、人员数
Number of Institutions and Employed Persons in Rural Credit Cooperatives

指　标	Item	2005	2006	2007	2008	2009	2010
机构数(个)	**Number of Institutions(Unit)**	**399**	**387**	**388**	**388**	**387**	**389**
独立核算机构	Independent Accounting Institutions	232	231	232	226	229	20
市县联社	City and County Joint Unions	19	19	19	19	19	19
乡镇信用社	Township Credit Unions	213	212	213	207	210	215
非独立核算机构	Non-independent Accounting Institutions	167	156	156	162	158	369
信用分社	Credit Unions Branch	141	131	131	137	130	145
储蓄所(营业所)	Saving bank (Business Departments)	26	25	25	25	28	6
职工人数(人)	**Number of Employees (person)**	**2864**	**2834**	**2819**	**3171**	**3488**	**3657**
合同职工	Contract Employees	2771	2748	2712	3085	3411	3568
信用社临时职工	Temporary Employee of Credit Unions	93	86	107	86	77	89

16-4 全社会金融机构存贷款余额
Deposit and Loan Balance of Financial Institutions

单位:万元 (10 000 yuan)

机构 Institutions	项目 Item	2008		2009		2010	
		存款余额 Deposit Balance	贷款余额 Loan Balance	存款余额 Deposit Balance	贷款余额 Loan Balance	存款余额 Deposit Balance	贷款余额 Loan Balance
总　计	**Total Financial Institutions**	**23508563**	**13833901**	**31757219**	**19408617**	**42173047**	**25097204**
工商银行海南省分行	Industrial and Commercial Bank of China Hainan Branch	4774502	2268975	6131723	2770510	8077646	3471095
农业银行海南省分行	Agricultural Bank of China Hainan Branch	3576330	907079	4717508	1418888	6884517	1894796
中国银行海南省分行	Bank of China Hainan Branch	3828409	1047264	5407970	1474837	6179422	1814118
建设银行海南省分行	Construction Bank of China Hainan Branch	3535412	1527161	5026868	1769912	5928360	2168537
交通银行海南省分行	Bank of Communications Hainan Branch	1078764	544464	1653312	840850	2174184	1042677
光大银行海口分行	China Everbright Bank Haikou Branch	951078	815117	1248086	878707	1635213	1058326
深圳发展银行海口分行	Shenzhen Development Bank Co.Ltd Haikou Branch	628325	308410	748262	398111	1389475	527183
国家开发银行海南省分行	China Development Bank Hainan Branch	1399580	5276821	1750101	8124493	1670277	10193426
农业发展银行海南省分行	Agricultural Development Bank of China Hainan Branch	43931	326937	152703	485028	460964	902024
海南农村信用联合社	Hainan Rural Credit unions	1585713	759617	2078915	1144539	3067710	1776820
邮政储蓄银行海南省分行	Postal Savings Bank of China Hainan Branch	1619126	10058	2012096	37759	2710097	128944
南洋商业银行海口分行	Nanyang Commercial Banks Haikou Branch	7211	41999	13722	41984	78238	77115
其他	Others	480182		815953	23000	1916944	42143

注：本表数据为金融机构本外币信贷收支数据。
Note: The data comes from the credit for BMB and foreign currency income and expenditure of financial intitutions

16-5 金融机构存贷款项目构成
Composition of Deposits and Loans of Financial Institutions

单位:万元 (10 000yuan)

指 标	Item	2006	2007	2008	2009	2010
年末存款余额	**Deposit Balance at Year-end**	15136894	18332099	23054595	31072794	41664687
企业存款	Enterprise Deposits	5165070	7042440	8886922	13222925	17248778
其中:活期存款	Demand Deposits	4022302	5583965	6841241	10904482	13591806
定期存款	Time Deposits	1142768	1458475	2045681	2318443	3656971
财政存款	Fiscal Deposits	364770	521138	644828	840305	1479185
机关团体存款	Deposits of Government Department and Organizations	721071	1163608	1384379	1989320	3866004
储蓄存款	Household Saving Deposits	7905740	8631183	10611237	12827514	16667357
按储蓄时间分:	By saving Time					
活期储蓄	Demand Deposits	3862207	4509395	5324281	7066428	9848770
定期储蓄	Time Deposits	4043533	4121788	5286956	5761085	6818588
按储蓄对象分:	By Saving Target					
城镇居民储蓄	Deposits of urban residents	7034775	7632299	9413509	11343401	13599647
农民存款	Peasant Deposits	870965	998884	1197728	1484113	3067710
农业存款	Agricultural Deposits	86120	159767	338443	517862	911446
信托存款	Trust Deposits	119	73	46		
委托存款	Entrusted Deposits	13459	48856	106920	92518	204114
其他存款	Others	880545	765034	1081820	1582350	1287803
年末贷款余额	**Loans Balance at Year-end**					22621871
境内贷款						22621271
短期贷款	Short-term Loans					3794366
个人贷款及透支	Personal loans and overdrafts					290656
#个人消费贷款	Consumer loans					59729
单位普通贷款及透支	Units of general loans and overdrafts					2761611
#经营性贷款	Business loans					2530818
固定资产贷款	Fixed asset loans					230793
普通并购贷款	General Mergers and acquisitions Loans					
银团贷款	Syndicated loans					381433
贸易融资	Trade Finance					360666
中长期贷款	Medium & Long Term Loans					18485310
个人贷款及透支	Personal loans and overdrafts					3362891
#个人消费贷款	Consumer loans					2964305
单位普通贷款及透支	Units of general loans and overdrafts					14149632
#经营性贷款	Business loans					1672714
固定资产贷款	Fixed asset loans					12476918
普通并购贷款	General Mergers and acquisitions Loans					82000
银团贷款	Syndicated loans					890787
贸易融资	Trade Finance					
信托贷款	Trust loans					
融资租赁	Finance lease					
委托贷款	Entrusted Loans					
票据融资	Financing instruments					340751
各项垫款	The advances					844
境外贷款	Foreign loans					600

注:1. 本表为金融机构人民币信贷收支数据; 2. 2010年新口径

Note: 1. The data comes from the credit for RMB income and expenditure of financial institutions; 2. New coverage in 2010.

16-6 各市县金融机构存贷款余额
Deposit and Loan Balances of Financial Institutions by Region

单位:万元 (10 000 yuan)

市县 Region	存款余额 Deposit Balance				贷款余额 Loan Balance			
	2007	2008	2009	2010	2007	2008	2009	2010
海口市 Haikou	10881168	13592360	17500670	22389488	9252470	10922546	15588700	19332584
三亚市 Sanya	2228835	2802045	4782388	6164218	932029	953309	1459197	2286451
五指山市 Wuzhishan	125159	158209	196790	290238	87584	16975	62421	86810
文昌市 Wenchang	630803	794854	1119466	1610404	185414	137553	223153	361983
琼海市 Qionghai	728939	882553	1267154	1781932	221073	184904	268999	405260
万宁市 Wanning	448428	544586	903241	1126679	101590	66694	114107	194453
定安县 Ding'an	194487	249374	330541	576606	50517	23448	32898	101049
屯昌县 Dunchang	137396	162572	218734	391019	50564	17361	33779	87150
澄迈县 Chengmai	329680	403378	586882	1029187	96126	58208	145122	313279
临高县 Lingao	208396	212726	283230	437176	75126	38431	57652	111430
儋州市 Danzhou	602198	740842	1052335	1438809	203068	136707	161176	282101
#洋浦 #Yangpu	459599	576167	712363	924095	666301	1077565	925714	803834
东方市 Dongfang	486765	690621	554557	759412	70324	33738	51236	97373
乐东县 Ledong	246598	319754	452581	696309	72852	27898	44205	69269
琼中县 Qiongzhong	143624	171364	211734	327981	39553	30063	39866	64438
保亭县 Baoting	77809	93456	217711	368424	8738	6509	23968	46538
陵水县 Lingshui	340277	557544	721558	989750	73149	51083	90565	294291
白沙县 Baisha	127769	163224	199025	284667	26018	10437	25417	36648
昌江县 Changjiang	331518	378623	442757	567526	67539	40458	60443	122264

注:本表数据为金融机构本外币信贷收支数据。
Note: The data comes from the credit for RMB and foreign currency income and expenditure of financial institutions.

16-7 农村信用社存贷款余额
Deposit and Loan Balances of Rural Credit Cooperatives

单位:万元 (2010) (10 000 yuan)

市县	Region	年末存款余额 Deposit Balance	#储蓄存款 Savings Deposits	其他存款 Other Savings	年末贷款余额 Loan Balance
全省总计	**Total**	**3067710**	**1458806**	**1608904**	**1776820**
海口市	Haikou	757867	311594	446273	492390
三亚市	Sanya	361264	150225	211039	233534
五指山市	Wuzhishan	40508	20068	20440	14808
文昌市	Wenchang	356914	195347	161567	191703
琼海市	Qionghai	244706	146392	98314	138774
万宁市	Wanning	157368	88486	68882	120407
定安县	Ding'an	90417	47229	43188	44515
屯昌县	Dunchang	69297	30377	38920	28891
澄迈县	Chengmai	206834	75796	131038	128404
临高县	Lingao	114918	59044	55874	66092
儋州市	Danzhou	244806	140749	104057	105270
东方市	Dongfang	68730	32677	36053	32740
乐东县	Ledong	100721	52919	47802	42632
琼中县	Qiongzhong	79938	34191	45747	43135
保亭县	Baoting	56807	22406	34401	27478
陵水县	Lingshui	79524	30931	48593	37512
白沙县	Baisha				
昌江县	Changjiang	37091	20375	16716	28535

注:2010年白沙农村信用社改制为白沙农村合作银行,其它存款为差额项

Note: Baisha Rural Credit Cooperatives has been restructured into Baisha Rural Cooperative Bank from 2010.The other savings equal the margin between the deposit balance and the savings deposits.

16-8 各市县城乡居民储蓄存款余额
Deposit Balances of the Urban and Rural Residents by Region

单位:万元 (10 000 yuan)

地 区 Region	2009			2010		
	合 计 Total	城镇居民 Urban Resident	农 民 Peasant	合 计 Total	城镇居民 Urban Resident	农 民 Peasant
海口市 Haikou	6103836	5792242	311594	7626022	7314428	311594
三亚市 Sanya	1701644	1551419	150225	2408566	2258341	150225
五指山市 Wuzhishan	94167	74099	20068	135394	115326	20068
文昌市 Wenchang	702177	506830	195347	931467	736120	195347
琼海市 Qionghai	715433	569041	146392	922765	776373	146392
万宁市 Wanning	463855	375369	88486	593114	504628	88486
定安县 Ding'an	215849	168620	47229	284873	237644	47229
屯昌县 Dunchang	149205	118828	30377	204856	174479	30377
澄迈县 Chengmai	339889	264093	75796	468061	392265	75796
临高县 Lingao	193609	134565	59044	263442	204398	59044
儋州市 Danzhou	627630	486881	140749	814530	673781	140749
# 洋浦 #Yangpu	193894	193894		248002	248002	
东方市 Dongfang	248537	215860	32677	320186	287509	32677
乐东县 Ledong	276514	223595	52919	363824	310905	52919
琼中县 Qiongzhong	149286	115095	34191	195267	161076	34191
保亭县 Baoting	112309	89903	22406	163666	141260	22406
陵水县 Lingshui	220004	189073	30931	314471	283540	30931
白沙县 Baisha	115641	90334	25307	158673	133366	25307
昌江县 Changjiang	204979	184604	20375	254260	233885	20375

注:本表储蓄存款余额只包括人民币。

Note:This table only includes the balance of RMB savings deposits.

16-9 金融机构外汇存贷款
Deposit and Loan of Foreign Exchanges of Financial Institutions

单位:万美元 (10 000 USD)

项 目	Item	2006	2007	2008	2009	2010
存款合计	**Total Deposits**	**59696**	**53943**	**66422**	**99332**	**67564**
境内机构存款	Deposit of Domestic Institution	20994	23074	27462	45215	22096
外商投资企业存款	Deposit of Foreign-funded Enterprises	2461	4087	9611	8170	5083
储蓄存款	Savings Deposits	27674	21582	20634	20898	19180
其他存款	Other Deposits	8567	5201	8715	25049	21205
贷款合计	**Total Loans**	**165919**	**188459**	**239536**	**307159**	**368869**
境内机构贷款	Loans of Domestic Institution	124683	171414	163078	213655	193713
外商企业贷款	Loans of Foreign-funded Enterprises	21845	13600	51913	27730	61444
其他贷款	Other Loans	19391	3445	24545	65774	113712

16-10 全省保险业务总量
Total Province Insurance Business

单位:万元 (10 000 yuan)

地 区	Region	保费收入 Income of Premiums			赔款及给付 Claim and Payment		
		2008	2009	2010	2008	2009	2010
合 计	**Total**	**300665**	**330698**	**479476**	**87407**	**106166**	**113413**
财产保险公司	**Property Insurance Companies**	**109122**	**123236**	**184418**	**51772**	**56286**	**69108**
企业财产保险	Enterprise Property Insurance	11717	6776	17996	6004	3334	2841
家庭财产保险	Family Property Insurance	120	181	270	20	21	26
机动车辆保险	Motor Vehicle Insurance	64121	83344	123663	33862	40054	52101
工程保险	Engineering Insurance	5381	2188	4951	1418	1993	1798
责任保险	Liability Insurance	2274	2942	4326	628	802	1100
信用保险	Export Credit Insurance						
保证保险	Guarantee Insurance	47	141	1158	393	165	344
船舶保险	Ship Insurance	2520	2552	2413	169	520	775
货运保险	Freight Transport Insurance	4859	2807	3428	3059	2035	98
特殊风险保险	Special Risks Insurance	11104	10828	13415	3123	3158	3611
农业保险		2706	6774	6865	1756	2640	4711
健康保险		921	1565	1926	349	599	769
人身意外保险		3267	3137	4006	965	966	934
其他保险	Other Insurance	86			3096	4205	
人寿保险公司	**Total Life Insurance Companies**	**191543**	**207463**	**295058**	**35634**	**49880**	**44305**
寿险	Life Insurance	175263	188422	272466	32642	46163	39797
健康保险	Health Insurance	10938	13304	15680	2222	2746	3681
人身意外伤害险	Personal Accident Insurance	5342	5737	6912	770	971	827

主要统计指标解释

信贷资金 指金融机构以信用方式积聚和分配的货币资金。金融机构信贷资金的来源有各项存款、对国际金融机构负债、流通中货币、银行自有资金及当年结益等; 信贷资金的运用有各项贷款、黄金占款、外汇占款、财政借款及在国际金融机构中的资产等。

存款 指企业、机关、团体或居民根据资金必须收回的原则,把货币资金存入银行或其他信用机构保管并取得一定利息的一种信用活动形式。根据存款对象的不同可划分为企业存款、财政存款、机关团体存款、基本建设存款、城镇储蓄存款、农村存款等科目。它是银行信贷资金的主要来源。

贷款 指银行或其他信用机构根据资金必须归还的原则,按一定利率,为企业、个人等提供资金的一种信用活动形式。我国银行贷款分为流动资金贷款、固定资产贷款、城乡个体工商户贷款以及农业贷款等科目。

保险公司 在中国境内的、经过保险监督部门批准设立,并依法登记注册的各类商业保险公司。

保险金额 指保险人承担赔偿或者给付保险金责任的最高限额。

保费 指投保人为取得保险人在约定范围内所承担赔偿责任而支付给保险人的费用。

赔款 指保险人根据保险合同的规定,向被保险人支付的赔偿保险责任损失的金额。

给付 包括死伤医疗给付和满期给付。死伤医疗给付是指保险人根据人寿保险及长期健康保险合同的规定,因被保险人在保险期内发生保险责任范围内的保险事故支付给被保险人(或受益人)的金额。满期给付是指被保险人生存期满,保险人按人寿保险合同规定支付给被保险人的满期保险金额。

Explanatory Notes on Main Statistical Indicators

Credit Funds refer to the funds issued as loans by banking institutions. The sources of credit funds of the banking institutions included deposits, liabilities to international financial institutions, currency in circulation, self-owned funds and current retained profits, etc. The credit funds can be used in forms of loans, gold, foreign exchange, government debt and assets in the international financial institutions.

Deposit is a form of credit by which enterprises, institutions, organizations or households can put money into banks and other credit institutions for safekeeping and interest earning under the principle of free withdrawal. According to different depositors, deposits are divided into enterprise deposits, treasury deposits, deposits of government agencies and organizations, capital construction deposits, urban savings deposits, rural deposits and other deposits. Deposits are major sources of the credit funds of banks.

Loan is a form of credit by which banks and other credit institutions provide funds at certain interest rate to enterprises and individuals in the light of the principle of unconditional repayment. Loans from Chinese banks include circulating capital loans, fixed assets loans, loans to urban and rural individuals engaged in industrial and commercial business and agricultural loans.

Insurance Companies refer to commercial insurance companies of various forms registered by law and established in China with the approval of insurance regulatory agencies.

Amount Insured refers to the maximum that the insurant will get for the claim of the case insured.

Premium is the fee paid by the insurant to the insurer to obtain the obligation of compensation from the insurance within the agreed terms.

Settled Claim is the compensation paid by the insurer to the insurant in accordance with the insurance contract.

Payment includes payment for death, injury or medical treatment and mature payment. Payment for death, injury or medical treatment refers to the money paid to the insurant (or the beneficiary) in accordance with the life or health insurance contract when the insurant encounters accidents within the insured period covered in the contract. Mature payment refers to the mature payment to the insurant in accordance with the life insurance contract at the end of the insured period.

17. 景气指数
CLIMATE INDEX

编辑人员：孙婷
Compiled by Sun Ting
英文翻译：卓富香
Translated by Zhuo Fuxiang

17-1 企业家信心指数
Enterpreneur Confidence Index

（2010）

项目	Item	一季度 1st. Quarter	二季度 2nd. Quarter	三季度 3rd. Quarter	四季度 4th. Quarter
总指数	**General Index**	137.76	129.82	130.88	137.33
按行业分	**by Sector**				
工　业	Industry	130.28	138.18	138.71	137.00
建筑业	Construction	170.58	159.70	144.22	169.22
交通运输仓储及邮政业	Transport,Storage and Postal	145.31	134.91	134.91	129.03
批发和零售业	Wholesale & Retail Trade	132.35	136.36	130.83	145.16
房地产业	Real Estate	129.41	88.24	117.65	100.00
社会服务业	Social Services	150.00	140.00	133.33	135.00
信息传输、计算机服务和软件业	Information Transmission,Computer Services and Software	125.00	122.22	133.33	133.33
住宿和餐饮业	Hotels and Catering Services	146.47	127.86	118.56	152.34
按登记注册类型分	**by Types of Registration**				
国有企业	State-owned Enterprises	132.46	130.23	129.90	142.40
集体企业	Collective-owned Enterprises	200.00	129.18	180.00	200.00
有限责任公司	Limited Liability Corporations	139.20	127.25	127.92	135.45
股份有限公司	Share-holding Corporations Ltd.	152.58	166.34	158.24	159.38
私营企业	Private Enterprises	150.00	163.64	154.55	166.67
港、澳、台投资企业	Enterprises with Funds from Hong Kong, Macao and Taiwan	113.49	119.05	107.93	102.38
外商投资企业	Enterprises with Funds from Foreign	142.15	128.08	125.51	138.42
按规模分	**by Size of Enterprises**				
大型	Large	153.97	169.80	174.59	171.91
中型	Medium	141.96	136.94	133.93	142.86
小型	Small	131.25	116.33	114.58	125.53
特殊分组	**Special Classification**				
出口企业	Export Enterprise	112.52	136.57	131.90	128.38
上市公司	Share Listed Companies	153.98	158.08	174.76	161.67
国有控股公司	State-holding Companies	132.57	131.05	132.85	142.33

注：根据2010年国家统计局企业调查制度变更和增加了两个项目。

Note: According to the business servey system of National Bureau of Statistics,two items have changed and increased.

17-2 企业景气指数
Enterprises Climate Index

(2010)

项目	Item	一季度 1st. Quarter	二季度 2nd. Quarter	三季度 3rd. Quarter	四季度 4th. Quarter
总指数	**General Index**	129.20	127.96	131.63	127.94
按行业分	**By Sector**				
工　业	Industry	124.90	134.69	139.82	140.46
建筑业	Construction	154.92	133.35	159.70	134.70
交通运输仓储及邮政业	Transport,Storage and Postal	113.84	134.21	140.09	113.84
批发和零售业	Wholesale & Retail Trade	129.22	142.06	137.12	138.91
房地产业	Real Estate	111.76	100.00	100.00	87.50
社会服务业	Social Services	135.00	120.00	119.05	130.00
信息传输、计算机服务和软件业	Information Transmission,Computer Services and Software	137.50	133.33	155.56	122.22
住宿和餐饮业	Hotels and Catering Services	141.82	100.04	109.26	144.87
按登记注册类型分	**By Types of Registration**				
国有企业	State-owned Enterprises	118.41	119.04	122.40	120.62
集体企业	Collective-owned Enterprises	140.00	140.00	140.00	160.00
有限责任公司	Limited Liability Corporations	132.05	120.88	129.98	133.66
股份有限公司	Share-holding Corporations Ltd.	141.11	154.98	158.69	155.59
私营企业	Private Enterprises	150.00	163.64	154.55	144.44
港、澳、台投资企业	Enterprises with Funds from Hong Kong,Macao and Taiwan	102.38	97.37	109.38	101.20
外商投资企业	Enterprises with Funds from Foreign	142.55	128.36	129.08	141.87
按规模分	**By Size of Enterprises**				
大型	Large	144.76	177.79	183.77	149.09
中型	Medium	133.93	129.73	133.04	139.29
小型	Small	117.71	102.04	109.38	119.15
特殊分组	**Special Classification**				
出口企业	Export Enterprise	118.66	135.61	140.00	141.47
上市公司	Share Listed Companies	144.61	162.26	162.26	164.80
国有控股公司	State-holding Companies	127.47	128.93	132.75	135.98

主要统计指标解释

景气指数 又称景气度，它是对企业景气调查中的定性指标通过定量方法加工汇总，综合反映某一特定调查群体或某一社会经济现象所处的状态或发展趋势的一种指标。其计算原理是：在调查的各类企业中，通过问卷的形式让企业经营决策者回答本企业本期经营状况相对于前期是上升、持平还是下降，然后经过加权、汇总，求出企业景气指数，即景气指数值＝回答上升的企业所占比重－回答下降的企业所占比重。景气指数取值0-200之间，100为景气指数的临界值，当景气指数大于100时，表明经济状况趋于上升或改善，处于景气状态；当景气指数小于100时，表明经济状况趋于下降或恶化，处于不景气状态。

企业景气指数 是根据企业家对本企业综合生产经营情况的判断与预期而编制的指数，用以综合反映企业的生产经营状况。

企业家信心指数 是根据企业家对企业外部市场经济环境与宏观政策的认识、看法、判断与预期而编制的指数，用以综合反映企业家对宏观经济环境的感受与信心。

Explanatory Notes on Main Statistical Indicators

Climate Index is also called "Climate Degree"; and this index is processed and summarized through quantitative approach for the qualitative index in enterprise climate investigation, which it is used to reflect a status or development trend comprehensively of certain body or a certain socio-economic phenomenon under investigation. And the calculation principle is: entrepreneurs of various enterprises in the survey is enquired to reply whether the present situation of his enterprise is better, unchanged or worse than before by using questionnaire usually. The results are then weighted and summarized to obtain the enterprise climate index. The value of enterprises climate index is between 0 and 200, 100 is its threshold. When the enterprises climate index is greater than 100, it shows the economy tends to grow or be improved, in boom status. When the enterprises climate index is less than 100, it shows the economy tends to decline or deteriorate, in downturn.

Enterprises Climate Index refers to the index compiled according to the entrepreneurs' judgment and anticipation to the comprehensive situation of production and management of their own enterprises.

Entrepreneur Confidence Index refers to the index complied according to the entrepreneurs' realization, opinion, judgment and anticipation to market, economic environment and macro-polices. It is used to reflect entrepreneurs' feeling and confidence of macro-economic environment.

18. 教育、文化和科技
EDUCATION, CULTURE, SCIENCE AND TECHNOLOGY

编辑人员: 李诚　伍志元
Compiled by Li Cheng　Wu Zhiyuan
英文翻译: 黄文智
Translated by Huang Wenzhi

在校学生占总人口比(%)

Students´ Percentage to Total Population(%)

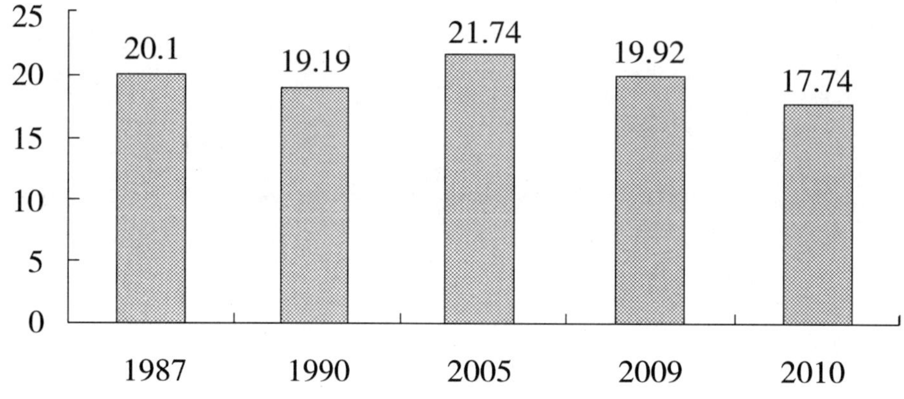

大、中、小学生构成(2010)

Students´ Percentage to Total Enrollment(%)

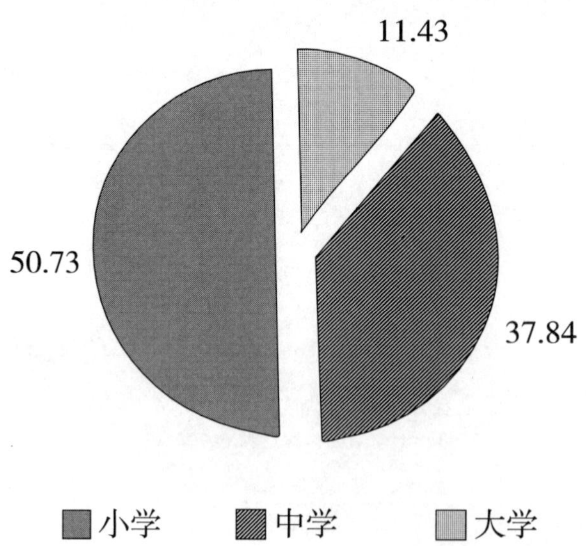

18-1 各级各类学校和教职工数
Number of Schools, Teachers and Staff

项 目	Item	2005	2006	2007	2008	2009	2010
学校数(间)	Number of Schools (unit)						
普通高等学校	Regular Institutions of Higher Education	15	15	14	15	17	17
中等专业技术学校	Specialized Technical Secondary Schools	37	38	37	38	55	39
普通中专学校	Regular Specialized Secondary Schools	23	24	23	24	22	26
技工学校	Technical Schools	14	14	14	14	14	7
普通中学	Regular Specialized Secondary Schools	563	574	576	570	542	531
职业中学	Vocational Secondary Schools	45	49	55	61	57	55
小 学	Primary Schools	3106	3050	2915	2741	2520	2313
幼儿园	Kindergartens	721	865	809	832	785	1005
教职工数(人)	Number of Teachers and Staff (person)						
普通高等学校	Regular Institutions of Higher Education	7698	8638	9634	10615	11666	12360
中等专业技术学校	Specialized Technical Secondary Schools	3071	3069	3295	3839	5712	3861
普通中专学校	Regular Specialized Secondary Schools	2106	2093	2055	2188	2543	2716
技工学校	Technical Schools	965	976	1240	1651	1690	953
普通中学	Regular Secondary Schools	34331	36686	38046	39327	40117	40694
职业中学	Vocational Secondary Schools	1200	1385	2085	2562	2928	2903
小 学	Primary Schools	56516	57578	57880	57975	57299	57085
幼儿园	Kindergartens	8672	10074	10120	10312	10305	13473
教师数(人)	Number of Teachers (person)						
普通高等学校	Regular Institutions of Higher Education	4620	5294	5823	6653	7303	7798
中等专业技术学校	Specialized Technical Secondary Schools	1827	1793	2337	2016	3627	2201
普通中专学校	Regular Specialized Secondary Schools	1173	1145	1074	1214	1430	1590
技工学校	Technical Schools	654	648	897	802	743	491
普通中学	Regular Secondary Schools	27652	29756	31498	32946	33878	34564
高 中	Senior Secondary Schools	6590	7712	8343	8838	9118	9503
初 中	Junior Secondary Schools	21062	22044	23155	24108	24760	25061
职业中学	Vocational Secondary Schools	834	917	1516	1868	2039	2084
小 学	Primary Schools	50598	51635	52345	52578	52368	52056
幼儿园	Kindergartens	4845	5612	5652	5726	5677	7426

18-2 各级各类学校学生数
Number of Students Enrollment by Level and Type of School

项 目	Item	2005	2006	2007	2008	2009	2010
在校学生数(人)	**Student Enrollment (person)**						
普通高等学校	Regular Institutions of Higher Education	69984	90138	108296	126355	144628	150806
中等专业技术学校	Specialized Technical Secondary Schools	60317	67628	75063	82347	106511	109171
普通中专学校	Regular Specialized Secondary Schools	48643	52716	54614	59924	75574	88355
技工学校	Technical Schools	11674	14912	20449	22423	30937	20275
普通中学	Regular Secondary Schools	584351	613339	621116	618554	601733	582054
高 中	Senior Secondary Schools	118165	137974	146411	154774	155893	160461
初 中	Junior Secondary Schools	466186	475365	474705	463780	445840	421593
职业中学	Vocational Secondary Schools	8888	10778	30629	36655	45701	48009
小 学	Primary Schools	1056730	1047236	983387	906369	834016	780535
幼儿园	Kindergartens	120178	135578	129952	136018	113207	181592
招生数(人)	**New Student Enrollment (person)**						
普通高等学校	Regular Institutions of Higher Education	24480	35264	39353	41677	57299	48249
中等专业技术学校	Specialized Technical Secondary Schools	24285	26343	29439	32469	48215	41045
普通中专学校	Regular Specialized Secondary Schools	19835	20528	19456	21855	32849	33258
技工学校	Technical Schools	4450	5815	9983	10614	15366	7433
普通中学	Regular Secondary Schools	214152	224025	217595	212818	204223	189554
高 中	Senior Secondary Schools	46433	54135	49790	53067	54829	56045
初 中	Junior Secondary Schools	167719	169890	167805	159751	149394	133509
职业中学	Vocational Secondary Schools	4332	5581	22431	20605	24199	21120
小 学	Primary Schools	182702	173749	126451	109846	108144	103591
毕业生数(人)	**Graduates(person)**						
普通高等学校	Regular Institutions of Higher Education	11788	16436	19806	23715	31435	36791
中等专业技术学校	Specialized Technical Secondary Schools	12188	14065	16409	20136	21655	22577
普通中专学校	Regular Specialized Secondary School	10222	11362	12579	16261	16909	18941
技工学校	Technical Schools	1966	2703	3830	3875	4746	3636
普通中学	Regular Secondary Schools	161022	177716	189349	201322	204073	196875
高 中	Senior Secondary Schools	30677	32472	38193	45461	51332	50598
初 中	Junior Secondary Schools	130345	145244	151156	155861	152741	146277
职业中学	Vocational Secondary Schools	1984	2389	3650	3558	5080	10751
小 学	Primary Schools	171364	178501	176553	171102	169341	146903

18-3 普通高等学校学生和教职员工数
Number of Students, Teachers and Staff in Regular Institutions of Higher Education

单位：人 (person)

年 份 Year	学校数(间) Schools(Unit)	毕业生人数 Graduates	招生人数 New Enrollment	在校学生数 Total Enrollment	教职员工人数 Teachers and Staff	#专任教师 Full-time Teachers
1952	2	44	102	158	67	11
1958	5	301	780	702	114	57
1962	3	172	143	1332	411	181
1965	4		329	1008	472	190
1975	3		443	1322	553	340
1976	4	387	670	1581	1204	396
1977	6	579	763	1689	1161	609
1978	6	382	1168	3045	1426	610
1979	6	264	337	3174	1598	679
1980	6	810	857	2711	1658	698
1981	4	317	679	2531	1818	580
1982	4	484	713	2963	1883	699
1983	5	1105	1093	3054	2302	821
1984	3	1098	1621	3763	2327	938
1985	3	998	1525	4048	2959	994
1986	3	877	2371	5581	2968	1043
1987	4	1203	1886	6096	3043	1104
1988	4	2016	4630	9133	3403	1222
1989	5	2168	2406	9475	3445	1199
1990	5	3999	2460	7652	2294	1215
1991	5	2296	2525	7631	2947	1236
1995	5	3145	3739	12041	3460	1334
1998	5	3504	4324	13532	3456	1362
1999	5	3700	4903	14569	3607	1436
2000	5	3834	7940	18504	3848	1571
2001	9	3860	10851	26050	3885	1640
2002	9	3939	14648	34711	4356	2125
2003	11	5560	17006	43498	5157	2699
2004	14	7673	20142	57450	6311	3636
2005	15	11788	24480	69984	7698	4620
2006	15	16436	35264	90138	8638	5294
2007	14	19806	39353	108296	9634	5823
2008	15	23715	41677	126355	10615	6653
2009	17	31435	57299	169095	11666	7303
2010	17	36791	48249	150806	12360	7798

18-4 普通高等院校分科学生数
Number of Students in Regular Institutions of Higher Education by Field of Study

单位:人 (2010) (person)

科类	Item	毕业生人数 Graduates	#本科 Undergraduate Courses	专科 Specialized Courses	招生人数 New Enrollment	#本科 Undergraduate Courses	专科 Specialized Courses	在校学生数 Total Enrollment	#本科 Undergraduate Courses	专科 Specialized Courses
全省总计	**Total**	36791	13765	23026	48249	25020	23229	150806	80296	70510
其中:女	Female	19507	7238	12269	26160	13762	12398	80651	43726	36925
管理学	Management	8856	3076	5780	14880	6870	8010	41761	20932	20829
经济学	Economics	1707	735	972	1774	1032	742	6541	3561	2980
法学	Law	1766	631	1135	2077	834	1243	6580	2819	3761
教育学	Education	5225	573	4652	3544	987	2557	13059	3372	9687
文学	Literature	5535	2823	2712	8779	5477	3302	28658	18145	10513
历史学	History	116	116		112	112		451	451	
理学	Science	1492	1492		2535	2535		8905	8905	
工学	Engineering	9486	2259	7227	10994	4619	6375	33106	13377	19729
农学	Agriculture	1042	916	126	1538	1387	151	4996	4447	549
医学	Medicine	1566	1144	422	2016	1167	849	6749	4287	2462

18-5 普通中等专业技术学校学生和教职员工数
Number of Students, Teachers and Staff in Regular Specialized Secondary Schools

单位：人　　（含中等师范学校）(including Secondary Normal Schools)　　(person)

年 份 Year	学校数（间）Schools(Unit)	毕业生人数 Graduates	当年招生人数 New Enrollment	在校学生数 Total Enrollment	教职员工人数 Teachers and Staff	# 专任教师 Full-time Teachers
1971	65	6761	3700	4153	531	275
1972	61	3037	2856	2352	913	475
1973	44	1240	1792	2593	633	317
1974	41		1354	1400	494	266
1975	36		1852	3849	742	385
1976	28	1485	1530	3061	681	287
1977	29	1751	1820	3578	811	383
1978	29	1807	2435	3667	1126	529
1979	26	1600	2468	5387	1273	580
1980	23	2271	2505	5809	1477	632
1981	23	2756	2233	6117	1714	744
1982	24	2142	2683	6778	1810	787
1983	23	2241	2046	6044	1532	687
1984	25	2687	2662	6526	1661	701
1985	26	1870	3130	7884	1744	773
1986	28	1680	3674	9006	2033	873
1987	28	2893	3032	7313	2130	969
1988	28	2447	3278	8339	2219	1093
1989	27	3676	3773	9926	2115	1008
1990	36	4456	5239	12767	2677	1344
1991	43	4519	5990	13998	2908	1856
1992	31	2615	4949	11448	2170	982
1993	32	3622	6221	13826	2323	1038
1994	34	3962	6319	13818	2436	1198
1995	42	6431	10448	24461	3627	1716
1996	42	7434	9706	26530	3777	1958
1997	45	8146	10743	29014	3865	2070
1998	47	9565	11809	30056	4119	2096
1999	48	9759	11824	32824	4011	2180
2000	47	9767	12966	35668	3990	2118
2001	46	10736	12194	34967	3777	2172
2002	54	12778	16090	47163	4722	2700
2003	48	13200	18887	46734	3423	1850
2004	41	16933	18104	72233	5244	3196
2005	38	12188	24285	60317	3071	1827
2006	38	14065	26343	67628	3069	1793
2007	37	16409	29439	75063	3295	2337
2008	38	20136	32469	82347	3839	2016
2009	55	21655	48215	106511	5712	3627
2010	39	29692	54378	136905	3861	2201

18-6 普通中等专业学校、职业中学分科类学生数

Number of Students by Field of Study in Regular Specialized Secondary Schools and Vocational Secondary School

单位:人 （2010） （person）

科类	Field	毕业生人数 Graduates	招生人数 New Enrollment	招初中毕业生 Junior Secondary School Graduates	在校学生数 Total Enrollment
合计	Total	29692	54732	50783	136905
#女性	Female	12269	12398	25475	36925
农林类	Agriculure and Forestry	1790	9506	7487	23823
资源环境类	Resources and Environment	44	24	24	63
能源与新能源类	Energy	100	177	170	526
土木水利类	Civil Hydroulic Engineering	255	820	806	2004
加工制造类	Manufacturing	3564	4289	4057	11433
石油化工类	Petrochemical	76			106
交通运输类	Communication & Transportation	3080	4450	4323	11347
轻纺食品类	Textile & food	863	972	975	27165
信息技术类	Informatiom Technologies	4231	5226	5160	14483
休闲保健类	Entertainment & Health care	203	1502	1317	2297
医药卫生类	Medicine and Health	4711	5793	5761	15761
旅游服务类	Trade and Tourism	5252	11013	10281	25447
财经商贸类	Finance and Economics	3617	5978	5896	14214
文化艺术与体育健身类	Culture,Arts and Physical ducation	1094	2710	2543	6479
公共管理与服务类	Social Public Utilities	194	461	461	1289
教育类	Teacher Training	560	821	806	2100
司法服务类	Judicial Service	20	79	79	214
其他	Others	38	906	637	2554

18-7 历年技工学校学生和教职员工数

Number of Students, Staff and Teachers in Technical Schools in Various Years

单位：人 (2010) (person)

年 份 Year	学校数(间) Schools (unit)	毕业生数 Graduates	招生数 New Enrollment	在校学生数 Total Enrollment	教职工数 Teachers and Staff	# 专任教师 Full-time Teachers
1990	10	1143	1070	2770	518	243
1991	12	1143	1517	2821	610	274
1992	12	620	1933	4026	687	281
1993	12	1053	2269	4918	715	310
1994	12	2002	2425	5178	684	336
1995	12	1848	2509	5392	739	255
1996	12	1813	1765	5175	782	393
1997	13	1744	1588	5110	743	411
1998	14	1727	1411	4299	712	367
1999	13	1468	1570	4425	773	444
2000	13	1154	2015	4946	706	309
2001	11	1158	2024	4779	629	419
2002	12	1199	2444	5757	662	335
2003	12	1786	4220	7753	796	370
2004	14	1886	4166	10048	926	620
2005	14	1966	4450	11674	965	654
2006	14	2703	5815	14912	976	648
2007	14	3830	9983	20449	1240	897
2008	14	3875	10614	22423	1651	802
2009	14	4746	15366	30937	1690	743
2010	7	3636	7433	20275	953	491

18-8 历年普通中学学生和教职员工数

Number of Students, Teachers and Staff in Regular Secondary Schools in Various Years

单位:人 (person)

年 份 Year	学校数(间) Schools (unit)	毕业生人数 Graduates	当年招生人数 New Enrollment	在校学生数 Total Enrollment	教职员工人数 Teachers and Staff	# 专任教师 Full-time Teachers
1951	32	2034		13633	876	529
1952	32	2165	9926	18070	1044	584
1965	139	11190	17105	50449	3630	2511
1966	137	14156	19021	53431	3512	2528
1967	100	–	–	42774	2935	2083
1968	177	–	–	88083	4168	3209
1969	218	33261	86314	135316	5717	4745
1970	308	79987	150015	234709	10898	9058
1971	442	127955	120947	248901	11955	9819
1972	301	106677	97238	213514	11967	8954
1973	297	89576	84617	184384	10888	8764
1974	306	82218	96567	190331	10957	8836
1975	429	87730	89659	257878	15348	11870
1976	458	97541	156303	303757	16972	13216
1977	487	113236	174090	345176	18823	14503
1978	487	108860	134468	338232	19845	14549
1979	510	108144	115745	305390	20231	14321
1980	501	85489	110755	301818	20740	14054
1981	503	91369	98437	264813	21562	14350
1982	489	80029	103462	257512	21293	13845
1983	485	65995	96811	255788	21417	13847
1984	480	68400	105401	280690	22078	14314
1985	480	73833	112320	304132	22324	14485
1986	483	82952	114244	336920	24113	16144
1987	479	90725	106772	325733	24956	16995
1988	480	98494	104042	303348	26127	17868
1989	480	89429	90086	264230	26276	17845
1990	481	77965	87404	252013	26329	18034
1991	474	73859	89594	247601	26054	17993
1995	478	84132	127641	317092	26613	18958
1999	501	112756	157303	412376	29546	22442
2000	503	118797	159425	435789	29461	22776
2001	527	120850	167275	446098	29987	23163
2002	535	132085	179468	476295	30883	24044
2003	542	141421	189270	507886	31537	24903
2004	554	150468	198242	541724	32936	26436
2005	563	161022	214152	584351	34331	27652
2006	574	177716	224025	613339	36686	29756
2007	576	189349	217595	621116	38046	31498
2008	570	201322	212818	618554	39327	32946
2009	542	204073	204223	601733	40117	33878
2010	531	196875	189554	582054	40694	34564

18-9 按城乡分普通中学学生和教职员工数
Number of Students,Teachers and Staff in Regular Secondary Schools by Urban and Rural

项 目	Item	2005	2006	2007	2008	2009	2010
普通中学(间)	Regular Secondary Schools (unit)	563	574	576	570	542	531
城 市	City	90	90	91	88	85	86
县 镇	Counties and Towns	255	263	264	269	261	269
农 村	Rural	218	221	221	213	196	176
当年招生数(人)	New Enrollment(person)	214152	224025	217595	212818	204223	189554
城 市	City	38466	41472	41812	43305	44242	45654
#高 中	Senior Secondary Schools	14838	17016	15895	16562	18556	19208
县 镇	Counties and Towns	127709	138023	134314	133724	126243	115444
#高 中	Senior Secondary Schools	27637	32577	29873	32525	32410	34057
农 村	Rural	47977	44530	41469	35789	33738	28456
#高 中	Senior Secondary Schools	3958	4542	4022	3980	3863	2780
毕业生数(人)	Graduates(person)	161022	177716	189349	201322	204073	196875
城 市	City	31472	33659	35338	37206	39027	42540
#高 中	Senior Secondary Schools	10452	11004	13037	14685	16450	17173
县 镇	Counties and Towns	93394	107794	115463	124635	127745	121533
#高 中	Senior Secondary Schools	17910	18935	22183	26856	31064	31035
农 村	Rural	36156	36263	38548	39481	37301	32802
#高 中	Senior Secondary Schools	2315	2533	2973	3244	3818	2390
在校学生数(人)	Total Enrollment(person)	584351	613339	621116	618554	601733	582054
城 市	City	110004	114605	119952	124465	128236	135249
#高 中	Senior Secondary Schools	38841	44869	47700	49232	51155	54417
县 镇	Counties and Towns	346591	375031	382886	385519	375313	357712
#高 中	Senior Secondary Schools	69906	82041	86825	93709	94444	98115
农 村	Rural	127756	123703	118278	108570	98184	89093
#高 中	Senior Secondary Schools	9418	11064	11886	11833	10294	7929
教职员工数(人)	Teachers and Staff(person)	34331	36686	38046	39327	40117	40694
城 市	City	7877	8581	8939	9140	9313	9955
#专职教师	Full-time Teachers	6174	6672	6992	7328	7502	8033
县 镇	Counties and Towns	18671	20047	20779	21863	22825	23204
#专职教师	Full-time Teachers	15292	16690	17889	19019	19808	20200
农 村	Rural	7783	8058	8328	8324	7979	7535
#专职教师	Full-time Teachers	6186	6394	6617	6599	6568	6331
附:职业中学(间)	Attch: Vocational Secondary Schools(unit)	45	49	55	61	57	55
当年招生数(人)	New Enrollment(person)	4332	5581	22431	20605	24199	22758
在校学生数(人)	Total Enrollment(person)	8888	10778	30629	36655	45701	52161
教职员工数(人)	Teachers and Staff(person)	1200	1385	2085	2499	2928	2903

18-10 各市县普通中学学生和教职工数

Number of Students,Teachers and Staff in Regular Secondary Schools by Region

单位:人 (2010) (person)

地 区 Region	学校数 Schools	#县镇 Counties and Towns	农 村 Rural	毕业生 Graduates	#县镇 Counties and Towns	农 村 Rural	招生数 New Enrollment	#县镇 Counties and Towns	农 村 Rural
全省总计 Total	**531**	**355**	**176**	**196875**	**164073**	**32802**	**189554**	**161098**	**28456**
海 口 市 Haikou	99	88	11	42266	40901	1365	42515	41522	993
三 亚 市 Sanya	45	29	16	15257	10864	4393	15583	11700	3883
五指山市 Wuzhishan	6	6		3363	3363		3373	3373	
文 昌 市 Wenchang	29	20	9	10705	9462	1243	10676	9226	1450
琼 海 市 Qionghai	26	16	10	9974	8579	1395	10115	8895	1220
万 宁 市 Wanning	26	16	10	11275	7801	3474	9362	6733	2629
定 安 县 Ding'an	22	17	5	5136	4756	380	4889	4655	234
屯 昌 县 Tunchang	19	14	5	5528	4939	589	5172	4742	430
澄 迈 县 Chengmai	31	14	17	8179	5633	2546	7805	5548	2257
临 高 县 Lingao	24	15	9	10520	8014	2506	10075	7808	2267
儋 州 市 Danzhou	48	32	16	25567	20660	4907	25693	20902	4791
#洋 浦 #Yangpu									
东 方 市 Dongfang	23	15	8	10618	9791	827	11045	9902	1143
乐 东 县 Ledong	30	19	11	12687	11036	1651	11921	10504	1417
琼 中 县 Qiongzhong	24	10	14	4476	2576	1900	3392	2226	1166
保 亭 县 Baoting	15	13	2	3720	3542	178	2803	2635	168
陵 水 县 Lingshui	21	13	8	7790	6012	1778	7059	5378	1681
白 沙 县 Baisha	20	6	14	3376	1642	1734	3051	1727	1324
昌 江 县 Changjiang	23	12	11	6438	4502	1936	5025	3622	1403

地 区 Region	在校学生数 Total Enrollment	#县镇 Counties and Towns	农 村 Rural	教职员工数 Teachers and Staff	#县镇 Counties and Towns	农 村 Rural	教师数 Teachers	#县镇 Counties and Towns	农 村 Rural
全省总计 Total	**582054**	**492961**	**89093**	**40694**	**33159**	**7535**	**34564**	**28233**	**6331**
海 口 市 Haikou	132402	128965	3437	9852	9514	338	8075	7778	297
三 亚 市 Sanya	43439	32106	11333	3060	2293	767	2549	1885	664
五指山市 Wuzhishan	10112	10112		732	732		605	605	
文 昌 市 Wenchang	31887	27843	4044	2426	2046	380	2065	1772	293
琼 海 市 Qionghai	30578	26765	3813	2113	1639	474	1892	1481	411
万 宁 市 Wanning	28104	19977	8127	2340	1585	755	1925	1287	638
定 安 县 Ding'an	15697	14947	750	1232	1120	112	1026	940	86
屯 昌 县 Tunchang	14624	13410	1214	1149	1032	117	1034	930	104
澄 迈 县 Chengmai	26076	17769	8307	1961	1226	735	1674	1044	630
临 高 县 Lingao	30834	23647	7187	1856	1311	545	1679	1229	450
儋 州 市 Danzhou	82027	66696	15331	4705	3581	1124	4019	3106	913
#洋 浦 #Yangpu									
东 方 市 Dongfang	33536	30333	3203	1770	1493	277	1512	1285	227
乐 东 县 Ledong	35779	31656	4123	2233	1925	308	1987	1728	259
琼 中 县 Qiongzhong	10525	6550	3975	890	504	386	735	426	309
保 亭 县 Baoting	9139	8623	516	814	763	51	696	648	48
陵 水 县 Lingshui	20510	16113	4397	1469	1126	343	1314	1010	304
白 沙 县 Baisha	9942	5345	4597	775	358	417	614	290	324
昌 江 县 Changjiang	16843	12104	4739	1317	911	406	1163	789	374

18-11 历年小学学生和教职员工数
Number of Students, Teachers and Staff in Primary Schools in Various Years

单位:人 (person)

年份 Year	学校数(间) Schools (unit)	毕业生人数 Graduates	当年招生人数 New Enrollment	在校学生数 Total Enrollment	教职员工人数 Teachers and Staff	#专任教师 Full-time Teachers
1966	5082	38541	94430	549807	20889	19716
1967	5289	–	–	519174	19600	17836
1968	5038	–	–	547108	19811	18028
1969	5120	83756	141298	527938	24259	21590
1970	5269	97032	153813	490502	21600	19298
1971	5275	76058	184118	548834	22545	18298
1972	4744	64233	163251	596107	24825	20258
1973	4559	57563	173116	666944	26785	21754
1974	4766	93721	136012	710591	27003	22231
1975	5570	96592	158805	829422	35589	29753
1976	5635	112967	180636	846721	34507	28610
1977	5604	128121	183134	856499	34693	29347
1978	5439	115723	194219	887920	38019	31504
1979	5569	104560	189757	882605	42463	34824
1980	5399	106122	175664	898676	44957	26610
1981	5302	99471	179595	904499	47212	38749
1982	5171	104881	167188	886926	45463	37039
1983	5122	109482	150903	847029	44370	35769
1984	5957	112051	169458	864560	43545	34637
1985	4905	117810	154640	872473	42082	34015
1986	4900	121518	162431	883942	43704	35412
1987	4830	119967	166567	890387	44363	36624
1988	4781	119967	169806	903500	45299	37296
1989	4759	94204	174566	918914	46065	37451
1990	4676	83352	175044	964724	46963	39002
1991	4659	90664	177649	1010528	47642	40656
1995	4430	139244	180493	1117457	49857	42583
1996	4330	149926	184641	1113621	51376	43606
1997	4330	151546	176491	1090799	57490	49470
1998	4249	152847	165948	1071910	56521	49868
1999	4199	153093	161165	1051079	56417	50130
2000	4167	154099	156735	1035810	56307	50339
2001	3399	153683	166419	1025278	54827	49347
2002	3320	163422	166168	1021696	55161	49945
2003	3287	173992	164629	1008860	54869	49367
2004	3192	167544	161941	1001835	55433	50108
2005	3106	171364	182702	1056730	56516	50598
2006	3050	178501	173749	1047236	57578	51635
2007	2915	176553	126451	983387	57880	52345
2008	2741	171102	109846	906369	57975	52578
2009	2520	169341	108144	834016	57299	52368
2010	2313	146903	103591	780535	57085	52056

18-12 按城乡分小学学生和教职员工数
Number of Students,Teachers and Staff in Primary Schools by Urban and Rural Areas

项目	Item	2005	2006	2007	2008	2009	2010
学校数(间)	**Schools (unit)**	**3106**	**3050**	**2915**	**2741**	**2520**	**2313**
城市	City	149	117	108	102	101	93
县镇	Counties and Towns	308	284	285	292	284	287
农村	Rural	2649	2649	2522	2347	2135	1933
当年招生数(人)	**New Enrollment(person)**	**182702**	**173749**	**126451**	**109846**	**108144**	**103591**
城市	City	22118	23038	17735	16792	19340	18148
县镇	Counties and Towns	40609	40828	28766	29092	27947	34474
农村	Rural	119975	109883	79950	63962	60857	50969
毕业生数(人)	**Graduates(person)**	**171364**	**178501**	**176553**	**171102**	**169341**	**146903**
城市	City	21660	21876	22618	22754	24237	21107
县镇	Counties and Towns	47442	51219	54210	56927	57593	55006
农村	Rural	102262	105406	99725	91421	87511	70790
在校学生数(人)	**Total Enrollment(person)**	**1056730**	**1047236**	**983387**	**906369**	**834016**	**780535**
城市	City	142629	139257	140376	137133	139868	135664
县镇	Counties and Towns	270242	278746	279326	279355	272629	287515
农村	Rural	643859	629233	563685	489881	421519	357356
教职员工数(人)	**Teachers and Staff(person)**	**56516**	**57578**	**57880**	**57975**	**57299**	**57085**
城市	City	7894	7666	7789	7662	7602	7362
#专职教师	Full-time Teachers	6387	6125	6164	6174	6265	6001
县镇	Counties and Towns	14655	14766	15417	16233	16808	18160
#专职教师	Full-time Teachers	12840	12956	13722	14449	15016	16197
农村	Rural	33967	35146	34674	34080	32889	31563
#专职教师	Full-time Teachers	31371	32554	32459	31955	31087	29858

18-13 普通小学分年龄人口入学情况
Statistics on Students in Regular Primary Schools by Age

(2010)

年龄 Age		学龄儿童人口总数(人) School Age Children(person)	# 女性 Female	学龄儿童在校数(人) Total Enrollment of School Age Children (person)	# 女性 Female	入学率(%) Enrollment Ratio(%)	# 女性 Female
全省总计	Total	778786	336296	769763	333317	98.84	99.11
6岁	Age6	99439	44566	98259	44106	98.81	98.97
7岁	Age7	118717	51334	117519	50869	98.99	99.09
8岁	Age8	121605	52903	120359	52443	98.98	99.13
9岁	Age9	125207	53941	123966	53461	99.01	99.11
10岁	Age10	129867	55676	128526	55197	98.97	99.14
11岁	Age11	130505	55130	127688	54495	97.84	98.85
12岁	Age12	53446	22746	53446	22746	100	100
城　市	City	138218	56985	134841	55840	97.56	97.99
6岁	Age6	21562	9423	21000	9232	97.39	97.97
7岁	Age7	21753	8943	21191	8753	97.42	97.88
8岁	Age8	22311	9380	21748	9189	97.48	97.96
9岁	Age9	23193	9485	22629	9294	97.57	97.99
10岁	Age10	23288	9524	22725	9333	97.58	97.99
11岁	Age11	21903	8779	21340	8588	97.43	97.82
12岁	Age12	4208	1451	4208	1451	100	100
县　镇	Counties and Towns	286092	117177	283631	116753	99.14	99.64
6岁	Age6	33495	14279	33344	14217	99.55	99.57
7岁	Age7	40749	16816	40587	16750	99.60	99.61
8岁	Age8	43183	17739	42971	17670	99.51	99.61
9岁	Age9	45894	18634	45724	18567	99.63	99.64
10岁	Age10	49103	20275	48927	20203	99.64	99.64
11岁	Age11	51983	20561	50393	20473	96.94	99.57
12岁	Age12	21685	8873	21685	8873	100	100
农　村	Rural	354476	162134	351291	160724	99.1	99.13
6岁	Age6	44382	20864	43915	20657	98.95	99.01
7岁	Age7	56215	25575	55741	25366	99.16	99.18
8岁	Age8	56111	25784	55640	25584	99.16	99.22
9岁	Age9	56120	25822	55613	25600	99.10	99.14
10岁	Age10	57476	25877	56874	25661	98.95	99.17
11岁	Age11	56619	25790	55955	25434	98.83	98.62
12岁	Age12	27553	12422	27553	12422	100	100

18-14 各市县普通小学学生和教职工数
Number of Students,Teachers and Staff in Regular Primary Schools by Region

单位:人 (2010) (person)

地 区 Region	学校数（间）Schools (unit)	#县镇 Counties and Towns	农 村 Rural	毕业生 Graduates	#县镇 Counties and Towns	农 村 Rural	招生数 New Enrollment	#县镇 Counties and Towns	农 村 Rural
全省总计 Total	**2313**	**380**	**1933**	**146903**	**76113**	**70790**	**103591**	**52622**	**50969**
海口市 Haikou	332	93	239	28543	20956	7587	23659	16587	7072
三亚市 Sanya	137	30	107	11406	5634	5772	9848	5539	4309
五指山市 Wuzhishan	11	7	4	1626	1337	289	1187	660	527
文昌市 Wenchang	174	25	149	7485	3417	4068	6660	2841	3819
琼海市 Qionghai	139	19	120	5903	2968	2935	6013	3148	2865
万宁市 Wanning	127	22	105	7647	3338	4309	5740	2044	3696
定安县 Ding'an	107	11	96	4528	2300	2228	3556	1376	2180
屯昌县 Tunchang	84	12	72	4299	2070	2229	3527	1600	1927
澄迈县 Chengmai	194	16	178	8932	3694	5238	5385	2239	3146
临高县 Lingao	77	21	56	8282	4960	3322	5430	2920	2510
儋州市 Danzhou	304	48	256	21202	10126	11076	12298	6116	6182
#洋浦 #Yangpu									
东方市 Dongfang	143	15	128	10448	4645	5803	4976	1815	3161
乐东县 Ledong	190	15	175	8921	3139	5782	4533	1109	3424
琼中县 Qiongzhong	50	9	41	2589	1193	1396	1720	597	1123
保亭县 Baoting	45	8	37	2155	1204	951	1337	654	683
陵水县 Lingshui	101	13	88	5806	2148	3658	4102	1733	2369
白沙县 Baisha	38	5	33	2611	863	1748	1710	571	1139
昌江县 Changjiang	60	11	49	4520	2121	2399	1910	1073	837

18-14 续(continued)

地 区 Region	在校学生数 Total Enrollment	#县镇 Counties and Towns	农村 Rural	教职员工数 Teachers and Staff	#县镇 Counties and Towns	农村 Rural	教师数 Teachers	#县镇 Counties and Towns	农村 Rural
全省总计 Total	**780535**	**423179**	**357356**	**57085**	**25522**	**31563**	**52056**	**22198**	**29858**
海口市 Haikou	170422	131013	39409	10894	7493	3401	9492	6267	3225
三亚市 Sanya	66185	36348	29837	4111	1903	2208	3612	1613	1999
五指山市 Wuzhishan	8297	6061	2236	883	466	417	843	435	408
文昌市 Wenchang	39817	18454	21363	2889	1140	1749	2746	1083	1663
琼海市 Qionghai	35235	18896	16339	2540	1103	1437	2269	987	1282
万宁市 Wanning	43031	20645	22386	3616	1489	2127	3246	1297	1949
定安县 Ding'an	24425	13236	11189	2214	875	1339	2105	803	1302
屯昌县 Tunchang	23142	10702	12440	1812	727	1085	1725	680	1045
澄迈县 Chengmai	45987	17844	28143	3600	1099	2501	3339	977	2362
临高县 Lingao	43848	23978	19870	3181	1473	1708	3014	1361	1653
儋州市 Danzhou	94833	44601	50232	6805	2661	4144	6178	2245	3933
#洋浦 #Yangpu									
东方市 Dongfang	45894	22258	23636	2951	964	1987	2738	826	1912
乐东县 Ledong	49282	18336	30946	3318	1062	2256	3150	972	2178
琼中县 Qiongzhong	13849	5614	8235	1506	495	1011	1383	443	940
保亭县 Baoting	11555	6213	5342	1302	555	747	1201	483	718
陵水县 Lingshui	28127	11908	16219	2231	744	1487	2033	636	1397
白沙县 Baisha	15931	6347	9584	1438	449	989	1317	378	939
昌江县 Changjiang	20675	10725	9950	1794	824	970	1665	712	953

18-15 历年平均每万人口在校学生数和大、中、小学生构成
Total Enrollment Per 10 Thousand Population and Its Composition in Various Years

年份 Year	各级学校在校学生占总人口(%) Students' Percentage to Total Population (%)	平均每万人口在校学生数(人) Number of Total Enrollment Per 10000 Population(person)			大、中、小学校占学生总数(%) Students as Percentage to Total Student(%)		
		大学 University Students	中学 Secondary School Students	小学 Primary School Students	大学 University Students	中学 Secondary School Students	小学 Primary School Students
1962	15.36	4.0	172	1361	0.3	11.2	88.5
1963	14.50	3.7	150	1296	0.3	10.3	89.4
1964	16.94	2.8	152	1539	0.1	9.0	90.9
1965	16.21	2.7	157	1390	0.2	3.5	86.3
1966	16.15		156	1456	0.1	9.7	90.2
1967	14.62		121	1340		8.3	91.7
1968	16.32		229	1403		14.0	86.0
1969	16.25		331	1293		20.4	79.6
1970	17.00		557	1143		32.8	67.2
1971	18.21		614	1207		33.7	66.3
1972	17.65		461	1274		26.6	73.4
1973	17.81	2.1	390	1391	0.1	21.8	78.1
1974	18.50	1.5	397	1457	0.1	21.2	78.7
1975	21.96	2.7	527	1669	0.1	24.9	76.0
1976	22.87	3.1	607	1676	0.1	26.6	73.3
1977	23.34	3.3	675	1659	0.1	28.9	71.0
1978	23.48	5.8	647	1680	0.3	27.7	72.0
1979	22.15	5.9	575	1634	0.3	26.0	73.7
1980	21.88	4.9	557	1626	0.2	25.5	74.3
1981	21.02	4.5	485	1613	0.2	23.1	76.7
1982	20.21	4.8	464	1552	0.2	23.0	76.8
1983	19.25	5.3	461	1452	0.3	23.9	75.8
1984	19.69	6.4	495	1467	0.3	25.2	74.5
1985	20.03	6.8	523	1460	0.3	26.8	72.9
1986	20.55	9.2	586	1459	0.5	28.5	71.0
1987	20.10	9.9	553	1448	0.5	27.5	72.0
1988	19.59	14.6	505	1439	0.7	25.8	73.5
1989	18.86	14.8	434	1439	0.8	23.0	76.2
1990	19.19	11.8	425	1481	0.6	22.2	77.2
1991	19.63	11.5	424	1528	0.6	21.6	77.8
1995	20.59	17.1	451	1591	0.8	21.9	77.3
1996	20.01	17.0	467	1517	0.8	23.3	75.8
1997	22.72	17.0	518	1506	0.9	25.4	73.7
1998	21.64	18.0	512	1424	0.8	23.6	75.6
1999	22.13	19.6	555	1414	0.9	25.1	74.0
2000	20.89	23.5	554	1316	1.3	29.2	69.5
2001	18.82	32.7	561	1289	1.7	29.8	68.5
2002	21.71	44.6	612	1295	2.1	28.3	69.6
2003	19.34	53.6	627	1245	2.7	32.6	64.7
2004	19.58	70.8	662	1225	3.6	33.8	62.6
2005	21.74	84.5	706	1276	4.1	34.1	61.8
2006	21.88	107.8	734	1253	5.1	35.0	59.8
2007	21.51	128.2	735	1163	6.3	36.3	57.4
2008	21.02	148.5	726	1064	7.6	37.5	54.9
2009	19.92	197.0	696	965	10.5	37.6	51.9
2010	17.74	202.9	671	900	11.4	37.8	50.7

18-16 各类成人教育学校学生和教职员工数

Number of Students,Teachers and Staff in Adult Institutions by Level and Type

项 目	Item	2005	2006	2007	2008	2009	2010
成人高等学校(间)	Adult Institutions of Higher Education (unit)	1	1	1	1	1	1
毕业生人数(人)	Graduates(person)	7075	4510	7193	7794	7874	10060
当年招生数(人)	New Enrollment(person)	9421	8672	8499	8591	8614	7253
在校学生数(人)	Total Enrollment(person)	21581	22074	23754	23657	26263	22118
教职员工数(人)	Teachers and Staff(person)	107	106	102	99	115	118
# 专职教师	Full-time Teachers	67	67	67	63	50	57
成人中等专业学校(间)	Specialized Secondary Schools for Adults(unit)	9	8	6	7	7	6
毕业生人数(人)	Graduates(person)	392	336	413	451	14	
当年招生数(人)	New Enrollment(person)	68	176	341		316	354
在校学生数(人)	Total Enrollment(person)	893	641	585	93	316	541
教职员工数(人)	Teachers and Staff(person)	188	281	167	237	241	192
# 专职教师	Full-time Teachers	93	170	156	149	158	120
成人中学校数(间)	Middle Schools for Adults(unit)	7	8	4	5	4	
毕业生人数(人)	Graduates(person)	704	3127	530	640	120	
在校学生数(人)	Total Enrollment(person)	745	2692	370	450	100	
教职员工数(人)	Teachers and Staff(person)	51	61	43	48	45	
# 专职教师	Full-time Teachers	17	32	3	3	–	
成人初等学校数(间)	Primary Schools for Adults(unit)	603	570	443	550	451	23
毕业生人数(人)	Graduates(person)	5218	4342	3303	5120	2972	476
在校学生数(人)	Total Enrollment(person)	6221	4246	2277	3070	1989	1154
教职员工数(人)	Teachers and Staff(person)	859	771	756	794	790	12
# 专职教师	Full-time Teachers	345	299	269	279	279	12
在成人初等教育中	Primary Education for Adults(unit)						
扫盲班(间)	Literacy Courses(unit)	390	357	349	367	399	329
毕业生人数(人)	Graduates(person)	1363	568	483	890	972	476
在校学生数(人)	Total Enrollment(person)	2340	787	457	1040	989	1154
教职员工数(人)	Teachers and Staff(person)	293	206	204	192	190	12
# 专职教师	Full-time Teachers	121	89	69	79	79	12

18-17 历年职业中学学生和教职工数

Number of Students,Teachers and Staff in Vocational Secondary Schools in Various Years

单位:人 (person)

年 份 Year	学校数(间) Schools (unit)	毕业生数 Graduates	招生数 New Enrollment	在校学生数 Total Enrollment	教职工数 Teachers and Staff	# 专任教师 Full-time Teachers
1990			4975	12232	1571	44
1991			5031	11843	1567	44
1992			4153	10202	1309	-
1993			4234	9762	1359	-
1994			4144	9303	1373	-
1995			3777	8559	1350	933
1996	37	2607	3164	7609	1390	928
1997	35	2391	3221	7749	1400	979
1998	37	2439	3189	7446	1392	1053
1999	43	2925	4107	9411	1488	1086
2000	41	3134	3563	8459	1354	1027
2001	42	3076	3606	8822	1395	979
2002	49	2834	3931	8536	1440	980
2003	46	2326	3515	7105	1268	864
2004	44	2095	4179	7920	1177	817
2005	45	1984	4332	8888	1200	834
2006	49	2389	5581	10778	1385	917
2007	55	3650	22431	30629	2085	1516
2008	61	3558	20605	36655	2562	1868
2009	57	5080	24199	45701	2928	2039
2010	55	10751	21120	48009	2903	2084

18-18 历年幼儿园在园幼儿和教职员工数

Number of Students,Teachers and Staff in Kindergartens in Various Years

单位:人 (person)

年 份 Year	园 数(所) Number of Kindergartens(unit)	在园幼儿数 Total Enrollment	教职员工人数 Teachers and Staff	教师 Teachers
1962	177	8205	678	285
1963	141	8466	768	294
1964	198	10986	902	348
1965	268	11445	1036	434
1966	343	17591	1321	641
1967	89	9583	757	363
1968	84	7194	579	277
1969	39	4275	210	101
1970	107	6637	317	223
1971	211	7733	700	571
1972	100	7898	353	190
1973	155	8366	343	157
1974	163	8708	386	206
1975	682	20877	1387	886
1976	3524	108059	6223	4532
1977	2130	71570	3882	3162
1978	1894	69140	3557	2752
1979	1818	64817	3529	2135
1980	1670	63332	3949	2175
1981	1285	60614	4164	2543
1982	1349	61176	4328	2603
1983	1110	64741	4180	2410
1984	1200	77892	4476	2788
1985	783	72428	3481	2348
1986	1170	86039	4227	2806
1987	1409	106190	4788	3368
1988	623	97074	4170	2830
1989	385	93082	4235	2855
1990	384	102545	4466	3078
1991	306	109285	5158	3628
1995	477	130780	5678	4400
1996	512	133663	6160	5446
1997	499	138332	7009	6165
1998	516	119878	6426	5296
1999	652	124656	7077	6033
2000	706	128139	6921	6055
2001	642	115466	7236	6494
2002	619	112359	7230	6459
2003	662	113367	7685	4308
2004	708	116820	8015	4466
2005	721	120178	8672	4845
2006	865	135578	10074	5612
2007	809	129952	10120	5652
2008	832	136018	10312	5726
2009	785	113207	10305	5677
2010	1005	181592	13473	7426

18-19 幼儿园基本情况表
Basic Statistics on Kindergartens

(2010)

项 目	Item	园数(所) Number of Kinder gartens (unit)	班数(个) Number of Classes	入园人数(人) New Enrollment (person)	学前班 Preschool Classes	在园幼儿数(人) Total Students Enrollment (person)	学前班 Preschool Classes	教职工人数(人) Teachers and taff (person)	教师 Teachers	保健员 Health Workers
总 计	Total	1005	6021	111223	30648	181592	16195	13473	7426	1774
其中:女性	Female			47180	13113	76791	7037	12358	7356	1722
按经济类型分	Grouped by Type									
教育部门和集体办	Run by Educational Departments and Collective	68	1452	39889	29546	48214	15799	1360	912	95
社会力量办	Run by Social Organization and Citizens	912	4382	68477	1038	126888	365	11420	6134	1591
其他部门办	Run by Other Departments	25	187	2857	64	6490	31	693	380	88
按城乡分	Grouped by Urban and Rural Areas									
城 市	Cities	323	1814	21402	631	48758	659	5629	3146	663
县 镇	Counties and Towns	454	2490	52219	9655	84490	10019	5854	3252	791
农 村	Rural	228	1717	37602	20362	60820	599	1990	1028	320

18-20 文化、艺术、广播电视事业基本情况
Basic Statistics on Culture,Art,Radio and Television Station

项 目	Item	2005	2006	2007	2008	2009	2010
电影放映队(队)	Film Screenings Team(unit)	151	90	129	179	196	156
电影院影剧院(城)	CinemaTheatre(set)	24	25	20	23	15	18
艺术表演团体(个)	Art Performance Troupes(unit)	22	21	22	21	21	21
图书馆(间)	Library(unit)	20	20	20	20	20	20
群众艺术馆(间)	Mass Art Centers(unit)	3	3	3	3	3	3
文化馆(间)	Cultural Centers(unit)	18	18	18	18	18	18
博物馆、纪念馆(间)	Museums and Memorial Hall(unit)	16	15	16	16	16	16
乡(镇)文化站(座)	Cultural Stations(set)	213	209	211	209	211	211
档案馆(座)	Archive(set)	30	30	30	32	32	32
广播电台电视台(座)	Broadcasting Station and Broadcast-Television Stations(set)	19	19	19	19	19	19
电视发射差转台(座)	Television Transmission Stations and Relaying Stations(set)	21	23	20	20	20	20
电视覆盖率(%)	TV Coverage of Population(%)	95.00	95.00	95.39	95.39	95.41	95.41

18-21 图书、报纸、杂志印刷出版
Number of Books,Newspaper and Magazines

(2010)

项　目	Item	种类数(种) Number of Publications(kind)	总刷数(万册、万份) Printed Copies (10000 copies)	总张印数(千印张) Printed Sheets (1000 sheets)
图　书	Books Published	2654	7158.8	467939
报　纸	Newspapers Published	15	20726.81	577080.91
#综合报	General Newspapers	5	12818.66	490242.24
专业报	Specialized Newspapers	10	7908.15	86838.67
#省级	Provincial Level	13	18004.55	482837.67
地(市)级	Prefectural Level	2	2722.26	94243.24
杂　志	Magazines	38	1102.76	52180.87
综合类	General	4	71.64	4803.33
哲学、社会科学类	Philosophy and Social Science	7	203.54	10175.31
自然科学、技术类	Natural Science and Technology	14	246.11	12302.05
文化、教育类	Cultural and Education	11	565.87	23584.5
文学、艺术类	Literature and Art	2	15.6	1315.68

18-22 公共图书馆藏书
Collections of Public Libraries

单位:千册　　(2010)　　(1000 copies)

级别 Item	机构数(个) Number of Institutions (unit)	藏书合计(千册) Total Callections (1000 volumes)	图书 Books Published	古籍 Ancient Books	报刊 Newspapers and Magazines	缩微制品 Microfilm Products	其他 Others	在藏量中:开架书刊 Open-shelf Books
全省总计 Total	20	2850	2518	11	285	21	26	1399
省　级 Provincial	1	534	500		30	4		534
地(市)级 Prefecture Level	2	636	592	6	36	3	4	296
县　级 County Level	17	1680	1425	5	114	14	22	569

18-23 图书发行情况
The Volume of Books´ Circulation

单位:万册　　(2010)　　(10000 copies)

项 目	Item	数量 (Amount)
期初库存	Beginning inventory	933
销售总数	Sales	6803
期末库存	Ending inventory	847
图书数	Books	1045
哲学社会科学	Philosophy & Social Sciences	23
文化教育类	Cultare and Education	71
文学艺术类	Literature and Art	10
自然科学技术类	Natural Science and Technology	22
其他图书	Others	2
少年儿童读物类	Books for children	13
大中专教材	Textbooks of Vniversity and Secondary School	3
教辅读物	Supplementary Reading for Education	2
音像制品(万盒)	Audio and Video Products (10000 copies)	7
电子出版物(万盒)	Electronic Publications (10000 copies)	161

18-24 公有经济企业专业技术人才分行业情况

Statistics on Professional and Technical Personnel in State-owned and Collective-owned Enterprises by Sector

单位：人　　　　(2010)　　　　(Person)

项目	Item	合计 Total	农林牧渔业 Farming, Forestry, Animal Husbandry and Fishery	采矿业 Mining	制造业 Manufacturing	电力、煤气及水的生产和供应业 Production and Supply of Electricity Power,Gas and Water	建筑业 Construction	交通运输仓储和邮政业 Transport, Storage, Posts	信息传输、计算机服务和软件业 Information Transmission, Computer Services and Software	批发和零售业 Wholesale & Retail Services	住宿和餐饮业 Hotels and Catering Services
合　计	**Total**	17321	10702	114	1011	631	1106	1255	18	393	45
工程技术人员	Engineering Technicians	3867	759	58	437	465	934	440	18	23	9
农业技术人员	Agriculture Technicians	1209	1170	2	8		1	5		3	2
科学研究人员	R&D Experiment Personel	10	5								
卫生技术人员	Medical Technicians	4245	4020		95	4	1	8		11	1
教学人员	Teaching Personnel	501	296		25		1	75			3
其他	Others	7489	4452	54	446	162	169	727		356	30

18-24 续(continued)

项目	Item	金融业 Financial Intermediation	房地产业 Real Estate	租赁和商务服务业 Leasing and Commercial Business Services	科学研究、技术服务和地质勘查业 Scientific Research, Technical Services and Geologic Prospecting	水利、环境和公共设施管理业 Management of Water Conservancy, Environmental and Public Facilities	居民服务和其他服务业 Services to Households and Other Services	教育 Education	卫生、社会保障和社会福利业 Health,Social Security and Social Welfare	文化、体育和娱乐业 Culture, Sports and Entainment	公共管理和社会组织 Public Management and Social Organizations
合　计	**Total**		437	160	165	267	106		112	446	353
工程技术人员	Engineering Technicians		166	14	155	192	54		7	46	90
农业技术人员	Agriculture Technicians		11	1		6					
科学研究人员	R&D Experiment Personel		4			1					
卫生技术人员	Medical Technicians		2	9			5		89		
教学人员	Teaching Personnel		9	5			5			3	79
其他	Others		245	131	10	68	42		16	397	184

18-25 事业单位专业技术人员分层次、分行业情况
Statistics on Professional and Technical Personnel in Public Institutions by Level and Sector

单位:人 (2010) (person)

项 目	Item	小计 Total	高级岗位Senior Position						
			一级 Degree 1	二级 Degree 2	三级 Degree 3	四级 Degree 4	五级 Degree 5	六级 Degree 6	七级 Degree 7
合 计	**Total**	**122349**	**25**	**20**	**48**	**931**	**619**	**1354**	**6752**
按层次分	**By Level**								
省	Provinces	21054		18	39	792	158	369	2933
地	City	11537	24	1	5	100	166	376	767
县	Counties	44556	1	1	4	38	240	487	2366
乡(镇)	Township (Town)	45202				1	55	122	686
按行业分	**By Sector**								
农林牧渔业	Farming,Forestry,Anima Husbandry and Fishery	2004		1	1	7	3	13	47
采矿业	Mining								
制造业	Manufacturing								
电力、煤气及水的生产和供应业	Production and Supply of Electricity Power,Gas and Water								
建筑业	Construction								
交通运输、仓储和邮政业	Transport,Storage and Post	496						1	34
信息传输、计算机服务和软件业	Information Transmission, Computer Services and Software	67						2	4
批发和零售业	Wholesale and Retail Trades								
住宿和餐饮业	Hotels and Catering Services								
金融业	Financial Intermediation	369					5	11	12
房地产业	Real Estate								
租赁和商务服务业	Leasing and Commercial Business Services	35				1			1
科学研究、技术服务和地质勘查	Scientific Research, Technical Services and Geologic Prospecting	1474			1	16	31	57	161
水利、环境和公共设施管理业	Management of Water Conservancy, Environmental and Public Facilities	944					6	12	39
居民服务和其他服务业	Services to Households and Other Services								
教育	Education	88237	25	12	27	458	511	1126	4639
卫生、社会保障和社会福利业	Health,Social Security and Social Welfare	24251		5	16	437	54	116	1580
文化体育和娱乐业	Culture,Sports and Entertainment	2871		2	3	12	4	10	180
公共管理和社会组织	Public Management and Social Organizations	1601					5	6	55

18-25 续(continued)

项　目	Item	中级岗位 Intermediate Position			初级岗位 Junior Position			其他 Others
		八级 Degree 8	九级 Degree 9	十级 Degree 10	十一级 Degree 11	十二级 Degree 12	十三级 Degree 13	
合　计	Total	4931	7154	30072	11750	36955	17448	4290
按层次分	By Level							
省	Provinces	474	693	5627	714	4721	3547	969
地	City	656	985	1950	1388	3367	1176	576
县	Counties	1895	2685	11691	4556	14729	5186	677
乡(镇)	Township (Town)	1906	2791	10804	5092	14138	7539	2068
按行业分	By Sector							
农林牧渔业	Farming,Forestry,Anima Husbandry and Fishery	49	94	420	236	861	256	16
采矿业	Mining							
制造业	Manufacturing							
电力、煤气及水的生产和供应业	Production and Supply of Electricity Power,Gas and Water							
建筑业	Construction							
交通运输、仓储和邮政业	Transport,Storage and Post	3	6	133	18	260	41	
信息传输、计算机服务和软件业	Information Transmission, Computer Services and Software	2	2	14	9	20	14	
批发和零售业	Wholesale and Retail Trades							
住宿和餐饮业	Hotels and Catering Services							
金融业	Financial Intermediation	37	49	42	67	99	47	
房地产业	Real Estate							
租赁和商务服务业	Leasing and Commercial Business Services			11		19	3	
科学研究、技术服务和地质勘查	Scientific Research, Technical Services and Geologic Prospecting	62	89	247	112	524	137	37
水利、环境和公共设施管理业	Management of Water Conservancy, Environmental and Public Facilities	37	47	183	69	319	178	54
居民服务和其他服务业	Services to Households and Other Services							
教育	Education	4297	6023	23081	9890	26431	8754	2963
卫生、社会保障和社会福利业	Health,Social Security and Social Welfare	388	708	5137	1007	6878	7320	605
文化体育和娱乐业	Culture,Sports and Entainment	23	67	552	106	980	332	600
公共管理和社会组织	Public Management and Social Organizations	33	69	252	236	564	366	15

18-26 科技活动人员情况

Statistics on Personnel in Scientific and Technological Activities

单位:人 (2010) Unit: person

项目	Item	科技活动人员 Personnel in Scientific and Technological Activities	大学本科及以上学历 Bachelor's Degree and Above
合　计	Total	19708	10731
科研院所	Scientific Research Institutes	2490	1488
民口院所	Institutes for Civil Use	2490	1488
其他院所	Other Institutes		
高等院校	Institutions of Higher Education	8138	7121
理工农医类	Science, Engineering,Agriculture and Medicine Class	3839	3207
人文社科类	Humanities and Social Sciences Class	4299	3914
企业	Enterprises	7438	1818
工业企业	Industrial Enterprises	4476	1584
大中型	Large and Medium-sized	2911	1140
规上小型	Small Industrial Enterprises Above Designated Size	1565	444
75-78 行业的企业	Enterprises in 75-78 Sectors	84	49
部分转制院所及园区企业	Partially Restructured Institutions and Enterprises in Zones		
其他企业	Other Enterprises	2878	185
事业单位	Public Institutions	1642	304
75-78 行业的事业	Institutions in 75-78 Sectors	614	148
园区事业单位	Institutions in Zones	87	58
其他事业	Other Public Institutions	941	98

18-27 研究与试验发展(R&D)人员情况
Statistics on R&D Personnel

(2010)

项　目	Item	单位数（个）Number of Entities (unit)	有R&D活动单位 Entities with R&D Activities	R&D人员（人）R&D Personnel (person)	其中:研究人员 Including: Research Personnel	其中:Including 全时人员 Full-time Staff	非全时人员 Part-time staff
合　计	Total	712	117	7194	3599	4010	3184
科研院所	Scientific Research Institutes	30	11	1147	652	813	334
民口院所	Institutes for Civil Use	30	11	1147	652	813	334
其他院所	Other Institutes						
高等院校	Institutions of Higher Education	32	28	1645	1323	344	1301
理工农医类	Science, Engineering,Agriculture and Medicine Class	14	14	428	341	342	86
人文社科类	Humanities and Social Sciences Class	18	14	1217	982	2	1215
企业	Enterprises	601	67	3476	1090	2761	715
工业企业	Industrial Enterprises	511	55	1678	653	1007	671
大中型	Large and Medium-sized	117	18	1033	438	561	472
规上小型	Small Industrial Enterprises Above Designated Size	394	37	645	215	446	199
75-78行业的企业	Enterprises in 75-78 Sectors	2					
部分转制院所及园区企业	Partially Restructured Institutions and Enterprises in Zones						
其他企业	Other Enterprises	88	12	1798	437	1754	44
事业单位	Public Institutions	49	11	926	534	92	834
75-78行业的事业	Public Institutions in 75-78 Sectors	33	1	4	3	4	
园区事业单位	Institutions in Zones	1					
其他事业	Other Public Institutions	15	10	922	531	88	834

18-27 续(continued)

项 目	Item	R&D 人员折合全时当量(人年)R&D Personnel Equivalent to Full-time (person-year)	其中:研究人员 Including: Research Personnel	其中:Including 基础研究 Basic Research	应用研究 Applied Research	试验发展 Experimental Development
合 计	Total	4893.1	2070.1	577.9	902.8	3413.4
科研院所	Scientific Research Institutes	995.0	579.0	242.0	450.0	303.0
民口院所	Institutes for Civil Use	995.0	579.0	242.0	450.0	303.0
其他院所	Other Institutes					
高等院校	Institutions of Higher Education	524.3	417.6	291.9	205.8	25.6
理工农医类	Science, Engineering,Agriculture and Medicine Class	286.0	225.0	132.0	145.0	8.0
人文社科类	Humanities and Social Sciences Class	238.3	192.6	159.9	60.8	17.6
企业	Enterprises	3123.8	929.5	2.0	74.0	3049.8
工业企业	Industrial Enterprises	1377.8	545.5		73.0	1306.8
大中型	Large and Medium-sized	861.8	377.5		1.0	860.8
规上小型	Small Industrial Enterprises Above Designated Size	516.0	168.0		72.0	446.0
75-78 行业的企业	Enterprises in 75-78 Sectors					
部分转制院所及园区企业	Partially Restructured Institutions and Enterprises in Zones					
其他企业	Other Enterprises	1746.0	384.0	2.0	1.0	1743.0
事业单位	Public Institutions	250.0	144.0	42.0	173.0	35.0
75-78 行业的事业	Public Institutions in 75-78 Sectors	4.0	3.0			4.0
园区事业单位	Institutions in Zones					
其他事业	Other Public Institutions	246.0	141.0	42.0	173.0	31.0

18-28 研究与试验发展(R&D)经费情况
Statistics on Funds for R&D

单位:万元　　　　(2010)　　　　(10 000 yuan)

项目	Item	R&D经费内部支出 Internal Expenditures on Funds for R&D	其中 including #基础研究 #Basic Research	应用研究 Applied Research	试验发展 Experimental Development	其中 including 政府资金 Government Funds	企业资金 Enterprise Funds	境外资金 Foreign Capital	其他资金 Other Funds
合　计	Total	70203.5	10680.7	24800.9	34723.9	41003.8	25860.9	133.5	3207.3
科研院所	Scientific Research Institutes	30436.0	6386.0	16367.0	7682.0	27675.0	7.0	129.0	2625.0
民口院所	Institutes for Civil Use	30436.0	6386.0	16367.0	7682.0	27675.0	7.0	129.0	2625.0
其他院所	Other Institutes								
高等院校	Institutions of Higher Education	9541.9	4178.5	4630.7	735.7	8250.4	945.4	4.5	343.6
理工农医类	Science, Engineering, Agriculture and Medicine Class	8686.0	3576.0	4475.0	638.0	7549.0	891.0		248.0
人文社科类	Humanities and Social Sciences Class	855.9	602.5	155.7	97.7	701.4	54.4	4.5	95.6
企业	Enterprises	27185.8	8.0	977.5	26200.3	2134.0	24822.1		229.7
工业企业	Industrial Enterprises	26583.4		955.5	25627.9	2098.5	24264.0		220.9
大中型	Large and Medium-sized	18333.8		20.2	18313.6	1807.7	16526.1		
规上小型	Small Industrial Enterprises Above Designated Size	8249.6		935.3	7314.3	290.8	7737.9		220.9
75-78行业的企业	Enterprises in 75-78 Sectors								
部分转制院所及园区企业	Partially Restructured Institutions and Enterprises in Zones								
其他企业	Other Enterprises	602.4	8.0	22.0	572.4	35.5	558.1		8.8
事业单位	Public Institutions	3039.8	108.2	2825.7	105.9	2944.4	86.4		9.0
75-78行业的事业	Public Institutions in 75-78 Sectors	9.0			9.0				9.0
园区事业单位	Institutions in Zones								
其他事业	Other Public Institutions	3030.8	108.2	2825.7	96.9	2944.4	86.4		

18-28 续(continued)

项目	Item	R&D经费外部支出 External Funds for R&D Expenditures	#对国内研究机构支出 # Expenditures on Domestic Research Institutions	对国内高等学校支出 Expenditures on Domestic Institutions of Higher Education	对国内企业支出 Expenditures on Domestic Enterprises	对境外支出 Expenditure on Overseas
合　计	Total	8095.1	7510.7	541.7	35.3	
科研院所	Scientific Research Institutes					
民口院所	Institutes for Civil Use					
其他院所	Other Institutes					
高等院校	Institutions of Higher Education	154.3	13.4	98.5	35.0	
理工农医类	Science, Engineering,Agriculture and Medicine Class	140.0	12.0	94.0	35.0	
人文社科类	Humanities and Social Sciences Class	14.3	1.4	4.5		
企业	Enterprises	7940.8	7497.3	443.2	0.3	
工业企业	Industrial Enterprises	7929.8	7488.3	441.2	0.3	
大中型	Large and Medium-sized	5493.6	5111.8	381.8		
规上小型	Small Industrial Enterprises Above Designated Size	2436.2	2376.5	59.4	0.3	
75-78行业的企业	Enterprises in 75-78 Sectors					
部分转制院所及园区企业	Partially Restructured Institutions and Enterprises in Zones					
其他企业	Other Enterprises	11.0	9.0	2.0		
事业单位	Public Institutions					
75-78行业的事业	Public Institutions in 75-78 Sectors					
园区事业单位	Institutions in Zones					
其他事业	Other Public Institutions					

18-29 研究与试验发展(R&D)产出情况
Statistics on Output of R&D

(2010)

项目	Item	专利申请数(件)Number of Patent Application (unit)	发明专利 Patent of Invention	专利授权数(件) Number of Patent Authorized (unit)	发明专利 Patent of Invention	有效发明专利数(件) Number of Effective Patent (unit)
合 计	**Total**	**519**	**286**	**71**	**40**	**426**
科研院所	**Scientific Research Institutes**	**110**	**84**	**45**	**21**	**67**
民口院所	Institutes for Civil Use	110	84	45	21	67
其他院所	Other Institutes					
高等院校	**Institutions of Higher Education**	**53**	**43**	**26**	**19**	**35**
理工农医类	Science, Engineering, Agriculture and Medicine Class	53	43	26	19	35
人文社科类	Humanities and Social Sciences Class					
企业	**Enterprises**	**351**	**155**			**324**
工业企业	Industrial Enterprises	333	149			318
大中型	Large and Medium-sized	176	56			203
规上小型	Small Industrial Enterprises Above Designated Size	157	93			115
75-78 行业的企业	Enterprises in 75-78 Sectors					
部分转制院所及园区企业	Partially Restructured Institutions and Enterprises in Zones					
其他企业	Other Enterprises	18	6			6
事业单位	**Public Institutions**	**5**	**4**			
75-78 行业的事业	Public Institutions in 75-78 Sectors	1	1			
园区事业单位	Institutions in Zones	1	1			
其他事业	Other Public Institutions	3	2			

18-29 续(continued)

项目	Item	专利所有权转让及许可数(件) Number of Patent Ownership Transfer and License (unit)	专利所有权转让及许可收入(万元) Income from Transfer and License of Patent Ownership (10 000yuan)	发表科技论文(篇) Number of Scientific Paper Published (unit)	出版科技著作(种) Number of Scientific and Technical Works Published (unit)
合　计	Total	29	344.5	5717	320
科研院所	Scientific Research Institutes	1	200.0	1080	46
民口院所	Institutes for Civil Use	1	200.0	1080	46
其他院所	Other Institutes				
高等院校	Institutions of Higher Education	8	49.0	3766	264
理工农医类	Science, Engineering, Agriculture and Medicine Class	8	49.0	1980	63
人文社科类	Humanities and Social Sciences Class			1786	201
企业	Enterprises	20	95.5	125	
工业企业	Industrial Enterprises	18	95.5	105	
大中型	Large and Medium-sized	2		69	
规上小型	Small Industrial Enterprises Above Designated Size	16	95.5	36	
75-78 行业的企业	Enterprises in 75-78 Sectors			2	
部分转制院所及园区企业	Partially Restructured Institutions and Enterprises in Zones				
其他企业	Other Enterprises	2		18	
事业单位	Public Institutions			746	10
75-78 行业的事业	Public Institutions in 75-78 Sectors			33	2
园区事业单位	Institutions in Zones			1	
其他事业	Other Public Institutions			712	8

18-30 研究与试验发展(R&D)项目(课题)情况
Statistics on R&D Projects

(2010)

项目	Item	项目(课题)数(项) Number of Project(Task) (unit)	项目(课题)参加人员折合全时当量(人年)Project (Task) Participants Equivalent to Full-time (person-year)	研究人员 Researchers	项目(课题)经费内部支出(万元)Internal Expenditures on Project (Task) (10 000yuan)
合 计	**Total**	**3116**	**4639.1**	**1742.9**	**49087.1**
科研院所	**Scientific Research Institutes**	**662**	**914.0**	**447.0**	**20664.0**
民口院所	Institutes for Civil Use	662	914.0	447.0	20664.0
其他院所	Other Institutes				
高等院校	**Institutions of Higher Education**	**1956**	**522.2**	**417.4**	**5854.7**
理工农医类	Science, Engineering, Agriculture and Medicine Class	1044	284.1	225.0	5475.0
人文社科类	Humanities and Social Sciences Class	912	238.1	192.4	379.7
企业	**Enterprises**	**368**	**3057.9**	**855.1**	**22278.9**
工业企业	Industrial Enterprises	344	1130.9	471.1	21715.2
大中型	Large and Medium-sized	197	691.9	303.1	14738.7
规上小型	Small Industrial Enterprises Above Designated Size	147	439.0	168.0	6976.5
75-78 行业的企业	Enterprises in 75-78 Sectors				
部分转制院所及园区企业	Partially Restructured Institutions and Enterprises in Zones				
其他企业	Other Enterprises	24	1927.0	384.0	563.7
事业单位	**Public Institutions**	**130**	**145.0**	**23.4**	**289.5**
75-78 行业的事业	Public Institutions in 75-78 Sectors	1	4.0	2.0	5.0
园区事业单位	Institutions in Zones				
其他事业	Other Public Institutions	129	141.0	21.4	284.5

18-31 研究机构情况
Statistics on Research Institutes

(2010)

项目	Item	机构数(个) Number of Institutes (unit)	R&D人员(人) R&D Personnel (person)			R&D经费支出(万元) R&D Expenditure (10 000yuan)	科研用仪器设备原价(万元) Original Cost of Scientific Instruments and Equipment (10 000yuan)	
				博士毕业 Dortor	硕士毕业 Master			进口 Import
合 计	Total	216	2498	225	522	47322.5	53175.8	15773.7
科研院所	Scientific Research Institutes	30	1147	169	335	30436.0	19959.0	8466.0
民口院所	Institutes for Civil Use	30	1147	169	335	30436.0	19959.0	8466.0
其他院所	Other Institutes							
高等院校	Institutions of Higher Education	42	192	45	62	1282.4	8263.0	3338.0
理工农医类	Science, Engineering,Agriculture and Medicine Class	27	79	11	17	1247.0	8262.0	3338.0
人文社科类	Humanities and Social Sciences Class	15	113	34	45	35.4	1.0	
企业	Enterprises	94	1000	11	125	14251.1	22373.8	3969.7
工业企业	Industrial Enterprises	68	902	7	100	14101.0	14935.8	3957.7
大中型	Large and Medium-sized	34	699	5	86	12155.4	10638.1	2374.8
规上小型	Small Industrial Enterprises Above Designated Size	34	203	2	14	1945.6	4297.7	1582.9
75-78 行业的企业	Enterprises in 75-78 Sectors	2					6704.0	
部分转制院所及园区企业	Partially Restructured Institutions and Enterprises in Zones							
其他企业	Other Enterprises	24	98	4	25	150.1	734.0	12.0
事业单位	Public Institutions	50	159			1353.0	2580.0	
75-78 行业的事业	Public Institutions in 75-78 Sectors							
园区事业单位	Institutions in Zones							
其他事业	Other Public Institutions	50	159			1353.0	2580.0	

主要统计指标解释

普通高等学校 指按照国家规定的设置标准和审批程序批准举办，通过国家统一招生考试，招收高中毕业生为主要培养对象，实施高等教育的全日制大学、独立设置的学院和高等专科学校、短期职业大学。

成人高等学校 指按照国家有关规定审批，招收通过全国成人高教统一招生考试的具有高中毕业或同等学历的在职从业人员，利用脱产、半脱产、业余或函授等多种形式对其实施高等学历教育，培养高等教育专科或本科毕业水平的专门人才，修业年限、课程设置和总学时数均按高等学历教育要求付诸实施的学校。包括广播电视大学、职工高等学校、农民高等学校、管理干部学院、教育学院、独立设置的函授学院等。

小学学龄儿童入学率 指调查范围内已入小学学习的学龄儿童占校内外学龄儿童总数（包括弱智儿童，不包括盲聋哑儿童）的比重。计算公式为：

小学学龄儿童入学率 = 已入学的小学学龄儿童数 / 校内外小学学龄儿童总数 *100%

科技活动 指在自然科学、农业科学、医药科学、工程与技术科学、人文与社会科学领域（简称科学技术领域）中，与科技知识的产生、发展、传播和应用密切相关的有组织的活动。可分为研究与试验发展（R&D）、研究与试验发展成果应用及相关的科技服务三类活动。

科技活动人员 指直接从事科技活动、以及专门从事科技活动管理和为科技活动提供直接服务的人员。累计从事科技活动的实际工作时间占全年制度工作时间 10%及以上的人员。（1）直接从事科技活动的人员包括：在独立核算的科学研究与技术开发机构、高等学校、各类企业及其他事业单位内设的研究室、实验室、技术开发中心及中试车间（基地）等机构中从事科技活动的研究人员、工程技术人员、技术工人及其它人员；虽不在上述机构工作，但编入科技活动项目（课题）组的人员；科技信息与文献机构中的专业技术人员；从事论文设计的研究生等。（2）专门从事科技活动管理和为科技活动提供直接服务的人员包括：独立核算的科学研究与技术开发机构、科技信息与文献机构、高等学校、各类企业及其他事业单位主管科技工作的负责人，专门从事科技活动的计划、行政、人事、财务、物资供应、设备维护、图书资料管理等工作的各类人员，但不包括保卫、医疗保健人员、司机、食堂人员、茶炉工、水暖工、清洁工等为科技活动提供间接服务的人员。

科学家与工程师 指科技活动人员中具有高、中级技术职称（职务）的人员和不具有高、中级技术职称（职务）的大学本科及以上学历人员。

研究与试验发展（R&D） 指在科学技术领域，为增加知识总量、以及运用这些知识去创造新的应用而进行的系统的创造性的活动，包括基础研究、应用研究、试验发展三类活动。

基础研究 指为了获得关于现象和可观察事实的基本原理的新知识（揭示客观事物的本质、运动规律，获得新发现、新学说）而进行的实验性或理论性研究，它不以任何专门或特定的应用或使用为目的。其成果以科学论文和科学著作为主要形式。

应用研究 指为获得新知识而进行的创造性研究，主要针对某一特定的目的或目标。应用研究是为了确定基础研究成果可能的用途，或是为达到预定的目标探索应采取的新方法（原理性）或新途径。其成果形式以科学论文、专著、原理性模型或发明专利为主。

试验发展 指利用从基础研究、应用研究和实际经验所获得的现有知识，为产生新的产品、材料和装置，建立新的工艺、系统和服务，以及对已产生和建立的上述各项作实质性的改进而进行的系统性工作。其成果形式主要是专利、专有技术、具有新产品基本特征的产品原型或具有新装置基本特征的原始样机等。在社会科学领域，试验发展是指把通过基础研究、应用研究获得的知识转变成可以实施的计划（包括为进行检验和评估实施示范项目）的过程。人文科学领域没有对应的试验发展活动。

研究与试验发展人员 指参与研究与试验发展项目研究、管理和辅助工作的人员，包括项目（课题）组人员，企业科技行政管理人员和直接为项目（课题）活动提供服务的辅助人员。

专业技术人员 指从事专业技术工作和专业技术管理工作的人员，即企事业单位中已经聘任专业技术职务从事专业技术工作和专业技术管理工作的人员，以及未聘任专业技术职务，现在专业技术岗位上工作的人员。包括工程技术人员，农业技术人员，科学研究人员，卫生技术人员，教学人员，经济人员，会计人员，统计人员，翻译人员，图书资料、档案、文博人员，新闻出版人员，律师、公证人员，广播电视播音人员，工艺美术人员，体育人员，艺术人员及企业政治思想工作人员，共十七个专业技术职务类别。

科技活动经费筹集 指从各种渠道筹集到的计划用于科技活动的经费，包括政府资金、企业资金、事业单位资金、金融机构贷款、国外资金和其他资金等。

政府拨款 指从各级政府部门获得的计划用于科技活动的经费，包括科学事业费、科技三项费、科研基建费、科学基金、教育等部门事业费中计划用于科技活动的经费以及政府部门预算外资金中计划用于科技活动的经费等。

企业资金 指从自有资金中提取或接受其他企业委托的、科研院所和高校等事业单位接受企业委托获得的，计划用于科研和技术开发的经费。不包括来自政府、金融机构及国外的计划用于科技活动的资金。

劳务费 指以货币或实物形式直接或间接支付给从事科技活动人员的劳动报酬及各种费用。包括各种形式的工资、津贴、奖金、福利、离退休人员费用、人民助学金等。

固定资产购建费 指报告年内使用非基建投资购建的固定资产和用于科研基建投资的实际支出额，即固定资产实际支出和科研基建投资实际完成额之和。固定资产是指长期使用而不改变原有实物形态的主要物资设备、图书资料、实验材料和标本以及其他设备和家具、房屋、建筑物。

专利 是专利权的简称，是对发明人的发明创造经审查合格后，由专利局依据专利法授予发明人和设计人对该项发明创造享有的专有权。包括发明、实用新型和外观设计。

发明 指对产品、方法或者其改进所提出的新的技术方案。

艺术表演团体 指从事戏曲、音乐、舞蹈、杂技等专业艺术表演，有独立帐户的单位，不包括半工半艺、半农半艺和民间职业剧团。

电影放映单位 指具有放映机器设备、固定或不固定的放映场所与专职或兼职的放映技术人员，经有关部门登记批准，经常为一定的观众对象放映电影的机构。包括经批准对外开放进行营业，并与电影发行放映管理机构分帐的专用放映单位和军委系统租片单位。

Explanatory Notes on Main Statistical Indicators

Regular Institutions of Higher Learning refer to educational establishments set up according to the government evaluation and approval procedures, recruiting graduates from senior secondary schools as the main target by National Matriculation TEST. They include full-time universities, colleges, institutions of higher professional education, institutions of higher vocational education, institutions of higher vocational education and short-term professional universities.

Institutions of Higher Learning for Adults refer to educational establishments, set up in line with relevant rules approved by the government, enrolling staff and workers with senior secondary school or equivalent education ,and providing higher education courses in many forms of full time, part time, spare time, or correspondence for adults. Professionals thus trained receive a qualification equivalent to graduates studying regular courses at regular universities, colleges and professional colleges. Institutions of higher learning for adults include Radio and TV universities, schools of high education for staff and workers and peasants, colleges for management cadres, pedagogical colleges, independent correspondence colleges.

Net Enrolment Ratio of Primary Schools refers to the proportion of school age children enrolled at schools to the total number of school age children both in and outside schools (including retarded children ,but excluding blind, deaf and mute children). The formula is:

Net Enrolment Ratio of Primary Schools = (Total Primary School-age Children at Schools) / (Total Primary School-age Children Whether or Not Attending School) *100%

Scientific and Technological Activities (S&T Activities) refer to organized activities which are closely related with the creation, development, dissemination and application of the scientific and technical knowledge in the fields of natural sciences, agricultural science, medical science, engineering and technological science, humanities and social sciences (referred to as scientific and technological fields). S&T activities can be classified into 3 categories: research and development (R&D) activities, application of R&D results, and related S&T services.

Personnel Engaged in S&T Activities refer to personnel directly engaged in S&T activities, in the management of S&T activities, and in providing direct service to S&T activities, with over 10% of the total working hours in a year spent on S&T activities. (1) Personnel directly engaged in S&T activities include researchers, engineers, technicians and other related personnel engaged in S&T activities in independent-accounting R&D institutions, institutions of higher learning, and in research institutes, laboratories, technology development centres and central experiment workshops under enterprises and institutions. Also included are people working in S&T research project teams, professional and technical personnel working in S&T information archiving institutes, and graduate students working on the design of their thesis. (2) Personnel engaged in the management of S&T activities and in providing direct service to S&T activities include senior management people responsible for S&T activities in independent-accounting R&D institutions, S&T information archiving institutes, institutions of higher learning and in enterprises and institutions where S&T activities are undertaken. Also included are people responsible for the planning, administration, personnel management, financial management, logistics supply, equipment maintenance, information and library management that are related with S&T activities. People providing indirect services are excluded, such as security, medical service, drivers, plumbers, cleaners and those providing catering and related service.

Scientists and Engineers refer to persons engaged in S&T activities either having obtained titles of senior and middle level professional positions, or those without such positions but have completed university or higher education.

Research and Development (R&D) refers to systematic and creative activities in the field of science and technology aiming at increasing the knowledge and using the knowledge for new application. R&D includes 3 categories of activities: basic research, applied research and experimentation for development.

Basic Research refers to empirical or theoretical research aiming at obtaining new knowledge on the fundamental principles regarding phenomena or observable facts to reveal the intrinsic nature and underlying laws and to acquire new discoveries or new theories. Basic research takes no specific or designated application as the aim of the research. Results of basic research are mainly released or disseminated in the form of scientific papers or monographs.

Applied research refers to creative research aiming at obtaining new knowledge on a specific objective or target. Purpose of the applied research is to identify the possible uses of results from basic research, or to explore new (fundamental) methods or new approaches. Results of applied research are expressed in the form of scientific papers, monographs, fundamental models or invention patents.

Experiments and Development refer to systematic activities aiming at using the knowledge from basic and applied researches or from practical experience to develop new products, materials and equipment, to establish new production process, systems and services, or to make substantial improvement on the existing products, process or services. Results of experiment and development activities are embodied in patents, exclusive technology, and monotype of new products or equipment. In social sciences, experiment and development activities refer to the process of converting the knowledge from basic or applied researches into feasible programmes (including conduct of demonstration projects for assessment and evaluation). There are no experiment and development activities in the science of humanities.

R&D Personnel refer to persons engaged in research, management and supporting activities of R&D, including persons in the project teams, persons engaged in the management of S&T activities of enterprises and supporting staff providing direct service to the research projects.

Professional and Technical Personnel refer to person engaged in professional and technical work or in the management of professional and technical activities, i.e., people with professional or technical positions who are engaged in professional and technical work or in the management of professional and technical activities, and people without professional or technical positions but are working on professional or technical posts. They include professionals and technicians working in 17 categories of technical occupations including engineering, agriculture, scientific researches, medical service, teaching, economic research and application, accounting, statistics, translation, libraries, archives, cultural and museum service, journalism and publication, lawyers, notarization service, radio and television broadcasting, handicraft and fine arts, sports, performing art, and political workers in enterprises.

Funding for S&T Activities refers to funds obtained from various sources for S&T activities, including government funds, self-raised funds by enterprises, self-raised funds by institutions, loans from financial institutions, foreign funds and other funds.

Government Funds refer to funds obtained from government agencies at all levels to be used for S&T activities, including fund for scientific undertakings, 3 kinds of fund for S&T activities, fund for capital construction for scientific researches, science fund, funds from education expenditures by education departments for S&T activities, and extra-budget fund from government agencies for S&T activities.

Funds of Enterprises refers to funds of enterprises from their own budget; funds from other enterprises; or funds received by universities or research institutions from enterprises for scientific research or technical development projects. Excluded from this category are funds from government agencies, financial institutions or from foreign institutions.

Service Fees refer to direct or indirect payment, in cash or in kind, made to personnel engaged in S&T activities as remuneration and other fees. They include, in various forms, salaries, subsidies, bonus, benefits, retirement pension, stipend, etc.

Purchase or Construction of Fixed Assets refers to the fixed assets purchased or constructed using funds other than the investment in capital construction, and the actual expenditure on capital construction for scientific researches. In other words, it is the sum of the actual expenditure on fixed assets and the accomplished investment in capital construction for scientific researches. Fixed assets refer to main materials and equipment, literatures and documents in libraries, materials for experiments, specimen, instruments, furniture, buildings and constructions that can be used for a long time without changing the form and shape of those articles or constructions.

Patent is an abbreviation for the patent right and refers to the exclusive right of ownership by the inventors or designers for the creation or inventions, given from the patent office after due process of assessment and approval in accordance with the Patent Law. Patents are granted for inventions, utility models and designs.

Inventions refer to the new technical proposals to the products or methods or their modifications.

Art performance Troupe refers to the troupe which is engaged in drama, opera, music, dance, acrobatics or other art performance, opens independent accounts with banks and has self-supporting accounting system. The semi-working, semi-farming arts troupes and non-governmental troupes are not included

Film Projection Units refer to units with film projection equipment, full or part time projectionists, permanent or non permanent places, approved by related administrative departments to show films regularly for certain groups of audience, including those film projection units which have been approved to give commercial shows and run business with independent accounting system as well as those film-renting units of the military system.

19. 卫生和体育
PUBLIC HEALTH AND SPORTS

编辑人员：吴红燕
Compiled by Wu Hongyan
英文翻译：黄文智
Translated by Huang Wenzhi

专业卫生技术人员(人)
Medical Technical Personnel(person)

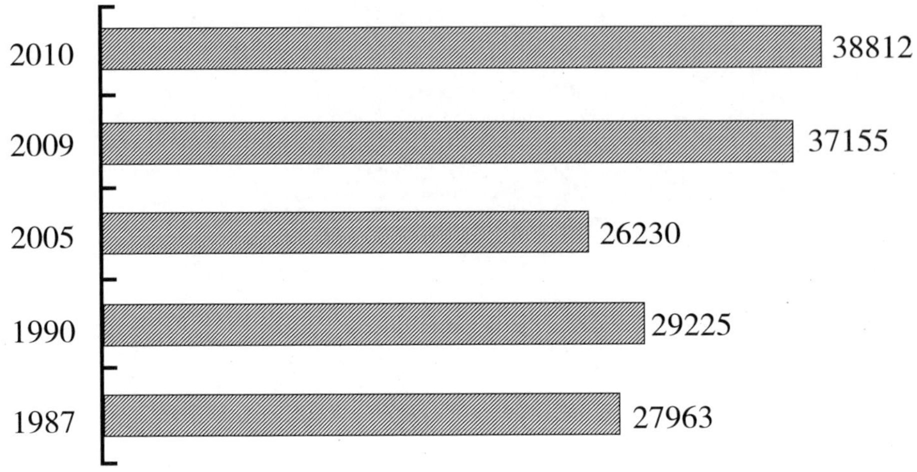

卫生机构病床位数(张)
Number of Beds of Health Care Institutions (bed)

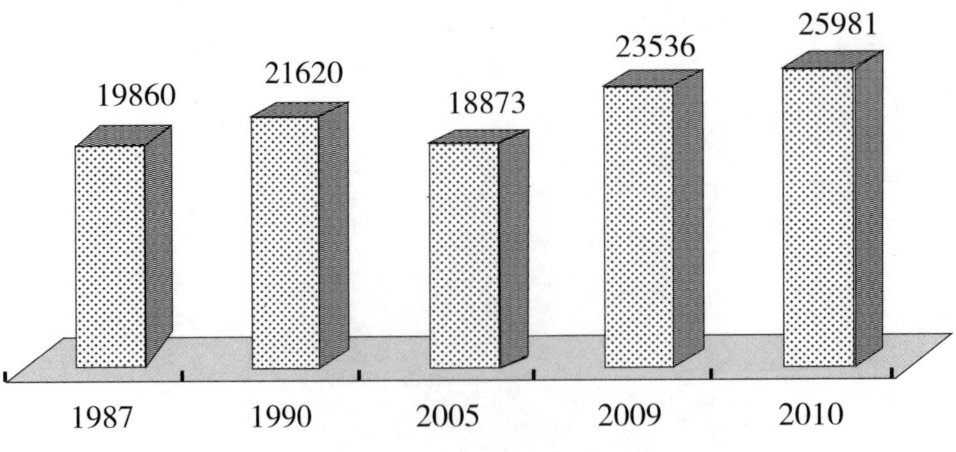

19-1 历年卫生机构、床位和人员数

Number of Health Care Institutions、Beds and Employed Persons in Various Years

年份 Year	卫生机构数(间) Number of Health Care Institutions(unit)	#医院(含卫生院) Hospitals (include Health centers)	床位数(张) Number of Beds(bed)	#医院(含卫生院) Hospitals (include Health centers)	卫生机构人员总数(人) Total Number of Employed Persons in Health Care Institutions(person)
1961	1967	350	6737	5689	10973
1962	2171	228	7540	6227	11737
1963	1998	159	9236	6067	11645
1964	2229	185	9792	6647	12288
1965	2692	177	10026	6862	12533
1966	2744	174	9814	6865	12899
1972	3144	426	15720	15642	19286
1973	3224	430	16511	16288	20367
1974	3210	444	16624	16419	20362
1975	3082	447	17108	16935	20916
1976	3261	456	17657	17523	22243
1977	3175	462	18420	18266	23651
1978	3308	464	18687	18562	24730
1979	3493	468	18855	18649	25834
1980	3492	459	18885	18648	27666
1981	3703	458	18688	18404	22230
1982	3656	461	18589	18310	31181
1983	3978	459	18587	18309	31705
1984	3901	457	18582	18336	32750
1985	3877	417	18997	18672	33727
1986	3729	422	19313	18941	34121
1987	3702	427	19860	19542	34840
1988	3764	426	20643	20265	35208
1989	2911	428	20833	20479	35269
1990	3167	429	21620	21083	36290
1991	3154	427	21402	20857	36796
1992	2517	438	22397	21772	37681
1993	1646	446	22830	22053	38327
1994	1647	469	22658	21885	39167
1995	1653	473	22383	21684	39374
1996	2420	482	22283	21435	40047
1997	2595	485	21704	20777	40824
1998	2545	485	21480	20659	40394
1999	2460	488	20518	19889	39063
2000	2689	492	20550	15352	38539
2001	2712	488	19288	14784	38125
2002	2840	504	19120	17411	36310
2003	2655	503	18312	13253	32725
2004	2515	505	18394	17253	36835
2005	2464	502	18873	17475	37189
2006	2337	502	20227	18630	38199
2007	2319	501	20767	19607	41006
2008	2220	498	21889	20672	42682
2009	2266	493	23536	22066	46599
2010	2265	495	25981	24336	48614

19-2 历年各类卫生机构数
Number of Health Care Institutions by Type in Various Years

单位:个 (unit)

年份 Year	卫生机构总数 Number of Health Care Institutions	#医院(含卫生院) Hospitals (including Health Centers)	疗养院、所 Sanatoriums	门诊部、所 Clinics	专科防治所、站 Specialized Preventon &Treatment Centers or Stations
1950	15	14			
1977	3175	462		2612	20
1978	3308	464		2732	21
1979	3493	468	2	2908	23
1980	3492	459	2	2897	23
1981	3703	458	3	3117	25
1982	3656	461	3	3068	25
1983	3978	459	3	3391	25
1984	3901	457	3	3314	25
1985	3877	417	3	3335	22
1986	3729	422	2	3184	23
1987	3702	427	2	3148	23
1988	3764	426	2	3208	27
1989	2911	428	2	2349	27
1990	3167	429	2	2601	28
1991	3154	427	2	2585	32
1995	1653	473	2	1014	43
1996	2420	482	2	1760	44
1997	2595	485	2	1929	44
1998	2545	485	2	1877	44
1999	2460	488	2	1789	44
2000	2689	492	2	2017	42
2001	2712	488	2	2045	42
2002	2840	504	2	1905	43
2003	2655	503	2	1802	40
2004	2515	505	2	1860	37
2005	2464	502	2	1812	36
2006	2337	502	2	1451	33
2007	2319	501	2	1476	30
2008	2220	498	2	1544	26
2009	2266	493	2	1571	25
2010	2265	495	2	1554	24

19-2 续(continued)

年份 Year	卫生防疫站 Health and Epidemic Prevention Stations	妇幼保健所、站 Maternal and Child Health-care Centers, Stations	药品检验所、站 Medicines and Drugs Testing	医学科研机构 Research Institutions of Medical Science	其他卫生机构 Other Health Care Institutions
1950					1
1977	20	18	4	1	38
1978	20	18	9	5	39
1979	21	18	10	4	39
1980	21	19	12	4	55
1981	22	19	12	3	44
1982	22	19	11	4	43
1983	22	19	11	4	44
1984	22	19	11	4	46
1985	23	19	12	4	42
1986	25	20	12	4	37
1987	27	20	13	4	38
1988	25	20	14	4	34
1989	26	20	14	4	44
1990	26	20	14	4	43
1991	26	20	14	4	40
1995	32	19	14		36
1996	33	21	14	4	44
1997	33	21	14	4	47
1998	33	22	14	4	48
1999	31	22	14	4	50
2000	31	21	13	3	52
2001	31	21	12	3	52
2002	31	26		2	37
2003	29	25		2	35
2004	30	25		2	34
2005	29	26		2	34
2006	28	26		2	33
2007	28	25		1	11
2008	27	25		1	97
2009	26	24		1	10
2010	26	24		1	9

19-3 历年各类卫生机构床位数
Number of Beds in Health Care Institutions by Type in Various Years

单位:张 (bed)

年份 Year	病床位总数 Total	医院(含卫生院) Hospitals (including Health Centers)	疗养院、所 Sanatoriums	门诊部、所 Clinics	其他 Others	每千人口医院床位数 Number of Beds of Hospitals and Health Centers per 1000 Population
1950	680	680				0.26
1952	1244	1134			110	0.44
1977	18420	18266		154		3.54
1978	18687	18562		125		3.51
1979	18855	18649	100	106		3.45
1980	18885	18648	140	97		3.38
1981	18691	18404	180	104	3	3.28
1982	18589	18310	180	99		3.20
1983	18587	18309	160	118		3.15
1984	18582	18336	137	103	6	3.11
1985	18997	18672	180	145		3.13
1986	19313	18941	160	212		3.13
1987	19860	19542	160	141	17	3.23
1988	20643	20265	170	179	29	3.29
1989	20822	20479	170	135	38	3.26
1990	21620	21083	300	195	42	3.32
1991	21402	20857	250	221	74	3.15
1992	22397	21772	250	197	178	3.24
1993	22830	22053	250	130	397	3.23
1994	22658	21885	250	119	404	3.28
1995	22383	21684	200	119	380	3.19
1996	22283	21435	250	119	479	3.06
1997	21704	20777	250		677	2.87
1998	21480	20659	250	18	553	2.85
1999	20518	19889	250	5	374	2.69
2000	20550	19897	250	5	398	2.70
2001	19924	19288	250		386	2.50
2002	19120	17411	250	320	1139	2.45
2003	18312	17040	250	150	872	2.32
2004	18394	17253	330	91	720	2.28
2005	18873	17475	330	145	923	2.17
2006	20227	18630	330	100	1167	2.27
2007	20767	19607	330	33	797	2.45
2008	21889	20672	330	54	833	2.58
2009	23536	22066	350	74	1046	2.55
2010	25981	24336	350	73	1222	2.80

19-4 卫生机构、床位、人员数
Number of Health Care Institutions、Beds and Employed Persons

（2010）

项 目	Item	机构数(个) Number of Health Care Institutions (unit)	床位数(张) Beds (bed)	人员总数(人) Personnel (person)	执业医师 Licensed Doctors	执业助理医师 Assistant Doctors	注册护士 Registered Nurses	药剂人员 Pharma-cist	检验人员 Laboratory Technician
合计	**Total**	**2265**	**25981**	**48614**	**11062**	**2906**	**16100**	**2000**	**1590**
医 院	Number of Hospitals	188	18807	29115	6507	1320	10498	1270	890
综合医院	General Hospitals	145	15001	24687	5518	1228	8945	996	753
中医院	Hospital In Specialized Traditional Chinese Medicine	19	1775	2840	701	58	963	208	88
中西结合医院	Hospitals of Integrated Traditional and Western Medicine	3	75	143	32	10	37	13	4
专科医院	Specialized Hospital	21	1956	1445	256	24	553	53	45
卫生院	Number of Health Centers	307	5529	8766	1162	963	2231	425	234
街道卫生院	Urban Health lenters	3	50	99	27	5	31	9	2
乡镇卫生院	Rural Health Centers	304	5479	8667	1135	958	2200	416	232
门诊部	Outpatient Departments	63	73	565	182	33	184	21	16
诊所、卫生所、医务室	Clinics and Health centers and Nurse Stations	1491		3942	1725	272	1495	84	25
急救中心(站)	Center for Emergency	3		132	36	2	50	3	2
采供血机构	Institutes of Collecting and Supplying Blood	1		198	18	4	69		27
妇幼保健院	Women and Children Care Agencies	24	965	1885	431	42	733	74	88
专科防治院所(站)	Specialized Disease Prevention & Treatment Institutions	24	77	705	145	51	143	29	41
疾病控制中心(防疫站)	Centers for Diseases Control and Prevention	26		1466	471	113	162	21	228
卫生监督所	Sanitation Supervising Stations	20		234					
医学科研机构	Researching Institutions of Medical Sciences	1							
健康教育所	Health Education Stations	1		3					
疗养院	Sanatoriums	2	350	246	37		59	16	9
社区卫生服务中心	Centers for Community Health Service	105	180	1304	338	93	473	55	30
其他卫生机构	Other Health Institutions	9		53	10	13	3	2	

19-5 各市县卫生机构、床位、人员数
Number of Health Care Institutions、Beds and Employed Persons by Region

(2010)

地 区	Region	机构数(个) Number of Health Care Institutions (unit)	医院 Hospitals	卫生院 Health Centers	床位数(张) Beds(bed)	人员总数(人) Personnel (person)	卫生技术人员(人) Medical Technical Personnel (person)	执业医师 Licensed Doctors
全省总计	Total	2265	188	307	25981	48614	38812	11062
海口市	Haikou	485	37	34	8990	18325	14622	4668
三亚市	Sanya	300	15	11	2216	4573	3672	1188
五指山市	Wuzhishan	58	5	8	799	983	738	157
文昌市	Wenchang	152	8	25	1255	2250	1808	495
琼海市	Qionghai	101	9	22	1302	2351	1980	588
万宁市	Wanning	119	8	18	1137	2215	1764	420
定安县	Ding'an	125	5	14	489	1349	1121	289
屯昌县	Tunchang	73	8	11	687	1062	856	232
澄迈县	Chengmai	130	10	20	1035	1786	1371	366
临高县	Lingao	72	4	17	815	1419	1131	233
儋州市	Danzhou	193	18	26	2188	3771	2976	770
#洋浦	#Yangpu							
东方市	Dongfang	68	7	19	1001	1605	1248	322
乐东县	Ledong	75	12	14	1068	1960	1471	337
琼中县	Qiongzhong	86	14	14	717	1172	945	216
保亭县	Baoting	49	7	12	440	704	608	151
陵水县	Lingshui	61	5	17	722	1107	918	239
白沙县	Baisha	52	10	14	448	861	649	156
昌江县	Changjiang	66	6	11	672	1121	934	235

19-5 续(continued)

地　区	Region	执业助理医师(人) Assistant Doctors (person)	注册护士 Registered Nurses	药剂人员 Pharmacists	检验人员 Laboratory Technicians	其他技术人员(人) Other Technical Personnel (person)	管理人员(人) Managerial Personnel (person)	工勤人员(人) Logistics Workers (person)
全省总计	**Total**	**2906**	**16100**	**2000**	**1590**	**1457**	**2941**	**5404**
海口市	Haikou	477	6536	794	640	701	1078	1924
三亚市	Sanya	178	1483	159	138	153	222	526
五指山市	Wuzhishan	32	370	26	24	11	99	135
文昌市	Wenchang	170	704	183	82	37	126	279
琼海市	Qionghai	131	834	103	85	34	111	226
万宁市	Wanning	219	706	95	66	28	141	282
定安县	Ding'an	122	426	54	32	2	74	152
屯昌县	Tunchang	119	322	46	38	31	61	114
澄迈县	Chengmai	216	431	67	50	80	132	203
临高县	Lingao	104	429	52	34	16	76	196
儋州市	Danzhou	287	1282	151	120	154	229	412
#洋浦	#Yangpu							
东方市	Dongfang	126	519	56	56	73	108	176
乐东县	Ledong	182	541	65	61	43	152	294
琼中县	Qiongzhong	185	336	22	33	13	89	125
保亭县	Baoting	134	208	22	25		60	36
陵水县	Lingshui	53	342	35	38	22	53	114
白沙县	Baisha	102	248	21	25	43	65	104
昌江县	Changjiang	69	383	49	43	16	65	106

主要统计指标解释

卫生机构 包括医疗机构、疾病预防控制中心(防疫站)、采供血机构、卫生监督及监测(检验)机构、医学科研和在职培训机构、健康教育所等。

医疗机构 包括医院、社区卫生服务中心(站)、疗养院、卫生院、门诊部、诊所(卫生所、医务室)、妇幼保健院(所、站)、专科疾病防治院(所、站)、急救中心(站)和临床检验中心。医疗机构分为非赢利性医疗机构和赢利性医疗机构。

医院 包括综合医院、中医医院、中西医结合医院、民族医院、各类专科医院和护理院。

卫生技术人员 指卫生事业机构支付工资的全部固定职工和合同制职工中现任职务为卫生技术工作的人员。包括中医师、西医师、中西医结合高级医师、护师、中药师、西药师、检验师、其他技师、中医士、西医士、护士、助产士、中药剂士、西药剂士、检验士、其他技士、其他 中医、护理员、中药剂员、西药剂员、检验员、其他初级卫生技术人员。

医生 指经卫生部门审查合格,从事医疗工作的专业人员。分为中医医生和西医生。包括卫生技术人员中的 中医师、西医师、中西医结合高级医师、中医士、西医士 和其他中医。

Explanatory Notes on Main Statistical Indicators

Health Care Institutions include medical organizations, disease prevention and control centers (epidemic prevention stations), blood gathering and supplying institutions, sanitary inspection institutions, medicinal scientific research and on-job training institutions, health education centers and so on.

Medical Organizations include hospitals, community health service centers (stations), sanatoriums, health centers, out-patient department, clinics (health stations and infirmaries), women and children care agencies (centers and stations), special disease prevention and curing agencies (centers and stations), emergency centers (stations) and clinic inspection centers. Medical agencies are classified as profitable medical agencies and non-profitable medical agencies.

Hospitals include comprehensive hospitals, Chinese medicine hospitals, Traditional and Western Medicine Integration Hospital, folk hospitals, all sorts of specialized hospitals and nursing hospitals.

Medical Technical Personnel refers to all medical staff and workers employed by medical institutions, including doctors of Chinese and Western medicine, senior doctors who integrate traditional Chinese therapeutics with Western therapeutics in practice, senior nurses, pharmacists of Chinese and Western medicine, laboratory specialists, other specialists, paramedics of Chinese and Western medicine, nurses, midwives, druggists in Chinese and Western medicine, laboratory technicians, other technicians, other practitioners of Chinese medicine, nursing attendants, pharmacological workers of Chinese and Western medicine, laboratory workers, and other primary medical personnel.

Doctors refer to qualified professional medical workers approved to practice by public health departments. They are classified into doctors of Chinese medicine, doctors of Western medicine, senior doctors who integrate traditional Chinese therapeutics with Western therapeutics in practice, paramedics of Chinese medicine and Western medicine, and other specialists of Chinese medicine.

20. 社会福利和保障
SOCIAL WELFARE AND SOCIAL SECURITY

编辑人员：吴红燕
Compiled by Wu Hongyan
英文翻译：黄文智
Translated by Huang Wenzhi

社会参保人数(万人)
Persons Participating Insurance(10000 persons)

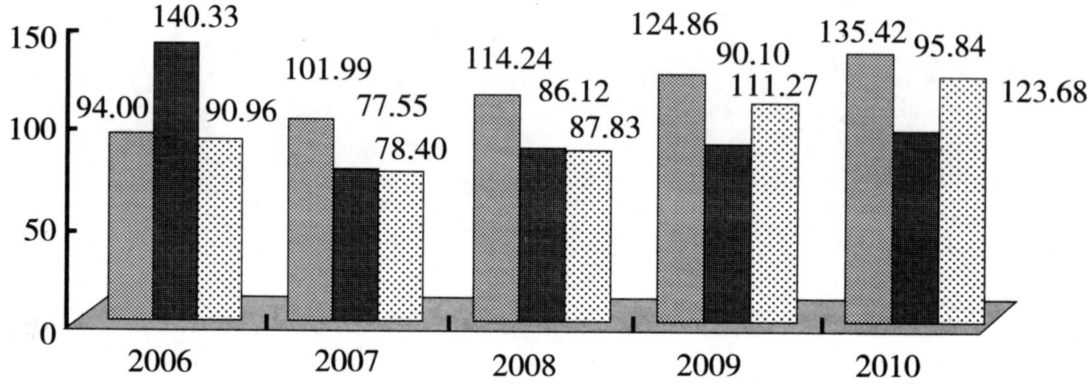

养老保险 **Pension Insurance**　工伤保险 **Work Injury Insurance**　医疗保险（在职） **Medical Care Insurance (on-the-job)**

婚姻登记情况(对)
Basic Statistics On Marriage Registration(couple)

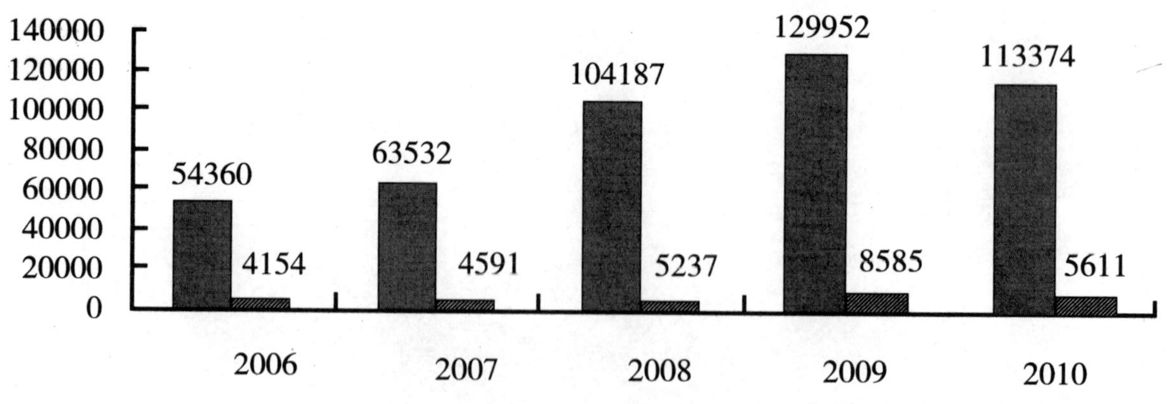

结婚数 **Marriage**　离婚数 **Divorce**

20-1 优抚对象人员情况
Statistics on Persons Receiving Special Pensions and Relief

(2010)

地区	Region	享受定期抚恤金人数 Number of Receiving Regular Pension (Person)	#烈属 Members of a Revolutionary Martyr's Family	牺牲军人家属 Families of Soldiers Sacrificed	病故军人家属 Families of Soldies Died of Illness	优待优抚对象户数 Households of Giving Special Treatment and Comfort
全省总计	**Total**	**26190**	**3939**	**170**	**199**	**15115**
海南省本级	Provincial	781				
海口市	Haikou	2946	599	13	23	2709
三亚市	Sanya	546	89	12	8	898
五指山市	Wuzhishan	552	27	1	6	386
文昌市	Wenchang	3685	970	7	19	3685
琼海市	Qionghai	1558	178	6	23	720
万宁市	Wanning	3152	462	8	16	398
定安县	Ding'an	904	98	11	16	340
屯昌县	Tunchang	1305	51	5	7	221
澄迈县	Chengmai	1684	165	14	8	453
临高县	Lingao	1815	383	42	16	430
儋州市	Danzhou	1812	238	9	10	692
#洋浦	Yangpu					
东方市	Dongfang	1053	331	9	8	2385
乐东县	Ledong	1648	151	21	9	232
琼中县	Qiongzhong	626	9		10	95
保亭县	Baoting	395		1	1	382
陵水县	Lingshui	669	61	11	12	304
白沙县	Baisha	508	5		5	237
昌江县	Changjiang	551	122		2	548

20-1 续(continued)

地 区	Region	优待军属户数 Households of Special Treatment Soldiers Family (household)	享受定期补助人数 Number of Enjoying Regular Subsidy (person)	在乡复员军人 Veterans in Hometown	带病回乡退伍军人 Illness Veterans which Return to Hometown	红军失散人员 Separated Staff of Red Army
全省总计	Total	5542	19543	10187	923	95
海南省本级	Provincial		781			
海口市	Haikou	826	1720	823	30	1
三亚市	Sanya	356	361	168	13	1
五指山市	Wuzhishan	126	484	366	6	
文昌市	Wenchang	160	2501	1359	57	28
琼海市	Qionghai	243	1255	581	19	8
万宁市	Wanning	398	2309	1327	230	12
定安县	Ding'an	260	676	252	68	10
屯昌县	Tunchang	127	1172	765	34	
澄迈县	Chengmai	453	1341	825	34	4
临高县	Lingao	430	1210	633	238	8
儋州市	Danzhou	612	1403	769	30	
# 洋浦	#Yangpu					
东方市	Dongfang	575	608	322	14	
乐东县	Ledong	232	1381	956	76	23
琼中县	Qiongzhong	95	562	428	7	
保亭县	Baoting	82	382	141	7	
陵水县	Lingshui	205	543	120	34	
白沙县	Baisha	237	476	219	23	
昌江县	Changjiang	125	378	133	3	

20-2 革命伤残人员享受抚恤情况
Situation of Persons Receiving Disability Commiseration

单位:人 (2010) (person)

地区	Region	合计 Total	一级 One Grade	二级 Two Grade	三级 Three Grade	四级 Four Grade	五级 Five Grade	六级 Six Grade	七级 Seven Grade	八级 Eight Grade	九级 Nine Grade	十级 Ten Grade
全省总计	**Total**	**2339**	**8**	**4**	**54**	**15**	**159**	**490**	**720**	**772**	**94**	**23**
海口市	Haikou	591	4		6	3	36	105	200	188	43	6
三亚市	Sanya	76			4		4	12	22	31	2	1
五指山市	Wuzhishan	34					2	7	12	13		
文昌市	Wenchang	188			10	1	18	43	58	55	1	2
琼海市	Qionghai	96	1		2		4	16	37	25	11	
万宁市	Wanning	357	1	1	9	4	31	114	115	75	5	2
定安县	Ding'an	103	1		2	1	21	24	34	19	1	
屯昌县	Tunchang	70		1			2	17	27	21	2	
澄迈县	Chengmai	156			1		7	23	25	75	17	8
临高县	Lingao	164			1		7	42	41	70	1	1
儋州市	Danzhou	152			5	2	10	17	43	70	4	
#洋浦	Yangpu											
东方市	Dongfang	97			1		3	29	29	32	1	2
乐东县	Ledong	86			6	1	4	10	28	32	3	1
琼中县	Qiongzhong	45		1	4		6	13	9	13		
保亭县	Baoting	11					1	2	1	7		
陵水县	Lingshui	42				2		2	15	20	3	
白沙县	Baisha	22			1			7	7	7		
昌江县	Changjiang	49			2		3	7	17	19		

20-3 婚姻登记情况
Basic Statistics on Marriage Registration

(2010)

地区	Region	结婚数（对）Number of Marriages (couple)	登记结婚人数 Number of Registered Marriages (person)	初婚人数（人）First Marriages (person)	再婚人数（人）Remarriages (person)	#女 Female	再婚中恢复结婚（对）Remarried to Restore Marriage (couple)	登记离婚数（对）Registered Divorce(couple)
全省总计	Total	113374	226748	211798	14950	6017	605	6611
海南省本级	Provincial							
海口市	Haikou	16976	33952	30617	3335	1305	238	2497
三亚市	Sanya	8784	17568	16878	690	199	46	476
五指山市	Wuzhishan	1411	2822	2736	86	43	10	105
文昌市	Wenchang	6825	13650	11320	2330	1215	10	417
琼海市	Qionghai	5208	10416	9687	729	218	29	460
万宁市	Wanning	8688	17376	17045	331	138	24	305
定安县	Ding'an	3898	7796	7638	158	103		
屯昌县	Tunchang	3782	7564	7352	212	106	16	153
澄迈县	Chengmai	8683	17366	15302	2064	1032	21	232
临高县	Lingao	10115	20230	17890	2340	500	50	88
儋州市	Danzhou	13726	27452	27054	398	169	76	795
#洋浦	Yangpu							
东方市	Dongfang	6248	12496	11122	1374	644	13	339
乐东县	Ledong	6157	12314	12262	52	21	2	86
琼中县	Qiongzhong	2393	4786	4764	22	11	11	127
保亭县	Baoting	2208	4416	4032	384	82	4	108
陵水县	Lingshui	3873	7746	7686	60	40	10	147
白沙县	Baisha	2764	5528	5393	135	61	10	71
昌江县	Changjiang	1635	3270	3020	250	130	35	205

20-4 涉外及华侨、港澳台同胞婚姻情况

Statistics on Marriages with Foreigner and Overseas Compatriot of HongKong,Macao and Taiwan

项 目	Item	2005	2006	2007	2008	2009	2010
准予登记结婚对数(对)	Permitting Marriage Registration(couple)	1354	2049	1447	1192	966	898
准予登记结婚人员分类(人)	Grouped by Permitting Marriage Registration(person)						
国内公民	Domestic Citizens	1354	2049	1447	891	966	898
男	Male	201	348	191	113	93	23
女	Female	1153	1701	1256	778	873	875
港澳同胞	Compatriot of Hong Kong and Macao	707	1341	814	966	335	279
台 胞	Compatriot of Taiwan	451	524	481	404	462	457
华 侨	Overseas Chinese	26	26	26	17	26	28
外 国 人	Foreigner	170	158	126	106	143	134
申请离婚对数(对)	Petition for Divorce(couple)	60	61	74	66	98	121
#准予登记离婚(对)	Permitting Divorce(couple)	60	61	74	66	98	121

20-5 社会保障参保情况
Statistics on Social Insurance Insured

(2010)

地区 Region	保障机构数(个) Number of Social Security Institution(unit)	参保项目人数(人) Contributors (person)		
		养老保险 Pension Insurance	工伤保险 Work Injury Insurance	医疗保险(在职) Medical Care Insurance (On-the-job)
全省总计 Total	22	1354197	958445	1236824
海口市 Haikou	1	288391	155095	283945
三亚市 Sanya	1	154070	149129	158870
五指山市 Wuzhishan	1	13488	13546	14583
文昌市 Wenchang	1	36180	25596	28670
琼海市 Qionghai	1	47179	39323	36813
万宁市 Wanning	1	42083	37412	33035
定安县 Ding'an	1	28365	19448	21856
屯昌县 Tunchang	1	32765	23376	23989
澄迈县 Chengmai	1	44512	30268	34693
临高县 Lingao	1	22413	18334	21558
儋州市 Danzhou	1	62175	56128	61003
# 洋浦 Yangpu		16496	14107	14335
东方市 Dongfang	1	24822	23808	26172
乐东县 Ledong	1	26988	22001	24238
琼中县 Qiongzhong	1	29100	25325	25291
保亭县 Baoting	1	24609	17676	19414
陵水县 Lingshui	1	23567	11691	15173
白沙县 Baisha	1	28549	27274	27386
昌江县 Changjiang	1	16899	15320	17832
省直 Province	1	391546	227772	340985
农垦 Nongken	1			
海南钢铁公司 Hainan Iron and Steel Company	1		5816	6983

20-6 养老保险基本情况
Basic Statistics on Basic Pension Insurance

(2010)

地区	Region	参加人数(人) Basic Pension Insurance Contributors(person)	参加职工工资总额(万元) Total wages of Contributors (10000yuan)	参加统筹的离退休人数(人) Number of Retirees(person)
全省总计	**Total**	**1354197**	**1750815**	**453874**
海口市	Haikou	288391	268233	68885
三亚市	Sanya	154070	190580	25336
五指山市	Wuzhishan	13488	17308	4308
文昌市	Wenchang	36180	60539	19010
琼海市	Qionghai	47179	60256	21194
万宁市	Wanning	42083	64721	25603
定安县	Ding'an	28365	31612	15696
屯昌县	Tunchang	32765	32230	16914
澄迈县	Chengmai	44512	52272	27624
临高县	Lingao	22413	25582	13613
儋州市	Danzhou	62175	76937	40730
#洋浦	Yangpu	16496	28243	230
东方市	Dongfang	24822	38727	8396
乐东县	Ledong	26988	40621	13782
琼中县	Qiongzhong	29100	47486	20646
保亭县	Baoting	24609	24257	15706
陵水县	Lingshui	23567	24728	10838
白沙县	Baisha	28549	36828	13709
昌江县	Changjiang	16899	27337	6782

主要统计指标解释

基本养老保险人数 指报告期末按照国家法律、法规和有关政策规定参加基本养老保险并在社保经办机构已建立缴费记录档案的职工人数，包括中断缴费但未终止养老保险关系的职工人数，不包括只登记未建立缴费记录档案的人数。

基本医疗保险参保人数：指报告期末按国家有关规定参加基本医疗保险的人数。包括参加保险的职工人数和退休人员人数。

失业保险参保人数 指报告期末按照国家法律、法规和有关政策规定参加了失业保险的城镇企业事业单位的职工及地方政府规定参加失业保险的其他人员的人数。

工伤保险参加保险人数 指报告期末依据国家有关规定参加工伤保险的职工人数。

离休、退休、退职人员保险福利费用 指离休、退休、退职人员实际得到的生活费用总额，包括从社会保险经办机构和单位得到的费用。

1.离休金：指按规定支付给离休人员的生活费用。

2.退休金：指按规定支付给退休人员的生活费用。

3.其他：指离休金、退休金、退职生活费和医疗卫生费以外的其他保险福利费用，如丧葬抚恤救济费、生活补贴、物价补贴、冬季取暖补贴等。

参加城镇基本养老保险人数 指报告期末按国家有关法律、法规和有关政策规定参加城镇职工基本养老保险，并在社会保险经办机构建立缴费记录档案的人数，包括参保职工和参保离退休人员。取自人力资源和社会保障部统计年报。

参加城镇职工医疗保险人数 指报告期末按国家有关法律、法规和有关政策规定参加城镇职工基本医疗保险，并在社会保险经办机构建立缴费记录档案的人数，包括参保职工和参保退休人员。取自人力资源和社会保障部统计年报。

参加失业保险人数 指报告期末按国家有关法律、法规和有关政策规定参加失业保险，并在社会保险经办机构建立缴费记录档案的人数。取自人力资源和社会保障部统计年报。

参加工伤保险人数 指报告期末按国家有关法律、法规和有关政策规定参加工伤保险，并在社会保险经办机构建立缴费记录档案的人数。取自人力资源和社会保障部统计年报。

参加生育保险人数 指报告期末按国家有关法律、法规和有关政策规定参加生育保险，并在社会保险经办机构建立缴费记录档案的人数。取自人力资源和社会保障部统计年报。

生育保险覆盖率 指报告期末按国家有关法律、法规和有关政策规定，企业实际参加生育保险的人数与应参保人数之比。由人力资源和社会保障部根据统计年报和国家统计局、国家工商总局有关数据计算。

Explanatory Notes on Main Statistical Indicators

Number of people covered by basic pension insurance refer to staff and workers participating in the basic pension insurance programme according to national laws, regulations and related policies at the end of the reference period, who have already had payment records in social security management agencies, including those who have interrupt payment without terminating the insurance programme. Those who have registered in the programme but with no payment records are not included.

Number of people covered by basic medical insurance refers to people participating in the basic medical care insurance programme according to related regulations as at the end of reference period, including number of staff and workers and retirees participating in this insurance programme.

Number of people covered by unemployment insurance refers to staff and workers in urban enterprises or institutions who have participated in the unemployment insurance programme according to relevant policies and regulations, and other people who have participated according to local government regulations, as at the end of reference period.

Number of people covered by work injury insurance refers to staff and workers who have participated in the work injury insurance programme according to relevant national regulations.

Insurance and welfare expense for retired and resigned staff refers to total expense actually obtained by the honorary retired staff, retired staff and resigned staff, including the expenses obtained from social security agencies.

1. Honorary Retirement fund refers to the living expense paid to honorary retired staff.

2. Retirement fund refers to the living expense paid to retired staff.

3. Others refer to honorary retirement fund, retirement fund, living expense for resigned staff, other insurance and welfare other than medical and healthcare expense such as funeral subsidy, living subsidy, price subsidy, subsidy for winter warming, etc.

Number of staff covered by urban aged insurance refers to the number of staffs who are covered by urban aged insurance and have established payment archive in social security agency at the end of reporting period according to state laws, regulations and related policies, including the number of staff and number of retired personnel covered by urban aged insurance. The data is from the statistics annual report Ministry of Human Resources and Social Security.

Number of urban staff covered by medical insurance refers to the number of urban staff covered by medical insurance and has established payment archive in social security agency at the end of reporting period according to state laws, regulations and related policies, including the number of urban staff and number of retired personnel covered by medical insurance. The data is from the statistics annual report Ministry of Human Resources and Social Security.

Number of staff covered by unemployment insurance refers to the number of staff covered by unemployment insurance and has established payment archive in social security agency at the end of reporting period according to state laws, regulations and related policies. The data is from the statistics annual report Ministry of Human Resources and Social Security.

Number of staff covered by on-job injury insurance refers to the number of staff covered by on-job injury insurance and has established payment archive in social security agency at the end of reporting period according to state laws, regulations and related policies. The data is from the statistics annual report Ministry of Human Resources and Social Security.

Number of staff covered by maternity insurance refers to the number of staff covered by maternity insurance and has established payment archive in social security agency at the end of reporting period according to state laws, regulations and related policies. The data is from the statistics annual report Ministry of Human Resources and Social Security.

Maternity insurance coverage rate refers to the ratio of the actual number of employees in enterprises participate in maternity insurance to the number of employees should be insured at the end of the reporting period according to the state laws, regulations and related policies. The data is from the statistics annual report Ministry of Human Resources and Social Security, as well as National Bureau of Statistics report and related data of the SAIC.

中国统计出版社最新图书简目

（仅供参考,以最后出书为准）

统计资料

中国统计年鉴 -2011　中国统计摘要 -2011　国际统计年鉴 -2011

2011 中国发展报告　中国第三产业统计年鉴 -2011　中国区域经济统计年鉴 -2011

中国劳动统计年鉴 -2011　中国社会统计年鉴 -2011　中国城市统计年鉴 -2009

中国建筑业统计年鉴 -2011　中国人口和就业统计年鉴 -2011　中国工业经济统计年鉴 -2011

中国商品交易市场统计年鉴 -2011　中国房地产统计年鉴 -2011　中国能源统计年鉴 -2011

中国民政统计年鉴 -2011　中国贸易外经统计年鉴 -2011　2011 中国地区经济监测报告

中国科技统计年鉴 -2011　中国农村统计年鉴 -2011　中国农产品价格调查年鉴 -2011

中国高技术产业统计年鉴 -2011　中国教育经费统计年鉴 -2010　中国农村贫困监测报告 -2011

全国农产品成本收益资料汇编 -2011　中国科学技术协会统计年鉴 -2011　工业企业科技活动资料 -2011

大中型批发零售和住宿餐饮企业统计年鉴 -2011　中国城市(镇)生活与价格年鉴 -2011　中国县（市）社会经济统计年鉴 -2011

中国农村住户调查年鉴 -2011(中、英文）　中国农村全面建设小康监测报告 -2011　第二次全国 R&D 资源清查资料汇编 - 综合卷

第二次全国 R&D 资源清查资料汇编 - 工业企业卷　中国零售和餐饮连锁企业统计年鉴 -2011　2010 年中国第六次人口普查公报

2011 年省级综合统计年鉴系列

北京　天津　河北　山西　内蒙古　辽宁　吉林　黑龙江　上海　江苏　浙江　安徽　福建　江西　山东
河南　湖北　湖南　广东　广西　海南　重庆　四川　贵州　云南　西藏　陕西　甘肃　青海　宁夏
新疆　新疆生产建设兵团

2011 年市(县)级综合统计年鉴系列

天津滨海新区　石家庄　唐山　邯郸　太原　大同　长治　阳泉　晋城　朔州　晋中
运城　忻州　临汾　呼和浩特　包头　沈阳　大连　长春　吉林市　四平　哈尔滨　黑龙江垦区
上海浦东新区　苏州　无锡　常州　徐州　南通　盐城　镇江　江阴　丹阳
杭州　宁波　绍兴　台州　温州　金华　嘉兴　衢州　福州　福州经济技术开发区
厦门经济特区　南昌　上饶　济南　青岛　潍坊　郑州　洛阳　三门峡　南阳　武汉　宜昌
十堰　荆州　咸宁　长沙　广州　东莞　惠州　深圳　桂林　南宁　柳州　来宾　河池　海口　成都　绵阳
贵阳　昆明　庆阳　西安　兰州　银川　乌鲁木齐

“十一五”规划教材

非参数统计　医学统计学　概率论与数理统计　统计学　现代金融投资统计分析

多元统计分析　经济计量学教程　应用时间序列分析　统计指数理论及应用

统计数据处理概论　质量管理统计方法　社会统计学　多元统计分析实验

企业经营管理统计　市场调查与预测　统计学原理（非统计专业使用）

统计学:从数据到结论　国民经济核算教程(国民经济统计学)　概率论与数理统计(经济、管理类专业使用）

重点图书

挑大学选专业 2011—高考志愿填报指南　挑大学选专业 2011—考研择校指南

2011 海南科技职业学院 学院国标代码：14172

Hainan Institute of Science & Technology

院长简介

杨秀英：海南科技职业学院院长，教授，曾任江西航天科技职业学院副院长、南昌理工学院副院长、理事,有在内地投资高等教育十一年的办学及管理经验。先后荣获南昌市劳动模范、江西省省直优秀共产党员、新世纪百千万人才工程人选，海南省三八红旗手称号，是享受政府特殊津贴专家，海口市美兰区第五届人大代表，海南省总商会监事会副会长。

著有《公关与礼仪》、《市场营销管理》、《企业文化》专著及十多篇论文。已获得专利7项，申报省级以上科研课题6项，参与的国家教育部人文社会科学研究项目结项1项。

学院简介

海南科技职业学院是经海南省人民政府批准，国家教育部备案成立的普通高等院校。

学院立足海南，面向全国，为区域经济和社会发展服务，是一所以工科为主，管理学、经济学等多学科协调发展，培养高素质应用型高级专门人才的高校。我院的目标是努力成为办学特色鲜明、省内一流、全国知名的高水平本科院校。

学院位于国际旅游岛海南省省会海口市。校园风光秀丽，环境幽雅，交通便捷，是学生学习的好处所。校园占地面积720亩，另有水域面积160亩，校舍用房等建筑面积近17万平方米，教学科研仪器设备总值5800万元，图书馆藏书59万册。

现有在校师生6500人，下设有11个二级学院和2个教学部（思政教学部、公共课部）。教职工590多人，其中专任教师290人，享受国务院特殊津贴和政府津贴的5名，具有高级职称的占30%以上，有博士7名，具有硕士研究生以上学历的超过30%。

现任领导均具有高级专业技术职称，并有丰富的高校工作经历和教育管理经验。学院党委书记焦解歌，教授、博导，曾任海南医学院党委副书记、院长。院长杨秀英，教授，有在内地投资高等教育11年的办学及管理经验。党委副书记、常务副院长汪建军，副教授，原武汉民政职业学院党委书记、院长。党委副书记段仕银，原海南预备役师政委，大校军衔，先后荣获广州军区优秀党员、广州军区优秀军法干部、广州军区优秀党委书记等荣誉称号。副院长张敬畅，教授、博士生导师、国务院特殊津贴专家，原北京化工大学现代催化研究所所长；副院长谢聪辉，原军区某部参谋长、南昌理工学院法务部副部长；副院长郭纪林，教授，原南昌理工学院副院长兼万人共青校区院长；副院长罗黎明，高级工程师，曾任南昌航空大学人事处处长、校长办公室主任、国际教育学院院长兼国际合作交流处处长等职；学院顾问肖玉明，副教授，原任海南医学院党委副书记、纪委书记。

我院在海南高等院校中首批开设石油化工、太阳能、航海技术三个海南特色专业，数控技术专业填补海南高职高专院校工科专业空白，“数控加工工艺及设备”课程被评为海南省精品课程。学院与国家相关部委及行业协会合作，获得十二个职业证书项目在海南的主管单位的资格。

学院现有数字语音室3个，模拟语音室2个；多媒体教室80多间，计算机800余台；建有数控加工中心4个，各类数控机床29台（同类职业学院唯一，海南省高校唯一），数控车床7台，精细、石油化工学院实验室内各类教学实验设备达300多台；并有计算机房（8间）、电子电工实验室（2个）、物理实验室（2个）、机械制图室（2个）、石油化工模拟实训中心、精细化工模拟实训中心（共12个）、光纤通讯实验室、汽车维修与检测实训中心、计算机基础实验室（6个）、太阳能光电实验室、电子商务实验室、计算机网络实验室、物流实验室、石油加工工艺等实训基地，可完全满足学生日常实验和实训操作需要；学校还建有信息中心、化工科研中心和数字校园网。

学院倡导科学、务实、厚德、创新，走“产、学、研”为一体化发展道路，已形成以工科专业带动文科实践的教学特色，已发展成为一所在省内有特色、省外有影响的高等院校。

学院九大优势

1、以“科学、务实、厚德、创新”的校园文化促进学院可持续发展建设，是海南高等院校中具有工科专业特色带动文科实践的特色院校，计划2013年取得升本成功，招收本科生。

2、获得十二个国家级职业资格证书海南省主管资格的高等院校。

3、走产、学、研为一体的办学道路，我院办学近两年取得了30多项专利、学术科研成果、省级国家级科研项目。

4、我院在海南高等院校中首批开设石油化工、太阳能、航海技术三个海南特色专业，数控技术专业填补海南高职高专院校工科专业空白。“数控加工工艺及设备”课程被评为海南省精品课。加强与国外优质教育资源的合作，“机械设计与制造”专业为中澳教育合作项目。

5、我院教学科研仪器设备精良，总值达5800万元。拥有各类数控机床29台，数控车床7台，精细、石油化工学院实验室内各类教学实验设备达300多台，并有太阳能光电实验室、物流实验室、石油加工工艺等几十个实训基地。

6、我院办学第2年就被中国教育研究中心评为“百强院校”。

7、我院统招生参加全国大学生数学建模比赛（海南赛区）获得一、二、三等奖；我院代表海南省参加由司法部、共青团中央和全国普法办共同主办的“全国青少年法律竞赛”，与由清华大学、北京大学、中国政法大学、云南大学、湖南大学五个“211工程”重点高校组成的省、直辖市代表队竞赛，获得小组第三名及全国优胜奖；全日制自考生三次参加全国统一考试共产生148名单科专业海南省第一名；在海南省教育厅主办的海南首届职业院校技能大赛中，我院学生囊括数控技术类四个比赛项目的一、二、三等奖和机电工程及电子类机器人设计项目比赛的一、二、三等奖；“全国三维数字化创新设计大赛”，我院代表队获得海南赛区特等奖。

8、我院在坚持社会主义办学方向上起到了表率作用，在海南学习科学发展观活动中，海南科技职业学院被省委省政府重点宣传，《海南日报》刊登专题报道表扬我院。2010年6月，学院被海南省委评为“2010年海南省先进基层党组织”。

9、海南省唯一一所面向全国招收全日制统招生（套读海南大学本科），同时招收全日制助学自考生的高等院校，江西师大研究生软件工程硕士研究生学位班教学点也设在我院。

三亚市教师进修学校

▲ 务实的领导班子成员：校长林国辉（右二）、书记黎树发（左二）、副校长黎海珍（左一）、高福明（右一）

▲ 国培计划项目推进会

▲ 学员集中培训

三亚市教师进修学校是市人民政府直属副处级单位，以实施本地区中小学教师继续教育工作作为主要任务，并具有与教师教育相关的管理、研究、服务和教育信息资源开发与利用等职能，具有独立法人资格的办学实体。学校按照《海南省市县教师进修学校规范化建设标准》的要求，制订发展规划，确定了“内强素质，外塑形象，创建一流师训基地”、“海南南部师训中心，全国冬季师训基地”的办学目标。

班子健全，队伍强力。校长林国辉（兼市政协副主席）、书记黎树发、副校长黎海珍、高福明,团结强干的班子成员均从事教师继续教育多年，已建立一支专兼结合，集培训、教学、教研于一体的培训者队伍。其中，专职教师11名，均具有中级职称以上；2010年度聘请兼职教师126名，其中具有特级教师或省内有一定影响的知名教师 6名。

条件优越，保障有力。学校于2006年3月从河东路迁至榆亚路，依山傍海，环境优美。新址占地 31 亩，现有集办公、教学、研训等功能于一体的综合楼一栋面积$4850m^2$，教师宿舍2180 m^2，学员宿舍一栋4层32间，师生食堂一栋2层，多媒体报告厅2间400个座位，多媒体教室6间，计算机网络教室2间,计算机121台。

教师培训，效果显著。2010年，学校结合三亚实际，积极探索，开拓创新，全面推进中小学幼儿园教师继续教育，精心组织了教师全员培训、骨干教师培训、中小学远程网络培训、青年教师外派跟班培训、初中英语教师TTR培训、初中教师备课技能及教材研习培训、小学英语教师培训、小学教育理论全员培训、小学语文数学学科培训、“国培计划”初中小学教师全员培训、中小学校长安全教育管理国家级远程专题培训、“英特尔未来教育”项目培训、优秀青年教师“送教促训”活动、幼儿园教师培训、学历提高培训等。构建了“理念创新，形式灵活，结构多元，方法新颖，效果实用”的培训格局，形成了“全员参与，突出骨干，倾斜农村，区域联动，均衡发展”的师训工作新模式。全年度共举办各类培训班62期，培训教师 19089人次，取得了较好的效果。

学校所承担的海南省教育科学规划课题《博客在英特尔未来教育培训中的应用研究网站制作教学内容本地化的探索》（课题号QJC11510），于2009年11月顺利通过结题验收鉴定。学校还与东北师大、北京师大、北京外大、南京晓庄学院、华南师大等院校合作建立了教师培训基地，先后选派了372名中小学骨干教师到省外名校进行为期2个月的跟班学习，接受名师指导，成绩显著。近年来，学校先后获得“海南省小学教师学科基本功培训先进单位”、“海南省中小学教师继续教育工作先进单位”、“教育部、财政部‘国培计划’海南省农村骨干教师培训项目（2010年）优秀组织单位”、“‘国培计划’（2010年）海南省中学教师远程培训项目先进单位”、“全国‘英特尔’未来教育项目培训地级市先进组织管理单位奖”等荣誉称号。

▲ 功能齐全的综合楼

▲ 学校运动场一角

海南省第三卫生学校

▲校领导班子

▲护理操作课

【学校概况】 海南省第三卫生学校，原名为琼海卫校，是一所省属普通中等专业学校。学校创办于1959年，迄今已有52年的历史，是海南省卫生厅直属的正处（县）级单位，并受教育厅领导，是“全国先进教育单位”，素有“护士长之摇篮”的美称。52年来，学校始终坚持党的教育方针和社会主义的办学方向，坚持依法治校，以德兴校，坚持以“订单培养，100%推荐就业”的办学理念和“普教成教培训”三位一体、“以人为本，培养实用型人才”实践教学的模式，为全省培养了一批又一批实用型、技能型中等卫技人才，许多毕业生已成为医疗卫生界的骨干，有的已经走向领导岗位，为服务当地经济和保障人民身体健康作出了积极的贡献。

学校办学条件优越，师资力量雄厚。学校现有教职员工76人，其中研究生3人，本科学历50人。高级讲师18人，讲师8人，具有“双证”的教师28人，专任教师55人，还外聘中级以上职称教师30多人。

教学设备先进，实习基地完备。学校有现代化的多媒体电教室21间，多功能电脑室和语音室各1间，各医学学科均有设备齐全且独立的实验室，建有护理实训基地、药剂实训基地等。还有宽敞明亮的图书室和阅览室，校园网及网络教学平台为师生提供现代化教学条件。

学校占地近30亩，建筑面积2万多平方米。拥有初具规模的门诊部（全省卫校中唯一的），为学生提供理想而便捷的见习、实习场所。海南省人民医院、海南省医学院附属医院、海口市人民医院及部分县市级医院均为我校实习基地。

学校以就业拉动招生，以生源促进学校的发展。一是做好人才需求调查，加大宣传力度。将改革后的升学就业政策宣传到中学生及其家长中，让政策深入人心。二是学校高度重视毕业生就业工作，为毕业生顺利就业搭建平台。我校今年毕业生605人，5月份召开毕业生供需见面会，给学生提供了近30家单位，共计600多个就业岗位。近三年我校就业率均达95%以上。

【十二五规划】 学校争取政府支持，落实教学用地建设新校区，使办学条件在现有基础上得到明显改善。进一步提高教学质量、管理水平和办学效益，使学校综合实力和整体水平达省级重点中专水平。不断增强自我发展能力和竞争实力，成为我省基层卫生人才培养基地，成为以护理专业为主体，以品牌专业教育为特色，“普教成教培训”三位一体的新型中等卫生学校。

▲校门

▲语音室

▲阅览室

▲校园一角

三亚市

▲ 河西区推进海南国际旅游岛建设暨环境综合整治动员大会，区工委书记张羽飞发表讲话

▲ 河西区2010年度工作总结表彰暨迎接重大国事活动动员大会，区工委书记张羽飞发表讲话

▲ 河西区工委副书记、管委会主任林海到社区调研

▲ 河西区工委副书记、管委会主任林海到西岛社区查看排洪渠修建情况

2010年，在三亚市委、市政府的正确领导下，河西区工委、区管委以建设“海南国际旅游岛”为中心，以构建“繁荣、有序、文明、活力”的和谐河西为目标，围绕“保增长、保民生、保稳定”这条主线，坚持发展第一要务，落实维稳第一责任，抓好党建第一工程，推进三个文明建设深入发展。今年全区国民生产总值275727万元，同比增长15.1%，居民人均收入12051元，同比增加1280元。

一、发挥区位优势，发展社区经济

（一）挖掘海洋资源，发展渔业经济。一是继续深化造船工作，引导渔民筹措资金2000多万元，建造9艘百吨渔船，其中3艘已建成下水。二是开辟外海渔场，先后组织35批共620艘渔船赴西沙、中沙渔场作业，实现产量7205吨，产值5727万元。三是加强渔民技术培训，受训渔民806人次。四是成立了一家规模较大的渔民专业合作社三亚海榆水产农民专业合作社，入社成员57人，入社百吨钢质渔船54艘，对促进我区渔业健康快速发展起到了很大的推进作用。五是开展渔业安全生产检查活动，开展全区性检查活动4次，局部性检查活动6次，确保我区渔业生产安全。2010年渔业总产量45610吨，同比增长7.98%，其中：海捕产量44916吨，同比增长8.02%；海养产量694吨、同比增长5.47%。渔业总产值38015万元，同比增长7.88%，其中：海捕产值35933万元、同比增长8.02%；海养产值2082万元，同比增长5.47%。

（二）依托三亚旅游产业拉动，发展旅游经济。发展特色旅游购物、旅游饮食、旅游文化、家庭旅馆等服务业，支持和鼓励社区居民、下岗职工利用住宅临街优势，形成了服装街、批发街、餐饮街、工艺品街、烘烤街、早餐街等一批具有旅游购物、饮食、观光特色街道。辖区内现有家庭旅馆216家，新增家庭旅馆18家，增加了居民收入。

二、强化基本职能，加强三大管理

（一）抓好城区管理工作

1、做好建设国际旅游岛环境综合整治工作。一是加强宣传教育，共挂宣传横额50条，出动宣传车20多辆次，发放宣传资料2600多份,出版宣传栏100多期。二是发动居民做好庭院环境卫生，组织辖区内机关、事业、企业、宾馆酒店等130多个单位开展除“四害”活动。三是加大环境卫生整治力度，全区开展大规模整治活动60多次，参加人员5200多人次，出动车辆260多辆次，清理卫生死角100多处。四是落实“门前三包”责任制。五是加强城区公共绿地管理，在三亚湾路、解放路等道路种植乔木372株，在三亚湾最高潮位一带种植原生态沙淮植被草海桐12180株，马鞍藤1920平方米。六是搞好规划建设管理，打击违法建设行为，提倡和谐拆清。

2、推进重点项目建设。市交警支队停车场、市苗圃生产用地、市体育场路和三亚有线数字广播电视项目是河西辖区四个重点开发建设项目。目前项目建设进展顺利，基本完成了征地赔偿补偿工作，赔偿补偿款达1300多万元。

河西区

（二）抓好社会治安综合治理工作

1、全面落实目标管理责任制，抓好社会治安综合治理。今年受理治安案件816宗，查处801宗；刑事案件立案420宗，破案165宗；受理民事纠纷案件164宗，调解成功153宗。

2、加强法制宣传和教育。开展法律宣传30场次，发放宣传资料32000多份，受教育人数12万人次。

3、严厉打击和防范犯罪活动。加强流动人口管理和出租屋的管理，预防犯罪发生。开展严打专项斗争，严厉打击犯罪行为。进一步加强禁毒打毒工作，全面开展群众性的禁毒活动，严防新生吸毒分子。完善治安体系建设，全区构建4个防控网（街面防控网、社区防控网、社区单位防控网、公共措施防控网），有群防群治队伍41个，315人。

4、全面开展创建活动。开展“无毒社区”、“无毒村”“无毒小区”、“无毒家庭”创建。加强创建组织领导，成立区创建办公室，建立健全区机关、社区、公安派出所三级联动组织机构，发动单位、居民群众参与创建，提高创建工作实效。创建南海、儋州村、金鸡岭、榆港、机场、友谊等社区为“无毒社区”。开展平安建设宣传月活动，购宣传资料9000多元发放各社区。

三、坚持以人为本，切实解决民生问题

1、做好就业和再就业工作。今年共免费培训无业人员135人，帮助解决灵活性和公益性就业120人，转移农村富余劳动力就业423人。帮助241人实现创业，带动2525人就业再就业。

2、做好医疗保险和养老保险工作。参加城乡居民医疗保险的有36000人，征收居民个人统筹款约192万元。参加新型农村养老保险1648人。参加城镇居民养老保险居民个人参保532人，征缴社保款622万元。

3、做好社保工作。今年帮助居民2988户申报三亚市保障性住房，帮助困难家庭1785户3723人办理城市居民最低生活保障，帮助75名贫困白内障患者免费施行复明手术，帮助5名肢体残疾儿童施行矫正手术，帮助16名贫困精神病患者办理了医疗救助，为15个社区选聘16名残疾人专职委员。

4、加强社区旧街巷的改造建设。投入3800万元对三亚湾旅游商业风情街进行立面改造。投入193.5万元建设光明社区汽车站段铁路停车场及停车场通道。投入资金约540万元改造朝阳社区铁路沿线道路、四更园外贸路三巷，儋州社区铁路西、北巷、通海三巷、四巷、五巷人行道，机场路东段人行道等10条背街小巷道路。

四、全力以赴，抓好抗灾救灾工作

在“国庆”期间强降雨抗灾救灾工作中，全区组建突击队、服务队共30个，投入各类救灾人员2058人，转移安置居民群众1168人，营救遇险群众445人，抢救群众财产2230万元，转移抢救群众房屋等生活设施86个、化解洪水等险情共8次。

▲ 河西区工委书记张羽飞（左一）陪同三亚市委常委、宣传部部长孙苏（左三）到河西区儋州村社区调研

▲ 河西区召开纪念中国共产党成立八十九周年暨表彰大会

▲ 河西区召开2011年党建工作会议

▲ 河西区工委委员研究城市管理等工作

三 亚 市

▲ 三亚国际酒店管理学院落户海棠湾

▲ 正在加快建设中的解放军总医院海南分院

▲ 已投入使用的海棠湾风光互补路灯

2010年，在三亚市委、市政府的坚强领导下，海棠湾工委、管委、镇委、镇政府及海棠湾开发公司按照“两个24小时、两个一律”的工作要求，全面推进海棠湾开发建设，从市政配套设施、民生项目、酒店建设、社会各项事业统筹推进，基本实现了海棠湾开发建设“三年打基础”既定目标。

一、海棠湾重点项目建设快速推进

据初步统计，自2007年至2010年底，海棠湾累计完成投资153.38亿元。其中，政府投资项目完成83.45亿元（含征地补偿款发放），社会投资累计完成投资69.93亿元。2010年1-12月份，海棠湾累计完成投资92.8亿元。其中，政府投资项目完成51.48亿元（含征地补偿款发放）；社会投资完成41.32亿元。

（一）以滨海带高星级酒店为主的社会投资项目建设成效突出。海棠湾已引进社会投资项目19个,计划总投资235.6亿元，从2007年至2010年12月底，已累计完成投资69.93亿元。其中，2010年1-12月份完成41.32亿元。2010年来，海棠湾按照市委、市政府的要求，加强对已落户海棠湾社会投资项目的跟踪和督促，开展酒店项目建设进度清查，促进滨海带16家已动工的超五星级酒店加快建设步伐。2010年12月28日，海棠湾康莱德、希尔顿逸林两家超五星级酒店在海棠湾已率先开业。

（二）以市政基础设施项目为主的大会战任务取得阶段性成效。2007年至2014年，海棠湾政府投资项目达83个，计划总投资173.04亿元，截止2010年底累计完成年度投资38.74亿元（含解放军总医院海南分院10.5亿元，不含征地补偿款）。其中，2010年1-12月份完成政府投资23.22亿元（不含征地补偿款发放）。2010年，海棠湾工委、管委、镇委、镇政府及海棠湾开发公司组织实施两年大会战行动，制定了与解放军总医院海南分院竞赛及与滨海带酒店赛跑的市政配套大会战项目共计19个，要求施工单位，科学组织施工，按照既定时间节点，加快项目建设。其中，与解放军总医院海南分院竞赛的8个市政工程项目，海棠湾G路、6号路已提前建成投入使用。与滨海带酒店赛跑的11个市政配套项目，海棠湾3-5号路基本建成投入使用，海棠湾东部供水厂、海棠湾第一、第二污水处理厂以及配套管线项目已具备营运条件，供电、供水、供气、通讯等配套项目也陆续先后投入使用。

二、农村经济及社会事业全面协调发展

（一）农业结构调整不断得到优化。2010年，我镇现代农业发展仍保持上升态势，农民人均收入达7367元，同比增长17.2%。一是发展设施农业效益突出。2010年来，我们坚持以“3+1”的产业布局构建海棠湾立体现代农业。当前，全

▲ 已建成的海棠湾旗阵

▲ 国家海岸新景

海棠湾镇

镇种植大棚哈密瓜3500亩，产量达8.75万吨，产值达9625万元；种植西瓜1.35万亩，产值达7150万元；种植花卉150亩，产值达82万元；种植冬季瓜菜3万多亩，产值可达1.4亿元。二是出色完成我镇林权改革工作。全镇共确权面积14262.93亩，超额完成1310.81亩；完成649宗林地，确权476户，发放林权证476本；完成镇内林地纠纷调处9起，面积166.23亩，占应调处面积的100%。三是农产品质量安全监管工作取得好成效。成立由工商、公安、质监、农业等部门联合的镇农产品质量安全专项整治工作领导小组，加大瓜菜质量监测力度，扩大监测覆盖面，把农产品生产基地、收购点、批发市场100%纳入监测范围，共检测豇豆、苦瓜、丝瓜、水瓜等瓜菜样品3114件,总合格率97.82%。四是畜牧“双防”工作做到位。主要是做好春季畜牧防疫和防控“禽流感”工作。截止目前，全镇生猪存栏量20800头、牛存栏量2000头，羊存栏量3500头、鸡存栏量23500只、鸭存栏量136050只，“双防”率达到了100%。

（二）计划生育全面完成各项计划指标。2010年度，全镇符合法定生育率94.18%，性别比为117：100。

（三）营造了良好的社会治安环境。广泛深入开展建设平安海棠湾活动，2010年，共破获刑事案件42起，查处治安案件190起，抓获吸毒人员153人，解决调处各类纠纷58起。

（四）民生工程进一步向前推进。一是加大农村教育投入力度。投入540万元对兵村、升昌小学进行改造，拨付39万元，用于维修洪李村小学，拨付5万元用于北山村小学的门窗修理费用和解决饮水费用，投入45万元用于改善藤桥中学硬件设施，为林旺中学购置了20台电脑，打造林旺中学“绿色网吧”。二是不断改善农村医疗卫生条件。投入10多万元改善农村医疗卫生条件，投入12万元作为奖励资金，发动群众参加新型农村合作医疗和城镇居民医疗保险，连续实现参合率均达100%。三是关注海棠湾弱势群体。2010年来，全镇投入43.54万元，完成少数民族民房32户，民政特困对象民房改造16户。四是加大农村文体事业的投入。组织开展“三八妇女拔河比赛”、“三月三”黎苗族文艺演出和传统竞技比赛，并联合有关企业开展“农信通”文艺演出。五是加大投入夯实水利设施。重点投入755.65万元除险加固升昌、海燕、高村3宗病险水库；投入262万元改造龙山（一期）、营根（一期）、落根洋排灌沟3宗长11.8公里的防渗渠道；投入170万元修建1条2公里长并配套水沟的田洋公路，投入250万元修复67处水毁工程，简称“33167”工程。投入65万元整治、管护农综田洋；各村（居）委会、农场大力发动群众投资投劳约120万元修复面上主、支渠道57条长57公里。

▲ 海棠湾工委、镇委发动海棠湾开发建设企业为重病儿童捐款献爱心

▲ 已建成营业的海棠湾希尔顿逸林酒店

▲ 已建成营业的海棠湾康莱德酒店

▲ 惠普云计算动漫产业研究院落户海棠湾——筹备处

▲ 海棠湾特色风情小镇——已建成的样板楼

▲ 市领导现场办公

2010年，在市委、市政府的正确领导下，天涯镇围绕“从传统农业小镇向旅游强镇转型”的总体目标，以打造“和谐富裕新天涯”为重要载体，实现了经济又好又快发展，保持了社会和谐稳定。

2010年主要经济指标完成情况

2010年，全镇实现社会总产值5.89亿元，比上年增长10.2%。其中第一产业总产值4.61亿元，比上年增长9.7%；第二产业总产值1800万元，比上年增长10.8%；第三产业总产值1.1亿元，比上年增长12%。实现财政一般预算收入2496万元。我镇农村农民人均纯收入6580元，比上年增长14.2%。农村社会总产值3.9亿元，比上年增长10%。全年完成粮食总产8223.6吨。

一、真抓实干，优化农业结构，完善农田水利设施，农民收入明显增加，农村经济快速发展

1、促进粮食生产稳定发展。全年早、晚造粮食种植面积2.2万亩，粮食产量8223.6吨；无偿发放价值30万元的青瓜、豆角种子、价值8万元的鹅苗，发放氮、钾等肥料210吨，指导农户种植瓜菜7315亩，完成5000亩测土配方的示范田，为农民增收打下基础。发放农资综合直补、种粮直补106万元，惠及农户4227户；发放市级粮食直补和种粮综合直补资金106.23万元，受惠农民4231人；推广高科技设施农业和先进农机、农具，310名农民按程序享受农机补贴政策；推广三联通沼气池建设，建沼气池230户。

▲ 天涯商业街

2、加快发展特色农业。引入“公司+农户+政府”模式，在大隆水库布山移民安置区种植510亩玫瑰花，在文门东西风片种植300亩兰花；在文门修建300亩钢管大棚示范基地，确保农业增效，农民增收。

3、搞好林权改制工作。全年完成实际测量林改面积15416.59亩，勘界率达到100.5%。成功调处林改28宗涉及面积524.7亩，调处率90.3%，完成914户农民共1501宗的林权证发放工作，涉及面积10883.28亩，发证率93.68%。

4、抓好农田水利设施建设工作。全年投入8.4万元补充各宗水库防汛物料；投入57万元改造渠道2300米；投入348万元对水库水毁渠道进行维修；投入48万元对456米排水沟渠进行改造，改善灌溉面积3000亩；投入48万元建设蜡田水库防渗漏1.2公里，改善灌溉面积350亩，新增灌溉面积100亩。

▲ 精神文化生活丰富多彩

5、实现农村劳动力培训和就业转移。继续加大农村劳动力的技能培训力度，实施好“阳光工程”，全年累计培训农村劳动力2500人次。

6、做好灾后农业生产自救。2010年10月，我镇遭遇五十年不遇的强降雨自然灾害，经过生产自救措施，共清理田洋面积5000亩、排涝面积3200亩，补种蔬菜面积3218亩；修复水毁渠道2300米；完成消毒水井163口，栏舍及周边环境村舍消毒面积272.5万平方米；发放救助大米15吨，拨付灾后恢复生产种子种苗补助400多万元，分配市农业局下拨生产救灾资金85万元用于购买种苗、化肥等农资，受惠3220人。

二、以人为本，各项社会事业蓬勃发展

坚持以人为本，以保障公共服务和改善民生为重点，不断加强社会事业服务。一是教育文化事业蓬勃发展。投入

天 涯 镇

100万元改善师资建设和学校基础设施建设，“两基”成果继续巩固和发展，适龄儿童入学率达到100%，九年义务教育普及率达100%，教育质量和教学效果明显提高。二是拓宽就业渠道，推广城乡医疗保险。全镇已累计完成参保人员18797人，缴纳参保金额939850元，发放财政补贴939850元。全年共培训农村劳动力627人，其中职业技能培训362人。三是开展扶贫救弱工作，切实保障弱势群体。全年发放36名老农保养老人员养老金142372元、1975名新型农村养老人员养老金1303500元；投入10万元为12名优抚对象解决治病、住房难的问题；发放救济粮65吨、救济粮款10万多元解决2500户2750人缺粮的问题；发放救济物资1250 件，其中棉被250张、毛毯250张、衣服750件，解决特困户1000户、1250人；五保户86户86人；帮助孤儿、残疾人、孤优抚对象过冬御寒困难；为21名精神、智力、视力等各类重度残疾人办理纳入阳光家园托养计划，使他们的生活得到基本保障；发放助学金3.6万元帮助25名在校大学生继续完成学业；为36名白内障患者实行“亮睛工程”。四是精神文化生活丰富多彩。成功举办天涯镇“三月三”晚会、“新农村杯-乡村文化节”活动、“农信通”天涯专场晚会、“天马杯”社区足球赛等文化体育活动。还开展“向青海玉树地震受灾地区”捐款、党员交纳特殊党费活动，共募捐赈灾款48213.5元。五是妇女工作成绩进步。开展“双学双比”竞赛活动，表彰“双学双比”女能手24名，“巾帼文明卫生户”150户。投入“巾帼经济示范户扶持资金”3万元，大力支持农村妇女发展种、养殖业。组织妇女干部参加全市“妇女创业技能大赛”、“禁毒防艾知识竞赛”，并获得全市“禁毒防艾知识竞赛”第二名的好成绩。

▲ 林权证发放仪式

▲ 天涯农技培训

▲ 投入使用的灌渠

▲ 特色农业取得丰硕成果

三亚市吉阳镇

JIYANG TOWN SANYA

▲吉阳镇政府大楼

2010年11月23日，经海南省人民政府同意，田独镇更名为吉阳镇。回顾历史，吉阳镇是在历史嬗变中新生，在改革创新中发展。

在刚刚过去的2010年里，吉阳镇在市委、市政府的正确领导下，紧紧围绕“亚龙湾国家旅游渡假区+田独风情小镇+都市观光休闲农业”的发展思路，以经济建设为中心，以创建海南省首个卫生镇和率先实现小康社会为目标，以统筹城乡发展为主线，促进全镇经济又好又快发展和社会各项事业稳步推进。2010年，地税收入全年达到7亿元，农民人均收入预计达到7105元，人民群众安居乐业，生活水平显著提高。先后被评为“全国基层低保建设典型单位”、“海南省文明生态集镇”、“海南省抗洪抢险先进单位”、“2010年度党报党刊征订工作先进单位”、“三亚市环卫系统先进单位”、“三亚市社会治安综合治理先进单位”、“三亚市计划生育先进单位”等荣誉称号。

大力推进小型农田水利设施建设，推广农业节水设施和技术。重点抓好抱坡渠道维修工程、博后田洋排水沟工程和博后水库排水沟工程；配合市水务局完成博后玫瑰花基地配套水利工程、新村田洋整治工程和五一水库应急加固工程，配合市农综办修复下鹿拦水坝。重点完成双本水库溢洪道、五一水库溢洪道和六道水库溢洪道应急工程。组建田洋管护队、水库管养队、农村饮水安全工程管理队，做到全镇各水库、田洋和农村饮水安全工程由专人管理维护。此外，我镇还投入620多万元，对上抱坡田洋水毁工程、双本水库公路桥水毁、道达河堤、新村田洋、高园公路、榆红渠道、引合河堤等水毁堤坝进行修复，保证今冬明春农业生产用水。

在加大“一村一品”富民工程推进力度基础上，加快调整农业产业结构，积极引进现代农业的龙头企业，因地制宜发展现代特色高效农业。做大做强兰花和玫瑰花特色产业，目前我镇花卉产业种植面积达1600亩。继续推行“公司＋农户”、“合作社＋农户”、“公司＋合作社＋农户”等经营模式，在政策、资金、基础设施建设等方面不断加大扶持力度，成立了镇松、沙塘和亚龙湾3个农民专业合作社，搞活和带动农村经济的发展。大力发展高效瓜果种植，主要以种植哈密瓜为主，目前种植面积达2000多亩。同时种植约50亩的观光向日葵。

出色地完成林权改革及护林工作。按照三亚市的规划要求，本次我镇林改任务总面积为62796.27亩，林改任务涉及14个行政村，100个村民小组共1198户，共确权面积20384.85亩，占应明晰产权面积的95.67%，完成1983宗林地，确权1198户的林户档案。

稳步推进新农村建设，构建和谐新风貌。以农业旅游观光、家庭旅馆村、黎村苗寨等为主题的不同特色的文明生态村，推进我镇城乡一体化的发展。2010年建设完成多功能中心两个、村小组文化室21间，篮球场27个，安装太阳能照明灯和景观灯250套，安装卫星电视高音喇叭15套。继续申报新农村道路10.45公里,现已动工建设。

积极推进城边村改造工程，进一步改善环境。引入5家有实力的企业参与城边村改造建设的试点工作。同时，盈湾公司投资500亿在我镇打造风情小镇的征地工作已开展，企业参与农村改造建设必将成为我镇建设新农村的又一亮点。

加强小城镇基础设施建设，努力打造风情小镇。围绕创建“三亚市理想后花园居住地”的目标，借助亚龙湾后勤服务基地、三亚学院等开发建设和东环铁路建设的良好发展机遇，加快小城镇建设步伐，坚决按照三亚总体规划的要求，在完善镇新行政中心各项基础设施建设的基础上，鼓励企业、个人、外商以多种方式参与小城镇基础设施投资、走出一条在政府引导下主要依靠社会资金建设小城镇的路子。目前，我镇服务经济的能力得到提高，投资环境发生了显著变化，吸引了长江商学院、三亚城市职业学院、三亚新天地休闲旅游度假区、琼州大学、三亚学院、三亚航空学院、海南省职业技术学院等项目落户我镇。

力争创建海南省首个国家卫生镇。2010年6月，我镇开启了创建海南首个国家卫生镇的工作，立足实际，将全镇划为多个责任片区，执行了责任片区、责任人、责任追究的“三责任”制度，实现了环境卫生工作“全域覆盖、无缝链接”，在全镇

▲时任市委书记江泽林（左三）、镇委书记张作壮（右三）参加强降雨路面清理工作

▲镇长季端荣（左二）指导检查南丁村委会工作

范围内形成由镇委、镇政府主抓，各机关企事业单位配合的工作局面，对镇区、交通要道以及农贸市场等地的环境卫生进行整治，以此不断提升“三亚东大门”的靓丽形象，为我镇夺取“创卫”的最后胜利奠定了坚实的基础。

坚决打击违章建筑和非法买卖土地的违法行为，加速土地确权、村镇规划建设等工作。积极响应市政府“铁锤行动”，坚决打击违章建筑，共出动人员近6000人次，拆除各类违章建筑近25万平方米，有力震慑违建者的嚣张气焰。全镇农村宅基地和房屋确权登记发证工作截止到2010年11月20日，已经完成4592宗，占全年完成比例的110%，所有确权登记公告已统计完毕，已经在村镇公告4040宗。

重视教育事业，采取切实有效的措施保学控流，使“两基”工作取得较好成绩。镇委、镇政府始终把发展基础教育放在优先的位置，重点加强师资队伍的建设，教育资源配置和学校基础设施建设，不断加大教育资金的投入，改善教学设施。2010年，全镇民办幼儿园有13家，“两基”教育，小学生入学率达成100%，适龄少年入学率100%，在校学生辍学率为0，初中入学率98%，高中入学率92%。镇、村两级文化技术学校共培训12期共2390人次。扶贫助学金投入1.64万元。

积极推进新型农村合作医疗制度，初步构建我镇农村基本医疗保障的雏形。广大农民群众切切实实得到了实惠，2010年，全镇参合人数44600人，参合率100%。

加速农村富余劳动力转移，加强劳动就业工作。2010年我镇与市就业局、技工学校合作，积极开展职业介绍和就业再就业工作。全年市里下达的转移就业培训任务目标为334人，实际完成652人，完成率达到195%，超额完成了任务；农村劳动力转移652人，引导性工作423人。

已经投入1000多万元对镇区主要区域进行立面改造，打造独特的风情小镇立面感观。引进国际高尖端的商贸品牌沃尔玛企业进入，努力建设三亚东大门的五星级商业贸易中心。做好六道、安罗移民搬迁安置工作，打造全省一流的移民安居工程，让群众搬得出，住的稳，生活能致富。以极大的热情和爱国之心来支援国防建设事业。国际旅游岛的高尔夫游乐场就在我镇区域落户四家（有亚龙湾球会、红峡谷、龙泉谷、甘什岭球会），未来还将引入半岭温泉球会、亚龙湾热带森林游、罗蓬热带森林瀑布游和落笔洞考古文化游等项目，打造独特的风情旅游景观带。东环铁路有两个车站坐落在我镇区域、绕城高速公路奠定了三亚大城市框架，为吉阳镇向腹地发展提供了扩展的空间。

十年的砥砺前行，十年的春华秋实！今天，崭新的吉阳正朝向打造风情小镇、创建国家卫生镇、建设社会主义新农村三大发展战略继续前行。

▲玫瑰谷一角

▲博后观光向日葵园

▲亚龙湾落日一景

三亚市

▲ 省、市领导调研农业发展模式

▲ 农业合作社示范基地分红

2010年，三亚市育才镇在市委、市政府和镇党委的正确领导下，在镇人大的监督和支持下，镇政府紧密团结和依靠全镇人民，牢固树立和落实科学发展观，努力建设新育才，不断推动育才又好又快发展。

一、加快落实新农村建设工作，进一步夯实育才发展。

认真落实市委、市政府和镇委关于新农村建设的各项部署和要求，积极推动新农村建设工作，不断完善农村发展条件，为今后的发展打下基础。

二、努力推动农业现代化进程，促进了农业增效、农民增收。

2010年，我镇早造种植面积7128亩，晚造8450亩。冬季瓜菜种植面积4267亩。我镇实现生产总值14562.73万元，农民人均纯收入3308元。育才镇党委针对育才的经济基础比较薄弱的情况，大力推进村集体经济发展，调整产业结构，每个农村党（总）支部结合实际，推行“公司+支部+合作社”或“支部+合作社+农户”的经济发展模式，开展一村一品工程，让每个支部都有自己的生产示范基地，有自己的集体经济。同时把一些有技术、会管理、有能力致富的农村党员作为“双带”党培养对象，重点扶持，让他们尽快致富起来，成为带领群众致富的领头雁。已投入资金100万元，扶持20名村党员干部带领群众发展起养鹅基地、火龙果基地、有机蔬菜基地、养猪基地和木瓜基地，增强农村基层党组织在经济发展中的核心作用。在各基层党组织的努力下，我镇经济得到长足长展：反季节瓜菜种植规模不断扩大——全镇瓜菜种植面积增至2775亩；山区畜牧业养殖业得到发展——去年来，发放猪苗9044只，鹅26879只，市补贴能繁母猪养殖户1750户，2313头母猪共23.1万元；庭院经济不断发展——继续实施“百株千户”槟榔种植工程，免费发放槟榔苗234166株、花梨苗木35000株，菠萝蜜35000株，培育橡胶苗10000多株；现代设施农业初具规模——大力发展设施农业，建立马亮村有机蔬菜种植示范基地、马脚火龙果种植基地、龙密苗圃生产基地等，带动群众发展生产，发家致富。

三、积极统筹城乡发展，不断改善农村生产生活条件。

积极推进茅草房和危房改造。适当提高农村边远地区教师待遇。落实好“阳光工程”，继续加强农村富余劳动力转移就业培训，积极推进农民富余劳动力就业。提高新型农村合作医疗和城镇居民基本医疗保险的覆盖面。加快“一池三改”

▲ 多姿多彩的文艺演出

▲ 原生态风光

育才镇

▲镇委书记曾锋(左一)、镇长周月霞(右一)陪同省委组织部长楼阳生(左二)、市委书记姜斯宪（左三）到我镇考察调研“支部+合作社+农户”新型生产模式

▲镇委书记曾锋(右二)、镇长周月霞(左二)参加育才镇抱安村委会包山香猪养殖合作社揭牌成立

沼气池建设，继续推动农村饮水安全、改水改厕等工程建设，加快推动农村生活垃圾收集设施的建设，加强农村环境卫生管理。

2010年，我镇认真落实惠农强农政策。全年发放农业生产救灾资金80万元，国庆强降雨灾后恢复生产种子苗补贴实发19570人（140元/人）共计273.98万元，发放物价补贴18420人（180元/人）共计331.56万元，家电下乡补贴269人共计12.3万元，退耕还林补贴396户128万元，粮食直补3284户共计77.6万元，良种补贴3208户共计17.2万元。

四、各项社会事业取得全面发展。

科教文卫事业有序推进，群众文化活动丰富多彩。在“三八”节、“七一”等节日期间举办篮球、排球、拔河、文艺晚会等节目。组织成立了35人太极拳、太极剑队，而去年成立妇女健身操队如今增加到50人。

计划生育工作进展顺利。我镇期末人口20297人，育龄妇女7350人，其中已婚3489人，当年出生人口304人（其中男156人，女148人），符合法定生育293人，符合生育率96.3%，比责任指标高3.3个百分点，出生人口性别比100：105（正常比值103~107之间），人口出生率14.9‰，比责任指标高0.5个千分点。妇女怀孕孕情掌握率89%，比工作指标低11个百分点。

民政优扶及社会保障工作进一步加强。去年共发放救济大米1050包，26.25吨，1003户，受益群众4560人。我镇还健全最低生活保障制度，落实“应保尽保”，把符合条件的城乡贫困居民纳入保障范围，并帮助农户办理“惠民一卡通”，使全镇386户1211人的基本生活得到有效保障，促进了社会稳定。全年民房改造共完成168户，投入资金504万元，其中残疾户30户；全镇发放农村物价上涨补贴总人数18420人，发放总金额3315600元。

精神文明工作成效显著。积极开展“五好文明家庭”的评比和“美德在农家”等活动，文明气息蔚然成风，民族团结事业有了新的发展。去年，我镇加强阵地活动、改善文体设施建设。在2009年拥有3个农家书屋的基础上2010年我镇又争取到7个农家书屋。现今每个行政村都拥用一个农家书屋。

▲初具规模的“三鸟”养殖基地

▲农业机械化

三亚市公安局

▲ 党委书记、局长：江伟

▲ 江伟局长带头献血

2010年，在市委、市政府和省公安厅的领导下，三亚市公安局着力解决人民群众关注的突出问题，全力维护社会和谐稳定，为我市社会经济又好又快发展做出了积极贡献。

一、扎扎实实地维护社会政治稳定。掌握了一批深层次预警性的信息，严厉打击境内外敌对分子的渗透破坏活动，有效抵御了境外宗教渗透和境内非法组织活动；专案侦察和专项调查成绩明显，成功阻止一期境外宗教组织企图在我市非法举办的基督教培训班，成功处置了4起“涉日保钓”苗头；扎实开展反恐怖工作，进一步加强了涉恐重点目标的安全防范和管理；大力加强网上舆情监控和情报信息收集，不断加大矛盾纠纷和重点人员排查力度；妥善处置了羊栏“3·25”因交通事故引发的持械打斗的规模群体性事件和“1·25”桶井村因拆迁引发的群体性事件，共依法妥善处置了各类群体性事件10起；一年来，信访部门共受理信访事项496件，办结455件，办结率92%，回报465件，回报率94%。

二、圆满完成各项重大活动安全保卫工作任务。2010年，圆满完成了博鳌亚洲国际旅游论坛、环岛国际帆船、自行车赛、第60届世姐决赛等一批重大赛事的安全保卫（警卫）工作任务。共完成警卫任务54批，得到了省厅领导的充分肯定。

三、全方位打击整治突出治安问题，维护社会治安持续稳定。集中开展了“打击‘两抢一盗’犯罪”、“打击网络诈骗犯罪”等一系列打击整治活动，取得了显著的成效。全年，全市共破各类刑事案件1488起，完成省厅下达破1427起任务的104%；共抓获各类网上逃犯394人；共发生命案23起，破21起，破案率91.3%；共破获毒品犯罪案件205起，抓获贩毒犯罪嫌疑人222人；共破获各类经济犯罪案件15起，缴获假发票9119本，202978份，面值3609万元，为国家挽回直接经济损失1600万元；冻结网络赌博案涉案资金930万元，抓获涉赌人员26人；共收戒吸毒人员1140人，提前五十天完成省禁毒委年初下达的全年破案和抓获毒品犯罪嫌疑人任务，缉毒破案工作走在全省的前列；打掉“两抢一盗”犯罪团伙10个，成功打掉了以王福壮为首的抢劫团伙，带破刑事案件22起。3月14日凌晨2时许，鹿回头派出所巡逻民警发现一起抢劫出租车司机案，当场抓获1名犯罪嫌疑人，解救了被劫持的出租车司机，又顺藤摸瓜，将该团伙7名成员一网打尽，带破抢劫出租车系列案件4起。组建“海豹”便衣队，在复杂场所、闹市、旅游景点、车站等重点部位、全力打击“两抢一盗”、扒窃等犯罪活动。通过上述措施，一年来，我局共破“两抢一盗”案件812起（含年前案），抓获犯罪嫌疑人312名，“两抢一盗”犯罪得到有效遏制。

四、加强校园及周边治安秩序整治工作。一是认真排查校园及周边地区可能引发群体性事件、火灾及治安问题的隐患和苗头性问题。二是严厉打击了侵害师生人身财产安全的违法犯罪活动。三是加强对学校及周边的暂住人口和出租房屋的管理。四是强化了学校内部治安管理。

▲ 江伟局长在三亚市公安局治安大巡游启动仪式现场做重要讲话

▲誓师动员大会

三亚市国有资产监督管理委员会

2010年，在市委市政府的正确领导和有关部门的大力支持下，市国有企业围绕“保增长、调结构、抓改革、促民生、定格局”五大任务，积极应对国际金融危机冲击，继续深化国企改革，加快国有经济布局和结构调整步伐，加强国资监管的工作力度，促进市属国企稳步发展，各项工作取得显著成效。

一、国资运营和国有企业平稳发展

2010年，国有企业各项经济指标完成情况总体较好。到11月份，所属出资企业总收入2.7980亿元，同比增长23.4%；利润总额9354万元，同比增长25.4%；资产总额121.3108亿元，同比增长28.5%；所有者权益23.8320亿元，同比增长12%。

二、国资监管基础性工作扎实开展

进一步加强监管制度建设。为了切实履行三亚市国有及国有控股企业出资人职责，维护所有者权益，促进三亚市国有及国有控股企业经营者年度经营业绩考核工作规范化、制度化，根据三亚市人民政府办公室印发的《三亚市市属企业负责人经营业绩考核暂行办法》规定，出台了《三亚市国有及国有控股企业经营者年度业绩考核计分办法》。

进一步加强国资委监管职能。完成市天涯海角旅游发展有限公司、三亚港务局、海南天涯水业（集团）公司、三亚大小洞天发展有限公司、三亚市城市投资建设有限公司、三亚市鹿回头旅游发展有限公司6家重点企业监事会的成立，并做好外派监事工作。

进一步提高重点企业经济效益。全年可上缴国资收益4812万元，完成市政府下达4800万元任务的100.2%。

三、国有企业改革工作取得显著成果

加快推进59家劣势国有企业的关闭退出工作。截至目前，59家关闭退出企业中已有20家企业与职工解除劳动合同关系，共安置职工1747名，共发放职工经济补偿金及生活费37,906,660.61元。另外，我委已为59家企业中的32家企业3219名职工缴纳五项社保费41,170,486.96元（缴纳时间截止到2009年6月）。最近，有14家企业的职工安置方案已经人劳局审核批准，将在今年12月底前完成14家企业的职工安置费发放工作，缴纳职工社保，与职工解除劳动合同（14家企业安置职工1769人）。余下未完成关闭退出工作的25家企业，已有22家完成了关闭退出立项，已有10家制定职工安置方案和关闭退出方案。

四、重点项目建设工作稳步推进

一是按照《南山港委托运营合同》约定，对码头主体、航道工程和二台门机进行验收，码头仓库、货场、道路、办公楼及排水、供电、助航标志等工作按计划有序进行。

二是加快推进第一农贸市场、第三农贸市场、丹州小区农贸市场升级改造工作。

三是积极做好国有企业困难职工保障性住房建设工作。

2009年，共有321户国有企业职工申报了三亚市经济适用房，经过三级审核两级公示后，321户职工获得了购买三亚市经济适用房的购买资格。

五、一般预算支出执行情况完成较好

基本支出年初预算是：233.5万元，1-11月份已完成支出：232.1万元，完成预算的99.4%；项目支出年初预算是：3529万元，1-11月份已完成支出：3457万元，完成预算的98%；二项支出占总预算的98%。

六、市属国有企业党建工作和企业和谐稳定工作进一步加强

企业党建工作取得新成效。一是深入开展“四强四优”活动，发挥企业核心竞争力。国资企业再塑“四强党组织、四优共产党员”理念新标。二是深入开展创先争优活动，促进国资企业科学发展。2010年7月，我委积极响应市委、市政府号召，在市国资系统基层党员中深入开展创先争优活动。制定活动实施方案，组织召开动员部署会议，定期对基层党组织进行检查指导，在各个基层党组织中起到了明显的效果，也涌现出一批批先进个人及先进党组织。

三亚市国土环境资源局

2010年,三亚市国土环境资源局在市委、市政府及省国土环境资源厅的领导下，严格实施土地利用总体规划，努力保障扩大内需项目和民生项目用地需求，加强土地执法力度，严厉打击各种土地违法行为，有力促进了三亚经济社会全面协调发展。

一、保增长，保红线，促进三亚国际旅游城市建设。

1、加强土地供应调控，基本保障重点项目用地需求

我局坚持“有保有压，统筹协调”的原则，土地供应政策重点向民生项目、基础设施、旅游产业及与旅游相关的现代服务业等倾斜。今年截止11月，共上报用地手续59宗，其中已批复44宗，用地面积313.89公顷，包括了保障性住房“同心家园”、海棠湾酒店等重点项目用地，待批15宗，用地面积162.08公顷。已供应土地19宗，面积128.73公顷，包括保障性住房用地，海棠湾、亚龙湾酒店用地，三亚湾新城用地，创意新城污水处理厂用地等，基本保障了民生项目和重点项目用地需求。

2、严格土地利用总体规划实施管理，切实保护耕地

为保证土地利用总体规划实施的严肃性，我局认真开展用地预审工作，积极引导各类项目合理、科学用地。今年以来，我局积极参加项目进入联合审批，对近百个意向建设项目用地进行了初步审查，从土地规划、用地规模、供地方式等方面提出意见供市政府决策参考。对符合土地利用规划，符合供地政策的项目给予积极支持，对不符合土地利用规划但确属三亚亟需建设的项目，要求用地单位及时调整项目选址，在保障项目用地需要的同时实现土地资源的合理持续利用。同时，为适应城市发展需要，我局正着手开展三亚市土地利用总体规划的定期评估和调整工作，做好与新编的三亚市城市总体规划的衔接，重点解决规划实施两年以后存在的主要问题，为我市近期重点项目的用地报批提供条件。

▲ 国土资源部领导率国土资源部调研组到天涯国土环境资源管理所看望干部职工。省政府领导与海南省副省长、三亚市委书记姜斯宪，三亚市副市长朱允山陪同

3、履行土地监察职责，严查土地违法行为

（1）认真开展“双保行动”。在“双保行动”中，我局出动执法队伍612人次，查处土地违法案件10宗，涉案土地总面积达400亩。制止了涉嫌非法租用农用地行为2宗，涉及农用地达4000亩。

（2）按国土资源部的统一部署，2010年3月以来，全面开展2009年度土地卫片执法检查工作。本次卫片执法检查共核查图斑169个、涉及地块139宗、占地总面积8225.83亩。对核查出来的24宗违法用地项目进行了立案查处，及时下达了《责令停止违法行为通知书》，其中15宗已依法下达了《行政处罚决定书》，共计罚款1265万元，没收违法所得1500万元。今年7月，国土资源部土地卫片执法检查督查组到我市进行督查，对我市的工作给予了肯定。

（3）积极参与打击违章建筑“铁锤行动”。我局积极查处了凤凰水蛟村、河东海罗村、田独片区一批违法买卖土地行为，配合公安等部门查处和刑拘参与违法建筑涉嫌犯罪的村委会干部和个体老板5名。对南滨农场违法建设“南山花园”、“椰岛阳光”、“南海嘉园”、“南滨花园”等重大土地违法案件进行了立案查处，涉嫌犯罪行为已移送公安部门处理。

二、加强环境保护和生态建设，促进三亚可持续发展。

一是认真完成了2009年度城市环境综合整治定量考核的资料收集、材料编制和审核工作，并已通过了省考核组的考核。二是采取多种措施开展节能减排工作。三是加强重点污染源的监督管理，积极推进污水处理厂建设。

三、加强地质矿产资源监管，预防地质灾害。

加强对矿山企业的监管，严厉打击违法开采行为，今年共取缔3家违法开采矿产的企业，扣没违法设备12件。

在今年10月持续暴雨来临前，我局会同有关单位对地质灾害隐患点进行排查，并及时与隐患点联系人、各区镇国土所及矿山企业联系，要求做好地质灾害防治工作，必须24小时值班和联系电话畅通，发生灾害时要及时到灾害点和上报灾情。在持续暴雨期间加强了巡查，督促市各有关单位要加强地质灾害巡查和预防工作。

三亚市住房和城乡建设局

▲苏金明局长

2010年，在三亚市委、市政府的领导下，在省住建厅的指导下，我局贯彻执行国家关于建设和房地产业发展及管理的各项方针政策，结合三亚实际，不断强化工作措施，较好地完成了全年住房和建设领域的各项工作任务，促进了我市房地产市场和城市建设的顺利发展。

一、抓好保障性住房开发建设工作，努力解决民生问题

今年前11个月，我市共完成保障性住房审核分配四批次4238户，其中廉租住房812户，审核合格700户，分配700户，首批300户已入住；经济适用住房1705户，审核合格1539户，分配1539户；中小学教师经济适用住房721户，审核合格630户，分配626户；限价商品住房1508户，审核合格1369户，分配1369户。此外，向符合条件的1551户低收入住房困难家庭，发放廉租补贴848万。

二、充分发挥职能作用，加强房地产市场监督管理力度

1、严格商品房预售审批。共审批办理商品房预售许可证37宗，批准预售商品房面积76.13万平方米。

2、商品房销售完成年度确定目标。商品住房销售116.25万平方米，同比增长26.28%；销售13046套，同比增长28.62%；总金额210.88亿元，同比增长123.72%；二手房转让1709宗，转让房屋面积19.72万平方米，同比增长16%。

3、严格房屋产权登记和他项权证登记管理工作，房屋产权登记管理工作规范健康有序。全年共办理房屋登记1689宗，登记面积112.11万平方米。房屋抵押登记4099宗，抵押登记房屋面积127.96万平方米，抵押登记金额57.47亿元。

三、积极做好建筑业管理工作，抓好文明施工，安全生产

1、做好三级建筑业企业资质审批工作。

2、做好招标投标工程监管和备案工作。

3、加强对市建设工程交易中心的监督和指导工作。

4、开展建筑市场稽查执法工作。

截至十一月，全市颁发施工许可项目总计184个，总建筑面积244.23万平方米，固定资产投资50.81亿元(工程总造价)，固定资产同比增长43.90%。

5、切实抓好质量安全生产工作。

（1）认真开展建筑安全专项治理和安全生产检查工作。

（2）整顿监理市场，提高监理服务水平。

（3）认真开展建筑工程抗震安全隐患排查工作。

（4）开展农民工工资保证金执行情况和农民工工资支付情况专项检查。

（5）认真部署防风防汛工作。10月份热带低压带来的强降雨，又给我市建筑安全生产带来了严峻考验。共排查工地42个，排查面积293.22万平方米，消除质量安全隐患172个。有效预防了重大安全事故的发生。

（6）完成工程检测试验工作。至今为止，共完成133个项目的工程检测试验工作。

6、稳步开展建筑节能推广工作。

（1）开展建筑节能立项阶段和规划阶段审查工作。

（2）建立激励机制，鼓励以太阳能热水系统建筑应用为特色的可再生能源建筑应用的实施。

四、努力加强市政公用建设工作

1、加强凤凰水城市中心规划路和火车站出入口道路工程的市政道路建设、新风桥重建工程、城市夜景灯光工程（二期）、污水处理中水回用工程和金鸡岭片区污水管网工程建设、东环铁路沿线景观整治工程和排水系统改造。

2、抓好改造三亚老城区道路交通综合整治。对3个转盘，10个老城区交叉路口，146个公交候车亭港湾交通改造和团结路市四中路进行改造，共投资4653万元，可于今年年底全部完工。

▲中共三亚市住房和城乡建设局机关工委成立大会

▲三亚市住房和城乡建设局2010年度总结表彰大会

三亚市人民政府政务服务中心

▲省委常委、省纪委书记王为璐陪同中央纪委、监察部、国家预防腐败局领导到三亚市政务中心视察调研工作

▲ 一、二层审批大厅

▲ 三层公共资源交易大厅

纪委书记·每月一语

努力营造高效、实干、廉洁的政务环境。

▲《纪委书记·每月一语》反腐倡廉专栏

一、中心简介

三亚市人民政府政务服务中心（以下简称市政务中心）是三亚市委、市政府为深化行政审批制度改革，加快建设服务型政府而设立的集行政审批（服务）、公共资源交易管理、行政效能监察和政务公开于一体的现代政务服务平台。

二、总体运行及社会关注情况

市政务中心于2010年10月11日正式揭牌运行。平均每日受理行政审批（服务）事项278件，按时办结率99.06%，提前办结率93.68%。

中心自运行以来，得到了中央、省、市领导的亲切关怀。2010年12月3日，中央纪委副书记、监察部部长、国家预防腐败局局长马馼视察市政务中心。马馼部长对市政务中心工作给予肯定，要求监察部门总结和推广三亚经验。省委常委、省纪委书记王为璐两次视察市政务中心，要求将市政务中心“推向全国，办成全国的示范点”。副省长、市委书记姜斯宪，省纪委副书记、省监察厅厅长丁伯东，省地税局局长刘平治，省政务中心主任袁秀梅，市长王勇，市委副书记刘诚，常务副市长吴岩峻、市纪委书记赵普选等省、市领导多次到中心进行指导检查。

三、主要特点及影响评估

（一）总体思路明确，功能规划健全。市政务中心建设的总体要求和基本功能符合国家要求。总体要求即：高起点建设、高效率运行、高质量服务、高水平管理。基本功能即：行政审批（服务）、公共资源交易管理（包括建设工程招投标、政府采购招投标、土地出让招拍挂和国有产权物权交易）、行政效能监察和政务公开。

（二）项目流程再造彻底，进驻项目齐全。按照“应进必进”原则，共确定40个单位的729项行政审批（服务）事项集中在市政务中心办理。

（三）公共资源市场化配置体系建设突出体制创新。公共资源交易大厅实行“政府主导、管办分离、集约高效、全程监管”的全新体制，统一对社会资源、自然资源、行政资源以及国有产权物权实行市场化配置。

（四）实行效能告诫问责制，市纪委监察局发出全国首例政务中心审批工作效能告诫书。自中心正式运行以来，派驻的市纪委监察局行政效能监察中心依照行政效能告诫的相关要求对办件情况和纪律执行情况进行全方位监察。

（五）全国首创办理结果公示明细化。对于政务公开，市政务中心将办理结果的公示内容明细化，办结状态一目了然、增强了透明度，便于社会监督。

（六）设立社会评议自由张贴墙。为充分听取办事群众和企业意见，中心除在窗口设置电子评议系统、在公共场所设置投诉意见箱、在电信开通投诉热线和在网上开通对政务中心和审批办的投诉专栏外，还在政务大厅开辟了社会评议自由张贴墙，由办事人自由张贴对中心工作的批评、建议和意见。

（七）动态掌握人流量，实行便民的对外工作时间。

1、审批大厅自2010年11月1日起实行“朝九晚五”上班制度，工作人员在中午13:00时继续办理业务。

2、对个别项目实行分时段、延长工作时间办理制。

（八）“三集中”行政审批改革体制落实彻底。2009年年底，三亚市结合全市机构改革，由市委、市政府以及市编委发文，在全市推行行政审批体制集中改革，在进驻单位设立了正（副）科级行政审批办公室，由审批办主任任“首席代表”，做到各单位内部审批事项向审批办集中；审批权力向“首席代表”集中；各部门的审批办及“首席代表”向市政务大厅集中。市政府授权，市政务中心刻制和管理各进驻单位“行政审批专用章”，规定所有办理结果只有首席代表签字和盖专用章才有效，严格实行“受理、审核、核准、办结不出政务大厅”，实现了“政务大厅之外无审批”和政务大厅的“一站式”服务职能。

三亚市工商联(总商会)

▲与厦门企业家座谈

▲五届四次扩大会

与长沙工商联缔结友好商会

与唐山市工商联缔结友好商会

与九江工商联缔结友好商会

与遵义工商联缔结友好商会

2010年，三亚市工商联(总商会)按照“充分尊重、广泛联系、加强团结、热情帮助、积极引导”的方针，紧紧围绕促进非公有制经济的健康发展和促进非公有制经济人士健康成长的工作重点，有效地帮助和引导我市非公有制企业和中小企业积极应对金融危机、转变经济发展方式，谋求新发展，为我市非公有制经济平稳较快发展做出了积极的贡献。

一、深入基层调查研究，帮助企业排忧解难。一是主动组织开展“我为应对金融危机献一策”等主题实践调研活动，积极引导我市非公有制经济人士应对危机，为保增长、保民生、保稳定建言献策。二是认真配合市委市政府深入鹿回头、南丁、海棠湾等新项目开发建设地区开展拆迁安抚协调工作。三是认真开展走访企业活动。主动走访会员企业150多家，积极帮助企业排忧解难，并在走访中发展29家企业为新会员，指导帮助我市金银珠宝首饰行业协会和酒店用品行业协会的创建。

二、扩大对外联络联谊，促进企业交流合作。围绕市委、市政府的工作中心，内引外联，招商引资，推动全市经济发展。2010年,4批次组织企业会员20多人分别到广州、北京、石家庄、西宁、银川、兰州等地与当地工商联（总商会）及企业互动联谊；组织会机关干部参加省组织赴山东、上海等地考察行业协会商会组织建设，学习借鉴各地的先进经验。先后接待了来自安徽铜陵、内蒙古呼和浩特和鄂尔多斯、福建厦门、河北唐山、广东深圳等地的商会客人，举办六次企业交流座谈会，并利用参与亚洲博鳌论坛和多次陪同市领导接见政要和商企名流等机会，广泛开展招商引资活动。

三、疏通担保融资渠道，解决企业融资困难。一是积极协调和争取市委市政府及有关部门加大对我市非公有制企业和中小企业在财政扶持、税费优惠、信用担保、投资融资等方面的鼓励支持力度。二是加强银企对接工作，先后与海南信联投资担保有限公司等开展“融资座谈会”、“企业融资发展推介会”活动，今年来共帮助我市非公企业融资贷款3000多万元，有效地解决了在金融危机冲击下部分企业所面临资金短缺的困难。

四、传承弘扬优良传统，引导非公经济人士感恩回报社会。今年来，我会以“争创优秀中国特色社会主义建设者”、“创先争优”、“回报社会感恩行动”等系列活动为载体，大力弘扬工商联乐善好施、帮扶济困的优良传统，积极倡导和引导我市非公有制经济人士关注弱势群体、热心社会公益事业，自觉承担和履行社会责任。据不完全统计，今年来，我市非公有制经济人士为“青海玉树地震灾害”、“甘肃舟曲泥石流灾害”、“海南50年罕见特大暴雨洪涝灾害”以及奉献爱心助学等社会公益捐款达2000多万元，凸显了我市非公有制经济人士的豪情义举。今年10月，市委、市政府发文作出表彰三亚市2009年度最具贡献的10家企业，我会兰恒、王大富、卢昌芬、俞峰、马光荣等五家会员企业受到了表彰。在推进海南国际旅游岛建设中我市非公有制经济人士将有更大的作为。

▲党员教育—西柏坡红色之旅

▲开展就业创业宣传活动

三亚市综合行政执法局

▲ "12.4"全国法制宣传日接受群众咨询现场

▲ 法律进机关专题讲座

2011年发展规划

一、打造和谐文明型城管执法工作新模式。

坚持与时俱进，树立执法为民的观念，摒弃"重管理、轻服务"的思想，做到既重管理、又重服务，切实把文明执法、热情服务贯穿到执法工作的全过程，把执法为民落实到每一项工作的各个环节之中。一是坚持严格执法。树立法治理念，增强法治意识，强化证据意识、时限意识和程序意识，严格依法办事，规范执法行为，维护社会公平正义。二是坚持以民为本。执法工作以人民群众满意为标准，坚决杜绝对待群众态度粗暴、肆意侵犯公民合法权利、不关心群众疾苦等现象，使执法为民体现在每一个执法人员的具体行动上。三是实现"四个转变"。彻底革除陈旧的行政管理思维定式，把"权力来源于官"向"权力来源于民"转变，把执法机关"权力本位"向群众"权利本位"转变，把"无情执法"向"有情服务"转变，把"事后处罚"向"事前预警"转变。

二、强化执法队伍综合素质建设。

树立管理服务型执法理念，着力打造一支行为规范、纪律严明、业务过硬、敢于吃苦碰硬的行政执法队伍，为做好全年各项工作提供有力保障。一是用制度管理人。建立健全各项规章制度，强化制度的可操作性，建立起优胜劣汰的用人机制，保证队伍的先进性和积极性；建立责任到人的工作机制，保证各项工作能具体落到实处；建立考核奖惩的监督机制，强化执法人员的责任感和紧迫感。二是抓好班子建设。以加强服务意识、大局意识为前提，注重抓班子解决重大疑难问题的方式方法，适应新形势下行政执法工作的人才需求。三是加强绩效考核。完善绩效考核办法，采用巡查、抽查及月考核、年考核等多种形式，进行绩效考评，促进队伍发挥主动性，积极有作为。四是注重学习培训。不断扩充学习深度，推进和深化"岗位练兵"、"法律知识竞赛"等培训形式，不断提高全体执法人员行政执法水平和正确运用政策法律解决实际问题的能力。五是强化督查工作。经常下到第一线，对履行职责情况进行督促、检查，严厉查处行政不作为和乱作为等行为。

三、着力构建城市管理长效机制。

不断优化城市管理手段，大力推进科技执法，提高行政执法效率。一是市容管理工作继续推行重点片区网格化管理三班倒轮班制度。实现市容管理工作由突击整治和随机管理方式向引导服务和长效管理方式转变，由末端被动管理向主动式全过程管理转变。二是继续扩大宣传教育效果。积极开展综合行政执法法律法规宣传工作进社区、进企业、进校园、进家庭的"四进活动"，发放"便民执法联系卡"；与三亚电视台联合开办城市管理法制专栏节目，传播城市管理法律法规知识。

▲ 办公场所

▲ 宽敞明亮的服务大厅

三亚市林业局

▲ 三亚市林业局孙宁局长（中）现场指挥打击破坏森林资源违法行为的行动

▲ 第四届兰博会开幕式

一、集体林权制度改革主体任务全面完成。全市林改所涉及的集体商品林地面积27.48万亩，其中商品林地17.59万亩，公益林地9.89万亩，涉林居（村）委会89个，村民小组989个，涉林农户超过3万户。已（换）发证面积25.8万亩。林权证发证率97.1%，林地保障率96.8%，家庭承包率92.3%，市级档案合格率100%。

二、造林绿化取得新成绩。至2010年底森林覆盖率达68%。全年共育苗83.5万株。对东环铁路隧道口、抱坡岭等6处受损山体和东线国道亚龙湾出入口旁2块被破坏山体绿化恢复，面积83727.1m^2，投资3594.92万元。完成大隆水库库区原福来队移民点开垦地进行生态恢复造林面积1912亩。开展海防林建设“回头看”活动，更新造林785亩，林分补植7639.6亩,退塘还林2131.7亩，海防林林木保存率都达85%以上。投资126.3万元营造河东区海螺村三边林5.4公里，种植苗木2106 株。完成退耕还林荒山荒地造林任务10000余亩。

三、生态公益林建设和森林资源保护全面推进。一是加大生态公益林管护力度。组织了全市260多名管护人员进行了集中培训；逐步完善公益林管理信息平台建设，为基层林业站配备电脑、望远镜及GPS等设备；完成20多块公益林宣传牌、2000多支界碑界桩的埋设。二是加强森林资源保护。共查处各类涉林案件23宗，办理各类涉林案件23起；查扣放生非法托运、贩卖野生动物近1600条（只），处罚3家非法经营野生动物的酒店。三是严格规范林木采伐管理和林地征占用审批。依法审核征占用林地14宗；核发林木采伐许可证12宗。完成了建立项目征占用林地评审专家库工作。四是落实森林防火责任。组织了200多人次参加防火培训，2次专业扑火演练；去年全市仅发生森林火灾4起，受害率0.075‰。五是做好森林病虫害防治工作。林业有害生物“四率”均达标；依法检疫花卉262万株，木材1.295万立方米，造林绿化苗木60万株；椰心叶甲挂包防治6万株，野外释放寄生蜂1.2亿头。

四、推进花卉产业发展。一是投资596万元建设农户种植热带兰花示范基地。投资2228万元建设天涯布山玫瑰示范基地和三亚丛耕花卉专业合作社兰花基地。二是成功举办了第四届中国（三亚）国际热带兰花博览会，共有16个国家和地区123家国内外企业及协会参展，共展出各种热带兰花精品30000余盆（株），参观人数超过30万人次。

五、大力发展热带森林旅游。一是成立亚龙湾森林公园管理处，推进亚龙湾森林公园一期建设，公园全年接待游客50余万人次。二是完成虎豹岭森林公园测绘、工程勘查、环评、施工设计及预算编制及提交初步成果等工作。

▲ 海棠湾镇农民领取林权证

▲ 组织全市260多名管护人员进行集中培训

▲省质监局吴亚荣局长、三亚局文开平局长陪同总局领导视察工作

▲国家质检总局领导接见三亚质监系统干部职工

三亚市质量技术监督局

2010年是国家质检总局倡导的“质量提升年”和“大质检文化建设与大质量工作机制”年，也是三亚开展“创先争优活动”年。三亚市质监局在市委、市政府及省局党组的正确领导下，认真贯彻省、市工作会议精神，以科学发展观为指导，以服务三亚经济建设为主线，认真履行各项职能，积极开展“质量提升年”活动，重点工作放在“围绕‘一个中心’、高举‘一面大旗’，实施三大战略，提升四大水平”上，为建设和谐三亚做出了积极贡献。

截止十一月底，已完成各项业务收入253万元，与去年同期相比增长47%。其中非税收入204.5万元，完成同期任务的143%，同比增长58%。非税收入中，计量专业实现非税收入66.8万元、质检专业实现非税收入57.8万元、特检专业实现非税收入7.2万元、标准信息专业实现非税收入72.7万元。珠宝站完成应税收入48.5万元，完成同期任务的107%，与去年同期相比增长15%。先后组织开展了食品、建材、农药化肥等各类专项执法行动，累计出动执法人员400多人次，检查企业 200多家，代码行政处罚610起，其他行政案件立案29起，已结案13起，罚没收入73万元。其中，受理质量申诉案件6起，为群众挽回经济损失2.8万元。

先后荣获省质监局“2009年度目标管理先进单位”、“2009年度安全生产先进单位”、“先进基层党组织”等多项荣誉。

▲三亚市质监局与北京大学建立起良好的培训机制

▲全系统干部职工分两期到北京大学参加培训学习

三亚市地方税务局

▲省地税局党组书记王永存（左二），在三亚市地税局局长陈振聪（左一）陪同下，深入基层开展工作调研

▲省地税局局长刘平治(左二)，在三亚市地税局陈振聪局长(右二)、副局长黄震宇、符伟及相关人员的陪同下，到市政务中心税收服务窗口开展纳税服务情况调研

2010年，三亚市地方税务局坚持服务发展大局、组织税收收入、严格依法治税、强化税收管理、优化纳税服务、队伍廉政建设、“六个不动摇”，积极应对空前严峻的经济税收形势，新的领导班子各项工作取得了新进展。

[税收收入] 2010年度组织各项税收收入55.8亿元（含农税），同比增收22.5 亿元，增长67.5%；社保费收入8.1亿万元，同比增收1.6亿元，增长24.4%，工会经费11564万元，同比增收447万元，增长40%,为三亚市应对经济建设、改善民生、促进科学发展提供了坚实的财力保障。

[税收执法] 2010年在全市统一开展大规模专项治理活动6次，受理发票举报139宗，查处139宗，收缴假发票12011份（含协助公安局收缴），处罚98家，处罚金额5.18万元。实行税收执法责任追究制度，“一把手”负责制和一票否决制，严格落实责任追究制。

[税收征管] 全面推行了网上办税及财税库银横向联网系统，简化了纳税申报程序。截至2010年底，与11229户纳税人签订了财税库银横向联网电子缴税三方协议签订工作。目前网上申报户数达6313户，占企业总数的 95%。

[税政管理] 做好堵漏增收，对重点企业、税源大户，前移服务关口，努力支持企业发展；深入企业开展调研，收集了增收建议，为税收管理提供了大量信息。2010年，共审批办理下岗职工再就业减免税23宗，减免营业税及附加和个人所得税9.86万元，共办理各类二手房转让减免税35宗，减免营业税及附加177.72万元。

[税收基础管理] 依托大集中平台，推进科学化精细化管理，大力强化税收行业管理，实施税收分类管理制度，促进了主要行业税收收入的稳定增长。主抓房地产业、建筑业等重点行业税收。2010年度，年缴税500万元以上重点纳税户达159户，纳税额达到了 35.8亿，占目前税收收入的71%，为全市地税收入增长起到了有力的支撑作用。集中精力做好年所得12万以上的个人所得税申报缴纳工作，已经完成了806个，超额完成了任务。优化和规范税收秩序，打击各种违反税法行为，查补收入8350万元。大力开展税收清算清缴工作，土地使用税收入增长19.6%，土地增值税收入增长329.8%。

[信息化建设] 积极推广应用网上申报纳税等软件。目前，全系统推广网上申报纳税户达 6527户，推广应用率达到 95%；推广应用浪潮发票月报软件、所得税涉税通软件、税源调查软件、两税清查软件等各种功能模块，纳税户发票月报率达 82 %以上，涉税通软件应用户达 139户。做好局域网内全局计算机的终端注册工作，推广启用北信源U盘控制管理模块和瑞星杀毒软件网络版，计算机系统终端注册率达到90%以上。

▲省三项体制改革后，三亚市地方税务局新命名授牌仪式

▲三亚市地方税务局领导班子召开民主生活会

三亚市疾病预防控制中心

▲三亚市疾控中心为琼南地区最大的地级疾病预防控制机构。图为该中心门诊综合楼

2010年，在市委市政府、市卫生局的领导下，三亚市疾病预防控制中心坚持“预防为主”的方针，圆满地完成了上级交给的工作任务和年初提出的各项指标。

一、狠抓传染病防控，有效控制疾病的发生与传播。

一是免疫规划工作继续保持全省良好水平，获省免疫规划工作先进单位。全市“七苗”报告接种率均在95%以上，接种率达到国家和省级要求以上。抽查503名儿童，入册率为98.8%，建证率为100%，“七苗”全程合格接种率为95.4%，卡介苗接种率为99.8%，糖丸全程接种率为99.3%，百白破全程接种率为99.3%，麻疹接种率为98.3%，乙肝全程接种率为99.8%，乙肝首针及时率为89.7%，百白破、麻疹、乙脑的加强免疫接种率分别为98.5%、98.03%、96.3%，所有考核指标均达到国家要求以上。

二是急性传染病防治与管理水平明显提高，获急性传染病防治工作先进单位。加强传染病疫情和突发公共卫生事件的报告管理工作，对腹泻病人采样检测284 份，外环境（水体）采样检测578份。注射狂犬疫苗7137人。监测门诊病例总数为169367人次。在10月份洪涝灾害期间，43次对灾期发热门诊和肠道门诊进行督导，确保灾后无疫情发生。

三是艾滋病防治工作出现良好势头，我市获省艾滋病防治工作综合考评先进单位。加强综合信息管理工作及实验室网络建设。成立我市综合防治数据信息管理系统，对新发现的HIV/AIDS网络直报及时率达100%，个案流调率达97.7%。我市应随访对象为115人，随访107人，随访率为93.0%。4月份CD4检测开始开展工作。2010年共有76位HIV/AIDS做CD4检测。

四是结核病防治工作取得明显成效，获省结核病防治工作先进单位。今年我市共登记活动性肺结核患者947例。非结防机构网络报告疑似肺结核患者370例，转诊到位205例，转诊到位率55.4%（国家要求50%），追踪到位率为80%(132/165),总体到位率达到91.1%(337/370)。

五是热带病和寄生虫病防治工作成绩显著，获省疟疾防治工作先进单位。

二、落实慢性非传染性疾病防治，减少慢性病和地方病的发生。

一是积极开展慢性非传染性疾病防治和健康监测工作。二是进一步加强地方病的防治和检测工作，获省碘缺乏病防治工作先进单位。

三、积极开展性病、麻风病及精神卫生工作，获省工作先进单位。

四、健康教育力度不断加大，获省健康教育工作先进集体。

五、加强公共卫生检验和监测工作，为市民和游客创造优良的卫生环境。

一是加大对公共卫生的检验检测力度。二是加强食品卫生与公共场所卫生监测工作。三是加强生活饮用水的卫生监测。四是加强职业、放射卫生监测。五是加强农村饮用水监测。六是加强学校卫生监测。七是加强消毒杀虫和病媒生物监测。

六、加强卫生应急管理工作。

一是大力开展卫生应急规范化建设。二是做好灾后的防病工作，确保大灾之后无大疫。在国庆黄金周期间，我市遭遇特大洪涝灾害，累计出动卫生防疫队280支，出动卫生防疫人员656人次，出动车辆253次；对被淹井水322口进行了消毒，并采集26口井水进行检测；对受灾地区32万平方米的外环境进行了消毒；累计使用消毒物资量808.8公斤;发放宣传材料3.4万张。

▲中心高度重视，防病工作取得明显成效。图为该中心陈朱主任为群众解答结核病防治有关知识现场

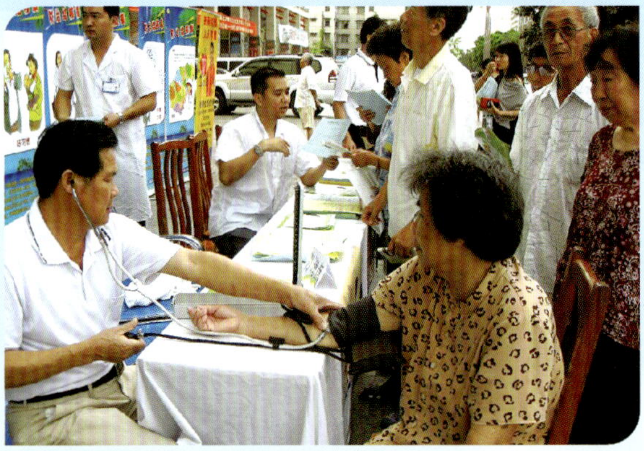

▲中心领导高度重视，防病工作取得明显成效。图为该中心吕重庆副主任参加结核防治现场

▲该中心的艾滋防治工作走在全省前列。图为该中心陈朱主任、吕重庆副主任工作现场

▲该中心将加强健康教育，提高群众的防病知识作为工作的重中之重。图为活动现场

三亚市人防办

2010年度，三亚市人防办在市委、市政府、三亚警备区的正确领导和省人防办的指导下，深入学习宣传贯彻党的十七大和十七届五中全会精神，以科学发展观为指导，全面实施“十一五”人防建设规划，单一的人防体制逐步向防空防灾相结合的民防体制转变，努力构建战时能力强、平时作为大的中国特色人防，推动人防事业又好又快发展。

一、抓人防指挥通信建设，不断提高新形势下人防信息化水平。一是建成市人防机动指挥所。二是举办社区人防指挥干部培训班。三是举办重点目标单位人防指挥干部培训班。四是圆满完成年度防空警报试鸣任务，并组织近万名群众进入防空地下室进行疏散演练。

二、抓“结建”人防工程建设，进一步推进人防工程建设规范化、制度化和法制化发展。一是严把“结建”人防工程建设审批与质量监督关。按照“以建为主、应建不收、应收不漏”的原则，严把人防工程审批报建、质量监督和收费关，使人防工程质量得到了较好保证。年内新增人防工程面积为5万平方米，收取人防工程易地建设费7239万元。二是进一步规范“结建”人防工程建设管理程序。三是实行“结建”防空地下室登记使用制度。每年普查一次，每二年换发一次使用证，确保人防工程始终处于良好的战术技术状态。四是规范人防设备定点厂建设管理，使我市人防设备定点厂管理走上了制度化、规范化轨道。五是开展人防工程普查工作。六是认真做好月川桥人防地下物资库口部改造工程竣工验收工作。七是人防建设与城市建设相结合、与社会经济融合发展取得新的进展。

三、抓宣传教育，不断提高市民国防观念和防空防灾意识。一是积极组织开展中国人民防空创立60周年宣传活动。二是举办三亚市人防建设图片展，在全市设立14个点进行图片展览。

四、抓防空防灾一体化，努力推进民防工作向前发展。一是编制了《三亚市人民防空（民防）办公室防洪防风预案》。二是搭建市应急指挥平台。年内我市人防机动指挥所建成，较大提升了我市人防组织指挥与信息化建设水平，为进一步推进“两防一体化”发展，更大发挥指挥所使用效能，并整合我市相关资源，6月份，我办已向政府请示将我办人防机动指挥所列为我市应急指挥通信平台，并获市政府批准。三是为市三防指挥部防汛防风提供有力信息支持。在“康森”台风来临之前，我办为市三防办开通人防监控系统，机动指挥车信息的链接，有力的支持市防汛防风工作。四是积极做好地下场所火灾隐患排查整治工作。

▲ 陪同王勇市长视察机动指挥所

▲ 2010年6月9日，政法委书记王泰令等市领导在人防应急机动指挥所内听取人防办段国民、李信丰同志汇报人防机动指挥所建设成果

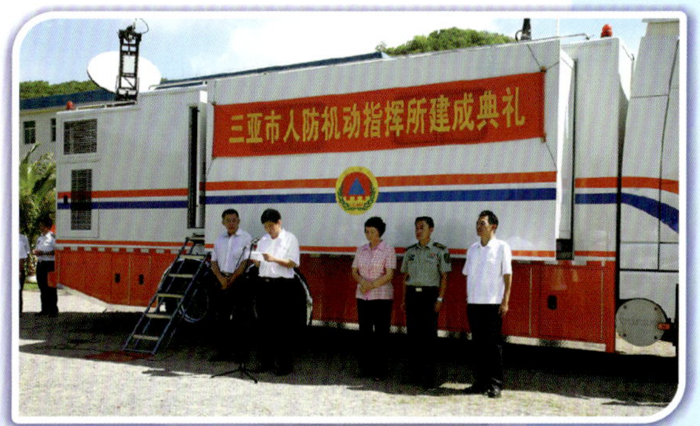

▲ 2010年6月9日，三亚市人防应急机动指挥所在全省率先建成，标志着三亚市应急救援指挥手段水平大幅提升，图为苏金明等市领导出席建成典礼并讲话

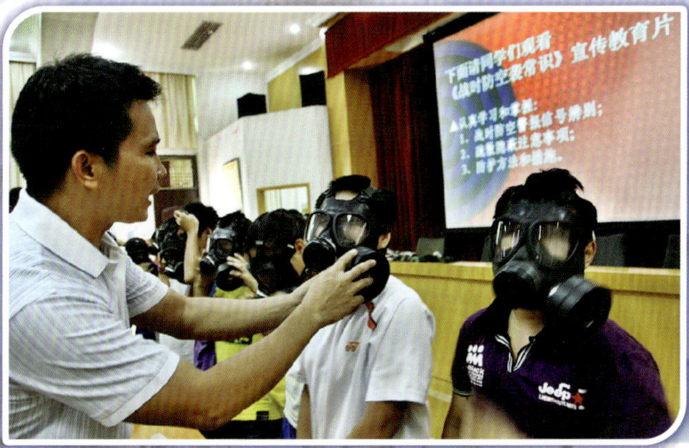

▲2010年9月15日，三亚市人防办教员在三亚市二中做防空防灾知识讲座，图为人防办教员陈求创指导学生穿戴防毒器材

▲ 2010年10月20日，三亚市社区应急救援人防志愿者队伍在全省率先成立，标志着三亚市防空防灾应急能力又有了进一步提升，图为副市长朱允山等领导出席了成立大会

三亚市人民武装部

▲ 部长：严家常

▲ 政委：肖泽勋

▲ 组织参观学习老革命光荣事迹

【简述】2010年，三亚市人武部在市委、市政府和警备区党委、机关的正确领导和有力指导下，始终坚持以科学发展观为指导，以践行当代革命军人核心价值观为主线，开拓创新谋发展，团结协作抓落实，圆满完成了上级赋予的各项工作任务。年底，再次被省军区评为“全面建设先进团级单位”。罗红兵政委被广州军区评为“优秀团级单位党委书记”。

【民兵组织建设】一是抓好民兵组织整顿工作。按照“布局合理、优化结构、急用先建、重点抓建”原则，对民兵组织进行调整，突出抓好应急分队、海上救援分队和军兵种专业分队建设，使民兵组织结构基本实现了对路、实用、合理的建设目标。二是加强思想政治建设。在教育时机的选择上，注重与开展各种活动相结合，充分利用春节、民兵组织整顿、集训等人员便于集中的时机；教育方法上，注重刊授教育和函授教育相结合；教育内容的安排上，注重与形势任务和民兵思想实际相结合。三是严抓军事训练。严格按照《民兵军事训练大纲》为依据，坚持按纲施训，深化配套改革，采取分编分训、挂钩代训的组训方式狠抓民兵队伍能力素质建设，突出干部骨干队伍训练、民兵应急分队训练和非战争军事行动训练。

【国防教育】加大对西岛女子民兵连的宣传力度，确定为民兵预备役“八个能力”（对自身错误思想和行为的自制能力；对社会各种利益派别的分化能力；对社会邪恶势力的打击能力；对黄赌毒丑恶行为和打砸抢烧等极端行为的内控能力；对党和政府的路线、方针和政策的执行能力；对政府组织各种重大活动的支持能力；对各种群体性事件的制止能力；对文明生态村建设的促进能力。）试点和开展国防教育先行单位，先后投入经费100多万元，修缮了展览馆、民兵之家，试点工作成效明显，广州军区和省军区首长对试点建设工作给予了充分肯定。《中央电视台》“琼崖军旗红”和“开心辞典”栏目先后对西岛女子民兵连进行全方位综合拍摄报道，在《民兵生活》、《海南武装》、《三亚晨报》、《人武动态》等报刊杂志报道35篇稿件。

【征兵工作】一是做好预征登记工作。二是深入搞好征兵宣传。三是扎实搞好业务培训。四是严格把关确保兵员质量。五是坚持做到廉洁征兵。做到八公开：“公开征兵政策、公开征兵规定、公开征兵条件、公开征兵任务、公开征兵方法、公开送检对象、公开预定对象及公开批准入伍人员”。2010年，三亚市人武部共征集合格兵员183人，其中男兵172人（含直招士官12人），女兵11人。

【后勤工作】2010年3月份，圆满完成了新建路老营区移交地方政府的工作。为方便干部职工生活，投入20多万元安装了太阳能热水器，修建了汽车棚和摩托车棚。先后投入50多万元资金安装了营区夜光灯、草坪灯、篮球场灯光和营区监控报警系统，实现了营区的进一步美化、亮化和安全稳定。

▲ 加强民兵技能训练

▲ 西岛女子民兵连

中国民航三亚空中交通管理站

中国民航三亚空中交通管理站前身为中国民航三亚航务管理站，1988年经中国民航局批准，1990年6月正式成立，2004年12月更改为现名称，系中国民用航空空中交通管理局下属的事业单位，属于中国民用航空空中交通管理局海南分局管理，规格为正处级，主要职责是负责为三亚凤凰国际机场提供飞行管制及通信、导航、气象等相关业务，还担负着为南中国海北部空域(即三亚飞行情报区)提供雷达和甚高频信号。2010年7月，顺利完成空管体制改革，实施“三横三纵”管理，下设机构有管制运行部、技术保障部、气象台、综合业务部、人力资源部、行政办公室、党委办公室、财务部、后勤保障中心等9个副处级部门。

民航三亚空管站秉着改革创新的精神，认真贯彻落实科学发展观，坚持“安全第一、预防为主、综合治理”的工作方针，增强空管综合保障能力，为中外航空器在区内的飞行提供安全服务。面对博鳌亚洲论坛、奥运火炬首传三亚、“金砖国家”领导峰会等历次重大、艰巨的空管保障任务，空管站党委站在全局的高度去部署，抓落实，出色地完成了一次又一次重大保障任务，得到了地方政府和民航上级的赞誉。近四年，该站共安全保障凤凰机场航班飞行220276架次，年均增长25%左右，其中专机和重要飞行88架次，没有发生严重差错及以上不安全事件。

2010年，三亚空管站已顺利通过民航局安全审计工作，实施规范化管理，完成实施缩小飞行高度层垂直间隔和缩小雷达间隔，划设三亚进近管制区域，管制范围扩大了近六倍，加大空中交通流量，提高航班正点。各类雷达、导航、气象设备设施等空管保障项目也按计划稳步推进。空管文化建设成就显著，文化艺术大放异彩，马岭山雷达站获空管系统青年文明号和示范岗单位，一批技术骨干在民航系统通信导航、气象技术创新和技术比赛中获奖，职工自主研发科技创新项目应用于安全生产，提高了工作效率。多名职工的艺术摄影作品获得中央和地方的摄影比赛奖，职工文化生活丰富多彩。三亚空管站全体职工在站党委的领导下，努力开创三亚空管美好未来。

▲ 中国共产党民航三亚空管站第一次代表大会

▲ 开展创先争优知识竞赛

▲ 被国家爱卫会评为庭院绿化先进单位

▲ 第二届职工运动会

▲ 荣获全国空管青年文明称号

三亚市公安局交警支队

▲支队领导与市局领导一同在抗洪一线指挥

▲救助群众危难，群众送锦旗感谢

▲三亚市公安局交警支队办公楼

三亚市公安局交通警察支队其前身系三亚市公安局交通大队，成立于1985年，1996年升格为副处级行政单位，现共有一线基层正科级单位10个，公安编制129人，职级构成现有副处级3人、正科级27人、副科级11人。

支队是主管全市道路交通安全管理的职能部门，负责指挥疏导路面交通，实行道路交通管制；负责管理和规范交通秩序，纠正处罚交通违法行为；负责指导、协调、监督各级交通安全，组织开展交通安全宣传教育活动；负责全市地方机动车和驾驶员；负责受理交通事故报警，勘查现场，调查取证，认定责任，处罚责任者，调解事故赔偿；负责检验、鉴定事故物证、事故车车速，处理涉外、港澳台人员交通事故，查缉交通肇事逃逸案件；负责交通安全设施的规划设计、安装施工、维护管理，对全市道路交通安全状况以及交通信号灯、标志、标线等交通设施进行监管，参与各类城市交通规划、设计；负责重要领导、外宾及各项重大活动的路线和现场交通安全保卫。

2010年，三亚交警在市委、市政府及市公安局党委的密切领导下，紧紧围绕“降事故、保安全、促畅通”总目标，通过不断健全和完善道路交通管理工作机制，强力推进“三基”工程建设。全面加强各项公安交通管理工作和队伍正规化建设，着力提升管理和服务水平，在全市建设国际旅游岛的浪潮中，充分发挥职能作用。先后被海南省委政法委授予海南省农村摩托车无牌无证问题专项整治行动“超额办证优秀单位”和“先进集体”、三亚市委和市政府授予“精神文明创建先进单位”、省公安厅授予“全省抗洪救灾先进集体”、三亚市创建卫生城市工作领导小组授予“创建国家卫生城市先进单位”、支队有2人被省委政法委和公安厅记个人三等功、2人受省委政法委嘉奖、1人受省公安厅嘉奖、1人被省公安厅评为“先进个人”、3人被省交警总队评选为全省交警系统“十大文明执法标兵”、5人被市公安局授予个人三等功、26人被市公安局嘉奖。

伴随着国际旅游岛建设的稳步推进，三亚交警将一如既往地牢记使命、勇挑重担、抓住机遇、发扬传统、坚定信念、执法为民，以更加昂扬的斗志和饱满的精神在海南国际旅游岛建设中争先创优，为造福海南人民，构建和谐海南建功立业。

▲摩托车机动训练

▲支队民警执行环岛自行车赛线路保卫任务

▲民警在水中指挥疏导车辆

▲“大练兵”中苦练交通指挥手

实现跨越式发展的琼州学院

▲2010年12月25日，海南省、三亚市人民政府签订省市共建琼州学院。图为省教育厅胡光辉厅长(右)、三亚市政府王勇市长(左)代表省、市签约

琼州学院是经国家教育部批准设立的省属公办本科综合院校，创办于1977年，校园面积1500多亩，其中，五指山校区坐落于生态环境优美、四季如春的华夏养生之都五指山市。

学校现有教职工900多人，其中专任教师占60%以上，教授、副教授占专任教师40%以上，研究生以上学历教师占专任教师52%以上，聘请外籍教师多名。学校重视师资队伍建设，不断加大高层次人才的引进力度，启动“百名博士”人才引进工程。聘请瑞典林雪平大学终身教授刘大可、德国柏林艺术大学马勒特教授、清华大学王建国教授等一批国内外知名学者为学科带头人或客座教授。

学校现有10个二级学院，58个本、专科专业，在校生11000余人，生源来自全国26个省区。学校坚持“以人为本”，不断创新办学理念、育人理念，致力于把学生培养成为德、智、体、美等全面发展的学习型、实用型、创新型高素质人才。积极做好“助困”工作，采取设立勤工助学岗位，发放奖学金和助学金等方式，开辟“绿色通道”，为贫困学生提供多种经济援助。

经过30多年的建设与发展，学校办学综合条件不断改善，教学科研仪器设备、馆藏图书、教学实验实践配置及多媒体等硬件设施均达到国家教育部规定的本科院校办学标准。近年来，学校科学研究取得突破性进展，2009年获准国家级、省级立项课题49个，其中“根灌ROOT IRRIGATION”技术获得国家发明专利并获得国家级科技成果奖，“非傍轴光束质量研究”居国际先进水平；“探地雷达反问题的同伦算法研究”成果达到国内领先水平。2009年建立中国音乐学院琼州学院海南民族音乐教学实践基地，标志着我校民族研究登上新台阶。

海南省和三亚市非常重视学校的发展，2010年决定省市共建琼州学院。全校上下一心，以建设国际旅游岛为契机，正朝着为建设“国际化、开放型、特色鲜明的品牌大学”的目标迈进。

▲省市领导视察我校。图为学校党委谭照耀书记（前左）汇报三亚校区建设情况

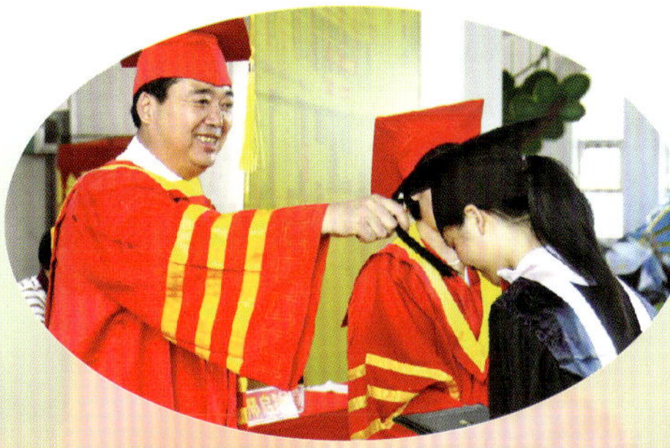

▲学士学位授予仪式。图为武耀廷校长(左)为学生授予学士学位

诚信　敬业　传承　创新

瓊海市中醫院

Qionghai Hospital of Traditional Chinese Medicine

琼海市中医院（琼海市中西医结合医院）坐落在风光秀丽的万泉河畔，位于嘉积城区繁华的市中心，是一所岛东地区知名的集医疗、急救、康复、保健、教学为一体的综合性中医医院，先后荣获“全国百姓放心示范医院”、“全国农村卫生工作先进市”（达标单位）、“全国卫生系统先进集体”、“全国模范职工之家”等光荣荣誉称号，多年被评为省、市卫生系统先进单位。

医院现有职工460人，卫生技术人员392人，高级职称25人，中级职称66人，硕士研究生15人。开放病床360张，医疗用房面积2万平方米。年门诊就诊病人28万余人次，年出院病人1万3千人次，年急诊病人近2万人次，年住院手术2000余例。

医院注重引进人才和培养人才。近年来从中山医科大学、北京中医药大学、广州中医药大学、湖南中医药大学、武汉同济医科大学等名牌院校引进了大量的专业人才，同时也常年派出各类医护人员到北京、上海、广州、天津、湖南、浙江等全国各地大医院进修学习，为医院带回各种新技术、新疗法，促进医院的医疗技术水平不断提高。此外，通过横向发展，琼海市中医院与广东省中医院结成协作医院，同时也是广州中医药大学、海南省医学院教学医院。

医院拥有日本产磁共振（MR）日本东芝螺旋CT机、美国GE四维彩超、西门子彩超机、直接数字化X光机（DR）、体外震波碎石机、美国全自动血球计数仪、日本岛津全自动生化分析仪、美国纽邦多功能呼吸机、血气分析仪、中央心电监护仪、电子胃镜、电子肠镜、腹腔镜、膀胱镜、中心供氧系统、医院信息管理系统等等的医疗设备和设施。

医院科室设置齐全，住院部设有内科（分为心血管内科、中风病专科、呼吸内科、肾和内分泌内科四个病区）、外科、骨伤科、妇产科、儿科、急诊科、ICU、肛肠科、针灸康复科等临床科室。设有温馨豪华病房、双人高级病房、普通病房等，病房均配有中央供氧、独立卫生间、空调、电视、电话、24小时热水等设施，为病人提供一个温馨舒适的住院环境。手术麻醉科拥有国内一流的四间层流净化手术间，可开展各类常规手术和一些复杂的、难度大的手术。

各临床科室除了熟练诊治对各种常见病、多发病外，还开展许多医疗高新技术，如重症监护（ICU）、急性心肌梗塞静脉溶栓治疗、新生儿童重症肺炎的救治、全胃切除空肠代胃术、门奇断流术、结肠直肠癌根治术、急性重症胰腺炎漂浮引流术、胆肠吻合术、经尿道前列腺汽化电切术、常见骨折及骨病的中西医治疗、股骨头置换术、妇科恶性肿瘤根治术、颅内血肿清除术、中风病人的中西医结合中风单元等。骨伤科和针灸康复科采用功效独特的伤科油、伤科黄水、腾药粉、新伤药粉等特制中药为病人带来良好的疗效。中医妇科应用中医中药治疗妇科各类炎症、月经不调、不孕症、产后病及更年期综合症方面也独具特色。急诊科24小时应诊、出诊及进行院前急救。

医院被列为海南省重点发展的中医医院。琼海市政府规划出78亩专项用地，启动了市中医院新院区的项目建设，整个项目预计投资九千多万元，建筑面积近三万平方米，一期工程正在紧张施工中，新院区建成后将新增300张病床，不久的将来岛东地区将矗立起一座崭新的中医之城。

琼海市中医院秉承中华民族传统中医精髓、结合现代化的西方医学，以精益求精的医疗技术、人性化的温馨服务和合理的医疗费用为广大群众提供优质的医疗服务。

重拳打击 重警布防 论坛驻地打造平安品牌

琼海市公安局

▲ 琼海市公安局与南京市江宁公安分局开展警务交流活动

▲ 创新理念——2010年春，琼海市公安局在官塘召开公安工作研讨会，共谋发展大计

2010年，琼海市公安局在省公安厅和市委、市政府的领导下，紧紧围绕海南国际旅游岛建设大局，以“思路创新、目标求真、措施务实”为工作新理念，全面加强打、防、管、控工作，确保全市社会政治、治安稳定。该局注重从建设过硬班子入手，勇于开拓创新，推出实行“三警”“四联”（组织公安民警、边防、武警官兵开展联勤、联防、联打、联治）打防控机制、创新沿途警卫模式、创新外来人口管控措施、组建成立机动性特警队、设立110指挥长轮值制度、在全省率先成立县级车管所综合性机动车登记服务站、设立执法质量奖励基金、创新“战训合一”模式、开办业余警校、建立文职人员制度等10项创新举措，创造性开展公安工作；深入组织开展创先争优、“亲民创安送温暖”大走访、“建设国际旅游岛，公安怎么办”大讨论和“效能建设年”活动，深化“苏琼合作”素质强警、从优待警工作，提高队伍政治、业务素质和向心力；强化维护政治稳定工作，全力维护安定和谐的政治局面；毫不动摇地坚持严打严治方针，突出大案攻坚，深化治爆缉枪、扫除“黄、赌、毒”专项行动，创新行业场所管理和服务工作，以严打严治保治安稳定。一年来，全市共发生刑事案件1460起，同比下降6.6%，其中抢劫、抢夺、盗窃等多发性案件同比分别下降41.1%、36.5%、11.9%；破获各类刑事案件746起，同比提高23.7%；抓获各类犯罪嫌疑人758名；追回网上在逃人员341名，打掉各类犯罪团伙17个；治安案件发生2342起，查处2239起，处罚2198人次；挽回经济损失1365万元。该局同时圆满完成博鳌亚洲论坛2010年年会安全警卫、环海南岛国际公路自行车赛等大型活动保卫108批次，保证万无一失；在9月30日至10月中旬的防御强降雨中，共出动警力7544人次，协助各镇党委、政府及有关部门疏散、救助群众64806人，结合抗洪严密社会治安整治工作，确保灾期和灾后社会政治、治安持续稳定，灾后重建工作顺利进行。

一年来，市局及内设机构共荣获省部级荣誉13次，地厅级荣誉10次，市县级荣誉4次，其中，市局及城北派出所被公安部评为“全国公安机关执法示范单位”，市局被省委、省政府评为“海南省抗洪抢险救灾先进集体”；被省公安厅评为博鳌亚洲论坛2010年年会安全警卫先进单位；交管大队被评为“全国公安机关严厉整治酒后驾驶违法行为专项行动成绩突出集体”，车管所被评为“全国优秀县级车辆管理所”；拘留所被评为“全国推行拘留所管理教育新模式先进单位”；5人次被评为省部级先进个人，2人次被评为地厅级先进个人，13人分别荣立二、三等功。在2010年度全省市（县）公安机关综合考评中，市局连续第八年名列全省第一。

▲ 2010博鳌亚洲论坛年会警卫实战

▲ 琼海市公安局优秀民警代表

琼海市司法局

▲ 琼海市司法局领导班子

▲ 琼海市“法律进企业”工作会议

2010年，琼海市司法局在市委、市政府的正确领导和省司法厅的正确指导下，深入推进“矛盾纠纷化解、社会管理创新、公正廉洁执法”三项重点工作，在加强基层基础建设、推进司法行政工作管理创新、服务经济建设，维护社会稳定上取得新成效。

一、全面做好法制宣传教育和“五五”普法验收工作

9月22日至26日，由人大、政协、宣传部和市法宣办相关人员等8人组成的市“五五”普法终期检查验收组，在市法宣办主任、市司法局局长容日才的带队下，分别对国税、民政、农林、国土、建设、计生委、海洋和渔业局等8个机关单位和塔洋、万泉、博鳌、阳江等4个镇进行了考核验收，促进了全市普法工作的开展，为迎接全省“五五”普法检查验收奠定了良好的基础。9月23日接受了省“五五”普法检查组对我市“五五”普法工作的检查验收，对我市开展“五五”普法工作给予充分肯定和高度评价。

二、以落实保障民生为要求，提高法律援助工作水平

1、大力开展“法律援助便民服务主题活动”。

目前，市法援中心在全市12个镇司法所悬挂了法律援助固定提示牌，公示了市法律援助机构的地址和援助热线，在各镇工作站、律师事务所、法律事务所放置法律援助申请资料、申请法律援助的告知书，实行便民利民服务，努力提高基层法律援助工作人员业务能力。

2、认真承办“中央专项彩票公益金法律援助项目”。

我市法律援助中心在省中心指导下，认真承办“中央专项彩票公益金法律援助项目”。全年共承办专项法律援助案件39宗，案件范围涉及人身损害赔偿、社保纠纷、刑事辩护、离婚、抚养权纠纷等，共为73名存在迫切法律援助需求的申请人提供援助，挽回经济损失约219万元。

截止11月底，全市受理各类法律援助295件，其中民事案件285件，刑事案件10件，为当事人挽回961万元经济损失，另有两宗为群体性案件，正在积极处理中。实现了法律援助案零投诉，群众满意率超过90%。

三、加大规范管理力度，全面提升法律服务水平

一是加强公证工作规范管理，自律意识不断增强。今年是《公证法》颁布五周年，8月28日，我们在红色娘子军雕像前开展大型宣传活动，扩大公证知晓率。截止今年11月底，共办理各类公证4010件，其中国内公证1230件，涉外公证2780件。

二是基层法律服务工作竞争有序，诚信制度深入落实。在全市基层法律服务工作者队伍开展了以诚信为主题的教育活动，基层法律服务队伍基本做到竞争有序，执业规范。同时，积极推动律师和基层法律服务进社区、进乡村，为人民群众提供及时、便捷的法律服务。

▲ 开展法律援助咨询

▲ 律师法律援助

琼海市发展和改革委员会

▲ 琼海发改委主任：颜海兴

2010年，琼海市发展和改革委员会紧紧围绕市委、市政府的战略部署，较好地完成全年各项任务，为我市经济社会建设做出积极贡献。

一、全面把握市情，当好市委、市政府经济工作的参谋助手

1、编制市“十二五”规划。已完成市“十二五”规划纲要（征求意见稿）和市“十二五”规划期重点建设项目（征求意见稿）。

2、制定发展计划。根据国家宏观环境的变化和市情实际，深入经济生产领域一线调查研究，提出了我市2010年经济社会发展预期目标和主要工作任务，为市委、市政府早决策、早安排、早部署提供决策依据。2010年，全市生产总值完成102.3亿元，增长23%，完成“十一五”规划预期目标78.3亿元的130.7%，是2005年的两倍以上。五年间年均增速16.1%，比“十一五”规划预期年均增速提高6.1个百分点。人均地区生产总值21000元，完成“十一五”规划预期目标16779元的125.2%，五年间年均增速12.4%，比“十一五”规划预期年均增速提高4.9个百分点。速度、结构、质量、效益与自身比显著提升，经济增长较快、效益较好、运行较稳态势进一步凸显。

3、监测经济运行。为市委、市政府提供决策参考，确保我市经济稳健发展，我委完成了《琼海市2010年第一季度经济运行分析及上半年经济走势判断》、《琼海市2010年上半年经济社会发展形势分析及下半年走势判断》、《琼海市2010年前三季度经济社会发展形势分析及全年预测》。完成《琼海市2010年上一阶段国民经济和社会发展计划执行情况的报告》，并提交市第十三届人大常委会第二十四次会议审议通过。完成《琼海市“十一五”规划完成情况的报告》，并提交市第三届人大常委会第三十二次会议通过。

二、跑项目、争资金，把准发展改革工作重点

1、做深做实项目前期工作。一是着力于把我市经济社会发展和国家、省的产业资金投向紧密结合起来，统筹安排申报项目，确保项目的争取有的放矢。二是着力于组织有关部门进行项目策划，并聘请项目咨询机构进行可行性研究、论证和设计，切实抓好项目包装，为争取项目建设资金打好基础。三是着力于每一个项目组织包装时，做到明确任务，落实到人，层层负责，杜绝前期工作不落实的项目不向上申报，确保了每个上报项目的准确度。

2、多途径争取项目资金。一是在财政部门的积极配合下，做好年度政府投资建设项目计划。2010年政府投资项目计划安排51个建设项目，落实了政府基金5.8亿元、市财政资金2.2亿元，为本级政府投资项目提供资金保障。二是紧抓党中央、国务院刺激经济增长一揽子计划和省委、省政府的战略部署，积极争取中央投资项目资金及省配套资金，今年国家共下达我市中央新增投资项目19个，落实了中央资金7280万元，省级配套资金1762万元，市级配套3604万元。三是积极争取国家开发银行的资金支持。认真策划政府投资项目并做好项目前期工作，协调好财政、国土、城投等部门的工作，争取到国家开发银行贷款资金10.7亿元，为我市项目加快建设步伐提供充足的资金保障。

3、加大项目督查调查力度。我委严格执行海南省《关于规范政府投资项目管理的规定》、《琼海市政府投资项目管理暂行规定》，审批项目97个，备案项目73个。配合市委、市政府制定并出台了我市《政府投资项目设计变更工程签证管理暂行规定》，政府投资项目设计变更、工程量签证有了具体的管理规定可以遵循，使项目推进更加健康有序。

三、全力服务重点项目建设，确保固定资产持续增长

根据市委、市政府的战略部署，按照“续建一批，开工一批，竣工一批，储备一批”要求，精心编制《琼海市2010年重点项目投资建设计划》。编制计划中，我委对全市计划在今年投资建设的所有项目进行调查摸底，造册登记，逐一分析，逐一论证，逐一筛选，确定87个计划投资62亿元的项目作为建设重点。预计今年底，市重点项目完成投资58亿元，完成年计划的93%。动工56个，动工率64.4%。

四、全力推进博鳌机场建设

我委组织了大量的人力物力参与了选址报告、预可研报告、可研报告、飞行程序设计、空域规划设计、地震安全性评价、高压线专题研究、地灾报告、水土保持报告等十多项涉及建设多个领域报告的编制工作。可研阶段所测量和勘察报告已完成。目前已争取项目前期工作经费1985万元，我委将继续全力推进机场前期工作，争取机场早日开工建设。

▲博鳌机场设计单位总工向军地代表介绍机场情况

▲琼海博鳌机场飞行程序军民航协调会

琼海市旅游发展委员会

杨奋主任在琼海旅游形象展示会上推介琼海旅游资源

2010年，在市委、市政府的正确领导和省旅游委的指导下，琼海市旅游发展委创新发展理念，优化旅游环境，强化旅游行业管理，加大旅游宣传促销力度，全市旅游业实现了持续、健康、快速发展。2010年全市接待旅游人数332.78万人次，同比增长12.51%；旅游总收入11.78亿元，同比增长29.45%。而且，我委荣获“党风廉政建设先进单位”、“社会治安综合治理和禁毒工作先进单位”、“计划生育工作先进单位”、“市直属部门考核优秀单位”等荣誉称号，受到了市委市政府的表彰。

一、优化旅游环境，规范旅游市场秩序

深入开展“国际旅游岛建设环境综合整治”活动。全年共牵头组织相关部门联合执法检查6次，重点治理旅游行业“四黑”以及卫生环境方面存在的突出问题。在旅游市场环境方面，出动旅游执法人员200余人次，检查旅游企业82家次，清理旅行社驻琼海的违规营业部和售票点20家，检查导游133人次。

二、强化行业管理，提升行业竞争力

（一）加强旅游从业人员技能培训。通过举办骨干培训班和师资培训班，做好《旅游英语100句》推广工作，提高旅游从业人员英语口语交际能力和服务水平。积极参加省旅游委召开的业务培训班和抽调检查工作，提升星评员业务水平和稽查人员执法能力。

（二）加快完善旅游要素建设。制作全省统一的、规范的旅游宣传牌和旅游交通指示牌50个，提高我市旅游的知名度和景区可进入性。把旅游景区及城区的公共厕所建设作为旅游公共服务体系建设的一项重要内容，完成改建、新建旅游公厕24座。新注册成立铭岛、丰平等5家旅行社和5家分社；红色娘子军纪念园景区多媒体、多维演示厅配套工程已完工，丰富了红色旅游内涵。

（三）抓好安全生产工作。节假日和旅游节庆活动前夕，我委都组织人员对星级宾馆、旅游景点等的消防设施、食品卫生、安全通道、游船、竹排、码头、索道、泳池以及各种娱乐服务设施等进行检查，排除安全隐患。全年我市没有发生旅游安全事故和重大旅游投诉。

三、创新营销方式，开展多元化旅游宣传促销

（一）借助展会盛事，展示推介旅游形象。先后组团参加了2010年中国国内旅游交易会、香港国际旅游展、上海世博会海南周、北京国际旅游博览会、中国国际旅游交易会、第五届海峡两岸台北旅展等大型旅游展示促销活动，对琼海的旅游资源和城市形象进行了强有力的宣传展示。

（二）组织策划大型活动，扩大城市知名度。11月10日至14日，在郑州市、洛阳市和西安市分别举行了旅游形象展示会和媒体见面会，两地政府和旅游企业之间签订了多项战略合作协议，进一步巩固和拓展了客源市场；精心策划、组织2010年端阳旅游文化节“十大美食”、“十大小吃”评选活动，进一步丰富我市旅游要素文化内涵，增强旅游吸引力。

（三）加强旅游合作，推出精品旅游线路。推出“我到琼海博鳌安个家”乐活投资体验之旅、团队活力（穿越）拓展游、“风水博鳌、天堂小镇”祈福体验之旅等6条精品新线路，线路中旅游资源的内涵和价值都得到了很大的提升。

▲ 杨奋主任与南京市旅游局签订两地旅游合作协议

▲ 推介会会场一角

琼海市规划建设局

▲ 林叶茂局长现场调研

2010年，琼海市城乡规划建设工作在省住建厅和市委、市政府的领导下，紧紧围绕海南建设国际旅游岛这一主题，积极推进“扩投资、上项目、促增长、保稳定”的工作部署，城乡规划建设工作取得了显著成绩。

主要经济指标完成情况。2010年全市城镇房屋建设完成总投入约24.2亿元人民币。全市房屋规划报建总面积470万平方米，同比增长194%，其中：城市452.87万平方米，同比增长202.3%，镇墟约17.2万平方米，同比增长72%。全年行政事业性收费达1.36亿元，同比增长444%，其中征收城市配套费1.33亿元，同比增长454%。

严格“一书四证”许可。全年共审查核发选址意见书40宗,用地面积约242.99万平方米，同比减少56.9%；审查核发用地规划许可证52宗，用地面积约336.3万平方米，同比减少40.7%；审查核发建设工程规划许可证268宗，建筑面积89.9 万平方米，同比减少40%；审查核发建设工程规划临时许可证538宗，建筑面积452.87万平方米，同比增长202.3%；审查核发建设工程施工许可证356宗，建筑面积260.4万平方米，同比增长27%。

一、围绕促进经济增长，扎实推进房地产业健康平稳发展。

受海南建设国际旅游岛、省政府“两个暂停”和调整城市基础设施配套费征收标准等一揽子经济刺激政策的影响和项目投资利好概念推动的重大机遇，旅游房地产成为我市城市发展的一大亮点和经济增长点，有力地推动第三产业增值。全年全市旅游房地产规划报建面积达364.5万平方米，同比增长221.4%；施工报建达225.9万平方米，同比增长22%；竣工验收报建100万平方米，同比增长64.5%。全年旅游房地产计划投资额达109.4亿元人民币。

二、抓好重点项目建设，促进城镇发展。

积极推进东环铁路琼海站出口道路市政工程和站前广场及配套工程、豪华路改造市政工程（一期）、跃华路改造工程、市消防大队特勤中队出口道路等市政工程的建设工作。

三、强化建设行业监管，提高机关依法行政能力。

一是强化行政许可审批。深化行政许可审批改革，完善省、市下放行政事项的审批程序，全面推进规范化管理和依法行政，精减审批程序，减少办事环节，简化办事手续，缩短办事时间，提高办事效率。截止11月30日，我局窗口共受理各类项目报1472宗，已按承诺时限办结1457宗，正在办理15宗。办件办理答复率达100%。

二是开展建筑节能检查。建立健全我市建筑节能联动监管机制，从设计审查、施工监管、竣工验收、备案、房屋销售许可、产权户籍办理等方面加强全市在建项目建筑节能监管。同时积极推广建筑节能产品的开发利用，做好可再生能源建筑应用，建设项目开始试点和推广。关停了7家无证无照或证照不全的实心粘土砖生产厂家，鼓励2家生产粘土砖的厂家进行技改，生产砂砖及空心砖。

▲ 学习实践科学发展观

▲ 琼海城市建设

海南省文昌市工商行政管理局

▲ 海南省工商局局长黄成模（左三）检查指导文昌市灾后市场监管工作

▲ 为服务海南国际旅游岛建设，文昌市工商局创建海鲜排档诚信规范经营店。图为该局创建海鲜排档诚信规范经营店启动仪式

海南省文昌市工商行政管理局是负责全市市场主体准入，以及市场监管和行政执法工作的行政机关，由海南省工商行政管理局垂直管理。内设办公室、人事教育监察股、法制股、市场规范管理股、企业注册股和消费者协会、个体私营企业协会两个所属单位，以及17个工商所。去年来，该局在省局和市委市政府的正确领导下，深入学习实践科学发展观，紧紧围绕国际旅游岛建设这个中心任务，认真贯彻省局提出的“五心”（即：对待工作要上心，办事做事靠用心，攻坚克难有决心，处理问题讲细心，点滴做起宜耐心）理念，增强工作的责任感和使命感，以提高服务能力为核心，以加强市场监管为重点，以强化消费维权为关键，以推进依法行政为动力，以建设高素质队伍为根本，在服务大局中谋发展，在扎实工作中求突破，努力做到总局提出的“五个更加”要求，积极开创工商行政管理工作新局面，尽心竭力服务国际旅游岛建设和文昌经济社会平稳较快发展，取得新成果。得到省局和市委市政府的充分肯定，获得当地企业界和人民群众的普遍赞誉。先后被授予“全市先进党支部”、“全市抗洪救灾先进集体”、“全市食品安全工作先进单位”、“全市人口与计划生育工作先进单位”、“全市示范窗口一等奖”等多项荣誉称号，设在市政务中心的我局审批窗口收到企业赠送的绣有“廉政高效，热情服务”等字样的锦旗7面。

▲ 2011年7月25日上午，文昌市工商局党组书记、局长李健主持召开欢送原局长王栋、原副局长吴正根两位领导座谈会

海南省文昌市工商行政管理局地址：文昌市清澜新市区市政府办公大楼东侧

党组书记、局长：李健

邮编：571339

办公室电话：63331069

电子信箱：wcgs000@163.com

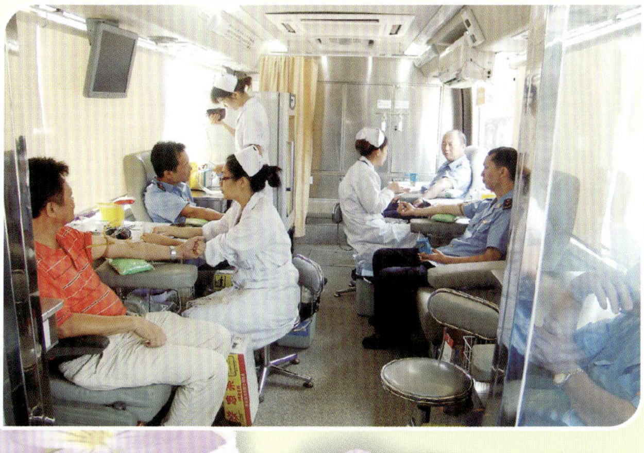

▲ 7月28日，文昌市工商局组织文昌工商系统践行“七月红似火，热血献真情”无偿献血活动，向中国共产党成立90周年献礼

▲ 文昌市工商局为丰富全体同志业余生活，积极开展体育竞技活动。图为该局举办拔河比赛

琼海市人力资源和社会保障局

▲ 2011年8月1日，琼海市政府副市长刑远飞同志、市人力资源和社会保障局局长林茹同志对患病企业军转干部冯增才同志进行慰问

▲ 琼海市人力资源和社会保障局全体干部开展拓展活动

2010年，在市委、市政府正确领导下，在省人力资源和社会保障厅的指导下，琼海市人力资源和社会保障局扎扎实实做好人力资源和社会保障工作，有力地促进我市经济发展和维护社会稳定。

一、按照规定办事，切实做好人事人才工作。

1、根据工作需要，妥善做好机关企事业单位工作人员的录用、调配工作。按照《公务员法》及有关规定及时办理机关、企事业单位工作人员调动手续68人；今年教育、卫生和其他事业单位招聘工作人员共计123人，通过直通车引进人才52人，其中硕士研究生14人，通过“硕师计划”引进人才6人。

2、继续做好企业军转干部解困工作。继续协调督促有关单位落实好149名企业军转干部生活困难补助，共发放160多万元，并切实做好思想工作，较好地维护社会稳定。

3、大力推荐大中专毕业生就业。在就业形势十分严峻的情况下，多渠道积极推荐1482名大中专毕业生就业。

4、切实加强人才队伍建设。受理专业技术资格考试报名43人；组织实施中级以下技能培训考核386人。

5、按规定做好工作人员2009年度考核工作。全市行政机关和参照公务员法管理事业单位56个，参加考核公务员人数1275人，占应参加数的100%，其中优秀184人，占14.2%；事业单位34个，参加考核人数6426人，占应参加数的100%，其中优秀886人，占13.8%。

二、加大执法力度，促进劳动关系和谐稳定。

1、加强劳动用工大检查。2010年，在全市深入开展了农民工劳动合同签订“春暖行动”，共检查各类中小企业329家，涉及劳动者13500多人，补签、续签劳动合同2533份，督促156家用人单位建立劳动用工备案，促使我市劳动合同签订率达93%以上。

2、依法处理劳动纠纷案件。2010年共受理并立案查处劳动监察案件185宗，已依法办结157宗，为5810名劳动者尤其是农民工追回欠薪1100多万元，切实维护劳动者合法权益。

3、继续严格执行建筑领域农民工工资支付保障金制度。截止2010年12月底，共存入378笔农民工工资保障金21822万元，依法办理退还225笔7824万元。有效地从制度上、源头上保证农民工工资的按时足额支付。

三、采取积极措施，大力推进就业再就业工作。

1、切实加强就业再就业培训工作。2010年，我局牵头就业局和就业再就业培训中心组织开展美容美发、计算机操作应用、家电维修、烹饪、农业技术、摩托车维修、汽车维修、建筑管理、旅游酒店服务管理、畜牧兽医、高尔夫球童、家政服务等12个实用专业下岗失业人员和农村劳动力就业培训3931人次，完成省下达目标任务的112%，合格率97%。

2、大力促进下岗失业人员和农村劳动力就业再就业。2010年1—12月新增就业岗位4216个，下岗失业人员再就业1338人，组织推荐农村劳动力转移就业12173人，分别完成省下达我市今年计划任务的234%、191%、201%和234%。今年第三季度城镇登记失业率控制在1.55%以内。

四、不断完善社会保障体系，做到应保尽保。

一是大力抓好困难单位退休人员参加基本医疗保险工作，截止2010年11月底，把我市国有困难单位退休人员1067人，非国有困难单位1460人全部纳入城镇基本医疗保险范围，解决其医疗保障问题。二是继续稳妥推进城镇居民基本医疗保险工作，截止12月10日，我市参加城镇居民基本医疗保险49489人，完成省下达任务的85%。三是积极抓好新型农村社会养老保险工作，截止12月31日，我市16—59周岁农村居民，参加新型农村社会养老保险150770人，参保率达94.2%，基础养老金发放47968人，发放率100%，提前完成省下达的参保率60%，基础养老金发放率100%的目标任务。

琼海市人口和计划生育委员会

▲ 国家免费优生健康检查项目于5月13日在琼海市博鳌镇启动，这是全省目前惟一启动此项目的市县

▲ 琼海市在综合改革工作中，进一步规范了三级管理服务机制。图为2010年10月30日国家、省等领导到嘉积镇察看镇级信息化管理情况

▲ “诚信计生”是琼海市加强村级人口计生服务管理，夯实基层基础的新工作方法，是以人为本，突出优质服务，而建立的政府诚信、群众守信、村（居）民互信的“双向承诺，充分自愿，依法自治”的计生工作新模式

【概况】2010年，琼海市人口和计划生育工作蓬勃发展，各项工作走在全省的前列，生育健康服务工程、国家免费优生健康检查等工作得到国家、省人口计生委的肯定，并起到示范的作用。2010年末常住人口为486703人，人口出生率为14.31‰，死亡率为5.27‰，人口自然增长率为9.04‰。全市共出生6977人，分孩次率为:一孩率56.31%,二孩率39.74%，多孩率3.95%。符合法定生育率95.94%,法定外多孩2.91%,综合节育率80.59%，出生人口性别比116.4。工作成效显著，被国家人口计生委确定为首批“全国人口与计划生育综合改革示范市”和列为全国第二批免费孕前优生健康检查项目试点单位；被国家人事部、国家人口计生委评为“全国人口和计划生育先进集体”；被国家人口计生委授予“全国阳光计生行动示范单位”；被省委、省政府授予“海南省2010年度人口计生工作先进单位”；被省精神文明办评为“精神文明建设先进单位”；被省人口计生委评为“全省政务信息先进单位”。

2010年工作重点和亮点：

【生育健康服务工程】琼海市在创建全国人口和计划生育综合改革示范市工作中，提出实施“生育健康服务工程”。“生育健康服务工程”是琼海市贯彻落实中央、国家和省提出的提高出生人口素质，促进人的全面发展的工作要求，开展的优生优育优教的促进工作，是中共琼海市委、琼海市人民政府为民众办好事办实事的民生工程，是从群众需求出发，把更多精力从生育控制转向计划生育健康服务，向新婚期、怀孕期、生育期、节育期、保健期的“五期”育龄妇女提供的优质服务。2010年11月，全省综合改革推进会在琼海市博鳌镇召开，国家、省、兄弟市县领导参加会议并参观实施生育服务工程开展情况，一致认可琼海为人口计生综合改革打造了一个好品牌。每年受益群众约12万人。

【免费孕前优生健康检查】免费孕前优生健康检查项目就是“生育健康服务工程”的其中一项内容，是预防出生缺陷的关键环节，出生缺陷一级预防的重要手段，是把预防措施落实在怀孕之前，实现预防关口前移，从源头上提高出生人口素质，有效降低出生缺陷的发生风险，为家庭幸福创造条件。也是党和政府关注民生、服务民生、改善民生的具体行动，做老百姓高兴的事情，幸福千家万户的重大民生工程，得到广大群众的拥护和支持，每年计划为5930对计划怀孕的夫妇提供孕前优生健康检查，目前，已经有1235对计划怀孕的夫妇参加了检查。

▲ 琼海市在人口计生综合改革工作中，提出生育健康服务工程，实施镇计划生育服务所并入镇卫生院工作，更名为“生育健康服务站”，开展“免费孕前优生健康检查”等项目工作

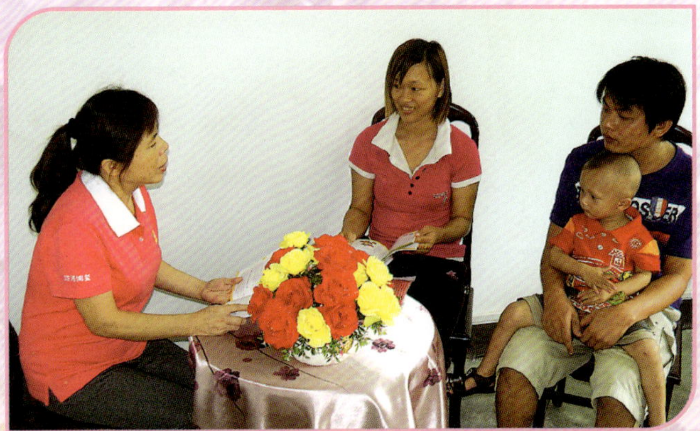

▲图为生育健康服务员向生育期的育龄夫妇提供政策法规咨询、避孕节育知情选择等服务，赠送“五期”礼包

海南省琼海市工商行政管理局

▲ 国家工商总局领导(左五)在海南省政府领导(左四)、省工商局黄成模局长等陪同下，在博鳌了解处资发展情况

▲ 琼海市符宣朝市长（左二）到琼海工商局检查指导工作

▲ 省工商局黄成模局长到琼海工商局检查指导工作

▲ 邓剑雄局长（左一）陪同琼海市纪委陈晓敏书记（左二）到琼海工商局检查指导工作

▲ 工商执法人员在销毁查获的假冒伪劣商品

近年来，琼海市工商局在省工商局和市委、市政府的正确领导下，全面落实科学发展观，努力弘扬求真务实、与时俱进的进取精神，以“三个克服、三个解放”为统领，以“三有三好”和“五心”作为教育主题，建设一流的和谐团队、打造一流的执法效能，塑造一流的公众形象，认真履行工商行政管理职能，得到了各级领导和社会各界的充分肯定与高度评价。由于工作成绩突出，琼海市工商局先后被评为：2010年全国工商行政管理系统法制工作“先进单位”；2008年、2009年、2010年琼海市“党风廉政建设先进单位”；“海南省廉政文化进机关示范点”、“琼海市廉政文化进机关示范点”；2010年海南省工商行政管理系统职工广播体操比赛“一等奖”；2010年海南省工商系统队伍教育管理活动“十道题目”研讨、交流、竞赛“组织奖”；2010年全省职工运动会工商系统选拔赛“组织奖”；2010年度人口和计划生育工作“综合治理先进单位”；博鳌工商所：“全省商标工作先进单位”等荣誉称号。此外，一批年轻化、专业化的复合型干部迅速成长起来，成为了系统的主要骨干和发展的动力。

当前，正当全省开展服务国际旅游岛建设，琼海市工商局将牢固树立科学发展观，按照积极构建和谐社会的要求，以服务全市经济发展为中心，以建设廉政高效的服务型工商为载体，以深化改革、创新机制、强化素质为动力，全面落实监管责任，有效推进行政执法，大力加强基层建设，充分发挥工商职能，进一步提升工商行政管理工作的层次和水平，充分发挥工商职能作用，为服务琼海市经济社会发展和实现“十二五”规划做出新的更大的贡献。

风正潮起，自当扬帆破浪；任重道远，更须策马扬鞭。琼海工商人将继续秉持时不我待的激情和精益求精的态度，坚持以“五个更加”为指导，见微知著，未雨绸缪，努力打造一支“有凝聚力、有战斗力、有创造力、有活力”的“四有”琼海工商队伍，推动工商行政管理工作朝着科学化、制度化、规范化的方向前进。

在改革中前进　在创新中发展

琼海市民政局

琼海市民政局是琼海市政府主管社会事务的职能部门，担负着社会行政管理、基层民主政治建设、为部队和国防建设服务、维护和保障困难群众的基本生活权益等工作任务。

近年来，琼海市民政局在市委、市政府的正确领导下，紧紧围绕“全面建设小康社会”的目标，不断强化“以民为本、为民解困、为民服务”的工作理念，创建学习型、创新型、服务型政府机关，深入开展“创先争优”活动，努力提高行政效能和管理服务水平，民政各项事业得到长足的发展。

“十一五”期间，琼海市民政工作务实创新，重点突破，整体推进，科学发展，2006年被民政部授予“全国民政工作先进市”荣誉称号。体现在：优抚安置政策进一步落实，双拥创建活动广泛深入开展，琼海市连续六次荣获全国“双拥模范城”荣誉称号，市民政局也多次荣获全国、全省“爱国拥军模范单位”称号；城乡社会救助体系逐步健全，城乡低保、农村五保、临时救助、医疗救助制度不断健全完善，生活保障和救助标准不断提高，2010年市民政局荣获“全国农村五保供养工作先进单位”荣誉称号，城乡低保工作获得“全省城乡低保规范化管理一等奖”；自然灾害救助工作扎实有效，防灾减灾水平不断提高，2010年，市民政局抗洪救灾工作成绩显著，分别获得琼海市和海南省民政系统“抗洪抢险救灾先进集体”荣誉称号；基层民主政治建设不断加强，村务公开、民主管理制度进一步完善，全省村委会换届选举和村务公开试点工作现场会多次在琼海市召开，琼海市先后被民政部授予“全国村民自治模范市”荣誉称号，被全国村务公开工作协调小组授予“全国村务公开民主管理示范单位”荣誉称号；社会福利和老龄事业加快发展，2010年，琼海市荣获“全国老龄工作先进单位”荣誉称号。此外，市民政局还获得“全国民政信访工作先进单位”、“全国民政信息工作先进单位”称号。加强基层民政建设，深入开展民政系统基层单位行风建设示范单位创建活动，在行风建设中狠抓三个规范，即：职业道德规范、办事程序规范、内部管理规范，树立民政新风，促进民政基层单位和“窗口”管理服务水平不断提高，琼海市老年人活动中心曾被评为“全国星光老年之家”；大路镇民政办、潭门镇敬老院曾被评为“全国民政系统基层单位行风建设先进单位”；大路镇敬老院、中原镇敬老院曾先后被评为“全国模范敬老院”。

▲ 琼海市召开2011年全市民政工作会议

▲ 天冷情暖。市光荣院管理人员为老人穿上新衣服。由于海南气温大幅下降，市民政局拨出专款为孤寡老人购买一批棉衣棉被，让他们过上一个和暖的新春佳节

▲ 琼海市政府副市长王晖雅、民政局局长张跃美下乡检查农村危房改造工作

昌江黎族自治县房产管理局

一、贯彻执行国家和省有关法律法规、方针和政策；草拟我县房产管理规范性文件，并组织实施和监督检查。

二、负责全县各类房屋产权产籍管理，依法保护、审查和确定房屋所有权；房屋权属登记，颁发房屋所有证书；房产测绘；房屋产籍档案管理。

三、负责房地产交易管理，包括：商品房预售登记并颁发预售许可证；房产转让、抵押、评估，房屋租赁；房地产中介服务、房地产信息和政策咨询；房地产中介机构的管理和监督；规范房地产市场。

四、负责全县物业管理，制定物业管理办法和小区环境建设标准，并监督实施；负责全县物业管理企业资质审查、招投标及动态管理，规范物业管理市场。

五、负责全县城镇房屋拆迁拆除的管理工作，制定有关拆迁政策，依照有关规定对城镇房屋拆迁和安置进行统一管理、监督、协调和裁决，办理新建房屋和房屋拆迁的审批手续，同时审批和管理拆迁单位。

六、负责危险房屋管理，组织实施安全鉴定、监控和维修验收工作。

七、负责宣传、指导、布置、监督全县白蚂蚁防控工作。

八、承办县委、县政府交办的其他工作。

琼海市农林局

▲2010年中国（海南）国际热带农产品冬季交易会上，琼海市市长符宣朝、文昌市市长刘春梅、琼海市副市长梁振功、琼海市农林局局长欧行轩一起探讨农业发展规划

2010年，在市委、市政府的正确领导和省农业厅、省林业局的具体指导下，琼海市农林局紧紧围绕2010年农村工作要点，采取有效措施，扎实推进农业产业结构调整优化，加快热带特色现代农业发展，有力地促进农业稳定发展、农民持续增收。

一、农业和农村经济持续稳定健康发展。据初步预测，2010年全市农业总产值达64.8亿元，同比增长4%，农业增加值42.8亿元，同比增长3.84%，农民人均纯收入5832元，同比增长8%。

二、农业产业结构不断调整优化，主要农产品生产平稳。畜禽总肉量达6.46万吨，同比增长2.4%，其中生猪出栏33.2万头，同比增长3%；三鸟出栏1844万只，同比增长2.5%。水产品总量达8.1万吨，同比增长1%，其中海水产品4.83万吨，同比增长1%，淡水产品3.27万吨，同比增长0.6%。新种橡胶0.8万亩，总面积达28.6万亩，干胶产量达1.93万吨，同比分别增长3%和5%；新种槟榔4800亩，总面积达16.7万亩，总产量2.34万吨，同比分别增长4%和1.7%；新种胡椒500亩，总面积达10.08万亩，总产量8500吨，同比减少18%。新种水果2.3万亩，总面积15万亩，总产量20.6万吨，同比分别增长2%和减少2%。瓜菜总产量达46.1 万吨，同比增长5%。水稻种植面积35.9万亩，总产量11.25万吨，同比减产1%。

三、集体林权制度改革全面完成并顺利通过验收。截至11月1日，全市已全面完成林改主体改革工作，完成勘界测量72.98万亩，完成率100%，完成宗地确权9万宗，确权面积68.39万亩，分山到户和分户登记率均达99.85%，发放林权证5万多本，涉及农户4.3万户，真正实现山定权，树定根，人定心，让群众吃下"定心丸"。

四、农产品加工业快速发展。新建或扩建冷藏库9家，增加冷库使用体积11.4万立方米，日保鲜加工规模达1.6万吨。扶持发展槟榔小作坊，年加工槟榔三万吨，据统计，全市现有农产品加工企业377家，农民工就业6050人，年总产值达7.2亿元。

五、林业工作力度加大，农村低碳经济发展加快。大力开展种树造林，全年完成计划造林1万亩任务，退塘还林120亩。加大执法力度，严厉打击木材偷运、盗伐、滥伐行为，查处林业行政案件59起，收取育林基地8.1万元，植被费21.2万元，检疫费4万元，罚没6.1万元；生态公益林管护力度加强，森林防火工作监管到位。投资113万元，落实2009年巩固退耕还林成果项目新建沼气池232个，节柴灶565个；投资699万元，建设大中型沼气池3个；投资192万元，建设沼气服务网点27个。

▲2010年琼海市林权制度改革工作顺利完成

▲2010年中国（海南）国际热带农产品冬季交易会琼海馆

琼海市水务局

▲ 省领导为梁昌卫局长颁发“海南省抗洪抢险救灾模范个人”荣誉证书

▲ 梁昌卫局长陪同市委祝春荣书记检查合水水库

2010年，在市委、市政府的直接领导下，在省水务厅、省三防办的大力支持和指导下，琼海市水务局不断加强和完善水利基础设施建设，进一步改善了农业生产条件，促进了农村经济和社会事业的不断发展。

2010年上半年，我市各镇降雨量普遍偏少，各镇都发生了不同程度的旱情，到10月份，又遭遇了60年不遇的连续特大强降雨，使我市大部分地区积水成河，造成了重大洪涝灾害。在灾难面前，市水务局（三防办）全体党员干部和职工在市委、市政府的坚强领导下，认真履行职责，发扬连续作战、不怕牺牲的英勇精神，彰显党性，使我市因灾损失降至最低，103座中小型水库无一发生重大险情。市三防办及三防办主任梁昌卫局长先后被国家防汛抗洪总指挥部、中华人民共和国人力资源社会保障部和中国人民解放军总政治部授予“全国防汛抗旱先进集体”和“全国防汛抗旱先进个人”荣誉称号，以及省委、省政府授予“海南省抗洪抢险救灾先进集体”和“海南省抗洪抢险救灾模范个人”荣誉称号。

一、抓好重点水库项目建设 充分发挥其职能作用

认真做好水库建设项目的前期工作，争取上级资金支持，采取多形式、多渠道加大对水库除险加固项目的投入。据统计，今年我市重点水库除险加固项目共3宗，建设投资资金2213万元。与此同时，长岭、椰丛、苏南、虎塘、冬瓜笃等5宗小(一)型水库已于2010年9月1日通过竣工验收；文岭、美容、官墓、南塘、南平、龙西、三顶湾、中平仔等8宗水库除险加固工程也于12月5日通过验收。这些工程项目的实施完毕，对进一步加强水库工程的正常安全运行，抵御自然灾害，蓄水保水，提高灌溉效益发挥了较大的作用。

二、坚持防汛抗旱两手抓 推动防风防汛防旱工作全面展开

主要做了几方面的工作：一是全市投入抗旱资金400多万元，人数3万多人，机械1940多台套，装机容量8290千瓦，抗旱浇灌面积76000多亩，解决8000多人，500多头大牲畜临时饮水困难。二是组织开展汛前安全大检查。全市共检查小㈡型水库69宗，小㈠型水库27宗，中型水库7宗，闸坝5宗，江海堤防2处。三是在台风、洪水影响的全过程，周密安排部署好我市的防风、防汛工作，确保了全市103宗水库安全度汛和人民群众生命财产的安全，并将我市因灾损失降到最低。

三、继续高标准高质量 抓好农田水利基本建设工作

全市今年农田水利基本建设投入重点项目有：一是南塘总干渠配套改造续建项目市县配套720万元；二是文岭、合水、南塘中型灌区末级中央重点小型农田水利建设项目；三是全市195宗水毁修复工程。同时，整合农业综合开发及土地整理的部分资金，全面维修各种蓄、引、提、防等水利工程设施和各种大小灌排渠系，充分发挥工程效益；维修支渠以上渠道1307公里，田间斗、农渠道1013公里，建设节水防渗渠道235公里；整治重点田洋6个，面积3.4万亩；农村小型农田水利工程配套建设3宗；新建小型水源工程3宗；修建抗旱灌溉项目5宗。

四、抓好农村安全饮水建设 为民办好实事

实施25宗农村集中供水工程及配套其它分散供水基础设施工程，解决9个镇25个行政村的饮水不安全及困难问题，受益总人口2.9077万人，其中饮水不安全人口1.8017万人。

▲ 梁昌卫局长被国家防汛抗洪总指挥部、中华人民共和国人力资源社会保障部和中国人民解放军总政治部授予“全国防汛抗旱先进个人”荣誉称号

▲ 2010年完工，除险加固后的的美容水库

琼海市国土环境资源局

2010年，在省厅党组和市委、市政府的正确领导下，较好地完成了全年的工作任务。

一、全面加强环境管理，为国际旅游岛建设提供优美的环境保障

（一）加快推进双沟溪环境综合整治项目（一期）建设工作。已完成开源引水、污水截流、护岸部分工程，完成污水截流主管道及支管道铺设2380m，其中污水截流主管道2020m，支管道360m。

（二）积极推进污染物总量减排工作，确保年度目标的实现。通过淘汰关闭落后产能的10家红砖厂，目前已经削减SO2排放总量35吨；减排治理工程可削减COD377.6吨，年底有望完成全年的减排任务。

（三）加快推进饮用水水源地保护工作。一是按省政府要求组织完成长坡镇饮用水水源地、中原镇万泉河水源地、潭门镇合水水库水源地、石壁镇地下水型水源地共4个保护区规划编制及报批工作,目前已将省环境科学研究院编制并通过专家评审及市政府同意的4个饮用水水源保护区的规划技术报告上报省政府审批；二是开展我市饮用水水源地基础环境调查及评估的前期工作。

二、构建全方位执法体系，把执法关口前移，强化执法监察工作

（一）突出重点，加强市镇两级土地监管，严查土地违法行为。

1、认真开展土地卫片执法检查工作，用好土地管理“一张图”。2010年，国土资源部分两批共给我市下发2009年度卫片图斑108个，涉及地块105宗，总面积为2578.5亩。按照卫片图斑我局逐个认真进行核查，并依法对4宗违法用地案件进行了查处。目前此专项工作已顺利通过省政府验收组的验收。

2、严格依法查处土地违法案件。一是查处了中远路两侧的2宗违法案件；二是查处了长坡烟塘片的2宗违法案件；三是查处了嘉积镇桥头的1宗违法案件，目前拟将该案移送公安部门处理；四是调查博鳌新邮路、嘉积洋水至大路黄竹海榆东干线两侧的13宗违法案件。

（二）加大监控力度，扎实开展专项工作，提高环境执法效果。

1、加强日常监管，严查环境违法行为。今年来，共派出358人次对62家企业进行了环保检查。

2、继续深入开展专项整治工作。我局共出动了357人次对58家企业进行了检查，限期整改4家企业，立案查处1家企业，共罚款8587元。

3、开展全市沿江沿河化工石化企业环境污染隐患排查整治工作。

（三）加强现场执法，严查矿产资源违法案件，维护正常的矿业生产秩序。

组织开展矿产资源开发违法行为专项整治工作。一是对我市境内53个持证采矿点进行检查没有出现越界采矿、破坏矿产资源和造成生态破坏等各种违法采矿行为；二是严查违法案件，整顿和规范矿产资源开采行为。

琼海市外事侨务办

琼海市外事侨务办为主管全市外事、侨务、港澳事务的市政府工作部门。2010年，琼海市外事侨务办在市委、市政府的正确领导下，拓宽对外交往渠道，积极营造有利的外部环境，充分发挥侨乡优势，进一步凝聚侨心、发挥侨力，推动全市外事、侨务工作取得新的进展。

一、积极主动服务，做好论坛年会保障工作。2010年论坛年会活动上，市外事侨务办及时为有关部门工作人员和车辆办理了年会通行证。积极配合有关检查组对交通、水、电、通讯、接待酒店进行检查，及时解决存在问题。协调有关部门做好志愿者征集工作，组织志愿者参加年会培训和演练，协调有关部门及时完成10多处环境整治工作。协助旅游、卫生、安全生产各单位做好相关酒店的各类检查检测工作。市外事侨务办出色完成论坛年会各项服务保障工作任务，受到省外事侨务办的表彰。

二、规范工作制度，加强外事工作管理。严格执行有关文件规定，加强因公出国（境）管理工作，杜绝没有实质内容的出访考察活动。同时，对有实质性出访内容的团组及时地办理护照和签证，确保出访按时成行。

三、加强对外交往，扩大琼海的影响力。借博鳌亚洲论坛和国际旅游岛的影响，积极做好接待服务，加强对外交往，使琼海市的对外交流有了突破性的进展，全年接待来访外宾12批150人次。同时，做好团组出访工作，先后组团出访了澳大利亚、新西兰、美国、墨西哥等国家。

四、推进对外友好工作，充分用好外事资源。组团赴美国杜邦市进行友好访问，共同签署了两市结为友好城市的协议文本，进一步推进双方在各领域的交流与合作。同时，注重利用外事渠道，为琼海的经济建设服务。2010年，向日本利民工程申请无偿援助项目资金96506美元，帮助长坡镇烟塘卫生院扩建门诊综合楼，大大改善群众的就医环境。

五、深入贯彻侨法，为侨办实事好事。全年共走访慰问困难归侨侨眷200余户，送去慰问金和物品共计7万多元；争取省外事侨务办的支持，资助6名贫困归侨侨眷家庭子女就读大学和高中；拨8万元帮助受灾归侨侨眷家庭做好灾后重建；发放20.5万元侨居工程扶持资金，帮助35户困难归侨侨眷改造了危房；为30多名归侨退休职工增加生活补贴办理手续；接侨务信访63件次，调处60件次，调处率达95%。

六、拓宽侨务工作面，进一步凝聚侨心。2010年接待了琼籍海外社团10多个、海外乡亲900多人次，举办了海外乡亲联谊晚宴，侨务工作面不断扩大，在更广的范围和更深的层次凝聚了侨心。去年琼海遭受特大洪涝灾害后，广大海外社团、乡亲为家乡抗灾捐赠港币1211万元、人民币114.47万元。

琼海市教育局

▲ 海南省委、省政府领导到我市检查指导教育工作

▲ 海南省教育厅胡光辉厅长一行到我市检查指导教育工作

2010年，琼海市教育局在市委、市政府的正确领导和省教育厅的精心指导下，以整合资源、优化布局、规范建设、提升内涵、提高质量为重点，大力推进我市教育事业全面、协调、可持续发展，努力办人民满意的教育，取得了较好成绩。

今年我市近百名学生获得省级学科竞赛类奖项。中考综合指数名列全省市县第二，仅次于海口市；中考的“四分一率”均好于全省平均水平。高考理工科本科入围率稳居全省第二，文史类本科入围率居全省前列，其中，文史类的莫壮弥以872分名列全省第二。

▲ 琼海市市委书记祝春荣同志到我市乡镇中小学检查指导工作

一、积极发展职业教育

不断完善市职教中心基础设施。市职教中心自筹资金和争取上级拨款共410万元，建设汽车实习基地和增加教学设备及改善学校校容校貌。

二、大力加强教师队伍建设

1、认真做好今年教师职称评审工作；2、各项师资培训工作全面推进；3、教育人事改革制度不断完善。继续推进了以教职工聘用制为核心的人事制度改革，加强教职工聘请队伍管理；4、开展学校后备干部和教坛新秀推荐工作。教师节我市多名教师获得省市级殊荣。

三、规范管理，优化环境，努力办好让人民满意的教育

1、高度重视学校幼儿园安全保卫工作。成立全市校园及周边环境安全工作领导小组，实行领导片区包干负责；2、全面开展学校和幼儿园综合治理工作。一是着力整顿学校周边流动小摊贩。二是清理整顿学校周边音像图书店。三是加强对学校周边网吧管理。四是加大查处黑校黑园力度；3、严格治理教育乱收费。坚持学校收费公示制，突出三个检查重点，即：义务教育阶段学校的免费政策，公办高中招收择校生“三限”政策和义务教育办学行为，教育乱收费得到有效遏制；4、及时做好受灾学校的安置，认真开展灾情核查统计工作。联系市卫生防疫等部门做好学校防疫工作，积极筹措社会资金，全力争取上级部门的灾后扶持资金，集社会之力量，展开灾后重建。

世界在这呼吸　天堂小镇

中国·博鳌

南强生态村

龙舟赛

博鳌是海南最著名的小镇之一，因鳌得名，融江、河、湖、海、山麓、岛屿于一体，集椰林、沙滩、奇石、温泉、田园的资源精华于一身，有“世界上自然景观保持最完美的出海口”和享有世界吉尼斯纪录的“玉带滩”自然奇观，是风云际会的“亚洲之心”，著名的“华侨之乡，“美丽风情的”天堂小镇。

博鳌镇是“亚洲论坛”永久会址所在地。

产业发展

第一产业发展情况

种植业：粮食作物全年播种面积2.7万亩；蔬菜种植面积1.26万亩；瓜果类全年种植面积5200亩；水果种植面积3361亩；椰子6604亩；槟榔6136亩；胡椒896亩。

畜牧业：猪年出栏量4321头；牛出栏量1531头；羊出栏量5187头；鸡出栏量208万只；鸭出栏量24万只；鹅出栏量15万只。

水产养殖业：海水养殖面积3000亩；淡水养殖面积2500亩。

农林牧渔业总产值2.69亿，人均产值1.03万元。

第三产业发展情况

第三产业主要从事旅游业、经营旅馆、饮食业较多。现有家庭旅馆40家，有星级酒店8家，游艇码头6个，饭店43家。

2010年，第三产业生产总值1.53亿元，比2000年增长170%，占总收入的29%。

2000年以来，从事第三产业累计14700人。2010年，全镇从事第三产业的人数达1950人；外出务工人数850人；全镇务工和工资性收入年人均12600元，占农民人均纯收入的222%。

社会发展

一、国际会议中心影响力扩大

2000年以来共有331个国内国际会议在博鳌召开。主要有：(1)博鳌亚洲论坛成立大会及首届、二届年会；(2)房地产论坛；(3)通用汽车销售年会；(4)欧米茄手表全国零售精英大会；(5)中国平安保险公司销售年会；(6)全国城市政府信息网络第十六届年会。

二、会展拉动经济发展情况

2000年以来，各种会议及“黄金周”期间，接待游客、与会人员约1700万人次，各宾馆、酒店住房率达90%以上，比平时提高30%，平均每年可创税88万元。

经济指标

一、全镇生产总值：2000年1.14亿元，2001年1.53亿元，2002年2.9亿元，2003年3.13亿元，2004年3.38亿元。2005年3.66亿元，2006年3.95亿元，2007年4.27亿元，2008年4.74亿元，2009年5.19亿元，2010年5.7亿元。

二、镇级财政收入。2001年349.3万元，2010年1994万元。

三、农民人均纯收入。2000年2140元，2001年2460元，2002年2883元，2003年3178元，2004年3365万元，2005年3389元，2006年3729元，2007年3838元，2008年4201.7元，2009年4729元，2010年5675元。

荣誉称号

一、2000年以来获得国家级先进荣誉称号主要有：

1、2001年度，全国创建文明小城镇示范点；
2、2005年度，全国创建环境优美小城镇示范点；
3、2006年度，全国环境优美镇；
4、2009年度，中国十大休闲胜地；
5、2009年度，中国绿色名镇。

二、2000年以来获得省级先进荣誉称号主要有：

1、2000年度，抗洪救灾先进单位；
2、2001年度，“亚洲论坛”年会环境整治先进单位、拥军支前先进单位；
3、2002年度，社会治安综合治理先进集体；
4、2008年度，海南十大文化名镇；
5、2008年度，亚洲论坛服务工作先进单位；
6、2009年度，海南省卫生先进单位。

小镇街头

品赏美食

小镇夜色

北山…

琼海市嘉积镇

▲ 领导班子研究工作

2010年，在市委、市政府的坚强领导下，琼海市嘉积镇在战胜60年不遇的特大洪涝灾害的同时，紧紧结合嘉积的实际，狠抓发展、关注民生、促进和谐，较好地实现了嘉积社会的持续稳定和经济的又好又快发展。

一、围绕中心、科学指导，如期实现年度确定的主要经济指标。

财政收入实现跨越式增长。2010年镇财政收入达1.2831亿元，完成年度计划14%，增收3681.5万元，同比增长54%，首次实现财政收入“超亿元”。

经济总量和发展水平跨上新台阶。2010年，全镇生产总值达47.55亿元，同比增长8.9%；农民人均纯收入达5458元，同比增长10.2%。

城乡产业结构进一步优化。今年第一产业总产值达10.7亿元，同比增长10%；第二产业总产值达14.8亿元，同比增长3%；第三产业总产值达22.05亿元，同比增长3.9%，第二、三产业经济收入占全镇经济总收入的70%以上；今年第二、三产业税收入库8952万元，同比增长23%，占财政收入的74.6%。

二、总揽全局，全面推进，促进各项工作同步发展全面进步。

社会主义新农村建设大迈进。以生态、文明、科学、和谐、创新、发展为主题的新农村建设不断取得新的进展，乡村道路、农村通讯、农村科学和信息、智能、网络化已融入农村建设。全镇已实现村级组织办公电脑化。

优化教育发展服务，优先发展教育事业。我们在投资近500万元，完成镇一小教学楼建设、三中学生宿舍楼建设、官塘小学危房改造的基础上，再投资600多万元改造山叶小学，已建成投入使用。并正在积极筹措资金，不断完善嘉积三中办学设施，加快创建完全中学步伐。

民政工作实现勤政惠民。全力做好全镇救济对象1530户，2368人。其中五保195户，220人，城市低保405户，709人；农村低保728户，1237人，优抚对象202人的救济服务工作，每月通过银行发放五保供养金50720元，低保救济金299440元；抚恤金55906元。

文化事业持续健康发展。镇社会事务服务中心充分利用镇文化活动中心、琼剧团等平台和载体，大力推进文化进社区、进农村取得了可喜的成效。2010年2月，我镇民乐团赴港参加世界华人民乐比赛演奏的《万泉河欢歌》获得铂金奖。在8个村委会建起“农家书屋”，全年组织送文化、运科技、送琼剧下乡达12场次。镇琼剧团排练的《洪涝情》下乡演出受到群众的好评。

医疗卫生工作成效显著。2010年投入资金82.9万元，进行农村改厕1658户；组织除“四害”，发放灭鼠药500斤；开展环境消毒面积112392平方米；水井消毒40个村，9475口；开展社区居民健康教育讲座培训班14期次，参加人数达3500多人。

生态文明创建活动持续深入开展。今年来，在巩固提高原建成的文明生态村的基础上，再投入400多万元，创建春心园等15个文明生态村。使全镇文明生态村达180个，文明社区10个，其中省级12个，市级88个，镇级80个。

琼海市疾病预防控制中心

▲ 主任：王会宽同志

琼海市疾病预防控制中心位于琼海市嘉积镇富海横南17号，前身为琼海市卫生防疫站，始建于1956年。2003年9月1日，由原琼海市卫生防疫站、健康教育所、结核病防治所合并成立琼海市疾病预防控制中心，隶属于琼海市卫生局。现设有行政科室1个，业务科室8个，分别为办公室、急性传染病与免疫规划科、病媒生物监测与寄生虫病防治科、地方病和慢性病防治科、结核病防治科、卫生监测和职业安全卫生科、健康教育科、检验科、体检门诊。中心主要职责为负责琼海市范围内的传染病预防控制，儿童免疫规划，慢性非传染病及地方病、寄生虫病、结核病防治，病媒生物监测，开展食品卫生、环境卫生、学校卫生、劳动卫生、放射卫生等五大卫生监测检验，健康教育，科研培训，预防医学咨询服务等。中心现有工作人员61名，本科学历12人，大专16人；工作人员中卫生技术人员共46人，其中副高级技术职务的1人，中级技术职务的11人。中心占地面积为9002m^2，业务用房面积4000m^{2}左右，达到国家县级疾病预防控制机构用房标准要求。中心实验室配有气相色谱仪、原子荧光光度计、薄层色谱仪、半自动生化分析仪、净化工作台、暗视野生物显微镜、荧光显微镜等先进仪器设备100余台。中心分别于2003年4月和2008年3月通过了海南省质量技术监督局组织的计量认证评审和复评审，并具经过省卫生厅组织的HIV初筛实验室资质、职业卫生技术服务机构资质和职业健康检查机构资质评审。

多年来，我中心在市委、市政府、市卫生局的领导下，认真贯彻预防为主工作方针，各项工作取得了优异成绩，我市传染病的总发病率逐渐下降，低于全省平均发病水平。儿童预防接种率逐年提高，2009年“六苗”接种率达到98%以上，有力地保障了我市儿童的身体健康。认真抓好食品卫生、公共场所卫生等五大卫生监测工作，卫生监测覆盖率逐年提高，达到95%以上，保障了我市人民的公共卫生安全。中心先后被国家卫生部、人事部、铁道部、解放军总后勤部授予“全国卫生文明先进单位”、“全国卫生防病防治工作先进集体”、“全国基层卫生防疫站环境卫生文明先进单位”、“全国计划免疫先进单位”、“全国普及儿童计划免疫目标先进集体”、“全国消灭脊髓灰质炎工作先进单位”等称号。多次被海南省卫生厅、琼海市人民政府授予“先进集体”等荣誉。

▲ 开展学习实践科学发展观活动

▲ 开展全球基金结核病项目工作培训

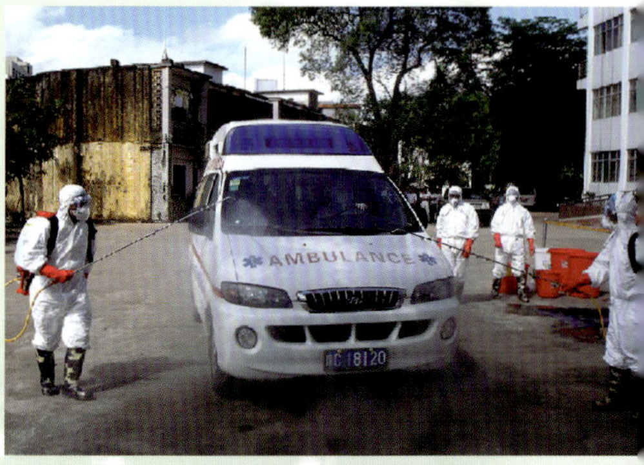

▲ 开展疫情应急处置演练

建设妇女儿童满意的健康家园

琼海市妇幼保健院
琼海市妇女儿童医院

琼海市妇幼保健院、琼海市妇女儿童医院是一所具有公共卫生性质的公益性事业单位，是为妇女儿童提供公共卫生和基本医疗服务的专业机构，是我市唯一指定的婚前医学检查单位。是全市职工医疗保险、城镇医疗保险和新型农村合作医疗的定点单位。

琼海市妇幼保健院紧紧围绕贯彻落实《母婴保健法》，实现“《两纲》《两规》”各项指标为目标，不断加强医院内涵建设和技能提高，全面开展妇幼保健服务和临床专科建设。取得了良好的社会效益和经济效益。

全面落实医改项目，实施妇幼保健“一条龙”惠民政策。开展适婚妇女婚前检查、孕产妇农村妇女增补叶酸预防神经管缺陷、产前地中海贫血疾病筛查、孕产期保健服务、农村孕产妇住院分娩补助项目、孕产妇艾滋病、梅毒和乙肝母婴阻断项目、农村妇女宫颈癌筛查、新生儿代谢性疾病筛查和新生儿听力筛查、开展儿童定期保健服务。使党和政府的惠民政策惠及到广大的妇女儿童，同时承担了项目实施的指导单位。

突出专科特色，提供妇女儿童医疗保健服务。我院环境优美，专科设备齐全，专科特色突出。专科师资力量雄厚，设有妇产科和儿科住院部，妇产科和保健科开展较系统的孕前、孕时、产时全程监护和高危筛查；开展宫颈疾患、不孕不育和乳腺病专科治疗；开展无痛人流、新式产科手术、妇科阴式或腹式手术等项目。儿科开展新生儿、儿童常见病、多发病的预防和诊治。

琼海市妇幼保健院实现了“强专科、重保健”的妇幼保健功能，是琼海市“科技先进单位”，曾获得海南省“文明单位”、“全国三八红旗集体”和“全国巾帼文明示范岗”等称号。已成为我市妇女儿童健康服务的家园。

▲ 省妇联主席、省妇儿工委副主任王琼珠在王晖雅副市长陪同下视察我院

▲ 卫生厅杨俊副厅长、吴桂珠处长在甘雷局长的陪同下视察我院

▲ 卫生部专家对我院实施重大公共卫生项目进行调研

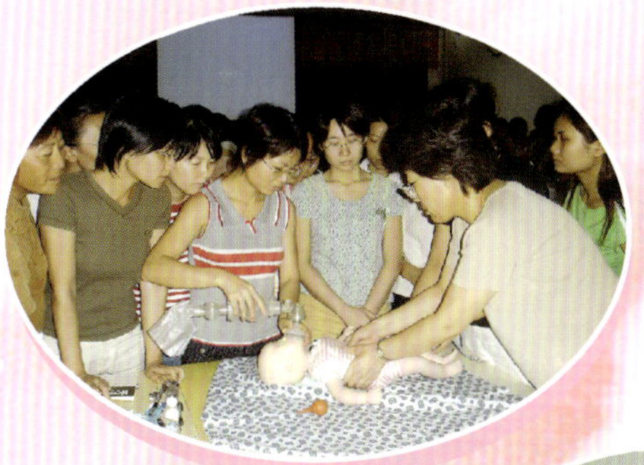

◀ 我院对全市妇幼人员进行新生儿窒息复苏急救技术培训

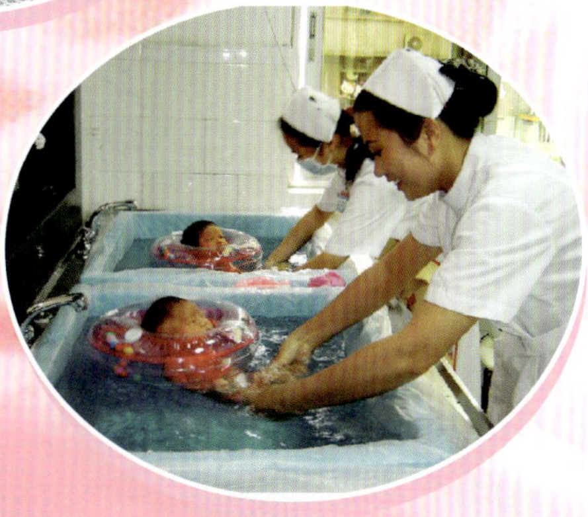

▶ 开展新生儿游泳，促进婴儿早期智力发育

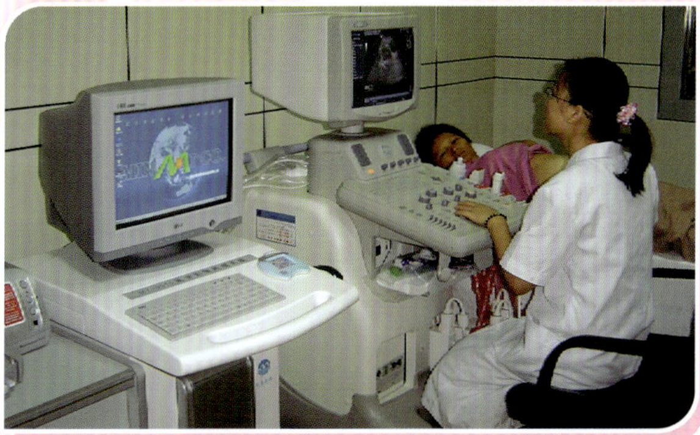

▲ 我院专科设备齐全，图为进行四维彩超检查

定安县财政局

▲ 反腐倡廉宣传月辅导讲座

▲ 局领导骑单车到岭口镇皇坡村调研

▲ 肖巨局长到联系点慰问困难户

一、“十一五”期间财政发展主要成果

（一）财政收入规模跃上新台阶。2010年是“十一五”收官之年。五年来，全县地方一般预算收入从2005年的5422万元增至2010年的30090万元，年均递增41%；全口径财政收入达到11.7亿元，是2005年的11倍。全县税收收入从2005年的3014万元提高到2010年的21637万元，年均递增48%，税收收入占地方一般预算收入比重从2005年的55.6%提高到2010年的72%。房地产业税收（地方税收部分）从2005年的169万元跃升至2010年的7777万元，平均增长速度达到115%。

（二）财政支出结构不断优化。五年来，全县地方一般预算支出从2005年的30381万元增长到2010年的115679万元，年均递增30.7%；财政支出重点从“保工资、保运转”向“调结构、惠民生”转变，公共财政职能得到进一步发挥。总计投入25.75亿元用于民生，是“十五”时期6.71亿元的3.9倍。

二、“十二五”期间财政发展主要思路

根据“十二五”时期面临的新形势、新任务，全县财政发展目标是：全县地方一般预算收入年均增长22%以上。

（一）以海南国际旅游岛建设为契机，全力推进全县经济平稳较快发展。调整完善收入分配制度，提高居民消费能力，改善消费环境，构建扩大消费需求的长效机制。支持打造以旅游业为龙头、以现代服务业为主导的特色经济结构，大力促进中小企业发展，推进节能减排和新能源发展，推动经济发展方式转变。

（二）坚持保障和改善民生，着力解决人民群众关心的突出问题，促进经济社会协调发展。加强公共租赁住房、廉租住房、棚户区和农村危房改造等保障性住房建设；创造条件增加城乡居民工资性收入；加大教育投入，优先发展教育；按照保基本、强基层、建机制的要求，支持深化医药卫生体制改革；发展社会保障事业，实施城镇职工和居民养老保险制度，努力实现新型农村社会养老保险制度全覆盖，推动机关事业单位养老保险制度改革。

（三）坚持改革创新，完善财税体制。加快建立和完善县级基本财力保障机制，逐步提高保障水平，加强县级政府提供基本公共服务财力保障能力。切实加强乡镇财政收支管理，确保乡镇财政资金分配使用规范、安全、有效，实施农村“三资”委托工作。

定安县财政局2010年奖项

1、2010年度全省财政系统干部教育培训工作先进单位三等奖
2、2010年度保障性住房管理工作先进单位三等奖
3、定安县2010年社会治安综合治理基层先进集体
4、定安县2007—2009年度精神文明建设单位

定安县财政局个人2010年奖项

1、2007年～2010年海南省精神文明建设先进工作者：肖巨
2、定安县2010年优秀党务工作者：肖巨、郑义博
3、定安县2010年度三八红旗手：吴冰
4、2010年海南省企业所得税税源调查工作先进个人：李洪

▲ 全省财政系统推进国际旅游岛建设发展视频动员暨表彰大会

▲ 向群众宣传有关财政法规以及国家惠农政策

▲ 县领导在财税工作会议上作重要发言

▲ 和符礼伟县长签订收入责任状

昌江黎族自治县财政局

2010年，在县委、县政府的坚强领导下，县财政局沉着应对严峻挑战，较好完成了各项财政工作任务，促进了全县经济平稳较快发展。

一、紧盯执行目标，财政收支状况稳步转好

2010年，财政部门持续强化机制建设、征收管理和投资效益等三方面工作，认真落实多部门联动协税护税的抓收入工作机制，堵塞漏洞，全力推进中央新增投资项目和重点建设项目建设，加大财政性投资力度，促进财税增收，财政收入持续下滑的态势得到有效遏制。截止11月，全县一般预算收入完成47,909万元，同比增收6,056万元，增长14.5%，完成年度预算的92.2%，比序时进度稍快0.6个百分点。其中税收收入完成41,696万元，同比增收6,157万元，增长17.3%，完成年度预算的90.8%，占一般预算收入的87.0%；非税收入完成6,213万元，同比减收101万元，下降1.6%,完成年度预算的103%。

二、围绕发展中心，财政扶持新举措有效落实

一是努力增加投资。全年共争取中央和省级扩大内需、地方政府债券等资金19,512万元，地财落实配套资金5,466万元，直接投资于我县经济社会发展项目建设，发挥财政投资拉动经济效应。二是积极扩大消费。认真抓好家电和汽车摩托车下乡活动，切实把惠农政策不折不扣地落到实处。三是发挥财政资信，拓展融资渠道，累计争取资金30,260万元，投入河道整治、县城道路改造等重点项目工程及扶持“三农”中小企业发展。

三、坚持服务民生，各项社会事业健康发展

进一步优化财政支出结构，确保重点民生项目资金需求，大力推进以民生为重点的社会建设。地方一般预算支出中与民生相关的科目支出共88,592万元，比上年同期增长75.7%，占地方一般预算支出的比重为65%。集中资金重点解决老百姓最关心、最直接、最现实的教育、医疗、社会保障和就业等问题，具体体现在：一是教育投入持续加大。截止11月，全县教育支出23,151万元，比上年同期增长56.9%，占本年地方一般预算支出的17%，确保“学有所教”。持续推进义务教育经费保障机制改革和困难学生资助体系建设，让更广泛的适龄学生享受义务教育经费保障优惠政策；加快推进校舍改造、教学楼建设、教师工作间建设、中小学校安全工程建设、学校运动场建设等教育基础设施建设，办学条件明显改善。二是公共卫生医疗服务能力得到加强。医疗卫生支出完成10,700万元，比上年同期增长174.4%，努力促进“病有所医”。完善了以加强乡镇卫生院建设为主的县乡医疗机构基础设施建设，卫生人才培训及乡村医务人员补贴得到了落实；加快推进县乡医疗改革实施。三是社会保障体系不断完善。社会保障和就业支出11,145万元，比上年同期增长16.5%。围绕“老有所养”，认真落实提高低保补差标准和补助五保户生活，城乡保障和医疗救助等社会保障体系进一步完善。四是农林水事务支出24,007万元，比上年同期增长47.3%。继续加大新农村建设投入力度，全县投入的涉农专项资金约1.8亿元，比上年增长100%。重点支持了农村水利设施、道路交通、土地改良、环境绿化、村容村貌等建设。积极落实涉农补贴政策，截止11月，我县各项惠民补贴资金累计到位8,789万元，涉及惠民补贴项目24项，已拨付20项惠民补贴资金5,780万元，完成到位资金的65.8%。

▲ 文辉局长在财税工作会议上作报告

▲ 财政总结表彰工作会议颁奖

▲ 迎新年合唱比赛财税合唱代表队荣获一等奖

创先争优转变机关工作作风
提高工作效率服务昌江经济发展

昌江县发展和改革委员会

▲ 海南昌江核电现场

▲ 建设中的雨润棋子湾度假区黎族风情酒店

▲ 棋子湾旅游公路建设现场

▲ 雨润棋子湾度假区高尔夫A球场16A球道已建成

2010年，在县委、县政府的领导下，昌江县发改委认真贯彻落实党的宏观经济管理政策，按照县委、县政府确定的“围绕经济建设‘一个中心’，实施大企业进入、大项目带动‘双大战略’激活土地、资金、人力‘三大资源’，加快推进工业化、城镇化、农业产业化和旅游业‘三化一业’，强化规划先行、项目带动、招商为重、保障有力‘四个抓手’”的发展思路和工作要求，转变工作作风，提高工作效率，服务昌江经济社会发展。

一、认真做好发展改革，全力推进全县经济社会又好又快发展。2010年，全县经济社会健康快速发展，预计全年全县地区生产总值可实现60.79亿元，同比增长38.7%；全县固定资产投资完成 45亿元，同比增长45.1%，社会消费品零售总额实现6.20亿元，同比增长15.46%；城镇居民人均可支配收入14081元，同比增长10.21%；农民人均现金收入4632元，同比增长16.5%；全县地方一般预算收入完成51940万元，比上年同期增长6.02%。

二、认真做好列入省重点建设项目和县重点建设项目月报工作。2010年我县列入省重点建设投资计划的项目7个（含西洋公司200万吨钢铁），县委、县政府确定的县重点项目30个（不含预备项目），到今年12月止，列入省重点建设项目已开工5个，今年1-11月累计完成总投资20.185亿元。列入县重点建设项目30个，其中续建工程14个，新开工项目16个，到10月止，完成投资193207.76万元。

三、积极做好保障性住房和旅游产业及机关团体用地储备计划初审工作。今年，我委根据县委、县政府的工作部署，为了推进今年我县保障性住房建设，保证和满足住房和旅游业及机关团体办公用地，我们积极与县国土环境资源局协作，到12月止，县国土环境资源局向我委申报预审地块21块共15宗，我委批复储备土地2347.09亩，为我县基础设施建设和旅游用地提供了有力保障。

四、认真做好国有工矿棚户区改造中央投资补助项目计划编报工作。今年4月，我委派出专人深入到海钢公司、九三四地质队等国有企业进行调查摸底，搜集资料。与海钢公司和九三四地质队商会，并与县住房和城乡建设局沟通联系，确定海钢公司2010年改造棚户区住房1056套，九三四地质队改造棚户区住房151户（套），形成计划上报省发改委。今年10月，省下达九三四地质队棚户区改造补助投资196万元。

五、认真做好市场商品价格监管和调控工作，维护社会稳定。为了保护消费者权益，维护社会稳定，确保全县经济社会稳定发展，我们加强市场物价管理，指定物价局和物价检查所深入乡镇、商场、菜市场调研调查，特别是重大节日及时派出人员进行检查，坚决制止哄抬价格、囤积货物等违法行为，维持市场价格秩序。2010年，我们立案查处价格违法案件3宗，经济制裁11.46万元。其中退还3.62万元；没收7.84万元；上缴国库3.14万元。

集全警之智　举全警之力
开创昌江公安工作和公安队伍建设新局面

2010年，昌江县公安局以“三项重点工作”和“四项建设”为载体，以维护社会稳定为第一责任，以服务发展为第一要务，扎实开展各项公安保卫工作，切实加强公安队伍建设，公安工作和公安队伍建设取得好的成效，为维护全县社会稳定，促进社会经济持续健康发展作出了积极的贡献。

一、讲主动性，抓维稳工作。

加强国内安全保卫工作。建立国家安全人民防线领导小组，认真落实对“法轮功”人员教育转化工作，连续六年实现“三个零”指标。

加强社会矛盾化解工作。深入重点地区、重点村庄、重点单位、重点行业、重点人群开展矛盾纠纷大排查、大调处活动，共排查出各种矛盾纠纷242起，成功调解223起，调解成功率达92.1%。

二、讲针对性，抓重点整治。

做好治安案件查处工作。全县共受理治安案件880起，查处606起，查处率68.9%，发案数上升120起，查处数上升89起，查处率提高17.2%；抓获违法人员472人，行政拘留306人，罚款98人，警告17人，其他处罚51人。

加强禁毒工作。通过强力开展禁毒工作，全年缉毒破案9起，抓获犯罪嫌疑人数9人，查获吸毒人员124人，社区康复2人。

加强禁赌工作。捣毁赌点5处，取缔“私彩”销售点62处，查处赌博案件67起。

做好学校、幼儿园及周边治安秩序整治工作。协助有关部门建设监控系统，增加保安力量，加建防护围墙；督促指导学校、幼儿园加强内部治安保卫工作；严厉打击涉校违法犯罪；成功化解矛盾纠纷10起，及时消除各类治安隐患28处，确保学校、幼儿园安全。

三、讲规范性，抓社会管理。

抓好交通管理。交警部门组织开展了交通安全、公路客运交通安全、创建交通秩序示范公路、农村摩托车、重点违法行为等15次专项整治活动，与去年同期相比，死亡人数和受伤人数分别下降53%和3%。

抓好消防管理。切实加强消防安全监督管理，抓好“三合一”企业、高层建筑、专业市场、公共复杂场所和其他重点单位火灾隐患排查整治工作。

抓好出入境管理。受理港澳台材料570份、出国护照材料270份；认真落实省公安厅2号令，切实加强外国人管理。抓好公共安全管理。加大行业、场所的日常管理工作力度，反复对特种行业、公共娱乐场所、涉枪涉爆单位、金融网点进行检查，确保安全。

四、讲安全性，抓保卫警卫。

坚持“抓面保点”的工作方针，圆满完成了“两节”、“两会”、“两个论坛”、上海世博会、广州亚运会等重要会议、重大活动安保工作。

坚持“抓点保点”的工作方针，圆满完成了环海南岛国际自行车赛”、“2010年全省科技特派和农业110工作现场会”、“海南昌江核电项目开工仪式现场会”等活动安保工作和“0132”和“0145”首长安全警卫工作。

五、讲和谐性，抓行政服务。

坚持以深化“大走访”活动为载体，以服务重点建设项目为重点，以“窗口”服务为平台，切实加强和改进各项公安行政服务工作，构建警民和谐关系。

▲麦宏章局长到基层视察

▲开展打击犯罪整治社会治安“春雷”行动动员大会

▲交警进行酒驾测试

▲麦宏章局长向群众宣传禁毒知识

昌江黎族自治县安全生产监督管理局

▲ 县政府符礼伟县长、杨俊元常务副县长到企业检查安全生产工作

▲ 安监局局长关瑜和副局长钟海波带队执法人员在华盛矿山检查

昌江县安全生产监督管理局贯彻落实国家、省、县关于深入开展“安全生产年”活动的各项部署，深化“三项行动”和“三项建设”，集中开展严厉打击非法违法生产经营建设行为，切实抓好安全生产隐患排查治理，防范各类生产安全事故发生，较好地促进了全县安全生产工作的平稳发展。

一、我县2010年安全生产控制指标完成情况

2010年我县的安全生产形势较为平稳，各类生产安全事故统计四项指标表现为“两降两升”。全县共发生各类安全生产事故95起，同比上升10.5%；死亡18人，比省下达的指标少死亡5人，同比少死亡3人，同比下降18.2%；受伤85人，同比下降7.6%；直接经济损失456万元，同比增加220万。

二、贯彻落实全国及省安全生产会议精神，努力完成省下达的安全生产工作责任目标

一是层层签订《安全生产责任书》；二是根据省安委办下发的开展“安全生产年”活动的具体实施方案，县安委办及时印发了方案，督促各单位切实抓紧落实；三是落实政府监管职责，深入开展安全生产“打非治违”行动。2010年，共查处非法违法行为4387起（道路交通违法行为3797起），其中，无证无照或证照不全从事生产经营建设3919起，私采滥挖、超层越界开采、尾矿库违规排放8起，不按规定进行安全培训或无证上岗223起，其他非法违法行为为237起。

三、认真开展安全生产隐患排查治理工作

2010年，全县共有4595家企业开展自查自改，共查出各类隐患5137项，其中已整改4828项，整改率94%。根据5月21日，国务院安委会督查组对我县安全生产工作的督导意见，下半年我县继续深入开展大检查，各职能部门共组织了21个检查组，深入到各家企业督促继续开展自查自改工作。在此期间，全县共有348家企业开展自查自改，共查出各类隐患746项，其中已整改703项，整改率94.2%。

四、加强应急管理体系的建设工作

在全县规模以上企业组建应急救援队伍，昌江省级矿山救护队于2009年12月30日在海南矿业联合有限公司正式挂牌成立。全县已有13家规模以上企业组建应急救援队伍，人数达806人，各企业的应急救援队伍也适时组织了演练。我县投资100万的应急指挥中心目前已装修完毕。

▲ 安监局牵头公安局、公安消防大队、质监局、昌江工商局、供销联社开展春节前的烟花爆竹安全检查

▲ 由县安监局组织气象局、质监局、公安交警大队、公安消防大队、昌江工商局、昌江供电局、县电视台、华润水泥（昌江）有限公司等单位开展“安全生产月”咨询日活动

昌江黎族自治县人口和计划生育委员会

▲ 县委书记何西庆在公开信发表30周年广场文艺活动上致辞

▲ 人口计生委李执勇主任在农村调研

2010年，在省委、省政府的正确领导和省人口计生委的精心指导下，我县继续深入贯彻科学发展观，认真落实全省2010年度人口和计划生育工作目标管理责任书签字仪式会议精神，人口计生工作又取得新成绩。

一、责任目标完成情况

今年我县期末总人口25.02万人，出生人口3726人，出生率14.87‰，符合法定生育率95.63%；出生男婴1993人，女婴1733人，出生人口性别比115。完成“四术”1935例，其中结扎515例，上环1313例（吉妮环919例），综合节育率76.85%，长效避孕节育措施落实率80.6%、当年及时率86%；完成社会抚养费征收任务38万元。全面完成了省委、省政府下达的人口和计划生育工作责任目标。

二、2010年度主要工作

（一）推行问责，有效促进出生人口性别比偏高问题的综合治理。卫生、计生部门联合下发《关于整治和打击“两非”专项工作方案》，明确各相关部门职责，对相关责任人实行“重奖重罚”；根据领导小组专项行动方案，卫生、计生、药监、工商、公安等部门开展了两次联合执法行动，对“两非”行为起到有效的震慑作用；卫生部门与各医疗保健机构分别签订性别比治理目标责任书，配套出台了《孕妇产前B超检查实名登记制度》、《医疗机构终止妊娠药品管理使用规定》等规章制度，进一步规范了医疗机构相关行为。

（二）内强素质，千方百计加强人口计生队伍建设。一是按规定严格考核计生专干、村计生员和村“两委”干部，并兑现奖惩，进一步调动了基层干部的工作积极性和主动性。二是加大培训力度，提高计生干部业务能力。主要是积极组织县、乡两级计生技术服务人员参加国家人口计生委组织的生殖健康咨询师培训和考试。

（三）投入保障，全面兑现计划生育利益导向政策。今年我县投入人口计生事业的经费是408.416万元，人均投入16.3元。其中65.4万元用于兑现我县计划生育利益导向各项优惠政策；35.6万元用于兑现全县独生子女奖励金；25.89万元用于兑现农村纯二女（少数民族纯三女）家庭各项奖励金。

（四）形式多样，宣传教育工作取得明显效果。成功举办“坚持人口计生政策，共创和谐美满家园”为主题的广场文艺活动；召开纪念《公开信》发表30周年座谈会，开展对入选全国人口和计划生育事业新闻人物县人口计生委主任李执勇同志事迹的宣传；积极开展“全家福”、“预防出生缺陷知识”、“12356阳光计生服务热线宣传”进万家和“新家庭文化屋”建设。

（五）综合施治，逐步规范流动人口计划生育服务和管理。大力推进流动人口计划生育信息化管理。依托国家和省两级流动人口服务管理信息系统，完善全员流动人口统计信息工作制度，健全流动人口动态监测体系，为宏观决策和服务管理提供及时、扎实的基础依据。

▲ 昌江县人口计生委开展世界人口日集中宣传活动

▲ 昌江县人口计生委开展男性健康日集中宣传服务活动

▲ 昌江县举办纪念公开信发表30周年广场文艺活动

中国芒果之乡

海南·昌江

昌江黎族自治县农业与科学技术局

▲深入生产基地检查指导工作。县委书记何西庆(右二)、县长符礼伟(左一)、县委副书记邓敏(右一)、李光局长(左二)

▲昌江特色水果

▲ 昌江大力推进设施农业迅速发展

2010年，我局认真贯彻落实党在农业农村的路线、方针政策，按照县委县政府提出的“三化一业”发展思路，取得了明显成效。全县粮食播种面积139500亩，同比增加7686亩，其中，水稻种植面积135200亩，番薯种植面积12770亩，同比减少15026亩；玉米种植面积1800亩，同比减少3422亩；甘蔗种植面积15100亩，同比增加11980亩；水果种植面积114315亩，同比增加6366亩；瓜菜种植面积55000亩。

一、突出重点，狠抓落实，积极推进热带特色农业生产示范基地建设，加快农业产业化发展，促进农民增收。

1、科学规划，出台冬季瓜菜种植示范基地建设计划和实施方案，组织和引导群众种植冬季瓜菜。目前，峨港田洋万亩反季节瓜菜标准化种植示范基地建设初具规模。全县今年冬季瓜菜种植已完成55000亩的目标。

2、引导农户成立西瓜种植专业合作社，加快设施农业项目（大棚西瓜、哈密瓜种植示范基地）建设。已新组建了三个大棚哈密瓜种植专业合作社。大棚西瓜（哈密瓜）种植示范基地项目已有4家专业合作社提出申报建设，申报面积总计1430亩。

3、组织人员对北京、广西、山东等市场考察调研，努力构建完善的农产品营销网络，并积极做好订单合同签订的前期准备工作，确保以销定产。

二、落实支农惠农补贴政策，着力提高农民生产积极性。

认真落实各项惠农补贴政策，牵头组织县纪检、财政、审计等部门对白沙、乌烈大棚哈密瓜基地及海尾永安大棚西瓜等设施农业补贴项目的验收核查、审计工作，设施大棚补贴资金5549836元已全部拨给三家农民专业合作社；做好水稻良种补贴和甘蔗下水田补贴核查验收工作。

三、积极推进全国科技示范县和“三电合一” 项目等工作。强抓科技工程，扩展服务效能，提高农民素质和种植水平。

1、“三电合一”项目进展顺利。我县是全省唯一获得全国“三电合一”农业信息服务试点项目的示范县，通过实施“三电合一”项目，充分利用电话、电视、电脑网络优势，构建城乡信息传递和交流的顺畅渠道，搭建连接农民、政府、市场的信息桥梁，为农业生产又好又快发展提供优质服务打下良好的基础。

2、开展农村实用技术培训和农村实用人才技能竞赛活动。

四、加大农业执法力度，加强农产品质量检测检验，为广大农民提供市场信息化服务。

1、加大农业执法力度，强化农产品质量监控。共出动农业执法检查人员300人次，出动车辆69车次，累计检查农药、农资经销店134家，立案查处4家农药店，解决农资纠纷4件，处理投诉案件3宗。

2、农产品检测：累计检测生产基地（农贸）72家（其中农贸7家、超市3家、生产基地29家），共出检人员245人次，出动车辆46车次，检查样852个，合格率100%，出具农产品产地证明65份，出岛农药残留检测报告单205车共3075吨。

▲ 昌江香水菠萝

▲ 昌江“菜篮子”工程蔬菜生产基地一角

昌江县工业和信息化局

▲ 海南核电工程开工

“十一五”昌江工业经济取得长足发展，国家级循环经济示范园区获得批准、核电项目开工建设、省重点太坡农产品加工园区开始起步，初步形成了矿产采掘深加工、生态建材、新能源生产和农产品深加工的工业产业格局。工业发展对带动全县经济发展，增加财政收入等方面发挥了重要作用。

一、工业快速增长。2010年全县工业增加值为26.62亿元，拉动经济10.9个百分点，比“十五”末13.36亿元增加13.26亿元，增长99%；规模以上工业实现工业总产值54亿元，比“十五”末20.16亿元增加33.84亿元，增长168%。工业企业上缴税收达10.88亿元，对昌江县地方财政贡献3.62亿元，占地方财政收入的65.5%。主要工业产品铁矿石成品332.8万吨，比“十五”末285万吨增加47.8万吨，增长16.8%。水泥熟料881.9万吨，比“十五”末93.8万吨增加788.1万吨，增长840%;规模以上企业从事工业人口达10286人。

▲ 何西庆书记到核电项目厂址调研

▲ 国家民宗委领导到我县工业区视察

二、一批重点工业项目建设，为做大昌江工业奠定基础。“十一五”以来，一批大中型的工业企业和一批新型工业项目相继在昌江县落户，为昌江县经济和社会发展做出了重大贡献。如：海南矿业股份有限公司年处理110万吨贫矿的铁精粉加工项目，年处理钴铜精矿56760吨、年产氯化钴330吨、电解铜900吨、硫酸镍250吨的钴铜冶炼项目和在建的200万吨贫矿选矿厂项目，年地下开采260万吨矿石的北一地采项目；华润水泥(昌江)有限公司（原国投）年产400万吨干法旋窑水泥生产线项目；昌江华盛天涯水泥有限公司600万吨干法旋窑水泥生产线项目，鸿启实业有限公司叉河水泥分公司200万吨干法旋窑水泥生产线项目和在建的华盛400万吨干法旋窑水泥生产线项目；投资190亿以上的昌江核电项目等。

▲ 局长：曾学盟

三、循环经济工业区加快推进。截止2010年底，园区内共有企业49家，其中规模以上企业15家。主要产业为铁矿石采掘和选矿业、水泥产业、钴铜冶炼、橡胶加工、制糖业。2010年，昌江循环经济工业区工业增加值达23亿元，占我县工业增加值的85%以上，占全县国内生产总产值的42.4%，企业上缴税收达10.6亿元，对昌江县地方财政贡献3.08亿元，占地方财政收入的55.6%。

四、循环经济促进昌江经济结构调整。围绕五年昌江循环经济发展目标，以资源综合利用、节能降耗减排和清洁生产为重点，构造“资源产品废弃物再生资源”的循环流程，围绕打造先进制造体系、清洁生产、节能减排、资源利用、绿色消费、废物循环处置等方面展开工作，探索企业间耦合共生的科学模式，形成循环经济产业集群，提升工业生产环境质量，维护生态安全，促进生态、经济、社会、全面协调，可持续发展。全县工业形成以采矿、建材等原材料重工业为主，矿产、建材成为支柱产业，以循环经济为发展模式的工业格局。

五、节能减排成绩显著。“十一五”期间，海矿公司、华盛水泥厂、华润水泥厂、鸿启叉河水泥厂等企业发展循环经济，积极推进清洁生产、余热发电和废弃资源综合利用，建立和完善了各自的循环生产链条，极大地节约用电、用煤和减少二氧化碳排放量，既促进了企业增效，又减少环境污染，有3家重点企业通过了ISO14000质量认证。

昌江黎族自治县民族宗教事务委员会

▲ 昌江县民宗局局长陈国文陪同省民宗厅的领导到王下乡洪水村深入群众了解民房改造情况

2010年，昌江县民族宗教事务委员会在县委、县政府直接领导和省民宗委的具体指导下，危房改造和民族宗教工作取得突出的成绩，被省政府评为全省民族团结先进集体。

一、组织干部学习《党章》，开展机关纪律作风教育

我委组织干部学习《党章》和向许用开同志先进事迹学习，以党性、重品行、作表率为主题，开展机关纪律整顿教育，围绕县委十届五次全会提出的目标和中心工作，开展纪律整顿活动，从八个方面的良好风气，加强干部队伍建设，按照立党为公，执政为民的要求，紧密联系改革发展稳定和本单位的实际，增强政治意识和大局意识，树立和落实科学发展观。

二、民房工作

进一步深入落实科学发展观，坚持以人本，以危房改造和文明生态村为载体。争取在2011年1月底前完成危房改造任务，让黎族同胞搬进新房过新年，县政府专门召开二次关于危房改造工作会议，研究布置2010年危房改造方案，并经常下到包点的村庄督导检查。

2010年，据统计，全县完成危房改造任务为401户，面积32080平方米，受益人数2005人。

三、筛选项目

为了进一步促进我县少数民族农村基础设施建设，加快贫困群众脱贫致富步伐，年初，我委领导派出4人调查组赴各农村调查，通过下乡调查认真的筛选，其中上报项目：1、王下乡三派村饮水工程，投资46万元，解决三派村及王下乡居民近2000人饮水难问题；2、保平村公路硬化工程，投资30万元，解决3750人行路难问题。2011年1月，竣工交付使用。

四、宗教工作

2010年4月—9月，在县委、县政府统一部署下，通过五个月对七叉镇地区非法传教人员进行宣传教育，原来有十三个聚会点现在减少到四个聚会点。

五、传统文化

我县组团78人参加全省在乐东主会场举办传统文化“三月三”节日活动，主题是“继承传统、展示传统文化、建设平安昌江”。参加“三月三”节庆活动共有13510人，借此契机，宣传党的民族政策、《民族自治法》，抓住“平等、团结、稳定、和谐、发展”这个主题，全面推进我县各项事业的向前发展。

海南省昌江地方税务局

2010年，昌江地方税务局在省地税局和县委、县政府的正确领导下，以组织税费收入为中心，规范税收执法行为，积极推进信息化进程，加强干部队伍和反腐倡廉建设，有力地促进了昌江地方税收收入持续、快速增长。

2010年共完成工商税收收入61,318万元，比上年同期收51,567万元增长18.9%，增收9,751万元，完成省局下达年度任务54,405万元的112.7%；县本级收入35,431万元（含教育费附加1,938万元），完成县政府追加任务33,340 万元的106.2%。

一、夯实基础，狠抓税收工作的落实。

1、税收调研工作。下辖区内的重点企业调查研究，掌握税源变化及企业纳税情况，加强征管，确保大宗税款足额入库。

2、乡镇税款改革工作。成立乡镇税款改革工作领导小组，上半年顺利完成1779户纳税人税款集中收缴和联网扣税，为数据大集中项目上线运行清除税收会统核算障碍。

3、发票宣传和打击工作。我局联合昌江县公安局经侦大队于4月份和8月份对全县86户纳税人开展了发票使用情况突击检查行动（餐饮旅店行业78家、房地产业1家、建筑安装业2家、运输业1家、娱乐业4家），补缴税款合计5,995.18元，罚款合计16,000元。

4、2009年度企业所得税汇算清缴工作。汇算清缴企业21户，实际清缴19户，清缴入库税款5,375万元。

5、重点企业的跟踪管理和服务工作。一是完成省局下达的房地产税收征管有关调研、土地增值税征求意见、拟定减免税流程报批等工作。二是做好重点企业的跟踪管理和服务工作。

6、协税护税工作。主动提请地方政府支持协税护税工作，注重与土地、房管、财政、审计、建设、交通等管理部门的协调沟通，巩固和拓展协税护税工作局面。

7、落实好税收优惠政策。共审批减免税71户，减免税额66万元；享受企业所得税减免2户，减免税额2,002万元。

8、严格审理企业资产损失，杜绝税款流失。严把所得税税前扣除审理关。今年申报资产损失企业4家，申报资产损失金额3,336万元，审批资产损失金额2,035万元，杜绝企业所得税流失达到260万元。

二、认真组织税收宣传月活动。

1、联合国税部门组织税收宣传车在石碌城区、十月田镇、乌烈镇进行巡回宣传。2、以“国际旅游岛建设”为契机，在霸王岭、棋子湾等旅游景点开展宣传活动。3、在“昌江县税收教育基地”的两所学校，赠送《税收法律知识读本》等税法宣传资料。

三、规范税收秩序，推进依法治税。

1、做好迎接总局税收执法督察准备工作。我局在10月初成立了迎接总局督察工作领导小组，制定自查工作方案，组织税收管理员和相关业务岗位人员认真逐项核对检查，重点检查房地产、土地转让、企业所得税税收征收管理和发票管理工作。

2、开展地方税收专项检查工作，加强税收法制工作。4月份起，组织开展2010年地方税收专项检查工作。并大力开展“法律进单位”活动，认真做好“五五普法”总结验收工作。

▲ 省地税局刘平治局长听取我局工作汇报并作重要指示

▲ 段文军局长在税收宣传月启动仪式上讲话

▲ 省局、县局领导与企业领导商谈税收工作

▲ 庆七一税企篮球赛

▲ 局领导到企业调研

昌江黎族自治县司法局

▲ 县委何西庆书记亲自为昌江中学学生作法制报告

▲ 县司法局开展农村干部法制讲座

2010年，昌江县司法局紧紧围绕深入推进社会矛盾化解、社会管理创新、公正廉洁执法、治安环境整治四项重点工作，充分发挥法制宣传、法律服务和法律保障职能作用，为建设国际旅游岛和昌江经济社会发展创造了良好的法治环境。县司法局先后被评为“海南省‘五五’普法先进集体”、“全省司法行政基层基础建设先进单位”，石碌司法所、海尾司法所被评为“全省规范化建设标兵司法所”，海尾司法所郭玉强同志被评为“全国模范人民调解员”。

一、以社会矛盾化解为重点，推动基层基础工作深入开展

1、着力做好人民调解工作。一是调整充实村级调委会。二是加强人民调解业务培训，进一步提高了人民调解员的业务水平。三是积极介入重点项目建设中涉及征地、补偿、拆迁等引发的矛盾纠纷重点、难点问题，积极有效地做好预防和调处工作。全年，各级人民调解组织共调解民间纠纷1287宗，调处1287宗，成功调处1266宗，调解成功率98.3%，防止群体性事件3件178人，其中调处涉及重点项目建设纠纷25宗，有力地维护社会稳定。

2、深入推进社区矫正工作。进一步加强社区服刑人员管理、教育矫治和帮困扶助工作，组织司法所人员进行基层工作信息管理平台学习培训，提高了社区矫正工作效率。

二、加强法制宣传教育，为国际旅游岛建设创造良好法治环境

1、积极开展“法律进单位”活动。在全县从事服务业的客运、通信、医院、酒店、商场、金融、旅游景点等具有服务职能的20家窗口单位1447名人员中，开展了为期半年的法制宣传教育活动。

2、扎实开展青少年法制宣传教育活动。组织各中小学兼职法制副校长到各自学校开展法制讲座，共开展法制讲座12场，上法制课84场次，受教育人数25000多人。

3、扎实开展专项法制宣传活动。一是积极开展“6·26”国际禁毒日宣传活动。二是精心组织“12·4”全国法制宣传日系列宣传活动。

4、认真做好“五五”普法总结验收工作。

三、强化法律服务职能，服务经济和社会发展

1、进一步做好法律服务工作。加强对律师事务所、公证处、基层法律服务所执业活动的日常监督管理，做好维权和投诉查处工作，开展法律服务队伍诚信教育。全县8个乡镇全部聘请了法律顾问，实现县、镇、村法律顾问覆盖率100%。全年，律师事务所办理案件79宗，解答法律咨询1000多人次；法律事务所办理案件84宗，解答法律咨询1570多人次；公证处办理公证329件；村委会法律顾问下村开展工作370多人次。

2、大力实施法律援助“暖民心工程”。加大法律援助宣传力度，9月份，联合工会、妇联、残联、团委组织开展了《法律援助条例》实施七周年“法律援助宣传周”活动。11月25日，联合《法制时报》开展“法律援助环岛行”活动。全年，法律援助处共办理援助案件82件，创历史新高；解答群众咨询520人次；开展法律援助知识培训7场次,培训258人次；发放宣传资料8000多份。

▲ 县司法局法律进校园活动

昌江黎族自治县卫生局

一、加强医疗卫生机构建设，提高卫生服务能力。

一是抓好县人民医院内儿科住院大楼新建项目。二是抓好国债项目（含扩大内需土建项目）的建设。三是跟踪李嘉诚基金项目，共投入各项资金100万元，完成面积为900平方米的昌城卫生院门诊楼建设。四是启动县卫生局办公楼装修工程。五是完成乌烈、昌化卫生院职工休息间建设，进一步解决职工住房难问题。六是抓好2010年中央新增投资项目设备分发工作，分批向各乡镇卫生院发放血液分析仪，B超机、超生诊断仪等一批设备，向68个村卫生室充实诊床、档案柜、儿童秤等一批价值46万元的医疗设备。

二、逐步完善大病统筹加门诊统筹运行模式，确保农民享受更大的农村合作医疗实惠。

2010年，我县进一步提高补偿封顶线、住院补偿比例、门诊统筹补偿比例、慢性病门诊补偿比例，以及扩大报销病种和药品种类。2010年1月1日至10月20日，全县共有13.514万人参合，参合率89.75%，受益人数146121人次，报销金额达1566.72万元，在费用补偿上明显比2009年增高。

三、以提高应急能力为重点，加快公共卫生体系建设。

大力加强突发公共卫生事件直报队伍的建设，截至2010年10月份，除王下卫生院因通讯条件限制外，各医疗机构均实现疫情网络直报，占应直报机构91%。传染病突发事件处理率达100%，并投入专项资金11万元购置防护衣，消毒药品等储备物品一批，确保了我县无重大传染病疫情发生。

四、坚持预防为主，抓好疾病预防控制工作。

加强对各类疫情特别是艾滋病疫情监测和控制；不断加强计划免疫工作，入册率，建档率达100%，“八苗”接种率均达到省的要求，保持无脊灰状态；加大皮肤性病的诊治力度，共收治性病95例，治愈率达90%，监测麻风病人1例，监测率100%。强化结核病防治措施，归口转诊收治结核病86例，转诊率达80%以上。

五、深入农村开展巡回医疗，免费为王下、七叉等贫困地区群众诊疗4127人次。

六、深入推进“5+9”公共卫生服务（即：五大公共卫生服务项目：亮睛工程、15岁以下人群补种乙肝疫苗、农村妇女宫颈癌、乳腺癌检查、农村育龄补服叶酸、农村改水改厕；九项基本公共卫生服务项目：建立居民健康档案、健康教育、儿童保健、孕产妇保健、老年人保健、预防接种、传染病管理、慢性病管理、重性精神疾病管理）工作。

▲ 杨昌志局长做重要讲话

▲ 全县卫生工作会议

▲ 党风廉政建设工作会议

▲ 全县卫生系统学习《执业医师法》等法律法规知识培训班

▲ 2010年度干部考核工作会

创新战略 开拓无偿献血新局面

2010 前进中的海南血液事业

▲ 爱心艺术团让无偿献血走进群众

▲ 血液中心讲师团深入大中专院校开展献血知识讲座

▲ 志愿者走上街头，开展献血宣传、服务工作

2010年，海南省血液中心在省卫生厅的领导和支持下，坚持以党的十七大精神为指导，以海南建设国际旅游岛和我省卫生事业大发展为契机，确立“一体两翼，南北重点”发展战略，倡导“技术兴站、科研兴站、人才强站、文化导站、质量保站”的发展新理念，进一步改进质量体系运行和管理水平，全面提升中心的综合实力，确保临床用血需求和安全。

一、创新献血招募机制，加强献血公益宣传，着力探索有利于无偿献血事业发展的新思路、新途径、新举措。

成立招募科，实行分级管理和目标责任制；重新调整献血办公室成员，发挥献血办作用，全面实现对全省团体献血进行有效的组织和管理。

进一步扩大采血网点，完善采血布局，在全省增设9个献血屋（点），为献血者提供方便、温馨、舒适的献血条件和环境，并进行中心采供血网络系统软硬件升级改造，确保血液信息安全。

组建无偿献血志愿者协会和成立爱心艺术团及讲师团，开展无偿献血宣传及巡演，充分发挥志愿者在宣传中现身说法的独特作用，活动中精彩多样的文艺节目与无偿献血知识竞猜相结合，使“我健康、我献血、我奉献、我快乐”理念深入人心。

建立团体固定献血队伍，特别是与全省卫生系统48家二级以上医院建立“卫生系统流动爱心血库”，在血液紧缺时期组织应急献血。并进一步加强感谢献血者、关爱献血者工作，开展10万名献血者回访行动。

2010年全省无偿献血人次、献血量、供血量分别同比增长9.23%、12.59%、11.42%。在7月至8月献血淡季献血人数达到14197人次，献血总量同比增长16%，库存O型血量连续十余天维持近1000单位的充足状态，达到历年最好水平。

二、以质量为先导，开展质量管理年活动，加大人员整体素质的培养力度，加强科研项目的管理。

血液质量与血液安全是血液中心的生命线，中心把2010年确定为质量管理年，开展“采血围绕着供血者转，职能科室围绕着业务科室转，所有科室围绕血液供血转，全中心围绕着质量转”的“四转”活动，并做到把好“五关”：即血源关；质量关；服务关；用血关；管理关。为保证质量体系运行的符合性和有效性，对质量体系文件进行持续改进；同时抓好医院临床合理用血和互助献血的新理念的宣传。

开展“1530人才后备力量培养计划”，进一步落实“科教兴站、人才强站”战略；在中层干部及骨干中大力提倡“执行文化”、做“细”文化，强调做人到位，讲话到位，工作到位，管理到位。

2010年获海南省科技进步三等奖科研课题一项。全年在中国输血杂志、输血大会及中南六省学术交流会等发表论文34篇，并加大完善科研项目、论文的奖励机制。

三、构建创新机制与先进理念，引领中心工作全面协调发展。

中心构建科学决策和集体与民主决策机制；职工意见表达机制；人才培养机制；血站全面质量管理机制。树立中心全体职工共同目标与愿景，倡导中心精神与共同价值观的文化特色化，管理人性化，服务人情化，管理科学化。

深入开展“创先争优”主题实践活动，探讨全面提升中心整体水平的措施和发展目标。

创建具有特色的中心文化，提升软实力和竞争力。全力打造“快乐工作，激情工作”的优秀团队活动。开设人文系列专题讲座，培养员工工作能力的同时提高员工们的综合素质，认识问题和解决问题的能力，提升团队的向心力和战斗力。

▲ 设置新的献血点，为市民提供便利的献血条件

▲ 医务人员踊跃献血

南国杏林奇葩

海南省中医院

海南省中医院是一所集医疗、科研、教学、预防、保健、康复于一体的大型综合性三级甲等中医医院，也是全省六家三级甲等医院中唯一一家以中医为特色的公益医疗机构。

医院的医疗业务以海口市为中心，遍及全省18个市县。截止2011年，医院编制床位700张，实际开放床位近800张，年门诊量28万多人（次），年住院病人近万人（次），资产规模超过3.5亿元。目前，医院设有门诊部3个，住院部1个，职能管理部门18个，临床一级学科16个，二级学科26个，医技科室8个。医院坚持“中”字特色，坚持“院有专科、科有专长”发展战略，以“抓好重点专科建设，带动其他专科发展”的方针，充分发挥中医药的传统优势，培育出一批特色突出、优势明显、疗效显著的中医名科，形成独具中医药优势的专科集群。

▲省领导在陈少仕院长、张永杰书记陪同下在我院调研

医院设备齐全、功能完善，硬件设施居省内同级医院前列。主要配备64排螺旋CT及螺旋CT扫描装置、超声刀、C臂X光机、三维电脑控制牵引机、臭氧治疗机、手术腹腔镜、阳光骨密度仪等100余种高端设备。医院还建有装备一流的重症监护和院前急救水平居全省先进行列。年平均开展诊疗新技术、新项目近100项，其中外周介入、颈椎、腰椎间盘突出、“正骨十法”、外科与妇科微创、中西结合治疗重症肝病、中风、痴呆、过敏性鼻炎、糖尿病等疾病已形成独特的专科优势。近年来，医院共承担国家及省科研课题100余项，其中30余项科研成果获国家、省科技进步奖，“科技兴院”战略取得了显著成效。

医院现有在册人员768人，其中628名专业技术人员中，具有高级职称者98人，中级职称者160人。

医院弘扬“大医精诚”的中医精神，坚持“诚信、和谐、敬业、创新”的办院宗旨；充分发挥中医药“简、便、廉、验”的特色优势，为群众提供优质高效的中医医疗保健服务。医院追求最高水平中医治疗方法和最前沿现代医学治疗手段的完美结合，努力为患者提供最佳诊疗方案，不断提高临床疗效。同时，医院以解决群众“看病贵，看病难”问题为出发点，实行“病人选择医生”、就诊“一卡通”等多项便捷服务方式，为患者提供舒适环境、高效医疗和优质服务。

医院推行“以病人为中心”的“三贴近”服务模式，积极开展“以病人为中心，发挥中医药特色优势”、“提高医疗服务品质，创建人民满意医院”和“优质护理服务示范”等活动，实施“四个一工程”，即一个中心（以患者为中心）、一个基础（基础护理）、一个体系（中医特色护理体系）、一项服务（满意服务），护理服务品质不断提升，可持续动力不断增强。

近年来，医院先后获得“全国卫生系统先进集体”、“全国环境优美十佳医院”、“爱婴医院”、“社会公认满意医院”、“海南省最佳企业创新奖”等多项殊荣，被业内和社会各界誉为“南国杏林奇葩”。

▲医院大楼

▲海南省中医院深入社区提供医疗服务

专业 可靠 迅速 周到

海口吉羽物业服务有限公司
海口科成家政清洁服务有限公司

公司简介

海口市吉羽物业服务有限公司通过了海口市住房和城乡建设局的审查，成为三级物业管理企业。

公司目前主要设立了水电、安防、环保、园林、工程、财务等部门，拥有职工110多人，包括物业管理专业人员及工程、管理、经济等相关专业类的专职管理和技术人员不少于10人。其中，具有中级以上职称的人员不少于5人，工程、财务等业务负责人具有相应专业中级以上职称，物业管理专业人员按照国家有关规定获得了职业资格证书。

我们还拥有2007年成立的专业家政清洁公司，该公司拥有最优良的清洁机械设备和最优质的清洁物料，设备有全自动洗地机、吸尘器、吸水机等。物料有起蜡水、全能清洁剂专用品牌美国巨庄、玻璃清洁剂、去渍剂、静电尘剂等。

在竞争中求发展，在创新中求进步。吉羽的发展离不开您的支持，只要您给吉羽一个机会，吉羽物业将以饱满的热情，真诚的服务为您营造一个安全、洁净、舒适的环境。

▲公司总经理：陈世来

服务项目

物业管理、秩序维护、园林养护
商场管理、社区文化设施服务
安保、室内外装饰及水电安装工程
垃圾清运服务、物业配套设施安装

公司荣誉

2008：被海口市人事劳动保障局评为“海口市创业能手”
2009：被评为省“优秀民营企业”
2010：被评为“海口市第二次经济普查先进集体”

地址：海口市琼州大道怡海花园A幢7G室
电话：0898—66663313 65985990
传真：0898—65879885
网址：www.hnjiyu.com
公车路线：9、35、37、41路下坎村站

▲专业优质的团队

五指山市人民政府政务服务中心

▲ 五指山市委书记宋少华，省政务中心专职副书记陈声金等领导视察政务服务大厅

▲ 五指山市委书记宋少华，市长陈振聪等市领导操作政务中心电子监察系统

▲ 中心全体人员召开专题学习会

五指山市人民政府政务服务中心（以下称市政务中心）位于五指山市三月三大道宣传文化中心一楼。受五指山市人民政府委托依法从事市级政府各职能部门行政许可和审批项目、市政府投资的建设项目和政府采购项目的统一受理、咨询服务、跨部门协调、督办监察等窗口服务协调工作。市政务中心经省编委批准于2010年9月9日成立，为隶属市政府的正科级事业单位。2010年12月29日，市编委下达市政务中心机构编制方案，内设综合股、协调管理股、信息股3个机构。2011年5月31日，市政务服务中心正式启动运行，经市政府批准，市发改局、国土局、林业局、住建局、气象局、地震局、房产局、文体局等8个单位为首批进入中心的窗口单位。这8个单位的审批功能主要集中在为外来投资企业提供服务。有167个行政许可审批项目及非行政许可审批项目集中在中心公开统一办理。市政务中心自运行以来，实行了“一个窗口受理、一次性告知、一条龙服务、一次性收费、限时办结”的运行模式。坚持以“为人民服务，受人民监督，让人民满意”为宗旨，把“公开、便民、高效、规范、廉洁”作为工作方向，努力为人民群众提供“优质高效快捷”的“一站式”服务。并按照政务公开的要求，积极推行行政许可审批项目名称、法律依据、申请条件、申报材料、办理程序、审批进度、承诺时限、收费项目、收费依据和收费标准“十公开”，确保所有政务服务项目实现统一监管，审批事项公开透明，审批行为公正廉洁。通过在进驻部门推行行政审批权相对集中改革，进一步强化大厅各部门窗口的办事职能，再造审批流程，压缩办事时限，积极推进行政效能、服务质量、服务水平全面提升。

市政务服务中心办公系统采用电子政务系统，实行网络审批平台。该系统包括网上审批系统、效能监察考核系统、网络安全系统、办公自动化系统、视频监控系统等组成部分，具有100多项功能。申请人可以电子数据交换和电子邮件等多种形式提出行政许可申请。网上审批系统可以同步显示窗口办件，并提供网上咨询、表格下载、网上受理、网上查询、短消息通知等功能。广大群众可以通过网络进入该市政务服务中心网站，查询相关业务需要提交的全部资料，也可以下载相关表格，提交网上申请，查看办理情况。另外，该系统还具有办件反馈功能。事项办理结束后，系统可以通过信息平台发送手机短信通知申请人。

作为一项阳光工程、民心工程，市政务服务中心努力完善设施，创新机制，提高公共服务水平。按照市委、市政府提出的率先发展优化环境的要求，简化办事程序，提高办事效率，规范行政行为，建立起办事廉洁高效的政务服务体系，努力打造学习型、服务型、节约型、创新型、廉洁型机关，更好地为公民、法人和其他社会组织提供优质服务，全面优化五指山发展环境，方便了企业和群众办事，赢得了社会各界的广泛赞誉。

▲ 中心人员进行培训学习

▲ 宽敞明亮的政务服务大厅

五指山市财政局

▲ 主持召开全市财政工作会议

▲ 深入基层了解惠民一卡通工作进展情况

【财政收支总体情况】2010年，全市一般预算总收入104910万元，同比（与去年同期相比，下同），增收24440万元，增长30.37%。其中：地方一般预算收入完成20131万元，同比增收8073万元。上级补助收入78583万元，同比增加17203万元，增长28%；上年结余结转2462万元；转贷财政部代理发行地方政府债券收入3734万元。地方一般预算支出98507万元，增长26.3%，上解省支出614万元。一般预算总收入与总支出相抵，年终结余结转5789万元，结转下年的支出5776万元，净结余13万元。

2010年，全市基金预算总收入23781万元，同比增收16523万元，增长227.65%。其中：地方财政基金收入20925万元，同比增收17424万元，增长497.7%；上级补助收入1890万元，同比增收400万元，增长21.16%；上年结余结转966万元。全市基金预算总支出21962万元，增长249%，全部为地方财政基金预算支出。基金预算总收入与总支出相抵，年终结余结转1819万元。

【地方财政预算收支执行情况】2010年，全市地方一般预算收入完成20131万元，达到历史最高水平，同比增收8073万元，增长67%，完成年度预算的104.3%；基金收入完成20925万元，同比增收17424万元，增长497.7%，完成年度预算的105%。地方财政一般预算支出完成92395万元，同比增支15371万元，增长20%；基金支出完成21962万元，同比增支15681万元，增长249.7%，完成年度预算的102.6%。

【财政改革】一是继续推行国有农、林场税费改革，规范了农林场转移支付补助政策；二是扎实开展"乡财市管"改革工作；三是进一步深化政府采购的规模和范围；四是按照"成熟一家，改制一家"的工作思路，扎实有效地开展企业改制工作。改制企业职工基本上得到稳妥的安置；五是加快市级委派会计集中审核业务工作。目前已建立11个会计集中审核站；六是以"财政管理年"为契机，强化资金管理，坚持依法理财，财政管理水平不断提高；七是完善部门预算改革。按照政府收支分类改革的要求，进一步完善部门基本支出、项目支出管理办法，把绩效预算理念纳入预算编制和执行全过程；八是推进国库集中进行支付改革，改革资金范围包括所有纳入预算管理的资金、纳入财政专户管理的预算外事业性收费资金和彩票公益金及发行经费；九是进行农税地税改革，将农税机关划归地税，取消乡镇农税所，乡镇农税所并入乡镇财政所内。

【财政监督管理】一是规范专项资金使用和管理。市财政对教育、社会保障、农业、基层派出所、乡镇卫生院等专项资金使用、管理情况进行检查，在此基础上完善资金跟踪制度，提高资金使用的安全性和有效性；二是开展财经纪律专项检查。为进一步严肃财经纪律，市财政局会同有关部门共同开展财经纪律专项检查，查出应补缴的各种税收80万元；三是加强会计事务所监管。为提高会计信息质量和会计师事务所执业质量，加强监管；四是积极开展"小金库"清理工作，不断加强对行政事业单位资金使用的清查。

▲ 陪同市人大副主任黄月琼同志视察茅草房改造工作

▲ 开展现场调研工作